U0007899

# The World Atlas of
# WINE

# 世界葡萄酒地圖

## 50週年　全新增訂第八版

Hugh Johnson & Jancis Robinson

翻譯｜呂楊、朱簡、李德美、林力博、王文佳、方玥雯
審定｜何信緯

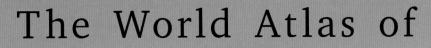

# The World Atlas of

# WINE

# 世界葡萄酒地圖

## 50週年　全新增訂第八版

世界葡萄酒地圖50週年全新增訂第八版
The World Atlas of Wine 8th Edition

作者｜Hugh Johnson & Jancis Robinson
翻譯｜呂楊、朱簡、李德美、林力博、王文佳、方玥雯
審定｜何信緯
校對｜陳奕如
責任編輯｜謝惠怡
內頁編排｜張靜怡
封面設計｜郭家振
行銷企劃｜魏玟瑜

發行人｜何飛鵬
事業群總經理｜李淑霞
副社長｜林佳育
圖書主編｜葉承享

出版｜城邦文化事業股份有限公司 麥浩斯出版
E-mail｜cs@myhomelife.com.tw
地址｜104台北市中山區民生東路二段141號6樓
電話｜02-2500-7578

發行｜英屬蓋曼群島商家庭傳媒股份有限公司城邦分公司
地址｜104台北市中山區民生東路二段141號6樓
讀者服務專線｜0800-020-299（09:30～12:00；13:30～17:00）
讀者服務傳真｜02-2517-0999
讀者服務信箱｜Email: csc@cite.com.tw
劃撥帳號｜1983-3516
劃撥戶名｜英屬蓋曼群島商家庭傳媒股份有限公司城邦分公司

香港發行｜城邦（香港）出版集團有限公司
地址｜香港灣仔駱克道193號東超商業中心1樓
電話｜852-2508-6231
傳真｜852-2578-9337

馬新發行｜城邦（馬新）出版集團Cite（M）Sdn. Bhd.
地址｜41, Jalan Radin Anum, Bandar Baru Sri Petaling, 57000 Kuala Lumpur, Malaysia.
電話｜603-90578822
傳真｜603-90576622

總經銷｜聯合發行股份有限公司
電話｜02-29178022
傳真｜02-29156275

定價｜新台幣2800元／港幣933元
2022年8月初版二刷·Printed in Singapore
ISBN 978-986-408-635-1（精裝）
版權所有·翻印必究（缺頁或破損請寄回更換）

This edition was first published in Great Britain in 2019 by
Mitchell Beazley, an imprint of Octopus Publishing Group Ltd
Carmelite House, 50 Victoria Embankment
London EC4Y 0DZ
Copyright © Octopus Publishing Group Ltd 1971, 1977, 1985, 1994,
2001, 2007, 2013, 2019
Text copyright © Hugh Johnson 1971, 1977, 1985, 1994;
Hugh Johnson, Jancis Robinson 2001, 2007, 2013, 2019
All rights reserved.
Hugh Johnson and Jancis Robinson assert the moral right to be
identified as the authors of this work.

國家圖書館出版品預行編目(CIP)資料

世界葡萄酒地圖／Hugh Johnson, Jancis Robinson 作；
　呂楊等翻譯. -- 初版. -- 臺北市：麥浩斯出版：家庭
　傳媒城邦分公司發行, 2021.02
　　面；　公分
　譯自：The world atlas of wine, 8th ed.
　ISBN 978-986-408-635-1（精裝）
　1. 葡萄酒　2. 製酒
463.814　　　　　　　　　　　　　109013193

# 目錄 Contents

# 前言

這本《葡萄酒世界地圖》初版的出現，適逢其時，掌握了大好機遇，那是第一次有人用地圖的形式展示世界各地的葡萄園。當時是 1960 年代，那個令人興奮的時代，人們突然對葡萄酒產生了興趣，而到了 1971 年，這種興趣猶如進入了青春期的騷動。一時之間，人們前所未有地對葡萄酒知識求之若渴。

1966 年，我出版了我的第一部作品——《葡萄酒》（Wine），此書出人意料地熱銷。一位荷蘭的地圖製作師有意開拓新的業務領域，於是，我的機會來了。他想出版一本葡萄酒地圖集，配以製作精美的地形圖，問我是否會願意考慮？不用說，我一口就答應了。我意識到，將以前在書裡頭只是羅列出來的資訊（產區、村莊、葡萄園等），變成生動的圖片，村莊、田地、樹林、山谷、丘陵，一一用形象呈現，可以讓讀者饒富趣味地欣賞、學習和記憶。國際葡萄酒辦公室（Office International du Vin）曾認為這個主意「太過困難」。初出茅廬的出版社米契爾－畢斯利（Mitchell Beazley）那時剛剛出版大獲成功的作品——《宇宙圖鑒》（Atlas of the Universe），他們認為將區區葡萄園載於圖冊是易如反掌的事。於是我們一起構思出了一個方案，集適當比例的地圖、解釋性文字、照片和圖表於一身，在最初的幾版裡，還選擇了一些具代表性的酒標。我以前編輯過雜誌，於是便採用類似於雜誌的式樣設計。本書的內容選題、處理手法和版式設計，一度蔚為風潮，令出版界側目不已。兩年之內，本書被翻譯成 6 種語言並銷售了 50 萬冊。在 48 年中，不斷修訂，已出版至第七版，被翻譯成 16 種語言，銷售了 470 萬冊。

為什麼一部百科全書式的著作需要那麼多次的修訂？在一些領域中，變化是平緩的，但葡萄酒世界在過去半個世紀裡歷經了巨變。葡萄酒，作為一種樂趣、一種學習、一種科學、一種消遣，特別是作為一種產業，已經進入了軌道。您可將此歸因於科學的進步（這是必須的）、更多的可支配收入、更充裕的開暇時間、更強的好奇心，以及更遠大的志向，必欲生產出某種出類拔萃的產品以名揚天下。所有這些，都跟葡萄酒世界的巨變有關，其結果就是，經過 50 多年的發展，如今有大量值得品嚐、且品質出眾並獨具特色的葡萄酒可供我們選擇。

這些葡萄酒需要我們來研究：品嚐、描述，如果可能的話，加以解釋。為什麼使用同一葡萄品種在不同的地方所釀出來的酒會風味各異？哪些葡萄品種屬於哪個產區？當新的明星突然出現的時候，比如 20 世紀 70 年代的澳洲和美國加州、80 年代的紐西蘭、90 年代的美洲、21 世紀開始時的南非，（我們就有必要告訴人們）那裡到底發生了什麼？

變化不僅發生在新的產區，老的產區也在變化。義大利重新發現了它的原生葡萄品種，並用它們釀出了非常出色的葡萄酒。法國那些過往被忽視的產區現已展開新的一頁。西班牙一改往日的漠不關心，迸發出不同凡響的新理念，顯得生機勃勃。希臘不再默默無聞，而是散發出迷人的氣息。所有的國家都在變化。

對於評論家來說，真是生逢其時。葡萄酒大賽屢見報端；超市里葡萄酒品類眾多；有些葡萄酒的價格，確實是夢幻般的數字；網路社群傳播著消息，而大量湧入的資訊迫切需要某種方式的組織和整理。

還好，製圖師的技術也與時俱進。只要交待清楚，他們便能把所有資訊用地圖的方式呈現出來。葡萄酒新世界的新圖片也不難取得。我這個老專家，也就是最初的作者，從第五版起，就逐步把棒子交給了最有資格的新人——珍希絲，她除了是我數十年的好友外，也以權威性、品酒水準、判斷能力，以及對細微之處的過人掌握，而譽滿國際。由她來掌舵，我們何其有幸。

Hugh Johnson's signature

# 導言

這本經典葡萄酒參考書的最新版本，一定是迄今最實用和全面的，我兩年的艱辛，加上在這段時間裡主編吉兒‧皮茲（Gill Pitts）與其團隊的付出，還有葡萄酒界最勤奮的女性葡萄酒大師茉莉婭‧哈丁（Julia Harding MW）的奉獻，更不用說這本地圖集的開創者休‧詹森（Hugh Johnson）的鼎力協助（在這本書第五版的時候，他把舵輪交到了我的手上），所有這一切，都能證明這一點。然而，諷刺的是，更新如此詳盡的一本地圖集需要投入大量的精力，工作量異常繁重，以致於參與修訂這本地圖集的人們竟然很難有時間出門進行實地考察。

慶幸的是，我們處於倫敦，這裡是世界品酒之都，因此我們有大量無以倫比的機會，能通過酒杯中的葡萄酒，去瞭解葡萄酒世界裡新近且異常活躍的變化。在此書的第八版裡，我會告訴讀者，在這個專門的領域裡，所發生的連續變化是如此之大，這是我44年葡萄酒寫作生涯中從未見到過的。這種變化，包含了文化、自然現象，尤其是人類的各種努力，能把這一切用地圖集的方式精確呈現，讓人激動萬分。

在20世紀80年代和90年代，似乎每個對葡萄酒感興趣的人，不管是生產商還是消費者，他們的目標都是一致的。在這一時期，釀酒師空前地被視為社會名流，他們擁有明確的目標，其中大多數似乎都一心一意地想要釀造同一類型的葡萄酒：仿效那些使法國葡萄酒揚名世界的著名佳釀。於是，不管產區坐落何方，那裡的夏天多麼酷熱，從西雅圖到阿得雷德，其中也包括在諸如西班牙和義大利這種有著自己優良釀酒傳統的國家，生產商所追求的都是釀出如布根地那般在桶中熟成（barrel-aged）的夏多內（Chardonnay）；或是釀出如波爾多一級莊那樣的卡本內蘇維濃（Cabernet Sauvignon）。

在20世紀即將結束的時候，這種單一的目標更被一種情勢推波助瀾——消費者正聽從為數不多的幾位酒評家建議，這些酒評家主要來自美國，在強勁有力和耐人尋味兩種風格之間，他們更喜歡前者。有太多的酒商放棄了他們先前自我選酒的主張，而只是追隨別人的評分，這樣做的結果是限縮了選擇，但得到一時明顯的業績成長。釀酒師們則被其雇主要求，盡力在影響力巨大的酒評家那裡獲得高分，不管他們自己是否喜歡釀出來的那些酒。在不斷增長的國際精品葡萄酒市場，人人都嚮往那些大同小異的高分酒。這種情況對價格所產生的影響可想而知。

在市場上，位於頂部與底部的葡萄酒的價格差距逐漸擴大；而與此同時，它們之間的品質差距則是縮小的。那些受過科學訓練的釀酒師周遊列國，傳授他們所掌握的獨特釀酒理念和技術，因此，如今已難以見到釀得很差勁、有技術缺陷的葡萄酒。飛行釀酒師現象，得益於通訊條件的改善以及機票價格的下降。

但隨著21世紀的到來，情況發生了變化，這種變化整體上是健康的。有越來越多人開始質疑那些重口味葡萄酒的持久力和魅力。社群媒體為葡萄酒愛好者提供了數以百萬計的交流管道，他們不再像過去只能被迫依賴一本雜誌或期刊中的一或兩個分數。關於葡萄酒，存在著可進行對話和表達各種意見的空間。

與此同時，無論是生產商還是消費者（我猜是前者），對於所能取得的飲食選項極為有限而感到不安。諸如ABC（Anything But Chardonnay，除了夏多內，什麼都行）這樣的運動如火如荼，人們還以同樣的熱情尋找傳統的番茄、挖掘蘋果的歷史品種，呼喚著生物的多樣性。「食用在地運動」（locavore movement，一種提倡消費本地食材的主張）強調本土原生影響力的重要性。幾乎是一夜之間，許多本地的葡萄品種開始大為吃香。過往，這些品種有的無聲無息，有的只是在混釀中充當配角，如今它們在酒瓶的正標上大放異彩。受到氣溫上升和收成提前的困擾，許多較新產區的葡萄農正在尋求更適合氣候暖化的葡

釀酒的方式不再唯一。路德維希‧諾爾（Ludwig Knoll）在他以太陽能發電的弗蘭肯酒莊（Franken winery）裡，可以選擇使用池子、木桶、右邊這種深埋的瓦罐，或這些「蛋形水泥發酵槽」來攪拌酒糟。

萄品種。與此同時，在成熟的產區，人們也正努力復育古老的葡萄品種，有的品種古老得連名字都叫不出來了。全球氣候暖化，已經讓各地的葡萄農致力於尋找較為涼爽的地方開墾葡萄園，因此，葡萄酒的版圖在擴大，尤其是向地球兩極延伸。

另一個轟轟烈烈、席捲全球的趨勢，是對我們的居住地，地球永續生存的關注，這是可以理解的。土地貧瘠化、野生動植物減少，對農業化學用品過分依賴的無窮後患已十分明顯。越來越多人認為，有機耕作是一條出路。早在 20 世紀 90 年代，一些嚴肅認真的知名釀酒葡萄農就已開始走上了神秘的生物動力農法之路（儘管很難解釋生物動力農法是如何產生作用的）。

隨之而來的是，人們越來越不喜歡在釀酒過程中的操控。有些人的論點是：如果說桶味厚重、高酒精濃度、深色、過分成熟的葡萄酒現在已不再時興，那麼毫無疑問地，不添加任何化學成分的輕盈、新鮮、爽口、清澈的葡萄酒可能就是最佳選擇了。於是又出現新的一股葡萄酒浪潮，其中有些是所謂的純粹「自然」酒（natural wine），但其穩定程度和技術能力不等；有的則出自有能力按常規釀出很不錯葡萄酒的酒莊，但這些酒莊偏又想嘗試些新玩意。比如，用淺色的葡萄長時間浸漬，釀出橙色或琥珀色的葡萄酒。又比如，試驗在相思木（acacia）木桶、粟子木桶或本地橡木桶裡進行發酵和（或）熟成。或許還會用上黏土、水泥、陶瓷等材質的形狀各異的容器。種植葡萄和釀造葡萄酒，再也不會是只有一種方式，就正如當今有很多種方式來評判葡萄酒一樣。

所有這一切，加上葡萄酒生產國和地區的數量與過往相比大幅增加（多種因素綜合的結果，包括氣候變化、在靠近赤道的地方種植葡萄的技術越來越先進、葡萄酒變得時尚等），產生了這樣一個結果：葡萄酒愛好者的選擇空前地多，本書第八版的篇幅也大大地增加了。以往，人人都想品嚐一瓶一級酒莊的佳釀，但今天的葡萄酒愛好者則很有可能會列出一份清單，酒單上的葡萄酒涉及上百個品種，或來自 50 個國家。同時，葡萄酒生產商從未像今日這樣，如此迫切地想展示他們所處之地的特色，而這些地理位置到今年變得越來越精確，沒有什麼能夠超越這本《地圖集》，成為更好的葡萄酒指南。

### 鳴謝

現在應該很清楚了，沒有一個人 —— 即使是休·詹森和我，我們加起來有將近一個世紀的經驗了 —— 可以提供關於這個星球的葡萄酒的一切知識。我們不會吹噓自己可以做得到。我們請教了許多當地的專家（見第 416 頁），把他們的知識彙集起來，獲益良多。我們所做的，是轉述他們介紹的情況，並把這些資訊置於一個全球的背景當中。當然，所有表述的觀點如有不周，以及其他無心之失，責任全在我們，與他們無關。

特別需要提及的貢獻者包括：出版機構 Octopus 集團的米契爾 - 畢斯利公司，對其聲譽和非同尋常的實力，我們多有仰仗。令人難忘的主編吉兒·皮茲，她經驗豐富，我參與了這本書過去四版的寫作，都是與她合作，祝福她。皮茲前後兩位助理，凱特琳·拉文德（Katherine Lavender）以及凱薩琳·艾倫（Kathryn Allen）。設計團隊都是天才，其藝術總監是雅西亞·威廉斯（Yasia Williams），團隊成員有阿比·裡德（Abi Read）和麗茲·巴蘭坦（Lizzie Ballantyne）。丹尼斯·貝特斯（Denise Bates）也值得一提，他是我漫長寫作生涯中所遇到的最善於溝通和解決問題的出版人，與他合作我感到相當愉快。

在開頭的時候，我就提到過葡萄酒大師茱莉亞·哈丁，任何言詞都不能適當地表達我對她的謝意。我實在是非常幸運，她熱愛地圖，她建立了一個世界範圍的關係網，關於葡萄種植和葡萄酒釀造的情況，她無所不知。如果沒有地圖，這本書還能

叫做地圖集嗎？完成這一複雜工程之不可或缺的人物還有製圖編輯林恩·尼爾（Lynn Neal），以及 Cosmographics 製圖公司的亞倫·格林韋德（Alan Grimwade）和馬克·埃爾德里奇（Mark Eldridge）。

像以往一樣，尼克（Nick）和我的其他家人，對我的工作十分理解和支持。最後，我要感謝休·詹森，他的成就是後人不可企及的，我感謝他當初邀請我參與這本書的寫作。這是一段多麼振奮人心又如同冒險的經歷。我希望您們會同意這一說法。

Jancis Robinson's signature

*Jancis Robinson*

### 關於這本地圖集的說明

所有的地圖，都是為消費者而非葡萄酒業界官員而設計安排的。比如說，某個法定產地的名稱，不管是 AOP/AOC、DOP/DOC、DO、AVA、GI，又或是南非的 ward，雖然存在，但如果其對葡萄酒消費者來說，沒有什麼實際意義，我們就忽而略之。而如果某個產區的名字已在葡萄酒圈廣為使用，儘管它還沒有正式被權威機構認定，我們也傾向於將其納入。

依據酒莊的葡萄酒品質或它們在當地的重要性，我們將所有我們認為世界葡萄酒愛好者會對它們感興趣的酒莊都標示出來。然而，在世界上的某些地方，要把一個釀酒企業的確切位置標示出來，卻是很困難的。許多釀酒企業在業務運作上，開門迎客的是其酒窖、展示銷售部或品鑒室，但這樣的地方與真正釀酒的地方並不在同一處（有的時候，釀酒的地方還只是一個代釀廠或一個代客壓榨葡萄的企業），這種情況在加州和澳洲比較常見，當然別的地方也有。在這種情況下，我們會標示前者，因為這是該釀酒企業用來向葡萄酒愛好者展示自己的所在。在諸如布根地的金丘（Côte d'Or）這種細節非常多的地圖上，葡萄酒生產者的位置並沒有被標示，因為在這些地方，重要的是葡萄園而不是酒莊，再說，這些酒莊其實都擠在同一條村子後面的街道上。

至於各個國家不同產區的排序，我們大致上是從西往東和從北向南，但如所有規則一樣，總有例外。

這本書裡的地圖比例不一，地圖詳略的程度取決於相關地區的複雜性。每張地圖都有比例尺。等高線的間距也因圖而異，在每張圖的圖例上都有說明。

地圖上所有有關葡萄酒產地、酒名、酒莊和產區的名稱，我們都將採用大寫（例如，產區梅索：MEURSAULT）標示，而所有其他地理資訊將按正常習慣標示（例如，梅索村：Meursault）。

每個有地圖的頁面，都有一個座標方格，縱軸為字母在邊側，橫軸為數字在底部。

# 葡萄酒簡史

早在人類文明的晨曦初露，葡萄酒便出現了，它來自東方。我們所掌握的最早證據，是在高加索地區（喬治亞人會說是在喬治亞）所發現之陶器碎片上的化學殘跡，這些陶器碎片的年代可追溯至西元前 7000 年左右。或許是中國人最早到達那裡，但我們不得而知。埃及的法老們擁有不俗的葡萄園（感謝迦南人把馴化的葡萄藤帶到了尼羅河三角洲），甚至釀出過葡萄酒，但他們通常更喜歡迦南地（the land of Canaan）的葡萄酒，也就是黎巴嫩的葡萄酒。

我們所認識的葡萄酒，根據仍可追尋到的線索，源於腓尼基人和希臘人，他們都在地中海地區殖民，腓尼基人是在西元前 1000 年左右，希臘人則是在四個世紀之後。在愛琴海沿岸、義大利、法國和西班牙，葡萄酒建立了它真正的家園。

## 古希臘和羅馬

雖然在古希臘的詩歌裡，不乏對葡萄酒的讚頌和描寫，但在上流社會裡，葡萄酒似乎很少被直接飲用，而總是加入香草、香料和蜂蜜以增加風味，並兌水稀釋。當然了，愛琴海各島（包括希俄斯島和薩摩斯島，Chios and Samos）的葡萄酒因風格獨特而備受讚譽。那時的葡萄酒對今人是否還有吸引力，我們無從得知，但希臘語中 "symposium" 一詞，其意不一定是如今的座談討論，而是豪飲暢談。

古希臘人大規模種植釀酒葡萄，先是在義大利南部、托斯卡尼的伊特拉斯坎（Etruscans），接著往北，然後就是羅馬地區。一些偉大的作家，特別是維吉爾（Virgil），曾寫下過一些詞句，可指導葡萄農：「開闊的山丘，是葡萄藤之最愛」，這句話，在諸多給予葡萄農的忠告中，或堪稱金句。古羅馬的釀酒葡萄種植規模很大，使用了成千上萬的奴隸。釀酒葡萄的種植範圍遠至匈牙利的羅馬帝國，因此羅馬最終要從它在西班牙、北非（或者說整個地中海沿岸）的殖民地運入葡萄酒，葡萄酒用雙耳細頸尖底陶瓶盛裝（當時標準的 36 升裝容器），裝滿這樣的陶瓶的船隻，數不勝數。

古羅馬的葡萄酒有多好？有些酒的保存能力顯然非常不俗，這表明釀得不錯。那時候，葡萄汁常常要加熱濃縮，葡萄酒會直接放在壁爐上面儲存，讓它暴露在煙燻之中，這或許會帶來像馬德拉酒（Madeira）那樣的效果。古羅馬葡萄酒的偉大年份成為討論的話題，甚至在超越似乎只是可能的儲存期後仍能飲用。知名的歐皮曼葡萄酒（Opimian），釀於奧皮米烏斯（Opimius）開始執政的西元前 121 年，儲存在一個細頸尖底陶瓶裡，在 125 年之後才被喝掉。發明木桶的是高盧人，木桶在重量和移動性方面優勢明顯，從而取代了雙耳細頸尖底陶瓶。兩千年前大多數義大利人所喝的葡萄酒，可能跟今天那裡一些釀得不那麼精緻的葡萄酒一樣：非常年輕，相當粗糙，視不同年份，有的辣口刺激，有的過於強勁。

古希臘人把葡萄酒帶到其位於北方的殖民地——高盧南部的馬薩利亞（Massilia，如今的馬賽）。古羅馬人在那裡種植葡萄。古羅馬人於西元 5 世紀撤出如今的法國，在此之前，他們已為現代歐洲幾乎所有著名的葡萄園打下了基礎。古希臘人在普羅旺斯種植葡萄已有幾個世紀，古羅馬人來了之後，從那裡開始一路向北，先是在隆河河谷（Rhône Valley），再是進入隆格多克（Languedoc），很快又到伽亞客（Gaillac）的北邊，至於他們是何時來到波爾多的，我們沒有確鑿的證據。詩人奧索尼烏斯（Ausonius）生活在西元 4 世紀，在他筆下，波爾多的葡萄園已頗具規模。奧索尼烏斯還在古羅馬北部的首府特里爾（Trier）生活過，留下了一些讚美摩塞爾（Mosel）葡萄酒的詩句。

所有早期的開拓都是沿著河谷進行的，最初為了防範伏兵的襲擊，古羅馬人在河道兩旁砍掉樹木，種植葡萄；而且，要運輸像葡萄酒那麼重的物品，船隻是最佳工具。波爾多、布根地和特里爾（Trier），或許最初都是葡萄酒商業中心，葡萄酒從南部的義大利或希臘運到那裡交易；這些地方自己種植葡萄，已經是後來的事了。

西元 1 世紀之前，在羅亞爾河和萊茵河地區都種植了葡萄；西元 2 世紀之前，布根地也開始栽種；西元 4 世紀之前，在巴黎（這並不是個好主意）、香檳區和摩塞爾也出現了葡萄園。布根地的金丘（Côte d'Or）成為了葡萄園，這最難以解釋，因為那裡缺乏船運的便利。但它位於通往北方特里爾城的要道上，該段道路又繞著富庶的歐坦省（Autun）邊緣蜿蜒。想必那時的居民先是看到了商業機會，然後又發現他們擁有著一片黃金坡地。我們現在所知的法國葡萄酒業，其基礎就是在那個時候打下的。

## 中世紀

走出羅馬帝國滅亡後的黑暗年代，我們逐漸見到了中世紀的亮光，在那時的畫作中有一個十分熟悉的場景：採摘和踩壓葡萄，酒窖裡放著橡木桶，人們喝得微醺。直到 20 世紀，釀造葡萄酒的方法基本上一成不變。在黑暗的年代，教會掌握著文明的所有技藝，事實上，它是披著新的外衣延續著羅馬帝國的管治。查理曼大帝（Emperor Charlemagne）重建了帝國的體制，並耗費極大心力，立法以提升葡萄酒的品質。

修道院不斷擴張，開墾山坡上的土地，圍著葡萄園砌起了高牆；而年邁的葡萄農和即將出征的十字軍戰士，又把他們的土地遺贈給了修道院。教會成為了最大的葡萄園擁有者。各個大教堂和小教堂，特別是眾多的修道院，擁有或開創了歐洲大部分的頂級葡萄園；而且，後來美洲最早的一批葡萄園也是由教會開創和擁有的。

本篤會的僧人走出義大利卡西諾山（Monte Cassino）的各個聖母院和布根地的克呂尼（Cluny）修道院，種植著最優質的葡萄園，直到他們因奢逸的生活方式而聲名狼藉：「在桌子上站了起來，他們的血管酒精奔騰，他們的腦袋烈火燃燒。」對此的背棄出現在 1098 年，莫萊斯姆修道院（Molesme）的聖羅伯特（Saint Robert）從本篤會出走，另立山頭成立了主張禁欲主義的熙篤會（Cistercians），熙篤會取名於他們新修建的熙篤修道院（Citeaux），那裡離金丘不遠，步行可至。熙篤會的發展非常成功，在布根地創立了用石牆圍起來的梧玖莊園（Clos de Vougeot），在萊茵高（Rheingau）的艾伯巴赫修道院（Kloster Eberbach）旁創立了史坦堡（Steinberg）葡萄園，此外，他們還在歐洲各處建起了許多宏偉的修道院。

在西元 79 年維蘇威火山（Vesuvius）爆發之前，現代那不勒斯周邊的海岸是羅馬最主要的葡萄種植地和最受歡迎的度假勝地。赫庫蘭尼姆城（Herculaneum）遺址上發現的這幅壁畫是倖存品。

有一個重要的葡萄酒產區,它不受教會支配,這就是波爾多。波爾多的發展是純商業的,眼裡只有一個市場。從 1152 年到 1453 年,領地廣至法國西部大部分地區的阿基坦(Aquitaine)公國,該地因為與英格蘭王室聯姻而成為了英國領土;一年一次,來自英國沿海各地的大型船隊會從這裡運走一桶桶英國人當時最愛的淡紅新酒 Claret(Clairet 的英文名稱)。1363 年,倫敦葡萄酒商公司更被皇室授予了英國皇家特許狀(相當於在此興旺行業取得壟斷)。

然而,正是在教會和修道院的穩固架構之下,與葡萄酒有關的工具、用語和技術,才得以恆久不變,也因此而逐漸形成了葡萄酒的多種風格,甚至出現了一些如今我們相當熟悉的葡萄品種。在中世紀的世界中,很少有別的什麼東西會像葡萄酒那樣被嚴格地規範。在中世紀的北歐,葡萄酒和羊毛是兩大奢侈品,從事服裝和葡萄酒貿易,可以大賺其財。

## 現代葡萄酒的演化

直至 17 世紀初,葡萄酒在一定程度上,是唯一一種安全、衛生、可儲存的飲料。那時,水通常是不能安全飲用的,至少在城市裡是如此;而沒有加啤酒花的麥芽酒很快就會壞掉;既沒有烈酒,也沒有我們現代生活中最基本的任何含咖啡因飲品。

到了 17 世紀,這一切發生了改變。葡萄酒遇到了嚴峻的挑戰:先是來自中美洲的巧克力,再是來自阿拉伯的咖啡,然後是來自中國的茶。同時,荷蘭人發展出蒸餾酒的技藝,並將其商業化,法國西部的大片土地變成了他們取得蒸餾用廉價白葡萄酒的供應地。啤酒花也讓麥芽酒變成更穩定的啤酒。而各個城市也開始用水管引入乾淨的水,這自古羅馬時期以來一直是欠缺的。因為這一切,除非能找到新的出路,否則葡萄酒產業面臨崩潰的威脅。

我們今日視為經典的大部分葡萄酒,都是在 17 世紀後半葉才發展起來的,這絕非巧合。如果不是玻璃酒瓶及時發明,這些發展都不可能成功。從古羅馬時期開始,葡萄酒終其一生都裝放在橡木桶裡,酒瓶(或應該說是酒罐)通常是用陶土或皮革製成,只是用來把酒桶裡的葡萄酒盛至飯桌上而已。17 世紀初,玻璃製造技術提升,可以把玻璃瓶做得更結實,並降低了吹製成本。大概就在這個時候,有人將玻璃瓶、軟木塞以及開瓶器配成了「套裝」。

人們還逐漸明白,葡萄酒放在用軟木塞密封的玻璃瓶內,會比放在橡木桶裡保存得更長久(橡木桶一經打開,葡萄酒很快會變質)。而葡萄酒裝在玻璃瓶裡,酒質還能改善,會發展出一種「陳久醇香」(bouquet)。可耐久存放的葡萄酒(vin de garde)就此產生,老年份的葡萄酒更有機會能賣到兩三倍的價錢。

這裡以前是熙篤會的艾伯巴赫修道院,建於 1136 年。各地熙篤會經營葡萄園、礦山和畜牧業,儼然是世界第一家大型跨國公司。

第一家注重品質的波爾多酒莊是歐布里雍堡(Château Haut-Brion),這可以追溯到 17 世紀中葉。在 18 世紀初,布根地也有了質的改變。產自渥爾內(Volnay)和薩維尼(Savigny)之淡雅風格的葡萄酒曾非常流行,但這種發酵時間較短的葡萄酒(vins de primeur),此時開始讓位於另一種風格的葡萄酒(vins de garde),後者發酵時間更長、顏色更深、更能經久耐放,它更有市場,特別是產自夜丘區(Côte de Nuits)的葡萄酒尤其受到歡迎。然而,至少是在布根地,黑皮諾(Pinot Noir)作為最重要葡萄品種的地位,在那之前就已確立,並由數代執政的瓦盧瓦公爵(Dukes of Valois)用法令加以強化。香檳區也仿效布根地,黑皮諾成了該產區主要的品種。德國最好的葡萄園都在重新種植麗絲玲(Riesling)。在梅多克(Médoc),卡本內(Cabernet)正在取代馬爾貝克(Malbec)。

因為玻璃瓶問世而受惠最多的葡萄酒,是濃烈的波特酒(Port)。英國人從 17 世紀末就開始喝這種酒,當時與其說是選擇,不如說是被迫,因為那時英國人所偏好的法國酒,由於和法國連年交戰而被課以極高的稅金。甜酒很受推崇。甚至香檳也是甜的。馬拉加酒(Málaga)和瑪薩拉酒(Marsala)都處於全盛期。多凱貴腐甜酒(Tokay 或 Tokaji)、康士坦提亞甜酒(Constantia)都是最受追捧的葡萄酒;在美洲,馬德拉酒(Madeira)也被視為珍釀。

葡萄酒貿易蓬勃發展。在葡萄酒生產國中,屢弱的經濟很大程度上要靠葡萄酒來支撐,比如在義大利,1880 年裡有超過 80% 的人口或多或少依靠葡萄酒業謀生。義大利的托斯卡尼(Tuscany)和皮蒙區(Piemonte)以及西班牙的利奧哈(Rioja)都在釀造它們第一批現代的外銷葡萄酒。加州則正處在其第一次葡萄酒熱潮當中。然而,根瘤蚜蟲病兇猛地襲擊了這個世界(見第 27 頁),這個時候,幾乎所有的葡萄藤都因受災而被拔掉,仿佛就是葡萄酒世界的末日。

現在回過頭來看,合理種植、引入嫁接,以及強制選擇最理想的葡萄品種,這一切共同創造了一個偉大的新開端。

# 什麼是葡萄酒？

葡萄酒是充滿魔力的液體。它能提振精神、激發智慧、撫慰身心，以及活化靈魂。但基本上葡萄酒僅僅是發酵葡萄汁而已。

其他水果的汁液也可以透過發酵製成酒精性飲料，蘋果能用來釀蘋果酒（cider）；梨能用來製梨酒（perry）；還有大黃莖、黑莓等。幾乎所有含可發酵糖的水果都可被用來釀酒，但只有用葡萄這樣含有理想的糖濃度和酸度的水果，才能釀製成可長久貯藏且口味豐富多層次的飲料。不同於其他大多數的水果，葡萄汁不用額外加糖便可以釀成酒精濃度在 12 至 14 度之間的液體。葡萄汁還具有極高的酸度，尤其富含能夠抗有害細菌的酒石酸，使葡萄酒健康且穩定。另一項特性是葡萄汁很容易發酵，所以很容易就能憑藉葡萄園、酒莊裡和附著在果皮上的天然合適酵母而發酵成酒精飲料。

釀製葡萄酒的關鍵在於發酵。酵母能有效地消耗糖，並將糖轉化為酒精，使葡萄汁的甜度降低且烈性提升，同時釋放出二氧化碳。如果葡萄汁中所有的糖分都被轉化為酒精，這樣釀成的葡萄酒被稱為「干型」（dry）葡萄酒；然而有時，酵母無法將過熟葡萄中的高糖分全部轉化成酒精，於是得到了含有殘糖的甜葡萄酒（釀造甜葡萄酒還有很多種方式，如加入未發酵的葡萄汁；或者將冰凍的葡萄壓榨去冰，獲得糖分濃縮的汁液來釀成冰酒，詳見第 293 頁；還有使用被「灰色葡萄孢菌」（Botrytis cinerea）感染的葡萄所釀成、被譽為「貴腐」的甜酒，詳見第 104 頁）。

## 葡萄酒的顏色

葡萄果肉為葡萄酒提供了糖和主要的酸，不論葡萄皮是何種顏色，葡萄果肉的顏色幾乎都是偏灰色。剛發酵完的葡萄酒較為渾濁，呈現淡黃色，懸浮的渾濁物最終沉澱下來，清澈、淺色的「白葡萄酒」便誕生了（更多相關內容請參考第 32-33 頁）。

釀造紅葡萄酒時，紅葡萄的深色果皮是必要的色素來源。在釀造紅葡萄酒的整個過程中，果汁與果皮始終同時在發酵容器中，而沒有像釀造白葡萄酒那樣，在發酵前就將它們分離。酵母在無氧的條件下進行發酵（所以白葡萄酒在閉合的罐中或木桶中釀造），發酵中產生的二氧化碳氣體能保護葡萄汁不與會產生破壞性的氧氣接觸，並且會將果皮推送至發酵的液體上面。

葡萄皮還包含能抗氧化、具防腐效力的單寧。單寧是在濃茶和核桃皮裡嚐到的苦味物質，在葡萄酒中，單寧賦予了「口感」和「結構感」，也是紅葡萄酒中的主要抗氧化物質。很多時候，尤其是在釀造預備陳放的葡萄酒時，單寧的組成和成熟度被追求卓越的釀酒師們視為最重要，也最需考量的因素，單寧也是品嚐新紅葡萄酒時不易入口的原因。於是剛發酵完的紅葡萄酒可能會繼續與果皮一起浸漬數天甚至數周，以柔化單寧。某些與果皮接觸一段時間的白葡萄酒也會含有單寧，但單寧含量少於大多數紅葡萄酒。「橘酒」介於白葡萄酒與紅葡萄酒之間，釀造時果汁與果皮的接觸時間較長，這類酒易於搭配各種食物。

大多數粉紅葡萄酒使用深色果皮的紅葡萄釀造，釀造方法則與白葡萄酒類似，但是在壓榨並發酵之前，果汁會短暫與果皮接觸，使其稍稍著上粉色。

釀造氣泡酒，需要在密閉的容器中進行二次發酵，留住發酵時所產生的氣泡。密閉容器可以是經典香檳法所採用的酒瓶，或是更經濟的大槽（稱為夏馬法 [Charmat] 或 [cuve close] 的酒槽發酵法）。無法釋放的二氧化碳在容器中被溶於酒液，開瓶時便產生讓人愉悅的氣泡。波特酒、馬德拉酒和一些烈性強的雪莉酒被歸為「強化酒」，這些葡萄酒加了高酒精濃度的葡萄烈酒，使烈度提高。

## 黑皮諾（Pinot Noir）葡萄接近熟透期的剖面圖

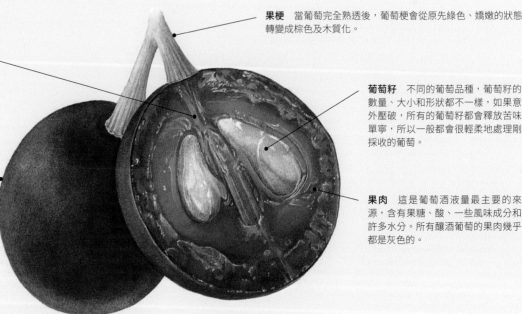

**果刷**　葡萄在酒廠中被去梗後，或透過機器採收，從葡萄藤上搖下時，仍與果梗相連的部分。

**果梗**　當葡萄完全熟透後，葡萄梗會從原先綠色、嬌嫩的狀態轉變成棕色及木質化。

**葡萄籽**　不同的葡萄品種，葡萄籽的數量、大小和形狀都不一樣，如果意外壓破，所有的葡萄籽都會釋放苦味單寧，所以一般都會很輕柔地處理剛採收的葡萄。

**葡萄皮**　這是釀造紅酒時最重要的原料，含有濃縮的單寧、色素和為葡萄酒帶來風味的成分，果皮表面還帶一些酵母。

**果肉**　這是葡萄酒液量最主要的來源，含有果糖、酸、一些風味成分和許多水分。所有釀酒葡萄的果肉幾乎都是灰色的。

# 葡萄藤

單靠葡萄一種水果的果汁發酵，就能產生葡萄酒這種美妙多變、令人回味無窮的飲品，這個事實是非常特別的。葡萄是世界上最重要的經濟作物之一，新鮮的葡萄或是葡萄乾製品都可以用來食用，然而，全球葡萄產量的一半，都產生了更大的價值，那就是被釀造成葡萄酒。

要用來釀葡萄酒的葡萄，糖分一定要充足，這些糖分進而被轉化為酒精。這部分很容易達到，但要釀造出優質的葡萄酒，則需要酸、單寧和神秘莫測的風味複合物之間達到完美的平衡才行。我們飲用的每一滴葡萄酒都是自然的產物，葡萄從土壤中吸收水分和微量的養分，在光合作用下，透過大氣中二氧化碳的協助，最終合成可發酵的糖和其他碳水化合物。

年輕的葡萄藤在最初的兩三年，因為忙於建立根系和發展強健的木質主幹，所以只能結出極少量的葡萄串。但從第三年開始，只要修剪得當，葡萄藤就會結實累累，產生經濟效益。

和大多數經濟作物相比，葡萄藤能耐受更乾燥的氣候和更貧瘠的土壤，所以它們能夠在條件惡劣或是偏僻的環境下生長。在夏季，葡萄園通常是一片棕色大地上最綠的風景。葡萄藤是攀緣植物，如果放任其自然生長，一旦根系建立完成，它就會迅速發展枝葉，雖會結一些果，但大部分的能量會用在新枝生長上，並能伸展出蜿蜒細長的木質藤蔓，找到理想的樹木後並會用卷鬚攀附而上。一棵葡萄藤最多可蔓延覆蓋 1 英畝（約 4000 平方公尺）大小的地域，藤蔓接觸土壤後還可發展出新的根系。

如今人們進行葡萄藤的商業種植，當然不允許葡萄藤將珍貴的能量浪費在發展藤蔓上，不會任其長出繁茂的枝葉。透過人為控制，葡萄藤被「勸服」將能量集中於成熟果實，從而確保大多數商業葡萄園的產量，同時以品質為本，將葡萄藤種植於本書涵蓋之有意思的產區中。要實現上述目標，需要在冬季葡萄藤的汁液水準降低和藤蔓乾化易斷的時候進行修剪，按照精細計算的芽眼數量，在正確的位置進行修剪並縮短植株，使葡萄藤在來年春天長出易於管理且多產的新枝。葡萄藤能夠長成獨立的小灌木狀，也可以整齊地排列在金屬爬架上。

## 葡萄藤的生產年限

隨著葡萄藤的生長，主根會伸往更底層的土壤（某些情況下能有 30 公尺之深）來尋求水分和養分。一般來說，越年輕的葡萄藤，釀成的葡萄酒越清淡，也比較缺乏細節變化。不過葡萄藤在種植後的一兩年內就能生產一些可口的葡萄果實，此時產量通常不多，所以葡萄藤可以集中全力讓寥寥數串葡萄擁有濃郁的滋味。大約種植 3 至 6 年後，葡萄藤趨於穩定，也佔據了土壤上方的空間，逐漸增產風味越來越豐富的葡萄，也能釀成越來越濃縮的葡萄酒。能有如此的發展大概可歸功於日趨複雜的根系，適度地調控水和養分的供給，以及健康土壤中由共生微生物所構成的複雜地下系統（見第 25-26 頁）。

一棵葡萄藤的生長週期因在哪裡種植、如何生長以及品種（見第 14-15 頁）而長短不一。但許多葡萄藤在生長到 25 至 30 年左右就被拔除，因為此時它的產量開始下滑，已不能滿足經濟效益。有些病蟲害（見第 27 頁）或是其他的問題也會提前折損葡萄藤的壽命。有時為了嫁接上更流行的葡萄品種，會砍去一棵葡萄藤的上端，然後在枝幹上插入新枝。源於老葡萄藤的酒有時要價不菲，酒標上可能會特別標出：「老藤」—（*vieilles vignes*（法語）、*alte reben*（德語）、*vecchie vigne*（義大利語）、*viñas viejas*（西班牙語）、*vinyas vellas*（加泰隆尼亞語）或 *vinhas velhas*（葡萄牙語），但「老藤」並非法定術語。對於波爾多的一級酒莊來說，12 年以下的葡萄藤所生產的葡萄可能會被認為太過年輕，味道不夠繁豐，無法用來釀造主打酒，但同齡的葡萄藤在一些更商業化的葡萄園中已經被視為老藤。

葡萄藤的天性之一是攀爬，如本圖所示，在玻利維亞辛蒂省（Cinti），由阿爾曼多・岡薩雷斯（Armando Gonzalez）所管理的聖羅克（San Rogue）葡萄園中，這些葡萄藤預估大概有 100 至 200 歲。

看看這些在西班牙中部極為乾旱的拉曼查（La Mancha）產區中，灌木型葡萄藤之間相隔有多遠，如此稀疏的種植密度讓每一棵葡萄藤能吸取最大量的地下水。

然而在潮濕的波爾多（Bordeaux），葡萄藤的種植密度很高，工整精細地纏繞於金屬爬架上，以求產量和品質之間的平衡。

# 葡萄品種

我們用「品種」（variety）一詞來指稱植物學家所說的「栽培種」（cultivar），每一個品種是根據其特徵而被選取和栽培的。如今在數千個葡萄品種裡，約有 50 個品種在全世界被廣泛種植。葡萄品種的名字曾一度與品種所在的經典產區同名，並成為了世界流行的術語。

本書的第一版著重於描述風土條件是如何決定葡萄酒風格的。如今葡萄品種具有同等的重要性，我們也試著揭秘某些品種在其起源地表現優異的原因，以及它們在遠離家鄉的產區又能展現怎樣的品質。

對每一個葡萄酒初學者來說，熟悉接下來幾頁所介紹之最優異和適應力極強的葡萄品種是最好的入門方法之一。每個品種名下都扼要描述了一些最明顯的特徵，這些特徵或多或少都會出現在標有同樣品種標籤的葡萄酒裡。但是，如果您想更深入瞭解葡萄酒，則需要對地理存有一些好奇心，接下來的地圖能幫您解答很多疑問。例如，同樣是希哈（syrah）葡萄，為什麼長在艾米達吉（Hermitage）山丘上的，與生長在其上游 30 英里（48 公里）外且山坡朝向不同的羅第丘（Côte-Rôtie）上的，所釀造出來的葡萄酒味道會不同。以及為什麼生長在澳洲南部的希哈葡萄（澳洲慣用 Shiraz 稱呼此品種葡萄），釀出的酒喝起來有如此截然不同的感受。

## 葡萄藤家族

這幾頁描述的葡萄品種是葡萄屬（Vitis）之下歐洲釀酒葡萄（vinifera）種類中最有名的一些，葡萄屬還包括了美洲和亞洲葡萄種類，還有花園觀賞性植物中的其他葡萄屬（比如維吉尼亞爬山虎 [Virginia creeper，亦稱為五葉地錦 ]）屬於葡萄科的地錦屬 Parthenocissus）。

在美國一些地區以美洲種葡萄來釀酒，這些葡萄的好處是能夠有效對抗常見的（如第 27 頁所列出的）真菌病害。但有些葡萄種類如 labrusca 卻帶著特別強烈的「狐臭味」，對外地人而言，是種不太討喜的味道。美洲種葡萄與亞洲種葡萄在培育適應特殊環境的新品種方面非常有用，經由與歐洲種葡萄的種間雜交已經培育出數以百計的雜交種，它們尤其能抵抗真菌病（被稱為 PIWI 品種），或者在生長季短的地區仍能達到足夠的成熟度，亦或能抵禦寒冬。某些蒙古的葡萄種被用於培育抗寒的品種。理論上來說，氣候溫宜的葡萄園無需雜交種，但特別寒冷的地區則需要。歐洲葡萄種內的雜交也有一定作用，比如種內雜交品種米勒－土高（Müller-Thurgau）就是針對無法讓麗絲玲品種成熟的葡萄園而專門培育的（儘管只有極少數人承認它能完美替代麗絲玲）。

當然，葡萄藤不會標記自身是何品種，有一套專門的「葡萄品種學」透過仔細觀察果實、葉片形狀、顏色等方面的差異來辨識各個品種。該學科揭露出許多品種之間的巧妙關係，不過這都比不上近年來的 DNA 分析所獲得的驚人發現。精確的基因科學揭示了卡本內－弗朗（Cabernet Franc）和白蘇維濃（Souvignon Blanc）是卡本內蘇維濃的親本，而夏多內、阿里哥蝶（Aligoté）、薄酒萊（Beaujolais）的加美葡萄（Gamay）、密思卡岱（Muscadet，亦稱作「布根地香瓜」[Melon de Bourgogne]）、歐歇瓦（Auxerrois）以及其他十幾個品種都是黑皮諾和古老神秘品種白高維斯（Gouais Blanc）的後代。黑皮諾似乎還是希哈的曾祖父母，而梅洛（Merlot）和馬爾貝克（Malbec）則有很近的血緣關係。

若想查詢葡萄品種的詳細資訊，請參考 Jancis Robinson、Julia Harding 和 José Vouillamoz 所著的 *Grapes - a complete guide to 1,368 vine varieties, including their origins and flavours* 一書。

## 最重要的葡萄品種

以下是世界上最重要的葡萄品種簡介，按照種植的葡萄園總面積排序。此處一併展示最有名品種的葉片，但要在葡萄園裡識別出各個品種可沒想像中那麼容易。

### 卡本內蘇維濃
### CABERNET SAUVIGNON

**世界上最廣泛種植的釀酒葡萄**

**黑醋栗 · 雪松 · 高單寧**

這是強勁紅酒的同義詞，陳放熟成後會轉化成細膩的傑出作品。正因如此，卡本內蘇維濃成為傳播最廣遠的紅葡萄品種，但因為相對晚熟，所以只適合種在比較溫暖的地方，即使是在其原產地梅多克（Médoc）和格拉夫（Graves），在某些年份也可能無法全然成熟。但是，它一旦真正熟透後，無論顏色、風味以及單寧都會令人相當驚豔，全都彙集在厚皮的深藍色小漿果內。經過小心釀造以及橡木桶的培養熟成，可以釀出一些全球最耐存放也最令人激賞的紅葡萄酒。在波爾多，為了應對開花時的惡劣天氣和晚熟的特性，卡本內蘇維濃通常都會跟開花較早的梅洛和卡本內－弗朗混釀。而如果是種植在像智利、澳洲部分區域和其第二故鄉北加州那麼熱的地方，則不需混合其他品種就能釀成非常可口的紅酒。

### 梅洛
### MERLOT

**世界上第二廣泛種植的釀酒紅葡萄**

**豐滿 · 柔和 · 李子味**

多汁、顏色稍淺，是卡本內蘇維濃傳統的調配夥伴，特別是在波爾多，梅洛因比卡本內蘇維濃好種、也更易成熟，所以成為當地最普遍種植的品種。在寒冷一點的年份會比卡本內蘇維濃容易成熟，而在比較溫暖的年份酒精濃度則會較高。果實較大且皮較薄，於是單寧往往偏少、口感更豐饒，可以更早開瓶享用。也有用單一梅洛品種釀造的酒款，尤其是在美國，其被視為比卡本內蘇維濃易飲（但尊貴程度低一些），而在義大利東北部，這是當地比較容易成熟的品種。梅洛的品質在玻美侯（Pomerol）達到極致，可釀成性感迷人、帶著絲般質地的美酒。梅洛在智利特別常見，在那裡，人們長期將它和卡門內爾（Carmenère）搞混。

## 田帕尼優
### TEMPRANILLO
#### 西班牙最有名和最廣泛種植的葡萄品種
*煙葉・香料・皮革*

有各種別名。是斗羅河岸（Ribera del Duero）所產紅酒中的骨幹，提供深厚濃郁的口感，在當地又稱為 Tinto Fino 或 Tinto del País。在利奧哈（Rioja）則是能釀製出獨具魅力的紅酒，有時會與格那希（Garnacha）混合。此品種在加泰隆尼亞稱為 Ull de Llebre（「野兔的眼睛」），在產區瓦德佩尼亞（Valdepeñas）叫作 Cencibel。而在納瓦拉（Navarra）產區則通常與波爾多品種混合。在葡萄牙稱為 Tinta Roriz，一直都用於釀造波特酒，近年來在葡萄牙則有越來越多人將其視為可食用亦可釀酒的品種。在阿連特茹（Alentejo）產區則另外稱為 Aragonês。田帕尼優因發芽相當早，所以易受春霜威脅，且又因皮薄而容易腐壞，但在國際間受到好評，可釀造出相當具水準的葡萄酒。

## 夏多內
### CHARDONNAY
#### 全世界最有名的白葡萄品種
*風格廣泛・變化多端・若沒有*
*過多的橡木味就會很討喜*

布根地的白葡萄酒品種，但不像黑皮諾那麼難照顧。夏多內很容易種植和成熟，除非環境極端惡劣（因為發芽很早，容易受到春霜威脅），否則到處都能栽培。夏多內和其他品種不同（如麗絲玲），它沒有特別濃厚的風味，所以適合桶式發酵和（或）橡木桶陳釀，這也許正是它能夠成為全世界最知名和種植量第二大之白葡萄品種的原因。夏多內總是能呈現釀酒師所期望的風味特色：活潑、有朝氣及帶氣泡，亦或是新鮮無橡木桶味，也可以是飽滿帶奶油味，甚至可釀成甜酒。它也能釀成像夏布利（Chablis）那樣礦物味十足、口感清爽的酒，甚至還能用於釀造香檳和其他氣泡酒。

## 希哈
### SYRAH/SHIRAZ
#### 澳洲最流行的葡萄品種
*黑胡椒・黑巧克力・單寧明顯*

源於隆河谷地的北邊，希哈葡萄以生產顏色深、能長久陳放的艾米達吉（Hermitage）以及羅第丘（Côte-Rôtie）紅酒而聞名（在羅第丘傳統上會添加一些維歐尼耶 [Viognier] 品種來增添風味）。現在希哈葡萄已經遍佈於法國南部各地，在當地常和其他品種一起混釀。澳洲稱希哈葡萄為 "Shiraz"，是澳洲種植面積最廣的紅葡萄品種，這裡的希哈紅酒喝起來有些不同，在像巴羅莎（Barossa）這麼炎熱的地方，常釀成強勁、醇厚、又濃郁的葡萄酒，但是在維多利亞州等較涼爽的地區所釀出的紅酒，則能保有其黑胡椒香氣。現在，全球各地的葡萄農都在試著種植希哈這種討喜的品種。希哈葡萄酒不論年輕或陳年，餘味中總會帶有鹹鮮味。希哈越來越流行，在智利、南非、紐西蘭、美國以及阿根廷都被大規模種植。

## 黑格那希
### GRENACHE NOIR/GARNACHA TINTA
#### 教皇新堡的主要品種，在全世界再度流行
*顏色淡・甜・酒精味重；需要完全成熟*
*才能彰顯個性；適合釀成粉紅酒*

格那希在環地中海區被廣泛種植，而且是隆河南部種植最廣的葡萄品種，在當地通常和慕維得爾（Mourvèdre）、希哈以及仙梭（Cinsault）等品種一起混釀。在胡西雍區（Roussillon）也被大量種植，並且是和酒精濃度同樣很高的白格那希（Grenache Blanc）及灰格那希（Grenache Gris）一起釀造成當地「天然甜味葡萄酒」（Vins Doux Naturels，見第 144 頁）的主要品種。在西班牙稱為 "Garnacha"，是全西班牙種植最廣的紅葡萄品種，比如在博爾哈原野（Campo de Borja）和格雷多（Gredos）山脈的那些灌木型老藤格那希可以生產出 CP 值很高的葡萄酒。在義大利薩丁尼亞島稱為 "Cannonau"，在美國加州和澳洲都稱為格那希，該品種越來越受到重視。

## 白蘇維濃
### SAUVIGNON BLANC
#### 紐西蘭的代表性葡萄品種
*青草・綠色水果・重酸辛辣・*
*很少帶橡木味*

香氣撲鼻、極為清爽，跟這幾頁多數的品種不同，適合在較年輕的時候品嚐。白蘇維濃源於法國的羅亞爾河谷。在當地，風味可因年份不同而產生差異，白蘇維濃在較差的年份可能過酸。種植於太溫暖的氣候區，可能會因長勢過強而喪失特有的香氣和酸度，在美國加州與澳洲釀製的許多白蘇維濃都顯得太過濃膩。白蘇維濃的植株比較強健，枝葉容易生長過盛，因此必須通過良好的「樹冠管理」（Canopy management）來控制過多的枝葉。白蘇維濃在紐西蘭表現特別好，尤其在馬爾堡（Marlborough），也吸引智利和南非的釀酒師前來取經。白蘇維濃在波爾多傳統上會和榭密雍（Sémillon）混釀成干型及甜型的白葡萄酒。

## 黑皮諾
### PINOT NOIR
#### 布根地偉大的紅葡萄品種
*櫻桃・覆盆子・紫羅蘭・野味・*
*淡至中等深度的紅寶石色*

這個最難捉摸的葡萄品種比較早熟，種在太熱的地方會成熟太快，而無法發展出薄皮時所蘊含的許多細緻迷人風味。全世界最完美的黑皮諾產就是布根地的金丘區，如果種植及釀造得當，黑皮諾就能夠傳遞非常複雜多變的風土特色。一瓶優質的布根地紅酒充滿了魅力，讓全球各地的種植者爭相模仿，但目前為止，只有德國，紐西蘭，美國的奧勒岡州、加州以及澳洲一些最涼爽的產區才能釀出非常不錯的黑皮諾。在釀造靜態（不起泡）酒（still wine）時，黑皮諾很少跟其他品種混合，但釀造香檳時，黑皮諾與夏多內及近親皮諾莫尼耶（Pinot Meunier）是最常見的混釀組合。

## 山吉歐維樹

### SANGIOVESE

#### 義大利最廣泛種植的葡萄品種，風格多樣

*強烈．活潑．顏色較淺．風味多變：從梅子味到穀倉農場味都有*

山吉歐維樹是義大利中部種植最廣、極具潛力的品種，尤其在經典奇揚替（Chianti Classico）、蒙塔奇諾（Montalcino，在當地稱為布魯奈羅 [Brunello] 品種）以及蒙鐵布奇亞諾（Montepulciano，在當地稱為普羅諾陽提 [Prugnolo Gentile] 品種）等三個產區最著名。它在馬萊瑪（Maremma）也可見種植並被稱作莫瑞利諾（Morellino）。山吉歐維樹最常見的那些品系往往產量過大，而釀成相當清淡、果酸味重的紅酒，在艾米里亞－羅馬涅（Emilia-Romagna）大區有不少以平凡品系釀出的紅酒。經典奇揚替曾一度堅持添加崔比亞諾（Trebbiano）等品種的白葡萄來稀釋風味，而 20 世紀晚期山吉歐維樹則被人鄙視，以凸顯卡本內和梅洛的優秀。當時一些布魯奈羅的生產者還被懷疑在酒裡混入法國品種。然而，當前 100% 的山吉歐維樹葡萄酒不僅受到官方認可，並且廣受讚譽。

## 慕維得爾

### MOURVEDRE

#### 邦斗爾產區的葡萄品種，釀出的酒容易發生還原反應（reduction）

*動物香．黑莓．酒精味重．多單寧*

此品種並不出名，但是是炎熱產區混釀酒中非常重要的品種，是普羅旺斯頂級葡萄酒產區邦斗爾（Bandol）最重要的葡萄品種，只是需要精心釀造。在整個法國南部以及澳洲南部產區，都用慕維得爾來為格那希和希哈的混釀添加厚實口感。在西班牙中東部稱為莫納斯特雷爾（Monastrell），能釀出厚重的葡萄酒。在澳洲以及美國加州稱為馬塔羅（Mataro），人們知道但卻有些忽視它，直到改名為慕維得爾（Mourvèdre）後，才開始有了新生命，通常用於混釀。

## 卡本內－弗朗

### CABERNET FRANC

#### 卡本內蘇維濃的親本和混釀搭檔

*植物葉子香氣．新鮮．很少濃重*

這是卡本內蘇維濃的柔和版本。因為較早熟，卡本內－弗朗在羅亞爾河產區廣泛種植，也可種在較冷而土壤也較潮濕的聖愛美濃（常常和梅洛混釀）。在梅多克、格拉夫會種植來備用，以防卡本內蘇維濃沒有成熟。比梅洛更耐受寒冷的冬季，在紐西蘭、美國長島和華盛頓州能釀出相當可口的紅酒。在義大利東北部釀出來的酒，嚐起來會帶著頗可口的青草味，而在羅亞爾河的希濃（Chinon）產區則可展現極致的絲滑般口感。

## 麗絲玲

### RIESLING

#### 世界上最具表現力、最值得陳放的白葡萄品種

*芬芳．細緻．活潑有趣．適合佐餐．很少帶橡木味*

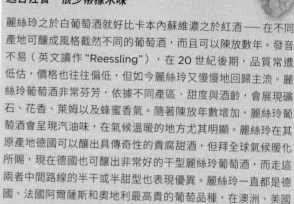

麗絲玲之於白葡萄酒就好比卡本內蘇維濃之於紅酒——在不同產地可釀成風格截然不同的葡萄酒，而且可以陳放數年。發音不易（英文讀作 "Reessling"），在 20 世紀後期，品質常遭低估，價格也往往偏低，但如今麗絲玲又慢慢地回歸主流。麗絲玲葡萄酒非常芬芳，依據不同產區、甜度與酒齡，會展現礦石、花香、萊姆以及蜂蜜香氣。隨著陳放年數增加，麗絲玲葡萄酒會呈現汽油味，在氣候溫暖的地方尤其明顯。麗絲玲在其原產地德國可以釀出具傳奇性的貴腐甜酒，但拜全球氣候暖化所賜，現在德國也可釀出非常好的干型麗絲玲葡萄酒，而走這兩者中間路線的半干或半甜型也表現優異。麗絲玲一直是德國、法國阿爾薩斯和奧地利最高貴的葡萄品種，在澳洲、美國紐約州和密西根州也備受推崇。

## 灰皮諾

### PINOT GRIS/PINOT GRIGIO

#### 義大利繼普羅賽克（Prosecco）氣泡酒後極為成功的出口酒

*豐厚．酒色金黃．煙熏味．香氣奔放或平淡*

這個流行品種的發源地是迷人的阿爾薩斯，與麗絲玲、格烏茲塔明那（Gewurztraminer）以及蜜思嘉（Muscat）一起被認為是最高貴的葡萄品種，常被釀成當地風格最濃厚但口感又相對柔和的白葡萄酒。這個粉紅色果皮的品種是黑皮諾的變種，也是夏多內的近親，在義大利稱為 Pinot Grigio，可以釀成風格鮮明或味道不明顯的干型白葡萄酒。其他地方的種植者，則在 Gris 或 Grigio 兩個名稱之間猶豫不定，但不管選擇哪個名稱都不與酒的風格無關。灰皮諾在美國奧勒岡州、紐西蘭和澳洲，同樣也頗具特色。

## 馬爾貝克

### MALBEC

#### 被阿根廷「收養」後發揚光大的紅葡萄品種，能釀出最有名的葡萄酒

*在阿根廷的有香料味又豐富，在法國卡奧（Cahors）的則多野味氣息*

馬爾貝克挺神秘。長年以來，在整個法國西南部地區，包括波爾多在內，都是與其他葡萄混合釀造的品種，只有在卡奧（Cahors）產區，馬爾貝克才居於主位。在當地被稱為 Côt 或 Auxerrois，一般釀成粗獷、帶一點野味，並適合放一陣子（medium-term ageing）的紅酒。法國移民將馬爾貝克帶到阿根廷，在門多薩（Mendoza）產區，它仿佛來到了新天堂一般，成為全阿根廷最受歡迎的紅葡萄品種，可釀出絲般質地、濃縮、活潑、酒精濃度高且相當濃厚的紅酒。如今滿懷雄心壯志的卡奧釀酒者把門多薩的馬爾貝克視為新標竿。

## 產量不總是等同於品質

這些以總種植面積降冪列出的品種，包含了全世界最廣泛種植的前20個葡萄品種，但這並不意味著它們全是最重要的。例如，在西班牙無人工灌溉的乾旱地區，為了適應當地條件，葡萄藤的間隔很遠（見第13頁中間的圖示）當地品種阿依倫（Airén）和博巴爾（Bobal）分別排在第3和第12位。

**阿依倫 Airén**，拉曼查（La Mancha）產區的主要品種，釀造的白葡萄酒大部分風味寡淡，被蒸餾成白蘭地烈酒。

**托斯卡諾－崔比亞諾 Trebbiano Toscano**，廣泛地種植於義大利中部，但該處所產的白葡萄酒大多味道平淡不明顯。在法國西南部，該品種稱作白玉霓（Ugni Blanc），用於蒸餾產烈酒。

**卡利濃 Carignan**，在發源地西班牙被稱作 Cariñena 和 Mazuelo，曾經一度在隆格多克（Languedoc）地區廣泛種植，現在還是普里奧拉（Priorat）產區的重要品種。老藤加麗濃能生產濃縮、有意思的葡萄酒，但是若產量過大，酒的口感會太尖酸。

**博巴爾 Bobal**，在西班牙東部能釀造出濃郁結實的紅葡萄酒。

**格拉塞維納 Graševina**，有很多別名，如威爾斯麗絲玲（Welschriesling）、義大利麗絲玲（Italian Riesling），以及在其家鄉克羅埃西亞的各種帶 Rizling 詞綴的名稱。品質通常被低估，能釀出干型和甜型的優質酒。

**卡緹泰利 Rkatsiteli**，是一個非常實用的高酸白葡萄品種，在東歐廣泛種植，甚至更東方的俄羅斯和中國也有種植。

**馬卡貝歐 Macabeo**，也被稱作 Maccabeu 和 Viura，在利奧哈（Rioja）和胡西雍（Roussillon）產區能釀造出通常值得陳放的干型白葡萄酒。

## 更多有趣的品種

這些葡萄品種的種植規模與上述相比小了很多，但是能夠釀製出風格獨特的優質酒。

### 白梢楠
#### CHENIN BLANC

***可釀成非常多類型的葡萄酒；
蜂蜜·濕稻草·蘋果***

白梢楠是法國羅亞爾河中段的葡萄品種，種植地區介於下游蜜思卡得（Muscadet）所產的布根地香瓜（Melon de Bourgogne）品種和上游的白蘇維濃之間。該品種能釀造出酸度明顯但不失平衡、值得陳放且具有獨特風味的各種甜度葡萄酒。感染貴腐黴的羅亞爾河白梢楠，如悟雷（Vouvray）酒是相當精彩且長壽的甜白葡萄酒，但也能釀成微帶蜂蜜味、干型、無氣泡、有時帶點橡木味的酒，還能在梭密爾（Saumur）和悟雷等產區生產一些相當有風格的氣泡酒。白梢楠在其他產區常遭誤解。在美國加州和南非常釀成日常的干白葡萄酒。南非種植大量白梢楠，當地稱為斯丁（Steen）。南非開普（Cape）地區的白梢楠，特別是來自老藤的酒，可居於世界上最偉大的白葡萄酒之列。

### 金芬黛
#### ZINFANDEL

***熟透的漿果香·酒精味重·口感甜潤***

金芬黛曾經長達一個世紀都被當成美國加州本土的葡萄品種，後來才發現它與18世紀就種在義大利南部的普里米蒂沃（Primitivo）是同一品種。現在，DNA 分析進一步證明它的原產地在亞得里亞海（Adriatic）一帶。雖然金芬黛的葡萄串會有成熟不均勻的情形，但是其中有許多葡萄粒可以達到其他品種無法達到的超高糖度，讓簡稱為 "Zin" 的金芬黛可以釀出酒精濃度高達17%的葡萄酒。特別是在加州的索諾瑪地區，有一些老藤的金芬黛能夠釀出優質的紅酒，但常見的如來自加州中央谷地的金芬黛，往往用來生產濃縮度不高的葡萄酒，其中有許多通過添加蜜思嘉及麗絲玲來增加香氣，釀成淡粉色「白金芬黛」（White Zinfandel）。

### （小粒）白蜜思嘉
#### MUSCAT BLANC/MOSCATO BIANCO

***葡萄香氣·相對簡單·通常帶甜味***

這是最精細的蜜思嘉葡萄品系，葡萄粒非常小（法文稱為 petits grains），葡萄的形狀為圓形，品質相對普通的蜜思嘉品系「亞歷山大蜜思嘉」（Muscat of Alexandria，在澳洲稱為 Gordo Blanco 或 Lexia，在當地只作為食用葡萄）呈橢圓形。在義大利稱為 Moscato Bianco，用於釀造義大利 Asti 氣泡酒以及其他細緻清爽的微泡酒。在法國南部、科西嘉島和希臘也可釀成相當好的甜酒。澳洲所產的強烈、甜蜜且相當濃稠葡萄酒，是以深色的蜜思嘉品系「棕蜜思嘉」（Brown Muscat）釀出；而西班牙的 Moscatel 葡萄通常就是指亞歷山大蜜思嘉，至於在多凱（Tokaj）產的黃色蜜思嘉（Sárga Muskotály）能釀造上乘的單一品種或混釀酒。

### 榭密雍
#### SEMILLON

***無花果·柑橘·羊毛酯·
酒體飽滿·豐富***

之所以在這裡列出榭密雍，是因為它有能力釀出品質極優異的甜酒，特別是產自索甸（Sauternes）和巴薩克（Barsac）這兩個產區的，此兩地經常以4：1的比例混合白蘇維濃，再額外加上一點密思卡岱（Muscadelle）葡萄。榭密雍（Sémillon，在法國以外的地區拼寫為 Semillon，但在阿根廷拼寫為 Semijon）的皮特別薄，因此非常容易感染黴菌，如果遇到適宜的天氣條件便能染上奇跡般的貴腐黴（見第104頁），進一步地濃縮葡萄的甜度。在波爾多，特別是在貝沙克－雷奧良（Pessac-Léognan）產區，榭密雍常被用於釀成帶橡木味的傑出干型白葡萄酒。澳洲的獵人谷（Hunter Valley）則用非常早採收的榭密雍葡萄釀出陳年潛力強、風味複雜但酒體輕盈的干白葡萄酒。南非則種植著一些老藤榭密雍葡萄藤。

# 氣溫與日照

除了葡萄藤本身，變化多端的天氣狀況是影響葡萄酒的第二重要因素。葡萄的生長很大程度地仰賴四季的變化和長期氣候條件，這兩方面也決定了哪種葡萄適合種植及表現如何，而日常的天氣變幻則能夠決定一個年份的好與壞。

葡萄藤能否結出好果實、釀出好酒，會受到非常多的氣候因素影響，其中包括氣溫、日照、降水、濕度還有風。葡萄藤在很多特定的中緯度產區表現極佳（見第48-49頁地圖），尤其在涼爽的氣候下，氣溫是影響葡萄成熟度的關鍵因素。

來自涼爽氣候種植區釀造的葡萄酒在當代很流行，因為厚重的葡萄酒日漸不受青睞。與炎熱氣候相比，涼爽氣候使葡萄酒的酒精濃度更低、酸度更高，香氣內斂但更為集中。假如一棵葡萄藤生長在太熱的地區，葡萄成熟過快、生長季過短，儘管葡萄中的糖分（之後被轉化為酒精）夠高，但葡萄卻不能慢慢發展出很多風味。縱觀全世界，尤其因氣候變化（見第22-23頁）的緣故，葡萄酒的生產者一直在尋找更涼冷的區域，比如那些更高海拔或者靠近涼爽海域的產區。

海拔可用來彌補緯度的劣勢。海拔每上升100公尺，平均氣溫便下降0.6℃，這就是為何安地斯（Andes）山脈和墨西哥中部的葡萄園即使靠近赤道，也能生機勃勃。

### 年度週期

一年中不同的節氣扮演著不同的角色。在冬季，葡萄藤處於休眠狀態，若遭遇極端低溫，葡萄藤可能遭受嚴重的傷害。然而冬季時氣溫也要夠低才能保證葡萄藤進行冬眠並儲存養分，同時殺滅有害微生物。當氣溫降到零下15℃時，冬眠期的葡萄藤易被損傷，最終被凍死的可能性很高，將會造成嚴重的經濟損失。葡萄藤可能因低溫而受損傷，更容易遭受越來越常見的各類樹幹疾病侵襲。

當溫度降低至約零下25℃時，有些葡萄品種的生命可能徹底被損害，所以需要一定的冬季防寒措施。例如在俄羅斯和中國部分地區，每年都需要針對葡萄藤施行秋季埋土與春季出土的工作。這方法極為勞民傷財，而且很容易損傷葡萄藤的不同部位，比如傷害枝幹，或甚至在春季出土時不小心抹去即將萌發的嫩芽。

在極端低溫相對罕見的產區，生產者會使用混合冷熱空氣的風機來避免致命的凍害。在加拿大最冷的葡萄酒產區，種植者為保護葡萄藤，嘗試以可重複使用的厚土工布來覆蓋植株。

在歐洲北部，一旦春天到來，葡萄藤開始發芽，真正的危險便來臨。尤其是在新芽開始抽出，新葉脆弱幼嫩的晚春時分，霜凍可能造成嚴重的威脅。種植者為保護萌芽不受凍害而採用各種方法，包括在葡萄園裡點火爐、在葡萄藤上噴水進而結成保護性冰層，以及啟動防霜害風機，甚至雇用直升機來攪動空氣，以防止最冷洌、最具破壞性的空氣沉積於地面。夏布利（Chablis）的種植者嘗試用紡織品來防護葡萄藤，但這種成本極高的方法只能用於最貴重的葡萄園區。2017年4月末，在法國多個地區發生的晚春凍大大地減低了當年的葡萄收成。秋季的霜凍雖然不經常發生，卻同樣危險，會造成葡萄藤葉乾化脫水從而突然中止葡萄的成熟過程。

根據天氣和葡萄品種的不同，葡萄藤的生長季從開始發芽到採收為止，一般會持續150~190天，這期間光照十分關鍵，因為植株要進行光合作用。但是在葡萄藤生長期，若沒有充足的溫度和降水或灌溉（見第20頁）帶來的濕度，葡萄也不能好好成熟。另一方面，在夏季熱浪來臨時，光合作用與葡萄成熟可能都會停止。葡萄藤葉的氣孔會在35℃以上的溫度下閉合，或者葡萄藤會因極度缺水而感到壓迫。美國加州的種植者懼怕「極端高溫」的情況，因這會造成採收期延遲。

### 氣溫指標

各個產區的平均生長季氣溫在涼爽（13℃）至炎熱（21℃）的區間內，氣溫很大程度地決定了哪些葡萄品種能穩定且完美地成熟。有些相對成熟更早的品種，需要較長的生長季。成熟期最後一個月的平均溫度如果能夠保持在15-21℃，理論上就能保證釀出品質上佳的餐酒。而在氣候更為炎熱的產區，如西班牙的安達盧西亞（Andalucía）、馬德拉、南非的小卡魯（Klein Karoo）和澳洲維多利亞州東北部地區，一般更適合生產加強型葡萄酒。

產區之間的巨大差異也能從冬季和夏季的溫差反映出來。在美國紐約州的五指湖（Finger Lakes）產區、華盛頓州的東部、加拿大的安大略省（Ontario）地區，還有德國偏北部的產區，因陸塊效應造就了寒冷的冬天和可能相當炎熱的夏天。一到秋天，這些產區氣溫下降得非常快，有可能讓葡萄無法成熟。

而在海洋性氣候區，由於海洋的調節作用，溫差則會小得多。如果是更為溫暖的海洋性氣候，冬季可能不夠冷，會使得葡

在中國北部的寧夏，冬天極為嚴寒，所以要艱苦地進行葡萄藤的秋季埋土和春天出土工作。如此辛苦的勞動似乎大多由女性完成。

萄藤無法進入冬眠，並且沒有足夠低的氣溫來殺死病蟲害，讓有機種植困難重重。在較涼爽的海洋性氣候地區，比如波爾多和紐約州的長島，花期的氣溫常常不穩定或太過涼爽，這會影響到「座果」（fruit set），進而造成葡萄果實大小不一。每日的溫度變化也同樣重要，對於葡萄酒生產者來說，白天溫暖而夜晚涼爽是最理想的。多虧了冷涼的太平洋，美國加州和智利葡萄酒產區的氣溫總是在夜間降低不少，夜晚氣溫比那些受大西洋影響的產區（如波爾多）要涼爽得多。

在加拿大，種植者如魁北克省聖雅克塔酒莊（Domaine St-Jacques）裡的伊凡‧奎利恩（Yvan Quirion），在冬季會試著用厚土工布來覆蓋栽培棚架，以保護葡萄藤。低矮的整形法讓葡萄藤能吸收地面的熱量。

## 日照程度

並非所有光照都是一樣的，光照的品質又是另一個變數。陽光、樹葉和葡萄之間的相互作用將於第 28-29 頁討論，而在第 22-23 頁描述了氣候變化的影響。海拔對葡萄藤受到何種程度的日照也有影響。海拔高的葡萄園紫外線越強，如紐西蘭等靠近臭氧層破洞的地區，會受到更多紫外線照射，造就果皮很厚的葡萄，從而釀成濃厚、色深、單寧高而成熟的葡萄酒。

春季霜凍是夏布利產區的首要災害，許多種植者會噴水來結成保護性冰層，使幼嫩的芽得以受到保護。

# 造就葡萄酒的水分

除了陽光和熱度以外，葡萄藤也需要水分。在溫和的氣候下，葡萄藤要進行足夠的光合作用才能讓果實成熟，這需要至少 500 公釐的年平均降雨量。在較熱的氣候下，根據不同的葡萄品種，可能需要 750 公釐以上的年平均降雨量，因為高溫會加快土壤水分蒸發以及葉子散發水分的速度。某些葡萄品種（比如西班牙拉曼查產區的阿依倫）特別抗旱，能生長在近乎乾旱的條件下，栽種時將葡萄藤整形為灌木型並拉大種植間距，以求能盡可能地利用稀有的地下水分。

在降雨量遠遠低於葡萄藤所需的地區，若條件允許，可引用灌溉水來補足雨量的不足。水的品質和數量，依然是許多葡萄酒產區的重要問題，特別是美國加州和南非的部分長期遭受乾旱的地區。曾經一度認為灌溉是稀鬆平常的種植戶轉變了態度，他們竭盡所能地節約水資源、實行旱地耕作。多年來，澳洲內陸的大片產區依賴墨雷河（Murray River）及其支流的水源來生產大量的廉價酒，如今，他們必須重新調整用水方式，以因應受到嚴格限制的水域使用權。在炎熱地區還常發生另一個問題——水的鹹度過高，限制了灌溉的效用，並對葡萄藤造成損害。

葡萄園地下世界的結構和性質，包括根系，對於調節葡萄藤的水分方面（見第 24-26 頁）有著非常重要的作用，無論水分來自降雨還是人工灌溉。當大氣環境炎熱而乾燥時，水分蒸發的速率就會提高。

如果葡萄藤攝取的水分較少，往往會長出顆粒較小、果皮較厚的葡萄，雖然產量可能降低，但這樣的果實會提升葡萄酒的品質，賦予酒非常濃縮的味道及更深的顏色。然而，嚴重的乾旱會讓葡萄的成熟過程完全停止，因為葡萄藤會為了求生存而放棄結果繁殖，釀出的葡萄酒將會失去平衡。葡萄園的擴張規模很大程度取決於能不能找到灌溉水源，而非其他氣候條件，在南半球和加州的產區尤其明顯。

理論上，只要排水足夠，種植葡萄並沒有年降雨量的上限，即便是淹水的葡萄園都能很快復原，尤其在冬季。例如在西班牙北邊加利西亞（Galicia）的部分產區和葡萄牙北部的明紐（Minho）產區，年平均降雨量超過 1500 公釐；巴西的重要產區高喬山谷（Serra Gaúcha）每年的降雨量達到 1800 公釐，且降雨集中在生長季。但過多的雨水容易讓葡萄藤感染真菌病毒（見第

27 頁），並且促進過多的枝葉生長，使樹冠過於濃密，遮擋光照，最終的結果便是葡萄果實不能夠成熟。

## 強降雨、冰雹和濕度

生長季中若遇到不合時宜的雨水或強降雨，將會對葡萄果實的大小和品質產生很大影響。在夏初開花時分，如果天氣不穩定或者過於涼爽，可能會影響座果率和果實的均勻程度。夏季連綿多日的雨水還會誘發真菌病。如果在採摘前遭遇強降雨，尤其是降雨前較為乾燥的話，果實便會迅速膨脹，甚至破裂（使之易受外界侵害），糖分、酸度和香氣可能很快被稀釋掉，最終導致一個葡萄種植的「差年份」。（見第 34-35 頁關於釀酒師們如何應對不良條件的詳細資訊。）

冰雹似乎在歐洲越來越常見，一些阿根廷的葡萄酒產區更是常年發生。冰雹會毀壞收成，破壞葡萄枝條，損傷主幹的木質部分，還會破壞整個葡萄園的果實。所幸的是，冰雹通常只發生在局部區域，但極難預測和規避。在門多薩（Mendoza）產區，常用結網覆蓋葡萄藤的方式來防冰雹（覆蓋的網還能防止葡萄被曬傷）。在布根地，人們嘗試用化學品催化那些孕育冰雹的雲，將冰雹轉化成雨水，甚至使用衝擊波炮轟雷雲。葡萄藤一旦遭受冰雹折磨，便很難恢復，至少要等到下個生長季才能回歸正常。

另一個與水有關，且對於葡萄藤生長越來越重要的要素是大氣中的濕度。有些種植戶提出葡萄園的濕度隨著全球暖化而同步提高，葡萄園大氣中的濕度越高，水分蒸發量就越少，所以葡萄藤能更有效地利用水分。但是真菌性病害最易在潮濕環境中爆發，所以高濕度有利有弊。

秘魯帕拉卡斯灣（Paracas）附近沙漠中，由博納多·羅卡（Bernardo Roca）種植的奇蹟（El Milagro）葡萄園，該葡萄園能完好存在，多虧了地下暗河與全年辛勤的儲水與節水。請注意那些滴灌每棵葡萄藤的黑色灌溉管道。

## 風的影響

　　風也扮演著重要的角色。在葡萄藤的成長初期，強風會刮壞嫩枝，影響其生長，或嚴重影響到它的花期。持續的風壓可能中止光合作用，推遲葡萄的成熟時間，如加州蒙特瑞（Monterey）的薩琳納斯谷（Salinas Valley）即可能發生該問題。在隆河谷地南部遮蔽較少的區域，葡萄農必須設置防風林，降低乾燥寒冷的北風所帶來的危害。在阿根廷會產生乾熱的焚風，也讓當地的生產者提心吊膽。

　　其他形式的風是有益的。許多葡萄園依靠每天下午的涼爽海風來減少葡萄園的濕度，進而降低真菌性病害的風險。

2013 年 8 月 2 日夜晚，在法國格雷齊拉克（Grézillac）附近發生的風暴前後對照圖，風暴摧毀了波爾多兩海之間（Entre-Deux-Mers）產區約 10,000 公頃的葡萄藤。

## 關鍵因素列表

　　本書中許多地圖都會輔以各個產區主要生態情況的介紹，並以列表的方式呈現：地理位置；主要葡萄品種；栽培難度以及最重要的氣候資料。

　　氣候的資訊來自美國葡萄酒氣候學家古格里‧瓊斯博士（Dr. Gregory Jones）友情提供的資料，是他近 30 年來採集自各個地區的資料（大部分是 1981 年至 2010 年）。

　　氣象站是平均氣候資料的來源，資料在地圖上以紅色倒三角標注，大部分最具代表性的產區都有所標注。然而，有些產區位於城鎮旁，而非葡萄園中，代表這些地方的溫度會因都市發展和不同的海拔有些許變化，氣溫比葡萄園更高。

**緯度 / 海拔**　一般來說，低緯度，或越靠近赤道的話，氣候越溫暖。但海拔高度會抵消緯度效應，會嚴重影響晝夜溫差變化：葡萄園的海拔越高，白天（最高溫）與夜晚（最低溫）的溫差就越大。

---

**利奧哈（RIOJA）：**
**洛格羅尼奧（LOGRONO）城鎮** ▼

緯度 / 海拔
**42.45° / 353公尺**

葡萄生長期的平均氣溫
**18.2°C**

年平均降雨量
**405公釐**

採收期降雨量
**10 月：37公釐**

主要種植威脅
**春季霜凍、真菌病害、乾旱**

主要葡萄品種
**紅：田帕尼優、格那希；白：馬卡貝歐、馬瓦西亞（Malvasia）**

---

**葡萄生長期間的平均氣溫**

北半球的葡萄成長季是 4 月 1 日至 10 月 31 日，而南半球是 10 月 1 日至次年 4 月 30 日。這段時期內的平均溫度是評估氣候最簡單的標準，全球均如此。

這些 7 個月內成長季的溫度數據，被古格里‧瓊斯博士劃為四類：涼爽（13-15°C）、溫和（15-17°C）、溫暖（17-19°C）、炎熱（19-21°C）。在全世界範圍內，這四類溫度都與葡萄生長影響及成熟有著密切的關聯，某個特定的葡萄品種能否在這片特定的地區成熟就取決於氣溫高低。對於葡萄種植來說，生長季的平均氣溫最好不要低於 13°C，上限不要高於 21°C，不過鮮食葡萄的生長溫度可以達到 24°C，甚至更高。

**年降雨量**　平均總降雨量表明可用水分有多少，儘管土壤類型和結構也大大影響可用水源。

**採收期的降水**　最後一個月葡萄成熟和收穫時的平均降雨量（雖然根據不同的品種和單獨的年份而有所變化）；降雨量越高，果實被稀釋、破裂或感染黴菌的風險越大。

**主要種植威脅**　這些是主要概況，包含了哪些氣候可能會造成危害，比如春天霜凍、秋季雨水，同時還有其他本地的病蟲害和葡萄疾病。

**主要葡萄品種**　這是一份在產區當地常見葡萄品種的列表（並不完全包含所有品種），按照其重要程度排序。

# 氣候變化

從植物的生長週期就能精準地看出全球氣候正處於逐漸暖化或寒化的狀態。世界各地葡萄藤的發芽、開花和結果時期變得越來越早。葡萄酒的品質和特徵與日常天氣條件和天氣變化緊緊關聯。當這些氣候條件發生變化時，葡萄酒也會隨之改變。所以，對於葡萄酒的種植戶和釀造者來說，氣候變遷是一個熱門話題。

用於商業生產的葡萄藤主要種植於北半球和南半球的兩條氣候帶（見第 48-49 頁）。產區之間當然會有差異，但總體來說，和二三十年前相比，南北半球許多產區的平均採收時日提前了 2 至 4 周。比如在澳洲的莫寧頓半島（Mornington Peninsula），20 世紀 80 年代初開始種植葡萄，那時一般要到 5 月下旬方可採收晚熟的卡本內蘇維濃葡萄。20 世紀 90 年代，高酒精濃度的葡萄酒盛行，於是葡萄農們改種早熟的夏多內和黑皮諾葡萄，最初這些葡萄在 4 月或 3 月底採收，但如今可能提前在 2 月份就要採收。在法國西南部，像一級酒莊「歐布里雍堡」（Château Haut-Brion）等靠近城市中心的酒莊，通常會最先採收葡萄。2003 年，該酒莊在 8 月 13 日就開始採收品質非凡的白葡萄品種。依照傳統，波爾多的採收季其實是在 9 月下旬或 10 月上旬才開始，但如今，波爾多的採收季常常始於 8 月份。

## 贏家和輸家

葡萄酒產區的平均氣溫一直持續上升，上升程度大到葡萄種植區需漸漸向極地靠近。20 世紀 70 年代，人們無法想像釀酒葡萄能在盧森堡北部成熟，並達到足以產生經濟效益的產量。如今，比利時、荷蘭、丹麥和瑞典都有著興盛的葡萄酒產業。來自挪威南部某單一葡萄園的麗絲玲葡萄取得了理想的成熟度，甚至在帶有鮮明大陸性氣候的波蘭，葡萄種植業也在復興。不可否認的是，某些葡萄園栽培著早熟和抗病性高的歐洲種內雜交品種和其他葡萄種類，這些品種也可以釀成適飲的葡萄酒，無需使用不良的農用化學品，也不必選用抗病性極強但卻帶有「狐臭味」的美國本地葡萄雜交種。因此，歐盟大開方便之門，將這些歐洲雜交種認定為釀酒葡萄，並允許其釀造成符合法規標準的優質葡萄酒。典型的例子有釀白葡萄酒的索萊莉（Solaris）品種，以及釀紅葡萄酒的隆多（Rondo）或馬雷夏爾（Maréchal）品種，這些品種在一些法國的實驗性葡萄園裡也可見種植。

氣候變遷的主要受益者是英國、加拿大和德國的葡萄栽培者，與 10 年或 20 年前相比，他們現在多半能收穫成熟的葡萄。一些香檳的生產商甚至已經開始投資英國的葡萄園，因為如今在那裡比在香檳區更容易取得適合釀造細膩氣泡酒的高酸度葡萄。

在不久之前，歐洲經典葡萄酒產區的種植戶最注重的是葡萄成熟度的管理，而如今，大多數種植戶更渴望的是葡萄能擁有天然的高酸度，以釀出清爽和平衡的葡萄酒。一般來說，在歐洲以外更炎熱的產區允許加酸的操作，但是在 2003 年，歐洲發生夏季連續高溫，這迫使法國葡萄酒當局首次允許涼爽產區的釀酒者也在葡萄漿中加酸，連布根地都包括在內。

夏天不僅僅更熱（雖然一定也有不尋常的冷涼年份，比如 2013 年歐洲大部分地區十分涼爽），而且普遍更乾燥。美國加州、澳洲、智利和南非的部分地區越來越常受到持續乾旱的折磨，導致更頻發的野火，有些大火對葡萄園和一些酒莊的負面影

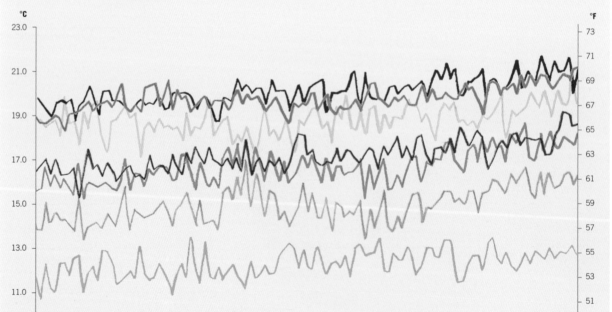

**生長季平均氣溫的變化**

即使像在布根地這樣在不同年份氣溫差異很大的地區，生長季平均氣溫上升的趨勢也是不容忽視的。馬爾堡（Marlborough）的氣候確實比其他主要葡萄產區涼爽得多，想必這裡陽光的品質對葡萄成熟產生了很大幫助。同樣值得注意的是，波爾多和那帕（Napa）的平均氣溫十分相近；阿根廷和南非最重要的葡萄酒產區門多薩（Mendoza）和斯泰倫博斯（Stellenbosch）則熱得多，並且和其他類似的葡萄酒產區一樣，都越來越炎熱。

＊資料來源：東安格利亞大學氣候研究中心（Climate Research Unit, University of East Anglia）。Harris 等著（2014）。

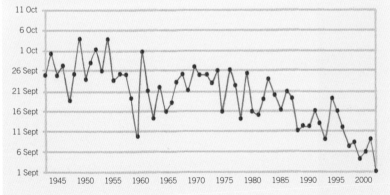

響明顯可見。令人難過的是，如今重要的研究課題變成要知道煙霧的污染會如何破壞葡萄和葡萄酒。若葡萄在顏色轉變（該階段被稱為轉色期 [veraison]，見第 31 頁）後，暴露在煙燻環境中，就有可能會導致釀出的葡萄酒帶有煙燻臭味。

2017 年 10 月，加州因持續的乾旱造成大火。野火吞噬了眾多葡萄園、酒莊和酒莊勞工的家。幸好，大火發生前大部分的葡萄已採收。

### 策略改變

夏季升溫，或陽光越來越烈都會提高葡萄曬傷的風險。20 世紀末，種植戶力求能讓葡萄盡可能地暴露於陽光下，以求達到高度成熟，當時的葡萄藤管理著重於剪掉過多的葉子，削減樹冠。但如今的一些產區，即使處在北歐，也會遭遇陽光過於強烈的問題，於是要用更多樹葉層遮擋葡萄，特別是像白蘇維濃這樣的品種更需如此。在西西里和加州部分地區十分炎熱、陽光充沛的產區中，一些種植戶試著用遮光布這樣的輕紡織品遮蓋葡萄藤，以防止葡萄被曬傷。

同理，為了延長生長季，一些葡萄園刻意選址於背光的山坡上，而非面朝陽光的一面。在歷史悠久的葡萄酒產區中，葡萄藤還會種植於海拔更高和有涼風影響的區域，以減緩葡萄的成熟並延長生長季。越來越常見的是，葡萄中的糖度成熟快過其他像單寧類物質的成熟，於是葡萄農們延遲採收，導致葡萄有時變得過熟。如今在灌溉普遍的產區中，流行的做法是透過巧妙地控制灌溉水源，儘量地延遲葡萄中的糖分積累。在一些灌溉曾經很普及的區域，水資源的短缺造成旱地耕作的新風潮。

在歐洲以外，葡萄園主人有時對氣候變化的因應對策是考慮種植或是嫁接能適應更炎熱氣候的品種。比如在澳洲，已經有種植戶從種卡本內蘇維濃改種更多地中海葡萄品種，後者需要的水量更少並更能適應炎熱的環境。但在經典的歐洲產區，這暫時不被允許，因為那些地區被限定只能種植特定的傳統葡萄品種。

## 教皇新堡（Châteaneuf-du-Pape）開始採收的日期

* 資料來源：B. Ganichot，法國 Rhodanien Orange 研究所

與過去相比，隆河南部教皇新堡的採收日期提前了好幾周，該產區只是一個代表例子而已。對很多葡萄農而言，放暑假已是很遙遠的事。

# 風土條件

"Terroir" 這個法文詞並沒有準確的譯名。或許這就是為何許多英國人一直誤以為這是法國才有的：省事地用神秘主義來斷言法國土壤與地貌的優越性，並認為就是這種無從得知的特性讓法國葡萄酒擁有諸多特別的品質。然而每個人或至少每個地方其實都有風土條件，您我的花園都有風土條件，或許還不止一個。風土條件的意思就是指所有自然的生長環境。風土條件唯一的神秘之處在於它如何在您的酒杯中體現出來。

在最局限的用法裡，terroir 這個詞指的是土壤。其衍伸的含義和通常的用法包括土壤本身與葡萄藤和根系之間的交互影響，表土以及底下的岩層，土壤的物理結構和化學成分，土壤中的微生物和其相關的地形、氣候（見第 18-23 頁），當然還有天氣狀況等。許多人還認為風土條件包括葡萄農的決策，以及在歐洲產區中經常為法定的傳統葡萄栽培或釀造方式所帶來的影響。

天然環境包括土地的排水性、是否會反射陽光或吸熱、海拔高度、山坡的傾斜度、向陽角度，以及是否靠近可降溫或提供防護的森林，或附近是否有可調節溫度的湖泊、河流或海洋等方面。即便山坡上和山腳下的土壤一樣，但假如山腳下有霜凍危險，那麼風土條件就會和山坡上有所不同。一般而言，高度越高，平均氣溫就越低，特別是夜間溫度更低（這也解釋了為何葡萄可以種在像阿根廷薩爾塔 [Salta] 產區這種接近赤道之處）。不過，北加州一些山坡上的葡萄園因為位於霧線之上，氣候反倒比谷底溫暖。

同樣的道理，一個朝東的山坡能接收到早晨的陽光，所以即使與一個西向山坡擁有一模一樣的土壤條件，但是因為後者接收陽光的溫度較晚且傍晚時還有夕照，所以這兩個山坡還是分屬於不同的風土條件，所釀製出來的葡萄酒也會有些不同。以蜿蜒於德國境內的摩塞爾（Mosel）產區為例，其中某山坡的精確座向會決定葡萄園能否生產絕佳的葡萄酒，或是完全無法栽種葡萄。

在氣候多變（見第 22-23 頁）的今天，上述風土條件的各方面都顯得格外重要。在氣溫不斷攀升的地球上，我們開始探究哪個區域是或者將成為最佳的葡萄種植區。如今，我們非常清楚地意識到即使在單一葡萄園中，特別是在那些面積可能達數英畝（1 英畝約等於 40 公畝）的葡萄園裡，產區界限可能只由一條道路或是一排樹來劃分，土壤類型或深度也不多樣，但卻會有眾多不同的風土條件。在較新的葡萄酒產區中，如果擔負得起成本，可利用科學研究和技術所帶來的分析與工具，精準地管理一片葡萄園中的不同區塊。透過只有現代高科技才能達到的一定精度風土條件觀測，精準地栽培葡萄藤，讓每一棵葡萄藤的潛在品質都能發揮到極致。

## 葡萄園的分區

「土壤繪圖」（Zoning）已經成為一門十分精確的科學，綜合了地質學（底部基岩）、地形學（土地是如何經地質變化而形成的），以及土壤學（土壤的研究）（請參見下頁內容）。葡萄農現在可以拿到解析度極高的土壤繪圖，幫助他們決定要選購入哪塊土地、如何進行整地，同時還能精確地決定在哪個地方要栽種哪個品種，從而生產出理想的葡萄酒。但這些結果不是絕對的。在現有的、特別是規模較大的葡萄園中，不同地塊的產量和成熟度都有可能出現很大的差異，這時可以採用遙測空拍影像這種更精密的方法來監測與觀察葡萄藤的長勢。土壤繪圖的方法各不相同，但是地理和葡萄栽培學上的精準度日益增加，讓栽培者能從中獲得很大的好處，比如能分批在最佳時機採收同一葡萄園中的各個地塊，或是根據區塊差異控制噴藥量。但這需要高額的花費，所以只有在葡萄酒的潛在品質與價格都高到足以彌補額外支出的情況下，才會採用這些科技。大範圍的監測界定也是劃分新葡萄酒區的一個重要方法。

繁茂與貧瘠。英屬哥倫比亞省（British Columbia）的半沙漠產區——歐肯那根谷（Okanagan Valley）中的藍山（Blue Mountain）葡萄園，因人工灌溉大有改善，對比加那利群島（Canary Islands）中的蘭薩羅特島（Lanzarote），那裡的杰里亞（La Geria）葡萄園實行無灌溉的旱地耕作，葡萄藤在火山灰構成的土壤上整枝成非常低矮的程度。

# 葡萄藤下的世界

造成風土條件存在差異、也是影響風土最重要的部分在於可供給的水和養分。考慮到葡萄成熟所需的溫度，葡萄農可能會調整這兩種風土要素，他們也許經常需要施肥、灌溉、排水，或者補給有機質的不足。葡萄藤的養分供應也受到土壤中微生物的影響，許多微生物與葡萄藤和種在葡萄藤之間被稱作覆蓋作物的植株根系有著共生關係。

## 土壤

葡萄園的土壤年齡、組成、質地、結構、深度和排水性千差萬別，葡萄藤能夠在其他大部分作物都很難生存的土壤上旺盛生長。上述的各個特性影響著土壤的肥沃度、持水能力和溫度，進而影響最終葡萄酒的品質和產量。

若想釀出好酒，很關鍵的一點是氮元素不能過多。如果一棵葡萄藤栽種於肥沃、水源充沛的土地上，例如，即使是種植在加州那帕谷中一些最差的土地上，葡萄藤也會本能地迅速生長，變得枝繁葉茂。過多的樹葉會遮蔽葡萄，造成葡萄不成熟，釀出葡萄酒嚐起來會很青澀。

然而，如果葡萄藤種在非常貧瘠的土壤裡且幾乎沒有任何水源，加上盛夏的熱浪，光合作用可能完全停止。這些問題會出現在西班牙中部和義大利南部的許多傳統葡萄園中。如此缺水的葡萄藤會「停止工作」並為了生存而耗盡或者吸取本應用於成熟葡萄的能量。這時，葡萄中的糖分還能提高的唯一原因，就是葡萄中的水分逐漸蒸發。於是，理想的香氣不能形成，單寧不會成熟，最後可能會釀出極度失衡的葡萄酒：酒精濃度高卻有青澀不成熟的單寧，香氣弱且酒色不穩定。

土壤的質地和結構同樣會深深影響植物的繁衍能力與根系可用的水分。黏土的排水性不如砂石或沙土，但是其精細的質地通常能讓葡萄藤獲得更多的養分。石質或砂石土壤在如波爾多這樣更潮濕的產區顯得特別重要，因為它們有良好的排水性，並能吸收更多熱能，提升葡萄藤所在土地的溫度，比如教皇新堡（Châteauneuf-du-Pape）的部分區域有大的石塊，或者紐西蘭的金伯勒礫石丘（Gimblett Gravels）產區具有深邃的砂石土。

不論葡萄園面積是大是小，土壤「分析」都是極有用的工具，能探測和解釋葡萄園中土壤的多樣性和功效，分析結果能協助葡萄農更有效地管理葡萄藤。

隨著持續的風化作用或引力和水土流失的影響，土壤也會隨著時間而改變。這便解釋了為何斜坡的中段對葡萄種植來說是最佳的：頂部的土壤通常更薄、更貧瘠、流失更多，於是葡萄藤很難生長。而斜坡底部的或是谷底更深、更肥沃的土壤會使葡萄藤的長勢過旺。布根地的金丘是能反映這些現象的經典例子。

## 地質概況

和葡萄園其他的因素相比，土壤下的世界在很多情況下只是因風化而形成，但卻引發了更多神秘、浪漫和浮誇行銷的話題。某些情況下，隱藏的岩層（偶爾會露出地表之上）似乎與土地上孕育的葡萄酒有著間接的聯繫。例如為何源於花崗岩土的葡萄酒的味道或口感與來自板岩或石灰岩土的葡萄酒可能有相似之處？在法國，人們熱衷於將酒的長處和品質歸功於石灰岩（法語為 calcaire），即使有時自相矛盾。能否把關鍵因素歸於養分、可汲取的水分以及土壤溫度呢？或者，是否有一個未知的機制能將土壤岩層和杯中之酒的口味搭橋牽線起來？

地質學家根據其起源將土壤歸納三大類：原生岩（如花崗岩）、沉積岩（如石灰岩），和變質岩（如板岩）。對於葡萄園來說，基岩的堅硬程度和對水土流失的敏感度更為重要，因為這些方面會影響葡萄園的地形，影響根系汲取水分和養分的能力，並加重或減輕如陽光、霜凍或大風（見第 18-21 頁）所帶來的氣

## 土壤分析

在 20 世紀六、七十年代，波爾多大學的傑拉德·塞金（Gérard Seguin）教授深挖溝渠，深度研究梅多克（Médoc）產區的土壤。他提出，對葡萄來說最好的土壤不是肥沃度最高的，還要兼具排水良好、土壤深厚等條件。在瑪歌（Margaux）村，葡萄藤根系可以深入地底直到 7 公尺去尋找穩定的水分供給。隨後的研究表明，在無水灌溉的葡萄園裡，水的取得比土壤的深度更為重要。肥沃土壤的持水力可能會太強。在玻美侯產區厚重的黏土中（例如柏圖斯 [Petrus] 酒莊），葡萄根大約只深入地下 1.3 公尺，而在聖愛美濃產區的石灰岩土壤（以歐頌堡 [Château Ausone] 酒莊為例），樹根深度則介於坡地的 2 公尺到臺地的 0.4 公尺之間（見第 112 頁地圖）。然而，在厚重的黏土地面，土壤中必須要有足夠的有機質才能改善土壤結構進而產生良好的排水性。相關研究指出，土壤的排水性以及葡萄藤能取得水分的多寡，會比精確的化學成分更重要，這是釀出頂級葡萄酒的完美土壤之關鍵。

現在，觀察土壤剖面用的土坑越來越多。一些葡萄園顧問專注於土壤類型、深度和可供給的水分，就灌溉的時間和最低水準提出建議，或提倡操作方法，以減少完全灌溉的需要。其他人挖土更深，不僅僅為了觀測土壤類型和土壤是如何破裂的（後者對根系的深入很重要），還研究土壤的持水力，從而瞭解岩石對單寧的影響：花崗岩種出的葡萄，所釀出的酒通常具有干性單寧；一些火山岩則可能與更苦的單寧有關。但是目前的研究與分析離解釋清楚這些因素，還遙遠的很。

智利土壤和風土專家佩德羅·帕拉（Pedro Parra，見圖）在世界各地做顧問，他會先界定原生岩，例如布根地是石灰岩，西班牙的普里奧拉（Priorat）是片岩，智利的考克內斯（Cauquenes）是花崗岩，之後再考慮地貌（例如堅硬和較軟的岩層經過地殼變化形成了高原和山坡），最終是觀察實際土壤情況，包括質地和孔隙度。根據帕拉的分析，較為年輕的土壤，如隆河的克羅茲－艾米達吉（Crozes-Hermitage）和智利的麥波谷（Maipo Valley），則不盡然是由地質而形成，儘管當地碎石沉積的地貌，能釀出帕拉所說的，具有「地理風土」複雜度的葡萄酒。這些其實都與葡萄農有關，但具體的分析還須下更多功夫，挖掘更深，分析整片葡萄園的多樣性再結合葡萄藤的生長情況和土壤分析，才能得出更好的結論。真正令人驚奇的其實是，偉大的風土條件是如何在我們擁有這些技術之前被發覺的。

在巴羅沙谷（Barossa Valley）的 Northern Grounds 產區，從其土壤剖面可見的多樣性，讓智利風土專家佩德羅·帕拉甚是驚喜，右圖為他站在利奧哈「聖比森特德拉松樹拉」（San Vicente de la Sonsierra）園的土坑中。全世界的葡萄酒產區都挖了這種便於剖析的土坑。

葡萄藤能在如此地形條件中茁壯生
長是難以置信的：著名的紅板岩
（llicorella）和石英碎片組成了西
班牙東北部普里奧拉產區的特色土
壤。如此的土壤卻能養育出強健的
植株——葡萄藤。

候影響。

　　鉀和鎂這樣的養分元素對於葡萄藤生長至關重要，它們有時
被稱作「礦物質」，這些元素是由同樣也稱為「礦物質」的基岩
化合物中所衍化而來的。（由此可見，「礦物感」一詞是多麼容
易被曲解和濫用。）科學很明確地證明了土地中的礦物質和葡萄
酒中被描述成「燧石」或是「火山岩」的味道沒有直接的聯繫。
近年來的研究表明酒中的礦物感可能是由發酵所產生的含硫物質
或酸度而來，但這並不能阻止人們偏好在品酒筆記中使用「礦物
感」一詞。

## 充滿生命的土壤

　　勤勉的葡萄農們總是關注著土壤健康。他們深知健康的植株
只有在有機質足夠和微生物群興盛的土壤中才能茁壯生長。蚯蚓
是土壤健康的重要指標之一；它們翻土並使土壤更透氣，將有機
質變為腐殖質。有機質過於豐富的土壤可能會氮元素過剩，導致
葡萄藤產量過高，葡萄不成熟。另一方面，當葡萄藤的氮元素供
給匱乏時，可用於發酵的酵母可能缺乏營養而很難施展發酵葡萄
汁的魔法。沙土中通常缺乏有機質，所以水的流失過快。

　　21世紀第二個十年中，科學研究已經開始表明土壤中的微
生物活力能透過有機種植或是栽種覆蓋作物的方式來提升，這也
是葡萄園自然環境中的一部分，亦為我們所稱之「風土條件」的
一部分。一棵葡萄藤能夠擁有兩個關鍵的健康要素——適量的水
分和充足的養分供給，靠的是土壤中所有的生命活動。這點不但
針對葡萄藤本身，還反映在葡萄酒的品質裡。

## 管理風土條件

　　那麼，哪種風土條件可以自然地生產出偉大的葡萄酒呢？有
關土壤、水以及葡萄藤養分供給之間主要交互影響的研究已經進
行了50年，而在最近15年中，複雜精密的先進技術讓葡萄農可
以更清楚瞭解非常小範圍的風土條件影響。

　　在布根地，時間印證了能夠生產出最細膩葡萄酒的葡萄園，
往往位於知名的金丘區中段。泥灰岩、淤泥土與石灰岩經過千年
的土壤侵蝕（見第57頁），所形成的土壤含有適量的水分，可
釀出高品質的葡萄酒。但不得不說，長期保持如此優越的風土條
件並非全部源於自然，特級園的所有者投入大量資金設置排水管

道或溝渠、使用高品質的肥料施肥，並努力提升栽培技術，以維
持葡萄園的完美狀態。當然，對於那些小型葡萄園來說，面對如
此巨大的財力投入，往往力不從心。所以說，完美的風土條件還
是要靠人力和資金來實現。17世紀時，羅曼尼－康帝（Romanée-
Conti）酒莊的主人甚至從遠方的索恩河（Sâone）河谷搬運大量的
肥沃土壤到自己的葡萄園。

　　有些施行有機農法和生物動力農法的葡萄農相信風土條件一
詞的意義應更加拓展，包含一片土地上所有的花卉和動物，無論
是肉眼可見的還是顯微鏡下呈現的（比如酵母）。風土條件不可
避免地會因化學肥料的使用，或引進其他生態環境的土壤添加物
而改變。您也可以說經過數世紀的單一作物耕作，以及像犁土及
種植覆蓋作物等有益的農事，同樣會改變原本的葡萄園。但有趣
的地方在於，即使是彼此相連的葡萄園，採用完全一樣的方式培
育，最後各區塊所釀造出來的葡萄酒還是會有些許不同。

　　剩下的風土條件謎團便是它如何轉化成杯中之酒的品質、風
味和口感。

# 病蟲害

1753 年，瑞典的分類學家卡爾‧林奈烏斯（Carl Linnaeus）將歐洲種葡萄歸於葡萄屬 Vitis，學名是 vinifera 或稱作「釀酒葡萄」。自那以後，歐洲種葡萄遭遇了數不盡的天敵，其中最致命的病蟲害到了很晚才出現（主要來自美洲大陸），歐洲種葡萄已來不及衍化出自然的抵抗力。

19 世紀時，粉孢菌（oidium，又稱白粉病）以及後來的霜黴病（peronospera，又稱露菌病）第一次攻擊歐洲的葡萄藤以及種植在新產區的歐洲種葡萄。後來雖然發明出對抗這種真菌類疾病的有效療法，但仍然需要經常噴藥防治。另一個讓噴藥車在葡萄生長季經常出入葡萄園的原因是會造成果腐病的真菌，如灰色葡萄孢菌（Botrytis cinerea），若是害菌，又稱為灰黴病，會讓葡萄出現嚴重的黴味，而且逐漸對化學抑黴藥物產生抗藥性。（灰色葡萄孢菌也會讓葡萄染上有利的貴腐菌，讓葡萄能釀出如第 104 頁所介紹的那些非常獨特的甜白葡萄酒）。

在找到對付上述兩種霜黴病的方法後不久，一個更危險的災害開始慢慢浮現。根瘤蚜蟲（phylloxera）寄生於葡萄藤根部，啃咬吸食其精華直到葡萄藤死亡為止。根瘤蚜蟲病幾乎摧毀了歐洲所有葡萄園，直到發現對根瘤蚜蟲病完全免疫的美洲原生種葡萄（根瘤蚜蟲病是從美洲傳入歐洲的）為止。結果是歐洲每株葡萄藤都必須改種，全面以歐洲種葡萄的插條嫁接在作為砧木的美洲種葡萄上，因為美洲種葡萄的根部能抵抗根瘤蚜蟲造成的傷害。

全球某些較新的葡萄酒產區還沒有遭遇過這種蚜蟲天敵，可以將無嫁接的歐洲種葡萄直接種植在土壤裡。但在美國奧勒岡州和紐西蘭，無嫁接的葡萄只能作為短期策略，包括曾在 20 世紀 80 年代付出慘痛代價的北加州葡萄農，都必須非常小心地選擇砧木，確定能夠對抗根瘤蚜蟲病後才能使用。在許多葡萄酒產區，比如南澳洲，實施著嚴格的檢驗檢疫，以避免根瘤蚜蟲的侵襲。而與南澳洲相鄰的維多利亞州卻充滿了根瘤蚜蟲的危害。

## 蠶食葡萄藤

葡萄藤的各個部分都可以是各類病蟲害的晚餐。紅蜘蛛、紅翅紋卷蛾（cochylis）和葡萄捲葉蛾（eudemis）的幼蟲，以及很多種類的甲蟲、毛蟲和蟎類，都將葡萄藤當成食物。葡萄藤的其他敵人還包括亞洲瓢蟲，它們會釋出一種液體，即使殘留在葡萄上的量非常少，都會對其釀成的葡萄酒造成污染，此外有害的斑翅果蠅（Drosophila suzukii）也會帶來消極影響。

這些害蟲大部分都可噴藥防治。同時，採用有機和自然動力法種植的葡萄葡萄農也正在實驗更加天然的防治方法，例如天敵法、外激素混淆法以及使用各種天然製劑，只不過有些方式表面上看來並不奏效。

葡萄皮爾斯病（Pierce's Disease）由透明翅膀的尖嘴葉蟬傳播，該害蟲具備長距離飛行能力，輕易就能將疾病傳遍美洲的葡萄園。患株一染上這種細菌病後 5 年內便會喪失生命力，初始症狀表現為葉子上出現乾枯點，最終樹葉會枯萎。沒有任何葡萄品種能對皮爾斯病免疫。另外還有一種由葉蟬傳播的致命病害是葡萄藤黃化病，最常見的菌體之一是法語稱作 flavescence dorée 的植原體。但目前可能對全世界葡萄園最大的威脅是葡萄藤樹幹疾病，包括埃斯卡病（esca）和葡萄頂枯病（eutypa dieback），這些疾病會降低產量和縮短葡萄藤的壽命，目前尚沒有治癒的方法。

## 根瘤蚜蟲的傳播

|  |  |
| --- | --- |
| 1863 年 | 根瘤蚜蟲在英格蘭南部被發現。 |
| 1866 年 | 出現在法國隆河谷（Rhône Valley）南部和隆格多克（Languedoc）。 |
| 1869 年 | 根瘤蚜蟲病傳到波爾多。 |
| 1871 年 | 在葡萄牙和土耳其出現。 |
| 1872 年 | 出現在奧地利。 |
| 1874 年 | 根瘤蚜蟲散佈至瑞士。 |
| 1875 年 | 根瘤蚜蟲病在義大利被發現，而且在 1875 年末或 1876 年初遠播至澳洲的維多利亞州。 |
| 1878 年 | 根瘤蚜蟲病入侵西班牙。法國開始將葡萄嫁接在抗病害的美洲種葡萄砧木上。 |
| 1881 年 | 德國葡萄園確定感染根瘤蚜蟲病。 |
| 1885 年 | 根瘤蚜蟲病入侵阿爾及利亞。 |
| 1897 年 | 根瘤蚜蟲病入侵克羅埃西亞的達爾馬提亞（Dalmatia）地區。 |
| 1898 年 | 傳到希臘。 |
| 20 世紀 80 年代 | 北加州出現感染根瘤蚜蟲病的葡萄藤。 |
| 20 世紀 90 年代 | 根瘤蚜蟲病出現在美國奧勒岡州及紐西蘭。 |
| 2006 年 | 出現在澳洲維多利亞州的亞拉谷（Yarra Valley）。 |

葡萄藤樹幹疾病可能是當今盈利用葡萄園最大的威脅。葉片的異常紋理是得了埃斯卡病（esca）的症狀之一，埃斯卡和葡萄頂枯病（eutypa dieback）同為最流行的樹幹疾病。

該葡萄藤感染了往往會造成致命的皮爾斯病。該病在德州和加州南部流行，目前也出現在加州北部靠近溪流的葡萄園中。

卷葉病及其會讓葉片變紅的症狀，葡萄藤可能因為鮮紅的顏色而受到攝影師的青睞，但病害本身會嚴重地限制葡萄的產量和熟成。

# 開墾一片葡萄園

葡萄農們在考量過天氣、氣候和當地環境對葡萄藤可能造成的影響，進而選擇了最適合土地的葡萄品種之後，他們該如何精確選擇栽種葡萄的地點和方式？歐洲傳統的葡萄酒產區幾乎不曾出現「選擇葡萄園地點」這個議題，因為世代相傳、法定產區規範和種植權往往已決定葡萄園的位置，但現在葡萄園選址已經逐漸成為一門重要而精確的科學。

要規劃興建一座葡萄園的投資計畫，首先必須要知道那塊地每年能夠穩定生產多少能達到經濟效益的健康葡萄。依據直覺行動是一個辦法，但是對地形、氣候以及土壤資料（見第 25 頁）進行深入研究分析才是可靠的方法。

關於氣溫、雨量和日照時數的初步測量資料也可提供幫助，但要小心解讀。極高的夏季平均氣溫也許看來不錯，但是根據地理位置和品種的不同，光合作用在氣溫升高到某一程度（介於 30℃ 和 35℃ 之間）後就會停止，所以如果炎熱的天數太多，葡萄的成熟會非常緩慢，甚至停止。風在很多氣候統計中都被排除在外，但它卻可能造成葉子和果實上的小氣孔封閉而使得光合作用中止。

在比較寒冷的地區，是否有足夠且穩定的熱能可讓葡萄成熟呢？如果夏秋兩季的氣溫對葡萄種植來說相對較低（例如英格蘭），或者秋天通常比較早到且伴隨早來的雨季（例如美國奧勒岡州），或是溫度驟降（如加拿大英屬哥倫比亞省），那麼也許就必須種植相對比較早熟的葡萄品種。夏多內和黑皮諾這兩個品種要在奧勒岡州的威廉梅特谷（Willamette Valley）成熟是沒問題的，但是在離赤道很遠的葡萄園卻可能還是太晚成熟。麗絲玲葡萄在德國西部摩塞爾位置最理想的葡萄園可以成熟，但是對英格蘭的葡萄園來說，卻已經超出能夠成熟的臨界點，儘管全球暖化有可能改變這個情況。根據土壤和氣候條件，葡萄藤所嫁接的砧木也要精挑細選，確保砧木恰好適合當地的情況。

夏季的平均降雨量以及下雨的時機，可以當作真菌類疾病（見第 27 頁）發生概率的指標。每個月的總降雨量、大概的水分蒸發量和土壤分析可以協助估算所需的灌溉量（見第 20 頁）。允許灌溉的地方，必須找到適合的水源。精確地控制時機和灌溉速率，這是提升品質和提高葡萄酒產量之日趨重要的方式。缺乏水源似乎是美國加州、阿根廷，特別是澳洲葡萄園擴張的最大阻礙，這些地區的大部分地方，因為過度砍伐森林的緣故，會有水源不足、水資源過於昂貴或者土壤過度鹽化的問題。

水源也可用於其他用途。在葡萄種植最冷的極限，例如在加拿大安大略省及美國東北部各州，無霜害的天數決定了生長季的長度，因此它決定了哪些葡萄品種可以在這樣的環境下成熟。在夏布利以及智利涼爽的卡薩布蘭卡谷（Casablanca Valley），葡萄園的噴水系統需要用到水源，以便在葡萄藤表面結一層薄冰來保護年輕的葡萄藤免於霜害。但問題是，卡薩布蘭卡是一個水源相當缺乏的地方，因此霜害就成為不可預期的災害。

如第 24-26 頁所討論的，土壤，或是葡萄園的各方面，都需要經過小心地，甚至時常要細微地分析（見左下方的圖表）。就算在 20 年前，加州的葡萄植株研究員們單單只討論氣候，但是隨著經驗的積累，如今全世界的葡萄農們都能深入探究土壤類型並透過挖土坑來研究土壤剖面。土壤的肥沃度與其持水能力是該地產酒的品質甚至是葡萄藤整枝方式的關鍵因素。太多的氮（是

位於烏拉圭，占地 236 公頃、嶄新又準備大展宏圖的加爾松（Garzón）酒莊，製出這張含 1,200 個園區的精準繪圖，每個區塊都有著不同的土壤類型、朝向、濕度、接收的光照、與林木的距離等。這眾多屬性構成的精確資訊矩陣用於決定哪個品種應種植於哪個位置。

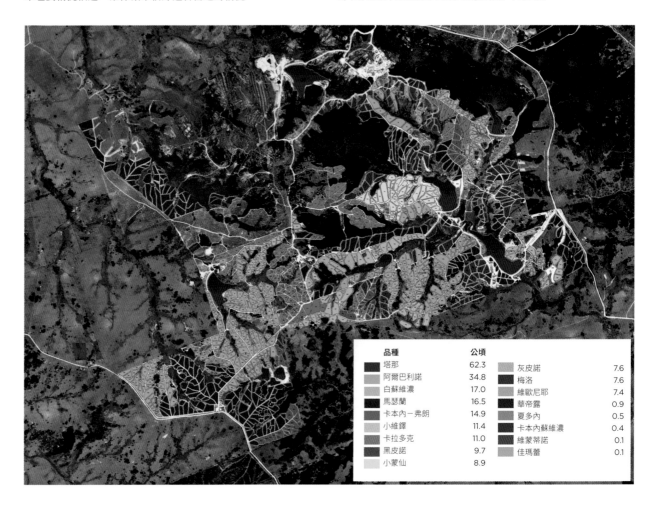

| 品種 | 公頃 | | |
|---|---|---|---|
| 塔那 | 62.3 | 灰皮諾 | 7.6 |
| 阿爾巴利諾 | 34.8 | 梅洛 | 7.6 |
| 白蘇維濃 | 17.0 | 維歐尼耶 | 7.4 |
| 馬瑟蘭 | 16.5 | 華帝露 | 0.9 |
| 卡本內－弗朗 | 14.9 | 夏多內 | 0.5 |
| 小維鐸 | 11.4 | 卡本內蘇維濃 | 0.4 |
| 卡拉多克 | 11.0 | 維蒙蒂諾 | 0.1 |
| 黑皮諾 | 9.7 | 佳瑪蕾 | 0.1 |
| 小蒙仙 | 8.9 | | |

化肥和有機肥料中常見的成分）會導致葡萄藤長得過於茂盛，將全部的能量用於生長樹葉而不是讓葡萄成熟，以致大量的樹葉與葡萄藤危險地遮蔽了葡萄串。這個現象在土壤非常肥沃的地區十分常見，特別是相對較年輕的土壤更為嚴重，像紐西蘭以及那帕谷的谷底等。葡萄藤的長勢也跟品種及砧木有關。土壤必須既不太酸也不能鹼性過高，還需含有適當程度的有機質（其他植物、動物和昆蟲的殘骸）以及磷、鉀和氮等礦物質。磷（很少有缺磷的情形）是光合作用不可或缺的元素。太多的鉀會造成葡萄酒的pH 值過高（鹼性度過高），酸度不足。

## 規劃葡萄園

　　葡萄農選好土地栽種或重種葡萄藤時，就必須對葡萄園仔細規劃。每排葡萄藤的排列方向（為均衡全天的日照而南北走向，或為遮蔽正午的烈日而東西走向）、要採用哪種引枝法、撐柱的高度（接下來還要考慮固定用的金屬線），以及剪枝時每棵葡萄藤要留下多少芽眼，諸如此類的問題必須考慮得面面俱到。葡萄串距離地面的理想距離應是多少？位於坡地的土地是否需要改造成梯田？梯田的開墾和維持花費雖然比較多，但是一旦每排與每列葡萄藤的栽種方向配合梯田的形狀，便能方便機械和葡萄農在園中移動。在降雨量大的產區，也要考慮水土流失的可能性。

　　之後便是最關鍵的抉擇之一：根據該地的生長趨勢和葡萄農們所預期的葡萄產量（見第 87 頁更多關於波爾多產區產量的討論），決定葡萄藤植株之間的行距與間距各應是多少？通常在炎熱而乾燥的地區，因為水分缺乏，所以葡萄藤必須種成密度非常低的傳統灌木型整枝法，每公頃不到 1,000 株葡萄藤，產量自然也不高。

　　以往，新世界的葡萄園主要位於溫暖或炎熱地區，通常都是肥沃的處女地，因而導致葡萄藤發生養分過度供給的問題。栽培者讓每列葡萄藤之間保持一定的寬度好讓機械農民能夠方便進出，又因為種植原因，每株葡萄藤的栽種間距往往設定一定的距離，種植密度剛好略超過每公頃 1,000 株。如此一來，不僅植株、柱子、金屬線和勞工能做最經濟的運用，同時讓耕作以及機械化採收更加容易。但是，在很多情況下卻要付出葡萄藤長勢過旺的代價。蔓生的枝葉遮蓋葡萄果實，也讓部分需要進行光合作用的葉子都被遮掩在陰影之中，不僅葡萄無法適當成熟，也會讓釀出來的葡萄酒辜負了當地的乾熱環境，帶有很不迷人的高酸味與不成熟的單寧，而且來年要長出新芽的藤蔓也沒有成熟木質化。在藤蔓上的芽眼需要照射陽光，日後才能順利結果。過於密集的遮覆將會導致一個惡性循環的開始，會讓每年的產量越來越低，而樹葉越長越密。不設限的灌溉雖然可以提高葡萄園每公頃的產量來符合經濟效益，但是每株葡萄藤可能會面臨這樣的問題：因為葡萄串過多而無法完全成熟。

　　這樣的問題現在已經大幅改善。相反地，在法國波爾多和布根地的傳統葡萄園中，每公頃的平均產量通常都要低得多，每株葡萄藤的平均產量也很低。在這些地方，葡萄藤的種植密度每公頃高達 10,000 株，每列長 1 公尺、行距寬 1 公尺（因為行距太窄，必須使用高腳牽引機橫跨在葡萄藤上面）。每株葡萄藤都被刻意地控制其大小，嚴格限制芽眼的數量。儘管種植和人工的花費增加很多，但是葡萄的成熟度得到最優化。這樣做的結果當然是獲得更優質、味道更濃郁的葡萄酒。

　　在過去幾十年間，通過精準栽培技術和新式的整形引枝法，葡萄的樹冠管理已有相當進步，讓葡萄的枝葉得以開展，並且控制長勢最強的葡萄藤冠。

在玻美侯產區的瑪澤古堡（Château Mazeyres）酒莊將填裝有糞肥的牛角埋於土中過冬，謹遵生物動力法的守則。這種名為 500 號製劑的含有機肥牛角會在來年春天被挖出，與雨水混合後噴灑在土壤上。

## 有機和生物動力法

　　歐洲透過數百年來的試驗與實踐（有時是無意識的），推演出了適合當地條件、近乎理想的種植方案，造就了世界上最珍貴的葡萄園和最廣泛受推崇的葡萄酒。但是每一個葡萄農對耕作的理念都是至關重要的。有越來越多的葡萄農採用有機或自然動力種植法來種植葡萄。這兩種方法都禁止使用可能會殘留的化學農藥和人工肥料，但允許在限定範圍內使用以硫酸銅為主要成分的噴劑（波爾多液）來防治霜黴病，只是這經常讓銅元素殘留於土壤中。

　　採用生物動力法的葡萄農使用堆肥和有機順勢療法，他們用特殊的肥料和野生植物作為混合物加入土壤中以促進土壤和植株的健康。而且甚至採取具爭議的作法：依照月曆來規劃他們在葡萄園與酒窖中的工作。其結果可說相當驚人，但還沒找到背後的科學根據，即使是採用這種種植法的當事人也覺得神秘不可解。

　　種植葡萄跟種植其他作物一樣，完全要視自然條件及各地實地應用而定。生產葡萄酒的所有要素中，葡萄園的條件被視為最重要的一環，是最終葡萄酒的風格與味道的決定性因素之一。

# 葡萄園的年週期

葡萄園的一年，也是種植者年復一年的工作週期，始於採收季結束的時候，此時葡萄藤的葉子開始變黃或者變紅（攝影師熱愛此景象），而且汁液水準降低。秋季最重要的工作在酒窖中（見第 32-35 頁），此時葡萄正在轉變為葡萄酒，剛發酵完的酒轉移至所選容器中進行貯存和培養。

在葡萄園中，一旦樹液水準下降，藤蔓完全乾化（北半球大約在 11 月末，南半球在 5 月底），修剪的工作便開始。修剪的時機需要巧妙地計算。在容易受到春季霜害的產區，若種植發芽早的品種，可能需要延後修剪，讓發芽的時間也延遲。較暖產區的生產者們若追求完全成熟但不過度拖延葡萄在樹上的掛果時間，可能會故意比相鄰的葡萄園更早修剪。可以確定的是，修剪工作應該於冬季葡萄藤冬眠之時實施，此時樹體正在積存下一個生長季的儲備，木質乾化、容易剪切。修剪時分請穿好羊毛衫，冬季在葡萄園裡會很寒冷。

修剪的目的是限制芽眼的數量，從而控制一棵葡萄藤的結果量。上一個生長季的大部分產物都會被剪掉，然後通常用葡萄園中的便攜爐燒掉（剪掉的殘枝還可以作為絕佳的烤爐熱源來烤牛排）。此刻，葡萄藤的形狀和大小被確立。葡萄藤修剪的形式絕大程度取決於葡萄藤究竟如何（甚至是否）會在生長季中被整枝於金屬絲架上。在某些產區，會埋土讓葡萄藤得以抵禦冬季的極端嚴寒（見第 18 頁），或在冬天較冷但非嚴寒的地方，用土堆護住葡萄藤的某些部分。如果打算重新種植，那麼需要在冬眠期挖出老葡萄藤，深耕土地，並在土中施用石灰和堆肥等必要的添加補充物。

冬末和初春時分，葡萄園和酒窖裡萬物靜寂，這時正是出去看看另一半球採收季的理想時間（南北半球相反的季節引起了 20 世紀末飛行釀酒師的風潮：技術強、年輕的釀酒師們，尤其是來自澳洲的釀酒師，在整個歐洲的酒莊裡打掃和釀酒。如今，生產者在南北半球的穿梭和飛行釀酒的理念正雙向進行中）。回到家後，當季的第一次犁地會用機械進行，或者偶爾（其實越來越頻繁地）用馬拉犁來翻土。馬不像拖拉機那麼容易壓實土壤，而且也更上鏡（見第 92 頁）。此刻正是為即將到來的生長季準備葡萄園械裝備的時候。

## 汁液水準提高

下一頁的圖表顯示早春時分開始發芽，突破保護芽眼一整個多天的褐色葉鞘，葡萄農們在春天霜凍危險完全過去之前，時時刻刻都需保持警惕。這是令人坐立不安的時分。在晴夜，他們需要開啟風機或點火，讓空氣循環或加熱會造成危險的冷空氣。

當春天來臨時，葡萄園從一片黑木椿的景象變成綠枝和綠葉的海洋。當樹冠開始生長時，需要控制長勢，讓葡萄藤能形成合適的形狀和大小來成熟葡萄。長勢過於強健的葡萄藤需要修剪。在金屬絲架上整枝的葡萄藤需要被綁縛或繞進金屬絲搭成的框架裡。該操作在開花後葡萄藤冠長速最快時更加重要。在夏初，葡萄串需在細心照料之下曝曬陽光，並在果串周圍保留著適量的樹葉以進行理想的光合作用。

生長季中重要的決策包括要採用哪種方法處理真菌病或害蟲

位於那帕谷聖海倫娜（St. Helena）的科里森（Corison）酒莊，在葡萄園放置鳥巢箱，以增加照片中這種西部藍鳥（western bluebird）等鳥類的群體數量，讓牠們消滅害蟲，而非依賴化學殺蟲劑。

（若有的話），以及面對夏季蔓延式生長的枝條，要忽略還是要修剪。葡萄農們必須決定是否要在葡萄成熟前或成熟中進行「綠色採收」，以減少果串的數量。因為產量過剩的葡萄藤果實不容易熟成。

20 世紀晚期，農業化學製品風靡一時，葡萄農們會反復地對葡萄藤噴灑化學農藥以保證其健康，但造成了嚴重的副作用：化學農藥會毒害土壤，而且購買化學農藥也是一筆不菲的支出。進入 21 世紀，越來越多的葡萄農崇尚有機的方式甚至是生物動力法，它們用硫和傳統的石灰與硫酸銅混合的波爾多液，並傾向依靠更天然的方法來控制病蟲害，如使用天敵、捕害蟲的鳥類和外激素。但是，在特別潮濕的季節，只有勇氣十足的葡萄農才敢不用任何化學農藥。現在，越來越多的葡萄園流行在每排葡萄藤之間種植覆蓋作物而非裸土。覆蓋作物能夠吸引益蟲，在較陡的葡萄園中減少水土流失，促進土壤的空氣流通，進而幫助微生物生長，減輕乾燥產區的水分蒸發，在較潮濕的、樹冠容易過於濃密的產區與葡萄藤競爭水分，還能經常翻到土裡以提升土壤結構和有機質。

在更炎熱的氣候下，稍許的樹蔭能夠保護葡萄不被曬傷。在某些產區，安置防冰雹網是明智的預防措施。

這些麗絲玲葡萄全部都是 2018 年 10 月 18 日，在克萊・布施（Clemens Busch）酒莊的瑪麗恩堡（Marienburg）葡萄園裡採收的，但清楚地展示了葡萄成熟的各個階段，最熟透的階段為萎縮脫水的葡萄乾。

過去，盛夏時分是葡萄農可以放假的日子，但總體而言，現在採收期（亦是葡萄農們一年中最關鍵的時期）越來越提前，每天葡萄園的巡視（還包括隨時關注天氣預報，因為不建議在下雨時採收葡萄）都是必要的，以監控葡萄藤的健康和葡萄的成熟，從而決定何時採收。成熟的葡萄吸引鳥類和其他動物。防鳥網（見第 360 頁）雖是十分耗經費的措施，但卻是非常必要的。在義大利中部的部分區域，葡萄園還必須設置圍欄以防止野豬的入侵，會掠奪葡萄的有害袋鼠在澳洲是個問題，在南非還有偷葡萄的狒狒。

### 採收

歷經了有害動物、霜凍和冰雹等問題，總算保全了足夠的葡萄收成，終於能迎接一年的收尾時刻 ── 採收。但正因為越來越難雇用到價格低廉的採收人員，加上採收機器也越來越精密，所以如今即使在一些最有名的葡萄園裡，大部分的葡萄都是由機械

採摘，這對白天溫度過高所以最好夜晚採收（見第 353 頁）的地區是有益的。一年之中，葡萄園最重要的任務之一可能就是確保採收機器能高效地正常運作，以進行葡萄採收的工作。

採收的準備工作中，除了要確保有足夠的罐子或木桶能用來發酵該年的葡萄之外，還包括清洗所有設備的內外部分，比如用軟管水流沖洗塑膠箱，這些箱子是用來放置葡萄園當天高效採收的果實。

一旦葡萄被採收並安全地運至酒莊的接收站，葡萄酒生產的重心便轉移至酒窖內。

---

**夏末／早秋**
**完全成熟**

衡量成熟度以及判斷構成完美熟度的要素有哪些，是近年來研究衡視的焦點。黑皮葡萄品種的表皮必須有一致的深黑顏色，而果梗也必須開始木質化，還有葡萄籽也不能帶有綠色。

**早春**
**發芽**

最早開始於歐洲北部的 3 月以及南半球的 9 月，當溫度升高到 10°C 時，冬季剪枝後所留下的樹芽便開始腫大，從葡萄藤的瘤節間還能看到綠色新芽冒出。

**夏季**
**轉色期**

假如能順利避過春霜以及降雨，葡萄就能在北半球 6 月（南半球的 12 月）時長出綠色堅硬的幼果。這些葡萄在夏季開始長大，然後在北半球 8 月（南半球 2 月）開始進入轉色期，果粒會變軟，顏色也會開始變紅或變黃。進入成熟期之後，葡萄內的糖分會快速增加，酸度降低。

**葡萄藤之生長季**

**10 天後**
**展葉**

長出新芽後 10 天內，樹葉開始從樹芽中伸展開來，初生的卷鬚也出現了，這時的新芽非常脆弱，經不起霜害。在北半球比較寒冷的地區，霜害的風險要遲至 5 月中旬才能解除；而在南半球則要等到 11 月中旬。延後剪枝可以讓葡萄藤較晚發芽來避開春霜。

**10-14 天後**
**花季的影響**

葡萄產量的多寡由授粉的成功率來決定。在開花季 10-14 天之內，如果碰到壞天氣會導致落花落果，果柄上會長滿過多的細小漿果，最後會造成落果或果粒大小不均的不良情況，英文中形容該現象為 "hen and chicken"（大母雞和小雞），比喻同一果串上的葡萄大小差距很大。

**晚春／初夏**
**開花**

發芽後 6-13 周，葡萄藤開始進入關鍵的開花期，開始出現小小穗狀花序的狹圓錐花瓣，為淡黃綠色，看起來就像是小粒的葡萄，等合生花瓣脫落後就會露出花柱，進而能夠通過接觸花粉而受精，形成果實，此過程即為「座果」（fruit set）。

# 如何釀造葡萄酒

如果說在葡萄園中「大自然」是最後的決定者，那麼在酒窖裡則是由「人」來扮演這樣的角色。葡萄酒的釀造基本上包括了一系列的決定，而葡萄和它們的狀況，以及釀酒師的想法或被要求要釀成的葡萄酒風格則主導了這些決定的做出。本頁下方和第34-35頁的流程圖介紹了兩種不同的葡萄酒釀造步驟：一種是相對便宜、無橡木桶發酵的白葡萄酒；另一種則是採用傳統釀法、經橡木桶發酵熟成的高品質紅葡萄酒。

## 採摘葡萄

釀酒師的第一個也可能是最重要的決定，就是何時要採摘葡萄。一般在採摘日期的前幾個星期，釀酒師就必須監控葡萄中的糖分、酸度以及葡萄的健康狀況、外觀和風味。

決定採摘日期還要考慮到氣象預報，特別是預報下雨之時。有些葡萄品種對採摘日期的要求比其他品種來得嚴格。以梅洛來說，如果葡萄串在葡萄藤上掛太久，極有可能降低品質，釀成的葡萄酒會喪失部分的活潑生氣；而卡本內蘇維濃則可以多掛在藤上幾天進一步成熟。如果葡萄已經感染真菌病（見第27頁），下雨會讓情況更為嚴重，所以最好的決定就是盡量在葡萄達到理想熟度之前就採摘。白葡萄酒比紅葡萄酒更能容忍摻雜一些腐爛的葡萄，紅酒如果遇到這種情況，會很快失去顏色，而且釀好的酒也會帶有黴味。

決定好日期後，接著就要決定當天的採摘時間，這要由釀酒師和負責採摘的工人一起決定。在炎熱的氣候區，如果釀酒師更精益求精的話，葡萄通常會在晚上採摘（使用大型的探照燈，用機器採摘比較容易，見第353頁），或是一大早採收，讓送回酒廠的葡萄溫度盡量低。而採摘下來的葡萄在運往酒莊的途中會放在較淺的可疊放箱子裡，這樣可以避免葡萄在運送途中破裂。而無論採摘工人的勞動成本如何昂貴，工人如何難找，全世界最優質的葡萄酒還是堅持人工採摘。因為人工採摘不但可以從葡萄藤上剪下整串葡萄（機器採摘是把果實從藤上搖晃下來），還能靠智慧判斷要採摘哪些葡萄串。但如今那些速度漸增，也越來越能輕柔處理的採收機器，可說是熱浪或降雨時的極佳之選，有些採收機還能自動挑選更好的葡萄。

當葡萄運到酒廠之後，可能會先降低溫度，在炎熱氣候區的某些酒廠中甚至有冷藏室，葡萄會先放進冷藏室，直到釀酒槽空出來可以進行釀製為止。如今無論參觀位在何種氣候區的品質卓越酒莊，都會向您展示其「篩選法」，即排除破損的葡萄或葡萄以外的東西（英文簡稱 MOG），挑出最完美能用於釀酒的葡萄。過去這項工作總是靠眼光銳利的工人們在挑選臺上進行篩選。但高科技帶來了無限可能，現在已能夠將葡萄在液體上漂浮然後靠密度挑選的技術，還有雷射挑選儀，透過電腦控制的光學識別系統，可以把去梗後的殘渣和未成熟的、乾化的或不健康的葡萄，透過空氣彈射裝置進行剔除。而用機器破皮釋出葡萄汁，能夠榨取葡萄果肉中 70%~80% 的水分，目前這已經取代了過去用腳踩踏的方式（不過某些高品質的波特酒和非常精工細作的小型酒莊依然堅持用腳踩榨汁的方式）。

## 需要多少氧氣？

大部分的白葡萄在進行榨汁之前都會先去梗，因為葡萄梗有澀味，而且可能破壞清淡芬芳的白葡萄酒。然而釀酒師在釀造有些酒體醇厚的白葡萄酒以及頂級氣泡酒和甜白酒時，可能會選擇將整串葡萄連梗一起放進壓榨機中，並只取自動排出的自流汁（free-run），以避免榨出果皮中可能帶來苦澀味的酚類物質。果梗還可以發揮導管的作用，幫助葡萄汁流動。

對白葡萄酒的釀酒師來說，他必須決定是否要盡量保護葡萄酒，使其不要接觸到氧氣，以保留葡萄的每一分新鮮味，可採用避免氧化且在一開始就添加二氧化硫以抑制野生的酵母菌、完全去梗、釀酒全程超低溫等方式。他們也可以選擇刻意氧化的技術，讓葡萄暴露在氧氣中，以獲得更為複雜的次生風味，另外，有時還會提前清空因可怕的「過早氧化」（pre-mature oxidation）現象而已氧化的酚類物質。

麗絲玲、白蘇維濃和其他芳香型葡萄品種通常都會以避免葡萄氧化的方式釀造，而大部分優質的夏多內，包括布根地白葡萄酒，都是以氧化方式釀造。氧化式的釀法可能包括一小段時間的

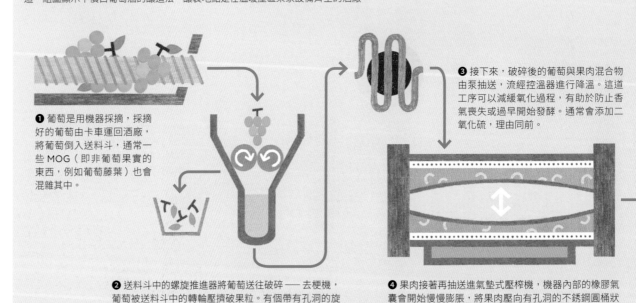

## 大批量白葡萄酒釀造法

這一組圖顯示平價白葡萄酒的釀造法，釀製地點是在溫暖產區某家設備齊全的酒廠。

❶ 葡萄是用機器採摘，採摘好的葡萄由卡車運回酒廠，將葡萄倒入送料斗，通常一些 MOG（即非葡萄果實的東西，例如葡萄藤葉）也會混雜其中。

❷ 送料斗中的螺旋推進器將葡萄送往破碎——去梗機，葡萄被送料斗中的轉輪壓擠破粒。有個帶有孔洞的旋轉圓桶狀滾筒，洞的大小足以讓葡萄粒通過，留下比較大、帶有澀味的葡萄梗碎片或葉子，接著再進行去梗。

❸ 接下來，破碎後的葡萄與果肉混合物由泵抽送，流經控溫器進行降溫。這道工序可以減緩氧化過程，有助於防止香氣喪失或過早開始發酵。通常會添加二氧化硫，理由同前。

❹ 果肉接著再抽送進氣墊式壓榨機，機器內部的橡膠氣囊會開始慢慢膨脹，將果肉壓向有孔洞的不銹鋼圓桶狀邊壁進行壓榨，但是要保持葡萄籽完整不會破碎，以免榨出帶有苦味的油脂。榨出的葡萄汁則收集在下層的集酒槽中，然後抽送到外部包覆著冷卻套管的不銹鋼沉澱酒槽中。

「浸皮」（skin contact）：聽上去好像很厲害，但其實該操作就只是壓榨前在特別的釀酒槽中，增加幾個小時的皮汁接觸，在浸皮期間，更多的風味會從葡萄皮滲出到葡萄漿（葡萄汁和酒的漿狀混合液）中。如果釀造白葡萄酒時讓皮汁接觸太久，就會產生太多的澀味，這也是為何釀造白葡萄酒的葡萄要先榨汁再發酵的原因，而不像在釀造紅葡萄酒時，葡萄需要從葡萄皮中萃取單寧和色素。但是有越來越多的釀酒師試著故意在整個發酵過程中，甚至在發酵之前用白葡萄進行浸皮，結果釀出了色深的白葡萄酒，稱為橘酒或琥珀色葡萄酒，他們刻意讓這類橘酒帶有乾澀的口感和與眾不同的風格，十分搭配某些美食。

## 輕柔壓榨

用於白葡萄酒的壓榨機設計精巧，目的是極盡輕柔地壓榨出葡萄汁，而不至於壓破葡萄籽或壓出葡萄皮中的澀味。氣壓式壓榨機是最輕柔也是最為常見的。釀酒師將壓榨出來的葡萄汁進行分類，最早榨出的葡萄汁最細緻也最沒有澀味。

在此階段，採用隔絕空氣的方法能夠保護白葡萄酒，然後進行澄清操作：而葡萄碎片會懸浮在液體中，常用的方法是讓懸浮物沉澱到儲存用的酒槽底部，然後再將澄清的葡萄汁抽到發酵釀酒槽中，或者對於一般品質的酒，可用不斷發泡的懸浮罐讓固體物懸浮於液面上。要注意的一點是，此時發酵還沒有開始，因此保持低溫便顯得非常重要，此時還經常添加少量的二氧化硫來保護酒液。

刻意增加氧化程度的白葡萄酒則更如紅葡萄酒一般被對待。釀造紅葡萄酒的葡萄通常去梗並破碎，不過有越來越多的釀酒師發酵帶果梗的整串葡萄，這樣的做法是布根地的傳統。但若葡萄梗不夠成熟，葡萄酒喝起來會非常粗硬。還有些釀酒師會故意保持低溫「冷浸漬」紅葡萄，同時加一些二氧化硫並將葡萄漿和果皮保持一個星期之久，延後發酵，以此來萃取更多顏色和基本的果味。

## 發酵的奇蹟

然後釀酒師要決定如何發酵，發酵過程會將甜的葡萄汁轉化為較不甜而香氣更複雜的葡萄酒。如果酵母（自然存在於空氣中、果皮上或人工添加）和葡萄的糖分接觸，就可以把它們變成酒精、熱能和二氧化碳。葡萄越成熟，糖分含量就越高，釀成的葡萄酒的酒精濃度也越高。當發酵開始之後，發酵酒槽的溫度會自然增加，所以在較暖和的產區，釀酒槽需要冷卻控溫。發酵溫度過高會驅除寶貴的風味物質。特別在釀酒季節，發酵所產生的二氧化碳會讓釀酒窖在採摘期間，成為一個讓人頭暈目眩的危險場所。酒窖中的味道是一種混合著二氧化碳、葡萄和酒精的醉人氣體，特別是釀造傳統紅酒時所採用的開口式酒窖，這種氣味更為明顯。大部分白葡萄酒是在密封的釀酒槽中進行發酵，以保護葡萄汁不會氧化以及避免顏色褐化。用敞口容器發酵時，其中的紅葡萄漿被發酵產生的二氧化碳氣體和果皮中的酚類物質保護著，不會受過度氧化影響。

酵母和它們的習性仍然存在一些爭論：要依賴天然酵母，還是使用實驗室裡特別選育及培養好的酵母，也就是所謂的「人工酵母」。在新興的葡萄酒產區，釀酒師也許沒辦法選擇；葡萄酒酵母需要時間才能繁殖足夠的菌數，在初期環境中存在的菌種，有可能對葡萄酒有害而不是有利。除了為數不多但逐漸增加中的特殊例子，大部分新世界的葡萄酒都是在葡萄漿中添加經過特別選育的人工酵母（一旦某個釀酒槽開始發酵，該槽中正在發酵的葡萄漿就能夠幫助啟動另一個釀酒槽的發酵）。

人工培育的酵母菌具有更可被預知的功效。耐力較強的酵母菌可以用來發酵糖度很高的葡萄漿，至於那些有利酒渣黏結的酵母菌也許適合用來釀造氣泡酒。人工培育酵母菌的選擇也會對葡萄酒的香氣產生重要影響，例如加強特定的香氣。遵循傳統的人偏好完全讓自然環境中的酵母菌發揮作用，因為他們認為野生酵母雖然不穩定且表現難以預測，卻可以讓葡萄酒的香氣變得更有趣。有人認為酵母菌也是風土條件的一部分，這種想法並不為過，確實有些酒莊自己分離並培養出最好的菌種以用於未來的發酵，並十分維護對那些酵母的所有權。

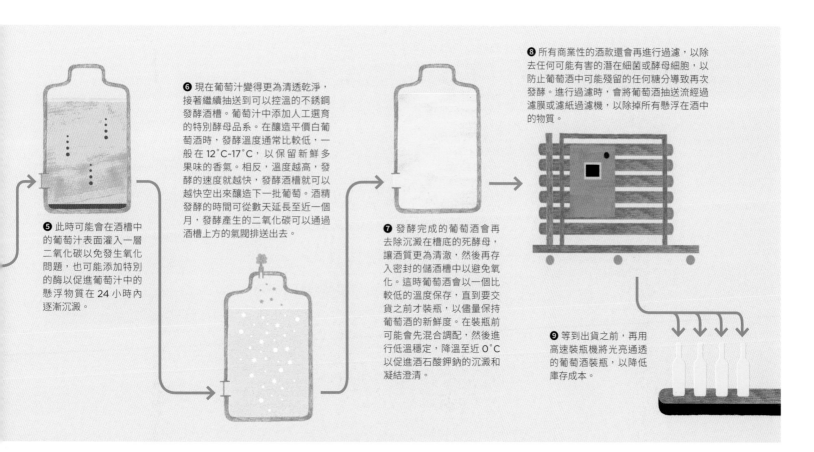

❺ 此時可能會在酒槽中的葡萄汁表面灌入一層二氧化碳以免發生氧化問題，也可能添加特別的酶以促進葡萄汁中的懸浮物質在24小時內逐漸沉澱。

❻ 現在葡萄汁變得更為清透乾淨，接著繼續抽送到可以控溫的不銹鋼發酵酒槽。葡萄汁中另添加人工選育的特別酵母品系。在釀造平價白葡萄酒時，發酵溫度通常比較低，一般在12˚C-17˚C，以保留新鮮多果味的香氣。相反，溫度越高，發酵的速度就越快，發酵酒槽就可以越快空出來釀造下一批葡萄。酒精發酵的時間可從數天延長至近一個月，發酵產生的二氧化碳可以通過酒槽上方的氣閥排送出去。

❼ 發酵完成的葡萄酒會再去除沉澱在槽底的死酵母，讓酒質更為清澈，然後再存入密封的儲酒槽中以避免氧化。這時葡萄酒會以一個比較低的溫度保存，直到要交貨之前才裝瓶，以儘量保持葡萄酒的新鮮度。在裝瓶前可能會先混合調配，然後進行低溫穩定，降溫至近0˚C以促進酒石酸鉀鈉的沉澱和凝結澄清。

❽ 所有商業性的酒款還會再進行過濾，以除去任何可能有害的潛在細菌或酵母細胞，以防止葡萄酒中可能殘留的任何糖分導致再次發酵。進行過濾時，會將葡萄酒抽送流經過濾膜或濾紙過濾機，以除掉所有懸浮在酒中的物質。

❾ 等到出貨之前，再用高速裝瓶機將光亮通透的葡萄酒裝瓶，以降低庫存成本。

### 幫助發酵

釀酒師最恐懼的夢魘就是發酵突然中止，萬一發酵在葡萄汁的糖分全部轉化成酒精之前就中止，留下的會是一整槽脆弱的危險液體，成為氧化和有害微生物的犧牲品。順利完成發酵的葡萄酒，其酒精濃度完全足以抵禦不利因素的侵襲。

一款紅酒的精確發酵進度，對酒的類型和風格影響很大。發酵的溫度越高（不能高到把香氣全揮發掉的程度）可以萃取出更多的香氣和顏色。而長時間的低溫發酵通常會釀造出清淡多果味的葡萄酒；但是如果發酵的時間太短且溫度高，也可能釀成香氣和口感都淡的葡萄酒。開始發酵後，溫度會跟著升高，釀造濃厚型紅葡萄酒時溫度大都在 22℃~30℃ 之間，而釀造芳香型白葡萄酒時溫度會低一點，有時會低至 12℃。

為了從果皮萃取出單寧、香氣和顏色，在紅葡萄酒發酵期間，必須要讓葡萄皮和葡萄汁儘量混合在一起。通常採取的做法有兩種：一種將酒抽取到頂層淋到葡萄皮上，另一種是直接將葡萄皮踩進葡萄汁裡混合，可以使用各式機械及電腦操控的方式讓葡萄皮沉入酒中，或者手動操作。關於這個工序以及任何有關發酵後浸皮以萃取並柔化單寧的方法，都已經變成一門精準的科學。上述各種技術工序，再加上精準的採收日期估算，成為今日能否釀出該年可口年輕紅酒的關鍵所在。

關於發酵容器的選用傾向更是反覆輪迴了好幾次。不銹鋼材質便於清潔且更好控制，但現在也有一些釀酒師偏向於使用木質、水泥甚至陶罐發酵容器。發酵容器的大小和形狀差異很大，從巨型的罐子到土罐或蛋形容器都有。輕柔地處理葡萄、葡萄漿和葡萄酒通常被認為是最終獲得高品質酒的一個關鍵因素。當資金缺乏之時，若可將酒莊建在山坡上，酒莊設計和設備就能利用重力來運作，而無需使用「泵」。

### 微調

無論是釀造紅葡萄酒還是白葡萄酒，在發酵階段釀酒師需決定是否要加糖、加酸還是減酸，或有時要增加葡萄漿的濃度。過去的 200 年裡，法國釀酒師有別於更南部產區的同行們，他們會在發酵釀酒槽中加糖以提升葡萄酒的酒精濃度（不是為了增加甜度），這個在法文中被稱為 "chaptalization" 的加糖過程是法國前農業部長讓 —— 安東尼・夏普塔爾（Jean-Antoine Chaptal）所提出。AOC 的法律對此有嚴格的限制，上限通常不能增加超過 2% 的酒精濃度。但是在實際運用上，由於受惠於更溫暖的夏季，更好的樹冠管理（見第 29 頁）以及腐爛防治的成功策略，葡萄農現在已經可以採摘到比過去更為成熟的葡萄，所以如今需要添加的糖量也越來越少了，儘管有時加糖的目的僅僅是為了讓發酵時間變長。

釀酒師也可以決定從紅酒的發酵釀酒槽中減少部分的葡萄汁，如此可以提高含有香氣與顏色的葡萄皮和葡萄汁的比例。法國把這個傳統方法叫作 saignée（放血），而現在有時會採取更機械化的人為操控方式，如逆滲透法（reverse osmosis）來濃縮酒。

在較溫暖的產區，富含糖分的葡萄總是讓歐洲北部的人們羨煞不已，但是釀酒師們習慣在葡萄汁中添加（或所謂的「調整」）酸，因為溫暖地區葡萄的酸度往往會低到非常不可口的地步。而葡萄中所含的天然酒石酸是釀酒師們的首選，因為氣候暖化，酸化葡萄汁的做法在歐洲也越來越流行。此外，釀酒師們還可以採用另一個方法來影響酸度。所有葡萄酒在酒精發酵之後接著可能會發生蘋果酸乳酸轉化，藉由這個過程，葡萄中最酸的蘋果酸會轉化成比較柔和的乳酸並生成二氧化碳。瞭解並掌控這種轉化過程，比如有時透過加熱葡萄酒或者酒窖，以及添加人工培養的乳酸菌，可以降低酒中的酸度並增添一些額外的香氣，這是

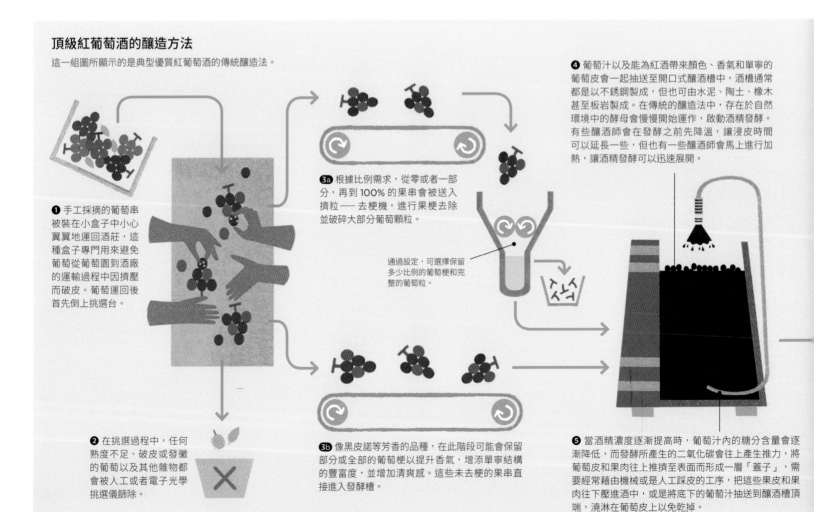

## 頂級紅葡萄酒的釀造方法

這一組圖所顯示的是典型優質紅葡萄酒的傳統釀造法。

❶ 手工採摘的葡萄串被裝在小盒子中小心翼翼地運回酒莊，這種盒子專門用來避免葡萄從葡萄園到酒廠的運輸過程中因擠壓而破皮。葡萄運回後首先倒上挑選台。

❷ 在挑選過程中，任何熟度不足、破皮或發黴的葡萄以及其他雜物都會被人工或者電子光學挑選儀篩除。

❸a 根據比例需求，從零或者一部分，再到 100% 的果串會被送入擠粒 —— 去梗機，進行果梗去除並破碎大部分葡萄顆粒。

通過設定，可選擇保留多少比例的葡萄梗和完整的葡萄粒。

❸b 像黑皮諾等芳香的品種，在此階段可能會保留部分或全部的葡萄梗以提升香氣，增添單寧結構的豐富度，並增加清爽感。這些未去梗的果串直接進入發酵槽。

❹ 葡萄汁以及能為紅酒帶來顏色、香氣和單寧的葡萄皮會一起抽送至開口式釀酒槽中，酒槽通常都是以不銹鋼製成，但也可由水泥、陶土、橡木甚至板岩製成。在傳統的釀造法中，存在於自然環境中的酵母會慢慢開始運作，啟動酒精發酵。有些釀酒師會在發酵之前先降溫，讓浸皮時間可以延長一些，但也有一些釀酒師會馬上進行加熱，讓酒精發酵可以迅速展開。

❺ 當酒精濃度逐漸提高時，葡萄汁內的糖分含量會逐漸降低，而發酵所產生的二氧化碳會往上產生推力，將葡萄皮和果肉往上推擠至表面並形成一層「蓋子」，需要經常藉由機械或是人工踩皮的工序，把這些果皮和果肉往下壓進酒中，或是將底下的葡萄汁抽送至釀酒槽頂端，澆淋在葡萄皮上以免乾掉。

20 世紀中葉得以釀出適合更年輕時飲用之紅酒的最關鍵因素。

但是這些額外的香氣並不一定適用於芳香型、處於保護環境下釀造的白葡萄酒。刻意抑止蘋果酸乳酸轉化過程（通過溫度控制、添加二氧化硫，或從酒中過濾出必要的乳酸菌）會使釀出的酒口感酸度更高、更爽脆（crispy）。實際上，多數優質的夏多內白葡萄酒會進行蘋果酸乳酸轉化來增添香氣和口感，同時在溫暖的氣候區要靠添加酸度來維持平衡。

對紅酒來說，蘋果酸乳酸轉化確實有其優點。近年來的流行做法是在小型橡木桶中進行乳酸發酵，而不是以往慣用的大釀酒槽。這樣的改變更費人工，所以只有在釀造高品質葡萄酒時才會使用這種方式。但別小看這麼短的時間，它能讓酒喝起來更順滑、更迷人，而這些特質在某些品酒家眼中更是品質的象徵。因此，越來越多的釀酒師希望能釀出年輕時就表現很好的酒款，他們會在葡萄酒還沒有完成酒精發酵之前，就把紅酒放入橡木桶中，讓葡萄在桶中先後完成酒精發酵及蘋果酸乳酸轉化。

而有些地方對上述方法存在爭議，尤其在溫暖的產區，比如美國加州和澳洲部分產區，由於氣候暖化，也因為想獲得更多香氣和單寧，所以較晚採摘葡萄，最終導致那些地區出產的葡萄酒酒精濃度比較高。由於葡萄中糖分的濃縮，可能需使用各種如逆滲透、真空蒸發或低溫蒸餾等技術，以降低釀好葡萄酒中的酒精濃度。然而另外有些生產者還是傾向於在葡萄園中找尋其他方法，讓葡萄達到更平衡的狀態後再來釀酒。

有些頂級紅酒是在橡木桶中完成酒精發酵，而對於白葡萄酒來說，想要做得酒體飽滿並身價攀高，那就不可避免也要在橡木桶中進行酒精發酵。

## 過濾和裝瓶

無論葡萄酒在發酵後如何熟成，最後都要進行裝瓶。在進行裝瓶這個通常來說相對比較不嚴格的環節之前，釀酒師必須確保此時的酒質是穩定的：不能含有任何潛在的危險細菌，而且萬一遇到極端的溫度也不會出現任何不妥的情況。假如一款葡萄酒的酒質比消費者預期的還要混濁，就必須進行澄清工序。如果是平價的白葡萄酒，通常可以放入溫度降到很低的酒槽中，讓所有溶在酒中的酒石酸鹽在裝瓶之前就沉澱，而不會在日後以結晶狀再出現於瓶中（這種全然無害的結晶，會引起消費者的擔心）。

大部分葡萄酒都會經過一定程度的過濾，去除酒中的雜質微粒，包括可能污染葡萄酒的微生物和可能造成二次發酵的酵母細胞。儘管有一種日趨流行的自然酒（natural wines）追求最低限度的添加甚至零添加，但是目前大部分酒還是會添加少量的亞硫酸鹽讓酒不易變質。所以「含有亞硫酸鹽」必須標注在酒標上，即使這種添加是完全無害的。

過濾在葡萄酒圈中備受重視，過度過濾的話可能會流失酒中的香氣和陳年潛力，但是如果過濾不足，卻可能讓葡萄酒成為有害微生物和再發酵的犧牲品，特別當瓶裝葡萄酒受熱時。花時間進行自然沉澱是最天然的葡萄酒澄清方法。

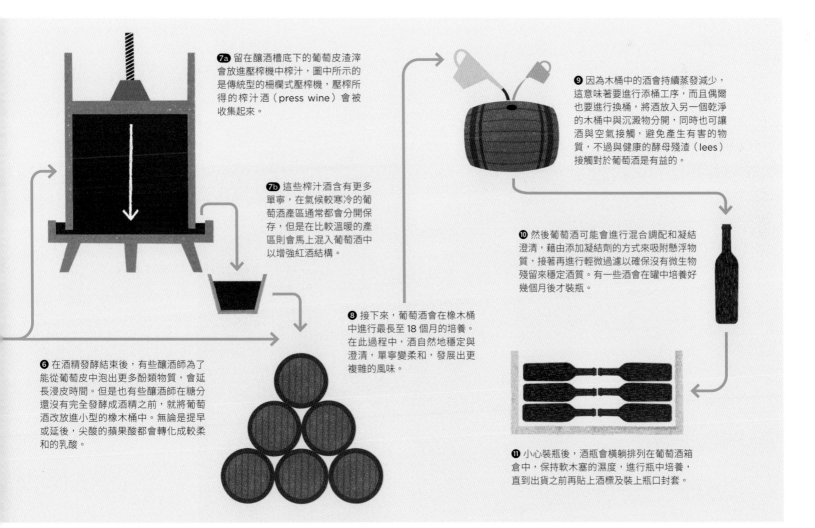

**7a** 留在釀酒槽底下的葡萄皮渣滓會放進壓榨機中榨汁，圖中所示的是傳統型的柵欄式壓榨機，壓榨所得的榨汁酒（press wine）會被收集起來。

**7b** 這些榨汁酒含有更多單寧，在氣候較寒冷的葡萄酒產區通常都會分開保存，但是在比較溫暖的產區則會馬上混入葡萄酒中以增強紅酒結構。

**6** 在酒精發酵結束後，有些釀酒師為了能從葡萄皮中泡出更多酚類物質，會延長浸皮時間。但是也有些釀酒師在糖分還沒有完全發酵成酒精之前，就將葡萄酒改放進小型的橡木桶中。無論是提早或延後，尖酸的蘋果酸都會轉化成較柔和的乳酸。

**8** 接下來，葡萄酒會在橡木桶中進行最長至 18 個月的培養。在此過程中，酒自然地穩定與澄清，單寧變柔和，發展出更複雜的風味。

**9** 因為木桶中的酒會持續蒸發減少，這意味著要進行添桶工序，而且偶爾也要進行換桶，將酒放入另一個乾淨的木桶中與沉澱物分開，同時也讓酒與空氣接觸，避免產生有害的物質，不過與健康的酵母殘渣（lees）接觸對於葡萄酒是有益的。

**10** 然後葡萄酒可能會進行混合調配和凝結澄清，藉由添加凝結劑的方式來吸附懸浮物質，接著再進行輕微過濾以確保沒有微生物殘留來穩定酒質。有一些酒會在罐中培養好幾個月後才裝瓶。

**11** 小心裝瓶後，酒瓶會橫躺排列在葡萄酒箱倉中，保持軟木塞的濕度，進行瓶中培養，直到出貨之前再貼上酒標及裝上瓶口封套。

# 為何使用橡木桶？

自從法國高盧人發明了橡木桶以來，葡萄酒和橡木一直相輔相成。橡樹在法國隨處可見，資源豐富，具有易塑性和耐用性，而且如果葡萄酒在橡木桶中貯存，通常可讓酒嚐起來更美味。現在，有越來越多的人嘗試製作一些橡木桶替代品，比如相思木、栗樹和其他種類的木頭、陶土、水泥和各種雙耳酒罐的不同設計與衍生品。但是數百年來，橡木還是最受青睞的。當前橡木之所以被推崇，乃因其香氣能天然地與葡萄酒相結合。從物理性質上來看，其他的容器無法比擬橡木單寧能帶來的穩定性，以及釀造精良的葡萄酒在桶中培養後所得到的柔和質感。在橡木桶裡長期熟成還能緩緩地澄清葡萄酒。

白葡萄酒在橡木桶中發酵能讓酒的質感更柔和、香氣更深邃。有些釀酒師用攪拌桶中酒泥的方法讓葡萄酒擁有如奶油般的絲滑質感，但過度攪拌則可能會讓葡萄酒的奶味過重。另一方面，若不攪動酒泥，可能會增強某些釀酒師追求的「劃火柴」或者燧石般的礦物感。有些白葡萄酒可能只在橡木桶中培養 3 個月左右，獲得一絲絲的橡木氣息。

注重品質的紅葡萄酒通常熟成時間更長：達 18 個月甚至更長。在橡木桶中培養時間越長並不代表橡木味越濃。為了讓新酒和比較大的死酵母顆粒（法文稱作 gross less）分開，發酵完之後沒多久葡萄酒會先進行一次換桶，存放到另外一個乾淨的橡木桶中，之後還會進行多次換桶。如今許多釀酒師偏好不攪動酒泥，讓它與酒靜靜接觸，但是酒泥的品質必須是完美的，要不然會產生一些含硫的物質，十分難聞。換桶也會讓葡萄酒跟空氣接觸，使其單寧變得比較柔和。

有些桶中的葡萄酒會因為蒸發而不斷減少，造成桶中酒的上方留有空間（法文稱作 ullage），會讓葡萄酒暴露在不利的氧氣中，所以桶中的酒需要經常被填滿，以免因過度氧化和微生物而被污染。在桶中熟成的階段，釀酒師必須經常品嚐每個橡木桶中的葡萄酒，除了要決定是否以及何時換桶之外，還要判斷葡萄酒何時可以裝瓶。換桶、填滿酒以及清洗桶子是酒窖實習生的例行工作，跑來跑去的他們被戲稱為「酒窖老鼠」（cellar rats）。

有一種橡木桶熟成的替代方法，有時也會作為它的輔助方法，就是事先將定量的微氧送進酒槽或橡木桶的葡萄酒中。這種微氧化技術（micro-oxygenation）是模仿橡木桶讓葡萄酒與空氣接觸的方式。另外也有相對便宜的作法：如添加橡木片、橡木條，甚至有些肆無忌憚的人會使用橡木粉，這麼做既可複製橡木桶所產生的香氣，又不用花錢購買所非不貲的橡木桶。這些橡木碎片也有可能改善葡萄酒的結構與口感，使酒的顏色更穩定。

## 橡木從何而來

橡木桶的大小和新舊程度是重要的因素。桶越老或越大（目前流行大桶），葡萄酒中的橡木味就越輕（用於頂級酒熟成的全新橡木桶可能之後會被用來熟成較低階的葡萄酒）。其他因素包括葡萄酒在橡木桶中的時間長短，所謂橡木桶的「烘烤度」（該術語是指橡木桶在製作過程中，木條會經柴火烘烤：重度烘烤的橡木桶具有較少的木頭單寧，但卻有更多的香料和烘烤味），此外還包括橡木在製桶之前會如何進行自然風乾，和風乾多久（曝曬在外以降低其粗糙個性），更有甚者會人為地進行窖內烘乾。最後，橡木的產地也是重要因素之一。

美國橡木可能具有相當迷人的甜味和香草香氣。波羅的海的橡木在 19 世紀末時因其緩慢的生長速度和緊密的紋理而大受歡迎。而當前香料味細膩的東歐橡木又重新受到人們愛戴，然而整體來說，法國橡木依然要比其他地方的橡木更受青睞，主要原因在於法國橡木林區的管理相當良好。

橡木林區有各自的風土條件，並會影響橡木樹的生長模式和品質。來自利穆贊（Limousin）林區的橡木紋理比較寬，多單寧澀味，通常比較適合用於陳年白蘭地而不是葡萄酒。占地 10,000 公頃的特隆塞（Tronçais）林區位於阿列省（Allier），是法國政府的國有單一大型林區，因為在貧瘠的土壤上生長緩慢，所以橡木紋理比較緊密，能帶來芳香但又恰到好處、不至於太過度，非常適合用來熟成葡萄酒。孚日山脈（Vosges）林區的橡木也很類似，顏色較淡，很受一些釀酒師偏愛。而其他一些釀酒師則只要求是產自法國中部（le Centre）林區的橡木即可。每片林區可能有其各自不同的生長環境。釀酒師的口袋名單中通常會有許多家製桶廠，不會只鍾愛某一家。全世界葡萄酒生產中通常會用到的橡木桶上可能會印有 Chassin、Demptos、François Frères、Radoux、Seguin-Moreau 和 Taransaud 這些製桶廠的名字。大多數葡萄酒與橡木最後的重要接觸便是裝在瓶中時，酒與軟木塞的接觸。

位於梅索（Meursault）村地下，由阿爾諾‧恩特（Arnaud Ente）所擁有的酒窖，清楚地顯示了布根地的生產者現在如何愛用各種不同大小的橡木桶，他們往往不受限於傳統容量的 228 升橡木桶（法文稱作 pièce），而引進更大的桶。

# 葡萄酒的封瓶

氧氣會破壞葡萄酒，所以必須阻止氧氣和葡萄酒接觸，從這一點上來說，玻璃酒瓶遠遠優於木桶。17 世紀，當酒瓶第一次被廣泛使用時，唯一簡便的封瓶方法是插入橡樹的樹皮，即軟木塞。這雖已流傳甚久，但人們依舊廣為思考，祈求能找到更好的方法。

軟木塞是用生長多年的軟木橡樹之極厚樹皮所壓縮出來的圓柱體。葡萄牙的阿連特茹（Alentejo）地區是種植軟木橡樹最密集的地方，所以葡萄牙人是最主要的軟木塞生產者。20 世紀末，軟木塞的品質嚴重下滑，可能是因為樹皮的需求量劇增，所以樹木遭到過度砍伐。軟木塞對葡萄酒的污染時常發生。瓶裝葡萄酒的軟木塞接觸了氯元素和黴菌後，就會產生不同程度、聞起來有股黴味的化學物質「三氯苯甲醚」（TCA）。該物質若濃度高，顯然就是軟木塞供應商的過錯；但若濃度低，TCA 和其相關的物質僅奪去葡萄酒的一部分果味和迷人香氣，這很可能是葡萄酒本身和釀酒者所造成的。

由於如今瓶裝酒的數量越來越龐大，造成對軟木塞的大量需求，軟木塞替代品的探尋迫在眉睫。澳洲和紐西蘭的生產者們改以螺旋蓋替代軟木塞，因為這種封蓋保證葡萄酒不會有 TCA 帶來的缺陷（同時也不需要用到螺旋錐開瓶器）。第一代螺旋蓋的密閉性過強，但在今天，葡萄酒生產者們可以選擇不同透氧率的螺旋蓋頂部內襯，且這項研究一直持續進行中。

很多（或許大多數的）葡萄酒消費者仍然喜歡軟木塞，他們喜歡用開瓶器開啟酒瓶的儀式感，並且固執地認為軟木塞在葡萄酒陳放中發揮了獨特的作用。另外，對於開一瓶價值昂貴的酒來說，螺旋蓋還是讓人感覺低廉。

人工合成的瓶塞通常由塑膠或有時由植物原料合成，該瓶塞也是一類不錯的軟木塞替代品，其品質也逐漸提升，新世界產區的葡萄酒生產者尤其愛用。這類瓶塞的類型以及等級變化非常多，特殊之處在於可讓葡萄酒的飲用者仍然保有深受許多人喜愛的拔出軟木塞開瓶儀式，但卻不會有任何軟木塞味的危險。不過這些瓶塞還是有很難再塞回去的問題，而且通常也不適合用來作為需經長期瓶中培養之葡萄酒的封瓶材質。

玻璃蓋（Vinolok）也是一種替代品，還有一種是 DIAM 瓶塞：其本質是人工合成塞，經過特殊處理而成，用食品級的微球體將磨碎的軟木塞粘合在一起。DIAM 瓶塞已經通過香檳生產者的認證，品質非常可靠。

上述所有各類競爭刺激軟木塞供應商投入研發升級及品質控制。如今，出現軟木塞缺陷的機率大幅降低，甚至有些供應商能提供幾乎免於 TCA 污染的天然軟木塞，當然它們價格不菲。

任何品質等級的葡萄酒生產者都正悄悄地進行螺旋蓋的研究，但是處於金字塔頂端的酒莊明白螺旋蓋會影響其形象；無論設計師花費多大精力來提升螺旋蓋的外觀，螺旋蓋與奢侈感仍然

軟木塞的生產依然是很傳統的。圖中一頭驢子背著從軟木橡樹上刨切下來的樹皮，軟木林區位於西班牙南部安達盧西亞地區的「軟木橡樹國家公園」（Parque Natural de los Alcornocales），但葡萄牙才是全世界軟木樹皮和葡萄酒軟木塞最主要的來源。

相隔甚遠。甚至有些堅持用螺旋蓋的澳洲人也開始猶豫了，因為他們要出口很多酒到鍾愛軟木塞的中國市場。

## 瓶塞的類型

| 香檳塞 | 標準塞 | 聚合軟木塞<br>（石軟木塞） | 合成塞 | 螺旋蓋 | 玻璃塞 |

# 葡萄酒與時間

有些人對葡萄酒有些誤解，以為所有的葡萄酒不僅都不會衰敗，而且酒質還會與時俱進。的確，部分葡萄酒最神奇的特性之一，就是它們隨著時間變化，會變得更好，時間可以長達數十年，極少數的酒款甚至還可陳放幾個世紀。然而，大部分現今所釀造的葡萄酒，通常是在裝瓶後不久或是在一年內即可飲用，甚至有些酒款最好喝的時候就是剛從裝瓶線輸出之時。

大部分便宜的葡萄酒，特別是白葡萄酒、粉紅葡萄酒在年輕且果香消散之前狀態最佳。同樣需要趁年輕時飲用的酒包括一些輕度酒體、低單寧的紅葡萄酒，還有那些以加美（Gamay）（例如薄酒萊酒）、仙梭（Cinsault）、多賽托（Dolcetto）、蘭布魯斯科（Lambrusco）、東菲德（Dornfelder）和茨威格（Zweigelt）等品種釀製的酒，以及一些較易飲的黑皮諾。只有極少數的粉紅葡萄酒可以陳年，大多數還是應該趁新鮮和果味十足時飲用。恭得里奧（Condrieu）和另外一些傑出的維歐尼耶（Viognier）品種釀造的酒更是佐證了大多數酒不宜陳年。意外的是，優質香檳以及其他高品質的氣泡酒可長期貯存。這些酒適宜現在飲用，但存放一兩年後能讓風味更有深度。

葡萄酒陳年是個難解的局。大多數品質卓越的白葡萄酒以及所有頂級紅葡萄酒都在達到適飲期之前就已售出，然而這些酒需要陳年後才能彰顯其品質。當它們年輕時，酒中複雜的酸度、甜度、礦物質、色素、單寧以及所有其他風味元素都還需進一步融合。優質好酒的這些元素含量當然比一般酒來得高，品質卓越的酒款更是勝過優質葡萄酒。但是葡萄品種原有的果香、發酵產生的香氣以及橡木味都必須花時間進行交互作用，以形成和諧的整體，才能在更加熟成後產生陳釀酒香，英文稱作 "bouquet"（用花束的芬芳來類比）。所有這些都需要時間以及輕微的氧化過程才能令酒成熟，而從瓶塞到酒的液面那部分狹小空間已經擁有足夠的氧氣可協助長達數年的陳年過程。

一瓶年輕的優質紅酒，從裝瓶之際，就包含了由單寧、色素以及風味組成元素（這三類物質在一起通稱為「酚類物質」），也包含了由這些物質相互作用所衍生的更複雜複合物。在瓶中，單寧會持續與色素及酸性物質交互作用而形成大分子的化合物，

## 葡萄酒的陳年模式

該座標圖用相近的指標來比較與對比幾種品質等級和陳年能力。像波爾多列級酒莊這樣的優質紅葡萄酒一般在熟成 5 年左右就進入一個不易親近的階段，此時年輕時的新鮮果味逐漸消失，但口感乾澀的酚類物質還未沉澱下來。

最後會變成沉澱物質。這表示，當葡萄酒熟成時會失去酒色及澀度，但會增加風味的複雜度和沉澱物。事實上，只要將一個酒瓶對著光源檢視葡萄酒的顏色，就可以猜測葡萄酒的熟成狀況：顏色越淺，意味著陳年越久。

## 白葡萄酒的熟成

同樣的陳年過程也發生在白葡萄酒中，不過其酚類物質少很多，我們目前所瞭解的比較有限，然而，緩慢的氧化還是會將酚類物質轉變為金色甚至是棕色物質。此時葡萄品種原有和發酵產生的果香、「酒香」以及清脆的酸度，會變得愈加醇厚，發展出蜂蜜、堅果或是細膩的鹹鮮味。如果說紅葡萄酒中的主要抗氧化物質是單寧，那麼在白葡萄酒裡的似乎就是酸度。白葡萄酒若有足夠的酸度（也有足夠的其他物質去均衡它），其陳年時間就會跟紅葡萄酒一樣長，或是那些貴腐甜酒，比如頂級的索甸（Sauternes）、德國麗絲玲、多凱（Tokaji）以及羅亞爾河谷的白梢楠甜酒（這些酒的酸度都很高），都能更長久地陳放。

「何時才是最佳的飲用時機？」這是常被問到的問題，但難以回答。有時最佳的答案是「今晚就喝」。但令人尷尬的事實是，即使是釀酒師也只能作出預估，常常在葡萄酒開始走下坡時，人們才知道酒真正的陳年潛力。過適飲期後，酒失去果香及風味，酸度及單寧開始過度突出。也許此時酒嚐起來還很有意思，但是平衡感已經喪失。對於好酒唯一可準確預測的特質就是：它們均難以預料。

對那些常常買進整箱葡萄酒且監控熟成過程的人來說，在他們一瓶一瓶飲過之後，常常會發現某款酒在年輕時就豐盛好喝，但是隨後會進入一段沉悶、毫無生氣的時期（這時，酒中的許多複雜成分正在形成），接著又會進入另一個更加輝煌的階段。隆河的白葡萄酒特別容易存在這樣類似青少年叛逆期的階段，請耐心等待，別失去信心。

常言道（事實正是如此），沒有所謂的好酒，只有好的酒瓶。同款酒每一瓶之間都可能存在差異，即使是同一箱酒也不例外，這種個瓶差異是另一種常見現象。同一箱酒裡，有可能裝入不同批次的酒（目前許多酒瓶上會印上批號），存放在不同的環境下，甚至來自於不同的橡木桶，或者人們有時會半開玩笑地形容那些午休前後裝瓶產生的瓶差。之所以會產生差異往往是因為每一瓶酒的透氧量不盡相同，或者是受不同程度的污染，最常見的是受三氯苯甲醚（TCA）污染（見第 37 頁）。完好、未受污染的酒塞是一瓶陳年完好葡萄酒的標誌；而如果一瓶側臥的紅酒在側臥這面發現受汙的痕跡的話可能就意味著這瓶酒有問題。然而個瓶差異常常找不出合理的解釋，由此可見，葡萄酒真是一個活生生、脾氣古怪的個體。

不同年份的同一款酒，其陳年潛力也不同。厚皮的紅葡萄，再加上乾旱的年份，其陳年潛力當然比產自潮濕年份且葡萄皮與果肉比例更低的酒款要來得更好。來自涼爽年份的葡萄釀成的白葡萄酒，也需要較長的時間才能讓酸度柔化到可讓人接受的地步（其實，葡萄酒的酸度和 pH 值這樣的酸濃度指標是幾乎不變的；是那些陳年帶來的複雜物質平衡了酸度，讓人感到似乎酸度變得柔和）。

下面要討論另一項與儲存環境無關的因素，則是酒瓶的大小。不管酒瓶大小如何，軟木塞和瓶頸液面之間的空間都是一樣的，這意味著半瓶裝的每單位葡萄酒與氧氣的接觸面積要比一般瓶裝大一倍，而雙瓶裝的葡萄酒與氧氣的接觸面積就更少了。因此，半瓶裝的葡萄酒會比大瓶裝的葡萄酒熟成更快，而這也是葡萄酒收藏家願意付出較高代價購買更大瓶裝的原因。但大容量酒瓶的缺點是如果軟木塞出現問題，可能造成更多的酒被污染。

能長久陳年的一定是極品佳釀，但一般來說，要推測哪些

葡萄酒比較值得陳放（或者英語說法為「放下靜置」）是有可能的。若從酒窖取出一些典型例子，非常粗略地按照最值得久儲的先後順序，我們可以列出：年份（Vintage）波特酒、艾米達吉（Hermitage）、波爾多列級紅酒、巴拉達（Bairrada）、馬第宏（Madiran）、巴羅鏤（Barolo）、巴巴瑞斯柯（Barbaresco）、阿里安尼科（Aglianico）、蒙塔奇諾布魯奈羅（Brunello di Montalcino）、羅第丘（Côte-Rôtie）、高品質的布根地紅酒、唐（Dão）、教皇新堡（Châteauneuf-du-Pape）、珍藏級經典奇揚替（Chianti Classico Riserva）、喬治亞的薩佩拉維（Saperavi）、斗羅河岸（Ribera del Duero）、澳洲卡本內蘇維濃以及希哈紅酒、加州卡本內蘇維濃紅酒、利奧哈（Rioja）（雖然利奧哈如今風格多樣，很難一概而論）、阿根廷馬爾貝克紅酒、金芬黛紅酒、新世界的梅洛紅酒，還有新世界黑皮諾紅酒──但這得仰仗釀酒師的能力和野心。

到目前為止，最受歡迎且最耐久儲的葡萄酒是波爾多的「級數酒莊」葡萄酒。一個世代以前，像這類葡萄酒就是釀來儲存的，基本上都假設購買酒人會陳放至少七八年，通常是儲存 15 年以上。不過現在的葡萄酒消費者可沒有這樣大的耐心。現代品味追求的是較為軟熟的單寧（討人歡心的飽滿口感），以及風味更成熟的酒款，這表示葡萄酒在釀成後的 5 年左右便可飲用，有時甚至更早。

美國加州幾乎每年都可釀出成熟、濃厚、柔和的風格，但在波爾多，還是要看老天幫不幫忙：以 2005、2010 和 2016 年份的波爾多為例，優質的葡萄酒需要的是耐心。布根地紅酒的問題較少一些，因為單寧通常不會過於艱澀，飲用者不需要花很大的耐心去陳放。但是該地區某些特級園（Grands Crus）所孕育的紅酒，在年輕時即可見其內涵豐厚，若是在不到 10 年內就喝掉，實在可惜且浪費，存放 20 年會好很多。所有的布根地白葡萄酒，除了最頂級的白葡萄酒外，熟成速度更快，而許多過早氧化的案例表明布根地白葡萄酒的陳年能力不一定如人們想像的那麼強。而人們日益發現就布根地的白葡萄酒而言，酸度更高的夏布利要比金丘更能存放。但總體來說，夏多內本身並非一個陳年潛力很強的品種。

不意外的話，最能藉由陳放增進酒質的白葡萄酒，依照潛力大小順序，依次為多凱（Tokaji）、索甸（Sauternes）、羅亞爾河谷的白梢楠、德國麗絲玲、夏布利、澳洲獵人谷榭密雍、居宏頌（Jurançon）甜白葡萄酒、產自金丘區的布根地白葡萄酒，還有就是波爾多干白。和大部分加強型葡萄酒一樣，桶中熟化的波特諸如茶色（Tawny）波特酒，雪利酒、馬德拉酒（Madeira）以及許多氣泡酒都是在裝瓶後即可飲用。年份波特酒則不同，陳年潛力勝過其他任何加強型葡萄酒。

## 葡萄酒的保存

如果一瓶優質葡萄酒值得您多付出一些代價購得（通常情況下是這樣），那它也同樣值得您將它完好保存並在適當的情況下飲用（見第 42-43 頁）。保存不當也可能讓瓊漿玉液變成難以入口的飲料。葡萄酒只需靜置在一個幽暗、陰涼且（理想狀態下）略濕的環境中。強烈的光照會傷害葡萄酒，長時間暴露在光線中對氣泡酒的傷害尤烈，所以別買酒鋪裡靠窗擱置的香檳。較高的溫度會加快葡萄酒的反應，高溫加快化學反應，所以儲存溫度越高，瓶中熟成反應越快，導致口感比較不細膩。

葡萄酒的儲存，幾乎對所有人來說或多或少都是個問題。現代住家很少能有地下酒窖：完美保存一系列藏酒的空間。有一個解決辦法，尤其是在炎熱天氣下，那就是購置一個專業的溫控酒櫃，當然從金錢投資、佔空間以及耗能方面來看，這很不划算。您也可以付錢請

人幫您完美地保存葡萄酒，顯而易見，這種方法的缺點是您需要持續支付存酒費用，而且缺少機動性，好處是存酒的重大責任可以交給專業倉儲人員。許多專售高級葡萄酒的酒商都會提供此項服務。最好的酒商不僅會幫您完美保存葡萄酒，也會向您提出各款酒的適飲期建議。而最壞的情況是，有些劣質酒商會竊走客戶的酒藏。大部分的酒商都樂於充當仲介人，適時幫客戶尋找銷售物件。任何一家專業的葡萄酒倉儲業者，都應該保證可以向客戶提供庫存追蹤及取回系統，並能掌握理想的溫濕度來控制儲存環境，還要提供保險這一特別重要的考量因素。

葡萄酒對於溫度的要求，還不至於到吹毛求疵的地步；7°C-18°C 的儲存溫度即可，但若能儲存在 10°C-13°C 則更理想。更重要的是，溫度浮動越小越好（置於室外棚屋或旁邊有未隔熱的鍋爐或熱水器都不可行），沒有任何葡萄酒可以忍受忽冷忽熱。溫度過高，不僅會加速葡萄酒的熟成，也會讓軟木塞快速膨脹後緊縮，然後就無法完美地封住瓶頸，可能趁隙急速竄入過多的氧氣。若出現任何的滲酒現象，就應該儘早將酒喝掉。倘若實在找不到陰涼的儲酒環境，那麼略為溫暖但穩定的環境也可以。不過一定要避免過度的高溫，例如超過 30°C。這也是為何今日運輸高級葡萄酒時，只使用有溫控設備的海運貨櫃，或是只在一年當中的冷涼天氣運送。

傳統上，總是會讓酒瓶橫躺以避免軟木塞乾縮而讓空氣有機可乘，但螺旋蓋的酒瓶應該豎立，以其他形式存放也可，只要避免螺旋蓋受到撞擊遭到損壞而影響密封。根據優質葡萄酒市場的情況，以開盤價買年輕期酒可能是明智的，然後儲放這些酒至完美陳年之時，但請牢記一點，並非所有好酒的價格都會隨著陳年而水漲船高，這常讓人唏噓不已。

過去的酒窖和古老的櫥櫃一樣隱秘或不起眼。如今的酒窖則是向外展示社會地位的象徵，只要保持恒溫就行。

# 法定產區

一支葡萄酒一旦有了名氣，就會誘使他人借用其名字，這促使了嚴格管控之「法定產區」的建立。18 世紀中葉，龐巴爾侯爵（Marquis de Pombal）仔細地劃出杜羅河谷（Douro Valley）的界限，以保護波特酒的名聲。在那之前約 20 年，即 1737 年，匈牙利東北部的多凱（Tokaj）產區成為世界上第一個被劃的葡萄酒產區，原因是當時多凱酒十分名貴，有不少仿冒品出現。在托斯卡尼的奇揚替（Chianti）核心區，即經典奇揚替產區，其邊界在歷史上變化了許多，但早在 1444 年即有規定葡萄農們何時才能開始採收的地方法律。

直到 20 世紀，在葡萄根瘤蚜蟲害造成一片狼籍之時，假冒偽劣的葡萄酒開始猖獗，其流行度和品質低下的種間雜交葡萄品種一樣，於是法國官方不得不開始正式限定葡萄酒產區（在香檳區發生過針對邊界問題的暴亂）。身為擁有如此悠久精品酒傳統的國家，為保品質，顯而易見的下一步就是以法律規定哪些葡萄品種應該種植於哪些特定地區，如何種植，甚至如何釀酒。首個例子是 1923 年勒華男爵（Baron le Roy）實施法規來保護當時名聲受到嚴重詆毀的教皇新堡（Châteauneuf-du-Pape）產區。

法國擬定「法定原產地制度」（Appellations d'Origine Contrôlées，簡稱 AOC）的做法毫無阻礙、輕鬆地就獲得成果。到了 2008 年，當歐盟建立全歐洲的「受保護原產地名稱」（Protected Designations of Origin，簡稱 PDO）系統時，法國精細管控的 350 個 AOC 術語被統一改為 Appellations d'Origine Protégées（簡稱 AOP）。相應地，在其他一些歐洲國家中最有名的分級包括義大利的 DOC、西班牙的 DO、葡萄牙的 DOC 和德國的 Qualitätswein，這些都會在本書每個國家的開頭介紹中詳細說明。大多數歐洲國家，包括法國，擁有居於上述法定分級之下的級別，稱為「受保護的地域標識」（Protected Geographical Indications，簡稱 PGI），比 PDO 的規定更寬鬆一些，但是仍然限於特定的地理區域。

歐洲以外的葡萄酒法規限於地理的分界。美國有「美國葡萄種植區域」（American Viticultural Areas，簡稱 AVA）制度，澳洲有「地理標誌」（Geographical Indications，簡稱 GI）制度。有些地區成立了一兩個還未成法規的方案，比如紐西蘭的「馬爾堡法定產區酒」（Appellation Marlborough Wine）。但通常來說，歐洲以外的葡萄酒生產者能夠自由地任意決定想要種植的葡萄品種，根據自身願景使用各種栽培和釀造方式，但他們還是必須在限定的產區耕耘。

約瑟夫·詹姆斯·福雷斯特（Joseph James Forrester）是釀酒商、藝術家和策動追求更純波特酒的人，他是在 1843 年為波特酒之鄉杜羅河上游區（Upper Douro）繪製地圖的先驅。他以小時為單位列出了從福雷斯特酒莊（Quinta de Forrester，他在佩蘇達雷瓜 [Peso da Régua] 擁有的酒莊）出發至該地圖上各個主要地點所需花費的時間。

如今，有一小部分（但越來越多的）歐洲葡萄酒生產者受夠了法定產區法規的嚴重拘束，於是選擇在法定產區以外的範圍生產，只用簡單的國家標識，比如法國酒（Vin de France）、義大利酒（Vino d'Italia）或者西班牙酒（Vino de España）。超級托斯卡尼（Super Tuscans）的生產者就在同一陣營，他們說：「我們不需要您們的 DOC 規定」，而且經時間證明，不受法規限制對他們絲毫未造成任何損害。然而若沒有任何形式的法規，消費者何去何從？這點值得商榷。

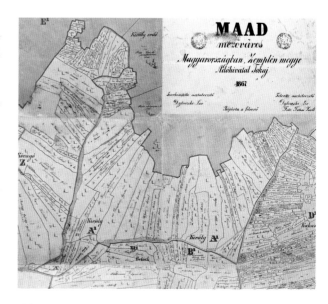

早在 18 世紀初，匈牙利的多凱葡萄園區就是世界上第一個被法定分級的產區。這張 1867 年馬德（Mád）酒莊的地圖，彰顯了當時劃分園區的精細程度。

# 酒標

　　應該（或者可能）有一個能含括所有葡萄酒的酒標範本嗎？應該有嗎？消費者可能說應該；生產者會堅決說不應該。生產者的酒標是一個能直接和顧客溝通的機會。葡萄酒的身份、資訊、自豪感、自我表達、法律義務等全都在酒標上體現。所以沒有簡單的答案。

　　但是「可能」有嗎？這值得探究。有些資訊自然是必要的，而且很多資訊都是有用的。您可能發現許多資訊（很少情況下是全部的資訊）零散地分佈在前標和背標上。德國人習慣將這些資訊有效地整合起來（這裡的有效未必指和消費者溝通的層面：德國那非常系統性的酒標可能看起來不那麼吸引人）。他們將酒的資訊按此順序列出：

**葡萄酒原產地**（廣義上：地區或者村莊）

**葡萄酒更精確的來源地**（葡萄園）

**葡萄品種**

**風格**（干型、更甜型，等等）

**年份**

**生產商**（類型多樣；有時名字本身是酒標的藝術）

　　"Niedermenniger Euchariusberg Riesling Beerenauslese"（產於 Niedermenniger Euchariusberg 的麗絲玲逐粒精選酒）這樣的酒標當然不容易吸引人的目光，所有多音節詞都難成為好的賣點。但是 "Oakville Martha's Vineyard Cabernet Sauvignon"（奧克維爾瑪莎葡萄園卡本內蘇維濃）切合賣點，該酒實際上的收益也非常好。"Pommard Epenots Pinot Noir"（波瑪村艾伯諾園的黑皮諾）只缺生產者的名字就能變得完整而清晰，但您永遠不會在這個酒標上發現葡萄品種名，因為法國的法規禁止大多數的 AOC 葡萄酒標

出品種名，只是這樣的資訊會偷藏在酒標的細節資訊中。

　　如果基本資訊總是明示出來，並按同樣的順序寫明，那麼整個葡萄酒世界都會工整很多。但是往往這些資訊都不會出現，酒標上只有法定需要標出的產區、以毫升為單位的酒容量和酒精濃度等資訊。

　　設計酒標時有些基本的問題：您想側重酒的身份還是想賣得好？當然能兩者兼得最好，但並不能相提並論。有些葡萄酒已經備受尊崇和矚目，人們哄搶它們甚至假冒品也不放過，然而有些葡萄酒才剛剛踏入市場。前者需要的是崇高的地位，後者需要的是關注。一個波爾多一級莊酒會因為炒作或過度解讀等等原因而供不應求，但不知名的南美混釀酒卻需要詳細地介紹其身份才能賣得出去。

　　精確度賦予了酒的地位。酒標上加上葡萄園的名字意味著那片特定的園區有獨一無二之處（而且能標更高的價格）。確立對葡萄成熟最好的葡萄園區塊是布根地幾個世紀以來一直在做的事情；更新的葡萄酒產區只渴望跟上布根地的步伐。通常比較好的方法是標上具體的地理資訊（比如 Gravelly Meadow、Chalk Hill 這樣具體的葡萄園名稱）。

　　傳統上能代表品質的詞彙，比如珍藏（Reserve）、首席之選（Directors' Bin）、老藤（Vieilles Vignes）等術語已經失去其含金量（不再保證高價），儘管義大利的珍藏（Riserva）和西班牙的珍藏（Reserva）一詞仍具有其法定意義的。「人工採收」（Hand-picked）是另一個近年來的亮點詞彙，暗指如此得來的酒要比用機器採收的酒更優越。「限量款」（Limited Edition）是另一個受人們鍾愛之非必要標出的酒標術語。

## 酒標解析

葡萄酒必須至少有一個酒名，可以是生產商的名字、酒莊名或者是專門取的品牌名，酒名還可能附加各種細節：一個葡萄品種，和/或一個葡萄園的名稱，和/或特別的瓶裝，以及例如像「老藤」這樣的認證。

葡萄採收的那一年。非來自單一年份的葡萄酒會被標為「無年份」。

2019

**Les Deux Ecrivains**

Appellation Londres Contrôlee

Mis en bouteille dans nos bureaux

JOHNSON & ROBINSON

www.worldatlasofwine.com

Contains Sulphites

13% Vol　　　PRODUIT DE L' ANGLETERRE　　　75cl

法定產區，或者像 IGP 這樣的品質等級標誌，或者只標出「葡萄酒」。

葡萄酒裝瓶的地點。

強制的健康警告，通常標在背標上，許多生產者會採用官方正統的標識，所有法律強制的資訊都會備放置在背標上，設計師全力負責前標的設計就好。

所有酒標必須標出生產商的名字和地址，或是裝瓶者的資訊，有些不太顯眼的地址可能被故意以首字母縮寫和郵遞區號代替。

所有酒標需強制標出酒精濃度，儘管每個國家對於酒精濃度的精確程度要求不一樣。有些地方容許 1.5 度的誤差，所以這款酒真正的酒精濃度有可能是 14.5 度。

許多酒標標註原產國。

酒瓶中葡萄酒的量；75cl（即 750 毫升）是標準容量。

# 葡萄酒的品鑒與討論

有太多的葡萄酒，甚至是那些優質的或品質卓越的葡萄酒，都只是被人仰起頭一飲而盡而沒被細品。儘管釀酒師可以把葡萄酒做得彷彿若天釀價值萬金，但這他所做的一切不能沒有知音，不能缺少了懂得品酒的人。如果說味覺全都是在口腔裡的話（我們的即時反應是這樣的），那任何人只要吞下一口葡萄酒，就可以感受到它的全部味道了。但是，舌頭上數以百計的味蕾所能感覺到的只是基本的味道：甜、鹹、酸、苦，以及鮮味。接收更多獨特感覺的神經，比如感受葡萄酒那樣複雜氣息的神經，集中在我們鼻腔的頂部。

我們所謂的味覺中，最敏感的部分其實是我們的嗅覺。真正的鑒別器官是位於鼻腔上方的嗅球（Olfactory bulb）。當葡萄酒的揮發性物質被吸入時（通過鼻腔，少部分會到達口腔的後部），它們被千百個接收器所感受，每個接收器都對某類香氣特別敏感。我們人類似乎可以辨別多達一萬種以上不同的氣味，這很令人驚訝。

人們常說嗅覺遠比其他感覺更快和更強烈地喚起記憶。嗅球的纖維直接通向儲存記憶的顳葉，大腦最原始的功能之一就是把氣味和記憶聯繫起來。嗅覺是我們最原始的感覺，它擁有快速進入人體記憶庫的特權。在進行盲品的時候，品酒師努力地識別一款神秘的葡萄酒，經驗豐富的品酒師所借助的，常常是聞了一下那款酒後，他們的記憶對此氣味的即時反應。如果不能直接把該款酒與過去品過的酒款相連，那他們就要動用自己的分析能力

了。可供對比參考的範圍大小，正是經驗豐富的品酒師與初學者間巨大差異所在。單一的感覺沒有多大意義，即使這種感覺相當愉悅。品酒的真正樂趣在於交叉參考，翻找記憶，比較產自同一或鄰近葡萄園之酒品的類似之處和細微差別。當然了，品酒不僅只是關注氣味，還要注意色澤、結構、力道、質地、酒體以及餘韻長短，還有其中風味的複雜度，一個真正會品酒的人，會將所有一切加以考慮。

品嚐葡萄酒有多種形式，簡單的如三五好友圍桌歡飲，複雜的如為「葡萄酒大師」（Master of Wine）資格評估和認定而設的專業盲品考試，其難度眾所共知。在餐廳裡，您點了酒，侍者會先往杯子裡倒入一點點，請您試品，這時您就成了一名「品酒師」。在這個場景裡，首要的目的是讓客人檢查酒溫是否恰當，其次則是看看這瓶酒是否有明顯的瑕疵，有些酒很有可能會受到一定程度的 TCA 感染（見第 37 頁）。但您不能在嚐過之後，單純因為不喜歡而將這款酒退回。

## 葡萄酒與文字

比鑒賞葡萄酒更困難的是如何與他人溝通品嚐後的感受。味道不像聲音或顏色，有一套通用的說法，除了一些基本的字眼如強勁、酸澀、粗獷、甜美以及苦味之外，每一個用以描述味道的詞，都是借用其他的感覺系統。以文字來定義不同的感覺，可以幫助人們清晰地辨認各種味道。要成為一個葡萄酒行家，掌握大

## 如何品嚐和欣賞葡萄酒

### 觀色

在杯裡倒入一些品嚐樣本，不要超過杯子容量的 1/4。首先觀察酒色是否澄清（對靜態酒來說，酒液混濁或有氣泡代表酒有瑕疵），然後觀察酒色的深淺（對紅葡萄酒來說，顏色越深，就越年輕，或是釀製此酒所用的品種的皮越厚：這些都是盲品時進行推斷的有價值線索）。酒齡越老，紅葡萄酒的顏色越淺，白葡萄酒的顏色則越深。接著將酒杯置於白色背景的上方，將杯子微傾以便觀察，看看酒液的中心及邊緣的色澤。所有的葡萄酒，顏色都會隨年份增長而慢慢轉成棕色，而紅葡萄酒的邊緣部分是最早可以看到磚紅色的地方；年輕的紅葡萄酒邊緣是藍紫色比磚紅色多；酒齡較長的紅葡萄酒，邊緣顏色會完全消失。酒色越有光澤且層次越細膩，酒質就越好。

### 聞香

集中注意力，對著杯中的酒深吸一口氣，搖晃一下杯子，再聞一次。酒香越濃郁，嗅聞的印象越深。一款細膩且成熟的葡萄酒，可能要通過搖晃才能釋放出更多香氣。如果是在盲品，這時您必定忙於尋覓大量的直覺線索，也就是該酒與您的品飲記憶庫是否有所連結。如果您的品嚐是要對一款酒做出評價，請注意其香氣是否純淨（現在的葡萄酒幾乎都不會有什麼問題）、是否非常濃烈，以及這香氣讓您聯想到什麼？如果您能找到一個詞來描述某種香氣，那就比較容易記住這種香氣了。當您品嚐或是飲酒時（這兩種行為可能會有很大的不同），請留意酒香是如何變化的。隨著酒在杯中的時間的延長，好酒的香氣會變得越來越有趣，廉價的商業酒則不會這樣。

### 入口

在這個階段，您需要喝下一口酒，讓舌頭及臉頰內側的所有味蕾去感受酒體。如果說鼻腔最能感受一款酒的細膩風味，那麼最能評量這種風味的構成就是口腔了：舌尖通常對甜味敏感，舌的前端兩側對酸度敏感，舌的後端則對苦味敏感，臉頰內部兩側對較粗澀的單寧敏感，而過高的酒精濃度會讓喉嚨有燒灼感。一旦您將這口酒吞下或吐出（專業人士工作時常常這樣做），此酒上述所有元素是否均衡（年輕的紅酒通常單寧偏高），餘韻長短如何（這是判斷酒質高低的要點之一），您已心中有數。這時，便能對此款酒做出整體評斷，甚至認定。

量的描述詞彙是必須的。

從談論葡萄酒到描寫葡萄酒，只是一步而已，但卻少有飲酒的人邁出這一步。不過，對您喝過或品過的葡萄酒，有點條理地做做筆記，其實很有好處。第一，提筆在紙上寫點什麼，可讓您專心一意，而專心正是品酒最基本的要求。第二，可讓您對酒液在唇舌間流轉之際的感覺進行分析及記錄。第三，可起備忘作用，若有人問起您覺得某款酒嚐起來如何，便可翻找筆記，給出明確的回答。第四，可讓您在一段時間之後，對酒款進行擴展的比較，比如在一年之後品嚐同一款酒的比較，又或者在不同場合下所品嚐到，雖不同但有一定關係之酒款間的比較。

簡而言之，寫品酒筆記就像是寫日記，明明很有好處，但就是難以做到。以下一些指引可能會有點幫助：專業的品酒表格通常會分成三個部分，提醒品嚐者記錄葡萄酒的酒色外觀、香氣展現以及口感；有些甚至還會留有空間作為第四部分，讓使用者記下整體印象。當然，不同的品酒者各有自己的品酒語言和速記方式，沒有必要做出硬性規定。最重要的是，您必須記下該款酒的全名，包括年份；而記下品酒日期也相當重要，以備將來參考。此外，寫下品嚐地點及共同品嚐的朋友，將來您再次翻閱時，也是個能幫助回憶的好線索。在智慧型手機上做品酒筆記，可以大大減少拼寫錯誤，再把這些筆記輸入資料庫以便日後查找。

## 評分

用分數來判斷葡萄酒的好壞合適嗎？在某些專業場合裡，比如比賽或評鑒，打分數在所難免，不論這些分數是用符號還是用數字來表示，對某些國家的葡萄酒零售業都已經產生了巨大的影響。百分制受到全球新一代的葡萄酒買家歡迎，這種計分方式提供的是一套國際的評量表，無論國籍語種，人人都能看懂。

但是，百分制裡 89 分或 93 分這樣的數字，雖給予人一種精確感，但這種精確感其實是很虛偽的。英國的專業評分是 20 分制，這更貼合實際；但也有人認為，這樣一來，好的葡萄酒都總是集中在兩個分數之間，比如在 14 分和 19 分之間，於是有的品酒師使用了 0.5 分以作更細的區分。不論是 100 分制還是 20 分制，數字所表達的都是一種對品質的絕對和客觀評判，但是，在現實當中，品酒基本上就是一個主觀的過程。一組評審所打分數的平均值極可能讓人生疑，因為它往往會把真正有個性的酒款排除在外，因為總有一些人不欣賞過於獨特的酒款。即使只是一個人打的分數，也可能會造成誤導，因為我們所有人對葡萄酒的風味和風格都有著個人的喜惡；我們生來就有著一些個人的偏好，而且隨著飲酒生涯的增長，這種口味偏好又會不斷地改變。在葡萄酒的品評與欣賞上，並無絕對的對與錯。只有您自己，才能挑出適合您個人口味的最佳葡萄酒。

如今，比起僅靠區區幾個葡萄酒專家的年代，個人的意見更受重視，也更易取得，這尤其要感謝像 Vivino 那樣的應用程式以及像 CellarTracker 這樣的線上資料庫，前者可以為葡萄酒打分數並對其進行辨識，後者則擁有來源廣泛的品酒筆記。

在倫敦 67 Pall Mall 俱樂部為葡萄酒愛好者舉辦的一場香檳品鑒會。請留意這裡的品酒筆記書寫紙以及必備的清水和吐酒桶。

## 老年份和新年份

左邊的紅葡萄酒是一款 4 年酒齡的南澳希哈，酒色依然很深，酒液邊緣透著紫紅。右邊是另外一款新世界酒，加州的卡本內蘇維濃，葡萄的顏色很深，酒齡 8 年。比較一下會發現右邊的的酒色沒有那麼深，沒那麼藍，而酒液邊緣顏色變淺透著橘色，這便是瓶中陳年的結果。

左邊的白葡萄酒是一款 2 年酒齡的加州夏多內，但任何一瓶年輕的白葡萄酒幾乎都會是這樣的顏色。如果是麗絲玲的話顏色會綠一些，如果是白蜜思嘉的話會更透明。右邊的白葡萄酒有 15 年酒齡，產自布根地特級名莊。您可以發現白葡萄酒陳年之後顏色會變得更深，更呈棕色，而非變得更淺淡。

# 侍酒

您能想像自己打開一瓶拉菲（Lafite）獨飲會是什麼景象嗎？打消這種念頭吧，葡萄酒是用來分享的。說到底，葡萄酒就是一種社交遊戲。它關乎人際關係、待人接物、爭強好勝、親情友誼、禮儀習慣，在推杯換盞之間，哪怕只是輕嚐淺酌，社會萬象、生活百態都盡顯無遺。分享的過程越用心，就越有樂趣。

要挑些什麼酒，要喝多少瓶，如何確保酒品的最佳飲用狀態，這一切的安排都不難做到，但需要提前考慮並加以落實，這還包括上酒的次序。先飲用年輕的酒款，便更能凸顯後續較老成酒款的優點；白葡萄酒通常在紅葡萄酒之前飲用；清淡的酒先於厚重的酒；不甜的酒先於較甜的酒。以上這些原則若是弄反了，便會對下一款酒造成災難性的影響。

要往杯裡倒多少酒，這是一個比較難拿捏的問題。一瓶750毫升的葡萄酒，通常可倒 6~8 杯（這是指大酒杯但只倒 1/3 滿；而不是小酒杯整杯倒滿）。若是簡單的午餐，一人一杯應該就已足夠，但若是較為冗長的晚餐，一人 5~6 杯可能也不嫌多。身為東道主有條黃金法則，那就是倒酒要大方，但不要強人所難，還要記得為客人斟水。

如果您籌辦的是一個葡萄酒狂熱愛好者的聚會，他們每喝一口酒都要討論一下；如果不是這樣的一個聚會，就不要強迫客人這麼做了。若是宴請的人數太多，導致每上一道菜就需要使用超過一瓶的某款酒，這時就可以考慮同上兩款略為不同的酒款，或許是同一款酒但不同年份，或許是同一個葡萄品種但來自不同產區（為了避免混淆，最好使用不同的或貼上標記的杯子）。一旦酒款以及數量確定了，便可事先將含有沉澱物的葡萄酒直立，讓沉澱物有足夠的時間聚積在瓶底——這可能需要一到兩天。更重要的是，要有足夠的時間讓所有酒款都達到其適飲的溫度。

沒有什麼比溫度更能讓飲用葡萄酒產生巨大的差異。溫度過低的卡本內蘇維濃或溫度過高的麗絲玲都是一種可怕的浪費，因為這樣的酒嚐起來難以達到其應有的水準。這其中有許多原因，我們來一一討論。

我們所有重要的嗅覺（味覺的重要構成）只對氣味的蒸發敏感。紅葡萄酒的揮發性或氣味會比白葡萄酒弱。紅葡萄酒要在室溫下（通常在 18℃左右）飲用，用意就是要讓溫度達到某一個點之後，其芳香的元素得以蒸發，結構及酒體越是紮實的紅葡萄酒，溫度越要高一些。以香氣取勝的清淡紅葡萄酒，像是薄酒萊或來自冷涼產區的黑皮諾，飲用溫度則可接近白葡萄酒，即使溫度較低，其香氣也很明顯。另一方面，一些較為厚重的紅葡萄酒，像是布魯奈羅（Brunello）或是希哈，就可能需要室溫來提溫，或以手環杯來溫杯，甚至需要用嘴裡的溫度來釋放其香氣中的複雜成分。

溫度越低，單寧就會越明顯。因此一款單寧厚重的年輕紅酒，如果飲用溫度稍高些，嚐起來就會柔軟豐厚一些，風味會顯得較為熟成。以年輕的卡本內蘇維濃或波爾多紅酒來說，成熟的假像可以藉由較高的溫度創造出來，進而讓風味明顯增加，減少艱澀的口感。然而，黑皮諾或布根地紅酒的單寧通常較低，香氣更為自然地散發，所以，傳統上飲用布根地紅酒，幾乎就是從酒窖裡拿出來就喝，溫度當然就是要比飲用波爾多紅酒時低了。

低溫也是一種用來平衡濃稠高甜度葡萄酒的做法。酸度就像單寧一樣，溫度越低就越明顯突出。因此，如果有必要強調酸度，不管是因為酒款的含糖量較高，還是因為陳年時間過長，或是因為產自氣候炎熱地區，把溫度稍微調低一些再飲用，就能讓這些葡萄酒顯得清新爽口。比起飲用靜態的白葡萄酒，飲用起泡酒的溫度通常要低一些，以保持氣泡不斷升騰。

一款葡萄酒飲用時溫度過高，就會活力盡失，而且實際上很難再把杯中酒的溫度降下來；相反，一款酒開始飲用時溫度過低，它總會自然升溫到接近室溫，而且，用手捂著杯子也很容易就能讓酒升溫。白葡萄酒比紅葡萄酒更容易掌握飲用溫度，因為白葡萄酒可放在冰箱裡降溫。最好的降溫方式，就是將整瓶酒放進裝有冰塊和水的冰桶裡（只放冰塊不夠，因為冰塊與酒瓶的接觸面積不夠），也可以放入特殊的冰酒套裡。永遠不要把酒瓶（酒杯更是如此）直接暴露在陽光之下。

紅葡萄酒要達到理想的飲用溫度比較困難。若是剛從陰涼的

## 醒酒

切開錫箔，如果想看清楚整個瓶頸的狀況，可將錫箔整個拿掉。輕輕拔出瓶塞，酒瓶儘量不要晃動，以免酒中的沉澱物泛起。您可以使用任何乾淨的容器作為醒酒器，但玻璃的容器裡的美酒看了就讓人充滿期待。老年份酒最好使用頂端空間不太大的醒酒器，而年份輕的則適宜使用能最大限度接觸到空氣的醒酒器。

瓶口處擦拭乾淨後，一手持酒瓶，另一手持醒酒器。穩定倒出酒液，理想狀況是將瓶頸對準光源，例如燈泡或蠟燭。如果您存放酒的時候酒標是朝上的話，那沉澱物此時就不會泛起了。

繼續倒酒，直到看到沉澱物（若有的話）快滑到瓶頸下端處。若是酒渣開始接近瓶頸，那就要趕快停止倒酒。假如沉澱物很多，可先將酒瓶擺正立好，將醒酒器的口塞上或蓋住，過會兒後再重新倒酒，雖然有些葡萄酒的沉澱物是牢牢地黏附在瓶壁上的。最後把帶酒渣的剩酒倒入一個酒杯中靜置，這樣做的話，事後清洗時會少些麻煩。

酒窖拿出來的，它通常會是 10℃ 左右，在一個正常的房間裡，想讓它的溫度升高 5℃~6℃，得花好長一段時間。那麼擺在廚房應該夠理想吧？但廚房的溫度往往會超過 20℃，尤其是正在煮東西時，在這樣的溫度下，紅葡萄酒的口感就會失衡，酒精會開始揮發而產生過於濃重的氣味，酒中原有的特色會被掩蓋，有些風味甚至蕩然無存。

如想較快地把紅葡萄酒的溫度升高，有個實際可行的做法：將酒倒進醒酒瓶裡，然後讓醒酒瓶立在約 21℃ 的水中。先加熱醒酒瓶（在合理範圍內）也無妨。此外，微波爐也可以派上用場，但是切勿因沒有耐心而過度加熱，最好先拿一瓶水實驗看看。在餐廳時，若紅葡萄酒的飲用溫度過高，要趕緊要求拿一個冰桶來用。行家的經驗，自有道理，由來已久，值得您去遵循。

### 開瓶

開瓶通常不像您以為的那麼輕而易舉，正因為如此，螺旋蓋才會越來越有市場。首先必須拆掉瓶口的錫箔，通常是很精巧地只沿靠近瓶口的邊緣切齊錫箔，以讓酒瓶的外觀保持原樣。但這只是習慣性的做法，也可以使用專門的錫箔切割器。一個好的開瓶器應該是一種中空的螺旋錐，它能與軟木塞結合得很緊密。不建議使用實心軸的開瓶器，這類開瓶器可能會把軟木塞的中間拉空。還有一種不錯的選擇就是使用一種帶兩片金屬薄片的開瓶器，薄片可分別塞進軟木塞的兩側，把軟木塞完整地鉗拔出來。這種開瓶器被戲稱為「飲膳總管之友」（butler's friend，又稱 Ah-So 老酒開瓶器）——這個戲稱的由來是，一個老練的管家可以使用這種工具開瓶，把瓶中的好酒喝掉，然後往瓶裡灌滿劣質一點的酒，再塞上原來的軟木塞，整個過程軟木塞完好無損。還有一種開瓶器，集錐鑽和鉗夾兩種技術於一體，專門用於拔出老酒脆弱的瓶塞，設計倒也奇巧。「侍者之友」（waiter's friend，又稱「海馬刀」）是一種標準的開瓶器，一把小刀加上兩段式槓桿，125 年前已獲專利，到現在都還很實用。

氣泡酒的開瓶需要一些特殊技巧。待開瓶的氣泡酒需要先經過冰鎮，且即將開瓶之前沒有被搖晃過。要提醒您的是，香檳瓶內的壓力與卡車輪胎內的壓力並無兩樣，開瓶時萬一不小心，飛出的軟木塞可能會造成相當大的危害。當您拿掉瓶上的錫箔及鐵網後，要一手壓住軟木塞，一手慢慢地向外旋轉瓶身，最好有個角度，以擴大氣泡外冒的液體平面。瓶塞拔出時，應是「滋」的一聲輕歎，而非「砰」的一聲爆響。

極度老舊的瓶塞會造成開瓶困難，在開瓶器施壓下，軟木塞很容易散碎，尤其是在使用一些設計現代、力道較強的開瓶器時。有兩片尖扁刀片的「飲膳總管之友」可以用來解決問題。而要打開老年份的波特酒則非常棘手，如果瓶塞損壞了，就只有讓部分碎木渣掉進瓶子裡，然後再用咖啡濾紙或細布過濾酒液，這倒也無傷大雅。用燒紅的火鉗，把波特酒的瓶頸剪斷，這聽上去很誇張，但效果很好。

人們對換瓶醒酒的談論頗多，但知之甚少，主要原因是其效果對特定某瓶酒的影響難以預料。有一種錯誤的觀點認為，只有帶有許多沉澱物的老酒才需要換瓶醒酒，這純粹只是把換瓶醒酒視為一種預防措施，為的是獲得一杯較澄澈的葡萄酒。經驗顯示，通常是年輕的葡萄酒更需要換瓶醒酒。年輕的葡萄酒酒瓶裡的氧氣還沒有什麼機會發揮作用；而在醒酒器裡，氧氣迅速發揮作用，並有效地讓酒至少有種更為成熟的感覺，只需一兩個小時，醒酒器裡的葡萄酒便被喚醒綻放。有些年輕強勁的葡萄酒，這讓人馬上想到義大利的巴羅鏤，醒酒時間甚至要長達 24 個小時。一條最佳的準則是：年輕、多單寧、高酒精濃度的葡萄酒，比起酒齡較長、酒體較輕的葡萄酒，更需要並可以經得起較長時間的醒酒。酒體豐滿的白葡萄酒（像是布根地或羅亞爾河谷的）

### 開瓶器和其他配件

侍者之友　　　螺旋錐開瓶器　　　飲膳總管之友
　　　　　　　　　　　　　　　（Ah-So 老酒開瓶器）

錫箔切割器　　　　　香檳之星

錫箔切割器是「侍者之友」開瓶器上小刀片的精緻替代品。香檳之星有四個爪，與鐵絲網套形成的凹槽相吻合，可以幫助擰開堅實的香檳瓶塞。

也需要換瓶醒酒，而且白葡萄酒放在醒酒瓶中看起來也比紅葡萄酒更誘人。

有一些反對使用醒酒器的人，認為醒酒過程會有讓葡萄酒喪失某些果味及口感的風險。他們認為最好直接把酒倒進酒杯，嚐一嚐並評估一下酒的狀態，如有必要，搖晃酒杯讓酒在杯中與空氣接觸就行了。這個問題的確存在爭議，且一直被爭論，只有自己實踐過後才能下結論。如果僅是提早拔掉瓶塞，除了可讓您檢查一下那個酒瓶有沒有毛病外，並不會有任何醒酒的效果。

好的酒杯當然也很重要。Riedel 是一個酒杯品牌，它認為每一種風格的葡萄酒或葡萄品種，都需要有其專屬的杯型，所以它的產品以杯型眾多而著名。這種所謂的「需要」，說得有點誇張。一個晶瑩、壁薄、容量夠大的球型杯，就足可應付所有的日常餐酒了。

或許是老生常談，但還是要提醒您，酒杯務必要洗得透亮光潔，絕對不能帶有洗潔劑或紙箱的一絲氣味。如今很多杯子都可以使用洗碗機來清潔。擦拭杯子時最好使用乾淨的亞麻布，並讓其留有一點熱度，酒杯帶有碗櫥或厚紙箱的味道，是被倒放在櫥架或箱子裡的緣故。應該將酒杯置於一個乾淨、乾燥且空氣流通的櫥櫃裡。每次使用前先聞聞，看是否有異味，這也是相當好的嗅聞練習。

# 葡萄酒的價格

精品葡萄酒的價格從來沒有像現在這麼昂貴，假酒的生意也從來沒有像現在這麼有利可圖。那些著名品牌通過深思熟慮後的定價，讓自己穩穩地躋身奢侈品行列。在 20 世紀 80 年代初，您還能以略高於 300 英鎊（約台幣 11,000 元）的價格，就買到一箱（12 瓶）1982 年份的波爾多一級莊的佳釀。哪怕是備受讚譽的 2000 年份一級莊，上市的時候每箱也不到 450 英鎊（約台幣 16,500 元）。但進入 21 世紀以來，這個地球上增加了許多對葡萄酒很感興趣，或至少願意在利率低的情況下，投入資金投資葡萄酒的人，他們的出現讓精品葡萄酒嚴重供不應求，價格由此所受的影響可想而知。如今一級莊的出品，在初上市時的價格已高達幾千英鎊一箱，而這些酒要到 20 年後才適飲。（見第 87 頁，有一些數字反映了這些葡萄酒的生產成本）

傳統上，有若干因素讓投資者鍾情於波爾多的精品葡萄酒。一是其龐大的規模，知名度高、產量巨大，而且容易購得。二是其相對簡單的命名系統，酒名易於辨認。或許最重要的一點是其酒品可長久存放。投資者不希望手頭上的商品必須趕在失去價值前倉促脫手；他們希望手中的商品能有較長的交易區間。一款頂級的波爾多葡萄酒，其潛在可預料的銷售期則會長達 20 年甚至更久，而拍賣行、精品酒商以及貿易商早已提供了一個現成的二手市場。自 20 世紀 70 年代中葉起，波爾多葡萄酒的生產者和一級酒商（négociants）越來越常以期酒（en primeur）的方式銷售最新年份的酒：採收結束幾個月後的春天，邀請全球媒體人士和酒商前來品嚐還在桶中的樣酒，然後公佈這些還沒釀成的酒的上市

價格；而價格制訂的依據，越來越常（並也受到質疑）根據幾個「酒評人」打出的分數。在酒莊和一級酒商之間，因為與這一銷售體系中可觀利潤分配息息相關，所以關係難免緊張。但結果是，酒莊莊主很大程度上決定了上市的價格和數量，而那些一級酒商對此只能接受，因為他們擔心會失去未來年份的配額。

對於像 2009 年和 2010 年這樣一些年份，受到來自亞洲新市場的推動，需求熱烈。下面的圖表，記錄了自 2003 年「倫敦國際葡萄酒交易所」（Liv-ex）建立以來，各類精品葡萄酒指數在這個交易平台上的走勢。如圖表所示，過熱的波爾多市場於 2011 年急墜，這裡的原因主要是因為來自中國的新買家，對於被承諾的即時回報未能兌現而感到不滿，並紛紛退出。直到 2016 年底，2009 年份的市場價格才與其上市價格相稱，價格實在受到太大程度的哄抬了。

像 2007 年那一次類似的下滑之後那樣，市場最終出現反彈，但近年來，隨著越來越多潛在葡萄酒投資者開始將注意力轉向其他產區，期酒的銷售總體上更加低迷。波爾多的一級酒商已經開始大舉推銷世界上其他產區的佳釀，用這種方法來分散風險。

布根地一直被視為是最能替代波爾多的產區。但事實上和波爾多的葡萄酒相比，布根地的葡萄酒產量低很多，助長了一路來的價格飆升。圖表顯示，布根地頂級的 150 款投資葡萄酒（Burgundy 150）的升勢，在 2011 年超越了所謂「波爾多 500」（Bordeaux 500）；而兩年之後，超越了更頂級的「波爾多傳奇 50」（Bordeaux Legends 50）。來自羅曼尼－康帝酒莊（Domaine

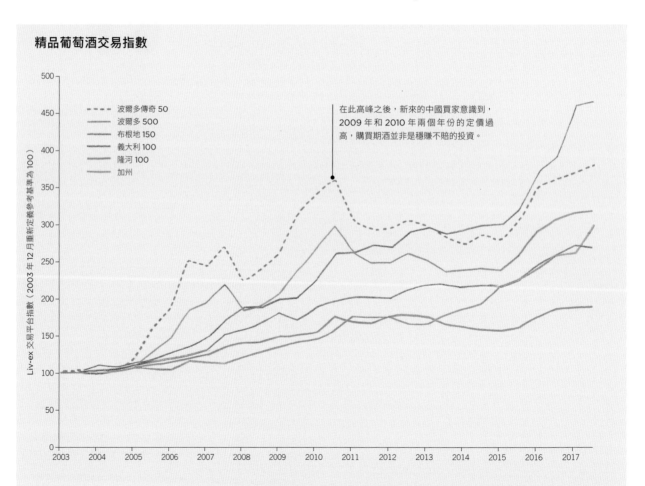

**精品葡萄酒交易指數**

在 Liv-ex 交易平台上，「波爾多傳奇 50」囊括了波爾多最著名的葡萄酒，它的價格指數比「波爾多 500」漲得更快，後者包括了 500 家或是列級或是與列級水準相當的酒莊的葡萄酒，是波爾多葡萄酒交易的主體。但是，「波爾多傳奇 50」的價格指數近來竟被「布根地頂級 150」超過了。2011 年那令人觸目的峰值只適用於波爾多，因為那時候，中國的精品葡萄酒投資者初來乍到，他們的注意力主要集中在波爾多的紅葡萄酒上。布根地的價格是 2015 年才飆升的。羅亞爾河谷的價格公道，而加州則不然。

de la Romanée-Conti）的羅曼尼－康帝（Romanée-Conti）是珍稀極品葡萄酒，2016 年份的羅曼尼－康帝，上市價高達 3250 英鎊（約台幣 119,000 元）一瓶，這還只是稅前的價格。

義大利精品葡萄酒也在大幅升值，主要是因為巴羅鏤和巴巴瑞斯柯獨特的品質為更多人所欣賞，托斯卡尼美酒的吸引力也大增。美國加州最受眾人推崇的葡萄酒早在 2003 年就定出了不菲的價格，而且美國經濟表現不俗，對這些酒的需求並無減緩的跡象。

## 日常飲用的葡萄酒

在市場的另一端，日常飲用的葡萄酒如今可能比以往任何時候都更具有價值。釀酒師們的技藝早已超越昔日，技術上有缺陷的葡萄酒已極少見。若存在缺陷，更多是因橡木桶品質、儲存或運輸等所造成的問題，而非釀酒師的過錯。在這個供應過剩的低階市場，商業分銷的競爭更為激烈，以致於利潤微薄。一般的葡萄酒雖不至於令人興奮，但它們大多定價合理。

關切葡萄酒價值的飲用者，會在超市酒和名莊酒之間找到最划算、最有趣的葡萄酒（那些名莊酒，有許多隻都只是在投資者的手中轉來轉去，從來沒有被喝掉，也從來沒離開過條件優異的溫控倉庫）。保持開放的心態，去品味葡萄酒的內在品質而非光看名氣，就能得到諸多回報。

決定葡萄酒價格的因素許多，包括勞動力、葡萄園和酒窖的設備、酒瓶、酒塞、酒標、年份、稀少性、成熟度、市場定位、稅收、補貼、匯率、酒莊的追求，有時候用水和農藥也會產生影響，不過農藥的影響在減少。在歐洲，除了香檳區和瓶裝商，大多數的葡萄酒生產商都擁有或租賃自己的葡萄園。在歐洲以外，購買葡萄的做法更普遍，這對定價必定有所影響。

不管葡萄來自何方，葡萄園的土地價格在決定和反映葡萄酒價格方面都發揮著巨大的作用。右上方的列表，是我們竭盡所能從世界各葡萄酒產區收集到、可用於比較的葡萄園地價。它清楚地顯示，名聲遠比土地類型重要。億萬富翁們已不再滿足於擁有世界上最著名的葡萄酒，他們還希望擁有屬於自己的酒莊。我們的數字還只是保守估計的，每平方公里的葡萄園地價現在每個月都會創出新紀錄。

## 葡萄園地價

這些最新的價格，採集自世界各葡萄酒產區，價格單位已換算成美元／英畝（原單位多是歐元／公頃）。把同一國家的產區分在一組，排序按價格從高到低。請留意，最著名的歐洲葡萄酒產區，其價格高於任何歐洲以外的產區，但像薄酒萊這樣的產區，似乎價格還很便宜。從西班牙赫雷斯地區（Jerez）葡萄園的價格可以看出，地價和流行時尚之間，似乎存在著很強的關聯性。

這表明，著名的波爾多酒莊比頂級布根地葡萄園的價格更高，2018 年玻美侯產區的柏圖斯酒莊（Petrus）出售其 20% 股權的價格，無疑創下了一個新的世界紀錄。但布根地幾宗不事張揚的買賣，成交價也毫不遜色，金丘產區（Côte d'Or）幾個特級園裡幾片小小的地塊，世代為幾個家族所擁有，基本上都被賣給了外來者。

那帕谷的魅力和那帕谷葡萄的價格，讓那裡的地價暴漲。而儘管是奧勒岡州最負盛名的葡萄酒產區，威廉梅特谷（Willamette Valley）的地價仍相對便宜。氣候涼爽的聖塔芭芭拉（Santa Barbara）看上去價錢很不錯。

斯泰倫博斯（Stellenbosch）的地價相對較高，這大概反映了北歐對該地區作為度假屋和冬季度假勝地的需求旺盛。

| Wine Region | $/acre |
|---|---|
| France | $940,000 |
| Pauillac | $870,000 |
| Côte d'Or | $580,000 |
| Champagne | $75,000 |
| Sancerre | $5,500 |
| Beaujolais | |
| Italy | $822,000 |
| Barolo | $352,000 |
| Alto Adige | $235,000 |
| Montalcino | $96,000 |
| Chianti Classico | |
| Spain | $15,000 |
| Rioja | $12,000 |
| Jerez | |
| Portugal | $32,000 |
| Douro | |
| Germany | $26,000 |
| Rheinhessen | |
| USA | $263,000 |
| Napa Valley | $45,000 |
| Sonoma Coast | $12,000 |
| Santa Barbara | $9,000 |
| Willamette Valley | |
| South Africa | $27,000 |
| Stellenbosch | |
| Australia | $33,000 |
| Barossa Valley | |
| New Zealand | $59,000 |
| Marlborough | |

## 工作4小時，能換多少酒？

這張圖表顯示，在這本書每一次出版的那一年裡，一個英國工人工作 4 個小時的平均工資，可買得起多少瓶一級莊的波爾多葡萄酒。在 20 世紀 90 年代中期，工作僅 4 個小時的所得工資，就能買一瓶波爾多最好的葡萄酒，還有剩餘。但到了 2017 年，也是我們製圖時的最新年份，要買一整瓶波爾多一級莊酒，得工作 20 個小時以上，或就平均工作周的平均工資而論，得拿出一半的工資來才夠。

1994 年，即本書第四版出版的那一年，工作半天所賺到的薪水，就能換得滿滿一瓶外加一杯波爾多一級莊葡萄酒。

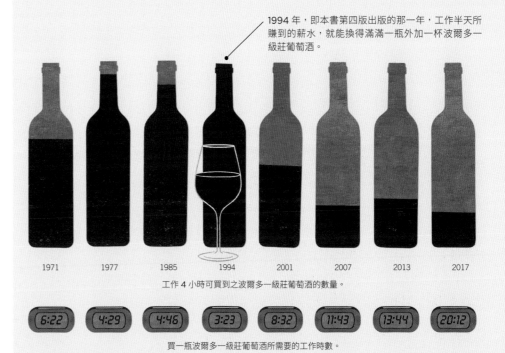

工作 4 小時可買到之波爾多一級莊葡萄酒的數量。

| 1971 | 1977 | 1985 | 1994 | 2001 | 2007 | 2013 | 2017 |
|---|---|---|---|---|---|---|---|
| 6:22 | 4:29 | 4:46 | 3:23 | 8:32 | 11:43 | 13:44 | 20:12 |

買一瓶波爾多一級莊葡萄酒所需要的工作時數。

# 葡萄酒的世界

全世界的葡萄酒產區，在地圖上不再只是分別橫亘於南北半球溫帶上整齊的兩部分。在您讀這本書的時候，氣候變遷、人類的開拓精神、熱帶葡萄栽植技術的發展，正擴大葡萄酒產區的範圍。葡萄酒世界已向北極進軍；如果有更多的可用土地，它還會進一步向南極方向擴展。如今在巴西、衣索比亞、印度、緬甸、泰國、越南、印尼等國家，就有許多葡萄園距離赤道不遠。

中國已經超越法國，成為世界上第二大葡萄種植國，但他們只用了11%的葡萄釀造葡萄酒。在下面的列表中，所有以深色底標注的國家，其種植的葡萄，更多是用於鮮食或製成葡萄乾，而不是用來釀酒。另一側清單中的葡萄酒產量資料，更準確地反映了當今葡萄酒生產國的相對地位。在大多數專於葡萄酒生產的國家中，葡萄園的總面積一直在緩慢減少，但奧地利和匈牙利是顯著的例外。克里米亞歸入了俄羅斯，這是俄羅斯和烏克蘭的種植總面積發生變化的原因。

義大利和法國每年都在葡萄酒產量上爭當老大。西班牙由於缺水，種植的葡萄藤稀少，這是其葡萄酒產量大大低於法國和義大利的原因。

世界葡萄酒的消費總量，在2010年代的開頭幾年是減少的，主要是因為法國和義大利的消費量減少了許多。但是，後來又因美國年輕一代和中國人對葡萄酒產生了熱愛，所以全球的葡萄酒消費量得以重新獲得增長。

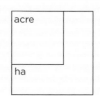

1公頃（100公畝）相當於2.47英畝。

**百升**

百升（100公升）是最普遍的葡萄酒產量計量單位，相當於22英制加侖（26.4美國加侖）。

## 世界各個產區葡萄種植數量

（單位：1000公頃）

| Rank | Country | 2013 | 2017 | 百分比差 |
|---|---|---|---|---|
| 1 | 西班牙 | 973 | 967 | -0.6% |
| 2 | 中國* | 757 | 870 | 14.9% |
| 3 | 法國 | 793 | 786 | -0.8% |
| 4 | 義大利 | 705 | 699 | -0.9% |
| 5 | 土耳其* | 504 | 448 | -11.1% |
| 6 | 美國 | 453 | 441 | -2.8% |
| 7 | 伊朗* | 219 | 223 | 1.9% |
| 8 | 阿根廷 | 224 | 222 | -1.0% |
| 9 | 智利 | 206 | 215 | 4.3% |
| 10 | 葡萄牙 | 229 | 194 | -15.4% |
| 11 | 羅馬尼亞 | 192 | 191 | -0.2% |
| 12 | 澳洲 | 157 | 145 | -7.5% |
| 13 | 烏茲別克* | 120 | 142 | 18.7% |
| 14 | 摩爾多瓦 | 137 | 140 | 2.1% |
| 15 | 印度 | 127 | 131 | 3.4% |
| 16 | 南非 | 133 | 125 | -5.9% |
| 17 | 希臘 | 110 | 106 | -3.7% |
| 18 | 德國 | 102 | 103 | 0.2% |
| 19 | 俄羅斯聯邦 | 62 | 88 | 42.1% |
| 20 | 巴西 | 90 | 86 | -4.4% |
| 21 | 埃及* | 74 | 83 | 12.2% |
| 22 | 阿爾及利亞* | 79 | 75 | -5.2% |
| 23 | 匈牙利 | 56 | 69 | 22.7% |
| 24 | 保加利亞 | 64 | 65 | 1.2% |
| 25 | 喬治亞 | 48 | 48 | 1.0% |
| 26 | 奧地利 | 44 | 48 | 9.2% |
| 27 | 摩洛哥* | 46 | 46 | -0.9% |
| 28 | 烏克蘭 | 75 | 44 | -42.1% |
| 29 | 紐西蘭 | 38 | 40 | 3.4% |
| 30 | 塔吉克* | 41 | 34 | -15.7% |
| 31 | 墨西哥 | 29 | 34 | 14.8% |
| 32 | 秘魯 | 23 | 32 | 36.9% |
| | 全球總計 | 6,910 | 6,940 | 0.4% |

資料來源：國際葡萄與葡萄酒組織（OIV）、聯合國糧食及農業組織（FAO）

標示*的國家，葡萄產量中相當大的一部分，是用於鮮食或製成葡萄乾，並非用於釀酒。

資料來源：國際葡萄與葡萄酒組織（OIV）

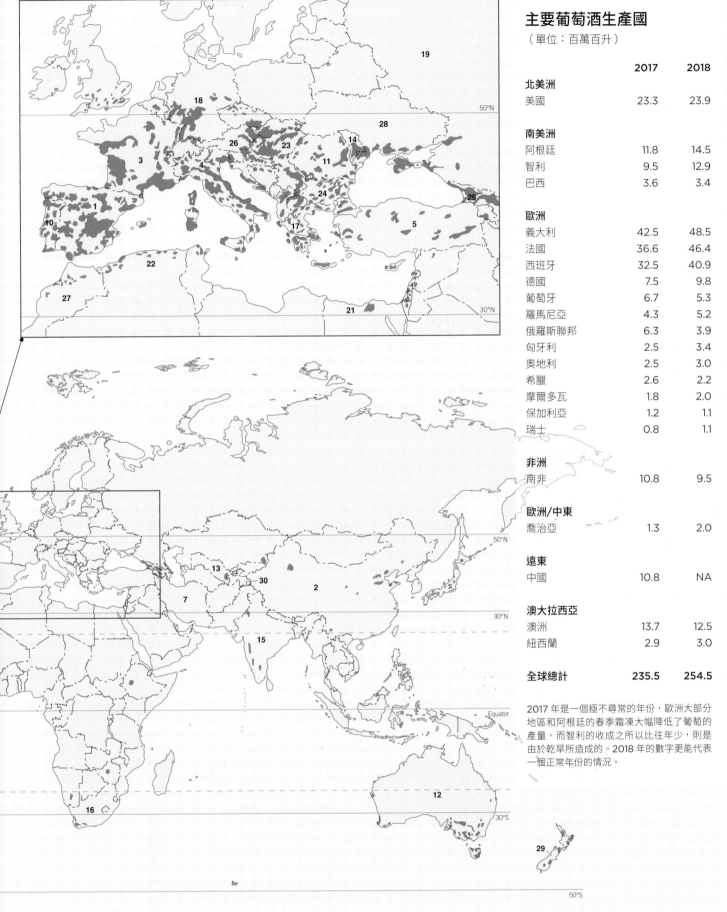

## 主要葡萄酒生產國

（單位：百萬百升）

| | 2017 | 2018 |
|---|---|---|
| **北美洲** | | |
| 美國 | 23.3 | 23.9 |
| | | |
| **南美洲** | | |
| 阿根廷 | 11.8 | 14.5 |
| 智利 | 9.5 | 12.9 |
| 巴西 | 3.6 | 3.4 |
| | | |
| **歐洲** | | |
| 義大利 | 42.5 | 48.5 |
| 法國 | 36.6 | 46.4 |
| 西班牙 | 32.5 | 40.9 |
| 德國 | 7.5 | 9.8 |
| 葡萄牙 | 6.7 | 5.3 |
| 羅馬尼亞 | 4.3 | 5.2 |
| 俄羅斯聯邦 | 6.3 | 3.9 |
| 匈牙利 | 2.5 | 3.4 |
| 奧地利 | 2.5 | 3.0 |
| 希臘 | 2.6 | 2.2 |
| 摩爾多瓦 | 1.8 | 2.0 |
| 保加利亞 | 1.2 | 1.1 |
| 瑞士 | 0.8 | 1.1 |
| | | |
| **非洲** | | |
| 南非 | 10.8 | 9.5 |
| | | |
| **歐洲/中東** | | |
| 喬治亞 | 1.3 | 2.0 |
| | | |
| **遠東** | | |
| 中國 | 10.8 | NA |
| | | |
| **澳大拉西亞** | | |
| 澳洲 | 13.7 | 12.5 |
| 紐西蘭 | 2.9 | 3.0 |
| | | |
| **全球總計** | **235.5** | **254.5** |

2017 年是一個極不尋常的年份，歐洲大部分
地區和阿根廷的春季霜凍大幅降低了葡萄的
產量，而智利的收成之所以比往年少，則是
由於乾旱所造成的。2018 年的數字更能代表
一個正常年份的情況。

- · — · —　國境線
- ■■■　葡萄園（非等比例）

# 法國 France

索甸（Sauternes）的伊更堡（Chateau d'Yquem）無論在地理位置，還是在名望與價格方面，都居於卓越的地位。

# 法國 France

　　儘管法國已出現大量節制飲酒的遊說活動，但講到法國卻不提葡萄酒是不可能的，反之亦然。跨頁地圖除了顯示了法國的行政省份，更重要的是同時標出了法國人最引以為傲、全球人為之癡迷的許多不同葡萄酒產區。諸如布根地和香檳區等名稱，就能讓人聯想起葡萄酒的偉大與芬芳，但也因此被其他國家肆意借用，這種情況已經多到令法國人憎惡的地步。

　　在法國，葡萄藤的種植面積曾經更為廣闊，但如今葡萄園的總面積已經明顯縮水，主要原因包括根瘤蚜蟲、都市化、北部口味改變，以及南部因甜味劑而影響歐洲葡萄酒生產的現象。綠色的小三角顯示了各省的葡萄藤種植總面積，不過在出產干邑白蘭地的夏朗德（Charentes）省內部及其周圍，計算的則是釀造這種法國最著名烈酒之四個省份的葡萄園合計面積。

　　法國目前仍然是全世界出產最多和最豐富優質葡萄酒的國家。地理條件是最重要的因素。法國同時受到大西洋與地中海的洗禮，擁有獨一無二的優異地理位置，加上東邊大陸的影響，以及極其多樣的土壤類型，其中包括比任何國家都多的、對於生產高品質葡萄酒很有幫助的珍貴石灰岩土壤（calcaire）。而氣候變遷同樣也影響著採收日期和葡萄酒風格。

　　不過，法國並非徒有優質的葡萄酒，它比任何國家都更為細緻地界定、分類和管理這些葡萄園，並且擁有比任何國家都更為悠久的釀造優質葡萄酒歷史，本書下文中的眾多葡萄酒產區都曾向法國學習。創立於 20 世紀 20 年代的《原產地命名控制》（Appellation d'Origine Contrôlée [AOC]，又稱《法定產區》），率先規定將地理名稱應用於產自特定區域的葡萄酒。這個制度同時規定准許種植的葡萄品種、每公頃的最高產量（單位產量）、葡萄的最低成熟度、葡萄藤的種植方式，有時還包括葡萄酒的釀造方式。這個被眾多國家競相模仿的「法定產區」究竟是國寶，還是一種無必要的約束——壓抑法國葡萄酒的創新、使其難以與新興產酒國眾多更為自由的產品進行競爭——目前仍然存在諸多討論。

　　跨頁地圖標出了法國最為重要的法定產區和地區保護餐酒（IGP），其中只有 25 個地區保護餐酒與相應的省份完全相符，下文將包含更為詳細的地圖。

| | |
|---|---|
| —— · —— · —— | 國界 |
| —— · —— · —— | 省界 |
| **PAYS D'OC** | D'OC 地區餐酒（IGP/Vin de Pays 產區） |
| *Agenais* | Agenais 地區餐酒（IGP/Vin de Pays 產區） |
| ○ | 省的主要城市 |
| *Marcillac* | 產區未標出 |
| • | 產區中心地帶 |
| | 香檳區（第 80-83 頁） |
| | 阿爾薩斯（第 124-127 頁） |
| | 羅亞爾河谷（第 116-123 頁） |
| | 布根地（第 54-79 頁） |
| | 侏羅、薩瓦和布傑（第 150-152 頁） |
| | 波爾多（第 84-112 頁） |
| | 西南部（第 113-115 頁） |
| | 隆河（第 128-139 頁） |
| | 隆格多克（第 140-143 頁） |
| | 胡西雍（第 144-145 頁） |
| | 普羅旺斯（第 146-148 頁） |
| | 科西嘉島（第 149 頁） |

比例符號

 **40**　各省的葡萄園規模以千公頃為單位，不足千公頃（截至 2016 年）的不標示。

## 酒標用語

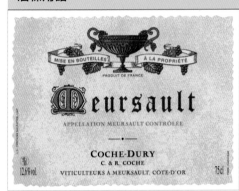

### 品質分級

**法定產區（AOC）葡萄酒**——受到《原產地命名控制》規範的葡萄酒，在地理來源、所使用的葡萄品種以及釀造方法都有詳細的規定。一般而言，是品質最好、當然也是最傳統的法國葡萄酒，相當於歐盟的法定保護產區（AOP）等級。

**地區保護餐酒（IGP）**——在歐盟產區系統中逐漸取代地區餐酒（Vin de Pays），通常來源於比《原產地命名控制》更大的區域，允許使用非傳統的葡萄品種，單位產量的限制也比較寬鬆。

**普通葡萄酒（Vin）或稱法國葡萄酒（Vin de France）**——歐盟產區系統中最基礎的等級，取代之前的日常餐酒（Vin de Table），通常會將葡萄品種和年份標示在酒標上。

### 其他常見用語

**Blanc**　白

**Cave**　（coopérative）合作社酒窖

**Château**　葡萄酒莊園（酒莊）或者農莊，常見於波爾多

**Coteaux de、Côtes de**　通常指山丘、山坡

**Cru**　字面意思為「園地」，專指一塊特定的優質葡萄園

**Cru classé**　指一個在類似「1855 年波爾多葡萄酒分級制度」（參見第 84 頁）等重要分級中獲得級別的酒莊

**Domaine**　擁有葡萄園的酒莊，在布根地通常為規模小於波爾多 château（堡）的酒莊

**Grand Cru**　字面意思為「偉大的園地」，在布根地指最好的葡萄園，在聖愛美濃（Saint-Émilion）則不代表什麼特別的意義

**Méthode classique、Méthode traditionnelle**　使釀造方式和香檳相同的氣泡葡萄酒

**Millésime**　年份

**Mis (en bouteille) au château/domaine/à la propriété**　葡萄酒由種植葡萄的城堡／酒莊／莊園裝瓶

**Négociant**　裝瓶的酒商，購買葡萄酒或葡萄的公司（參見 domaine）

**Premier Cru**　字面意思為「一級園地」，在布根地指低於 Grand Cru 的級別，在梅多克（Médoc）則指 4 家頂級酒莊中的一個

**Propriétaire-récoltant**　擁有葡萄園的酒農

**Récoltant**　酒農

**Récolte**　葡萄收成的年份

**Rosé**　粉紅

**Rouge**　紅

**Supérieur**　通常酒精濃度略高

**Vieilles Vignes**　老藤，理論上會釀出更為厚重的葡萄酒，儘管並無硬性規定多少年的葡萄藤才算是老藤

**Vigneron**　葡萄種植者和／或葡萄酒釀造者

**Villages**　加在法定產區名稱之後，代表某個特定的村莊，或者一個產區當中的某個區域

**Vin**　葡萄酒

**Viticulteur**　葡萄種植者

盧森堡採用雷瓦娜葡萄（Rivaner，又稱米勒－土高
[Müller-Thurgau]），以及三種皮諾（Pinot）葡萄
產出清淡、脆爽的葡萄酒，在 Moselle 河岸邊。共
有葡萄園 1,000 公頃。

BELGIQUE

DEUTSCHLAND

LUXEMBOURG

SCHWEIZ

ITALIA

ESPAÑA

**隆格多克（Languedoc）IGPs/Vins de Pays**

| | |
|---|---|
| 1 St-Guilhem-le-Désert | 6 Coteaux de Peyriac |
| 2 Vicomté d'Aumelas | 7 Coteaux de Narbonne |
| 3 Côtes de Thongue | 8 Cité de Carcassonne |
| 4 Coteaux de Béziers | 9 Vallée du Paradis |
| 5 Coteaux d'Ensérune | 10 Vallée du Torgan |

# 布根地 Burgundy

「白酒村莊」Puligny 清晨的景色，此產區在很久以前，依照金丘的傳統，在其名之後級上了當地最有名葡萄園的名稱，所以成了 Puligny-Montrachet。

如果說巴黎是法國的腦袋，香檳是她的靈魂，那麼布根地就是她的胃了。這裡是美食天堂，富含各式各樣最優質的食材：西邊的夏洛萊（Charolais）牛肉，東部的布列斯（Bresse）雞，還有奶香味十足的奶酪，比如查爾斯奶酪（Chaource，白黴乳酪的一種）和艾帕瓦斯奶酪（Epoisses）。這裡是法國歷史上最富裕的古公爵領地，也是世界上歷史最悠久的葡萄酒產區之一。布根地總體的葡萄園面積不大，但這個名字卻包括幾個十分獨特卓越的葡萄酒產區。尤其是最富饒和最重要的金丘（Côte d'Or），這裡是布根地的心臟地帶，也是夏多內（Chardonnay）和黑皮諾（Pinot Noir）的始祖家鄉，由南邊的伯恩丘（Côte de Beaune）和北部的夜丘（Côte de Nuits）兩部分組成。夏布利（Chablis）的夏多內、夏隆內丘（Côte Chalonnaise）的紅、白葡萄酒以及馬貢內（Mâconnais）的白葡萄酒

（上述三個地區同屬布根地區域），它們在任何其他產區也都會是耀眼的明星。緊挨著馬貢內南邊的是薄酒萊（Beaujolais），在面積、風格、土壤以及葡萄品種方面，都和布根地截然不同（見第 72-75 頁）。

雖然布根地久負盛名，家世顯赫，但它依舊讓人感到純樸而鄉土。整個金丘幾乎看不到任何豪宅，出現在酒標上的人物也許會親力親為，修剪藤葉、操作農車。教會名下的大片土地為數不多，且大部分早被拿破崙瓦解。布根地至今依舊是法國所有重要葡萄酒產區中，最為細碎的一個。每個酒莊名下的葡萄園也許比以前稍大了一些，但平均下來也只有 7 公頃。

正是如此細碎的葡萄園，造成了布根地葡萄酒的最大缺點：不可預測性。從地理學的觀點來看，人為因素是無法體現出來的，而在布根地，人為因素往往比其他大部分產區更值得關注。繼

承法使得一塊土地可以由多個種植者共同擁有，而種植者可以在不同的地塊中擁有幾排葡萄藤。獨占園（monopole）是十分罕見的例外，也就是整個葡萄園只有一個擁有者（見第 64 頁）。即使是最小的酒農，也會在兩三個葡萄園中同時各占有一小部分土地。而規模較大的酒農則可能總共擁有 20-40 公頃的土地，零零散散分布在多個葡萄園中，遍布整個金丘。如梧玖莊園（Clos de Vougeot）50 公頃的葡萄園中就被 80 個酒莊細分。

正因如此，多半布根地酒仍按桶進行買賣，酒商或裝瓶商從酒農手裡買走桶中新酒，之後或許會將其與同一產區的其他葡萄酒進行調配，以獲得足夠的產量推出一款標準的葡萄酒。這些酒不是以某個酒農的產品之名（可能僅有一兩桶的產量）銷售給全世界，而是由酒商冠以 AOC（小至葡萄園，大到村莊）之名推向市場。

產量較大的酒商，名聲褒貶不一。其中布夏

父子酒莊（Bouchard Père et Fils）、約瑟夫·杜亨酒莊（Joseph Drouhin）、費芙蕾酒莊（Faiveley）、路易佳鐸酒莊（Louis Jadot）以及路易拉圖酒莊（Louis Latour，僅限其最優質的白葡萄酒）都是長久以來值得信賴的大酒商，而 Bichot、Boisset 和香頌（Chanson）等酒莊則是近年來在品質上有了顯著的進步。大部分這些大酒商，自己現在也是重要的葡萄園園主。20世紀末土地價格水漲船高，令人無法企及，一批雄心勃勃的小酒商開始崛起，在有限的土地上出產了一些布根地最優質的酒款。如今越來越多深受尊敬的酒農也同時經營著自己的酒商生意。

## 布根地的法定產區

　　布根地有 80 多個法定產區，大部分都和地理區域有所關聯，在接下來的幾頁中會進一步詳述。建立在這些地理產區之上的葡萄酒品質分級制度，其本身其實就是一件藝術作品（在第 58 頁有詳細分析）。但是下文介紹的幾個地區級法定產區葡萄酒，其所使用的釀酒葡萄可以來自布根地任何一個地方，包括某些著名村莊內土壤和地形條件較差一些的葡萄園。布根地（Bourgogne，以黑皮諾或夏多內葡萄釀成），其下法定產區可細分為布根地金丘（Bourgogne Côte d'Or）、布根地多品種（Bourgogne Passetoutgrains，由加美 [Gamay] 和黑皮諾混釀，黑皮諾的比例至少佔三分之一）。布根地阿里哥蝶（Bourgogne Aligoté）是一款酸度較高的白葡萄酒，由布根地第二大白葡萄品種釀造。布根地丘（Coteaux Bourguignons）不僅覆蓋了右圖中所有的葡萄園，還極具爭議地把被降級的薄酒萊（也可以算上其混釀）納入其中。

### 布根地：第戎（DIJON）　▼

緯度／海拔
**47.27°／219 公尺**

葡萄生長季節的平均氣溫
**15.7°C**

年平均降雨量
**761 公釐**

採收期雨量 9月
**65 公釐**

主要種植威脅
**春霜、真菌類疾病、豐收季的雨水**

主要葡萄品種
**紅：黑皮諾、加美；白：夏多內、阿里哥蝶**

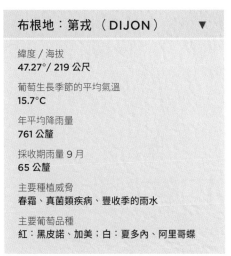

## 布根地的葡萄酒產區

從夏布利到薄酒萊的南端界線共長222公里，貫穿整個大布根地，氣候和土壤都有很大的差異。不過所有小產區的共同之處就是，它們都熱衷於下表中所提到的四個彼此間關係密切的葡萄品種，並且在葡萄園和酒窖中都採用親力親為的工作方式。

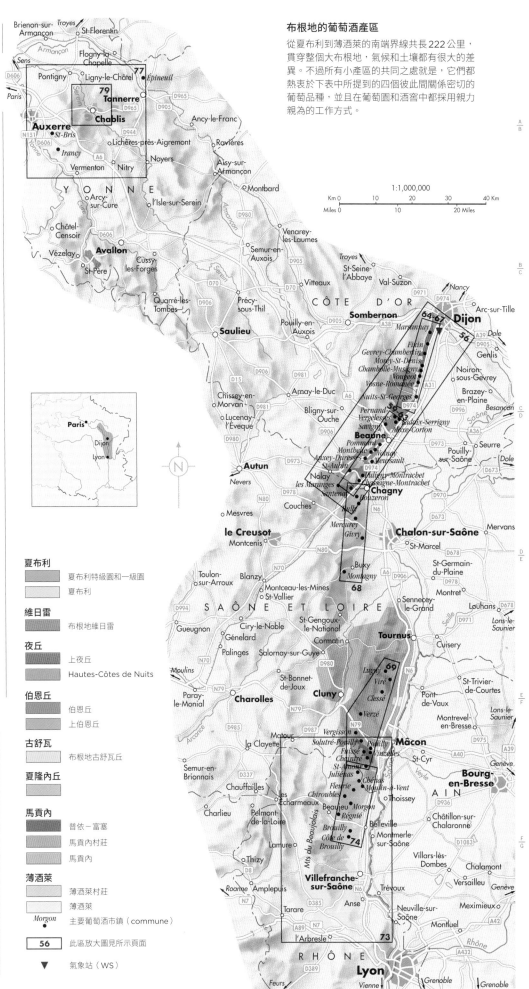

**1:1,000,000**

| 夏布利 |
| --- |
| 夏布利特級園和一級園 |
| 夏布利 |

| 維日雷 |
| --- |
| 布根地維日雷 |

| 夜丘 |
| --- |
| 上夜丘 |
| Hautes-Côtes de Nuits |

| 伯恩丘 |
| --- |
| 伯恩丘 |
| 上伯恩丘 |

| 古舒瓦 |
| --- |
| 布根地古舒瓦丘 |

| 夏隆內丘 |
| --- |

| 馬貢內 |
| --- |
| 普依－富塞 |
| 馬貢內村莊 |
| 馬貢內 |

| 薄酒萊 |
| --- |
| 薄酒萊村莊 |
| 薄酒萊 |

*Morgon* ● 主要葡萄酒市鎮（commune）

**56** 此區放大圖見所示頁面

▼ 氣象站（WS）

# 金丘區
## Côte d'Or

布根地中心地帶「金色的山丘」，價格不菲但仍備受世界追捧的紅葡萄酒和不甜白葡萄酒的產區。

**風土條件：** 土壤複雜，以石灰岩為主，混有泥灰岩和些許黏土。

**氣候：** 氣候相對冷涼潮濕，但如今溫暖甚至炎熱的夏季越來越長。

**主要葡萄品種：** 紅：黑皮諾、一點加美；白：夏多內、一點阿里哥蝶（Aligote）。

全世界的葡萄酒愛好者對那看似平淡無奇的金丘，一直懷有某種敬畏之心。人們總是會對一個事實感到好奇，為什麼這片山坡的某些小地塊能夠孕育出最出色的葡萄酒，並且彼此間又個性鮮明、與眾不同，而其他的葡萄園卻無法做到？當然，人們不難發現區別兩家葡萄園的某些因素，比如葡萄含糖量更高，果皮更厚，或者葡萄具有更多的個性與品質。有些因素容易讓人理解，但有些卻讓人摸不著頭緒。表層土與底層土已經都被一次又一次地分析過，溫度、濕度和風向也有詳細的測量記錄，而葡萄酒本身也被澈底研究過……即便如此，人們只能記錄下某些客觀事實和這款葡萄酒的偉大之名，卻仍舊無法解釋它最核心的神秘之處。有些愛好葡萄酒的地理學家如飛蛾撲火般被金丘所吸引，但還是不能說清兩者之間到底有何關聯。

金丘位於一個重要的地質斷層帶，這裡包含了幾個不同地質年代所留下的海底沉積物，每一層都富含鈣質，像千層蛋糕般一層層疊加起來暴露在外（詳見下一頁），因此逐漸風化形成不同年代、不同的土壤結構。加上山丘坡度的差異，這些土壤又以各種不同的比例混配在一起。一些在當地被稱為combes的小山谷與金丘的山坡方位以直角相接，更進一步地增加了土層混合的變數，帶來一些冷卻的效應。山丘中段的海拔高度在250公尺左右，往上

表層土壤淺薄，岩石層堅硬的坡頂處，氣候更加嚴峻，葡萄的成熟也相對較晚。山丘低坡處則有更多的沖積土壤，土層更深也更加潮濕，因此出現霜凍和疾病的概率也更高。

金丘的朝向大致向東，稍微偏南，有些地方，尤其是南半邊伯恩丘的部分，也會有正南或甚至是向西的朝向。在低坡處，也就是從坡底往上大概三分之一的地方，有一段狹窄的泥灰岩是石灰質黏土層。泥灰土含量過高很難生產出最高品質的葡萄酒，但如果與從上方堅硬石灰岩上沖刷下來的石塊和岩屑組合在一起，就會成為種植葡萄藤的完美土質。土壤侵蝕讓這樣的土壤組合在露出的岩層下不斷進行，而距離長短則取決於坡度的傾斜角度。

在伯恩丘，裸露的泥灰岩（或稱 Argovien）分布較廣，多在山丘較高處。比起石灰岩險坡下方的狹窄葡萄園，這些寬闊和緩的坡地更適合葡萄園順勢向上種植。在某些區域，葡萄園幾乎到達了長滿樹木的山頂。如今氣候更加溫暖，一些地勢更高的土地重新開始種植葡萄藤。事實上，一些最初被認為太過涼爽而無法產出高品質白葡萄酒的村莊現在風頭正健，St-Aubin 就是最容易讓人想起的例子。

布根地是整個歐洲能夠出產優秀紅葡萄酒的北界，在寒冷潮濕的秋天來臨之前，黑皮諾能否成熟至關重

要。每個葡萄園的氣候都是獨一無二的，也就是所謂的中氣候（mesoclimate，見第 26 頁），再加上土地本身的物理結構，會對最終的葡萄酒起決定性的影響。另外一個無法在地圖中呈現，卻攸關品質的因素，就是酒農對葡萄藤株的選擇，以及他們的剪枝和引枝方

**金丘和上丘區**

上丘區（Hautes-Côtes，字面意思為坡度高處）下面是金丘區，一片真正的黃金之丘。極稀有的頂級葡萄酒吸引了眾多的愛好者，只要是出產於此的葡萄酒，他們都願意願付出可觀的價錢購買。A、B、C、D 這四條黑線是右表中四塊橫切面的地理位置。

圖例：
- ——— 省界
- 金丘
- 上丘區
- **59** 此區放大圖見所示頁面
- A——A 橫切面（見下頁）

1:220,000
Km 0　1　2　3　4　5 Km
Miles 0　1　2　3 Miles

式。經典的葡萄品種多多少少都會有些產量繁盛的無性繁殖系，當酒農選擇產量最大的無性繁殖系、不適當地剪枝或者對土壤過度施肥，葡萄品質就會受到威脅。然而可喜的是，如今酒農對品種的追求已經超越了對產量的貪婪，在多年過度使用農藥後，也有越來越多的酒農意識到恢復土壤健康和生命力的重要性。備受矚目的布根地正是法國最早使用生物動力農法的產區之一。

### 為金丘繪製地圖

本書對於金丘產區的地圖描繪比其他任何一個葡萄酒產區都要詳細，不單是因其各式各樣的中氣候及土壤組合，也因為這裡擁有特別的歷史背景。在所有的葡萄酒產區中，這裡對葡萄酒品質的研究歷史最悠久，早在 12 世紀，熙篤會（Cistercian）和本篤會（Benedictine）的修士就

已熱衷於區分每塊獨立葡萄園（Cru）的差別。

在 14 世紀和 15 世紀，布根地的瓦盧瓦（Valois）公爵即竭盡所能地推廣這個產區的葡萄酒，並使其利潤最大化。從那以後，這裡世世代代的人們都貢獻一己之力，積累總結當地每一個地塊、每一個葡萄園的風土特徵，土地涵蓋範圍可以從第戎延伸到 Chagny。

從左頁地圖可看出一些基本概況。不怎麼起眼的山丘頂部，即淡紫色塊所示的西部區域，是個有著險峻陡坡的塌陷高地，地質斷層線在此向上突出。**這就是上丘區（Hautes-Côtes）**，同時又分為伯恩丘和夜丘，海拔超過 400 公尺，氣溫更低，日照也更少，因此其葡萄採收時間要比低處的金丘晚整整一個星期左右。

但這並不意味著產於上丘區東邊那些受到良好屏障、朝南斜谷中的黑皮諾與夏多內，只

能釀製出較為輕盈的酒品，而無法產出具有真正金丘風格的優質葡萄酒。就算遇到 2015 年夏天那樣格外炎熱的氣候，和金丘那些較為涼爽的區域一樣，上丘區也足以產出品質極佳的葡萄酒。上伯恩丘（Hautes-Côtes de Beaune）最出色的市鎮包括 Nantoux、Echevronne、La Rochepot 和 Meloisey；上夜丘區（Hautes-Côtes de Nuits）以紅葡萄酒為主，最好的市鎮包括 Marey-lès-Fussey、Magny-lès-Villers、Villars-Fontaine 和 Bévy。伯恩丘的南角是相對較新的法定產區**馬宏吉（Maranges）**，松特內（Santenay）西邊的三個市鎮則出產細緻的紅葡萄酒，三個市鎮都會加上字尾 “-lès-Maranges”。

### 葡萄園分級

金丘對葡萄園品質的分級，應是全世界最詳

---

## 金丘表層土的差異

這四個頂級葡萄園的土壤橫切面圖呈現了金丘的多樣性。表層土由其地底下的岩石和其上方山丘處的岩石演化而成。哲維瑞－香貝丹（Gevrey-Chambertin）有未經風化的土壤，也就是黑色石灰岩土，它往下延伸到泥灰石岩層。最好的葡萄園，或者說地塊（香貝丹），位於遮蔽極佳的地形，泥灰岩及其下方是一層富含鈣質的棕色石灰岩土壤。混合性土壤繼續延伸到平原，為葡萄園提供理想的地質條件，但並不是特級園或者一級園的水準。在梧玖（Vougeot）有兩處泥灰岩露出地表，上坡岩石露出的正下方是大依瑟索（Grands Echézeaux）葡萄園，而梧玖莊園則位於第二塊裸露泥灰岩的地表處及其下方。

高登山丘有一較寬的泥灰石岩層，幾乎一直到山丘頂部，最好的葡萄園就在這些岩層上面。不過在如此傾斜的山坡上，酒農需要一直從山坡低處收集土壤，再將它們撒到山坡上。那些擁有從上方滑落下之石灰岩碎屑的葡萄園（即「高登－查理曼」[Corton-Charlemagne]），適合白葡萄的種植。在梅索，泥灰岩再次隆起並且十分寬廣，但它的優勢在下坡處得以展現，裸露的石灰岩上方形成多石質的土壤，最好的葡萄園就在這些凸出的斜坡上。金丘的每一個地塊都與眾不同、令人激動不已，聯合國教科文組織已將其納入世界文化遺產保護地。

A 哲維瑞－香貝丹
B 梧玖
C 阿羅斯－高登（Aloxe-Corton）
D 梅索

**土壤**

粗骨石灰質棕土
一般石灰質棕土

粗骨石灰質黏棕土
一般石灰質灰黏棕土

棕土

黑色石灰岩土（未經風化的土壤）

葡萄種植區域的界線

**岩層**

第四紀卵石

黃土

上漸新世（多樣化：石灰岩、砂岩和黏土）

羅拉克階（上牛津階）

阿爾戈夫階（中牛津階泥灰岩）

上巴通階和卡洛夫階時期（柔軟的石灰岩、黏土和頁岩）

中下巴通階時期（堅硬的石灰岩）

上巴柔階時期（泥灰岩）

下巴柔階時期（沙質的石灰岩）

下侏羅紀及更早時期

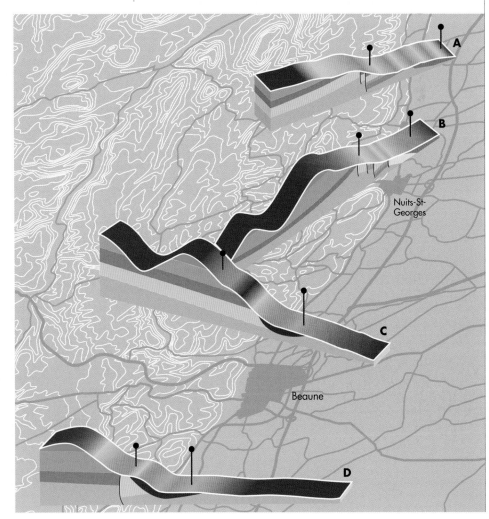

Nuits-St-Georges

Beaune

盡的，再加上不同酒莊對葡萄園的命名和拼法都稍有不同，因此顯得更加複雜難解。基於 19 世紀中期的分級，所有葡萄園被分為四個等級，每瓶酒的酒標都有相應嚴格的規定標示方法。

最高等級是特級葡萄園（Grand Cru），現今共 31 個在使用中，主要位於夜丘（見第 64-67 頁）。每個特級葡萄園都有自己的產區名稱。簡單的單一葡萄園名稱，是布根地最高品質的象徵，比如蜜思妮（Musigny）、高登（Corton）、蒙哈榭（Montrachet）或者香貝丹（Chambertin）等（有時會在名字前面加上 Le）。

下一等級是一級葡萄園（Premiers Cru），使用所在的村莊名並在後面加上葡萄園的名字，如「香波蜜思妮村的夏姆園」（Chambolle-Musigny, [Les] Charmes）。如果葡萄酒是由超過一個以上的一級園混釀，就在村莊名後面加上 Premier Cru 的字眼，舉例來說，如果葡萄酒是由 Charmes 與其他一或兩個 Chambolle 的一級園混釀，名字就是香波蜜思妮一級園（Chambolle-Musigny Premier Cru）。一級葡萄園的總數有 635 個之多，因此不難想象一級園之間的品質也互有高下。位於梅索（Meursault）的佩里耶園（Perrières）、玻瑪（Pommard）的胡吉安（Rugiens）、香波蜜思妮

的愛侶園（Les Amoureuses）和哲維瑞 - 香貝丹的聖傑克園（Clos St-Jacques），他們葡萄酒的價格甚至超過了像梧玖莊園和高登（Corton）這種一般特級園。

鄉村級法定產區（Appellation Communale）則是第三等級的法定產區，可以使用如梅索（Meursault）這樣的市鎮名，葡萄酒通常被稱為村級（village）葡萄酒。具體的葡萄園或者稱地（lieu-dit，譯註：法語地名學術語，指具有象徵性地質特徵或歷史人文特色的小地理區域，此處為葡萄園。）名允許出現在酒標上，而且越來越普遍，不過它們在酒標上的字體一定要小於所屬的村莊名。有一些葡萄園，如梅索的天頌園（Tessons）和騎士園（Chevalières），雖然不是官方認可的一級葡萄園，但其所產葡萄酒的品質卻毫不遜色。

第四級位置不佳，即使是在某些有名的市鎮內也是較差的地理位置，在詳細的地圖裡標註為「其他葡萄園」（other vineyard）（最典型的是集中在 D974 主幹道東邊、地勢較低的葡萄園），這些葡萄園的葡萄酒只能冠以「布根地」之名出售。這些葡萄園的品質可能明顯較差，但也不一定總是如此，有一些酒農還是能釀出金丘

難得的超值酒款。

消費者必須學會分辨葡萄園和市鎮的名字。許多村莊都會在村名後面加上該村最頂級的葡萄園的名字，比如馮內（Vosne）、夏山（Chassagne）、哲維瑞（Gevrey）等等。酒標上「騎士蒙哈榭」（Chevalier- Montrachet）產自一著名的特級葡萄園和而「夏山－蒙哈榭」（Chassagne-Montrachet）產自一個大市鎮內的任何葡萄園，兩者從名字看並沒太大差別，但其實完全不同。

## 李奇堡（RICHEBOURG）特級葡萄園的擁有權

酒農在金丘擁有的土地通常又長又窄，有時只有幾排葡萄藤。本書中所有關於布根地的地圖，都會標示出每塊田原有的全名。地勢最高、氣候最冷的凡爾賽（Verroilles）地塊在 1936 年被劃分進李奇堡，凡爾賽的擁有者想必十分樂意使用李奇堡這個更時髦、更值錢的名字。

「莊園」（此處為羅曼尼·康帝酒莊 Domain de la Romanée-Conti）一如既往地擁有了這個特級葡萄園的大量土地，在馮內－侯馬內（Vosne-Romanée）這個小村莊的北面和西面也擁有數量可觀的特級園。如圖所示，這些不同的地塊是酒莊透過幾次不同的交易收購而來的。

1988 年 Lalou Bize-Leroy 女士收購 Charlese Noëllat 莊園後，獲得了 Lomay 莊園的所有權。下面提到三個有 Gros 的酒莊，絕非這個大家族（葛羅）中僅有的葡萄種植者。這就是布根地。

### 酒莊

- 弗朗坦（Clos Frantin）
- 卡慕賽（Méo-Camuzet）
- 葛羅兄妹園（Gros Frère et Soeur）
- AF 葛羅（AF Gros）
- 安·葛羅（Anne Gros）
- 羅曼尼·康帝（Domaine de la Romanée-Conti）
- 樂花（Leroy）
- 蒙佳·謬尼略（Mongeard-Mugneret）
- 格里沃（Grivot）
- 修德·羅諾拉（Hudelot-Noëllat）
- 帝寶·利傑貝爾（Thibault Liger-Belair）

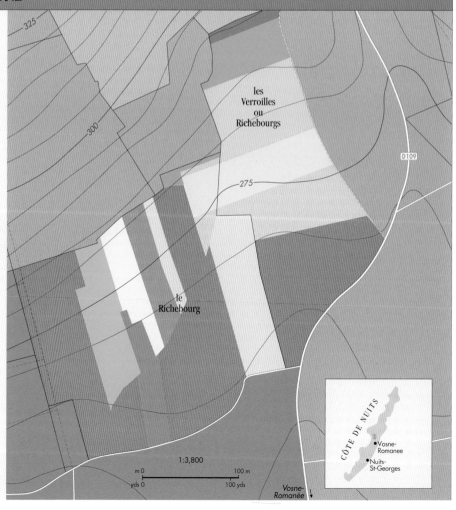

les Verroilles ou Richebourgs

D109

le Richebourg

CÔTE DE NUITS

• Vosne-Romanee

• Nuits-St-Georges

1:3,800

m 0    100 m
yds 0    100 yds

Vosne-Romanée

A/B B/C C/D D/E E/F F/G

# 南伯恩丘區 Southern Côte de Beaune

本頁及接下來的八頁地圖依照由南往北的順序，一一介紹金丘的葡萄園，為大家展現一個連續的地理圖景。不同於本書其他產區地圖，布根地每個產區地圖都轉了 45° 到 90° 不等，並以跨頁的形式呈現金丘的錯綜複雜。

伯恩丘的起點並沒有什麼很響亮的名字，直到漸漸進入越來越出名的市鎮**松特內（Santenay）**。經過 Haut-Santenay 的小村莊和 Bas-Santenay 的小鎮（這裡有個當地人懂生活的饕客，經常光顧的水療中心）後，地形半轉個彎就是伯恩丘其代表性的東向山坡了。

伯恩丘的南端從地質角度來說是最令人困惑的，在許多方面都與整個金丘有所不同。在松特內，構成山坡的表層土與底層主要是由複雜的斷層所造成的。這個產區的部分區域和夜丘的某些產區有些相似，能夠釀出香氣深厚、適合陳年但不太細緻的紅葡萄酒；其他區域則生產酒體輕盈

的葡萄酒，一些白葡萄酒，風格更接近典型的伯恩丘。Les Gravières（園名本身就是礫石的意思，如同波爾多的格拉夫 [Graves] 產區）、Clos de Tavannes 及 La Comme 是松特內最好的地塊。

往北進入**夏山－蒙哈榭（Chasagne-Montrachet）**產區，此處紅葡萄園的優秀品質已獲得認可，但因為蒙哈榭這個名字和白葡萄酒實在密不可分，以致於很少有人會想來這裡搜羅紅葡萄酒。不過大多數夏山南邊的葡萄園多多少少都出產一些紅葡萄酒，其中出自 Morgeot、La Boudriotte 以及下頁地圖中的 Clos St-Jean 等葡萄園的酒款是最有名的。這些紅葡萄酒酒體堅實，嚐起來更接近那些略微粗糙的哲維瑞－香貝丹，而不像渥爾內（Volnay），不過目前的釀造風格更趨向於柔和雅緻而非講求結構感。

美國第三任總統湯瑪斯‧傑佛遜（Thomas Jefferson）在法國大革命時造訪此地，他提到這

裡生產紅葡萄酒的酒農們吃得起較貴的軟白麵包，而生產白葡萄酒的酒農們卻只能吃硬梆梆的裸麥麵包。但蒙哈榭（Le Montrachet）葡萄園（見第 60-61 頁地圖）早從 16 世紀開始就以白葡萄酒而聞名，且村裡的土壤至少有一部分是更適合種植夏多內，而不是黑皮諾。

白葡萄酒品種的種植要等到 20 世紀下半葉，當全世界都愛上夏多內後，才開始興盛起來。如今夏山-蒙哈榭產區主要以不甜白葡萄酒聞名於世，這些酒口感多汁，金黃的色澤伴隨著花香，有時還會帶些榛果味。

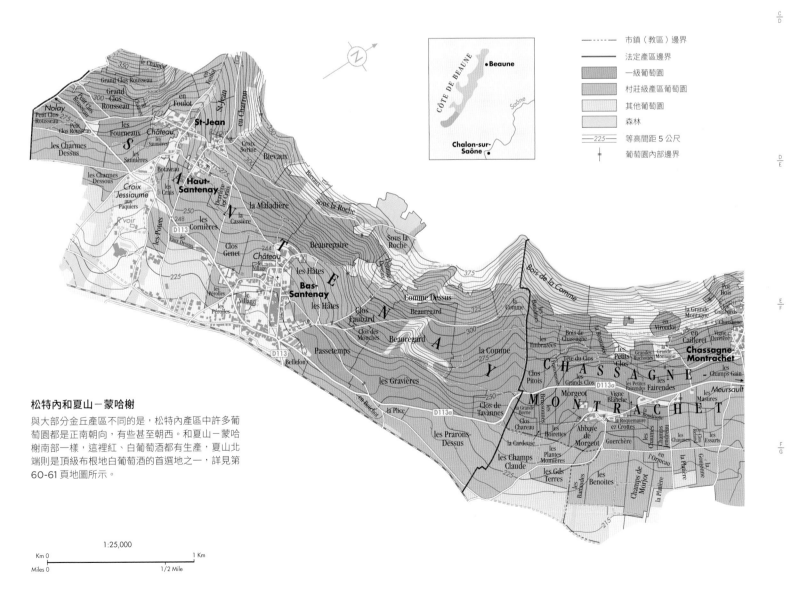

**松特內和夏山－蒙哈榭**

與大部分金丘產區不同的是，松特內產區中許多葡萄園都是正南朝向，有些甚至朝西。和夏山－蒙哈榭南部一樣，這裡紅、白葡萄酒都有生產，夏山北端則是頂級布根地白葡萄酒的首選地之一，詳見第 60-61 頁地圖所示。

| 圖例 | |
|---|---|
| ──‧── | 市鎮（教區）邊界 |
| ─── | 法定產區邊界 |
| | 一級葡萄園 |
| | 村莊級產區葡萄園 |
| | 其他葡萄園 |
| | 森林 |
| ══225══ | 等高間距 5 公尺 |
| ┼ | 葡萄園內部邊界 |

1:25,000

Km 0 ——————— 1 Km
Miles 0 ——————— 1/2 Mile

# 中伯恩丘區 Central Côte de Beaune

　　本頁地圖裡的東向葡萄園和下頁地圖中位於梅索南部的葡萄園，是布根地頂級不甜白葡萄酒的源頭，同時也出產了許多世界級的頂級不甜白葡萄酒。

　　蒙哈榭內的特級葡萄園以超高的集中度，生產優質布根地白葡萄酒聞名於世，在無可比擬的最佳狀態之下（陳放 10 年後），它比世界上任何的夏多內都有更明亮的金黃色、更豐富的香氣、更悠長的回味、更鮮美多汁的口感以及更濃郁的稠密感。蒙哈榭強化了葡萄酒的每一個維度，而這正是優質葡萄酒的標誌特徵。完美的正東朝向、傾斜的坡度、夏夜即使已九點鐘，陽光依舊燦爛照耀著葡萄藤，再加上忽然出現的石灰岩層，這些都是它比鄰近葡萄園更具優勢的原因。如此卓越的葡萄園自然供不應求，不過有時即使花費巨資也會有令人失望的情況發生。事實上，在 21 世紀早些年，當飲者發現裝瓶僅幾年葡萄酒就有氧化的趨勢後，布根地白葡萄酒的名聲普遍受到了嚴重的損害。

　　騎士蒙哈榭（Chevalier-Montrachet）葡萄園的地勢更陡，海拔更高，所產的酒因此沒有蒙哈榭的深遠度，但晶透清晰猶如水晶，著實令人激賞。下方 Bâtard-Montrachet 葡萄園的土質較為黏重，出產的酒款豐滿多於細緻。Les Criots 葡萄園（位於夏山）和 Bienvenues 葡萄園同屬特級園，而位於普里尼（Puligny）的一些一級葡萄園在表現力最佳的時候，也具有同樣的水準，比如 Les Pucelles、Les Combette、Les Folatières、Le Cailleret，以及梅索裡最棒的葡萄園「佩里耶園」（Les Perrières）的佳釀。

　　即使普里尼－蒙哈榭（Puligny-Montrachet）和梅索（Meursault）的葡萄園緊緊相連在一起，但兩者之間的差異仍相當顯著。高海拔、多石土壤的優質葡萄酒村 Blagny，其實同時跨越了這兩區，是一個典型的複雜法定產區。葡萄酒的顏色類型和地理位置決定了酒的命名，葡萄園的名稱可以是 Puligny-Montrachet、Meursault-Blagny 或者只是 Blagny（如果是紅葡萄酒），都是一級

園水準。

　　產於普里尼（Puligny）的葡萄酒比梅索的葡萄酒要來得更加精緻細膩，主要是因為普里尼的地下水位較高，難以挖掘夠深的地下酒窖，使葡萄酒在橡木桶中度過第二個冬天。整體而言，梅索的名聲沒有那麼響亮，且沒有特級園，但卻有一大片高水準的葡萄園。佩里耶園、傑聶耶弗里耶（Les Genevrières）葡萄園上坡和夏姆園（Les Charmes）都能夠和普里尼最好的一級園媲美，而 Porusot 和 Gouttes d'Or 則是主流梅索的風格，堅果味更濃、酒體更寬。Narvaux 和 Tillets 地理位置更高，酒品略微清爽，但也可以釀出濃郁、值得陳年的葡萄酒。

　　繁忙的梅索村橫跨山坡的另一個窪地，有一條道路可以通往奧塞－都黑斯（Auxey-

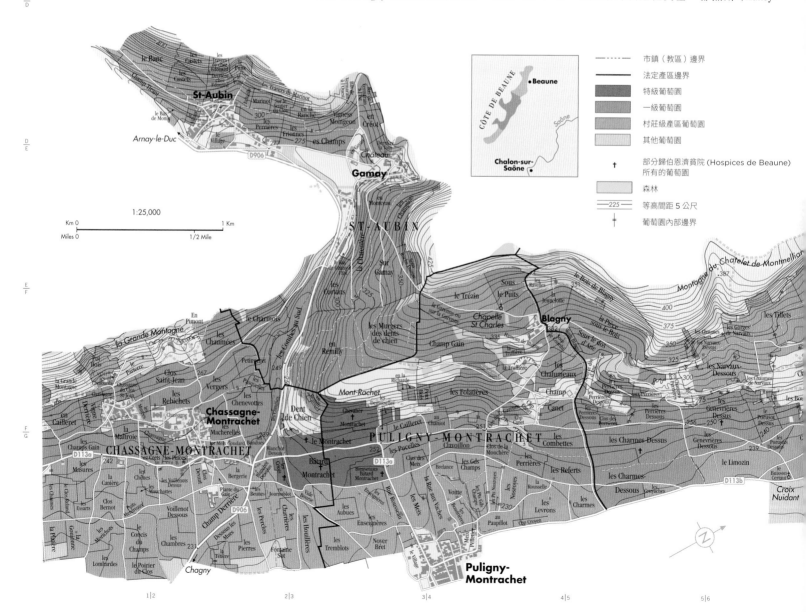

即使是比大多數金丘市鎮海拔都要高的聖侯曼（St.-Romain），在溫暖的年份葡萄園也會順應布根地的潮流，釀製一些酒體輕盈、品質相當不錯的紅葡萄酒以及格外值得肯定的白葡萄酒。

Duresses）與蒙蝶利（Monthelie）兩個產區。兩者都出產一些白葡萄酒和許多優秀的紅葡萄酒，但與渥爾內產的葡萄酒相比，價格沒那麼高（陳年潛力較弱），因此很划算。聖侯曼（St-Romain）位於奧塞後面，是從 Hautes-Côtes 村莊級晉升上來的獨立產區，在溫暖的年份能出產輕盈的紅葡萄酒，以及風味越來越有趣的白葡萄酒。由梅索彎進渥爾內（Volnay）的地方出產不少紅葡萄酒，但都採用渥爾內－聖特若（Volnay-Santenots）命名，而不是梅索。粉紅葡萄酒除外，渥爾內紅葡萄酒與梅索白葡萄酒的風格表現有時十分相似，兩者都很柔順，並且非常芳香，紅葡萄酒的酒體較薄，但卻充滿個性，餘韻悠長芬芳。

金丘的葡萄藤在世界著名葡萄酒生產商手中得到悉心完善的特別照顧，其所產出的葡萄酒受到從紐約到香港的無數收藏家追捧。

渥爾內出產的紅葡萄酒屬於整個金丘中較為淡薄的類型，但同時也能釀出一些最出色的葡萄酒，歷史上它曾經被評為伯恩丘最好的園地，也是最受期待的酒款。薛內（Clos des Chênes）和蓋爾雷（Caillerets）是這裡兩個偉大的葡萄園，陳年潛力最強。Champans、Bousse d'Or 和 Taille Pieds 緊追其後，又陡又小的公爵園（Clos des Ducs）則是村北最好的特殊地塊。鄰近玻瑪的風格更加濃郁，詳見第 62-63 頁介紹。

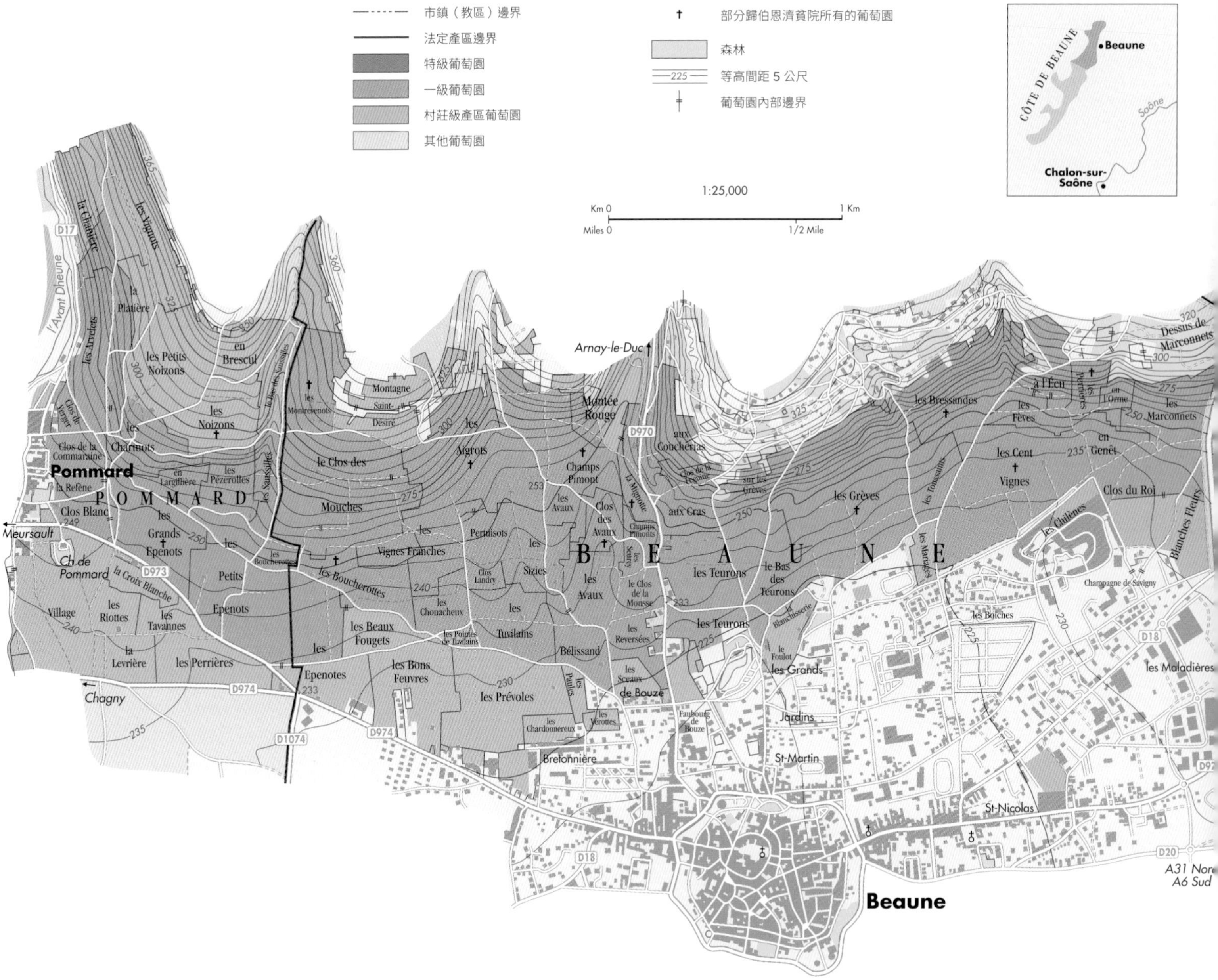

圖例：
- 市鎮（教區）邊界
- 法定產區邊界
- 特級葡萄園
- 一級葡萄園
- 村莊級產區葡萄園
- 其他葡萄園
- † 部分歸伯恩濟貧院所有的葡萄園
- 森林
- —225— 等高間距 5 公尺
- † 葡萄園內部邊界

1:25,000

# 北伯恩丘區 Northern Côte de Beaune

您或許會期待緊挨著渥爾內（參見前頁地圖）的玻瑪（Pommard）葡萄園能產出像渥爾內那般芳香雅緻的葡萄酒，但布根地就是這樣難以捉摸。土壤在市鎮界線處突然發生改變，使胡吉安園（Les Rugiens，如其名所指，富含鐵質的紅色土壤）成為玻瑪最有代表性的葡萄園，風格截然不同：顏色深厚、酒香濃烈、年輕時單寧強勁，陳年潛力出乎意料地強。**玻瑪**產區中約三分之一的葡萄園屬於簡單的村莊級法定產區，出產的葡萄酒都具有下列風格：缺乏優雅與個性的葡萄酒。但也有兩三個特別出眾的一級葡萄園，如胡吉安與艾柏諾（Epenots，有時拼為 Epeneaux），還有四五家表現相當不錯的酒莊。在布根地，酒莊的重要性不亞於葡萄園。玻瑪最負盛名的葡萄園位於胡吉安園的低處

（Les Rugiens-Bas，在第 61 頁地圖中可見），就在村子西邊的上方。在一年一度的伯恩濟貧院葡萄酒慈善拍賣會（詳情見下文）中，特釀之一 Dames de la Charité 就是採胡吉安與艾柏諾的葡萄混釀而成的。Clos de la Commaraine 葡萄園以及 Courcel、Comte Armand 與 Montille 等酒農釀的葡萄酒都是玻瑪最出色的酒款，結構紮實，往往需要陳放 10 年才能發展出頂級布根地紅葡萄酒，鮮美迷人的特性。

**伯恩**（Beaune）是這幾頁地圖中所有葡萄園的中心，事實上也有可能是整個金丘的焦點，這是一個充滿活力、以葡萄酒為中心、被護城牆環繞的中世紀城鎮，每年 11 月都會舉辦著名的伯恩濟貧院葡萄酒慈善拍賣會。伯恩上方海拔約 245 公尺處被布根地人稱為「山坡之腎」，這

裡有一連串著名的葡萄園，其中有一大部分為城內的大酒商所有，包括布夏父子酒莊、香頌、杜亨（Drouhin）、佳鐸（Jadot）和路易拉圖酒莊。杜亨酒莊在慕須園（Clos des Mouches）所擁有的部分，以出產紅葡萄酒和極精緻的白葡萄酒著稱，布夏父子酒莊在格雷夫（Les Grèves）葡萄園所擁有的一部分，被稱為「小耶穌」（Vigne de l'Enfant Jésus），生產另一款品質不凡的葡萄酒。伯恩產區沒有特級葡萄園，最出色的葡萄酒價格都不會過高，陳年潛力好，但也不像侯瑪內（Romanée）或香貝丹產的，需要陳放至少 10 年。

從伯恩繼續往北走，高登山丘隨著丘頂上一片深色的樹林慢慢出現。高登打破了伯恩丘沒有紅葡萄酒特級園的魔咒。白葡萄酒中少量為高登（Corton）特級園，生產優質白葡萄酒的特級園

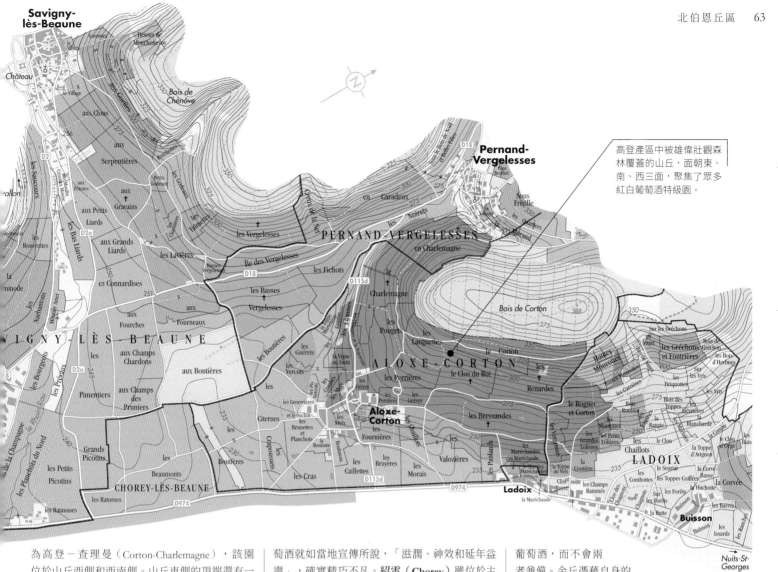

高登產區中被雄偉壯觀森林覆蓋的山丘，面朝東、南、西三面，聚集了眾多紅白葡萄酒特級園。

為高登－查理曼（Corton-Charlemagne），該園位於山丘西側和西南側。山丘東側的頂端還有一片十分不同的夏多內葡萄園，從山頂的石灰岩層沖刷下來的碎石，把這裡的棕色泥灰土變成白色。高登－查理曼有時也能與蒙哈榭一較高下。

高登紅葡萄酒的酒體龐大，通常果香豐滿、單寧厚重，大部分都來自朝東和朝南的山坡。那些位於低處的葡萄園只能出產非常簡單的葡萄酒，不應被評為特級園。最優秀的高登紅葡萄酒只產自 Le Corton、Les Bressandes、Le Clos du Roi 以及 Les Renardes 等。

阿羅斯－高登（Aloxe-Corton）位於山丘南部的下方，是產量比較少（主要為紅葡萄酒）的法定產區。山丘後方的佩南－維哲雷斯（Pernand-Vergelesses）則有一些明顯（有時占優勢）較涼爽、朝東的一級葡萄園（紅白葡萄均有），在山丘上也有一些朝西的特級葡萄園。

如果說薩維尼（Savigny）和佩南（Pernand）產區貌似是配角，那只是因為主角實在太耀眼了。這兩個產區最出色的酒農能產出達到伯恩產區最高標準的葡萄酒，現在這點也充分反映在售價上。薩維尼位於一個側谷的上方，其所產的葡萄酒就如當地宣傳所說，「滋潤、神效和延年益壽」，確實精巧不凡。紹雷（Chorey）雖位於主幹道兩側的平緩地帶上，但在當地可購得價格親民的布根地紅葡萄酒。在地圖的另一側，拉都瓦（Ladoix）生產清爽帶有礦物感的白葡萄酒以及口感相當多汁的紅葡萄酒。佩南和拉都瓦有一個共同點，他們的一級葡萄園如 Sous Frétille、Les Gréchons 和 Les Joyeuses，只生產紅葡萄酒或白葡萄酒，而不會兩者兼備。金丘憑藉自身的複雜多樣性而欣欣向榮。

伯恩鎮的代表性屋頂瓦片。圖為 15 世紀的伯恩濟貧院，過往是鎮上人們的慈善醫院，如今憑藉每年 11 月的桶裝新酒拍賣會而廣為人知。

# 南夜丘區 Southern Côte de Nuits

相較於渥爾內或者伯恩，夜丘葡萄酒的特徵是更加「飽滿」（stuffing），顏色更深，單寧通常更多，陳年潛力也更大。這裡是紅葡萄酒的天下，白葡萄酒相當罕見。

一排排一級葡萄園順著夜丘的丘陵蜿蜒而上，其中穿插著幾處特級葡萄園。這些葡萄園出產的葡萄酒以最強烈的方式，表現出黑皮諾無與倫比的豐富與美味。山丘頂部則是堅硬的石灰岩，這些葡萄園沿著露出地表的泥灰岩層分布，泥沙和小石子混合覆蓋著泥灰岩，再加上天時地利，這些幸運的葡萄園擁有最好的屏障和最充足的日照，因此所產出的酒款品質可以達到巔峰。

Prémeaux（下圖左角）出產的葡萄酒以夜－聖喬治（Nuits-St-Georges）產區的名號銷售到市場，他們比同產區其他葡萄酒有著更精巧的骨架，尤其是像元帥夫人（Clos de la Maréchale）這樣的獨占園。Les Vaucrains 與 Les St-Georges（很多人認為應該晉升為特級園的地塊）剛好越過市鎮邊界處，出產的葡萄酒單寧強、風味迷人，需要長期的瓶中陳化。夜丘區村莊級（Côte de Nuits-Villages）作為一個覆蓋夜丘區最北面和最南端的初級產區，則無法表現出這些特徵。

伯恩丘繁華熱鬧，夜丘則相對安靜平和，但有不少酒商以此為據點。往北通向馮內－侯瑪內（Vosne-Romanée）的一級葡萄園則是夜丘這個非凡產區非常值得一試的代表。馮內－侯瑪內是個不起眼的小村莊，葡萄酒卻活力四射。村內後街標示牌上出現的名莊數量之多，才讓人意識到腳下這片土地正是出產全世界最昂貴葡萄酒之處。

這個村落位於一條斜長的紅土坡下方，與侯瑪內 - 聖維馮園（Romanée-St-Vivant）相隔最近，這裡的土層深，富含黏土及石灰土。中坡處是眾人的朝聖地康帝園（La Romanée-Conti），土質比較貧瘠淺薄。再往上 La Romanée 園地勢更加陡峭，土壤看上去更加乾燥，黏土的含量也少了一些。右邊面積較大的葡萄園是李奇堡（Le Richebourg，參見第 58 頁地圖），左邊側坡上的是狹窄長條形的 Le Grand Rue 園，再旁邊是長斜坡上的塔希園（La Tâche，包含曾經被稱作高迪匈 [Les Gaudichots] 的區域）。這些葡萄園出產了最受人追捧的布根地葡萄酒，同時也是世界上最昂貴的葡萄酒。

康帝園和塔希園都是羅曼尼‧康帝酒莊的獨占園，這家酒莊同時也擁有相當比例的李奇堡、侯瑪內－聖維馮園（還有依瑟索、大依瑟索，現在又多了高登）。這些葡萄園產出的酒精巧細膩，天鵝絨般的溫暖度加上些許的香辛味，還有

宛如遠東地區的富饒，市場似乎願意不吝價格為之買單。康帝園是其中最完美的葡萄園，不過所有這些葡萄園就像一家人般地有相似之處：絕佳的葡萄園地點、低產量、格外珍貴的老藤、採收晚以及無微不至的呵護。

當然，大家可以在鄰近的葡萄園尋找風格相似但價格卻沒那麼昂貴的葡萄園（但類似品質風格的樂花酒莊 [Domaine Leroy]，葡萄酒價格同樣令人生畏）。馮內 - 侯瑪內中其他所有的葡萄園也都十分優異，實際上，有一本關於布根地的老教科書上曾不露聲色地寫道：「馮內沒有平凡的葡萄酒。」在塔希園南端的一級葡萄園 Malconsots 尤其值得關注。

依瑟索特級園占地面積很大（有些人認為面積過大），足足有 36 公頃，範圍涵蓋了地圖上所標示之 Echézeaux du Dessus 周邊的大多數紫色地塊。它和面積較小的大依瑟索其實都位於 Flagey 市鎮內，該村的地點太偏東無法標示在本頁地圖中，而且已經劃分到馮內的產區範圍（至少從釀酒角度來說是這樣）。大依瑟索園品質更加一致，具備優質布根地酒的雋永強勁之風，價格當然也更高。

只有極少數的酒會以梧玖（Vougeot）法定產區命名，但其中大多數的酒都是出自占地五十公頃的梧玖莊園（Clos de Vougeot，又稱為 Clos Vougeot，裡頭是一大片的葡萄藤）。葡萄園四周環繞著石築高牆，一眼便可確認是屬於修道院的葡萄園。整個地塊被劃分為特級園，價格就像葡萄酒的風格和品質一樣多變，但通常比馮內的

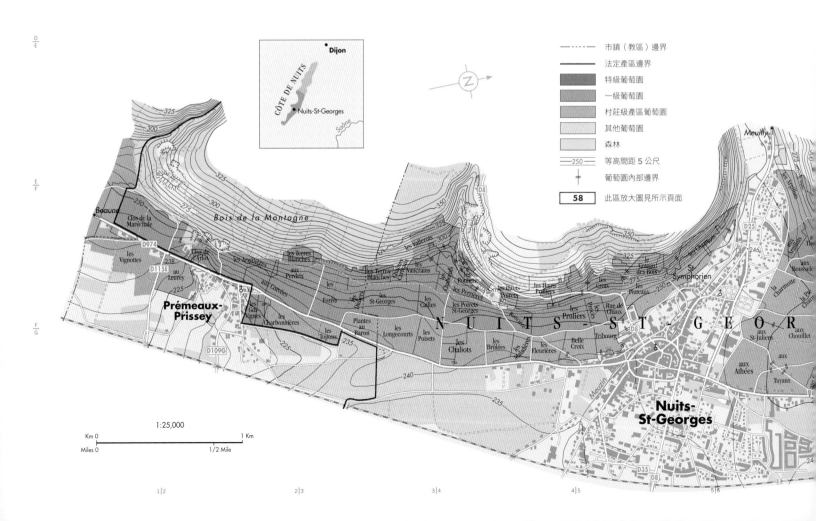

名貴酒款低很多。熙篤會修士過去常將產自坡頂、坡中，有時候還包括坡底的葡萄酒調配在一起，釀出百分百頂級的布根地葡萄酒，也是品質最始終如一的葡萄酒之一，這是因為在乾燥的年份，產自較低坡處的葡萄酒更有優勢，潮濕年份則對坡頂有利。一般來說，今天公認最好的葡萄酒還是產自坡中以及坡頂坡處的葡萄，但也不乏例外。酒莊的名字仍舊是選酒的首要參考。

座落在這座知名葡萄園西北角的是一座中世紀的「城堡」，這裡是「布根地品酒騎士團」（Confrérie Chevaliers du Tastevin）的總部，成員身著紅色和金色的長袍，在此舉辦熱鬧的盛典，目前分會廣布世界各地。從 Grand Cru of Musigny 可以俯瞰整個城堡。這座特級園和**香波－蜜思妮**（Chambolle-Musigny）產區中的其他葡萄園不同，旁邊的山丘頂部被森林覆蓋，葡萄園就寄身其下的石灰岩上，明顯和梧玖莊園的頂端以及大依瑟索關係更密切，而不是香波－蜜思妮北端，如邦馬爾（Bonnes-Mares）這些葡萄園。由於坡度陡峭，連續大雨之後，酒農必須將坡底的棕色石灰質黏土以及沉重的小卵石重新運回山坡上。如此操作再加上滲透性強的石灰岩底層土，使得葡萄園排水性良好，在這些條件下，葡萄酒剛好可以獲得足夠的酒體。

蜜思妮酒的過人之處在於它的香氣美麗而令人著迷，並帶有無庸置疑的力量感，這的確是一種奇妙獨特的感官享受。一瓶優秀的蜜思妮會在口中有種「孔雀開屏」的感覺，展現更多讓人心醉的香氣。它不像香貝丹那般強勁，也不會有羅

曼尼‧康帝那麼多的辛香味，但絕對值得 10 到 20 年的陳年，也絕對擔得起其高昂的價格。

邦瑪爾園西半邊是灰土，東邊是紅土，是香波另一個特級園，所產的酒年輕時比蜜思妮酒更加堅實，但似乎永遠無法演化出隔壁園所擁有的溫柔優雅感。愛侶園（Les Amoureuses）的名字完美地表達出其葡萄酒的風格，是屬於整個布根地最好的一級葡萄園之一，事實上已經是名譽上的特級園了。不過所有的香波葡萄酒都十分出色。如今氣候日漸溫暖，山丘頂部的葡萄園似乎品質越來越高，Cras 和 Fuées 葡萄園所產的酒和夏姆園（Les Charmes）出品的一樣受人追捧。

全世界的葡萄酒愛好者擠破頭顱也想進入，同時也是拍賣行寵兒的羅曼尼‧康帝酒莊，其實十分簡樸。

B|C

C|D

D|E

E|F

F|G

1992 年，La Grand Rue（占地 1.6 公頃）才正式被評為特級葡萄園。塔希園因與羅曼尼‧康帝酒莊換地（包含 Gaudichots 一級園在內），使其現在占地 6 公頃。

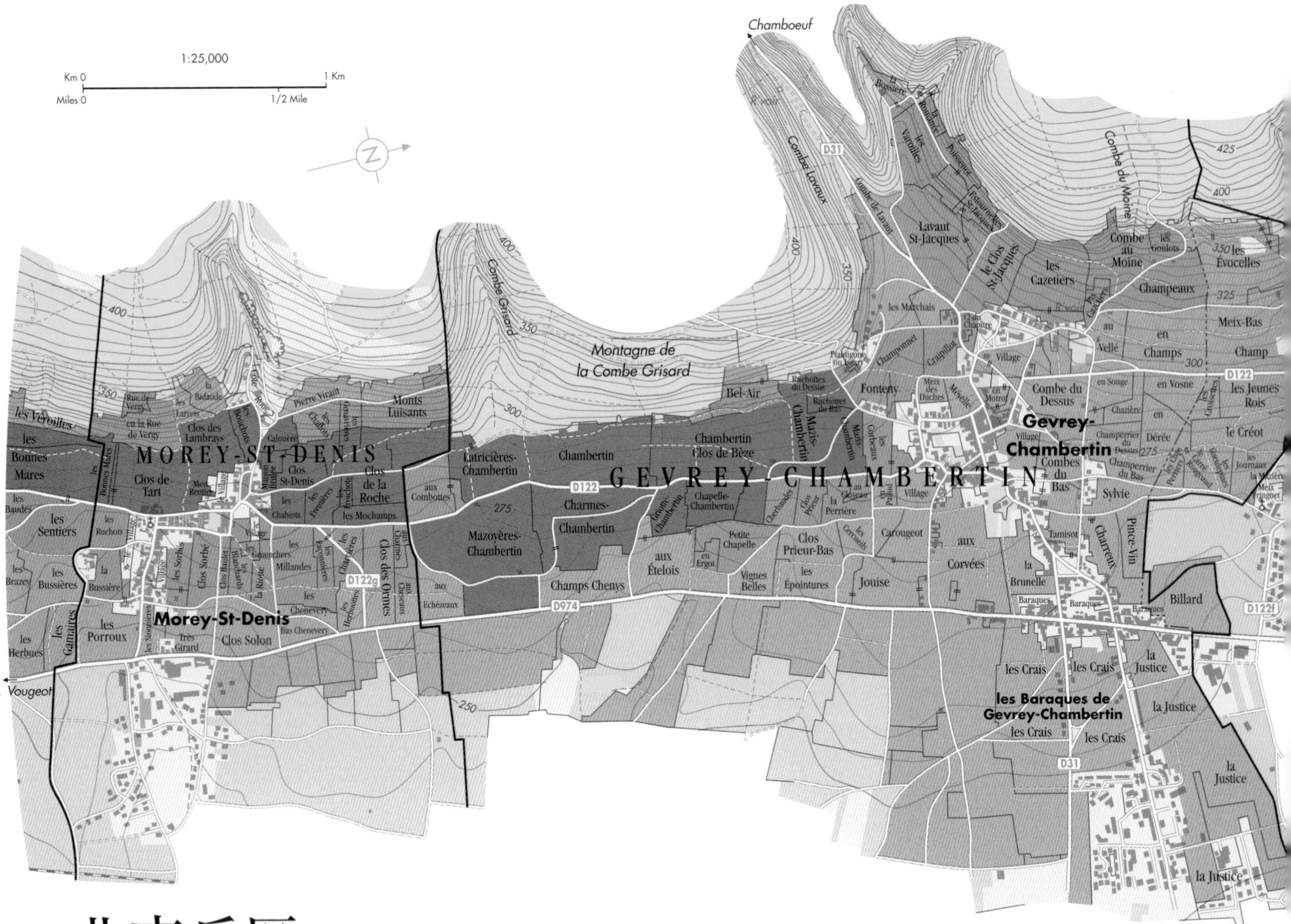

# 北夜丘區 Northern Côte de Nuits

最精緻、陳年潛力最強、最細柔的布根地紅葡萄酒產自位於金丘北端的此處。這裡有大自然賦予的豐富土壤，以及山丘提供的天然屏障與日照完美組合。狹窄的泥灰岩裸露，上面覆蓋著沙土與小石子，一直往下延伸至較低的山坡。香貝丹、莫瑞（Morey）裡的特級園，以及香波 - 蜜思妮產區從這些土壤中汲取力量，產出的葡萄酒強勁又有分量，年輕時非常堅韌，陳年之後無比豐富又深沉味美。

莫瑞－聖丹尼（Morey-St-Denis）本身的名氣，和位居於此的四個知名特級園及一小塊香貝丹的邦瑪爾園相比相形見絀。羅希園（Clos de la Roche）與規模小一點的 Clos St-Denis（村莊名字由此而來，土壤富含石灰岩，葡萄酒風味眠遠悠長、充滿力量又富有深度。隆布萊（Clos des Lambrays）是 1981 年晉升為特級園的獨占園，2014 年又併入奢侈品帝國 LVMH，風格極其誘人。2017 年，隔壁的大德園（Clos de Tart）迎來了九個世紀以來的第四位擁有者——Pinault 家族，這個家族還擁有五大名莊之一的波爾多拉圖堡（Château Latour），所以不要指望價格會因此跌落。莫瑞有 20 多個面積迷你的一級園，知

名度高的只有少數幾個，但普遍水準都很高。葡萄園沿著山坡爬升，尋找該區域更高的土層。高聳、多石的露頌山（Monts-Luisants）葡萄園甚至出產一些優異的白葡萄酒。

哲維瑞－香貝丹（Gevrey-Chambertin）擁有廣闊的優良土地，適合種植葡萄的土壤從山坡往四處延伸，範圍比其他產區都要多。一些主幹道東邊的法定產區理所應當仍然屬於哲維瑞 - 香貝丹，而不是只是單單冠上常見的布根地產區。這裡最偉大的兩個葡萄園——香貝丹和貝日園（Clos de Bèze）位於樹林下方的東向緩坡上，幾個世紀來都是公認的頭號王牌。阿曼盧梭酒莊（Domaine Armand Rousseau）地位崇高，更是眾人千方設法想要得到的哲維瑞酒品。在其拱頂的酒窖裡，更是會根據每個年份葡萄酒的表現，為前來品酒的遊客更換最後的兩杯酒。Charmes、Mazoyères、Griotte、Chapelle、Mazis、Ruchottes 和 Latricières 這一群相鄰的葡萄園，擁有能將 Chambertin 加到自己名字後面的權利，而不像貝日園是把 Chambertin 自己名字加在前頭。布根地的葡萄酒法規有時比神學還微妙。

哲維瑞－香貝丹還有一段斜坡海拔突高 50

公尺，有著極佳的東南朝向。這裡最棒的一級園品質能夠與特級園相媲美，包括 Cazetiers、Lavaux St-Jacques、Varoilles，還有最特別的聖傑克園（Clos St-Jacques）。這個村有很多知名的葡萄園，數量也比其他布根地產區要多。

往北的山坡曾經被稱為 Côte de Dijon，18 世紀前一直被認為是最佳的土地之一，但後來酒農禁不住誘惑，想向第戎輸出桶裝葡萄酒（bulk wine），所以種植了「不忠」的加美品種。緊挨哲維瑞北端的布羅雄（Brochon）因此變成了「葡萄酒水井」。如今它的南端屬於哲維瑞 - 香貝丹，剩下的葡萄園只能使用夜丘村莊（Côte de Nuits-Villages）產區命名。

但菲尚（Fixin）的一級園傳統上一直品質不錯，此處的一級園，如 La Perrière、Les Hervelets 和 Clos du Chapitre 都有潛力達到哲維瑞 - 香貝丹一級園的水準。菲尚和馬沙內之間的 Couchey 在葡萄酒方面沒有什麼聲譽，所以地圖中未做標示。然而馬沙內（Marsannay）則越發獲得肯定，其強項是可口、通常適合陳年的黑皮諾粉紅酒，由特定葡萄園釀造，尤其是通往第戎主幹道上坡處的葡萄園。當地也有不少的紅葡萄

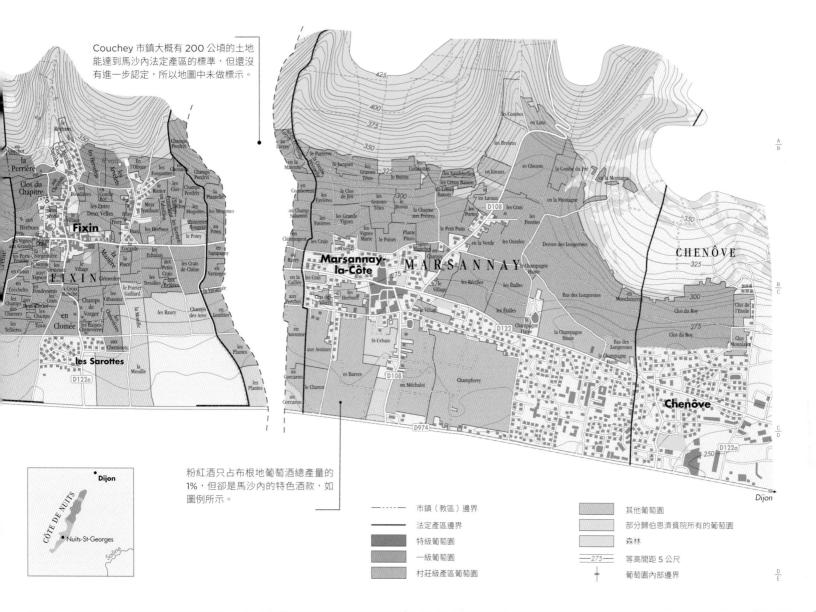

Couchey 市鎮大概有 200 公頃的土地能達到馬沙內法定產區的標準，但還沒有進一步認定，所以地圖中未做標示。

粉紅酒只占布根地葡萄酒總產量的 1%，但卻是馬沙內的特色酒款，如圖例所示。

| 圖例 | |
|---|---|
| ----- | 市鎮（教區）邊界 |
| —— | 法定產區邊界 |
| | 特級葡萄園 |
| | 一級葡萄園 |
| | 村莊級產區葡萄園 |
| | 其他葡萄園 |
| | 部分歸伯恩濟院所有的葡萄園 |
| | 森林 |
| ===275=== | 等高間距 5 公尺 |
| | 葡萄園內部邊界 |

酒激起大家的興趣（尤其是對淘酒者而言），還有一些品質一般的白葡萄酒。這裡沖積土的比例大多比金丘產區其他地方要高得多，但一級園之間的差距不大了。眾人會期待將 Clos du Roy 歸在馬沙內法定產區，因為嚴格來說它剛好位於馬沙內北面的 Chenôve，但現在不幸被第戎的郊外工業區包圍。

皮耶大摩酒莊（Domaine Pierre Damoy）目前是貝日園最大的擁有者，擁有 5 公頃多的土地。每到採收季，大摩家族會把最好的特級園葡萄留給酒莊，其餘的則賣給酒商。

# 夏隆內丘 Côte Chalonnaise

金丘葡萄酒的寡淡版，有時粗糙但水準明顯一直在提高。

**風土條件：**「綠色耕種」農村，擁有一些以石灰岩為主的葡萄園。

**氣候：**氣候比金丘涼爽一些，主要是因為海拔的原因。

**主要葡萄品種：**紅：黑皮諾；白：夏多內、布哲宏（Bouzeron）產區的阿里哥蝶。

　　夏隆內丘北端緊挨著金丘的南端，但大部分夏隆內丘的葡萄酒嚐起來卻令人意外地有明顯不同，有點兒像是個營養不良的鄉下表親。Chagny 南部坡度起伏、充滿田園感的山丘，在很多方面看起來都很像伯恩丘區的延續，不過原本規則形狀的山脊在這裡變成了雜亂的石灰岩山坡，而葡萄園則散布在其中的果園和牧場之間。這裡有些葡萄園的海拔比伯恩丘高 50 公尺，因此較晚採收，成熟過程也較不穩定。夏隆內丘產區曾一度被稱為梅克雷區（Région de Mercurey），現在的名稱來自離它最近的城市 —— 東面的 Chalon-sur-Saône。

　　北邊的乎利（Rully）產區出產白葡萄酒比紅葡萄酒多。這裡白葡萄酒的風格活潑、酸度相對較高，在不好的年份是釀製「布根地氣泡酒」（Crémant de Bourgogne）的完美原料；如今越來越多較溫暖的年份則能出產清新、如蘋果般新鮮、開胃的優質布根地白葡萄酒。在寒冷年份，乎利的紅葡萄酒偏纖瘦型，但並非缺乏水準。

　　梅克雷（Mercurey）產區的名氣更為響亮，這裡出產了大約 40% 的夏隆內丘紅葡萄酒（如果連布根地－夏隆丘 [Bourgogne-Côte Chalonnaise] 也算在內的話，詳見下文）。這裡的黑皮諾葡萄酒就像是低一級的伯恩丘：結實、堅固，年輕時略顯粗糙，不過有一定陳年潛力。費芙蕾酒莊是這裡重要的生產者。

　　梅克雷曾經歷過一級葡萄園的擴張時期，從 20 世紀 80 年代的 5 個增加至如今的 32 個，面積多達 168 公頃。整個夏隆內丘一級葡萄園的比例明顯高於金丘，這裡所產的樸實高階酒款的確值得購買。

　　吉弗里（Givry）是夏隆內丘四個主要法定產區中面積最小的一個，只有梅克雷的一半，幾乎只出產紅葡萄酒。比起梅克雷，這裡的葡萄酒果味更多、單寧更少，更適合儘早飲用。不過 Clos Jus 在 20 世紀 80 年代晚期，經過灌木叢整理後，也能生產一些堅實強勁、值得陳年的酒款。這裡一級園的數量也正在成倍增長。

　　南部的蒙塔尼（Montagny）法定產區僅出產白葡萄酒。鄰近的 Buxy 包含在內，蒙塔尼擁有一家或許是布根地南部經營最成功的釀酒合作社。這裡的白葡萄酒比乎利產的更加飽滿，最佳酒款更像低一級別的伯恩酒。酒商路易拉圖酒莊很早以前就發現這裡的價值所在，其生產的葡萄酒在本區總產量中占極大比例。

　　布哲宏（Bouzeron，緊挨著乎利北部，因使用單一葡萄品種釀而獲得法定產區命名。事實上，它是整個布根地唯一一個只釀製阿里哥蝶白葡萄酒的單一村莊產區，這也許是對 Domaine A and P de Villaine 完美主義的獎勵。

　　整個地區都能找到不錯的布根地紅、白葡萄酒，以 Bourgogne-Côte Chalonnaise 為產區名出售。

---

**圖例：**
- ------ 縣界
- —·—·— 市鎮（教區）邊界
- ——— 法定產區邊界
- ■ RENÉ BOURGEON 知名釀酒商／酒廠
- ● Clos Jus 一級葡萄園名稱
- ▨ 一級葡萄園
- ▨ 其他葡萄園
- ▨ 森林
- ═200═ 等高間距 20 公尺

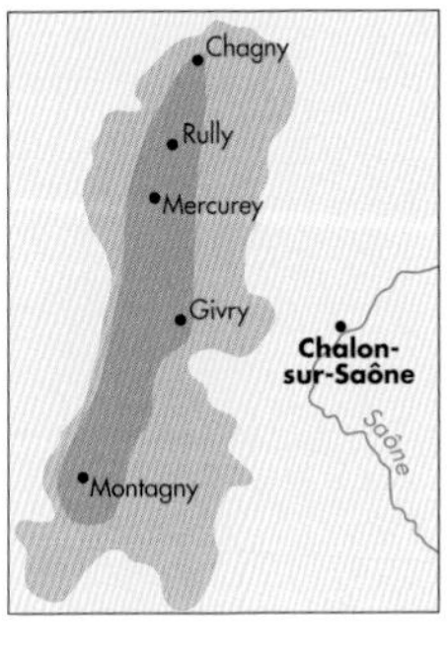

**中央地帶**

這個地圖只呈現了夏隆內丘最具聲譽的中央地帶，特別是五個將其市鎮名做為產區名的地方：布哲宏、乎利、梅克雷、吉弗里和蒙塔尼，它們當中較知名的一些葡萄園都座落在朝東和朝南的山坡上。

比例尺 1:100,000

# 馬貢內
## Mâconnais

金丘的葡萄酒狂熱者和生產者紛紛南下，尋找各自負擔得起的葡萄酒和土地。

**風土條件：**石灰岩上覆蓋著黏土和沖積表層土。

**氣候：**氣候比金丘涼爽得多。

**主要葡萄品種：**白：夏多內；紅：加美和一些黑皮諾。

馬貢內顯然是夏多內的大本營，目前夏多內幾乎占據該產區總產量的九成，這意味著馬貢（Mâcon）白葡萄酒產量幾乎和夏布利（Chablis）一樣多，馬貢內的聲譽之所以能夠逐漸上升，離不開包括伯恩丘的 Lafon 和 Leflaive 在內之頂級生產商的努力。還有一大部分馬貢內釀製的白葡萄酒，依完全合法的方式，以「布根地白葡萄酒」（Bourgogne Blanc）之名出售。

大多比較平淡乏味的紅酒都是由加美釀造的。更受歡迎的白葡萄酒才是真正划算的買賣，尤其是產於「馬貢─村莊」（Mâcon-Villages）級 27 個村莊的葡萄酒，這些村莊大多數都被標示在本頁地圖中。這裡到處都是風格強勁、現代、精心釀造的白葡萄酒，是布根地對新世界夏多內的回應，十足的法國腔調，每年的排名都在提升。基於便利，在南部的 Chasselas、Leynes、St-Vérand 和 Chânes 等村莊都被劃分到**聖維宏**（**St-Véran**，見地圖圖例）這個聽起來很陌生的法定產區。聖維宏南部的土壤多為紅色，土質呈酸性且多沙，相較於普依 - 富塞產區（Pouilly-Fuissé，可參考第 70-71 頁地圖）北邊，石灰岩土壤的 Prissé 和 Davayé 所生產的甜美葡萄酒來說，這裡的葡萄酒一般更加簡單和淡薄。

**普依─凡列爾**（**Pouilly-Vinzelles**）和**普依─羅榭**（**Pouilly-Loché**）剛好緊挨著普依─富塞的中央地帶以東，理論上可以作為普依─富塞的替代品，但產量很低。

**馬貢─彼榭**（**Mâcon-Prissé**）的岩層為石灰石，所產葡萄酒的 CP 值滿高的。**路格尼**（**Lugny**）、**烏西茲**（**Uchizy**）、**夏多內**（**Chardonnay**，與品種同名的幸運村莊）以及**羅榭**（**Loché**）所產的酒價格實惠，各村都有死忠的愛好者，是口感相當肥美的布根地夏多內。**維列**（**Viré**）和**克雷榭**（**Clessé**）是表現最優秀的兩個村莊，也是法定產區**維列─克雷榭**（**Viré-Classé**，見圖中紅線區域內）名字的來源。維列─克雷榭產區集中在一條石灰岩地帶上，往北貫穿整個區域，大致與南北向的 A6 高速公路主幹道平行。

**圖例**

- —·—·— 省界
- ----- 縣界
- ═════ 維列─克雷榭
- Azé ● 會加在馬貢之後和（或）冠以馬貢─村莊法定產區名稱的村莊
- Leynes ● 有資格冠以 St-Véran 法定產區名稱的市鎮
- DOM MICHEL 知名釀酒商／酒廠
- 馬貢─村莊
- 普依─富塞
- 普依─凡列爾
- 普依─羅榭
- 聖維宏
- 森林
- 70 此區放大圖見所示頁面

馬貢內距離金丘南部如此之遠，但仍舊吸引了梅索之王 Dominique Lafon 和已故的普里尼─蒙哈榭之后安 Anne-Claude Leflaive 來此投資，不得不說這是馬貢內的殊榮。Lafon 長期以來，一直生產一系列十分有個性的單一葡萄園馬貢內白葡萄酒，而 Leflaive 現在也在做同樣的事。

1:130,000

Km 0　1　2　3　4　5 Km
Miles 0　1　2　3 Miles

# 普依－富塞
## Pouilly-Fuissé

在馬貢內區的最南端，幾乎靠近薄酒萊的邊界處，有一塊區域釀造的白葡萄酒風格獨特，陳年潛力更大。普依－富塞是一片猛然出現的波浪狀石灰岩丘陵地，富含夏多內葡萄藤偏愛的鹼性黏土。

地圖呈現了四家差異巨大的產酒市鎮是如何在低坡上分布的，僅用等高線便足以說明這裡的地形是多麼不規則，葡萄園是多麼地多樣化。Chaintré 的朝南坡地露天無遮擋，種植的葡萄會比 Vergisson 北向坡地的葡萄提早整整兩個星期成熟，而 Vergisson 在生長季漫長而晚收的年份能夠釀製出一些酒體最飽滿的葡萄酒。Solutré-Pouilly 棲身於淡粉色的索魯特（Solutré）岩下方，海拔高達 493 公尺。它的北端（Solutré）地形和 Vergisson 相似，普依的地形則與富塞一帶更相似一些。普依和富塞這兩個雙子市鎮的地勢相對低窪平緩，但常有葡萄酒愛好者來訪。

最出色的普依－富塞酒十分飽滿，陳年後會變得十分華麗甜美。大約有 12 家小酒莊所產的酒經常能夠達到如此水準，他們廣泛採用不同來源、大小和年齡的橡木桶，攪桶方式和桶中陳年時間也不盡相同。其他酒莊的葡萄酒相比之下可能較為乏味，品質基本和 Mâcon-Villages 級差不多，靠的純粹是普依－富塞在國際上的聲譽。

### 胸懷大志的酒莊

經歷了 20 世紀 80 年代的停滯期後，這個法定產區出現了一批值得誇耀的傑出酒莊，比如 Guffens-Heynen、the Bret Brothers、J-A Ferret、Robert-Denogent、Julien Barraud、Château de Beauregard 和 Olivier Merlin（就位於西邊名為 La Roche Vineuse，意為「葡萄酒岩石」的坡地北部，見第 69 頁地圖）。多年來，這些雄心萬丈的酒莊勇於出產單一葡萄園的酒款，力爭被劃為一級葡萄園。若能因此提升酒的價格，就能吸引其他酒莊紛紛效仿。不過最終要決定哪些地塊（2017 年落選的酒莊）能列入一級葡萄園的時候，難免會存在一些紛爭。地圖中已經標明了那些最有可能被晉級為一級園的候選者。

1:35,714

Km 0 ——— 1 Km
Miles 0 ——— 1 Mile

------- 市鎮（教區）邊界

法定產區間的界線以彩色線條標示

ST-VÉRAN　法定產區名稱

■ DOM BARRAUD　知名釀酒商／酒廠

en Servy　知名葡萄園

葡萄園

森林

=200= 等高間距 10 公尺

人面獅身獸狀的石灰岩斷崖「索魯特」（Solutré）岩不容忽視，1866 年人們在這裡發現了古代動物的骨頭，被認為是歐洲最大的考古發現之一。

溫暖、懶洋洋的夏日，遊客都喜歡光顧薄酒萊這座藍色的小山丘。圖為維勒風榭西邊的小鎮 Denicé，白雪覆蓋的葡萄藤引起眾人注意。

# 薄酒萊 Beaujolais

　　加美（Gamay）葡萄，在其他任何地方幾乎都被視為二流的葡萄品種。但在薄酒萊，用加美葡萄釀造的葡萄酒清新活潑、果味十足，通常淡雅又順口，具有您在別處找尋不到的獨特風味。

---

**風土條件**：多種顏色的花崗岩，北方的土壤上面會再覆蓋一層黏土和沙子，南方土壤更輕盈，地形也更平坦。

---

**氣候**：接近南方的氣候，有時夏天格外炎熱。

---

**主要葡萄品種**：紅：加美；白：夏多內。

---

　　有些人會覺得薄酒萊的葡萄酒乏味無聊，很少能夠達到一款優質葡萄酒應具備的廣度或持久度。但另外有些人則把這視為薄酒萊的優點：能快速飲用，樂趣無窮。20 世紀末，每年 11 月生產的薄酒萊新酒，因使用「半二氧化碳浸泡法」釀造而帶來的香蕉芳香，曾吸引了眾多品飲者，但現在薄酒萊的酒又失去光環，價格也被壓低。「品質絕佳」（serious）的酒款並不意味著濃郁，而是飲用時能否給飲者帶來不可名狀的愉悅感。薄酒萊區從緊鄰馬貢（Macôn，在布根地南

端），以花崗岩為主的山丘往南一路綿延 55 公里，延伸至 Lyon 西北方更為平緩的土地。薄酒萊的總產量幾乎等同於布根地其他所有地區產量的總和，當地葡萄園總面積超過 15,175 公頃，所以不出所料地，不同的葡萄園之間天差地別。在薄酒萊首府維勒風榭（Villefranche）的北方，此區的土層將該地明顯劃分開來。

　　以南的地區稱為「下薄酒萊」（Bas Beaujolais），這裡的花崗石和石灰岩上覆蓋了一層黏土層，在 Pierres Dorées 地區尤其明顯，這種土質也為法國一些最漂亮的村莊增色不少。在這片較平坦的土地上或是更南端，所釀製的紅葡萄酒是普通的薄酒萊葡萄酒，非常清爽且新鮮，可以成為最好的小酒館酒款，在 Lyon 著名的家常小酒吧（bouchon）裡，會用小壺盛裝上桌。普通的「下薄酒萊」不耐久放。即使是好年份，過於冰冷的黏土層還是無法讓加美葡萄催熟足夠的香氣，不過有時也有例外。

　　北邊的上薄酒萊（Haut Beaujolais）是花崗岩基質，上面覆蓋各式各樣的沙質表土，排水良好、溫暖，通常足以讓加美達到完美的成熟度。地圖上以藍色與淺紫色標出的 38 個村莊均有權使用**薄酒萊村莊級**（**Beaujolais-Villages**）法定

產區名稱，這些葡萄園，向西往上爬升至海拔450 公尺處林木蓊鬱的山地處。

　　村莊級葡萄酒更加濃縮，所以多花一點錢絕對是值得的。自己裝瓶的獨立酒莊（占極少數）往往會標示出 Beaujolais-Villages 的市鎮名稱，Lantignié 和 Leynes 是最常見的。酒商仍然主導了生產環節，他們更傾向於將來自不同市鎮的酒進行混合，調配出僅標示為 Beaujolais-Villages 的葡萄酒。

## 記住這些名字

　　在地圖淡紫色區塊中，用黑色底線標出的十個地方都可以在酒標上使用自己的名稱（甚至不標註 Beaujolais），並被賦予能展示奇各自獨特個性特徵的期望。這些就是薄酒萊優質村莊（Beaujolais Crus），剛好在馬貢內產區南方，緊鄰普依－富塞產區（詳見下頁地圖）。加美加上優質葡萄園花崗岩是法國人心目中的天作之合，是最不可思議的葡萄品種和土壤組合之一。現在薄酒萊認真努力想要做出品質絕佳的酒款，只是仍未反映在市場價格上。

　　在薄酒萊的遠北地區也生產少量用夏多內釀造的薄酒萊白葡萄酒（Beaujolais Blanc，這裡產

的紅葡萄酒很難銷售）。在整個地區，還有少量用加美釀造的薄酒萊粉紅酒，而且比例一直呈上升趨勢。

本區十分適合種植加美葡萄。傳統來講，在薄酒萊，每株加美葡萄藤都單獨綁樁，不過現在好一點的葡萄園也允許採用棚架。葡萄藤的成長過程幾乎和人類一樣，需要一段時間的照顧才能獨立生活：10年後便不再需要綁樁，只需在每年夏天進行縛枝，即可直立生存。加美葡萄藤的壽命可以比人類還長，果實的個頭大小幾乎一致，採收時需靠人工，而非機器。

如今大多數薄酒萊葡萄酒，都採用「半二氧化碳浸泡法」釀造，整串完整不破皮的葡萄被放置在密閉酒槽中，進行內部發酵，尤其會從酒槽上方的葡萄開始。快速的發酵過程會加強水果的香氣和風味，極度弱化單寧和蘋果酸。但該區回歸傳統的跡象已經非常明顯，採用了更多布根地式的釀造方法，有些釀酒商甚至開始重新使用橡木桶，以期釀造出更值得陳年的布根地風格葡萄酒。據說好的加美經過陳年後會更像黑皮諾的風格。

## 與薄酒萊相似的味道

事實上，在地圖西邊一定距離之外，越過山脈後，在上羅亞爾盆地裡還有三個比較小的加美產區（見第53頁法國全圖）。侯安丘（Côte Roannaise）產區就在 Roanne 附近，分布在羅亞爾河南向與東南向的山坡上，土層同樣是以花崗岩為底土，這裡還有幾個獨立酒莊能釀出純正薄酒萊風格的清新酒款。再往南走，弗瑞丘（Côtes du Forez）產區由一家出色的釀酒合作社主導，在類似的土壤環境中種植加美。歐維涅丘（Côtes d'Auvergne）產區範圍就更廣了，該區位於 Clermont-Ferand 附近，採用加美生產清淡型的紅葡萄酒、粉紅酒，也有生產一些清淡型的白葡萄酒。

### 薄酒萊村莊級與薄酒萊優質村莊

這張地圖展現了薄酒萊法定產區的全貌，北邊與馬貢內重疊的部分也包括在內。薄酒萊優質村莊（Beaujolais Crus）產量不及整區的三分之一，詳細標示請看下頁地圖。

# 薄酒萊優質村莊
## The Crus of Beaujolais

本頁地圖中用霧藍色標示的山丘，通常山頂被森林覆蓋，低處布滿葡萄園。薄酒萊區十個獨立的優質村莊（Beaujolais Crus）都居於此，所生產的酒是單一葡萄品種加美在絕佳風土條件之下的極致表現。他們的酒標上幾乎不會出現 Beaujolais 的字樣，所以記住村莊的名字很有必要。

最近的地質研究證實了該區的母岩（underlying rock）與距離南邊 97 公里的羅第丘（Côte Rôtie）一樣，屬於火山片岩或沙質花崗岩。不過持續的水土流失使該地區交織著各類不同的表層土、朝向和坡度，因此即使在同一個優質村莊，葡萄酒的風格也可能天差地遠。當然，本地人即使蒙著眼睛都還是可以將它們辨別出來。

最北邊的優質村莊產區聖愛園（St-Amour）是最小的，與其北部的鄰居 St-Véran 和 Pouilly-Fuissé 一樣，土壤中含有一些石灰岩，葡萄酒醉人的魅力多於結構感。朱麗娜（Juliénas）通常酒體更為飽滿，有時會有一點粗糙，不過 Les Mouilles 和 Les Capitans 都是很優秀的「稱地」。薛納（Chénas）與它名氣更大的鄰居──風車磨坊（Moulin-à-Vent）一樣，需要時間來綻放。風車磨坊有兩個最好的次產區，其中一個靠近風力磨坊本身，由 Le Clos、Le Carquelin、Champ de Cour 和 Lés Thorins 這些稱地（葡萄園）組成。另一個次產區地勢稍高，包含了 La Rochelle、Rochegres 和 Les Vérillats 等稱地。在特級村莊的南邊邊陲，地勢更低更平坦，產出的葡萄酒缺乏優質酒的複雜度、陳年能力，有時也不具備高貴感。

或許是因為名字的關係，弗勒莉（Fleurie）總是離不開「女性化」：同屬沙質土壤的 Chappelle des Bois、La Madone 和 Les Quatre Vents 等稱地（葡萄園）所產的酒，就是很好的例子。不過黏土更為豐富的葡萄園（如 La Roilette 和 Les Moriers）或是格外溫暖的朝南葡萄園（如 Les Garants 和 Poncié），他們出產的弗勒莉葡萄酒在酒體和陳年潛力上可與風車磨坊一較高低。希露柏勒（Chiroubles）是海拔最高的優質村莊，土壤為輕質沙土，其葡萄酒在較為涼爽的年份會顯得有些尖酸，但在陽光充沛的年份則可展現出無盡的魅力。

BEAUJOLAIS

1:75,000

Km 0　　　1　　　2 Km
Miles 0　　　1　　　2 Miles

省界
縣界
市政（教區）邊界
MORGON　薄酒萊優質村莊界線
■
CH THIVIN　知名釀酒商／酒廠
葡萄園
森林
200　等高線間距 20 公尺

摩恭（Morgon）作為自然酒的發源地（見第 35 頁），是第二大的優質村莊產區，與其知名的火山丘 Côte du Py 密切相關，此地所產的酒出奇地強勁、熱情以及辛辣。Les Charmes、Les Grands Cras、Corcelette 和 Château Gaillard 等葡萄園則出產更輕盈圓潤的酒款。摩恭南邊是佔地廣大、難以預測的布依（Brouilly），葡萄酒風格差異巨大。來自 Mont Brouilly 火山斜坡、面積較小的布依丘（Côte de Brouilly）優質村莊的酒款更值得窖藏。摩恭西邊的雷尼耶（Regnié）更

像布依或是比較好的「薄酒萊村莊」級酒，從價格上即可看出端倪，但即使是「薄酒萊優質村莊」酒通常價格也不會過高，甚至葡萄園本身就不貴。因此，很多不滿金丘土地價格上漲的釀酒商紛紛進攻此地。

**薄酒萊優質村莊的土壤**

**花崗岩**
淺花崗岩土
風化的淺花崗岩土
深花崗岩土
高度風化的深花崗岩土

**矽質火山岩**
不同的淺矽質火山岩土
不同的深矽質火山岩土

**青色或片狀火山岩**
風化的淺青石土
風化的深青石土
風化的淺片岩土
風化的深片岩土

**砂岩**
不含鈣質的砂岩土

**石灰岩**
堅硬的淺石灰岩土
淺的石灰岩脫碳酸土
堅硬的深石灰岩土
深的石灰岩脫碳酸土

**泥灰岩**
鈣質泥灰岩土
不含鈣質的泥灰岩土

**礫石**
不含鈣質的礫石斜坡土

**殘積黏土**
含少量石頭的殘積黏土
含燧石和黑燧石的殘積黏土

**山麓以及老的沖積構成**
山麓以及老的沖積土，含有少量石頭
多石、老的沖積土

**斜坡底部新產生的崩積土（細碎石）**
新產生的深層崩積土

森林

MORGON 薄酒萊優質村莊界線
—— 省界
-·-·- 縣界
········· 市鎮（教區）邊界

**遠離冰川的土壤構造**

地圖上標示的十個薄酒萊優質酒莊都是以花崗岩基土為主，之所以如此是因為此處不會有會沖刷掉花崗岩的融化掉冰川雪水。但十幾年間，人們對 97 個土坑、15,301 個鑽孔進行調查研究，揭露了此處土壤組成的複雜細節，不僅為不同優質村莊的葡萄酒，甚至為相鄰葡萄園所產的酒，風味為何有細微差別，提供了振奮人心的線索。

此圖是依據 SIGALES 設計事務所和薄酒萊葡萄同業公會（INTER BEAUJOLAIS）所製作的原始土壤圖。

1:75,000

Km 0　1　2 Km
Miles 0　1　2 Miles

這些幾近成熟的夏多內葡萄呈現出葡萄在優秀夏布利產區中會有的金綠色,以及冷涼環境下的不凡品質,這就是夏多內的極致表現?

# 夏布利 Chablis

從名氣的角度來說，夏布利是葡萄酒世界中最被低估的名字之一，夏多內是此區表現最令人興奮的品種，陳年潛力強大。

**風土條件**：啟莫里階（Kimmeridigian）石灰石黏土產出了最傑出的葡萄酒，年輕一點的波特蘭階（Portlandian）土壤占據了少量有利地塊。

**氣候**：地處布根地寒冷偏遠的北方，經常遭受毀滅性的春霜。

**主要葡萄品種**：夏多內。

這裡曾經葡萄園廣布，但夏布利幾乎是唯一倖存下來的產區。本區是主要的巴黎葡萄酒供應產區，西北方距巴黎市區僅有 177 公里。

19 世紀末期，夏布利所屬的漾能（Yonne）省擁有 40,500 公傾的葡萄園，多數生產紅酒，就像今天南法的角色一樣。夏布利產區的水路匯集至塞納河，河上曾經擠滿了運送葡萄酒的貨船。

然而，先是受到葡萄根瘤蚜蟲病的摧毀，之後興建的鐵路又跳過漾能省的葡萄園，使得夏布利成為法國最貧窮的農業產區之一。20 世紀下半葉一場大型的復興運動，讓夏布利有機會證明自己，為自己發聲：夏布利是一個偉大獨特的原產地。夏多內葡萄在冷涼氣候及石灰質黏土的風土條件之下，所孕育出的獨特風味，是葡萄生長環境較優良的產區（或者其他任何產區）都無法仿效的。夏布利產的白葡萄酒堅實不粗糙，令人聯想到石塊、礦石，同時還有鮮乾草的味道，年輕時看起來會泛有綠光。夏布利的特級葡萄園，甚至有些最好的一級葡萄園也有能力，釀出喝起來分量足，強勁而不朽，擁有驚人陳年能力的葡萄酒。久藏十年後酒液會產生一種奇妙美味的酸性，金綠色的光芒閃耀其間，是價值感的存在。夏布利的擁護者十分清楚在中間過程中，葡萄會經歷一段不太迷人、聞起來像濕羊毛的階段，有些人可能會因此放棄，但不得不說那會是他們的損失。

## 牡蠣和他們的外殼

位於冷涼氣候的葡萄園往往需要格外的條件才會成功。夏布利位於伯恩北方 160 公里處，比布根地其他產區更靠近香檳區（Champagne）。地質是它的秘密：石灰岩及泥灰岩層構成一片廣闊的海下盆地，遠古時沉積的牡蠣殼層層堆疊，邊緣裸露出地面。另一頭的邊緣，在 Dorset 跨越英吉利海峽，此處得名啟莫里階（Kimmeridge）。牡蠣與夏布利白葡萄酒，似乎自創生之初就有所關聯。耐寒的夏多內是夏布利產區唯一栽種的葡萄品種，在向陽坡地可以達到極佳的成熟度。

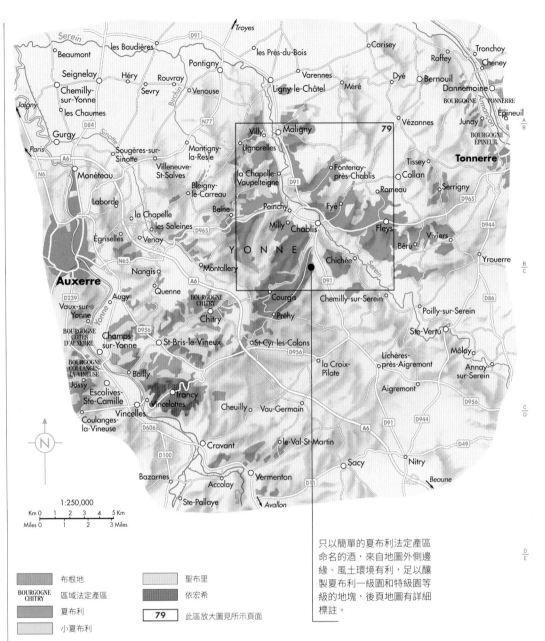

1:250,000
Km 0　1　2　3　4　5 Km
Miles 0　　1　　2　　3 Miles

**BOURGOGNE CHITRY** 布根地區域法定產區

夏布利

小夏布利

聖布里

依宏希

79 此區放大圖見示頁面

只以簡單的夏布利法定產區命名的酒，來自地圖外側邊緣、風土環境有利，足以釀製夏布利一級園和特級園等級的地塊，後頁地圖有詳細標註。

**漾能省（THE YONNE）**

夏布利所屬的省和新晉的次要法定產區，因漾能河（位於地圖的西部區域）而得名，不過實際上勾勒出夏布利葡萄園的是瑟蘭（Serein）河河谷以及其支流。夏布利的命運總是這麼跌宕起伏，特別是每年可以直接影響葡萄酒產量的霜凍。

夏布利和**小夏布利**（Petit Chablis）這個更廣闊的外邊緣產區，並非漾能省僅有的法定產區，而省內也種植夏多內以外的葡萄品種。**依宏希**（Irancy）以及 Coulanges-la-Vineuse 的村莊（屬**布根地－古隆吉－維諾茲 [Bourgogne Coulanges-la-Vineuse]** 法定產區）長久以來就種植著黑皮諾，生產清淡型的布根地紅葡萄酒。St-Bris le-Vinex 所種植的白蘇維濃葡萄（這種情況在法國該區域不太常見）也有自己的法定產區聖布里（**St-Bris**），但這裡的夏多內與黑皮諾都以**布根地歐歇爾丘（Bourgogne Côte d'Auxerre）**的名號銷售，但 Chitry 附近的酒則會標示**布根地－希特利（Bourgogne Chitry）**。Tonnerre 西邊出產的紅酒被稱為**布根地－埃皮諾依（Bourgogne Epineuil）**，而標註為**布根地－托內爾（Bourgogne Tonnerre）**的則是白葡萄酒。問題是：真有必要分這麼多產區嗎？至少沒什麼壞處。

# 夏布利中心地帶
# The Heart of Chablis

夏布利經常遭受春霜的侵襲，雖然「灑水保護」看起來有違常理，但適度地灑水可以在嬌弱的嫩芽外面形成冰層，起保護作用（參見第19頁）。

夏布利產區分為四個等級，這種分級制度對於證明南向坡地對北半球葡萄產區的重要性，可以說是最清楚的範例。特級葡萄園的酒喝起來總是比一級葡萄園的濃郁，而一級葡萄園又優於一般夏布利，最後是最初階，同屬法定產區的小夏布利。

產區內的七個特級葡萄園相連成一整片，朝南或朝西，位於村莊與河流上方，但總面積僅占整個夏布利葡萄園總面積的2%。理論上來說，七間特級葡萄園各有其特色。不少人認為克羅園（Les Clos）和沃德斯園（Vaudésir）是其中最優異的兩家，它們的酒體確實更龐大一些，但更重要的是它們的共通點：強烈，如伯恩丘區頂尖白葡萄酒般極致豐富的風味，但又多了些能觸動神經、令人激動的鋼鐵感，陳年後將會呈現出高貴的複雜度。夏布利特級葡萄園的白葡萄酒一定要陳年，理想狀態是陳放十年，但也有不少葡萄酒即使放置20年、30年，甚至40年後，仍然雄偉華麗。

克羅園是面積最大且知名度最高的特級葡萄園，占地26公頃；很多人說它的風味、強度及持續力也是最好的，好年份的酒款經過陳放後會發展出類似索甸酒般的香氣。普赫斯園（Les Preuses）的葡萄酒非常醇美圓潤，也許是當中礦石感（stony）最淡的酒款。布隆修（Blanchot）和青蛙園（Grenouilles）這兩個特級葡萄園的白葡萄酒通常香氣馥郁。有些酒評家認為瓦密爾園（Valmur）的白葡萄酒濃郁芳香，無可挑剔；也有一些酒評家偏愛沃德斯產酒的細緻。

布隆修或許是最無趣的特級葡萄園了，而在布果園（Bougros）最陡峭的區域（被William Fèvre稱之為Côte Bouguerots）則能產出極好的葡萄酒。

## 一級葡萄園

夏布利區的一級葡萄園官方數量為40個，但知名度長期不高的葡萄園，要不被人遺忘，要不就是以十幾個比較有名氣的一級園名字進入市場。在右頁地圖上同時標出了舊名和現在常用的名稱。這些一級葡萄園的傾斜度與日照條件各不相同，顯而易見，在瑟蘭河北岸，向西北邊（如Fourchaume）或東邊（Montée de Tonnerre與Mont de Milieu）兩側延伸的一級葡萄園比較占優勢。最好的一級園葡萄酒可說是夏布利最划算的酒款：非常有風格，至少和金丘區的某些一級白葡萄酒一樣耐陳年，但需比梅索產酒多三四年的瓶陳時間。保守派認為夏布利中心地帶獨特的啟莫里階泥灰土才是品質保證，而反對者則認為是比較近代的波特蘭階基層岩以及當地分布更寬廣的黏土發揮作用。後來INAO（法國原產地名稱管理局）選了一個比較容易的方法，採納了後者的意見，讓夏布利的葡萄園面積擴增，已達5,140公頃：其中小夏布利占884公頃、一般夏布利占3,367公頃、一級葡萄園占783公頃、特級葡萄園占106公頃。

1960年，一級葡萄園的面積比一般夏布利的還要大。如今，雖然一級葡萄園擴增不少，但同時有超過四倍面積的葡萄園在生產一般夏布利的葡萄酒。外緣區域的小夏布利雖全都出自名家之手，但酒品單薄，令人不滿。夏布利地理位置如此靠北，品質年年參差不齊，不同酒莊的葡萄酒也非常不一致（尤其是在風格上）。如今大部分酒莊都偏愛用不銹鋼桶進行發酵、而不經過橡木桶陳年。但越來越多的酒莊已經證實橡木桶（特別是經過適當使用過的）可以賦予一些優質酒款特殊的風味物質。夏布利特級葡萄園酒一直以來都被全球頂級酒商們所忽視，如今價格只有高登-查理曼的一半，價格其實應該要一樣才公平。

**特級葡萄園和一級葡萄園**

請注意這些特級葡萄園是如何形成一個穩定、向陽、西南朝向且排水良好的地塊。地圖顯示，在眾多的一級葡萄園中，Vaulorent 和 Montée de Tonnerre 的品質就和他們的地理位置一樣，很有可能會給特級葡萄園帶來最大的挑戰。

| | |
|---|---|
| —·—·— | 縣界 |
| ------ | 市鎮（教區）邊界 |
| LES CLOS | 夏布利特級葡萄園 |
| BEAUROY | 夏布利一級葡萄園（舊名：Troêsmes） |
| | 夏布利 |
| | 小夏布利 |
| | 森林 |
| —200— | 等高線間距 10 公尺 |

木桐園（La Moutonne）的地位有如特級葡萄園，但因位置橫跨 Vaudésir 和 Preuses 兩園，所以被當成一個品牌而不是第八家特級葡萄園經營。

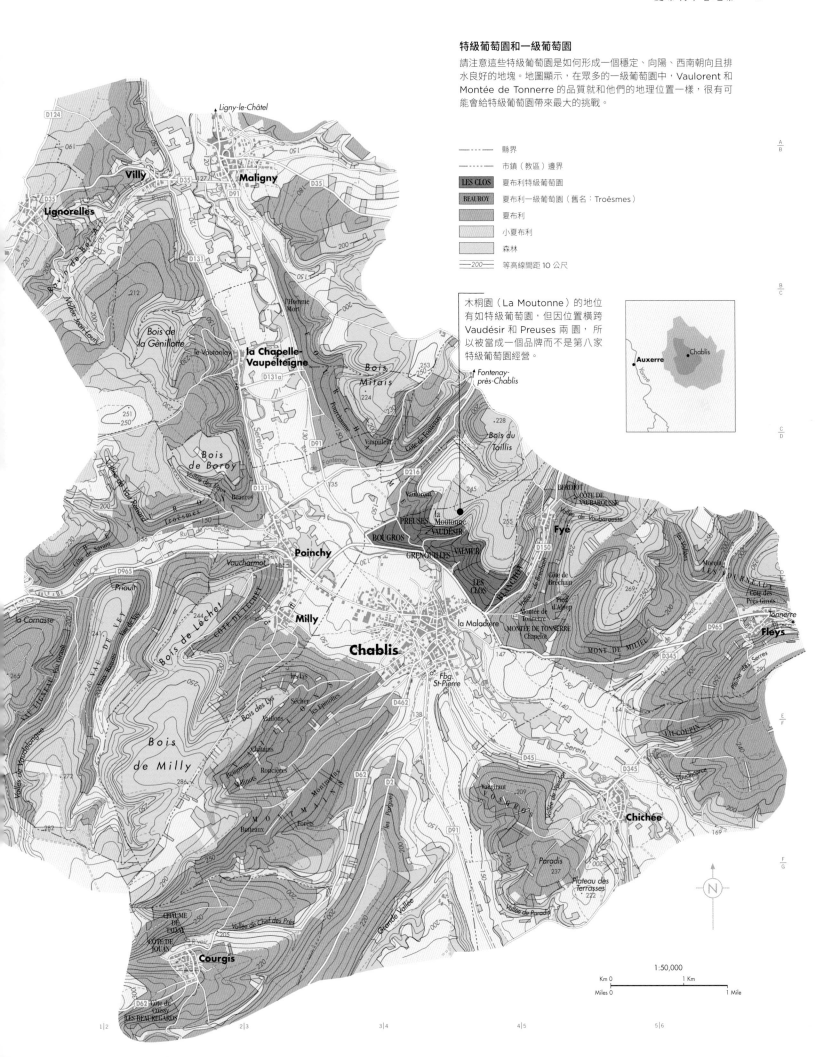

1:50,000

Km 0                     1 Km

Miles 0                     1 Mile

# 香檳區 Champagne

一瓶葡萄酒要成為香檳，可不僅僅是帶氣泡而已。它必須來自法國東北部的香檳區。這是法國乃至整個歐洲葡萄酒法的一個基本原則，而現在，多虧相關人士不斷地交涉與協商，這條原則終於在全世界各地通行。

**風土條件**：優質的白堊土是香檳區最著名的風土特性，當然還有它的排水系統和龐大的地窖，或者白堊岩地下酒窖（crayères，香檳區地下酒窖特殊名稱）。

**氣候**：這裡氣候涼爽，但也逐漸暖化中。

**主要葡萄品種**：紅：黑皮諾、皮諾莫尼耶（Pinot Meunier）；白：夏多內。

如果說所有的香檳都比其他任何氣泡酒優秀，確實是有點誇張，但是最優秀的香檳，它那新鮮度、豐富感、細緻性和飽滿度，其特殊風味，以及活潑又細膩的結合，這些特性到目前為止，都還沒有任何氣泡酒可以媲美。

香檳區的奧秘有一大部分在於其所處的緯度與這個地區的精妙位置。香檳區所在的緯度比第82-83頁地圖中所顯示的任何其他葡萄酒產區，都要更北（除了英格蘭——其最好的葡萄酒是香檳的另一種演繹）。香檳區離海夠近，擁有大西洋氣候的特點，加上多雲的特性和四季氣候差異小，都能助長葡萄成熟生長。氣候變遷讓每年的葡萄相對更成熟，酸度較低而趨向更為均衡。香檳區雖離赤道很遠，但因所在位置離海很近，所以對葡萄成熟生長多有助益。

獨特的土壤和氣候對於香檳區影響甚鉅，它位於巴黎東北部僅145公里，以從白堊質土壤的平原中升起的一小群山丘為中心，而馬恩河將其分為兩個部分。下一頁的地圖顯示了香檳區的核心地帶，但整個產區其實要遼闊得多。

馬恩省（Marne）出產的香檳量佔了整個產區的三分之二，但南部奧布省（Aube）的葡萄園則主要生產更為健壯、果味更濃郁、別有特色的黑皮諾（大約佔產區的23%）。馬恩河岸以皮諾莫尼耶為主的葡萄園，其範圍則向西深入至Aisen省（約佔所有葡萄園總面積的10%）。

香檳區以其白堊紀的深厚白堊土壤聞名，而在白丘（Côte des Blancs）和漢斯山區（Montagne de Reims）的大部分種植區尤為明顯，不過在佔地超過34,000公頃的葡萄園裡土壤的差異非常大。向西穿過馬恩山谷，白堊土被深深埋在厚厚的黏土層、石灰岩層和泥灰層之下。往北到漢斯山區西部的土壤則呈現多樣性，包括各種各樣的石灰岩和黏土。在香檳區最南端奧布省的巴爾丘

（Côte des Bar）種植區中的土壤，則完全找不到白堊土，那裡主要是啟莫里階泥灰岩，這點和夏布利西南部的土質幾乎相同。這種多樣性讓葡萄酒在風格和特徵上有驚人地變化。事實上，最新的進展是，有越來越多的頂級生產商開始探索這種多樣性，透過對不同地塊產的葡萄進行分別釀造，以專注於風土表現的特點。甚至在某些情況下，將這些釀出的酒裝瓶為單一葡萄園或單一風土香檳。

## 日益增長的趨勢

被授權生產香檳的村莊共有320個。香檳區的葡萄園價格可說在世界上名列前茅，但僅有10%是屬於那些全球知名度最高、以出口為主的大型香檳酒商的。而他們更喜歡將來自香檳區各個種植區的葡萄混釀。其餘的葡萄園則分屬於15,000多個種植者，其中許多還是兼職的。

根據最新的統計，有越來越多的酒農，數量超過4,000人（是2010年的兩倍）正自產自銷自己所釀製的葡萄酒，而不單單只是純粹地將葡萄汁販售給其他香檳區的大酒商或酒廠，以供他們混釀——儘管他們有時還是會出售一些。

酒農自釀的香檳，有些現在已受到高度評價，大約佔了所有香檳銷量的四分之一。市場上的所有香檳中，只有超過10%一點點的比例是由一個20世紀初香檳區最困難時期所成立的合作社所上架的。但是香檳市場仍由一些知名的大品牌主導，以位於漢斯和艾貝內（Epernay）的大酒商為首，加上一些位於這兩個香檳區重鎮以外的酒莊，包括在愛伊（Aÿ）的Bollinger和位於馬恩河畔圖爾（Tours-sur-Marne）的Laurent-Perrier。

## 香檳的配方

香檳的大成功導致了它的配方在全世界被廣為複製，即以黑皮諾、皮諾莫尼耶和夏多內等葡萄品種，加上現被稱為「傳統工藝」的謹慎複雜釀造流程。

每次壓榨葡萄的重量是四噸，因為擠汁的力道十分輕柔，所以即使是深色果皮的黑皮諾和皮諾莫尼耶，擠出的果汁顏色也非常淡。而且在每一批榨好的葡萄汁中，只有嚴格遵照法規規定的果汁才能用來釀製香檳（越來越流行的粉紅香檳中，大部分都是刻意將一些靜態、無氣泡 [still] 的紅葡萄酒加到白葡萄酒中釀製而成的）。

在最北面的產區，基酒發酵後的酒精含量只能勉強達到10%，但將糖和酵母加到這種不甜型葡萄酒中後，混合酒液在瓶中進行的第二次發酵可將酒精含量提高到12%，同時發酵時所產生的二氧化碳也能完全溶解在於葡萄酒中。香檳品牌

之間的主要區別在於對不甜型基酒的調配。而這一切都取決於酒廠對基酒調配的經驗——通常會根據情況加入一部分陳年的葡萄酒，但這當然也取決於酒商們在原料上的預算。如第81-82頁所述，即使都是位於香檳區中心的葡萄園，其所產的香檳在品質和特色上，也可能是非常不同的。

影響香檳品質的另一個關鍵因素是與二次發酵時所產生的酒渣一起留在瓶中陳釀的時間。依據目前法律規定，年份香檳與非年份香檳都至少需陳釀12個月，但事實上陳化時間越久越好（超過法定時間），這樣酒液才能充分與沉澱物接觸，從而賦予香檳其獨特和微妙風味的特點。

## 酒標裡的資訊

**Blanc de blancs 白中白香檳**：此香檳只用夏多內葡萄釀製

**Blanc de noirs 黑中白香檳**：此香檳只用深色皮的葡萄釀製

**Cuvée 混釀香檳**（大多香檳皆此種）

**Non-Vintage(NV) 無年份香檳**：香檳裡的葡萄酒年份超過一個

**Réserve**：一個常用，但無意義的字詞

**Vintage**：香檳內的葡萄酒為單一年份

### 甜度等級（殘糖量以克／公升標示）

**Brut natural 或 zero dosage 完全不甜（或零殘糖）**：<3 克／公升，未額外添加任何型式的糖

**Extra Brut 極不甜**：0-6 克／公升

**Brut 不甜**：<12 克／公升

**Extra Dry 半甜**：12-17 克／公升

**Sec 甜**：17-32 克／公升

**Demi-Sec 特甜（儘管名字看起來並非如此）**：32-50 克／公升

**Doux 極甜**：>50 克／公升

### 裝瓶商代碼

**NM-négociant-manipulant**：品牌香檳，大酒廠經由葡萄農合作社等管道購入葡萄，再自行釀成香檳

**RM-récolant-manipulant**：小農香檳，自有葡萄園，從葡萄栽種、釀製到裝瓶出產，皆親力親為

**CM-coopérative de manipulation**：合作社香檳，由多個香檳農合作，收集多家葡萄後，於合作社釀製，並以合作社的名號販售

**RC-récolant-coopérateur**：合作社社員品牌香檳，合作社的社員（酒農）將葡萄送到合作社統一釀製後，再貼上自己的獨立品牌販售

**MA-marque d'acheteur**：客製品牌香檳，品牌（如超市或飯店）購入由釀酒商代釀的香檳原酒，再貼傷自己的商標販售

那些有名望酒莊的聲譽是建立在非年份調配香檳基礎上的，而新的趨勢是特別標示出每一年產品中的不同個性。

香檳的工業化開始於 19 世紀初，當時由凱歌夫人繼承亡夫的香檳莊凱歌香檳（Veuve Clicquot），她設計出一種在不損失氣泡的情況下清除葡萄酒渣的方法。這個工序就是轉瓶（remuage），是在有孔的特殊架子（pupitre）上手工搖動酒瓶並使酒瓶逐漸倒立，在這個過程中沉澱物會逐漸聚集到木塞上。今日，這一步驟是在大型電腦操控的機械貨板上完成。隨後瓶子的頸部被凍住，打開瓶子時被冰凍的酒渣會隨之噴

出，留下非常清澈的葡萄酒。然後用不同甜度的葡萄酒添滿酒瓶。目前產區的流行趨勢是減低補液（dosage）甜度，有時甚至不加任何糖分。

## 酒農香檳的崛起

香檳區的一些酒農長期以來都自己釀製葡萄酒，可能是因為法國人總喜歡直接去酒莊購買。而最近的比較顯著的變化是他們之中的一部分，能釀造並出口品質非常出眾的香檳。他們當中許多都分屬於不同的酒農群組，並致力於生產各種各樣不同於尋常的葡萄酒：比如嘗試表現不同風土，採用不常見的葡萄品種，或獨特地混合年份香檳。他們通常在補液時，會儘量減少糖分加入的量並儘可能地在酒標上標註更多資訊。在橡木桶中陳年是較為常見的一種方法；在這方面，Avize 的香檳酒農 Anselme Selosse 表現尤其突出。這些酒農香檳如今已不再是平價的代名詞，他們大大地增加了香檳的豐富性，即使其中有些人似乎恪守酸澀風格，但也有一部分人認為加入少量的糖分有助於香檳的陳年。

省界
香檳法定產區界線
釀酒區
83　此區放大圖見所示頁面

蒙吉爾（Montgueux）也許是孤立的葡萄栽種區，但此地朝南的白堊土邊坡能種出最早成熟，香檳混釀所需最獨特的原料之一：充滿陽光氣息的夏多內。

奧布省的巴爾丘在其遼闊的田園中友善環境耕種黑皮諾葡萄，這和遙遠的北端，將葡萄種在啟莫里階泥灰岩，而非白堊土裡的情況完全不同。這裡有越來越多充滿雄心壯志的年輕酒農進駐。

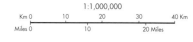

1:1,000,000

Km 0　　10　　20　　30　　40 Km
Miles 0　　　10　　　　20 Miles

在克拉芒西邊，芒西（Mancy）村外的三個葡萄園，能讓人多少了解香檳區的「單一種植」。誰會想要種馬鈴薯？

# 香檳區的中心地帶
## The Heart of Champagne

　　香檳區的王牌是其葡萄藤下面的土壤。白堊土是一種較軟的石頭，很容易就能被挖成酒窖。它能夠保持濕度，就像是一個能精確調節的葡萄藤加濕器，而同時也能對土壤起保暖的作用，並且能夠使得種植出的葡萄含有大量的氮，進而加強酵母的活力。如今有三個葡萄品種占據了主導的地位。多肉的黑皮諾是種植面積最廣的（佔全部葡萄園總面積的38%），超過了皮諾莫尼耶。皮諾莫尼耶容易種植和成熟，果香明顯，但有點缺乏細緻感，像黑皮諾的鄉下表弟。香氣新鮮、有轉化成奶油香潛力的夏多內，近年來的種植面積逐漸增加當中，占香檳區總種植面積的30%。

　　坡度和朝向的細微差別尤為重要。漢斯山

### 香檳區：漢斯（REIMS） ▼

緯度 / 海拔
**49.31° / 91 公尺**

葡萄生長季節的平均氣溫
**14.7°C**

年平均降雨量
**628 公釐**

採收期雨量 9 月
**49 公釐**

主要種植威脅
**春霜、真菌類疾病**

區種植的主要是黑皮諾，也包括了一小部分的皮諾莫尼耶，這裡曾是法國國王加冕的地方，也被稱為「城市中的樹林之山」。在像 Verzenay 和 Verzy 這樣朝北坡度上生長的皮諾葡萄，與在阿依那些更溫暖、先天條件更佳的山坡南側所種植的相比，明顯酸度更高、酒體更輕，但卻能在釀製基酒帶來精緻、有如雷射光雕刻般的細膩感。來自山區的葡萄酒香氣飽滿又充沛，再加上其紮實的酸度，讓基酒豐碩、充滿骨幹。

　　著名的布齊（Bouzy）村之所以出名，部分原因是那裡出產少量的紅葡萄酒。而紅葡萄酒是為粉紅香檳帶來顏色（並神奇地增加其價值）不可或缺的要角。香檳地區酸味尖銳的無氣泡葡萄酒以「香檳山坡」（Coteaux Champenois）為法定產區名稱出售，大部分是輕盈的紅葡萄酒，偶爾也有白葡萄酒。

　　西邊的馬恩河谷有一連串朝南的邊坡，利於捕捉陽光，因此能釀出最飽滿、圓潤、成熟，且香氣充沛的葡萄酒。這裡的葡萄園也以黑色葡萄品種為主，最佳的地塊以出產黑皮諾聞名，其他區域則種植皮諾莫尼耶和越來越多的夏多內。

　　艾貝內南邊朝東的山坡（在地形上不像伯恩丘）就是白丘，夏多內生長與此，能賦予調配基酒新鮮度和細膩感。克拉芒（Cramant）、阿維茲（Avize）和梅斯尼（Le Mesnil）等三個村莊所產的葡萄酒久享盛譽。（雖然不太明顯，但

Côte de Sézanne 實際上就是白丘的延伸，請參考上頁地圖。）

### 香檳的分級

　　右圖中這些村莊（和所有香檳法定產區）都會依照一個名為「酒村分級階梯制」（échelle des crus）的制度，排名分級，這個制度會幫每一個市鎮收成的葡萄評分（百分制）。直到 21 世紀之前，整個產區都有一個指標性的價格，在那些特級莊（Grand Cru）中的酒農能夠完全以這個指標性價格出售自己的產品；一級村莊（Premier Cru）則根據其在排名中的位置，能夠標為指標性價格的 90% 至 99%；剩下的村莊依此類推，一些位於邊緣地域的村莊最少能標為指標性價格的 80%。如今，葡萄的價格由酒農和酒莊之間以個案形式單獨決定，但仍可引用這個分級制度。有些人希望能夠重新修訂這個分級制度，能更精準地區分不同葡萄園之間的潛力。

　　在各區所調配香檳基酒中，由「香檳王」唐培里儂（Dom Pérignon）、侯德爾酒莊的水晶香檳（Roederer Cristal）、庫克（Krug）、沙龍（Salon）、保羅傑酒莊（Pol Roger）的「邱吉爾香檳」（Winston Churchill）和泰廷爵酒廠的伯爵香檳（Taittinger Comtes de Champagne）等超級奢華「尊榮」品牌，所調配的香檳基酒，其平均排名可想而知會是最高的。而另一方面，酒農（小

這個朝北的葡萄園海拔極高，所以產出的葡萄，對於無氣泡的靜態酒而言，是如災難般、成熟度不足的葡萄，但其高酸度很適合釀製氣泡酒。

這張地圖中所有的葡萄園，整齊地聚集在山丘的矮坡周圍。標註顏色最深、最紫紅的部分指的是特級園，每一區塊地形上的變化，充分說明即使在同一村莊裡，不同葡萄園品質也不盡相同的情形。

農）香檳常常可以只用幾個特級莊或者一級村的葡萄調配，甚至能夠來自單一村莊或者單一葡萄園。庫克和伯蘭爵（Bollinger）等香檳酒莊長期以來力行將基酒放在橡木桶中發酵，有越來越多的其他酒莊，包含許多更具雄心的香檳酒農，也開始加以效仿。用這種方法釀製的葡萄酒基本都需要在瓶中陳放數年。在所有葡萄酒中，頂級香檳是在出廠前陳年最久的，最多長達10年。將這樣的香檳冰鎮後隨意暢飲是種罪惡，更不用說肆意在領獎臺上噴灑。而最便宜的香檳雖然除了氣泡外，其他都不值得一提，但拿來噴灑倒也不錯。

省界
縣界
AVIZE　特級園市鎮界線
Dizy　一級園市鎮界線
其他葡萄園
Clos du Mesnil　著名的葡萄園
森林
100　等高線間距 20 公尺
▼　氣象站

1:157,000
Km 0　1　2　3　4　5　6 Km
Miles 0　1　2　3　4 Miles

# 波爾多Bordeaux

波爾多是一個面積廣大的區域，出產原則上適合長期陳放的紅葡萄酒以及同樣採用木桶陳釀的甜白和不甜白葡萄酒。這裡擁有世界上最宏大的酒莊，但其中有些在財政上岌岌可危。

**風土條件：**左岸最好的地塊為排水性良好的沙礫土壤，右岸則為黏土、石灰石和沙子以不同比例混合的土壤，且受到的海洋影響較小。

**氣候：**海洋性氣候，夏季較為炎熱潮濕。採收季節偶爾下雨。冰雹和春季的霜凍也會存在。

**主要葡萄品種：**紅葡萄酒：梅洛、卡本內蘇維濃（Cabernet Sauvignon）、卡本內－弗朗（Cabernet Franc）；白葡萄酒：榭密雍、白蘇維濃。

如果說布根地葡萄酒的魅力能帶給感官無比的刺激，那麼波爾多葡萄酒則較「費腦力」且日益商業化。一方面是由於葡萄酒本身的特點：最好的（指的是完全達到成熟狀態的）波爾多葡萄酒擁有難以言喻的細膩層次以及複雜度。另一方面則是因為在眾多產區和次產區當中不勝枚舉的酒莊（在波爾多稱為 château〔城堡〕），對於飲酒人來說堪稱不折不扣的智力挑戰，所以很遺憾、但又無法避免的是，波爾多的精品葡萄酒難逃成為交易商品的命運。波爾多始終都是地位的象徵，但突然間出現想要追求地位的嶄新市場。結果會是如何？那些擁有最得天獨厚地理位置（詳見下頁的地圖），且最聞名遐邇的酒莊，開始警示性地增加優質葡萄酒的產量（可參考第46-47頁）。在葡萄酒世界中，沒有任何地區跟波爾多一樣：地理位置與經濟發展之間的關係如此明顯。

波爾多紅葡萄酒和白葡萄酒的產量比例為9比1。波爾多是全球最大的精品葡萄酒產區。可以說，整個吉隆特省（Gironde）（以位於該省核心位置的河口而得名）都投入到葡萄酒的生產當中。這裡生產的所有葡萄酒都可以稱作波爾多葡萄酒，總年產量約為6億公升，在全法國的產區中僅次於龐大的隆格多克-胡西雍（Languedoc-Roussillon）。

位於波爾多市區北邊的梅多克，是紅葡萄酒的極佳產區，在其以南則有格拉夫（Graves）的精華產區——位於加隆河（Garonne）西岸的貝沙克－雷奧良（Pessac-Léognan），以上都被稱為「左岸」葡萄酒。至於所謂的「右岸」則包括了聖愛美濃（St-Emilion）和玻美侯（Pomerol）產區及其位於多爾多涅河（Dordogne）河北岸的近鄰。介於這兩條河流之間的區域則被稱為兩海之間（Entre-Deux-Mers），這一名稱只會出現在這個地區所釀製的不甜白葡萄酒酒標上，儘管兩海之間產區同樣生產法定產區波爾多（Bordeaux）和優級波爾多（Bordeaux Supérieur）的紅葡萄酒，且產量佔比以這兩個級別命名販售之紅葡萄酒量的四分之三。在右頁地圖的最南端則是波爾多甜白葡萄酒的生產中心。

波爾多最大的榮耀來自其最傑出的紅葡萄酒（全世界卡本內蘇維濃和梅洛品種混釀的榜樣），還有產量極少、極其甜美、酒液呈金色且陳年潛力極強的索甸甜白葡萄酒；以及一些產於格拉夫，風格獨特的不甜白葡萄酒。但是並非所有的波爾多葡萄酒都值得炫耀，因為這個產區實在太大了（至2016年為止，已經拓展到110,713公頃）。在21世紀初的幾個出色年份之後，已拔除部分葡萄藤，但這遠遠不夠。波爾多內最得天獨厚的幾個產區不但可以生產全世界最好的葡萄酒，而且酒價同樣不容小覷，箇中緣由我們會在下文中進一步說明。不過，在一些名氣略遜一籌的產區裡，卻有太多酒農或因缺乏條件、動力、決心，或是單純因為當地風土條件較差，而無法釀造出有趣的葡萄酒。這就導致了大規模的產業合併。截至2016年為止，葡萄酒生產者的數量（6,568）只有20年前的一半，超過三分之二的酒莊擁有20公頃以上的葡萄園。

波爾多氣候的多變性意味著，有些年份的波爾多基本款紅葡萄酒相較於在新興產區穩定成熟的卡本內蘇維濃紅葡萄酒而言，顯得瘦弱不堪（儘管這種情況與過去相比已經減少）。能直接冠上波爾多法定產區名稱的紅葡萄酒，年產量超過了南非或是德國整個國家的年產量，但只在成熟的年份才擁有讓這個世界聞名的產區，顏面有光的出色表現。難道要繼續讓品質不優的酒，玷污多年經營下來的美名嗎？經多方討論出來的解決之道，包括拔除品質較差地塊的葡萄藤，以及在2006年創立名為「大西洋地區餐酒」（Vin de Pays de l'Atlantique）——現已改為地區保護餐酒（IGP）的新分類，適用於紅、白和粉紅等三種顏色的葡萄酒；另一個更受歡迎的解決方法則是將這些葡萄酒降級為法國日常餐酒（Vin de France）。

## 波爾多的法定產區

相較於布根地，波爾多的法定產區系統比較簡單。右頁的地圖已經涵蓋了所有法定產區，甚至包括難得一見的波爾多丘－聖馬格爾（Côtes de Bordeaux-St-Macaire）。剩下的，就是酒莊必須為自己的形象負責了（所謂酒莊，有些是大型莊園，有些則只不過是配有酒窖的幾間簡單房舍而已）。此外，波爾多欠缺像布根地那樣，依照品質劃分葡萄園的系統，取而代之的是不同地區酒莊各自的分級，但遺憾的是，這些分級並沒有統一的標準。

到目前為止，波爾多最著名的是建立於1855年的酒莊分級制度，範圍涵蓋索甸（Sauternes）和梅多克（Médoc），再加上當時格拉夫（Graves）產區代表歐布里雍堡（Château Haut-Brion）。這套體系，以當時波爾多掮客所估計的價值為基礎，把酒莊分為一級、二級、三級、四級和五級，是迄今為止最具野心的農產品分級制度。它能幫助識別出最具潛力的酒莊，我們在下文中將詳細說明。

## 重畫地圖

如果說當前標準已和1855年的分級相距甚遠，通常都有說得通的原因（例如當時的莊主勤奮努力，現在的莊主卻很懶散，或者是反過來）。更何況，許多葡萄園都已向外擴增或與其他酒莊交換，只有極少數的葡萄園仍然完全維持分級時的原樣。現在每家酒莊所擁有的葡萄園很少是一整塊圍繞著酒莊的土地，而比較常見的是分散在幾處，並且與臨近酒莊的葡萄園混雜在一起。各個酒莊每年的平均產量從10到1,000橡木桶的葡萄酒不等，每個橡木桶可以分裝成約300瓶或25箱。最好的葡萄園每公頃生產最多不超過5,000公升的葡萄酒，而比較差的葡萄園產量則更大（參見第87頁的專題表格）。

以超級奢華的一級酒莊來說，它們每年可輕易釀出15萬瓶主要的頂級葡萄酒（grand vin），而其售價通常至少是二級酒莊的兩倍；除此之外還會釀造二軍酒，甚至是三軍酒。然而值得注意的是，有些五級酒莊的酒，如果品質夠好，售價也可超越二級酒莊。之後幾頁的地圖中所展示的系統能夠輕易地分辨一級酒莊的葡萄園（在其所在的區域）與其周遭的葡萄園。

20世紀90年代中期以來，對波爾多地區來說，比較長期的影響在於葡萄種植技術的普遍改善。如今，更多的葡萄酒生產者都能採收到完全成熟的葡萄，這不僅僅因為全球氣候的變遷，更多的是源於釀酒人全年進行更為嚴格的剪枝、架更高的棚、更為仔細的樹冠管理，以及更為謹慎的農藥使用——儘管如此，波爾多的農藥用量整體還是偏高，而且還在顯著提高當中，因為潮濕的氣候意味著這裡的酒農與其他任何產區相比，更難放棄使用農藥。

**波爾多：梅里尼亞克（MERIGNAC）▼**

緯度／海拔
**44.83°／47公尺**

葡萄生長季節的平均氣溫
**17.7°C**

年平均降雨量
**944公釐**

採收期雨量
**9月84公釐**

主要種植威脅
**秋雨、真菌病害**

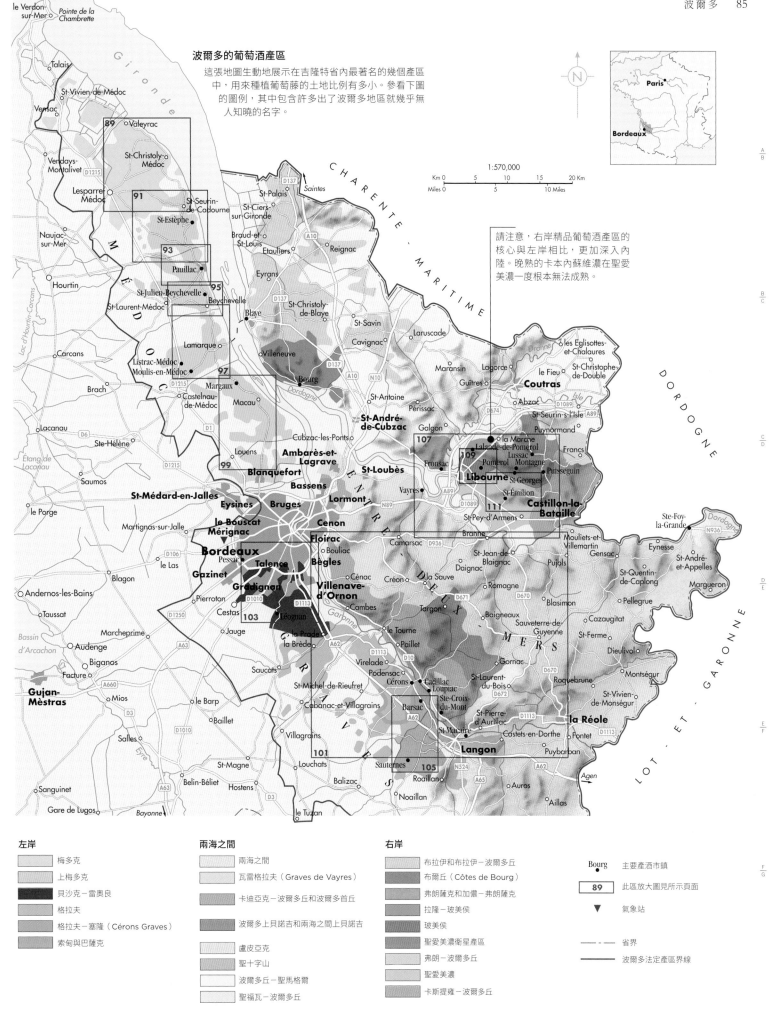

**波爾多的葡萄酒產區**

這張地圖生動地展示在吉隆特省內最著名的幾個產區中，用來種植葡萄藤的土地比例有多小。參看下圖的圖例，其中包含許多出了波爾多地區就幾乎無人知曉的名字。

Pointe de Grave
le Verdon-sur-Mer
Pointe de la Chambrette

Talais
St-Vivien-de-Médoc
Vensac
Vendays-Montalivet
89 Valeyrac
St-Christoly-Médoc
Lesparre-Médoc
91
St-Seurin-de-Cadourne
St-Estèphe
93
Pauillac
95
St-Julien-Beychevelle
Beychevelle
St-Laurent-Médoc
Lamarque
Listrac-Médoc
Moulis-en-Médoc
97
Margaux
Castelnau-de-Médoc
Macau
99

Naujac-sur-Mer
Hourtin
Carcans
Brach
Lacanau
Ste-Hélène
Louens

St-Palais
St-Ciers-sur-Gironde
Braud-et-St-Louis
Etauliers
Reignac
Eyrans
St-Christoly-de-Blaye
Blaye
St-Savin
Villeneuve
Bourg
Cubzac-les-Ponts
St-Antoine
Cavignac
Laruscade
Maransin
Guîtres
Galgon
Périssac
St-André-de-Cubzac

CHARENTE - MARITIME

請注意，右岸精品葡萄酒產區的核心與左岸相比，更加深入內陸。晚熟的卡本內蘇維濃在聖愛美濃一度根本無法成熟。

les Eglisottes-et-Chalaures
Lagorce
le Fieu
St-Christophe-de-Double
Coutras
Abzac
St-Seurin-s-l'Isle
Puynormand
107
la Marche
109 Lalande-de-Pomerol
Lussac
Fronsac
Pomerol Montagne
Puisseguin
Libourne
St-Georges
St-Émilion
111
Castillon-la-Bataille
Vayres
St-Pey-d'Armens
Branne

DORDOGNE

Ambarès-et-Lagrave
Blanquefort
Bassens
St-Loubès
Lormont
St-Médard-en-Jalles
Eysines
Bruges
Cenon
le Bouscat
Mérignac
Floirac
Bordeaux
Pessac
Bouliac
Talence
Bègles
Gazinet
Villenave-d'Ornon
Gradignan
Pierroton
103
Cestas
Léognan
Jauge
la Prade
la Brède

Camarsac
St-Jean-de-Blaignac
Daignac
Créon
la Sauve
Cénac
Targon
Romagne
Baigneaux
Sauveterre-de-Guyenne
St-Ferme
Combes
le Tourne
Paillet
Virelade
Gornac
Podensac
St-Michel-de-Rieufret
Cérons
Cadillac
Loupiac
St-Laurent-du-Bois
Cabanac-et-Villagrains
Barsac
Ste-Croix-du-Mont
Villagrains
St-Pierre-d'Aurillac
Castets-en-Dorthe
St-Macaire
101
Sauternes
105
Langon
Roaillan
Louchats
St-Magne
Balizac
Hostens
le Tuzan
Noaillan
Auros
Aillas

ENTRE - DEUX - MERS

Ste-Foy-la-Grande
Mouliets-et-Villemartin
Gensac
Eynesse
St-André-et-Appelles
Margueron
St-Quentin-de-Caplong
Pellegrue
Cazaugitat
Dieulivol
Blasimon
Pujols
Roquebrune
Montségur
St-Vivien-de-Monségur
la Réole
Puybarban
Fontet
Agen

GRAVES
GARONNE
LOT - ET - GARONNE

Bassin d'Arcachon
Gujan-Mèstras
Audenge
Andernos-les-Bains
Biganos
Facture
Marcheprime
Mios
le Barp
Baillet
Salles
Villagrains
Sanguinet
Gare de Lugos
Belin-Béliet

Gironde
Lac d'Hourtin-Carcans
Étang de Lacanau
le Porge
Martignas-sur-Jalle
le Las
Blagon
Taussat

Saintes
Dronne
Isle
Dordogne

1:570,000
Km 0   5   10   15   20 Km
Miles 0   5   10 Miles

Paris
Bordeaux

**圖例（底部）**

| 左岸 | 兩海之間 | 右岸 | |
|---|---|---|---|
| 梅多克 | 兩海之間 | 布拉伊和布拉伊－波爾多丘 | Bourg 主要產酒市鎮 |
| 上梅多克 | 瓦雷格拉夫（Graves de Vayres） | 布爾丘（Côtes de Bourg） | 89 此區放大圖見所示頁面 |
| 貝沙克－雷奧良 | 卡迪亞克－波爾多丘和波爾多首丘 | 弗朗薩克和加儂－弗朗薩克 | ▼ 氣象站 |
| 格拉夫 | 波爾多上貝諾吉和兩海之間上貝諾吉 | 拉隆－玻美侯 | —·—·— 省界 |
| 格拉夫－塞隆（Cérons Graves） | 盧皮亞克 | 玻美侯 | ——— 波爾多法定產區界線 |
| 索甸與巴薩克 | 聖十字山 | 聖愛美濃衛星產區 | |
| | 波爾多丘－聖馬格爾 | 弗朗－波爾多丘 | |
| | 聖福瓦－波爾多丘 | 聖愛美濃 | |
| | | 卡斯提雍－波爾多丘 | |

# 波爾多：品質與價格 Bordeaux: Quality and Price

　　波爾多產區每年生產的葡萄酒數量及品質都不盡相同，然而作為全世界最大的精品葡萄酒產區，在地理位置上它顯然有過人之處，從下頁的地圖即可一窺究竟。六月開花期的天氣十分多變，這也解釋了為什麼葡萄果實的尺寸可能存在極大差異；不過夏季（尤其是秋季）通常氣候溫和穩定而且陽光充沛。波爾多的平均氣溫高於布根地（透過比較第84頁和第55頁的數據即可看出），但是降雨量也明顯更多。

　　由於這些葡萄品種的開花期略有不同，因此若在六月的關鍵時刻碰到天氣較差的幾天，或者整個秋季過於陰涼，就會導致卡本內蘇維濃無法完全成熟，所以酒莊莊主採用混合種植幾個葡萄品種的方式，以降低風險。在聖愛美濃和玻美侯，卡本內蘇維濃因為大西洋的降溫作用而難以成熟，所以早熟的梅洛和卡本內－弗朗一直是傳統使用的葡萄品種，直到最近幾年這種現象才有所改變。這也是為什麼兩岸釀製出的葡萄酒在風格上有極大差異的原因之一。

　　整個波爾多地區的土壤結構和土壤類型都有相當明顯的差異，所以很難界定哪種特定的土壤

## 構建葡萄酒品質的要素

下圖所示為吉隆特河盆地的簡圖，展現影響波爾多葡萄酒品質和及特色的一些因素。

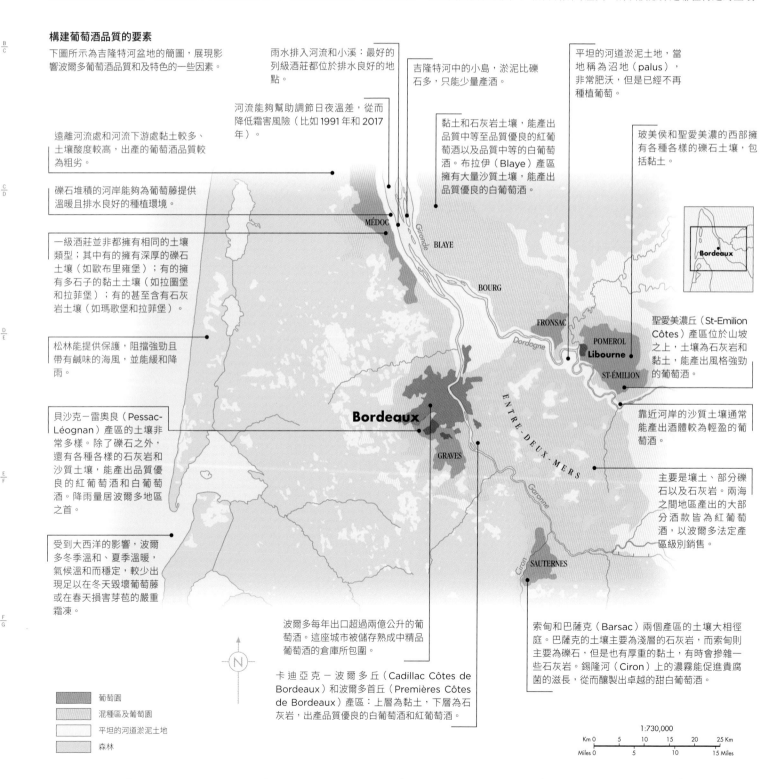

雨水排入河流和小溪：最好的列級酒莊都位於排水良好的地點。

河流能夠幫助調節日夜溫差，從而降低霜害風險（比如1991年和2017年）。

遠離河流處和河流下游處黏土較多、土壤酸度較高，出產的葡萄酒品質較為粗劣。

礫石堆積的河岸能夠為葡萄藤提供溫暖且排水良好的種植環境。

一級酒莊並非都擁有相同的土壤類型；其中有的擁有深厚的礫石土壤（如歐布里雍堡）；有的擁有多石子的黏土土壤（如拉圖堡和拉菲堡）；有的甚至含有石灰岩土壤（如瑪歌堡和拉菲堡）。

松林能提供保護，阻擋強勁且帶有鹹味的海風，並能緩和降雨。

貝沙克－雷奧良（Pessac-Léognan）產區的土壤非常多樣。除了礫石之外，還有各種各樣的石灰岩和沙質土壤，能產出品質優良的紅葡萄酒和白葡萄酒。降雨量居波爾多地區之首。

受到大西洋的影響，波爾多冬季溫和、夏季溫暖，氣候溫和而穩定，較少出現足以在冬天毀壞葡萄藤或在春天損害芽苞的嚴重霜凍。

吉隆特河中的小島，淤泥比礫石多，只能少量產酒。

黏土和石灰岩土壤，能產出品質中等至品質優良的紅葡萄酒以及品質中等的白葡萄酒。布拉伊（Blaye）產區擁有大量沙質土壤，能產出品質優良的白葡萄酒。

平坦的河道淤泥土地，當地稱為沼地（palus），非常肥沃，但是已經不再種植葡萄。

玻美侯和聖愛美濃的西部擁有各種各樣的礫石土壤，包括黏土。

聖愛美濃丘（St-Emilion Côtes）產區位於山坡之上，土壤為石灰岩和黏土，能產出風格強勁的葡萄酒。

靠近河岸的沙質土壤通常能產出酒體較為輕盈的葡萄酒。

主要是壤土、部分礫石以及石灰岩。兩海之間地區產出的大部分酒款皆為紅葡萄酒，以波爾多法定產區級別銷售。

索甸和巴薩克（Barsac）兩個產區的土壤大相徑庭。巴薩克的土壤主要為淺層的石灰岩，而索甸則主要為礫石，但是也有厚重的黏土，有時會摻雜一些石灰岩。錫隆河（Ciron）上的濃霧能促進貴腐菌的滋長，從而釀製出卓越的甜白葡萄酒。

波爾多每年出口超過兩億公升的葡萄酒。這座城市被儲存熟成中精品葡萄酒的倉庫所包圍。

卡迪亞克－波爾多丘（Cadillac Côtes de Bordeaux）和波爾多首丘（Premières Côtes de Bordeaux）產區：上層為黏土，下層為石灰岩，出產品質優良的白葡萄酒和紅葡萄酒。

MÉDOC
Gironde
BLAYE
BOURG
FRONSAC
Dordogne
POMEROL
Libourne
ST-ÉMILION
Bordeaux
GRAVES
ENTRE-DEUX-MERS
Garonne
Ciron
SAUTERNES

Bordeaux

葡萄園
混種區及葡萄園
平坦的河道淤泥土地
森林

1:730,000
Km 0　5　10　15　20　25 Km
Miles 0　5　10　15 Miles

類型具有成為一級酒莊的潛力（參見右頁地圖左側的說明）。即使只看波爾多的一部分——梅多克產區：這個或許是最令人感興趣的例子也很困難，因為這裡的土壤有著「一步一腳印，步步都不同」的說法。只要看看第 97 頁的地圖就知道，在聖朱里安（St-Julien）和瑪歌（Margaux）之間有個區域，是與四周眾多品質高超的酒莊有所區別的一個斷層，那就是上梅多克（Haut-Médoc）產區。第 85 頁的地圖也說明了在玻美侯和聖愛美濃所處的高地上，一定也存在著某種可以釀出好酒的特質。

大致來說，波爾多的土壤均是由第三紀或第四紀的沉積土發展而來的，第三紀的沉積土通常演變為黏土或石灰岩土壤，第四紀的沉積土則是由沖積沙和沖積礫石而組成，它們是在數十萬年前因法國中央高原（Massif Central）和庇里牛斯山的冰川融化所形成的。與法國西南部其他大部分地區的礫石埋在土裡的情況不同，這裡的礫石完全露出地表，尤其以格拉夫（Graves，grave 一詞有「砂礫」之意，產區因此而得名）和可視為格拉夫地形延續的索甸，以及梅多克最為顯著。

波爾多大學的 Gérard Séguin 博士是從事「波爾多土壤與葡萄酒品質之間關聯」研究的先驅之一。他的研究指出，梅多克的礫石土壤能夠有效的調節水分供給，讓葡萄藤能深入土壤紮根，從而造就傑出的佳釀。而他最為重要的發現在於，葡萄藤只需適度的水分即可，這比土壤的精確結構成分更為重要。換句話說，土壤的排水性才是釀製好酒的關鍵。

他的繼任者 Cornelis van Leeuwen 博士進一步深入研究，並發現葡萄藤根紮入土壤的深度與葡萄酒的品質並無絕對的關係。老藤加上深厚的礫石土壤才是梅多克的部分地區，之所以能產出好酒的完美配方——例如瑪歌產區的部分葡萄藤根可以紮入地下深達 23 英尺（約 7 公尺）；但在位於玻美侯產區的柏圖斯酒莊（Petrus），葡萄藤根只深入沉重的黏土土壤不過 5 英尺（約 1.5 公尺），但是酒質卻能獨步全球。因此，釀製好酒的關鍵因素在於水分供給的調節：最理想的情況是比葡萄實際需要的水分稍微少一點，形成一定程度的水分脅迫。

對於土壤與葡萄酒品質之間關係的普遍觀點是，最好的葡萄園往往能在較差的年份維持一向的水準，這種情形在波爾多尤其明顯，比如 2017 年就是一個典型的例子：當年的春霜幾乎將整個波爾多的葡萄酒產量減半，但是最宏大的酒莊卻毫髮無損。

波爾多正在轉型為旅遊城市、尤其是針對葡萄酒愛好者規劃的眾多踪象之一，便是建造將焦點放在全世界葡萄酒的「葡萄酒博物館」（Cité du Vin）。

## 釀造波爾多葡萄酒的成本

下列數據顯示了波爾多葡萄酒生產成本的最新（2017 年）估算，以歐元為單位，估算對象包括典型的波爾多法定產區葡萄酒（A）、典型的梅多克酒莊葡萄酒（B）以及頂級大廠的副牌葡萄酒（C）。比如，C 比 B 使用更多的新橡木桶，而 A 則不使用新橡木桶。A 和 B 使用的是機器採摘（近年來近 90% 的波爾多酒莊均如此），而 C 的葡萄則由手工進行採摘，並且全年中還有很多其他的葡萄園勞動也都是透過人工完成。2018 年，波爾多大學的葡萄種植學教授 Cornelis van Leeuwen 發現，每公頃只需不到 15,000 歐元即可種植出優質的葡萄，即使是每公頃種植 1 萬株葡萄藤也沒問題，但是葡萄酒的級別和售價越高，酒莊就會越注意細節。一級酒莊的營運成本或許比所謂的「超二級酒莊」（super second）更高，但是回報也會更高。任何一個依靠銀行貸款維持運作的波爾多酒莊，每年都需要增加大約 4.5% 的利率成本，通常需要 15 年才能還清貸款（人們常說，從某種角度來看，法國農業信貸銀行擁有法國所有的葡萄園）。當然，下面所列的成本並不包括裝瓶、市場行銷和運輸的費用。儘管如此，與大品牌頂級葡萄酒的售價相比，釀酒成本低的可憐，不過這只代表著酒莊所銷售的少數（並且數量還在減少）酒款，因為酒莊還要銷售二軍酒和三軍酒。

| | A | B | C |
|---|---|---|---|
| 每公頃葡萄藤的數量 | 3,330 | 5,000 | 10,000 |
| 每公頃的採摘成本 | 468 | 754 | 1,900 |
| 每公頃的總種植成本 | 4,401 | 6,536 | 50,000 |
| 每公頃產量（百公升） | 58 | 58 | 38 |
| 每百公升的總種植成本 | 76 | 116 | 1,300 |
| 橡木桶熟成 | - | 200 | 400 |
| 每百公升的總成本 | 76 | 313 | 2,100 |
| 每瓶的總成本 | 0.57 | 2.35 | 16 |

# 梅多克北部 Northern Médoc

　　梅多克地形平坦，或者說幾乎沒有起伏，位於大西洋和寬闊而呈棕色的吉隆特河口之間，形狀像是一條長舌。一般而言，梅多克一詞代表著生產眾多優質好酒之地，全球無出其右：瑪歌（Margaux）、聖朱里安（St-Julien）、波雅克（Pauillac）、聖艾斯臺夫（St-Estèphe）以及環繞其周遭的小村莊，在地理位置和酒款風格上都呈現出梅多克的特色。

　　然而，真正以梅多克為法定產區名稱的地區，其實只有其北部的一半，範圍小得多，而且也沒有南部的上梅多克（Haut-Médoc）那麼出色。這裡以前被稱為下梅多克（Bas-Médoc）。

　　在聖艾斯臺夫的北部，原本排水良好的礫石小圓丘逐漸被海拔較低、土質更沉重和冷涼、而且黏土含量更多的土壤所取代。上梅多克區域的最後一個市鎮是聖瑟蘭（St-Seurin），位於一個獨特的土丘之上，周圍都是透過水渠排水的沼澤。這個村子的北側和西側是開墾已久的肥沃土地，早在六個世紀以前（當時這裡還是英國的殖民地），繁忙的市集小鎮 Lesparre 就已是當地的首府。

　　直到近年來，葡萄園逐漸取代原來的牧場、果園和林地；在搶種葡萄藤的狂潮之後，幾乎所有地勢較高、黏土較少的礫石區域都被葡萄園佔據，並以 St-Yzans、St-Christoly、Couquèques、By 和 Valeyrac 等村莊為中心，沿著吉隆特河口兩岸蔓延開來，擴散至 St-Germain-d'Esteuil、Ordonnac、Blaignan (Caussan) 以及 Bégadan（最大的一個）等村落一帶的內陸地區。至 2016 年，這片葡萄園的總面積約為 5,570 公頃。在這些村莊及其周遭還可見到許多在 20 世紀 90 年代末期，因為看好葡萄酒市場的巨大潛力，而大量投資興建的葡萄園和酒莊，可惜他們到後來才發現，市場的興趣總是集中在南邊知名度更高的酒莊身上。

　　這裡沒有列級酒莊，但卻聚集了更多列級酒莊以外的好酒，在較易成熟的年份，還能找到一些物超所值的波爾多佳釀。其中許多酒莊被稱為中級酒莊（Crus Bourgeois，參見右下表）。波坦薩堡（Château Potensac）的莊主追求完美，同時擁有聖朱里安產區的 Château Léoville Las Cases，它與 La Cardonne 以及運作良好的 Tour Haut-Caussan 等酒莊同樣位於一個狹長的高地上。其他值得注意的酒莊包括位於 St-Germain 的 Castéra，能俯瞰吉隆特河、靠近 St-Yzans-de-Médoc 的 Loudenne，銷售酒款很廣的 Greysac，和 Greysac 同一莊主、以梅洛為主且酒體豐腴的 Rollan de By，品質可靠但是略顯清淡的 Patache d'Aux，風格迷人並且品質穩定的 La Tour de By，野心勃勃的 Vieux Robin of Bégadan，位於 Civrac-en-Médoc 的 Bournac 和 d'Escurac，Couquèques 的 Les Ormes Sorbet，以及 St-Christoly-Médoc 的 Les Grands Chênes 和 Clos Manou。

　　除此之外，這裡還有許多值得關注的酒莊，比如 Preuillac、Haut-Condissas 和 Laulan Ducos（屬第一批被中國人收購的梅多克酒莊之一），以及由聖艾斯臺夫產區名莊高斯愛斯圖尼爾堡酒莊（Château Cos d'Estournel）團隊組成的副牌 Goulée。

　　要弄清楚梅多克北部和南部之間的差別，最好的方式是將右頁地圖中的某家中級酒莊，與後面幾頁地圖中的同等級酒莊進行比較。當酒齡尚短時，兩者之間的差別微乎其微：都相當有活力（一如種植在梅多克北部肥沃土壤之中的葡萄藤）、單寧突出、口感較不甜，總之就是「非常的波爾多」（très Bordeaux）。但是在陳放五年後，上梅多克的酒款開始展現清透誘人的風味，並且還有成熟發展的空間。至於梅多克北部的酒款則會開始柔化，但是依舊結實，較為粗獷，通常酒色深郁，飲來可口而令人滿足，但是不如前者令人驚喜和值得叫好，如果等至十年，風格會更軟熟，但是通常會漸失「結構」，很難品嚐到南部上梅多克酒款那種轉趨細膩的風味。

　　梅多克北部另外還有許多屬於匠人酒莊（Cru Artisan）聯盟的小型酒莊，這個等級比中級酒莊略遜一籌，並於 2018 年重新推出。

## 中級酒莊（CRU BOURGEOIS）

　　中產階級（「中級」一詞譯自 bourgeois，在法文中原指「中產階級」）似乎樂於談論政治。此類酒莊所在的級別比位於上梅多克產區南部的列級酒莊稍低一等，進入 21 世紀以來，已經調整了三次。2003 年，中級酒莊進行了官方的重新分級，參與評選的 490 家酒莊中有 247 家獲得了等級。依照等級由高至低，共評選出 9 家特等中級酒莊（Cru Bourgeois Exceptionnel）、13 家優質中級酒莊（Cru Bourgeois Supérieur）和 151 家中級酒莊（Cru Bourgeois）。不過，部分未獲得等級的酒莊對此決議提出了反對（因為這意味著他們要再等 10 年才能重新獲得等級）。經過在法國法院中的漫長爭論，此次分級最終被廢除，取而代之實行的是，針對 2008 至 2017 年份，每年根據品鑒授予單個酒款「中級酒莊」的稱號。一些知名度早就很高的酒莊反對這一系統（不再細分等級就沒有階級感），因此他們選擇退出評選。從 2018 年份開始，特等中級酒莊、優質中級酒莊和中級酒莊這三個細分等級重新開始使用，依據公正的評選過程授予酒莊而不是特定的酒款稱號。此次推出的新分級制度為了避免參選酒莊因為不滿而可能提起的訴訟，所以每一次的評選結果只延續使用 5 年。那麼飲酒者應該如何看待這一系統呢？只需記住酒莊、忘記等級即可。

　　儘管中級酒莊大多會冠以「梅多克」和「上梅多克」法定產區之名出售，但也有些會冠上上梅多克中比較特殊的產酒市鎮名稱。

固定在木樁上的木製漁棚在當地稱為「袋網」（carrelet），沿著吉隆特河口分布在梅多克北部各處。

請注意梅多克的最北部沒有等高線。這裡的土地甚至比上梅多克還要平坦。

| | |
|---|---|
| —————— | 縣界 |
| —·—·—·— | 市鎮（教區）邊界 |
| Ch Preuillac | 知名酒莊／釀酒商 |
| | 葡萄園 |
| | 森林 |
| ——20—— | 等高線間距 10 公尺 |

這幅地圖體現出荷蘭人 17 世紀在梅多克所建造之排水系統的重要性。葡萄園之後取代了牧場。

**VALEYRAC**
St-Vivien-de-Médoc
Janton
Cantelaude
le Póinton
Ch Bellevue
**Valeyrac**
Villeneuve
la Rivière
Sipian
Ch Sipian
l'Ardiley
le Moulin de la Verdasse
la Verdasse
Ch l'Ousteauneuf
l'Oustau Neuf
Ch le Bourdieu
Troussas
Bois de Troussas
la Clède
Ch le Temple
la Lagune
Courbian
le Peyrat
St-Vivien-de-Médoc
la Caussade
Lassus
Condissas
Ch Haut-Condissas
Ch Greysac
Ch la Clare
Ch la Tour de By
la Tour de By
Port de By
Laujac
Ch Laujac
**BÉGADAN**
Canissac
les Cabans
Ch Bégadanet
Bégadanet
Ch Vieux Robin
les Bertins
Ch Vieux Robin
Petite Palu de By
Grande Palu de By
Ch Rollan de By
**By**
la Banche
Meillan
Malgarut
la Lande
St-Jean Cave Co-op
les Ecoles
Ch Pataché d'Aux
Ch la Tour St-Bonnet
Nouret
le Bourdieu
**Bégadan**
le Breuil
Ch Leboscq
le Fourneau
Ch les Grands Chênes
**St-Christoly-Médoc**
St-Vivien-de-Médoc
le Sablona
Bois de Gombeau
les Bernedes
Vieux Château Landon
la Tour
**ST-CHRISTOLY**
Clos Manou
Ch Tour Blanche
le Sablonat
Castillon
Basse Terre
Esdurac (Haras)
Gazot
Trembleaux
Déguenon
Biars
la Lande
Ch la Chandellière
les Petites Granges
**Couquèques**
Ch les Ormes Sorbet
**COUQUÈQUES**
Mazails
la Pouyade
**CIVRAC**
la Metairie
Andron
Montignac
**Civrac-en-Médoc**
Ch Bournac
le Fourneau
Cantérane
Lamena
Queyzans
Bádet
Co-op Agricole
Ch la Gorce
la Pigatte
la Landette
**ST-YZANS**
St-Brice Cave Co-op
le Moulin
la Colonne
Ch Lestruelle
Taillanet
**Prignac-en-Médoc**
Bessan
**BLAIGNAN**
Cantemerle
**Caussan**
Moulin de Cournan
Ch Blaignan
la Hourqueyre
**St-Yzans-de-Médoc**
Ch Loudenne
Uch
Ch la Tour Prignac
Ch Tour Haut-Caussan
Ch Grivière
Peyresson
Gelade
la Moulin d'Uch
Lafon
la Gravette
**PRIGNAC**
Les Vieux Colombiers Cave Co-op
l'Inclassable
Romefort
Fontaine
Ch la Cardonne
Ch Fontis
Ch Potensac
**ORDONNAC**
St-Seurin-de-Cadourne
Coulon
Gautheys
Ch Préuillac
Potensac
l'Abbaye de l'Ile
Chenal de la Maréchale
**Lesparre-Médoc**
**St-Trélody**
Ch Vernons
l'Hôpital
Pavillon de Bellevue Cave Co-op
Plautignan
**Ordonnac**
Palus de Lussac
Gare
Hosp.
Hourtin
Petit Bosq
Raynaud
Ste-Marie
**LESPARRE**
Fangrouse
les Morceaux
le Gay
Lussan
Barbehère
Marque
Hourbit
St-Seurin-de-Cadourne
Loquey
Planque
Couloumey
Ch d'Escot
Canguillac
Ch Castéra
Garraméy
Boyentran
Senillac
**ST-SEURIN**
Caillou
Roque
Laguneaussan
Doyac
Bénet
Ch Livran
Barbannes
Cassan
Brion
le Trale
Bayron
Plassan
Conneau
Lucbeit
Miqueu
Brie
Palus de Doyac
Estey d'Un
Liard
**Artiguillon**
Pillet
Lagunas
St-Laurent-Médoc
Peyres
Chenal de la Calupeyrée
**VERTHEUIL**
**ST-GERMAIN-D'ESTEUIL**
**St-Germain-d'Esteuil**

JAU-DIGNAC-ET-LOIRAC
la Matte de Valeyrac
Chenal de Guy
Petit Chenal de Guy
Gironde
Grand Chenal de By
Jalle du Hameau

Lesparre-Médoc
Blaye
Bordeaux
MÉDOC

1:65,000
Km 0　1　2　3　4 Km
Miles 0　1　2 Miles

# 聖艾斯臺夫
## St-Estèphe

　　吉隆特河沿岸的礫石灘賦予上梅多克及其所產之葡萄酒的風格和品質，其西側有片森林屏障海風，不過往北走到聖艾斯臺夫產區，這種礫石地形便逐漸減少。聖艾斯臺夫是梅多克心臟地帶四個著名產酒市鎮中最北端的一個，也是完全脫離傳統的一個。一條小溪（在梅多克方言中稱為 jalle）將其與波雅克分割開來，一邊是拉菲堡（Château Lafite）的葡萄園，另一邊是聖艾斯臺夫五家列級酒莊中的三家：高斯愛斯圖尼爾堡（Cos d'Estournel）、寇斯拉玻酒堡（Cos Labory）和拉豐侯雪堡（Lafon-Rochet）。

　　在土質方面，聖艾斯臺夫與其南邊的波雅克產區明顯不同：隨著吉隆特河而被沖刷至此的礫石數量減少，而且儘管石灰岩露出地面，但是黏土成分仍然更高。這說明聖艾斯臺夫的土壤比較厚重，排水更為緩慢，這也是聖艾斯臺夫所種植的葡萄藤與種植在南邊排水極佳的礫石土壤上的葡萄藤相比，似乎特別能夠耐受炎熱乾燥夏季的原因，比如在 2003 年和 2010 年。即使是在氣候沒有那麼極端的年份裡，聖艾斯臺夫葡萄酒的酸度仍然相對較高，酒體比較飽滿和堅實，而且通常香氣較不張揚，但風味卻能在口腔中強烈綻放。它們傳統上是酒體結實的波爾多風格紅葡萄酒（傳統稱為 claret），風格莊嚴但卻不失活力。不過，波爾多近年來的趨勢就是釀製酒體更大、更為豐滿的葡萄酒，因此聖艾斯臺夫的生產者似乎更傾向於強調本產區酒款的清新感，以及時常出現的一抹石頭的氣息。

### 強勁、深郁、耐存

　　高斯愛斯圖尼爾堡是列級酒莊中最令人驚艷的一家，在波雅克的邊界便可望見其建於陡坡之上的宏偉建築，向下俯瞰著拉菲堡的綠色草皮。酒莊的外觀類似中國式寶塔，在這棟造型奇特的建築中，現在設有一座極其先進的高科技釀酒廠和一個如同亞洲奢華酒店大廳的品酒大廳。高斯愛斯圖尼爾堡與玫瑰山堡酒莊（Château Montrose）共同出產聖艾斯臺夫品質最佳的葡萄酒，風格強壯，顏色深豔，可耐久藏。高斯愛斯圖尼爾堡通常簡稱為 Cos（S 要發音），酒質特別有力又可口多汁，尤其是莊主提升品質的決心。位於礫石圓丘之上的玫瑰山堡酒莊俯瞰著吉隆特河，與南部波雅克的拉圖堡有些相似之處。兩者釀出的酒同樣都是酒體厚重，單寧突出，風味濃郁。經典年份的玫瑰山堡酒莊葡萄酒需要大約 20 年的熟成期，不過 2006 年酒莊易主後，採取了新的管理模式，致力於採用永續發展種植方式，並且將葡萄園擴張為一個連續的整體（這在梅多克並不常見），所有這些都讓這家酒莊的地位開始變得舉足輕重。

　　另外還有兩家臨近高斯愛斯圖尼爾堡的列級酒莊：寇斯拉玻酒堡常以飽滿的果香著稱，酒齡短時即是如此；而拉豐侯雪堡則是在 20 世紀進行大肆整修的眾多梅多克酒莊中的首家，目前酒質迷人又穩定，並且於 2013 年重新設計了陳年酒窖（法語稱為 chai），回歸使用水泥槽發酵。

　　卡隆塞居堡（Calon Ségur）位於聖艾斯臺村莊的北邊，是梅多克區最北端的列級酒莊，與其他聖艾斯臺夫葡萄酒一樣酒體堅實，但在新世紀（21 世紀）到來後明顯增添了純淨、穩定和細膩的特徵。大約 250 年前，同時擁有拉菲與拉圖兩大名莊的 Marquis de Ségur 曾經說過，他把心留在了卡隆塞居堡。

　　除此之外，聖艾斯臺夫一直以其中級酒莊的品質聞名（參見第 88 頁的表格）。Château Phélan Ségur 和 Château de Pez 都是出色的酒莊，出產極其細膩的酒款。Château de Pez 如今和波雅克的 Pichon-Lalande 同屬 Louis Roederer 所有，Château de Pez 值得一提的歷史是，它曾是歐布里雍堡（Haut-Brion）莊主 Pontac 家族的產業，在 17 世紀時就以 Pontac 之名在倫敦銷售，這可能比梅多克地區的所有列級酒莊都要早。它的鄰居 Château Les Ormes de Pez，並不是波爾多唯一一間擁有同名小飯店的酒莊，但因與波雅克的林區貝奇堡（Château Lynch-Bages）同樣的管理團隊而受惠；至於其東南邊、位於玫瑰山堡酒莊和高斯愛斯圖尼爾堡兩家酒莊之間的 Château Haut-Marbuzet 則以出產誘人而煙燻味重的酒款出名。

　　Château Meyney 因為曾為修道院而在梅多克顯得相當特殊，該酒莊像隔壁的玫瑰山堡酒莊一樣俯瞰著吉隆特河，很多人都認為它應擁有更高的級別。還有 Château Beau-Site、Le Bosçq、Capbern、Chambert-Marbuzet 和 Tour de Marbuzet（與 Haut-Marbuzet 同一個莊主）、Clauzet、Le Crock、La Haye、Lilian Ladouys、Petit Bocq、Sérilhan 以及 Tronquoy-Lalande（如今已是玫瑰山

二級酒莊「高斯愛斯圖尼爾堡」（Cos d'Estournel）在波爾多所有古典風格城堡式酒莊中，擁有最獨特的外觀，想必是為了體現愛斯圖尼爾先生在東方銷售葡萄酒的成功。

堡酒莊的一部分）等酒莊出產的酒款，都展現了這個市鎮產酒酒質堅實的優點，但是通常比起列級酒莊的酒款可以更早飲用，陳年五到八年之後是它們最為適飲的階段。

　　在聖艾斯臺夫的北側，礫石河岸逐漸減少，只剩下一處岬角，凸出於沼地之上，這是一片平坦、充滿河泥、靠近河口的土地，無法出產優質的葡萄酒。

　　在岬角以北有個名為 St-Seurin-de-Cadourne 的小村莊，這裡有幾個酒莊值得注意：比如酒質柔和、以梅洛為主的 Château Coufran，單寧較強的 Château Verdignan，有時極為精彩的 Château

### 一切都在改變

　　進入 21 世紀以來，聖艾斯臺夫的三大頂級酒莊都曾易主 —— 這在當地是一種風潮，因為時髦奢華的波爾多酒莊，能帶來價值和聲望。2000 年，瑞士酒店大亨和食品製造商 Michel Reybier 從 Prats 家族手中收購高斯愛斯圖尼爾堡（中間曾經過一個財團的短期管理），並且繼續在聖艾斯臺夫收購葡萄園和建造奢華酒店設施。2006 年，Charmolües 家族的第三代將玫瑰山堡酒莊出售給橫跨電信和建築行業的億萬富翁兄弟檔 Martin and Olivier Bouygues，後者同樣也在當地繼續擴展領地。2011 年，在頑強的 Denise Gasqueton 去世之後，她的女兒將卡隆塞居堡出售給一間保險公司 —— 這是波爾多莊主近年來常見的做法。

Bel Orme Tronquoy de Lalande，以及其中最值得
注意的、位於臨河小丘上的索榭朵馬耶酒莊
（Château Sociando-Mallet），所產的酒果味豐富
華麗，在盲品中甚至可以撼動一級酒莊的地位，
原因在於其莊主總是以超越中級酒莊的標準來營
運酒莊。

　　在聖瑟蘭以北即是上梅多克區域的盡頭，越
過此處出產的葡萄酒就會被冠上梅多克法定產
區，酒質平淡而簡單（可參考第 88 頁）。

　　在聖艾斯臺夫以西，離河較遠處的樹林邊緣
還有 Cissac 和 Vertheuil 兩個市鎮，所在位置的礫
石較少，土層更為深厚。

將塗成紫色的玫瑰山堡
酒莊地塊與南邊溝渠遍
布的樹林進行比較，就
會明顯地發現其酒款的
品質得益於其所擁有的
礫石土壤以及高出吉隆
特河幾英尺（一英尺
相當於 0.3 公尺）的
關鍵地理位置。

| | |
|---|---|
| ----·----·---- | 縣界 |
| ----·----·---- | 市鎮（教區）邊界 |
| CH COS LABORY | 列級酒莊 |
| Ch Sociando-Mallet | 著名酒莊或釀酒廠 |
| | 一級莊葡萄園 |
| | 列級酒莊葡萄園 |
| | 其他葡萄園 |
| | 森林 |
| 20 | 等高線間距 10 公尺 |

1:42,000

Km 0 ... 1 ... 2 Km
Miles 0 ... 1 Mile

# 波雅克 Pauillac

　　若一定要選出波爾多產酒市鎮之首，非波雅克莫屬。所謂的五大名莊之三——拉菲堡（Château Lafite）、拉圖堡（Latour）和木桐堡（Château Mouton Rothschild）全都匯集於此，便是明顯的論證，由於它們都在經濟上取得顯著成就，所以可以持續地擴展葡萄園、更新釀酒設施、創新和發展釀酒工藝。但是許多波爾多紅葡萄酒的擁護者會告訴您，其實任何一款波雅克酒都擁有他們所要追尋的風味要素：結合了新鮮果香、橡木桶的香氣，酒體堅實卻又細膩雅緻，並帶有一抹雪茄盒的氣息，以及一絲微甜的味道；最重要的是，它們充滿活力卻又具有驚人的陳年潛力。波雅克只有不到 5% 的葡萄園未被納入列級酒莊之列，而且即便是普通的列級酒莊，所出產的酒款都能滿足葡萄酒愛好者們的期待。

　　梅多克經典的礫石圓丘（法語稱為 croupe）在波雅克達到最高點，成為真真正正的小山丘。其中的最高處位於木桐堡和龐特卡內堡（Château Pontet-Canet）兩家酒莊的葡萄園中，海拔達到 30 公尺——對於這片平坦的沿海地帶來說，這算是一個奇觀，因為地勢少許的坡度起伏都可成為眺遠的觀景處。

　　波雅克是梅多克規模最大的產酒鎮。還好當地歷史悠久的石油精煉廠早已歇業，如今僅僅作為倉庫使用（不過面積還是相當可觀）。村裡的舊碼頭現在成了停靠遊艇的船塢，而且還開了幾家新餐廳。林區貝奇堡的莊主 Cazes 家族滿懷雄心壯志地在此開設了一間飯店兼餐廳——柯爾戴蘭巴格斯城堡（Château Cordeillan-Bages），一家全天候經營的小酒館以及兩三間相當時髦的小店，為原本死氣沉沉的貝格斯村（Bages）增添了一份活力。這便是迄今為止波雅克的全貌，絕對稱不上熱鬧——除了九月的某個周末，會有數千名跑步愛好者聚集於此參加梅多克馬拉松比賽（Marathon du Médoc，參見第 96 頁）。

　　整體來說，波雅克各家酒莊的葡萄園比梅多克的其他產區更為集中。就拿瑪歌來比較，酒莊主體建築全都集中在鎮上，但是其葡萄園卻分散在鎮外，且各家混雜一處；而在波雅克，整個坡段、礫石圓丘或是臺地的葡萄園都屬於同一家酒莊。因此我們可以期待因為風土條件不同，而形成的不同酒款風格，而且少有失望的時候。

## 三間一級酒莊

　　波雅克三間最宏大的酒莊，酒款風格截然不同。拉菲堡和拉圖堡分別位於教區的兩端；前者非常靠近聖艾斯臺夫，後者則毗鄰聖朱里安。然而奇怪的是，兩家酒莊各自的風格卻又與其所處的地理位置完全相反：拉菲堡更常具有聖朱里安葡萄酒的滑順與細膩，而拉圖堡則相當程度地體現了聖艾斯臺夫典型的堅實酒體。

　　在一個普通的年份裡，拉菲堡所擁有的 112

公頃葡萄園中，大約能夠出產 640 橡木桶頂級酒（一軍酒），這是整個梅多克最大的葡萄園之一。這裡產的酒酒香馥郁，光潔細膩，充滿純粹的優雅。釀製葡萄酒的地下酒窖造型獨特，猶如一座圓形劇場。而它的二軍酒拉菲堡珍寶（Carruades）產量就更大了，約為 800 橡木桶。

　　拉圖堡出產酒體更為堅實的葡萄酒，它將其大量正在熟成中的年份酒液儲藏在剛整修好、光潔迷人的地下酒窖中，看起來似乎是揚棄了優雅，而是憑藉其最為臨近河流、圓丘頂端的優越地理位置，展現強勁而深邃的風格，沒有幾十年的沉澱無法完全展現其複雜度。拉圖最大的優點在於，即使是在惡劣的年份，出產的葡萄酒仍然能夠維持最佳的穩定品質。它的二軍酒拉圖堡壘（Les Forts de Latour），主要採用不同地塊的葡萄釀成，這些地塊位於酒莊的西北側和西側，在地圖中以陰影標出。即使是二軍酒，其地位仍被認為堪比二級酒莊，甚至連售價也與其等同。此外，拉圖還出產三軍酒，在品嘗時依然能夠一窺拉圖堡的風味，以簡單的波雅克為名稱銷售。

　　木桐堡代表著波雅克佳釀的第三種類型：強勁，酒色深郁，充滿成熟黑醋栗漿果和辛香料的芳香，有人稱之為異國風情。到波雅克一遊的愛酒人，很少有人會錯過木桐堡中的葡萄酒藝術博物館——老酒杯、油畫、掛毯，以及一間展示每個年份藝術家酒標原作的畫廊，而其嶄新的酒窖則使木桐堡成為整個梅多克最佳的展示櫥窗。其二軍酒小木桐（Le Petit Mouton）於 1997 年首次發售。木桐卡迪（Mouton-Cadet）是酒莊推出的一個高產量（每年 1,200 萬瓶），囊括整個波爾多產區的品牌。

　　嗅聞著卡本內蘇維濃在這些葡萄酒中豐富的香氣，感受其強勁的力量，很難想像直到 150 年前，這個品種才被認定為梅多克最好的葡萄品種。當時，即使是一級酒莊也會在它們卓越的風

一級酒莊拉圖堡及其位於布根地、羅亞爾河谷和加州的多家姊妹酒莊都正重返一些我們所能想象的、最為傳統的釀酒工藝。

土中種植其他品質稍遜的葡萄品種，其中最多的就是馬爾貝克。然而最好的卡本內蘇維濃以熟成非常緩慢著稱，通常需要 10 年、甚至常常是 20 年的陳放（取決於年份的品質）。但這些酒很少能在達到完美熟成境界之時才被飲用，富豪們往往都沒有太多耐性，因此太多好酒都是過早被開瓶喝掉的。

## 二級酒莊的競爭對手

　　在從南側進入波雅克的 D2 省道旁，有兩間互為競爭對手的二級酒莊，它們在歷史上曾經都是碧尚（Pichon）家族的產業。多年以來，碧尚女爵堡（Pichon-Lalande，全名為 Château Pichon Longueville Comtesse de Lalande）的知名度一向較高，不過近年來碧尚男爵堡（Château Pichon Baron）已經具備能夠挑戰一級酒莊的能力。這其中的關鍵原因在於其新莊主安盛保險集團（AXA）的鉅額投資，使其得以在酒莊的核心葡萄園中進行最嚴格的揀選。而於 2007 年收購馬路對面的碧尚女爵堡的路易侯德爾香檳廠也不甘示弱，重組了葡萄園，建造了新酒窖，並且整修了酒莊。

　　雖然林區貝奇堡「只是」一個五級酒莊，但卻因其豐盛的酒體與飽滿的辛香料風情，長久以來受到眾多青睞，尤其是在英國，可以算是親民般的木桐堡，並且也剛剛修建了新的酒窖。位於村莊北部的生物動力農法領導者——龐特卡奈堡（Château Pontet-Canet）地理位置優越，就在木桐堡旁邊，但是酒質風格卻與木桐堡截然不同：龐特卡奈堡的酒酒體堅實，而木桐堡的卻香

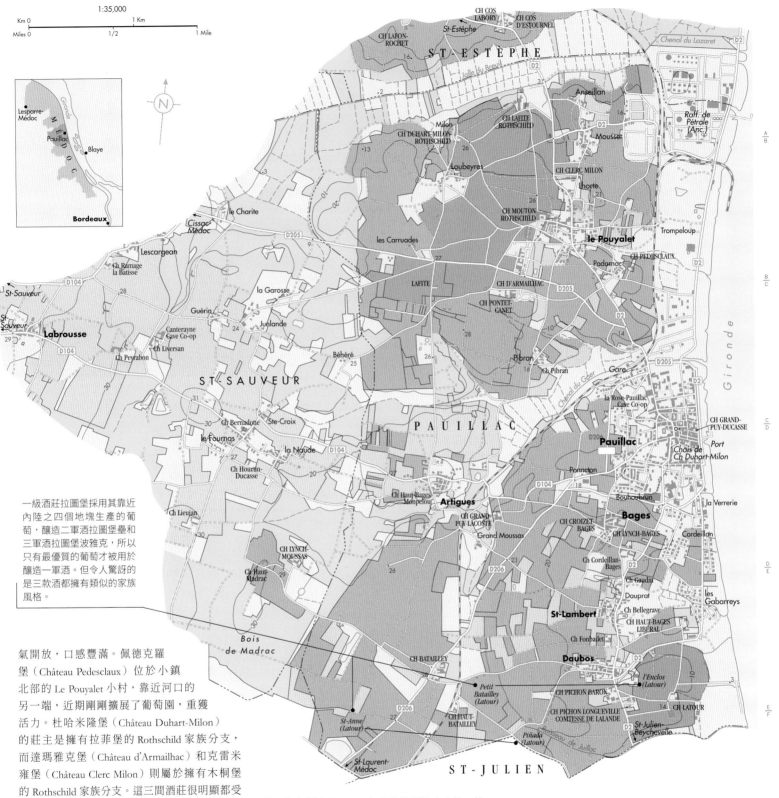

一級酒莊拉圖堡採用其靠近
內陸之四個地塊生產的葡
萄，釀造二軍酒拉圖堡壘和
三軍酒拉圖堡波雅克，所以
只有最優質的葡萄才被用於
釀造一軍酒。但令人驚訝的
是三款酒都擁有類似的家族
風格。

氣開放，口感豐滿。佩德克羅
堡（Château Pedesclaux）位於小鎮
北部的 Le Pouyalet 小村，靠近河口的
另一端，近期剛剛擴展了葡萄園，重獲
活力。杜哈米隆堡（Château Duhart-Milon）
的莊主是擁有拉菲堡的 Rothschild 家族分支，
而達瑪雅克堡（Château d'Armailhac）和克雷米
雍堡（Château Clerc Milon）則屬於擁有木桐堡
的 Rothschild 家族分支。這三間酒莊很明顯都受
惠於其所有者的雄厚財力和管理團隊的專業素
養──克雷米雍堡新酒窖的建造就是最好的佐
證。巴塔葉堡（Château Batailley）以及通常酒質
更為細膩的歐巴塔葉堡（Château Haut-Batailley，
目前為林區貝奇堡所有）位於離河較遠的森林
邊緣，兩者都出產典型的波雅克葡萄酒。

　　風格優雅價格又合理的拉寇斯特堡（Château
Grand-Puy-Lacoste）由 François-Xavier Borie 負責
經營管理，而他的弟弟 Bruno 則是聖朱里安產
區杜庫布卡優堡（Château Ducru-Beaucaillou）的
掌舵者。杜卡斯堡（Grand-Puy-Ducasse）同樣展
現了波雅克佳釀所應有的堅實而活力十足的酒

體。拉寇斯特（Lacoste）是位於高地之上的一塊
連續綿延的葡萄園，包圍著其酒莊「拉寇斯特
堡」的建築物；而杜卡斯堡的葡萄園則分成三
塊，分別位於波雅克村的北側和西側，古老的酒
莊建築則座落在波雅克村的碼頭邊。

　　奧巴里奇堡（Château Haut-Bages Libéral）的葡
萄園坐擁 St-Lambert 村的優越位置，他們剛剛購買
了新的房舍，並已取得新的生物動力農法終身租
契；而庫歇巴居堡（Château Croizet-Bages）卻正努
力地從落後中跟上。林奇慕沙堡（Château Lynch-
Moussas）由巴塔葉堡的管理團隊共同經營，酒質
穩定並且價格合理。

| | |
|---|---|
| ——————— | 縣界 |
| ——————— | 市鎮（教區）邊界 |
| CH LATOUR | 列級酒莊 |
| Ch Pibran | 著名酒莊或釀酒廠 |
| l'Enclos | 稱地 |
| | 一級莊葡萄園 |
| | 列級酒莊葡萄園 |
| | 其他葡萄園 |
| | 森林 |
| ——20—— | 等高線間距 10 公尺 |

# 聖朱里安
## St-Julien

聖朱里安的葡萄酒可以說是梅多克地區品質最穩定的。這個面積不大的市鎮，也是梅多克最著名的四大產酒市鎮中總產量最小的一個，雖然沒有一級酒莊，卻擁有一長串能生產卓越且經典波爾多葡萄酒的酒莊。聖朱里安中的葡萄園幾乎 90% 均為列級酒莊擁有，不過在這其中包括幾個非列級酒莊：由二級酒莊杜庫布卡優堡（Château Ducru-Beaucaillou）所有的拉隆柏利堡（Château Lalande-Borie），莊主與李維玻荷堡（Château Léoville-Poyferré，又稱「波菲莊園」）同為 Cuvelier 家族的穆林‧雷切酒莊（Château Moulin Riche），以及由聖皮耶堡（Château St-Pierre）管理團隊共同經營、表現優異的榮光堡（Château Gloria）。

幾乎所有聖朱里安的土地都是適合種植葡萄的優質地塊：這裡有典型的礫石圓丘，雖然不像波雅克一般深厚，但大多都靠近河岸，或是開放的南向山谷（以梅多克產區的標準來看是山谷），而且都有位於市鎮最南端的「北部小溪」（Jalle du Nord）和中部引水道（Chenal du Milieu）協助排水。

因此，聖朱里安的精華酒莊可以分為兩組：一組靠近河岸，位於聖朱里安村周圍，以三間名字與李維／里維（Léoville）有關的酒莊為代表；另一組則位於南側，以龍船（Beychevelle）村為中心，領軍的酒莊包括龍船堡（Château Beychevelle）、伯芮杜庫堡（Château Branaire-Ducru）和杜庫布卡優堡（Château Ducru-Beaucaillou）這三間酒莊，往內陸走還有金玫瑰酒莊（Château Gruaud Larose）和拉葛蘭其堡

（Château Lagrange）。如果說波雅克釀出了整個梅多克地區最令人驚艷的傑出好酒，而瑪歌的酒質最為細膩精緻，那麼聖朱里安的葡萄酒形態則介於這兩者之間。除了少數例外，這裡各家酒莊都出產相對圓滑柔和的酒款 —— 柔和指的是熟成之後的狀態，因為在好的年份裡，聖朱里安的年輕葡萄酒還是顯得堅硬，單寧突出。

### 三間「李維／里維」（Léoville）酒莊

聖朱里安產區主要光環來自靠近波雅克邊界、面積龐大的里維莊園，它曾經是梅多克面積最大的酒莊，現在已經一分為三。里維拉斯卡堡酒莊（雄獅酒莊，Château Léoville Las Cases）在三者中擁有面積最廣闊的葡萄園，占地將近 100 公頃，不過酒莊的心臟地帶其實是佔地 53 公頃的大園（Grand Enclos）地塊。雄獅酒莊出產的葡萄酒口感濃郁，幾乎可說是絕美堅硬，又極耐久藏，是非常經典的波爾多葡萄酒，在莊主 Delon 家族精明圓熟的運作下，雄獅的酒價有時直逼一級酒莊。李維巴頓堡（Léoville Barton）的酒價緊跟其後，這間酒莊目前是由古老的愛爾蘭酒商家族 —— Barton 所有。這個家族在 18 世紀初期移居至波爾多。現任莊主 Anthony Barton 住在隔壁一棟建於 18 世紀的美麗城堡當中，也就是龍佳巴頓堡（Château Langoa Barton），李維巴頓堡和龍佳巴頓堡這兩間酒莊都是 Anthony Barton 的產業，在同一個酒窖中釀酒。若將兩者比較，一般認為龍佳巴頓堡的酒質稍遜，但是從傳統的標準來看，兩者都是經典波爾多好酒的範例，而且一直保持良好的品質與價值，即使在困難的年份，也都表現相當穩定。李維玻荷堡（Château Léoville Poyferré）也許是命運最多舛的一家，不過現在也足以配得上二級酒莊的身份。

在三家李維／里維酒莊以南，便是 Bruno Borie 所經營的杜庫布卡優堡，壯麗的義式建築獨樹一格，其酒款以既豐厚又細膩的風格達到登峰造極的水準；鄰近的拉隆柏利堡同樣也能體現聖朱里安圓潤優美的特質。龍船酒莊是中國葡萄

2017 年，龍船堡進行翻新，建造了海洋主題的新酒窖，以此呼應酒標上船的圖案。從此酒莊的酒便在銅製的海浪之中熟成。

酒買家的寵兒，擁有一座 18 世紀建造的城堡，位於一條道路拐彎處的獨特位置，最近新建了一座吸引眾人目光、正面為玻璃帷幕的酒窖，並同時也是一間時髦的飯店兼餐廳。它的鄰居聖皮耶堡以及同一莊主旗下的榮光堡最近同樣由一位雄心勃勃的建築師進行翻修，其酒品除了細膩優雅的酒質之外，還以平易近人、極盡誘人的豐厚口感擄獲人心。

金玫瑰酒莊位於聖朱里安內陸部分的門戶之地，因為豐美又兼具力道的酒款而進入名莊之林。塔波堡（Château Talbot）占據村莊中央的高地，也許少了一點點細膩的感覺，但是酒質穩定，濃郁順滑，其可口多汁的口感不只源於其風土，還可歸功於釀酒技術的純熟。

最後一家列級酒莊 —— 也是沒多克面積最大的列級酒莊之一 —— 拉葛蘭其堡，過往因豐盛飽滿的酒體曾受到高度讚賞。1983 年由日本的 Suntory 公司收購，使這個漸失光彩的酒莊重回正軌。酒莊位於 St-Laurent 村的邊界，深入腹地之中，並與面積廣闊、品質不斷進步的翠陶玫瑰酒莊（Château Larose-Trintaudon）一樣都以上梅多克為法定產區上市。採用這個法定產區的還有另外三家正處於復甦階段的列級酒莊：其中以拉圖卡內堡（Château la Tour Carnet）的進步最快，目前已經推出酒質迷人的酒款；卡門薩克堡（Château Camensac）如今由擁有金玫瑰酒莊的 Merlaut 家族所有，在易主幾年之後進行了重新種植；貝兒葛拉芙城堡（Château Belgrave）的發展情形如同 20 世紀 80 年代初期梅多克地區的許多例子一樣，由杜道（Dourthe）酒廠收購後積極重整，獲得了不錯的成績。但是無論如何，這片內陸地區還是無法釀出像吉隆特河岸的葡萄園一樣的貴氣酒質。

## 梅多克地區逐漸萌芽的白葡萄酒

從 20 世紀 80 年代起，白葡萄酒的生產逐漸開始在梅多克地區復興──隨後右岸同樣也出現釀造白葡萄酒的潮流。瑪歌堡在現代歷史中，最早開始生產白葡萄酒，自 20 世紀 20 年代起，就推出自己的白葡萄酒，而且在其 19 世紀的檔案中便已提到酒莊曾有白葡萄酒出產。瑪歌堡的「白亭」白葡萄酒（Pavillon Blanc）是這間一級酒莊被 Mentzelopoulos 家族收購並建立新的管理制度之後，所打造的第一款新產品，無疑是全世界酒體最為飽滿、有時也是橡木桶味道最重，且完全採用白蘇維濃品種釀造的葡萄酒，產自酒莊中並不特別適合種植紅葡萄品種的土壤。除了能為梅多克的莊主們，提供用餐時搭配第一道菜的酒款之外，這通常也是當地種植白葡萄品種的根本原因。

聖朱里安的塔波堡用白蘇維濃和榭密雍混釀的「白卵石」白葡萄酒（Caillou Blanc）長期以來一直為人津津樂道。林區貝奇堡的白葡萄酒（Blanc de Lynch-Bages）產自一小片位於波雅克、被認為不適合出產紅葡萄酒的葡萄園，它的第一個年份

是 1990 年。木桐堡於第二年推出「銀翼」白葡萄酒（Aile d'Argent），與瑪歌堡的「白亭」一樣，瞄準的是高階市場。另一家聖朱里安的酒莊──拉葛蘭其堡則從 1996 年份便開始釀造包含灰蘇維濃（Sauvignon Gris）的不甜白葡萄酒，這款酒產自酒莊葡萄園一個沙質土壤的角落。

有趣的不甜白葡萄酒不斷地在梅多克地區不同的葡萄園出現──尤其是在利斯特拉克產區（Listrac），比如豐磊城堡（Fonréaud）、薩紅索酒堡（Saransot-Dupré）、克拉克堡（Clarke）以及最近剛剛推出不甜白葡萄酒的豪斯登堡（Fourcas Hosten）和富麗酒莊（Fourcas Dupré）等酒莊。所有這些不甜白葡萄酒，即使是一級酒莊的產品，都必須標註普通的波爾多法定產區，或者如果不是用波爾多法定葡萄品種，如白蘇維濃、榭密雍、密思卡岱和灰蘇維濃等所釀造的，則需以法國葡萄酒級別出售。生產者們似乎都能以較為合適的價格販售。可另外參考第 104 頁。

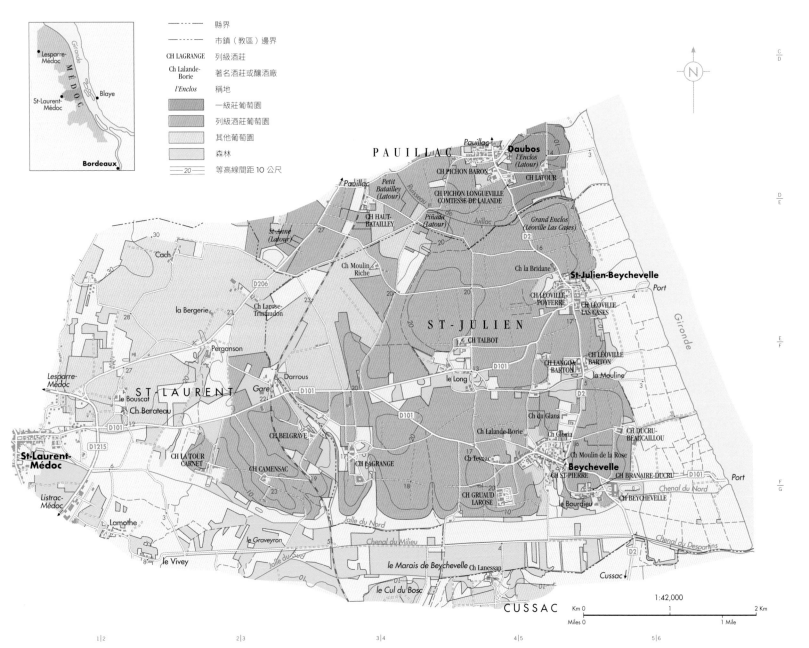

CUSSAC

1:42,000

Km 0　　　1　　　2 Km
Miles 0　　　　　1 Mile

# 梅多克中部
## Central Médoc

這裡是上梅多克地區的一個過渡地帶，專為葡萄酒而來的遊客（如果只是路過）可以在此好好喘口氣，放鬆一下。這個區域一連貫串穿四個村莊，但不見一間列級酒莊；其法定產區名稱也只簡單地稱為上梅多克（Haut-Médoc）。這裡的礫石圓丘只高出河面一點點，地下水層也比較高，因此葡萄藤不怕缺水 —— 在下過暴雨之後甚至還會被淹在水裡，產酒風格通常也不太精緻。區內的市鎮 Cussac 倒是延續了聖艾里安產區的一些氣勢 —— 的確，近來可以見到一些努力，希望將 Cussac 的部分土地重新分級，可惜未獲成功。梅多克中部比聖艾斯臺夫產區更像是中級酒莊之鄉，許多最優質的中級酒莊以及其他未獲分級的酒莊都座落於此。在慕里斯（Moulis）產區，解憂堡（Château Chasse-Spleen）和寶捷莊莊（Château Poujeaux）都有能力生產堪稱波爾多 CP 值最高的酒款。兩家酒莊都位於 Arcins 市鎮以西，名字頗有氣勢的小村子 —— 大寶捷（Grand Poujeaux）的外圍；在 Arcins 市鎮裡，礫石脊狀高地逐漸升高，然後呈扇形像內陸展開，在大寶捷村和利斯特拉克（Listrac）市鎮達到最高點。慕里斯和利斯特拉克各自為法定產區名稱，而不使用較為籠統的上梅多克的產區名稱，而且最近幾年兩個市鎮的名望也正穩步上升。

葡萄酒的品質隨著礫石的比例及其排水的能力一同提高。解憂堡因其口感順滑易飲卻又不失結構，而被認為與聖朱里安產區的酒款神似。寶捷酒莊的酒通常比較粗獷而不細膩，但如今也日漸精緻，令人難忘。介於這兩家酒莊之間的是大寶捷村，村子四周有好幾家酒莊以「大寶捷」（Grand Poujeaux）命名：比如 Gressier Grand Poujeaux、Dutruch Grand Poujeaux、La Closerie du Grand Poujeaux 和 Branas Grand Poujeaux，這些酒莊都很值得信賴，出產酒體健壯、極耐久藏的紅葡萄酒，富含梅多克地區獨一無二的風味。此地以北的蒙卡優酒莊（Château Maucaillou）時常會有物超所值的表現，並且接受未預約遊客的拜訪，這在這片沒那麼迷人的上梅多克地區來說並不多見。位於慕里斯產區的馬維臣巴頓酒莊（Château Mauvesin Barton）被李維巴頓堡（Léoville Barton）的莊主 Lilian Barton 及其家族於 2011 年收購。它就座落在梅多克－慕里斯村（Moulis-en-Médoc）的西南側，超出地圖的範圍；其所出產的酒款逐漸引起市場的興趣，可惜酒莊在聲名狼藉的 2017 年春霜之中幾乎失去全部產量。

利斯特拉克市鎮位於更偏內陸的較高的臺地上，土壤上層為礫石，下層是石灰岩。雖然釀酒師們近年來試圖透過種植更多的梅洛葡萄來柔和酒款的口感，但是這裡出產的葡萄酒仍然是堅硬、單寧突出的代名詞。這裡的酒莊名稱關鍵字是弗卡（Fourcas），共有四間酒莊以此為名，其中豪斯登堡（Fourcas Hosten）、富麗莊園（Fourcas Dupré），尤其是弗卡博希堡（Fourcas Borie）都很值得關注。

如今已完全翻新且現代化的克拉克堡（Château Clarke）擁有 55 公頃的葡萄園，全都位於利斯特拉克市鎮裡，最初是由已故的 Edmond de Rothschild 男爵所創立。酒莊奢華至極，不過其所出產的酒款與 Rothschild 家族另外兩個分支旗下，位於波雅克的兩個一級酒莊相比差異甚大，這充分詮釋了一個道理：風土條件的優異性勝於巨額的投資。利斯特拉克市鎮以南有兩家姊妹酒莊，分別是豐磊城堡（Château Fonréaud）和雷斯特（Château Lestage），兩個酒莊之間夾著 74 公頃的葡萄園。這些經過重新改造的酒莊一反利斯特拉克市鎮酒風堅硬的傳統，出產比較圓潤的酒款，使得這個產區的名聲也越來越響亮。

### 靠河更近

在地圖的北邊地區，上梅多克的拉尼頌堡（Château Lanessan，又譯為「藍森酒堡」）面對著河對岸的聖朱里安產區，這條人工運河將兩個產區分隔開來。拉尼頌堡和葡萄園主要位於 St-Laurent 村的聖加瑪酒莊（Caronne Ste-Gemme）均運作良好，其莊主擁有足夠財力能負擔高標準的釀酒技術與設備。此外，最為重要的礫石土壤在 Cussac 村十分少見，而且這裡的森林離河相當近，波夢堡（Château Beaumont）占據了最好的岩石露頭地帶，其所出產的葡萄酒易飲、芳香、容易成熟，因此相當受歡迎。奇怪的是，位於 Vieux Cussac 村的酒莊上慕琳塔酒莊（Château Tour du Haut-Moulin）就位於波夢堡的正對面，但釀出的卻是酒色深鬱、需要陳年的老派酒款，不過確實值得等待。

這裡的河邊還有一座建於 17 世紀的梅多克堡壘（Fort Médoc）值得一遊，當初是用來抵禦英國人入侵的，如今則轉化為和平用途。Lamarque 市鎮的拉馬克酒莊（Château de Lamarque）曾經是一座要塞，建築雄偉，現在則以釀製精工細作、酒體豐滿令人滿意的酒款而為人所熟知，充分代表著梅多克的真正風味。Lamarque 市鎮是梅多克地區前往吉隆特河對岸的 Blaye 市鎮的轉運站，碼頭上有定時運載人車的渡輪來回穿梭。這個市鎮還是梅多克最受人景仰的專業釀酒師 —— Eric Boissenot 的家鄉。

這個區域的葡萄園近年來經過大規模的重新種植，因此顯得井然有序。瑪麗莎酒莊（Château Malescasse）在新莊主的經營下進行了升級，效果顯著。由此往南的 Arcins 市鎮，其中規模較大、歷史悠久的佰瑞酒莊（Château Barreyres）和雅荓斯酒莊（Château d'Arcins）近來都由 Castel 家族進行了大型的重新種植，這個家族的勢力龐大，所建立的葡萄酒帝國疆域甚至遠至衣索比亞。卡思黛樂家族及其鄰近、經營良好的阿諾德酒莊（Château Arnauld）都讓 Arcins 市鎮的知名度越來越高。然而，其實這個村莊最著名的景點仍然是小小的 Lion d'Or 餐館：這裡是梅多克葡萄酒商經常聚餐交流的食堂。

在這個區域的東南角越過塔雅克小水渠（Estey de Tayac）後，我們便進入瑪歌產區的範圍。占地廣大的 Château Citran 由 Merlaut 家族所擁有，與規模較小的 Villegeorge（酒莊位置超出右頁地圖的南邊，但是一間值得關注的酒莊）都位於 Avensan 內，兩家酒莊都很出名，風格接近瑪歌產區的酒款。

Soussans 是當地幾個使用瑪歌而不是上梅多克作為法定產區名稱的市鎮之一，自此以北的某些酒莊也都希望能使用瑪歌這個比較出名的產區名稱。夢拉圖古堡（Château La Tour de Mons）和柏菲露絲酒莊（Château Paveil de Luze）都繼續保有中級酒莊的資格，後者還是一座風格優雅的鄉村度假別墅，被波爾多一個頂級的酒商家族擁有長達一個世紀，其出產的酒款易飲而優雅，頗受這個家族的喜愛。

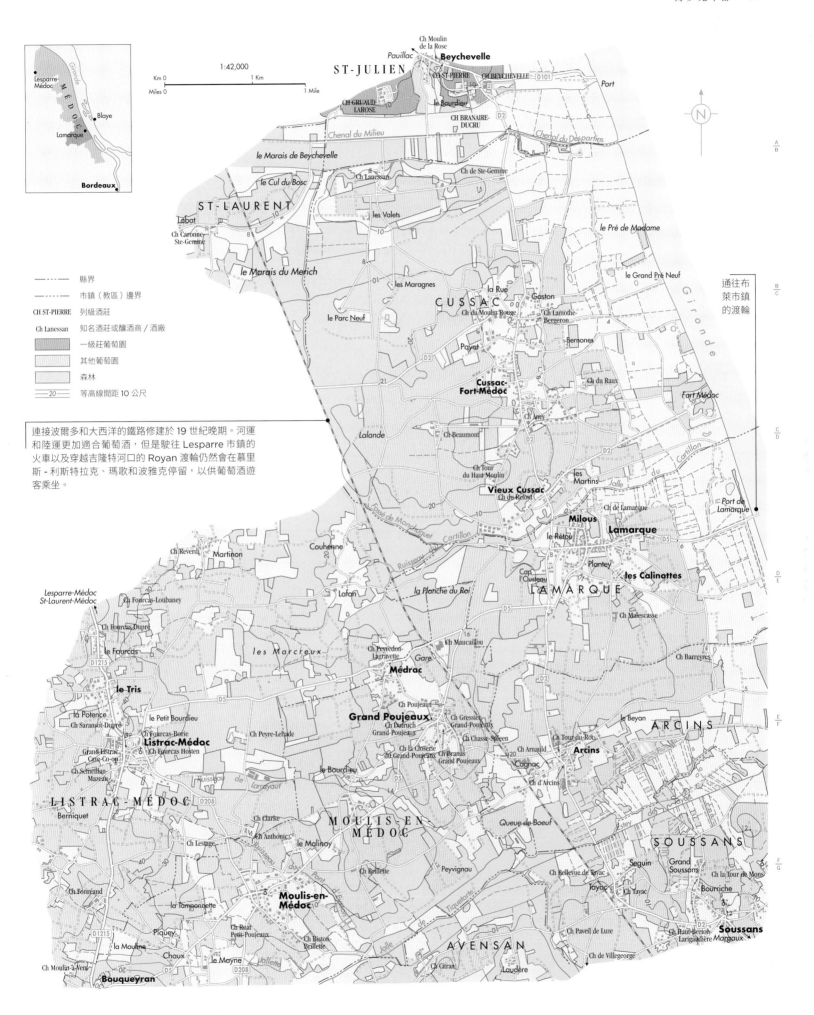

1:42,000

Km 0              1 Km
Miles 0              1 Mile

**圖例**

| | |
|---|---|
| —·—·— | 縣界 |
| ——·—— | 市鎮（教區）邊界 |
| CH ST-PIERRE | 列級酒莊 |
| Ch Lanessan | 知名酒莊或釀酒商／酒廠 |
| | 一級莊葡萄園 |
| | 其他葡萄園 |
| | 森林 |
| ══20══ | 等高線間距 10 公尺 |

連接波爾多和大西洋的鐵路修建於 19 世紀晚期。河運和陸運更加適合葡萄酒，但是駛往 Lesparre 市鎮的火車以及穿越吉隆特河口的 Royan 渡輪仍然會在慕里斯 - 利斯特拉克、瑪歌和波雅克停留，以供葡萄酒遊客乘坐。

通往布萊市鎮的渡輪

**地名標記**

ST-JULIEN
Beychevelle
Pauillac
Ch Moulin de la Rose
CH ST-PIERRE
CH BEYCHEVELLE
CH GRUAUD LAROSE
le Bourdieu
CH BRANAIRE-DUCRU
Port
St-LAURENT
Labat
Ch Caronne Ste-Gemme
le Marais de Beychevelle
le Cul du Bosc
Ch Lanessan
Ch de Ste-Gemme
les Valets
le Pré de Madame
le Marais du Merich
les Maragnes
le Grand Pré Neuf
le Parc Neuf
la Rue
Gaston
CUSSAC
Ch du Moulin Rouge
Ch Lamothe-Bergeron
Payat
Bernones
Cussac-Fort-Médoc
Ch du Raux
Fort Médoc
Lalande
Ch Aney
Ch Beaumont
Ch Tour du Haut-Moulin
les Martins
Vieux Cussac
Ch du Retout
Ch de Lamarque
Port de Lamarque
Milous
le Rétou
Lamarque
Ch Reverdi
Martinon
Couhenne
Cap l'Ousteau
Plantey
les Calinattes
Lafon
la Planche du Roi
LAMARQUE
Lesparre-Médoc St-Laurent-Médoc
Ch Fourcas-Loubaney
Ch Malescasse
Ch Fourcas Dupré
le Fourcas
les Marcreux
Ch Peyredon-Lagravette
Gare
Ch Maucaillou
Ch Barreyres
le Tris
Médrac
la Potence
le Petit Bourdieu
le Beyan
ARCINS
Ch Saransot-Dupré
Ch Fourcas-Borie
Listrac-Médoc
Ch Fourcas Hosten
Ch Peyre-Lehade
Ch Poujeaux
Grand Poujeaux
Ch Gressier-Grand-Poujeaux
Grand Listrac Cave-Co-op
Ch Semeillan Mazeau
Ch Dutruch Grand-Poujeaux
Ch Chasse-Spleen
le Bourdieu
Ch la Closerie du Grand-Poujeaux
Ch Branas Grand-Poujeaux
Cagnac
Arcins
Ch Tour-du-Roc
Ch Arnauld
le Beyan
LISTRAC-MÉDOC
Berniquet
Ch Clarke
MOULIS-EN-MÉDOC
Queue de Boeuf
Ch d'Arcins
SOUSSANS
Ch Anthonic
le Malinay
Ch Lestage
Ch Brillette
Peyvignau
Ch Bellevue de Tayac
Seguin
Grand Soussans
Ch la Tour de Mons
Ch Fonréaud
Bourriche
la Tamponnette
Tayac
Ch Tayac
Moulis-en-Médoc
Ch Ruat Petit-Poujeaux
Ch Biston-Brillette
Piquey
Ch Paveil de Luze
Ch Haut-Breton-Larigaudière
Soussans
Margaux
Chaux
le Mayne
AVENSAN
Ch de Villegeorge
Ch Moulin-à-Vent
Bouqueyran
Ch Citran
Laudère
Gironde
Chenal du Milieu
Chenal du Despartins
Cartillon
Jalle du Cartillon
Fosse de Monchuguet
Ruisseau du Cartillon
Ruisseau de Tiquetorte
Ruisseau du Lamayault

N

# 瑪歌區與梅多克南部 Margaux and the Southern Médoc

**瑪歌及其南邊的康特奈克市鎮（Cantenac）能夠出產整個梅多克最為精緻芬芳的葡萄酒。**以上說法有史可證，而經過一段與高酒精濃度和重橡木桶風格好好相處的時期後，當前歷史又重演了一次。這個產區比起其他產區擁有更多的二級酒莊和三級酒莊，因此也在梅多克南部形成了各家酒莊良性競爭的氛圍。

從右頁地圖中可以看出，這個產區與波雅克和聖朱里安的地貌大相徑庭。波雅克和聖朱里安的酒莊分散在各處，而瑪歌的酒莊卻都聚集在村莊裡。

瑪歌產區的土層是梅多克地區最淺、並且礫石最多的，葡萄藤的根部必須深入土壤，才能獲得穩定且適量的水分，最深可以達到 7 公尺，因此這個產區的酒款在年輕時就很柔順，但是遇到較差的年份，酒質可能會變得過於纖瘦。但在優良或者極佳的年份中，礫石土壤的所有優點便會一一顯露：典型的瑪歌葡萄酒擁有其他產區沒有的細膩口感，以及甜美醉人的香氣，使其成為最為精緻的波爾多葡萄酒。

瑪歌堡和帕瑪堡（Château Palmer）出產的葡萄酒常常能夠達到上述的高水準。瑪歌堡不僅是梅多克南部唯一的一級酒莊，而且是最符合一級酒莊身份的一個：它擁有一座位於林蔭大道盡頭、如同宮殿一般的建築，裝飾著古典希臘風格的三角楣飾，以及可與之匹配的酒窖（新的酒窖由英國著名建築師 Norman Foster 設計）。酒莊於 1978 年被 Mentzelopoulos 家族收購，自此每年都有傑出的酒款問世。瑪歌堡「白亭」白葡萄酒產自右頁地圖西邊的地塊，以橡木桶陳釀，風格深沉（詳細資訊請參見第 95 頁）。經過類似翻修過程的三級酒莊帕瑪堡（Château Palmer）則採用更高比例的梅洛，有時會成為瑪歌堡頗具威脅的競爭對手，不過帕瑪堡最近開始採用生物動力農法，因此遇到潮濕的生長季節恐怕會帶來

嚴重的挑戰。拉斯康堡（Château Lascombes）曾經先後多次易主，依序分別是俄國籍葡萄酒作家 Alexis Lichine、英國 Bass 啤酒廠以及以及美國投資工會，如今則隸屬於一間法國保險集團。在 20 世紀七八十年代，這家二級酒莊因為過度擴增葡萄園，而導致酒質變得稀薄。但今天，它已憑著新種的梅洛釀出風格直接且圓熟的酒款。它的旁邊是最近重新整頓後開業、面積不大的三級酒莊費律耶堡（Château Ferrière），能產出令人信服、以細膩見長的瑪歌佳釀。

## 瑪歌產區的雙人舞

如同 18 世紀在聖朱里安產區的李維 / 里維（Léoville）酒莊一樣，瑪歌產區也有情況類似的兩家酒莊，以往它們曾同屬一個龐大的酒莊，就是侯松酒莊（Rauzan），後來分為兩家。其中侯松榭格拉堡（Rauzan-Ségla，曾經寫為 Rausan-Ségla）是梅多克的超級明星之一，曾於 20 世紀 80 年代進行現代化翻新，並在 1994 年由擁有時尚集團 Chanel 的家族收購。規模較小的是，侯松加西堡（Rauzan-Gassies），其產酒品質距離二級酒莊的標準還有一大段距離，不過這一差距顯示出逐漸縮小的趨勢。

瑪歌產區還有幾對成績傲人的姊妹酒莊。比如兩家二級酒莊 —— Brane-Cantenac 和 Durfort-Vivens，莊主同屬波爾多無所不在的 Lurton 家族，但是兩者的酒款風格卻大相徑庭：Brane-Cantenac 的酒香氣芬芳，幾乎有入口即化的感覺；Durfort-Vivens 最近進步很大，並且獲得生物動力農法認證，但仍然以採用幾乎與瑪歌堡同樣高比例的卡本內蘇維濃來釀酒為特色。近年來，Lurton 家族也握有三級酒莊 Desmirail 的部分股權，儼然形成「三姐妹」的陣勢。

四級酒莊 Pouget 可以算是三級酒莊 Boyd-Cantenac 的強勁兄弟檔。Malescot St-Exupéry 在

Zuger 家族的管理下曾經獲得酒評家的高分（有時也有低分），而規模較小的三級酒莊碧家侯爵莊園（Château Marquis d'Alesme）則由 Perrodo 家族進行了精彩的重建，大受遊客的歡迎，該家族還買下了非列級酒莊 Château Labégorce，與其旗下的 Labégorce-Zédé 合併。

此外，還是在瑪歌產區附近，四級酒莊 Château Marquis de Terme 雖然不易在海外見到，但目前的酒質相當好；而建築優美 Château d'Issan 則坐擁瑪歌產區最佳的地理位置之一，葡萄園順著緩坡而下，朝著吉隆特河的方向一路綿延，能出產類似瑪歌堡的精彩酒款。

在 Cantenac 市鎮裡，當葡萄酒作家 Alexis Lichine 還在皮耶利新堡（Château Prieuré-Lichine，又稱「荔仙酒莊」）坐鎮時，酒莊曾以出產瑪歌品質最為穩定的葡萄酒而聞名，而且還首開讓路過遊客進門參觀的風氣，而這一做法直到目前才開始普及。曾經一度低迷不振的奇旺堡（Château Kirwan）現在已再現瑪歌產區的細膩風采。此外，在 Arsac 市鎮裡還有一家深入內陸、孤懸在高地上的鐵特堡（Château du Tertre），也因重整而恢復生機，它與美人魚酒莊（Château Giscours）同屬一家充滿活力的荷蘭集團所有。康田布朗堡（Château Cantenac-Brown）就在巴漢肯特那克堡（Brane-Cantenac）旁邊，大概是整個梅多克最醜陋的酒莊之一（看起來就像是一所維多利亞時期的寄宿學校），不過酒質不差，算得上是瑪歌產區酒體最堅實的酒款之一。

在進入上梅多克的葡萄園之前，快要到達波爾多北部市郊的地方，還有三家列級酒莊更加值得注意：首先是美人魚酒莊，半木造的農莊式建築遮掩在綠蔭之下，面朝美得令人屏息的葡萄園樹海，而且出產的酒質極易討人歡心；其次是肯特梅樂堡（Château Cantemerle），它就像是童話《睡美人》裡的城堡，深藏在樹木高大、池塘沉靜的森林之中，出產的酒款以優雅著稱，而且通常 CP 值很高；最後還有品質高超的拉拉貢堡（La Lagune），與羅亞爾河谷產區的保羅佳布列酒廠（Paul Jaboulet Aîné）為同一家族所擁有，葡萄園採用有機農法種植，並且正在向生物動力農法過渡，酒莊建築建於 18 世紀，風格簡潔。

位於此地以南的四級酒莊 Château Dauzac 於 2018 年由另一家保險公司售出，知名度逐漸提升當中。它的鄰居 Château Siran 在森林中占據童話一般優美的位置。Château Siran 以及 Sichel 家族擁有和居住的 Château d'Angludet 均能出產具備列級酒莊品質的酒款。

碧家侯爵莊園半中半法的新任莊主斥鉅資新建造了一座亞洲風格的酒窖，其中包含一間既實用又適合遊客參觀的葡萄酒吧，名為小村莊（Le Hameau）。

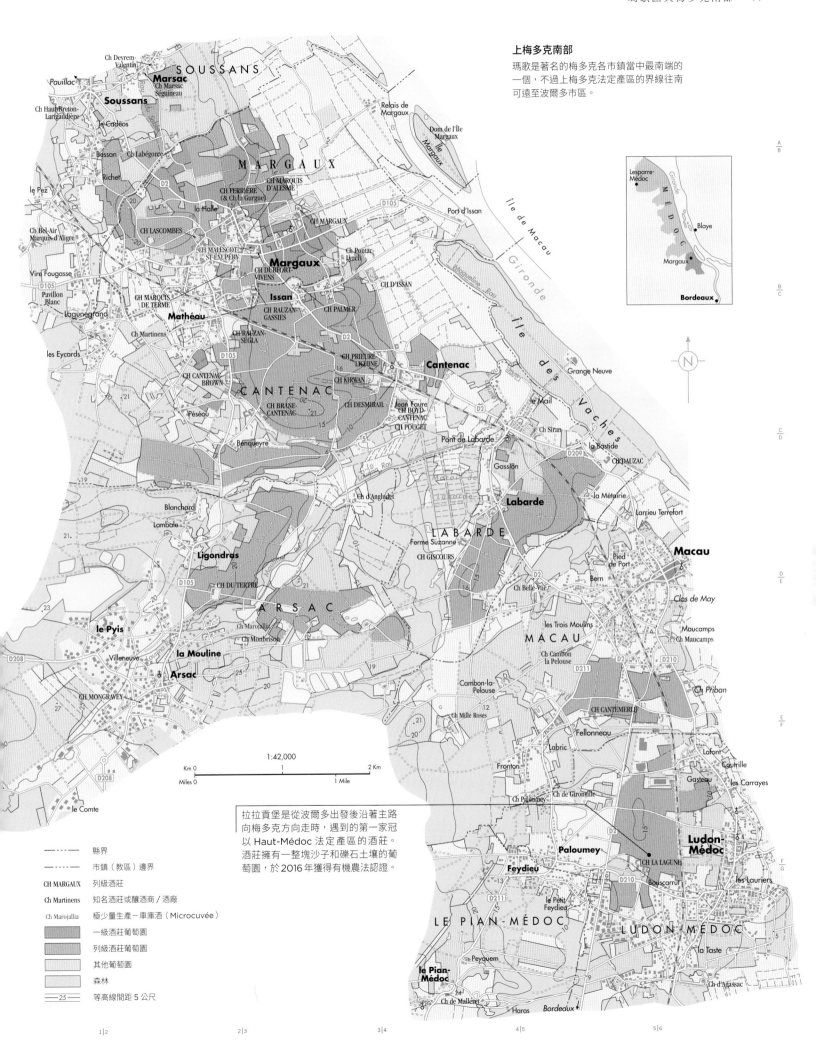

**上梅多克南部**
瑪歌是著名的梅多克各市鎮當中最南端的
一個，不過上梅多克法定產區的界線往南
可遠至波爾多市區。

Pauillac

SOUSSANS
Marsac
Ch Deyrem-Valentin
Ch Marsac Séguineau
Soussans
Ch Haut-Breton-Larigaudière
le Cadéos
le Pez
Bessan
Richet
Ch Labégorce
MARGAUX
CH FERRIÈRE (& Ch la Gurgue)
la Halle
CH MARQUIS D'ALESME
Ch Bel-Air Marquis d'Aligre
CH LASCOMBES
CH MALESCOT ST-EXUPÉRY
Vire Fougasse
Pavillon Blanc
CH DURFORT-VIVENS
Margaux
Ch Pontac-Lynch
Port d'Issan
Relais de Margaux
Dom de l'Île Margaux
Île de Margaux
Île de Macau
Gironde
Lagunegrand
CH MARQUIS DE TERME
Mathéau
Issan
CH D'ISSAN
CH RAUZAN-GASSIES
CH PALMER
Ch Martinens
les Eycards
CH RAUZAN-SÉGLA
CH PRIEURÉ-LICHINE
Cantenac
Grange Neuve
CH CANTENAC-BROWN
CANTENAC
CH KIRWAN
le Mail
Péseau
CH BRANE-CANTENAC
CH DESMIRAIL
Jean Faure
CH BOYD-CANTENAC
CH POUGET
Bénqueyre
Pont de Labarde
Ch Siran
la Bastide
CH DAUZAC
Gassion
la Métairie
Blanchard
Ch d'Angludet
Larrieu Terrefort
Lambale
Labarde
LABARDE
Ligondras
Ferme Suzanne
CH GISCOURS
Macau
ARSAC
CH DU TERTRE
Bern
Pied de Port
Ch Belle-Vue
Clos de May
le Pyis
Ch Marojallia
Ch Monbrison
les Trois Moulins
Maucamps
Ch Maucamps
MACAU
la Mouline
Villeneuve
Arsac
CH MONGRAVEY
Ch Cambon la Pelouse
Ch Priban
Ch Mille Roses
CH CANTEMERLE
Cambon-la-Pelouse
Fellonneau
Labric
Lafont
Fronton
Coutrille
Gasteau
les Carrayes
Ch Paloumey
Ch de Gironville
Ludon-Médoc
Paloumey
CH LA LAGUNE
Feydieu
Bouscarrut
les Lauriers
LE PIAN-MÉDOC
LUDON-MÉDOC
Peyquem
le Petit Feydieu
la Taste
le Pian-Médoc
Ch de Malleret
Haras
Bordeaux
Ch d'Agassac

拉拉貢堡是從波爾多出發後沿著主路
向梅多克方向走時，遇到的第一家冠
以 Haut-Médoc 法定產區的酒莊。
酒莊擁有一整塊沙子和礫石土壤的葡
萄園，於 2016 年獲得有機農法認證。

1:42,000
Km 0 — 1 — 2 Km
Miles 0 — 1 Mile

**圖例**
— 縣界
--- 市鎮（教區）邊界
CH MARGAUX　列級酒莊
Ch Martinens　知名酒莊或釀酒商／酒廠
Ch Marojallia　極少量生產－車庫酒（Microcuvée）
　一級酒莊葡萄園
　列級酒莊葡萄園
　其他葡萄園
　森林
25　等高線間距 5 公尺

Lesparre-Médoc
MÉDOC
Gironde
Blaye
Margaux
Bordeaux

# 格拉夫與兩海之間 Graves and Entre-Deux-Mers

貝沙克（Pessac）和雷奧良（Léognan）是格拉夫產區最為著名的兩個市鎮，位於格拉夫北側，兩個市鎮的名字連起來就變成一個法定產區（參見第102-103頁地圖），但是格拉夫的可看性並不止於此。「格拉夫」這個產區在過去通常指的是品質中等、較為商業化的白葡萄酒。但是這個區域南端四散的葡萄園已經恢復生機──主要原因在於當地出產的紅葡萄酒跟隨潮流，轉變成價格吸引人、顏色深鬱、果味十足、單寧軟熟的酒款。

在格拉夫產區的中部和南部有極佳的老牌酒莊，尤其集中在曾經名噪一時的Portets、Landiras和St-Pierre-de-Mons這些教區，酒莊都有新任莊主上任，連帶引進了新的釀酒哲學。

受惠於格拉夫的土壤，這裡的紅白葡萄酒同樣都有不錯的表現，比如波Podensac市鎮的修吉夫堡（Château de Chantegrive），Portets的夏湖酒莊（Château Rahoul）和柯比特酒莊（Château Crabitey），以及Arbanats市鎮（Arbanats）和吉隆特河畔Castres-Gironde市鎮附近一帶零星的幾個酒莊。而位於Pujols-sur-Ciron鎮的佛洛伊丹酒莊（Clos Floridène）和賽爾莊園（Château du Seuil）一如許多其他臨近加隆河（Garonne）的成功酒莊一樣，拿手的是採用白蘇維濃和榭密雍釀造橡木桶熟成的不甜白葡萄酒，這兩個葡萄品種都很適合種植在吉隆特省南部這個靜謐的角落，可惜這種酒一直被低估，以格拉夫法定產區命名之白葡萄酒的產量還不到紅葡萄酒的四分之一。這些白葡萄酒也許看起來很普通，但是它們在陳年幾年之後就會變得更加精彩了。

右邊地圖向北和向東延伸的區域見證了波爾多一些比較不為人知的產區所做出的努力。大部分以普通的波爾多法定產區（Bordeaux）販售的紅葡萄酒都產自兩海之間產區，這片風光極其秀美的鄉村土地呈楔形，位於加隆河與多爾多涅河之間，吸引了大量的中國投資者在此收購建築優美但價格低廉的酒莊，並將其所產的葡萄酒銷售回中國。「兩海之間（Entre-Deux-Mers）」一名則只出現在此地所產的不甜白葡萄酒酒標上，產量少得多。

在這個區域中，紅葡萄酒的生產者越來越多，雖然明知其法定產區分級只是一般的波爾多或者略微高級一點的優級波爾多（Bordeaux Supérieur），但他們仍然透過更為細心的整枝和降低產量，努力釀出讓人必須正視的酒款。可惜的是，這個級別的酒莊在波爾多嚴格的分級系統中，生產者所做的努力很難和賣酒所得成正比。其中許多酒莊都出現在地圖上，也包括兩海之間產區最有意思的部分。

許多內涵充實的酒莊以及優質的釀酒合作社在此區興起，逐漸改變了這個區域的面貌，尤其是地圖北邊靠近多爾多涅河及聖愛美濃產區的部分，原來果園與葡萄園夾雜的景象已經轉變為葡萄藤獨領風騷。幾家最為成功、具有代表性的酒莊包括：位於Grézillac市鎮南邊，由Lurton家族所擁有、酒質優秀的伯涅酒莊（Château Bonnet）；位於Branne市鎮南邊，

由Despagne家族所擁有、可飲可存的塔米拉堡（Château Tour de Mirambeau）；靠近Créon市鎮，由Courselle家族擁有的楚麗古堡（Château Thieuley）；以及由酒商所擁有、位於剛出地圖北界之Salleboeu市鎮的培布圖城堡（Château Pey La Tour）。其中許多酒莊採用白蘇維濃和榭密雍釀造的白葡萄酒甚至比紅葡萄酒更為成功，比如位於Créon市鎮外圍的波杜克酒莊（Château Bauduc）。更厲害的是，位於St-Quentin-de-Baron市鎮的薩爾斯酒莊（Château de Sours），甚至有辦法將其普通波爾多等級的粉紅酒以期酒的方式出售，而這間酒莊於2016年剛剛被中國最大的零售商──阿里巴巴的創始人收購。

在兩海之間產區，我們還能找到更多令人印象深刻的優質酒莊。在這個區域的偏北地帶，土壤中有許多石灰岩，與其以北的聖愛美濃產區驚人地相似。在地圖的西北邊，靠近St-Loubès市鎮的雷尼亞克莊園（Château de Reignac），因為莊主Yves Vatelot一心想要釀製好酒的努力，讓酒價攀升到令人瞠目的地步。而白馬堡（Château Cheval Blanc）和伊更堡（Chateau d'Yquem）兩家酒莊的釀酒師（Pierre Lurton）也在Grézillac市鎮附近建立了瑪玖思堡（Château Marjosse），為這個產區增色不少。

## 波爾多丘（Bordeaux Côtes）各產區

自2008年起，**波爾多首丘（Premières Côtes de Bordeaux）**一名只能用於加隆河右岸環河狹長地帶所產的半甜白葡萄酒。而其所產、通常十分可口的紅葡萄酒則使用**卡迪亞克－波爾多丘（Cadillac Côtes de Bordeaux）**這個產區名稱。同時，緊靠聖愛美濃產區東側、品質逐漸向其靠攏的**卡斯提雍－波爾多丘（Castillon Côtes de Bordeaux）**同樣只能用於紅葡萄酒。多爾多涅河右岸下游還有兩個產區，**布拉伊－波爾多丘（Blaye Côtes de Bordeaux）**用於紅葡萄酒，**弗朗－波爾多丘（Francs Côtes de Bordeaux）**則可用於紅白兩種葡萄酒。**聖福瓦－波爾多丘（Ste-Foy Côtes de Bordeaux）**可以用於紅葡萄酒以及各種甜型的白葡萄酒。以傘形的**波爾多丘（Côtes de Bordeaux）**命名的酒可以混調來自以上所有五個產區的紅葡萄酒，參見第85頁的地圖。

既然波爾多首丘這個法定產區涵蓋了卡迪亞克、盧皮亞克（Loupiac）和聖十字山（Ste-Croix-du-Mont）這幾個甜白葡萄酒產區，那麼在這個區域能找到優質的甜白葡萄酒也不奇怪了。此區南邊出產的紅葡萄酒以**卡迪亞克（Cadillac）**為法定產區命名，而不甜白葡萄酒則掛上最簡單的波爾多法定產區名稱出售。如果說聖十字山法定產區（Ste-Croix-du-Mont）能靠早已風光不再的甜白葡萄酒賺進大把銀子，似乎言過其實，不過目前還有魯本斯（Château Loubens）、杜夢（Château du Mont）和哈瑪（Château La Rame）

波爾多最大的葡萄園所有人當中，有許多都出於兩海之間，這個區域在有關抗病害葡萄品種的研究方面也走在前端。

三家酒莊都在努力釀造好酒；而且在附近的盧皮亞克產區，還有隆迪城堡（Château Dauphiné-Rondillon）、盧皮亞克（Château Loupiac-Gaudiet）和玲閣堡（Château de Ricaud）等酒莊敢冒著潛在風險，釀造真正的甜型，而非只是半吊子的半甜型白葡萄酒（參見第104頁）。

越過加隆河，在格拉夫地區的巴薩克市鎮以北，有一個已被遺忘許久的獨立產區塞隆（Cérons），它包括Illats和Podensac兩個市鎮，目前因冠以格拉夫法定產區之名，並釀造主流口味的紅白葡萄酒而找到了新的財源，例如愛尚堡酒莊（Château d'Archambeau）。塞隆產區因此基本上完全放棄了以往擅長的甜白葡萄酒，這種傳統風格介於略帶甜味的**優級格拉夫（Graves Supérieures）**白葡萄酒和柔美但不甜膩的巴薩克甜白葡萄酒之間，在當地通常被視為開胃酒的酒款，但是塞隆酒莊（Château de Cérons）和塞隆大莊堡（Grand Enclos du Château de Cérons）均有一些上乘之作。

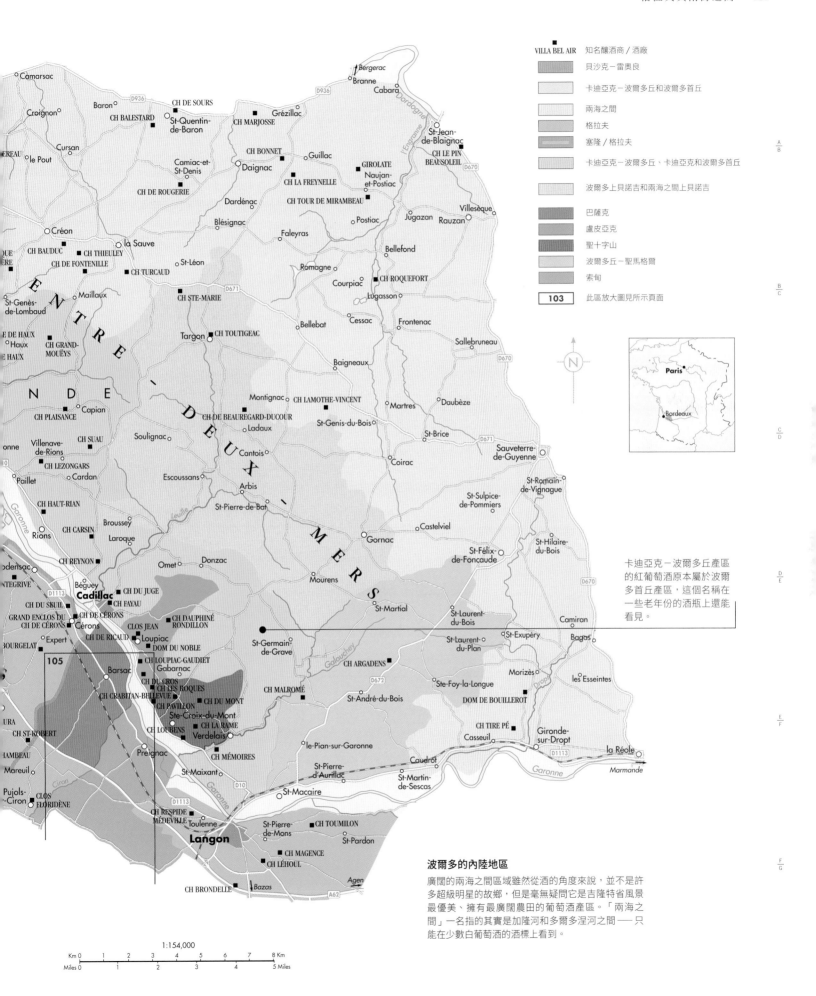

VILLA BEL AIR　知名釀酒商 / 酒廠

貝沙克－雷奧良

卡迪亞克－波爾多丘和波爾多首丘

兩海之間

格拉夫

塞隆 / 格拉夫

卡迪亞克－波爾多丘、卡迪亞克和波爾多首丘

波爾多上貝諾吉和兩海之間上貝諾吉

巴薩克

盧皮亞克

聖十字山

波爾多丘－聖馬格爾

索甸

103　此區放大圖見所示頁面

卡迪亞克－波爾多丘產區
的紅葡萄酒原本屬於波爾
多首丘產區，這個名稱在
一些老年份的酒瓶上還能
看見。

### 波爾多的內陸地區

廣闊的兩海之間區域雖然從酒的角度來說，並不是許
多超級明星的故鄉，但是毫無疑問它是吉隆特省風景
最優美、擁有最廣闊農田的葡萄酒產區。「兩海之
間」一名指的其實是加隆河和多爾多涅河之間——只
能在少數白葡萄酒的酒標上看到。

1:154,000

Km 0　1　2　3　4　5　6　7　8 Km
Miles 0　1　2　3　4　5 Miles

# 貝沙克－雷奧良 Pessac-Léognan

時值 17 世紀 60 年代，就在此地－波爾多市南郊，波爾多精品紅葡萄酒的整體概念才由歐布里雍堡（Château Haut-Brion）的莊主推出。

至少自 1300 年起，這個區域乾旱的沙質及礫石土壤就已開始為本地及出口市場提供最優質的紅葡萄酒；也在同期，當時的大主教（後來成為定居亞維農的教宗克雷芒五世）也種下一片葡萄園，即為現在的克萊蒙教皇堡（Château Pape Clément）的原型。

貝沙克－雷奧良集合了兩個格拉夫最重要的產酒市鎮，是最受歡迎北部次產區的現代稱呼（格拉夫的全貌參見前兩頁的地圖）。在這片沙質的土地上，松木是主要植物，而葡萄園都位於林中空地上，通常相互獨立，夾雜在茂密的森林以及小河切割出的淺灘河谷之間。右頁的地圖展示了波爾多市區及其古老的葡萄園是如何向林地延伸的，城市的郊區發展已經越來越常侵擾到這些歷史悠久的酒莊。

整個波爾多市所仰仗的是，（對於前來品酒的人來說）非常重要的環城公路（rocade），但這條公路的建設幾乎已將其沿線的所有葡萄園一一吞併，除了少數位於貝沙克市鎮、深厚礫石之中、品質最高級的酒莊外，比如：歐布里雍堡及其毗鄰的兄弟酒莊修院歐布里昂堡（La Mission Haut-Brion）、表現優異的卡門歐比隆堡（Les Carmes Haut-Brion）和皮卡優保（Picque Caillou）；離開貝沙克市鎮稍遠一點，還有曾屬大主教所有的克萊蒙教皇堡，是葡萄酒大亨 Bernard Magrez 酒莊帝國之中的得意之作。

歐布里雍堡和修院歐布里昂堡兩家酒莊都位於波爾多的遠郊區，鄰近市立大學，分列在貫穿貝沙克市鎮的舊 Arcachon 路兩側，很難找到。歐布里雍堡絕對是當之無愧的一級酒莊，酒質是介於力量與細膩之間的一種柔和平衡，帶有頂級格拉夫葡萄酒的特色：酒中有一抹泥土、蕨類植物、菸草和焦糖的氣息。修院歐布里昂堡產的酒

口感較為深沉、成熟、野性，且經常具有同樣的優異品質。1983 年，歐布里雍堡的美國莊主買下酒莊的老牌勁敵修院歐布里昂堡以及拉圖‧歐布里雍堡（Château La Tour Haut-Brion），後者如今已被併入修院歐布里昂堡。莊主這樣做的目的並非為了統一葡萄園，相反的是為了持續這場競爭。比賽每年都在歐布里雍堡和修院歐布里昂堡兩間酒莊之間進行，競爭的範圍不僅是兩款著名的紅葡萄酒，還包括兩款酒體豐厚、無與倫比的白葡萄酒，它們分別名為歐布里雍堡白葡萄酒（Château Haut-Brion Blanc）以及里維爾‧歐布里昂白葡萄酒（Château Laville Haut-Brion），後者自 2009 年起更名為修院歐布里昂堡白葡萄酒（La Mission Haut-Brion Blanc）。還有一些更為生動的例子能夠證明風土條件，即每一片土地的獨特性，對於這片波爾多土地來說是多麼的重要。

也許正因如此，許多酒莊近年來都堅決地開始提高其所出產之酒款的品質和數量，其中大多數是紅葡萄酒，並且採用的葡萄品種混釀比例和陳年潛力都與梅多克產區類似，不過因靠近森林而酸度稍高一點。到 2016 年為止，整個貝沙克－雷奧良的葡萄園面積在 20 年間增長了近 50%，達到 1,800 公頃，儘管其中常年只有 275 公頃用於釀造此區特有，主要採用白蘇維濃和榭密雍葡萄，經過橡木桶熟成，酒質卓越，陳年潛力很強的白葡萄酒。

## 在城市與森林之間

雷奧良市鎮（Léognan）深入森林，是右頁地圖的核心地帶。騎士酒莊（Domaine de Chevalier）雖然外表簡樸，卻是當地極為精彩的酒莊。酒莊從未有過城堡式的建築，雖然它的陳年酒窖（chai）和酒槽（cuvier）都因整修替換而顯得煥然一新，且葡萄園面積也在 20 世紀 80 年代末至 90 年代初大幅擴增，但是它依舊保持著像掩映在松樹下之農莊那樣的外觀。

酒莊出產的紅白葡萄酒，尤其是白葡萄酒，在酒齡尚淺時經常會被低估。騎士酒莊的莊主 Bernard 家族曾經擴展羽翼，如將幽居酒莊（Domaine de la Solitude）和勒斯普－馬蒂雅酒莊（Château Lespault-Martillac）收入囊中。另外一家在雷奧良村具有領導地位的列級酒莊歐貝立堡（Château Haut-Bailly）只釀紅葡萄酒，在這個區域實屬異類，但是其酒質蘊含深度，極具說服力，現在靠教皇城堡（Château Le Pape）主要採用梅洛釀造的酒款而變得更完整，教皇城堡同時也是一家精品飯店。瑪拉堤克堡（**Malartic-Lagravière**）經比利時的 Bonnie 家族大規模的翻新而充滿現代感，毗鄰的嘉興堡（Château Gazin Rocquencourt）同屬該家族所有。

自 1990 年代後，格拉夫地區就再也沒有一家酒莊跟史密歐拉菲堡（Château Smith Haut Lafitte）一樣，大刀闊斧地進行翻新。這家酒莊位於貝沙克－雷奧良地區最南端的 Martillac 市鎮，不僅紅白葡萄酒都釀得很好，還以「歐緹麗之源」（Les Sources de Caudalie）為名打造了飯店、餐廳以及一間前衛的葡萄 SPA 水療中心。其莊主 Cathiards 家族還收購了坎特里堡（Château Cantelys）以及主要採用梅洛釀酒的樂堤酒莊（Le Thil），並且在其整個葡萄酒王國中全面實施永續發展種植農法。

南邊的拉圖瑪提堡（Château Latour-Martillac）雖然整修的規模較小，但是其出產的紅葡萄酒 CP 值很高。另外一家位於最南端的著名酒莊是佛澤爾（Château de Fieuzal），莊主為愛爾蘭人，以出產酒體強壯的紅葡萄酒、口感濃郁的白葡萄酒，以及奢華的新酒窖聞名。

卡本尼爾堡（Château Carbonnieux）原是本篤會的資產，長久以來獲得讚賞的都是其品質值得信賴的白葡萄酒，所產的紅葡萄酒則較為清淡，但是近年來倒是增加了一些酒體。奧利維堡（Château Olivier）擁有波爾多歷史最悠久的城堡建築，美麗得令人目眩，紅白葡萄酒都有生產，目前正在進行長期的翻新改造。整個雷奧良村遍布著經營成功的酒莊，無論紅白葡萄酒都有精彩的佳釀出品。Château Baret、Château Branon、Château Brown、Château de France、Château Haut-Bergey 和 Château Larrivet Haut-Brio 是這其中最具代表性的幾家酒莊。

這個地區的先知以及推手是已經九十多歲的 André Lurton，他是當地葡萄酒農組織的創始人、貝沙克－雷奧良法定產區的創造者，在此擁有數家出產優質白葡萄酒的酒莊，並且努力促進這些酒莊近年來的翻修，其中包括拉羅斐爾酒莊（Château La Louvière）、洛契莫林酒堡（Château de Rochemorin）、列級酒莊魯洞（Château Couhins-Lurton）。其實以上列舉的酒莊全部都在 1959 年獲得了列級酒莊的稱號，以及位於拉圖瑪提堡以南、可在第 100 頁的地圖上看到的酷洛酒堡（Château de Cruzeau）。同為列級酒莊的伯斯高酒堡（Château Bouscaut）為其侄女 Sophie Lurton 所有，出產的紅白酒最近都是非常值得認真以待的酒款。

這幅 1776 年的版畫描繪的是一桶桶裡頭裝有波爾多葡萄酒的橡木桶，根據 Samuel Pepys 的日記記載，這些酒從沙特龍河岸路（Quai des Chartrons）上的酒客取出（滾出）後，乘船北上，隨後在倫敦的小旅館裡出售，風靡了至少一個世紀。

這片靠近鐵路，面積為3公頃的榭密雍和白蘇維濃葡萄園，提供歐布里雍堡甜美白葡萄酒的原料，通常是整個吉隆特省最早採收的地方。

修院歐布里昂堡葡萄園的顏色與歐布里雍堡的相比顏色較淺，因為前者其實並非一級酒莊，其酒價和地圖都可佐證，但是它確實已經非常、非常接近一級酒莊的水準了。

這片葡萄園圍繞著波爾多的官方葡萄種植研究中心──葡萄栽植與釀造科學研究中心（Institut des Sciences de la Vigne et du Vin），屬於波爾多大學所有。近年來，波爾多大學迎來眾多學習葡萄酒的國際學生，尤其是中國學生。

# 索甸與巴薩克 Sauternes and Barsac

波爾多其他所有地區所產的葡萄酒都可與風格類似的產區互爭高下，但是索甸的酒卻不同。雖然經常被低估輕視，但卻無可比擬，形態特殊又鮮有對手，可陳放的潛力堪稱世界之最，而釀製時則需要當地極其特殊的氣候、一種非常罕見的黴菌以及獨特的釀酒技巧，多方面配合才能成功。在卓越的年份裡，酒質可臻超凡入聖：能產出極度甜美、結構豐腴、花香繁繞的迷人金黃色酒液。主要採用榭密雍釀造，輔以不同比例的白蘇維濃，產量通常極小；在採摘、釀製和調配的過程中，因為精挑細選而造成的減產，往往會讓某些酒款在荷包上不堪負荷。令人沮喪的是，儘管當地酒莊的雄心和實力自 21 世紀以來已有顯著增長，而且近年來也出現了 2001、2005、2007、2009、2011、2013、2015 和 2016 等一系列的卓越年份，但大眾對於這種費盡心力才能得到的佳釀，依舊不感興趣，需求量不成比例地低。

因此，索甸地區釀製不甜白葡萄酒的比例越來越高。伊更堡甚至早在 1959 年便推出一款酒體非常厚重、高酒精濃度的不甜白葡萄酒，名為 "Y"（讀音為 Ygrec）。今日，伊更堡的釀酒團隊試圖將其不甜白葡萄酒釀成更為清新的現代風格，而整個索甸地區的釀酒風格也正朝此方向靠攏，比如居侯堡（Guiraud，又稱「琪后酒堡」）所產的 "G" 和旭第侯堡（Suduiraut）的 "S" 便是如此。還有一種手法則是將較早成熟的葡萄用於釀造二軍甜白葡萄酒，以提升一軍頂級酒的地位與品質。

## 1885 年分級制度

19 世紀的飲酒人與今日相比，更能欣賞這種獨特而優質的甜型葡萄酒。在 1855 年的分級制度中，**索甸**是除了梅多克以外，唯一獲得評級的產區。伊更堡更被評為特等一級酒莊（Premier Cru Supérieur），這個等級只此一家，是波爾多唯一的特例。另外還有 11 家酒莊被列為一級酒莊，12 家酒莊被列為二級酒莊。包括索甸本身在內的 5 個產市鎮都可以使用「索甸」這個法定產區名稱。而其中最大的市鎮**巴薩克**則可以選擇將其生產的酒冠以「索甸」或「巴薩克」法定產區。

索甸產的酒風格與標準酒一樣極其多樣化，不過大部分的頂尖酒莊都位於伊更堡的四周。拉佛瑞堡（Château Lafaurie-Peyraguey）的名字像花，酒中同樣藏有許多花香，還在 2018 年新增了一座奢華酒店和餐廳；安盛保險集團旗下的旭第侯堡位於 Preignac 市鎮，以豐盛華麗見長，除了優質的一軍酒外，還另外出產至少兩種價格較為便宜的酒款；胡賽克堡（Château Rieussec）屬於 Rothschild（Lafite）集團，通常酒色深鬱，酒體豐腴。其他目前品質較為精彩的酒莊還有上佩哈傑酒堡（Clos Haut-Peyraguey）、由曾任伊更堡數百年莊主的 Lur-Saluces 家族所經營的法格堡（Château de Fargues）、雷蒙拉豐堡（Château Raymond-Lafon）以及本身設有釀酒學校的白塔堡（Château La Tour Blanche）。剛剛獲得有機農法認證的居侯堡經過翻修重整，現在裡頭還巧妙

地設有一間餐廳，可以搭配所產的時髦甜酒。而吉列堡（Château Gilette）則出產風格大相徑庭的酒款，未經橡木桶陳年，經過酒窖多年瓶陳，但是同樣極具陳放潛力。

## 嚴格挑選

在巴薩克市鎮中，由克儷蒙斯堡（Château Climens）、庫特堡（Château Coutet）以及 2014 年與多西布羅卡莊園（Château Doisy-Dubroca）合併的多西戴恩（Château Doisy-Daëne）等酒莊領軍，所產的葡萄酒與索甸市鎮的酒莊相比在理論上（但實際上並非總是如此）風格更為清新一些。克儷蒙斯堡出產的甜酒經常擁有媲美伊更堡的豐厚酒體，這主要是因為莊主 Bérénice Lurton 的刻苦努力，她在採收時，將每批精選、適合釀甜酒的葡萄（法文稱 trie）分別釀造，細心監控，最終再進行令人難以想像、極其複雜的調配。而附近庫特堡的團隊則更忙於透過社群網站媒體與潛在的甜酒愛好者進行交流。位於克儷蒙斯堡和庫特堡之間的是，品質卓越的多西戴恩酒莊，莊主為 Dubourdieu 家族，會在最好的年份釀造產量極低的奢華特釀（L'Extravagant），這款酒也是當地最甜、價格最高的酒款之一。

## 貴腐（NOBLE ROT）

在這個溫暖而肥沃的阿基坦大區（Aquitaine）一角，當小河「錫隆河」中的冷水遇到寬闊加隆河中較為溫暖的河水時，秋季晚間便會產生霧氣，一直持續到凌晨。綿綿的細雨也助長霧氣的產生。釀造索甸貴腐甜酒所需的特殊技術，只有財力雄厚的酒莊才負擔得起，其中包括高達八到九次的分批採收，而採收期通常從 9 月開始，有時會持續到 11 月。這主要是為了善加利用一種特殊的菌種：科學家們稱其為灰葡萄孢菌（Botrytis cinerea），而詩人們則稱其為貴腐菌（pourriture noble）。在溫暖有霧的夜晚，這種黴菌有時會生長在榭密雍、白蘇維濃以及密思卡岱葡萄上，隨著白天氣溫升高而逐漸增多，並且穿透葡萄皮，使得葡萄乾縮，有時甚至因為附著在葡萄表面而使其看起來如同布滿絨毛。

這種黴菌會讓葡萄中大部分的水分蒸發，從而在極其濃稠的葡萄汁裡留下糖分、酸度以及香氣分子，但是這樣的葡萄汁非常難以發酵。只有經過在小型橡木桶中的細緻熟成，以及部分酒莊精準地篩

選和調配，最後才能釀成香氣集中、口感順滑、質地豐美，且陳放潛力無窮的佳釀。

這種葡萄最理想的採收時間是當它們乾縮時，有時必須逐粒採摘，並且需要多次分批採摘。因此酒莊必須讓採摘隊伍在幾個星期中隨時待命，一次又一次地前往同一片葡萄園採摘，而且採摘人員需要具備足夠的經驗和技術，才能決定每一次要採收哪些葡萄枝、甚至是哪些果實。

鑒於生產成本極其高昂，而且葡萄裡大部分的水分也已經蒸發，所以索甸甜白酒的產量驚人的低。伊更堡是索甸最大的酒莊，目前由資本雄厚但卻精打細算的 LVMH 集團擁有，葡萄園占地大約 100 公頃，但是每公頃的平均產量只有 80 公升，而梅多克頂級葡萄園的平均產量是其五至六倍。雖然索甸甜白酒的價格逐漸攀升，但是很少有葡萄酒飲酒人能夠了解，這些偉大的波爾多甜白葡萄酒與其同級的波爾多紅葡萄酒相比，售價其實是極度被低估的。

理論上，巴薩克市鎮的葡萄園所產出的葡萄酒與其南邊相應較為清新，因為這片位於高速公路和鐵路之間的土地擁有獨特的石灰岩基土。

貝沙克－雷奧良產區的騎士酒莊（Domaine de Chevalier）買下月亮莊園（Clos des Lunes）的葡萄園，旨在推出優質的不甜白葡萄酒── 金月（Lune d'Or）和銀月（Lune d'Argent）。

從地圖上可以看出索甸最為著名的伊更堡面積有多麼寬廣，圍繞小山四周的深紫色區域皆包含其中。奇怪的是，雖然酒莊位於山頂，但這裡的地下水位卻異常的高，因此就需要進行排水，但同時又要確保葡萄藤在乾旱期還能正常生長。伊更堡在較好的年份，年酒量能達8,000 箱 12 瓶裝的葡萄酒，但若氣候條件不佳（比如 2012 年），則一瓶酒都不釀。

縣界
市鎮（教區）邊界
CH LAMOTHE　列級酒莊
Ch de Fargues　其他知名酒莊或釀酒商／酒廠
一級莊葡萄園
其他葡萄園
森林
25　等高線間距 5 公尺

1:41,500
Km 0　1　2 Km
Miles 0　1 Mile

# 波爾多右岸地區
# The Right Bank

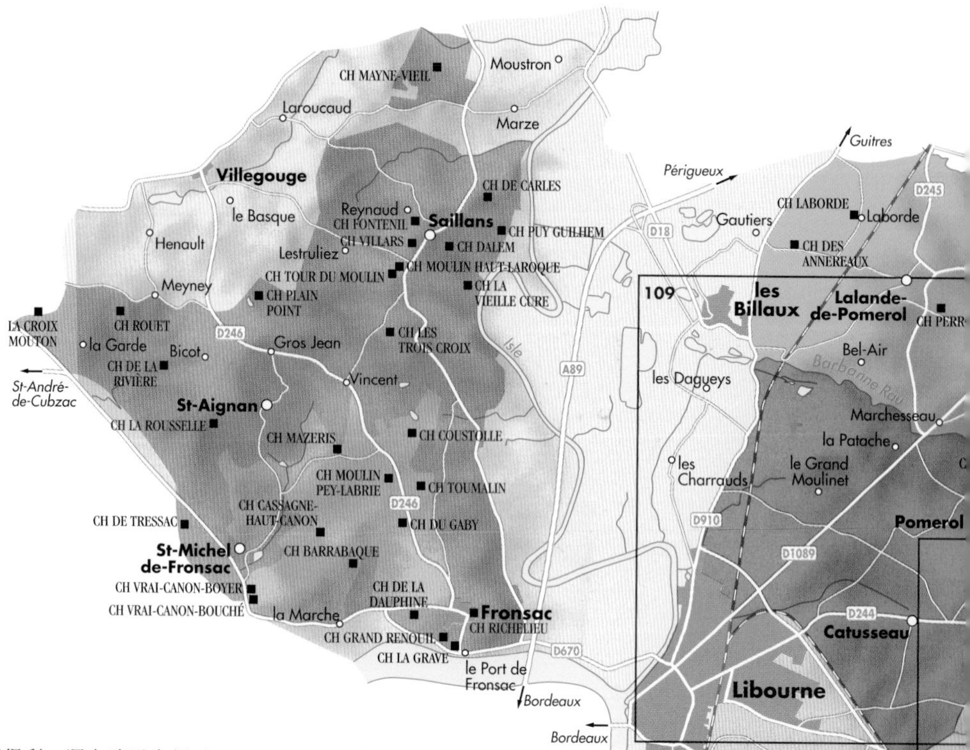


本地圖展現了目前波爾多最有活力的產酒區域，即右岸地區，波爾多「右岸」這個稱呼最早是由盎格魯撒克遜人提出的，用以將其對照梅多克和格拉夫所在的吉隆特河「左岸」。法國人將這個區域稱為利布內區（Libournais），取名自該區古都利布恩市（Libourne），該市還是波爾多第二大葡萄酒交易中心。從歷史來看，利布恩市長久以來一直提供北歐一些簡單但是品質不差的葡萄酒，這些酒來自附近的葡萄園，比如弗朗薩克（Fronsac）、聖愛美濃和玻美侯等產區。比利時曾是利布恩市最主要的出口市場。

今日的聖愛美濃和玻美侯已經成為世界知名且價格高檔的法定產區名稱，後續會有專門的章節詳述。現在我們首先要看的是，環繞在這兩個產區周圍的幾個區域，它們生龍活虎的表現。

其中最優秀的例子，要數位於利布恩市西邊的兩個雙次產區 ── **弗朗薩克**和**加儂－弗朗薩克（Canon-Fronsac）**。這片林木點綴、坡度平緩的區域因其悠久的歷史而備受喜愛，而產於此區、品質最優的酒款也的確果味充沛，具有右岸地區的典型風格，且酒款年輕時，通常單寧嚴謹，酒體紮實。雖然與最精緻的玻美侯葡萄酒相比，弗朗薩克的酒款顯得較為粗獷，但是波爾多一些 CP 值最高的葡萄酒常常出自此處。多爾多涅河畔的石灰岩坡地則被稱為「加儂－弗朗薩克」，不過即使是當地人，有時也很難說出上述兩個法定產區之間的差異。

弗朗薩克和加儂－弗朗薩克的潛力非常明顯，難怪能吸引眾多投資者蜂擁而至，除此之外，像是利布恩市的酒商 J P Moueix 集團以及近年來一些波爾多以外的財團也到此投資。也許是近來已在這個區域擁有大約 15% 葡萄園，並收購了大河酒莊（Château de la Rivière）和黎塞留酒莊（Château Richelieu）的中國投資者，讓他們如吃了定心丸，投資的意志更堅定。

玻美侯產區外圍的葡萄園主要集中在內阿克（Néac）和**拉隆－玻美侯（Lalande-de-Pomerol）**這兩個村莊周圍，兩地出產的酒款都以拉隆 - 玻美侯為法定產區名稱。相較於玻美侯臺地本身的產酒，它們欠缺了一些耀眼的活力，但是決定拉隆－玻美侯酒質優劣的關鍵，如這兩頁地圖上所標示之區域，還在於其背後所投資的較大型酒莊。舉例來說，位於拉隆－玻美侯的拉弗爾布華酒莊（La Fleur de Boüard）與聖愛美濃產區知名的金鐘堡（Château Angélus）屬同一家族旗下所有，因此也能從其釀酒經驗與設備中受惠；正如庫澤拉酒莊（Château Les Cruzelles）及其兄弟酒莊施奈德（La Chenade）也因為與玻美侯的艾葛克林內堡（Château L'Eglise-Clinet）關係匪淺而得利。還有嘯雷克堡（Château Siaurac）隸屬於波雅克的一級酒莊拉圖堡（Château Latour），而上沙依諾堡（Château Haut-Chaigneau）及其單獨裝瓶的酒款「塞爾格」（La Sergue）則由著名的釀酒顧問 Pascal Chatonnet 負責經營。

同樣的現象，也發生在右岸最東邊的法定產區**卡斯提雍－波爾多丘（Castillon Côtes de Bordeaux）**以及地圖之外東北邊的**弗朗－波爾多丘（Francs Côtes de Bordeaux）**這兩個法定產區。位於弗朗的夏蒙高達酒莊（Château Les Charmes Godard）和佩加洛堡（Château Puygueraud）同屬比利時的 Thienpont 家族所有，這個家族擁有眾多酒莊產業，包括老色丹堡（Vieux Château Certan）和樂邦堡（Le Pin）。

但是在卡斯提雍（地圖只列出了最西邊的部分），酒莊獲得的投資規模更大。從地質學角度來說，卡斯提雍其實是聖愛美濃的延續。最好的地塊位於俯瞰河水的沖擊土壤之上。在坡度起伏更大的地方，土壤則由不同比例的石灰岩和黏土混合，這與聖愛美濃的部分地塊十分類似。這片較為靠近內陸的區域擁有相對比較涼爽的氣候，這對其來說不再像過往會被視為缺點。而天鵬家族正是在此收購了名為「山毛櫸」（L'Hêtre）的莊園。更早開始接受來自西邊投資，並大放異彩的酒莊還有與聖愛美濃加儂加佛利堡（Château Canon-la-Gaffelière）屬同一莊主的德古伊堡（Château d'Aiguilhe），以及同在聖愛美濃，與博聖貝可堡（Château Beau-Séjour Bécot）為同一莊主的瓊安貝可堡（Château Joanin Bécot）；而黛樂酒莊（Domaine de l'A）則一直是國際知名釀酒顧問 Stéphane Derenoncourt 的大本營。近年來，帕彌堡（Château Pavie）的莊主 Gérard Perse 成立月光園（Clos Lunelles）；黛特侯德堡（Tertre Roteboeuf）莊主 François Mitjavile 的兒子 Louis 成立奧拉奇酒莊（L'Aurage）；德斯巴涅酒莊（Grand Corbin-Despagne）成立安佩麗雅酒莊（Château Ampélia）；還有艾葛克林內堡（L'Eglise-Clinet）的莊主 Denis Durantou 成立蒙蘭西酒莊（Château Montlandrie）。另外，老藤專家路易園酒莊（Clos Louie）、卡普富爵酒莊（Château Cap de Faugères）、Thierry Valette 名下的皮阿努酒莊（Clos Puy Arnaud）以及微曦酒莊（Château Veyry）都是此地值得關注的酒莊。

所謂的聖愛美濃「衛星產區」（satellites）是位於聖愛美濃市鎮北邊的四個村莊，分別為**蒙塔涅（Montagne）**、**盧薩克（Lussac）**、**皮斯甘（Puisseguin）**和**聖喬治（St-Georges）**，這些衛星產區均可在其各自的名字前面加註「聖愛美濃」一名。這些衛星產區的酒款通常嚐起來略顯粗糙，像是介於聖愛美濃與貝傑哈

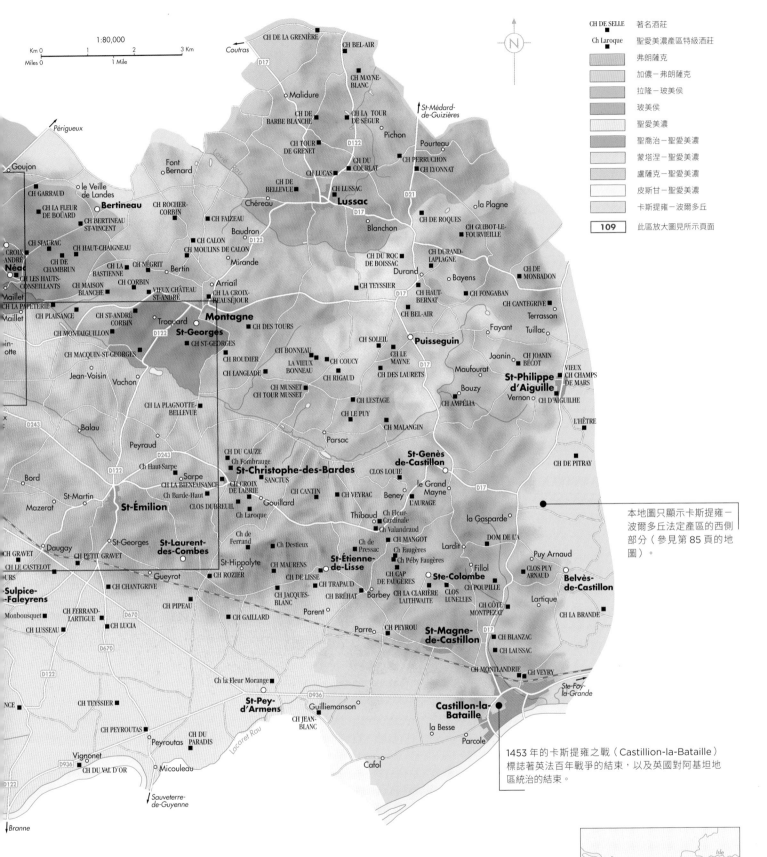

CH DE SELLE　著名酒莊
Ch Laroque　聖愛美濃產區特級酒莊
弗朗薩克
加儂－弗朗薩克
拉隆－玻美侯
玻美侯
聖愛美濃
聖喬治－聖愛美濃
蒙塔涅－聖愛美濃
盧薩克－聖愛美濃
皮斯甘－聖愛美濃
卡斯提雍－波爾多丘
109　此區放大圖見所示頁面

本地圖只顯示卡斯提雍－波爾多丘法定產區的西側部分（參見第 85 頁的地圖）。

1453 年的卡斯提雍之戰（Castillion-la-Bataille）標誌著英法百年戰爭的結束，以及英國對阿基坦地區統治的結束。

克（Bergerac）產區紅葡萄酒之間的感覺。貝傑哈克緊鄰聖愛美濃衛星產區的東邊（參見第 113 頁），但是也有一些區域擁有栽培潛力良好的黏土石灰岩土壤 —— 這裡會是未來投資和品質改進的沃土嗎？

但是最有意思的是，還有許多知名酒莊都位於聖愛美濃產區裡淺紫色的區塊，離聖愛美濃的經典核心區域還有一段距離（參見第 110-111 頁的地圖）。目前在波爾多找不到任何產區，能像這裡一樣投入大量資金及心力，探索地理和葡萄酒風格的極限，以釀出傑出的波爾多紅葡萄酒。更多細節，參見第 110-112 頁。

# 玻美侯
## Pomerol

　　玻美侯，這個名字總會讓人聯想到最為絲滑、有時也是最為昂貴的紅葡萄酒。然而這個地方現行上的困難是已經幾乎沒有空間了，沒有真正的村中心，只有一座孤零零、意外雄偉的教堂座落在高原上，無數看起來幾乎一模一樣的小路縱橫貫穿葡萄園區，還有零星一些普通的房舍點綴著，每一間卻都享有「城堡」（château）的名號。玻美侯就是葡萄酒世界中這樣一個奇怪的角落，身歷其境時常常會迷失方向。就地質上來說，它是另一個巨大的礫石河岸，地勢稍微有點起伏，但整體而言相當平坦。越接近利布恩市，土壤的含沙量就越高，而在東邊和北邊與聖愛美濃地區接壤的部分，則通常含有較豐富的黏土。這裡所出產的葡萄酒，可以說是波爾多最溫潤、最豐盛、最討人喜歡的波爾多紅葡萄酒類型。品質最高的玻美侯葡萄酒，陳放十幾年後甚至能將迷人的酒香和令人沉醉的細膩口感發展得更完整，其中很多酒款只要陳年五年就已經相當引人貪杯了。熟成的年份越長，這些酒會慢慢散發出一種肉味、甚至是野味一樣的氣息。

　　肉質飽滿、討喜、早熟的梅洛葡萄在玻美侯——更甚於在其鄰近的聖愛美濃，是毋庸置疑的王者，卡本內－弗朗則扮演補充的配角，通常只在調配中占五分之一。利布恩市以北的臺地，傳統上被認為能起暖化作用的大西洋太遠，因此不太適合種植卡本內蘇維濃。

　　玻美侯產區雖然相當複雜，但是我們只要明白，這裡的平均水準通常較高。低品質的玻美侯葡萄酒極其少見，但是價格便宜的酒款也因此難得出現。

　　玻美侯是個民主的產區，擁有許多知名的波爾多葡萄酒，卻沒有分級制度，如果真要分級也不容易。近幾年產區之外的人才漸漸知道玻美侯一些最為閃亮的名字。儘管古羅馬人曾在這裡釀造葡萄酒，但是玻美侯直到 20 世紀中葉才開始被視為是一個值得尊敬的產區。這主要感謝一位來自內陸省份 Corrèze、擁有豐富資源的酒商——Jean-Pierre Moueix 的努力，他從 20 世紀 30 年代開始定居於利布恩市，慢慢收購了一系列酒莊，出產品質不容忽視的酒款，一開始受到比利時葡萄酒愛好者的欣賞。另外一個實施分級較為困難的原因則是，這裡的酒莊都是極小的家庭規模，常常會隨著人事變遷而產生變化，比如強大的 Moueix 家族會將旗下酒莊的地塊不斷進行增添和削減。玻美侯的土壤非常複雜，從礫石過渡到帶礫石的黏土，再到黏土與礫石的混合，或者是從帶沙子的礫石地過渡到帶礫石的沙地，這些都很難從葡萄園流暢的邊界中具體顯現出來。

　　玻美侯大多數生產者都只出產一款葡萄酒，頂多利用較為年輕的葡萄藤或不太優質的土壤，外加一款二軍酒。多年來，柏圖斯酒莊（Petrus）是公認的第一把交椅，擁有最特殊的地塊，11.5 公頃的葡萄園全部種植梅洛，上層為獨特、略帶藍色的黏土，下層為排水性極佳的礫石，能產出最為優雅、陳年潛力卓越的酒款。酒莊莊主是 Jean-Pierre Moueix 的長子 Jean-François，他也是波爾多市最有影響力的酒商，家族的傳承在柏圖斯酒莊尤為重要，前任釀酒師 Jean-Claude Berrouet 的兒子 Olivier Berrouet 現在正是酒窖的負責人。

## 持續的演變

　　隨後，到了 20 世紀 80 年代，雅克·天鵬（Jacques Thienpont）在一塊原址為菜園的地方建立了樂邦堡（Le Pin），他來自擁有老色丹堡（Vieux Château Certan，又稱 VCC）以及眾多其他右岸酒莊的比利時家族。即使以玻美侯的標準（平均每家酒莊不到 3 公頃）來看，樂邦堡依然是一間超小型的酒莊，產量極小，完全採用手工操作，因此能釀出一款「究極之酒」（ultra-wine），酒的各個方面都卓然不凡、非常迷人（當然也相當稀有），也因此造成樂邦堡的酒價有時幾乎與柏圖斯同樣高昂，而柏圖斯的酒價則遠比左岸的任何一級酒莊都昂貴得多，當然產量也小得多。樂邦堡和柏圖斯新建立的雄偉建築和酒窖，令人印象深刻，都向世人證明，銷售這些超級奢華的葡萄酒是多麼地易如反掌。

　　右頁的地圖以大寫字母標出目前酒價最高的幾家酒莊。雷格里斯堡（Clos l'Eglise）、克里內堡（Château Clinet）、艾葛克林內堡（Château L'Eglise-Clinet，又稱「克里奈教堂莊園」）——看看這些名字多麼容易混淆、蓋之花堡（Château La Fleur de Gay）和紫羅蘭堡（Château La Violette）都是玻美侯王冠上新嵌上的幾顆寶石。而康瑟雍堡（Château La Conseillante）、Rothchild（Lafite）集團旗下的樂王吉堡（Château L'Evangile）、花堡（Château Lafleur）、拉圖玻美侯（Château Latour à Pomerol）、拓塔諾瓦

拿個杯子當放大鏡，您就有可能在右頁地圖上找到玻美侯那座不成比例的教堂，它就位於名字裡都有「教堂」（Eglise）一詞的那幾個酒莊以南。

堡（Château Trotanoy）以及罕見以卡本內蘇維濃為主的老色丹堡，這些酒莊都擁有釀造優質佳釀的長期記錄。拉佛彼得綠堡（Château La Fleur-Pétrus，又稱「柏圖斯之花酒莊」）同樣享有盛名，最初擁有 8 公頃的葡萄園，位於柏圖斯酒莊旁邊，圍繞在 Moueix 家族為葡萄園工人建造的宿舍四周。不過，酒莊最近經過 Jean-François Moueix 的弟弟 Christian 以及 Christian 之子 Edouard 的再造工程，目前由三個分散的地塊組成，共計 18.7 公頃。Christian Moueix 也同樣重建了與柏圖斯酒莊只有一路之隔的色丹居荷堡（Château Certan Giraud），並將其改名為禾薩納堡（Hosanna）。也許因為是 Christian 的父親將玻美侯在地圖上塑造成型的，所以他也有權將其重新描繪。

　　這些關係密切的酒莊全都位於玻美侯東部的黏土土壤上，這不僅顯示了產酒的風格，也代表了品質，它們通常出產的是最濃郁、最肥厚飽滿、也最豐美的佳釀。而利布恩市周圍的土壤較輕、含沙較多，市內的酒商公司紛紛座落在流水緩慢的多爾多涅河右岸，出產酒款的集中度和精彩度則明顯較弱。

　　在玻美侯產區正北的葡萄園，有顆新興之星正在冉冉升起，稱為「拉隆－玻美侯」（Lalande-de-Pomerol），算是比較划算且年輕版的玻美侯（可參考第 106 頁的地圖）。艾葛克林內堡的莊主利用他從其玻美侯據點放眼可及的葡萄園，打造了施奈德（La Chenade）和庫澤拉（Les Cruzelles）兩款酒。拉隆－玻美侯所產之最優質的酒款，比玻美侯的酒成熟得更快，但是價格便宜很多。

**拉隆－玻美侯與玻美侯**

這張地圖展示了玻美侯如何與聖愛
美濃多礫石的西部邊界接壤，白馬
堡（Château Cheval Blanc）和
費賈克堡（Château Figeac）就
位於兩個產區的交界處。由此可看
出玻美侯頂級酒莊在此區分佈有多
密集，不過這些酒莊的迷您尺寸常
讓很多遊客嚇一跳。

玻美侯最著名的酒莊柏圖斯在
路過時很容易被忽略，而且要
預約參觀的難度非常高。

| | |
|---|---|
| 縣界 | |
| 市鎮（教區）邊界 | |
| **CH LAFLEUR** | 頂級酒莊 |
| Ch Bourgneuf | 其他知名酒莊 |
| | 聖愛美濃一級特等酒莊（A組）的葡萄園 |
| | 其他葡萄園 |
| | 森林 |
| —50— | 等高線間距 5 公尺 |

1:25,000

Km 0      1 Km

Miles 0     1/2 Mile

# 聖愛美濃
## St-Emilion

歷史悠久的美麗小鎮聖愛美濃，是今天波爾多釀酒技術現代化風潮的中心，它位於多爾多涅河上方斷崖的一個角落。在小鎮後方的沙質和礫石臺地上，葡萄園向西綿延，直至玻美侯地區，高高地俯瞰多爾多涅河流經此處時所形成的環形河道。由此處往南走，在距離河水最近的地方，葡萄園順著陡峭的石灰岩山坡（Côtes）而下，與平原相連。整個產區一直蔓延到河岸（可參考第 106-107 頁的地圖）上那些含沙較多、與其上方大相徑庭、品質潛力不高的土地。

小鎮雖然袖珍，卻是波爾多地區觀光客最多的鄉村，它之所以是遊客眼中的珍寶，乃因其於 1999 年已被聯合國教科文組織列為世界文化遺產。它擁有內陸和高地區域的特質，還有與古羅馬相關的歷史起源，無數用來藏酒的洞穴酒窖以及醉人的酒香，當地的葡萄酒商店和住宅一樣多不勝數，甚至連聖愛美濃鎮上的教堂都是一座酒窖，並且和其他酒窖一樣，都是從堅硬的山岩上鑿出來的。小鎮廣場上的那家米其林星級餐廳 Hostellerie de Plaisance 其實就修建在教堂的屋頂上，您可以愜意的坐在鐘樓旁邊，享用鵝肝和小牛胸腺。

聖愛美濃地區出產酒體豐厚的紅葡萄酒。以往，在許多人還未能適應梅多克地區酒質的結實與緊澀之前，他們喜愛的正是聖愛美濃酒款的豐滿厚實風味。在成熟、陽光充沛的好年份所釀出聖愛美濃酒，經過真正熟成後，酒中幾乎帶有甜味。聖愛美濃葡萄酒的酒精濃度通常比梅多克更高，近年來常常超過 14%，但是最優質的酒款能夠長期陳放。

聖愛美濃的主要品種是果味濃郁的梅洛，輔以提供骨架的卡本內－弗朗。卡本內蘇維濃在這個地區的氣候下可能無法完全成熟，因為這裡受

### 右岸的釀酒顧問

從 20 世紀 90 年代起，聖愛美濃便吸引了大批的外來投資者，他們收購葡萄園，大手筆的投資建造酒窖和釀酒設施，並且雇用當地的專業釀酒顧問，比如 Michel Rolland、Stéphane Derenoncourt、Stéphane Toutoundji、Hubert de Bouärd 和 Alain Reynaud。在這種情況下，再加上某些可以走現代風格的酒款，聖愛美濃幾乎被認為與加州的那帕谷頗為相似。不過，到了 21 世紀的第二個 10 年，聖愛美濃恢復傳統釀酒工藝的風潮再起。

到的海洋調節較少，尤其土質較為潮濕陰冷，不過較為溫暖的夏季有時也會打破這種常規。有些酒莊 —— 包括一級酒莊白馬堡 —— 甚至會在不太適合出產紅葡萄酒的地塊種植白葡萄。

### 聖愛美濃分級制度

聖愛美濃的分級與梅多克的 1855 年分級完全不同，且嚴謹得多。每過 10 年左右（最近一次是在 2012 年），專業委員會都會針對區內酒莊進行重新評定，以確認哪些酒莊可以進入一級特等酒莊（Premiers Grands Crus Classés）以及特等酒莊（Grands Crus Classés）的行列。其他聖愛美濃的酒莊則可標示為特級酒莊（Grand Cru），但是酒標上不會出現列級（Classé）字樣，所以要仔細觀察標籤。目前，一級特等酒莊共有 18 家，其中白馬堡和歐頌堡（Ausone）以及後加入的金鐘堡（Angélus）和帕菲堡（Pavie）被列入一張單獨的超級名單，即一級特等酒莊 A 組（Premier Grand Cru Classé A）。特等酒莊共有 64 家，普通的特級酒莊則有好幾百家。最近晉升至一級特等酒莊的是拉西杜卡斯堡（Château Larcis Ducasse）、拉蒙多特莊園（Château La Mondotte）和瓦倫德羅堡（Château Valandraud），即使是一些非常出名的酒莊也有可能會遭到降級。

不過有許多酒莊雖然不在分級系統之內，但其酒款卻大受歡迎。近年來，這個產區總計 800 多家酒莊當中，有幾十家、甚至是幾百家都經過了現代化調整，釀出的酒款通常都更加滑順、少些粗獷感、更濃縮，但有的甚至太過度（參見左下角的表格說明文字）。

整個波爾多近年來都出現了酒莊合併的趨勢，因此較為成功的酒莊規模越來越大（即使品質未必更高，但也能獲得更多利潤），這一現象在傳統上酒莊比左岸規模要小的右岸尤為明顯。比如，原本的貝雷堡（Château Belair）、瑪德蘭堡（Château Magdelaine）和瑪德萊娜（Clos La Madeleine）三家酒莊合併成為現在的天使貝雷堡（Château Bélair-Monange），位於山坡之上，緊鄰著名的一級特等酒莊歐頌堡。還有一些由左岸莊主投資、相對較新、財大氣粗的酒莊。在貝沙克市鎮擁有一級酒莊歐布里雍堡的 Dillon 家族將道卡伊酒莊（Château Tertre Daugay）和拉蘿絲堡（Château l'Arrosée）兩家酒莊轉化成為一家名為昆圖斯酒莊（Château Quintus）的時髦酒莊，葡萄園占地 28 公頃，座落在山坡上朝南的絕佳位置；而瑪歌市鎮侯松榭格拉堡（Château Rauzan-Ségla）的所有人（也是香奈兒集團的所有人）則透過收購瑪塔堡（Château Matras）和貝林貴堡（Château Berliquet）兩家酒莊，以擴充其名下的卡農堡（Château Canon）的版圖。中國人和俄羅斯人在聖愛美濃的投資規模也同樣很可觀。

土地的價格已飆漲，而今日的莊主們已經更有可能是保險公司，而不再是 20 世紀 90 年代的「車庫酒莊老闆」（garagiste），在那個年代，他們能以非常便宜的價格買下幾棵葡萄藤，然後

在自己的車庫裡將其轉化為價格高昂、能讓酒評家打出一百分的酒液。把規模做大，而不是縮小，是如今的規則。Jean-Luc Thunevin 用他的芙蘭侯堡證明如何從車庫酒莊發展成為波爾多名莊大家庭的一員。

聖愛美濃產區共有三個風格各異的區域，其中不包括河畔平原上那些品質較差的葡萄園，也不包括東部和北部可以使用同一法定名稱的教區（詳見第 106-107 頁的地圖）。想要進一步了解整個聖愛美濃產區不同土壤類型的差異，可以參考第 112 頁的地圖。

第一組最精華的酒莊位於聖愛美濃的西側邊界，靠近玻美侯。這裡最富盛名的便是白馬堡，它那引人注目又環保的嶄新釀酒廠（參見第 2-3 頁的地圖）幾乎與其所產，美味又均衡的好酒一樣令人難忘，之所以能有這麼馥郁的香氣，在於它採用了高比例的卡本內－弗朗。在白馬堡的眾鄰中，當屬規模較大的費賈克堡（Château Figeac）的品質與其最為接近，這裡的土壤當中礫石更多，品種則以卡本內蘇維濃為主，在當地實屬唯一。酒莊正在踐行有機農法，並且出奇地不分割葡萄園，而是以幾乎同樣的比例種植梅洛、卡本內蘇維濃和卡本內－弗朗，後面兩個葡萄品種特別適合酒莊中排水性良好的礫石土壤。

另一組占地範圍較大的酒莊位於聖愛美濃丘，主要占據了聖愛美濃小鎮周邊的山崖，還

**聖愛美濃的核心地帶**

所有 18 家一級特等酒莊在這張地圖上都有顯示，
同時大部分的特級酒莊也均有標出。可以重溫第
106-107 頁的地圖，在那張地圖上，完整展示了
整個聖愛美濃產區的地貌。

Bordeaux

Dordogne

Isle

Libourne

Garonne

B/C

MONTAGNE-ST-ÉMILION

ST-GEORGES-ST-ÉMILION

N

Ch Franc Maillet
Guadeleyrat
Ch Vieux Maillet
Ch le Bon Pasteur
Ch Haut-Maillet
la Croix Chante-Caille
Ch Croque Michotte
le Jura
Montagne
Ch Grand-Corbin-Despagne
Maison Neuve
Montagne
Ch la Dominique
Ch Corbin Michotte
Ch Corbin
Ch Grand Corbin
CHEVAL BLANC
Ch Jean Faure
Ch Jean Voisin
Chasteau
Ch Ripeau
Ch la Commanderie
Ch Chauvin
Vachon
Clos Grand Faurie
Ch Trimoulet
Sarrensot
Petit Montlabert
Bézineau
le Fougueyrat
la Rose
Merissac
Ch la Fleur
la Croix Figeac
Marzelle
Ch Rol Valentin
Ch Moulin du Cadet
Ch Cap-de-Mourlin
Ch Dassault
Ch Grand Barrail Lamarzelle Figeac
Ch Haut-Segottes
ST-ÉMILION
Balau
Ch Larmande
Clos de l'Oratoire
Peyraud
Ch Yon-Figeac
CH LA GRACE DIEU DES PRIEURS
Ch Côte de Baleau
Ch Laniote
Ch Fonroque
Ch Faurie de Souchard
St-Christophe-des-Bardes
Magnan
Ch Laroze
Clos des Jacobins
le Cadet
Ch Petit Faurie de Soutard
Ch Soutard
Jacquemeau
Ch Franc Mayne
Ch Grand Mayne
Ch Cadet-Bon
Ch Balestard la Tonnelle
Bord
Ch Grand-Pontet
Ch le Chatelet
Ch les Grandes Murailles
Clos St-Julien
Ch la Gaspaude
Sarpe
Ch Clos de Sarpe
St-Christophe-des-Bardes
CH BEAU-SÉJOUR BÉCOT
Clos Fourtet
Ch Gaudet
Ch Villemaurine
Ch Sansonnet
Ch Bellevue
CH ANGÉLUS
CH BEAUSÉJOUR HÉRITIERS DUFFAU-LAGARROSSE
Clos St-Martin
CH CANON
Couvent des Jacobins
Ch la Serre
CH TROTTEVIEILLE
ST-CHRISTOPHE
le Barrail
Mazerat
Fonrazade
Ch Roylland
St-Émilion
Ch la Clotte
Ch le Prieure
Goubert
Ch Bardel Haut
CH PAVIE MACQUIN
L'If
Ch Berliquet
CH ALSONE
CH TROPLONG MONDOT
St-Laurent
LA MONDOTTE
Pin de Fleur
CH BÉLAIR MONANGÉ
Ch Moulin St-Georges
Libourne
Ch Pavie Decesse
les Carrières
Ch Bellevue Mondotte
Ch Carteau Côtes Daugay
Ch Quintus
Ch Fonplégade
CH LA GAFFELIÈRE
St-Georges
Ch Pavie Decesse
Godeau
Ch Rochebelle
Tertre Rôteboeuf
Castillon-la-Bataille
Ch St-Georges Côte Pavie
CH PAVIE
St-Laurent des Combes
St-Émilion Cave Co-op
CH CANON-LA-GAFFELIÈRE
CH LARCIS DUCASSE
Ch Bellefont-Belcier
Ch Tassegue
vers D670
l'Arsis
Gueyrot

D/E

E/F

F/G

縣界
市鎮（教區）邊界
**CH AUSONE** 一級特等酒莊（2012 年）
Ch Laroze 特等酒莊
*Ch la Fleur* 其他知名酒莊
一級特等酒莊（A 組）的葡萄園
其他葡萄園
森林
25 等高線間距 5 公尺

1:26,400

Km 0　　　　　　　　　　　1 Km
Miles 0　　　　　　　　1/2 Mile

20 世紀 80 年代初期，黛特侯柏夫堡曾是聖愛美濃產區最
早採用新興極端管理方式、追求極致品質和受歡迎度的酒
莊之一，甚至遵循幾乎是布根地式的匠人手工釀酒法，而
不願去經常受到質疑的分級系統中謀求一席之地。

包括東邊靠近 St-Laurent-des-Combes 市鎮的地塊。其中聖愛美濃小鎮最南端的朝南山坡，從崗徒堡（Château Quintus）經過帕彌堡一直到黛特侯柏夫堡（Tertre Roteboeuf）的區域最為理想。這片山丘從北面和西面為葡萄藤提供屏障，使得這個區域幾乎免於霜凍的災害，並且能接收更好的日曬。所以葡萄在這裡能夠達到完美的成熟一點也不足為奇。聖愛美濃地區的臺地到此戛然而

止，因而非常容易看到柔軟但卻堅實的石灰岩上只覆蓋著一層薄薄的表土，很多酒窖就是從石灰岩中劈鑿而出的。重生的歐頌堡是聖愛美濃丘的明星酒莊，占據了整個波爾多最好的地理位置之一，從這裡能夠俯瞰下面的多爾多涅河谷。當您走進地下酒窖，可以看見葡萄藤的根部就紮在酒窖上方的土壤裡。

第三組酒莊包括大梅聶堡（Château Grand

Mayne）和弗朗梅諾堡（Château Franc Mayne），土質為位於聖愛美濃丘上方和之間的混合石灰岩、黏土和沙子，以及西面的礫石土壤。這裡出產的葡萄酒與聖愛美濃丘的相比，通常集中度略遜，但是更為細膩和柔化，但是有許多酒莊正在努力通過釀酒技術彌補地質條件的缺陷。

在極短的時間內，聖愛美濃已經從一潭死水演變為酒莊釋放雄心的溫床。

## 聖愛美濃風土解析

以下是聖愛美濃法定產區的土壤分析地圖，依據波爾多大學Cornelis van Leeuwen 教授為聖愛美濃葡萄酒協會（St-Emilion Wine Council）所做的深度研究繪製而成。從地圖中可以看出這個複雜產區在風土上的巨大差異。在通往貝傑哈克（Bergerac）的主道路以南，有許多土地看起來實在不像能夠釀出好酒的樣子，這裡有多爾多涅河最近帶來的沖積層，在靠近河流沖積平原的地方礫石較多，在遠離河岸的地方則沙子較多。在通往聖愛美濃小鎮的上坡路上，我們還會碰到一些沙地，這片區域應該可以釀製一些比較清淡的葡萄酒（當然也有例外），但是不久之後，石灰岩地形顯露，甚至連在小鎮遊覽的客人都能清楚看到。在聖愛美濃丘的下坡處，有著柔軟的「弗朗薩克磨礫岩」（molasses du Fronsadais）── 因為跟弗朗薩克地區（Fronsac）一樣類型而得名，而其上方臺地則由更加堅硬的「阿斯特里菊石石灰岩」（calcaire à Astéries）組成，表土以黏土居多。難怪種在這個被稱為「聖愛美濃丘」的

葡萄能夠釀出好酒。這些圍繞聖愛美濃小鎮的坡地是由多爾多涅河、伊勒河（Isle）和巴爾班河（Barbanne）共同於第四紀時期，在第三紀沉積土上塑造而成的。另外需要注意的是，有幾個地塊的土質含有更多的壤土而非黏土，尤其是位於 St-Hippolyte 市鎮以北的那塊地。

但是在聖愛美濃小鎮的西北邊，則是一大片由不同的淺層沙土構成的廣闊地塊，在玻美侯的邊界處戲劇性地隆起成為礫石圓丘，而這裡便是費賈克堡和白馬堡所在的地方。

從這張地圖中可以清晰地看出，為什麼費賈克堡和白馬堡所產的酒嚐起來會如此相似，以及為什麼白馬堡的風格會與同樣列為一級特等酒莊 A 組的其他三家酒莊如此大相徑庭。

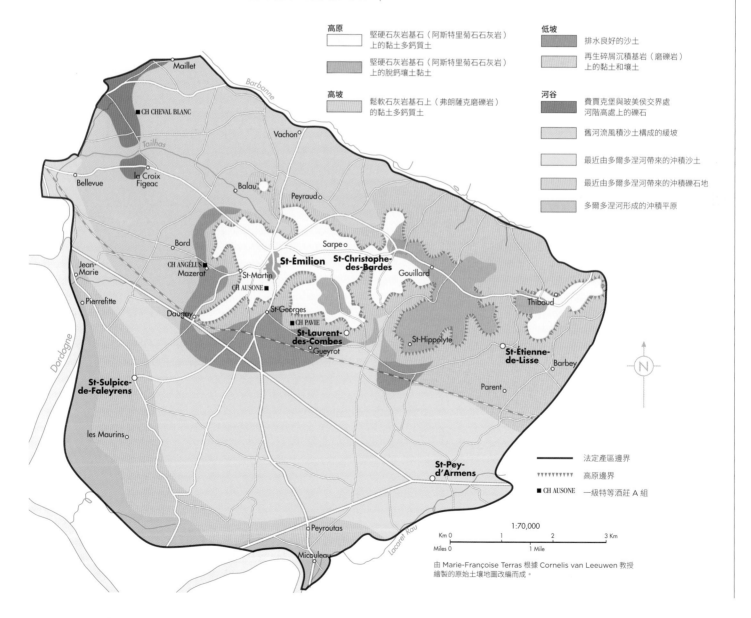

由 Marie-Françoise Terras 根據 Cornelis van Leeuwen 教授繪製的原始土壤地圖改編而成。

# 法國西南部產區 Wines of the Southwest

在波爾多西部和南部的優質葡萄園，是一片歷史悠久的零散區域，每個產區都依傍著一條河流——舊時要將葡萄酒運送至遙遠市場的唯一途徑。

**風土條件：**極其複雜，難以一概而論。

**氣候：**主要受到大西洋影響，但是內陸地區為大陸性氣候。

**主要葡萄品種：**紅葡萄酒：馬爾貝克（Malbec）、塔那（Tannat）、卡本內蘇維濃和卡本內－弗朗、梅洛、費爾莎伐多（Fer Servadou）；白葡萄酒：白蘇維濃、密思卡岱、榭密雍、大蒙仙（Gros Manseng）和小蒙仙（Petit Manseng）、小科布（Petit Courbu）。

從前，嫉妒心極強的波爾多酒商在賣完他們自己的酒之前，都會將這些來自「高地」（High Country）的葡萄酒阻絕在港口之外，有時甚至還會將上游所出產的、酒體更為堅實的酒液加入到波爾多酒當中，使其酒質更加強健，這對這個區域來說更是二次傷害。在最靠近吉隆特省的地塊，當然以波爾多葡萄品種為主導，但是除此之外的其他地方卻聚集了最為多樣的法國原生葡萄品種，其中有些直到最近才被發現。波爾多右岸風景秀麗的內陸地區，多爾多涅河沿岸遍布農舍的鄉村地帶，向其後方走去可以看到迷宮一般縱橫交錯的綠色河谷切入古鎮 Périgueux 的岩石高地當中，一直以來這裡對於遊客們來說都是知名的觀光勝地。

小小的杜哈斯丘（Côtes de Duras）法定產區擔當著兩河之間（可參考第85頁的地圖）與貝傑哈克之間的橋梁。這個產區紅白葡萄酒都有出產，但是它的強項是充滿橘皮芬芳、酸度明顯的不甜型白蘇維濃品種。

貝傑哈克（Bergerac）出產的葡萄酒傳統上總被認為不如波爾多酒精細，被形容成「土包子」，然而當地其實也有很多非常嚴謹的好酒，包括紅、白（以及各種甜度）、粉紅三種顏色。杜尚古堡（Château Tour des Gendres）的莊主 Luc de Conti 是一位自然動力農法的忠實信徒，他釀的酒非常值得關注，而且他並不是當地唯一值得關注的釀酒人。這個產區採用的葡萄品種與波爾多相同，氣候則比受到大西洋調節的吉隆特省來的稍微極端一些，而且在海拔較高的區域，土質以石灰岩為主。在整個貝傑哈克地區中，還有很多獨立的法定產區，多到有些會被完全忽視。**佩夏蒙**（Pécharmant）因為土壤中含鐵量很高而獨特，出產的紅葡萄酒口感飽滿，有時採用橡木桶陳年，但是只在當地出名。貝傑哈克紅葡萄酒常常被視為波爾多紅葡萄酒的替代品。

從卡斯提雍（Castillon）越過省界（參見第106-107頁），馬上就進入相當複雜的蒙哈維爾（Montravel）地區，這裡出產通常略勝貝傑哈克一籌的不甜白、甜白和紅葡萄酒。但是多爾多涅省最傑出、最優雅的酒款卻是產自貝傑哈克鎮

西南側的兩個區域中，產量極少的甜白葡萄酒。儘管索西尼亞克（Saussignac）確實有些才情獨具、意志堅定的釀酒人，但是每年的總產量也不過幾千箱。

整個貝傑哈克地區最富盛名的產區是蒙巴力亞克（Monbazillac），總產量是索西尼亞克的30倍，從1993年開始放棄使用機械採收而改為多次手工採收後，平均品質顯著提升，降低二氧化硫的使用量也成為目前的共識，同時禁止了加糖。蒙巴力亞克的地理位置類似索甸產區——都在匯入主要河川的支流旁邊，位於加東涅河支流匯入多爾多涅河的東側，這樣的地理位置有助於貴腐菌的生成，但是這裡的地形比索甸更加起伏。密思卡岱在索甸產區只起極其微小的作用，但在這裡卻扮演著關鍵的角色。最優質的蒙巴力亞克甜酒——比如蒂爾庫拉葛薇爾酒堡（Château Tirecul La Gravière）的酒款——在酒齡尚淺時與同品質、同酒齡的索甸甜酒相比更加香

氣馥郁、艷光四射，但是陳年之後卻會染上獨特的琥珀色澤和乾果氣息。一家囊括50位酒農的合作社是當地的主要生產者。

## 曾經的黑酒

卡奧（Cahors）在中世紀便以其葡萄酒的顏色深暗和耐久放而享有盛名，知名度遠比今日高。儘管現在這裡出產的部分酒款已經摻入梅洛進行柔化，但是塑造其靈魂和風味的仍然是當地稱為柯特（Côt）的葡萄品種，這種品種在阿根廷和波爾多則被稱為馬爾貝克。多虧了這個品種，再加上當地比波爾多氣溫更高的夏季，卡奧的佳釀擁有了比經典波爾多紅葡萄酒更加豐滿、更加活力四射的風格，只是略顯粗獷。卡奧的葡萄藤種植在洛特河（Lot）所形成的三塊沖積河階之上，而其中又以河階最高處出產的葡萄酒品質最好，最靠近河邊的品質最差。阿根廷已經將馬爾貝克這個葡萄品種放入世界葡萄酒地圖中，

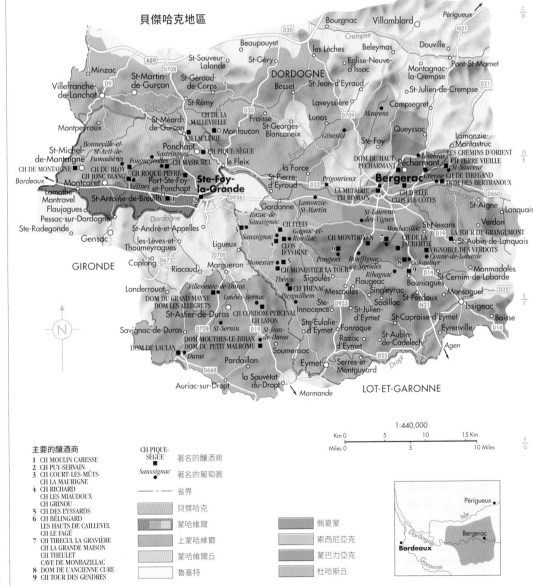

貝傑哈克地區

**主要的釀酒商**
1 CH MOULIN CARESSE
2 CH PUY-SERVAIN
3 CH COURT-LES-MÛTS
  CH LA MAURIGNE
4 CH RICHARD
  CH LES MIAUDOUX
  CH GRINOU
5 CH DES EYSSARDS
6 CH BÉLINGARD
  LES HAUTS DE CAILLEVEL
  CH LE FAGÉ
7 CH TIRECUL LA GRAVIÈRE
  CH LA GRANDE MAISON
  CH THEULET
  CAVE DE MONBAZILLAC
8 DOM DE L'ANCIENNE CURE
9 CH TOUR DES GENDRES

CH PIQUE-SÈGUE 著名的釀酒商
*Saussignac* 著名的葡萄園
— · — 省界

貝傑哈克
蒙哈維爾
上蒙哈維爾
蒙哈維爾丘
魯塞特

佩夏蒙
索西尼亞克
蒙巴力亞克
杜哈斯丘

1:440,000
Km 0    5    10    15 Km
Miles 0    5    10 Miles

位於亞庇里牛斯山地區的憶湖雷姬，無論是建築還是地形都與其他地方截然不同，如照片中所示，生產葡萄酒和烈酒的布拉納酒莊（Brana）總部（包含大量地下建築）。

所以合作與競爭都是在所難免的，而一些釀酒師則開始追求成熟度，並且更加大膽、違反常規地使用橡木桶。

從卡奧到洛特河的上游（在第 53 頁的法國地圖上標出）是 Aveyron 省人煙稀少的葡萄園，這裡是法國的中央高原，依稀還能看到曾經風光一時的葡萄藤種植地。馬爾希哈克（Marcillac）是當地最為重要的產區，採用費爾莎伐多葡萄釀出口感清淡、帶有胡椒味道的紅葡萄酒，酒質堅硬如鐵，但是現在已經日益變得成熟。而艾特雷克－勒弗（Entraygues Le Fel）和埃斯坦（Estaing）這兩個產區雖然產量很少，但有少數品質極高的釀酒人。

在 Albi 市以西圍繞 Tarn 河的丘陵地帶，以及下游處由河流穿鑿塞文山脈（Cévennes）而形成的壯觀峽谷區域，若與其他產區相比，種植條件要遜色一些。這裡綿延的綠色大草原無論是地貌還是氣候都很溫和，涵蓋了眾多美麗的市鎮，其中有 73 個都被包含在加亞克（Gaillac）法定產區中。這個區域釀酒的歷史相當久遠，也許早在下游的波爾多產區開始種植葡萄藤之前；不過，一如卡奧，加亞克同樣也遭到根瘤蚜蟲害的侵襲，使得葡萄酒貿易受到重創。但是，這個產區的酒款因為結合加亞克多變的風土與其多元的葡萄品種而逐漸變得精細。為其紅葡萄酒帶來最為獨特風格的是帶有胡椒風味的費爾莎伐多品種——在此地被稱為布洛可（Braucol），以及較為清淡、充滿辛香的杜拉斯品種（Duras）。希哈則是極受歡迎的外來品種；而加美就略為遜色了，主要用來釀製適合早飲的加亞克新酒（Gaillac Primeur），另外波爾多的紅葡萄品種也被允許種植。深色果皮的品種是目前當地種植的主流，並且十分適應塔恩河以南多碎石的黏土土壤。河的右岸朝南，秋季漫長而乾燥，適合出產甜型和半甜型的白葡萄酒，曾經風行一時。當地採用的白葡萄品種包括莫札克（Mauzac）、洛得樂（Len de l'El，也譯作「千里目」）和更為少見

的昂登（Ondenc），近年來又增添了白蘇維濃。

緊鄰加亞克以西、位於塔恩河和加隆河之間的弗隆東（Fronton），是 Toulouse 市生產當地紅葡萄酒和粉紅酒的產區，採用花香奔放的本地品種內格瑞特（Négrette）釀造。再往下游走，來到加隆河的左岸，便是比歐（Buzet）產區，葡萄園分散在布滿果園和農場的至少 27 個市鎮之中。這裡的葡萄酒生產主要掌握在一家經營良好的合作社手中，其出產的紅葡萄酒可以被形容為「鄉村波爾多風格」（country claret）。更往北邊的馬蒙地丘（Côtes du Marmandais）則以殿堂級釀酒師 Elian da Ros 而聞名。這裡的亞布修葡萄（Abouriou）為常見的波爾多品種混釀增添香料風味，釀出風格迷人又輕盈的紅葡萄酒，形成這個產區的特色。

## 另一個大西洋港口

這張地圖南邊剩下的葡萄酒產區自古以來靠的都是 Bayonne 港口而不是波爾多。馬第宏（Madiran）出產 Gascony 地區最優秀的紅葡萄酒，葡萄藤種植在阿杜爾河（Adour）左岸的黏土和石灰岩山坡上。本土紅葡萄品種塔那能夠釀出顏色深暗、單寧突出、酒體堅實、勁道十足的酒款，通常會加入部分卡本內蘇維濃以及皮南（Pinenc，這是費爾莎伐多在當地的名字）進行混釀。當地活躍的釀酒人對於是否有必要以及如何馴化這樣強壯如野獸的酒各有不同見解；方法包括使用不同比例的新橡木桶，甚至是刻意進行（微）氧化的處理技術，但是成熟的馬第宏葡萄酒（可能需要 10 年才能成熟）並不需要特殊的工藝也能煥發光彩。

居宏頌（Jurançon）是法國最精彩的白葡萄酒產區之一，位於貝亞恩（Béarn）地區附近陡峭的庇里牛斯山山麓，出產結構稠密、酒液微泛綠光的佳釀，有各種不同的甜度。居宏頌不甜白葡萄酒（Jurançon Sec）酸度很高，通常葡萄較早採收，採用大蒙仙品種釀造，有時輔以少量的小科布品種；而顆粒較小、果皮較厚的小蒙仙則會留在葡萄藤上乾縮，直至 11 月甚至是 12 月。居宏頌半甜白葡萄酒（Jurançon Moelleux）非常適合佐餐，而晚收甜白葡萄酒（Vendange Tardive）則酒體更加豐厚，根據法規需要至少兩次的分批採收。除了馬第宏和居宏頌以外，其它產於此區的

葡萄酒則以貝亞恩（Béarn）產區標示。

圖爾桑（Tursan）產區位於馬第宏的下游，採用卡本內－弗朗和塔那釀造的紅葡萄酒，名氣蓋過採用本地品種巴洛克（Baroque）所釀造的稀有白葡萄酒。憶湖雷姬（Irouléguy）是法國境內唯一的巴斯克（Basque）葡萄酒產區，雖然很小，但是不斷發展當中，以生產酒體堅實、口感清新的粉紅酒而聞名。這裡的紅葡萄酒主要採用塔那釀造，而白葡萄酒則依靠小科布以及大小蒙仙等本地品種。大部分的葡萄藤都種植在海拔高達 400 公尺的南向階地上，可以俯視大西洋。這個產區酒款的酒標通常裝飾十分華美，上頭會有許多字母 X。

Auch 市周圍的大片葡萄園原本種植用於蒸餾釀造雅馬邑（Armagnac）白蘭地，而非葡萄酒用的品種可倫巴爾（Colombard）和白玉霓（Ugni Blanc），但現在同樣的品種被用來釀造實用、價格便宜，口感又清爽的不甜白葡萄酒，屬加斯科涅丘地區保護餐酒（**IGP Côtes de Gascogne**）級別。主導的 Plaimont 合作社聯盟為拯救本地葡萄品種免於滅絕而做出了許多努力。聖山（**St-Mont**）產區的紅葡萄酒（通常為甜型）和維克－畢勒－巴歇漢克（**Pacherenc du Vic-Bilh**）產區的白葡萄酒分別像是馬第宏和居宏頌產區的翻版，其中聖蒙紅葡萄酒雖然在馬第宏區生產，但卻使用阿芙菲亞（Arrufiac）和小科布等本地品種。

CH PINERAIE 知名釀酒廠
國界
省界

**法定產區（原產地命名保護）**
杜哈斯丘
馬蒙地丘
卡奧
凱爾西（Coteaux dy Quercy）
比澤

雅馬邑
布哈瓦茲（Brulhois）
弗隆東
加亞克
圖爾桑
聖山
馬第宏和維克－畢勒－巴歇漢克
貝亞恩
居宏頌
憶湖雷姬

**地區保護餐酒**
加斯科涅丘
拉威勒里奧（Lavilledieu）
113 此區放大圖見所示頁面

圖爾桑產區的葡萄酒主要供本地消費，尤其是在 Michel Guérard 位於 Eugénie-les-Bains 的米其林三星餐廳當中。

這個生產聖山餐酒的區域與生產法國另一支著名的白蘭地——雅馬邑的區域稍有不同。

1:1,090,000

# 羅亞爾河谷 The Loire Valley

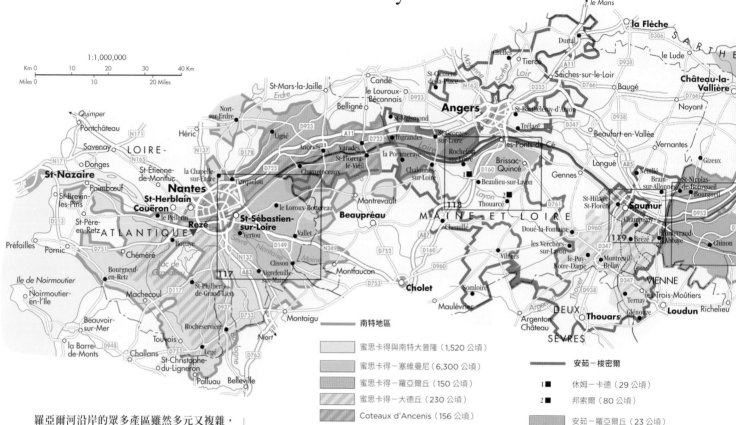

南特地區

- 蜜思卡得與南特大普隆（1,520 公頃）
- 蜜思卡得－塞維曼尼（6,300 公頃）
- 蜜思卡得－羅亞爾丘（150 公頃）
- 蜜思卡得－大德丘（230 公頃）
- Coteaux d'Ancenis（156 公頃）

安茹－梭密爾

1■ 休姆－卡德（29 公頃）
2■ 邦索爾（80 公頃）

- 安茹－羅亞爾丘（23 公頃）
- 安茹村莊（159 公頃）
- 沙弗尼耶（包括修道士之石和賽昂坡）（158 公頃）
- 歐班斯丘與安茹村莊－布里薩克（342 公頃）
- 萊陽丘（包括 Coteaux du Layon Chaume）（1,660 公頃）
- 梭密爾（2,418 公頃）
- 梭密爾－香比尼（1,600 公頃）
- 梭密爾－皮伊諾特爾當（71 公頃）
- 梭密爾山丘（10 公頃）

OISLY　可以加在梭密爾法定產區之後的名稱

　　羅亞爾河沿岸的眾多產區雖然多元又複雜，但因具有相同程度的同質性，所以可歸類在同一張地圖，一併討論。羅亞爾河是法國最長的河流，從源頭到入海口總長 1,012 公里，擁有非常多樣的氣候形態、土壤類型、釀酒傳統，以及四五個主要的葡萄品種。但羅亞爾河谷的葡萄酒仍具有相似之處，那就是清新活潑，從不顯得厚重，而且價格通常不貴。其中半數以上都是白葡萄酒，還有很多都是用單一葡萄品種釀造的。

　　從大西洋沿羅亞爾河上溯，飲酒者碰到的第一個葡萄品種是釀造蜜思卡得（Muscadet）不甜白葡萄酒的布根地香瓜（Melon de Bourgogne），隨後產於安茹（Anjou）、羅亞爾河谷最具代表性也是最細膩的品種白梢楠（Chenin Blanc），接著逐漸過渡為都蘭（Touraine）以東的白蘇維濃，這個品種到了羅亞爾河上游的松塞爾（Sancerre）和羅亞爾河畔普依（Pouilly-sur-Loire）產區是絕對的王者。

　　南特地區（Pays Nantais）位於羅亞爾河的入海口四周，有人說這裡是海神 Neptune 獨占的葡萄園，而這裡也是蜜思卡得不甜白葡萄酒的故鄉。釀造它所用的布根地香瓜是夏多內的遠房親戚。這種極不甜、略帶鹹味、酒質硬挺但不尖酸的白葡萄酒除了搭配鮮蝦、生蠔或淡菜組成的海鮮拼盤之外，也是美食餐廳酒單上不可或缺的酒款。雖然品質不錯，但也許因為產自大海邊的環境，鮮少有人知道蜜思卡得，價格對照品質而言也太過低廉，至少對於許多葡萄酒愛好者來說是這樣的。銷售數量和葡萄價格的驟降使得蜜思卡得的葡萄園從 20 世紀 90 年代初的 13,300 公頃減少至 2017 年的大約 8,200 公頃。塞維曼尼（Sèvre et Maine）是這個地區最優質的產區（在跨頁地圖上有詳細標註），酒價高於附近大部分產區，

並且葡萄園面積的 77% 種植蜜思卡得，葡萄藤密集地種植在低矮的坡地上，土壤類型多樣，主要為片麻岩、花崗岩和片岩。精華區為韋爾圖（Vertou）、瓦雷（Vallet）、聖菲阿克爾（St-Fiacre）和拉沙佩勒－厄蘭（La Chapelle-Heuli）等幾個村莊，這個地方所產的葡萄酒成熟度最高，酒體最活潑，香氣也最濃郁。蜜思卡得－羅亞爾丘（Muscadet Coteaux de la Loire）產區位於 Ancenis 附近內陸地帶的陡坡上，土壤為片岩或者花崗岩，出產的酒款往往比較纖瘦；而蜜思卡得－大德丘（Muscadet Côtes de Grandlieu）產區則擁有最靠近大西洋的多沙多石土壤，能產出較為柔順和成熟的酒款。

　　蜜思卡得一直以來都採用泡渣法（sur lie）釀製──把已死的酵母與酒液一起放在發酵槽中浸泡，然後直接從發酵槽中取出酒液裝瓶，不經換桶處理（這種方法在其他產區也被越來越多地使用）；酒渣（即已死的酵母）能夠增加蜜思卡得酒的風味和結構，有時還會產生清新的紮刺感。當地最好的釀酒人急於擺脫蜜思卡得酒過於簡單的名聲，因此選擇採摘更為健康和成熟的葡萄，延長酒渣陳釀的時間，將不同土壤出產的葡萄分別釀製，並且將最優質的酒液在放在橡木桶裡甚至是陶罐中熟成。產區中有些村莊被列為特級園，其中克利松（Clisson）、戈爾日（Gorges）和勒帕萊（Le Pallet）於 2011 年獲得第一批特級園認證。這些村莊出產的葡萄酒可以甩掉「盡快飲用我」標籤，陳年五年甚至十年之後，能夠發展出令人驚奇的複雜香氣，以及潤腴、奶油一般的質地。超出地圖之外的賈斯尼耶（Jasnières）產區位於圖爾（Tours）市以北

的羅亞爾河支流沿岸，出產酒體精緻、通常結構堅實的白梢楠不甜白葡萄酒；而當地所產的清淡紅葡萄酒則以羅亞爾丘（Coteaux du Loir）為產區名稱。由此向東則是馮多瑪丘（Coteaux du Vendômois）產區，採用皮諾多尼斯（Pineau d'Aunis）品種釀造清淡的紅酒和粉紅酒。回到羅亞爾河沿岸，修維尼（Cheverny）產區出產多種形態的酒款，其中表現最佳的可能要數頗為清冽的白蘇維濃和少量的夏多內白葡萄酒；當地採用味道濃重、常顯尖酸的羅莫朗坦（Romorantin）品種釀造、值得陳放的不甜白葡萄酒則以固爾－修維尼（Cour-Cheverny）作為產區名稱。以製醋聞名的奧爾良（Orléans）以及奧爾良－克利里（Orléans-Cléry）這兩個產區是一片曾以提供巴黎用酒為主，後來卻大幅減產的葡萄園。由此向南來到謝爾河（Cher）沿岸，瓦龍榭（Valençay）產區出產的則是早熟的白蘇維濃和加美。

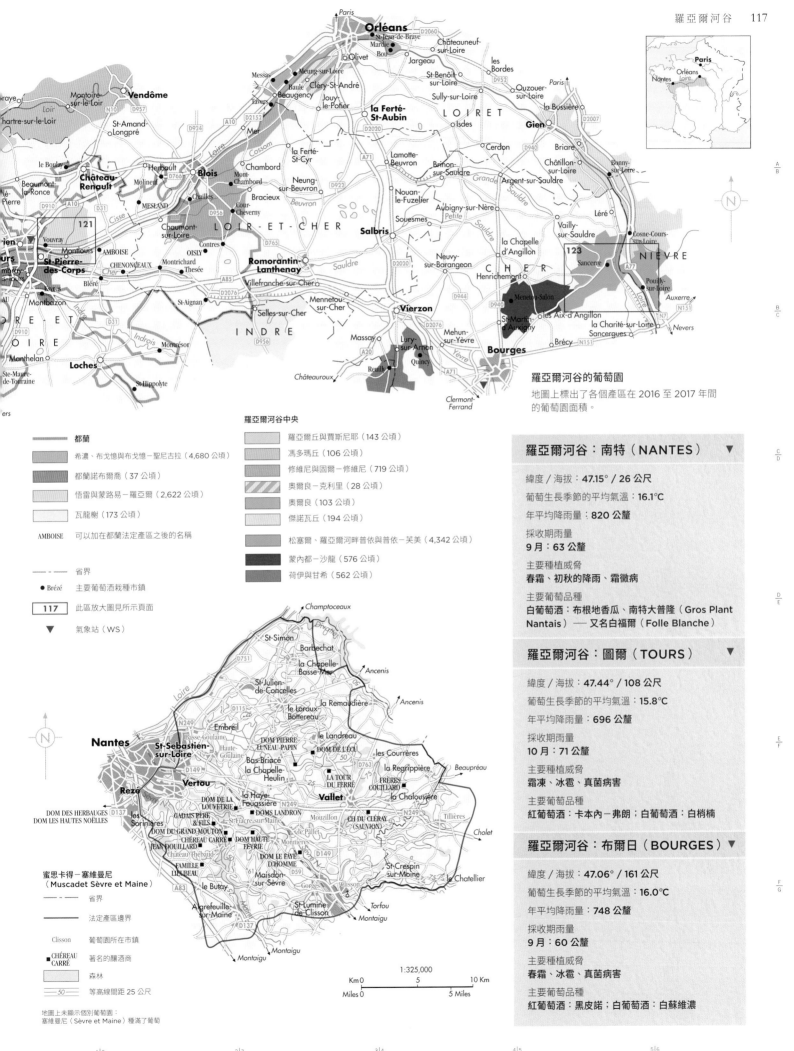

**羅亞爾河谷的葡萄園**
地圖上標出了各個產區在 2016 至 2017 年間的葡萄園面積。

**圖例：**

都蘭

希濃、布戈憶與布戈憶－聖尼古拉（4,680 公頃）

都蘭諾布爾喬（37 公頃）

悟雷與蒙路易－羅亞爾（2,622 公頃）

瓦龍樹（173 公頃）

AMBOISE　可以加在都蘭法定產區之後的名稱

－－－　省界

● Brézé　主要葡萄酒栽種市鎮

117　此區放大圖見所示頁面

▼　氣象站（WS）

**羅亞爾河谷中央**

羅亞爾丘與賈斯尼耶（143 公頃）

馮多瑪丘（106 公頃）

修維尼與固侯－修維尼（719 公頃）

奧爾良－克利里（28 公頃）

奧爾良（103 公頃）

傑諾瓦丘（194 公頃）

松塞爾、羅亞爾河畔普依與普依－芙美（4,342 公頃）

蒙內都－沙龍（576 公頃）

荷伊與甘希（562 公頃）

**蜜思卡得－塞維曼尼**
**（Muscadet Sèvre et Maine）**

－－－　省界
———　法定產區邊界

Clisson　葡萄園所在市鎮

■ CHÉREAU CARRÉ　著名的釀酒商

森林

50　等高線間距 25 公尺

1:325,000

Km 0　5　10 Km
Miles 0　5 Miles

地圖上未顯示個別葡萄園：
塞維曼尼（Sèvre et Maine）種滿了葡萄

---

### 羅亞爾河谷：南特（NANTES） ▼

緯度／海拔：47.15°／26 公尺

葡萄生長季節的平均氣溫：16.1°C

年平均降雨量：820 公釐

採收期雨量
9 月：63 公釐

主要種植威脅
春霜、初秋的降雨、霜黴病

主要葡萄品種
白葡萄酒：布根地香瓜、南特大普隆（Gros Plant Nantais）——又名白福爾（Folle Blanche）

---

### 羅亞爾河谷：圖爾（TOURS） ▼

緯度／海拔：47.44°／108 公尺

葡萄生長季節的平均氣溫：15.8°C

年平均降雨量：696 公釐

採收期雨量
10 月：71 公釐

主要種植威脅
霜凍、冰雹、真菌病害

主要葡萄品種
紅葡萄酒：卡本內－弗朗；白葡萄酒：白梢楠

---

### 羅亞爾河谷：布爾日（BOURGES） ▼

緯度／海拔：47.06°／161 公尺

葡萄生長季節的平均氣溫：16.0°C

年平均降雨量：748 公釐

採收期雨量
9 月：60 公釐

主要種植威脅
春霜、冰雹、真菌病害

主要葡萄品種
紅葡萄酒：黑皮諾；白葡萄酒：白蘇維濃

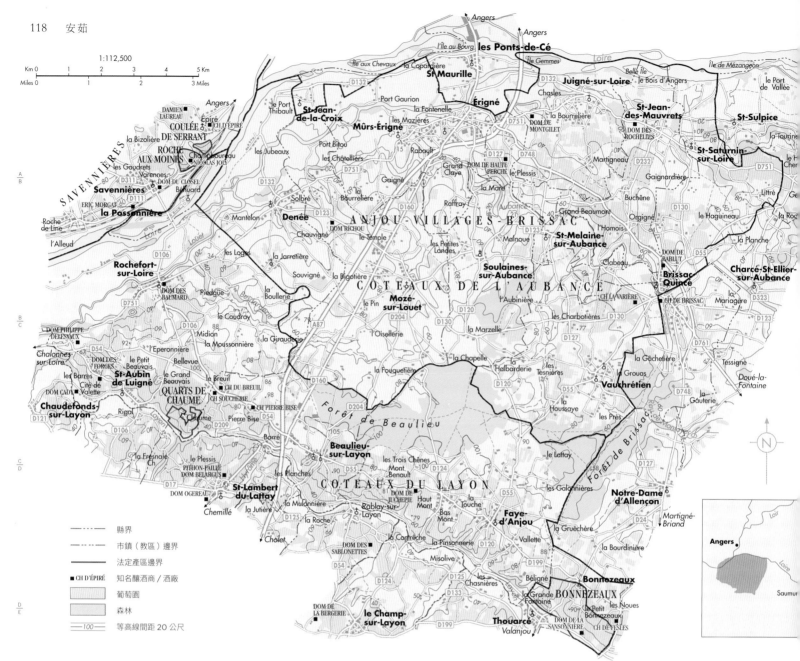

# 安茹 Anjou

　　安茹地區過去最著名的是優質的甜白葡萄酒以及品質一般的粉紅酒，但是更溫暖的夏季和更加精細的種植方法為其產品線增加了表現優秀的不甜白葡萄酒和芬芳撲鼻的紅葡萄酒。

**風土條件：**布列塔尼（Brittany）阿摩里卡丘陵（Armorican Massif）的片岩和板岩與 Angers 市正南之巴黎盆地（Paris Basin）的黏土與石灰岩在此相遇，造就出有利於葡萄成熟、朝南與西南的向陽山坡，以及直接來自大西洋的乾燥海風。

**氣候：**這裡是法國葡萄種植區的北界，葡萄在此並不能保證達到完熟，因此梭密爾鎮（Saumur）的周邊便成為了氣泡酒的重要生產中心。

**葡萄品種：**白葡萄酒：白梢楠；紅葡萄酒：卡本內－弗朗。

　　這裡是白梢楠品種的故鄉，受秋日陽光以及萊陽河（Layon）晨霧所催發的貴腐菌，使得這個區域出產的甜白葡萄酒，擁有令人興奮的成熟度和幾近完美的酸度與均衡感。地圖東南端的萊陽丘（Coteaux du Layon）是一個面積廣闊的產區，包含羅亞爾河谷第一個官方特級園（Grand Cru）休姆－卡德（Quarts de Chaume）。此區佔地 72 英畝（29 公頃），目前共有 20 家酒莊或釀酒廠。邦索爾（Bonnezeaux）的葡萄園面積是其大約 2.5 倍，同樣因為表現傑出而擁有自己的法定產區。

　　河水涓細的奧本斯河（Aubance）位於與其平行的萊陽河以南，自然條件配合的話，在其沿岸也可以找到絕佳的甜白葡萄酒。歐班斯丘（Coteaux de l'Aubance）產區已經吸引了一批才華洋溢的生產者進駐。

　　沙弗尼耶（Savennières）產區位於羅亞爾河難得一見的陡峭南向河岸，近年來出現了大批來自安茹其他區域的知名釀酒人。這裡也是白梢楠品種的天下，不過釀造的卻是不甜白葡萄酒，酒質大多稠密而濃郁，但是年輕時結構相當堅硬。沙弗尼耶產區當中有兩塊葡萄園擁有自己的法定產區：分別是 33 公頃的修道士之石（Roche aux Moines）以及 7 公頃的賽昂坡（Coulée de Serrant），後者以嚴格力行生物動力農法而聞名。

　　以上都是安茹地區酒質卓越的傳統產區，但是當地基本的安茹法定產區也在努力轉變。**安茹不甜白葡萄酒（Anjou Blanc）**現在早已變得真正精緻，而且每年皆生產，不像其優秀的甜白葡萄酒般難以取得。手工採摘和挑揀（而不是當地十分普遍的機器採摘）以及規律地使用橡木桶使其酒品的水準日漸提升。

　　基本的**安茹粉紅酒（Rosé d'Anjou）**與以前乏味的風格相比要略顯清爽，但是仍然不如不甜型的**羅亞爾粉紅酒（Rosé de Loire）**以及香味細膩的半甜型（不甜）**安茹卡本內蘇維濃粉紅酒（Cabernet d'Anjou）**。

　　儘管這裡的片岩土壤整體來說更適合生產白葡萄酒，但是卡本內－弗朗仍然在安茹紅葡萄酒（Anjou Rouge）的釀造中占有一席之地，而安茹紅葡萄酒也因此與都蘭地區（Touraine）相比酒體更硬、單寧更加突出。其中最優質的酒款偶爾會添加卡本內蘇維濃（只有在最溫暖的年份才能成熟）增強結構，並且獲得**安茹村莊（Anjou-Villages）**的產區名稱，其核心地帶則使用**安茹村莊－布里薩克（Anjou-Villages-Brissac）**法定產區。在最佳年份中，這些產區可以釀出媲美都蘭地區優質紅葡萄酒的精緻酒款。

# 梭密爾 Saumur

梭密爾（Saumur）小鎮位於 Angers 市上游 48 公里，對於羅亞爾河谷來說像是漢斯市和艾貝內鎮的混合體，當地在柔軟的白堊岩（tuffeau）中，開鑿了綿延數公里的氣泡酒酒窖。而梭密爾－香比尼（Saumur-Champigny）產區則出產羅亞爾河谷最好的紅葡萄酒。

---

**風土條件**：安茹－梭密爾地區（Anjou-Saumur）中的梭密爾主要為柔軟的白堊岩土壤。沿河的白堊岩是多孔的石灰岩，而梭密爾的紅葡萄酒產自含沙量更高、顏色更黃的土壤。

---

羅亞爾河谷是法國第二大的氣泡酒產區，僅次於香檳區。梭密爾是這個氣泡酒生產區的中心，採用的品種包括白梢楠、夏多內、卡本內－弗朗以及另外八個可見於整個梭密爾和安茹地區的少見品種，這些品種釀出的酒液過於酸澀，因此無法釀成靜態葡萄酒直接飲用。**梭密爾不甜型氣泡酒（Saumur Brut）**像香檳一樣採用傳統法釀造，而且也和香檳一樣越來越常使用橡木桶。此外，跟香檳一樣有白有粉紅，只是酒體更加柔和，更討人喜歡，雖然香氣沒有那麼複雜，但是價格也較為便宜。最沒有企圖心的酒款只在瓶中陳年九個月而已。

**羅亞爾河氣泡酒（Crémant de Loire）**與梭密爾不甜型氣泡酒相比口感更為精緻，酒體更加緊密，因為其生產法規較為嚴格——單位產量更低，而且至少要在瓶中帶酒渣熟成一年。大部分羅亞爾河氣泡酒都在梭密爾鎮釀造完成，但是所用的葡萄可以來自安茹、梭密爾和都蘭地區的任何地方。白梢楠至今為止仍是 11 個允許使用的品種中最為常見的一個。羅亞爾河聲望氣泡酒（Prestige de Loire）是一個非官方分級，指的是更高等級、高年份的酒款。

無氣泡的**梭密爾靜態葡萄酒（Saumur）**涵蓋了白、紅、粉紅三種顏色，主要採用安茹－梭密爾地區的代表性葡萄品種：即白梢楠和卡本內－弗朗。梭密爾的靜態葡萄酒大致上以比過往成熟許多：但是，從地圖上這小小一塊的**梭密爾－香比尼（Saumur-Champigny）**產區中，生產的紅葡萄酒卻更值得我們多加關注。是卡本內－弗朗這個品種最為清新、最為芬芳的表現，栽種於白堊岩土壤，可以視為是東邊都蘭地區最優質紅葡萄酒的延伸。葡萄藤密集種植在靠近羅亞爾河南岸陡峭懸崖上方的斜坡上，而內陸靠近 St-Cyr-en-Bourg 市鎮的地方，有間品質可靠釀酒合作社。此處的風土由白堊岩變為顏色較黃、含沙量更高的土壤，能產出較為清淡的酒款，酒質根據釀酒工藝、葡萄藤的年齡，當然還有釀酒人的品味而各有不同。這裡最富盛名的是羅傑酒莊（Clos Rougeard），已經堪稱殿堂級水準，第八代莊主 Foucault 家族在 2017 年時，將其出售給家產億萬的 Bouygues

兄弟，後者也是聖愛斯臺夫玫瑰山堡酒莊以及其他多家莊園的所有人。這些產區中屬殿堂級的酒莊，不意外地，往往會採用生物動力農法。

**梭密爾－皮伊諾特爾當（Saumur Puy-Notre-Dame）**產區位於梭密爾鎮西南大約 30 公里處，是一個相對較新的次產區，主要採用卡本內－弗朗釀造芬芳馥郁的紅葡萄酒，產自梭密爾鎮附近的廣闊區域，而不僅是 Le Puy-Notre-Dame 村本地。與羅亞爾河谷其他地區一樣，這

艾克曼集團（Ackerman）的酒窖位於梭密爾鎮，在白堊石灰岩中開鑿而成，這種岩石能為葡萄酒的熟成和儲存提供涼爽的環境，酒窖深達 120 公尺，吸引了大量遊客前往參觀。

裡的紅葡萄酒也開始變得更加強勁，並且顏色越發深暗，這都要歸功於不斷改進的葡萄種植技術和氣候的明顯變化。

| | 省界 |
| --- | --- |
| | 縣界 |
| | 市鎮（教區）邊界 |
| | 法定產區邊界 |
| ■ DOM DE NERLEUX | 知名釀酒商／酒廠 |
| | 葡萄園 |
| | 森林 |
| —100— | 等高線間距 20 公尺 |

1:117,600

Km 0  1  2  3  4  5 Km
Miles 0  1  2  3 Miles

# 希濃與布戈憶 Chinon and Bourgueil

希濃、布戈憶和布戈憶－聖尼古拉（St-Nicolas-de-Bourgueil）是都蘭地區最知名的幾個紅葡萄酒產區。在都蘭地區的最西端，仍然受到大西洋影響的地方，卡本內－弗朗可以釀製出口感活潑的酒款，充滿覆盆子的果香，還透著剛削好鉛筆的味道。在涼爽的年份裡可能會略顯青澀，但是在諸如 2010 年、2014 年、2015 年和 2018 年這樣的成熟年份中，飽滿的結構則以支撐十至二十年的陳放。但這麼好的品質，居然被市場不合理地低估了。

這三個法定產區的土壤成分是相同的：即沙子、砂礫和石灰岩的混合，但是每種成分的比例各有不同。河岸邊的葡萄園為沙子和礫石土壤，

出產較為清淡、適合比較早飲用的葡萄酒。種植在純粹礫石土壤中的葡萄藤能產出結構較強的酒款，而最為集中、單寧最強、適合陳年的葡萄酒則產自海拔較高的黏土石灰岩山坡。希濃面積很大，出產羅亞爾河谷最具魅力的紅葡萄酒，布戈憶的酒款結構最強，而布戈憶－聖尼古拉的葡萄酒則最為清淡，因為產區內的大部分土壤都比布戈憶的含沙量更高，但是布戈憶－聖尼古拉當中有一部分位於黏土石灰岩山坡之上。

釀酒人的雄心和技術當然也能像土壤種類一樣在酒中體現差異。他們釀出的最具雄心、名氣最盛的特釀酒款（cuvée）通常產自特殊的地塊，採用不同大小的橡木桶進行熟成，但是大部

分釀酒廠釀造的還是適合早飲的酒款——是很棒的夏日餐酒。

產於希濃、數量相對稀少的白葡萄酒同樣具有極高的水準，這也是白梢楠的另一種詮釋方式。2016 年，希濃法定產區的界線沿著維埃納河（Vienne）南岸向西南方擴展，又多囊括了八個市鎮。範圍變大後的都蘭地區（參見第 116-117 頁的地圖）出產各種各樣的酒款，通常是品質非絕佳的紅、粉紅和白葡萄酒，全都使用都蘭（Touraine）這個產區名稱，但是有時會綴上更為詳細的地理位置，比如昂布瓦斯（Amboise）、阿宰勒里多（Azay-le-Rideau）和梅朗（Mesland）。最近獲准作為後綴的兩個地名是舍農索（Chenonceaux）和出產白蘇維濃葡萄酒的瓦斯利（Oisly）。舍農索是謝爾河谷沿岸一片廣闊的區域，其名取自河畔著名的舍農索城堡（Château de Chenonceau）。都蘭諾布爾喬（Touraine Noble Joué）出產口感極不甜、獨具特色的粉紅酒，又稱灰葡萄酒（vin gris），產自圖爾市的南郊，採用皮諾莫尼耶、黑皮諾和灰皮諾釀造。都蘭白葡萄酒如果不帶地名後綴，則主要葡萄品種為白蘇維濃，有時是物超所值的。都蘭紅葡萄酒中的品種可能是加美或柯特（Côt，即馬爾貝克）單獨釀造，或是兩者混釀，通常會再輔以卡本內－弗朗。

## 圖例

| | |
|---|---|
| —— | 縣界 |
| —— | 市鎮（教區）邊界 |
| —— | 法定產區邊界 |
| COULY-DUTHEIL ■ | 知名釀酒商／酒廠 |
| la Grille | 葡萄園名稱／稱地 |
| | 葡萄園 |
| | 森林 |
| —100— | 等高線間距 20 公尺 |

比例尺 1:127,500

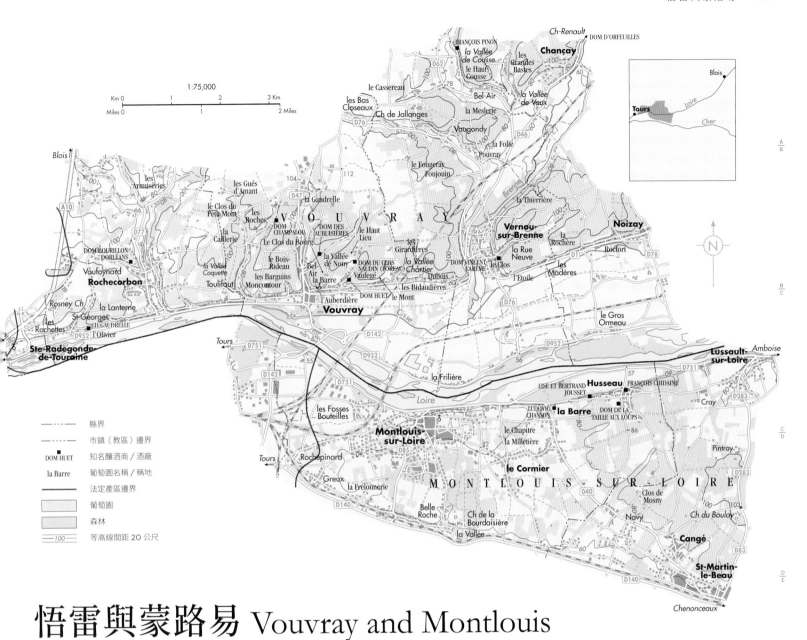

# 悟雷與蒙路易 Vouvray and Montlouis

只要提到法國的皇室和法式的浪漫，人們就一定會聯想到這片位於漫長的羅亞爾河中遊、圍繞圖爾城（Tours）的土地，這裡遍布著文藝復興時期的城堡，古老的市鎮，還有令人陶醉的白葡萄酒。當地最獨特的白葡萄酒擁有各級別的甜度，而且陳年潛力極強，產自河邊低矮的山丘，採用種植在柔軟白堊岩中的白梢楠品種釀造。幾百年來，當地人一直在這種白堊岩中開鑿酒窖及作為住宅的奇特窯洞，是名符其實的穴居人。

悟雷（Vouvray）能產出不甜型（sec）、微甜型（sec-tendre，是一種非官方但是越來越受歡迎的風格）、半甜型（demi-sec）以及甜型（moelleux）的白葡萄酒。來自大西洋的影響與大陸性氣候在此相遇，在不同的年份氣候差異極大，葡萄的成熟度與健康狀況也是如此。因此，悟雷葡萄酒每個年份的特點都大相逕庭：有時，乾燥艱難的年份所產的酒款，需要好幾年的時間在瓶中熟成柔化，有時又能獲得貴腐菌極其精彩的表現，但這需要在每塊葡萄園中進行多次採摘

（trie）。認真的釀酒人通常會將其釀造不甜型和半甜型葡萄酒的葡萄分開採收。

現在，釀酒人通常會依地點為他們的靜態葡萄酒貼上標籤，尤其是頂級葡萄酒。悟雷最好的地塊位於能俯瞰河水的懸崖頂端，土壤為薄薄的一層黏土，有時還有礫石，下層為石灰岩。名聲最響亮的于特酒莊（Huet）擁有其中兩塊優質葡萄園：酒體最集中的勒蒙（Le Mong）及於 20 世紀 80 年代末最早轉換生物動力農法的小鎮園（Clos du Bourg）。第三塊優質葡萄園名為高地（Le Haut-Lieu），離河較遠，黏土層更為深厚。

自 20 世紀 90 年代起，與悟雷隔河相望的蒙路易（Montlouis）已經是一個更加活躍的產區，其中一個原因是擁有 Jacky Blot 和 François Chidaine 這般充滿雄心壯志、活力十足的釀酒人。這裡的風土條件與悟雷非常相似（甚至當地人也覺得兩個產區的酒款難以區分），但是蒙路易境內並沒有像悟雷一樣，具有完美屏障遮蔽、沿著羅亞爾河沿岸、朝南的頂級葡萄園，所以出

產的葡萄酒有著稍多的緊澀感。蒙路易靠近羅亞爾河岸的葡萄園擁有黏土石灰岩土壤，而在接近謝爾河谷的南端則含沙量逐漸提高（參見第 117 頁的地圖）。

儘管靜態葡萄酒對悟雷和蒙路易這兩個產區來說象徵著真正的榮耀，但是現在這裡每出產三瓶酒，其中差不多就有兩瓶是傳統釀法氣泡酒。原因在於，氣泡酒的市場需求更旺盛，允許的單位產量更高，對於釀酒人來說風險更低，而且在困難的年份也能為不夠成熟的葡萄找到一個顯而易見的去處。這裡的氣泡酒品質差別很大，但是其中最好的酒款只是微氣泡（pétillant）而已，不會氣泡多到嗆人。蒙路易和悟雷出產的優質氣泡酒與梭密爾氣泡酒相比，在經過較長時間的瓶陳之後更能給予飲者美好的反饋。

# 松塞爾與普依 Sancerre and Pouilly

由松塞爾與普依這兩個產區所生產、香氣馥郁的白蘇維濃白葡萄酒，是法國辨識度最高的葡萄酒之一。

**風土條件：**松塞爾為 40% 石灰岩（當地稱為 caillottes）、40% 黏土石灰岩（當地稱為白土 terres blanches）以及 20% 燧石（silex）的混合；普依的北部則以燧石土壤聞名。

**氣候：**大陸性氣候，冬季寒冷，存在春霜的風險。

**葡萄品種：**白葡萄酒：白蘇維濃；紅葡萄酒：黑皮諾。

在這些位於羅亞爾河兩岸的石灰岩和黏土山丘上，比靠近大西洋的區域更嚴峻的氣候中，所生產的白蘇維濃，能釀出比世界上任何其他地方品質更好、更為細緻和更為複雜的葡萄酒。但只有在極少數的情況下才能達到這種水準。最好的釀酒廠努力使其產酒擁有當地風土的味道以及強悍的陳年能力，但是松塞爾以及與其隔河相望的

普依－芙美（Pouilly-Fumé）是最受大眾青睞的酒款，但它卻是眾多我們能在葡萄酒貨架和酒單上所看到的那些沒那麼令人驚艷的酒款（Pouilly-sur-Loire 是一個小鎮的名字，也是一種採用口感溫和的夏思拉 [Chasselas] 品種釀造、幾近絕跡的葡萄酒名字，這個品種在瑞士長勢良好，但在此卻幾乎滅絕。）

如果有人說自己可以清楚分辨松塞爾與普依－芙美葡萄酒之間的差別，那他真的是一個十分厲害的品酒者。因為這兩個產區表現最好的酒款水準相當：松塞爾或許酒體稍微飽滿和明顯一點，而普依－芙美則香氣更加濃郁。普依產區中很多葡萄園的地勢都比松塞爾的低，海拔在 650 至 1150 英尺（200 至 350 公尺），分布在這個山頂小鎮的側翼，但是最好的地塊大多還是位於普依小鎮的北方。這裡的土壤含有很高比例的黏土和燧石，為這種嚐起來近乎嗆辣、帶點火石（pierre à fusil）氣味的葡萄酒賦予陳年久藏的潛力。這兩個產區從西北部到東南部的整個地帶均含有燧石，但是松塞爾西邊的葡萄園屬於白土：這種白色的石灰岩土壤含有極高比例的黏土，能夠出產酒體更為堅實的葡萄酒。在這兩個區域之

間，則是石灰岩混合著卵石的土壤，出產的酒款通常更加芬芳馥郁，在年輕時便已香氣鮮明，而且在採收之後的幾個月內便會裝瓶上市。

## 松塞爾的土壤

有權將其產酒冠以松塞爾法定產區之名的村莊共有 14 個，其中許多現在都會綴上自己村裡葡萄園的名字。Chavignol 村共有產區內最佳地塊當中的三個：分別為萊斯德蒙山（Les Monts Damnés）、博茹底（Le Cul de Beaujeu）和大山坡（La Grande Côte），全都位於啟莫里階泥灰岩（即黏土石灰岩）的陡峭山坡上，出產松塞爾最令人難忘和最能陳年的酒款。比埃村（Bué）則有拉普西（La Poussie）和商人橡樹（Chêne Marchand）這兩塊地與其呼應。其他優質地塊包括慕瑟（La Moussière）、布滿燧石的羅馬人（Les Romains）以及位於山頂小鎮松塞爾和梅內特雷奧勒（Ménétréol）之間的美女園（Belle Dame）。只要釀酒師能夠堅持品質的話，位在松塞爾之下的 Ménétréol-sous-Sancerre 市鎮、松塞爾鎮本身以及 St-Satur 市鎮都能出產鋼鐵般結實、口感尖銳的葡萄酒。

世界知名的普依－芙美產區得名於其所所在的羅亞爾河畔普依（Pouilly-sur-Loire）小鎮，圖片中是小鎮被河上升起的薄霧包圍的景象，而這座小鎮其實只比一個村子大一點點而已。

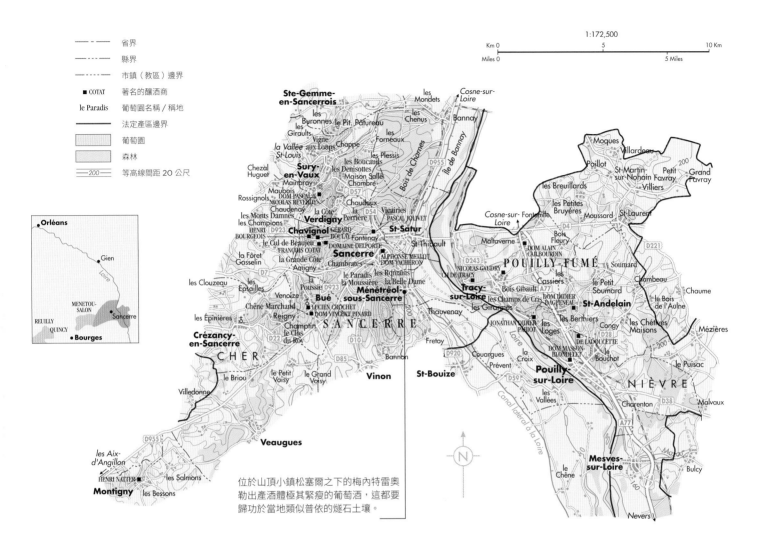

位於山頂小鎮松塞爾之下的梅內特雷奧勒出產酒體極其緊瘦的葡萄酒，這都要歸功於當地類似普依的燧石土壤。

這個區域一直都有建立正式特級園系統的呼聲，這的確能讓消費者更容易上手。松塞爾的葡萄園總面積因為需求的攀升，在 20 世紀最後 25 年間翻了三倍多，截至 2017 年已經多達 3,000 公頃，是 1,325 公頃的普依－芙美的兩倍多。

在普依，由 de Ladoucette 家族所有，像極迪士尼城堡原型的諾澤酒莊（Château du Nozet）可能是最壯觀的一座莊園，但當地最富盛名的酒莊卻是達格諾（Domaine Didier Dagueneau）。作為後起之秀，已故莊主 Didier Dagueneau 是降低產量以及嘗試使用橡木桶熟成的先驅，這些做法引起了文森・皮納（Vincent Pinard）、亨利・布喬亞（Henri Bourgeois）、阿馮梅珞（Alphonse Mellot）、華旭酒莊（Domaine Vacheron）等酒莊以及松塞爾河岸區域其他主要釀酒廠的積極迴響。

我們可以理解這些滿懷抱負的釀酒人希望證明他們釀造的葡萄酒值得久藏，但舉例來說，與悟雷的頂尖白葡萄酒不同的是，絕大多數的松塞爾和普依－芙美葡萄酒在裝瓶後兩到三年便會達到可口且受人喜愛的適飲高峰，尤其是純粹石灰岩土壤出產的那些。但是，其中有些酒也能陳放幾十年，比如 François Cotat 在 Chavignol 村釀造的濃郁酒款。近期有一項研究是採用 1950 年以前的葡萄藤剪枝作為種苗，取代現代高產量的樹苗，進而提高品質。

松塞爾另一個投入諸多心力的是黑皮諾葡萄酒，在當地是首選、在巴黎也很受歡迎，但在其他地方很少見。黑皮諾是當地 19 世紀時的主要品種，今天卻只占種植面積的五分之一，但是歸功於不斷進步的種植技術和較低的單位產量，所以能夠釀造出酒體精緻、通常顏色較淺、香氣馥郁的紅葡萄酒，只是還難以與布根地抗衡。松塞爾同樣出產粉紅酒，但似乎通常都價格過高。

## 胸懷大志的鄰近產區

**傑諾瓦丘（Coteaux du Giennois）**其實是普依－芙美向北的延伸產區（參見第 117 頁的地圖），釀造紅、白、粉紅三種顏色的葡萄酒。這個微小且葡萄園極其分散的產區所出產的白蘇維濃口感清冽，最好在酒齡尚淺時就飲用。這裡的加美和黑皮諾用於釀造酒體清淡的紅葡萄酒，法規允許使用加美單一品種釀酒，但是黑皮諾不行，這非常奇怪，但原因不明。

深入內陸河流轉彎的地方，就是所謂的「中央」產酒區（Vignoble du Centre）。蒙內都－沙龍（Menetou-Salon）、甘希（Quincy）、荷伊（Reuilly）和夏托美雍堡（Châteaumeillant）這幾個產區在最近 30 年中都有不錯的成績。**蒙內都－沙龍**的葡萄園面積已經翻了一倍，達到 576 公頃，沿東西方向座落於啟莫里階的低矮山丘之上，這片圓弧型地帶的最南端便是香檳區的起點。這裡最好的酒莊能夠釀出質驚人、類似松塞爾風格的白葡萄酒和紅葡萄酒，CP 值常常很高。**甘希**以及與其毗鄰的**荷伊**，這兩個產區都曾經歷從近乎滅絕中復興的過程，這歸功於釀酒人之間分享酒窖和種植設備的做法。海拔較低的沙子和礫石土壤來自謝爾河的沉積，使得甘希特別容易受到霜凍的侵害，因此廣泛使用風力渦輪機，用來攪動清晨的冷空氣。

荷伊產區擁有日照充足、陡峭的石灰岩和泥灰岩山丘，以及礫石和沙子臺地，不僅能出產口感脆爽的白蘇維濃白葡萄酒，還有一些品質合格的黑皮諾紅葡萄酒和粉紅酒。灰皮諾在此被用來釀造酒體柔美、適合夏季飲用的灰葡萄酒，引起其他產區效法看齊。甘希的一些酒莊同樣也在此處以南的小型產區夏托美雍堡（Châteaumeillant）進行投資，振興當地經濟，這些投資者甚至到歷史悠久、地處偏遠、幾乎死氣沉沉的法國中心地區阿列省的**聖普桑（St-Pourçain）**，在當地收購葡萄園，以合法地採用加美和黑皮諾釀造紅葡萄酒。

**奧爾良（Orléans）**和**奧爾良－克利里（Orléans-Clery）**過往是極為重要的兩個產區，以供應巴黎用酒為主，其中在奧爾良－克利里，還有人充滿信心地在如此靠北和靠東的地帶種植卡本內－弗朗。

# 阿爾薩斯
## Alsace

阿爾薩斯的葡萄酒反映出一個法德邊境省份的矛盾位置：雖然栽種的是兩國的葡萄品種，但是多樣化的土壤環境與陽光明媚的氣候讓這些葡萄有了獨一無二的表現。法國其他任何地區都不會像阿爾薩斯這樣將葡萄品種的名稱放在首位。

**風土條件：** 當地人聲稱阿爾薩斯擁有法國最為複雜的地質條件，甚至比布根地金丘的土壤類型和形態還要繁多。

**氣候：** 極其乾燥，日照強烈，但是夜晚相對涼爽。

孚日（Vosges）山脈或者說其所形成的雨影現象（rain shadow）和地質變遷，使得阿爾薩斯擁有獨特的氣候、柔美的鄉村風光以及古老市鎮，還有獨具影響力的葡萄酒。只有靠近西班牙邊境的貝濟耶（Béziers）和佩皮尼昂（Perpignan）才有比阿爾薩斯的小鎮科瑪（Colmar）更為乾燥的天氣。乾旱在這有時會成為麻煩，但通常能讓葡萄的成熟度有所保障。

兩條主要的斷層線穿越阿爾薩斯地區。一千年以來，當地經歷過無數次的地質上的活動，因此同樣類型的花崗岩在海拔 400 公尺的修南堡（Schoenenbourg）葡萄園頂端和萊茵河谷底地下 1,600 公尺的地方都找得到。在阿爾薩斯栽培葡萄兼釀造葡萄酒的人聲稱這裡有 800 種不同的土壤，而布根地只有 60 種。能夠釀出好酒的土壤類型包括花崗岩、片岩、砂岩、各類石灰岩和泥灰岩、黏土以及火山土壤。只不過很少有人能夠品嚐出其中的區別；真正造就不同的，也許只是土壤的保水和排水能力，而非地質成分。

### 兩個省份之間的區別

阿爾薩斯地區涵蓋兩個省份——位於北部低地的下萊茵（Bas-Rhin）和南部的上萊茵（Haut-Rhin），絕大部分被列為特級園（Grand Cru）的頂級葡萄園都位於上萊茵省。這是一個進行中的分級制度。第 126-127 頁的地圖顯示了（目前）包含最多特級園的區域。在此區域之外的特級園則在右頁地圖上列出，包括相關數據，其中很多都集中在史特拉斯堡市（Strasbourg）極其優質的黏土石灰石地塊當中。孚日山脈在下萊茵省的部分高度不太高，能給予的屏障較弱，所以這裡出產的葡萄酒酒體較輕，甚至可以說品質未達標準。位於 Epfig 市鎮的奧斯特塔格酒莊（Domaine Ostertag）採用生物動力農法釀造的葡萄酒是其中的主要代表。

1983 年，當阿爾薩斯建立法定產區級別時，共有 25 塊葡萄園被列為特級園。今日已經增至 51 個。類似布根地金丘等級的一級園（Premier Cru）級別則正在討論醞釀當中。其中部分特定的葡萄園——或稱小地塊／稀地（lieu-dit），可能會與其所種出的最佳葡萄品種一起被標註在酒標上。而有些市鎮則會將它們的名字或一個特殊的地理名稱綴在基本的阿爾薩斯法定產區之後，比如侯登（Rodern）、巴爾丘（Côtes de Barr）或是河谷貴族（Vallée Noble）。

---

## 阿爾薩斯的葡萄品種

**1969-2017年阿爾薩斯葡萄園的變化**

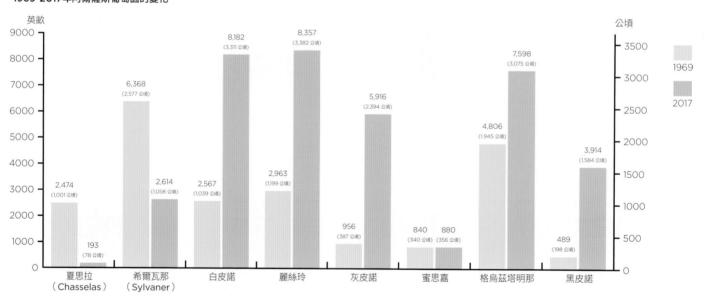

賦予阿爾薩斯葡萄酒名望與獨有特質的葡萄品種包括萊茵河的麗絲玲（除了在此，也在德國出產最優質的酒款）、擁有特殊香氣的格烏茲塔明那、白皮諾、灰皮諾、黑皮諾、蜜思嘉（Muscat）和希爾瓦那（Sylvaner）。格烏茲塔明那是阿爾薩斯芳香型葡萄酒的最佳詮釋：香氣和酒精感令人迷醉。

麗絲玲是阿爾薩斯的王牌品種。它釀出的酒款帶有難以捉摸的感覺：那是堅實與柔和、花香與強勁之間的平衡，使您心生愉悅，卻又從不過分甜膩。與它能夠相提並論的是灰皮諾，酒體飽滿，略帶辛香，風格多樣，特別適合佐餐。阿爾薩斯的蜜思嘉葡萄酒通常為歐托內蜜思嘉（Muscat Ottonel）和小粒白蜜思嘉（Muscat Blanc）這兩個品種的混釀。釀得最好的酒款能夠保留蜜思嘉葡萄獨有的葡萄芬芳，酒質不甜，但卻如同一聲口哨般純淨清透，可以作為輕鬆獨特的餐前開胃酒。

與麗絲玲種植面積幾乎相同的品種是白皮諾（Pinot Blanc），而這個名字除了指白皮諾這個能為當地白葡萄酒帶來獨特煙燻味道的阿爾薩斯日常品種本身之外，還可以用來指比較柔和的歐歇瓦（Auxerrois）品種——而且兩者經常混調。白皮諾同時也是阿爾薩斯傳統法氣泡酒（Crémant d'Alsace）最常見的基本品種。當地出產葡萄的四分之一都被用來釀造氣泡酒。

希爾瓦那現在的種植面積已經不大，但在合適的區域依然能夠產出酒體堅實、口感清新且和諧的葡萄酒，帶有淡而淳樸的綠籬氣息。高貴混調（Edelzwicker）一詞通常指的是不同葡萄品種的混合，主要為白皮諾和夏思拉（Chasselas）等，但後者現在越來越常被夏多內替代，（1969 年前夏多內還不被人所熟知）。因為布根地而蔚為風潮的黑皮諾，在較為溫暖的年份也能在這裡釀出不再失敗、品質絕佳的酒款，與德國的黑皮諾一樣。

到目前為止，只有麗絲玲、灰皮諾、格烏茲塔明那和蜜思嘉這幾種被視為阿爾薩斯貴族的葡萄品種才能釀造阿爾薩斯特級園（Alsace Grand Cru）法定產區的葡萄酒，我們將在第 126-127 頁詳細討論。

斯泰柯勒特級葡萄園（Steinklotz）（1）以出產特別具說服力的單一品種灰皮諾白葡萄酒聞名，貝比頓·艾騰堡特級葡萄園（Altenberg de Bergbieten）（3）以麗絲玲著稱，而索真堡特級葡萄園（Zotzenberg）（7）的優質希爾瓦那老藤則相當難得地為其贏得了特級園的資格。

## 葡萄酒的風格

　　阿爾薩斯白葡萄酒與德國類似，追求的主要是果香而非橡木桶帶來的香氣。即使使用橡木桶，通常也是香氣早已變淡的橢圓大型舊橡木桶。您品嚐的是葡萄的味道，還有葡萄經過發酵變成葡萄酒這一神秘轉化過程中所產生的味道。只有黑皮諾是例外。曾經頗為寡淡、品質粗劣的酒液早已在氣候變遷中，從口感尖酸、顏色深暗的粉紅酒轉變成深褐紅色，酒體幾乎頗顯肉感肥美、適合進行橡木桶陳化的紅葡萄酒，令人想起布根地的佳釀。

　　從前，阿爾薩斯的釀酒人追求的是極不甜、酒體堅實而強壯的白葡萄酒，葡萄中豐沛的糖分每一克都被發酵成酒精。這種酒搭配當地滋味濃厚的食物一起品嚐，再適合也不過了，比如加了滿滿奶製品、培根和雞蛋的洋蔥塔（阿爾薩斯的食品不太在意健康）。但也許是想到市場偏好不那麼刺激的產品，又可能是因為更為成熟的葡萄比較難發酵至完全不甜，許多釀酒者都開始試著玩玩白葡萄酒的不同甜度。阿爾薩斯葡萄酒的平均殘糖量——尤其是灰皮諾和格烏茲塔明那（Gewurztraminer）釀造的酒款——不斷地提高，以致於消費者紛紛抱怨酒標對此語焉不詳。如果一款酒看起來可能甜也可能不甜，您又如何將其與食品搭配呢？

　　陽光明媚的秋季同樣也為釀酒者帶來機會，挑選極熟的葡萄釀造晚收（Vendange Tardiv）甜白葡萄酒，甚至是更甜、產量更小，而且通常會加入貴腐葡萄的選粒貴腐葡萄酒（Sélection de Grains Nobles），後者需要多次分批採摘，比德國的貴腐酒（Trockenbeerenauslese）酒體更厚，又比索甸（Sauternes）貴腐甜酒香氣更濃。晚收的格烏茲塔明那也許是世界上香氣最具熱帶水果風味的酒款，同時又能保持驚人的清透感、平衡度以及精緻的味道。

國界 ─ ·─ ·─
省界 ─ · ─ · ─
● *Barr* 擁有特級葡萄園的市鎮
▨ 產酒區
127 此區放大圖見所示頁面
（包含此頁地圖未顯示的特級葡萄園）

歷史悠久的朗艮（Rangen）特級葡萄園（16）位於坦恩市鎮（Thann）上方的陡坡，思潔菲特酒莊（Schoffit）和辛德·溫貝希特酒莊（Zind-Humbrecht）在此釀造香氣極其突出的酒款，主要採用麗絲玲和灰皮諾品種，產自溫暖的火山土壤，這在阿爾薩斯是相對稀少的一種土壤。

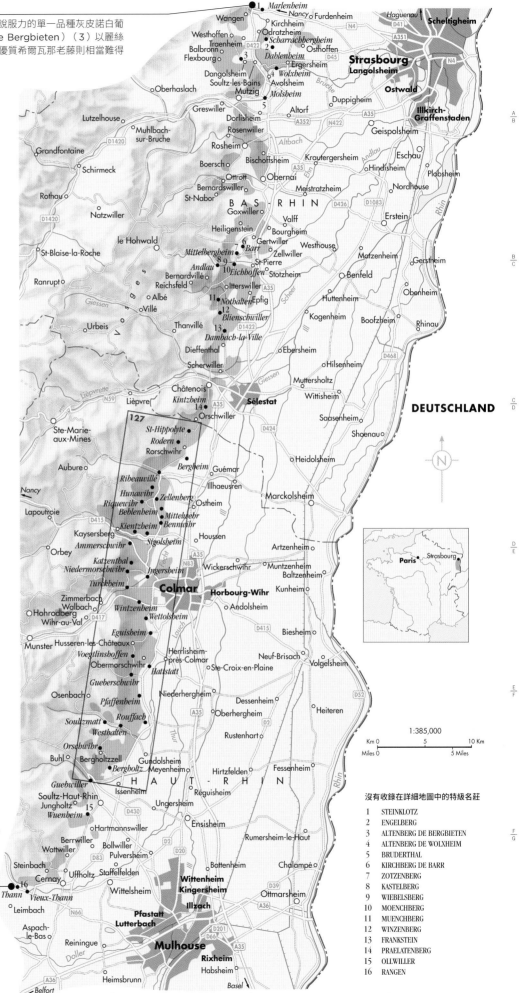

**DEUTSCHLAND**

1:385,000

沒有收錄在詳細地圖中的特級名莊
1　STEINKLOTZ
2　ENGELBERG
3　ALTENBERG DE BERGBIETEN
4　ALTENBERG DE WOLXHEIM
5　BRUDERTHAL
6　KIRCHBERG DE BARR
7　ZOTZENBERG
8　KASTELBERG
9　WIEBELSBERG
10　MOENCHBERG
11　MUENCHBERG
12　WINZENBERG
13　FRANKSTEIN
14　PRAELATENBERG
15　OLLWILLER
16　RANGEN

# 阿爾薩斯的中心地帶
# The Heart of Alsace

　　阿爾薩斯的葡萄園沿著孚日山脈（Vosges）東麓綿延 60 英里（100 公里），寬度卻只有 500 至 1,800 英尺（170 至 550 公尺）。其中的核心地帶已在地圖上標出，只有其整體區域的一半還不到。中世紀小鎮科瑪位於中心，在一些高山的背風處。自此向北，越過德國邊界，孚日山脈以哈爾特（Haardt）之名繼續延伸，為法茲產區（Pfalz）的葡萄藤提供同樣的保護。半透明木架尖頂小屋是萊茵河兩岸常見的建築，其中很多都建於 17 世紀晚期。河畔兩岸從氣候條件、飲食習慣以及整體魅力而言，其實難以區分。在這些風土條件優異的丘陵之間，布滿靠近森林的狹長高地與邊谷，各種斜度的山坡塑造出優質的葡萄酒。毗鄰一大片茂密松林的葡萄園與靠近年輕橡樹林的葡萄園相比，平均溫度能夠降低整整 1℃。

　　阿爾薩斯的日照充足。向西穿越孚日山脈的貨車司機在到達山頂時，總會遇到一大片雲朵，籠罩西方。山峰越高，就越能阻擋潮濕的西風，使其所庇護的土地越加乾燥。地圖上突出了上萊茵葡萄園的中心部分，這裡的山峰能夠確保連續幾個星期晴空萬里，不見一絲雲彩。在這種自然氣候的保護之下，經典、芬芳但是強壯的麗絲玲表現搶眼。

　　諷刺的是，阿爾薩斯雖然擁有（相對來說）這麼簡單輕易的產酒環境，但是卻曾有著麻煩頻頻的歷史，長期淪為法國南部混調葡萄酒的供應來源，因此也缺少像布根地金丘那樣針對較好和最好的葡萄園所作的官方分級，這種狀況直到 1983 年阿爾薩斯特級園法定產區確立才有所改變。

## 阿爾薩斯的酒商

　　阿爾薩斯的現代葡萄酒工業是透過企業家酒農發展起來的，其中許多自歐洲三十年戰爭起就在自己家族的葡萄園中工作，隨後轉型為酒商，並創立品牌銷售自家和鄰居生產的葡萄酒，完全依靠葡萄品種來區分酒款。其中知名的幾家包括貝耶（Beyer）、杜甫（Dopff）、賀加爾（Hugel）、溫貝希特（Humbrecht）、昆特巴斯（Kuentz-Bas）、穆雷（Muré）和廷巴克（Trimbach）。阿爾薩斯同時擁有法國第一家合作社酒窖，成立於 1895 年，而貝布勒南（Beblenheim）、埃吉桑（Eguisheim，也譯為「艾居漢」）、積安特贊（Kientzheim）、圖克漢（Turckheim）和維斯塔滕（Westhalten）等地的合作社品質同樣很高，至今不輸當地的優質酒莊。

　　然而阿爾薩斯的葡萄農卻是全世界最關注風土條件的——原因不只是因為當地擁有如此繁多的土壤和底土的類型，因此其中一群最優秀的葡萄農，會以其產自的葡萄園名稱命名酒款，並引以為豪，也就不足為奇了。

　　從地圖上可見，葡萄園尾端的平原，通常含有過多沖積土，太過肥沃，所以無法出產好酒，

從陡峭的城堡山特級園俯瞰麗科維爾市鎮，這個市鎮是世界知名酒莊「賀加爾」（Hugel）的所在地，現在的風景與 1639 年它剛建立時相比，似乎沒有任何變化。

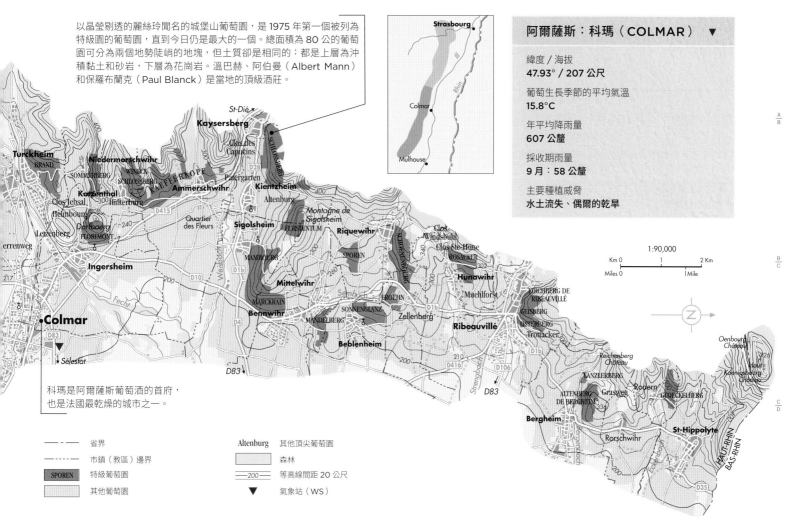

以晶瑩剔透的麗絲玲聞名的城堡山葡萄園，是 1975 年第一個被列為特級園的葡萄園，直到今日仍是最大的一個。總面積為 80 公頃的葡萄園可分為兩個地勢陡峭的地塊，但土質卻是相同的：都是上層為沖積黏土和砂岩，下層為花崗岩。溫巴赫、阿伯曼（Albert Mann）和保羅布蘭克（Paul Blanck）是當地的頂級酒莊。

### 阿爾薩斯：科瑪（COLMAR）▼

緯度／海拔
**47.93° / 207 公尺**

葡萄生長季節的平均氣溫
**15.8°C**

年平均降雨量
**607 公釐**

採收期雨量
**9 月：58 公釐**

主要種植威脅
**水土流失、偶爾的乾旱**

1:90,000

科瑪是阿爾薩斯葡萄酒的首府，也是法國最乾燥的城市之一。

省界
市鎮（教區）邊界
SPOREN　特級葡萄園
其他葡萄園
Altenburg　其他頂尖葡萄園
森林
200　等高線間距 20 公尺
▼　氣象站（WS）

但是海拔較低的緩坡卻擁有較為深層的土壤，下層包含石灰石、被稱為殼灰岩（Muschelkalk）的化石石灰岩、泥灰岩、黏土以及建設當地很多教堂所用的著名孚日砂岩。阿爾薩斯與布根地金丘的類似之處昭然若揭。丘陵地帶海拔最高、坡度最陡的部分只有薄薄的一層表土，下層則是花崗岩、因風化而變色的片麻岩、片岩、砂岩或者火山沉積土。

### 特級園與單一園（clos）

　　每個人都在爭論究竟什麼樣的葡萄園才有資格被列為特級園法定產區。顯然整個地區所有最優質的葡萄酒都產自特級園，在地圖上以紫色標出。其中每個都有自己的法定產區名稱，雖然它們全部加在一起僅占整個地區總產量的不到 5%。特級園制度嚴格規定單位產量及葡萄成熟度的提高（至少理論上如此），進而保證葡萄酒擁有更高的品質。特級園要做的不僅僅是讓不同的葡萄酒呈現其葡萄品種的特色，還要充分傳達出這個等級法定產區的特點：即風土條件與葡萄品種之間的特定聯結，是建立在土壤類型、地理位置以及特別需要強調之釀酒傳統上的。戴絲（Marcel Deiss）一類的酒莊甚至已經不再將葡萄品種寫在酒標上，他們強調的不是葡萄品種，而是風土條件，並且透過曾經是標準規範的混合種植將其表現出來。

　　特級園的法規限定了每個特級園能夠種植的葡萄品種，通常只有麗絲玲、格烏茲塔明那、灰皮諾和蜜思嘉。每個特級園的管理委員會可以各自批准使用混釀。貝海姆（Bergheim）的艾騰堡特級園（Altenberg）氣候特別炎熱，就是出產混釀酒款的著名例子。地塊與葡萄品種的組合通常都以種植和品鑒經驗為基礎而決定，往往都有某種程度的地質關聯。比如位於 Guebwiller 市鎮中狹長葡萄園南端的砂岩凱德拉特級園（the sandstone of Kitterlé）就以採用多個葡萄品種釀出之華美酒款而聞名，特別是舒伯格酒莊（Schlumberger）的產酒更為出色。自此以北來到 Westhalten 市鎮，森科弗雷特級園（Zinnkoepflé）的山坡含有更多石灰岩，朝向正南，這裡種植的格烏茲塔明那和麗絲玲能夠達到更高水準的豐厚度；而 Rouffach 市鎮的沃爾堡特級園（Vorbourg）則為泥灰岩和砂岩土壤，東南朝向，特別適合出產香氣飽滿的蜜思嘉品種。

　　Voegtlinshoffen 市鎮的哈奇堡特級園（Hatschbourg）品質極佳，擁有泥灰岩和石灰岩土壤，格烏茲塔明那和灰皮諾能在這裡完美成熟，釀出質地豐厚的佳釀，臨近的戈爾德特級園（Goldert）也是如此。埃吉桑市鎮的亨斯特特級園（Hengst）也以種植同樣的葡萄品種而聞名。圖克漢市鎮的布蘭德特級園（Brand）和城堡山（Schlossberg）市鎮的積安特贊（Kientzheim）特級園都擁有孚日山脈花崗岩，能夠出產酸度勁爽的麗絲玲。而在麗科維爾（Riquewihr）市鎮，

修南堡特級園（Schoenenbourg）當中黏土泥灰岩與殼灰岩的組合，同樣能夠出產品質精彩的麗絲玲，不過市鎮南部絲帛倫特級園（Sporen）當中的黏土則比較適合出產酒體更厚的格烏茲塔明那。

　　儘管如此，還是有一些因名氣響亮而頗為自傲的生產者，刻意迴避特級園制度。阿爾薩斯最精緻的麗絲玲──甚至有人認為是全世界最精緻的不甜型麗絲玲──產自廷巴克酒莊的聖雲園（Clos Ste-Hune），這個單一葡萄園位於 Hunawihr 村上方的羅薩克特級園（Rosacker）當中。「羅薩克」一名從不會出現在酒標上，因為廷巴克酒莊並不認為這個主要為石灰岩土壤的葡萄園，整體都能產出與聖雲園同樣優質的酒款。的確，單一園（clos）一詞代表一個獨立的葡萄園，通常位於一個更大的葡萄園當中，可以作為品質保證的標記，其他的例子還有溫巴赫酒莊（Domaine Weinbach）的嘉布遣修士園（Clos des Capucins），這座葡萄園位於積安特贊市鎮城堡山（Schlossberg）特級園的下坡處；穆勒酒莊的蘭德林園（Clos St-Landelin），位於沃爾堡特級園當中；溫貝希特酒莊（Zind-Humbrecht）則有多個單一園，其中奧塞禾園（Clos Hauserer）靠近亨斯特特級園，聖烏班園（Clos St-Urbain）位於 Thann 市鎮的朗艮（Rangen）特級葡萄園當中，而溫德斯布赫園（Clos Windsbuhl）則靠近於納維市鎮。

# 隆河北部 Northern Rhône

隆河在法國的部分從瑞士端的邊界綿延400公里直到地中海，作為葡萄酒產區被分成南北兩個部分；北部區塊面積較小，底下是總體概況。

**風土條件：**大部分位於陡峭狹窄的河岸上，土壤主要是花崗岩，特別適合種植希哈。

**氣候：**比隆河南部涼爽潮濕，冬天更是如此。

**葡萄品種：**紅：希哈；白：維歐尼耶（Viognier）、馬珊（Marsanne）、胡珊（Roussanne）。

葡萄酒之鄉從隆河和索恩河（Sâone，布根地的河）在里昂交匯後的羅第丘（Côte-Rôtie）開始，然而河谷裡95%的葡萄酒產自160公里外的南部地區，再加上普羅旺斯地區，總面積幾乎達到70,820公頃——釀造潛力大約等於30億瓶葡萄酒。隆河北部在相對邊緣性氣候（marginal climate）的條件下，致力發展精品葡萄酒。

位於隆河北部的瓦朗斯（Valence）每年降水量有91公釐，位於隆河南部的亞維農（Avignon）則有660公釐。這些降水量數據就足以說明為何隆河北部更加綠意盎然，而隆河南部則更具有地中海氣候的特徵。兩者的分界線在蒙特利馬（Montélimar），在這裡有一小段河谷未栽種葡萄。然後慢慢開始往南流，到了隆河三角洲，又再次見到葡萄藤。在隆河北部，葡萄藤生長在那些陡峭而充滿花崗岩碎石、能吸收到充

分陽光的梯田上，這裡是希哈（Syrah，也稱為Shiraz）的王國。但隆河北部也有馬珊、胡珊和維歐尼耶這三個頗具個性，且時下非常盛行的白葡萄品種。下面幾頁會詳細地呈現隆河南北兩岸最好的產區。羅第丘、恭得里奧（Condrieu）和艾米達吉（Hermitage）這些產出量較大的隆河葡萄酒產區都在北部，周圍還有一些歷史悠久、富含當地特徵並且名聲日見響亮的產區。

**高納斯（Cornas）**，位於圖爾農（Tournon）市面北面西岸上，長久以來就像是高貴「艾米達吉」的倔強農村表弟一樣，同樣釀造種植在花崗岩上的希哈葡萄，酒質也具有權威性和力道，但就是少了些細緻。高納斯最著名的酒莊是蒂埃里·艾蒙（Thiérry Allemand）和克雷普斯（Clapes），但現在產區內名揚國際的酒莊已不僅僅是它們兩家了。

Courbis兄弟、Eric & Joël Durand、Guillaume Gilles、Vincent Paris以及來自Domaine du Tunnel的Stéphane Robert都是值得關注的新星。新的葡萄園不僅建在原本面朝東方、類似圓形露天劇場的梯田上，還建在古老牧場高處更加寒冷的地方，在那裡葡萄成熟可能需要額外兩周的時間。

**聖喬瑟夫（St-Joseph）**產區，位於高納斯正北，與其同側，當地想要極力延伸該產區名聲的欲望已經到處浮現，如今產區已從聖佩雷（St-Péray）產區到恭得里奧產區北面，總面積將近60公里。

過去曾有一組（六個）深受大自然厚愛的市鎮，格蘭（Glun）、莫韋（Mauves）、圖爾農、聖

**隆河：瓦朗斯（VALENCE）** ▼

緯度／海拔
**44.91°N／160公尺**

葡萄生長季節的平均氣溫
**17.9°C**

年平均降雨量
**923公釐**

採收期雨量
**9月：118公釐**

主要種植威脅
**花期天氣差、真菌類疾病、冰雹**

尚德慕梭（St-Jean-de-Muzols）、朗普（Lemps）和維永（Vion），以及恭得里奧的沙瓦奈（Chavanay）以北，這裡土壤是與河對岸艾米達吉產區類似的花崗岩。如今，在這些產區能買到隆河北部最划算的葡萄酒：口感新鮮，具煙燻味並以風土主導的紅葡萄酒，以及一些用產於艾米達吉的馬珊和胡珊這兩個品種釀造、活潑奔放的白葡萄酒。

但在1969年，聖喬瑟夫產區被允許擴展到26個市鎮，到2017年為止，產區總面積從97公頃擴張到1,180公頃。因此毫不意外，以往那些由寒冷高原黏土種植的葡萄釀造，被視為單薄無味的聖喬瑟夫葡萄酒，現在已與**隆河丘（Côtes du Rhône）**北部法定地區產酒相差無幾。隆河丘位於隆河谷的產區，範圍很大，包括蒙特利馬北面的47個市鎮（和其南面124個市鎮）。

這個產區最著名的酒莊有夏伯帝（Chapoutier）、夏芙（Jean-Louis Chave）、哥農（Gonon）和積架（Guigal），而Courbis、Coursodon、Delas、Gripa、Monier-Perréol、Stéphane Montez和André Perret等酒莊也一直都有不錯的表現。

馬珊和胡珊讓此處所產的白葡萄酒，具有肥美的特質，特別是在位於高納斯南邊、瓦朗斯河對面的**聖佩雷**，這裡長期以金黃色氣泡酒聞名遐邇，如今所產的一些精緻而強壯的靜態酒也很有名氣。在地圖東部的德龍（Drôme）河邊，位置相對高一些的葡萄園所種植的品種（按照重要性分別是克雷耶特白葡萄 [Clairette] 和蜜思嘉）釀出了穩定的**迪－克雷蒙氣泡酒（Crémant de Die）**以及如羽毛般輕盈、葡萄味十足的傳統法**克雷耶特氣泡酒（Clairette de Die Tradition）**——法國擁有很多的幾乎被人遺忘了的珍品。

俯瞰高納斯彎彎曲曲的梯田葡萄園（幾乎可以肯定，無人機時代出現越來越多像這樣的葡萄原照片），因免受隆河寒冷的影響，葡萄通常比艾米達吉更早成熟。

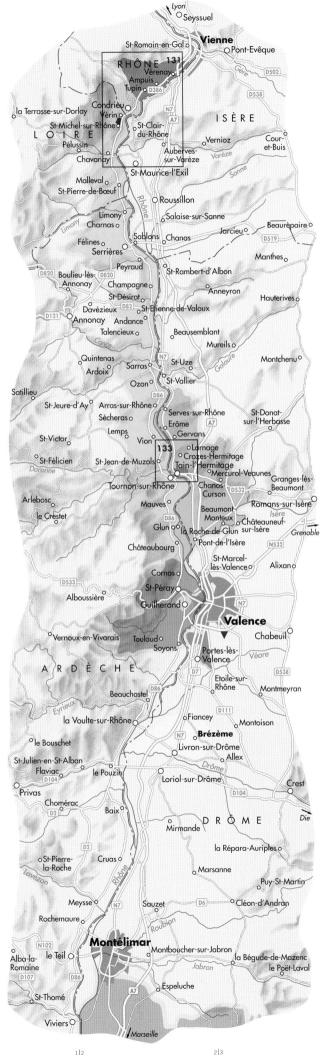

## 向法定產區外擴張

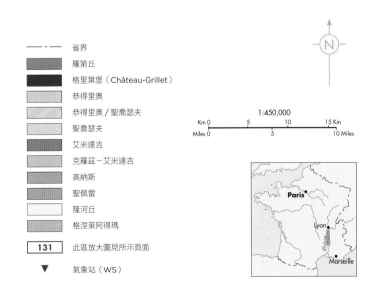

隆河谷北部狹窄的區域使得這個重要產區的面積一直無法進一步擴大，因此一些酒農開始嘗試在一些不屬於（或許未到時候）AOC 範圍以外的地域栽種。

自 20 世紀 90 年代開始，羅第丘和恭得里奧（請參考第 130-131 頁）中，一些比較活躍的酒莊，開始在隆河左岸，介於 Vienne 和里昂中間的 Seyssuel 地區周邊（如上圖所示），一些具有潛力、雲母片岩的山坡上種植葡萄。這些法定區域以外的葡萄酒只能以「隆河丘陵地區保護餐酒」（IGP Collines Rhodaniennes，參見第 53 頁的地圖）的名稱銷售，但在此耕作的種植戶中，有 18 個正在積極爭取獲得 AOC 地位，目前已取得的是「隆河丘」（Côtes du Rhône）法定產區。在這片約 50 公頃的土地上所種出的葡萄，可釀造出品質絕佳、具有陳年潛力的希哈紅葡萄酒和值得品味的維歐尼耶白葡萄酒，有時也會用一些胡珊。

另外一個常在隆河北部產酒酒標上，和隆河丘法定產區放在一起的地名是，位於 Livron-sur-Drôme 市鎮北部的村莊 —— 布雷茲姆（Brézème）。此處富含黏土、因面朝南而免受盛行北風影響的葡萄園中，大部分的土地種植希哈，以及少量馬珊和維歐尼耶，能釀出富有活力，帶有泥土芬芳的葡萄酒。

在河對面的 Ardèche 省，布根地的酒商 Louis Latour 長期大量收購由當地合作社所提供、價格便宜，又充分成熟的夏多內（合作社的位置標示在地圖的西南部）。但也有一些認為布根地市場的定價過高的釀酒商，如馬克・海司馬酒莊（Mark Haisma），他們已經發現在隆河谷右岸瓦朗斯和蒙特利馬之間，非法定產區弗拉維阿克（Flaviac）片岩地帶的潛力。

省界
羅第丘
格里葉堡（Château-Grillet）
恭得里奧
恭得里奧 / 聖喬瑟夫
聖喬瑟夫
艾米達吉
克羅茲－艾米達吉
高納斯
聖佩雷
隆河丘
格涅萊阿得瑪

131　此區放大圖見所示頁面

▼　氣象站（WS）

1:450,000
Km 0　　5　　10　　15 Km
Miles 0　　5　　10 Miles

Paris
Lyon
Rhône
Marseille

# 羅第丘與恭得里奧 Côte-Rôtie and Condrieu

羅第丘的帶狀葡萄園，座落在安普斯（Ampuis）周圍險峻的梯田上，擁抱著隆河谷西岸的花崗岩山體，這個產區一直到近幾年才變得舉世聞名。20世紀80年代，在世人開始關注到堅定不移的馬塞爾‧積架（Marcel Guigal）與他所釀製的卓越不凡葡萄酒之前，羅第丘酒一直只是酒界同業喜歡的葡萄酒，每個發現它的人都會十分驚喜，它有著迷人的柔軟感、果味十足的細膩感和南部葡萄酒的溫暖感，堅實的單寧中伴有細緻的風味，讓它更接近偉大的布根地紅葡萄酒，和隆河北部河谷另一個知名產區艾米達吉的健壯感形成鮮明的對比。

和艾米達吉一樣，羅第丘的起源可以追溯到羅馬時代，甚至更早。追溯回19世紀，這裡的葡萄酒都是按照76公升的體積單位販售，等於兩個細頸橢圓土罐的大小。羅第丘酒長期以來都保持著法國最偉大葡萄酒之一的秘密身份。在1971年本書首版的時候，羅第丘的葡萄種植總面積只有70公頃，而且還不斷縮小中，並且葡萄酒的便宜售價與在此處陡峭山坡上那疲憊至極的勞作不相匹配。但自從世界終於「發現」羅第丘之後，羅第丘的酒價便不斷攀升，到了2017年葡萄園的種植面積幾乎翻了四倍達到了308公頃，在產量方面大大超過了艾米達吉，而且有更多釀酒廠可供選擇。

正如它的名字所指，這片東南朝向的山坡在夏天確實熱得像被烘烤一般，而且山坡極為陡峭，有些地方的坡度可達60°，所以當運輸像一筐葡萄那麼重的物品時，就必須使用滑輪拉車，或甚至是單軌小車。這片長條形葡萄產區有時寬度僅有500公尺，許多土地全天都在太陽的照射下。河岸旁的堅硬岩石（產區北部為片岩）讓上頭的葡萄園能留住每一絲熱量。山坡頂處新種植的葡萄園在涼爽的夏天很難成熟，所以有人認為因此降低羅第丘的聲譽。

羅第丘的邊界似乎很明顯：西北邊界就是著名「被烘烤的」山坡坡頂，東南邊界現在是隆河右岸開往里昂南部的D386公路。

## 金色與黑色的葡萄園

但是在東北方和西南方，真正羅第丘的風土能擴張到多遠，是幾個世紀來一直被爭論的問題。不管怎樣，所有人都同意，最早的葡萄園毫無疑問地圍繞在安普斯鎮上面兩塊顯眼的山坡上：緊臨小鎮南面、朝南的金黃丘（Côte Blonde，又譯為「金坡」）和小鎮北面、西南朝向的河岸棕丘（Côte Brune，又譯為「褐坡」）。金黃丘是中央高原的一部分，這裡的土壤中富含花崗岩，有時從土壤表面即可看見，表層土鬆軟，由許多不同的沙質和板岩土壤組成，含有一些淺色的石灰岩成分。金黃丘釀製的葡萄酒和棕丘的酒相比，酒質比較柔和、迷人且成熟較快；棕坡的葡萄酒則比較多樣化，此處土質為片岩和黏土，因為含鐵而顏色更深，所產的葡萄酒傳統上口感會比較緊繃，甚至帶點煙燻味。

## "La La" 地塊

下頁地圖列出了最可能出現在酒標上的獨立葡萄園，若在當地的產區地圖，列出的葡萄園會更多。金黃丘和棕丘的葡萄酒品質同樣出色，但風格不同，過去酒商會將兩者混合調配出一款羅第丘葡萄酒；但在20世紀80年代，舉足輕重的積架酒莊開始引領獨立葡萄園單獨裝瓶的新風潮，將葡萄酒放在新橡木桶中大膽又誇張地陳年42個月後，單獨裝瓶並在酒標上以浪東（La Landonne）、慕林（La Mouline）、和杜克（La Turque）等單一葡萄園名稱出售，積架酒莊致力於向葡萄農靠攏，力求創造新的「羅曼尼‧康帝」。這些為百萬富翁創造的葡萄酒，以力量和濃郁引人注意，但並不合那些喜歡經典柔和、在老橡木桶中陳年的羅第丘酒愛好者的胃口。傳統主義者可能更欣賞下列酒莊：Barge、Gangloff、Jamet、Jasmin、Levet 和 Rostaing 利用金黃丘產之葡萄釀的酒。

在積架酒莊那些被稱為 "La Las" 的葡萄園中，浪東（La Landonne）葡萄園是歷史最悠久的，此處產的酒也供給葛林酒莊（Jean-Michel Gérin）和侯斯登（René Rostaing），但浪東是唯一一個官方認可的葡萄園。慕林（La Mouline）是1966年成立的積架酒莊品牌，這是一款富麗堂皇、有天鵝絨般口感、極其飽滿的酒，來自積架酒莊在金黃丘上已擁有六十年之久的葡萄園（詳見地圖）。杜克（La Turque）是另一個由積架酒莊在1985年創立的品牌，由安普斯鎮中心位置上方的葡萄藤釀製（同樣可見於地圖）；而積架酒莊採用傳統羅第丘方法裝瓶，以新收購的安普斯堡（Château d'Ampuis）為酒標名的葡萄酒，釀酒用的葡萄來自棕丘和金黃丘上七塊非常不同的葡萄園。馬賽爾‧積架將河邊上破爛不堪的安普斯堡買下，並將它整修得光鮮亮麗，是件理所當然的事情，因為他父母年輕的時候曾經在那裡工作。

但羅第丘當然不是一個人唱獨角戲的產區。Gilles Barge、Billon、Bernard Burgaud、Bonnefond 家族、Clusel-Roch、Duclaux、Jean-Michel Gérin、Garon）、Jamet、Stéphane Ogier、Domaine de Rosiers、Jean-Michel Stéphan 等都是此區舉足輕重的人物或酒莊，另外還有很多位於恭得里奧或聖喬瑟夫的釀酒廠，都釀製出非常有意思的葡萄酒。在羅第丘勢力很大的酒商包括夏伯帝酒莊

*處於安普斯高處、歷經千辛萬苦開鑿出的梯形葡萄園，猶如德國摩塞爾產區（Mosel）的葡萄園一樣陡峭，需要機械協助才能運送葡萄。也許羅第丘的價格被低估了？*

「大地園」（Les Grandes Places）是一塊稱地（葡萄園），名字越來越常出現在強大的羅第丘酒酒標上；就像維黎耶（La Viallière）地塊一樣，但此處產的酒更具有芬芳的花香。

面朝東南的微型法定產區「格里葉堡」，所處的陡峭山坡頂部和底部之間相差 80 公尺，在 1827-2011 年間，都由 Neyret-Gachet 家族擁有與管理。François Pinault 的艾特密酒莊接手後，保留了獨特的棕色酒瓶和簡約的酒標，但推出了二軍酒。

沙瓦奈南面的歐尼耶葡萄園屬於恭得里奧法定產區，那些種植著希哈、馬珊或胡珊的葡萄園屬於聖喬瑟夫產區。

省界
市鎮（教區）邊界
LE CLOS　葡萄園名稱
法定產區邊界
葡萄園
森林
200　等高線間距 20 公尺

1:61,540
Km 0　　1　　2 Km
Miles 0　　1　　1 Mile

（Chapoutier）、德拉斯酒莊（Delas）、保羅佳布列酒莊（Jaboulet）、積架酒莊旗下的維達芙麗酒莊（Vidal-Fleury），當然還包括積架酒莊自己。

造成羅第丘和艾米達吉不同的原因不僅僅是地理因素，理論上羅第丘的葡萄酒允許加入最多 20% 的維歐尼耶，讓香氣更盛，並讓以希哈為主體的葡萄酒更穩定。積架酒莊的慕林通常會加入超過 10% 的維歐尼耶，讓酒體更活潑有趣，但一般來說，添加 0%~5% 是最常見的比例。

## 富麗堂皇的白葡萄酒

香氣異常濃烈、辨識度極高、充滿杏桃和山楂花香氣的維歐尼耶，是面積更小**恭得里奧產區**的特色品種，此產區與羅第丘的南部相交，在這裡片岩和雲母石被破碎的、沙質的花崗岩所取代。這裡許多葡萄種植者都能自行釀出聲望很高的紅白葡萄酒，讓那些想買他們葡萄酒或最好能收購他們葡萄園的大酒商苦惱不已。恭得里奧曾常普遍被視為甜白酒（但酒體很混濁）的產地。在恭得里奧村上面那些陡峭的山坡上，種植像維歐尼耶這麼不穩定、易受病蟲害侵襲、低產量的品種，確實與種植容易照護、在當時收益更高的其他農產品無法相比。在 20 世紀 60 年代，恭得里奧這個 1940 年才創立的產區，葡萄總種植面積縮小到僅只有 12 公頃。幸運的是，維歐尼耶品種以及恭得里奧產區非同一般的魅力是如此迷人，它的國際粉絲俱樂部不斷擴大。如今這個品種已遍布世界各地。目前致力於發現維歐尼耶新品系的熱情持續不減，雖然不是所有的無性繁殖品種都能釀出好酒，但這樣的熱情也促使恭得里奧自己迸發出創新的火花。

生產經典的、芳香的、幾乎只有不甜型葡萄酒的恭得里奧頂級釀酒商包括位於芙濃丘（Coteau du Vernon）的喬治·維奈（Georges Vernay）酒莊，這也是恭得里奧產區最古老的酒莊；以及積架酒莊，其頂級產品道林（La Doriane），由夏地雍丘（Côte Châtillon）和科隆比（Colombier）兩地所產的葡萄調配而成。瑰岩紅酒莊（Yves Cuilleron）伊夫甘樂夫干酒莊（Yves Gangloff）、以及雷米和羅伯特·尼羅酒莊（Rémi and Robert Niero）是另外一種風格的碩果。所有這些創造力都需要葡萄園，恭得里奧也因此不斷擴張，到了 2017 年，葡萄種植面積已達 197 公頃。恭得里奧產區從沙瓦奈（Chavanay）市鎮一直往北延伸到恭得里奧村北面的山坡上，這裡也可以出產套用「聖喬瑟夫」產區名稱的酒，且據說因為此處土壤中的花崗岩含量更高，所以能使葡萄酒有一些礦物感。這裡出產的維歐尼耶尤其飽滿。

為了能夠讓產量達到經濟作物的水準，維歐尼耶在開花期間需要避開北面刮來的冷風。在恭得里奧最得天獨厚的葡萄園擁有當地人稱作 Arzelle 的粉狀表層土，擁有較多的雲母含量，其中包括 Chéry、Chanson、Côte Bonnette 和 Les Eyguets 這些葡萄園（詳見地圖）。恭得里奧巧妙地將酒精的力度與難以忘懷卻又令人驚訝的脆弱香氣融合在一起，它也是少有的需要在年輕時就享用的高價白葡萄酒之一。

世界上最不尋常的維歐尼耶來自**格里葉堡**（**Château-Grillet**），這是 3.8 公頃、從 1936 年起就在恭得里奧境內擁有自己產區名號的圓形露天劇場型葡萄園。它的品質當然不在話下，但其價格近來反映的是物以稀為貴的道理。François Pinault 旗下的釀酒相關產業——艾特密酒莊（Artémis Domaines）已意無反顧地升級了這個地塊，François 同時也是波雅克拉圖堡的所有人。跟恭得里奧其他產酒不同，格里葉堡出產的酒款，需要陳年和醒酒。

# 艾米達吉 Hermitage

從圖爾農到 Tain 鎮的吊橋，駕駛員們對它再熟悉不過，交通堵塞造成車輛只能如蝸牛般行進。不過艾米達吉的風景還是挺不錯的。

羅第丘產區坐北朝南讓產區的希哈得以成熟。再往南 50 公里，艾米達吉產區壯觀的山丘具有同樣的效果，差別只在隆河的另一側而已。

似乎很難將它微小的面積與其聞名於世的聲譽相提並論，整個艾米達吉產區只有 136 公頃的葡萄園，這比波雅克的拉菲堡大不了多少。而且與河對岸的聖喬瑟夫等產區不同，早有長期法令限制了艾米達吉的擴張。

但艾米達吉以作為法國歷史上最輝煌的葡萄酒之一而著名，根據記載，波爾多生產商會用艾米達吉產葡萄讓自己的酒更飽滿，時間可追溯到 18 世紀中期。André Jullien 在 1816 年出版了《著名葡萄園地形學》（*Topographiede Tout les Vignobles Connus*）一書，書的內容是他對於世界最頂級葡萄園的總結，其中列出了一些風土獨特的葡萄園地塊，其中艾米達吉和拉菲堡與羅曼尼·康帝等並列世界上最偉大的紅葡萄酒，他同時也將這裡的白葡萄酒列為同樣的等級。Tain l'Hermitage 鎮擠在艾米達吉山丘腳下狹窄的河畔，羅馬時代稱為 Tegna，這裡的葡萄酒深受科學家 Pliny 和詩人 Martial 的喜愛。

隆河是法國主要的南北樞紐，公路和鐵路順其而建，它在狹窄葡萄藤梯田下曲折前行，將 Tain 鎮的雄偉景色展現給世人。

艾米達吉的山坡在隆河北部非常獨特，它在河的左岸，也就是東岸。因為它的朝向從西面到正南，所以不會受北面刮來的寒風影響。在隆河變換它的河道，從艾米達吉的西邊而不是東邊流過之前，這塊露出地面的花崗岩層曾經是中央高原的延伸。最終形成這片高 350 公尺的地區，雖然不如羅第丘那般險峻，但也足夠陡峭，需要開鑿梯田才可種植葡萄。當然，如此陡峭的地勢已經將機器作業的可能性排除，也使修復田園侵蝕的工作成為每年必做的苦差事。表層土被暴雨沖下山坡，主要由分解燧石和石灰岩組成，山坡東面山腳下是源於冰河時期阿爾卑斯山的沉積土。

## 一塊風土拼接畫

儘管艾米達吉的紅葡萄酒全是由希哈葡萄釀成，但每片獨立的地塊在土壤類別、朝向和海拔方面還是有細微的差別，並都受益於圓形劇場般的天然地形保護。André Jullien 在 1816 年就信心十足地將艾米達吉的地塊依照優劣順序排出：梅雅園（Méal，又譯為「玫愛園」）、Gréfieux、柏莫園（Beaume）、Raucoule、Muret、Guoignière、Bessas、Burges 和 Lauds。如今有些拼寫或許有所改變，但地塊仍然不變，典型的艾米達吉通常都是幾個不同地塊的葡萄調配在一起，這樣也許更加理想些，但現在地塊的名字出現在酒標上也越來越常見，因為消費者和酒莊都熱衷於了解單一葡萄園的特徵。

一般來說，最輕盈芳香的紅葡萄酒來自地勢較高的柏莫園（Beaume）和隱士園（L'Hermite）地塊，它們位於山丘頂部的小教堂周圍，佳布列酒莊（Jaboulet）著名的旗艦產品「小教堂」（La Chapelle）就是以此為名；來自貝雷雅園（Péléat）的葡萄酒相對肥美一些；由夏伯帝酒莊（Chapoutier）擁有最大比例的格雷菲園（Les Gréffieux），出產優雅、芬芳、絲滑的葡萄酒，而梅雅園釀出的葡萄酒極其厚重和風格強勁；土壤中富含花崗岩的貝薩園（Bessards），朝南和西南，位於艾米達吉的西邊盡頭，這裡出產的葡萄酒單寧和陳年潛力都最強，混釀時可以提升結構感。

英國學者和葡萄酒行家 George Saintsbury 教授在 20 世紀 20 年代第一次用「陽剛」（manly）形容艾米達吉，從此這個詞就和艾米達吉形影不離。確實，這個特別的風格和它用於強化薄弱波爾多葡萄酒的歷史同樣出名。艾米達吉酒幾乎就像沒有添加白蘭地的波特酒，像年份波特酒一樣，會在瓶中和酒瓶內壁留下厚厚的沉澱物，因此需要換瓶（decanting，又稱「換瓶除渣」）。出色的年份經過多年的陳放後會變得更完美，香氣令人陶醉和激動，幾乎使人無法招架。

像所有年輕的優質紅葡萄酒一樣，優秀年份

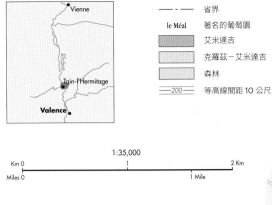

梅雅園、貝薩園和隱士園，位於艾米達吉西南花崗岩丘側面，是頂尖的混釀酒中的三個關鍵地塊，佳布列頂尖葡萄酒的名字取自艾米達吉的教堂。

的年輕艾米達吉也是香氣封閉且單寧厚重的，但沒有什麼可以束縛它充滿酒杯的豐富香氣和飽滿果味。這樣的沖擊力並不會隨著陳年而減弱，而且年輕時的霸氣會慢慢變成陳年老酒那純粹的雍容，飲者必然為之動容。

## 有限的產量

與北部的恭得里奧和羅第丘產區不同，艾米達吉在外的名聲一直很響亮，因此幾乎所有可以種植的土地都已種滿葡萄，對葡萄藤和新酒莊來說已無擴張的空間。

在這個產區佔據著主導地位的酒莊有五個：夏芙酒莊（Domaine Jean-Louis Chave，位於河對面的莫韋 [Mauves]，就在 Tain 鎮的姐妹鎮圖爾農 [Tournon] 的南邊），及大酒商夏伯帝（Chapoutier）、保羅佳布列酒廠（Paul Jaboulet Aîné）和德拉斯（Delas），還在當地勢力強大且很活躍的合作社「坦恩」（Cave de Tain），合作社的成員擁有超過28公頃艾米達吉的葡萄園。

艾米達吉在歷史上也因為出產具有陳年潛力，由胡珊和更主要的馬珊釀造的白葡萄酒而著名。對 André Jullien 來說，艾米達吉白葡萄酒和蒙哈榭可以並列為法國最偉大的白葡萄酒之一。即使在今天，白葡萄品種也大約佔據艾米達吉所有葡萄種植面積的四分之一。Jullien 將 Raucoule 列為艾米達吉白葡萄酒中最優秀的地塊，它出產的葡萄酒以其香氣而著稱。

艾米達吉白葡萄酒能夠美妙地在瓶中演變幾十年，開始時它會很濃厚，香氣有石頭般的礦物感，稍微有些蜂蜜味但卻相對封閉，這種沉思般的狀態（不過近年來的風格都比以前的更加清爽）會慢慢演變成奇妙的堅果味。尤其是夏伯帝酒莊和夏芙酒莊產的特別精妙。艾米達吉白葡萄酒也正有出產小量酒款的趨勢（和紅葡萄酒一樣），通常是來自單一地塊，比如夏伯帝酒莊的隱士（L'Ermite）和梅雅園、積架酒莊的維多（Ex-Voto，又譯為「還願」）白葡萄酒、菲拉頓酒莊（Ferraton）的勒迪（Le Reverdy）白葡萄酒和馬克索雷爾酒莊（Marc Sorrel）的豪庫園（Les Rocoules）。

艾米達吉還有傳奇的、陳年潛力異乎尋常的麥稈酒（vin de paille），產量極小，僅在非常成熟的年份用古法在稻草墊上晾曬的葡萄釀製而成。Gérard Chave 在 20 世紀 70 年代，將這個老到也許可以追溯回羅馬時代的特產重新復甦。坦恩合作社則出產一個優秀而價格更實惠的版本。

## 克羅茲（Crozes）

克羅茲，是圍繞著山丘後面的一個村鎮，位於從單和艾米達吉本身向南北兩端延伸近 16 公里處，像是艾米達吉的影子，這個產區出產了大量更加平易近人的葡萄酒。地圖上只標出這個產區的一小部分。到 2017 年，與櫻桃園和杏桃園混合種植的葡萄園種植面積幾乎有 1,700 公頃。

不像艾米達吉，克羅茲－艾米達吉（Crozes-Hermitage）的土地相對還是可以取得，並負擔得起的，這為滿懷熱忱的新來者提供了機會，同時有越來越多的當地種植戶開始裝瓶自家的勞動成果，而不是像以前一樣全賣給坦恩合作社。即便如此，這個產區葡萄園收成的 40% 到現在還是由這個合作社釀製。

一般來說，村子北面岩質黃土產出的酒帶有紅色水果味，而村子南面出產的酒則圓潤、較柔並帶有黑色水果味。克羅茲的代表，保羅佳布列

酒莊 1990 年份的「德拉貝莊園」（Domaine de Thalabert），出產於 Beaumont-Monteux 市鎮北側最成功的產區（見 129 頁，D3），30 年後它依然會很強壯，可媲美艾米達吉酒。在眾多生產者中，貴羅德（Graillot）和佳布列（Jaboulet）這兩家也出產克羅茲－艾米達吉白葡萄酒。

克羅茲的酒在過去可能是蒼白無力，如今，我們可以將這個產區分成兩種基本風格：一種是充滿新鮮、輕柔果味適合較早飲用；另一種是絕美佳釀，具有 10 年以上陳年潛力。產區領軍的優秀酒莊，包括 Bell、Fayolle、Alain Graillot、Domaine du Colombier、Domaine Pochon 和 Domaine Marc Sorrel，但是像 Tardieu Laurent 這種新一代的酒商以及坦恩合作社也出產一些值得讚揚的酒款。Domaines Les Bruyères、Yann Chave、Combier、Emmanuel Darnaud、des Entrefaux、des Lises、des Remizières 和 Gilles Robin 這些酒莊釀製的克羅茲－艾米達吉也越來越值得關注，其中有一些也釀製艾米達吉。

# 隆河南部 Southern Rhône

這個地區以熱情好客、出產極為昂貴的紅、白、粉紅 3 種顏色葡萄酒而聞名於世，但主要以紅酒為主。

**風土條件：**沙土地，石灰岩，黏性的土壤，沖積土，鵝卵石。

**氣候：**地中海型氣候，比較炎熱乾燥，每年都會有從西北方吹來、惡名昭彰的密斯托拉風（mistral）。

**葡萄品種：**紅：黑格那希、希哈、慕維得爾；白：白格那希、馬珊、克雷耶特（Clairette）。

隆河谷的南端像漏斗的底部，產區在這裡匯入地中海，它在每個遊客心中都占有一席之地。人文和自然歷史相結合，使這裡在各方面都成為法國最富裕的產區之一。下面景象自然地浮現在腦海中──在遙遠的南方，古羅馬人留下了雄偉遺跡、蜥蜴警惕地站在它安睡用的石頭上，一片片躲在密斯托拉風背風處的早熟萵苣、取代松樹和杏桃樹的橄欖樹叢，當然，還有那遍布山坡或者平原、沙地或者黏土中交錯生長的葡萄藤。

這裡最基本的產區是**隆河丘**（**Côtes du Rhône**），出產品質一般的隆河谷紅、白、粉紅酒，共有葡萄園 30,200 公頃。在如此廣闊的產區，酒款的品質和風格當然也會有很大的差異。

沙質土壤與來自前阿爾卑斯山的石灰石，或來自地中海的沉積土交匯在一起，冷涼的角落也能享受得到充足的陽光。雖然有些隆河丘的酒款極其普通，但在這個魚龍混雜的產區也可能挖到寶，常常指的是（但不一定總是）等級較高產區中低階釀酒廠出產的酒，比如馮薩略酒莊（Château de Fonsalette），它和舉世聞名的海雅堡（Château Rayas）來自同一個家族。

黑格那希是隆河南部主要品種，它通常會和其他品種調配在一起，最常見的搭檔為希哈和晚熟的慕維得爾，當然不僅限這兩個品種，白葡萄酒和粉紅葡萄酒的產量分別為總產量的 6% 和 7%。

占地 9,200 公頃的**隆河丘村莊**（**Côtes du Rhône-Villages**）產區明顯在品質方面更進一步，而且出產一些法國 CP 值高的葡萄酒。這裡有 95 個市鎮有資格使用 "-village" 後綴，全部座落於隆河南部，其中最優質的 21 個市鎮可以將自己的村名加在已經繁瑣至極的「隆河丘村莊」之後。這些出色的市鎮都能在右頁地圖（紫紅色處）及第 136-137 頁的地圖上找到。右頁地圖中已經建立了自己名聲的市鎮包括瓦雷厄斯（Valréas）、維善（Visan）和隆河右岸的許斯克朗（Chusclan）和其附近的洛丹（Laudun），後兩者在出產優質紅葡萄酒的同時，也有出色的粉色葡萄酒。

隆河南部最靠北的產區是**格涅萊阿得瑪**（**Grignan-les-Adhémar**），舊名是提卡斯丹丘（Coteaux du Tricastin）。但在這片被密斯托拉風吹襲的乾燥區域中出產的松露，比這裡出產的辛香緊實紅葡萄酒，和品質越來越好的白葡萄酒更出名。慕維得爾在如此遠離地中海的地方無法成熟，因此在這裡用來讓充滿果香的格那希風味更足的品種是仙梭（Cinsalt），以及適合更高海拔、結構強壯的希哈。有機農法的先驅格哈門儂酒莊（Domaine Gramenon）向世人證明了，這裡精心釀製、特別純淨的葡萄酒，陳年潛力要比一般的酒長兩三年。

擁有白色尖頂的馮圖山（Cotes de Ventoux），就像火光引誘飛蛾一樣吸引著自行車手們，從隆河南部很多地方都能看到它。分散的**馮圖**（**Ventoux**）產區（面積為 14,350 英畝／5,810 公頃）比大多數隆河丘具有更高的海拔和更涼爽的氣候，這有助於延長生長期。

馮圖山的西南部，巨大圓形露天劇場狀朝西山坡上的酒莊，如風赫（Fondrèche）、柏斯嬌（Pesquié），和緹克絲（Domaine du Tix）享受夜晚從山上徐徐而來的涼風，因而釀造的紅、白、粉紅酒品質絕佳、生命力持久。這裡的希哈表現要比隆河南部偏熱的產區稍好。無所不在的品牌「老葡萄園」（Vieille Ferme），由擁有教皇新堡（Châteauneuf-du-Pape）產區柏卡斯特堡（Château de Beaucastel）的 Perrin 家族創立，就是以馮圖葡萄酒為主。

這裡葡萄園要比隆格多克西部那些深受追捧的地方便宜多了。再往南走，在迪朗斯河的北岸，就是熱門度假勝地呂貝宏（Luberon）。這裡的美景有時比產區內 3,400 公頃葡萄園所出產的酒更有個性。這裡由侯爾（Rolle）／維蒙蒂諾（Vermentino）葡萄釀製的白葡萄酒非常高雅，紅葡萄酒也越來越耀眼。

在隆河右岸，主要由呂歐姆合作社（Cave de Ruoms）掌控的**維瓦瑞丘**（**Côtes du Vivarais**）產區，其所出產的酒一直以來都是像輕盈版的隆河丘，這要歸功在這塊土地擁有炎熱南法中獨有的涼爽氣候。高樂酒莊（Domaine Gallety）的葡萄酒就證明了這一點。

早春季節，馮圖山頂上光禿禿的石灰岩聳立在葡萄園和橄欖園上面。一旦氣溫達到 10℃，休眠芽開始萌發，疙疙瘩瘩的老葡萄藤就會露出綠意。

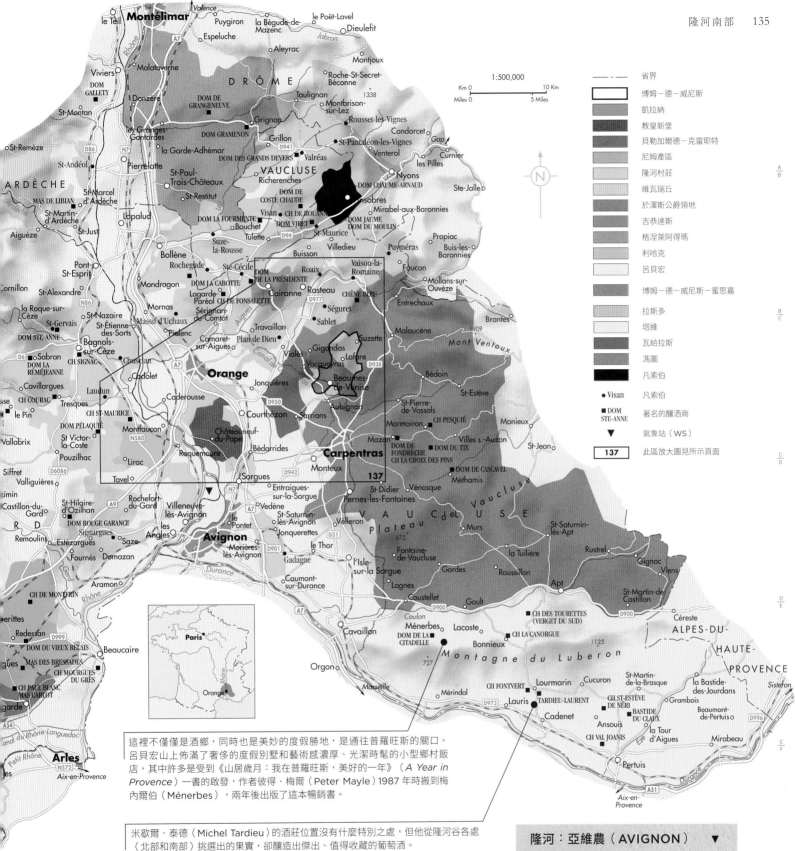

這裡不僅僅是酒鄉，同時也是美妙的度假勝地，是通往普羅旺斯的關口。呂貝宏山上佈滿了奢侈的度假別墅和藝術感濃厚、光潔時髦的小型鄉村飯店，其中許多是受到《山居歲月：我在普羅旺斯，美好的一年》（*A Year in Provence*）一書的啟發，作者彼得‧梅爾（Peter Mayle）1987 年時搬到梅內爾伯（Ménerbes），兩年後出版了這本暢銷書。

米歇爾‧泰德（Michel Tardieu）的酒莊位置沒有什麼特別之處，但他從隆河谷各處（北部和南部）挑選出的果實，卻釀造出傑出、值得收藏的葡萄酒。

**隆河：亞維農（AVIGNON）** ▼

緯度／海拔
**43.91°／34 公尺**

葡萄生長季節的平均氣溫
**19.7°C**

年平均降雨量
**677 公釐**

採收期雨量
**9 月：117 公釐**

主要種植威脅
**乾旱，格那希葡萄座果成效不佳**

位於 Camargue 北邊，擁有 4,180 公頃葡萄園的尼姆（Costières de Nîmes）產區，則受到更多地中海型氣候的影響，更加炎熱。現在正確地被劃歸為隆河向西的延伸，而不是隆格多克的一部分。這裡的葡萄酒強勁、充滿陽光感，種在新城堡般大鵝卵石園的黑格那希，展現了它多汁的特色，另外還有胡珊白葡萄酒。在尼姆西北邊的於澤斯公爵領地（**Duché d'Uzès**）產區，葡萄園面積比維瓦瑞丘產區多 317 公頃，這裡因為種植同一系列的葡萄品種，所以被當成大隆河南部的一部分，即使與隆河南部大多數其他產區比較，這裡的白葡萄酒和粉紅酒佔較重要的比重。

# 隆河南部中心地帶
## The Heart of the Southern Rhône

在教皇新堡產區（請參考第 138-139 頁的地圖詳述）周圍，聚集著很多村莊和不斷壯大、滿懷抱負的酒廠，每一個都訴說著自己甜美和心酸的故事。和教皇新堡產區一樣，這裡的葡萄園在夏天也飽受普羅旺斯烈日的炙烤，令人昏昏欲睡的知了叫聲不時地在耳邊響起，而空氣中則充滿葡萄園周圍地中海灌木叢的香草氣味。

用途廣泛的格那希是釀製紅葡萄酒的主要品種，配角是生長在氣溫較低、海拔較高地域上的希哈，和在一些更炎熱地區的慕維得爾。產量較少但逐漸增加的白葡萄酒也非常有個性，酒體飽滿，是由白格那希、克雷耶特、布布蘭克（Bourboulenc，又譯為「布爾朗克」）、胡珊、馬珊和維歐尼耶這些品種釀造而成。

隆河南部產酒村莊的晉級之路非常清楚，隆河丘是這裡最基本的產區；再高一級是標有「隆河丘村莊」的那些村莊，主要位在地圖的北面，已標註成紫紅色；一旦這些村莊的酒建立良好的聲譽，它們就能夠申請在酒標上把自己的村名加在「隆河丘村莊」後面；再下一步，它們可以升級到有自己的產區，當地人稱為特級產區（cru）。

早在 1971 年，吉恭達斯（Gigondas）就成為第一個擁有獨立產區名號的村莊，它結構緊實的紅葡萄酒能夠和教皇新堡相媲美。晚熟的葡萄園從烏韋茲河（Ouvèze）東邊的平原一直延伸到蒙米拉伊山脈（Dentelles de Montmirail）壯觀而相互交錯的石灰岩地帶，有時葡萄藤甚至種植在石灰岩地帶，這樣的地貌是漂亮吉恭達斯山坡村落的主要景色。受惠於這裡的海拔和更多石灰質的土壤，吉恭達斯通常比教皇新堡的葡萄酒香氣更加濃郁而清新。但是和隆河南部的所有產區一樣，這裡的釀酒工藝也十分多樣化。像聖塔杜克（Domaine Santa Duc）和聖可姆（Château de St-Cosme）這些雄心勃勃的酒莊紛紛改善其釀造技術，它們的酒具有布根地風格，而像拉斯倍拉（Domaine Raspail-Ay）和聖蓋岩（St-Gayan）這種傳統派酒莊產的酒則十分華麗，極具深度，香氣悠長，最優秀的年份能夠陳放 25 年以上。

目前葡萄酒界存在將獨立地塊葡萄田依其特點單獨釀製的趨勢，而吉恭達斯在這方面是領先的，也有些酒商將「特釀」單獨裝瓶。而過往與希哈「調情」的混釀漸漸失去光彩，從 2009 年開始，100% 格那希葡萄酒也有了合法的身份。有小部分的吉恭達斯酒特意被釀成粉紅酒，而克雷耶特是釀造淺色葡萄酒的當地品種——也可能是未來吉恭達斯白葡萄酒的候選品種嗎？

瓦給哈斯（Vacqueyras）在 1990 年贏得了自己獨立的產區名號，能使葡萄較早成熟的沙質和多石土壤構成的梯田，出產的葡萄酒與吉恭達斯相比，風格更加讓人興奮、直接，同時也略顯質樸。此區座落在平地的頂級酒莊所出產的酒，要比吉恭達斯山上的單薄一些，當然，很多酒莊在兩個產區都產酒。新橡木桶在這裡幾乎不存在，以格那希（新橡木桶陳年效果不好）為主，輔以希哈混釀酒的果香可以完美地表現自己（而不需要橡木桶參與）。瓦給哈斯以非常合適的價格向消費者呈現隆河南部的香料味和草本味，它也是隆河左岸唯一能夠出產三種顏色葡萄酒的產區，包括用白格那希釀製而成的精彩、飽滿、有煙燻味的白葡萄酒。

**博姆－德－威尼斯（Beaumes-de-Venise）**含有侏羅紀時期黏質土壤，這裡出產的紅葡萄酒特別強勁，其 2004 年得到了自己的 AOC 身份（紅葡萄酒），作為一個古老產區，早在 1945 年，這裡就因出產強勁、香氣濃烈的蜜思嘉「天然甜酒」（Vin Doux Naturel）而擁有了自己的產區名號，此酒風格和隆格多克的蜜思嘉葡萄酒十分相似。同樣，因相對強烈且質樸的天然甜紅酒而擁有 AOC 身份的拉斯多（Rasteau），在 2009 年，其不甜型葡萄酒和鄰居產區給漢（Cairanne，在地圖北面，請參考第 135 頁）同時獲得了自己獨立的產區名號。拉斯多的葡萄酒沒有那麼精細講究，但像莫桐（Gourt de Mautens，現在已不在 AOC 裡，莊主 Jérôme Bressy 致力開發不是法定品種的古老品種）這樣的酒莊都有著自己的忠實粉絲。

**凡索伯（Vinsobres）**的葡萄園，海拔 400 公尺，特別適合希哈。擁有柏卡斯特堡酒莊的 Perrin 家族在此釀造出兩款非常成功的 Vinsobres-Les Cornuds 和「朱利安高地」（Les Hauts de Julien）葡萄酒。**凱拉納（Cairanne）**是隆河南部最令人激動的產酒市鎮之一，像 Alary 家族、Brusset 家族和馬賽希修（Marcel Richaud）這樣能力非凡的酒莊都在這個產區出產白葡萄酒和紅葡萄酒。

粉紅酒是與教皇新堡隔隆河相望的**塔維（Tavel）**和利哈克（Lirac）的傳統特產。長久以來塔維出產法國最有力度的深色粉紅酒，對上許多重口味的地中海菜，是強勁卻有足以匹配的搭擋。但 21 世紀以來，市場偏好普羅旺斯風格粉紅酒的趨勢日漸明顯，許多酒莊開始出產一些口感更柔、更清爽的非傳統型粉紅酒。利哈克曾經也以粉紅酒而出名，它的 CP 值會更高一些。利哈克的法定產量更低，如今趨於出產以輕柔果味為主的紅葡萄酒，格那希在這裡也不如在塔維重要。一些知名的教皇新堡酒莊已經在利哈克購買了葡萄園，此舉讓產區的品質在近年來有所提升。它的白葡萄酒非常適合佐餐，法定規定其必須包含最少三分之一的克雷耶特以使酒體更活潑。

| | |
|---|---|
| —— · —— | 省界 |
| —— —— | 縣界 |
| ---- | 市鎮（教區）邊界 |
| CH DE SÉGRIÈS | 著名的釀酒商 |
| Sablet | 隆河丘－村莊級的知名市鎮 |
| —— | 法定產區邊界 |
| | 葡萄園 |
| | 森林 |
| —100— | 等高線間距：120 公尺以下，每圈 20 公尺；120 公尺以上，每圈 40 公尺 |
| 139 | 此區放大圖見所示頁面 |

在地圖中但還沒有得到 AOC 身份的隆河丘市鎮中，薩布萊（Sablet）和塞居勒（Séguret）的葡萄酒成熟相對更快，強力而結實的「上帝的平原」（Plan de Dieu）則需要兩三年的陳年時間。

塔維所出產、相對厚重的粉紅酒，現在似乎有些過時，但和法國許多產區一樣，這裡有家偏執、極具個人風格的生產商 ── 蜥蜴酒莊（Domaine l'Anglore），深受巴黎葡萄酒酒吧喜愛。

1:125,000

# 教皇新堡 Châteauneuf-du-Pape

教皇新堡本身不過是一個遍布石頭房屋的村落，座落於炎熱又芳香的普羅旺斯鄉下，以一座破落的教皇夏日宮殿為小鎮的核心。然而，與其同名的葡萄酒在充滿活力的隆河南部卻是赫赫有名，無論是紅葡萄酒還是白葡萄酒，都是法國最濃烈同時也是最有個性的葡萄酒之一。

教皇新堡有一項無人能及的稱號，那就是它的法定酒精含量一直都是所有法國葡萄酒中最高的，要達到 12.5%。在當今全球暖化的形勢下，這裡主要種植的格那希又要求充分成熟，所以產出的葡萄酒酒精濃度很少會在 14.5% 以下，有時甚至會達到 16%，這對種植戶、釀酒師以及消費者而言都是一個挑戰。這個產區也是法國著名的《原產地命名控制》（Appellations d'Origine Contrôlées，簡稱 AOC）的誕生地。1923 年，產區最著名的莊主——富迪亞酒莊（Château Fortia）的釀酒師 Baron Le Roy 在這塊同時也可以種植薰衣草和百里香的土地上劃定產區的界線，為整個 AOC 系統奠定了基石。

教皇新堡產的酒超過 90% 都是紅葡萄酒，但風格迥異，大都是十分討喜，辛香味足、濃郁又強烈。大公司或合作社可能會調配出較輕、較甜的版本，適於較早享用，但如今的教皇新堡酒更常來自雄心勃勃的家族酒莊，出產的葡萄酒極具個性、陳年力強，以此展示巧妙地融合了風土和葡萄品種特性後的獨特魅力。教皇新堡另一特別之處，就是像調雞尾酒一樣，可以用多至 18 種法定的葡萄品種調配葡萄酒（曾經是 13 種，現在不同顏色的同一品種葡萄已被列為不同品種）。

格那希是這個法定產區的支柱，通常與慕維得爾、希哈、仙梭和庫瓦茲（Counoise，當地特產）調配，也有少量的瓦卡瑞斯（Vaccarèse）、蜜斯卡丹（Muscardin）、黑匹格普勒（Picpoul Noir）和黑鐵烈（Terret Noir）、白克雷耶特、布布蘭克（Bourboulenc）、胡珊（相較於隆河北部，它在隆河南部更容易種植）和較為中性的皮卡丹（Picardan）。柏卡斯特堡（Château de Beaucastel）和教皇莊園（Clos des Papes）極為獨特地使用了 13 個葡萄品種。在《原產地命名控制》法規中另外 5 個品種分別是粉紅的克雷耶特、白色和粉紅的格那希，還有白色和粉紅的匹格普勒。

隨著每年夏天的氣溫越來越高，希哈在如此偏南的產區缺乏新鮮度，在曾一度興盛的與希哈「調情」風潮過後，它已經廣泛地被越來越討人喜歡的較晚熟慕維得爾取代，將其添加在混釀酒中有助於駕馭炎熱年份中格那希過高的酒精濃度。因為夏天乾燥，紅葡萄酒在年輕時常常十分生澀堅硬，但經過陳年後就可以演變出華麗且有層次的香氣，有時會帶些野性。至於比較稀少的白葡萄酒，在最初幾年十分美味多汁，經過通常十分沉悶的中年期，10~15 年的完全陳年後會展現出更加豐富的異域香氣。很多酒莊會使用沉重的布根地形酒瓶（burgundy shaped），並且會根據酒莊所屬的協會（通常為互相競爭的狀態）在瓶肩刻上不同的浮雕圖案。

## 沙土、黏土和石頭

鵝卵石在教皇新堡隨處可見，在某些教皇新堡的葡萄園中基本上只有這些圓形並善於吸熱的石頭，但實際上，在這個相對較小的產區，土壤極為多樣。例如，傳統派鼻祖海雅堡（Château Rayas），其位於沃迪奧酒莊（Château

著名的教皇新堡鵝卵石在這片多變的南部地區並不是到處都有。土壤保溫也大不如前。

de Vaudieu）後面高地的葡萄園中幾乎沒有鵝卵石，反而是高比例的沙土和夾雜著碎石的黏土。下一頁的地圖以前所未有的精準度，呈現了教皇新堡每個區域實際的主要土壤類型。

許多酒莊在不同土壤類型的地塊上都有葡萄園，且通常會將這些來自不同葡萄園的葡萄混合調製成特釀，但有越來越多的酒莊正出產一個甚至幾個價位高昂的特定酒款，以此展現某種特別的風土，或者來自酒莊最老的葡萄藤，或某個單一品種。其他會影響酒質風格的因素包括新橡木桶的使用比例（新橡木桶和格那希「八字不合」）、儲酒桶的尺寸和材料、混釀中不同葡萄品種的使用比例。

## 教皇新堡的土壤

**岩床上的薄土**

- 堅硬的白堊紀石灰岩

**微風化岩石上的薄土**

- 經過耕犁調整過的白堊紀石灰岩
- 第三紀中新世砂岩和磨礫層

**河谷沖積層上的未成熟土**

- 質地粗糙的沙質石灰岩黏土
- 質地細膩的沙質黏土
- 帶許多鵝卵石的沙質黏土

**被未成熟土覆蓋的斜坡**

- 富含白堊紀石灰岩碎片的粗糙碎石
- 第三紀中新世磨礫層上富含沙土的崩積層（細膩的碎石）
- 富含砂土的崩積層和來自谷底的黏土

**富含石灰岩的棕土（適度風化）**

- 白堊紀泥灰岩上的黏土
- 第三紀中新世磨礫層上的砂岩

**富含石灰的土壤**

- 古沖擊礫石層
- 古沖擊層和調整後的磨礫層砂石

**來自高低富含鐵質的紅土**

- 古沖擊礫石層上的紅土
- 白堊紀石灰岩上的紅土和石灰土
- 古沖積層上的深紅色土壤和石英岩卵石

**來自谷底富含黏土的土壤**

- 紋理細緻的薄土層（黏土和細膩的砂石）
- 細膩、中等紋理的厚土層（黏土、砂土、小鵝卵石）

——— 法定產區邊界
— - - - 市鎮（教區）邊界

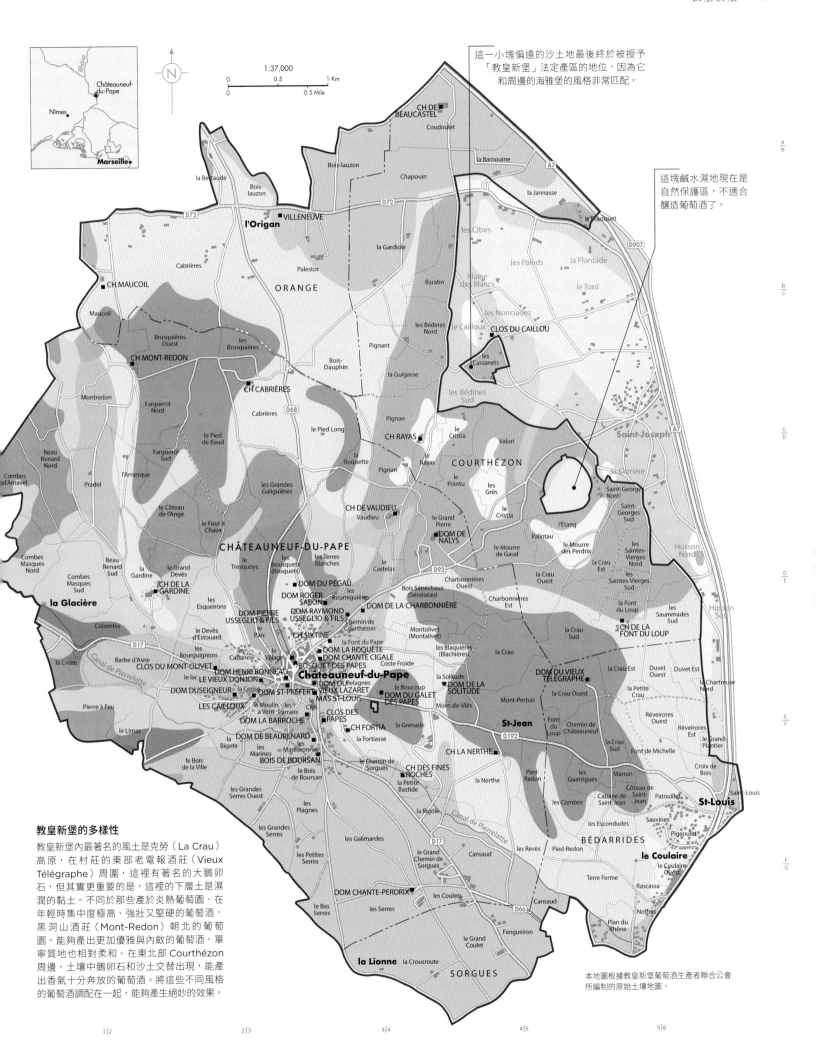

這一小塊偏遠的沙土地最後終於被授予「教皇新堡」法定產區的地位，因為它和周邊的海雅堡的風格非常匹配。

這塊鹹水濕地現在是自然保護區，不適合釀造葡萄酒了。

**教皇新堡的多樣性**

教皇新堡內最著名的風土是克勞（La Crau）高原，在村莊的東部老電報酒莊（Vieux Télégraphe）周圍，這裡有著名的大鵝卵石，但其實更重要的是，這裡的下層土是濕潤的黏土。不同於那些產於炎熱葡萄園、在年輕時集中度極高、強壯又堅硬的葡萄酒，黑洞山酒莊（Mont-Redon）朝北的葡萄園，能夠產出更加優雅與內斂的葡萄酒，單寧質地也相對柔和。在東北部 Courthézon 周邊，土壤中鵝卵石和沙土交替出現，能產出香氣十分奔放的葡萄酒。將這些不同風格的葡萄酒調配在一起，能夠產生絕妙的效果。

本地圖根據教皇新堡葡萄酒生產者聯合公會所編制的原始土壤地圖。

# 西隆格多克 Western Languedoc

隆格多克讓葡萄酒愛好者能感受到法國代表性、豐富多彩的風土氣息；這裡分布一個個小酒莊，充分成熟的葡萄，還有物美價廉的葡萄酒。

**風土條件**：夾在北部黑山（Montagne Noire）山麓與柯比耶（Corbières）石質黏土、堅硬的石灰岩，還有頁岩岩石上薄層土之間的是，由石灰岩、泥灰岩、砂石和頁岩堆砌的梯田，特別在聖西紐（St-Chinian）和傑佛爾（Faugères，見第142頁）兩個法定產區，含沖積礫石的頁岩更多。

**氣候**：大多區域是明顯的地中海型氣候，夏季炎熱乾旱，但會受到一點來自遙遠西部大西洋的影響。

**葡萄品種**：紅：希哈、慕維得爾、黑格那希（特別是在東部）、卡利濃；白：布布蘭克、白格那希、克雷耶特、馬卡貝歐（Maccabeu）、馬珊、胡珊、維蒙蒂諾（Vermentino）、匹格普勒（Piquepoul）。

在過去的半個世紀來，隆格多克所發生的變化比法國任何一個葡萄酒產區都要多。它已經從過去因貪圖便宜而種植大量廉價葡萄，但卻導致過剩的窘境中好轉，酒農們接受勸服，進而整頓那些狀況不好的葡萄園。更讓人覺得大有可為的是，這裡的山坡地通常很便宜，能吸引那些滿懷雄心壯志的新人，他們在當地風土條件下種植多種被許可的品種（有時也會種禁止的品種），產出令人期待的酒款。如果管理得好，在這平坦區域可以釀造出各式各樣CP值很高的法國歐克地區保護餐酒（IGP Pays d'Oc）。釀酒廠的名字以在地圖上都能找到。

隆格多克西部地區最主要的三個法定產區中，**密內瓦（Minervois）**是開發稍多、經過較多雕磨的產區。產區內地形不像**聖西紐（St-Chinian）**或**柯比耶**那麼崎嶇，不過最北邊界處的葡萄園已經直抵黑山山腳下，那些生長在塞文山脈山腳下、灌木叢和岩石中的葡萄藤，看起來就像位於庇里牛斯山腳下柯比耶產區內，景致粗獷的葡萄園一樣岌岌可危。沿著Minerve村高地攀爬的是，這個產區內地勢最高且最晚成熟的葡萄園。La Livinière山村周圍的葡萄園生產相當多的葡萄酒，風格似乎是結合了高海拔葡萄園的粗獷香氣與低海拔葡萄園的平順柔和，所以**密內瓦－麗維聶（Minervois-La Livinière）**被視為是一個獨立產區。產區要修訂的消息已經傳開，有個說法是將洛爾－密內瓦（Laure-Minervois）周圍的市鎮和遠在東北部卡澤勒（Cazelles）市鎮周圍的岩石區域標定為次產區。

密內瓦產區超過85%是紅葡萄酒，最好的部分品質絕佳且甜美。另外有10%的粉紅酒，由希哈、慕維得爾和格那希，以及比重越來越低的卡利濃（Carignan）混釀。相鄰的**尚密內瓦－蜜思嘉（Muscat de St-Jean de Minervois）**產區出產香甜的蜜思嘉天然甜酒（Vin Doux Naturel）（詳見第144頁）。

直接往東就是**聖西紐（St-Chinian）**，出產隆格多克區最具特色的紅葡萄酒、白葡萄酒及粉紅酒，特別是來自北邊和西邊、海拔通常高於600公尺、崎嶇又壯觀的山區頁岩地帶。這裡有一些優質白葡萄酒，聖西紐－貝爾魯（St-Chinian-Berlou）以卡利濃葡萄為主，而聖尼西仰－羅格伯恩（St-Chinian-Roquebrune）紅葡萄酒則受到隆河品種影響較大，特別是種在頁岩上風格鮮明的希哈葡萄。海拔較低的聖西紐村落一帶有奇特的紫色黏土與石灰岩土層，出產的葡萄酒趨向更加柔軟順暢的風格。

柯比耶的景觀更加戲劇化：山區地質地貌多樣，從海邊向後一直延伸到60公里外的奧德省山谷裡種植的葡萄藤，時常被吹到奧德河谷及其西邊丘陵的狂風欺凌。

柯比耶紅葡萄酒跟密內瓦一樣混合多種南部葡萄品種釀製而成，但通常卡利濃和格那希會多一些，柯比耶紅葡萄口感沒那麼平淡，有更好的集中度，通常在年輕時相當粗糙，但隨著時光流逝會變得越來越有味道。乾旱與夏日的野火是柯比耶法定產區中許多地方的共同威脅。柯比耶北部**布特納克（Boutenac）**市鎮周邊低凹不平的砂石丘陵地區，獲得了自己的次產區地位。這裡有超過100年的卡利濃老藤葡萄。

古老的白葡萄品種布布蘭克有自己的地盤——克拉普（La Clape）法定產區，一個奇怪的隆格多克海角。這片位於Narbonne市南部的反常石灰岩山塊，在古羅馬時期是一座島，2015年獲得了法定產區名號。這些白葡萄酒在香氣上雖不能說帶有碘味，但也真的是海味十足。這個艱苦的、乾旱的、尤其多風的產區也出產非常有特色的紅葡萄酒。

**菲杜（Fitou）**產區於1948年成為隆格多克的第一個法定產區，歷來一直是麗維薩特天然甜葡萄酒（Rivesaltes Vins Doux Naturels）的產地，由兩塊位於柯比耶的獨特飛地（enclave）組成：一部分是位於海岸邊的鹽水潟湖的黏土－石灰岩帶，被稱為海濱菲杜（Fitou Maritime），而另一部分是往內陸15英里（24公里）處的多山頁岩區，即上菲杜（Fitou Haut），兩者中間隔了柯比耶（Corbières）產區。菲杜產區在20世紀八九十年代遠遠落後於北邊的鄰居，不過如今，產區內的釀酒廠，如貝特朗·貝爾傑酒莊（Domaines Bertrand-Bergé）與瑪莉亞·菲塔酒廠（Maria Fita）以及具有創新精神的瓊斯酒莊

**西隆格多克葡萄酒產區**
本地圖僅標示出那些優秀到足以出產AOC法定產區葡萄酒的地區，鮮明地刻畫出貝濟耶周圍平坦區域的缺陷，這裡曾是一座生產廉價葡萄酒和酒精的工廠，不過如今則稀疏地種植著葡萄藤，這要歸功於歐盟當局的財政獎勵政策。關於隆格多克和胡西雍各種地區保護餐酒產區位置的訊息，可參見第53頁的法國全圖。

（Domaine Jones）等，都已與當地占主要地位的釀酒合作社「蒙達崎」（Mont Tauch）展開激烈競爭。傳統的卡利濃和格那希是主要的釀酒葡萄品種。

## 大西洋的影響

受涼爽大西洋影響最顯著的地方是卡爾卡頌（Carcassonne）市鎮南邊的西向丘陵，這裡的**利慕（Limoux）**產區以傳統法釀造的氣泡酒，無論是採用本地品種莫札克（Mauzac）葡萄釀造的布朗卡特氣泡酒（Blanquette），還是採用夏多內、白梢楠和黑皮諾葡萄釀造的更細緻的利慕

地圖地名：
Saissac
Montolieu
DOM ESCOURROU
CH VENTENAC　Vill
DOM Aragq
DOM
Alzonne
Bram
Toulouse
Carcassonne
la Force
Montréal
DOM LE FORT
Lavalette
Fanjeaux
LE PAS DE LA DAME
CH DES COINTES
Cambieure
CH GUILHEM
DOM GAYDA
CH RIVES-BLANQUE
CAVE DU RAZÈS
Cépie
Lauraguel
DOM BEGUDE
DOM JO RIU
St-Hilaire
Pieusse
CAVE ANNE DE JOYEUSE
ANTECH
Limoux
CAVE DU SIEUR D'ARQUES
DOM
la Bezole
DOM J LAURENS
St-Pol
DOM MOUSCAILLO
Roquetaillade
Alet-les-Bai
DOM JEAN-LOUIS DENOIS
DOM DE L'AIGLE
Couiza
Espéraza
Quillan
CAVE LA MALEPÈRE
D118
D119
D623

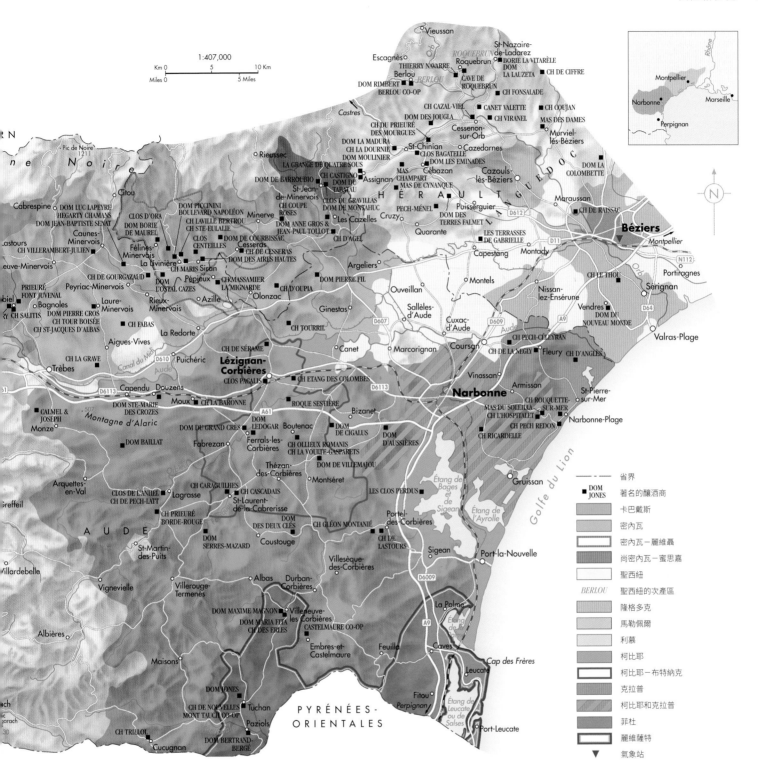

比例尺 1:407,000

Km 0　5　10 Km
Miles 0　5 Miles

**地圖圖例（右下）**

- 省界
- DOM JONES　著名的釀酒商
- 卡巴戴斯
- 密內瓦
- 密內瓦－麗維聶
- 尚密內瓦－蜜思嘉
- 聖西紐
- *BERLOU*　聖西紐的次產區
- 隆格多克
- 馬勒佩爾
- 利慕
- 柯比耶
- 柯比耶－布特納克
- 克拉普
- 柯比耶和克拉普
- 菲杜
- 麗維薩特
- ▽　氣象站

氣泡酒（Crémant de Limoux），早已在法國國內
打響名號；利慕靜態白葡萄酒採用夏多內葡萄，
並在橡木桶內發酵（唯一一款強制使用橡木桶
的 AOC 白葡萄酒），明顯地具有來自涼爽地區
葡萄的風格，但想不到實際是來自偏遠的南方地
區。而利慕產區內近期才出現的紅葡萄酒是以
橡木桶熟成的多品種混釀，必須使用至少一半的
梅洛葡萄，其餘則可採用其他的波爾多品種，以
及格那希和希哈，但黑皮諾是一定要加的配角，
因為這個一片綠油油、可以看見庇里牛斯山的地
區，是隆格多克最具潛力的皮諾葡萄種植區，目
前以「地區保護餐酒」（IGP）級別銷售。

西隆格多克的葡萄酒相較於產自溫暖隆格多
克東部的葡萄酒（下一頁將加以詳述），酸度要
細緻很多，緊鄰北邊的**馬勒佩爾**（Malepère）的
葡萄酒正是這樣，從來不會過於厚重，主要是採
用梅洛與馬爾貝克（或稱「柯特」）葡萄釀成。
位在卡爾卡頌北邊的**卡巴戴斯**（Cabardès）產
區，是唯一同時結合地中海和大西洋（波爾多）
葡萄品種的法定產區，有越來越多的優質葡萄酒
反映了這一點。

## 隆格多克：貝濟耶（BEZIERS）▽

緯度／海拔
**43.32° / 15 公尺**

葡萄生長季節的平均氣溫
**19.3°C**

年平均降雨量
**579 公釐**

採收期雨量
**9 月：70 公釐**

主要種植威脅
**乾旱**

# 東隆格多克 Eastern Languedoc

　　東隆格多克比前一頁地圖上標註的西隆格多克，更溫暖也更乾燥。從少數幾個單獨的古老產區分出後，東隆格多克被劃歸到了舉足輕重的隆格多克產區。在地圖上用淡紫色標註的東隆格多克產區，成立於2007年，產區範圍從法國與西班牙的邊界一直到尼姆（Nimes），這個產區到處都是大片的葡萄園，產區為當地酒農制定了規則，特別是釀酒時所能使用的葡萄品種（也是爭論最多的規定）。

　　在隆格多克大量釀製的葡萄酒中，幾乎80%是紅葡萄酒，主要是以希哈、慕維得爾和格那希混釀為主。卡利濃（通常會採用二氧化碳浸泡法

釀造使其柔化）和仙梭通常會被當作配角加入其中。如今，此區所產的酒有越來越多能躋身法國名酒之列。隆格多克的酒商們也已經完全掌握釀造精細複雜白葡萄酒的方法，採用迷人的混釀手法，使用的葡萄品種包括白格那希、白雷耶特、布布蘭克、匹格普勒、胡珊、馬珊、維蒙蒂諾（也稱為侯爾 [Rolle]）和維歐尼耶。

　　**佛傑爾（Faugères）**位於地圖標註區域的最西邊，擁有獨特的頁岩夾雜著沙子和石灰岩土壤，自1982年起就擁有屬於自己的紅、粉紅酒產區名號，現在也包括白葡萄酒。這裡海拔高度約350公尺，土壤貧瘠，產量低，葡萄酒卻有強

烈的個性，且傾向使用重手法的釀酒工藝。佛傑爾的合作社沒有像其他隆格多克產區那樣重要，很多酒莊採用有機農法或者生物動力農法種植。

　　有些比較古老的產區，如同那三個靠近海岸出產天然甜酒的產區，傾向追求傳統口感，但是另外一個新興起的海岸產區，以出產「**皮納特匹格普勒**」（**Picpoul de Pinet**）不甜白葡萄酒而成為時尚焦點。匹格普勒（Picpoul或拼為Piquepoul）是個古老的法國南部葡萄品種，其淺色果皮的版本在古老葡萄酒港口塞特（Sète）附近的內陸鹹水湖沙土地茁壯成長。這個帶有檸檬味的品種已經釀出隆格多克最成功的白葡萄酒：

讓大多數隆格多克酒商頭痛的是銷售葡萄酒而不是釀造。極少數已經建立國際影響力的隆格多克酒廠中，有兩家都在 Aniane 市鎮，一個是元老級的多瑪士嘉薩酒莊（Mas de Daumas Gassac），另一個是較偏向藝匠職人手法的格蘭奇佩斯酒莊（Grange de Pères）。

1:385,000

Km 0　　5　　10　　1.5 Km

Miles 0　　　5　　　10 Miles

簡而言之，這就是整個南法產區（Midi）的蜜思卡得葡萄酒（Muscadet，羅亞爾河谷出產的一種白葡萄酒）。**隆格多克－克雷耶特（Clairette du Languedoc）**是另外一個本地品種釀的白葡萄酒，產量非常少，產於 Pézenas 市鎮北方（而非南方）。

兩個更遠一些的次產區最近被認定為獨立的產區。第一個是**特哈斯－拉爾札克（Terrasses du Larzac）**，位於被狂風肆虐、布滿石灰岩、

鵝卵石、礫石和黏土的荒地上，範圍從 Clermont l'Hérault 市鎮向上一直到塞文山脈，甚至比 Causse-de-la-Selle 市鎮更北。產量和傑佛爾一樣低，但夏天拉爾札克（Larzac）高原上夜晚溫度為 20℃，比白天要涼爽，葡萄可以充分地成熟。

第二個是**聖盧峰（Pic St-Loup）**，取名自 Montpellier 北郊的岩石金字塔。來自聖路峰側翼和奧督山（Montagne de l'Hortus）周邊的特色葡萄酒是隆格多克最精緻、最讓人滿意的的酒款。卡利濃曾遍布隆格多克，現在已被限制不能超過任何一款聖路峰混釀酒的 10%。此產區內多樣化的土壤，透水性良好，受惠於比臨近產區略微乾燥的風以及適宜的降水。不適合生長在太乾燥地區的希哈，在這裡表現得非常好。

位於貝濟耶東北，曾經是中世紀商業城的**佩澤納**，已被授予有大好前途的隆格多克葡萄酒次產區名號，這裡種植在頁岩上的葡萄享受著夏季的溫暖、乾燥。向北邊一直延伸到**卡布利耶（Cabrières）**產區，土壤富含火山岩和頁岩，頁岩種類與緊鄰西邊的傑佛爾以及聖西紐（在前文已介紹）一樣。從氣候上來說，卡布利耶有點像是在更加嚴酷環境下的特哈斯－拉爾札克。

**聖薩蒂南（St-Saturnin）**產區中朝南的葡萄園通常很少得病，這都歸功於北風吹過，北風也同時會經過蒙佩魯（Montpeyroux）產區的葡萄園和拉爾札克（Larzac）高原兩側。類似這樣的因素都會對該產區產生重要影響。

古老大學城蒙彼利埃周邊的**蒙彼利埃沙石地（Grès de Montpellier）**產區是片一望無際的葡萄園，但經常會被人們忽略，名字裡有個法語單詞 grès，意為砂岩，但葡萄園面積太大，不會僅有這一種土壤。**聖喬治多爾克（St-Georges d'Orques）**和**梅加爾內（La Méjanelle）**鑲嵌在蒙彼利埃沙石地區域里，葡萄種植在城市郊區，而且碰巧地鄰近法國最著名的葡萄栽培教學聖地。**聖德雷澤里（St-Drézéry）**、**聖克里斯托（St-Christol）**和**索米耶（Sommières）**是隆格多克擴及更遠的次產區。

一個世代前（也許沒那麼久），簡直難以想像隆格多克產區的葡萄酒釀造設施能像聖德雷澤里的普吉奧堡（Château Puech-Haut）中的那樣整齊新穎又豪華。

## 產區之外

上述是東隆格多克主要的法定產區，但不論是位於法定產區之內還是位於法定產區之間的平地，許多酒莊或多或少都會生產一些地區保護餐酒（IGP，可參考第 53 頁地圖），「地區保護餐酒」的法規比較有彈性。它們特別適合套用在使用知名品種（有時候也可能是兩個）釀造的「品種葡萄酒」，而不是依據地理特徵而釀的。炎熱的夏季能確保許多葡萄都能完全成熟，夏多內在這一帶很常見。有些葡萄酒的酒標除了採用當地的一些 IGP 小地名之外，也有可能會使用國際上比較廣為人知的「奧克地區」（Pays d'Oc），它適用於所有隆格多克和胡西雍（Roussillon）產區（詳見後續介紹）。

這裡有越來越多的酒只用簡單的「法國日常餐酒」（Vine de France）名號出售：這是一個有彈性的類別，適用於不想受 AOC 及 IGP 法規拘束或不願意處理相關文本申請手續的釀酒商們。

隆格多克已經證明此區能釀製出嚴謹、展現風土條件特徵、通常帶有手工製作精髓的法國南部葡萄酒，不過搞懂它這樣廣闊且多樣化的產區就像銷售一樣困難。如同布根地一樣，釀酒商的名字是葡萄酒品質的關鍵。不過值得一提的是，這裡釀製的葡萄酒從不會有價格過高的問題。

# 胡西雍
# Roussillon

曾經只是作為隆格多克產區後綴地區的胡西雍（以前叫隆格多克－胡西雍 [Languedoc-Roussillon]）正在展現其獨立性：無論是在物質上、文化上還是葡萄種植上。在峽谷的烈日下發展出琳瑯滿目的紅葡萄酒和一些法國最精緻、最有特色的白葡萄酒，漸漸取代了昔日大名鼎鼎的濃烈甜葡萄酒的地位。

**風土條件：**屬朝東的圓形劇場地形，毗鄰地中海，有三條河流橫夾在科赫山脈（Corbières）和庇里牛斯山之間、布滿鵝卵石的沖積平原。堅硬的石灰岩、片岩、片麻岩，以及土層淺薄是北部丘陵地帶葡萄園土壤的主要特點。

**氣候：**溫暖、乾燥，陽光非常充裕的地中海氣候，夏季偶爾會有暴風雨。

**葡萄品種：**紅：黑格那希、拉多內佩魯（Lladoner Pelut）、卡利濃、慕維得爾、希哈、仙梭；白：灰格那希、白格那希、馬卡貝歐（Maccabeu）、維蒙蒂諾、托巴（Tourbat，也叫馬瓦西－胡西雍 [Malvoisie du Roussillon]）、馬珊、胡珊。

胡西雍的居民自認是加泰隆尼亞人，只是碰巧住在法國，但這是從 1659 年才開始的事。區內隨處可看到紅黃交錯的旗幟飄揚，當地方言拼寫中常有兩個 L，比起法語似乎更接近西班牙語。

這裡的景色非常壯觀，在庇里牛斯山東緣卡尼古山（Canigou）東麓，從海拔 2,285 公尺、幾乎終年覆蓋積雪的山頂直到地中海岸，但是此區的氣候卻比北邊那多石的隆格多克西部的科赫山脈一帶更加溫和少風。日照（每年平均 325 天）助長並解釋 Perpignan 平原和 Agly 河谷、Têt 以及 Tech 河谷為何能有為數眾多的果園和菜園（與葡萄園）。由科赫丘陵地、卡尼古山以及西班牙與法國分界的阿爾貝拉（Albères）山脈，形成一個向東的圓形劇場地形，使得日照更集中。

不過，Agly 河谷上游內陸地區的葡萄酒產區非常有趣，座落在莫利（Maury）周圍並且擁有獨特的黑色片岩，已經成為胡西雍近年來最受關注的產區了。這裡生產的紅葡萄酒深邃厚重，而不甜型的白葡萄酒緊實、耐久藏且富含礦石味，吸引世界各地眾多的釀酒師。葡萄園很多都是採用有機農法或生物動力農法種植，這些葡萄酒的風格和內涵每年都在不斷地提升，擁有眾多的崇拜天然葡萄酒的追隨者（可參考第 35 頁）。強日照加上低產量的老藤導致單寧粗糙，成了這裡

潛在的問題，整串葡萄發酵和棄用除梗機成為越來越常用的對策。

**胡西雍丘（Côtes du Roussillon）**是基本的產區名號，這裡的酒仍然主要採用老藤卡利濃釀製，而格那希、仙梭、希哈和慕維得爾等葡萄品種的比例逐漸增加中。

**胡西雍丘村莊（Côtes du Roussillon-Villages）**是地圖上醒目的綠色區域，因為單位產量較低、酒精濃度較強，從而出現許多好酒（僅限紅葡萄酒）。當地幾個旗艦酒莊座落在萊斯凱爾德（Lesquerde）、卡拉馬尼（Caramany）、拉圖德弗朗斯（Latour-de-France）和托塔韋（Tautavel）

等市鎮，村莊的名字允許用在「胡西雍丘村莊產區」的後面。阿斯佩（Les Aspres）是另一個值得瞧瞧的後綴村莊名，可以用於不在上述區域的其他酒莊。景色宜人的阿格利（Agly）河谷產區，在 2017 年被認定為法定餐酒產區，儘管裡頭的市鎮莫利（Maury），從很久以前就與天然甜葡萄酒（VDN，請參考第 144 頁的專題）相關。

此區所產的葡萄酒中，有很大比例的紅葡萄酒，以及特別是白葡萄酒，都以「**加泰隆尼亞丘地區保護餐酒**」（**IGP Côtes Catalanes**）的名號銷售，這些令人難忘的白葡萄酒從充滿異域色調的淺皮色葡萄品種中受益匪淺。高貝（Gauby）、地

## 天然甜葡萄酒（VINS DOUX NATURELS，簡稱VDN）

每年法國最早的葡萄採收季會從胡西雍開始，這裡位於平原地帶的葡萄園是法國最乾燥也是最炎熱的，低矮的灌木狀葡萄藤產量非常低，各種顏色的格那希葡萄在 8 月中旬就已達到完全成熟。傳統上這些葡萄會被用來釀造胡西雍最有名的天然甜葡萄酒（VDN）。事實上，這種曾經很受歡迎的餐前酒其實名不符實，它不是完全自然的甜酒，而是在部分發酵的葡萄汁中，依據甜度和酒精濃度而加入額外的酒精停止發酵而成，添加的時機通常比波特酒的釀造過程要晚。

如今，天然甜葡萄酒的產量占胡西雍葡萄酒總產量的 20%，占全法國天然甜葡萄酒產量的 90%。**麗維薩特（Rivesaltes）**甜酒產於胡西雍大部分區域（和部分西隆格多克地區，見第 141 頁），主要以黑格那希、白格那希和灰格那希為主釀造，曾經是勞工酒吧的主角，迄今為止是法國最受歡迎的天然甜葡萄酒。20 世紀中期是它的鼎盛時期，一年能銷售 7,000 萬瓶，如今勉強到 300 萬瓶。**麗維薩特蜜思嘉（Muscat de Rivesaltes）**是比較新的法定產區，範圍除東庇里牛斯省（Pyrénées-Orientales）海拔最高的葡萄園外，還加上位於奧德省菲杜產區的兩塊飛地（見第 141 頁）。**莫利**也出產一些精緻的天然甜紅葡萄酒，但連最早生產天然甜葡萄酒的瑪仕艾米爾莊園（Mas Amiel）的生產重心已轉向餐酒了。

**班努斯**是法國最細緻的天然甜葡萄酒（VDN），有時平均產量低於每公頃 2,000 公升，葡萄園分布在那些布滿棕色頁岩、多風陡峭的梯田，沿著法西邊境檢查站北側一路到地中海。葡萄主要產自灌木狀的老藤黑格那希，有時會乾縮成葡萄乾掛在樹上。陳釀方式、酒款的顏色和種類之豐富，甚至比波特酒還要多樣（可參考第 214 頁），也有裝入傳統的圓球形玻璃瓶（bonbonne），放在陽光下陳釀的。長時間於溫暖的環境中，在各種規格的舊橡木桶內陳釀，能為酒帶來淺的色調、迷人的陳年（rancio）風味；而標註「石榴紅」（Rimage）的葡萄酒則是類似年份波特酒，經過昂貴的瓶中陳釀而成。

平線（Domaine de l'Horizon）、瑪塔薩（Matassa）、天使之岩（Roc des Anges）、勒蘇拉（Le Soula）和特雷諾爾（Domaine Treloar）等酒莊早已證明在這裡種植的葡萄和釀出的酒，與蒙哈榭普里尼市鎮（Puligny）產的酒一樣優秀、經得起時間考驗。他們為市場提供高 CP 值的酒，並且認為酒的香氣來自土壤而不是跟隨世界潮流。

　　與班努斯（Banyuls）天然甜葡萄酒來自同一個地區的不甜型佐餐葡萄酒，其名來自美麗的漁港 **Collioure**，這個以鯷魚罐頭廠著稱的漁港，也是藝術家的傳統聚集地。深紅色的葡萄酒，風格更接近西班牙而不是法國，酒精濃度特別高，

證明了葡萄能提供的能量，主要以格那希葡萄釀成，不過希哈和慕維得爾的量也逐漸增加中。這裡還有通常由白格那希或灰格那希釀成的強勁白葡萄酒。

**胡西雍：佩皮尼昂（PERPIGNAN）▼**

緯度 / 海拔
**42.74°N / 42 公尺**

葡萄生長季節的平均氣溫
**19.8°C**

年平均降雨量
**558 公釐**

採收期雨量
**9 月：38 公釐**

主要種植威脅
**乾旱**

因為這些黑色和棕色片岩組成之陡峭斜坡上的表土很薄，所以一直飽受侵蝕所苦，梯田上種有許多古老的葡萄藤。

# 普羅旺斯
# Provence

產區介於隆河和阿爾卑斯山之間的普羅旺斯小山丘，在粉紅酒開始引領時尚後，葡萄酒就變成普羅旺斯第二重要的特產了。

**風土條件：**內陸土壤的地下和地表都是石灰岩，比較靠近海岸的土壤是片岩，這些貧瘠的土壤散發出普羅旺斯具代表性的灌木叢香味。

**氣候：**典型的地中海氣候，充足的陽光（年日照 2,800 小時），偶爾會有些乾旱，內陸山脈較涼爽，尤其是晚上。來自北面連續不斷的密斯托拉風讓葡萄園保持涼爽乾燥。

**葡萄品種：**紅：黑格那希、仙梭、希哈、慕維得爾、堤布宏（Tibouren）、卡利濃、卡本內蘇維濃；白：侯爾（Rolle，也叫維蒙蒂諾）、白玉霓、克雷馬特、榭蒙雍、白格那希、布布蘭克。

普羅旺斯沒有大的工業化葡萄園，儘管其釀酒歷史始於古希臘，古羅馬人也留下令人印象深刻的遺跡證明當地葡萄酒悠久的歷史；但過去人們一直認為，這裡的海岸線和森林高地地形，再加上土層單薄和嚴酷的氣候，不利於生產大量生產葡萄酒。隆河西面的隆格多克曾經是法國日常葡萄酒的主要生產者，隆河河口省（Bouches-du-Rhône)、瓦爾省（Var）和濱海阿爾卑斯省（Alpes-Maritimes）則僅是客串一下的產區。口感粗糙的紅葡萄酒、一些古老風格的白葡萄酒、大量口感平淡甚至黏稠的粉紅酒，是過去人們對普羅旺斯

的印象。

旅遊業的興起改變了這裡的一切。熙熙攘攘的海灘，密密麻麻的遊艇，蜂擁而至的明星們，尤其是這些名人，他們在此投資建造新的私人「遊樂場」 —— 那些新近未完工且當然沒有葡萄園，單由來精緻清新葡萄酒的酒廠。大批野心勃勃、非常富有的外來者被享有盛譽的普羅旺斯鄉村薰衣草、百里香、松樹和這裡的氣候所吸引，紛紛湧入該地區並重新塑造其葡萄酒文化。現在這裡能釀造出非常有意思的紅葡萄酒和白葡萄酒，但淺色的不甜型粉紅酒成為此區主流。普羅旺斯的粉紅酒已經登上時尚巔峰，從 2007 年之後的 10 年裡，出口量翻了 6 翻。

Rougier 家族的西蒙酒莊（Château Simone）在**巴雷特**（**Palette**）法定產區內釀製三種顏色葡萄酒的歷史已有 200 多年了，口感極其濃烈，使用的是當地如調色盤一樣豐富多彩的葡萄品種（不知這是不是產區名字的由來？）。克雷馬德堡（Château Crémade）也混種了很多古老的葡萄品種。

大部分粉紅酒包裝精美，經過精心釀製，略帶香氣，通常為不甜型酒款，適合用來佐搭當地以大蒜與橄欖油調味的特色美食。

幸運的是，這些新進投資者中有部分擁有葡萄酒相關經驗，如 Sacha Lichine 在賣掉他父親原本在瑪歌產區的資產後，來到蝶之蘭酒莊（Château d'Esclans），並對外宣稱他要釀造出世界上最貴的粉紅酒。他成功了，雖然他原創的頂級奢華粉紅酒「佳露」（Garrus）現在也有競爭對手。「佳露」最一開始設計的目的是為了滿足那些有錢人，而不是具有敏銳品酒能力的人。但「佳露」的市場很小眾，反觀 Lichine 後來推出的「天使絮語」（Whispering Angel），經過精心設計與積極行銷後，成功打開了市場，在美國上流富人圈中流行開來，被他們叫做「漢普敦的水」（Hamptons water）。

看一下地圖，便能明白為何普羅旺斯葡萄酒的風格為何會如此不同。經典的**普羅旺斯丘**（**Côtes de Provence**）是法國範圍最廣的法定產區，涵蓋了馬賽市北部郊區、聖維克多山

在尼斯美麗海岸線後面的山上，Bellet 中有些種植者堅持抵抗著城市郊區擴張現象（又稱「城市蠶食」），他們種植的是義大利品種如黑福（Folle Noire，也叫黑弗拉 [Fuella]）和受歡迎的侯爾（也叫維蒙蒂諾）

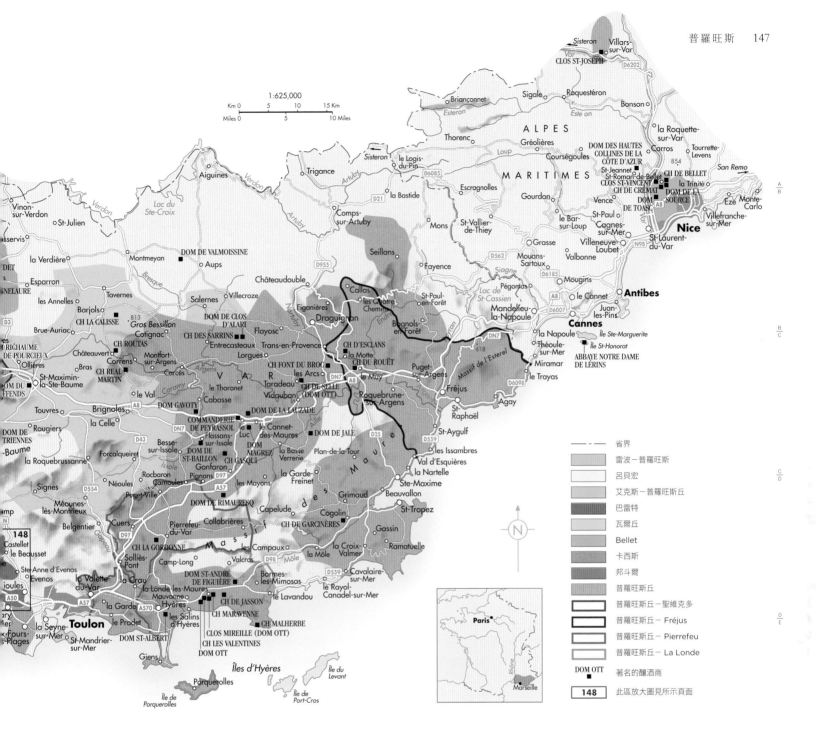

1:625,000

Km 0　5　10　15 Km
Miles 0　5　10 Miles

ALPES

MARITIMES

VAR

Massif de l'Esterel

Maures

Toulon

Îles d'Hyères

Île du Levant

Île de Port-Cros

Île de Porquerolles

省界

雷波－普羅旺斯

呂貝宏

艾克斯－普羅旺斯丘

巴雷特

瓦爾丘

Bellet

卡西斯

邦斗爾

普羅旺斯丘

普羅旺斯丘－聖維克多

普羅旺斯丘－Fréjus

普羅旺斯丘－Pierrefeu

普羅旺斯丘－La Londe

DOM OTT　著名的釀酒商

148　此區放大圖見所示頁面

Paris

Marseille

---

（Montagne Ste-Victoire）南側石灰岩地帶、地中海裡的小島，以及旅遊勝地 Hyères、Le Lavandou 和 St-Tropez 等溫暖海岸沿線的片岩腹地，還有 Draguignan 市北邊比較冷涼的亞高寒山區，甚至還包括尼斯市北邊 Villars 市鎮附近一小塊葡萄園區。

氣候一般較涼致土壤以石灰岩為主的獨立產區瓦爾丘（Coteaux Varois），因受到其南面 Ste-Beume 高地和北面 Bessillon 山兩個屏障的保護，較少受到海洋的影響。Brignoles 市鎮北邊林地中有些葡萄園要到 11 月初才能採收，而海岸地帶的早在 9 月初就完成採收了，有的甚至更早。

地圖上大部分沒有葡萄的區域，是因為海拔太高太冷致使葡萄無法成熟。布根地酒商路易拉圖酒莊旗下的法瑪星酒莊（Domaine de Valmoissine）在更偏北的 Aups 市鎮附近致力於種植黑皮諾，由此可知這裡的氣候有多涼。這款酒以威東丘地區保護餐酒（IGP Coteaux du Verdon）的名號銷售。

西邊的艾克斯－普羅旺斯丘（Coteaux d'Aix-en-Provence）產區景觀就沒那麼令人驚艷，所生產的葡萄酒也具有同樣的傾向，不過庫瓦茲（Counoise）和卡本內蘇維濃還是為粉紅酒增添了一些趣味。位於艾克斯－普羅旺斯丘和隆河之間的是以當地山頂觀光勝地雷伯－普羅旺斯（Les Baux-de-Provence）命名的產區，這裡南面山坡能感受到海洋的溫暖而北部不斷遭受普羅旺斯地區盛行聲名狼藉的密斯托拉風侵襲，雷伯－普羅旺斯有強制執行有機農法種植的法規（五分之一的普羅旺斯葡萄園已進行有機農法種植）。口感豐富的雷伯-普羅旺斯白葡萄酒主要由克雷耶特、白格那希以及越來越流行的侯爾（也叫維蒙蒂諾）釀製而成。

普羅旺斯歷史上曾被一個又一個國家統治過（1860 年以前，尼斯一直屬於義大利的 Nizza），也因此留下了豐富多樣的葡萄品種。在那些海拔更高更涼爽的普羅旺斯北部以及相對冷涼的瓦爾丘葡萄園中，維歐尼耶和隆河北部的

希哈表現很好。很容易成熟過頭的卡本內蘇維濃曾經備受推崇，現在僅剩艾克斯－普羅旺斯丘更靠近北邊的葡萄園中還有種植。

在比較溫暖的地區，儘管名品種卡利濃能夠在混釀時提高酸度，目前官方機構似乎打算減少甚至最終不再使用它。慕維得爾只能在南部達到充分成熟，格那希和仙梭（很適合粉紅酒）則被鼓勵種植在各個地方。具有植物感的堤布宏（過了 Liguria 邊界，稱為「多爾切瓜羅瑟斯」[Rossese of Dolceacqua]），特別適合在海岸沿線種植。

一些精緻的普羅旺斯紅葡萄酒（和白葡萄酒）以地區保護餐酒（IGP）的名號銷售，比如來自雷伯城的鐵瓦龍酒莊（Domaine de Trévallon）——能產出堪稱當地最精緻的紅葡萄酒，另外還有普羅旺斯丘聖維克多（Ste. Victoire）飛地的里奇梅酒莊（Domaine Richeaume）。

海岸上的卡西斯（Cassis），是馬賽東面小港口的中心，出品精心釀造、帶有香草和茴香香氣的白葡萄酒，特別適合搭配牡蠣和馬賽魚湯。

# 邦斗爾 Bandol

　　向南傾斜的梯田夾雜在松樹林之間，遠離充斥著觀光客的海港，但地中海的微風卻能夠吹到這裡，邦斗爾產區讓人覺得與世隔絕且獨一無二。這塊充滿陽光的法國東南角落，若和如大海般遼闊、出產大量葡萄酒的普羅旺斯丘法定產區相比，顯得相當渺小。不過這個規模不大的產區卻算得上是法國地中海沿岸最受認可的產區。

　　如今這裡產出的葡萄酒中 70% 是粉紅酒，但邦斗爾最著名的是超級迷人的地中海紅葡萄酒，主要是以流行的慕維得爾葡萄為主（法國所有法定產區中唯一大量使用此品種的產區），通常會加入一些格那希和仙梭混釀。慕維得爾品種的生長期超長，多虧這裡夠溫暖才能生長到充分成熟；多數邦斗爾紅葡萄酒具有成熟肉感的肥美風格，帶有草本的芬芳，可以在相對年輕時享用，充滿了活力讓人精神煥發，野性香氣近似動物與青草味；現在很多酒商釀造的酒非常像希哈的風格，但當然最好的酒還是堅持釀造至少一款屬於自己風格、單寧緊緻、生命力持久的特釀。丹碧園酒莊（Domaine Tempier）的「卡巴薩烏特釀」（Cabassaou）最與眾不同，使用的葡萄基本上都是採自 20 世紀 60 年代就種植的葡萄藤，這些葡萄藤種植在勒卡斯泰萊（Le Castellet）附近地形類似露天圓形劇場的地方，使其免受密斯托拉風的侵襲。依照法規要求，邦斗爾的混釀葡萄酒中至少有一半要是本地具代表性的葡萄品種，但在較溫暖的年份，有些認真的酒莊會採用幾乎 100% 慕維得爾來釀造特釀。

## 不僅僅是紅葡萄酒

　　生長在溫暖葡萄園中的格那希會在釀造中產生太多的酒精，因此多種植在朝北的葡萄園。在當地大量消費的還是以仙梭葡萄釀成的不甜型粉紅酒，添加一些慕維得爾能延長酒的壽命，如丹碧園酒莊的粉紅酒，有的甚至可以陳年到幾十年。邦斗爾也生產少量濃郁的白葡萄酒（這裡的白葡萄酒經常被低估了），採用的品種主要包括帶有愉快的花香味的克雷耶特、布布蘭克和白玉霓。

　　這個不大的產區裡風土條件變化非常大。La Cadière d'Azur（地圖的中心位置）南部的土壤富含紅色黏土，通常會釀製出口感豐饒，有時略顯厚重的酒款。從 St-Cyr 市鎮東北部的白堊土平原一路向東至 Le Brûlat 村，這裡的土壤最為中性，往往會釀出比較細緻柔順的酒款。邦斗爾東北部多石、石灰質含量更高的土壤能釀出最具質感的酒款，而產區內較老的土層則位於 Le Beausset 市鎮的南邊，出產的酒品質不一。那些海拔較高的酒莊，如海拔 300 公尺的碧儂酒莊（Château de Pibarnon）和海拔 400 公尺以上的德拉貝古酒莊（Domaine de la Bégude），附近的葡萄園，其土壤並不像大多數其他區域那麼肥沃，因此採收期有可能會延到 10 月中旬。

　　降雨量少（正在研究抗乾旱的無性繁殖品種）導致邦斗爾成為法國葡萄酒單位產量最低的產區。幸好降雨後往往會吹起密斯托拉強風，讓葡萄免於感染黴病。低酸度的慕維得爾葡萄不容易釀造紅葡萄酒，很容易出現因還原反應而產生難聞的農場味，但可喜的是，邦斗爾的釀酒技術已經有長足的進步。慕維得爾葡萄酒與橡木桶無緣，所以大部分的葡萄酒都需要在大橡木桶（foudre）中進行熟成（減少橡木本身的影響）。

省界　—　·　—

縣界　—　·　·　—

市鎮（教區）邊界　—　·　·　·　—

CH PRADEAUX　著名的釀酒商

法定產區邊界

葡萄園

森林

100　等高線間距 50 公尺

1:100,000

Km 0　1　2　3 Km

Miles 0　1　2 Miles

# 科西嘉島
## Corsica

這個曾經的化外之島過去歸屬於義大利，現在是法國領土，至今仍保留著一個頑強獨特的雜交品種。

**風土條件：**偏遠的北部和東部是片岩區，也有沖擊土壤和沙土。帕特里莫尼奧（Patrimonio）和偏遠的南部是石灰岩區，西部和南部是花崗岩區。

**氣候：**科西嘉島比法國本土其他任何地方的陽光更充足且更乾燥，生長在島上的植物都會因為乾熱的夏季而風味濃郁。

**葡萄品種：**紅：涅露秋（Nielucciu，也叫山吉歐維榭）、西亞卡雷諾（Sciaccarellu，也稱瑪墨蘭 [Mammolo]）、優雅（Elegante，也稱格那希）；白：維蒙蒂諾、白陽提（Biancu Gentile）、小粒白蜜思嘉（Muscat Blanc à Petits Grains）。

當法國在 20 世紀 60 年代失去阿爾及利亞後，一群身懷種植技術的退役軍人就移居到未開墾、當時瘧疾肆虐的東海岸，到了 1976 年，科西嘉島的葡萄園面積已經增加了 4 倍，而且幾乎都是大產量的葡萄酒。

自那時起，科西嘉島就為歐洲葡萄酒的產量做出很大貢獻，這要歸功於布魯塞爾和巴黎方面的大量資助；目前，島上的釀酒設備已相當完善，釀酒師在法國本土的釀酒學校受訓；而島上的葡萄園則縮減許多，並且越來越常種植本地的優質葡萄品種。即使如此，島上絕大多數的酒款都在本地銷售，隨著遊客需求的上漲，酒的價格也擡高。外銷最多的葡萄酒是最基本的粉紅地區保護餐酒，有著獨具魅力的當地名（nom du verre）「美麗之島」（L'île de Beauté），以這個名稱銷售到島外的葡萄酒幾乎占據全島的一半產量。

不過，越來越多的科西嘉葡萄酒品質都變得極好又認真，本地傳統葡萄品種的潛力被重新開發，而多石的山丘是他們最適合的種植地。幾乎所有的葡萄園都座落在海岸沿線。

涅露秋葡萄，就是托斯卡尼的山吉歐維榭，幾乎佔島上三分之一的葡萄園種植面積，該品種也是北部法定產區**帕特里莫尼奧**（Patrimonio）的主要種植品種，帕特里莫尼奧出產一些科西嘉島上最優秀且最耐藏的葡萄酒，包括堅實的隆河風格紅葡萄酒和完美均衡的白葡萄酒，以及高品質且濃郁的蜜思嘉葡萄天然甜葡萄酒（見第 144 頁）。

西亞卡雷諾葡萄（即托斯卡尼的瑪墨蘭）是個柔和的品種，種植面積約占全島葡萄園的 15%，主要分布在科西嘉島上最古老的葡萄酒產區：座落在靠近首都阿雅克肯市（Ajaccio）周邊，以花崗岩為主的西海岸、卡蜜以及 Propriano

附近的薩爾泰訥（Sartène）地區。西亞卡雷諾葡萄可以釀成非常易飲、柔順且帶香辛味的紅葡萄酒，以及酒精濃度高卻很活潑的粉紅酒。

### 甜的，脆爽，可口的

以蜜思嘉葡萄或本地的維蒙蒂諾葡萄（Vermentinu，在島北部稱其為「科西嘉島的馬瓦西」[Malvoisie de Corse]）所釀造的甜酒，是島北部狹長的科西嘉角（Cap Corse）的特產，品質可以十分出色。「科希嘉的白蘭地」（Rappu）是在 Rogliano 市鎮附近出產的一款強勁甜紅葡萄酒，採用阿雷雅提克（Aleaticu）葡萄釀成。這個在科西嘉島北端所生產的葡萄酒，一般標示為**科西嘉角丘**（**Coteaux du Cap Corse**）法定產區。維蒙蒂諾葡萄是島上所有法定產區的主要白葡萄酒品種，也生產脆爽的不甜白葡萄酒，從馥郁芬芳到脆爽檸檬風格，也有經過陳年而變得越發可口的類型。

西北的法定產區是**卡蜜**（**Calvi**），種植的品種有**西亞卡雷諾、涅露秋**與維蒙蒂諾等，還有一些國際品種，主要生產一系列酒體飽滿的佐餐酒；南部的**菲加里**（**Figari**）與**維希歐港**（**Porto-Vecchio**）兩個產區也主要生產佐餐酒。在這個缺

水的地方，葡萄酒可以用來解渴，雖然菲加里和薩爾泰訥兩地看起來非常古樸，一點也不時髦，但釀出的酒充滿爽脆的果味。

沒有加註村莊名的**科西嘉酒**（**Vins de Corse**）大都產自東部海岸平原的 Aléria 和 Ghisonaccia，通常價格便宜，使用本地原生種與國際品種混釀而成。

用那些重新被挖掘出的本地原生葡萄品種所釀出的酒，越來越有意思了，如 Morescone、Carcaghjolu、Carcaghjolu Biancu）、Genovese、Rossula Bianca、Vintaghju、Cualtacciu、Brustianu、和 Minustellu（這個可能是 Graciano）。這些品種大部分被允許非常少量地添加到 AOC 混釀葡萄酒中，很多島上非常好的酒以「法國日常餐酒」（Vins de France）的名號銷售（詳見第 52 頁）。這些品種主要種植在與海平面一樣高的地域，將來很有可能會種植到海拔高一點的地方，也許能因此帶來更加讓人激動的酒。

島上新一代的種植者熱衷於釀造最能代表本地風土條件的酒，有些人可能會認為綁手綁腳，但市場上的消費者將會在他們所生產的葡萄酒中感受到島上令人陶醉的氣息。

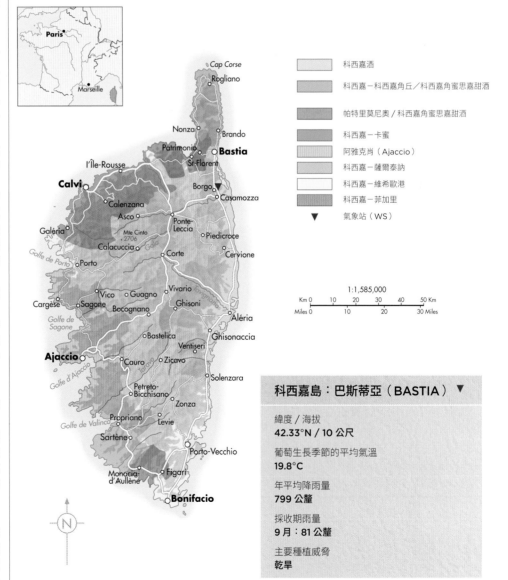

科西嘉酒

科西嘉－科西嘉角丘／科西嘉角蜜思嘉甜酒

帕特里莫尼奧／科西嘉角蜜思嘉甜酒

科西嘉－卡蜜

阿雅克肖（Ajaccio）

科西嘉－薩爾爾泰訥

科西嘉－維希歐港

科西嘉－菲加里

▼　氣象站（WS）

1:1,585,000
Km 0　10　20　30　40　50 Km
Miles 0　10　20　30 Miles

---

### 科西嘉島：巴斯蒂亞（BASTIA）▼

緯度／海拔
**42.33°N／10 公尺**

葡萄生長季節的平均氣溫
**19.8°C**

年平均降雨量
**799 公釐**

採收期雨量
**9 月：81 公釐**

主要種植威脅
**乾旱**

# 侏羅、薩瓦和布傑 Jura, Savoie, and Bugey

在布根地以東，法國靠近阿爾卑斯山、地勢開始升起的地方，有三個地區出產風格獨特的葡萄酒。侏羅（Jura）是獲得國際關注的第一個。

## 侏羅（Jura）

**土壤**：由侏羅紀石灰岩組成基岩，再加上朝南和東南山坡上的沉重黏土，以及各種泥灰岩（即黏土石灰石）。

**氣候**：有點類似布根地，但是更冷更濕。

**葡萄品種**：白葡萄酒：夏多內、薩瓦涅（Savagnin）；紅葡萄酒：普薩（Poulsard）、黑皮諾、特魯索（Trousseau）。

侏羅的葡萄園分成很多小塊，錯雜在森林與草地之中，感覺就像是位於法國最偏遠的山丘上。經過 19 世紀末霜黴病和根瘤蚜蟲害的雙重肆虐之後，產區的葡萄園面積已大大縮減，但是這裡出產的葡萄酒仍然極其獨特，而且最近越來越流行，其中一個原因是當地眾多酒莊獲得的有機酒和「自然酒」認證。當地的幾個法定產區 —— 阿爾布瓦（Arbois）、夏隆堡（Château-Chalon）、勒托瓦（l'Etoile）以及無所不包的**侏羅丘（Côtes du Jura）**各具特色，對於學習食物與餐酒搭配藝術的學生來說尤其具有令人著迷的魅力。

這是一個美食家的寶地，飲食習慣深受其西邊近鄰布根地的影響。侏羅的土壤和氣候都與布根地相似，只是地形更加複雜，冬天更加嚴寒。跟金丘一樣，斜坡上的葡萄園環境和表現最好，

有時很陡峭，朝南或有些朝東南，所以能曬得到陽光。侏羅紀石灰岩是最早被發現的土壤類型，也許區名稱得自於此。侏羅和布根地都得益於這種土壤，但是在侏羅更常見的是沉重的黏土，還有各種不同顏色的泥灰岩（即黏土石灰岩）。藍色和灰色的泥灰岩尤其適合種植薩瓦涅，這個葡萄品種又名塔明那（Traminer），侏羅最特別、但卻不是最常見的酒種 —— 著名的**黃葡萄酒（Vin Jaune）** —— 便是用薩瓦涅釀造的。法國沒有幾個產區會像侏羅這樣，偏愛刻意將酒氧化。

釀造黃葡萄酒，要盡可能等到薩瓦涅葡萄成熟時才能採摘，然後在舊的布根地橡木桶裡發酵，隨後熟成至少 6 年，期間不將橡木桶封閉。在熟成的過程中，葡萄酒會逐漸蒸發，同時在表面生長出一層酵母，但是沒有著名的雪莉酒的酒花（flor）那麼厚，因為在出產雪莉酒的赫雷斯（Jerez）地區，酒廠裡的溫暖環境能夠促進酒花的生長（參見第 203 頁），不過黃葡萄酒仍然會產生類似菲諾（fino）雪莉酒的味道。有人說，這是一種需要適應的口味（acquired taste）。黃葡萄酒可以儲存幾十年，而且在開瓶後幾個小時當中都能持續展現魅力，特別適合在餐桌上搭配經過熟成的康提（Comté）乳酪或者侏羅當地特產「布列斯雞」（poulet de Bresse）。

**夏隆堡（Château-Chalon）**法定產區全境只限於生產這種奇特但獨具潛力的葡萄酒，整個地區都可以生產黃葡萄酒，但品質高低差異頗大。口感較為清新的薩瓦涅葡萄酒同樣各處都有出產，以類似暴露在空氣中的方式熟成，酒液被酒花保護，在當地稱為「不添桶釀造法」（sous-

voile，又稱「帷幕之下」）。這種酒可以作為單一品種酒銷售，或者加入其他品種的混釀當中，通常是與夏多內混釀。偶爾您還能找到酒標上標著「不添桶釀造法」（sous-voile）或「典型法」（typé）；但是更多的則是與此相反的風格，即「正常添桶釀造法」（ouillé），酒在熟成的過程中封閉橡木桶，以避免氧化。換句話說，就是一種布根地風格的現代葡萄酒。

夏多內是侏羅種植最廣的葡萄品種，特別是在侏羅南部，並且在某些市場上已經成為替代布根地白葡萄酒的產品，很受歡迎。

侏羅最為常見的紅葡萄品種是香氣馥郁的普薩（Poulsard，常被拼為 Ploussard），尤其是在阿爾布瓦（Arbois）的次產區皮皮蘭（Pupillin）更是受到歡迎。普薩釀造的紅葡萄酒酒體清淡，帶有玫瑰的香氣，呈番茄汁淺紅色，因自然帶有還原風格，因此受到追求不加硫工藝的釀酒師追捧。特魯索（Trousseau）是一個顏色更深、但是較為少見的侏羅本地品種，釀出的葡萄酒帶有胡椒和紫羅蘭的香氣，主要產自**阿爾布瓦（Arbois）**附近，不過因為侏羅葡萄酒的流行風潮，特魯索的種植地點甚至遠至美國加州和奧勒岡州。黑皮諾在此區的種植面積現在已經幾乎趕上了普薩，而且不僅用來釀造靜態紅葡萄酒，還有傳統法氣泡酒（Crémant）和馬克凡香甜酒（Macvin）。最好的黑皮諾產自夏隆堡以西的 Arlay 附近以及 Lons-le-Saunier 以南（參見下頁地圖）。這片侏羅丘的南部區域主要出產白葡萄酒，包括黃葡萄酒。因其土壤中有細小的星形海洋化石而得名的袖珍產區**勒托瓦（Etoile）**，則

## 大山之間

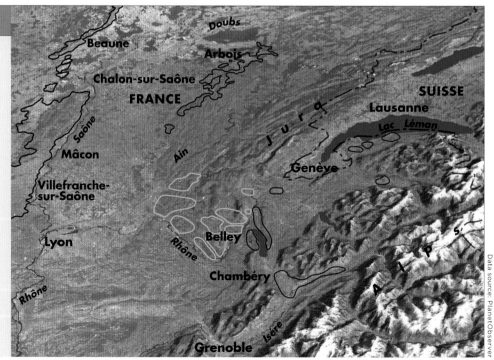

這三個法國中部最東邊的葡萄酒產區由庇里牛斯山或是其侏羅紀丘陵緊密連接。在緊鄰布根地金丘東部的侏羅產區，葡萄藤與起伏草地上的牛隻，以及其他果樹和諧共存。

在薩瓦產區，葡萄藤種植在起伏的丘陵以及山脈的低矮斜坡上。在侏羅和薩瓦之間，布傑產區的葡萄園則因此而四處分散，由南到北分別沿著隆河和安河（Ain）展開。

— · — 國界
—— 布根地
—— 侏羅
—— 布傑
—— 薩瓦

Data source: PlanetObserver

葡萄酒遊客沿著從香貝里（Chambéry）到阿比梅（Abymes）的葡萄酒之路（Route des Vins）前行，薩瓦以風景愉悅其雙眼，又以葡萄酒滿足其味蕾。南向的葡萄園沿著 Mont Granier 山腳下的聖安德烈湖（Lac de Saint André）徐徐鋪開。

完全出產白葡萄酒。

侏羅一直以來都出產品質卓越的氣泡酒。目前，主要採用夏多內釀造的「**侏羅傳統法氣泡酒**」（**Crémant du Jura**）已經超過侏羅葡萄酒總產量的四分之一，CP 值極高。近年來開始出現的天然古法微氣泡酒（Pét-Nat），採用所謂的原始法（ancestral method）釀造，產量較小、酒體清淡、口感微甜，氣泡柔和。還有一種濃甜「麥稈風乾葡萄甜酒」（vin de paille）也在整個侏羅地區都有出產，採用夏多內、薩瓦涅和／或普薩品種釀造，通常會提前採收葡萄，並放置在通風的環境下，小心地乾燥至次年 1 月，當葡萄乾發酵結束後（至少發酵至酒精濃度 14.5%），將其放入舊橡木桶中熟成 2 至 3 年。這種產量稀少的佳釀就像黃葡萄酒一樣，都是能夠陳放極長時間的酒款。

當地最後一種特產是「**侏羅馬克凡香甜酒**」（**Macvin du Jura**），這是一種混合葡萄汁與葡萄烈酒，作為餐前開胃酒的酒款，香氣馥郁，極具特色。

## 薩瓦（Savoie）

薩瓦是法國的高山地區，出產口感清新、獨具高山風格的葡萄酒，已經逐漸開始吸引喜歡酒體清淡、手工製作法式佳釀的飲酒者注意。薩瓦地區的葡萄園面積不大，卻不斷增長，只是當地的產酒區域，甚至是葡萄園都分布得七零八散。由於山川遍布，能夠種植葡萄藤的地方非常缺乏，而且大部分的原始葡萄園都在根瘤蚜蟲害、霜黴病大肆爆發和第一次世界大戰之後被棄置，或者重新種植為雜交品種。薩瓦出產的葡萄酒種類非常多樣，包含極其繁多的次產區和當地葡萄品種，但是對於外地人來說非常意外的一點是，幾乎所有的葡萄酒都以同一個基本法定產區——**薩瓦或者薩瓦葡萄酒**（**Vin de Savoie**）之名販售。

薩瓦法定產區的白葡萄酒產量是其紅葡萄酒或粉紅酒的兩倍之多，而且其中淡雅、純淨、清新如同薩瓦山上空氣、湖泊及溪流的酒款與深沉強勁酒款的產量比例大約為 10：1。近年來，更為細緻的種植方式、更低的單位產量以及氣候的變化，都為當地採用別處從不可見的葡萄品種所釀造、充滿礦物感的白葡萄酒和寡淡的紅葡萄酒，增添少許濃郁度。其中最有價值的深色皮葡萄品種要數帶有胡椒氣息、偶爾採用橡木桶陳年的蒙德斯（Mondeuse），它的低酒精濃度非常符合現在的潮流，但是香氣卻很充沛，酒體輕捷，果味可口。蒙德斯曾經被誤認為是來自伊斯特里亞半島（Istria）的雷弗斯科（Refosco）品種，因為兩者的香氣以及堅實優質的單寧結構都很近似。還有一個葡萄品種名為佩松（Persan），口感活躍，充滿李子的果香和強健的單寧，原本近

## 侏羅的核心地帶

侏羅丘法定產區的邊界一直延續至 Beaufort 以南，但是那裡卻沒有多少葡萄園。

圍繞阿爾布瓦四周的葡萄藤種植得非常密集。由此向南，在起伏的綠色丘陵和美麗的村莊中，葡萄園就相對得一見了。

DOM MACLE　著名的釀酒商
　　　　　　阿爾布瓦
　　　　　　夏隆堡
　　　　　　勒托瓦
　　　　　　侏羅丘
　　　　　　葡萄園
　　　　　　森林
──400──　等高線間距 50 公尺

**主要釀酒商**
1　DOM A & M TISSOT
　　DOM JEAN-LOUIS TISSOT
　　FRÉDÉRIC LORNET
　　DOM DU PÉLICAN
　　MICHEL GAHIER
2　DOM DE LA TOURNELLE
　　DOM DE L'OCTAVIN
　　DOM ROLET
　　DOM RATTE
　　FRUITIÈRE VINICOLE D'ARBOIS
3　DOM BERTHET-BONDET
　　DOM MACLE

1:310,000

Km 0　　　5　　　10 Km
Miles 0　　　5　　　10 Miles

Paris
Lyon

乎絕跡，最近幾年才被拯救回來。

　　不過，絕大多數直接以薩瓦作為產區名稱出售的葡萄酒都是白葡萄酒，採用在薩瓦一種種植面積遙遙領先的雅克奎爾（Jacquère）品種釀造，通常為不甜白葡萄酒，酒體清淡，隱約帶有高山特質。**薩瓦傳統法氣泡酒（Crémant de Savoie）**法定產區成立於 2014 年，基本都是採用雅克奎爾品種釀造的。

　　但是，在整個大薩瓦地區內，共有 16 個獨立的次產區──當地已經正式廢除特級園（cru）的說法，允許在某些條件下，將其名稱與薩瓦一名一起寫在酒標上，每個次產區的法規都有所不同，但是都比基本的薩瓦法定產區更為嚴格。比如在日內瓦湖（Lac Léman）南岸，只有採用特別受其近鄰瑞士青睞夏思拉（Chasselas）品種釀造的葡萄酒，才被允許標記上 Ripaille、Marin、Marignan 和 Crépy 等地名。由此向南，到了 Arve 河谷中的 Ayze 次產區，則採用極其稀有的格拉熱（Gringet）品種釀造白葡萄酒，包括靜態酒和產量更多的氣泡酒，品質最好的只有兩家酒莊，其中一家就是著名的貝縷雅酒莊（Domaine Belluard）。

　　在貝勒加爾德（Bellegarde）以南是孤零零的 Frangy 次產區，專門採用當地獨有的阿提斯（Altesse）品種釀造白葡萄酒，這個品種風格獨特，能夠陳放，有時也被稱為魯塞特（Roussette）。它的品質如此卓越，以致於建立一個專門的法定產區**薩瓦－魯塞特（Roussette de Savoie）**，在某些條件下可以用來命名所有採用這個品種釀造的薩瓦葡萄酒（4 個只能出產薩瓦－魯塞特葡萄酒的次產區都在地圖中以紅色標出）。

　　位於 Frangy 以南的**塞樹（Seyssel）**則擁有自己的法定產區。這裡曾經以其如羽毛般輕盈、主要採用當地品種莫雷特（Molette）釀造的氣泡酒而聞名，但是以阿提斯葡萄為主的靜態葡萄酒，現在的產量已經躍居首位。從塞樹再向南，則是因葡萄園面積不斷縮水而令人惋惜的 Chautagne 次產區，以出產紅葡萄酒著稱，尤其是顆粒口感的加美品種。Lac du Bourget 的西邊是 Jongieux 次產區，出產紅葡萄酒，但是如果酒標上僅僅標記 Jongieux 的話，則表示完全採用雅克奎爾品種釀造。不過，阿提斯才是這裡最受尊敬的葡萄品種──此處甚至可能是其發源地，尤其是種植在瑪斯戴勒（Marestel）葡萄園山坡上的那些，還會使用特別的**薩瓦－魯塞特**產區名稱。

　　Chambéry 以南是薩瓦地區面積最大的葡萄園，位於 Chartreuse 山脈的盡頭，Mont Granier（格拉尼耶山）朝南和東南的較低山坡上。這個區域包含很受歡迎的 Apremont 和 Abymes 這兩個次產區，它們都是出產雅克奎爾葡萄的主力。沿著 Isère 河上溯來到薩瓦深谷（Combe de Savoie），這裡有一系列次產區，種植著薩瓦地區所有的葡萄品種，特別是出產紅葡萄酒的雅克奎爾以及一些阿提斯。

　　其中，Chignin 次產區堪稱薩瓦地區最知名的美酒大使之一，100% 採用隆河區常用的白葡萄品種、生長在最陡峭的山坡上的魯塞特，釀造希貝格龍（Chignin-Bergeron）白葡萄酒，這是薩瓦地區最為強勁的白葡萄酒之一，香氣

主要釀酒商
1 DOM BELLUARD
2 DOM CURTET
3 DOM MONIN
　LE CAVEAU BUGISTE
4 MAISON ANGELOT
5 CH DE LUCEY
6 DOM DUPASQUIER
7 ANDRÉ ET MICHEL QUENARD
　CELLIER DES CRAY
　DIDIER & DENIS BERTHOLLIER
　GILLES BERLIOZ
　JEAN-FRANÇOIS QUÉNARD
8 CH DE MÉRANDE
　FABIEN TROSSET
　LOUIS MAGNIN
9 DOM DE L'IDYLLE
　PHILIPPE GRISARD
10 DOM DES ARDOISIÈRES

**薩瓦與布傑**
只需看一眼酒廠和葡萄園的集中程度，就能明白這些高山谷地有多麼狹窄。其中大部分的葡萄園海拔都在 250 至 450 公尺。只有 Ayze 和 Cerdon 海拔較高。

| 圖例 | |
|---|---|
| — · — · — | 國界 |
| — · — · — | 省界 |

**AOP/AOC**
| ──── | 薩瓦酒 |
| ──── | 塞樹 |
| ┄┄┄ | 布傑 |

**IGP/ 地區餐酒**
| ──── | Vin des Allobroges |
| ──── | Isère Balmes Dauphinoises |
| ──── | Isère Coteaux du Grésivaudan |
| ●Arbin | 薩瓦的次產區 |
| ●Frangy | 薩瓦－魯塞特的次產區 |
| ●Manicle | 布傑的次產區 |
| LOUIS MAGNIN ■ | 著名的釀酒商 |
| ▨ | 葡萄酒產區 |
| ▼ | 氣象站（WS） |

**薩瓦：香貝里（CHAMBERY）** ▼

緯度 / 海拔
**45.64° / 235 公尺**

葡萄生長季節的平均氣溫
**16.4°C**

年平均降雨量
**1221 公釐**

採收期雨量
**9 月：112 公釐**

主要種植威脅
**葡萄生長季節的冰雹和潮濕氣候**

主要葡萄品種
**紅葡萄酒：加美、蒙德斯、佩松；白葡萄酒：雅克奎爾、阿提斯──又稱魯塞特、胡珊、夏思拉**

濃郁，帶有少許青草氣息。薩瓦深谷，特別是 Chambéry 東南的 Arbin 村則擅長釀造優秀的紅葡萄酒，蒙德斯葡萄在此能夠達到完全成熟。佩松葡萄在此同樣潛力深厚。

　　Isère 河畔的 Gresivaudan 幾乎像是薩瓦地區在 Chartreuses 山脈腳下的南向延伸，而在 Chartreuses 山脈另一側的 Balmes Dauphinoises 則幾乎是 Bugey（布傑）產區的延伸，儘管它屬於南隆河產區。

## 布傑（Bugey）

　　**布傑（Bugey）**和**布傑－魯塞特（Roussette du Bugey）**於 2009 年獲得了自己的法定產區名稱。經典著作《味覺生理學》（*The Physiology of Taste*）一書的作者 Brillat-Savarin 就出生於布傑，想必他一定會對自己的家鄉獲得如此的認同而感到欣慰。這裡主要生產清淡、多泡、半甜的「瑟多」（Cerdon）原始法粉紅氣泡酒，採用的葡萄品種是加美，種植在極其陡峭、海拔高達 488 公尺的南向山坡上，這也是這個地區最為與眾不同而且流行的代表作品。夏多內為當地的傳統法氣泡酒和靜態白葡萄酒提供骨架，而阿提斯葡萄釀造的布傑－盧塞特（Roussette du Bugey）白葡萄酒則特別富有潛力。加美是紅葡萄酒的主要葡萄品種，但是蒙德斯和黑皮諾的表現同樣不俗。像在薩瓦一樣，布傑的各種小型次產區都有權將其村名綴在布傑法定產區之後。

# 義大利 Italy

這些靠近科內利亞諾（Conegliano）的葡萄園，是大舉擴張後的義大利東北部葡萄酒產區中很小一部分，風景優美。現在官方允許在整個產區生產「普羅塞克氣泡酒」（Prosecco）。

# 義大利 Italy

還有哪個國家會像義大利那樣創意十足、永遠都有新把戲嗎？又或者說，還有哪個國家會像義大利那樣任性不羈嗎？在義大利，葡萄酒風格、風土類型以及原生葡萄品種，無不豐富多彩，堪稱世界之最。它的高階葡萄酒，活潑、獨特、鮮美，與眾不同。

古希臘人殖民至此時，稱義大利為Oenotria——「葡萄酒之鄉」（或嚴格地說，是「葡萄種植之鄉」，因為那時當地人已在木樁上支起了葡萄藤，這是正規種植的明顯標誌）。在地圖上我們可以看到，義大利幾乎沒有什麼地方不是葡萄酒產區。只有法國的葡萄酒產量有時可以超越義大利。但與法國不同的是，義大利從來就不完全聽命於中央政府。地圖上的20個產區，每個都有著其獨特的文化、傳統和葡萄酒個性。

就地理上而言，如果說坡度、陽光和溫帶氣候等條件都是必須的話，那麼，義大利實在是擁有得天獨厚的優勢可以釀造出優秀、品種繁多的葡萄酒。義大利的地形獨特，長長的山脈從其北部屏障阿爾卑斯山向南延伸，幾乎直抵北非，各種適合葡萄生長的海拔與緯度以及日照條件的組合，在這裡都能找到。另外，隨著氣候變遷，很可能又會多一個優勢。義大利的許多土壤都是因火山作用而形成的，石灰岩廣布，還有大量的礫石黏土。地形地勢是如此多樣，三言兩語難以道盡。如果說義大利還缺少點什麼的話，那就是秩序。義大利葡萄酒的酒標仍像迷宮般難懂。義大利是一個葡萄種植的天堂，能夠提供眾多佳釀，而它也持續在發展中，其眾多的原生葡萄品種是無與倫比的遺產，人們對此進行積極和不懈的專門研究。這個國家在20世紀末對國際品種的追捧正在迅速消退。

## 義大利的葡萄酒法律

從20世紀60年代開始，義大利政府就著手從事一項宏大的工程，制定與法國的《原產地命名控制》（Appellation d'Origine Contrôlée，即AOC）相當的義大利法定產區制度：DOC（Denominazione di Origine Controllata）。DOC對產區範圍（通常過於寬鬆）、最高產量（同樣也是過於寬鬆）、特定的葡萄品種以及種植釀造方式做出了規定。他們還以更嚴格的規則創立了比DOC更高一等的DOCG（在這一等級中，產地來源不僅要受到控制，還要得到保證——有些許細微的區別），而自20世紀80年代以來，越來越多的產區被冠以DOCG的名號。到了2015年（義大利的統計數字

更新得很慢），總共有DOC產區332個，DOCG產區73個。我們的專業製圖師也一直竭盡全力地繪製這些產區如迷宮般的邊界。

1992年，義大利通過了一項法律，以更嚴格的規範重新構建整個分級體系，更嚴格的限制包括：可允許的最大單位產量，等級自上而下從DOCG到DOC後，然後就到了IGT（Indicazione Geografica Tipica）。IGT類似於法國的IGP（發音也如此地相近），可使用產地和品種名稱，而且關鍵是可標示年份，這在以往最低的一個等級「餐酒」（Vino da Tavola，現為Vino d'Italia）裡是非法的；IGT也常被義大利越來越多的實驗釀酒師使用，但他們的釀酒方式在官方的品鑒委員會眼裡很不正統。

在大約120個IGT中，到目前為止，還是那些冠有義大利明星產區名字的最廣為人知。IGT已越來越常出現在酒標上，主要是因為許多名字——例如翁布里亞（Umbria）和托斯卡尼（Toscana）——比那些個別的DOC還更能引起市場的共鳴。在那之後，諸如西西里（Sicilia）等IGT產區，有些就被升級為DOC了。

卡本內蘇維濃最早在19世紀初被引入義大利；到了20世紀末，夏多內引領了梅洛和希哈等其他流行的國際品種進入義大利。然而，在一個充斥著國際品種的全球市場上，這些引入的品種並不具有優勢，這導致了人們對義大利原生葡萄品種的重新評價，這些品種數量眾多，常能令人眼前一亮。如菲亞諾（Fiano）、

## 義大利的葡萄酒產區

這張地圖，用於標示各產區的位置，也是一把通往後面更詳盡地圖的鑰匙。目前最重要的DOC和DOCG分別出現在四個頁面的地圖上，這四幅地圖把義大利分成西北、東北、中部和南部；而那些在優質釀酒區核心地帶的DOC和DOCG，則各有其大比例尺的地圖。

| | 圖例 |
|---|---|
| | 國界 |
| | 區域邊界 |
| | 釀製葡萄酒的地區 |
| | 海拔600公尺以上的土地 |
| 157 | 此區放大圖見所示頁面 |

1:6,000,000

富迪酒莊（Fontodi）位於經典奇揚替產區（Chianti Classico）的 Panzano 村。當 Manetti 家族於 1968 年買下這個酒莊時，便開始多角化經營，一邊釀酒，一邊販售赤陶缸罐，後者目前因葡萄酒同業的需求而重新再起。

格雷克（Greco）、馬瓦西亞（Malvasia）、諾榭拉（Nosiola）、Pecorino、Ribolla Gialla、維蒙蒂諾（Vermentino）這些用於釀造白葡萄酒的品種，以及像阿里安尼科（Aglianico）、切薩內塞（Cesanese）、Gaglioppo、拉格蘭（Lagrein）、Marzemino、黑曼羅（Negroamaro）、奈萊洛馬斯卡列樹（Nerello Mascalese）、黑達沃拉（Nero d'Avola）、Perricone、普里米蒂沃（Primitivo）、Teroldego 這些用於釀造紅葡萄酒的品種，已經在它們的原產地以外建立了聲譽，這份名單以後還會越來越長。

## 白葡萄酒也很好

不知從什麼時候開始，義大利所有最好的葡萄酒都是紅葡萄酒，但如今已大不相同。義大利在 20 世紀 60 年代開始學習釀造「現代的」白葡萄酒（口感新鮮清爽），80 年代，義大利開始在酒中加回一點在現代化釀造過程中失去的「個性」，到了 90 年代末，這一努力獲得了成功。如索阿韋（Soave）、維蒂奇諾（Verdicchio，這裡指使用這一葡萄品種的產區）、鐵恩提諾－上阿第杰（Trentino-Alto Adige）和弗里尤利（Friuli）等產區利用許多不同品種的葡萄釀製的白葡萄酒，但義大利美味複雜的白葡萄酒絕對不止這些。弗里尤利的格拉夫納酒莊（Gravner）率先在白葡萄酒的釀製過程中，回歸傳統、順應

「自然」，吸引其他酒莊爭相效仿，形成潮流。如今，即便是白葡萄酒，也越來越常在大缸裡帶皮發酵了。

在過去 40 年裡，在義大利最受推崇的葡萄酒有了相當大的變化。在 20 世紀末，有些葡萄酒指南的影響力，簡直大到了危險的地步。這些指南喜歡強而有力的國際風格葡萄酒，而這些風潮通常都是由一些（有人會說也就那麼區區幾個人）遊走於世界各地的顧問釀酒師帶起。但是，如今這些內容了無新意的指南和釀酒師，所能造成的影響，已經大幅下降，因為葡萄酒的個別差異性、真正當地風土的表達、典型的義大利酸度和丹寧，以及古老的葡萄品種和技術，均成為了時尚的賣點。

目前，另一種類型的顧問更為吃香，他們是農藝專家，掌握了越來越流行的有機和生物動力農法。比如 Ruggero Mazzilli，在他的幫助下，位於巴羅鏤（Barolo）的優質葡萄園 Cannubi，整塊被改成了有機栽種農法。在種植和釀造上尊崇祖輩而非父輩的做法，這個大趨勢導致了義大利開始重新評估傳統葡萄種植的技術，比如義大利的夏天越來越熱，若使用懸空網格和棚架系統便可使葡萄藤免受太陽燒灼。像「小樹藤栽種法」（Alberello）這種讓葡萄藤自由生長成矮灌木叢式的栽種古法也同樣被重新評估。（譯註：即不使用繩索支架、棚架固定樹藤，而是任由葡萄藤如灌木般自由生長，不受過多的拘束。那一株株低矮的葡萄藤，就同一棵棵迷你的小樹。）

義大利的葡萄藤和葡萄酒，都正理所當然地因「義大利」這張名片而再度受到讚美。

---

## 酒標上的文字

### 品質分級

**保證法定產區 Denominazione di Origine Controllatae Garantita（DOCG）** 進入這個等級，其葡萄酒被公認為義大利最佳（或許有的是由巧舌如簧的說客促成的）。

**法定產區 Denominazione di Origine Controllata（DOC）** 義大利等同於法國 AOP/AOC 法定產區的等級（見第 52 頁），也相當於歐盟的 DOP（Denominazione di Origine Protetta），DOP 包含了 DOCG。

**地區餐酒 Indicazione Geografica Protetta（IGP）** IGP 是歐盟體系中的名稱，逐漸取代原有的 IGT。

**日常餐酒 Vino 或 Vino d'Italia，又或 Vino Rosso/Bianco/Rosato**（取決於葡萄酒的顏色）這些也都是歐盟體系中的名稱，用於最基本的等級，取代原有的 Vino da Tavola。

### 其他常用術語

**Abboccato** 微甜
**Alberello** 小樹藤栽種法
**Amabile** 半甜
**Annata** 年份
**Appassimento** 葡萄風乾的過程，所釀葡萄酒或甜或不甜，著名的如瓦波利切拉產區（Valpolicella）的不甜葡萄酒「阿瑪羅內」（Amarone），以及瓦特霖納產區（Valtellina）的不甜葡萄酒色富莎（Sfurzat）。
**Azienda agricola** 不買進葡萄或葡萄酒的酒莊，與 azienda vinicola 不同
**Bianco** 白葡萄酒
**Cantina** 酒窖或酒廠
**Cantina sociale, cantina cooperativa** 釀酒合作社
**Casa vinicola** 葡萄酒公司，通常為裝瓶酒商
**Chiaretto** 酒色極淡的紅葡萄酒或粉紅葡萄酒
**Classico** 最初始（未擴增之前）的傳統葡萄酒產區
**Colle/Colli hill/hills** 小山岡／丘
**Consorzio** 酒農公會
**Dolce** 甜
**Fattoria** 農莊
**Frizzante** 微氣泡酒
**Gradi (alcool)** 酒精濃度
**Imbottigliato (all'origine)** 原廠裝瓶

**Liquoroso** 酒精濃度高，通常指強化葡萄酒
**Metodo classico, metodo tradizionale** 瓶中二次發酵的氣泡酒
**Passito** 以風乾葡萄釀成的風味濃郁酒款（通常為甜酒）
**Podere** 比 fattoria 規模更小的微型農莊
**Recioto**「雷丘兜」甜酒，維內多區（Veneto）特產，以半風乾葡萄釀成的葡萄酒
**Riserva** 經過較長陳年期的珍藏級葡萄酒
**Rosato** 粉紅葡萄酒
**Rosso** 紅葡萄酒
**Secco** 不甜型葡萄酒
**Spumante** 氣泡酒
**Superiore** 陳年期比一般 DOC 等級更長的酒，通常酒精濃度也高出 0.5%~1%。
**Tenuta** 小莊園或小酒莊
**Vendemmia** 年份
**Vendemmi tardiva** 遲摘型
**Vigna, vigneto** 葡萄園
**Vignaiolo, viticoltore** 葡萄種植者
**Vino** 葡萄酒

# 義大利西北部 Northwest Italy

對外國的葡萄酒愛好者來說，義大利西北部指的就是皮蒙區（Piemont）；但阿爾巴（Alba）和阿斯堤（Asti）附近的山丘（關於朗給 [Langhe] 和蒙非拉多 [Monferrato]，詳見下一頁地圖），其實並不是阿爾卑斯山山腳下這個角落中，唯一的優質葡萄園。

**風土條件**：山坡，有時異常陡峭，以葡萄種植為主，在全貌上，南部對北部的影響越來越多，也越來越重要。

**氣候**：在內陸地區（尤其是海拔較高的地區）種植的，以及開花較晚的葡萄品種，在秋天來臨之前很難成熟。但夏天也會非常炎熱。

**葡萄品種**：紅：巴貝拉（Barbera）、內比歐露（Nebbiolo）、多賽托（Dolcetto）、羅塞斯（Rossese）；白：白蜜思嘉（Moscato Bianco）、柯蒂斯（Cortese）、阿內斯（Arneis）、維蒙蒂諾（Vermentino）。

義大利西北部最名貴的葡萄品種，是巴羅鏤（Barolo）和巴巴瑞斯柯（Barbaresco）地區的內比歐露（Nebbiolo）。這一品種在該地許多地方的表現，或有不同，但都非常出色，特別是在諾瓦拉（Novara）和韋爾切利（Vercelli）也是知名的產米區）的丘陵地區最為出名。內比歐露在當地被稱為 Spanna，是皮蒙山區高地（Alto Piemonte）至少 10 個法定產區的主要品種，而且每個法定產區的土質都不同。這些法定產區都得益於亞高山氣候、朝南向陽的地勢，以及因火山而形成之排水良好的冰川和斑岩土壤，這種土壤比朗給地區的土壤酸度更高。實際上，酒款的差異取決於種植者以及在作為骨架的 Spanna 裡調配了多少如伯納達（Bonarda）、科羅帝納（Croatina）或維斯琳娜（Vespolina）等品種。

DOCG 等級的**加蒂納拉（Gattinara）**產區，通常被認為是最好的內比歐露產區，其葡萄酒中內比歐露的比例最高（至少達到 90%），且最容易找得到，安東尼奧酒莊（Antoniolo）、內維酒莊（Nervi，2018 年被巴羅鏤的 Giacomo Conterno 收購）以及特拉法利尼酒莊（Travaglini）等是最有說服力的例子。蓋梅（Ghemme）產區（也是 DOCG）稍遜一些，但小小的**萊索納（Lessona）**產區頗具潛力；布萊馬特拉（Bramaterra）產區的安蒂諾里酒廠（Antoniotti），其葡萄園富含斑岩土壤，正成為皮蒙山區高地最好的酒莊之一。在對品種和熟成的要求上，各個產區之間都有細微的差異。**納瓦雷西丘陵（Colline Novaresi）**作為一個 DOC，覆蓋了蓋梅、博卡（Boca）、西扎諾（Sizzano）和法拉（Fara）這些法定產區，在內比歐露使用的比例上，從 50% 至 100% 都被允許，且並不要求長時間的桶中熟成。在桶中熟成的時間太長，會讓這些紅葡萄酒中的細緻成分消失，只留下可以長久陳放的假象。**賽西亞海岸（Coste della Sesia）**產區的情況也一樣，加蒂納拉和萊索納產區都可納入其中。與放在桶中熟成不同，這些葡萄酒即使在瓶中幾十年都不會有問題，安東尼奧·瓦拉納酒莊（Antonio Vallana）的酒尤其能證明這一點。在 150 年前，皮蒙山區高地這一區域比當時新興的巴羅鏤地區更受推崇。

在下頁地圖中遙遠的東北角，與瑞士接壤的倫巴底大區（Lombardy），內比歐露也是主要的葡萄品種。在瓦特霖納（Valtellina）河谷區，位於阿達河（Adda）陡峭的北岸，朝南且陽光充足的地區，用當地被改稱為 Chiavennasca 的內比歐露釀出的酒，酒體精瘦，帶著山地的氣息。**瓦特霖納（Valtellina）**產區的紅酒，平實樸素，中規中矩；而在本區心臟地帶的 **Valtellina Superiore** DOCG，包括 Grumello、Inferno、Sassella 及 Valgella 四個次產區，所產葡萄酒的品質則勝出幾籌。有些不甜的風乾葡萄酒 Sfursat（Sforzato）是以半風乾葡萄釀成，可成為當地一種很有影響力的特產。著名的生產商有 ARPEPE、Dirupi、Fay、Nino Negri 和 Rainoldi。

都靈市（Turin）以北，經奧斯塔谷地（Valle d'Aosta）和白朗峰隧道通往法國的方向，還有另外兩個名氣響亮但產量卻很少的內比歐露產區。小小的卡雷馬（Carema）產區，知道的人比較多，雖仍屬於皮蒙區，卻將內比歐露稱為 Picutener。Ferrando 酒莊與本地的釀酒合作社都很傑出。**東納斯（Donnas）**位於奧斯塔谷地內的行政區邊界旁，這是義大利最小的葡萄酒產區。阿爾卑斯山的自然條件可能讓這裡的內比歐露與那些較低海拔產區的內比歐露相比，酒體沒有那麼壯盛、酒色沒有那麼深濃，但此地的酒款卻有其獨特的優雅與細膩。奧斯塔鎮當地的紅葡萄品種小胭脂紅（Petit Rouge），嚐起來和法國薩瓦酒區的葡萄品種蒙德斯（Mondeuse）有幾分相似：酒色深濃，清新，帶有漿果氣息，讓人心曠神怡。在歸入奧斯塔谷地 DOC 產區內的各種葡萄酒當中，小胭脂紅是恩弗德·阿維耶（Enferd'Arvier）及妥芮（Torrette）所產葡萄酒的主要品種。芙明（Fumin）葡萄則被釀成其他更能陳年的紅葡萄酒。這個繁忙的谷地還用一些進口的葡萄品種釀出了一些具有異國風味的白葡萄酒，例如極其清淡的 Blancs de la Salle、Blancs de Morgex，口感厚重的馬瓦西（Malvoisie）和小奧酪（Petite Arvine）（這兩個葡萄品種來自瑞士），還有一些充滿活力的夏多內。

在皮蒙呼嘯的山風與東部的倫巴底平原交匯之處，自然條件就變得沒有高山地區那麼複雜和極端了。支撐倫巴底葡萄種植業的是**奧特波－帕維斯（Oltrepò Paves）**這個產區，它是帕維亞省（Pavia）的一部分，在波河（Po）的另一邊。一些義大利用來釀製氣泡酒，品質最好的黑皮諾，加上白皮諾和夏多內，都產自這裡（氣泡酒產區 Franciacorta 將在第 164 頁討論）。

**古圖尼奧（Gutturnio）**產區用巴貝拉和伯納達（Bonarda）釀製的靜態紅葡萄酒越來越給人以深刻的印象；而位於皮亞琴察（Piacenza）以南的**科利皮亞琴蒂尼（Colli Piacentini）**產區，用這兩個品種釀製的葡萄酒，則輕盈一些。皮亞琴察產區有時也會用這兩個品種釀製微氣泡酒。

從皮蒙往南，越過阿爾卑斯山最後一段蜿蜒的山脈（被稱為利古里亞亞平寧山脈 [Ligurian Apennines]），我們來到了地中海，在群山和大

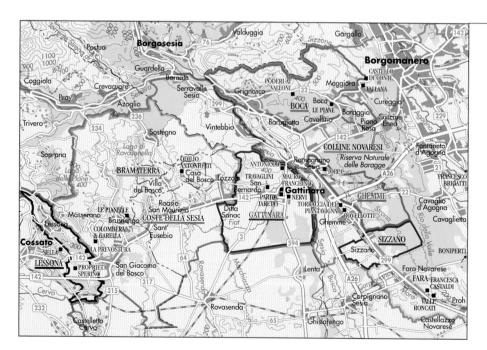

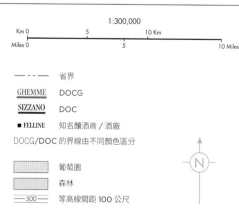

1:300,000

Km 0 ———— 5 ———— 10 Km
Miles 0 ———— 5 ———— 10 Miles

－ ‧ － 省界

GHEMME　DOCG

SIZZANO　DOC

■ FELLINE　知名釀酒商 / 酒廠

DOCG/DOC 的界線由不同顏色區分

葡萄園

森林

━500━ 等高線間距 100 公尺

N

**皮蒙山區高地**

這只是被稱為皮蒙山區高地 DOC 群的一部分，卻也是最重要的一部分。這裡所釀造，以內比歐露為主的紅葡萄酒，非常優雅，在巴羅鏤和巴巴瑞斯柯崛起前曾聞名遐邇。根瘤蚜蟲害造成了它的衰落，但現在已經復興。

海之間只有極狹窄的空間可種植葡萄。利古里亞（Liguria）地區的葡萄酒產量很小，但充滿著獨特的個性，很值得探究。在其眾多的葡萄品種中，只有維蒙蒂諾（當地也稱為皮加圖 [Pigato]）和馬瓦西亞（Malvasia）在此區廣為種植。五漁村（**Cinque Terre**）產區位於拉斯佩齊亞（La Spezia）小城附近的海岸，生產的白葡萄酒最宜搭配海鮮；這裡還生產一款酒精濃度較高的葡萄酒，名為「夏克特拉甜酒」（Sciacchetrà），用風乾葡萄釀成，這些葡萄採自海邊險峻山崖上的葡萄園——如果不是出於真愛，不會這樣做。然而，最讓人難忘的利古里亞葡萄酒應是 **Rossese di Dolceacqua** 產區的紅葡萄酒，它具有布根地的風格，回味無窮，適合陳放；在這裡，用來釀酒的葡萄，也是種在陡峭的山坡上，是極其艱辛的苦力活，但有越來越多的菜農來到此地，因為他們看中了海岸的陽光。

**主要的法定產區**

義大利有很多葡萄酒法定產區，數以百計，所以我們不得不有所限定，在此圖和其他的地區圖上只取其要。請注意這些產區是如何聚集在山坡上的。波河的平原地帶並非出產優質葡萄酒的地方。

### 義大利西北部：都靈（TORINO）▼

緯度 / 高度
**45.2° / 302 公尺**

葡萄生長季節的平均氣溫
**17.7°C**

年平均降雨量
**741 公釐**

採收期降雨量
**10 月：75 公釐**

主要種植威脅
**灰黴病、冰雹、不成熟**

1:1,485,000

| Km 0 | 20 | 40 | 60 | 80 Km |
| Miles 0 | 10 | 20 | 30 | 40 | 50 Miles |

———— 國界

—·—·— 區域邊界

CAREMA 紅葡萄酒區

*LANGHE* 紅白葡萄酒區

Cinque Terre 白葡萄酒區

DOCG/DOC 的界線由不同顏色區分

海拔 600 公尺以上的土地

156 此區放大圖見所示頁面

▼ 氣象站（WS）

巴羅鏤的著名酒莊艾達雷（Elio Altare）在這裡與當地酒農合資，創建了坎普格蘭酒莊（Campogrande）。這個酒莊採用博斯克（Bosco）和阿巴羅拉（Albarola）葡萄釀造的白葡萄酒，香氣複雜，帶有碘的氣息。葡萄園陡峭臨海。

# 皮蒙區 Piemonte

　　皮蒙與布根地有許多相似之處，兩地的葡萄酒都備受追捧，價格越來越高，葡萄園多為家族擁有，地理條件優越，經過用心規劃和管理。在這兩個地區，美食如美酒一樣重要。秋天的白松露對於位在阿爾卑斯山山腳下的皮蒙，是個很重要的食材——皮蒙字面上就是「山腳」的意思。阿爾卑斯山脈幾乎環抱著這個丘陵地區，在其中心阿斯堤（Asti）舉目遠望，周邊的蒙非拉多（Monferrato）群山起伏，構成了一條綿延不斷的黑色地平線；而在冬春兩季，這條地平線則是白色，閃爍著雪光的。在皮蒙，只有不到5%的葡萄園位於被官方認定的平地上。看上去，每一個種著葡萄藤的山坡，其朝向都稍有不同，海拔及其他具有細微差異的條件對它們的影響也有所不同，這就決定了哪一個葡萄品種該種在哪些地方。如果說每塊葡萄園都擁有各自的中氣候，那麼整個皮蒙地區就擁有自己的大氣候了：生長季酷熱，之後的秋天多霧，冬季寒冷且常有濃霧。

　　巴羅鏤和巴巴瑞斯柯是皮蒙最著名的兩種紅葡萄酒，酒名源自同名村落（詳見右頁地圖）。皮蒙的其他名酒，則多半以所用的葡萄品種為名，例如內比歐露、巴貝拉、布拉凱多（Brachetto）、多賽托、格里尼奧利諾（Grignolino）、弗雷薩（Freisa）和蜜思嘉（Moscato）。如果在葡萄品種後面還加上地區名，比如Barbera d'Asti，通常意味著酒來自某個特定且理論上品質更佳的區域。不過也有例外，比較有名的像近期才出現的朗給、羅埃羅（Roero）、蒙非拉多，以及範圍涵蓋整個地區的Piemonte（因為皮蒙人不希望在該區出現為他們所不齒的IGT）。

　　給人強烈印象的內比歐露，無疑是稱霸義大利北部的最佳紅葡萄品種。即便不在巴羅鏤或巴巴瑞斯柯區內種植，內比歐露也能釀出結構良好芳香撲鼻的葡萄酒，它的顏色深度都不明顯，而且往往會隨著年份的增長而呈現出紅磚一樣的色調。事實上，今天我們已經能找到許多表現不俗的**阿爾巴內比歐露（Nebbiolo d'Alba）**、朗給內比歐露（Langhe Nebbiolo）以及**羅埃羅（Roero）**紅葡萄酒。釀造羅埃羅紅葡萄酒的葡萄，生長在阿爾巴（Alba）西北部羅埃羅（Roero）山丘的塔納羅河（Tanaro）左岸的淺沙土上。帶有梨子香氣的當地古老白葡萄品種阿內斯，以及在當地被稱為Favorita的葡萄品種維蒙蒂諾，在這裡也同樣能茁壯成長。

　　另一方面，DOC **朗給（Langhe）**在河的對岸由阿爾巴往南延伸。這裡指定的葡萄品種主要是內比歐露、多賽托、弗雷薩、阿內斯、維蒙蒂諾以及夏多內等，這些品種很適合在塔納羅河右岸土質厚實的黏土泥灰岩上生長。在朗給的山丘地帶，產於許多特定區域的葡萄酒，包括巴羅鏤和巴巴瑞斯柯在內，都可以降級至DOC，既可是單一品種酒，也可只是紅葡萄酒或白葡萄酒。

　　**蒙非拉多（Monferrato）**，可能會在後面加

上內比歐露的字眼，在北部擁有自己範圍廣闊的DOC（可參考第157頁的地圖）；而DOC **皮蒙（Piemonte）**則頗具包容性，包括巴貝拉、布拉凱多、夏多內、柯蒂斯、格里尼奧利諾、蜜思嘉、鳴瓦拉拉（Uva Rara）以及三種皮諾。

## 實在是太過豐富多彩了

　　巴貝拉曾經因為太過普通而不受重視，如今卻高居皮蒙區最迷人紅葡萄品種排行榜的第二位。用內比歐露釀造出來的酒，顏色淺、單寧強，需要耗時費心釀造；而用巴貝拉釀酒，只需將之置於法國新橡木桶中熟成，相比之下，其酒體濃郁、壯盛，呈深紫色。雖然巴貝拉傳統上比內比歐露採收得早，但卻需要種植在相對溫暖的葡萄園且不要太早採摘，以確保酸度適宜，阿斯堤和阿爾巴的酒農就是這樣做的。**巴貝拉阿斯堤（Barbera d'Asti）**法定產區，整體而言堪稱最精華的典型巴貝拉，其下包括兩個次產區：Tinella以及Astiano或Colli Astini——原本還有一個尼薩（Nizza），現在已經成了DOCG了。**巴貝拉蒙非拉多（Barbera del Monferrato）**產區範圍完全和巴貝拉阿斯堤一樣；**巴貝拉阿爾巴（Barbera d'Alba）**的酒體更堅實，風格總隨時尚而變化。

　　多賽托是皮蒙區的第三大紅葡萄品種，在地勢最高也最嚴寒的地區仍能成熟（在這些地區，巴貝拉通常會被凍傷）。用多賽托釀造的葡萄酒，口感柔和，但能在肉質、泥土感和不甜之間達到完美的平衡，略帶一絲苦味，這與當地豐富的菜餚相得益彰。在阿爾巴和海岸間的山丘，多賽托是最主要的葡萄品種，產自阿爾巴、Diano d'Alba、Ovada等地的品質最優，Dogliani的也很出色（其風格最為強勁）。Ovada和Dogliani的多賽托葡萄酒表現得最為嚴肅，如果種植者對內比歐露這種更流行之葡萄品種的成熟抱有信心，朗給內比歐露會是一種更有賺頭的選擇。本地的葡萄品種露詩（Ruchè）也逐漸占有一席之地，這得益於一些葡萄酒的表現，比如蒙特貝拉酒莊（Montalbera）的Laccento **Ruchè di Castagnole di Monferrato**。

傑樂托酒莊（Ceretto）的蒙索爾多伯納佩第那莊園（Monsordo-Bernardina）在阿爾巴鎮外，酒莊在原有的傳統風格建築旁，新蓋了玻璃材質的泡泡造型品酒室和觀景臺。

　　一直以來，用**格里尼奧利諾（Grignolino）**這個品種釀造的紅葡萄酒，都是酒體輕盈且帶有櫻桃風味的，其實此類酒款也可以很精緻而略帶辛辣；其極品（產自阿斯堤或Monferrato Casalese兩個產區）相當純淨且讓人提神。這些都是適合趁早飲用的酒款。

　　蜜思嘉是皮蒙區最具代表性的白葡萄品種，用於釀造**阿斯堤**氣泡酒，以及產於同一地區品質更佳的微氣泡酒 **Moscato d'Asti**，這是香甜的蜜思嘉葡萄最討喜的類型。Moscato d'Asti還有另一個優點，就是它的酒精濃度只有約5%，比其他所有葡萄酒都要低，能在一頓豐盛的晚宴之後，為賓客帶來驚喜和歡愉。

　　白葡萄品種柯蒂斯主要種植在亞歷山德里亞省（Alessandria，可參考第157頁）的南部，用來釀製依然流行的不甜白葡萄酒「**嘉維**」（**Gavi**）。那思塔（Nascetta）這個品種可用以釀出較為複雜且可較長時間瓶陳的白葡萄酒，其種植面積正擴大當中。這個豐饒產區裡的其他特產還包括：一種微氣泡甜紅酒 **Brachetto d'Acqui**；以佩拉維加葡萄（Pelaverga）釀成的淡紅酒 **Verduno**；名為 **Malvasia di Casorzo d'Asti** 的甜味粉紅葡萄酒或紅葡萄酒；產自**卡魯索艾巴露切（Erbaluce di Caluso）**DOCG的黃色葡萄酒（屬於甜酒類型的Caluso Passito，以半風乾葡萄釀成，而氣泡酒則得益於持久的酵母陳釀期）；微泡紅葡萄酒「**弗雷莎**」（**Freisa**），多半產自阿斯堤，常是帶有甜味的，嚐起來就像是多了些酸澀而少了點果味的藍布魯斯科（Lambrusco），對於這種酒有的人很喜歡，有的人很討厭。在2002年創立的**上朗給**（**Alta Langa**）DOC是專門為以傳統方式釀造之氣泡酒而設立的產區。要論皮蒙的葡萄品種、葡萄酒風味或者產區名稱，從來沒有人會嫌少的。

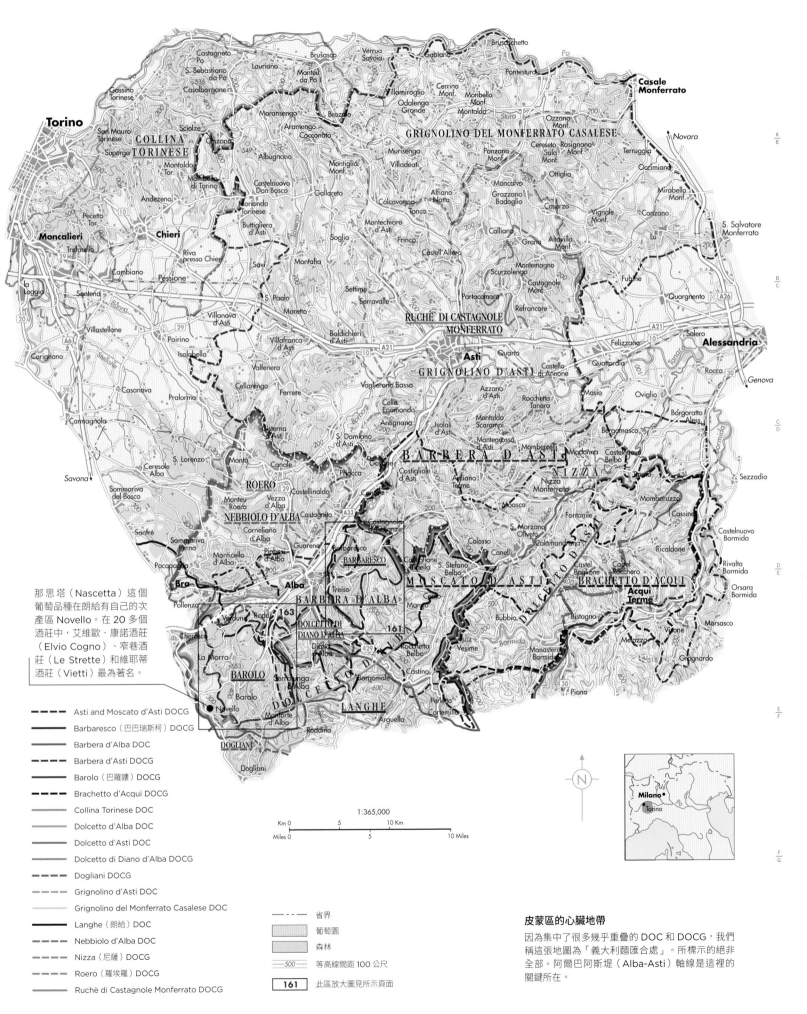

那思塔（Nascetta）這個葡萄品種在朗給有自己的次產區 Novello。在 20 多個酒莊中，艾維歐·康諾酒莊（Elvio Cogno）、窄巷酒莊（Le Strette）和維耶蒂酒莊（Vietti）最為著名。

- - - - Asti and Moscato d'Asti DOCG
──── Barbaresco（巴巴瑞斯柯）DOCG
──── Barbera d'Alba DOC
- - - - Barbera d'Asti DOCG
──── Barolo（巴羅鏤）DOCG
- - - - Brachetto d'Acqui DOCG
──── Collina Torinese DOC
──── Dolcetto d'Alba DOC
──── Dolcetto d'Asti DOC
──── Dolcetto di Diano d'Alba DOCG
- - - - Dogliani DOCG
──── Grignolino d'Asti DOC
──── Grignolino del Monferrato Casalese DOC
──── Langhe（朗給）DOC
- - - - Nebbiolo d'Alba DOC
- - - - Nizza（尼薩）DOCG
- - - - Roero（羅埃羅）DOCG
──── Ruchè di Castagnole Monferrato DOCG

- · - · 省界
▨ 葡萄園
▨ 森林
──500── 等高線間距 100 公尺
161 此區放大圖見所示頁面

1:365,000
Km 0　5　10 Km
Miles 0　5　10 Miles

**皮蒙區的心臟地帶**

因為集中了很多幾乎重疊的 DOC 和 DOCG，我們稱這張地圖為「義大利麵匯合處」。所標示的絕非全部。阿爾巴阿斯堤（Alba-Asti）軸線是這裡的關鍵所在。

# 巴巴瑞斯柯 Barbaresco

在朗給的山丘裡，塔納羅河右岸的石灰質黏土上，巴巴瑞斯柯地區阿爾巴的東北部以及巴羅鏤村周圍城市的西南部（詳見第 162-163 頁地圖），內比歐露的表現最引人注目。在朗給的山丘裡，地無三里平，而具體的位置、朝向、海拔，是決定某一塊斜坡是種植巴貝拉、多賽托或是晚熟一點的內比歐露的關鍵。過去，最好的葡萄，當然就是內比歐露，通常都產自高度適中的南向山坡，海拔介於 150 至 350 公尺之間，官方的海拔上限為 500 公尺。然而，夏天已變得越來越熱，且酒農們的種植技術也越來越嫻熟，所以，在更高的地方種植內比歐露，是指日可待的。

今日巴羅鏤和巴巴瑞斯柯的品質如何，種植者及其葡萄園至關重要（酒標上通常以 bric 或 bricco 來特別標明那些傑出的葡萄園）。透過品嚐便可發現，那些優秀的葡萄酒之間，在性格、品質、香氣、力度及細緻程度上確實有其一以貫之的差異，但這些優秀葡萄酒的崛起，或者說它們從被遺忘的傳奇到成為萬眾矚目的焦點，卻是在 20 世紀 80 年代後才實現的。就算這樣，且出

身於巴巴瑞斯柯的行銷天才 Angelo Gaja 已盡了最大的努力，但是巴巴瑞斯柯依舊處於巴羅鏤的陰影之下。

特別是在 20 世紀 90 年代，一些消費者似乎對單寧存有戒心，過於重視顏色的深度，追求明顯的果味，有些巴巴瑞斯柯（以及巴羅鏤）的生產者因此背棄了當地長時間萃取和在巨大舊木桶中長期熟成的傳統，而試著在不銹鋼容器中發酵，縮短浸皮時間，使用新的法國橡木桶並縮短在桶中熟成的時間。有一段時間，巴羅鏤新舊兩大對立的陣營鬧得不可開交。進入新世紀之後，雖然具體形式不完全一致，但總體上還是回歸到一些較傳統的釀酒方法。如今大多數的生產者會讓浮起的果皮所形成的酒帽浸在酒液中 30 至 40 天，努力地以此證明，乾澀粗糙、缺乏果味的葡萄酒已是過去的事情了。

## 陳年的好處

不管釀造方法如何，巴巴瑞斯柯始終是一款需要陳年的緊澀葡萄酒，單寧建構了其一系列令人難以忘懷的風味。優質的巴羅鏤和巴巴瑞斯柯可以在濃郁的甜香中帶有森林的燻烤風味，在皮革和香料之外散發出覆盆子的果味，而在豐厚中又飄逸著樹葉般的淡香。年份老一點的則帶有動物性或柏油類風味，有時會令人聯想到燃燭或薰香，有時則可能是玫瑰、蘑菇、松露又或是櫻桃

乾。而將這些風味融合在一起的正是酒中活躍的單寧和酸度，它能清新活化味覺，又不過度刺激味蕾。

新種植的巴巴瑞斯柯葡萄園相當多，到了 2014 年，種植面積已達到 733 公頃，但這仍不到種植巴羅鏤面積的一半。這個位於山脊上往西朝向阿爾巴市的村莊，人口不過 650 人，山麓上都是大名鼎鼎的葡萄園。阿希利（Asili）、馬丁恩格（Martinenga）、若芭亞（Rabajà）都是最頂級紅葡萄酒的代名詞。下方往東走就是內伊韋村（Neive），在曾由加富爾伯爵（Count Cavour，見第 162-163 頁）擁有的 Castello 葡萄園里，種植的巴貝拉、多賽托，特別是蜜思嘉，數量比內比歐露還多。事實上，在 20 世紀 90 年代以前，巴貝拉是巴巴瑞斯柯最重要的葡萄品種，那個時候，內伊韋村一些最好的葡萄園就已經產出令人興奮的內比歐露。

往南走是更高的山坡，有些地方太冷，讓內比歐露無法成熟，因此更適合栽種多賽托；而在特雷伊索市鎮（Treiso），內比歐露往往表現得特別優雅且帶有迷人香氣。歷史上帕喬（Pajorè）是最重要的酒莊，而龍卡列德（Roncagliette）葡萄園所釀的酒相當均衡，甚至帶有巴巴瑞斯柯北部鄰近村落的特色。當地政府將整個巴巴瑞斯柯又再分為幾個次產區，其中有些產區的品質明顯優於其他。在右頁地圖中只標出最好的巴巴瑞斯柯葡萄園，並儘量以出現在酒標上的名稱來標示（雖然葡萄園的拼法可能會有出入，尤其是皮蒙區又有著自己的方言）。

這座建於 11 世紀的高塔矗立在巴巴瑞斯柯之上，與周邊建築一同構成一條觀景廊，可以 360 度欣賞阿爾卑斯山脈和連綿起伏的葡萄園，在春天和夏天是一片翠綠，而在秋天則是滿目鮮紅與金黃。

過往布魯諾·賈可薩酒莊在單一葡萄園（cru）Albesani 中聖史塔法諾（Santo Stefano）園出產的葡萄酒，全力證明了巴巴瑞斯柯完全可以與巴羅鏤媲美。如今，Albesani 聖史塔法諾園出產的葡萄僅供內華城堡酒莊（Castello di Neive）獨家釀製出品。

## 巴巴瑞斯柯的著名葡萄園

長久以來，巴巴瑞斯柯一直只是個陪襯的角色，但現在其年份酒為它獲得了地位和名聲。阿希利（Asili）和聖史塔法諾（Santo Stefano）是兩處最好的葡萄種植地，儘管巴巴瑞斯柯村的「國王」Angelo Gaja 可能會列舉出其他的一些。

1:46,000

| | |
|---|---|
| –·–·– | 市鎮邊界 |
| —— | Barbaresco DOCG |
| NEIVE | 市鎮 |
| Faset | 知名葡萄園 |
| | 葡萄園 |
| | 森林 |
| —200— | 等高線間距 25 公尺 |

Km 0　　1 Km
Miles 0　　1 Mile

## 主要的生產商

布魯諾·賈可薩酒莊（Bruno Giacosa）在 20 世紀 60 年代就已經證明，巴巴瑞斯柯儘管未必總能像巴羅鏤那般厚實，但也可以是同樣的濃郁；然而，讓巴巴瑞斯柯一舉成名的，主要還是 Angelo Gaja。穿著一件鮮艷的 Missoni 名牌毛衣，這位輪廓鮮明的葡萄酒傳道士以義大利葡萄酒先知和勢不可擋之推動者的形象，大步登上世界舞臺。Gaja 對他所釀造的非傳統葡萄酒品質充滿

信心，也對他的葡萄酒的定價充滿信心。他給他幾款價格昂貴的單一園葡萄酒起了獨特的名字：Sorì San Lorenzo、Sorì Tildin、Costa Russi。然後到了 2000 年，他又宣布棄用這些已經非常著名的名字，把這些酒歸入朗給內比歐露（Langhe Nebbiolo）DOC 而不是巴巴瑞斯柯來出售。朗給內比歐露作為一個法定產區，可包含降級的巴羅鏤和巴巴瑞斯柯，還可接受配方中加入比例高達 15% 的「外國」葡萄品種（例如卡本內蘇維濃、梅洛、希哈）的酒款。從 2013 年份開始，這些頂級的 Gaja 葡萄酒，又重新以巴巴瑞斯柯的名義出售；隨著安傑洛的女兒 Gaia Gaja 的接班，很有可能酒款的名字會被弱化，而把重點放在釀造這些酒之酒莊的名稱。在 Gaja 的酒窖裡，既可見到巨大的老式木桶，又可以見到著名的法國橡木桶。

今日巴巴瑞斯柯其他傑出的生產者不僅有布魯諾·賈可薩酒莊、格雷西侯爵酒莊（Marchesi di Gresy）以及出色的巴巴瑞斯科釀酒合作社（Produttori del Barbaresco），還包括賽拉圖（Ceretto，因為其 Bricco Asili）、Cigliuti、Giuseppe Cortese、Moccagatta、Fiorenzo Nada、Rizzi、Albino Rocca、Bruno Rocca 和 Sottimano 等酒莊。然而傳統上，若以比例來計算，巴巴瑞斯柯比巴羅鏤出售更多葡萄給地區性大型酒商或釀酒合作社釀製裝瓶。

靠近塔納羅河讓巴巴瑞斯柯的天氣更溫和，在這裡，葡萄採摘的時間常常比巴羅鏤要早一些。此外，一般而言，巴巴瑞斯柯在陳放 2 年後即可上市，而巴羅鏤則需 3 年；因此，巴巴瑞斯柯可以稍為早些就能上市和飲用，這對今日狂熱的葡萄酒消費者來說或許是件好事。我們很難因此就說巴巴瑞斯柯不如巴羅鏤。

# 巴羅鏤 Barolo

在葡萄採摘的季節，巴羅鏤的山丘常常被霧霾半遮半擋。葡萄樹從低矮的山坡一層一層往上走，露出的藤蔓或暗紅、或金黃；有些山坡仍種著能多益巧克力（Nutella）的原料——榛果樹。在這個季節訪問巴羅鏤，過程是迷人的，一路摘採松露，透著薄霧，見到一串串黑色的葡萄迎面而來，禁不住一陣驚喜。

巴羅鏤距離巴巴瑞斯柯的西南部只有 3.2 公里，中間隔著帝亞諾阿爾巴（Diano d'Alba）產區的多賽托葡萄園，就像上文（第 160 頁）所提到的，巴羅鏤和巴巴瑞斯柯不論是在所受到的影響，還是特質上都有諸多雷同。塔納羅河的兩條小支流將巴羅鏤分割為三個主要部分，每一部分都是盤繞曲折的山丘（見右頁地圖），海拔比巴巴瑞斯柯地區高出差不多 50 公尺。在僅僅幾平方公里的地方，竟有那麼多叫得出名字的葡萄園，這似乎有點奇怪；但那一圈圈的等高線本身有助於解釋問題，此葡萄園和彼葡萄園，身價可能大不相同。

不久前，巴羅鏤已經加入波爾多和布根地的行列，進入最狂熱葡萄酒收藏家的採購清單，這對其葡萄酒以及葡萄園的價格影響，是可以預期的。1999 年至 2013 年，巴羅鏤的葡萄園面積大幅增加了 50% 以上，達到 1,984 公頃。潛在的新葡萄園在獲得認可之前，需要展示其能讓內比歐露成熟的潛力。氣候變遷（暖化）是一個有利因素。所有的巴羅鏤葡萄園都集中在人口相對稠密的朗給山區，一個只夠容下 11 個市鎮（commune）的地方。地理位置、海拔和中型氣候等諸多不同，以及兩種主要土壤類型的不同，讓本區在劃分次產區時，永遠有無窮無盡的爭論。這些討論促使一些市鎮（絕不是全部）急劇擴大了其最佳葡萄園的範圍，在 2011 年官方葡萄園名單上，最引人注目的是蒙弗特阿爾巴（Monforte d'Alba）的布希亞（Bussia）園擴大到了 298 公頃。他們難道沒考慮到擴充意味著貶值嗎？

## 東西之別

既然清澈和新鮮是巴羅鏤重視的品質，那麼，韋爾杜諾（Verduno）市鎮及其優異的蒙維耶羅（Monvigliero）單一葡萄園，當然還有讓人喜出望外的 Comm GB Burlotto、Fratelli Alessandria 和維杜農古堡酒莊（Castello di Verduno）等酒莊了，這些就成了優質巴羅鏤的來源。

巴羅鏤南部以及拉莫拉（La Morra）市鎮附近的阿爾巴大道以西，土質與巴巴瑞斯柯的土質非常接近，是來自地質學家所稱的「中新世」（Tortonian，又可譯為「托爾頓時期」）的石灰質泥灰土。拉莫拉目前是最大的一個市鎮，地勢高低不一，在海拔 200 公尺至 500 公尺之間，所以即使 Rocche dell'Annunziata 產區所在的位置是公認最好的，但要對這裡的葡萄酒做一個

概括描述是不可能的。**巴羅鏤**市鎮所產的葡萄酒，往往沒那麼緊實，香氣更開放。此地最佳的葡萄園包括布魯納特（Brunate）、切勒魁歐（Cerequio）以及地勢略低一點但名氣響亮的卡努比（Cannubi）。

然而，由巴羅鏤市鎮往東，在卡斯蒂利奧內（Castiglione Falletto）、塞拉倫加達爾巴（Serralunga d'Alba）及蒙弗特阿爾巴（Monforted'Alba）北部地區的葡萄園，土質以砂石為主，極不肥沃。這些地方生產的葡萄酒多半需要長時間的熟成，酒體更濃縮。一些出自 Castiglione Falletto 葡萄園的酒非常優雅，而 Serralunga 的出品則常常是非常緊實的。而在分隔 Serralunga 和巴羅鏤的山谷坡地上，所出產的葡萄酒風格獨特，兼具 Serralunga 的力量及 Castiglione Faletto 和北部 **Monforte** 的優雅芳香。絕佳的例子有：Monforte 的布希亞園（Bussia）和杰內斯特拉園（Ginestra）；位於 Castiglione Falletto，Vietti 家族和 Brovia 家族的維列洛園（Villero）、馬斯卡雷洛酒莊（Mascarello）的蒙派裡圖園（Monprivato）、卡瓦洛塔酒莊

秋天是採食松露的季節，阿爾巴國際白松露節也在此時舉辦，大多數人都被吸引到朗給山區那些迷人的餐廳用餐去了，只有為數不多的人還帶著狗到森林裡尋找松露。

（Cavallotto）的 Vigna San Giuseppe 園（在酒莊獨佔的伯奇斯葡萄園 [Bricco Boschis] 中，一塊有如壯觀圓型露天競技場的地塊）。**塞拉倫加達爾巴（Serralunga d'Alba）**市鎮，是著名的單一葡萄園 Francia（為吉亞可摩康特諾酒莊 [Giacomo Conterno] 獨有）以及前皇室酒廠「國王之泉酒莊」[Fontanafredda] 的所在地，正是它們奠定了巴羅鏤「王者之酒，酒中之王」的地位。這個市鎮中還有一些巴羅鏤地勢最高的葡萄園，但那條把 Serralunga 與其西邊的 Monforte d'Alba 分開的狹長山谷，所積蓄的溫度足以彌補高海拔的不足，因此，在絕大多數年份，那些位置不錯的葡萄園仍可讓內比歐露達到完全的成熟。在東北部地區的**格林扎內卡武爾（Grinzane Cavour）**，最著名的無疑是它的「城堡」（Castello），這

**巴羅鏤著名的葡萄園**
內比歐露在整個義大利西北部全面種植，而巴羅鏤的地位最為崇高。這裡分割極細的葡萄園結構與布根地相似，變幻無常的內比歐露可以充分表達出地塊間很微妙的差異。

1:54,000

| Km 0 | 1 | 2 Km |
| Miles 0 | | 1 Mile |

市鎮邊界
Barolo DOCG
**LA MORRA** 市鎮
Briccolina 知名葡萄園
葡萄園
森林
—400— 等高線間距 25 公尺

外國的投資者已進入巴羅鏤，令土地價格大漲。然而，吉亞可摩康特諾酒莊則努力從美國買家手中奪得 Arione 單一葡萄園。

曾是卡米洛・奔索（Camillo Benso，即加富爾伯爵）的莊園，他是統一義大利的首任總理（1861年）。在 1836 年至 1841 年，加富爾伯爵聘請了 Paolo Francesco Staglieno 作為釀酒師，希望他能用內比歐露釀出可以陳年的優質葡萄酒。Staglieno 所採取的方式是讓酒液發酵至糖份極低（當時，巴羅鏤的葡萄酒跟大多數的義大利葡萄酒一樣，偏甜，可能還帶有氣泡）。

如今，巴羅鏤有許多酒莊是從種植到裝瓶一條龍式生產的（稱這些酒莊為 domaines 也許會比稱其為 estates 更為恰當，因為在義大利各個葡萄酒產區中，這裡最像布根地）。這裡的傳統，就像在布根地那樣，同一家族，既種葡萄，也釀酒。事實上，不管是用傳統的方法（即在大桶中慢慢熟成），還是用更現代的方式（如艾立歐・阿塔列酒莊 [Elio Altare] 和沃吉歐酒莊 [Roberto

Voerzio]），活潑、富有表現力、幾乎就像是布根地葡萄酒，正是這裡的新準則。但沒有誰是絕對正確的，若是有誰刻意忽略內比歐露葡萄以及這裡的風土特質，那肯定就是錯的。優質的巴羅鏤可說是全世界最不改本色的葡萄酒，需要數十年的瓶中陳年，它才能充分展現出真正的魅力，飄逸出迷人的香氣。

Conegliano Valdobbiadene 產的「普羅塞克氣泡酒」（Prosecco）品質最好，那裡的葡萄園位於很陡峭的位置，因此需要滑車來運送摘採下來的葡萄。

# 義大利東北部 Northeast Italy

下頁地圖上的這個大都會區域，現在是義大利最豐產的葡萄酒產區。這裡主要生產白葡萄酒，包括在市場上廣受大眾歡迎的兩種葡萄酒：普羅塞克氣泡酒（**Prosecco**）和灰皮諾（**Pinot Grigio**）。

**風土條件**：種植葡萄的土地，大多比較平坦，地勢不高；但最好的葡萄酒一般都產自地勢較高的地方。

**氣候**：整體來說，冬天不太冷，夏天較熱且有規律性降雨。在加達湖（Lake Garda）附近的葡萄園，享有類似地中海型氣候。

**葡萄品種**：白：格雷拉（Glera）、卡卡內卡（Garganega）、弗萊諾（Friulano/Tai Bianco）、維杜索（Verduzzo），以及各種國際品種；紅：藍布魯斯科（Lambrusco）、科維納（Corvina）、卡本內－弗朗、梅洛、拉波索（Raboso）、山吉歐維榭（Sangiovese）。

最受歡迎的義大利葡萄酒，也是全世界年輕女性最喜愛的葡萄酒，當屬**普羅塞克**（**Prosecco**），這種氣泡酒大部分是在巨大的罐裡發酵的（而不像香檳那樣在瓶中發酵）。由於全世界對這種易飲的氣泡酒需求量極大，導致在 2008 年時這個產區面積一下子擴大了許多，包含了整整 9 個省份（地圖上粉色界線內的廣大地區）。為了保護普羅塞克氣泡酒不被仿冒，生產者把普羅塞克這個葡萄品種的名稱改為「格雷拉」（Glera），又把原來的名稱「普羅塞克」（Prosecco）註冊為一個地理名稱，以保證此名稱為他們自己專用。

但並不是所有的普羅塞克都能賣出好價錢。最優質的普羅塞克來自這個廣大產區中心的丘陵地帶，這裡是法定產區 Conegliano Valdobbiadene DOCG（酒標上也有可能標示 Prosecco Superiore），尤以產於卡蒂茲山（Cartizze）的聲譽最高。另一個法定產區 Asolo Prosecco DOCG 緊鄰其南部，那裡的普羅塞克也很棒。現在越來越多人嘗試釀製極度不甜

（bone-dry）、帶酒渣的（col fondo 或 sur lie）普羅塞克，這種氣泡酒在出售時瓶中還帶著「酒渣－死酵母」。

在這幅地圖最西側的其他氣泡白葡萄酒產區，就沒那麼有名了。位於伊塞奧湖（Lake Iseo）以南的**弗朗齊亞柯達**（**Franciacorta**）地區，自 20 世紀 70 年代百樂奇（Berlucchi）家族直接模仿香檳作法以來，一直以傳統法釀製氣泡酒。由最主要生產商，布斯可酒莊（Ca' del Bosco）所生產的 Cuvée Annamaria Clementi 一直是義大利最好的氣泡酒之一。然而，如今最令人興奮的是，在新一代生產者的手中，將充分成熟的葡萄釀成「零添糖」（通常是需要添加糖的），且遵從風土特色、相當於小農香檳的氣泡酒。

關於分佈密集的維內多葡萄酒產區帶詳細介紹，可參考第 168-169 頁。在該區西緣的加達湖南端，生產一種很吸引人的不甜白葡萄酒，所用葡萄品種叫盧加納（Lugana），是維蒂奇諾葡萄（Verdicchio）在當地的變體。就像在義大利的葡萄酒歷史和地理中常見的那樣，能生產出優質葡萄酒的湖濱地區經過不斷擴展，在加達湖，湖濱的產區已從石灰質土壤地帶延伸至南部平原和丘陵的黏重土壤地帶。所以，如今盧加納葡萄的風格可以說是多種多樣的。查法蒂酒莊（Ca' dei Frati）與 Ca' Lojera 酒莊已向世人證明這種葡萄酒可以陳年；同時這個地區也有潛力生產完全成熟的紅葡萄酒，而不僅僅是旅客大口大口喝著的清淡紅葡萄酒。「巴多力諾」（Bardolino）和粉紅酒「奇亞蕾朵」（Chiaretto）這兩種葡萄酒，所使用的葡萄品種和「瓦波利切拉」（Valpolicella）葡萄酒所使用的相同，趁其酒齡尚淺時，在葡萄藤遮蔭的露臺上輕鬆品酌，最是惬意。

源於加達湖的**加達**（**Garda**），已經成為一個包羅萬象的 DOC 名稱，使用這個 DOC，在索阿韋（Soave）、瓦波利切拉（Valpolicella）和 **Bianco di Custoza** 這些標準的維內多葡萄產區中，可以進行本地品種和國際品種的混釀。產於 Bianco di Custoza 南邊的不甜白葡萄酒，比索阿韋產區普通的酒款更靠得住；而在東邊的**甘貝拉拉**（**Gambellara**）產區，安吉歐里諾

酒莊（Angiolino Maule）與 Giovanni Menti 酒莊釀出了一些葡萄酒，最能真實表達出卡卡內卡（Garganega）這個品種的特色，儘管它們大部分都是以 IGT 這個等級進行銷售。

東部的葡萄酒就更多樣了。維杜索（Verduzzo）以及一種在弗里尤利被稱為弗萊諾（Friulano）、在維內多被叫作 Tai Bianco 的葡萄都是威尼斯內陸地區的白葡萄品種；而清淡的卡本內（以卡本內－弗朗為主）和梅洛，加上特色鮮明的在當地頗受歡迎的品種拉波索（Raboso），則在 **Piave** 和 **Lison-Pramaggiore** 兩個平原占盡優勢。

在維琴察（Vicenza）和帕多瓦（Padova）附近平原上的綠色火山島，是貝利奇丘（**Colli Berici**）和優歌娜丘（**Colli Euganei**）這兩個越來越成功的產區。在優歌娜丘，有許多正待進一步開發的老葡萄園，這裡還是 **Colli Euganei Fior d'Arancio** DOCG 之所在，生產黃蜜思嘉甜氣泡酒 Moscato Giallo。紅葡萄品種包括波爾多的卡本內蘇維濃、卡本內－弗朗和梅洛，以及在當地被稱為 Tai Rosso 的格那希－貝利奇（Berici）產區的經典紅葡萄。白葡萄方面則是國際品種與當地傳統品種的結合：索阿韋的卡卡內卡、格雷拉（Glera）、清淡爽脆的維蒂索（Verdiso），以及更堅實的弗萊諾（Friulano）。弗萊諾現在名為 Tai Bianco 了，擁有自己的 **Lison** DOCG（見 171 頁）。

**布雷甘澤**（**Breganze**）在維琴察的北部，這個 DOC 也是因一位狂熱的釀酒師而出名（就像 Franciacorta 那樣）。受波爾多名莊伊更堡（Château d'Yquem）啟發，Fausto Maculan 釀出了金色的 Torcolato，讓使用風乾的當地品種「維斯帕優拉」（Vespaiola）葡萄釀製的傳統威尼斯甜酒重獲新生。Contrà Soarda 酒莊釀造的不甜 Vespaiola 特別受人喜愛。

從地圖上就可以清楚看見，波河流經米蘭東南平原到亞得里亞海的河谷寬闊而平坦，因此不是理想的葡萄酒產區。在整個波河谷地中只有「藍布魯斯科」（**Lambrusco**）這種紅色氣泡酒是知名的（但有些人非常不喜歡），它產自摩典那（Modena）附近，尤其是來自索巴拉（Sorbara）。這種葡萄酒很活潑，散發著紅色莓果香，具有不同尋常的明亮粉紅色泡沫，能夠大大地降低波隆那（Bolognese）食物的濃膩肥厚，因此受到歡迎。Francesco Bellei 等一些生產商，正在突破 Lambrusco di Sorbara 產區的極限，以各種不同方式釀造經典的葡萄酒，如傳統的：frizzante（微氣泡）以及 metodo ancestrale（瓶中發酵，不除渣上市）。這兩種釀酒方式在 20 世紀 70 年代基本上都被工業化的大罐發酵方式所取代，新一代的釀酒人正在引領產區重回其傳統的不甜型風格。帕特尼耶里酒莊（Paltrinieri）所釀的藍布魯斯科是單一園的，而貝拉酒莊（Bellei）和 Cantina della Volta 酒莊正趨於使用傳統法釀造品質絕佳的酒款，尤其是粉紅酒表現特別好。

儘管一些來自合作社的沉悶葡萄酒仍占據主導地位，但艾米里亞－羅馬涅（Emilia

Romagna，在地圖的南部）作為葡萄酒產區的聲譽還是節節上升的。在波隆那（Bologna）附近的山丘 **Colli Bolognesi**，目前正產出一些讓人十分欽佩、用卡本內蘇維濃、梅洛和夏多內，以及當地的白葡萄品種「皮諾萊托」（Pignoletto，這個品種會用在一種叫作 Pét-Nat 的微甜微氣泡酒中）釀製的酒款。波隆那南部鄉下和拉溫納（Ravenna）地區，依然大量生產著「羅馬涅」（Romagna）這個品種的葡萄酒，其中又以 **Trebbiano di Romagna** 的表現最為普通。1986 年，**羅馬涅阿巴娜（Albana di Romagna）**成為義大利第一個獲提升到

DOCG 的白葡萄酒產區（當時有點令人不解）。就像其它許多義大利白葡萄酒一樣，Albana 也可以被釀成各種不同的甜度，其中最好的，包括佐碧娜酒莊（Zerbina）用風乾葡萄釀造的 Scacco Matto 甜酒。還有一些用傳統的方式帶皮發酵的酒款，都顯示出不錯的前景。

**Sangiovese di Romagna** 是一個巨大的紅葡萄酒產區，它的葡萄酒就更加良莠不齊了，有的可能是寡薄和粗製濫造的，但也有可能是有力且精緻複雜的。事實上，許多慧眼獨具的托斯卡尼釀酒師，會對來自羅馬涅的山吉歐維榭無性繁殖品系（clone）情有獨鍾。Convito di Romagna 的本地酒莊組織要求其成員至少要釀造一款單一園的山吉歐維榭。

本地的灰皮諾受到義大利國內外同類品種的極大威脅，以致於在 2017 年建立了首個涵蓋三個產區（維內多、弗里尤利－維內奇亞－朱利亞 [Friuli-Venezia Giulia]、鐵恩提諾）的 DOC。DOC 產區「威尼茲」（delle Venezie）也包含其他葡萄品種。

拉波索這個品種在威尼斯的北部的 Piave Malanotte 有其 DOCG，隨著溫度的升高，這個品種天然的酸度越來越珍貴。另一個小一點的 DOCG 是在威尼斯南部的 Bagnoli Friularo，這裡用風乾的拉波索葡萄釀造「阿瑪羅內」（Amarone）風格的不甜葡萄酒。

| | |
|---|---|
| —‧—‧— | 國界 |
| —‧—‧— | 區域邊界 |
| **CASTELLER** | 紅葡萄酒區 |
| *COLLI BOLOGNESI* | 紅白葡萄酒區 |
| Lugana | 白葡萄酒區 |

DOCG / DOC 的界線由不同顏色區分

　海拔 600 公尺以上的土地

166　此區放大圖見所示頁面

1:1,485,000

Km 0　　20　　40　　60　　80 Km
Miles 0　10　　20　　30　　40　50 Miles

# 鐵恩提諾和上阿第杰
# Trentino and Alto Adige

阿第杰谷地（Adige Valley）形成了通往阿爾卑斯山的驚險走廊，並在布里納山口（Brenner pass）將義大利和奧地利連接了起來。這是一條布滿岩石的壕溝，有些地方拓寬了，可以看到遠處的山峰，但與法國羅亞爾河谷一樣，它不可避免地也是一條擁擠的南北通道，連接著谷底所有與之相連的繁忙交通和工業。

這裡最好的葡萄園與底下繁忙吵鬧的交通，形成了很可愛的對比。從河川到岩壁，所有山坡都是架著棚架的葡萄園，夏天時從高處俯瞰，就像是由濃密葉子構築的階梯。

鐵恩提諾（Trentino）是涵蓋整個谷地的DOC。這個谷地種植了大量的灰皮諾（需求很大），並在地勢較高的地方種植夏多內以獲得足夠的自然酸度，夏多內被用以釀造傳統法的氣泡酒（Trento DOC）。法拉利（Ferrari）是此地最主要的釀酒商，Giulio Ferrari Riserva del Fondatore 是最出色且可陳年的氣泡酒。

在偏遠的南部地區，聖李奧納多酒莊（San Leonardo）釀出的波爾多混釀，可列世界最優之一，這裡的河流沉積地與梅多克類似，其酒也相像。從這裡往北一點，谷地的每一段都有其特產——獨特的原生葡萄品種。比如，通向特倫托（Trento）小鎮的蜿蜒峽谷稱為「瓦拉嘉麗娜」（Vallagarina），這裡是「瑪澤米諾」（Marzemino，一種充滿香味、酒體輕盈的傳統紅葡萄酒）的出產地。Eugenio Rosi 酒莊用半乾葡萄釀製的葡萄酒品質優異。

在鐵恩提諾的北端，梅佐隆巴爾多（Mezzolombardo）與梅佐科羅納（Mezzocorona）間的礫石平原 Campo Rotaliano，在其懸崖邊沿，藤架如地毯般鋪開，種植著一種紫色的葡萄品種「特洛迪哥」（Teroldego）。Teroldego Rotaliano 是義大利最具特色的葡萄酒之一：帶著深具代表性的酸度，還有一絲顯示其原生種的苦味。Elisabetta Foradori 能釀出精緻的、充分成熟的 Teroldego Rotaliano，被稱為「無敵女王」。她使用改良的無性繁殖品系，在陶甕中發酵，釀出的葡萄酒為消費者留下了深刻的印象，但卻打動不了產區管理當局，因此她只能把自己的酒以 IGT Vigneti delle Dolomiti 的名義售賣。

在聖米給爾（San Michele）周圍的阿第杰東側山坡，尤其適合種植白葡萄品種，國際紅葡萄品種在此也表現不錯。

拉吉河谷（Valle dei Laghi）位於主要谷地的西面，有三個小湖，同樣種有各類不同的葡萄種（所有這些區域都出產優質的氣泡酒基酒），但同時還有一種特產，即以另一種復活原生白葡萄品種「諾榭拉」（Nosiola）釀成的優質甜酒——聖酒（Vino Santo）。諾榭拉這個品種日益受到歡迎，芳香、且通常是不甜的諾榭拉葡萄酒如今也有越來越多的追捧者。在如此分散的地形中，酒農合作社勢必占主導地位，

## 鐵恩提諾

鐵恩提諾最著名的葡萄酒是不甜、瓶中發酵的氣泡酒，以 Trento DOC 的名義出售。所用的葡萄品種主要是夏多內，再調配點白皮諾和黑皮諾。

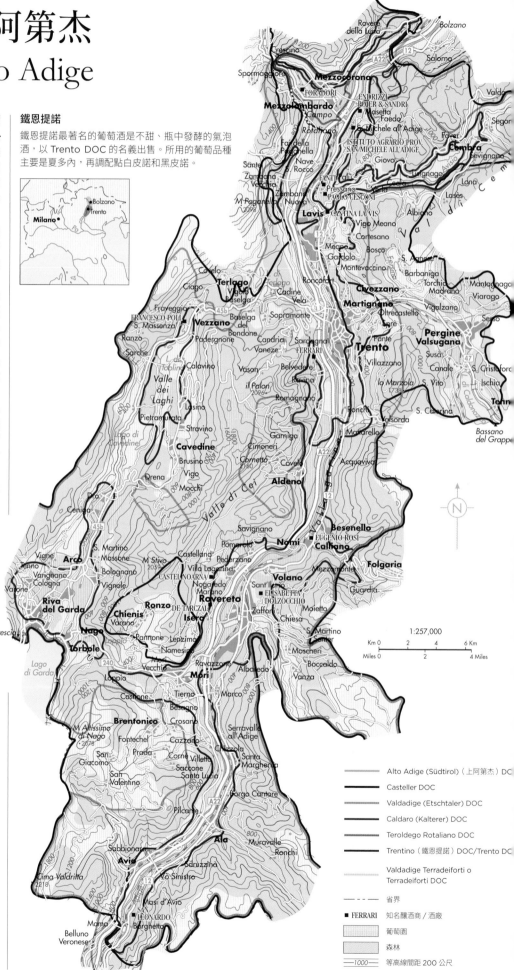

圖例：
- Alto Adige (Südtirol)（上阿第杰）DC
- Casteller DOC
- Valdadige (Etschtaler) DOC
- Caldaro (Kalterer) DOC
- Teroldego Rotaliano DOC
- Trentino（鐵恩提諾）DOC/Trento DC
- Valdadige Terradeiforti o Terradeiforti DOC

----- 省界
■ FERRARI 知名釀酒商／酒廠
葡萄園
森林
—1000— 等高線間距 200 公尺

1:257,000
Km 0    2    4    6 Km
Miles 0    2    4 Miles

但 I Dolomitici 是由一群有革新精神的生產者所組成的合作社，他們尋找傑出的老葡萄園，並提供更多獨特的選擇。

## 上阿第杰

緊挨著奧地利提洛爾（Tyrol）南端的**上阿第杰（Alto Adige）**，是義大利最北端的葡萄酒產區。從阿爾卑斯山諸峰俯瞰下來，是一個文化和葡萄種植的大熔爐。在這裡，德語比義大利語更普遍，而法國的葡萄品種則比日爾曼品種更被廣泛種植。它既生產能顯示其現代聲響的活潑清爽、果香濃郁、品種多樣白葡萄酒，還在較溫暖的區域生產較為嚴肅的紅葡萄酒。波札諾（Bolzano）夏天非常炎熱，但鎮上山坡所分布的優質葡萄田，猶如一個錯綜複雜的系統，下午有微風從湖上吹來，晚上清涼爽快，這些都有益於葡萄栽培。灌溉通常是必需的。多數的葡萄酒都是以大範圍的 DOC Alto Adige（德語為 Südtirol）名義出售，同時還會標出葡萄品種的名稱。這裡大約 70% 的葡萄酒產量來自生產合作社。

葡萄種植集中在阿第杰谷地的階地和低坡上，底下是一片蘋果園。葡萄園所在高度從海拔 200 公尺至近 1,000 公尺不等，但 350-550 公尺的高度最能避免霜害，也最利於葡萄的成熟。

**韋諾斯塔谷地（Valle Venosta**，德文為 Vinschgau）和**伊薩爾科谷地（Valle Isarco**，德文為 Eisacktal），分別位於波札諾市（Bolzano）的西北部和東北部（可參考第 165 頁地圖），那裡的葡萄園地勢較高，常常有點陡，呈梯田狀，像這樣的地方，特別適合種植麗絲玲、希爾瓦那（Sylvaner）、肯納（Kerner）；由於氣候變遷確保了葡萄的成熟度，因此還可以種植各種品系的維特利納（Veltliner）。

在地勢略低的山坡上，夏多內、白皮諾及灰皮諾的表現清新活潑，是上阿第杰地區的代表性品種。像 Cantina Terlano 酒莊的 Vorberg 是產自單一區域（Vorberg）的白皮諾，無論是年輕的還是經過陳年的，都值得關注，事實上它已經相當引人注意了。查爾拉諾（Terlano）也以其高

山上的白蘇維濃而享有盛名，白蘇維濃也是能在上阿第杰地區表現突出的品種。在這片區域的地下，不是常見的，因古代冰河移動而露出的白色石灰質土壤，而是堅硬的花崗斑岩，這一特點在酒標上是被特別強調的。塔明那（Traminer）這個葡萄品種的名稱，顯然與波札諾市南部的 Tramin 村（義大利語 Termeno）有關。在當地，Hofstätter 酒莊特別有名；而蒂芬布倫納酒莊（Tiefenbrunner）用米勒－土高（Müller-Thurgau）這個品種釀造的葡萄酒十分有趣，需瓶儲 6 個月才能上市（Feldmarschall bottling），這種做法並不多見。

到目前為止，種植範圍最廣的紅葡萄品種是「斯齊亞瓦」（Schiava，別名 Vernatsch，在鐵恩提諾也有種植），用這種葡萄透過工業化釀出的葡萄酒，儘管在德國很流行，但過於淺淡、柔弱和簡單，很難為這個品種贏來尊重。不過，許多年輕一點的釀酒師正熱衷於使用棚架上生長的老藤「斯齊亞瓦」，釀出的葡萄酒觸動人心，可以陳年。

最早產於波札諾一帶的本地品種拉格蘭（Lagrein），則能釀出色澤深一些的葡萄酒，其中包括果香濃郁的粉紅葡萄酒 Lagrein-Kretzer，以及酒色更深濃的 Lagrein-Dunkel，兩者都有陳年潛力，但可能會略顯粗糙。Nusserhof 酒莊所釀的 Lagrein 最為出色，這個酒莊還救活了諸如 Blaterle 等其他本地品種。在 19 世紀引入的紅葡萄品種——梅洛、卡本內蘇維濃，尤其是黑皮諾——也有很好的表現。法蘭哈茲酒莊（Franz Haas）釀造的黑皮諾葡萄酒精緻、有很長的陳年能力，令人稱羨；這個酒莊還把這個嬌弱的品種種植到地勢更高的地方，最高的達到海拔 900 公尺。

## 上阿第杰

上阿第杰位於這個廣大區域的北部，產於此地的 IGT 葡萄酒有個浪漫的名字：Vigneti delle Dolomiti（意為「多洛米蒂的葡萄園」），然而此地葡萄種植的各種產量標準就離「浪漫」相當遙遠了。

一直以來，馬宗（Mazon）都被認為是一塊特別適合種植黑皮諾的單一葡萄園，但現在，它所在的地方，即使海拔高至 350 公尺，氣象還是危險地升高中，這相當不利於葡萄的生長。

**上阿第杰（Alto Adige）DOC 內的次產區**

| | |
|---|---|
| | Meranese (Meraner) |
| | Colli di Bolzano (Bozner Leiten) |
| | Terlano (Terlaner) |
| | Caldaro (Kalterer) |
| | Santa Maddalena (Sankt Magdalener) |
| | Teroldego Rotaliano DOC |
| | Trentino（鐵恩提諾）DOC |
| | 省界 |
| ■ FRANZ HAAS | 知名釀酒商／酒廠 |
| | 葡萄園 |
| | 森林 |
| ══1000══ | 等高線間距 200 公尺 |
| ▼ | 氣象站（WS） |

1:235,000

Km 0　　2　　4　　6 Km

Miles 0　　　2　　　　4 Miles

**上阿第杰：波札諾（BOLZANO）▼**

緯度／海拔
**46.46° / 241 公尺**

葡萄生長季節的平均氣溫
**17.8°C**

年平均降雨量
**596 公釐**

採收期降雨量
**10 月：54 公釐**

主要種植威脅
**春霜**

主要葡萄品種
**白：灰皮諾、白皮諾、夏多內、格烏茲塔明那**
**紅：斯齊亞瓦、拉格蘭、黑皮諾**

# 維羅那 Verona

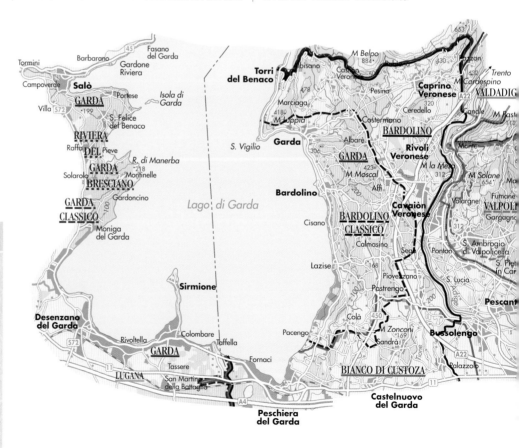

維羅那（Verona）的丘陵，從索阿韋（Soave）往西延伸至加達湖，有著肥沃的火山灰土壤，草木繁茂；在每處階梯和棚架上，在別墅群和柏樹林之間，葡萄藤肆意生長。別墅群和柏樹林象徵著義大利的優雅，但遺憾的是，那份優雅並不常反映在當地的葡萄酒之中。這是因為維內多（Veneto）已經成為義大利最高產量的葡萄酒產區。索阿韋 DOC 是維內多最重要的葡萄酒產區，在這裡，官方規定的單位產量可高達每公頃 10,500 公升，這是影響品質的罪魁禍首。差不多 80% 的葡萄園，其種植者都是將採收下來的葡萄直接賣給當地的釀酒合作社，這些人完全不在意維護品質的名聲。本區屬於義大利那些，不太願意嘗試新方法，或甚至更常是回歸傳統方法的產區。不過，在葡萄園中，人們對棚架種植（特別是老藤）的重視是顯而易見的。基尼酒莊（Gini）的葡萄園有百年歷史，它出品的 Contrada Salvarenza Vecchie Vigne 能道盡箇中原因。

然而，真正的索阿韋葡萄酒其品質是無法比擬的，像是混合了杏仁和檸檬的香氣，持久不散。一瓶來自皮耶羅潘酒莊（Pieropan）或安瑟米酒莊（Anselmi）的酒款就很有說服力。為了把正宗的索阿韋葡萄酒從大量任意取用其名字的葡萄酒中區分開來，當局又另外設立了兩個更高

等級的法定產區：**Soave Classico** DOC（葡萄產自最初的歷史產區）和 **Soave Superiore** DOCG（葡萄產自土壤較貧瘠的山坡地區）。兩者的單位最大產量分別為每公頃 9,800 公升及每公頃 7,000 公升──至少是個起頭。

這樣的單位產量上限還是比較高的，頂級的生產者實際操作時遠遠低於這個數量，比如 Pieropan 和 Anselmi 這兩家酒莊，隨後加入到他們行列的還有 Cantina di Castello、La Cappuccina、凱菲勒（Coffele）、菲利比（Filippi）、Gini、艾瑪（Inama）、Prà、Tamellini 以及現代主義者

在維內多，冬季會到非常寒冷的程度。這些是 Arbizzano 地區的葡萄園，位於 Valpolicella Classico 產區的東南角，它是一個葡萄酒產區最初的心臟地帶，如今這個產區已擴大許多。

「索維亞」（Suavia）。其中除了 Filippi 酒莊位於索阿韋 DOC 的最高處「經典索阿韋之外」（**Soave Colli Scaligeri**），其他酒莊都位於傳統的歷史產區 Soave Classico，集中在索阿韋村東北部萊西尼（Lessini）山區的東緣。

## 維羅那：維羅那（VERONA） ▼

緯度／海拔
**45.38°／73 公尺**

葡萄生長季節的平均氣溫
**19.1°C**

年平均降雨量
**783 公釐**

採收期降雨量
**9 月：81 公釐**

主要種植威脅
**冰雹、真菌病**

主要葡萄品種
**白：卡卡內卡、灰皮諾**
**紅：科維納、梅洛**

本區重要的葡萄品種是卡卡內卡及維蒂奇諾（Verdicchio，當地稱 Trebbiano di Soave），兩者所構成的濃厚酒體和飽滿酒質，正是 Soave（意為「溫和的」）酒款的真義。調配中也允許使用白皮諾和夏多內，常常是為了給產量過高的卡卡內卡增加點厚重感，只要卡卡內卡的占比不少於 70% 即可。

最好的酒莊通常會推出一系列單一葡萄園或特級園酒款，以表現如 Vigneto La Rocca 和 Capitel Foscarino 這種葡萄園的本地特色；有些酒莊，如 Prà 則釀造經過橡木桶陳釀的優質索阿韋酒。**Recioto di Soave** 則是以風乾葡萄釀成的，是一款達到 DOCG 級別，十分討喜的絕佳傳統甜酒。

與索阿韋共處的是**瓦波利切拉（Valpolicella）**，這個 DOC 的範圍，一路擴展，遠遠超出了其最初的 Classico 區域，直抵索阿韋的邊界。品質逐漸提升的**瓦潘提納（Valpantena）**是一個獲得

許可的次產區，到目前為止都是由貝塔尼酒莊（Bertani）和當地的釀酒合作社主導。普通的瓦波利切拉，應該帶有可愛的櫻桃酒色和風味，酸度愉悅，柔順甜香，還有少許的微苦杏仁味。那些大量生產的酒款很少能夠做出這樣的風格，但如今的瓦波利切拉也像索阿韋產區一樣，有許多酒廠開始意識到他們必須釀出真正具有特色的酒款，而不是為了討生活，只滿足於商業化的產品，在 20 世紀的最後 10 年，可以見到有人回歸到地勢更高、更難耕作但品質更好的山坡上葡萄園——並可受益於不可或缺、來自加達湖吹來的涼風。

有一批新潮的酒莊，比如道歐拉山酒莊（Monte dall'Ora）、Monte dei Ragni、聖阿爾達（Corte Sant'Alda）、穆塞拉（Musella）以及新創立的 Eleva 和莎地奧酒莊（Monte Santoccio，其釀酒師 Nicola Ferrari 曾為已故、並受人尊敬的 Giuseppe Quintarelli 工作）都在葡萄園中實踐有

機或生物動力農法。棚架種植可讓葡萄免受太陽曝曬，這種方法在此地重新受到重視，特別是在被稱為 marogne 的乾石牆梯田上，葡萄園滿地都是白石子，尤其需要棚架種植。

大多數優質的瓦波利切拉葡萄酒都來自 Valpolicella **Classico** 產區，四根手指頭般的山坡庇護著 Fumane、San Ambrogio 及 Negrar（尼可拉酒莊），但還有其他像 Dal Forno 以及 Trabucchi 這種傑出的酒莊。沒有特殊風味的隆第內拉（Rondinella）葡萄和酸味較高的莫利納拉（Molinara）葡萄是允許使用的，但遲熟的科維納（Corvina，又稱「小烏鴉」）在優質的瓦波利切拉葡萄酒中是最關鍵也是必要的成分。此外，有些酒莊則試著用罕見的原生葡萄品種，如奧塞萊塔（Oseleta）以及科維諾尼（Corvinone，又稱「大烏鴉」）等來進行調配，在這些酒莊當中，以瑪西（Masi）為先鋒。

## 用風乾葡萄釀的葡萄酒

瓦波利切拉產區最有力道的葡萄酒，首推**雷丘兜（Recioto）**或**阿瑪羅內（Amarone）**，這兩種酒，前者是甜的（有時還有微氣泡），後者稍微不甜一點（同時微苦），都是以精選、完好的葡萄經風乾後釀成，酒體集中，強而有力。這樣令人陶醉的葡萄酒直接傳承自中世紀時，由威尼斯商人所引進的希臘葡萄酒，如今已不再珍稀。20 世紀 60 年代，經過貝塔尼酒莊（Bertani）的傳揚，阿瑪羅內進入了商業量產的階段，其後取得了巨大的成功，受到喜歡酒精濃度偏高和微糖之葡萄酒愛好者的追捧。正如同有越來越多的單一園瓦波利切拉葡萄酒，單一葡萄園的阿瑪羅內也越來越多。

風乾葡萄需要有良好的衛生條件，現代化的室內生產場地通常都是能調節溫度和濕度的空間，但 Meroni 酒莊仍採用傳統的方法，在山坡上霧氣繚繞的閣樓裡晾乾葡萄。古老的 Ripasso 釀酒法（譯註：Ripasso 在釀酒過程中，會在發酵中的酒裡，加入風乾的葡萄渣），為瓦波利切拉的葡萄酒增添了一個酒款：用壓榨過的葡萄皮進行二次發酵，最好是用釀造阿瑪羅內時發酵過的科維納（Corvina）葡萄皮，這樣釀造出來的酒，可打上 Valpolicella Superiore 或 Ripasso 的標籤，成為一款「清淡的阿瑪羅內」（Amarone Lite）。

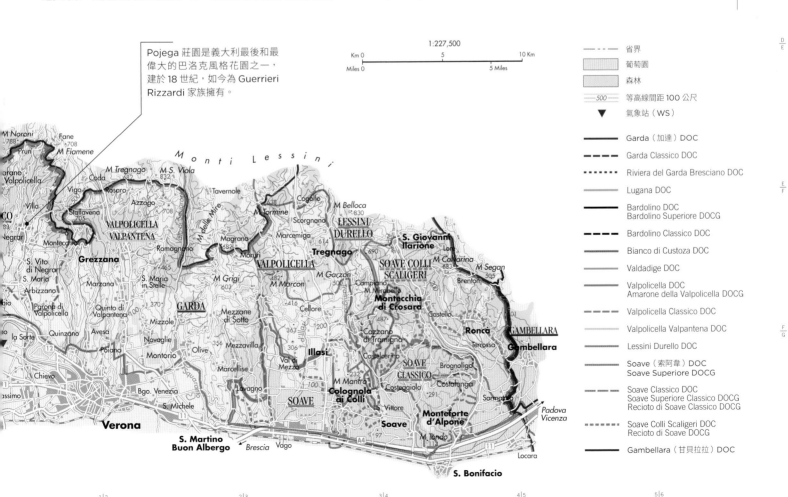

Pojega 莊園是義大利最後和最偉大的巴洛克風格花園之一，建於 18 世紀，如今為 Guerrieri Rizzardi 家族擁有。

# 弗里尤利 Friuli

義大利東北角的盡頭，是最早生產新鮮、現代白葡萄酒（特別是採用國際品種）的產區，在 20 世紀 70 年代被譽為這個國家優質白葡萄酒的重要產地。但是，這種用完美技術釀造、充滿香氣、特點鮮明的白葡萄酒，不管再怎麼有用，其風格都已不再是最流行的了。年輕一代的弗里尤利生產者如今有了別的方式──當地最著名的先行者是 Josko Gravner，他的做法是在陶甕中帶皮發酵陳釀。

弗里尤利的實際範圍比這裡地圖上所顯示的區域（可參考第 165 頁）要大得多，但我們把注意力集中在主要的 DOC，即下頁地圖上半部的 Colli Orientali del Friuli，以及地圖下半部的 Collio Goriziano（因 Gorizia 省而得名，往往被簡稱為 Collio）。此外，位於普里默斯卡（Primorska）西部的葡萄園，雖然在政治上屬於斯洛維尼亞（Slovenia，第 268 頁有更詳細的描述）的一部分，但在地理上仍屬弗里尤利，所以也一併納進來了。有些生產者甚至在國境兩側都有葡萄園。就像義大利其他地區一樣，弗里尤利也有釀酒合作社；但和義大利另一個以生產清爽不甜的白葡萄酒著稱的產區「鐵恩提諾－上阿第杰」不同的是，弗里尤利基本上是由家族酒莊所主導。

**Colli Orientali** 產區的葡萄園，雖然受惠於東北部位於斯洛維尼亞境內之朱利安阿爾卑斯山脈（JulianAlps）的保護，得以免於嚴酷北風的侵襲，但比起受到亞得里亞海更多影響的 Collio 產區，還是略為冷涼且更偏向大陸性氣候。Colli Orientali，其意為「東方的山丘」，海拔高度在 100 公尺至 350 公尺之間，但從前卻是低於海平面的，至今土壤中仍可見到泥灰岩和砂岩沉積的痕跡，構成了地質上相當獨特的科爾蒙斯複理層（flysch of Cormons，這個地質名詞來自位於右頁地圖中心的小鎮 Cormons）。

當地主要的葡萄品種，叫弗萊諾（Friulano，在維內多被稱為 Tai Bianco），與弗里那諾／綠蘇維濃（Sauvignonasse 或 Sauvignon Vert）都是一樣的葡萄。這個品種在其他產區可能顯得粗賤，但在這個地區的山丘裡似乎長得特別好。此外，別處常見的灰皮諾、白皮諾、白蘇維濃及當地特有的維杜索也被廣為種植；但 Colli Orientali 產區有近三分之一的葡萄園獻給了當地愈趨完美的紅葡萄酒。卡本內蘇維濃及梅洛是主體，但當地的品種雷弗斯科（Refosco）、皮格諾羅（Pignolo）、施喬佩蒂諾（Schioppettino，被 Ronchi di Cialla 酒莊從絕種邊緣拯救回來）也越來越普遍。多數種植在弗里尤利的卡本內蘇維濃，一直以來都被認為是卡本內－弗朗，但其中有些其實是古老的波爾多品種「卡門內爾」（Carmenère）。Colli Orientali 的某些地區，氣候受山區的影響更甚於海洋，但是在布特廖（Bútrio）和曼扎諾（Manzano）兩地之間的西南角則是溫暖的，足以讓卡本內蘇維濃這樣的品種成熟。氣候暖化和越來越好的釀酒技術，使得當地紅葡萄酒的品質持續提升；但本地還是有些表現平平的酒莊，不顧土地的適性，種植了太多品種（無論紅白），且單位產量也太高。

### 甜酒

在 Colli Orientali 產區的最北部，地圖中這一區域西北部的尼米斯（Nimis）附近（可參考第 165 頁地圖），是 **Ramandolo** DOCG，這裡的山坡比其他地方的更陡峭、更寒冷，而且是潮濕的。以維杜索品種釀成的琥珀色甜酒為本地特產。**皮科里特（Picolit）**這個品種也是當地的驕

這裡是由著名釀酒師 Josko Gravner 精心呵護的 Runk 葡萄園，釀酒師對 Ribolla Gialla 這個品種情有獨鍾。這個葡萄園，恰在義大利與斯洛維尼亞的國境線上。因為存在著像 Gravner 這樣的跨國界酒莊，所以人們正醞釀著成立首個超越國界的 DOC Collio/Brda。

傲，Colli Orientali 四處可見用它來釀造甜白葡萄酒的蹤跡，這種濃郁的甜白葡萄酒，比起索甸（Sauternes）甜酒，多了些乾草和花香的氣息，而又不會甜得刺激喉嚨。

範圍較小的 **Collio** DOC 位於 Colli Orientali 產區的南面，所產的葡萄酒大同小異，其中包括了大部分弗里尤利的頂級白葡萄酒，而紅葡萄酒就少得多了。這些紅葡萄酒嚐起來常顯得口感太淡、不夠成熟，特別是如果秋雨來得太早的話。全球市場對灰皮諾的需求是如此之大，使得灰皮諾很早就取代了弗萊諾以及白蘇維濃。像在 Colli Orientali 一樣，夏多內和白皮諾比起其他的白葡萄品種，釀酒時更有可能要稍稍經過橡木桶的處理。當地特有的其他淡色葡萄品種，還包括芳香塔明那（Traminer Aromatico）、馬瓦西亞－伊斯特拉（Malvasia Istriana）以及義大利麗絲玲（Riesling Italico，或稱「威爾斯麗絲玲」[Welschriesling]），這些品種在斯洛維尼亞同樣也有種植。

但與 Colli Orientali 產區不同，Collio 產區正在打造一個獨特的身份。Collio Bianco 是一款經典的混釀不甜白葡萄酒，使用的是本地葡萄品種弗萊諾、麗波拉姬亞拉（Ribolla Gialla）和馬瓦西亞-伊斯特拉。一幅 17 世紀的地圖根據這三個葡萄品種的價格對 Collio 的葡萄園進行了分級，或許這就是後來的 Collio Classico 的基礎？用歷史悠久的品種麗波拉姬亞拉全部或部分帶皮發酵，釀造出來的是一種顏色深黃的葡萄酒，是 Collio 的特產。地處戈里察（Gorizia）和斯洛維尼亞邊界之間的格拉夫納酒莊（Gravner），對 Collio 葡萄酒所產生的影響也越來越深，其中許多酒款都是自然酒（或稱「原生態葡萄酒」），實力不容低估。在葡萄酒世界的這一個角落，陶甕的生意很好，但農藥就不好賣了。

整體而言，在這個地區西部的弗里尤利－維內奇亞－朱利亞（Friuli-Venezia Giulia），「卡本內」葡萄的產量最大，特別是在 **Lison-Pramaggiore** 產區（可參考第 165 頁），而早熟的梅洛似乎更適合 **Grave del Friuli** 和 **Friuli Isonzo** 這兩個 DOC 對高產量的要求，也適應其微涼的氣候。在沿海地區，葡萄園的地勢平坦，用這裡出產的葡萄釀出的酒，與用 Colli Orientali 產區種在山坡上的葡萄所釀的酒相比，會清淡得多；然而，Isonzo 河北部的葡萄園排水性好，用那裡的葡萄同樣能釀出集中度高的酒。Isonzo 還出產不錯的白葡萄酒，其弗萊諾和灰皮諾都頗有名聲，而 Vie di Romans 酒莊是其中的佼佼者。

**Carso** DOC 在 Trieste 附近的海岸線上，這裡的特產是紅葡萄品種雷弗斯科（Refosco，在當地被稱為 Terrano），這個品種在國界另一端的斯洛維尼亞也被廣為種植；在這個 DOC，許多國際品種是不被允許種植和使用的。

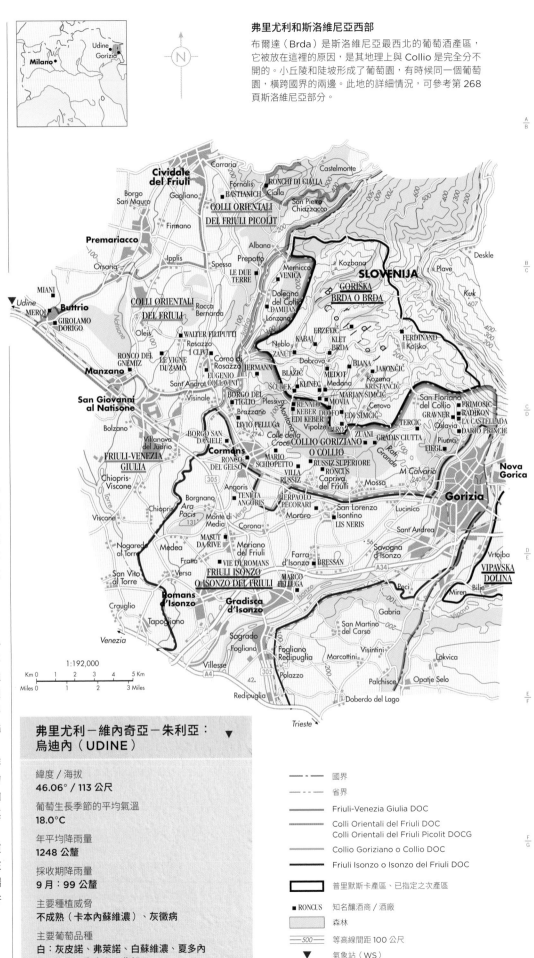

**弗里尤利和斯洛維尼亞西部**

布爾達（Brda）是斯洛維尼亞最西北的葡萄酒產區，它被放在這裡的原因，是其地理上與 Collio 是完全分不開的。小丘陵和陡坡形成了葡萄園，有時候同一個葡萄園，橫跨國界的兩邊。此地的詳細情況，可參考第 268 頁斯洛維尼亞部分。

1:192,000

Km 0　　1　　2　　3　　4　　5 Km
Miles 0　　　1　　　2　　　3 Miles

**弗里尤利－維內奇亞－朱利亞：烏迪內（UDINE）** ▼

緯度／海拔
46.06° / 113 公尺

葡萄生長季節的平均氣溫
18.0°C

年平均降雨量
1248 公釐

採收期降雨量
9 月：99 公釐

主要種植威脅
不成熟（卡本內蘇維濃）、灰黴病

主要葡萄品種
白：灰皮諾、弗萊諾、白蘇維濃、夏多內
紅：梅洛、卡本內－弗朗

—·——·— 國界
———— 省界
———— Friuli-Venezia Giulia DOC
·········· Colli Orientali del Friuli DOC
　　　　 Colli Orientali del Friuli Picolit DOCG
———— Collio Goriziano o Collio DOC
———— Friuli Isonzo o Isonzo del Friuli DOC
▭ 普里默斯卡產區、已指定之次產區
■ RONCUS 知名釀酒商／酒廠
▨ 森林
═500═ 等高線間距 100 公尺
▼ 氣象站（WS）

# 義大利中部 Central Italy

義大利的心臟或許連同靈魂，就在這個位於半島中部，向西傾斜的土地上：佛羅倫斯和羅馬，是對外國人來說最知名的城市；奇揚替（Chianti），是最具代表性的鄉村；還有伊特魯里亞人（Etruscans）的葬身之地……聽起來了無新意？話可不能這麼說。

---

**風土條件：**亞平寧（Apennines）山麓上最具特色的兩種土壤是 galestro 和 albarese，前者是當地一種特別易碎的泥灰岩黏土；後者則堅硬厚實些。當地的湖泊和河川，一如兩旁的海洋，都會帶來宜人的溫暖。

**氣候：**亞平寧山脈也許會很冷，且不僅是在夜裡；乾旱越來越常成為夏天的一種災害。

**葡萄品種：**紅：山吉歐維榭、蒙鐵布奇亞諾（Montepulciano）；白：崔比亞諾（Trebbiano）、維蒂奇諾（Verdicchio）。

這裡的海拔、地形殊異，特別是各種觀念天差地遠。兩邊的大海沖刷著截然不同的臨海葡萄酒產區，讓這裡比起亞平寧山脈上丘陵甚至山區的產區，要暖和得多。古老的特色以創意加以包裝，如今更吸引了大量的外來投資。在這個全球暖化的時代，即使是晚熟的山吉歐維榭也能在海拔高達 600 公尺的葡萄園裡有出色的表現。

地圖上這片土地的中心地帶和東北部，完全是山吉歐維榭葡萄的天下。用這種在義大利種植最廣的葡萄釀出的酒，風格不一，可以是淺淡、稀薄、酸澀的漱口水，也可以是義大利美食在酒杯裡的極致奢華表現。在海拔較高的地區，山吉歐維榭需要一個溫暖的生長期才能完全成熟，用這樣完熟的山吉歐維榭所釀出的葡萄酒，通常比低海拔地區的山吉歐維榭葡萄酒細膩許多。對於那些在 20 世紀 70 年代因為產量大（而非品質高）而被選用的無性繁殖品系而言，情況更是如此。70 年代的那些無性繁殖品系，大部分在

90 年代都被更好的無性繁殖系品種取代了（有個別還沒被取代的，如果在較熱的夏天，可用於調配，以增加新鮮感）。山吉歐維榭，是可以釀出品質絕佳，並值得陳放的葡萄酒的，但它本身的酒色並不深，為了彌補這一點，20 世紀末期的做法是混加卡本內蘇維濃和梅洛。但如今，100% 的山吉歐維榭又成為流行趨勢。

淺色的葡萄往往種植在地勢較高或空曠的土地上，其中最主要的是托斯卡諾－崔比亞諾（Trebbiano Toscano），這個白葡萄品種頗能「吃苦耐勞」，在這片山吉歐維榭的地盤上已被種植了一個世紀以上，用它釀成的葡萄酒通常相當沉悶。維蒙蒂諾作為一個白葡萄品種的選擇，迅速地替代了崔比亞諾，此外還有夏多內以及一點點白蘇維濃。

## 東海岸地區

在馬給（Marche）大區的 **Verdicchio dei Castelli di Jesi**，產區面積廣闊，緩緩起伏的山丘，蔥綠一片。所謂的 Classico，占據了這個區域多達 90% 的面積，聽上去像是胡說，但是像布馳（Villa Bucci）和烏曼尼隆基（Umani Ronchi）等酒莊，的確卯足全力在生產既活潑清新，又具陳年能力的優質葡萄酒。這裡的維蒂奇諾葡萄似乎帶有些許鹹味，產自 Brunori、Colle Stefano、La Marca di San Michele 和 Pievalta 等酒莊的葡萄酒，有一些在葡萄酒世界裡堪稱物美價廉。範圍較小的 **Verdicchio di Matelica** 產區，地處更高更多丘陵的地帶。在其以南的 **Falerio** DOC 和 **Offida** DOCG，以及位於佩斯卡拉省（Pescara）的內陸 IGT 產區 **Terre di Chieti** 中，有批較小的酒莊以帕賽麗娜（Passerina）和佩哥里諾（Pecorino）葡萄釀出了頗具特色、不甜的白酒，現已備受矚目。

馬給大區的紅葡萄酒，在風格特性的形成上發展較慢，但以多汁的蒙鐵布奇亞諾葡萄為基礎的 **Rosso Conero** DOC，仍展現出一些特性。以山吉歐維榭和蒙鐵布奇亞諾兩種葡萄釀成的 **Rosso Piceno**，一般來說單位產量較低，並經過

Camerino 位於馬切拉塔（Macerata）的西部，其附近是法定產區「皮切諾」（Rosso Piceno）。那裡的葡萄園，延綿起伏，一片蔥綠，呈現出典型馬給（Marche）大區農村的景象。這裡的地價大大低於托斯卡尼。亞德里亞海讓這裡的氣候變得溫和。

合宜的木桶熟成，倒是經濟實惠。

蒙鐵布奇亞諾是亞得里亞海沿岸這一地區的紅葡萄酒品種，**Montepulciano d'Abruzzo** 葡萄酒雖然品質落差很大，卻很少出現售價過高的情形。**Cerasuolo d'Abruzzo** 葡萄酒也令人滿意，酒體飽滿、不甜，然而色澤偏粉紅。Pettinella 酒莊出品的酒正是這樣一個典型，以致於他們不得不把這些酒作為粉紅葡萄酒來銷售。在泰拉莫（Teramo）附近的阿布魯齊（Abruzzi）廣闊山丘間，是最適合種植蒙鐵布奇亞諾這個葡萄品種的區域，是已經獲得 DOCG 的地位的 **Montepulciano d'Abruzzo Colline Teramane** 所在地，優秀的酒莊包括 Emidio Pepe 和 Praesidium。**Trebbiano d'Abruzzo**（與托斯卡諾－崔比亞諾不同），但也是一個品質落差極大的葡萄，好酒的表現可以很好，特別是在沒有搞清楚到底使用了哪些葡萄品種的時候。洛雷托阿普魯蒂諾（Loreto Aprutino）當地的已故釀酒師 Eduardo Valentini，常常有天馬行空的想法，他使用經過嚴格挑選的葡萄果實，釀製出了酒體豐厚、陳年潛力驚人的葡萄酒，在國際上享有盛譽；他的做法，如今得到了 Tiberio 和 Emidio Pepe 等酒莊的響應。

## 西海岸地區

在西海岸，羅馬所屬的拉契優（Lazio）大區在葡萄酒方面的發展出奇地遲滯。為數不多的酒莊正用引進的國際品種和像「切薩內塞」（Cesanese）這樣的本地紅葡萄品種，做著一些努力。切薩內塞這個品種，擁有兩個以上的 DOC，還有一個 DOCG（**皮廖 [Piglio]**），這些法定產區都致力於用這個品種釀造強單寧風格的葡萄酒。產自 Damiano Ciolli 酒莊以及 Costa Graia 酒莊單一園的葡萄酒，展現了這個發展的方向。

羅馬基本上就是一個白葡萄酒的產地。**Marino** 和 **Frascati** 的葡萄酒，均來自日漸壯大的「羅馬城堡」（Castelli Romani）產區，但因產量過大，甚少受到關注。

往北走就來到切爾韋泰里（Cerveteri）古城，這個地方實際上遠沒有在地圖上看起來那麼重要。此地的北部，是托斯卡尼海岸的腹地，在過去 20 或 30 年裡，其葡萄酒產業發生了激動人心的變化。托斯卡尼海岸情況詳見第 174-175 頁，而拉契優大區西北部的情況請參考第 181 頁。

艾米里亞－羅馬涅（Emilia-Romagna）大區葡萄酒的情況可參考第 156 頁。**Cortona** 是一個緊鄰蒙鐵布奇亞諾東邊的 DOC，種植了大量的國際品種，其中希哈最被看好。德拉仙度酒莊（Tenimenti Luigi d'Alessandro）與史蒂凡諾·阿美利基酒莊（Stefano Amerighi）給人的印象最為深刻。

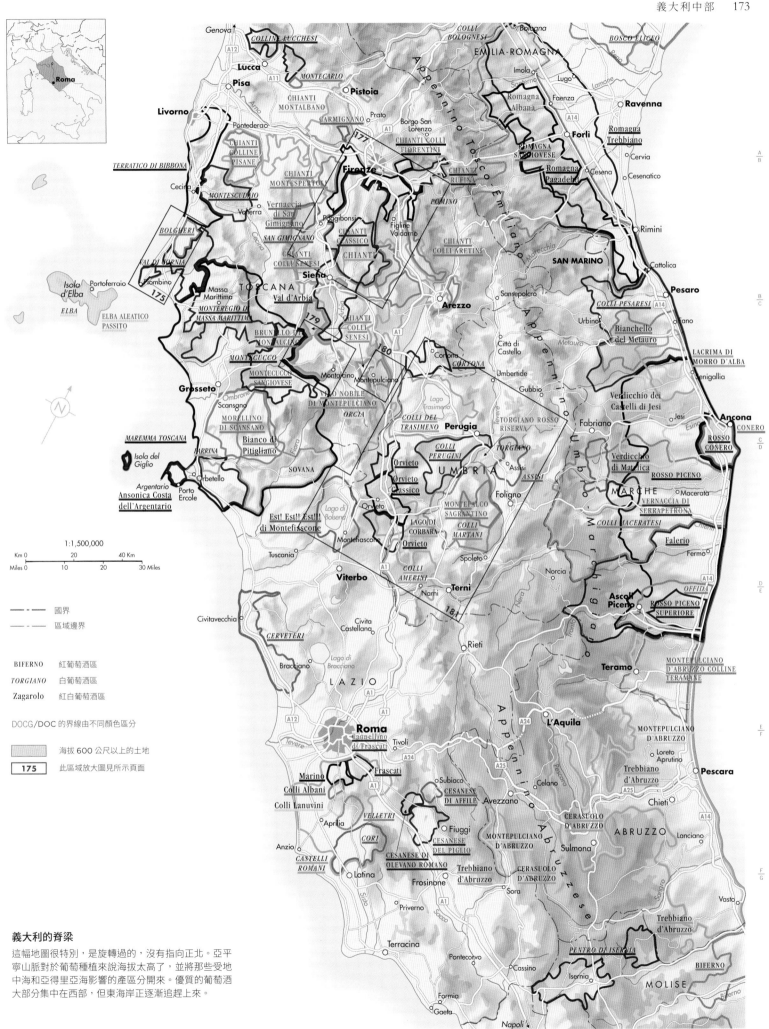

Genova
COLLINE LUCCHESI
Lucca
Pisa
MONTECARLO
Pistoia
Livorno
Pontederao
Prato
Borgo San Lorenzo
CHIANTI MONTALBANO
CARMIGNANO
CHIANTI COLLI FIORENTINI
CHIANTI RUFINA
POMINO
CHIANTI COLLINE PISANE
TERRATICO DI BIBBONA
Cecina
MONTESCUDAIO
Volterra
Vernaccia di San Gimignano
Poggibonsi
CHIANTI MONTESPERTOLI
Figline Valdarno
CHIANTI CLASSICO
SAN GIMIGNANO
CHIANTI COLLI SENESI
CHIANTI
CHIANTI COLLI ARETINI
BOLGHERI
VAL DI CORNIA
Piombino
Portoferraio
Isola d'Elba
ELBA
ELBA ALEATICO PASSITO
Massa Marittima
MONTEREGIO DI MASSA MARITTIMA
TOSCANA
Siena
Val d'Arbia
Arezzo
Sansepolcro
CHIANTI COLLI SENESI
Città di Castello
BRUNELLO DI MONTALCINO
MONTECUCCO
MONTECUCCO SANGIOVESE
Montalcino
Montepulciano
Cortona
CORTONA
Umbertide
Gubbio
Grosseto
Scansano
Ombrone
VINO NOBILE DI MONTEPULCIANO
ORCIA
Lago Trasimeno
MORELLINO DI SCANSANO
FARRINA
Bianco di Pitigliano
Fiora
SOVANA
COLLI DEL TRASIMENO
Perugia
TORGIANO ROSSO RISERVA
MAREMMA TOSCANA
Isola del Giglio
COLLI PERUGINI
Assisi
TORGIANO
Orbetello
Argentario
Ansonica Costa dell'Argentario
Porto Ercole
Orvieto
UMBRIA
ASSISI
Orvieto
Orvieto Classico
Foligno
Est! Est!! Est!!! di Montefiascone
Lago di Bolsena
Montefiascone
LAGO DI CORBARA
Orvieto
MONTEFALCO SAGRANTINO
COLLI MARTANI
Spoleto
Tuscania
COLLI AMERINI
Viterbo
COLLI AMERINI
Terni
Narni
Norcia
Civitavecchia
Civita Castellana
Rieti
CERVETERI
Bracciano
Lago di Bracciano
LAZIO
Roma
Cannellino di Frascati
Tivoli
Marino
Frascati
Subiaco
Colli Albani
CESANESE DI AFFILE
Avezzano
Colli Lanuvini
Celano
VELLETRI
Aprilia
Fiuggi
CESANESE DEL PIGLIO
MONTEPULCIANO D'ABRUZZO
CORI
Anzio
Latina
CESANESE DI OLEVANO ROMANO
Frosinone
CERASUOLO D'ABRUZZO
CASTELLI ROMANI
Sora
Trebbiano d'Abruzzo
Priverno
Terracina
Pontecorvo
Cassino
Gaeta
Formia
Napoli
Isernia
PENTRO DI ISERNIA
BIFERNO
MOLISE

COLLI BOLOGNESI
Bologna
EMILIA-ROMAGNA
Imola
Lugo
Lamone
BOSCO ELICEO
Faenza
Ravenna
Romagna Albana
ROMAGNA SANGIOVESE
Forlì
Cervia
Romagna Trebbiano
Cesena
Cesenatico
Romagna Pagadebit
Rimini
SAN MARINO
Cattolica
Pesaro
COLLI PESARESI
Urbino
Fano
Bianchello del Metauro
Metauro
LACRIMA DI MORRO D'ALBA
Senigallia
Verdicchio dei Castelli di Jesi
Jesi
Ancona
CONERO
ROSSO CONERO
Fabriano
Esino
Verdicchio di Matelica
MARCHE
Macerata
ROSSO PICENO
VERNACCIA DI SERRAPETRONA
COLLI MACERATESI
Chienti
FALERIO
Fermo
Ascoli Piceno
ROSSO PICENO SUPERIORE
OFFIDA
Teramo
MONTEPULCIANO D'ABRUZZO COLLINE TERAMANE
L'Aquila
MONTEPULCIANO D'ABRUZZO
Loreto Aprutino
Pescara
Chieti
Lanciano
ABRUZZO
CERASUOLO D'ABRUZZO
Sulmona
MONTEPULCIANO D'ABRUZZO
Vasto
Trebbiano d'Abruzzo
Appennino Abruzzese

1:1,500,000
Km 0    20    40 Km
Miles 0   10   20   30 Miles

—·—·— 國界
—·—·— 區域邊界

**BIFERNO** 紅葡萄酒區
*TORGIANO* 白葡萄酒區
Zagarolo 紅白葡萄酒區

DOCG/DOC 的界線由不同顏色區分

■ 海拔 600 公尺以上的土地

175 此區域放大圖見所示頁面

## 義大利的脊梁

這幅地圖很特別,是旋轉過的,沒有指向正北。亞平寧山脈對於葡萄種植來說海拔太高了,並將那些受地中海和亞得里亞海影響的產區分開來。優質的葡萄酒大部分集中在西部,但東海岸正逐漸追趕上來。

# 馬里瑪 Maremma

下頁的地圖只標出最初被稱為「托斯卡尼黃金海岸」的部分，也就是「托斯卡尼馬里瑪」（Maremma Toscana），這片從比博納（Bibbona）往南延伸至阿爾真塔廖（Argentario）半島的土地，已經引起了人們極大的興趣，外來投資接踵而至。

這一曾經瘧疾肆虐的海岸地帶，並沒有久遠的葡萄酒傳統；20世紀40年代，因 Incisa della Rocchetta 侯爵在他妻子位於寶格麗（Bolgheri）古鎮上占地廣闊的 San Guido 莊園裡，挑了塊滿布石頭的地（其實就是個種馬場），開始種植卡本內蘇維濃，而點燃了這個地區葡萄酒業的星星之火。侯爵很嚮往波爾多的梅多克。最近的葡萄園在數英里之外，而他新種植的葡萄株，周圍是無人打理的果園和荒棄的草莓田，但他對自家的葡萄酒「薩西開亞」（Sassicaia）非常滿意，在他的釀酒師 Giacomo Tachis 的指導下，他又種植了更多的葡萄。當侯爵早期釀製的葡萄酒的單寧最終經過陳年而收斂時，其呈現出來的風味在義大利是前所未見的。

侯爵的外甥 Piero 和 Lodovico Antinori 在嘗過這些酒後，Piero 向波爾多的 Emile Peynaud 教授提及此事，Antinori 則開始將 1968 年份的「薩西開亞」裝瓶上市，到了 20 世紀 70 年代中期，這款酒已經世界聞名了。接著在 20 世紀 80 年代，Lodovico Antinori 開始在他名下，位於附近的歐內娜亞酒莊（Ornellaia）種植卡本內蘇維濃、梅洛，以及結果不那麼理想的白蘇維濃。1990 年，他的兄弟 Piero 在此地西南方地勢更高的 Belvedere 莊園以卡本內蘇維濃和梅洛混釀出一款名為佳鐸特級紅酒（Guado al Tasso）的葡萄酒，這裡的土壤含有更多沙質，所以酒體會清淡些。這或許就是托斯卡尼能釀出優秀紅葡萄酒最西端的地方了；但是在過去的 20 年間，土地爭奪戰持續在馬里瑪地區上演。投資蜂擁而來，這些人不僅來自富足的佛羅倫斯，如 Antinori、Frescobaldi、Ruffino，還有一批來自奇揚替內陸丘陵地區的小酒莊，他們來此地是要尋找成熟度極高的葡萄（他們在內陸生產的葡萄中，可加入 15% 來自沿海地區的葡萄）。這片葡萄的熱土，很快就吸引了義大利北部的酒莊，如 Bolla、Gaja、Loacker 以及 Zonin，甚至遠如美國加州的生產商也來了。

**寶格麗（Bolgheri）**DOC 逐漸形成；在區內，作為先驅的「薩西開亞」（Sassicaia）有其自己的 DOC，其新酒廠幾乎就位於羅馬海岸大道 Via Aurelia 的邊上。卡本內蘇維濃和梅洛已經是大部分新來此地者的選擇，但這些圈來的土地，其中有些或許是因為面積太大了，已被證明太過平坦和肥沃，所種的葡萄釀不出品質特別高的葡萄酒。隨著寶格麗產區大部分最好的葡萄園都被占據了，人們的目光開始向南轉移。如今，在丘陵地帶更高處的 Val di Cornia 與 Suvereto 產區，也已經吸引了滿懷希望的投資者。

**托斯卡尼馬里瑪（Maremma Toscana）**DOC 的建立，是為了涵蓋這頁地圖上所有的 DOC 和 DOCG，以及第 173 頁地圖上標示出的拉契優邊界北部和蒙塔奇諾（Montalcino）西部的 DOC 和 DOCG。

在這個迷宮裡的 DOC 和 DOCG，大多數都是新建立的，有著托斯卡尼代表性葡萄品種的生命跡象。事實上，馬里瑪的中部與南部整體來說似乎更適合山吉歐維榭而非波爾多品種，而最佳的產品來自地勢高、土質不那麼肥沃的葡萄園。**Montecucco Sangiovese** DOCG 要求山吉歐維榭的比例至少達到 90%（而 Montecucco DOC 最少是 70%），其前景特別被看好；這個產區內平緩起伏的山丘，比更高且更荒涼的 **Monteregio di**

歐內娜亞酒莊（Ornellaia）葡萄酒的售價堪比波爾多的列級莊，其釀製也是極其精心的，比如精確分選葡萄，以保證最好的葡萄才可以留下來進入酒莊那奢華的發酵桶中。

**Massa Marittima** 產區更容易種植（Monteregio di Massa Marittima 延伸至礦產資源豐富的沿海山脊 Colli Metallifere）。富有潛力的葡萄園可能需要大規模重整，然而在海拔 600 公尺的高度上，其土壤和蒙塔奇諾又沒什麼差別，這裡是可以釀出一些非常優雅的山吉歐維樹葡萄酒的。

格羅塞托（Grosseto）城正南面是 **Morellino di Scansano** DOC，早在 1978 年就已建立；Morellino 是山吉歐維樹在當地的名字，而 Scansano 則是其位於山頂的中心城市。即使這裡最著名的葡萄酒是加上了一點點阿利坎特（Alicante）葡萄的波爾多混釀，但這裡還是馬里瑪經典的山吉歐維樹產區。Saffredi 由具有開拓精神的莊園之瞳酒莊（Le Pupille）釀製，最初的釀製得到過已故的 Giacomo Tachis（Antinori 的著名釀酒師）的幫助。在靠近海平面的溫和氣候下，成熟度不是個問題。在單一莊園的海邊 **Parrina** DOC，其葡萄酒比經典奇揚替（Chianti Classico）內陸山丘裡釀製的任何酒款都更富肉感、更柔順，甚至可以說更「國際化」。

這幅地圖的北部近年來也已經擴張。Lodovico Antinori 和 Gaja 都已經來到海拔更高、風更大、更溫暖的 **Terratico di Bibbona** 投資，Lodovico Antinori 建立了貝色納（Biserno）莊園，Gaja 在這裡有數公頃的葡萄園（種植著紅、白葡萄品種），這裡生產的葡萄酒比寶格麗的更為強勁。在 **Montescudaio** DOC 的比博納北部，有兩個很新的酒莊表現出色，它們都以 2010 年建立的 IGT **Costa Toscana** 為標籤裝瓶，攜手酒莊（Duemani）用一款帶有明顯托斯卡尼風格的卡本內－弗朗展示了其非凡的能力，而卡羅莎酒莊（Caiarossa）出品的酒則特別的新鮮和優雅。

整個馬里瑪地區，在非常短的時間內，已經從一片沼澤地變成了義大利的那帕谷。

## 托斯卡尼海岸北部

在地圖的南部地區，比如在 Morellino di Scansano 產區以及往內陸一點的 Parrina 和 Montecucco 產區，葡萄酒也釀得很有趣。詳見第 173 頁地圖。

在海濱餐廳 La Pineta，您很容易就會遇到寶格麗地區最有名望的酒莊莊主或釀酒師。

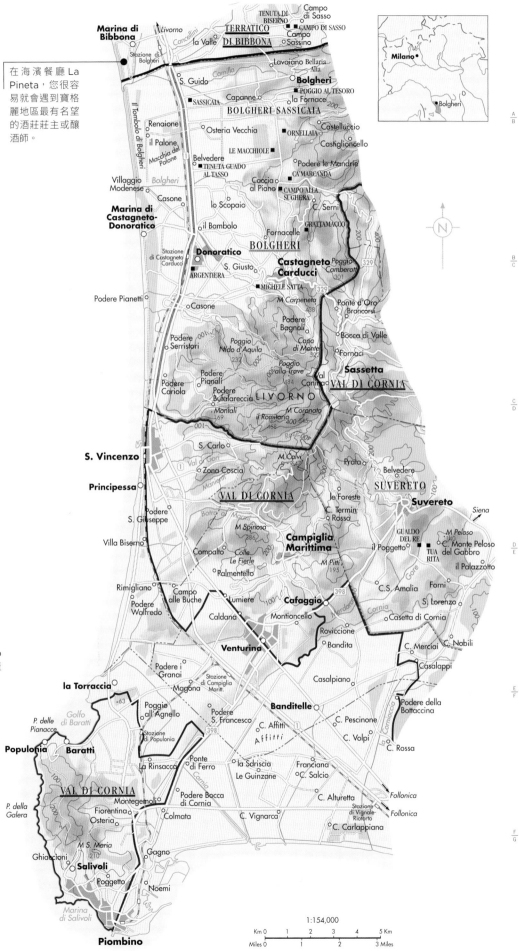

| | |
|---|---|
| — · — · — | 省界 |
| — ·· — ·· — | 市鎮邊界 |
| —— | Terratico di Bibbona DOC |
| —— | Bolgheri（寶格麗）DOC |
| —— | Bolgheri Sassicaia DOC |
| —— | Val di Cornia DOC |
| | Val di Cornia Rosso DOCG |
| —— | Suvereto DOCG |
| ■ORNELLAIA | 知名釀酒商／酒廠 |
| Bellaria Alta | 知名葡萄園 |
| | 森林 |
| ═500═ | 等高線間距 100 公尺 |

1:154,000

Km 0　1　2　3　4　5 Km
Miles 0　1　2　3 Miles

# 經典奇揚替Chianti Classico

在佛羅倫斯和西恩納（Siena）之間的丘陵地區，景色、建築以及農業互相交融，古風撲面，意味深遠。別墅、柏樹、橄欖樹、葡萄藤、岩石和森林，構成的可能是古羅馬時代、文藝復興時期或是義大利統一運動時期的圖景，真讓人分辨不出今時往日（如果大量的遊客能把車停好的話）。

在這幅時間凝滯的畫面裡，曾經雜亂地種植著維持托斯卡尼農民溫飽的各種莊稼，如今在山間最好的位置，則是一片片高低錯落的葡萄園，不時分隔開森林茂密的荒野。大多數的葡萄園為財力雄厚的外來投資者所擁有。

最初始的奇揚替地區，早在1716年成為全世界第一個被劃定的區域，當時只包括拉達（Radda）、加伊奧萊（Gaiole）以及卡斯泰利納（Castellina）附近的土地，之後還加入了格雷韋（Greve）（含潘札諾 [Panzano]）。下頁地圖的紅線顯示了整個擴張後的傳統歷史區域，這裡如今生產著義大利最頂級葡萄酒中的一種——經典奇揚替（Chianti Classico），但過去它可不是這樣的。

遠在1872年，瑞卡梭利男爵（Barone Ricasoli，曾是義大利首相）就在自己的布洛里奧（Brolio）城堡內，為兩種不同形態的奇揚替葡萄酒做出區分：一種是適合在酒齡淺時飲用的簡單酒款，另一種則是需要在酒窖中熟成、更有野心的酒款。對於那些適合在年輕時飲用的奇揚替，男爵允許在山吉歐維樹和卡內奧羅（Canaiolo）混釀的紅葡萄酒中，加入少許當時盛行的白葡萄品種馬瓦西亞（Malvasia）。遺憾的是，後來那些高產量白葡萄品種的比例增加了，甚至還加入了沉悶的「托斯卡諾－崔比亞諾」（Trebbiano Toscano）。

1963年，當DOC對奇揚替進行定義時，規定任何一種類型或出處的奇揚替都必須加入至少10%（最多可達30%，但顯然太多了）的白葡萄品種，經典奇揚替也不例外。結果淡色的奇揚替竟成了常規酒（品質不佳，常常是因為使用了本地經典深色葡萄品種「山吉歐維樹」的劣質無性繁殖品系，或加入了從義大利南部散裝運來的紅葡萄酒）。事態至此已顯而易見，要不改變規則，要不本地的酒莊必用自己的方式釀出他們最好的葡萄酒，然後再幫這些葡萄酒取個新的名字。

1975年，歷史悠久的安蒂諾里（Antinori）家族高舉了反叛的大旗，推出了Tignanello 葡萄酒，就像靠近佛羅倫斯西北部的Carmignano DOC 葡萄酒那樣，Tignanello 用山吉歐維樹加上少量的卡本內蘇維濃釀成。為了強調其叛逆精神，他們很快又推出了 Solaia，卡本內蘇維濃和山吉歐維樹在酒中的比例倒了過來。短短幾年內，似乎極少有奇揚替的酒廠或莊園不跟隨 Antinori 家族的做法，推出了自己的「超級托斯卡尼」（Super Tuscan）葡萄酒的。事實上，所有這些葡萄酒都使用了國際品種，最初更是帶著挑釁的姿態以日常餐酒（Vino da Tavola）的名義銷售。

但是，隨著許多這類叛逆葡萄酒的特性和真正的托斯卡尼葡萄酒漸行漸遠，再加上品質更好的新山吉歐維樹無性繁殖品系的出現，以及人們對葡萄園位置和種植方式的優劣有了更深的理解，經典奇揚替（Chianti Classico）及其珍藏級（Riserva），以一個「高水準葡萄酒」的概念出現了。如今，珍藏級的經典奇揚替差不多占到產區總產量的25%。

## 山吉歐維樹的復興

經典奇揚替如今是一種非常嚴謹的葡萄酒，

主要以產量受到控制的頂級山吉歐維樹葡萄釀成（在配方中占比80%~100%），並經過木桶陳年，酒齡可達10年甚至更長。目前被允許加到經典奇揚替裡的其他葡萄品種（最高可達20%）包括傳統的卡內奧羅（Canaiolo）、深色的科羅里諾（Colorino）以及一些國際品種（主要是卡本內蘇維濃和梅洛），但這些國際品種正逐步被放棄，以打造100%的托斯卡尼葡萄酒。

經典奇揚替的葡萄園地勢相對較高，至少在海拔250公尺至500公尺，在某些年份，一些地勢較高的葡萄園中，山吉歐維樹甚至難以成熟。這裡典型的土壤類型是一種容易散碎的泥灰土，在當地被叫作galestro，有時土壤夾層中會有被稱為albarese的石灰土。下頁這張地圖上顯示了奇揚替鄉村中雜亂的山丘和散落在森林間的葡萄園（以及橄欖園），在圖中所標註的酒莊，通常都想把顏色較淺、酸度高的山吉歐維樹釀成複雜、具有令人滿意單寧的美味可口葡萄酒，嫵媚妖嬈並不是山吉歐維樹葡萄酒的屬性。如今，大多數的經典奇揚替都是精心釀造的，人們還從使用小型的法國橡木桶回歸到使用大型的橡木桶，後者被稱為 botte，更為傳統。

珍藏級的經典奇揚替，差不多占到產區總產量的25%，要瓶陳較長的時間才能飲用，它通

**托斯卡尼佛羅倫斯（FIRENZE）▼**

緯度／海拔
**43.80°／44 公尺**

葡萄生長季節的平均氣溫
**20.1°C**

年平均降雨量
**767 公釐**

採收期降雨量
**10 月：85 公釐**

主要種植威脅
**不成熟、灰黴病、埃斯卡病（esca）**

主要葡萄品種
**山吉歐維樹、黑卡內奧羅（Canaiolo Nero）**

## 邊遠的奇揚替

在20世紀初期，無論是義大利本地，或是其他國家都有許多愛好奇揚替的支持者，造成拙劣的仿冒品猖獗。1932年，一個隸屬於政府的委員會受託劃定了一個「經典」區域，但同時也標出了6個次產區，並宣布在這些次產區中（範圍非常大，在第173頁中以亮綠色的線標註）所生產的葡萄酒，都只要簡單地標示「奇揚替」即可。從北到南，差不多160公里，整個區域比波爾多的葡萄酒產區還要大。與經典奇揚替相比，這些邊遠的次產區允許更高的單位產量、較低的最低酒精濃度、葡萄園裡較低的種植密度，所生產的葡萄酒可能仍然含有相當比例的白葡萄品種。結果是，這些地方生產的紅葡萄酒太過清淡，遠不如經典奇揚替那麼令人滿意。

在這6個奇揚替的次產區當中，位於佛羅倫斯東部的 **Chianti Rufina**（部分在下頁地圖中用紫紅色勾勒，詳見第173頁地圖）是最有特點的，釀出的葡萄酒可以陳年，相當優雅。穿過此處北部亞平寧山脈的隘口，讓海洋的涼風吹拂著葡萄園，這是 Chianti Rufina 葡萄酒精緻的主要原因；也因此，其最好的一些酒莊，比如 Selvapiana，釀出可陳放數十年的葡萄酒。

在西恩納上面山丘地帶的 **Chianti Colli Senesi** 次產區（藍色線以南）中，有一個叫 San Gimignano 的小城，在那附近可以找到其他一些不錯的莊園。曾被認為只是讓遊客順道一喝的白葡萄酒 **Vernaccia di San Gimignano**，如今酒質也大大躍進，有時還能陳年，有的甚至是在陶甕裡帶皮發酵的。

在佛羅倫斯、比薩（Pisa）和阿雷佐（Arezzo）的山丘上所出品的奇揚替葡萄酒（分別是 **Chianti Colli Fiorentini**、**Colline Pisane** 和 **Colli Aretini** 次產區），品質通常沒那麼好，產於佛羅倫斯西北部次產區 **Chianti Montalbano** 的葡萄酒也是這樣。但是，在 Chianti Montalbano 中，還有一個面積更小，且具有歷史意義的產區 **Carmignano**（見第173頁地圖），它的地勢比經典奇揚替的區域低一點，因此其葡萄酒也較柔和。Carmignano 是首款加入卡本內蘇維濃以賦予其骨架的托斯卡尼葡萄酒。

## 奇揚替的中心地帶

佛羅倫斯南部的奇揚替山丘地帶，有著上千個令人難忘的夏天度假勝地。這片區域的某些地方，海拔太高了，會影響葡萄的成熟。目前葡萄酒與橄欖油是這裡最主要的農產品——什麼都種的日子已一去不復返。

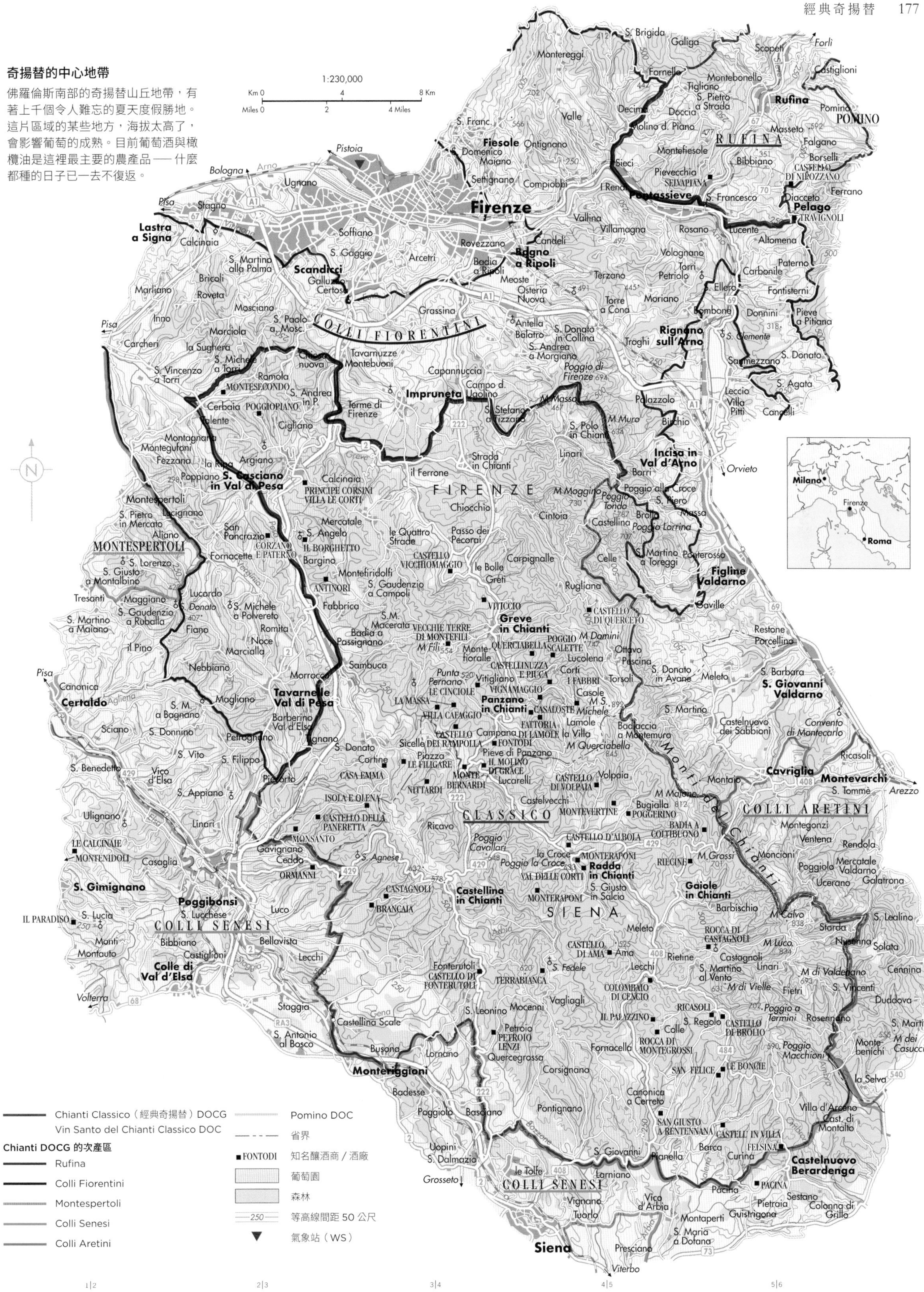

1:230,000
Km 0 4 8 Km
Miles 0 2 4 Miles
Firenze
Fiesole
Pistoia
Bologna
Pisa
Lastra a Signa
Scandicci
Bagno a Ripoli
Pontassieve
Rufina
RUFINA
POMINO
Pelago
Rignano sull'Arno
COLLI FIORENTINI
Impruneta
S. Casciano in Val di Pesa
MONTESPERTOLI
FIRENZE
Incisa in Val d'Arno
Figline Valdarno
Greve in Chianti
Panzano in Chianti
Tavarnelle Val di Pesa
Certaldo
S. Giovanni Valdarno
Cavriglia
Montevarchi
Arezzo
COLLI ARETINI
Monti del Chianti
CLASSICO
Radda in Chianti
Gaiole in Chianti
Castellina in Chianti
SIENA
S. Gimignano
Poggibonsi
COLLI SENESI
Colle di Val d'Elsa
Volterra
Monteriggioni
Castelnuovo Berardenga
Siena
Grosseto
Viterbo
Orvieto
Forlì
Milano
Firenze
Roma
Chianti Classico（經典奇揚替）DOCG
Vin Santo del Chianti Classico DOC
Chianti DOCG 的次產區
Rufina
Colli Fiorentini
Montespertoli
Colli Senesi
Colli Aretini
Pomino DOC
省界
FONTODI 知名釀酒商／酒廠
葡萄園
森林
250 等高線間距 50 公尺
氣象站（WS）

常會比近期才出現的類別——特級精選（Gran Selezione）給人留下更深刻的印象，後者被認為是在品酒的基礎上所挑選出、較優質的葡萄酒。

許多經典奇揚替產區的酒莊還同時生產橄欖油，有時還生產一種微不足道的當地不甜白酒（通常使用維蒙蒂諾葡萄）。也有越來越多酒莊出產粉紅葡萄酒，或許還有「聖酒」（Vin Santo，用義大利中部非常有名的風乾葡萄釀成，需經陳年，為甜型白酒或呈黃褐色，詳見第180 頁），此外或許還包括一兩款超級托斯卡尼 IGT——不過，隨著經典奇揚替的擴大和發展，這種做法會越來越少。

高度個性化的經典奇揚替，想讓自己與普通的奇揚替葡萄酒（可參考第176 頁的專題輔文）有所區別，最好的方法就是建立個別的市鎮標識。例如，加伊奧萊（Gaiole）的葡萄酒因葡萄園的地勢較高，通常酸度比較高；而處在奇揚替低窪地帶「卡斯泰利納」（Castellina）的葡萄酒，則通常酒體飽滿且有點肥厚。出自經典奇揚替產區最南部「卡斯德爾諾沃貝拉登卡」（Castelnuovo Berardenga）的葡萄酒，其特色是在年輕時緊緻，單寧有顆粒感。潘札諾（Panzano）雖然在實際行政區劃分上屬於更多元的格雷韋（Greve）產區，但釀自這裡如圓形劇場般葡萄園上的葡萄酒，即所謂 Conca d'Oro，則非常獨特，整日沐浴在陽光下，這種

想必這就是想成為托斯卡尼葡萄種植者的人，夢寐以求之景色了。這是位於 Gaiole-in-Chianti 附近的 Badia a Coltibuono 酒莊，許多義大利葡萄酒莊園都具有修道院背景淵源，它是其中的一個。

葡萄酒往往以果香主導，並兼有特別細膩的單寧。順便一提的是，潘札諾是義大利第一個整體實行有機農法種植的葡萄酒產區；到了2018 年，經典奇揚替產區大約已有 35% 的葡萄園都實行了有機農法。在一個外人看來，把這些地區的特徵在酒標上明確地標示出來（就像當地許多餐廳的老闆在其酒單上所做的那樣），似乎是合情合理的。

# 蒙塔奇諾
## Montalcino

在 20 世紀 70 年代，蒙塔奇諾（Montalcino）還只是托斯卡尼南部一個最貧窮的山頂小鎮，一個義大利鮮為人知的區域。但當地人都知道，這裡的氣候狀況比北部或南部更加穩定。海拔 1,700 公尺的阿米阿塔（Amiata）山居於南面，阻擋了由南方來的夏季風暴。蒙塔奇諾擁有溫暖、乾燥的托斯卡尼海岸氣候（可參考第 174 頁），而這裡最好的葡萄園，土壤中岩石較多、土質較貧瘠，與較涼冷的經典奇揚替地區相仿。因此，產自這裡的葡萄酒，具有托斯卡尼最典型紅葡萄酒的所有風味，並有額外的深度和持久力。

就在瑞卡梭利男爵為奇揚替葡萄酒設計一種理想配方的同時，Clemente Santi 也和他的家族（如今被稱為 Biondi-Santi）為他們所稱的「蒙塔奇諾布魯奈羅」（Brunello di Montalcino）葡萄酒建立了樣板。布魯奈羅（Brunello）是當地所選的山吉歐維樹無性繁殖品系。尚存的這種葡萄酒，不僅因年代如此久遠而成為令人尊敬的稀世珍寶，而且酒體可能仍雄渾有力，令人印象深刻，值得仿效。如此個例，不勝枚舉。

20 世紀 70 年代，龐大的美國公司 Banfi 因其推出的葡萄酒「藍布魯斯科」（Lambrusco）在美國大獲成功而被沖昏頭，它試圖將同樣的招式套用在 Moscadello di Montalcino 甜白葡萄酒上（Moscadello di Montalcino 就是為此而設的 DOC，範圍如蒙塔奇諾布魯奈羅），因此在蒙塔奇諾幾百公頃的土地上種植莫斯卡德羅（Moscadello）這個品種。但這一做法徹底失敗了，於是 Banfi 公司迅速地在這些葡萄園改種布魯奈羅，因此，從 80 年代起，借助 Banfi 公司的影響力與銷售通路，蒙塔奇諾的葡萄酒已完全被美國市場接受，繼而風靡全世界。儘管蒙塔奇諾在地理精確度上，不如巴羅鏤那樣縱錯綜複雜，但可說是巴羅鏤的托斯卡尼版。

「蒙塔奇諾布魯奈羅」葡萄酒，以往追求的是強壯的風格，陳釀時間超長，但如今也已相當程度地順應了現代的口味。必須在橡木桶中陳釀至少 4 年的規定改成了兩年；而且，在 20 世紀末，一些生產者開始違法在酒中加入一些國際品種（法定是 100% 的蒙塔奇諾布魯奈羅），以加深山吉歐維樹的顏色。相關的一切控訴在 2008 年時達到了高峰。最後所有生產者投票決定在調配缸中不許添加外來品種。最近年份的酒品，其托斯卡尼特色更清晰可辨了。**Sant'Antimo** DOC（和布魯奈羅相同的區域，只是名字不同而已），是專門為山吉歐維樹以外的其他葡萄品種而設的法定產區，但使用者並不多。

蒙塔奇諾還是第一個擁有「副牌 DOC」（junior DOC）的 DOCG 產區，這個副牌名叫

省界

Chianti Colli Senesi DOCG

Brunello di Montalcino DOCG
Rosso di Montalcino DOC
Moscadello di Montalcino DOC
Sant'Antimo DOC

■ LISINI　知名釀酒商／酒廠

葡萄園

森林

500　等高線間距 100 公尺

1:135,000

Km 0　1　2　3　4　5 Km

Miles 0　1　2　3 Miles

**Rosso di Montalcino**，所出品的是一種酒體（相對來說）較輕的山吉歐維樹，它可能只經過 1 年而非 4 年熟成就裝瓶上市，消費者要體驗布魯奈羅葡萄酒的品質，這是一種實惠且快速的方式。

布魯奈羅葡萄酒價格越來越高，促使該產區山吉歐維樹的種植面積大幅擴大，從 1960 年的 60 多公頃到發展到今天超過 2,610 公頃。葡萄園的地勢有低有高，低的是海拔 150 公尺，比如南部的 Val d'Orcia，其黏土含量高，此地的葡萄酒酒質通常也最厚重；高的差不多海拔 500 公尺，就在山頂小鎮蒙塔奇諾的南面，其土質為泥灰岩黏土，此地的葡萄酒的酒質更為優雅芳香，在口感上更「真實」。緊挨著小鎮下方的陡峭山坡是最初的葡萄園中心地帶，因生長季節最長，生產

出來的葡萄酒也最具細微的差異，即使是非常冷涼的年份，葡萄也可能在歷盡艱難後還是得以成熟。從 Sant'Angelo Scalo 順山而上，到達 Colle 的 Sant'Angelo，是一條狹長的葡萄園帶，這是產區裡最熱和最乾的地方，這一特點也反映在其葡萄酒當中。在 Tavernelle 周圍的生產者，如已故的 Case Basse 酒莊釀酒師 Gianfranco Soldera 相信，他們所在的地方能兩全其美，既有涼風按時吹拂，又無霜凍霧罩之處。

雖然區內某些葡萄園的表現毫無疑問地優於其他大部分葡萄園，但要給個別的葡萄園定級，又或是要設立一些次產區，目前仍被視為是一個敏感的政治議題。布魯奈羅葡萄的愛好者越來越多，他們對未來充滿期待。

# 蒙鐵布奇亞諾 Montepulciano

蒙鐵布奇亞諾（Montepulciano）是蒙塔奇諾的東鄰，兩地之間還夾著一塊「純粹」的奇揚替飛地。蒙鐵布奇亞諾長久以來自命不凡，從其貴族氣派的 DOCG 名稱 Vino Nobile di Montepulciano 即可見端倪（譯註：Vino Nobile 字面上的意思就是「高貴的葡萄酒」）。

蒙鐵布奇亞諾是一個迷人的山城，周邊都是葡萄園，種植著多個品系的山吉歐維榭（在當地被稱為 Prugnolo Gentile）；此外，這裡還種有其他一些當地及法國品種，法國品種主要是梅洛和希哈。「貴族酒」（Vino Nobile）必須至少含有 70% 的山吉歐維榭，有些酒莊喜歡用到 100%，有些則偏好混合其他品種，因此，這裡的葡萄酒儘管大多給人厚重、酒齡尚淺時通常單寧過於強烈、有些桶味仍然過重的印象，但差異還是很明顯的。產自博斯卡雷利酒莊（Boscarelli）和 Gracciano della Seta 酒莊的葡萄酒，以及孔圖奇酒莊（Contucci）和瓦蒂皮塔酒莊（Valdipiatta）的老年份葡萄酒，都是值得一尋的酒款。

就像蒙塔奇諾那樣，蒙鐵布奇亞諾葡萄酒所需的最低木桶陳放期也被縮短了（只需要在橡木桶中陳放 1 年，普通版和珍藏級都一樣），但 Vino Nobile di Montepulciano 需要陳放兩年才能上市，而珍藏級需要 3 年。如果說年輕的 Vino Nobile 通常都有相當咬口的單寧，那麼較早熟的「副牌」版本 Rosso di Montepulciano，就可以說順口得令人驚訝了。

本產區的葡萄園被 Val di Chiana 平原分成兩部分，並且都位於海拔 250 公尺至 600 公尺之間。年平均降雨量大約是 740 公釐，比蒙塔奇諾產區略高，但托斯卡尼南部普遍溫暖，葡萄的成熟沒有什麼問題。土壤黏土豐富，有些含有石灰石，Vino Nobile 的酒體堅實與此相關。

葡萄園的海拔高度也許大大地影響了，產於該地的葡萄可以釀成哪一種類型的酒；一些地勢最高的葡萄園，位於蒙鐵布奇亞諾城北部的陡峭山坡上。但產區裡的土壤差異性極大，有的是黏土，有的是凝灰岩，有些地方岩石含量很高，甚至還有海洋化石。

在亞維納希（Avignonesi）酒莊（目前的莊主為比利時人）的帶動下，當地的酒莊曾經輕率冒失地採用超級托斯卡尼的方式，將山吉歐維榭與不同的國際品種混釀。但在 2017 年，眾人開始希望把蒙鐵布奇亞諾「高貴的葡萄酒」釀造得更獨特，並具有無庸置疑的托斯卡尼風格，在這樣意念的驅動下，Avignonesi、Boscarelli、Dei、La Braccesca (Antinori)、Poliziano 和 Salchetto 等 6 個酒莊建立了一個聯盟──Alliance Vinum，旨在推廣「全山吉歐維榭」Vino Nobile 的發展。這麼做之後，當地的葡萄酒很有可能會變得更精緻，且具當地特色。

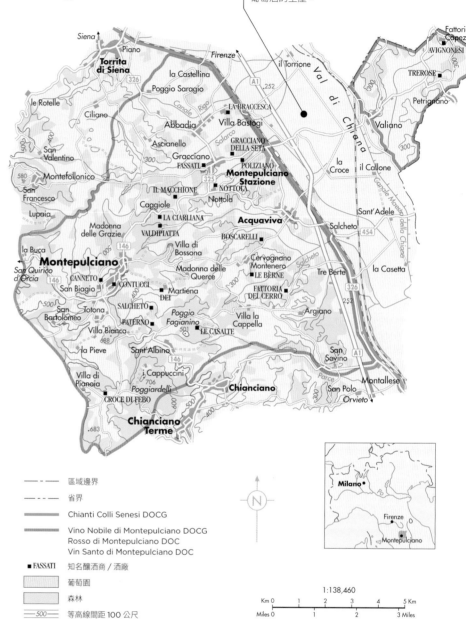

在 DOCG 兩個部分之間的這片土地，地勢太低，土壤過於肥沃，不利於頂級葡萄酒的生產。

**圖例說明**

- –––––  區域邊界
- ––––  省界
- ━━━  Chianti Colli Senesi DOCG
- ━━━  Vino Nobile di Montepulciano DOCG
  Rosso di Montepulciano DOC
  Vin Santo di Montepulciano DOC
- ■ FASSATI  知名釀酒商／酒廠
-    葡萄園
-    森林
- ━500━  等高線間距 100 公尺

1:138,460

Km 0　1　2　3　4　5 Km
Miles 0　1　2　3 Miles

## 聖酒（VIN SANTO）

蒙鐵布奇亞諾另一個了不起的成就是「聖酒」，在義大利許多地方，尤其是在托斯卡尼，這是被遺忘的奢侈品。它酒色橘黃，帶有燻烤香氣，口感濃甜持久。這種酒通常釀自 Malvasia Bianca、Grechetto Bianco、托斯卡諾－崔比亞諾這幾個品種，葡萄採收後，開始發酵之前，要先在空氣流通的空間，仔細風乾至少到每年的 12 月，發酵完成後，還必須再放入被稱為 caratelli 的小型扁平木桶中陳放 2 年（有時會放在閣樓）。用來釀製 Vin Santo di Montepulciano Riserva 酒款的葡萄，也要經過風乾，釀成葡萄酒之後，還要歷經更長的熟成期。Avignonesi 酒莊用 Prugnolo Gentile 葡萄釀製的奢華珍品 Vin Santo di Montepulciano Occio dePernice，裝瓶前通常要在大橡木桶中經過長達 8 年的熟成。

# 翁布里亞
## Umbria

地處內陸的翁布里亞，氣候差異很大，在特拉西魅濃湖（Trasimeno）附近的北部比奇揚替高地更冷；而在南部，則是地中海型氣候。這裡種植的葡萄很有翁布里亞特色。Trebbiano Spoletino 具有絕佳的抓地力和個性，這個品種可能與神秘的 Trebbiano d'Abruzzo（詳見第172頁）有關。用 Grechetto di Orvieto 釀出的白葡萄酒，堅果香氣濃厚，酒體豐滿。薩甘丁諾（Sagrantino）是其代表性的紅葡萄品種，與蒙特爾科（Montefalco）鎮有關聯，用這種厚皮葡萄釀出來的酒，味道豐富，陳年潛力頗佳。20 世紀 90 年代初，Marco Caprai 釀出的薩甘丁諾引起國際曯目；而阿當提酒莊（Adanti）（其薩甘丁諾非常優雅）和史卡提亞沃里酒莊（Scacciadiavoli）的歷史則更為悠久。薩甘丁諾

這個品種的單寧非常高，所以釀酒師常常要以遲摘的方法以加以馴化，因此釀出來的酒具有相當高的酒精濃度。

今日的 Montefalco Sagrantino 是一個面積超過 600 公頃的 DOCG，其中 400 公頃左右的土地以種植山吉歐維樹為主，生產蒙特法羅紅酒（Rosso di Montefalco）。

20 世紀 70 年代末，Giorgio Lungarotti 博士在他位於佩魯賈（Perugia）附近托爾賈諾（Torgiano）鎮的酒莊中，首次證明了當前產於翁布里亞，以山吉歐維樹為主的紅葡萄酒，其品質可媲美托斯卡尼紅葡萄酒，他甚至還對所謂的「超級翁布里亞」（Super Umbrians）進行深入調查。他的兩個女兒 Teresa 和 Chiara 繼續為維持 Torgiano 的地位而努力，其 Riserva 等級現已為 DOCG（請見地圖），並伸展到蒙特法羅（Montefalco）。

翁布里亞也和其他地方一樣，有著悠久的葡萄酒傳統。歐維耶多（Orvieto）是一個伊特魯里亞文明中的重要城市。在其引人注目的山頂上，於火山岩中開鑿出的宏偉地窖，建於 3000 年前，是史前技術的獨特例證，在那些地窖裡適合進行長時間的低溫發酵，生產甜或半甜的白葡

萄酒。但歐維耶多（Orvieto）生不逢時，20 世紀六七十年代流行的是不甜型白葡萄酒，這讓歐維耶多變成了義大利中部另一個以托斯卡諾－崔比亞諾（在當地叫 Procanico）為主，進行混釀的產地。賦予這個地區特色的低產量格萊切多（Grechetto）葡萄被冷落，這個理應是翁布里亞葡萄酒領袖的品種，那時的境況非常糟糕。還好如今，人們終於對 Orvieto Classico Secco 重新燃起了興趣，這得特別感謝 Barberani 酒莊，它釀出了一些全義大利最好的白葡萄酒，同時也釀造貴腐葡萄酒，貴腐菌的形成源於附近科爾巴拉湖（Corbara）帶來的霧氣；另外還有用遲摘葡萄釀造的不甜型葡萄酒 Orvieto Superiore。

在西南部，Antinori 家族在其 Castello della Sala 酒莊中釀造非傳統的白葡萄酒，較有名的是「司華露翁布里亞白酒」（Cervaro della Sala），在夏多內中加入了一點格萊切多，於木桶中發酵釀成。貴腐葡萄酒「慕法朵」（Muffato），則是以一系列國際品種再加上格萊切多釀製而成，展現了其他的可能性。今日，翁布里亞釀造的是真正的義大利葡萄酒，既有紅的，也有白的。

| | |
|---|---|
| —·—·— | 區域邊界 |
| —— | 省界 |
| MONTEFALCO SAGRANTINO | DOCG 法定產區 |
| ORVIETO | DOC 法定產區 |
| ■ FALESCO | 知名酒商／酒廠 |
| | DOCG/DOC 的界線由不同顏色區分 |
| ▼ | 氣象站（WS） |

**翁布里亞：佩魯賈（PERUGIA）▼**

緯度／海拔
43.10°／208 公尺

葡萄生長季節的平均氣溫
18.1°C

年平均降雨量
778 公釐

採收期降雨量
9 月：89 公釐

主要種植威脅
在比較老的葡萄園內會有一些埃斯卡病（ESCA）

主要葡萄品種
紅：山吉歐維樹、塞立吉洛（Ciliegiolo）、薩甘丁諾（Sagrantino）
白：崔比亞諾、格萊切多

拉契優大區東北的這一角，實際上是翁布里亞葡萄種植區的延伸，波塞納湖讓歐維耶多的氣候變得溫和。法萊思珂酒廠（Falesco）是拉契優最好的酒莊之一——「Est! Est!! Est!!!」這個葡萄酒名本身就已享譽了幾個世紀。

# 義大利南部
# Southern Italy

古羅馬時期最有價值的葡萄酒，來自一片他們稱為「幸運之城」（Campania felix）的肥沃土地。

**風土條件**：地圖上所顯示之區域的北部，是由火山作用形成的，除了義大利的「靴跟」普利亞（Puglian）外，都是丘陵。

**氣候**：夏天炎熱乾燥，但在亞平寧山脈會涼爽些；冬天潮濕。

**葡萄品種（從北到南）**：紅：阿里安尼科（Aglianico）、派迪洛索／紅腳（Piedirosso）、黑曼羅（Negroamaro）、黑托雅（Nero di Troia）、普里米蒂沃（Primitivo）、黑馬瓦西亞（Malvasia Nera）、佳里歐波（Gaglioppo）、梅格尼歐科－多切（Magliocco Dolce）；白：菲亞諾（Fiano）、法蘭吉娜（Falanghina）、白博比諾（Bombino）。

坎帕尼亞（Campanian）這個葡萄酒產地是由火山作用形成的。龐貝古城的遺跡清楚地顯示，在西元 79 年龐貝古城被維蘇威火山的熔岩吞沒前，葡萄酒有多麼重要。在豐富的古文明遺跡中，有與最早的古希臘先民相關的葡萄品種。20 世紀 70 年代，Antonio Mastroberardino 開始致力於這些葡萄品種的復興。阿里安尼科（Aglianico），不管它是不是來自古希臘，都是一個非常優秀的紅葡萄品種，也是世界上最優秀的紅葡萄品種之一。在下頁地圖裡的**塔武拉希（Taurasi）**DOCG，是一個由火山形成的丘陵地帶，艾格尼科在這裡找到了其迄今為止最完美的表達，用它釀出的葡萄酒，強勁有力，有一種顯而易見的高貴感，性格深沉，可把它描述為「南方的巴羅鏤」。

卡洛雷盧卡諾河（Calore River）把塔武拉希一分為二。在北部的左岸，葡萄園大多為黏土，海拔在 300 公尺至 400 公尺，面向南邊，比起南部地區更多由火山形成的葡萄園（海拔高至 700

公尺），這裡的葡萄可能會早兩個星期成熟。在這裡，艾格尼科常常遲至 11 月才成熟，釀出的酒自然酸度極高，它們的蘋果乳酸轉換做得很好。

**Fiano di Avellino** 是伊爾皮納（Irpinia）地區三個 DOCG 當中的另一個，分布在塔武拉希產區西邊以阿韋利諾（Avellino）鎮為中心的山區 26 個村。在這裡用菲亞諾（Fiano）釀造的不甜白葡萄酒富有礦物質的味道，結實，略帶花香，帶有成熟水果的氣息，可以陳放 10~20 年；其顯而易見的品質，啟發了從西西里到澳洲南部麥克拉倫谷（McLaren Vale）的葡萄種植者，他們紛紛引進了菲亞諾這個品種的插枝。**Greco di Tufo** 是緊挨著 Fiano di Avellino 北部的一個面積小得多的 DOCG，其所生產的大量白葡萄帶有蘋果皮的香味，或許是因為火山凝灰岩的緣故，釀

出的酒同樣具有礦物質的深度。

這些都是著名的現代坎帕尼亞葡萄酒，但有些令人振奮的佳釀正從意想不到的地區湧現出來。**Campi Flegrei** 是屬於那不勒斯的 DOC，這裡出產的法蘭吉娜（Falanghina）品質優秀，這個品種同時也在**卡布里（Capri）**、**伊斯基亞島（Ischia）**和**達馬爾菲海岸（Costa d'Amalfi）**等 DOC 中，幾乎難以置信的陡峭山坡上種植，是這些法定產區白葡萄酒的主要品種。在伊斯基亞島上的一些葡萄園，只有靠著小船才能到達。瑪麗莎·庫莫酒莊（Marisa Cuomo）在阿瑪菲（Amalfi）的次產區富羅雷（Furore）釀出了一些義大利最著名的白葡萄酒。

**「基督之淚」（Lacryma Christi）**白葡萄酒和紅葡萄酒，釀自生長在維蘇威山山坡上的葡萄，已逐漸獲得好評，而不再只是靠其酒名而著稱了。

在那不勒斯北部卡塞塔（Caserta）省稍顯偏僻的地方，有一大批當地的古老葡萄品種正開始嶄露頭角，它們有些是靠著黑色的火山沙保存下來的。有些酒莊以黑狐尾（Pallagrello）釀出白葡萄酒，以卡薩維奇亞（Casavecchia）釀出紅葡萄酒，在 **Terre del Volturno** 這個 IGT 的名義下脫穎而出（卡薩維奇亞還有其專門的 DOC

## 圖例

- — ‧ — 區域邊界
- **BIFERNO** 紅葡萄酒區
- *OSTUNI* 紅白葡萄酒區
- Greco di Tufo 白葡萄酒區
- ■MAFFINI 知名釀酒商／酒廠
- DOCG/DOC 的界線由不同顏色區分
- IGT Salento
- 海拔 600 公尺以上的土地
- 183 此區域放大圖所示頁面
- ▽ 氣象站（WS）

## 主要釀酒商／酒廠

1. TORMARESCA (ANTINORI)
2. DUE PALME
3. MASSERIA LI VELI
4. CANDIDO
5. CANTINA SAN DONACI
6. TAURINO
7. CASTELLO MONACI
8. CANTELE
9. LEONE DE CASTRIS
10. CONTI ZECCA
11. CUPERTINUM
12. MONACI

**坎帕尼亞大區的中心**

在坎帕尼亞大區中，生產優質葡萄酒的中心地帶為塔武拉希（Taurasi）、Fiano di Avellino 以及面積較小的 Greco di Tufo 地區。

| | |
|---|---|
| — · — | 省界 |
| TAURASI | 紅葡萄酒區 |
| *IRPINIA* | 紅白葡萄酒區 |
| Greco di Tufo | 白葡萄酒區 |
| ■ PERILLO | 知名釀酒商／酒廠 |

DOCG/DOC 的界線由不同顏色區分

• Roma
Napoli

1:348,000

Km 0  5  10 Km
Miles 0  3  6 Miles

**義大利南部：布林迪西（BRINDISI）▼**

緯度／海拔
**40.65°／10 公尺**

葡萄生長季節的平均氣溫
**21.0°C**

年平均降雨量
**572 公釐**

採收期降雨量
**8 月：19 公釐**

主要種植威脅
**成熟太快、降雨太多、曬傷**

Casavecchia di Pontelatone），較著名的是 Alois 酒莊、王子酒莊（Terre del Principe）、Vestini Campagnano 酒莊（最早使用這些葡萄品種）以及後來加入的 Nanni Copè 酒莊。

南部的巴西里卡達（Basilicata），只有一個值得注意的 DOC：**Alianico del Vulture**。當地人靠著非比尋常的技術，讓 Alianico 葡萄得以生長在海拔 760 公尺、相對寒冷的死火山山坡上。這個產區沒有塔武拉希那麼出名，釀酒水準可能有很大的落差，不同塊的葡萄園潛力差異也很大，但卻經常能出現一些物超所值的酒款。採自山坡上（特別是在地勢較高、更受火山影響而形成的地方）之葡萄所釀的酒，遠比採自平原之葡萄所釀的酒好，在平原地帶，葡萄的成熟期在塔武拉希早得多。只有 Alianico del Vulture 的 Superiore 級別才具有 DOCG 的身份。

另外，艾格尼科葡萄在默默無聞之**莫利塞（Molise）**地區的亞得里亞海岸也可見種植。瑪爵諾朗（Di Majo Norante）在該區的權威級酒莊，這個採用有機農法的酒莊還一直種植著蒙鐵布奇亞諾和法蘭吉娜葡萄。

產自卡拉布里亞大區（Calabria）南部荒野地區的知名葡萄酒為數不多，「奇羅」（**Cirò**）是其中之一，紅的採用細膩、讓人流連忘返的芳香葡萄「佳里歐波」（Gaglioppo）釀成，而白的釀自格雷克（Greco）葡萄。卡拉布里亞最有名的酒莊是由家族經營的「黎伯藍迪」（Librandi），該酒莊一直致力於拯救像梅格尼歐科－卡尼諾（Magliocco Canino）這樣的當地葡萄品種，還以此葡萄品種釀出一款酒質柔細的 Magno Megonio。然而，卡拉布里亞大區最具原創性的葡萄酒，要屬強勁、刺激又甜香的 **Greco di Bianco**，它產於一個名為 Bianco 的小村莊附近，相當靠近義大利的「腳趾尖」。

在卡拉布里亞大區中，Pollino、Colline del Crati、Condoleo、Donnici、Esaro、San Vito di Luzzi 和 Verbicaro 都曾經是個別（且很小）的 DOC，但它們後來被歸入到一個名為 **Terre di Cosenza** 的 DOC 中，成為這個應有盡有的 DOC 中的次產區。

在這個產區，葡萄要一直與桃子和奇異果等作物爭種植的地盤，一些新的酒莊使用梅格尼歐科－多切（Magliocco Dolce）這個品種，精心釀出了口味清新、單寧細膩的優質葡萄酒。其中的佼佼者是 Giuseppe Calabrese、Ferrocinto 和 Serracavallo。

## 普利亞的變化

卡拉布里亞和巴西里卡達在葡萄酒的進步也許鼓舞人心，但普利亞（Puglia）大區葡萄酒的景象已經發生了徹底的變革。低矮的灌木式葡萄樹，其果實能釀出酒體集中、有趣的葡萄酒，但受到歐盟慷慨撥款政策的影響，種植者為求更多利益，通常會拔掉這些低矮的品種，改為種植高產量的棚栽葡萄。本區產出的葡萄酒中有四分之三是供給北部地區（包括法國）作為調配用酒，或作為生產葡萄濃縮液和苦艾酒的原料。北部福賈（Foggia）省附近的平坦地區，大量生產崔比亞諾、蒙塔布奇亞諾和山吉歐維榭，但大多毫無特色；不過有些在**聖塞韋羅（San Severo）**的生產者，已經推出了更有野心的酒款。

**蒙特城堡（Castel del Monte）**是位於義大利「靴跟」北部的 DOC，有一些小山丘，以晚熟的黑托雅（Nero di Troia）葡萄為基礎，生產出一些著名的、顏色深鬱的紅葡萄酒。

大多數較有意思的普利亞葡萄酒都產自平坦的薩倫托（Salento）半島，雖然此地在日照和中型氣候方面沒有太大的變化，但葡萄樹卻受惠於吹過亞得里亞海和愛奧尼亞（Ionian）海的涼風。如今，隨著葡萄種植技術的進步，比較好的葡萄幾乎很少在 9 月底之前採摘。

在世紀轉換之際，這個半島所產的 IGT 等級「薩倫托夏多內」（Chardonnay del Salento）受到市場歡迎，吸引了國際間的注意；但薩倫托（Salento）地區特有的原生品種更為有趣。Negroamaro 這個字的意思是黑色的苦味，這名字本身就提示了薩倫托東部這一主要紅葡萄的特徵，然而，如果浸漬時間不過長，又或在瓶子裡存放的時間不是太久的話，用它釀出的粉紅酒風味是很迷人的，用它釀的紅葡萄酒則充滿果味，適合年輕時飲用。在 **Squinzano** 和 **Copertino** 這些 DOC，用這個品種釀出的紅葡萄酒的酒色幾乎像波特酒那麼深，帶有燒烤風味。黑馬瓦西亞（Malvasia Nera）葡萄，其已經過認證的分支別種，分別可見於雷契（Lecce）和布林迪西（Brindisi）兩地，常用來與黑曼羅混釀，能讓酒質更柔滑。在**布林迪西**和 **Salice Salentino** 產區，有一些相當有趣的葡萄酒。

不過，最著名的普利亞葡萄品種是普里米蒂沃（Primitivo），也就是美國加州的金芬黛（Zinfandel），如今已遍植於亞得里亞海沿岸——過去它只是薩倫托西部的一個特有品種，主要種在**曼杜里亞（Manduria）**石灰岩上的紅土，以及地勢較高（但不超過海拔 150 公尺）的**喬亞德爾科萊（Gioia del Colle）**。酒精濃度過高是這裡的風險所在，只有處置得當，才能釀出令人滿意的葡萄酒。因為冬季雨量大，葡萄園很少需要灌溉。目前還種植了菲亞諾、格雷克以及香氣滿盈的蜜尼綑羅（Minutolo）等葡萄品種，用來釀造白葡萄酒。

# 西西里 Sicily

經過幾個世紀的停滯，這個地中海最大、歷史上最迷人的島嶼，如今堪稱義大利最活躍、進步最神速的葡萄酒產區。

**風土條件：** 土壤複雜且非常多樣，在埃特納（Etna）是火山灰，而在瑪薩拉（Marsala）和諾托（Noto）則分別是沙質和白堊。

**氣候：** 夏季炎熱乾燥，時有來自非洲的熱風。埃特納屬於高山氣候。

**葡萄品種：** 紅：黑達沃拉（Nero d'Avola）、奈萊洛馬斯卡列榭（Nerello Mascalese）、弗萊帕托（Frappato）、修士奈萊洛（Nerello Cappuccio）；白：卡塔拉托（Catarratto）、格里洛（Grillo）、卡利坎特（Carricante）。

在葡萄酒的世界裡，西西里島比起其他任何地方，更明顯地保留了許多古文明的可見遺跡：從古城阿格里真托（Agrigento）幾乎完整無缺的古希臘神殿，到阿美麗那廣場（Piazza Amerina）的古羅馬式馬賽克鑲嵌工藝；從巴勒摩（Palermo）的十字軍城堡和摩爾式教堂，到諾托（Noto）城和拉古薩（Ragusa）城所保留的巴洛克時期瑰寶；不久之前，就在 20 世紀末，為了利用歐盟的補貼，出現了許多超大型的生產

合作社，且大多都是臨時性的。西西里原生葡萄品種與其歷史文化影響一樣豐富，兩者或互有關聯。西西里島的東南角甚至比北非國家突尼西亞的首都突尼斯（Tunis）更偏南。這裡可能會非常炎熱，島上的葡萄，特別是種植在內陸地區的，就經常因非洲吹過來的風而熱到發燙。

灌溉對於西西里相當大部分的葡萄園來說，是不可或缺的，對於那些種植著國際品種的葡萄園，以及在西北部的阿爾卡莫（Alcamo）鎮周圍，用大片棚架種植的葡萄來說尤其如此。事實上，氣候是如此地乾燥，以致於葡萄藤需要噴淋，以防真菌病害，這讓這些地方特別適合有機農法。然而，內陸的景致是更為綠意盎然的，東北部的高山在冬季的幾個月裡通常白雪皚皚。

## 變革之風

地形地貌是常數，但近來島上葡萄酒產業的決策情形卻不然。20 世紀 90 年代中期，只有普利亞能和西西里競爭義大利產量最大葡萄酒產區的頭銜，但現在甚至連維內多的產量都比它高。有鑑於 21 世紀的經濟趨勢，西西里島無疑是明智地選擇了重質而不是重量，並專注於自身獨有的原生葡萄種遺產，而非引入更多平淡無奇的品種。

讓西西里島建立起其海外聲譽的本土葡萄品種是黑達沃拉（Nero d'Avola，阿沃拉市鎮 [Avola] 位於島上東南部的盡頭，有它自己的單一葡萄園和 DOC **埃爾奧羅 [Eloro]**）。用這個葡萄品種，能夠釀出酒體飽滿、果香活躍的紅葡萄酒，特別是在靠近中南部海岸的阿格里真托附近，另外就是西西里島的最西邊。這個受歡迎的品種已經在全島廣為種植，但用諾托和埃爾奧羅熾熱的白色

石灰質土壤種出來的黑達沃拉，釀出的酒可能會非常優雅，並具有陳年能力。另一個本土品種是弗萊帕托（Frappato），在島上唯一一個 DOCG **Cerasuolo di Vittoria**，它在混釀中為黑達沃拉帶來了活力；用弗萊帕托釀出的葡萄酒，在年輕時新鮮、有活力、果質精緻，因而備受讚譽；而像「奧奇品提」（Occhipinti）這樣的酒莊則告訴人們，在陶甕裡進行發酵，能為這種葡萄酒帶來新的風味。

然而，讓人更感興趣的是奈萊洛馬斯卡列榭（Nerello Mascalese），這個葡萄品種傳統上生長在埃特納火山海拔 1,000 公尺的斜坡上，近年來有越來越多充滿雄心壯志的種植者，不顧火山不時發出的隆隆聲，甚至隨時可能會噴發的危險前往此地。**埃特納**火山，擁有不同的海拔高度與朝向，密集種植的百年葡萄藤在由凝固的火山岩漿所形成的土壤上發芽，這一切結合在一起，對具有風土意識的葡萄酒生產者們而言，猶如一塊磁鐵。有的人視此地為新的金丘，葡萄園也類似地被劃成小塊。當地的領袖人物是 Salvo Foti，他在與擁有長久歷史的 Benanti 家族合作時，重新點燃了埃特納葡萄酒的聲譽，因此獲得了好名聲。他把種在埃特納東坡、古老葡萄株上的葡萄釀成了不同的酒（I Vigneri 系列）。庫蘇馬諾酒莊（Cusumano）的阿塔莫拉系列（Alta Mora）、巴羅鏤的 Giovanni Rosso 酒莊和塔斯卡酒莊（Tasca d'Almerita），在埃特納是相對較新的忠實投資

人們發現了一批非常能適應酷熱乾燥氣候的古老西西里葡萄品種，並重新栽種於在瑪薩拉附近的 Baglio Biesina 葡萄園。

在埃奧利群島，葡萄園相對少一些，但這裡用馬瓦西亞釀成的葡萄酒，不論是不甜型的還是甜型的，都值得追捧。

**Moscato di Pantelleria**
**Passito di Pantelleria**
**Pantelleria**

### 圖例

| | |
|---|---|
| ─ ─ ─ | 省界 |
| ELORO | 紅葡萄酒區 |
| *ETNA* | 紅白葡萄酒區 |
| Moscato di Pantelleria | 白葡萄酒區 |
| ■ PLANETA | 知名釀酒商 / 酒廠 |

DOCG/DOC 的界線由不同顏色區分

海拔 500 公尺以上的土地

**185** 此區放大圖見所示頁面

## 西西里 DOC

我們的地圖標示了最重要的 DOC 和 DOCG，但整個島自 2011 年以來已經成為一個名為 DOC Sicilia 的法定產區，這是由 IGT Sicilia 升級而來的。

1:1,786,000

者，塔斯卡酒莊出品的「伯爵紅酒」（Rosso del Conte）是現代第一款嚴肅的西西里紅葡萄酒。

經驗老到的人物還包括崇尚極端自然主義的比利時人 Franc Cornelissen、Terre Nere 酒莊的 Marc de Grazia（他也是美國的葡萄酒進口商）和 Andrea Franchetti。Andrea Franchetti 來自托斯卡尼的南部小鎮 Trinoro，其酒莊取名自附近的市鎮「帕索皮莎羅」（Passopisciaro），他曾依地域將葡萄酒分組（比如根據細小的區域或次產區），組織了一場影響深遠的品鑒會，意於吸引國際間注意到埃特納這整個區域。單一細小區域（single-contrada）葡萄酒因此而一時風行。當巴巴瑞斯柯的 Angelo Gaja 來到這裡與 Alberto Graci（他的 Passopisciaro 和 Solcchiata 紅葡萄酒已相當出名）討論共同投資案時，他們選的投資地點是埃特納沒那麼有名的西南部、Biancavilla 附近，是為了避免與大眾混雜在一起，也避開了東北部不斷上漲的地價。

在埃特納還種植著一個葡萄品種「修士奈萊洛」（Nerello Cappuccio），它相當柔和，被用來與奈萊洛馬斯卡列榭混釀。而在島的東北部盡頭，古老的**法羅（Faro）**DOC，還有另一個西西里本土的紅葡萄品種諾切拉（Nocera），它被用來與前面提到的兩種「奈萊洛」葡萄混釀。建築師 Salvatore Geraci 在陡峭的階地上建起了帕拉里酒莊（Palari），從那裡能俯瞰墨西拿（Messina）海峽，這讓 Faro（意為「燈塔」）產區得以重生。和埃特納的葡萄酒相似，最好的法羅葡萄酒有很高的精準度與酸度，後者在如此南部的地區能有如此表現，的確令人詫異。緊挨著法羅的 **Mamertino**，早就被古羅馬人視為良田寶地，是一個更多樣、範圍更大的 DOC，頗具影響力的葡萄酒家族 Planeta 在這裡建立其在西西里島東北部的基地（Planeta 家族先是在西部以一系列國際品種起步，在 20 世紀 90 年代中期，這些國際品種讓世人認識了「新的西西里」）。

## 內陸的白葡萄酒

埃特納最具代表性的白葡萄酒——Etna Bianco Superiore，原料是清爽的葡萄品種卡利坎特（Carricante），至少要含 80%，且只有在山峰東面的 Milo 才能生產。Benanti 家族用其 Pietra Marina 酒莊產的酒，證明了卡利坎特葡萄酒可陳放長達 10 年之久，這著實令人印象深刻。Aeris 是 Salvo Foti 與一個精明的加州人（聖塔克魯茲山脈 Rhys 酒莊的莊主）的合資項目，其最好的地塊位於 Milo 村的高處，種植的都是卡利坎特。這樣一來，讓西西里的多個葡萄品種，也能種在 Aeris 位於加州索諾瑪（Sonoma）北部的葡萄園中。

而卡塔拉托（Catarratto）則非常不同，它是西部地區一個耐操的白葡萄品種。20 世紀 90 年代，蜂擁而來的飛行釀酒師偶爾會設法用它釀出有趣的葡萄酒，但是更多人還是將之與英卓麗雅（Inzolia，即托斯卡尼的「安索尼卡」[Ansonica]）或用途廣泛的格里洛（Grillo）搭配（格里洛是**瑪薩拉酒 [Masala]** 最重要的原料）。瑪薩拉酒是西西里經典的加強型葡萄酒，產自島上最西部特拉帕尼（Trapani）小鎮附近，那裡的葡萄園因為海風和埃利切山（Erice）的影響而沒那麼炎熱。瑪薩拉酒是奶油雪莉酒（cream sherry）的遠房表親，由移居至此的英國人發明，用來補給駐紮在那不勒斯的納爾遜海軍。在 20 世紀的大部分時間裡，瑪薩拉產區似乎陷入了極度的消沉，出產的酒只被當成烹飪用酒。但還有一線生機，存活在 De Bartoli、Nino Baracco 以及 Gruali of Rallo 等酒莊出品的精緻葡萄酒中，這些酒主要用格里洛葡萄釀成，由於不是加強型葡萄酒，所以是不是 DOC 也無所謂。格里洛這個品種，在炙熱的條件下仍能保持其酸度，用它釀出的不甜白葡萄酒，略帶鹹味，有礦物感，越來越受歡迎。

西西里島最著名的蜜思嘉（Moscato）葡萄通常強勁而香甜。Planeta 家族挽救了幾乎被遺忘的**諾托蜜思嘉葡萄酒（Moscato di Noto）**；Nino Pupillo 也做了同樣的事情，它挽救的是與前者截然不同的 **Moscato di Siracusa**——兩者雖都是以白蜜思嘉葡萄釀成，但葡萄生長的環境卻有天壤之別。然而，西西里島那些最著名的蜜思嘉葡萄酒都是以亞歷山大蜜思嘉（Muscat of Alexandria，當地稱為 Zibbibo）葡萄釀成的。甘美的 **Moscato of Pantelleria**（Pantelleria 是一個更靠近突尼西亞而非西西里的火山小島），一直都不缺欣賞者。

產於西西里島以北，埃奧利（Aeolian）群島的名貴「馬瓦西亞」葡萄，知名度略低。在其種植地，它們都被稱為 **Malvasia delle Lipari**；用其釀造的橙香美酒，由於老 Carlo Hauner 的努力而得以復興，而其中品質最優者之一，釀自薩利納島（Salina）的 Barone di Villagrande 酒莊。現在也有不甜的馬瓦西亞葡萄酒，因為無論產地在哪，都可以用更容易銷售的 IGT Salina 名義。

那些四處遊走的釀酒顧問，影響了諸多義大利最著名的酒莊，但在西西里島，這種影響不能說沒有，但至少沒那麼大。西西里島的未來，顯然取決於那些雄心勃勃、不受約束的酒莊。

比例尺 1:300,000

---- 省界
---- 市鎮邊界
—— Etna DOC
—— Etna Bianco Superiore DOC
■ MURGO 知名釀酒商 / 酒廠
NICOLOSI 市鎮
*Guardiola* Contrada
▨ 葡萄園
▨ 森林
—500— 等高線間距 100 公尺

### 細分埃特納

這是世界上唯一一個樣子像蜘蛛網的葡萄酒產區。這裡理應要成為一個最令人興奮的優質葡萄酒產區，而不該僅僅是因為地處於活火山而出名。埃特納的教區或市鎮又再細分為更小的區域，稱為 contrade。

# 薩丁尼亞島 Sardinia

薩丁尼亞島因為作為古羅馬的補給基地，所以一直到不久之前，葡萄酒在該島的文化中都沒有扮演過重要的角色。雖然在 20 世紀 50 年代，因為大量的補貼，葡萄種植像一陣風似地在此地興起，釀出了一些紅葡萄酒，但這些紅葡萄酒的酒精濃度太高，嚐起來幾乎是甜的，最後還是送到義大利本土（尤其是奇揚替）以及遠至法國和德國作為調配用酒。

然而，在 20 世紀 80 年代，對葡萄種植的補貼轉變成對拔除葡萄藤的鼓勵，因此島內的葡萄園面積減少了幾乎四分之三，多半集中在南部平坦的坎皮達諾（Campidano）平原。

薩丁尼亞島受亞拉岡王國（Aragón）統治長達 4 個世紀（至 1708 年），因此其葡萄品種在源頭上大多來自西班牙。卡諾娜（Cannonau）這個品種是當地的主角，占全島葡萄酒生產的 20% 以上。它是西班牙的 Garnacha（即 Grenache，格那希）在當地的版本，用它來釀造葡萄酒，具有高品質的潛力，變化多端，可以是甜型的，也可以是不甜的。品質最好的卡諾娜產自內陸地帶，Mamoiada 村附近的 Sedilesu 酒莊和 Paddeu 酒莊所出品的格外令人興奮。

DNA 研究已經證明，Bovale Sardo 和 Bovale Grande 分別是西班牙的葡萄品種格拉西亞諾（Graciano）和即卡利濃（Mazuelo）。種植廣泛的「莫尼卡」（Monica）目前看來是薩丁尼亞島的特產，但用其釀出的紅葡萄酒平淡無奇。用稀有的品種「吉洛」（Girò），既可以釀成不甜型也可釀成甜型的葡萄酒，嚐起來有類似櫻桃的味道，前途更被看好。

努拉古斯（Nuragus）是一個白葡萄品種，情況類似莫尼卡，種植廣泛，但用其釀出的酒有點粗糙。而那思科（Nasco）是另一個可能很古老的薩丁尼亞島品種，用之能釀成柔和、常為甜白的酒款。喜歡不甜白葡萄酒的人，或許可以選擇用產自蒙戈羅（Mogoro）火山土壤的當地品種「塞米達諾」（Semidano）釀出的酒款，這是一種非常獨特的葡萄酒。

在西北部阿爾蓋羅（Alghero）鎮附近，Sella & Mosca 酒莊生意興隆，它專注於稀有的本地品種「托巴多」（Torbato），釀造出與眾不同的白葡萄酒 Terre Bianche（在法國的胡西雍地區，這種葡萄被稱為「托巴」[Tourbat] 或馬瓦西 [Malvoisie]）。

## 薩丁尼亞島的禮物

清爽、帶有檸檬清香的維蒙蒂諾（Vermentino）是薩丁尼亞島給予葡萄酒世界的禮物，這是一份偉大的禮物，越來越受歡迎。維蒙蒂諾這個品種，現在在利古里亞（Ligurian）海岸（當地稱為 Pigato）、皮蒙區（當地稱為 Favorita）以及整個法國南部（當地稱為 Rolle）也被發現。加盧拉（Gallura）地區位於多石乾旱的薩丁尼亞島東北部，地域從流行的翡翠海岸（Costa Smeralda）往內陸深入，受到酷熱和海風的共同影響，此地的維蒙蒂諾葡萄酒，集中度很高，其品質讓 **Vermentino di Gallura** 成了島上第一個 DOCG 產區。而 **Vermentino di Sardegna** DOC 被批准的產區範圍則覆蓋全島（DOC 產區 **Cannonau di Sardegna** 也是）。

**Carignano del Sulcis** 是位於島上西南部的 DOC 產區，它用大多是未嫁接灌木式老藤卡利濃釀成的葡萄酒，若再加上普里奧拉（Priorat）葡萄，無疑是這個（西班牙）品種中最成功的例子之一。Antinori 的著名釀酒師 Giacomo Tachis 非常看好薩丁尼亞島，他也建議「巴露亞」（Barrua）葡萄酒以老藤卡利濃為主要原料（「巴露亞」是由托斯卡尼海岸區的薩西開亞 [Sassicaia] 葡萄酒釀造者與薩丁尼亞島的聖塔迪 [Santadi] 酒莊合資的成果）。在 Sulcis Meridionale 地區，全年平均日照是七個小時，從非洲吹向南歐的炎熱西羅科風（scirocco），消除了許多不利於葡萄生長的因素。在推出「巴露亞」之前，聖塔迪酒莊已釀出兩款濃縮細滑的 Carignano del Sulcis 葡萄酒，分別是 Terre Brune 和 Rocco Rubia。

同樣是在島上南部的平坦地區，在首府卡利亞里（Cagliari）的北部，艾吉歐拉斯酒莊（Argiolas）以圖瑞佳（Turriga）葡萄酒為薩丁尼亞島建立了現代的聲譽；這款酒經過橡木桶陳年，集中度很高，由老藤卡諾娜、卡利濃和格拉西亞諾混釀而成——這是 Giacomo Tachis 的另一個作品。

然而，薩丁尼亞島最大的一筆財富或許是優異的 **Vernaccia di Oristano** 以及優雅、充滿魅力的 **Malvasia di Bosa**，這兩種葡萄酒都是在未盛滿的橡木桶中陳釀，酒液表面漂浮著酒花（一種酵母），最終帶有氧化的風味（但並不是加強型）。這些令人相當興奮的葡萄酒，是薩丁尼亞島好客和友誼的象徵，人們將其珍藏，在非常特別的場合用來款待重要的客人。

薩丁尼亞島擁有豐富多彩的原料資源是無庸置疑的。在完美的氣候條件下，種了無數符合現代社會需求、流行又有趣的品種老藤。有越來越多人認為，這個產區充滿潛力。

---

**地圖圖例**

1:1,693,000

Km 0　20　40　60 Km
Miles 0　20　40 Miles

- – – – 省界
- CARIGNANO DEL SULCIS　紅葡萄酒區
- *CAGLIARI*　紅白葡萄酒區
- Malvasia di Bosa　白葡萄酒區
- ■ CHERCHI　知名釀酒商／酒廠

DOCG/DOC 的界線由不同顏色區分

海拔 500 公尺以上的土地

# 西班牙 Spain

西班牙的傳統是將葡萄酒長期儲存在堆高的橡木桶裡熟成。這是位於利奧哈阿羅鎮（Haro），歷史悠久的洛佩茲雷迪亞酒莊（Lopez de Heradia）。

# 西班牙 Spain

西班牙是一個較晚步入現代葡萄酒復興的國家，雖然西班牙的葡萄藤遠多於其他國家，但卻沒什麼吸引人的葡萄酒。西班牙正急著補上落後的部分：新的生產商，新的風格，本土的品種以及在全國各地重新發掘那些被遺忘的產區──還有更多需要努力的地方。

就緯度而言，西班牙應該更溫暖，但 90% 的西班牙葡萄園海拔都比法國主要葡萄酒產區還

要高，這樣的地理位置能讓葡萄酒保持一定程度的清新。寒冷的冬季與非常炎熱的夏季形成了對比，尤其是近年來炙烈的日曬，讓酒農們更喜歡朝北的葡萄園，或為了避免曬傷果實而選擇有遮蔭效果的「矮灌木形葡萄藤整枝法」（Bushvine）。在西班牙南部、東部和某些北部地區，夏季乾旱是一大問題，造成葡萄產量普遍較少。雖然從 1995 年開始就允許對葡萄園進行灌溉，可是只有資金雄厚的酒莊才負擔得起鑽井取水以及建立灌溉系統的高額費用。乾燥的土壤無法維持眾多葡萄藤的生長，所以在大部分產區，葡萄藤的間距特別大，並用傳統的矮灌木法培植比地面高出不多的葡萄藤。這便解釋了為何

西班牙的葡萄園面積比其他國家多很多，但產出的酒數量卻比法國和義大利少多了。

西班牙的法定產區數量一直在增加中，較難抓準確切數量，到 2018 年為止，已經有 68 個「法定產區」（DO）、利奧哈（Rioja）和普里奧拉（Priorat）兩個「優質法定產區」（DOCa）、15 個「單一酒莊建立的產區」（Vinos de Pago，單一酒莊酒），以及 7 個「地區標識」（Vinos de Calidad）。西班牙曾有超過 40 個「有地理標識的地區餐酒」，當地稱之為 Vinos de la Tierra，這裡面包括西班牙最令人激動的酒，尤其是來自於卡斯提亞－萊昂（Castillay Leon）自治區和亞拉岡（Aragon）的瓦德哈隆

## 西班牙的葡萄酒產區

在西班牙的古老葡萄園裡，好像永遠都能有新發現，它們都有能力產出高品質的葡萄酒，比如馬德里西邊的格雷多山脈（請參考下頁專題輔文）、薩克拉河畔（Ribeira Sacra）、加納利群島和瓦德哈隆。

**單一酒莊酒（Vinos de Pago）**
1　PRADO DE IRACHE
2　ARÍNZANO
3　OTAZU
4　CIRSUS
5　AYLÉS
6　DOMINIO DE VALDEPUSA
7　DEHESA DEL CARRIZAL
8　CAMPO DE LA GUARDIA
9　FLORENTINO
10　CASA DEL BLANCO
11　CALZADILLA
12　FINCA ÉLEZ
13　GUIJOSO
14　EL TERRERAZO
15　LOS BALAGUESES
16　VERA DE ESTENAS
17　CHOZAS CARRASCAL

1:5,350,000

Km 0　　50　　100　　150 Km
Miles 0　　　　50　　　　100 Miles

─ ─ ─　國界

TORO　DOP (Denominación de Origen Protegida) / DO (Denominación de Origen)

*CÁDIZ*　IGP/Vino de la Tierra

▢　Cava DOP/DO

▨　海拔 1000 公尺以上的土地

192　此區放大圖見所示頁面

1:8,400,000

Km 0　　　　　100 Km
Miles 0　　50 Miles

（Valdejalon）產區。

西班牙的 DO 法定產區制度，比法國的 AOC 分級制度及義大利的 DOC 制度來得簡單。大部分的 DO 產區範圍都很大，區內經常包含許多不同的地形和條件。西班牙人對於這些法定產區制度的規定也帶有不少拉丁民族無政府狀態式的特質，特別是就各產區品種的規定，在被允許種植的品種與實際種植的品種之間總存在著一些出入。在多數情況下，與規定不符其實是件好事，因為表示有許多的釀酒廠都致力於釀造品質更佳的葡萄酒。然而，在西班牙葡萄酒產業中還有一個常見的慣例，那就是收購別人家的葡萄來釀酒，或甚至經常直接買進已經釀好的葡萄酒來裝瓶。如今有越來越多的年輕一代的釀酒師致力於用自己種植的葡萄釀製酒莊酒，而不拘泥於傳統習俗。

西班牙人所稱的酒廠（bodega），傳統來說是指葡萄酒熟成的地方。但通常熟成的時間比一般慣例的要長，而對於某些酒款，這麼做是明智之舉。無論如何，至少西班牙酒莊一直保持的好習慣是，等到葡萄酒已經適飲時才上市，而不是能賣就急著推出。但是，近年來酒窖裡也發生了許多變化。幾百年來，受惠於大西洋貿易之便，西班牙橡木桶主要使用美國橡木。但從 20 世紀 80 年代開始，西班牙的新潮釀酒師們成了法國橡木桶的忠實買家。

不僅僅是橡木的來源，連桶中陳年的時間也越來越像法國的做法。陳釀級（Reserva）和特級陳釀（Gran Reserva）這兩種級別的酒在橡木桶中熟成的時間比一般的酒要長，但現在有越來越多的酒廠更注重葡萄酒的濃縮度，他們放棄生產「特級陳釀」級別（Gran Reserva）的葡萄酒或是降低這個級別酒的價值，甚至把頂級酒在更年輕的時候就裝瓶。

橡木不再是熟成西班牙葡萄酒的唯一媒材，陶罐（Tinajas）也開始回歸，而且西班牙也跟其他地方一樣，試著用陶甕（amphorae）與蛋型水泥發酵槽（concrete egg）等。西班牙對幾個品種異常的依賴，幾乎 45% 的葡萄園只栽種了兩個品種：阿依倫（Airen）── 在拉曼查（La Mancha）用來生產白蘭地的淺色葡萄品種和田帕尼優（Tempranillo）。博巴爾（Bobal）、格那希（Garnacha/Grenache）和維尤拉（Viura）等品種雖然也廣泛種植，但當前的趨勢是致力於重新發現與挽回那些一直以來被忽視的當地品種。

## 北部

順著比斯開灣（Bay of Biscay）而上，畢爾包（Bilbao）和聖塞巴斯提安（San Sebastián）市附近是巴斯克自治區，這裡的葡萄酒主要來自以當地小鎮命名的「宏達瑞比亞」（Hondarribia）品種。宏達瑞比亞能釀出蘋果酸極高、清爽的巴斯克白葡萄酒，分別為：**Bizkaiko Txakolina/ Chacolí de Vizcayac** 和 **Getariako Txakolina/ Chacolí de Guetaria**。西班牙的官方語言有 4 種，分別是加利西亞語（Gallego）、巴斯克語（Basque）、加泰隆尼亞語（Catalan）以及更普及的卡斯提語 / 西班牙語（Castilian）。這些葡萄酒，正如其名字發音，需要練習一下才能更精準。

**Tierra de Léon** 產區的普利艾多皮庫杜（Prieto Picudo）品種近年來以釀出芳香且酒體飽滿的紅酒而出名，同樣的在 **Arribes** 產區特有的是布魯納（Bruñal）品種，在河流下游的葡萄牙被稱為 Alfrocheiro。在 Arribes 東部，濕潤且溫暖的薩拉曼卡山脈（Sierra de Slamanca）生長著露菲特（Rufete）品種，在與其接壤的葡萄牙以釀造輕盈的紅葡萄酒而出名。

卡斯提亞－萊昂的葡萄園大都位於高海拔、深處內陸的斗羅河谷（Duero Valley）。關於多羅（Toro）、胡耶達（Rueda）及斗羅河岸（Ribera del Duero）等產區，可見另頁詳細地圖。不過，斗羅河北邊的**西加萊斯（Cigales）**產區也已能將古老的田帕尼優（特別是產自岩石土壤葡萄園中的）釀造成頗具水準的紅葡萄酒（以及價格便宜的傳統紅葡萄酒與粉紅酒）。該產區氣候乾燥，海拔 650-800 公尺，降雨量相對較少，很少使用殺菌劑。乾旱和霜凍是這裡最大的問題，而不是病蟲害。西加萊斯比西南部的多羅（Toro）海拔更高更涼爽，所以它所出產的葡萄酒較酸也更具有結構感。在其東北部的**阿里安沙（Arianza）**產區也正發展出一些有趣的紅 / 白葡萄酒。

埃布羅河（River Ebro）從北部沿海的坎塔布連山脈（Cantabrian Cordillera）向東南方向流淌，直到加泰隆尼亞（Catalunya）的地中海（可參考第 200-201 頁）。上埃布羅河（Upper Ebro）擁有 2 個主要產區利奧哈（Rioja）和那瓦拉（Navarra，可參考第 198-199 頁），以田帕尼優（Tempranillo）和格那希（Garnacha）的混釀出名，在其緊鄰的東邊，Aragon 如今已是很重要的精品酒生產區域。再往東是莫內格羅斯（Monegros）沙漠，其西南方的卡拉塔尤德（Calatayud）產區、博爾哈原野地區（Campo de Borja）產區和卡利涅納（Cariñena）產區因其所產的酒很超值，甚至有時很優秀，而逐漸為人所知。**卡拉塔尤德**產區的海拔是三者中最高的，葡萄園可以到達海拔 1,000 公尺，這裡是西班牙最出名的合作社出口商 San Gregorio 的大本營。長期以來被低估的老藤格那希，被 Gil 家族和葡萄酒大師 Norrel Robertson 塑造成一流的葡萄酒。到 2013 年為止，有太多的老藤因歐盟政策誤導而被拔掉。這些長木瘤的老樹椿同時也為 **Campo de Borja** 產區帶來了名望，其所在的蒙卡約（Moncayo）山脈為香甜多汁的葡萄酒添加了清爽感。對此 DO 貢獻良多的還有當地合作社 Borsao 集團，以及大陸性氣候和當地寒冷乾燥的西北風「西熱風」（cierzo）。

## 格雷多山脈（SIERRA DE GREDOS）

格雷多山脈中位於海拔 500-1,200 公尺、富含花崗岩和板岩的葡萄園，能產出極具特色的葡萄酒，但是由於當地政治因素，該地區被分為三個產區：在卡斯提亞－拉曼查（Castilla-La Mancha）的 Vinos de Madrid 和 Méntrida，以及 Vino de la Tierra de Castilla y León，不能成為一個獨立完整的產區實在很可惜。

當年修道士在這裡開拓葡萄園並使這裡的酒風靡馬德里的宮廷。後來火車開通至有更便宜酒的拉曼查，再加上根瘤蚜蟲害，使得格雷多的酒逐漸沒落，一直到有理想抱負的新一代釀酒師到來才得以好轉。

他們很喜歡老藤的格那希，以此釀造現在流行、具有風土表達力、新鮮、類似黑皮諾感覺的紅葡萄酒。皇家阿比歐（Albillo Real）品種也能釀出一些高品質的白酒。這裡雖然沒有雨水短缺的問題（見次頁的降雨表），但夏季十分酷熱。

格那希在 Paraje Galayo 葡萄園的板岩中茁壯成長，該葡萄園屬鄰近的 Cebreros 村所有。

坐落在格雷多山脈東北側翼的 El Tiemblo 村。

在特內里費島上的 El Teido 火山，能俯瞰 Monje 酒莊的葡萄園。現在這裡所產的的酒，要比莎士比亞時期在英格蘭盛行的 Canary 酒清爽很多。

（Bullas）一直只被視為出口濃烈散裝酒到海外，且市場越來越小的產區。但有越來越多的資金和新想法投入這些區域，釀造出果香味濃甚至很時髦的紅葡萄酒。釀出的酒依然強勁甜美，但有些最佳的成品能媲美加州和澳洲特別成熟的頂級紅葡萄酒。當地的葡萄品種常常與國際品種混釀，但有些酒莊，比如**胡米利亞**產區的 Casa Castillo 及主要靠出口的 Ordóñez 家族，就充分顯示出釀造慕維得爾（Mourvèdre）葡萄酒的實力。在**阿利坎特**產區，由 Enrique Mendoza 酒莊領軍，所釀的酒若不靠強勁，就是在甜度上富於變化。Enrique Mendoza 酒莊已被 1999 年在利奧哈（Rioja）成立大名鼎鼎 Artadi 酒莊的 El Sequé 收購。另外在阿利坎特產區也正刮起一陣 Fondillón 葡萄酒風潮，這種類似「奧羅索」雪莉酒（oloroso sherry）的酒，主要原料是莫納斯特雷爾（Monastrell，即「慕維得爾」）。**曼丘利拉** DO 位於高原，土壤含有石灰岩，帶頭的酒莊是 Ponce 和 Finca Sandoval。後者成功用隆河和斗羅河谷的葡萄品種來混釀。酸莫拉維亞（Moravia Agria）品種表現突出、強壯結實，僅次於田帕尼優的西班牙第二大紅葡品種博巴爾（Bobal），主導了該產區和毗鄰的**烏鐵爾－雷格納**產區。烏鐵爾－雷格納產區海拔同樣很高、超出海平面 600 公尺以上。這裡一些最好的酒是以「單一酒莊酒」（Vino de Pago）甚至是西班牙酒（Vino de España）的名義販售，如 Mustiguillo 酒莊用當地品種釀製的獨特白葡萄酒。**阿爾曼**

擁有相似氣候條件的 **Cariñena** 產區，格那希葡萄在這裡受到與產區同名的當地品種挑戰，在法國被稱為卡利濃（Carignan）。卡利濃在這裡復活而當地也精選出一些特別適合生長於此的無性繁殖品系。

有前途的地區餐酒小產區**瓦德哈隆**（**Valdejalón**）被博爾哈原野地區、卡拉塔尤德和卡利涅納產區包圍著。最近被 Frontonio 酒莊的葡萄酒大師 Fernando Mora 重新發掘，他充分利用了生長在海拔 400-1,000 公尺貧瘠土壤裡的老藤格那希和一些白葡萄品種。

**索蒙塔諾**（**Somontano**）在西班牙語中的意思是「山腳下」，在 1984 年成為 DO 產區。Lalanne 酒莊早在 20 世紀初就已經從臨近的法國進口並種植不常見的卡本內蘇維濃和梅洛葡萄。這個溫和產區的另一大特點是當地有著龍眼香氣的莫利斯特爾（Moristel）品種，和緊緻具有礦物氣息的帕拉麗塔（Parraleta）品種，是 Pirineos 酒莊愛用的品種。本區另一個特色是相當溫和的氣候。

## 東部

在西班牙地中海沿岸中部的內陸地區，葡萄園發展快速，甚至超過北部地區。很久以來，曼丘利拉（Manchuela）、瓦倫西亞（Valencia）、烏鐵爾－雷格納（Utiel-Requena）、阿爾曼薩（Almansa）、耶克拉（Yecla）、胡米利亞（Jumilla）、阿利坎特（Alicante）及布亞斯

## 氣候極端的內陸：炎熱且潮濕

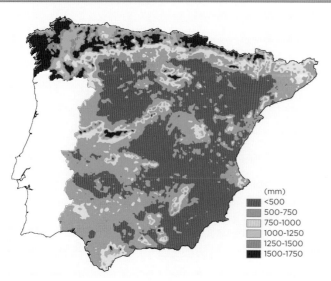

| | (mm) |
|---|---|
| | <500 |
| | 500-750 |
| | 750-1000 |
| | 1000-1250 |
| | 1250-1500 |
| | 1500-1750 |

### 年平均降雨量

一個具有極端降雨量的國家：從乾燥的南部及內陸地區（很多地方每年的雨量少於 500 公釐），到較濕潤的西北部加利西亞（有些地方一年可降下超過 1,000 公釐的雨量）。

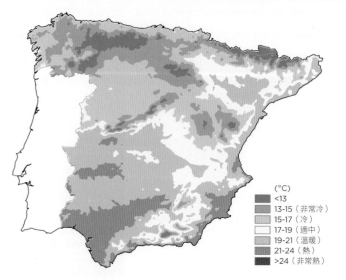

| | (°C) |
|---|---|
| | <13 |
| | 13-15（非常冷） |
| | 15-17（冷） |
| | 17-19（適中） |
| | 19-21（溫暖） |
| | 21-24（熱） |
| | >24（非常熱） |

### 生長季節的平均氣溫

從北部及西北部適合葡萄種植的較涼爽氣候，到南部非常炎熱的生長季。

（兩張地圖的資料來源：西班牙沙拉哥薩大學 [University of Zaragoza], 1950-2012）

薩產區的海拔能達到 700 公尺，也有越來越多表現不錯的好酒，如碉堡酒莊（Atalaya）、Santa Quiteria 以及葡滌酒莊（Envinate）用格那希丁朵蕾拉（Garnacha Tintorera，同阿利坎特布樹）釀的葡萄酒。**耶克拉**產區和**布亞斯**產區也同樣具有潛力。

## 馬德里南部

西班牙的生活中心在馬德里南部的麥西達（meseta）高原，那裡有一望無際的葡萄園，**拉曼查（La Mancha）是主要的 DO**，其範圍清楚標記在地圖上，屬 DO 等級的葡萄園不到總面積的一半，但占地面積很大，相當於澳洲葡萄園面積的總和。大多數酒款以**瓦爾德佩涅斯**（Valdepeñas）地區為名，主要的出口商 Félix Solís 酒莊在這裡投入了大力的資金。20 世紀 90 年代，拉曼查和西班牙其他產區一樣發生了巨大的變化，葡萄種植品種從表現不佳的白葡萄轉變為以紅葡萄為主，此區所產的酒大部分價格都不高，釀自田帕尼優（在當地稱為 Cencibel）。該產區的格那希種植也有一定的歷史，在這裡也可以找到卡本內蘇維濃、梅洛、希哈，甚至是夏多內和白蘇維濃的蹤跡，但此產區的問題是，葡萄需提前在每年 8 月中旬就採摘。拉曼查獲得「單一酒莊酒」（Vinos de Pago）資格的相對比較多，一共有 8 個（可參考第 188 頁地圖）。在 La Mancha 北界的**烏克雷斯**（Uclés）產區，目前正因 Fontana 酒莊而再度活絡起來。

從這裡到馬德里之間的區域有 **Méntrida**、**Vinos de Madrid** 以及 **Mondéjar** 等法定產區，每個都已準備好要轉型。當中最具前瞻性的葡萄園是托雷多（Toledo）附近的 Marqués de Griñon。藉著引入包括希哈與小維鐸（Petit Verdot）在內的葡萄品種、葡萄培植與灌溉的新方法，建立了西班牙第一家擁有自己法定產區的單一酒莊——Dominio de Valdepusa。**格雷多斯（Gredos）**產的酒則多以古老的當地葡萄，特別是格那希（可參考第 189 頁）為主要原料。在拉曼查正西邊、位於埃斯特雷馬杜拉（Extremadura）臨近葡萄牙邊界的地方，有相對較新的 DO 法定產區 **Ribera del Guadiana**，這裡同樣具有相當的潛力，可釀出強勁成熟的葡萄酒，與隔壁葡萄牙的產區阿連特茹（Alentejo）相似。還有很多有趣的酒，比如來自 Habla 酒莊的葡萄酒，則是以 Vino de la Tierra de Extremadura（Extremadura 的地區餐酒）的名義出售。

## 群島產區

**加那利群島（Canary Islands）**曾是西班牙最著名的甜酒產地，遙遠地座落於西南方向的大西洋，距離非洲只有 100 公里。這地方的產區熱情地加入了 DO 體系後，便被全世界極其流行風尚的侍酒師看上了。群島中有許多 DO 法定產區，在 Gran Canaria、La Palma、El Hierro、火山島 Lanzarote 以及 La Gomera 等島嶼上，每個各有一個 DO 法定產區，而特內里費（Tenerife）島上有 5 個以上的 DO 產區（可參考下面地圖），據官方資料，在 6,500 公頃的葡萄園中至少種植了 12 種當地葡萄品種。有著濃郁海洋鮮味和柑橘香氣的白葡萄酒來自於當地品種：Marmajuelo (Bermejuela)、Gual (Madeira's Boal) 和 Listán Blanco (Palomino Fino)。而用 Baboso Negro (Alfrocheiro)、Vijariego Negro (Sumoll) 以及主要的黑麗詩丹（Listán Negro）品種釀造的有趣紅葡萄酒也漸漸開始出現。

過去 20 年，可看見位於地中海的馬略卡島（Mallorca）上，古老葡萄園中的當地及進口品種從滅絕邊緣復興。黑曼托（Manto Negro）能釀造酒體輕盈的紅葡萄酒，而更稀有的卡耶特（Callet）則能釀出風格較為嚴肅的紅酒。島上兩個 DO 法定產區分別是東部的 **Plà i Llevant** 和中部的 **Binissalem**。伊比薩島（Ibiza）和福門特拉島（Formentera）也開始影響一些葡萄酒愛好者。

## 酒標術語 QUALITY DESIGNATIONS

GRANJA REMELLURI

GRAN RESERVA
2011
LABASTIDA DE ALAVA · RIOJA

### 品質分級

**Denominación de Origen Calificada (DOCa)** 西班牙最高等級的葡萄酒，目前僅有兩個產區屬於這個等級：利奧哈（Rioja）和普里奧拉（Priorat），在當地此等級稱為 DOQ。

**Denominación de Origen (DO)** 西班牙等同於法國 AOP/AOC 法定產區等級（可參考第 52 頁），以及歐盟 DOP 等級的葡萄酒，包括 DOCa 和 DO Pago（詳情見下文）。

**Denominación de Origen Pago (DO Pago)** 釀造出品質與風格都非常獨特的單一酒莊。

**Vino de Pueblo、Vi de Vila** 一些 DO 產區，如利奧哈（Rioja），比耶索（Bierzo）和普里奧拉（Priorat），受到布根地啟發，建立了一個分級制度，允許某些酒可以用「單一村莊產品」的名義販售。

**Vino de Calidad con Indicación Geográfica (VC)** 向 DO 過渡的階段。

**Indicación Geográfica Protegida (IGP)** 新的歐盟等級，逐步取代原本的「有地理標識的地區餐酒」級別（Vino de la Tierra [VdlT]/Vi de la Terra [加泰隆尼亞語]）。

**Vino 或 Vino de España** 最基本等級的西班牙葡萄酒，取代原有的「日常餐酒」級別（Vino de Mesa/Vi de Taula [加泰隆尼亞語]）。

### 其他常見用語

**Año** 年
**Blanco** 白葡萄酒
**Bodega** 酒廠
**Cava** 以傳統法釀造的氣泡酒
**Cosecha** 年份
**Crianza** 採收後至少兩年才上市的葡萄酒，其中至少要經過 6 個月以上的橡木桶陳年（在利奧哈和斗羅河岸產區則需要 12 個月）
**Dulce** 甜型
**Embotellado (de origen)** 裝瓶（在原產酒莊裝瓶）
**Espumoso** 氣泡酒
**Gran Reserva** 至少經過 18-24 個月的橡木桶熟成以及 36-42 個月的瓶陳年才能上市
**Joven** 在採收後的下一年就上市的年輕葡萄酒，通常完全沒有或只經過極短的橡木桶熟成
**Reserva** 根據產區級別，經過較長橡木桶陳年的葡萄酒，白葡萄酒通常橡木桶熟成的時間較短
**Rosado** 粉紅葡萄酒（Clarete 是淺色的紅葡萄酒）
**Seco** 不甜型
**Tinto** 紅葡萄酒
**Vendimia** 採收年份
**Viña、Viñedo** 葡萄園
**Vino** 葡萄酒
**Vino generoso** 加強型葡萄酒

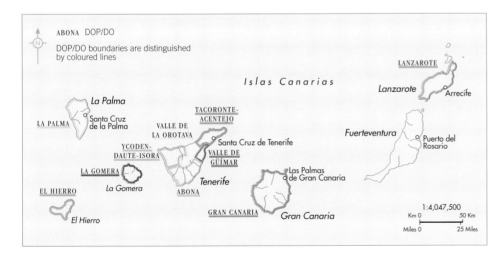

ABONA DOP/DO
DOP/DO boundaries are distinguished by coloured lines

Islas Canarias

LANZAROTE
Lanzarote
Arrecife

La Palma
LA PALMA
Santa Cruz de la Palma

TACORONTE-ACENTEJO
VALLE DE LA OROTAVA

Fuerteventura
Puerto del Rosario

YCODEN-DAUTE-ISORA
VALLE DE GÜÍMAR
Santa Cruz de Tenerife

LA GOMERA
La Gomera

ABONA
Tenerife

Las Palmas de Gran Canaria

EL HIERRO
El Hierro

GRAN CANARIA
Gran Canaria

1:4,047,500
Km 0          50 Km
Miles 0      25 Miles

## 加那利群島

這些離摩納哥海岸不遠的火山群島有著獨特的葡萄種植遺產——這裡的葡萄藤從來沒有過根瘤蚜蟲病，並且有悠久的釀造甜白葡萄酒歷史，原料採自修枝為低矮灌木形、迎風而立的本土品種葡萄藤。

# 西班牙西北部地區 Northwest Spain

近年來，西班牙的東部和南部氣候持續暖化。同時葡萄酒的潮流又回歸到了喜歡清新，而不是只是令人印象深刻的風格——該是涼爽、潮濕的西班牙西北部及其葡萄酒上場之時。這個地區所產的酒，引起葡萄酒愛好者們越來越多的關注——且不僅僅是下頁所描述的「下海灣區」（Rías Baixas）脆爽白葡萄酒。除了加利西亞外，幾乎所有的西班牙白葡萄酒都需要加酸來提升酒的新鮮活力。

這裡的傳統主要由凱爾特人（Celtic，加利西亞的古名 Gallic 就源自凱爾特）所確立。鄰近大西洋、多丘陵地、多風以及雨量充足（可參考第 190 頁地圖）等天然條件，界定了這裡的主要地理特徵，而具有加利西亞傳統特色的高度格狀切割土地，則是人為造成的。這裡出產的葡萄酒主要以清淡、不甜、清新的風格為主。在根瘤蚜蟲病之後所引進的帕羅米洛（Palomino）葡萄和紅色果肉的阿利坎特布樹（Alicante Bouschet）葡萄現在都已大量地被更適合的本地品種取代。

白葡萄酒產區「河岸地區」（Ribeiro），就在流入下海灣產區的明紐（Miño）河上游，與大西洋之間隔著 Suído 山脈。早在中世紀時期，這裡就已經將葡萄酒賣到了英國，比南邊的斗羅河谷（Douro Valley）早了許多。但後來在西班牙這個角落的貿易消退，葡萄園也跟著遭遺棄。今日的釀酒商對未來更加樂觀，消費者的接受力也變強。用來釀製河岸地區白葡萄酒的典型葡萄品種有特雷薩杜（Treixadura，通常 100%）以及阿爾巴利諾（Albariño）、羅雷羅（Loureira；譯註：葡萄牙稱為 Loureiro）、Torrontés 和瓦爾德奧拉斯（Valdeorras）產區日益增多的格德約（Godello）。這裡也釀製少量的紅葡萄酒，主要採用顏色深沉的阿利坎特布樹品種。

更靠內陸的**薩克拉河畔（Ribeira Sacra）**產區，釀製著加利西亞最有趣的紅葡萄酒（以及一些精緻的格德約白葡萄酒），古老的葡萄園位於幾乎無法耕作的陡峭梯田上，梯田位於錫爾（Sil）河與明紐河流域之上，用「英勇地耕種」來形容再恰當不過。果香馥郁的門西亞（Mencía）是最優質的紅葡萄，在近年來重建的小產區「蒙特雷依」（Monterrei）也有種植（在地圖之外的南部，暖和的氣候足以令田帕尼優葡成熟），但此區最常見的還是以格德約品種為主的白葡萄酒。Quinta da Muradella 酒莊早在 1991 年就已是蒙特雷依產區的領導者。

瓦爾德奧拉斯產區因其口感緊實、有礦物質感格德約白葡萄酒而聞名，可以釀製出耐存且極其精緻的單一品種葡萄酒。那些由 Rafael Palacios 釀製的酒具有發展潛力，且能和法國普里尼-蒙哈榭（Puligny-Montrachet）的葡萄酒相媲美，不過其紅葡萄酒也逐漸建立自己的名聲。門西亞葡萄在這裡也十分重要。

門西亞葡萄是流行的**比耶索（Bierzo）**產區的主要釀造品種，用它能釀出西班牙果味最濃、香氣最盛，同時口感也最新鮮的紅酒之一。門西亞葡萄種植在錫爾河沿岸，此地受到強烈大西洋影響，雖位於卡斯提亞-萊昂產區內，但氣候條件卻像極了加利西亞。因為在普里奧拉產區以釀造紅酒而聞名的 Alvaro Palacios 和他的姪子 Ricardo Perez 如今已將比耶索產區（包括門西亞葡萄）放到了世界葡萄酒地圖上。令他們感興趣的是具有板岩與石英質的梯田，而不是葡萄園裡比較常見的黏土，以及 3,000 公頃的比耶索產區有著超過 80% 葡萄藤是至少 60 歲的事實，其中甚至有很多已超過百年。帕拉修酒廠（Decendientes de J Palacios）釀製出的酒帶著優雅與精緻，與那些口感極其濃縮、帶有濃重橡木桶味道的葡萄酒截然不同。如今比耶索產區約有 80 家酒莊，雖不是所有的酒都如此風雅，但大部分都在進步當中。

釀酒師 Raúl Pérez 是這個西班牙綠色一隅中的釀酒顧問，未受到廣泛種植的加利西亞紅葡萄品種在這裡逐漸被重視，既有單一品種葡萄酒也用於混釀。這些品種葡萄牙也有種植，只是名字不一樣，穿過邊境後 Merenzao 被稱為 Bastardo、Carabuñeira 被稱為 Touriga Nacional、Sousón 和 Caíño Tinto 在綠酒（Vinho Verde）法定產區分別被稱為 Vinhão 和 Borraçal。它們完全不再只是這裡的當地特色。

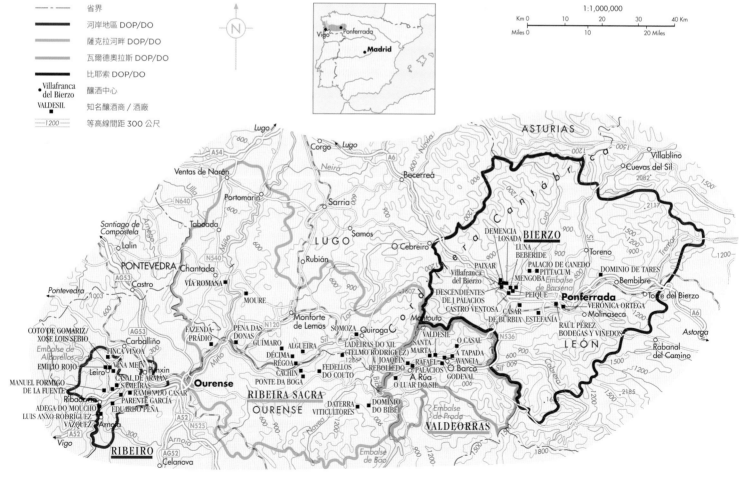

| | |
|---|---|
| ―――― | 省界 |
| ■■■■ | 河岸地區 DOP/DO |
| ■■■■ | 薩克拉河畔 DOP/DO |
| ■■■■ | 瓦爾德奧拉斯 DOP/DO |
| ■■■■ | 比耶索 DOP/DO |
| ● Villafranca del Bierzo | 釀酒中心 |
| VALDESIL | 知名釀酒商／酒廠 |
| ―1200― | 等高線間距 300 公尺 |

1:1,000,000

Km 0    10    20    30    40 Km
Miles 0       10         20 Miles

# 下海灣
# Rías Baixas

　　加利西亞最著名的葡萄酒是精緻、活潑且芬芳的白葡萄酒，非常適合搭配加利西亞當地盛產的蝦蟹貝類海鮮，這跟多數人對西班牙葡萄酒的印象相距甚遠。它們的產區名字是下海灣（Rías Baixas，讀法是 ree-ass by-shuss），除了高達酒莊（Martín Códax）、Condes de Albarei 酒莊和 Arousana 合作社（Paco & Lola 品牌的擁有者）之外，加利西亞下海灣的葡萄酒產業規模都相當小。在 200 家當地酒莊中，只有最好的幾家每年能產幾百箱的葡萄酒，否則大部分的酒農都僅有幾公頃的葡萄園。這個西班牙潮濕翠綠的角落（拿維戈 [Vigo] 與西班牙其他氣象站的年雨量相比）一直都是非常差，被大家所忽視的產區，直到最近情況才有所改善。加利西亞人並沒有太多遠渡他鄉的勇氣，都在繼承下來的小片土地上堅守著。守舊的習俗加上加利西亞在地理位置上的相對孤立，一直要到 20 世紀 80、90 年代，這裡出產的獨特葡萄酒才開始在加利西亞以外的地區找到市場。

　　就像這裡生產的葡萄酒一樣，加利西亞的自然景致在西班牙也算是特例：大西洋邊凹凸不平的峽灣（當地人稱為 rías）、迷人的淺海灣，以及茂密著名原生松樹與 20 世紀 50 年代引進之尤加利樹的連綿丘陵；連這裡的葡萄藤看起來也相當不一樣。

　　和位於明紐河對岸，景致非常類似的葡萄牙「綠酒」法定產區一樣，這裡的葡萄藤傳統上也採用棚架式的引枝法，長在比肩膀還高、遮蔽光線的水平棚架上。葡萄藤的間距非常大，細長的枝幹常常沿著花崗岩柱爬上葡萄棚，這是本地最常見的葡萄種植方式。數以千計的果農種植著僅供釀造自用葡萄酒的葡萄，這麼高的樹冠（Canopy）管理方式讓他們可以更善用珍貴的每一小塊土地，棚下還種植著高麗菜。而且這樣的方法也能讓葡萄保有通風良好的環境，在這個即使夏天都經常有海霧籠罩的地區，確實需要認真考慮通風問題。

　　皮厚的阿爾巴利諾（Albariño）葡萄為該產區的主要品種。在所有品種中，它最能抵抗常常造成危害的的發霉問題，而且年輕的阿爾巴利諾葡萄酒非常受歡迎。這裡也有越來越多的實驗性酒款，但主要是混釀、用橡木桶熟成以及熟成時間較長的葡萄酒。

## Rias Baixas 的次產區

Val do Salnés 是目前最重要的次產區，也是最潮濕的。在南部的奧羅薩爾（O Rosal），最出色的葡萄園都位於朝南連綿山丘中的梯田上，所出產的葡萄酒酸度明顯更低。崎嶇的 Condado do Tea 是海拔最高、最冷的次產區，離海岸線最遠，這些來自於梯田的葡萄酒，風格更為有力，但不夠細膩。

### 圖例

―――――　國界
――・――　省界
━━━━━　Rías Biaxas（下海灣）DOP/DO

**Rías Biaxas 的次產區**

- Ribeira do Ulla
- Val do Salnés
- Soutomaior
- Condado do Tea
- O Rosal（奧羅薩爾）

FILLABOA　知名釀酒商 / 酒廠
―400―　等高線間距 200 公尺
▼　氣象站（WS）

### 下海灣：維戈（VIGO）　▼

緯度 / 海拔
**42.24° / 261 公尺**

葡萄生長季節的平均氣溫
**16.8°C**

年平均降雨量
**1786 公釐**

採收期降雨量
**9 月：102 公釐**

主要種植威脅
**真菌病、強風**

主要葡萄品種
**白：阿爾巴利諾、特雷薩杜拉（Treixadura）、白羅雷拉 / 白羅雷羅（Loureira Blanca）**

# 斗羅河岸 Ribera del Duero

Duero 這個字出現在本書 70 年代首版時，僅限於波特酒（Port）的故鄉——斗羅（Douro）河的西文名字，以及在談到奇特卻絕妙的維嘉西西里亞酒莊（Vega Scilia）時順道一提。但隨著瘋狂農業工程師 Alejandro Fernández 的努力，他讓佩斯克拉酒莊（Pesquera）享譽國際並引來新的投資者。現在的斗羅河岸已經可以和利奧哈爭奪西班牙首席葡萄酒產區的地位。

舊卡斯提爾（Old Castile）行政區的黃褐色平原從塞哥維亞省（Segovia）和阿維拉省（Avila）往北延伸與舊萊昂王國連成一片，年輕的斗羅河（Duero）越過邊境進入葡萄牙後稱為 Douro。在平均海拔為 850 公尺的高原，夜間的氣溫明顯降低，9 月，中午的溫度常常可以達到 30℃，而夜間僅 4℃。春霜幾乎無法避免，2017 年 4 月，這裡的溫度曾低至 -7℃。葡萄經常要到 10 月底甚至 11 月才開始採收。這裡的高海拔提供了乾燥的空氣和更多的日照，較涼的夜晚讓本地產的葡萄保有特別活潑的酸味；釀成的濃縮紅葡萄酒無論顏色、果香和味道都非常濃郁，與東

北方不到 100 公里外的利奧哈產區的紅葡萄酒風格截然不同，即便兩地主要使用的都是田帕尼優品種。

維嘉西西里亞（Vega Sicilia），一個有著 250 公頃葡萄園的酒莊，它的成功提供了最早期的見證，證明本地也可以釀出非常細緻的葡萄酒。該酒莊在 1860 年開始種植葡萄，當時正是許多波爾多酒商進入利奧哈產區並帶來許多影響的時候。維嘉西西里亞酒莊生產的 Unico 紅酒只有在好年份才釀造，在橡木桶內熟成的時間比任何其他餐酒都還要久，要等 10 年才會上市（現在，上市之前會先在酒瓶中瓶陳數年），這是一款擁有驚人個性的葡萄酒。不過特別的是，這個指標性酒款在使用當地田帕尼優（當地稱為 Tinto Fino 或 Tinto del País）葡萄釀造時，會再加入一點波爾多品種以增加魅力。Valbuena 只需熟成 5 年即可上市，Alión 是其姐妹酒莊與酒款，放在新法國橡木桶中熟成，但時間較短，成為斗羅河岸葡萄酒的現代詮釋版本。

## 迅速發展

斗羅河岸產區在 20 世紀 90 年代突然爆紅，其中打響頭炮的當屬 Alejandro Fernández 的 Pesquera 酒莊。1982 年此法定產區成立時，全區只有 24 家酒莊。到了 2018 年，已經超過 300 家，有 100 家是在過去 10 年成立的，其中有相當多家甚至連葡萄園都沒有。廣闊的高海拔高原歷經了相當顯著的土地轉型，將原本種植穀物和甜菜的土地變成超過 22,500 公頃的葡萄園。在鼎盛時期，為了滿足大量的需求，從利奧哈引進了一些產量較高的田帕尼優無性繁殖品系，但當地政府一直致力於開發更適合當地的高品質無性繁殖品系。

葡萄種植專家很容易就被本地非常多樣化的土壤所蒙騙，即便是在同一片葡萄園，葡萄成熟的速度也會相當不同。斗羅河北岸較為常見的石灰岩露頭，有助於在這雨水稀少的地區為土壤留住水分。但較常見的是沙壤土和黏土。

在 20 世紀 70 年代和 80 年代早期，此產區的葡萄酒出口商除了大名鼎鼎的 Vega Sciclia 之外，就是位於 Peñafiel 的合作社 Proto，Protos Reservas 這款酒的酒標圖案就是山頂的城堡。

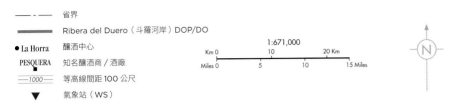

省界

Ribera del Duero（斗羅河岸）DOP/DO

● La Horra　釀酒中心

PESQUERA　知名釀酒商／酒廠

1:671,000

Km 0　　10　　20 Km

Miles 0　　5　　10　　15 Miles

—1000　　等高線間距 100 公尺

▼　氣象站（WS）

**斗羅河的葡萄酒中心**

寬廣且高海拔的斗羅河谷及其支流，已經有數百年的釀酒歷史，雖然這裡猛烈的大陸性氣候適於葡萄藤，但背後真正的原因想必是因為當地人對葡萄酒的大量需求，瓦亞多利德在 17 世紀時是西班牙的首都，當時並制定了嚴格的葡萄酒法規。

導致此區不在 Ribera del Duero DO 的原因是當地的政治而不是地理因素。

產區東部較高海拔的區域受到越來越多的關注，尤其是 Ataута 村有很多老藤。

**主要釀酒商／酒廠**

| | |
|---|---|
| 1 DOMINIO DE PINGUS | 10 MONTECASTRO |
| 2 ARZUAGA NAVARRO | 11 PAGO DE LOS CAPELLANES |
| 3 VEGA SICILIA | 12 CARMELO RODERO |
| 4 DEHESA DE LOS CANÓNIGOS | 13 ALONSO DEL YERRO |
| 5 HACIENDA MONASTERIO | 14 REAL SITIO DE VENTOSILLA |
| 6 MATARROMERA | 15 GOYO GARCÍA VIADERO |
| 7 EMILIO MORO | （BODEGAS VALDUERO） |
| 8 CONDE DE SAN CRISTÓBAL | 16 CILLAR DE SILOS |
| 9 LEGARIS | |

　超過 8,000 戶的葡萄農平均所擁有的土地，少於 3 公頃（每戶），所以採購葡萄來釀酒的傳統，也像利奧哈一樣普遍，許多新建造的酒廠需要彼此競爭才買得到所需的葡萄。其中一些最好的葡萄來自 La Horra、Roa de Duero 和 Pedrosade Duero 三個村子構成的三角區內。丹麥人 Peter Sisseck，打造了西班牙最稀有、最昂貴的葡萄酒「平古斯」（Dominio de Pingus），他能夠在 La Horra 找到一些樹齡最老、最多樹瘤且蜷縮生長的 Tinto Fino 葡萄樹。

　區域內有兩家很成功的酒莊卻不在 DO 產區的範圍之內，他們的酒販售時使用的是沒有那麼嚴格的「Castilla y León 地區餐酒」名義。其中位於 Sardón de Duero 村的天使之堤酒莊（Abadía Retuerta）是 1996 年由瑞士藥商公司 Novartis 所建立的大型葡萄酒莊園，剛好就在法定產區邊界外的西邊（當 1982 年 DO 法定產區建立時，這裡剛好沒有葡萄園，不過早從 17 世紀開始，這裡幾乎一直都有葡萄園。這個曾是修道院的酒莊，一直到 20 世紀 70 年代都是瓦亞多利德市主要的葡萄酒供應商。另一家位於圖德拉（Tudela）市的酒莊 Mauro，創立於 1980 年，位

置甚至更偏西，現在位於一座美麗的古老石造建築內，創建者 Mariano García 曾是維嘉西西里亞的釀酒師。他本人也參與了奧托酒莊（Aalto）的興建計劃，這是斗羅河岸新近成立的酒莊之一，似乎只差一個好年份就可以建立起酒莊的名聲。

　其他的投資者包括 Felix Solís（Pagosdel Rey 酒莊）、Alonso del Yerro、Marqués de Vargas（Conde de San Cristóbal 酒莊）、Torres（Celeste 酒莊）和 Faustino，其中許多都已經在其他產區（尤其是不遠的利奧哈）擁有優秀的酒莊。較為近期的新投資包括：Cava 生產商 Freixenet 投資了 Valdubón；La Rioja Alta 的 Aster 和 Rioja CVNE 的 Anguix 酒莊。

---

**斗羅河岸：　　　　▼
瓦亞多利德（VALLADOLID）**

緯度／海拔
**北緯 41.70° / 846 公尺**

葡萄生長季節的平均氣溫
**15.7°C**

年平均降雨量
**435 公釐**

採收期降雨量
**10 月：52 公釐**

主要種植威脅
**春霜、秋雨**

主要葡萄品種
**Tinto Fino / Tinto del País（田帕尼優）**

# 多羅和胡耶達 Toro and Rueda

20世紀90年代，強勁有力的葡萄酒，最討權威酒評家的歡心。在 Castilla y León 產區最西部的多羅（Toro），那時候只有 8 酒莊；當地最好的葡萄酒，被廣泛認為是很質樸的（也只有這一特點）。但當地主要品種 Tinta de Toro 的活力卻是如此明顯，不容忽視。到了 2006 年，酒莊的數量增加至 40 家；而到了 2018 年，酒莊已有 62 家。西班牙一些著名的投資者，包括斗羅河岸的名莊維嘉西西里亞的莊主和 Mauro 酒莊的莊主，以及飛行釀酒師 Telmo Rodríguez 都來到此地。甚至法國人也來了，比如波爾多的 François Lurton、玻美侯的著名釀酒師 Michel 和 Dany Rolland 夫婦也都被 Tinta de Toro 的成熟度所打動，他們合資創建了 Campo Eliseo 酒莊。2008 年，LVMH 集團高價從一個來自利奧哈的莊主手中，收購了名望極高的努曼西亞酒莊（Numanthia）。業務重心主要在美國的 Ordóñez 家族，對於多羅產區的成功當然不會視而不見。

和多數西班牙產區一樣，多羅產區的品質核心來自於它的海拔。620-840 公尺的高度，讓葡萄種植者能夠在炎熱的夏季借助夜晚的涼爽，對生長在各種土質上的成熟葡萄之皮色和風味進行「校正」。這裡有一些紅色的黏土，但大部分土壤都是沙質的，不利於根瘤蚜蟲的繁衍，所以，60% 的葡萄藤都是沒有經過嫁接的。

在多羅產區，葡萄種植面積為 5,500 公頃，灌木型葡萄藤占了 80%，有 1,200 公頃的藤齡超過 50 年，125 公頃的藤齡超過 100 年。每年的降雨量在 400 公釐以下，條件近乎沙漠，所以在南部的一些葡萄園，每公頃只有 650 株葡萄藤。Tinta de Toro 占了當地 85% 的葡萄種植面積，有的快速地透過二氧化碳浸漬法釀成葡萄酒，這樣的葡萄酒年輕多汁；但是，有越來越多且已占大部分的葡萄酒會經過橡木桶陳釀，比如陳釀級別（Reservas）就需要在橡木桶中熟成至少 12 個月，這樣釀出的紅葡萄酒，風格可用「強壯有力」來形容。

## 胡耶達

相鄰的胡耶達（Rueda）產區歷來都以本土品種華帝露（Verdejo）釀造白葡萄酒，但它曾經歷了長時間的沒落，直到 20 世紀 70 年代利奧哈極具影響力的利斯卡侯爵酒莊（Marqués de Riscal）決定將白葡萄酒的釀造地搬到這裡才得以恢復。用華帝露釀造的葡萄酒，和近年也在這裡種植的白蘇維濃所釀的酒一樣，口感清新。能保留較完整的酸度，而為了發展出更飽滿的礦物感，它的採摘時間可以（事實上也應該如此）比一般的白蘇維濃較晚一些。在產區的 17,000 公頃的葡萄種植面積中，紅葡萄品種只有 500 公頃，大部分上市時標示為 Vino de la Tierra Castillay León。

華帝露是胡耶達的特色葡萄品種，多年來都被釀成雪莉酒風格的葡萄酒。Marqués de Riscal 酒莊成功地以此品種釀出了新鮮、不甜的餐酒，成了這一產區的命運轉捩點。

### 多羅和胡耶達的西北部

此地圖包括了多羅全產區，但胡耶達只納入與葡萄酒最相關的重要西北部區域。它延伸至瓦亞多利德省之外，進入到塞哥維亞省（Avelino Vegas、Blanco Nieva、和 Ossian 等酒莊的所在地）和阿維拉省（可參考第 188 頁地圖）。有幾個酒莊既釀造白葡萄酒，也釀造紅葡萄酒。

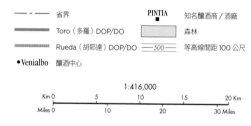

- - - - 省界
━━━━ Toro（多羅）DOP/DO
▥▥▥ Rueda（胡耶達）DOP/DO
● Venialbo 釀酒中心

**PINTIA** 知名釀酒商 / 酒廠
森林
━500━ 等高線間距 100 公尺

1:416,000

Km 0　　5　　10　　15　　20 Km
Miles 0　　10　　20　　30 Miles

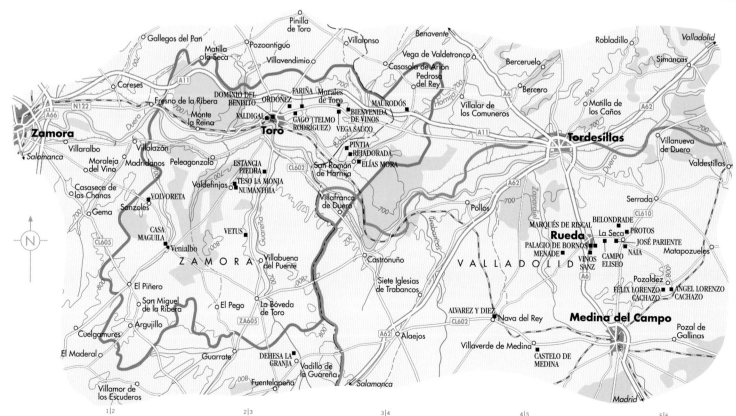

# 那瓦拉 Navarra

那瓦拉（Navarra）就在利奧哈東北邊界的上方，就葡萄酒釀造方面它和利奧哈（事實上是法國的一部分）在歷史上一直都存在著競爭的關係，直到根瘤蚜蟲病侵襲之後，波爾多商人在選擇生意夥伴時，看中利奧哈以及已經開通的從Haro鎮起始的鐵路，而不是那瓦拉這片盛產蘆筍和遍布苗圃的綠色大地，情況才有所改變。

在20世紀的多數時候，那瓦拉四散的葡萄園種植的主要是格那希，並用這種葡萄來釀造粉紅葡萄酒，以及強勁深厚的混釀紅葡萄酒。後來歷經了一場革命，大舉轉種卡本內蘇維濃、梅洛、田帕尼優和夏多內（如今每三株葡萄藤中仍有超過一株夏多內）。現在田帕尼優的種植面積已經超過了格那希，而卡本內蘇維濃也成為全區種植面積第三的品種。然而，奇怪的是，用這些新來葡萄品種釀造的那瓦拉葡萄酒都賣的不太好，或許是因為它們都沒有明顯的特色。

然而，如今格那希正在復興，尤其是在北部海拔較高的Valdizarbe和Baja Montaña，用老藤格那希釀造的葡萄酒，將豐富的果香與大西洋清新的氣息結合在一起。阿塔蒂酒莊（Artadi）的Santa Cruz de Artazu葡萄酒就是典範。當地重量級的釀酒合作社持續接收該地區大部分普通的格那希，而San Martín這家合作社則用與其合作的酒農手中，最好地塊種植出的葡萄，釀成了一些世界上最有價值的紅葡萄酒。露皮耶酒莊（Domaines Lupier）和Emilio Valerio酒莊在這方面是較新的探勘者，並已取得了相當程度的成功。在一個更有限的範圍內，風味濃厚的利奧哈格拉西亞諾（Graciano）葡萄種植量正在增加當中。Viña Zorzal酒莊和Ochoa酒莊的出品就非常出色。

許多那瓦拉的葡萄酒，嚐起來就像是利奧哈與索蒙塔諾（Somontano）產區的結合：具有明顯的橡木氣息，兼得西班牙品種和國際品種的風味。在這裡比在利奧哈更常使用法國橡木桶，這或許是因為橡木桶陳釀這種做法進入那瓦拉要晚得多，但也或許是因為這裡有更多的葡萄園種植了法國的葡萄品種。如果在酒標上見到Crianza或Reserva這樣的字眼，那就表示這是類似於利奧哈風格的葡萄酒。

## 北部和南部

然而，那瓦拉葡萄酒並不是和利奧哈一模一樣，兩者在次產區還是有區別的。比如，炎熱、乾燥又平坦的 **Ribera Baja** 次產區，地處其南邊蒙卡約（Moncayo）山脈的雨影區（譯註：山脈的背風面，意味著降雨量小），必須進行灌溉（採用羅馬時期就已經建立的運河系統）；而在北邊，葡萄的種植面積小一些，氣候涼一些，土壤類型也更多一些。Ribera Baja最好的格那希產自Fitero，可能是因為這裡的土壤和教皇新堡

## 那瓦拉的次產區

那瓦拉產區有3種不同的氣候類型。西北部受到大西洋氣候的影響，年均降雨量800公釐；東北部是明顯的大陸性氣候；在南部，緊挨著下利奧哈（Rioja Baja）東部的地區是地中海型氣候，年均降雨量就下降至300公釐。

— · — · — 省界

───── Navarra（納瓦拉）DOP/DO

**那瓦拉的次產區**

Tierra Estella

Valdizarbe

Ribera Alta

Baja Montaña

Ribera Baja

■ OCHOA 知名釀酒商／酒廠

───400── 等高線間距200公尺

地區一樣貧瘠，並且靠近Bardenas Reales沙漠。在Fitero的北邊，Corella酒莊因為生產貴腐黴風格的（小粒白蜜思嘉）葡萄酒Moscatel de Grano Menudo而成名。Camilo Castilla是培育這個品種的酒莊，它最擅長釀造西班牙傳統rancio風格（譯註：即堅果和甜香的氧化味）的蜜思嘉葡萄酒，這種葡萄酒要在老橡木桶裡陳釀多年。

**Ribera Alta** 是一個傳統的次產區，介於北部和南部之間，那瓦拉三分之一的葡萄都種植在這裡。

那瓦拉南部氣溫非常高的時候，其北部可能還很涼爽，因為後者更靠近大西洋且多山，持續的西風讓葡萄園上方的臺地變成了一片虛擬風力發電林。一如利奧哈產區，那瓦拉北部的海拔條件及其與庇里牛斯山的接近程度，意味著波爾多品種在這裡的探摘時間會比在波爾多當地的葡萄園晚得多——在海拔最高的葡萄園有時要遲至11月。**Baja Montaña** 次產區，其土質是混雜

著一些石灰岩的黏土，主要生產粉紅葡萄酒。在北部的 **Tierra Estella**（其地質條件與其南鄰利奧哈的Alavesa相同）和 **Valdizarbe** 這兩個次產區，朝向及海拔高度差異極大，早期的種植者在挑選地塊時都格外小心。春霜以及秋寒是兩大問題。不過，正是在Tierra Estella，或許是已經考慮到氣候的變化，現在由佩雷拉達集團（Grupo Perelada）所有的Chivite酒莊，當初大舉在古老的Arínzano莊園中投資，所出產的田帕尼優、卡本內蘇維濃和梅洛混釀葡萄酒，品質出眾，贏得了「單一酒莊酒」（Vinos de Pago）的身份，這在西班牙是最高的法定身份，專屬於單一的莊園。如今，Arínzano莊園已為俄國人擁有，而那瓦拉也已擁有另外3個具有Vinos de Pago身份的莊園了（見第188頁地圖）。

# 利奧哈 Rioja

利奧哈產區的葡萄酒，在長達一個多世紀的時間裡，都是最具代表性的西班牙葡萄酒；但近年來，有一半的利奧哈葡萄酒不得不屈從於各種壓力而做出調整。然而，正如它那些偉大的老年份葡萄酒所證明的，利奧哈所擁有的多種條件，使其成為幾近完美的葡萄酒產地。

**風土條件：**高海拔，黏土中含不同程度的石灰岩。

**氣候：**西部是冷涼的大陸性氣候，越靠近地中海的地方越溫暖。

**葡萄品種：**紅：田帕尼優、格那希；白：維尤拉（Viura／馬卡貝歐 [Macabeo]）、馬瓦西亞（Malvasia）。

一個葡萄種植面積達 61,500 公頃的產區，其中的葡萄園狀況當然不會是一致的。在利奧哈的西北部，一些在 Labastida 鎮上方海拔最高處的葡萄園，葡萄的成熟有時就是一個問題；但在東部，種植在海拔高達 800 公尺處的葡萄，卻又輕易地就能成熟，這是因為受到地中海暖風的影響，這種影響一路往西，在 Elciego 鎮都能感受得到。在東部的 Alfaro 鎮，種植者們進行採摘的時間可能會比阿羅（Haro）鎮早 4 個星期，在阿羅鎮，生長季很長，最後一批葡萄可能要到 10 月底才採摘。利奧哈葡萄的收成時間，在西班牙所有的產區中，通常是最遲的。

利奧哈可劃分為 3 個次產區。上利奧哈（Rioja Alta）是大部分傳統的頂級酒莊之所在。大西洋距離其西部邊界僅 43 公里，這裡的年均降雨量高達 700 公釐。在**東利奧哈（Rioja Oriental**，以前被稱為 Rioja Baja，即下利奧哈），氣候暖和得多，海拔也低得多（300-350 公尺），年均降雨量只有 400 公釐。**阿拉維薩利奧哈（Rioja Alavesa）**位於巴斯克自治區的阿拉瓦省（Alava），在 3 個次產區中是最具大西洋特色的一個，它被坎塔布里亞山脈（Sierra de Cantabria）的岩石牆保護得很好。這裡的葡萄園，有的正如在上利奧哈德曼達（Sierra de Demanda）山脈上的那樣，位於高處，海拔可達 700 公尺。

在阿拉維薩利奧哈，四分之三的土地都是葡萄園（在上利奧哈，大約是二分之一）；舉目望去，在由河水沖刷而成的梯狀山地上，是一小片一小片的葡萄園，葡萄藤常呈低矮的灌木狀（地勢越高越好，但要爬到高處栽種會比較困難）。在阿拉維薩利奧哈以及上利奧哈的阿羅鎮、Briones 鎮和 Cenicero 鎮附近，土壤以黏土-石灰岩為主；而在上利奧哈海拔高一點的 Nájera

鎮和 Navarrete 鎮附近，其黏土多含鐵質。東利奧哈的土壤，通常由含鐵質的黏土沖積而成，甚至比上利奧哈的更多樣，這裡的葡萄種植得更為稀疏。

2017 年，針對有人批評利奧哈法定產區（DOCa Rioja）太大，又沒有品質規範指南一事，有關管理當局作出了回應，推出了一系列新的區分規定。今日，一款流行的單一葡萄園葡萄酒，在酒標上顯示的是 Viñedo Singular，而來自單一鎮或地區的葡萄酒則分別是 Vino de Municipio 或 Vino de Zona。2007-2008 年的金融危機，曾迫使許多利奧哈的酒莊歇業，但之後酒莊的數量又再度上升了，2018 年達到了 600 多家（幾乎是 1990 年酒莊總數的兩倍）。無法想象少了利奧哈的西班牙葡萄酒會是如何。

田帕尼優目前是利奧哈最重要的葡萄品種，在 2018 年占據了 84% 的種植總面積（2012 年是 61%）。田帕尼優非常適合與格那希混釀，但它又一直有計畫性地取代格那希這一飽滿多肉的品種，因此，格那希在利奧哈葡萄種植面積中的比例，同期已減半至 9% —— 但同時，隨著一些 100% 的利奧哈格那希葡萄酒的出現，其品質又開始備受讚譽。格那希在上利奧哈上游的 Nájera 鎮以及東利奧哈的 Tudelilla 鎮海拔較高的葡萄園中表現最好。格拉西亞諾（Graciano，在法國隆格多克稱為 Morrastel，在葡萄牙稱為 Tinta Miúda）是一個細膩卻又難伺候的利奧哈獨特品種，隨著康帝諾酒莊（Contino）和阿貝爾酒莊（Abel Mendoza）用它釀出的單一品種葡萄酒賣出了高價，格拉西亞諾葡萄如今似乎已不再有滅絕之虞。利奧哈允許種植馬蘇洛（Mazuelo，卡利濃在利奧哈的別名），但卻無法容忍種植卡本內蘇維濃。

## 利奧哈的本色

說來也怪，西班牙最著名也最重要的利奧哈葡萄酒，是以尋求其真正特色而進入到 21 世紀的。利奧哈的名聲早在 19 世紀末就已建立，當時庇里牛斯山以北的葡萄園盡毀於根瘤蚜蟲病，於是波爾多的酒商來到這裡，填補他們令人尷尬的失落感。因為有鐵路可以直通大西洋沿岸，阿羅鎮便成了理想的混釀葡萄酒中心，那些原料酒從遠至東利奧哈的地方由馬車運送過來，通常還帶著葡萄皮。波爾多酒商教會了他們如何在小型橡木桶中陳釀，阿羅鎮上許多最重要的酒莊就是因此而誕生的，全都創建於 1890 年左右，而且都集中在「車站區」（Barrio de la Estación）周邊，其中有幾家酒莊甚至還擁有自己的月臺。

到了 20 世紀 70 年代，大部分由小葡萄農釀造的利奧哈葡萄酒都帶著多汁的口感，在像 San Vicente 這樣的村子裡，至今還可以見到一種被稱為 lagare 的石造酒槽，半開的門後面掛著手寫的 Se Vende Rioja（內售利奧哈葡萄酒）幾個大字。在利奧哈產區，最講究的是調配和熟成，而不是釀造，更別說地理條件了。利奧哈葡萄酒，很快就完成發酵，然後在老舊的美國橡木

桶內熟成多年，於是就形成了酒瓶背標上所顯示的經典分類：Crianza、Reserva 或 Gran Reserva，這些都是根據葡萄酒在橡木桶中熟成的時間而定的。這樣釀成的葡萄酒，顏色淺淡，散發著甜美的香草氣息，如果用的是最高品質的葡萄，那真是太誘人了。

20 世紀末，很多酒莊都在釀酒技術上進行了修正（即便不是自己種植葡萄，但大部分的酒莊都是自己釀酒）。皮薄柔和的田帕尼優在釀造時的浸皮時間比以前長了很多，並更常使用法國的而不是美國的橡木桶，且更早裝瓶。這樣的改變，讓葡萄酒的口感更深厚，也保留了更多的果味，簡單地說，就是更現代了。而且上市時，直接標註酒的年份，而不是在酒瓶的背標上顯示傳統分類中的某一類。如今，也有回歸更傳統風格的酒，但只是些個例。

新的法國橡木桶在 1970 年前就已由卡賽瑞酒莊（Marqués de Cáceres）引進至利奧哈。Marqués de Cáceres 酒莊所在的 Cenicero 鎮，位於利奧哈的正中間，氣候並不極端。種植在西邊的葡萄，往往酸度較高、單寧較強；而種植在東邊的，則相對酸度低一些、單寧弱一些。另一個沒什麼爭議的發展是單一莊園葡萄酒的崛起，例如 Allende、Contino、Macán、Remelluri 和 Valpiedra

**利奧哈：洛格羅尼奧（LOGROÑO）▼**

緯度／海拔
**42.45°／353 公尺**

葡萄生長季節的平均氣溫
**18.2°C**

年均平均降雨量
**405 公釐**

採收期降雨量
**10 月：37 公釐**

主要種植威脅
**春霜、真菌類疾病、乾旱**

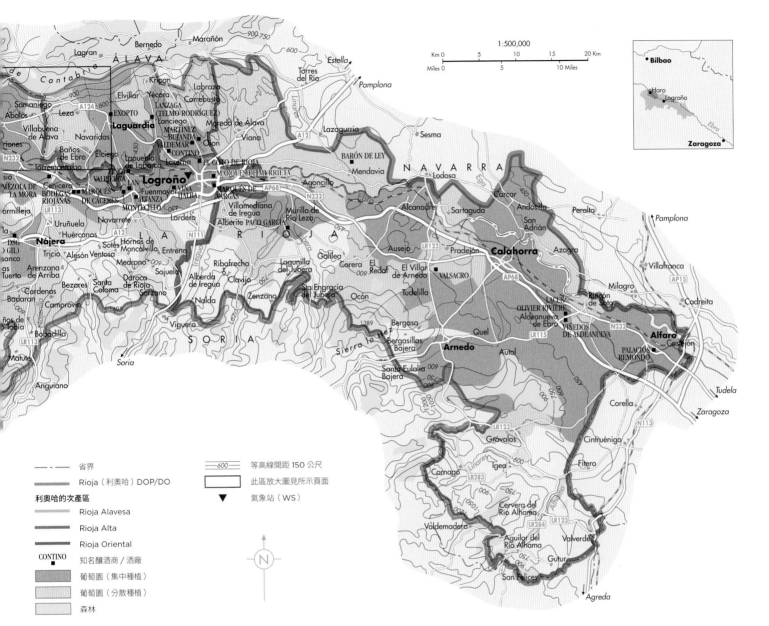

等；另外還有一批更年輕、追求風土特色的新酒莊，例如 Artuke、Abel Mendoza、Olivier Rivière、David Sampedro 和 Tom Puyaubert（Exopto），它們的模式更類似布根地而非波爾多。

每 20 瓶利奧哈葡萄酒中，大約只有 1 瓶是白葡萄酒。白葡萄品種中，種植面積最大的是維尤拉（馬卡貝歐），此外就是有限的利奧哈馬瓦西亞（Malvasía Riojana）和白格那希。自 2007 年以來，夏多內、白蘇維濃和華帝露（Verdejo）的種植得到了允許，還有個別更具西班牙特色的白葡萄品種，但仍不普遍。考慮到產區外的趨勢，利奧哈的葡萄酒有關當局還鼓勵釀造粉紅葡萄酒。

簡單易飲、風味中性，似乎是大多數利奧哈白葡萄酒所追求的——這有點可惜，因為橡木桶陳釀的利奧哈白葡萄酒，在桶陳和瓶陳 10 年或 20 年後，會變得豐富和精緻，足以挑戰最棒的波爾多白葡萄酒。López de Heredia 酒莊的成就讓人讚嘆不已，其葡萄園 Viña Tondonia（可釀白、紅、粉紅酒）是最偉大的產地之一。

馬肯酒莊（Macán）酒莊是由斗羅河岸維嘉西西里亞酒莊和波爾多的酒莊 Château Clarke（由 Benjamin de Rothschild 男爵擁有）合資建立的。

維望可酒莊（Dinastia de Vivanco）的葡萄酒博物館非常獨特，是利奧哈幾座壯觀的葡萄酒相關大型現代建築之一。

阿羅地區

500　Contour interval 50 metres

# 加泰隆尼亞 Catalunya

加泰隆尼亞（英文拼法則是 Catalonia），在文化上與西班牙別的地方截然不同。這一點，只要踏上巴塞隆納及其沿海地區，在空氣中都能感受得到。此區對獨立的訴求已不是什麼秘密。無論是建築還是美食，巴塞隆納都是歐洲最具活力的城市之一，其與法國的相近程度和與卡斯提爾（Castile）的相近程度一樣。因介於地中海沿岸的各種條件，和北部山丘冷涼得多的亞高山氣候之間，加泰隆尼亞擁有釀造各式各樣葡萄酒的機會，而他們確實也沒有浪費這個機會。

在西班牙的葡萄酒貨架及酒單上，最顯眼的是「卡瓦」（Cava），一種在西班牙相當於香檳的氣泡酒。95% 的卡瓦產自加泰隆尼亞，所用葡萄主要來自佩內德斯（Penedès）的葡萄酒業中心 Sant Sadurní d'Anoia 附近的肥沃高原地帶（西班牙其他允許生產卡瓦的地區，可參考第 188 頁地圖）。卡瓦的生產，就目前的情況而言，由兩家主要的競爭者「康德努」（Codorníu）和「菲思娜」（Freixenet）主導，這兩家企業如今分別為美國的私人控股集團和德國的 Henkell 公司所有。卡瓦的釀造方法也許跟香檳差不多，但所採用的葡萄品種卻非常不同。馬卡貝歐葡萄是大部分卡瓦的主要成分，它發芽比較晚，不太會受到春霜危害。卡瓦獨特的本土風味來自當地葡萄品種沙雷洛（Xarel-lo），此品種最適合栽種在海拔較低之處。用沙雷洛釀造的靜態葡萄酒如今也很流行。產於佩內德斯北部（如果不允許過度生產），風味相對中性的帕雷亞達（Parellada）葡萄，可為卡瓦帶來清爽的口感和蘋果的香氣。夏多內大約占了 5% 的種植面積，而黑皮諾的種植也因粉紅卡瓦越來越受歡迎而被允許。降低葡萄園產量以及延長熟成時間，正提升著頂級卡瓦的品質。

特定單一葡萄園的酒如今可能會被一些更具雄心壯志的酒莊正式形容為 Cava de Paraje Calificado，這些酒莊，比如 Colet 酒莊和 AT Roca 酒莊，放棄使用卡瓦 DO，而選擇採用在地理上更具體的佩內德斯。許多加泰隆尼亞的酒莊正試著將自己的氣泡酒與寬泛的卡瓦類別拉開距離——在酒標上標示 Penedès、Clàssic Penedès、Conca del Riu Anoia，或甚至連具體的法定產地名稱都不提了。

佩內德斯一直以來就是加泰隆尼亞靜態葡萄酒主要的 DO 法定產區，這裡的靜態葡萄酒帶有各種很直接的風味。國際品種在佩內德斯比在西班牙的其他地方更為普遍。20 世紀 60 年代，Jean León 和 Miguel Torres 率先引進的國際品種，正是從這裡開始栽種。Miguel Torres 是加泰隆尼亞葡萄酒界的巨人，他對永續發展的關注令人敬佩。在 Mas La Plana 葡萄園的卡本內蘇維濃和 Milmanda 葡萄園的夏多內（Milmanda 位於截然不同的內陸地區 Conca de Barberá，那裡是 Tarragona 北部的石灰岩山區）得到理想的成

果後，Torres 家族一直在尋找和試驗加泰隆尼亞本地的葡萄品種，最初是為了他們早期的單一園混釀紅葡萄酒（同樣來自 Conca de Barberá 地區），即著名的 Grans Muralles。紅皮的特雷帕特（Trepat）葡萄在靜態酒和氣泡酒釀造方面越來越都到歡迎，支持者中有著名的波布雷特修道院酒莊（Abadía de Poble），這個酒莊就在一個 12 世紀的熙篤會修道院內。

加泰隆尼亞 DO 法定產區（Catalunya DO）越來越常見，它包括了加泰隆尼亞的所有地區（並認可這些地區之間的混釀），始於 1999 年；它的建立，主要是因為不斷擴張的 Torres 公司發現，佩內德斯作為法定產地名稱的局限性太大了。在靠近海岸的 Baix-Penedès，氣候最熱，海拔最低，大量出產加盧（Garrut / 莫納斯特雷爾 [Monastrell]，即「慕維得爾」[Mourvèdre]）、格那希、和卡利濃（西文為 Cariñena）這些品種，用於混釀型（或風格）的紅葡萄酒。在海拔高度中等的地區，卡瓦是主要產品，但一些更有野心的種植者，他們到地中海沿岸的矮樹叢間，以及海拔高至 800 公尺的山地松樹林中，開闢葡萄園，盡力在產量相對低的葡萄藤（有原生品種，也有引進的品種）中擷取本地優質特色。向地勢高處的開拓，有部分也是出於對氣候變遷的擔憂。

塔拉戈納（Tarragona）DO 緊鄰佩內德斯西部，在與其同名的城市周邊。這裡曾以濃重口味的甜型葡萄酒出名，如今其山丘地帶也提供釀造卡瓦的葡萄原料，而在低矮一點的地帶所種出的葡萄，則能釀出相當濃郁的葡萄酒。在地勢較高的西部葡萄園，擁有其專門的蒙桑特（Montsant）DO，這個法定產區包圍著在第 202 頁上所介紹的普里奧拉（Priorat）DOCa。著名的酒莊都集中在 Falset 一帶，這個高海拔的小鎮就位於普里奧拉之外，是進出普里奧拉的門戶。這裡即使沒有像普里奧拉一樣的獨特土壤，但運用各種不同的葡萄品種，也能釀出相當濃郁的不

甜型紅葡萄酒。松頂村酒莊（Celler de Capçanes）和胡安德安蓋拉酒莊（Joan d'Anguera）是這個產區的標竿，而 René Barbier 和 Christoper Cannan 在「夢幻美景」（Espectacle）葡萄園種植的格那希是世界級的。

西邊和南邊的鄉鎮，海拔較高，這裡是 Terra Alta DO，陽光充足，氣候炎熱，白格那希是這裡最主要的葡萄品種，事實上，在 Terra Alta，這個品種的葡萄種植越來越流行，占了世界白格那希葡萄總種植面積的三分之一。這裡也種植了其他類型的格那希，此外，還有馬卡貝歐、帕雷亞達和珊素（Samsó，即卡利濃）等品種。Terra Alta 那些越來越精緻的白葡萄酒，酒體變得輕盈；Edetària 和 Abadal（LaFou）是當地主要的酒莊。

## 深入內陸

塞格雷河岸（Costers del Segre）DO，在此地圖上出現的只是一小部分（全圖可參考第 182 頁地圖），它包括 7 個範圍分散的次產區。Garrigues 位於蒙桑特山脈的正上方，地理條件與山另一頭行情正走俏的普里奧拉頗為類似，但稍微平緩一些。Tomàs Cusiné 酒莊一直都是此地龍頭。在海拔 750 公尺的地帶，灌木型栽種的格那希老藤以及馬卡貝歐有著相當大的潛力，不過現在，在杏仁樹與橄欖樹之間，以棚架方式種植著田帕尼優及國際品種。來自地中海的微風降低了霜害的風險。在另一個出眾、地勢較高的次產區 Pallars，最重要的酒莊是「安卡斯」Castell d'Encús。

往東北方向，海拔較低，這裡是 Valls de Riu Corb 次產區，用國際品種釀造的葡萄酒清淡而辛香；而北邊的 Artesa de Segre 次產區則與其西邊的 Aragón 產區的索蒙塔諾（Somontano）比較類似。此外，範圍廣大的拉姆得酒莊（Raimat）值得一提，在半沙漠的 Lleida 西北部，它猶如一片綠洲，這都多虧了由 Codorníu 酒廠的 Raventós 家族所開發的灌溉系統。這裡生產的葡萄酒比較接近新世界的風格，而較少帶有加泰隆尼亞的特色。

緊挨著巴塞隆納北部的海岸邊，是亞雷拉（Alella）產區，這裡的葡萄農正與房地產開發商鬥爭，他們已大量放棄國際品種，改種本地的

### 加泰隆尼亞：雷烏斯（REUS）▼

緯度 / 海拔
**41.15° / 71 公尺**

葡萄生長季節的平均氣溫
**20°C**

年平均降雨量
**497 公釐**

採收期降雨量
**9 月：75 公釐**

主要種植威脅
**乾旱、真菌類病害**

主要葡萄品種
**紅：田帕尼優、格那希、卡本內蘇維濃、卡利濃**
**白：帕雷亞達、馬卡貝歐、沙雷洛**

Raventós i Blanc 酒莊的葡萄園 Vinya dels Fòssils，這裡的土壤中因含有化石（Fòssils）而得名。Raventós i Blanc 酒莊也是從卡瓦 DO 中走出來的較著名酒莊之一，它生產的氣泡酒十分精緻，具有十足的加泰隆尼亞特色，在酒標上的標示是 Conca del Riu Anoia。

白潘薩（Pansa Blanca/Xarel-lo），這個品種能繁盛生長在當地的花崗岩土壤上。

巴傑斯平原（**Pla de Bages**）DO 不在這張詳細的地圖內，但出現在西班牙的全圖上（可參考第 188 頁），以巴塞隆納正北邊的 Manresa 鎮為中心。雖然這裡有一些有趣的老藤皮卡波（Picapoll）葡萄（即隆格多克的克雷耶特），但也種植了卡本內蘇維濃和夏多內。加泰隆尼亞最北邊的 DO 產區是位於 Costa Brava 的**恩波爾達**（Empordà），所生產的混釀紅葡萄酒和白葡萄酒，品質不俗，正在迅速發展中，有的還類似於庇里牛斯山那頭，胡西雍產區的頂級葡萄酒。

同時，Vi de Finca 已正式發展為加泰隆尼亞版的「單一酒莊酒」（Vino de Pago），即擁有自己 DO 產地的加泰隆尼亞酒莊。總之，加泰隆尼亞可以稱得上正處於全面發展中。

Torres 在其 Grans Muralles 葡萄園裡，正逐漸增加最近重新發現的原生加泰隆尼亞葡萄品種的比重。Grans Muralles 葡萄園地處 Poblet 的熙篤會修道院旁，這個修道院是加泰隆尼亞人的心靈寄託聖地。

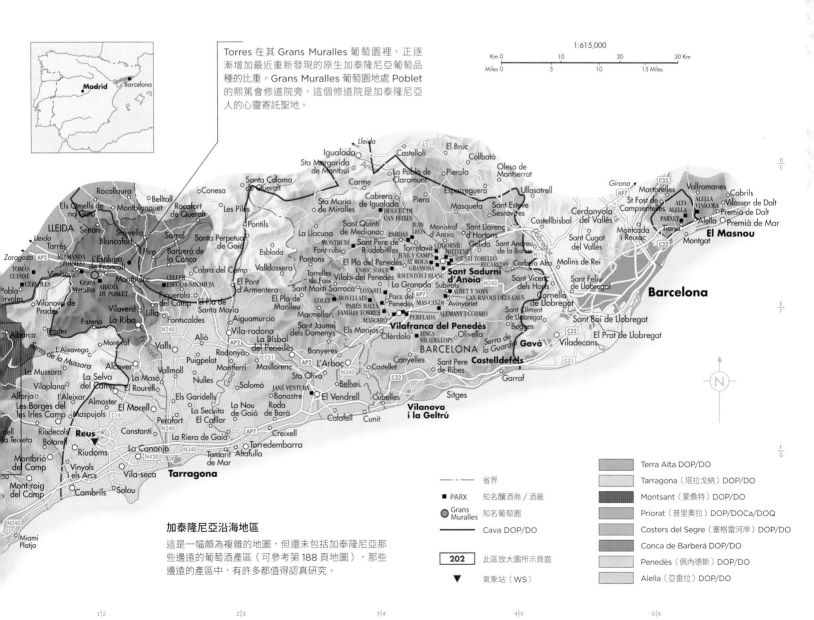

### 加泰隆尼亞沿海地區

這是一幅頗為複雜的地圖，但還未包括加泰隆尼亞那些邊遠的葡萄酒產區（可參考第 188 頁地圖），那些邊遠的產區中，有許多都值得認真研究。

省界
PARX　知名釀酒商／酒廠
Grans Muralles　知名葡萄園
Cava DOP/DO
202　此區放大圖所示頁面
▼　氣象站（WS）

Terra Alta DOP/DO
Tarragona（塔拉戈納）DOP/DO
Montsant（蒙桑特）DOP/DO
Priorat（普里奧拉）DOP/DOCa/DOQ
Costers del Segre（塞格雷河岸）DOP/DO
Conca de Barberá DOP/DO
Penedès（佩內德斯）DOP/DO
Alella（亞雷拉）DOP/DO

# 普里奧拉
## Priorat

在根瘤蚜蟲病出現之前，在這片崎嶇起伏、讓人眼花的山地中（這裡絕對不適合開車容易緊張的司機）就擁有 5,000 公頃的葡萄園。卡爾特教團（Carthusian）的修士於 12 世紀時在這裡建立了一個小修道院，當然也種植了葡萄。

1979 年，莫嘉鐸酒莊（Clos Mogador）的 René Barbier 第一次看到了這片古老土地的潛力，當時這裡只有 600 公頃的葡萄園，主要種植著卡利濃，所生產的葡萄酒相當粗糙。1989 年，René Barbier 說服了 4 個朋友，共同在 Gratallops 村種植葡萄、釀造葡萄酒。他們釀出的葡萄酒與當時那些土樸的、帶著葡萄乾發酵氣息的標準普里奧拉（Priorat）葡萄酒截然不同，是一種濃郁集中、具有礦物感的葡萄酒，這與橡木味濃重的西班牙葡萄酒，在概念也很不一樣——事實上，因為差異太大，所以第一個年份完全未得到 DO 的頭銜。

受此啟發，這些先驅很快就建立起了他們自己的酒莊：José Luis Pérez（麥斯·馬蒂內酒莊 [Mas Martinet]）、Daphne Glorian（克羅斯底拉西斯酒莊 [Clos Erasmus]）、Alvaro Palacios（海豚園 [Finca Dofí] 和拉爾米塔酒莊 [L'Ermita]）和 Carles Pastrana（Clos de l'Obac）。他們所釀造的葡萄酒在國際上好評如潮，價格也高（跟物以稀為貴也有關係），因此，自那以後，外來投資者紛至沓來——有的來自佩內德斯，有的甚至來自南非，整個產區面貌煥然一新。截至 2018 年為止，葡萄園的總面積增加到了 1,900 公頃，超過三分之一的坡度大於 30°，共有 100 多家酒莊。不久之前，在這個地區，人們常見的還是牧羊人趕羊、驢子拉車的景象。

那麼，為什麼這裡的葡萄酒如此獨特呢？普里奧拉產區的確受到來其西北方的蒙桑特山脈屏障，這是一條崎嶇不平的長長山脊。但是，讓頂級普里奧拉葡萄酒成為幾乎可咀嚼的精華的是，其非同尋常的土壤和紅板岩——Llicorella，這是一種深棕色的板岩，凹凸的表面在陽光下如石英一般閃爍（可參考第 26 頁）。這裡每年的降雨量常常不足 500 公釐，若在其他大部分產區早就需要灌溉了，但是普里奧拉的土壤特別涼且潮濕，因此葡萄藤的根能夠穿透紅板岩的斷層去尋找水源，這有點像斗羅河谷那邊的情況。在最好的地塊，葡萄產量低得驚人，但用這些葡萄釀出的，是極為迷人、濃郁的葡萄酒。

卡利濃到目前為止仍然是最廣泛種植的葡萄品種，特別是在產區北部的 Torroja 和 Poboleda 附近，年齡足夠老的葡萄藤，能夠結出高品質的果實，用這種葡萄釀酒的酒莊有許多，包括泰芮（Terroir al Limit）、德許（Mas

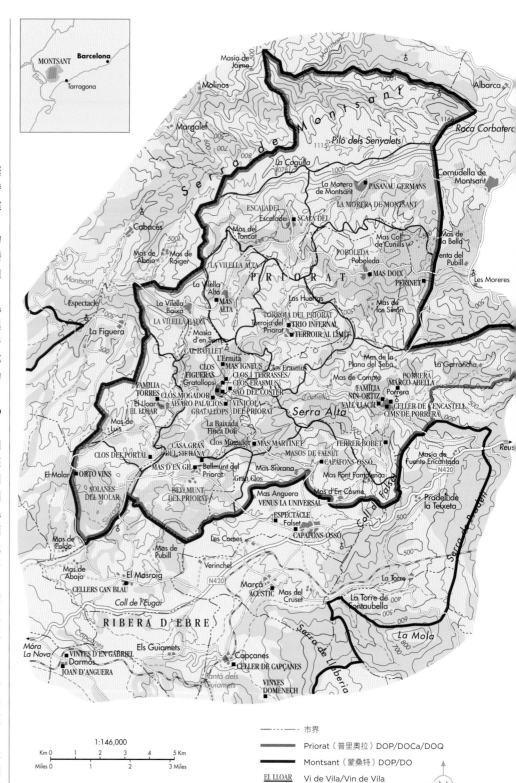

Doix）、麥斯·馬蒂內（Mas Martinet）、Marc Ripoll at Cal Batllet、Perinet 和波雷拉高峰（Cims de Porrera）。種植在較為冷涼、成熟緩慢的地塊（比如 Alvaro Palacios 酒莊著名的葡萄園 L'Ermita）的古老格那希，同樣也獲得很高的評價；但在近幾年引進的品種當中，似乎只有希哈是成功的。格那希和卡利濃是村莊級葡萄酒（Vi de Vila）等級所看重的，普里奧拉產區的這個分級始於 2009 年，這個級別的葡萄酒必須產自 12 個選定的村莊中的任何一個。

---

1:146,000

Km 0　1　2　3　4　5 Km
Miles 0　　1　　2　　3 Miles

| | |
|---|---|
| ------ | 市界 |
| ▬▬▬ | Priorat（普里奧拉）DOP/DOCa/DOQ |
| ▬▬▬ | Montsant（蒙桑特）DOP/DO |
| <u>EL LLOAR</u> | Vi de Vila/Vin de Vila |
| **MAS ALTA** | 知名釀酒商／酒廠 |
| Gran Clos | 知名葡萄園 |
| ▨ | 葡萄園 |
| ▨ | 森林 |
| —500— | 等高線間距 100 公尺 |

### 普里奧拉的村莊級葡萄酒

12 個生產 Vi de Vila 葡萄酒的村莊都標示在上面的地圖上了。蒙桑特位於普里奧拉南部的邊上，但缺乏具有獨特風味的紅板岩土壤。只有產自普里奧拉這片複雜土地上的葡萄酒，才能體現紅板岩土質的特別之處。

# 雪莉酒鄉：安達盧西亞 Andalucía-Sherry Country

　　歷史上，有許多個世紀，葡萄酒在安達盧西亞（Andalucía）的意思就是 vinos generosos（加強型葡萄酒），這是從當地語言翻譯出來的一個術語，指的主要就是雪莉酒（sherry），但還有與之相似又有些不同，來自蒙地雅·摩利瑞斯（Montilla-Moriles）及馬拉加（Málaga）產區的葡萄酒。雪莉酒毫無疑問的是西班牙最偉大和最獨特的葡萄酒，不過從近代史中可以看出，安達盧西亞正朝著其他方向發展。太陽海岸（Costal del Sol）的發展速度是驚人的，隨之而來的是葡萄園的迅速擴張，葡萄都用於釀造非加強型（非加烈）葡萄酒，既有不甜的，也有甜的。

　　在這個產區，要想釀造出具有新鮮度和南方成熟度的葡萄酒，最關鍵的就是海拔高度。沿著海岸線，在有著一幢又一幢別墅、一個又一個高爾夫球場，以及一座又一座建築物之處，群山拔地而起。一個距離地中海只有數英里（一英里約等於1.6公里）之遙的葡萄園，可能會高出閃爍著藍光的海平面800多公尺，白天炎熱，夜裡冷涼。

## 「太陽海岸」以外

　　19世紀末，「馬拉加」（Malaga）就是一種世界聞名的甜型葡萄酒，產自同名產酒鎮。其超高的甜度和酒精濃度，主要源自兩點：用乾燥的葡萄釀製或在發酵過程中加入葡萄烈酒。進入21世紀，這種風格幾乎消失了，DO的規則也被改寫，包含了顏色淺淡、氣味芳香的自然甜酒，這樣的甜酒大多釀自蜜思嘉葡萄，其糖度和酒精濃度完全來自於安達盧西亞的陽光。

　　Telmo Rodríguez 是一個來自利奧哈的釀酒師，他推動了西班牙好幾個產區葡萄酒品質的提升。他釀出的 Molino Real 葡萄酒，新鮮、芳香、雅緻，讓馬拉加的蜜思嘉葡萄酒得以重生。在美國的西班牙葡萄酒進口商 Jorge Ordóñez，是馬拉加人，充滿創意的他用種植在高山上的古老蜜思嘉葡萄釀成了一款佳釀。Almijara 酒莊釀造的 Jarel 是另一款著名的蜜思嘉葡萄酒。Málaga Virgen 酒莊和 Gomara 酒莊則繼續釀造出琳瑯滿目的傳統的「加強型葡萄酒」。在這個產區裡能釀出傑出甜酒的酒莊還包括 Bentomiz 和 Capuchina。

　　同時，正如在波特酒之鄉出現了斗羅河谷餐酒一樣，馬拉加山脈（Sierras de Málaga）產區因為新種了大量的葡萄，所以不甜型餐酒發展迅速，紅酒和白酒皆有，**Sierras de Málaga** DO 就是專門為此而創立的。20世紀80年代，這個產區只有9家酒莊，如今，已有超過45家酒莊。這些酒莊既種植葡萄又釀造葡萄酒，他們種植了多個品種的葡萄，包括本地的紅葡萄品種 Tintilla de Rota（別名格拉西亞諾 [Graciano]）以及稀有的 Romé。

　　在西班牙這個山地最多地區的5個次產區中，Axarquía 次產區是氣候最乾燥的。在東邊的沿海區域，土壤含板岩，最常見的是用曬乾的蜜思嘉葡萄釀造的葡萄酒，同時還出產擁有專門 **Pasas de Málaga** DO 的葡萄乾，但 Sedella 酒莊已向世人證明，這個次產區也能釀造出精緻的紅葡萄酒。Montes 次產區圍繞著馬拉加鎮，並正在與之進行著一場毫無勝算的戰鬥。在 Manilva 次產區，所種植的蜜思嘉葡萄受到大西洋和地中海兩方面的影響，這個次產區沿著海岸向西延伸至雪莉酒之鄉，有些土壤也是如赫雷斯地區（Jerez）那樣的白堊土，發展得很不錯。在 Norte 次產區，葡萄種植在高原，大部分都可以機械化作業，以往這些葡萄都是作為原料供應給 Montes 次產區的酒莊，但如今這裡真正的潛力也開始發揮了。

　　然而，目前最活躍的次產區，是在山頂觀光景點周邊的 Ronda，國際品種和西班牙品種在這裡的發展都很快。這裡出產的葡萄酒種類繁多，

---

## 雪莉酒的類型

　　基酒發酵完成後，會被分成兩類，清淡雅緻的會作為「菲諾」（fino），較濃厚的會作為「奧羅索」（oloroso）。菲諾帶有新鮮和活潑的氣息，酒精濃度低，需要在一層像白麵包似的奇特雪莉酵母層保護下，加入葡萄烈酒，讓酒精濃度達到15%後熟成（那層酵母被稱為 flor，即酒花，對葡萄酒有非常特殊的作用，也很容易受氣候變化的影響）。另一方面，奧羅索則是在與空氣接觸的環境下熟成，而且專門加烈到至少17%，以免長出 flor 酵母。

　　作為**菲諾**裝瓶出售的雪莉酒口感最細緻，顏色也最淡，這種極具特色的、極度不甜的雪莉酒幾乎不需要任何調配。產自 Sanlúcar de Barrameda 的「曼查尼亞」（manzanilla）的酒體甚至更輕，口感更不甜，其釀法跟菲諾一樣，但卻帶著些微的鹹味，一般被認為是受到海洋的影響──在某種程度上確實如是：氣候越是溫和的地方，那層酒花就越活躍。陳年的曼查尼亞（在當地稱為 pasada）是搭配海鮮的絕佳選擇。有一種時下流行、相對新型的雪莉酒被描述為「**無過濾**」（en rama），也就是「純生」（raw）的意思，這樣的菲諾和曼查尼亞在上市時只經過很簡單的澄清，嚐起來的味道接近直接從木桶裡抽取出來的樣酒。

　　另一個類型的雪莉酒是「**阿蒙提亞多**」（Amontillado），它顏色更深，也更複雜。最好的阿蒙提亞多其實就是酒花已失去保護活性的老菲諾；不過阿蒙提亞多這個名字，更經常被用來指出口的混釀，一種不折不扣的中間產物，通常具有每公升有40克的糖度。

　　真正經典、經長時間陳釀的**奧羅索**，顏色深、非常，有點兒咬口，雖然喝的人不多，但卻是赫雷斯人的最愛。在酒標上標示奧羅索或 **cream** 的商業品牌，都是比較年輕、粗獷的，用 PX（可參考第205頁 Montilla 產區）加甜，糖度達每公升130克。淺色的 cream（**pale cream**）是故意褪去顏色的。這些基本的混釀在雪莉酒的鼎盛時期極受歡迎，特別是在英國和荷蘭。另一方面，**Palo cortado** 則是一款真正經典、濃厚、不甜型的稀有雪莉酒，其風格介於阿蒙提亞多和奧羅索之間。

　　為了進一步吸引優質葡萄酒愛好者來品嘗這種受到忽視的葡萄酒，雪莉酒的生產者們已經設計出了一套品質與陳釀時間的標記和認證系統：**VOS** 和 **VORS**，分別代表陳釀時間超過20年和30年的雪莉酒；12年和15年的陳釀時間也被允許標示。這些酒猶如酒莊裝瓶的布根地佳釀，是收藏家們追求的對象，同時也是世界上最便宜的名酒。

若考慮到這裡的緯度，有的相當令人驚艷。誰能想得到，在這麼一個南部地區，黑皮諾能長得那麼好？

太陽海岸的內陸地區在擴張軌跡方面甚至被形容為「新的拉曼查」。有些地區餐酒（Vinos de la Tierra）產自格瑞那達（Granada）附近，Barranco Oscuro 酒莊的葡萄園海拔高達 1,386 公尺，是歐洲最高的，這裡甚至可能會成為西班牙最令人興奮的非加烈葡萄酒產區之一。

## 白堊土和葡萄

那 Jerez-Xérès-Sherry 和 Montilla-Moriles，這兩個安達盧西亞 2,000 多年來的葡萄酒產業中心，現況又是如何呢？它們並沒有繼續發展，這裡葡萄的產量過剩，而且，令我們這些珍視葡萄酒獨特品質的人震驚的是——缺乏客源，造成虧損。除了安達盧西亞外，人們對雪莉酒的態度普遍冷淡，這讓這些地區的葡萄種植面積從 20 世紀 90 年代初的幾乎 23,000 公頃，縮減至如今的 6,500 公頃。舉目，一片荒涼。

儘管整個雪莉酒產業正萎縮中，但**赫雷斯**（**Jerez**）仍出現了一些傑出的新酒莊，躋身當地名莊之列。Fernando de Castilla 和 Tradición 就是其中兩家。Equipo Navazos 是一家特別挑剔的小規模酒商（négociant），由 Valdespino 酒莊的釀酒師 Eduardo Ojeda 和刑法學教授 Jesús Barquín 經營，他們從赫雷斯、Sanlúcar 和 Montilla 等地的大型酒莊中，找到一批大型的單桶（每桶 500 公升）雪莉酒，並將其裝瓶，出人意料地為精品雪莉酒注入了新生命。另一個新的發展是，這裡出現了越來越多的非加烈葡萄酒，它們一般是柔

*所有人辛辛苦苦地把 Pedro Ximénez 葡萄（PX）攤開在太陽底下曬乾，由此可見 Montilla-Moriles 地區氣候之乾燥。*

和富有特色的餐酒，用原來釀造雪莉酒的葡萄釀製，銷售的時候冠以 IGP **Cádiz** 的名義。

雪莉酒最獨特之處，便是細膩。這與白堊土有關，與這裡的菲諾·帕羅米諾（Palomino Fino）葡萄有關，也與鉅額的投資以及歷史傳承下來的釀酒技術有關。並不是每瓶雪莉酒都具有這樣的品質，事實上，雪莉酒的高貴氣質可以說被 20 世紀七八十年代大量產自赫雷斯的劣質雪莉酒給毀了。但是，一瓶產自 Macharnudo 或 Sanlúcar de Barrameda 貧瘠白堊土丘的真正的「菲諾」（fino）或「曼查尼亞」（manzanilla）雪莉酒，其對葡萄酒和橡木氣息的表達，就如世界上任何地方的葡萄酒一樣，生動而美麗。

雪莉酒之鄉位於浪漫城市加的斯（Cádiz）和塞維亞（Seville）之間，幾乎就是西班牙顯貴的縮影。露臺、吉他、佛朗明哥舞者，通宵達旦。Jerez de la Frontera 這個城鎮，是雪莉酒（西文名為 Jerez，英文為 Sherry，而摩爾人把它稱為 Sherish）得名之來由。整併、關閉和轉讓，這一切都意味著現在雪莉酒的出口商已遠遠少於 10 年前了，但這個地方仍在雪莉酒中生活和呼吸，就如同 Beaune 之於布根地、Epernay 之於香檳區一樣。

雪莉酒與香檳有許多地方可以比較。兩者的白葡萄原料都產自白堊土，都需要用傳統方法、經過很長時間的釀造才能成就其特別的風格。兩者都是讓人精神為之一振的開胃酒，踏訪原產地，簡直可以千杯不醉、活力空前。它們是最北方的和最南方的歐洲人對同一道方程式的解答：白色土壤裡的白色葡萄。事實上，所有現存的雪莉葡萄園都位於白堊土地帶（albariza），這種土質能夠好好留住珍貴的水分；Carrascal、Macharnudo、Añina 和 Balbaína 這幾個區域是最著名的。而靠海的沙質葡萄園是例外，那裡很適合種植蜜思嘉葡萄。

**Sanlúcar de Barrameda**

## 酒窖及盛宴

船運商的總部和酒窖都位於 Sanlúcar、El Puerto de Santa María 以及赫雷斯等雪莉酒城鎮內。在這些小鎮上有一些小酒吧，供應各式各樣的「西班牙下酒小食」（tapas），這些小食是安達盧西亞人喝酒時不可或缺的，同時也是正式宴會中的一部分。那個叫做 copita 的小玻璃杯，是這裡的傳統器具，它的容量和開口都沒鬱金香型杯子大，不過，現代的葡萄酒愛好者都認為，飲用雪莉酒也應該像飲用其他優秀的白葡萄酒一樣，需要一個大的酒杯。

在赫雷斯，最值得一看的是歷史悠久的酒窖。高聳的廊道刷得粉白，透進來的陽光光束縱橫交錯，像一座大教堂般引人入勝。在酒窖裡，一排排的木桶，通常都疊成三層，新酒在裡頭熟成。這些酒在離開酒窖前，大都要經

A|B
B|C
C|D
D|E
E|F
F|G

**赫雷斯和桑盧卡爾（SANLUCAR）最著名的葡萄產地**

把這幅地圖與這本地圖集第四版（1971年）上的地圖相比，葡萄園的萎縮程度刺痛了我們兩位作者的心，我們都是雪莉酒的愛好者。

過精細的陳釀，並要經過一個稱為「索雷拉系統」（solera system）的調配。有些極其獨特的雪莉酒可能不經調配就上市了，或是把它作為一款單一年份酒，這是近年來一個推動雪莉酒品鑑市場復興的方式；或是把它標榜為從雪莉酒熟成者（almacenista）那裡直接入貨的雪莉酒。

所謂「索雷拉系統」，指的是逐漸把同一風格的酒從新桶加到老桶當中，所以這是一個不間斷的調配過程，而經過調配的酒是無差異的。新酒先要在木桶裡視為某一年份的酒陳釀，然後會被重新分類，再根據其類型放入到某個具體的 criadera 當中（criadera，西班牙語中育嬰房或苗圃之意，即視此釀酒過程如養兒或育苗）。每年會從這個索雷拉系統中時間最久、進入最後階段的酒中取出一定比例裝瓶，然後年輕一點的酒就可以進入到下一個階段的 criadera 繼續被養育。一般而言，階段越多，酒質越細緻、越醇厚。

## 蒙地亞（Moriles）

蒙地亞－莫里萊斯（Montilla-Moriles）產區位於 Córdoba 南部，土壤沙質含量較高，如同雪莉酒產區一樣，也在萎縮當中。它的 DO 名義包括了這個鎮上兩個品質最好的（也是白堊土質）葡萄園。過去，它的葡萄酒長期在赫雷斯用作混調，就好像它們是一個地區一樣，但蒙地亞（Montilla）現在不同了。蒙地亞所種植的葡萄不是帕羅米諾，而是佩德羅·希梅內斯（Pedro Ximénez，簡稱 PX），這個品種現在仍

然經常會被運到赫雷斯去，用於釀造甜酒。蒙地亞的海拔較高，氣候也更極端一些，這會讓果汁更濃郁，總是可以不用加入烈酒就能運送出去，這與雪莉酒形成了對比。甜型的 PX 葡萄酒的特色在於陳釀過程中，其酒精濃度會下降，陳釀時間非常長的，從木桶中取出時，其酒精濃度可能也就略高於 10%。陳釀的時間，至少要兩年，時間一到，酒就算釀成了。比起雪莉酒，這款酒酒體更重，但更柔和，可以像餐酒那樣喝。這種顏色很深、很黏稠、幾乎要甜到蛀牙的葡萄酒，最近可是非常流行（至少在西班牙是如此），而且價格公道。Alvear、Toro Albalá 和 Pérez Barquero 都是可以作為典範的酒莊。

**赫雷斯：赫雷斯德拉弗隆特拉　▼（JEREZ DE LAD FRONTERA）**

緯度／海拔
**36.45° / 55 公尺**

葡萄生長季節的平均氣溫
**21.9°C**

年平均降雨量
**600 公釐**

採收期降雨量
**8 月：5 公釐**

主要種植威脅
**乾旱**

主要葡萄品種
**白：菲諾·帕羅米諾、佩德羅·希梅內斯、蜜思嘉葡萄**

# 葡萄牙 Portugal

彩繪「磁磚」（Azulejos）畫是一種在葡萄牙隨處可見的藝術。這幅彩繪磁磚畫呈現了剝採橡木樹皮的情景，此一產業在葡萄牙非常重要。

# 葡萄牙 Portugal

對葡萄牙的大部分地區來說，最近的旅遊熱潮是一種全新的體驗，在這個以航海著稱的國家，其民眾的生活，數百年來一直都由大西洋主導，如今其葡萄酒和葡萄種植也是如此。極度重視在地化，延續下來的傳統包括原生的葡萄品種，這些品種直到最近才被恰當地評估和開發（它們在不同的地區仍有可能有不同的名稱）。國際品種在這裡從來就沒有真正地站穩腳跟。因此，葡萄牙的葡萄酒，除了海洋的清新，還帶有其不那麼神秘的武器：獨特的風味。

出了葡萄牙，來自斗羅（Douro）和唐（Dão）產區的國產多瑞加（Touriga Nacional），或許就是葡萄牙最知名的本地葡萄品種了。在斗羅產區，在那些既釀製波特酒（port）又釀製餐酒的人看來，法國多瑞加（Touriga Franca）這個品種也是無比重要的。Tinta Roriz（田帕尼優在葡萄牙的稱法）可廣泛種植於整個葡萄牙，而比起只使用單一品種釀造，混釀正變得越來越普遍。有一些品種不會用於混釀：比如巴加（Baga）和碧卡（Bical）這兩個品種，就分別定義著巴拉達（Bairrada）產區的紅葡萄酒和白葡萄酒；此外還有唐產區皮色淺白的安庫薩多（Encruzado），以及在最北部的綠酒（Vinho Verde）法定產區重鎮 Monção-Melgaço 的阿爾巴利諾（Alvarinho；譯註：即西班牙的 Albariño）。

外來品種還是有的，如希哈和阿利坎特布榭（Alicante Bouschet），後者在葡萄牙備受尊崇，它們加到阿連特茹（Alentejo）產區的混釀紅葡萄酒中，能起正面作用。然而，酒農們很清楚地知道，加入少許的本地葡萄能為葡萄酒帶來什麼好處，特別是加入能補足因溫暖的天氣而備受威脅之新鮮度和芳香度的葡萄。在釀酒工藝上，輕柔正順利地取代厚重。

進入 21 世紀，葡萄牙也成為一個絕佳的白葡萄酒生產國。綠酒（Viho Verde）的品質已經大幅提升（可參考第 209 頁）。愛玲朵（Arinto）是布賽勒斯（Bucelas）產區主要的葡萄品種，因其能為混釀帶來的酸度而在別的產區漸受重視，特別是在阿連特茹產區。碧卡在巴拉達產區能夠有很好的陳年潛質，唐產區精緻複雜的品種安庫薩多同樣如此，由新一代釀酒師用安

皮庫島（Pico）是亞述群島上葡萄種植最密集的島嶼，亞述葡萄酒公司（Azores Wine Company）在這裡的成功經驗，讓人又看到了島上獨特的景象——大片用黑色玄武岩圈著的葡萄園（currais）。

庫薩多釀造出來的白葡萄酒，酒體飽滿，是更緊緻、更精瘦的「布根地」。也許，最令人驚喜的要算炎熱的斗羅產區能生產出如此令人激動的、酒體豐滿的白葡萄酒，這些白葡萄酒通常是 Viosinho、Rabigato、Côdega de Larinho 以及 Gouveio（在西班牙被稱為 Godello）的混釀。以上所說，還不包括馬得拉群島（Madeira）的那些優質白酒葡萄品種（詳見第 221 頁），在**亞述群島（Azores）**最近湧現的釀酒人才也還沒算上。在這本書的上一版中，亞述群島只是簡單地被提及。在那些由火山作用而形成的島嶼上，傳統是釀造甜葡萄酒的，但如今用華帝露（Verdelho）、阿索里斯愛琳朵（Arinto dos Açores）和皮科特杭（Terrantez do Pico）這些品種釀出的日常餐（白）酒，頗為精緻，常帶有礦物質的味道，有時還略帶點鹹。

葡萄牙的餐酒，快速地跟上了現代釀酒發展的潮流。受過完整教育的新一代釀酒師，已經學會如何把葡萄牙原生葡萄品種的果香留在瓶裡，這樣的葡萄酒就不必像以前要陳放十幾年才能飲用。有的人還跟別地方的同行一樣，試著釀造橘酒（orange wine）、古法微氣泡酒（Pét-Nat），同時也試著使用許多傳統的工藝。殺蟲劑和除草劑的使用也減少了。另一個近期的趨勢是微型酒商（micro-négociant）的出現，這是一些葡萄酒生產商，他們沒有葡萄園，但有能力收購葡萄，並擁有品牌。

葡萄牙一直保持著其個性，但最終它還是加入了更廣闊的葡萄酒世界。如今，斗羅、阿連特茹、唐、巴拉達以及綠酒產區都已享有國際聲譽。其他的產區或許仍在摸索自己的發展方向，但無庸置疑的是，比起許多其他國家，葡萄牙可

## 酒標上的文字

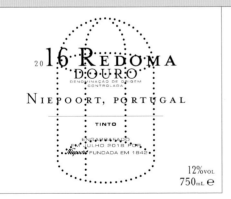

### 品質分級

**Denominação de Origem Controlada (DOC)**
葡萄牙仿效法國 AOC/AOP（詳見第 40 頁）而制定的分級制度，相當於歐盟的 DOP。

**Indicação Geográfica Protegida (IGP)** 這是歐盟的命名，正在逐步取代原有的 Vinho Regional (VR)。

**Vinho 或 Vinho de Portugal** 最基礎的歐盟分級，取代舊有的 Vinho de Mesa（日常餐酒）。

### 其他常見用語

**Adega** 酒莊

**Amarzém 或 Cave** 酒窖

**Branco** 白葡萄酒

**Colheita** 年份

**Doce** 甜型

**Engarrafado (na origem)** 裝瓶（在原產酒莊裝瓶）

**Garrafeira** 酒商珍藏陳釀

**Maduro** 老酒或熟化

**Palhete** 傳統上用紅葡萄和白葡萄混釀的粉紅葡萄酒

**Quinta** 酒莊或農莊，相當於南方的 Herdade

**Rosado** 粉紅葡萄酒

**Séco** 不甜型

**Tinto** 紅葡萄酒

**Vinha** 葡萄園

**Vinhas Velhas** 老藤

以生產出更具特色、更有價值的葡萄酒。葡萄酒是這個國家的重要產業：葡萄種植占了整個農業活動的35%，這比其他任何國家都要高。不可否認地，這個國家的面積並不大，但不同地區所受到的氣候影響非常不同，如大西洋、地中海，甚至大陸性氣候。土壤結構也各有所別：北部以及內陸為花崗岩、板岩和片岩；沿岸地區則為石灰岩、黏土和沙土；而南部為片岩，這種地質受到專注於品質之生產者的喜愛。

## 世界第一

斗羅是世界上第一個劃定界線並進行管理的葡萄酒產區之一（1756年），而且早在葡萄牙於1986年加入歐盟之前，這個國家的許多其他產區就已被劃定，與葡萄酒生產有關的每方面都受到控制——但這並不見得都對產業有好處。有些DOC，特別是在里斯本（Lisboa）和阿連特茹，似乎更常根據當地大型生產合作社的意願行事，而不是嚴格地遵循品質的要求。

誠如西班牙的情形，葡萄牙的葡萄酒產區也有如雨後春筍冒了出來。仿效法國AOC法定產區管理體系（AOC/AOP）而制定的葡萄牙DOC（DOP）法定產區制度，對當地允許使用的葡萄品種做出了規定。不過，範圍較大、規則較為靈活的「地區餐酒」（Vinho Regional，VR/IGP），是一個越來越重要的法定產區類別。地圖上標示出了這些獲得批准之產區的名稱，圖例顯示了其等級。例如，**Duriense** 產區是一個VR，一般用於不能歸入斗羅產區的葡萄酒，特別是套用在那些使用國際品種（如希哈、麗絲玲、白蘇維濃等）或至少是非本地品種釀造的葡萄酒。

產量巨大的特茹（**Tejo**）產區，以太加斯河（River Tagus，也稱特茹河）命名，這條河從與西班牙接壤的西南部一直流向里斯本。肥沃的河岸地區過去生產了大量非常清淡的葡萄酒，但臨近20世紀末，歐盟的補貼勸服了當地數百名毫無生氣的酒農，讓其將葡萄藤拔掉。總產量因而銳減，而特茹產區葡萄酒生產的重心也從河岸地區遷移到了充滿黏土的北部和擁有沙質沖積土的南部。品種方面也轉向更高貴的原生葡萄，如國產多瑞加和阿拉戈尼茲（Aragonês，譯註：即田帕尼優），外加卡本內蘇維濃、梅洛以及較近期的希哈。雖然也種了一些特林加岱拉（Trincadeira），但相對簡單但果味充沛的卡斯特勞（Castelão）才是這裡最重要的本地紅葡萄品種。至於白葡萄品種，雖然夏多內、白蘇維濃、愛玲朵以及後來的阿爾巴利諾和維歐尼耶（Viognier）都已經有了可喜的前景，但具代表性的是香氣奪人的費爾諾皮埃斯（Fernão Pires）。

在葡萄牙南部，VR 這個類別遠比 DOC 來得重要。**阿爾加維（Algarve）**的葡萄酒大都以VR 的名義售出，而不是以其四個 DOC 中的其中一個。隨著對釀酒合作社的約束，阿爾加維葡萄酒的品質已經提升，產量也已下降，外來投資者紛至沓來。**貝拉（Beira Interior）**和後山

### 葡萄牙的葡萄酒產區

葡萄牙一直在努力使其葡萄酒命名合理化。紅字所標示的是那些最明確的、常常是歷史悠久的產區；而黑色所標示的，則是規則較為寬鬆的「地區餐酒」（IGP或 Vinho Regional）產區。

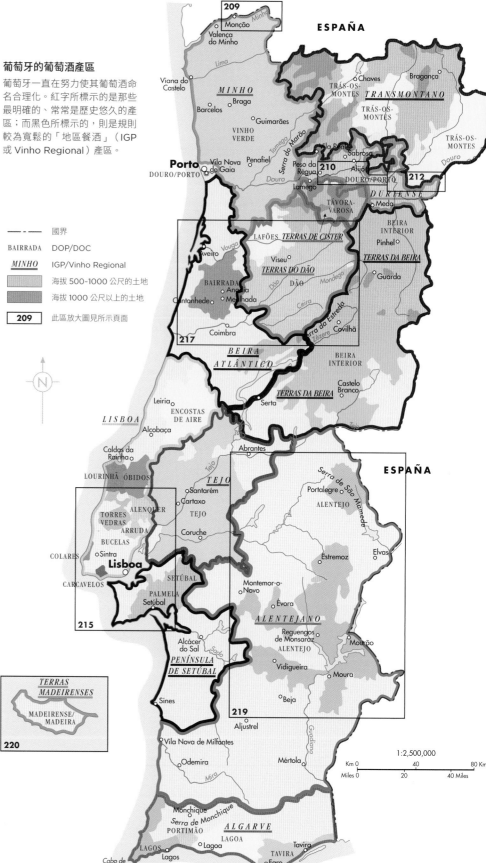

| 國界 |
| BAIRRADA　DOP/DOC |
| *MINHO*　IGP/Vinho Regional |
| 海拔 500-1000 公尺的土地 |
| 海拔 1000 公尺以上的土地 |
| 209　此區放大圖見所示頁面 |

（Trás-os-Montes）是兩個地處偏遠、多山的北部地區 DOC，該兩處對於品質的改革似乎還沒有發生，但其貧瘠的花崗岩和片岩土質以及大陸性氣候無疑是這片土地的潛力所在。

對葡萄酒愛好者來說，葡萄藤並非葡萄牙唯一讓他們感興趣的植物。該國南部是世界上用於製作軟木塞的橡樹最集中的地方（可參考第206頁圖片），因此葡萄牙成為葡萄酒軟木塞的主要供應地。若有哪位葡萄牙的葡萄酒生產者要採用螺旋瓶蓋，那他可說是非常勇敢。

# 綠酒法定產區 Vinho Verde

在葡萄牙多種風格迥異的葡萄酒中，最獨特的還是綠酒（Vinho Verde），它來自最北部省份明紐（Minho），所謂「綠酒」，是一種新鮮的葡萄酒，verde（綠色）是相對於 maduro（成熟或陳年）的說法。

**風土條件：**整體而言，相對海拔較低，在夾雜著片岩碎塊之花崗石上的土壤，較淺，沙質，呈酸性，在東南部更甚，有些區域樹木繁茂。

**氣候：**降雨量大（高達每年 1,600 公釐，但集中在冬季和春季），溫度在 8°C（冬季）~20°C（夏季）之間，這與太平洋西北部沒什麼不同，沿海地區比起內陸地區在氣候方面更海洋性和冷涼一些。

**葡萄品種：**白：羅雷羅（Loureiro）、愛玲朵（Arinto）/Pedernã、阿爾巴利諾（Alvarinho）、塔加都拉（Trajadura/Treixadura）、阿札爾（Azal）；紅：Vinhão / 索莎歐（Sousão）。

明紐（Minho）河是葡萄牙北部與西班牙加西利亞之間的界線。明紐省的葡萄酒產量占了整個葡萄牙葡萄酒產量的七分之一。「綠色」這個詞，恰當地描述了這片被大西洋沖刷之地的青翠景色；而多年來，用「綠色」這個詞形容這裡用不完全成熟之葡萄所釀的酸度極高葡萄酒，也是貼切的。

然而，情況已經發生了明顯的變化：國內市場對最低等、酒體最瘦薄的綠酒需求已經萎縮，新一代種植者和釀酒師更看重的是品質而非產量。明紐省是葡萄牙最多雨的地區，除非是經過嚴格修剪，否則這些水份充足的葡萄株只會讓葉子瘋狂成長而非讓葡萄成熟。不過，目前當地的葡萄株已為棚架栽培，可讓葡萄獲得最大的成熟度，而不是任其恣意攀爬到大理石支架上（當地主要的石頭）或是樹上。這裡有世界上最漂亮的葡萄園；義大利托斯卡尼有著名的不同作物混種景色，這裡也一樣，只是雨水更多。有更多想法的酒農在自家靠近溪水旁、最肥沃的土地中種植了其他農作物，而釀酒師們則竭盡所能地保留和提升果味和香氣的細微差異。

過去，綠酒的酒精濃度常僅為 9~10 度；更為商業化的綠酒不得不透過加入甜味和氣泡去掩蓋其劇烈的酸度。如今的酒款，有些完全就是氣泡酒，基本上都擁有完美的平衡度，且偶而能達到 14% 的天然酒精濃度——短時間內發生了相當大的變化。

隨著綠酒法定產區的生產者把更多注意力放在出口市場，白葡萄酒跟那些曾被當地人大量飲用的酸度尖銳、深紫色葡萄酒相比，已變得重要得多。本土葡萄品種 Vinhão 是此法定產區釀造紅葡萄酒的主要品種，最好的酒款能帶有令人心曠神怡的果香；目前這個品種越來越常用於釀造這個產區日益受到歡迎的粉紅葡萄酒。另一方面，在這個產區，絕大多數的白葡萄酒都是用不同的葡萄混釀而成的，比較典型的品種包括 Loureiro（西班牙西北部稱 Loureira）、愛玲朵（Arinto，當地稱 Padernã）、阿爾巴利諾、塔加都拉、阿札爾以及阿維索（Avesso）。

然而，也有越來越多的優質綠酒是以 100% 的該產區明星品種阿爾巴利諾（Alvarinho）釀成的，此品種在最北端的次產區 **Monção-Melgaço** 區種植得不錯，就像它在明紐河對岸的西班牙下海灣（Rías Baixas）產區表現的那樣（在河的對岸這個品種叫 Albariño）。有些阿爾巴利諾葡萄甚至夠成熟和濃郁，能經得起橡木桶陳釀——但並不是個好主意。山丘讓 Monção-Melgaço 免受來自大西洋的影響，這個區域相對乾燥和溫暖，但其海拔高度又有助於夜晚降溫。

在這個廣大的區域，有數個次產區，影響它們種植品種選擇與效果的因素，主要為其海拔高度及其與大西洋的距離。Monção-Melgaço 的平均降雨量約 1,200 公釐，而緊靠其南部的 **Lima**，降雨量就高得多，平均達 1,400~1,600 公釐。在 Lima 只用羅雷羅這個品種釀製的葡萄酒，特別是產於內陸的，花香飄逸，非常誘人。在 Lima 的腹地、Basto、Amarante、Baião 以及最南部的 Paiva 這些次產區，阿維索和阿札爾這兩個白葡萄品種，特色鮮明，正在崛起，能為單一品種葡萄酒正名。

在整個產區，具有檸檬柑橘風味的愛玲朵（Arinto/Pedernã）也正成為一種越來越受歡迎的單一品種葡萄酒。

## MONCAO-MELGACO 次產區

下方左邊的定位地圖和上頁的全國地圖顯示，下面地圖中綠酒法定產區的這一部分，所佔面積比例有多小，但 Monção-Melgaço 這個次產區釀出了這個進步神速產區中大部分的優質葡萄酒。

# 斗羅河谷 Douro Valley

**斗羅河谷，是波特酒之鄉，它是世界上最壯觀的葡萄酒產區，還肩負著一個新使命。**

**風土條件：**主要是易碎、宜於排水的片岩，大部分是黃色的，通常垂直或半垂直，根系可以穿過。有些花崗岩露出地面，有機物不多。海拔和各種條件有相當大的差異，北岸的陽光比南岸充足。

**氣候：**類型眾多且嚴峻。冬季濕冷；夏季極其乾熱，在西端受到一些海洋的影響，往東則日溫差明顯。

**葡萄品種：**紅：法國多瑞加、田帕尼優（Tinta Roriz）、國產多瑞加、紅巴羅卡（Tinta Barroca）、索莎歐（Sousào）；白：西利亞（Siria/Roupeiro/Códega）、哈比加多（Rabigato）、菲娜馬瓦西亞（Malvasia Fina）、博巴爾（Boal）。

目前產自這個超凡河谷的所有葡萄酒中，約有一半是非加強型（非加烈）的，酒標上標示為「斗羅」（Douro）DOC（或是更具彈性的「斗羅地區餐酒」[Duriense Vinho Regional]）。在此，我們叫這些葡萄酒為餐酒，以區別於此河谷中對葡萄酒愛好者來說那最著名的禮物——波特酒。

因為世界銀行以及後來歐盟資金的進入，斗羅地區的生活品質和工資水準有了明顯的提升，但這也大幅地增加了生產成本。以往，因為地形和極乾燥的夏季，葡萄的單位產量較低，這裡的生產成本原本就相對較高。全產區 43,000 公頃的葡萄園，分成 14 萬個地塊，平均坡度是 30°，有的陡至 60°，大多數葡萄園都很難進入。

## 生存，這是一個問題

就過去的銷量而言，釀造那種價格低廉的波特酒，沒有什麼意義。斗羅河谷的農民，大多都是小農戶，每年被賦予生產一定數量波特酒的權利，但當前斗羅河谷的經濟境況比以往任何時候都更加不堪一擊。人們希望透過漲價（無論是波

特酒，還是拿到確保波特酒產量之葡萄價格補貼的）餐酒和發展旅遊業可以解決部分問題。波特（Oporto/Porto）到處都是遊客，有大量的飯店、餐廳以及位於港口的旅客服務中心。這些做法已朝著斗羅河上游延伸。

在所有種了葡萄的地方，斗羅河谷是最難耕作的。首先，這裡幾乎沒有什麼土壤，只有陡峭的頁岩山坡，不時塌落，極不穩定，夏天被太陽炙烤，氣溫高達 38°C。這是一片全然荒蕪的土地，當地居民小心選址，把家安在了高處，稍稍遠離最熱的地方，從下面地圖上大多數村落的所在即可一窺端倪。從 19 世紀 70 年代開始，鐵路改變了交通狀況，吸引了人們從山上來到河邊；然而由歐盟資助建設的新 21 世紀公路，又再次鼓勵了波特酒的酒商們在山上興建酒莊和旅館，以由此獲利。

然而，葡萄藤是為數不多，不畏如此艱困環境的植物。這裡氣候嚴峻且變化大，西邊受大西洋影響，離開海岸則是越來越大陸性，但都適合葡萄藤的生長。需要做的，只是大舉沿著山坡築

斗羅河的流向是由東往西的，但其支流皮尼揚河（Pinhão）卻是由北向南，狹窄又種滿葡萄的河谷，光照條件顯得特別，能得到更多的蔭蔽，有利於葡萄的生長。

這條緊靠河流的小鐵路自 1887 年通車以來變化不大。

| | |
|---|---|
| — · — · — | 區（District）界 |
| — ···· — | 教區邊界 |
| QTA DA FOZ | 酒莊 |
| ▨ | 葡萄園 |

| | |
|---|---|
| ▨ | 森林 |
| —500— | 等高線間距 100 公尺 |
| **212** | 此區放大圖見所示頁面 |
| ▼ | 氣象站（WS） |

度較高也日益受到重視。其他一些傳統品種，比如 Malvasia Preta、巴斯塔都（Bastardo）、科尼菲斯托（Cornifesto）和阿利坎特布榭等也被恢復，和傳統一樣在地裡混種，這些品種在花期可有效地抵禦不良的天氣。

釀製白色波特酒（業界視之為餐前開胃酒），使用的是維奧西奧（Viosinho）、高維奧（Gouveio）、馬瓦西亞（Malvasia）以及拉比加多（Rabigato）等幾種顏色較淡的葡萄品種，這些品種每年都需要與斗羅河谷炙熱的夏季和冰冷的冬季對抗。這些品種，加上柯迪佳拉麗荷（Côdega de Larinho）和蜜思嘉葡萄等，現在越來越常被用來釀製白色餐酒，這些餐酒的品質越來越具有說服力，Dirk Niepoort 釀造的先驅酒款 Redoma 成為了標竿。

在任何地方，採收季都是全年最興高采烈的時候，而在斗羅河谷，或許是因為生計不易，採收葡萄時的氣氛簡直就像是酒神節的狂歡，但薩提爾（Satyrs；譯註：希臘神話中的半人半羊，常與酒神有關）和邁娜德斯（Maenads；譯註：希臘神話中酒神的女祭司）會頗為失望，因為在風笛和鼓點聲中用兩條被染成紫色的大腿踩踏葡萄的場景逐漸消失了。在大多數酒莊，這種

夜間的儀式已經完全由受電腦程式控制的設備所替代。一個個酒莊都是典型的雜亂白房子，地磚鋪地，葡萄藤環繞，在喧囂的世界裡，透著寧靜的氣息。大部分有名的產波特酒酒莊都可在這幾頁的地圖中找到，自 20 世紀 80 年代後期，隨著單一酒園波特酒（single-quinta）的崛起，這些酒莊就更廣為人知了。坐落在皮尼奧鎮上方的諾瓦酒莊（Quinta do Noval，經 AXA 保險公司整頓改造），多年來一直是世界知名的酒莊；然而，現在出現了更多的「單一酒園波特酒」，它們是由單一酒園在單一年份所生產的產品，常常是較差年份的產品。拿 Taylor 公司來說，當年份較差時，他們便會將酒以旗下「維佳樂斯莊園」（Quinta de Vargellas）的名號銷售。Graham 公司也是如此，它用的是馬威杜斯莊園（Quinta dos Malvedos）的名號。

## 從葡萄藤到葡萄酒

然而，用來釀製波特酒的葡萄或基酒，依然大部分來自小酒農，即使越來越多的小酒農正希望以自己酒莊的名義銷售自己的產品。

這對餐酒來說更是千真萬確，自從國際資本進入之後，在這個引人入勝的河谷，餐酒不斷湧

Graham's 公司「石牆園」（Stone Terraces）的葡萄，在最好的年份，用於釀造單一園年份波特酒。把這個葡萄園稱為「石牆園」，是為了向 18 世紀末在 Quinta dos Malvedos 酒莊疊砌最初石牆的勞動者致敬。

現，大部分是紅的，白的也越來越多，也有粉紅的，酒標上顯示 Douro DOC。諸如溫度控制之類的釀酒細節，已經徹底改變了越來越多的在葡萄牙受訓之釀酒師的做法。在斗羅地區，餐酒過去不受重視，是用釀製波特酒剩下的葡萄釀成的；不過現在，清淡的餐酒已變得如此重要，以致於生產商已專門種植或挑選葡萄來釀製餐酒。高海拔、朝北的葡萄園特別合適。這些餐酒在風格上差異很大，這取決於葡萄的來源以及釀酒師的想法：尼伯特酒莊（Niepoort）釀製出的 Charme 酷似布根地，出自 Pintas 葡萄園的酒款複雜濃郁，而 Quinta da Gaivosa 酒莊則釀出酒質堅硬如頁岩的酒款。斗羅河谷彌漫著一種令人興奮的氣氛，因為這個無與倫比的地方，如今能以兩種完全不同類型的葡萄酒來向世人展現自己了。

乍看之下，加亞新城的景色大同小異，沿岸一個又一個的波特酒酒窖，岸邊停泊著運送波特酒的船隻。但請留意右上方，那是 Yeatman 飯店，由酒商 Taylor 公司投資興建，2010 年開張，代表著波特城正轉型為奢華旅遊的目的地。

石頭槽（當地稱為 lagare）中用雙腳踩踏果皮，如今這一工作主要靠電腦控制的設備來完成。不過，在一些像 Taylor 或 Quinta do Noval 那樣恪守傳統的公司或酒莊，對小部分計畫要釀成年份波特酒的葡萄，仍維持用腳踩踏或使用一種現代替代方法 —— 使用模仿人腳動作的電腦控制「機器釀酒槽」。現在斗羅河谷的生活以前沒有那麼艱難了。

傳統上，波特酒於春季被運往加亞新城，以防酷熱破壞年輕的波特酒，為酒帶來一種稱為「斗羅河谷焙烤」（Douro bake）的怪味。但這種傳統也正在改變。加亞新城狹窄的街道因交通而日趨擁堵，而斗羅河谷上游的空調供電現在已變得穩定許多，因此有越來越多的波特酒留在原產地繼續其熟成的階段。

波特城以及對岸的加亞新城一度因為英國的影響而繁榮富裕，當時波特酒的交易一概由英國人以及英葡聯姻的家族所掌控。而波特城裡那漂亮的 Georgian Factory House，在長達 200 年的時間裡，一直都是英國波特酒酒商每周聚會的地點。但隨著斗羅 DOC 重要性的提升，葡萄牙的餐酒對葡萄酒行業的影響也越來越大了。

# 波特酒的酒商與酒窖
# The Port Lodges

用來釀製波特酒的葡萄或許是種植於斗羅河谷的荒野，但約三分之二的波特酒則仍是在加亞新城（Vila Nova de Gaia）酒商的酒窖裡，雜亂推起的橡木桶中陳釀完成的，這個地方與近來重新恢復活力的波特市（Oporto）隔河相望。

不過，葡萄要先在上游被釀成獨特強勁的高甜度酒液，才運往下游：以前都是由維京海盜風的船隻運送，但如今則是裝上卡車改走陸路了。這就是波特酒，沒有其他葡萄酒能夠使用這個名字。

波特酒的釀法是將還沒完全發酵的紅葡萄酒（仍含有至少一半的糖份），倒入裝有四分之一滿烈酒的大缸或橡木桶中（通常是低溫的，如今烈酒用的是優質的葡萄烈酒，但過去並非總是如此）。烈酒中斷了發酵，混合的酒液變得既強勁又甜美。不過這酒的色澤和單寧還是需要從葡萄皮中獲得的。一般葡萄酒的做法是在發酵過程中萃取這些元素，但對波特酒而言，因發酵被人為中斷，時間非常短，所以，單寧和色素必須要徹底而快速地被提取。過去人們常在深夜時分，在

## 波特酒的類型

在河對岸的那些波特酒酒窖裡，堆滿了滿是灰塵、發黑老舊的橡木桶，其情形頗像西班牙雪莉酒的酒窖。品質較好的茶色波特酒（tawny）和 Colheita 波特酒傳統上放在被稱為 pipe、容量約 550-600 公升的小型橡木桶裡熟成（每 pipe 作為一個商業計量的名義單位，等於 534 公升），時間從 2 年到 50 年不等。年份波特酒和 LBV（晚裝瓶年份波特酒）會在較大型的橡木桶裡熟成。附近大西洋的影響對這類波特酒特別有好處。或許每 10 年中就會有 3 個年份的天氣對波特酒的釀造來說是近乎完美的。這些好年份的酒不需經過不同年份的混調，時間越久，便越香醇。就像波爾多的紅酒一樣，這些波特酒兩年就裝瓶，會簡單地用酒商的名稱及年份命名。這就是**年份波特酒**（vintage port），產量少，名氣大。最後，或許在瓶中再經過 20、30、40 年或者更長的時間，其豐腴、芳香、飽滿、細膩，無以倫比。不過，斗羅河谷葡萄種植和釀造的標準在最近幾十年間有了極大的提升，讓年份波特酒如今可能在四五年內就能飲用 —— 但不建議這麼做。

除了在第 213 頁裡描述過的**單一園**（single-quinta）波特酒，其他大部分的波特酒，從接近年份酒標準的，到一般品質的，都會經過混合調配的處理，形成某種風格，成為某個品牌。這種酒在木桶中以不同的方式和較快的速度熟成，直至口感醇美。在橡木桶中陳放時間較長的波特酒，顏色相對清淡（所謂「茶色」[tawnty]），然而卻非常順口。最好的陳年茶色波特酒，通常會有 10 年、20 年的標示，有時還能見到 30 年甚至 40 年以上的，售價可能與年份波特酒相當。許多人更喜歡帶有木桶氣息之茶色波特酒的醇甜，而不是年份波特酒在陳釀了幾十年後還能維持的強勁烈性。冰涼的茶色波特酒是波特酒酒商的標配飲料。

酒標上有 **Colheita**（葡萄牙語意思是「收成」）字樣的波特酒，指的是單一年份且至少經過 7 年大橡木桶熟成的茶色波特酒，極富表現力，基本上裝瓶後就能飲用，其裝瓶日期也會顯示在酒標上。勇於打破陳規的 Dirk Niepoort，堅持釀造極為稀有的「酒商珍藏陳釀波特酒」（Garrafeira），這種酒剛開始時也像

Colheita 一樣，但是在木桶中陳年 3 至 6 年後取出，然後在玻璃細頸大罈裡存放很多年，最後成為特別優雅的波特酒。

酒標上有 **Ruby（紅寶石）**字樣的，是品質一般的波特酒，這類酒也經過橡木桶陳釀，但時間不是很長，而這麼短的陳釀時間也不會在酒中留下任何不凡的特質。價格低廉且未標上任何陳年時間的茶色波特酒，通常是由清瘦年輕的紅寶石波特酒混調而成的。**白色（white）波特酒**的釀造方式並無二樣，只是使用白葡品種而已（現在一些最佳的白波特酒會標示具體的陳年時間，或依照 Colheita 的方式標示販售）。20 世紀末出現了粉紅波特酒，但目前追捧者還不多。在上述基本的波特酒之上還有一些值得留意的酒款，如一些**特別窖藏（Reserve）**、風格獨具的年輕紅寶石，裝瓶不到 10 年的茶色波特酒也有佳品。

因為年份波特酒很早就裝瓶且沒有經過過濾，所以酒渣會粘附在酒瓶的內壁上，形成了一層較厚的沉澱物。市場上能見到，由不同年份混調的波特酒，也有**「較厚的沉澱物」（crusted）**或正在形成沉澱物，這也是因為裝瓶較早，酒瓶內壁上不免會有酒渣粘附。如同年份波特酒，這樣的酒在飲用前也需要使用醒酒器將酒渣隔除。

在年份波特酒以及橡木桶陳年的波特酒之間，有一個更常見的折衷選項，就是極其多樣的**晚裝瓶年份波特酒（Late Bottled Vintage，LBV）**，這種年份波特被放在大桶裡陳年 4 至 6 年，然後隔除酒渣後裝瓶。這麼做，加快了熟成的速度，酒液也很乾淨，是現代版本的年份波特酒。商業化的 LBV 大多沒有年份波特酒所具有的特質，不過 Warre & Smith Woodhouse 這兩家酒商所釀製的 LBV 品質絕佳，其釀法與年份波特酒並無兩樣，只不過是在 4 年後裝瓶且不過濾，而不像一般年份波特酒那樣在兩年後裝瓶。像這樣的 LBV 也需要以醒酒器隔除酒渣。

# 里斯本和塞圖巴爾半島 Lisboa and Península de Setúbal

里斯本（Lisboa）大區，首都的腹地，曾經被稱為「埃什特雷馬杜拉」（Estremadura），或被簡單地稱為 Oeste（「西方」之意），是葡萄牙產量最大的葡萄酒產區之一，大部分的生產者銷售他們的葡萄酒時，更喜歡以「里斯本地區餐酒」（Vinho Regional Lisboa）的名義，而不是以 Torres Vedras、Arruda 和 Alenquer 這幾個 DOC 的名義。

這個地區的葡萄酒，過去都是由合作社生產的，而且著重的是產量而非品質，所以其潛力並沒有顯現出來。種植的品種是西拉諾瓦（Seara Nova）、卡拉多克（Caladoc）和馬瑟蘭（Marselan），主要用於釀造白蘭地。至於那些不那麼成功的餐酒，其高酸度和不成熟的單寧常常被刻意地用殘糖掩蓋。但里斯本（Lisboa）地域廣闊，多山，所以是一個多樣化的產區。自 20 世紀 90 年代以來，像 Quinta do Monte d'Oiro 和 Quinta de Chocapalha 這些有進取心的酒莊已向世人表明，優質的紅葡萄品種希哈和國產多瑞加，在有較多遮蔭的地方（尤其是在阿倫克爾 [Alenquer]）會長得很好，因為那裡靠近大西洋，生長季較長。近來的新進展是一個廣為種植的品種「卡斯特勞」（Castelão）的轉世重生，用它釀出的葡萄酒比較輕柔清新，被喻為「溫暖氣候的黑皮諾」。

里斯本產區較為明顯的優勢是白葡萄酒，人們目前正深入研究以取得良好成效，特別是在一些葡萄園，它們得益於從海岸地區吹來的涼風以及侏羅紀的石灰岩土壤。種植較成功的葡萄品種包括本土愛玲朵（Arinto/Pedernã）、費爾諾皮埃斯（Fernão Pires）以及甚至一度受到輕視的「維特」（Vital）。

隨著海岸線的城市化，讓歷史悠久的葡萄園 Colares 和 Carcavelos 的面積分別減少到只有 67 和 19 公頃，但是產自這些古老的、獨特的、受海洋影響之葡萄園的葡萄酒，重新煥發出了一種自豪感。Colares 的葡萄單寧強勁，其葡萄藤傳統上不經嫁接，直接種在海岸的沙質土地上，Ramisco 這個品種用於紅葡萄酒，Malvasia de Colares 這個品種用於白葡萄酒。如今，因為幾個新酒莊的新想法，清淡醇和的 Carcavelos 葡萄酒（用愛玲朵、Galego Dourado 和 Ratinho 這幾個葡萄品種混釀的加烈酒）似乎已起死回生。往內陸深入一點，在城市的北部的 Bucelas，捍衛著富有果味的鮮爽葡萄品種「愛玲朵」（Arinto/Pedernã）。

在第 208 頁的葡萄牙地圖中顯示了里斯本和塞圖巴爾半島（Península de Setúbal）這兩個 VR 的範圍。如今，塞圖巴爾半島太加斯河 (Tagus) 對岸的葡萄園，比上面提過的三個歷史上有名的 DOC 重要得多。在太加斯河（又稱 Tejo 河）和薩多河（Sado）的入海口之間，里斯本的東南方，Azeitão 周圍盡是黏土 - 石灰岩山丘，山坡受大西洋的冷風吹拂；而 Palmela 東部薩杜（Sado）河的內陸沙質平原，溫度要高得多，

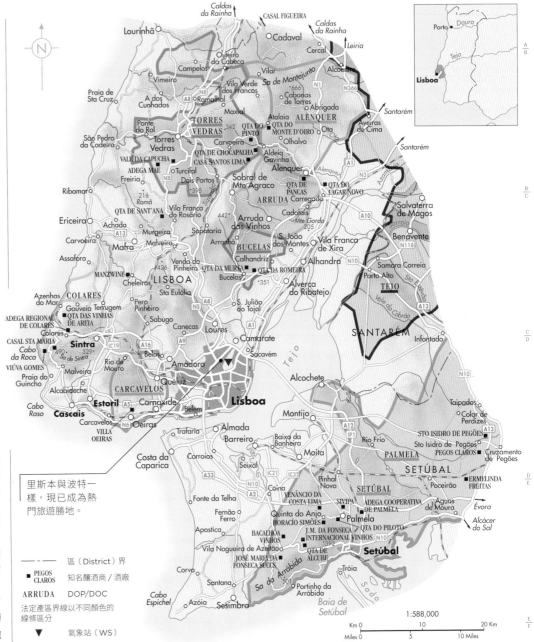

里斯本與波特一樣，現已成為熱門旅遊勝地。

- — — 區（District）界
- ■ PEGOS CLAROS　知名釀酒商／酒廠
- ARRUDA　DOP/DOC
- 法定產區界線以不同顏色的線條區分
- ▼　氣象站（WS）

也更富饒，葡萄牙最好的釀酒合作社 Santo Isidro de Pegões 就在此地，發展態勢良好。

塞圖巴爾（Setúbal）最重要的生產商是 José Maria da Fonseca 和 Bacalhôa Vinhos，他們是葡萄牙單一品種葡萄酒浪潮的先驅。本地的葡萄品種卡斯特勞似乎很適合 Palmela 東部的沙質土壤，但離當主角還很遠。

這個地區傳統的葡萄酒是 Moscatel de Setúbal，一款豐美的、淡橘色的蜜思嘉葡萄酒（如果釀自更稀有的「羅索蜜思嘉」葡萄 [Moscatel Roxo]，則呈淺粉紅色），它略經加烈過程，且香氣逼人。壓榨後的亞歷山大蜜思嘉（Muscat of Alexandria）葡萄皮，留在汁液中長時間浸泡，最後釀出的酒香氣襲人。經過陳年的，讓人心醉神迷；而年輕的，則與葡式蛋撻是絕配。

---

## 里斯本大區：里斯本（LISBON）▼

緯度／海拔
**38.72° / 77m**

葡萄生長季節的平均氣溫
**20.4°C**

年平均降雨量
**774mm**

採收期降雨量
9 月：**32.9mm**

主要種植威脅
**座果期降雨，秋雨**

主要葡萄品種
紅：卡拉多克（Caladoc）、卡斯特勞、希哈、阿拉哥斯（Aragonês）
白：費爾諾皮埃斯（Fernão Pires）

1:588,000
Km 0　　10　　20 Km
Miles 0　　5　　10 Miles

# 巴拉達和唐產區 Bairrada and Dão

從埃斯特雷拉山脈可將這片 Quinta do Aral 的葡萄園盡收眼底，這裡已因其黏軟的乳酪而聞名，現在看來也要因唐產區而盡人皆知了。

巴拉達和唐產區的葡萄酒，過去給人的印象是個性非常鮮明，但並非人人都喜歡；但如今，以其固有的清新和誘人的礦物感，這兩個地區的葡萄酒進入了最受歡迎的葡萄牙葡萄酒之列。

巴拉達（Bairrada）是一個沉悶的鄉村地區，被一條連結里斯本和波特的公路一分為二，包括了介於唐地區的花崗岩山地與大西洋海岸之間的大部分區域。這裡低矮的山地，有著眾多風土類型，但因為靠近大西洋，它的葡萄酒整體上自然清新，它的葡萄園相對潮濕。最優質的葡萄酒常與黏土——石灰岩地有關，這種土壤賦予其紅葡萄酒和日益受到歡迎的白葡萄酒以酒體和典型的葡萄牙風味。

最有特色的紅葡萄品種是巴拉達本地的「巴加」（Baga），通常不會用於混釀，這在葡萄牙較為少見。它的問題是自然長勢過於旺盛、成熟得晚以及常常在採摘前遇上雨天。Luís Pato 是巴拉達產區最熱情的推廣者之一，他把巴加這個品種與義大利皮蒙區的內比歐露（Nebbiolo）相提並論，因為巴加的酸度極為突出、單寧極為強勁，一些傳統的做法或許是裝瓶後還需要 20 年的窖藏時間。Luís Pato 率先採取的做法包括「疏果」（green harvesting）、徹底除梗、使用法國橡木桶陳釀，這些都大大地拯救了巴加這個品種。有越來越多近來樹立名聲的生產者，比如 Luís Pato 的女兒 Filipa Pato 以及 Dirk Niepoort（他於 2012 年收購了 Quinta de Baixo），透過較

早採摘、輕柔萃取以及只是部分除梗，用巴加釀出的葡萄酒也大勝從前，其芬芳、清新以及單寧結構，更接近布根地的風格；不過，有些人可能仍是喜歡以前的味道。

像 Quinta das Bágeiras 和 Sidónia de Sousa 這樣的酒莊，可能會採用法國橡木桶陳釀和與其他葡萄品種混合調配的方式，使其紅葡萄酒更加平易近人；但酒標上顯示了 Garrafeira 字樣的「酒商珍藏陳釀」酒款，其傳統風格仍一以貫之，雖然如此，但也有豐富的果香來中和其單寧。2003 年，當地的法規發生了變化，允許巴拉達產區的紅葡萄酒，使用巴加以外的葡萄品種釀製，這對當地傳統根基是一種威脅；但是，因為新血的注入以及採用新的柔化技術，巴加的老藤也並未完全被拔光。「巴加之友」（Baga Friends），是一個堅定的巴加葡萄生產者團體，一直致力於恢復人們對這個品種以及這個具有悠久傳統產區的信心。即便是巴拉達產區最新派酒莊之一的 Campolargo，如今也重視本地的葡萄品種了。

巴拉達產區的白葡萄酒也在進步。皮色淺淡的葡萄品種碧卡（Bical）、瑪利亞·戈麥斯（Maria Gomes／費爾諾皮埃斯）和賽希爾（Cerceal）是本地的特產，它們一度被限制在不適合紅葡萄品種生長的沙質土壤上種植；但如今已有充足的證據證明，在黏土-石灰岩土質裡，它們的表現相當出色。這些可陳放、令人興奮的葡萄酒，風格多樣，有簡單樸素並冷峻堅實的，

也有酒體飽滿且層次分明的。

用傳統法釀造的氣泡酒（原來是白的，如今也有粉紅的），自 19 世紀末以來一直是巴拉達產區的特產，如今既有酒農釀造的，也有大一點的酒商釀造的。新近復興的一種加強型紅葡萄酒 Licoroso Baga，現在擁有了自己的 DOC。

## 一場風格的革命

與巴拉達產區不同，就法定的葡萄品種而言，唐法定產區（Dão DOC）是完全葡萄牙的。直至 20 世紀 90 年代，提到唐產區的葡萄酒，人們還會想到單寧粗重、風味呆板的酒款，那時這裡的葡萄酒幾乎都是釀酒合作社粗製濫造的結果。但是自那以後，獨立生產者的數量，無論是酒莊或是小型酒商，都有了實質上的增長，所以能釀製出很多比原來誘人、易飲、優雅的多的葡萄酒，其範圍從價格合理的酒款，如大企業 Sogrape（擁有 Quinta dos Carvalhais 酒莊）和 Global Wines（擁有 Quinta de Cabriz 酒莊）的出品，到一些充滿強烈風土特色的葡萄牙最優質葡萄酒。Alvaro Castro 以及後來的 António Madeira，是兩位具有天賦的釀酒師，他們在看好的葡萄園裡追求老藤的韻味，是不依附於某一酒莊的新世代釀酒師代表。

唐這個產區的名字取自一條穿境而過的河流，產區中心維塞烏（Viseu）是葡萄牙最美麗的城鎮之一。這裡實際上是一塊花崗岩臺地，光

Quinta do Corujão 及其
海拔高、冷涼的葡萄園，
吸引了斗羅河谷 3 位頂級
釀酒師，他們在此創立了
M.O.B. 品牌。

**不一樣的雙子星**
巴拉達產區的葡萄酒受大西洋的影響極大；而唐產區，
因地處內陸，受兩個山脈護衛，其葡萄酒更能展現葡萄
園所處海拔高度的差異。

秀秃的岩石從沙土中露出，周圍常散布著一些卵
石。在較為平坦的南部和西部有一些頁岩，這是
一個不太典型的葡萄酒產地。在整個景致中，
葡萄園只是陪襯，東一塊西一塊地散布在氣味
甜美的松樹和桉樹林空地裡。比較理想的種植
高度是海拔 400~500 公尺，但在海拔 800 公尺的
地方也可以見到一些葡萄園。葡萄園位置越高，
日夜溫差越明顯。在埃斯特雷拉山脈（Serra da
Estrela，葡萄牙大陸最高的山脈）的山麓，生長
季較長，可以釀出唐產區一些最好的紅葡萄酒
和結構感較強的白葡萄酒。卡拉穆盧山脈（Serra
do Caramulo）是一道屏障，擋住了大西洋對此地
的影響，而埃斯特雷拉山脈則是此地在東南方的
護衛。這意味著，冬季時唐產區既冷又濕（年平
均降雨量多達 1,100 公釐）；夏季則又暖又乾，
比巴拉達產區乾燥得多。但這兩個產區的葡萄酒
特性都是具有真正的結構感和新鮮度。

這一點在出自斗羅河谷的釀酒師所釀的酒
中，得到了特別明顯的體現，那些釀酒師來到
這裡，釀出了風格截然不同、更為清新的葡萄
酒。M.O.B. 是 Jorge Moreira、Francisco Olazabal 和
Jorge Serôdio Borges 等三位釀酒師在埃斯特雷拉

山脈合作的一個單一園酒莊計畫，無所不在的
Dirk Niepoort 也已在此收購了一個名為 Quinta da
Lomba 的酒莊。

就如同葡萄牙的其他產區，唐產區內也種植
了許多令人眼花繚亂的品種，能釀出越來越富有
果香的紅葡萄酒（儘管仍有某種花崗岩物質的感
覺）以及緊緻芬芳的白葡萄酒，無論是紅的還是
白的都適合陳放——這構成了唐產區葡萄酒的特
徵，品飲這裡的葡萄酒，得有點耐性。

最優秀的一些單一酒莊，比如 Luis Lourenço
的 Quinta dos Roques 和 Quintadas Maias、Alvaro
Castro 的 Quinta da Pellada 和 Quinta de Saes，以及
Casa da Passarella，都已經在嘗試釀造單一品種葡
萄酒，但傳統的多品種混釀仍是主流，尤其是在
那些老一點的、越來越不可多得的葡萄園，都是
各式各樣的品種混種的。國產多瑞加是在當地種
植面積居第二位的品種，在唐產區的表現或可堪
稱完美，且有較長的陳年能力。珍拿（Jaen）這
個品種（在加利西亞地區稱為 Mencía，是唐產區
種植面積最大的品種）為較早飲用的紅葡萄酒提
供了果香；而田帕尼優（Tinta Roriz）這個品種
的種植面積居第三位，它的貢獻是酒體。安庫薩

多（Encruzado）可被用來釀出酒體豐滿且酸度
高的白葡萄酒（成功地採用了布根地的技術），
是葡萄牙用來釀造單一品種白葡萄酒中最傑出的
品種之一。

這裡有釀造出真正出色餐酒的潛力，這一
點一直都是顯而易見的，這都要歸功於一個非
同尋常的、獨一無二的例子。在巴拉達的東部
邊界，有一個布薩科皇宮飯店（Bussaco Palace
Hotel），這是一座奢華的建築，最初就是要設
計成「葡萄酒的教堂」（cathedral of wine），以
展示該產區的葡萄酒風采，這座建築歷代的主人
一直以完全原始的方式來挑選和陳釀自己的布薩
科（Buçaco）紅白葡萄酒。那裡的葡萄酒近年雖
已有所變化，但那些遵循古法的佳釀，觀其色品
其味，儼然是另一個時代的遺產瑰寶，感覺極其
迷人。酒店酒單上的年份酒，可早至 20 世紀 40
年代。

# 阿連特茹
## Alentejo

這是葡萄牙地域最廣的一個葡萄酒產區，但其歷史極為平常。在這片廣大的土地上，陽光熾烈，有一些樹木點綴其中，深色的是軟木橡樹，銀色的是橄欖樹，草皮被羊群啃光，只有葡萄藤偶爾帶來一點綠意。

---

**風土條件：**多種類型的肥沃土壤中散布著花崗岩和片岩，偶爾也有石灰岩。葡萄藤和橄欖樹種植在最貧瘠的土地上，其他土地則供穀類作物種植和牧場使用。

---

**氣候：**地中海型氣候，年日照時數為 3,000 小時。內陸地區的夏季酷熱乾燥，大西洋沿岸地區受海洋影響而溫和一些，東北部地區則比較偏大陸性氣候。

---

**葡萄品種：**紅：田帕尼優（Aragonês）、特林加岱拉（Trincadeira）、阿利坎特布樹、希哈、國產多瑞加、卡斯特勞；白：安唐瓦（Antão Vaz）、愛玲朵（Arinto/Pedernã）、侯佩羅（Roupeiro）。

除了在北部的波塔萊格雷（Portalegre）地區，阿連特茹（Alentejo）產區沒有什麼小酒莊。大農場式的莊園，在人口稠密的葡萄牙北部聞所未聞，但在這裡則是常態；分別從里斯本和阿爾加維（Algarve）到達這裡的北部和南部，都非常便利，所以有越來越多的莊園開始開發葡萄酒主題旅遊業務。阿連特茹的許多大莊園都是世代相傳的，煙草種植是其主業，釀造葡萄酒是不久以前才開始的事情；也有一些莊園在財務上是由里斯本的企業家資助的，這些企業家看中了這個地區便捷的交通、充足的住宿設施、成熟的葡萄酒旅遊路線以及晴朗的天空。

即使是在仲冬，這裡仍是陽光普照，景色開闊。遊客們都知道，西班牙就在邊境的另一邊；而釀酒師們都到那邊去購物。此處雨量極少，溫度卻往往很高，使得葡萄採摘季從 8 月的第三個星期就開始了。

在葡萄牙北部，葡萄園一望無際，就像一張巨大的綠毯，把大地蓋得喘不過氣來。相較之下，在開闊、多樣化的阿連特茹地區，60% 的葡萄園集中在 4 個主要的 DOC 法定產區內：**博拉（Borba）**、**雷東多（Redondo）**、**雷根格（Reguengos）**及**維迪格拉（Vidigueira）**。這 4 個 DOC 一直都仰賴著一家重要的釀酒合作社，即座落於蒙薩斯勒（Monsaraz）的雷根羅須（Reguengos，如今改名為 CARMIM）釀酒合作社，沒有誰會比它更重要的了。這家合作社釀出了葡萄牙境內最暢銷的一款酒。

該產區很大一部分的葡萄酒，即使許多都達到了 DOC 等級的標準，但均以 **Alentejano VR** 的等級銷售，且往往還會把葡萄品種標示在酒標上。José Roquette 是與里斯本爭雄的其中一支足球隊的前 CEO，他在雷根格產區擁有一個名為「艾斯波瀾」的酒莊（Herdade do Esporão），20 世紀 80 年代末期，他為酒莊聘請了澳洲釀酒師 David Baverstock，同時希望酒莊能成為像美國那帕谷裡那種夢幻酒莊。他開創了一股潮流。1995 年，在阿連特茹只有 45 個葡萄酒生產者；而到了 2015 年，已增加到近 300 個，酒農也達 1,800 之眾。

### 回歸傳統的做法

阿連特茹產區越來越明顯的特色是「塔里亞」葡萄酒（Talha wine），這種葡萄酒是在一個碩大的陶罐裡發酵和熟成的，那個陶罐就叫「塔里亞」。這種傳統的釀造方法曾被釀酒合作社棄用，在 20 世紀中葉，釀酒合作社的角色是很重要的，他們更喜歡使用效率較高的大型水泥罐來發酵和儲藏。然而，小規模的家庭式酒廠仍

Herdade Outeiros Altos 酒莊裡老式的巨大塔里亞罐（Talha）。在這種陶罐裡發酵並可能在裡頭繼續陳釀的葡萄酒，是阿連特茹的特色，如今有了自己的 DOC Vinho de Talha。

續用這種少量的手工儲存葡萄酒方式。在完成發酵後，把葡萄皮和梗隔除，在酒液最上層倒入一層橄欖油，讓酒密封於陶罐內，日子到了，打開罐子底部的水龍頭，便可喝到葡萄酒。這樣的葡萄酒通常不裝瓶，在塔里亞罐裡的時間越長，就會氧化得越厲害。

這種非常傳統的發酵方式，如今仍可在當地的小酒館裡見到，但許多重要的釀酒師將此技術加以改良，為阿連特茹產區帶來了真正與眾不同的特色。Esporão、São Miguel、Herdade do Rocim 等酒莊，以及致力於推廣阿連特茹葡萄酒的釀酒顧問 João Portugal Ramos，均釀造塔里亞葡萄酒。**Vinho de Talha** DOC 於 2010 年正式建立。根據規定，葡萄必須除梗；發酵必須在不滲漏的罐體或塔里亞罐中完成；在 11 月 11 日聖馬丁節前，葡萄皮必須保留在酒液中；阿連特茹產

區有 8 個 DOC 次產區 —— Borba、**Evora**、**Granja-Amareleja**、**Moura**、Portalegre、Redondo、Reguengos 和 Vidigueira，葡萄必須種在任一次產區以內。

遊客在如此乾旱的地區，都希望以白葡萄酒來消暑解渴，傳統上釀造這些白葡萄酒的品種是充滿熱帶果香的安唐瓦（Antão Vaz）、飄逸著花香的白侯佩羅（Roupeiro）、帶來清新的愛玲朵，華帝露（Verdelho）和阿爾巴利諾的使用也日益增多。阿連特茹的白葡萄酒品質已經改進許多，特別是在波塔萊格雷（詳見下文），然而，這裡如今仍主要是紅葡萄酒的生產地。葡萄品種 Aragonês（田帕尼優）以及當地特產「特林加岱拉」（Trincadeira）在阿連特茹有著悠久的歷史；連果肉都是紅色的品種「阿利坎特布樹」也是如此，它在產區一些較好的地塊上似乎呈現出某種非比尋常的高貴，Herdade do Mouchaõ 和 Dona Maria 這兩個酒莊，均為英葡背景的 Reynolds 家族後代所擁有，它們都是阿利坎特布樹葡萄的代言人。國產多瑞加、法國多瑞加、卡本內蘇維濃、小維鐸以及希哈，近年也被引進並大獲成功。Monte da Ravasqueira 酒莊的希哈尤具說服力，它與維歐尼耶（Viognier）一同發酵，再與國產多瑞加調釀。本地的葡萄品種，特別是莫雷托（Moreto），也越來越受歡迎。

葡萄的有機農法種植，因為這裡乾燥的夏天而得利，而這種做法恰巧又是阿連特茹進步的一個例證。另外，在次產區 Vidigueira 有個名叫 Cortes de Cima 的酒莊，它在靠近 Vila Nova de Milfontes 的地方（離海岸只有 3 公里，可參考第 208 頁地圖）種植了一些阿爾巴利諾、夏多內、白蘇維濃，甚至還有黑皮諾，這都是一些需要在冷涼氣候裡種植的品種。

## 北部邊陲地帶

阿連特茹中部的產區和酒莊正迅速發展中，但這幾年，**波塔萊格雷（Portalegre）**，一個地處北部、氣候較為冷涼潮濕的次產區，發展也很快。這裡的土地由花崗岩和頁岩構成，海拔可達 1,000 公尺，有些葡萄園的海拔可至 750 公尺之高。平均降雨量比南部高得多，一年大約有 600 公釐，而且晚上可能會很涼。還好這裡以小酒莊

占大多數，所以有一些相對較老的葡萄藤，是來自葡萄牙北部和南部的原生品種，而不是從國外引進的品種。這些品種有些（尤其是在 Tapada do Chaves 酒莊），是依照古法在葡萄園裡混種。這裡的採收時間比起另一個次產區 Reguengos 會晚兩周，釀出的葡萄酒確實鹹鮮味更濃，沒有南部產區特有那種由陽光帶來的甜味。在 21 世紀的頭 10 年，釀酒師 Rui Reguinga 對於波塔萊格雷的發展扮演了重要的角色。2017 年，Symington 家族（波特酒和斗羅河谷餐酒的重要生產商）在 Serra de São Mamede 買下了一個名叫 Quinta da Fonte Souto 的酒莊。次年，另一個酒莊 Quinta do Centro 被 Sogrape 收購。如今，許多波塔萊格雷以外的生產者，都來到這裡收購葡萄，為他們的混釀葡萄酒增加一點清新的感覺。

阿連特茹可說是不斷變化當中。

### 阿連特茹：埃武拉（EVORA）▼

緯度 / 海拔
**38.57° / 309m**

葡萄生長季節的平均氣溫
**20.1°C**

年平均降雨量
**585 公釐**

採收期降雨量
**8 月：8 公釐**

主要種植威脅
**乾旱、局部性晚霜**

Terrenus Vinha de Serra 是釀酒師 Rui Reguinga 手中葡萄園裡最好的一塊，海拔 762 公尺，在波塔萊格雷是最高的。

阿連特茹北部波塔萊格雷周邊花崗岩質的山丘比較潮濕，這裡的酒莊規模較小，一般來說，葡萄藤較老，較少國際品種。

阿連特茹這一角，過去一直沉睡著，但如今集葡萄酒、時尚和旅遊業於一身，建造了 Malhadinha Nova 和 Herdade dos Grous 這樣的釀酒 SPA 飯店。

| | |
|---|---|
| ———— | 國界 |
| —·—·— | 區（District）界 |
| ━━━━ | 阿連特茹（Alentejo）內的 DOP/DOC |
| *ALENTEJANO* | IGP/ Vinho Regional |
| BORBA | 阿連特茹的次產區 |
| ■ CORTES DE CIMA | 知名葡萄酒商 / 酒廠 |
| | 葡萄園 |
| | 森林 |
| —400— | 等高線間距 200 公尺 |
| ▼ | 氣象站（WS） |

1:1,000,000
Km 0　10　20　30　40 Km
Miles 0　10　20 Miles

# 馬得拉 Madeira

位於 Faial 和 Porto da Cruz 之間的北海岸，是典型的馬得拉島景色：人口稠密，群山被各種植物覆蓋，由於有豐沛的雨水，加上土壤極其肥沃，使此地綠意盎然。

古人稱這些由火山噴發形成的近海遺跡為「魔法群島」（Enchanted Isles）。這些島嶼集聚在離摩洛哥海岸約 640 公里處，剛好就在船隻橫跨大西洋的航道上。它們的現代名稱分別是馬得拉（Madeira）、聖港（Porto Santo）、薩維奇群島（Selvagens）及德賽塔群島（Desertas）。

馬得拉島是這個小小群島中最大的一個島嶼，也是世界上最美麗的島嶼之一，陡如海上冰山，綠如林間草坪。故事是這樣流傳的：當葡萄牙人於 15 世紀初在馬得拉島東部的馬希科（Machico）登陸時，他們在茂密的樹林中放了把火。這個島的名字其實就因這片樹林而來的，在葡萄牙語中，馬得拉（Madeira）即是「木頭」的意思。熊熊的大火燃燒數年，整片森林所留下的灰燼，讓原本已經相當肥沃的土壤更加富饒。

今日看來，這個島的確是人間沃土，從水岸一直往上至半山腰以上（峰頂海拔 1,800 公尺），都開墾成了梯田，種植著葡萄、甘蔗、玉米、豆類、馬鈴薯、香蕉，還有一些小花園。和葡萄牙本土北部的葡萄藤一樣，這裡也採用棚架式種植，棚架下還可種植其他作物。但讓旅客有點迷惑的是，看不到葡萄園究竟在哪？這裡確實沒有大片的葡萄園。數百公里長的小灌溉溝渠，把水輸送到四處各種作物所需的地方。

幾個世紀以來，葡萄酒一直都是馬得拉群島的主要產品。群島中的聖港島也是同時被殖民的，它地勢較低，土質多沙，氣候與北非相似，一開始看起來要比高聳、蒼綠、多雨的馬得拉島本身更適合種植葡萄。但葡萄藤快速蔓生並獲得成功的地方正是在馬得拉島，在 15 世紀中葉，島上已栽種了馬瓦西亞（Malvasia）葡萄，並已開始出口葡萄酒。這裡陽光充足，葡萄的糖分集中，釀出來的甜酒，在當時很時髦，輕易地便尋得銷路——甚至進入了法國國王法蘭西斯一世（François I）的王宮。

美洲殖民地的建立，帶來了更多的海上交通和貿易機會，擁有豐沙爾（Funchal）港的馬得拉島成為西行船隻的供給站。馬得拉島與聖港島的氣候很不一樣，這裡雨水頻繁，尤其是在北海岸，直接面對來自大西洋的風雨。馬瓦西亞（Malvasia）、博巴爾（Boal）、華帝露（Verdelho）和 Sercial 等，都是最初引入到島上的最重要釀酒葡萄品種，它們在這裡較難成熟。因此，讓糖份與這些酸澀的葡萄酒結合，不失為一種可想而知的權宜之計。

## 加熱的葡萄酒

這種又甜又酸的葡萄酒，非常適合放在遠洋船隻中壓艙，它還可以有效地防止壞血病（又稱「水手病」）發生。正是這樣被當作壓艙物的航行，造就了馬德拉酒（Madeira）。這些酒要撐過漫長的航程，得往裡頭加入一兩桶白蘭地（或甘蔗烈酒）。一般的葡萄酒越過一次赤道便會變酸壞掉，然而這種經過酒精加烈的馬德拉酒卻變得醇柔甘美；再越過一次赤道，其風味更是妙不可言。

如今，馬德拉酒已不再需要透過長時間的海上航行來加溫了，一切都在島上完成。最便宜的馬德拉酒，即大量運到法國供烹飪用的那種，要經過「艾斯圖法眷」（estufagem）釀造工藝，在加熱房間（estufas）中加熱至差不多 50°C，時間至少 3 個月。但大多數在 5 年或更長時間後才出售的馬德拉酒，會依照傳統做法將一桶桶酒移上架子之後，經過比較溫和的「坎泰羅工序」（canteiro）加熱（譯註：將酒存儲在溫暖的房間中，在太陽的照射下自然加熱，未經任何人工加熱的手法），從而獲得馬德拉酒獨具，既溫醇，又有清爽酸味的複雜風味。這些酒是在島上暖和的室溫下，在桶中緩慢熟成的。

最頂級的馬德拉酒，就像波特酒一樣，傳統上都是單一年份的窖藏。今日，被貼上 Frasqueira（年份）的馬德拉酒必須是單一年份、單一葡萄品種、在橡木桶中至少陳釀 20 年的。實際上，等級最高的酒款可能會經歷一個世紀的時間在桶中慢慢氧化，在玻璃罐子（demijohn）內經過濾渣再裝瓶，從而成為葡萄酒世界中最引人注目、令人興奮的古董酒，可以賣出天價。有一種叫 Colheita 的馬德拉酒在市場上越來越受歡迎，它是單一年份的，在桶中陳釀 5 年後裝瓶。

當白粉病和根瘤蚜蟲病分別於 19 世紀 50 年代和 70 年代襲擊馬得拉島的葡萄園時，一大批劣質的葡萄品種也侵入到島上，但之後又逐步被一個名為 Tinta Negra 的品種所取代，這個品種的產量高，且抗病害能力強。目前，在整個馬得拉島所種植的葡萄當中，Tinta Negra 佔了 90%，那些早期雜交品種已不被允許使用。

葡萄牙在 1986 年加入歐盟以前，習慣做法是把馬得拉島上的經典葡萄品種名稱（依甜度從高到低為馬瓦西亞、Boal、華帝露和 Sercial）標

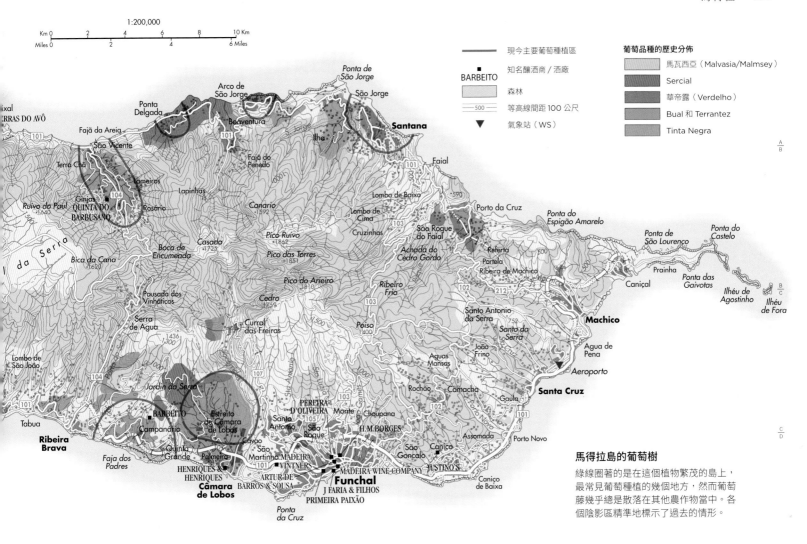

**馬得拉島的葡萄樹**

綠線圈著的是在這個植物繁茂的島上，最常見葡萄種植的幾個地方，然而葡萄藤幾乎總是散落在其他農作物當中。各個陰影區精準地標示了過去的情形。

示在酒標上，無論這瓶酒是不是用這些品種釀製的（極有可能不是）。如今，任何馬得拉島的葡萄酒或許都標明了占比超過85%之葡萄品種的名稱。但大多數馬得拉酒會在酒標上會標示其品牌名稱，比如 Blandy 公司的 Duke of Clarence，或標示此混釀酒款的平均陳釀時間（5、10、15、20、30、40、50 年或 50 年以上）。大多數商業化的馬得拉酒，陳釀時間是 2~3 年之間，因為在採收後第二年的 10 月底以前是不被允許裝瓶的。傳統酒瓶的容積是 750 毫升，但現在的是 500 毫升。

## 甜度

　　傳統的幾個葡萄品種與特定的甜度相關。四個品種中，最甜也最早熟的，曾經被稱為 Malmsey，它是馬瓦西亞的變體，有幾個品系的馬瓦西亞仍在島上有限的範圍內種植。Malvasia Branca de São Jorge 對應的是甜度最高的傳統風格馬得拉酒：色澤棕黑、香氣豐盛、結構柔順到接近豐腴，但仍具有馬得拉酒鋒利精準的一貫風味。Bual 馬得拉酒，名字來自 Boal 這個品種，亦即菲娜馬瓦西亞，其酒體較輕盈，也沒有 Malmsey 那麼甜，但依舊是不折不扣的餐後甜酒，酒裡的煙燻味修飾了它的甜度。標示華帝露（島上種植最多的白葡萄品種，如今在亞述群島

和澳洲也可見到）的馬得拉酒，沒有 Bual 那麼甜，更柔和一些；它有清雅的蜂蜜香氣以及突出的煙燻味，在餐前或餐後飲用都很合適。Sercial 葡萄（葡萄牙本土稱為 Esgana Cão）生長在島上海拔最高的葡萄園，種植面積非常小，採收時間較晚，用它能釀出馬得拉島最不甜、最生氣勃勃的葡萄酒。標示為 Sercial 的馬得拉酒，成熟速度最慢，酒體輕巧，香氣奔放，酸味非常強勁，年輕時澀感較重，但老熟後卻極順口美味；酒體較 Fino 形態的雪莉酒厚重，卻依然是一種完美的餐前開胃酒。Terrantez 和 Bastardo 是兩個歷史悠久的品種，正在進行中的復育計畫，範圍雖小但引人注目。（至於越來越受歡迎的餐酒，無論是在馬得拉島還是在聖港島釀造的，無論是 DOC Madeirense 的還是 IGP Terras Madeirenses 的，紅葡萄酒主要都釀自 Tinta Negra，而較好的白葡萄酒則釀自華帝露。）

　　如今，馬得拉酒很有可能要在酒標上標示法定的類型，比如 Extra Dry、Dry、Medium Dry、Medium Sweet 或 Medium Rich、Sweet 或 Rich。這些類型的判定，取決於加入葡萄烈酒終止發酵的時刻（如波特酒的釀造過程，波特酒加入的是 77% 的酒精，而馬得拉酒加入的是 96% 的酒精），或是發酵後的糖度。

　　在瓶中的馬得拉酒就像蝸牛爬行那樣慢慢熟

成。時間越長，酒質越好；而且，任何一瓶品質上乘的馬得拉酒在開瓶之後，好幾個月甚至好幾年都不會變質。馬得拉酒可以理直氣壯地宣稱自己是世界上最長壽的葡萄酒。

---

### 馬得拉島：豐沙爾（FUNCHAL）▼

緯度／海拔
**2.63°C／58m**

葡萄生長季節的平均氣溫
**21.0°C**

年平均降雨量
**627 公釐**

採收期降雨量
**9 月：2 公釐**

主要種植威脅
**真菌病**

主要葡萄品種
**紅：Tinta Negra**
**白：華帝露（Verdelho）、菲娜馬瓦西亞、Sercial、Malvasia Branca de São Jorge**

# 德國 Germany

全世界最大的葡萄酒節——香腸市集（Wurstmarkt），每年9月在法茲（Pfalz）的巴特迪克海姆（Bad Dürkheim）舉辦。

# 德國 Germany

德國葡萄酒經過 20 世紀後期的黑暗時代之後，重新嶄露頭角。氣候變遷以及新世代葡萄酒愛好者的口味要求，皆站在德國這一邊。德國白葡萄酒仍然保持其特有的清新、富有活力以及香水般迷人的芬芳，但是絕大部分均為甜型；而德國紅葡萄酒的品質則有大大有所提升。

**風土條件**：種類極其豐富，從沙石到板岩皆有。板岩是摩塞爾河谷（Mosel Valley）最優質地塊的主要土壤。德國南部則可見到花崗岩和壤土。

**氣候**：越往北越冷涼，越往東則越呈現大陸性氣候，但是現在夏季較為炎熱。

**葡萄品種**：白：麗絲玲、米勒－土高（Müller-Thurgau）、灰皮諾（當地稱為 Grauburgunder）、希爾瓦那（Silvaner）、白皮諾（當地稱為 Weissburgunder）；紅：黑皮諾（當地稱為

Spätburgunder）、東菲德（Dornfelder）、葡萄牙人（Portugieser）。

德國意志堅定的新一代釀酒人，不但常常受到遠方國家的同行影響，也明顯地會從這片擁有榮耀歷史和獨特風格的風土中汲取靈感。

許多德國最優質的葡萄園都遠在葡萄能夠成熟的最北極限，其中有些位置甚至根本不適合一般的農業，如果不是種上了葡萄藤的話，那些地方可能只是森林或是光禿禿的山地而已。整體而言，德國能夠出產世界上最優質白葡萄酒的機會看起來似乎微乎其微。但是它做到了，甚至酒中還有一種任何人及任何地方都無法仿效的高貴優雅風味。

隱藏在這些獨特又生機勃勃之美酒背後的秘訣，當然就是麗絲玲，這個葡萄品種生長在冷涼氣候的嚴苛條件下，而在這種氣候下葡萄通常只能剛剛好成熟，有時直到 10 月底甚至是 11 月才能成熟。但是這種刀劍一般的嚴峻環境，卻能激發出緊緻與充滿香氣的精華，造就令人無法抗拒的組合，這是任何其他白葡萄品種皆難以企及的。從前，能令德國葡萄酒行家感到激動的，主要是清新酸度與清透果味之間的細緻平衡，但

是氣候變遷為德國麗絲玲帶來了一片新天地：帶有地理獨特風格表現的不甜葡萄酒，果香迷人，瑩亮透澈，飽含生命力，無需橡木桶也能引起注意。且越來越多的德國麗絲玲採用環境酵母，從而體現其所出產風土的特性。

## 「不甜」（trocken）葡萄酒的興起

大約有三分之二的德國葡萄酒（不僅是麗絲玲）現在都釀成不甜型（trocken）或者半甜／少甜型（halbtrocken 和 feinherb），但是果香濃郁的珍藏酒（Kabinett）、高貴甜美的晚摘酒（Spätlese）、更加豐厚的逐串精選酒（Auslese），當然還有無敵甜蜜的逐粒精選酒（Beerenauslese）、冰酒（Eiswein）和枯萄逐粒精選酒（Trockenbeerenauslese）等，也被許多人認為是更具德國典型風格的佳釀。今日的不甜型（trocken）葡萄酒與 20 世紀 80 年代早期那些酸澀到令人難受、毫無生氣的酒款相比，早已不可同日而語。其中大部分都等到葡萄成熟度達到晚摘酒（Spätlesen）標準時才採摘，甚至如今還會更加注意葡萄整體的成熟度，而不只是糖分的詳細度數。德國名莊聯盟（Verband Deutscher Prädikatsweingüter，簡稱 VDP）為產自最優質葡

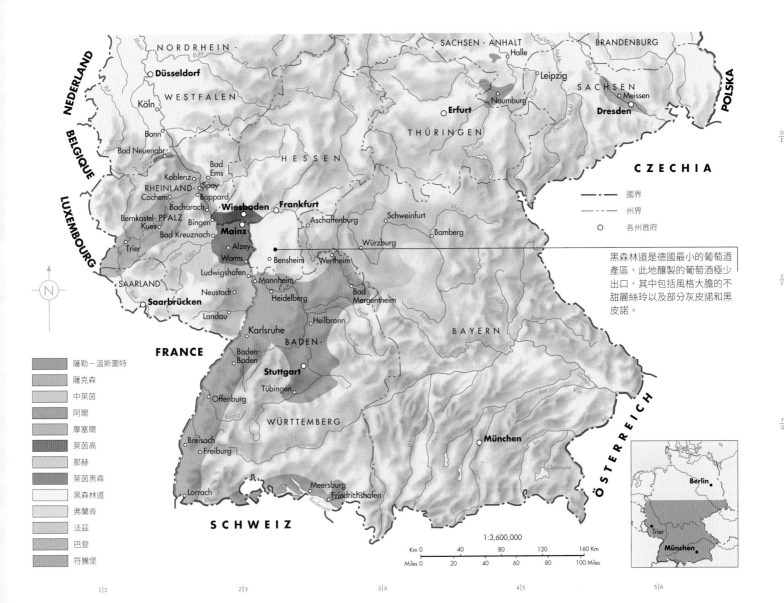

A B
C D
D E
C D
D E
E F
F G

CZECHIA

國界
州界
各州首府

黑森林道是德國最小的葡萄酒產區，此地釀製的葡萄酒極少出口，其中包括風格大膽的不甜麗絲玲以及部分灰皮諾和黑皮諾。

薩勒－溫斯圖特
薩克森
中萊茵
阿爾
摩塞爾
萊茵高
那赫
萊茵黑森
黑森林道
弗蘭肯
法茲
巴登
符騰堡

NEDERLAND
NORDRHEIN-
Düsseldorf
Köln
Bonn
WESTFALEN
Bad Neuenahr
BELGIQUE
LUXEMBOURG
Rhein
Ruhr
Eder
Sieg
SACHSEN-ANHALT
Halle
Leipzig
Freiberg
BRANDENBURG
POLSKA
Naumburg
Erfurt
THÜRINGEN
SACHSEN
Meissen
Dresden
Bad Ems
HESSEN
RHEINLAND-
Koblenz
Spay
Cochem
Bacharach
Boppard
Bernkastel-Kues
Bingen
Wiesbaden
Frankfurt
Mainz
PFALZ
Trier
Bad Kreuznach
Alzey
Worms
Aschaffenburg
Schweinfurt
Bamberg
Würzburg
Bensheim
Wertheim
Main
SAARLAND
Saarbrücken
Ludwigshafen
Mannheim
Neustadt
Landau
Heidelberg
Bad Mergentheim
Karlsruhe
Heilbronn
BAYERN
Baden-Baden
BADEN-
Stuttgart
Tübingen
Offenburg
WÜRTTEMBERG
München
Breisach
Freiburg
Lörrach
Meersburg
Friedrichshafen
Bodensee
SCHWEIZ
FRANCE
Donau
ÖSTERREICH

1:3,600,000
Km 0　40　80　120　160 Km
Miles 0　20　40　60　80　100 Miles

N

Berlin
Trier
München

萄園的不甜型葡萄酒在酒標上標註「特級園」（Grosses Gewächs）字樣，而隸屬於摩塞爾產區的「波恩卡斯精品酒莊協會」（Bernkasteler Ring）裡的酒莊成員亦採取相同作法。未參加以上任何組織的酒莊可能還在使用原本的法定名稱「不甜晚摘酒」（Spätlese trocken）。如果遇到特別溫暖的生長季節（現在已經越來越常見），有些用希爾瓦那、白皮諾和灰皮諾釀造的不甜葡萄酒，酒精濃度可以高達14%，這有可能會使整支酒失去平衡，嘗起來過於油潤。晚熟的麗絲玲則很少被這個問題所困擾。

20世紀晚期，德國葡萄酒在國外的形象嚴重受損，這是因為德國大量出口冠上「聖母之乳」（Liebfraumilch）和尼爾施泰因·古特斯·道穆泰（Niersteiner Gutes Domtal）等品牌的「糖水」——用無味、產量過高的米勒－土高釀成的白葡萄酒，且加入濃縮葡萄液增加甜度。如今這類價低量大的酒款已經節節敗退，而且捲土重來的機會也不大了。

德國葡萄酒的酒標可說是全世界最詳盡明確的，同時也是最複雜難解的酒標之一，它也是造成葡萄酒界許多問題的原因和導火線。其中最為令人遺憾的騙局，便是1971年依法設立的「葡萄園集合」（Grosslagen），這是一種特別有利於商業行銷的大範圍地理區域名稱。但是對於多數葡萄酒品飲者來說，他們根本無法從名稱上分辨出「葡萄園集合」（Grosslagen）和「單一葡萄園」（Einzellagen）的差別。幸好在今日充滿活力的德國葡萄酒舞臺上，這些標示已經逐漸少人使用。很多釀酒人正在尋找更容易在國際間被接受的方式，來標示他們的酒款，但對於可憐的買家來說，這些標示是否不會再像以前的那樣令人迷惑了呢？

## 重要的葡萄品種

麗絲玲是德國最偉大的葡萄品種。幾乎有四分之一的德國葡萄酒釀自這個品種。在摩塞爾（Mosel）、萊茵高（Rheingau）、那赫（Nahe）和法茲（Pfalz）地區，最優質的葡萄園幾乎都是由麗絲玲獨占，同時它也是萊茵黑森（Rheinhessen）、中萊茵（Mittelrhein）和袖珍的黑森林道（Hessiche Bergstrass）地區的主要品種，但它的缺點就是晚熟。

為了能夠提供產量穩定（如果做不到品質穩定）的產品，德國在20世紀中期開始轉向種植米勒－土高，這是一個在1882年培育出的、比麗絲玲早熟許多且更加多產的雜交品種。儘管在弗蘭肯（Franken）以及遠至德國南部的波登湖（Bodensee）附近，都曾經有小規模的品種復育運動，但是自1995年以來的20年間，米勒－土高在德國葡萄種植面積中的比例幾乎腰斬，降至12.4%。不過，這個品種「高產量」的特性，仍舊使其在德國低價酒款釀造中保有一席之地，只是不會將其名稱標註在酒標上。許多雜交品種的培育目標都是容易成熟，因為葡萄是否成熟一直被作為德國葡萄酒品質的衡量標準。但是即使是最優質的雜交品種，數量也在不斷減少——比如口感柔和的肯納（Kerner）、風格艷麗的巴克斯（Bacchus）以及充滿葡萄柚香氣的修伊埃博（Scheurebe）。還有一個很可惜失掉陣地的品種，就是曾在歷史上占有相當重要地位的希爾瓦那（Silvaner），但它目前仍是弗蘭肯種植範圍最廣的葡萄品種。

在過去20年間逐漸成為主力的葡萄品種是各種皮諾，包括釀造白葡萄酒的白皮諾和灰皮諾（常用橡木桶熟成）以及釀造紅葡萄酒的黑皮諾。在很長的一段時間裡，白皮諾和灰皮諾幾乎

「狼洞」（Wolfshöhle）位於巴哈拉鎮上方，這裡的陡峭山坡是中萊茵地區最好的葡萄園之一。河流（在這裡是萊茵河）在德國的葡萄種植中扮演著提高氣溫的關鍵性角色。

只在巴登（Baden）和法茲才能看到，但是現在它們已經遍布各地，遠至最北的那赫，甚至是摩塞爾。而部分出於國內需求的緣故，黑皮諾同樣獲得廣泛種植，到了2016年它甚至幾乎與米勒－土高的種植面積相當，但是釀造的酒質卻比後者優秀得多。

德國種植面積排名第四的葡萄品種是1956年培育出的雜交品種東菲德，它在最適宜的條件下，能夠釀出果味多汁、顏色深鬱的紅葡萄酒，明顯比「葡萄牙人」這個品種所釀出的酒款更有個性。希哈在德國也日益普遍，梅洛、卡本內蘇維濃和卡本內－弗朗也相當常見。除此之外，德國還種植了一些新培育出的紅葡萄品種，比如能夠抵抗黴菌的雜交品種麗晶（Regent），它在2016年的種植面積已經接近2,000公頃。目前，德國所有葡萄園中超過三分之一種植的都是紅葡萄——這樣的變化堪稱一次大革命。

## 薩克森（Sachsen）、薩勒－溫斯圖特（Saale-Unstrut）和中萊茵（Mittelrhein）

在第223頁地圖的最東邊，有兩個小產區——薩克森和薩勒－溫斯圖特。它們幾乎與倫敦處於同一緯度，但是呈現更明顯的大陸性氣候，使其經常擁有天氣絕佳的夏季，但是嚴重的春霜風險依然很高。自1990年德國統一之後，當地開始大規模重新種植葡萄藤，至2016年，薩

勒－溫斯圖特和薩克森的葡萄園總面積分別增長至將近 765 公頃和超過 500 公頃。兩個產區都有很多南向的山坡。

在兩德統一之後的四分之一個世紀中，當地許多釀酒人開始嶄露頭角：弗賴堡市（Freyburg）的 Pawis 和瑙姆堡市（Naumburg）的 Gussek 是薩勒－溫斯圖特的領軍人物，而邁森縣（Meissen）附近的波茲維斯堡酒莊（Schloss Proschwitz）和德勒斯登（Dresden）的齊墨爾靈酒莊（Zimmerling）則是薩克森的早期明星，隨後又出現了拉德博伊爾市鎮（Radebeul）的瓦克巴爾特酒莊（Schloss Wackerbarth），還有目前最著名的、位於邁森縣的釀酒廠 Martin Schwarz，它釀造風格多樣的酒款，不僅包括麗絲玲和黑皮諾，還有夏多內，甚至是內比歐露（Nebbiolo）。

米勒－土高在這裡的重要性也同樣在減少當中，它的位置被麗絲玲以及 3 個皮諾品種所替代，釀酒人開始學習如何使用橡木桶釀酒。這裡出產的大多數葡萄酒均為不甜，但是晚摘酒也並不罕見，而且在極佳的年份中，還能釀出一些貴腐甜酒，只是採用的並非是（過於）晚熟的麗絲玲。

另外一個未在下文中詳細介紹的產區是位於德國西部，日漸成功的萊茵旅遊勝地——中萊茵（可參考第 223 頁的地圖）。這個區域最為重要的葡萄園均以麗絲玲為主要品種，位於科布倫茨市（Koblenz）東南面，博帕德（Boppard）和巴哈拉（Bacharach）之間。位於施派（Spay）的溫加特酒莊（Weingart）和馬蒂亞斯－穆勒（Matthias Müller）酒莊能夠釀出一些來自博帕德－哈姆（Bopparder Hamm）的 Engelstein、Mandelstein 和 Feuerlay 地塊，極為精緻的晚摘酒和逐串精選酒。巴哈拉的 Toni Jost 酒莊和拉岑貝格酒莊（Ratzenberger）同樣經營完善，產酒質佳，葡萄園位於哈恩（Hahn）和「狼洞」（Wolfshöhle）的陡峭山坡上。

## 塞克特氣泡酒（Sekt）

德國是世界上最熱衷飲用氣泡酒的國家，每個德國人每年平均飲用接近 4 公升的氣泡酒。其中絕大多數酒款都來自價格低廉的本國品牌，採用散裝進口的基酒生產而成，只有不到 2% 產自德國小酒農。但是在這個所謂「德國塞克特氣泡酒」（Deutscher Sekt，指的是採用德國生長的葡萄釀造的氣泡酒）的小小分區當中，最近 10 年出現了一些真正品質卓越的酒款。萊茵黑森的 Raumland 可能算是其中最受尊敬的酒莊，而法茲的 von Buhl、黑森林道的 Griesel & Compagnie 以及萊茵高的 Sekthaus Solter 和 Schloss Vaux 則是另外幾家優秀的酒莊。

## 葡萄園分級

多年來，德國的葡萄酒法規從未限制單位產量（幾乎算是全球產量最高的地區之一），也沒有像法國那樣對葡萄園進行分級，不過這種情況已經開始改變，至少從極具影響力的「德國名莊聯盟」（VDP）開始做起。德國名莊聯盟是一個包括大約 200 間頂級酒莊的私人協會，為其成員酒莊訂立了嚴格的單位產量限制，並於 2000 年接下了高度政治敏感的燙手山芋，即為每個地區特定的不同葡萄品種制定德國的「一級葡萄園」（Erste Lagen）分級制度。2012 年，這一分級經過修訂，變成一個有四個級別的品質金字塔，分為廣域級（Gutsweine）、村莊級（Ortsweine）、一級園（Erste Lagen）和特級園（Grosse Lagen）。產自特級園的不甜型葡萄酒稱為不甜型特級園（Grosse Gewächse）。這些分級當然僅限於德國名莊聯盟的成員酒莊使用，並且和類似的其他分級制度一樣，德國名莊聯盟這種將頂級葡萄園與葡萄品種相結合的分級方式，難免會遭到一定程度的批評。但是聯盟經過 3 年的籌備，於 2018 年發布的線上地圖，用無與倫比的細節內容，讓人心悅誠服。

在本書中，我們將繼續著重於我們自行選出，並認為有著一貫優異表現的小部分葡萄園，以淺紫色和紫色（最好的）分別標出。這個大膽的葡萄園分級制度是我們與德國的頂級酒莊、當地葡萄酒組織以及德國名莊聯盟裡的部分成員共同合作推出的，但是與德國名莊聯盟的分級並不完全相同。

---

## 酒標用語

### 品質分級

**德國高級優質葡萄酒（Deutscher Prädikatswein）**或者簡稱「高級優質葡萄酒」（Prädikatswein）採用天然達到最佳成熟度的葡萄釀造。儘管德國最好的甜酒屬於高級優質葡萄酒級別，但是這類型酒款的產量卻隨著年份特性的不同而存在巨大的差異。高級優質葡萄酒完全禁止加糖。以下的葡萄酒分級（Prädikate），依照葡萄成熟度由低到高依序排列：

**珍藏酒（Kabinett）**清淡爽脆，適合作為開胃酒，或者搭配清淡的午餐，酒齡年輕時即可飲用，最優質的酒款可以陳放至 10 年。

**晚摘酒（Spätlese）**顧名思義，代表採用比珍藏酒更為成熟的葡萄釀造。在口感上可以是酒體相當飽滿的不甜酒（Spätlese trocken），也可以是酒體較輕的甜型。通常陳年潛力不錯，可以陳放至 15 年甚至更久。

**逐串精選酒（Auslese）**採用比晚摘酒更為成熟的葡萄釀造，有時包含貴腐黴葡萄，通常含有一些殘糖。需要熟成，但是陳放之後往往會失去甜度。

**逐粒精選酒（Beerenauslese，簡稱 BA）**是產量稀少的甜型葡萄酒，採用貴腐黴葡萄（Beeren）釀造。

**冰酒（Eiswein）**採用在葡萄藤上自然冰凍，從而保留高糖分和高酸度的葡萄釀造，不像「枯萄逐粒精選酒」那麼稀有。

**枯萄逐粒精選酒（Trockenbeerenauslese，簡稱 TBA）**是非常稀有、非常甜美、非常昂貴的葡萄酒，採用通過手工採摘，因在葡萄藤上受到貴腐黴菌感染而完全萎縮的乾葡萄釀造。

**德國優質葡萄酒（Deutscher Qualitätswein）**指來自一個特定產區的德國優質葡萄酒。這個品質等級居於高級優質葡萄酒（Prädikatswein）之下，允許加糖，但是卻是德國最為重要的分級，並且在品質上存在很大的差異，有時也有品質極佳的酒款。

**不甜型特級園（Grosses Gewächs）**指由德國名莊聯盟成員酒莊釀造，產自一個特定頂級葡萄園，成熟度至少達到晚摘酒（Spätlese）等級的不甜葡萄酒。德國官方葡萄酒法將其列為不甜優質葡萄酒（Qualitätswein trocken）。

**經典葡萄酒（Classic）**指採用單一葡萄品種釀造的不甜葡萄酒（最高殘糖量為 15 克／公升）

**地區葡萄酒（Landwein）**是德國在形式上等同於法國地區保護餐酒（IGP）／地區餐酒（Vins de Pays）的等級，但是因為優質葡萄酒（Qualitätswein）等級使用得過於廣泛，因此地區葡萄酒等級像在法國一樣常被用於非常規的酒款，其中有些品質極佳，尤其是在巴登。

**德國葡萄酒（Deutscher Wein）**是一個產量極小的等級，用於最基礎、最清淡的酒款。

### 其他常用術語

**品管檢驗碼（Amtliche Prüfungsnummer，簡稱 AP Nr）**每個批次的葡萄酒，無論是高級優質葡萄酒（Prädikatswein）還是優質葡萄酒（Qualitätswein），都需要經過官方「檢驗」，從而獲得這一檢驗碼。其中第一個數字代表檢驗機構，最後兩位數代表進行檢驗的年份。

**Erzeugerabfüllung 或 Gutsabfüllung** 酒莊裝瓶。

**Halbtrocken** 半甜型，最高殘糖量為 18 克／公升。

**Feinherb** 半甜型的流行說法，但非官方術語，德國官方葡萄酒法規允許有些酒莊用其代替 halbtrocken，有些酒莊則用其指稱殘糖量比 halbtrocken 稍高的葡萄酒。

**Trocken** 不甜型，最高殘糖量為 9 克／公升。

**Weingut** 酒莊。

**Weinkellerei** 葡萄酒公司，通常擁有較大的裝瓶設備。

**Winzergenossenschaft / Winzerverein** 釀酒合作社。

傳統的德國葡萄酒酒標因為名稱太長、風格陳舊，令不會說德語的人望而卻步。但是這些酒標其實標識非常統一，只需花點耐心便能輕易破解。可惜的是，現在的德國酒標已不再統一化，以前曾經出現在正面酒標上的訊息，現在常常寫在背標上。難道是誤會了「簡化」的意思？或者是參考布根地的方式？有些酒農現在只在正標上標註葡萄園名稱——比如城堡山（Schlossberg），而將極為重要的村莊名稱寫在背標上。而傳統的酒標格式（如 Blankheimer Schlossberg Spätlese）則會告訴您所有您需要的訊息——除了酒莊的名稱。

在阿爾河谷較為緩和的山坡葡萄園中採收葡萄，仍然需要大量的人力和時間，並且需要安置捕鳥網，以防止貪婪的鳥兒偷吃葡萄。

# 阿爾 Ahr

阿爾是一條窄窄的河流，發源自艾菲爾山（Eifel Mountains），經過科布倫茨市（Koblenz）和波昂市（Bonn），以及一片美麗而狹長的山谷，最終匯入萊茵河。阿爾的葡萄園儘管地處葡萄種植極北之地，長久以來卻一直是黑皮諾的天下。然而，一直要到20世紀90年代，這裡出產的葡萄酒才開始讓黑皮諾愛好者為之著迷。在此之前，阿爾河谷每年都吸引著多達兩百萬饑渴的遊客，乘坐長途客車前來，幸福地享用當地廉價色淺、通常有些甜味的紅葡萄酒。

其實，當地的做法不太符合經濟效益：因為很多葡萄園都位於陡峭且多石頭的山坡上，因此需要長時間密集的人力勞動進行照料。隨著德國人的口味變得更加精緻，並且自20世紀80年代起逐漸偏好更不甜的酒款，少數先驅開始冒著風險嘗試從大規模生產轉向種植布根地品種，降低

單位產量，並且採用橡木桶熟成黑皮諾。麥爾－尼克（Meyer-Näkel）、多策霍夫（Deutzerhof）和瓊施托登（Jean Stodden）等酒莊僅僅花了幾年時間略作調整，便釀出躋身德國頂級紅葡萄酒之列的典範之作，這3家酒莊的酒款分別產自 Dernauer Pfarrwingert、Mayschosser Mönchberg 和 Recher Herrenberg 這3個葡萄園。他們的成功鼓勵了更多酒莊潛心研究釀造一流的葡萄酒，其中 Adeneuer、Kreuzberg 和 Nelles 等幾個家族是最早追隨其後的，但是接著又增加了 Heppingen 的羅滕堡（Burggarten）、Marienthal 的保羅·舒馬克（Paul Schumacher）、Altenahr 的舍爾曼（Sermann）以及 Walporzheim 的彼得·克里切爾（Peter Kriechel）等酒莊，其中彼得·克里切爾的27公頃葡萄園使其成為這片河谷最大的私人葡萄園擁有者。

在阿爾韋勒西貝堡（Ahrweiler Silberberg）山腳下，有一座被良好保存下來的大型古羅馬時期古堡，這說明了是古羅馬人將葡萄藤帶到了阿爾地區的，然而此地對於葡萄園的最早記載出現在西元770年。在這片河谷地帶，有許多地方的山

坡因為特別陡峭，令人暈眩，所以不得不開墾為梯田。19世紀上半葉，持續上漲的酒稅以及葡萄價格的崩盤促使很多阿爾的酒農移民美洲。1868年，留下的酒農中的18家成立了德國第一家釀酒合作社——邁紹斯合作社（Mayschosser Winzerverein）；到了1892年，由於釀酒合作社的成功，會員數量達到180家。從此，釀酒合作社在阿爾地區開始發揮重要的作用。時至今日，當地大多數葡萄酒依然由他們釀造。

2016年，阿爾地區的葡萄園面積為563公頃，其中紅葡萄占83%。黑皮諾是最重要的品種，占阿爾葡萄園總面積的65%；其次是黑皮諾的早熟變異品種——藍皮諾－早熟皮諾（Frühburgunder），占6.2%；麗絲玲（8%）是當地唯一占據重要地位的白葡萄品種。

從地質學角度來看，當地綿延24.1公里長的葡萄園可以分為中阿爾區（Mittelahr）和下阿爾區（Unterahr）。中阿爾區位於 Altenahr 和 Walporzheim 之間，而 Walporzheim 又以高凱姆（Gärkammer）和克魯特堡（Kräuterberg）這兩座葡萄園而聞名；下阿爾區位於 Ahrweiler 和 Heimersheim 之間。在狹窄的中部阿爾河谷地帶，山坡上布滿嚴重風化的板岩和硬砂岩，能夠儲存夏日的熱量；對於如此遙遠的北部邊緣而言，這裡的氣溫出乎意料的高。這樣一個幾乎是地中海型的氣候與岩石地表的結合，造就了帶有強烈礦物質氣息和結構紮實的葡萄酒。下阿爾區相對寬闊，土壤中黃土和壤土的比例較高，釀出的葡萄酒酒體稍微豐滿一些，口感更加多汁和柔和。Ahrweile 以北的 Rosenthal、Bad Neuenahr 以北 Sonnenberg 以及 Heppingen 以東的 Burggarten 是其中最優質的地塊。

## 中阿爾區和下阿爾區

阿爾河谷向西延伸數公里，向東延伸少許，然而，最受人矚目的葡萄園以深紫色在地圖上標出，它們全都位於河的左岸，朝向正南方。

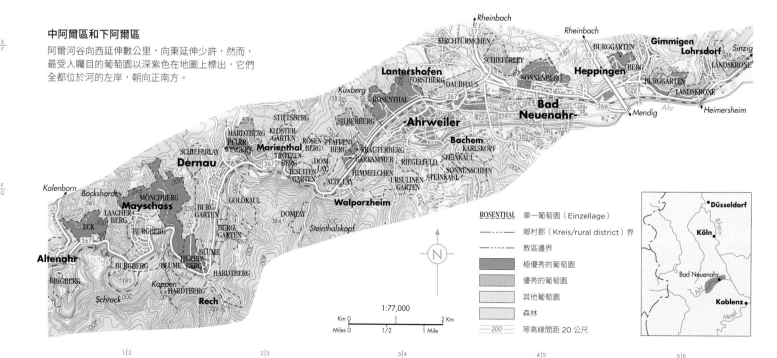

1:77,000

| | |
|---|---|
| ROSENTHAL | 單一葡萄園（Einzellage） |
| ------- | 鄉村郡（Kreis/rural district）界 |
| --------- | 教區邊界 |
| | 極優秀的葡萄園 |
| | 優秀的葡萄園 |
| | 其他葡萄園 |
| | 森林 |
| 200 | 等高線間距 20 公尺 |

# 摩塞爾 Mosel

蜿蜒的摩塞爾河（Mosel）起源於法國境內的孚日山脈——這條河在那裡被稱為 Moselle，流經科布倫茨市與萊茵河交匯，沿途都可見到葡萄藤的身影。所有表現優秀的摩塞爾葡萄酒都是用麗絲玲釀造的，但是在如此偏北之地，麗絲玲只有在幾乎完美的地塊上才能成熟。河流的每一處蜿蜒曲折，都會給葡萄園的潛力帶來戲劇性的變化。因此，一般而言，這裡最優質的葡萄園都是面朝南方，呈陡峭的坡度，朝向映照著這所有一切的河流。只是，讓這個地區成為全世界最頂級葡萄園之一的坡度，同時也造成在這樣的葡萄園裡工作，幾乎成了不可能的任務。除此之外，由於原本種植在較為平坦、潛力較弱地塊上，大量品質不佳的米勒－土高（Müller-Thurgau）葡萄都已被拔除，土地挪作他用，使得摩塞爾葡萄園的總面積在 20 世紀 80 年代末至 2009 年之間縮小了幾乎三分之一。

市場處處有商機。卓識有遠見的釀酒人——如馬庫斯梅麗特（Markus Molitor）以及梵沃森酒莊（van Volxem）的羅曼・尼沃德尼贊斯基（Roman Niewodniczanski）——將不夠敬業的酒農遺棄之葡萄園搶購一空，而羅曼・尼沃德尼贊斯基還集中精力採用完全成熟的葡萄釀造極度不甜的酒款（在氣候變遷開始之前的很多年，有些摩塞爾的葡萄酒口感過於薄弱和尖銳，因此會依賴殘糖予以緩和）。

到了今天，只要能夠繼續找到足夠的人力，願意在這片需要對抗重力的葡萄園中工作，摩塞爾河谷似乎已可以找到自己的平衡點，葡萄園總面積維持在大約 8,800 公頃，而且這種擁有獨一無二細膩、清新口味，陳年能力無法想象之佳釀的市場也已經穩定。新一代的釀酒人，以及在一系列河邊酒莊所舉辦之「摩塞爾神話（Mythos Mosel）大眾品酒會」（在聖靈降臨節之後的周末舉辦）一類的活動，都為這個地區注入了新的活力。這份自信在葡萄酒世界的任何其他地方都難得一見。

大約在千禧年開始之際，德國的葡萄酒品飲者在口味上似乎也有所轉變，他們抵制任何非「極度不甜」（bone-dry）的酒款。但今日摩塞爾產區釀造的，不論是獨特、新鮮、果味十足的珍藏酒（Kabinetts），還是甜美、高貴的晚摘酒（Spätlesen），全部已經回歸潮流尖端，而且微甜風格的半甜酒（feinherb）在這裡似乎也比在德國其他地區更受歡迎。

綜上所述，更加溫暖的夏季說明摩塞爾的麗絲玲已經不再需要靠殘糖來緩和其尖銳的酸度，而且不僅是梵沃森酒莊，還有其他一些著名釀酒人也都在釀造著名的不甜麗絲玲，他們來自中摩塞爾（Mittelmosel）的下游地帶，在後續幾頁的地圖中會有詳細標註。黑門酒莊（Heymann-Löwenstein）在靠近科布倫茨市的 Winningen，擁有陡峭而多岩石的臺地葡萄園。位於 Reil 的 Thorsten Melsheimer 酒莊以及位於

## 摩塞爾的土壤

伊布鈴、灰皮諾和白皮諾生長在上摩塞爾區（Obermosel）的石灰岩土壤中，而中摩塞爾區（Mittelmosel）的板岩則最適合麗絲玲。米勒－土高無論在什麼地方基本上都能成熟，所以被種植於其他土壤中。下游的梯田摩塞爾區（Terrassenmosel）擁有較為堅硬、石英岩較多的土壤，出產通常相當強勁的麗絲玲。袖珍的摩塞爾入口區（Moseltor）從地質學上看可以視為上摩塞爾區的延伸，但是在行政區劃分上卻屬於薩爾蘭聯邦（Saarland）的一部分。

Pünderich 的克萊・佈施（Clemens Busch）都位於策爾市鎮（Zell）的上游，兩個莊園都積極奉行在葡萄園和酒窖裡進行最低干預的做法。一款自然發酵的年輕葡萄酒所散發出的代表性臭味被當作榮譽勛章一樣佩戴。

## 魯爾（Ruwer）的偉大

摩塞爾河有兩條分流的優質產酒河谷，分別為薩爾（Saar，詳見下頁）和魯爾（Ruwer），兩者都以種植在灰色板岩上的麗絲玲而著稱。**魯爾（Ruwer）** 勉強稱得上是一條小溪。這裡的葡萄園僅有 160 公頃，大約只是布根地金丘的一半，然而德國最古老、最著名的酒莊之一座落於此。漫綠酒莊（Maximin Grünhaus）為 Mertesdorf 的舒伯特（Von Schubert）家族所有，葡萄藤傾斜地種在河的左岸，主體建築是一座山坡腳下的農莊，原本屬於修道院的產業。酒莊地下有一條地道，現在仍然可以徒步走過，通往上游 8 公里處的特里爾（Trier），那裡曾是古羅馬時期（以及現在）摩塞爾的首府。靠著 Abtsberg、Herrenberg 和 Bruderberg 這幾塊葡萄園，漫綠酒莊出產極其精緻、無比細膩的麗絲玲，外加

少量清新的黑皮諾。這個微型產區還有其他幾位值得注意的釀酒廠，包括 Eitelsbach 的卡索瑟霍夫（Karthäuserhof）、Mertesdorf 的馮博威茲（von Beulwitz）以及 Morscheid 的開世泰伯爵（Reichsgraf von Kesselstatt）等。

在薩爾河的上游，高低起伏的農田總是受到春霜的威脅，舉目所見的葡萄園幾乎全部種植著伊布鈴（Elbling）這個強健耐寒、歷史悠久，只是帶點土樸的葡萄品種。伊布鈴能夠釀出清淡、高酸的酒款，有時還會釀成帶微氣泡的葡萄酒，常見於布滿石灰岩的袖珍區域**上摩塞爾（Obermosel）** 以及河對岸的**盧森堡（Luxembourg）**。盧森堡的酒農習慣上會加糖，主要依賴雷萬尼（Rivaner，米勒－土高的別稱），還有歐歇瓦（Auxerrois）一類酸度偏低的葡萄品種。釀造氣泡酒是他們的強項。

摩塞爾出產的其他優質酒款大部分都產自塞里希（Serrig）和策爾（Zell）之間的河谷地帶，相關細節參見下頁的地圖。

# 薩爾 Saar

薩爾河谷所出產的葡萄酒，是德國呈現給葡萄酒世界最為偉大且無可匹敵的禮物：全世界最不強勁但又擁有最驚人細節變化的佳釀。它們體現著麗絲玲難以模仿的細膩，陳年之後美妙無比，清新脆爽，果香集中。

今日的我們很難相信，在不久之前，薩爾作為一個葡萄酒產區的未來發展竟是岌岌可危的。因為這片摩塞爾河支流河谷的氣候極其寒冷，十幾年中只有 3 年或 4 年能夠讓葡萄成熟——這樣在 20 世紀 6、70 年代的當時當然不足以維生，尤其當時德國其他地區已經在享受戰後經濟復甦帶來的好處。但其實在 20 世紀初，薩爾最優質的葡萄酒價格早已高於波爾多的一級酒莊了。

兩次世界大戰後，這個地區的葡萄園縮減到只比現在規模（800 公頃）的一半多一點，且還與果園及牧場雜處。這是一片寧靜、開放的農業地帶，而且這裡的土壤與摩塞爾產區最優質的部分一樣，主要是泥盆紀板岩。

下頁地圖比其他地圖更加清楚地顯示，只有朝南的山坡才能為酒農提供足夠的日照，使他們的麗絲玲得以成熟，這些山坡基本都位於陡峭的山麓之上，以正確的角度朝向河流。對於許多葡萄園規模很小，通常兼職經營的酒農來說，在這樣奇特的地塊上工作，一點經濟效益都沒有，因此他們通常將土地棄而不用。其他一些酒農則透過釀造低價葡萄酒來賺錢，通常種植早熟的米勒－土高和肯納（Kerner）品種。或者，也可以加入 Süssreserve（即殺菌過的未發酵葡萄汁）以增加麗絲玲葡萄酒的甜味，這在 20 世紀末也是很受德國釀酒人歡迎的謀生工具。

除了極少數的特例外，這個地區依靠獨特風土就能釀出活潑、細膩之麗絲玲葡萄酒的魔法已經消失，只有一小撮酒農仍然努力維持著聖火不滅。其中最著名的便是伊貢・穆勒（Egon Müller）及其位於薩爾廷根（Wiltingen）以東的夏茲霍夫（Scharzhof）莊園，除此之外還有 Oberemmel 的馮佛爾酒莊（von Hövel）以及位於 Kanzem 的旺奧德格雷夫伯爵酒莊（von Othegraven）。

廉價甜酒的市場終究還是萎縮了——部分原因是出於 1985 年二甘醇「防凍劑」醜聞的影響，剩餘的酒農只有一條路可走，那就是回歸原有的價值觀。最先對薩爾優質麗絲玲復興展示信心的，是薩爾堡（Saarburg）的 Hans-Joachim Zilliken（暱稱「漢諾」[Hanno]）、艾爾（Ayl）的 Peter Lauer 以及塞里希（Serrig）薩爾斯頓堡酒莊（Schloss Saarstein）的 Christian Ebert。通過艱苦的努力，他們最終釀出令人驚艷的佳釀，即使是在 20 世紀 80 年代的那些天氣遠非理想的生長季節裡，仍然酒質不俗。

## 全球暖化的影響

20 世紀 90 年代，氣候變遷開始對德國北部葡萄酒產區形成極其有利的影響，於是薩爾的麗絲玲幾乎每年都能完全成熟。當地的酒農不再徘徊於破產的邊緣，而是能夠釀造出德國最高貴、最純淨的麗絲玲，這些酒擁有刺激性的酸度，與其蘋果般的清爽口感相輔相成，同時又將蜂蜜的芬芳與鋼鐵一樣鋒利的收尾完美的結合在一起。

在大多數人的眼中，伊貢・穆勒仍舊是薩爾河谷的王者（目前掌舵的是伊貢家族的第四代），釀出的一瓶 2003 年份沙茲堡枯萄逐粒精選酒（Scharzhofberger Trockenbeerenauslese）於 2015 年 9 月在拍賣中拍出創紀錄的 12,000 歐元，這也成為其地位的有力證明。伊貢・穆勒同時也經營加萊莊園（Le Gallais），旗下著名的褐庫普（Braune Kupp）葡萄園位於維爾廷根的另一端。但是 Hanno Zilliken 及其女兒 Dorothee 也將他們產自 Saarburger Rausch 葡萄園的酒款提升到同樣卓越的高度，即使價格還達不到，但品質已相去不遠。這兩家酒莊都長於釀造果味十足的酒款，從口感多汁的珍藏酒到葡萄遍染貴腐黴菌的枯萄逐粒精選酒皆有，而伊貢・穆勒的枯萄逐粒精選酒最是精彩。

然而薩爾也出產不甜的葡萄酒。維爾廷根梵沃森酒莊（van Volxem）的尼沃德尼贊斯基認為自己遵循傳統的手法釀造的特級園（Grosse Gewächse）不甜麗絲玲，令人印象深刻，幾乎已達「膜拜酒」的水準。艾爾 Peter Lauer 酒莊的 Florian Lauer 則依靠他的半甜（feinherb）麗絲玲獲得了同樣的聲望。Lauer 旗下還有一家名為 Ayler Kupp 的「葡萄酒飯店」，休・詹森曾多次在此用餐和下榻。

這張照片明顯可看出，薩爾河正是從席勒根酒莊（Zilliken）這片葡萄園所在的地方，蜿蜒流過洪斯呂克山（Hunsrück）山腳下。另外還能看到，葡萄園位於霧線之上，對於靠近河流的地理位置能夠產生一定的補償作用。

當地許多釀酒人都對薩爾葡萄酒的未來重新燃起了信心，這尤其體現在兩個不僅在薩爾，而是在整個德國都堪稱最狂熱的完美主義釀酒商所推動的重大計畫上。中摩塞爾偉倫（Wehlen）的 Markus Molitor 買下了位於塞里希，原為國有的酒莊（可參考下頁地圖的最下方），這座酒莊共有 22 公頃的葡萄園；而梵沃克酒莊則大手筆投資建造一座嶄新的釀酒廠，俯瞰著名的沙茲堡葡萄園。

不管怎樣，在薩爾仍然有足夠讓傳統風格釀酒人施展拳腳的空間，比如孔茲（Konz-Niedermennig）的法肯斯坦酒莊（Hofgut Falkenstein）所出產的珍藏酒和晚摘酒同樣受到歡迎。這些酒擁有直線般流暢纖瘦的結構以及水晶般清透的果香，令法國酒的愛好者趨之若鶩，並且將其與清涼、堅挺如鋼的夏布利葡萄酒相提並論。加了奶油烹製的新鮮河鱒（Forelle blau）是最適合與其搭配的菜餚。

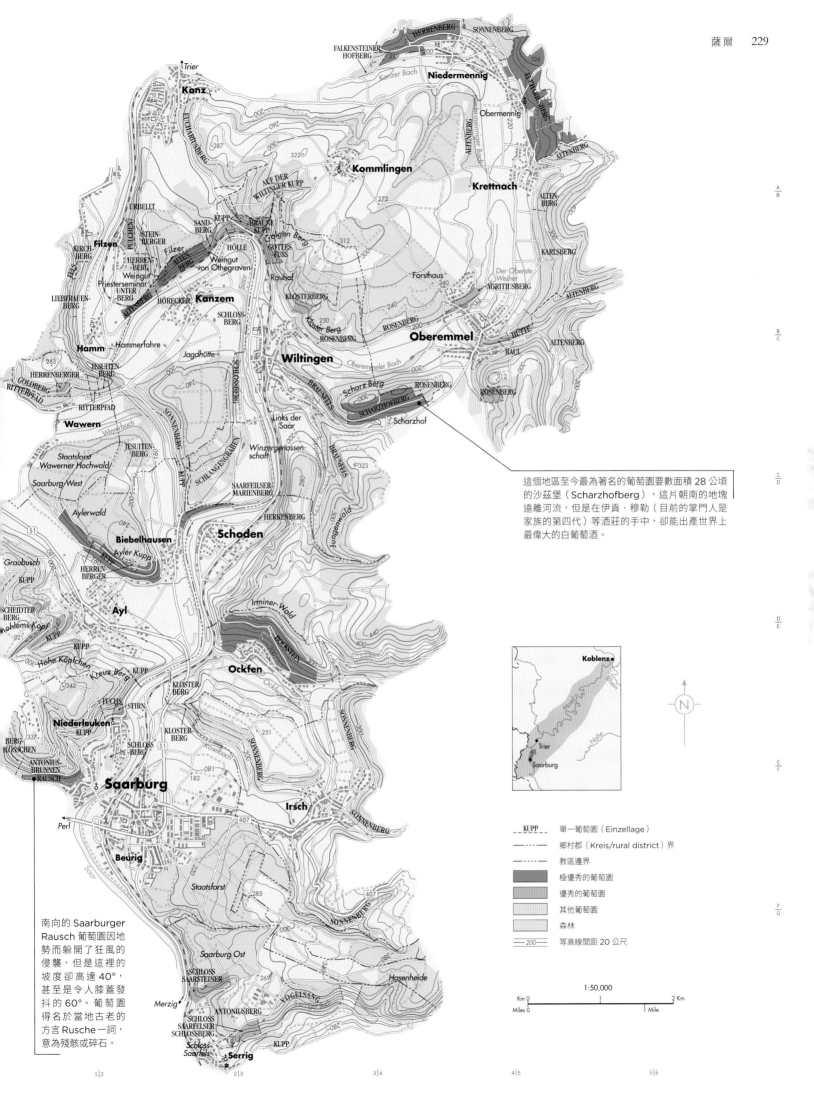

這個地區至今最為著名的葡萄園要數面積 28 公頃的沙茲堡（Scharzhofberg），這片朝南的地塊遠離河流，但是在伊貢·穆勒（目前的掌門人是家族的第四代）等酒莊的手中，卻能出產世界上最偉大的白葡萄酒。

南向的 Saarburger Rausch 葡萄園因地勢而躲開了狂風的侵襲，但是這裡的坡度卻高達 40°，甚至是令人膝蓋發抖的 60°。葡萄園得名於當地古老的方言 Rusche 一詞，意為殘骸或碎石。

KUPP　單一葡萄園（Einzellage）

　　　　鄉村郡（Kreis/rural district）界

　　　　教區邊界

　　　　極優秀的葡萄園

　　　　優秀的葡萄園

　　　　其他葡萄園

　　　　森林

200　　等高線間距 20 公尺

1:50,000

Km 0　　　　　1　　　　　2 Km

Miles 0　　　　　1 Mile

# 摩塞爾中部：皮斯波特
# Middle Mosel: Piesport

皮斯波特金滴園猶如一座圓形劇場，圖片中展現的是其朝正南部分的冬日風景。兩塊葡萄園之間的教堂和崎嶇小路則在下頁地圖中清楚呈現。

　　地圖上看到的這一段，由板岩組成的壯觀河堤，在某些地方高度甚至超過 200 公尺。最早在西元 4 世紀時便由古羅馬人在此種下葡萄藤。麗絲玲葡萄於 15 世紀被引入此地，到 18 世紀時逐漸占據了當地最優質的葡萄園。這片土地為其提供了最佳的生長環境。

　　沿著這條河岸出產的酒款，彼此之間的差異甚至比布根地金丘一帶酒款之間的差異還要大。但是這裡所有最優質的地塊都朝向南方或者西南方，攔截陽光，如同迎向爐火的麵包。因此，這片葡萄園到了盛夏時節氣溫極高，炎熱的午後在此勞動幾乎令人無法忍受。但葡萄園同時也受惠於明海姆（Minheim）以北的山丘，使得這片谷底不必直接面對寒冷的東風，而且葡萄園上方的樹林山坡也有助於在夜晚排出冷空氣，這裡因此產生劇烈的日夜溫差變化，從而使當地出產的葡萄酒保持清爽的酸度和豐富的香氣。

　　一般認為，中摩塞爾（Mittelmosel）與依法劃定的本卡斯特爾產區（Bereich Bernkastel）是相同的，即從西南部的特里爾（Trier）到東北部的平德里希（Pünderich）和賴爾（Reil）（可參考第 227 頁的地圖），包括一系列著名的葡萄園，我們將在地圖上以深紫色標出，但是在其一河之隔的對面，則主要為平地，也許更加適合栽種其他作物。

　　在第 231 頁和第 233 頁的地圖中，我們將產區中心延伸至幾個最著名的酒村之外，以覆蓋幾個常常被低估的村莊。

　　位於地圖最南端的特尼爾希（Thörnich）就是其中一個，其中的瑞奇園（Ritsch）在 Carl Loewen 的手中重現光輝。另一個類似的例子位於下游的克呂塞拉特（Klüsserath），布魯德園（Bruderschaft）坐落在由南向西南轉彎的典型摩塞爾式陡峭河岸上，這裡出產的葡萄讓 Kirsten、Josef Rosch 和 F-J Regnery 等酒莊都釀出了絕佳的酒款。淡雅與薄弱之間是有嚴格區分的，毫無疑問，這些葡萄酒都是淡雅的。

　　如長舌狀的陸地終止於特里滕海姆（Trittenheim），然後幾乎形成一片峭壁，而萊溫（Leiwen）就位於這裡，高高地俯瞰河流，以及河對岸的 Laurentiuslay 葡萄園。出自此地的佳釀比比皆是，其中最優秀的要數聖烏班·荷夫酒莊（St Urbans-Hof）的 Nik Weis 以及 Carl Loewen。

　　在特里滕海姆，日照條件最好的葡萄園要

　　數藥草園（Apotheke），它位於河對面，村子的東北方，這裡最有代表性的酒款出自 Ansgar Clüsserath、Franz-Josef Eifel 以及 Grans-Fassian 之手。就像當地多數的葡萄園一樣，這個葡萄園的地勢同樣極其陡峭，甚至需要建設一條單軌鐵路才能完成園中的農活。自此沿著河向下游走，諾伊馬根－德龍（Neumagen-Dhron）曾是一座古羅馬人的堡壘，也是他們登陸之處，至今在其綠意盎然的廣場上還保存有雄偉的古羅馬時代雕刻，描繪的是摩塞爾河上滿載疲倦奴隸和橡木桶的葡萄酒船。賀福園（Hofberg）位於蜿蜒的德龍河匯入摩塞爾河的地方，看起來似乎並非適合種植黑皮諾的地方，但是這裡的山坡上布滿藍色板岩，富含鐵礦石，在外來釀酒人 Daniel Twardowski 的手中能夠產出品質卓越的酒款。

　　向下游再走 3 公里，摩塞爾河再次

轉彎，在此處左岸的一小片區域裡有一塊舉世聞名、朝南的碗狀葡萄園，就是皮斯波特金滴園（Piesporter Goldtröpfchen）。這種猶如圓形劇場一般的獨特地形，使得皮斯波特獲得了比臨近市鎮更高的聲望。當地極其深厚、如同黏土的板岩土壤能產出甜美賽過蜂蜜的酒款，擁有神奇的芬芳與質地，散發有如巴洛克風格的華麗香氣。Reinhold Haart、Julian Haart、St Urbans-Hof 和 Hain 是當地傑出的生產者。

米歇爾山（Michelsberg）是河邊從特里滕海姆到明海姆這片區域的集合葡萄園（Grosslage）名稱。但是，所謂的「皮斯波特米歇爾山」（Piesporter Michelsberg）其實根本不在皮斯波特，這就是集合葡萄園名稱誤導消費者的典型案例。好在，現在這些名稱都已很少使用了。

皮斯波特和布勞訥貝格（Brauneberg）之間的地帶少有排列整齊的山坡，除了在溫特里希（Wintrich）以南的 Ohligsberg 葡萄園。20世紀初期，這裡出產的葡萄酒曾經獲

得與醫生園（Bernkasteler Doctor）和夏茲霍夫堡（Scharzhofberger）葡萄園同樣的贊譽。Reinhold Haart 釀造的，如同羽毛一般輕盈的珍藏酒與精緻細膩的晚摘酒以其出色的品質，幫助這片長期被忽視的土地重獲信心——這是一片特別陡峭的山坡，布滿灰色板岩和石英。

摩塞爾最為精美的麗絲玲有一部分產自位於布勞訥貝格對面的山坡葡萄園，包括少女園（Juffer）和少女日晷園（Juffer-Sonnenuhr）——設有日晷的後者是前者的一部分。弗茨海格酒莊

（Fritz Haag）和馬克斯費爾德酒莊（Max Ferd. Richter）都已在少女園釀出各種甜度的瑰麗金色佳釀。而在少女日晷園，麗瑟酒莊（Schloss Lieser，可參考第233頁地圖）的產酒同樣精彩。

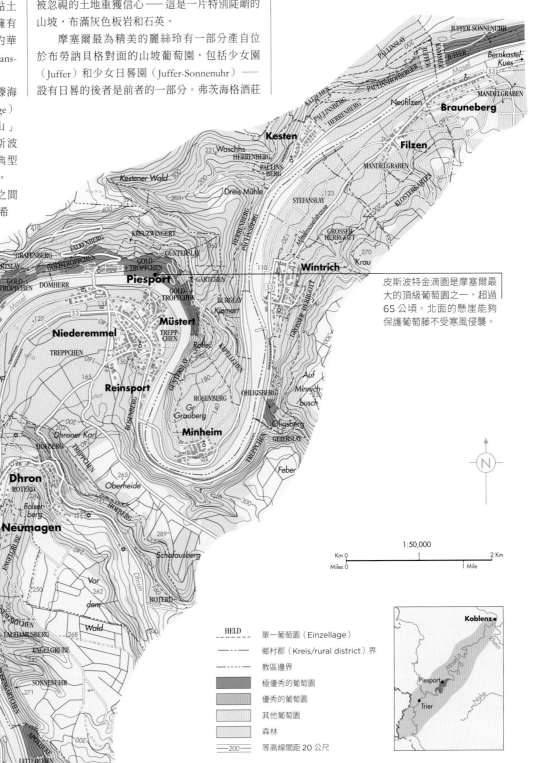

皮斯波特金滴園是摩塞爾最大的頂級葡萄園之一，超過65公頃。北面的懸崖能夠保護葡萄藤不受寒風侵襲。

**圖例**

| HELD | 單一葡萄園（Einzellage） |
| --- | --- |
| | 鄉村郡（Kreis/rural district）界 |
| | 教區邊界 |
| | 極優秀的葡萄園 |
| | 優秀的葡萄園 |
| | 其他葡萄園 |
| | 森林 |
| 200 | 等高線間距 20 公尺 |

**從特爾尼希（THORNICH）到布勞訥貝格**

這一連串的葡萄園名稱實在難記！請注意，所有用深紫色標出的地塊全都朝南或朝西。沿著輪廓線可以看到，河岸的部分地帶非常平坦，所以只適合種植米勒－土高品種。

在這片平坦的土地上種植葡萄將會浪費時間。

1:50,000

# 摩塞爾中部：貝卡斯特 Middle Mosel: Bernkastel

　　夏季，從貝卡斯特上方的城堡遺跡向下俯瞰，映入眼簾的是一片由葡萄藤組成，200公尺高、長達8公里的綠色城牆。在世界上所有種植葡萄藤的河畔地區中，只有葡萄牙的斗羅河谷才有可能看到類似的壯麗景致。任何其他葡萄酒產區都無法為遊客展現如此適合小酌的完美環境：夏日炎炎時在露臺上，冬雪飄飄時在火爐旁。一路走過十幾家小小的家庭式酒窖，按杯品嘗他們釀造的美酒。

　　從布勞訥貝格一直到貝卡斯特近郊的庫埃斯（Kues），許多山坡的坡度已經算是相對平緩了，有些葡萄酒也相對溫和。這個區域最知名的酒款之一要數馬克斯費爾德酒莊（Max Ferd. Richter）幾乎每年都能出產的冰酒，這支冰酒的葡萄原料來自米爾海姆（Mülheim）上方的海倫恩科洛斯特園（Helenenkloster）園。但是在位於羅瑟萊村（Rosenlay）腳下的麗瑟（Lieser），頂級葡萄園的地勢卻都極為陡峭，而這個村莊或許主要是因為村裡19世紀新歌德式雄偉城堡而聞名，現在城堡已經改建為一座奢華飯店。城堡隔壁就是麗瑟酒莊（Schloss Lieser），由Thomas Haag負責經營。酒莊旗下最重要的地塊是尼德博格園（Niederberg-Helden），擁有朝南山坡的絕佳位置。

　　摩塞爾最為著名的葡萄園就從此地突然展開，深色的板岩層層綿延相連，幾乎升至完全垂直於觀光勝地貝卡斯特的山牆之上。在山勢較為寬闊的那一端，有一塊筆直向南的高地，那就是醫生園（Doctor）。從這塊葡萄園開始，一塊接著一塊不斷伸展出摩塞爾最為著名的地塊。把貝卡斯特的頂級葡萄園酒款，拿來與產於格拉赫（Graach）和衛倫（Wehlen）、甚至常常是由同一酒農釀造的同級酒款相比，其實相當有趣。貝卡斯特葡萄酒的典型特徵是些微的打火石氣息。衛倫的葡萄酒產自淺層多石的板岩，酒體豐厚，華麗細膩，而格拉赫的葡萄酒則產自較為深厚和沉重的板岩，因此更具泥土味道。

　　在這些葡萄酒中，即使是品質最差的，也至少擁有一些非常鮮明的個性。品質最佳的，則經得起長期陳放，呈淺淡的金色，既清脆活潑，又兼具深度，是可以拿來與音樂和詩歌相提並論的佳釀。

　　許多世界知名的酒莊都雲集於此，但是只要去葡萄園裡健走一圈（坡度太陡所以無法散步），馬上就會發現並非所有的酒農都同樣盡心盡責。普綠酒莊（JJ Prüm）長期以來一直都是衛倫的領導人物。同村的Markus Molitor則是近年以來才贏得聲望，不僅因為精緻的麗絲玲，而且還有些異常出色的黑皮諾。貝卡斯特的路森博士酒莊（Erni (Dr) Loosen）以及塞爾巴哈·奧斯特酒莊（Selbach-Oster）和薛佛酒莊（Willi Schaefer）同樣也在全世界廣受好評，而開世泰伯爵酒莊（von Kesselstatt）儘管地處更為下游的區域，卻一直有著優異的表現。於爾齊希（Urzig）建有一座巨型大橋，大橋上的高速公路穿越這片對排水性非常敏感的優質麗絲玲葡萄園，儘管抗議聲浪激烈，大橋的規劃和設計似乎也存在一些缺陷，但是這座大橋仍然永久地改變了當地的景觀。

　　綿延的綠色長城在策爾廷根（Zeltingen）戛然而止，這是摩塞爾地區最大，同時也是最好之一的產酒村落。而在於爾齊希，香料園（Würzgarten）中紅色多石的板岩所出產的酒款，具有獨一無二的香料風味，其中袖珍的Jos Christoffel Jr酒莊所出產的，幾乎柔若無物的佳釀應屬品質最高。埃爾登（Erden）最好的葡萄園——教士園（Prälat）位於河對面，由於夾在由紅色板岩組成的懸崖峭壁和河流之間，因此可能是整個摩塞爾河谷地帶中氣候最溫暖的地方。荷曼博士酒莊（Dr Hermann）在教士園和階梯園（Treppchen）都能釀出品質卓越的麗絲玲；階梯園的土壤由藍色、紅色和灰色板岩混合而成，溫度稍低，出產極其清新的酒款。過去一般認為，摩塞爾葡萄酒的精彩演出到金海姆（Kinheim）就要畫上句點了，但在最近的20年中，諸如狼村（Wolf）中在瑞士出生的Daniel Vollenweider、特拉本·特拉爾巴赫（Traben-Trarbach）的Martin Müllen，出產

圖中為麗瑟酒莊（Schloss Lieser）的秋日風景，奢華的維多利亞風格建築面朝 Niederberg-Helden 葡萄園。酒莊因受森林環抱而避免直面北風的侵襲。

Enkircher Ellergrub 酒款的 Weiser-Künstler 酒莊、賴爾的 Thorsten Melsheimer 酒莊，以及位於平德里希（Pünderich），採用生物動力農法的克萊·佈施酒莊（Clemens Busch）等釀酒廠（者）（最後兩者因為太偏北，未出現在地圖中），都以所產酒款的美味和令人驚嘆的品質證明了事實並非如此。

由此向下游走來到策爾（可參考第 227 頁），周圍景觀有了極大的改變，大多數葡萄園種植在狹窄的梯田上，這也讓這段下游谷底得到梯田摩塞爾區（Terrassenmosel）的稱號。在這個區域的許多優質葡萄園當中，目前最重要的包括歐洲最陡峭的葡萄園——布雷姆（Bremm）的卡爾蒙特園（Calmont）；貢多夫（Gondorf）的鵝園（Gäns）；以及溫寧根（Winningen）的烏玉園（Uhlen，品質極佳）和克內貝爾園（Knebel）。品質卓越的酒莊包括溫寧根的 Heymann-Löwenstein 酒莊和克內貝爾（Knebel）、布雷姆的 Franzen，以及下費爾（Niederfell）的 Lubentiushof，它們釀造的甜型和不甜麗絲玲都為葡萄園的品質作出了最好的註解。

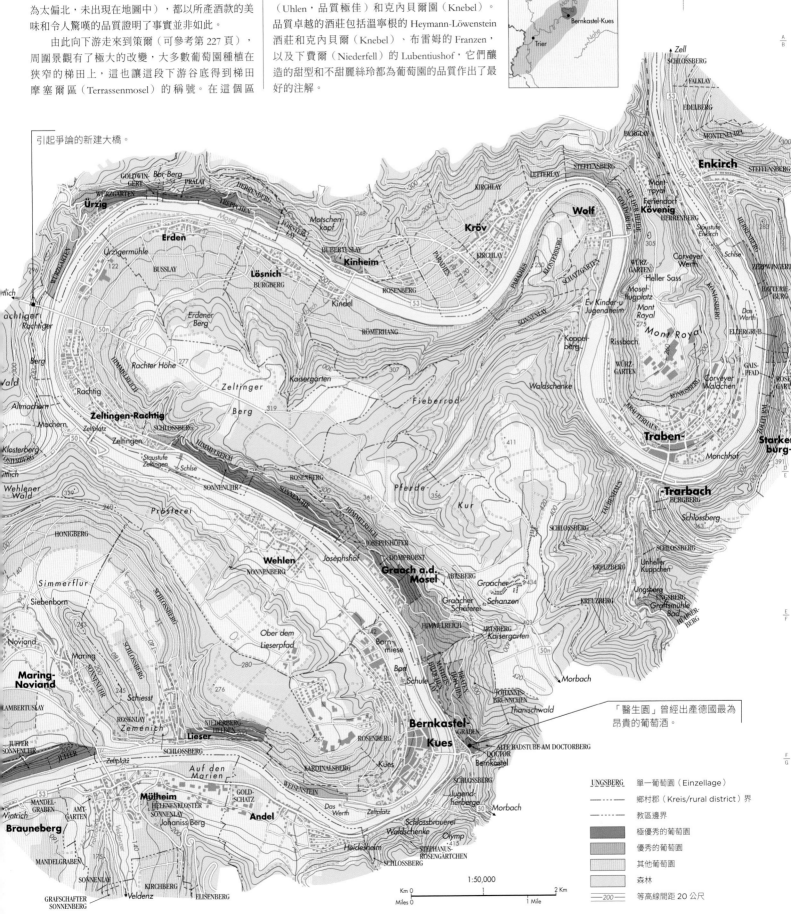

引起爭論的新建大橋。

「醫生園」曾經出產德國最為昂貴的葡萄酒。

UNGSBERG　單一葡萄園（Einzellage）
－－－　鄉村郡（Kreis/rural district）界
―――　教區邊界
　　　極優秀的葡萄園
　　　優秀的葡萄園
　　　其他葡萄園
　　　森林
━200━　等高線間距 20 公尺

1:50,000
Km 0　　　1　　　2 Km
Miles 0　　　1 Mile

# 那赫 Nahe

對於一個正好被夾在摩塞爾、萊茵黑森和萊茵高之間的產區，您能期待些什麼？答案非常簡單。那赫的葡萄酒既可以像摩塞爾那樣精確地捕獲葡萄園的特質，並且能陳放很長時間，同時又能保持萊茵酒款那種堅實的酒體以及葡萄本身的濃郁風味。但是這絕不是一個只會抄襲的產區。因為那赫自 1971 年被列為一個單獨的葡萄酒產區之後，便逐步樹立起令人艷羨的名望，而箇中原因包括不甜葡萄酒獨占鰲頭的風潮。如今，德國一部分最精彩的不甜麗絲玲便出自於此。

那赫將其自身與德國頂級葡萄酒產區相連結的速度快到令人嘆為觀止。到 20 世紀 80 年代為止，這裡只有一小撮酒農出產的酒款品質能夠獲得認可。就在那時，有個名叫 Helmut Dönnhoff 的外地人從奧伯豪森（Oberhausen）的杜荷夫酒莊（Hermann Dönnhoff）來到這裡，他開始釀造純淨度和活潑感極其卓越的酒款，使得自己的名字逐漸在這個地區以外響亮起來。起初，他遵循的是果香濃郁、貴腐甜型的傳統風格，但是很快便轉向當時仍處於變革初期的不甜葡萄酒。不久之後，便有莫欽根（Monzingen）的 Werner Schönleber、特賴森（Traisen）的 Dr. Peter Crusius、博格萊恩（Burg Layen）的 Armin Diel 以及明斯特·薩姆斯海姆（Münster-Sarmsheim）的 Stefan Rumpf 等年輕釀酒師加入這個陣營。這些人的酒莊仍然是當地時至今日的品質保證，儘管其中大多數都已經由下一代繼承家業。酒莊之間的競爭同樣日趨激烈，另外還有弗羅里奇（Schäfer-Fröhlich）、Jakob Schneider 和蓋特赫曼斯堡（Gut Hermannsberg）等新成立的酒莊，同樣也出產優質的酒款。

無論是果香濃郁的不甜型還是甜型，當地所有頂級葡萄酒的共同之處在於，它們都採用麗絲玲葡萄釀造，但是產酒的葡萄園土壤卻大相逕庭，有砂岩，有壤土，有斑岩和石英岩，有板岩，還有砂礫和黃土，應有盡有。儘管那赫的酒農在傳統上都會釀造一系列的單一品種酒款，但是麗絲玲始終是所有頂級酒莊的王者品種。不過，其中有些酒莊也已開始嘗試採用不同的皮諾葡萄釀造紅、白、粉紅 3 種顏色的葡萄酒。紅葡萄品種東菲德則比黑皮諾的種植面積更廣，大約占整個區域總種植面積的 20%。

## 分散

那赫的頂級葡萄園在地理分布上要比摩塞爾或是萊茵高分散得多。我們試著將最重要的葡萄種植區域都囊括在地圖上，但這並不容易。那赫河向東北流淌，與摩塞爾河平行，穿過洪斯呂克山（Hunsrück）之後，在賓根（Bingen）與萊茵河匯流。如果說摩塞爾河如同摩塞爾葡萄園的脊梁，那麼那赫河則有所不同，它被散布於其河畔及其支流的南向葡萄種植區域團團圍住——這些支流包括 Alsenz、Ellerbach、Gaulsbach、Glan、Gräfenbach、Guldenbach 和 Trollbach（那赫最優質的葡萄園並不如摩塞爾容易耕種，而且當地酒農的數量也一直在減少中）。

這些品質頂尖的葡萄種植區域當中最西邊的是莫欽根，出現在地圖的左下方。莫欽根

## 那赫的葡萄酒生產中心

在這張整合了所有重要葡萄酒村鎮的地圖上可以清楚看出，那赫的葡萄園分佈極為分散。葡萄園不僅集中在那赫河河畔，還集中在 Alsenz、Ellerbach、Gräfenbach 和 Guldenbach 等村莊四周。

博克瑙（Bockenau）在地圖上其實相當享有與莫欽根同等級、能標出細節的地位，因為鎮上有弗羅里奇酒莊，出產品質穩定的頂級不甜麗絲玲，又有 Felseneck 和 Stromberg 兩個葡萄園，以及一些優質的貴腐甜酒。

多爾斯海姆最優質的葡萄園要數金幣園（Goldloch），位於陡峭的南向山坡上。

圖例：
— — — 州界
● Norheim　知名產酒市鎮
▨　海拔 300 公尺以上的土地
234　此區放大圖見所示頁面

## 莫欽根（MONZINGEN）

Frühlingsplätzchen 葡萄園面積廣大，綿延於莫欽根的兩側，與面積較小的 Halenberg 對比非常鮮明。

杜荷夫酒莊（Dönnhoff）旗下的河畔葡萄園奧伯豪塞布魯克園（Oberhäuser Brücke）共有 1.1 公頃，是那赫最小的葡萄園之一，特別適合出產冰酒。

有兩個頂級葡萄園，分別為多石板岩土壤的海恩伯園（Halenberg）以及面積更大、多樣化且潮濕、布滿較紅較柔軟土壤的甜蜜春天園（Frühlingsplätzchen）。Emrich-Schönleber 和 Schäfer-Fröhlich 在這片寬廣開闊的河谷中堪稱表現卓越的代表性人物，而這片河谷則與那赫優質葡萄園最為集中、離下游幾英里（一英里約等於 1.6 公里）的狹窄地段形成鮮明的對比。這個地段出現在地圖的右下方，位於那赫河朝南的左岸，河流蜿蜒流經 Schlossböckelheim、Oberhausen、Niederhause 和 Norheim 這幾個地方。這個區域曾於 1901 年由普魯士王國考察員（Royal Prussian Surveyor）予以分級，在 20 世紀 90 年代則由德國名莊聯盟（VDP）重繪地圖，作為評定葡萄園品質的參考基礎。

Niederhäuser 市鎮的 Hermannshöhle 葡萄園當時被評為第一級，進而促使普魯士政府於次年在此興建了一間國營酒莊（Staatsweingut）。政府讓受刑人清除生長在山上和老舊銅礦（Kupfergrube）中的灌木叢，以開闢新的葡萄園。這裡出產的葡萄酒能挑戰位於 Schlossböckelheim 下游、歷史悠久的菲爾森山園（Felsenberg）。後者現在經弗羅里奇酒莊（Schäfer-Fröhlich）打理，品質極度令人信服，它的名字很容易與這家酒莊旗下的另一個優質葡萄園——位於河流以北的博克瑙（Bockenau）、坡度很陡的 Felseneck 葡萄園搞混。

### 發展、衰落與重生

自 20 世紀 20 年代起，位於尼德勞森（Niederhausen）的那赫國營酒莊以及雖位於巴特克諾伊茲那赫（Bad Kreuznach），但在上游擁有葡萄園的 Reichsgraf von Plettenberg 酒莊、Carl Finkenauer 酒莊，以及全球啤酒龍頭安海斯·博希集團（Anheuser）旗下的多家酒莊，都已釀出清透且具有鮮明礦物感的佳釀，如同當地岩石遍布的風景一般壯麗。近年來，當地頂級酒莊的聲望已經超越那赫地區本身。從 20 世紀 80 年代末期開始，國營酒莊已無法再繼續像其成立之初那樣扮演主導地位。經過兩次更換莊主，以及一次大型的重建計劃，它正慢慢找回昔日的榮光。現任莊主將其改名為蓋特赫曼斯堡酒莊（Gut Hermannsberg），以其名下頂級地塊 Hermannsberg 葡萄園命名，請注意不要與毗鄰的 Hermannshöhle 葡萄園混淆。Hermannshöhle 葡萄園與 Oberhäuser Brücke 葡萄園（為獨佔園）和諾黑黛爾河（Norheimer Dellchen）一樣，都屬於 Dönnhoff 家族手中不斷拓展、品質非凡之瑰寶資產中的一部分。

在巴特克諾伊茲那赫鎮以南，巴特明斯特鎮（Bad Münster）上游的河灣處，有座名為「紅岩」（Rotenfels）的紅色懸崖，據說這是歐洲在阿爾卑斯山以北的最高峭壁，山腳下有一片狹窄、被落下的碎石填滿的葡萄園，能夠出產風味飽滿的佳釀。這片布滿紅土的向陽短坡就是潛力十足的 Traiser Bastei 葡萄園，其中最主要的地主就是克魯斯烏斯（Crusius）博士。

從這裡往下游走，地圖下方的區域以北的是一個逐漸展露活力的葡萄酒產區。在多爾斯海姆（Dorsheim），Armin Diel 的女兒卡洛琳（Caroline）在 Schlossgut Diel 酒莊推出了一系列令人讚嘆的酒款，其中以她的名字命名的黑皮諾，也許是那赫最優質的紅葡萄酒。克魯格·朗夫酒莊（Kruger-Rumpf）位於 Münster-Sarmsheim，幾乎已在 Bingen 的市郊，那裡是那赫河與萊茵河交匯之處，莊主 Stefan Rumpf 在道廷普法蘭茲園（Dautenpflänzer）和皮特斯堡園（Pittersberg）都釀出了令人興奮的麗絲玲。

### 從 SCHLOSSBÖCKELHEIM 到巴特明斯特鎮

巴特明斯特鎮與其他小鎮都被這片俯瞰河水的著名南向葡萄園所占領。赫爾曼舍勒園（Hermannshöhle）是這裡的頂級地塊，位於布滿深色板岩、石灰岩和斑岩的陡峭山坡上。

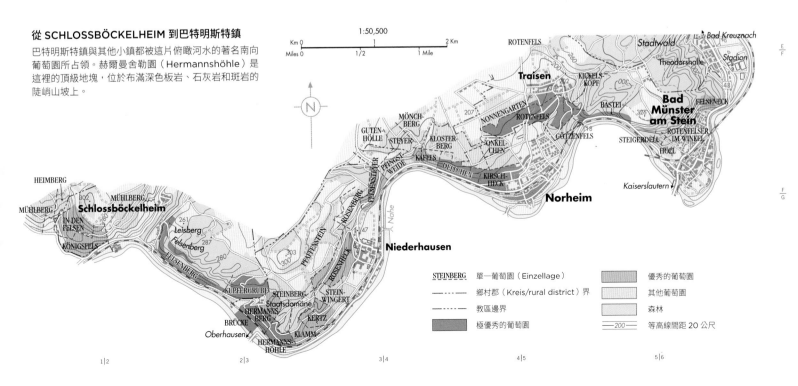

比例尺 1:50,500

圖例：
STEINBERG　單一葡萄園（Einzellage）
———　鄉村郡（Kreis/rural district）界
— · — ·　教區邊界
　　　極優秀的葡萄園
　　　優秀的葡萄園
　　　其他葡萄園
　　　森林
——200——　等高線間距 20 公尺

# 萊茵高 Rheingau

萊茵高長久以來一直是德國葡萄酒的精神中心。這裡是麗絲玲的誕生地，當地歷史最為悠久的葡萄園是由布根地的熙篤會修士們創建的，與梧玖園相互競爭。然而到了今日，它卻變成了德國最小的葡萄酒產區之一，比如它的葡萄藤數量就比那赫還要少。萊茵高葡萄酒的名望需要時間予以恢復。

經過千禧年前後的沉寂，萊茵高迎來了新鮮想法與活力爆發期，不僅新的一代層出不窮，而且最受敬重的傳統酒莊同樣也不斷創新。最大的進步體現在不甜的麗絲玲和黑皮諾身上，而萊茵高幾乎所有的酒款也都是採用這兩個品種釀造的。能夠出產具有絕佳精細度和純淨度佳釀的，不只包括當地眾多的德國名莊聯盟（VDP）成員酒莊，還有呂德斯海姆（Rüdesheim）的 Breuer和 Carl Ehrhardt 以及洛赫（Lorch）的 Eva Fricke

等釀酒師。

在地圖上所看到這片南向山坡的寬闊延伸地帶，其北部有陶努斯山脈（Taunus）的屏障保護，南部又有來自萊茵河的反射熱量（萊茵河在此流向為東西向），因此這裡很明顯是絕佳的葡萄種植區。這條超過半公里寬的河流，是大型駁船成列緩慢通過的水道，河水蒸發的霧氣遇到氣候適宜的年份，有助於在葡萄成熟的季節中生成貴腐菌。這裡的土壤非常複雜，包含各種形態的板岩、石英岩和泥灰岩。

在萊茵高的最西端，呂德斯海姆城堡山（Rüdesheimer Berg Schlossberg）葡萄園目前是萊茵高最陡峭的山坡，幾乎筆直墜入河中。從前這裡是峭拔的臺地，現在已經用推土機修整為比較舒緩的山坡。在最好的情況下（通常最熱的年份不會最好，因為土壤的排水性太強了），這裡出產的葡萄酒果香與力量兼具，同時保有精緻的層次感。Georg Breuer、Leitz 和 Wegeler 是當地響噹噹的名字。乘坐從呂德斯海姆啟航的輪渡可以到達賓根，那是那赫河的河口。

萊茵高白葡萄酒採用麗絲玲釀造的比例甚至

比摩塞爾還要高，但是今天 12% 的萊茵高葡萄園種植的仍然是黑皮諾。多年以前，當地國營酒莊「阿斯曼斯豪森」（Hessische Staatsweingüter Assmannshausen）出產的「阿斯曼斯豪森」（Assmannshäuser）黑皮諾曾經是德國唯一享有國際聲譽的紅葡萄酒。如今，Chat Sauvage、August Kesseler、Weingut Krone 和 Robert König等酒莊都已享有盛譽，出產主要來自板岩土壤，結構堅實，通常採用橡木桶陳年的黑皮諾。

## 「不甜」葡萄酒風潮

儘管超級濃甜的「逐粒精選酒」和「枯萄逐粒精選酒」仍然索價最高，但是萊茵高目前出產的葡萄酒當中，超過 80% 都是不甜的，和它們在 20 世紀初期時的作法一模一樣。這些酒款被銷往河畔那些歷史悠久，以美食而著名的飯店，比如厄斯特里希（Oestrich）的施萬飯店（Schwan）和埃爾特菲萊（Eltville）的祖姆克魯格飯店（Zum Krug）。

位於呂德斯海姆上游不遠處的蓋森海姆（Geisenheim）是世界知名的葡萄酒工藝教學

## 萊茵高產區

比例尺 1:377,000

Lorch ● 知名產酒市鎮

▨ 葡萄園

236 此區放大圖見所示頁面

### 從奧斯曼豪森（ASSMANNSHAUSEN）到瓦爾魯夫（WALLUF）

從上面地圖可見，這片地位崇高的葡萄園中，有一部分坡地位於廣闊又繁忙的萊茵河岸，細節可參考下方地圖。可惜的是，地圖上沒有多餘的空間能夠標出西側洛馳和東側霍赫海姆附近的葡萄園，其中洛馳的名望最近正穩定上升中。

N　請注意，為了讓地圖方便使用與查閱，這張地圖的方位並非上北下南。

比例尺 1:60,000

與研究中心的所在地，特別是葡萄栽培研究。從這裡再稍微往上游和往上坡走，就來到傲立於一大片葡萄藤前的約翰山堡酒莊（Schloss Johannisberg），在此可以俯瞰蓋森海姆和溫克爾（Winkel）的風光。約翰山堡酒莊因為在 18 世紀引進晚摘技術並釀造出稀有的貴腐甜酒而著名。位於溫克爾上方的沃洛斯城堡酒莊（Schloss Vollrads）則有 800 年的歷史。

由此向東往上游走，有一連串村莊，雖然吸引遊客的功力不如呂德斯海姆，但是也有一些特別著名的葡萄園。其中包含 Mittelheim 的聖尼古拉斯園（St Nikolaus）、Oestrich 的浪琴園（Lenchen）和杜斯山園（Doosberg）、哈滕海姆（Hattenheim）的 Wisselbrunnen 葡萄園，以及艾伯巴赫（Erbach）的 Marcobrunn 葡萄園，這些葡萄園都能基於主要為泥灰岩的土壤，產出極其著名的酒款。Spreitzer 兄弟和信奉生物動力農法的 Peter Jakob Kühn 是這些村莊中的靈魂人物。

哈滕海姆的邊界迂迴延伸至山坡上，包含山脊高處的 Steinberg 葡萄園。這個 32 公頃的葡萄園是熙篤會修士在 12 世紀開墾並築牆的。在附近一片樹木繁茂的山谷下，就是同為他們所建造、保存極其完好，代表了德國葡萄酒歷史的艾伯巴赫修道院修道院（Kloster Eberbach）（可參考第 11 頁）。修道院不僅舉辦音樂節，設有一間飯店和一家餐廳，而且還擁有獨一無二的陳年葡萄酒收藏，最老的葡萄酒年份可以上溯至 1706 年。現今 Steinberg 的葡萄酒在一座完全現代的釀酒廠中釀造，並且成為德國優質葡萄酒使用螺旋蓋的領導先鋒。

基德里希（Kiedrich）美麗的哥德式教堂則是下一處地標，遠離河岸，而且海拔高了 120 公尺。羅伯威爾（Robert Weil）是當地最大的酒莊，由日本三得利（Suntory）公司控股，羅伯的兒子威廉（Wilhelm）負責管理，出產目前萊茵高最令人印象深刻的甜酒，其中的枯萄逐粒精選酒最受追捧，價格也最高。最後一個，同時也是離河最遠的山丘小鎮勞恩塔爾（Rauenthal），以出產香氣複雜、充滿花香和香料氣息的麗絲玲著稱，堪稱萊茵高最佳之一，Georg Breuer 是當地最為重要的酒莊。

## 霍赫海姆（Hochheim）

在萊茵高的極東處，還有一個地方，因為被威斯巴登市（Wiesbaden）南部不規則的郊區隔開而遠離地圖下方的主要葡萄園區域，由於過於偏東而未出現在地圖上，那就是萊茵高最出人意料的一個偏遠酒鎮：霍海姆（Hochheim）

Geisenheim 的勛彭酒莊（Schloss Schönborn）是勛彭（von Schönborn）家族的大本營，他們從 14 世紀起便已開始種植葡萄，已經延續 27 代。

—— 在德語中代表白葡萄酒的詞語（hock）即來自於此。霍海姆的葡萄園位於溫暖的美因河（Main）以北平緩坡地，四周區域都沒有葡萄藤種植，獨立於萊茵高的其他葡萄園。這裡最優質的地塊包括 Domdechaney、Kirchenstück 和 Hölle，土壤深厚，且有異常溫暖的區域特殊氣候（mesoclimate）。大主教維納（Domdechant Werner）和昆斯特樂（Künstler）這兩家酒莊都已證明，這裡能夠釀出香氣豐富、酒體飽滿，並且帶有一抹令人驚嘆泥土氣息的佳釀。

C/D
D/E
E/F
F/G

部分葡萄藤種植在哈滕海姆和艾伯巴赫之間的狹窄區域中，占據河水和森林之間的大部分山坡。

KLOSTERBERG 單一葡萄園（Einzellage）
------- 教區邊界
極優秀的葡萄園
優秀的葡萄園
其他葡萄園
森林
——200—— 等高線間距 20 公尺
▼ 氣象站（WS）

## 萊茵高：蓋森海姆（GEISENHEIM）▼

緯度 / 海拔
**49.59° / 115 公尺**

葡萄生長季節的平均氣溫
**15°C**

年平均降雨量
**537 公釐**

採收期降雨量
**10 月：48 公釐**

主要種植威脅
**真菌病害**

主要葡萄品種
**白：麗絲玲；紅：黑皮諾**

# 萊茵黑森 Rheinhessen

今日，萊茵黑森與法茲正在競爭誰是德國創新發展最快最強的葡萄酒產區。萊茵黑森共有 26,600 公頃的葡萄園，大約 150 個產酒村莊，是德國面積最大的葡萄酒產區，但這絕不是它出名的唯一原因。萊茵黑森曾經一度因為採用高產量的米勒－土高品種大量炮製聖母之乳（Liebfraumilch）和尼爾斯泰因古特多姆（Niersteiner Gutes Domtal）等寡淡且無意義的品牌酒而聲名大噪，不過這些已經變為遙遠的記憶，隨著當地近 20 年來的驚人發展而被掩埋。

20 年前，萊茵黑森的葡萄園主要種植仍是米勒－土高，德國的葡萄品種研究人員創造出各種雜交品種，用以大量生產糖分極高的葡萄。認真釀造口感清脆、具經典風格麗絲玲的，只有一小撮意志堅定的酒農，包括著名的前萊茵

地區（Rheinfront）的恭德洛（Gunderloch）酒莊和赫爾霍男爵酒莊（Heyl zu Herrnsheim），以及 Flörsheim-Dahlsheim 的克勞斯和海德薇格・凱勒（Klaus and Hedwig Keller）。前萊茵地區位於萊茵河的左岸，尼爾施泰因（Nierstein）的北部和南部，沃姆斯市（Worms）和美因茲市（Mainz）之間，細節請參考第 240 頁地圖；有關 Flörsheim-Dahlsheim 的詳細資料，則請參考下頁地圖。

萊茵黑森出產的半甜和少甜葡萄酒，比例仍然高於除了摩塞爾和那赫外的德國其他大部分產區；但是大部分萊茵黑森最優質的新浪潮葡萄酒都是不甜的白酒，兼具精確度與飽滿度，大部分採用麗絲玲釀造，而麗絲玲也是當地主要的葡萄品種。

米勒－土高和東菲德分別是萊茵黑森種植面積第二和第三的葡萄品種，出產柔和中庸的酒款，專攻大眾市場以及較為保守的客戶。但是不甜葡萄酒的風潮已經重獲欣賞，不僅包含麗絲玲，還涉及另一個經典品種——希爾瓦那（Silvaner），後者在萊茵黑森擁有極漫長且顯赫的歷史，而且今日能夠產出兩種完全不同的風格。大部分希爾瓦那都很清淡、鮮爽，果香充足，適合早飲，尤其是搭配夏初上市，在當地極受歡迎的白蘆筍。而另外一種則是完全相反的風格，為酒體強勁的不甜希爾瓦那，濃郁飽滿，具有陳年潛力。當地打頭陣的推廣者首推高－阿爾格斯海姆（Gau-Algesheim）的 Michael Teschke，他的酒莊幾乎完全只產這個品種的酒款；另外還有凱勒（Keller）酒莊和華格納・斯坦普（Wagner-Stempel）酒莊也都用希爾瓦那釀出了各自的版本。其他順勢搭上不甜型（trocken）葡萄酒風潮的葡萄品種包括 3 種皮諾——灰皮諾、白皮諾和黑皮諾。眾所周知，這幾個品種出產的酒款用來搭配當地不斷進步的美食，可要比「肯納」（Kerner）和「葡萄牙人」（Portugieser）等品種適合得多。

## 雄心與決心

促使萊茵黑森如此快速發展，產酒從寡淡的漱口水轉變為德國葡萄酒革命先鋒的動力，顯然不僅僅是更為優質的葡萄品種，而是主要得益於世紀之交前後、擁有非凡雄心與決心之新生代釀酒人的出現。他們受過專業培訓，充滿活力，曾經令人生羨地遍訪各國產區；他們能夠證明，不只有萊茵河畔的陡峭葡萄園，即便是內陸那些平淡、坦闊、肥沃而又夾雜農田的土地，同樣也能夠產出純正且優質、令人叫絕的佳釀。這些酒莊主要集中在地圖上所標的沃內高地區（Wonnegau）南部。這裡的年輕釀酒師有不少都是釀酒組織「瓶中信」（Message in a Bottle）、Rheinhessen Five、Vinovation 和 Maxime Herkunft Rheinhessen 等類似酒莊聯盟的成員，其中 Maxime Herkunft Rheinhessen 成立於 2017 年，包含 70 位成員，旨在提供消費者萊茵黑森葡萄酒品質結構的清楚定義。儘管他們並非都是德國

**萊茵黑森葡萄酒地區**
這裡是德國產量最大的葡萄酒產區，共有超過 400 個擁有獨立名稱的單一葡萄園，其中所有著名的葡萄酒村鎮都已用紅色標註在地圖上。

西費爾斯海姆的希爾克雷茲園（Heerkretz）和霍爾堡園（Höllberg）所產之酒款均品質不俗。

1:331,000

| 圖例 | |
| --- | --- |
| ———·——— | 州界 |
| ● Nierstein | 知名產酒市鎮 |
|  | 海拔 200 公尺以上的土地 |
| 239 | 此區放大圖見所示頁面 |

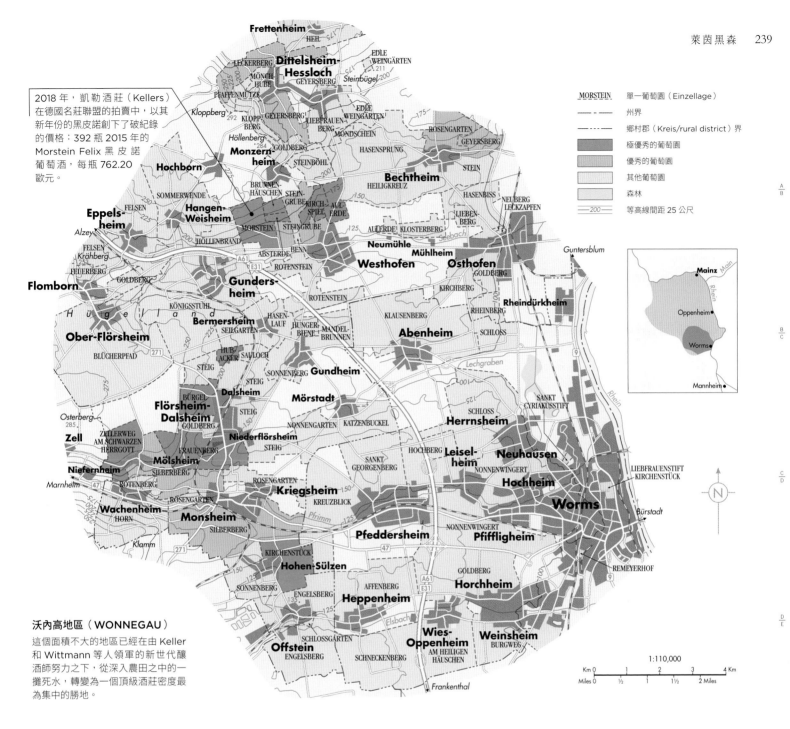

2018 年，凱勒酒莊（Kellers）在德國名莊聯盟的拍賣中，以其新年份的黑皮諾創下了破紀錄的價格：392 瓶 2015 年的 Morstein Felix 黑皮諾葡萄酒，每瓶 762.20 歐元。

**沃內高地區（WONNEGAU）**
這個面積不大的地區已經在由 Keller 和 Wittmann 等人領軍的新世代釀酒師努力之下，從深入農田之中的一攤死水，轉變為一個頂級酒莊密度最為集中的勝地。

名莊聯盟（VDP）的成員，但仍然遵循德國名莊聯盟的品質分級，將其出產的酒款分為「廣域級」（Gutsweine）、以其所產村莊命名的「村莊級」（Ortsweine）以及產自最佳單一地塊的「單一園」（Lagenwein）。

更準確來說，沃內高地區的顯著崛起與 Philipp Wittmann 和 Klaus Peter Keller 接手各自的家族酒莊存在緊密的關係，但是當地追求卓越的釀酒人並不止這兩位。如果說是他們將曾經不為人知的產區韋斯托芬（Westhofen）和 Flörsheim-Dahlsheim 帶入葡萄酒的世界，那麼他們的同輩釀酒人則是在沃內高地區的其他酒村掀起了革命。據說，這些村莊由於極其低調、不愛出風頭，因此許多村名都以 heim 結尾——德語中指「家」。

迪特爾斯海姆（Dittelsheim）能揚名立萬，應該感謝 Stefan Winter；最西端的西費爾斯海姆（Siefersheim）則得益於 Wagner-Stempel；霍亨－敘爾岑（Hohen-Sülzen）要歸功於百妃思酒莊（Battenfeld Spanier）的 Oliver Spanier；貝希泰姆（Bechtheim）的功臣則是 Jochen Dreissigacker。在大多數情況下，他們並不需要大費周章地重建歷史名園，因為萊茵黑森從古羅馬時代就已經開始種植葡萄藤。查理曼大帝的叔叔就曾於西元 742 年將尼爾施泰因的葡萄園獻給烏茲堡（Würzburg）主教轄區。通常來說，這些新浪潮的釀酒人都會回溯傳統釀酒工藝，尤其包括降低單位產量，使用環境酵母而不是添加培養酵母。造成的結果就是，他們釀出的葡萄酒風味更佳濃郁，但是與德國的慣常標準相比，展現香氣的速度比較慢。

這些釀酒師的努力當然並不僅限於麗絲玲、希爾瓦那，凱勒酒莊（Keller）釀得最為出色的修伊埃博（Scheurebe）以及黑皮諾這幾個葡萄品種。阿彭海姆（Appenheim）的 Knewitz 酒莊已經憑夏多內闖出名號，而蒙策爾恩海姆（Monzernheim）的 Weedenborn 酒莊則依靠一系列的白蘇維濃而成名。雖然品質略顯平庸的 Flörsheim-Dahlsheim 尚未藉由凱勒酒莊（KP Keller）獲得足夠的聲望，但是德國最受尊敬的氣泡酒生產商 Sekthaus Raumland 卻已在此落戶。幾百年來，沃姆斯市（Worms）一直是萊茵蘭地區（Rhineland）的重鎮之一，並於 1521 年召開因馬丁·路德把聖經翻譯成德語而處以絕罰（excommunicate）的著名會議。圍繞當地聖母教堂（Liebfrauenkirche）的「聖母院葡萄園」（Liebfrauenstift-Kirchenstück），因其名與聖母之乳（Liebfraumilch）相似，而可能受其拖累，差一點兒也毀了德國葡萄酒的聲譽。不過當地已有 3 家酒莊目前正在這塊葡萄園中出產品質合格的葡萄酒，其中古茨勒酒莊（Gutzler）的特級園（Grosses Gewächs）酒款可算是品質最好的。

納肯海姆「紅坡園」（Roter Hang）的著名紅土，同樣出現在紅山園（Rothenberg）最優質的中心部分。德國20世紀中期至末期的土地重劃制度（Flurbereinigung）改變了國內眾多葡萄園的面貌，也使葡萄種植面積增加了超過一倍。

### 前萊茵地區的重生

很久以前，尼爾施泰因鎮曾以其產自 Hipping、Brudersberg 和 Pettenthal 等著名葡萄園之極其奢華、芬芳無比的葡萄酒而聞名，但是到了20世紀70年代，這座小鎮的名字卻因為與尼爾斯泰因古特多姆（Niersteiner Gutes Domtal）這個過於龐大的集合葡萄園（Grosslage）相關而受到影響，以此集合葡萄園為名的葡萄酒可產自任何地方（但卻不包含尼爾施泰因）。

經過一段平淡無奇的時期之後，前萊茵地區在一小撮保護主義釀酒人的努力下，重現了舊日的榮光。他們不僅復興了當地貴腐甜型葡萄酒的傳統，而且還可釀出德國最為獨特的特級園（Grosse Gewächse）不甜葡萄酒。Klaus Peter Keller、Kühling-Gillot、St Antony 和 Schätzel 等酒莊都已在尼爾施泰因鎮的西普園和佩滕塔爾園裡最優質的地塊中，產出了品質卓越的酒款，並且揚名全球。

在美因茨市以南不遠處是納肯海姆（Nackenheim），其中最為著名的葡萄園，要數位於納肯海姆和尼爾施泰因之間的紅坡園（Roter Hang），這片獨一無二的風土能夠出產香料氣息馥郁、果香精緻絲潤的麗絲玲。園中土壤非常特殊，是在兩億八千萬年前的亞熱帶氣候下形成的，上層為沙子和泥岩，中間穿插著一條一條的石灰岩，因為富含赤鐵礦而呈紅色。

這裡的土壤與板岩類似，能夠儲存熱量，再加上南向山坡的陡峭坡度，從而形成紅坡園出產佳釀的獨特區域氣候。

「紅坡葡萄園協會」（Wein vom Roten Hang）是一個酒農協會，致力於推廣這片風土的奇異特質，Gunderloch 和 Kühling-Gillot 這兩家酒莊的產品也許是最好的詮釋。

萊茵黑森最北邊的賓根與萊茵高的呂德斯海姆隔著萊茵河相望（可參考第236頁的地圖），當地的一級園沙拉赫伯格園（Scharlachberg）位於陡峭的山坡之上，出產品質極佳的麗絲玲。

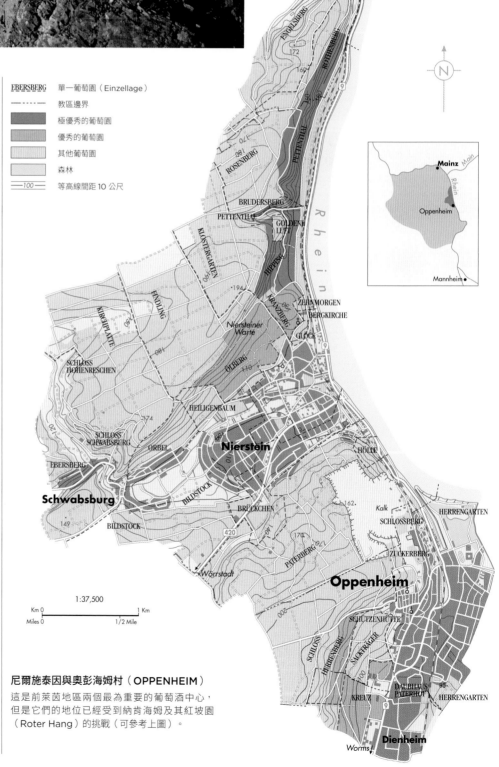

| | |
|---|---|
| EBERSBERG | 單一葡萄園（Einzellage） |
| ---- | 教區邊界 |
| ▓ | 極優秀的葡萄園 |
| ▒ | 優秀的葡萄園 |
| ░ | 其他葡萄園 |
| | 森林 |
| —100— | 等高線間距 10 公尺 |

1:37,500

Km 0 _____ 1 Km
Miles 0 _____ 1/2 Mile

### 尼爾施泰因與奧彭海姆村（OPPENHEIM）

這是前萊茵地區兩個最為重要的葡萄酒中心，但是它們的地位已經受到納肯海姆及其紅坡園（Roter Hang）的挑戰（可參考上圖）。

# 法茲 Pfalz

法茲是德國第二大的葡萄酒產區：呈長條狀的葡萄園位於阿爾薩斯以北，在孚日山脈位於德國的延伸支脈——哈爾特山脈（Haardt）的背風處。法茲和阿爾薩斯一樣，也是德國日照最強、最為乾燥的地區。3月初盛開的杏仁花以及柑橘果園是當地近乎地中海型氣候的明顯表徵。

著名的「德國葡萄酒之路」（Deutsche Weinstrasse）開始於距離法國邊境不到一石之地的雄偉「葡萄酒之門」（Weintor），隨後穿越海洋一般廣闊的葡萄園，以及巧克力店林立的鵝卵石街道，鮮花妝點的村莊和城鎮，這裡舉辦過的葡萄酒節日比世界上其他任何葡萄酒產區都要多。8月的最後一個星期日，由南至北、從施魏根（Schweigen）到博肯海姆（Bockenheim）整整85公里的道路——幾乎就是法茲地圖的整個長度——都會禁止車輛通行，完全供狂歡者盡情享受當地的美食和美酒。

20世紀60至70年代，法茲曾經一度是價格低廉、品質普通之葡萄酒的代名詞，其主要生產者是眾多產量可靠但是品質卻鮮少給人驚喜的釀酒合作社。中哈爾特地區（Mittelhaardt）是法茲的傳統核心地帶（可參考第242頁的地圖），這裡有一小撮受人尊敬的酒莊，能在這個平庸的時期難得地釀出品質卓越的酒款。但是這種只有少數人追求品質的時代已經一去不復返，現在的法茲早已堅定地樹立起創新與成功的旗幟。

儘管依據2017年的法規，共有超過120個葡萄品種被允許在當地用於葡萄酒生產，但是麗絲玲仍然再次稱王。法茲麗絲玲的種植面積高達5,900公頃，占其葡萄園總面積的四分之一，比世界上任何其他產區都要多。法茲三分之一的產量為紅葡萄酒，其中東菲德的種植面積約為3,000公頃，儘管已經不復曾經的榮光，但仍為當地種植面積第二大的葡萄品種。米勒－土高和葡萄牙人在重產量不重品質的時期，曾分別是最受歡迎的白葡萄品種和紅葡萄品種，現在雖說仍然占據重要位置，但也逐漸失去陣地。3個皮諾品種（白皮諾、灰皮諾和黑皮諾）無論是否採用橡木桶，釀造的都是不甜的酒款，且被認為特別適合佐餐，因此也越來越受到歡迎。隨著當地的夏季愈加炎熱，夏多內，甚至是卡本內蘇維濃現在在法茲的葡萄園中也都能成熟。

法茲的產中每3瓶就有2瓶是偏不甜的風格：不甜、半甜或者少甜。如果說出產品質卓越、果香豐沛的葡萄酒曾經是中哈爾特地區的特色，那麼現在整個法茲都有能力做到這一點。這種轉變的主要動力，源於地區最南和最北區域，而這些區域其實直到20世紀80年代中期都還是默默無聞。

## 南部的火花

在南法茲（Südpfalz），比克韋勒（Birkweiler）、西貝爾丁根（Siebeldingen）和施魏根（Schweigen）都是著名的酒村，出產酒體堅實、品質可靠的酒款，適合日常飲用，但是這並不足以滿足Hansjörg Rebholz或者Karl-Heinz Wehrheim等年輕釀酒師的雄心。他們從Hans-Günter Schwarz的觀點中汲取靈感，後者是來自諾伊施塔特市（Neustadt）的一位頗具遠見的釀酒師，他提出非人工干預式釀酒的創新理念，是影響之後數十年德國葡萄酒釀造的單一同時也是最重要的因素。1991年，Rebholz和Wehrheim聯合創立「五個朋友」（Fünf Freunde）聯盟，這是一個非官方的酒莊聯盟，旨在鼓勵酒莊之間的對話，進行卓有成效的經驗交流。這一做法改變了整個法茲南部的名望，使其從暮氣沉沉的一灘死水，轉變為德國葡萄酒文化的發展樞紐，並啟發了其他眾多酒農聯合組織，包括Südpfalz Connexion、Winechanges以及新近成立的Generation Pfalz等。

儘管麗絲玲在緊鄰法國邊境以北，廣闊的南法茲已站穩其屹立不搖的地位，但當地釀酒人對不同皮諾品種的深入了解卻更加令人嘆為觀止。白皮諾在毗鄰的阿爾薩斯被視為一個高產量品種，但在法茲南部卻受到頂級釀酒人的特別關愛。其中代表基準點的酒款首推Boris Kranz釀造的Ilbesheimer Kalmit白皮諾以及Wehrheim博士釀造的Birkweiler Mandelberg白皮諾，口感豐富，個性十足。灰皮諾在此雖然有時會橡木桶味過重，但也獲得了同等的尊重。而與皮諾品種是近親的夏多內同樣也能煥發光彩，比如Bernhard Koch的Hainfelder Letten特釀夏多內或是Rebholz的「R夏多內」，多年來都是這個品種獲得成功的佐證。

在施魏根，Friedrich Becker、Bernhart和Jülg

### 法茲葡萄酒產區

第242頁地圖上的中哈爾特地區只是幅員遼闊的法茲當中極小的一部分，這裡的夏季已經變得前所未有的炎熱。

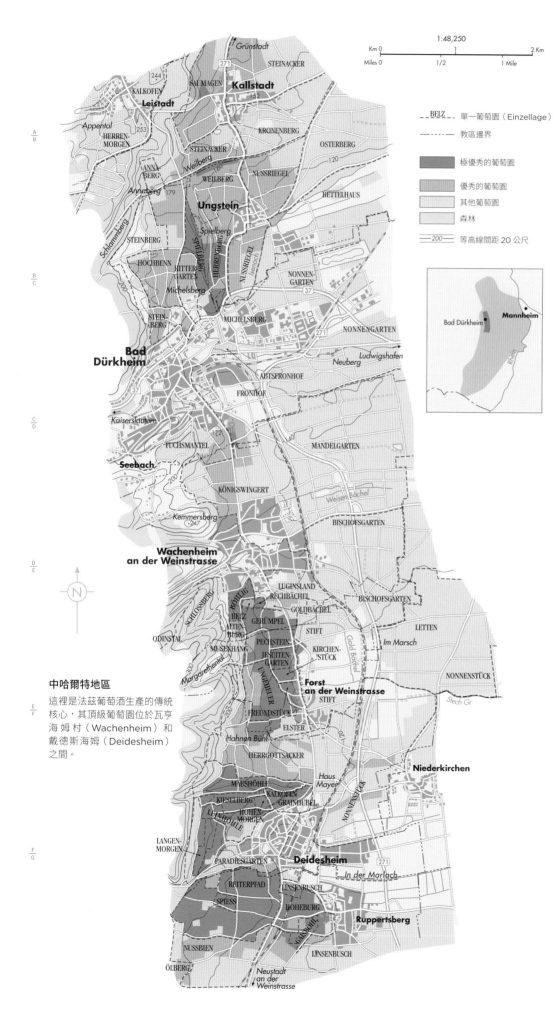

**中哈爾特地區**

這裡是法茲葡萄酒生產的傳統核心，其頂級葡萄園位於瓦亨海姆村（Wachenheim）和戴德斯海姆（Deidesheim）之間。

等人的酒莊均能產出精緻的黑皮諾，但是他們旗下的頂級葡萄園——如 Heydenreich、St Paul、Kammerberg、Rädling 和 Sonnenberg，卻都位於越過法國邊境的阿爾薩斯，維桑堡（Wissembourg）以北。格烏茲塔明那（Gewürztraminer）在此已經難得一見，不過仍是值得嘗試的一個品種。

## 中哈爾特地區（Mittelhaardt）

在中哈爾特地區，麗絲玲仍然是展現風土的主要媒介。它在這裡能夠獲得猶如蜂蜜一般可口的豐富香氣和酒體，同時保留令人驚嘆的酸度加以平衡，即使釀成不甜的酒款仍是如此。在歷史上，有 3 家著名的生產者曾經主宰這個法茲的核心產區——Bürklin-Wolf、von Bassermann-Jordan 和 von Buhl，被稱為「三個 B」。其中後面兩個在 20 世紀 90 年代經歷了一段水準下降的時期，但是在經歷了被當地商業巨擘收購，得到大量投資進行革新和雇用頂級釀酒師之後，已經重現舊日榮光。新任莊主同時購入了廣受尊敬的鄧肯博士酒莊（Dr Deinhard），將其重新命名為梵斐里酒莊（von Winning）。這 3 家酒莊曾經全部隸屬於著名的喬丹（Jordan）葡萄酒王國，但在 1848 年因遺產繼承而分開。自此以後，三家酒莊再度合體，集中在同一位莊主麾下，但是仍保持相對完全獨立的經營，並且追尋的釀酒風格大相逕庭。Von Buhl 酒莊在此期間邀請了馬修‧考夫曼（Mathieu Kauffmann）擔任釀酒師，他曾擔任伯蘭爵（Bollinger）香檳的釀酒總監，專門釀造極度不甜的麗絲玲和優質氣泡酒。如果說 Bassermann-Jordan 酒莊在 3 家酒莊中是最致力於保持傳統詮釋麗絲玲的純淨度，那麼梵斐里酒莊則是從 2008 年起，在 Stephan Attmann 的領導下，透過釀造通常帶有橡木桶陳年風味的麗絲玲而走上更具爭議的道路，這也反映出他在布根地工作多年所受的影響。三家酒莊的酒窖都位於戴德斯海姆（Deidesheim），那裡不僅是法茲風景最美的村莊，同時也是眾多美食餐廳的聚集地。

在 Deidesheim，幾乎所有的葡萄園都在德國名莊聯盟（VDP）的分級（可參考第 225 頁）中被列為品質突出的特級園（Grosse Lagen），能產出具有獨特飽滿風味的佳釀。其中最優質的葡萄園包括 Hohenmorgen、Mäushöhle、Leinhöhle、Kalkofen、Kieselberg 和 Grainhübel。由此向南，便是進入中哈爾特地區第一批酒村之一的魯佩茨貝格（Ruppertsberg），市鎮中最優質的地塊——Gaisböhl、Linsenbusch、Reiterpfad 和 Spiess——全部位於坡度平緩、朝向適宜的山坡上，土壤結構複雜，出產的麗絲玲具有精緻的礦物質風味。

從 Deidesheim 向北，就到了佛爾斯特（Forst），這裡是巴伐利亞政府 1828 年的葡萄園分級中評分最高的地方，以出產當地最優雅的葡萄酒而聞名。當地人喜歡將其葡萄酒與村中教堂那座高聳的優雅尖塔相提並論。佛爾斯特的頂級葡萄園位於保水性極佳的黏土土壤之上，而村莊高處的黑色玄武岩礦脈則為葡萄園提供富含鉀

Bürklin-Wolf 酒莊的葡萄酒吧和葡萄酒商店位於 Deidesheim，就在熙熙攘攘的葡萄酒之路（Weinstrasse）上，外觀呈傳統風格，似乎與其釀酒師篤信生物動力農法的前衛形象不相符。

最大的葡萄酒節，於 9 月中旬的兩個周末舉辦，每年都有超過 50 萬人參與其中。當地還有另外一個吸引遊客的因素，就是這裡有據說是全世界最大的葡萄酒桶，桶裡還有一家餐廳，共有兩層，可以同時容納 400 人用餐。

### 下哈爾特地區（Unterhaardt）

從巴特迪克海姆村向北就是下哈爾特地區，多年來，這裡只有翁格斯坦村的南端及其頂級葡萄園 Weilberg 和 Herrenberg 的產酒品質有一定的聲望。但是到了 20 世紀 70 年代末期，緊鄰萊茵黑森南側邊界勞默爾斯海姆（Laumersheim）的 Knipser 兄弟以及卡爾斯塔特（Kallstadt）科勒－魯普萊希特酒莊（Koehler-Ruprecht）的 Bernd Philippi 開始在此釀造品質驚人的不甜麗絲玲和木桶熟成的黑皮諾。其他酒莊一開始對於這些先鋒的試驗，只是謹慎地保持觀望態度，直到 20 世紀 90 年代，才有一些年輕釀酒人——比如格林斯塔特（Grünstadt）的 Gaul、勞默斯海姆的 Philipp Kuhn 和金登海姆（Kindenheim）的 Neiss——開始跟隨他們的腳步，釀造品質卓越的現代風格德國葡萄酒。

近年來，加入下哈爾特地區這一陣營的，還有弗賴因斯海姆（Freinsheim）的 Rings 酒莊以及同樣來自勞默斯海姆的 Zelt 酒莊，而正是 Zelt 酒莊讓勞默斯海姆這個原本平凡無奇的村莊，成為葡萄酒愛好者鍾情的聖地。來自勞默斯海姆的櫻桃園（Kirschgarten）和石坡園（Steinbuckel）、大卡爾巴赫（Grosskarlbach）的博克維克園（Burgweg）、迪爾姆斯泰因（Dirmstein）的 Mandelpfad、弗賴因斯海姆的 Schwarzes Kreuz 以及卡爾斯塔特的 Saumagen 和 Steinacker 等頂尖葡萄園的麗絲玲和黑皮諾葡萄酒，都有可能成為法茲這個北部區域最為閃耀的明星。同時，氣候變遷同樣也令精心釀造的白蘇維濃、夏多內、卡本內蘇維濃，甚至是希哈在市場上占有一席之地。

即使是在白葡萄酒釀造工序中，改採長時間浸皮而釀成的「橘酒」（orange wines），在法茲也已有眾多負有盛名的釀酒人嘗試過了。這個地區早已沒有任何保守可言。

元素且溫暖的深色土壤，有時會被特別開採出來覆蓋在其他葡萄園中，尤其是在 Deidesheim。福斯特村最富盛名的葡萄園是 Jesuitengarten，以及位於教堂後方、酒莊同樣傑出的 Kirchenstück。實力相當的同級葡萄園，還有 Freundstück（von Buhl 酒莊在當中擁有大片土地）、Pechstein，以及 Ungeheuer。Georg Mosbacher 是佛爾斯特村一位表現出色的釀酒人。

瓦亨海姆村（Wachenheim）是德國最致力於生物動力農法的先鋒之一——Bürklin-Wolf 酒莊的所在地，用一連串著名的小型葡萄園，標示著中哈爾特地區傳統核心地帶的結束。Böhlig、Rechbächel 和 Gerümpel 是其中的一級園。瓦肯海姆村的酒款並不具有典型的豐潤口感；它的偉大之處在於風味的沉穩與純淨。

巴特迪克海姆（Bad Dürkheim）是德國面積最大的產酒市鎮，共有 800 公頃的葡萄園。麗絲玲在此比較少見，除了在兩個品質最優的臺地葡萄園——Michelsberg 和 Spielberg 有少許的產量。Pfeffingen 是位於巴特迪克海姆的優質酒莊，不過酒莊大部分的葡萄園都位於翁格斯坦村（Ungstein），除了精緻的麗絲玲外，還出產品質卓越的修伊埃博（Scheurebe）。屬於德國品質最值得信賴之釀酒合作社之一的四季酒莊（Vier Jahreszeiten），幾十年來一直是當地可靠的廉價酒生產者。巴特迪克海姆村香腸市集（Bad Dürkheimer Wurstmarkt）之於葡萄酒的地位，等同於「慕尼黑啤酒節」之於啤酒——它是全世界

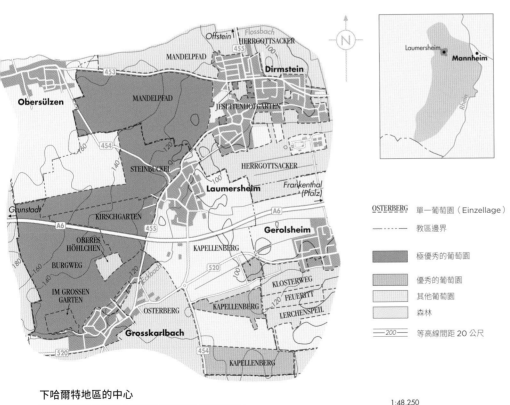

**下哈爾特地區的中心**
勞梅爾斯海姆附近區域出產的葡萄酒在當地釀酒人的努力下，已經能夠媲美中哈爾特地區。

# 巴登和符騰堡 Baden and Württemberg

　　氣候變遷帶給德國的好處，比給其他任何葡萄酒生產國的都要多。對於位於其最南端的產區——巴登來說，尤是如此。巴登三分之二的葡萄園都圍繞在黑森林四周，其主體是一個 130 公里寬的狹窄長條，位於森林和萊茵河之間。其中最好的地塊不是分布在森林高地的優質南向山坡上，就是在凱撒斯圖爾特丘陵（Kaiserstuhl）上。所謂的「皇帝座椅」（emperor's chair）區域標註在下頁的地圖上，包含一座死火山殘骸，在萊茵河谷中部的高地形成一座孤島。圍繞凱撒斯圖爾特丘陵的區域擁有德國最高的年平均氣溫。這裡的氣候非常適合種植各種顏色的皮諾品種，並且能夠穩定的出產酒體飽滿的不甜葡萄酒，通常採用木桶熟成，能夠搭配滋味鹹鮮的食物。

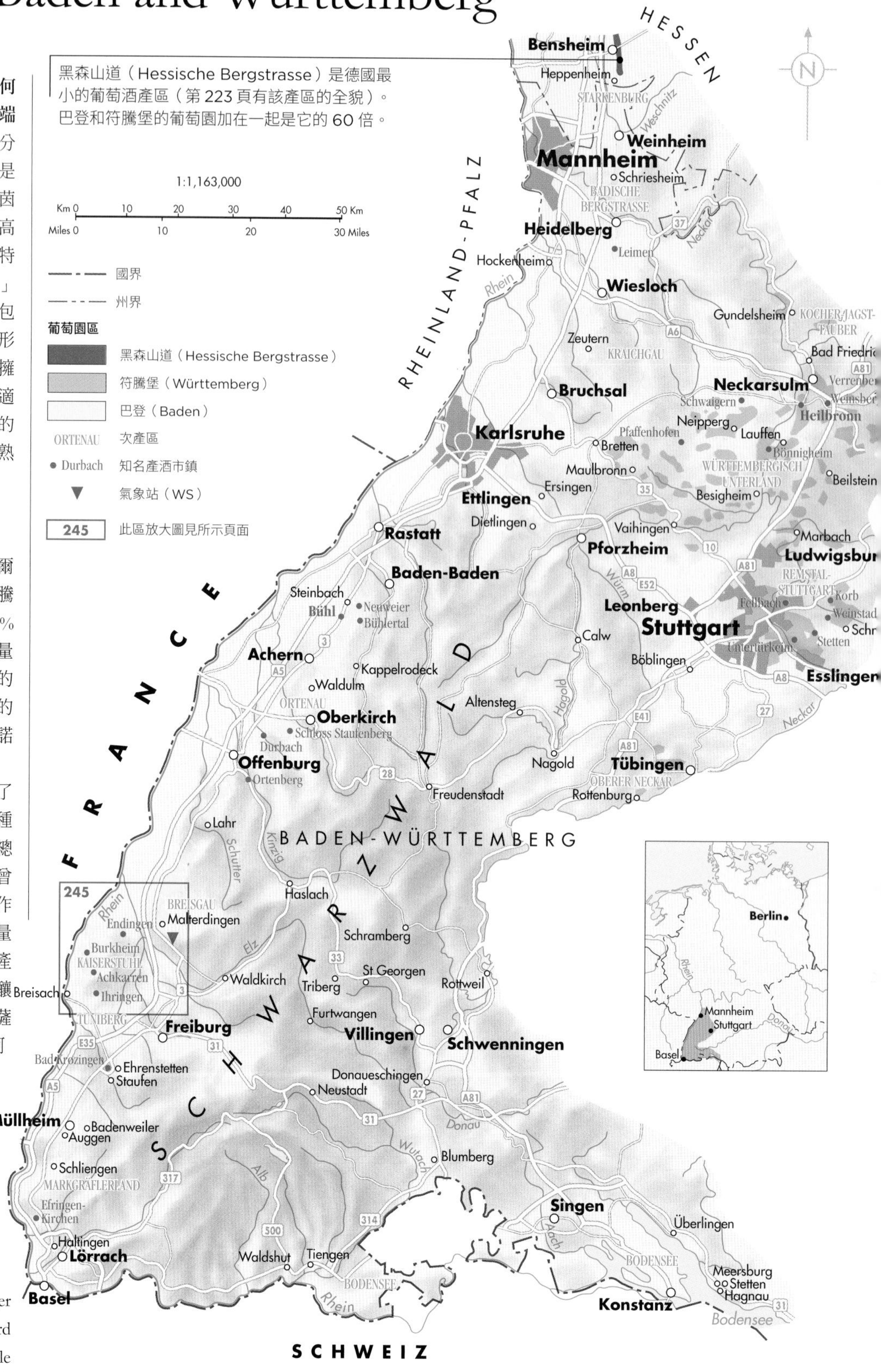

## 紅葡萄品種的上升

　　在所有的德國葡萄酒產區中，只有阿爾（Ahr）出產紅葡萄酒的比例高於巴登和符騰堡，在後兩者的葡萄園總面積中，分別有 41% 和 69% 種植紅葡萄品種。德國的黑皮諾種植量相當可觀，其中幾乎半數都在巴登；而巴登的黑皮諾種植比例達到 35%，相當於排在其之後的 3 個葡萄品種——米勒－土高、灰皮諾和白皮諾——加在一起的總種植面積。

　　20 世紀後半葉，巴登的葡萄酒產業歷經了大規模的重整，既包括實質重新整治難以耕種的陡坡葡萄園，也包括從制度層面改變巴登總是由效率超高之釀酒合作社主導的面貌——曾有一段時間，當地每年高達 9 成的產量都由合作社經手。今日，釀酒合作社所占的葡萄酒產量比例已經降至 70%，不過目前當地最主要的生產者，仍然是規模龐大的 Badischer Winzerkeller 釀酒合作社，該社位於萊茵河畔邊境小鎮布萊薩赫（Breisach），介於佛萊堡市（Freiburg）和阿爾薩斯之間，是折扣商店和超市的重要葡萄酒供應商。

　　從 20 世紀 80 年代起，德國對於不甜葡萄酒的需求快速增長，於是獨立釀酒人開始向鄰國法國汲取靈感，但是起初由於缺乏經驗，釀出的酒款通常失於笨拙：過度萃取，過度使用橡木桶，葡萄也過於成熟。一些比較前衛的酒莊——比如凱撒斯圖爾特（Kaiserstuhl）的 Fritz Keller、Dr Heger和 Bercher，布賴斯高（Breisgau）的 Bernhard Huber，杜爾巴赫（Durbach）的 Andreas Laible以及 Oberrotweil 的 Salwey——比其他酒莊更為快速精確地掌握其中要領，採用布根地的釀酒工藝和無性繁殖品系的葡萄，成功釀出風格優雅的黑皮諾和夏多內，鮮有令這些布根地品種失色的情況。

　　凱撒斯圖爾特和圖尼堡村（Tuniberg）組成了位於巴登南部的另一個核心區域，提供整個巴登三分之一的葡萄酒產量。這裡主要的土壤種類是黃土，大多數口感最為細膩的黑皮諾紅葡萄酒，以及酒體飽滿的灰皮諾白葡萄酒則都出自火山土壤，風味濃郁。而在袖珍小鎮恩丁根（Endingen），Schneider 家族釀出了純淨的夏多內和精緻的黑皮諾，而且價格公道合理。由此向東即是布賴斯高（Breisgau），來自馬爾特爾丁根（Malterdingen）的 Julian Huber——即已故的

Bernhard 之子——繼承了父親釀造黑皮諾的遺志，但是釀出的風格要比父親略顯清新。

　　由此向北，在巴登巴登市（Baden-Baden）的黑森林溫泉以南，就來到巴登第二重要的葡萄園集中地——奧特瑙（Ortenau）。麗絲玲是這裡的旗艦白葡萄品種，當它種植在花崗岩土壤中時，能夠產出精緻如水晶般清透的酒款，充分體

黑森山道（Hessische Bergstrasse）是德國最小的葡萄酒產區（第 223 頁有該產區的全貌）。巴登和符騰堡的葡萄園加在一起是它的 60 倍。

比例尺 1:1,163,000

國界
州界

葡萄園區
黑森山道（Hessische Bergstrasse）
符騰堡（Württemberg）
巴登（Baden）

ORTENAU　次產區
● Durbach　知名產酒市鎮
▼　氣象站（WS）

245　此區放大圖見所示頁面

## 凱撒斯圖爾特（KAISERSTUHL）和布賴斯高（BREISGAU）

巴登優質葡萄酒生產的核心地帶，能產出一部分德國香氣最複雜、酒體最飽滿的黑皮諾、灰皮諾和白皮諾。阿爾薩斯與其隔萊茵河相望。

*（地圖含以下地名標示）*

Lahr, Kenzingen, HUMMELBERG, HERRENBERG, Wonnental, HUMMELBERG, Bombach, Forlenwald, SOMMERHALDE, SCHLOSSBERG, Hecklingen, Fernecker Tal, Heimbach, BIENENBERG, Malterdingen, BIENENBERG, ALTE BURG, Landeck, ALTE BURG, Offenburg, Riegel, SANKT MICHAELSBERG, Köndringen, Mundingen, ALTE BURG, LIMBURG, ROTE HALDE, Sasbach, HASENBERG & STEINGRUBLE, König-schaffhausen, Endingen, ENGELSBERG, ENGELSBERG, Willboch, Unterwald, Bahlingen, Teningen, Freiburg, Wiedenkopf, Rheinwald, Leiselheim, Amoltern, STEINFEULE, TANNACKER, SILBERBERG, Berg wald, SILBERBERG, Dreisam, Nimburg, Teninger Allmend, Jechtingen, GESTÜHL, Kiechlinsbergen, ÖLBERG, STEINGRUBE, HOCHBERG, Langenberg, Kaiser-, STEINGRUBE, ENSLBERG, PULVERBUCK, Bischoffingen, FEUERBERG, RÖSENKRANZ, EICHBERG, KIRCHBERG, Schelingen, HERRENBUCK, Eichstetten, Burkheim, STEINBUCK, BASSGEIGE, Oberbergen, BASSGEIGE, Bottingen, Niederrotweil, HENKENBERG, PULVERBUCK, BASSGEIGE, LASENBERG, Bötzingen, FEUERBERG, KIRCHBERG, Oberrotweil, KÄSELEBERG, HENKENBERG, Holzhausen, Kirch Waag, Fauler Waag, KÄSELEBERG, HERRENSTÜCK, ECKBERG, Neuershausen, SCHLOSSGARTEN, SCHLOSSBERG, Bickensohl, stuhl, March, Buchheim, Freiburg, SCHLOSSBERG, STEINFEISEN, Oberschaffhausen, Ausser-wald, Achkarren, CASTELBERG, STEINFELSEN, LOTBERG, Unterwald, Blankenhornsberg, FOHRENBERG, KREUZHALDE, Rieckanal, Hugstetten, WINKLERBERG, DOKTORGARTEN, Wasenweiler, Gottenheim, Breisach, Ihringen, Schachen, KIRCHBERG, ECKARTSBERG, Colmar, Bad Krozingen

Mannheim, Stuttgart, Rhein, Donau, Freiburg, Basel

**圖例**

ECKBERG — 單一葡萄園（Einzellage）
── 國界
極優秀的葡萄園
優秀的葡萄園
其他葡萄園
森林
─ 250 ─ 等高線間距 50 公尺

比例尺 1:111,100

---

### 巴登：蒙丁根（MUNDINGEN）

緯度／海拔
48°／201公尺

葡萄生長季節的平均氣溫
15.6°C

年平均降雨量
884公釐

採收期降雨量
9月：79公釐

主要種植威脅
春霜、冰雹

主要葡萄品種
紅：黑皮諾
白：米勒－土高、灰皮諾、白皮諾、古伊德（Gutedel）

---

現土壤的特色。Andreas Laible 和 Schloss Neuweier 是當地領先的生產者，而 Enderle & Moll 酒莊「膜拜等級」（cult，譯註：這個詞源於加州，主要指量少質精高單價的葡萄酒）的黑皮諾產量極低，完全無法滿足市場的需求。

繼續向北，克萊希高（Kraichgau）豐富多彩的土壤能夠產出相當多樣的葡萄品種，但是麗絲玲仍然最受歡迎，而歐歇瓦（Auxerrois）則是當地的特色品種。在傳統大學城海德堡（Heidelberg）的近郊，巴登山道（Badische Bergstrasse）以西，由 Seeger 酒莊出產的各種皮諾最為著名。

來到最南邊的馬克格拉斐蘭德地區（Markgräflerland），這裡是德國位於佛萊堡市（Freiburg）和巴塞爾市（Basel）之間的角落，長期以來最受歡迎的葡萄品種一直是古伊德（Gutedel），這其實是夏思拉（Chasselas）在當地的名字，它在鄰國瑞士同樣占據主導地位。這個品種釀出的酒通常比較清爽，有時過於收斂，但是伊夫林根－基興（Efringen-Kirchen）的 Hanspeter Ziereisen 最近出盡風頭，他釀造的 Jaspis 104 Gutedel，極受追捧。夏多內在此同樣如魚得水，Ziereisen 及其對手，來自巴特克羅青根-施拉特（Bad Krozingen-Schlatt）的兄弟檔 Martin and Fritz Wassmer，都用實例證明夏多內的高品質。

產自整個巴登最南端的梅爾斯堡（Meersburg）和博登湖（Bodensee）──又稱康斯坦斯湖（Constance）──附近的葡萄酒被稱為「湖酒」（Seewein）。這是一種並不複雜的當地特產酒，是採用黑皮諾釀造的半甜粉紅酒（Weissherbst）。梅爾斯堡－斯特滕（Meersburg-

Stetten）的 Aufricht 是這個區域的領導者，能釀出極其細膩的皮諾酒款。巴登侯爵（Markgraf von Baden）是德國為數不多的米勒－土高的堅定擁護者，他的塞勒姆堡（Schloss Salem）葡萄園面積廣闊，就位於博登湖邊。

### 符騰堡（Württemberg）

符騰堡作為德國第四大的葡萄酒產區，雖然葡萄園的規模相當龐大，但是在國外的名聲始終沒有在德國國內的名聲大，好在當地頂級酒莊近年來憑藉旗艦葡萄品種萊姆貝格（Lemberger，即「藍佛朗克」），跌跌蹌蹌地取得了些許進步，逐漸吸引了國際市場的注意。從葡萄酒本身的品質來說，諸如 Aldinger 和 Rainer Schnaitmann 等酒莊，能夠成熟地運用萊姆貝格，他們在 Fellbacher Lämmler 葡萄園中出產的萊姆貝格能媲美德國最優質的黑皮諾，另外 Dautel、Haidle、Graf Neipperg 等酒莊的酒款也同樣如此，Wachtstetter 酒莊的品質也與他們相去不遠。

符騰堡有 20% 的葡萄園種植的是深色品種托林格（Trollinger）──又稱斯齊亞瓦（Schiava），它能夠穩定出產口味簡單的紅葡萄酒，主要供當地人飲用，仍然是當地種植面積最廣的品種，不過酒質更佳的麗絲玲已經迎頭趕上。

符騰堡也出產一些非常值得關注的黑皮諾，比如 Bernhard Ellwanger 和 Jürgen Ellwanger 釀造的酒款便可證明。符騰堡的氣候比巴登更具大陸性特點，所以選擇地塊非常關鍵。

巴伐利亞州立酒莊位於宏偉的烏茲堡主教宮殿（Würzburg Residenz）下方，其巴洛克風格的華麗天花板是由義大利著名壁畫大師提也波洛（Tiepolo）所繪，而其庭院則是由本地藝術家Johannes Zick所設計。

## 弗蘭肯 Franken

　　不論是從地理上，還是從與眾不同的獨特傳統來看，弗蘭肯在德國葡萄酒中都是非主流的存在。就行政管轄而言，弗蘭肯所在的位置是以啤酒為中心的前巴伐利亞王國，這使得當地國營酒莊的酒窖擁有稱霸全德的奢華顯赫。弗蘭肯不同於其他產區之處還在於，這裡的希爾瓦那（Sylvaner）釀出的葡萄酒反而比麗絲玲更加傑出，而且長久以來一直專長於出產不甜葡萄酒。

　　「斯泰因」（Steinwein）一名曾經一度被濫用於所有弗蘭肯出產的葡萄酒。Stein 葡萄園（Stein 在德文是「石頭」的意思）其實是弗蘭肯在美因河沿岸的葡萄酒之都——烏茲堡中最富盛名的葡萄園。

　　斯泰因因為出產陳年潛力驚人的葡萄酒而聞名。產自所謂千年一見的年份——1540 年的斯泰因葡萄酒，到了 20 世紀 60 年代居然還能喝（當然也只是能喝而已）。最後僅存的一瓶這個年份的酒現保存在烏茲堡的聖靈市民福利院酒莊（Bürgerspital），放在寶物室裡的玻璃櫥窗內嚴加保護，可供參觀。這些酒當然至少是逐粒精選酒（Beerenauslesen）級別，極其濃甜。弗蘭肯如今已經很少出產這種珍稀的葡萄酒；實際上，當地只有不到 10% 的產量才是不甜或半甜以外風格的酒。大多數弗蘭肯葡萄酒都非常容易識別，而且很難放置在常用的葡萄酒貨架上，因為它們採用的是被稱為「大肚瓶」（Bocksbeutel）的特殊扁瓶。

　　弗蘭肯是明顯的大陸性氣候類型，但是氣候變遷卻大大解決了當地生長季節過短的問題。的確，1996 年是麗絲玲迄今為止最後一次出現無法完全成熟的情形；而希爾瓦那近年來往往已經具備高濃縮度和高酒精濃度，酒體結實得堪比奧地利瓦郝（Wachau）的酒款。

　　遺憾的是，即使是在弗蘭肯，米勒－土高直到 2017 年仍然是種植最為廣泛的葡萄品種。米勒－土高的種植面積雖然持續縮小中，但是 Frank & Frei 酒農協會還在不斷地努力，希望能將這個品種釀成清脆解渴的不甜酒款。

　　希爾瓦那是稱霸弗蘭肯的傳統品種，越來越常受到酒農歡迎，他們越來越關注這個品種在弗蘭肯，尤其是在黏土石灰石土壤中的巨大潛力。在氣候變遷開始之前，希爾瓦那常常發芽較早，因此只能種植在特別優質的地塊，但是現在它的種植範圍已經能極度地擴展，並且能釀出品質優越、廣受喜愛的酒款，酸度不會太高，而且足以體現當地風土的差別，陳年潛力頗佳。

　　芬芳撲鼻的巴克斯（Bacchus）被視為弗蘭肯能夠媲美白蘇維濃的品種。麗絲萊那（Rieslaner）是晚熟的希爾瓦那和麗絲玲的雜交品種、能在弗蘭肯出產一些口感細緻的甜型葡萄酒。紅色雜交品種多米娜（Domina）和東菲德（Dornfelder）已經不再像曾經那樣受到酒農的青睞。黑皮諾和麗絲玲雖然各自只占當地總產量的 5%，但是其中最優質的酒款卻能實實在在地給人驚喜。

### 弗蘭肯的中心地帶

　　弗蘭肯葡萄酒生產的中心地帶位於美因戴翰艾克地區（Maindreieck），沿著美因河的蜿蜒河道形成的模糊三角形，從烏茲堡上游的 Escherndorf 和諾爾德海姆（Nordheim）開始，向南到達弗里肯豪森（Frickenhausen），接著重新向北穿過烏茲堡下游的整個流域以及哈默爾堡（Hammelburg）附近的外圍區域。Escherndorf 因其著名的 Lump 葡萄園以及 Horst Sauer 及其鄰居 Rainer Sauer 等極具天賦的釀酒人，而從眾多酒村中脫穎而出。讓這些散亂的南向山坡顯得與眾不同的是，一種在德國被稱為殼灰岩（Muschelkalk），富含貝殼化石的特殊石灰岩。究其源頭，它與夏布利的啟莫里階（Kimmeridgian）黏土或者松塞爾的一些土壤類型相去不遠，這種土質能夠讓葡萄酒帶有極其高貴優雅的感覺。

　　上層土壤的多種多樣使得不同地塊出產的葡萄酒體現出細微的不同風格。著名的烏茲堡「斯泰因」（Stein）以其極高的化石含量而著稱，而 Innere Leiste 葡萄園則覆蓋著較為深厚的腐殖土。在鄰近的蘭德爾薩克爾（Randersacker），著名的 Teufelskeller 葡萄園有著獨一無二的上層土壤，由鐵、銅和鋅的微粒組成。而到了旁邊的普費爾本園（Pfülben），則是石灰岩覆蓋在三疊紀黏土和泥灰岩結合的混合土壤上方。這些地塊在當地的著名酒莊——比如聖靈市民福利院（Bürgerspital）、Juliusspital、Schmitt's Kinder、Weingut am Stein、Ludwig Knoll——手中，總是能夠產出當地最優質的葡萄酒。其中名字有點複雜的 Ludwig Knoll，還在烏茲堡下游出產一款同樣名為斯泰因（Stein）的葡萄酒，這個斯泰因位於卡爾施塔特（Karlstadt）附近的施特騰（Stetten）。

　　如果葡萄酒愛好者去弗蘭肯旅遊，都應該去烏茲堡看一看，這裡是世界上最偉大的葡萄酒城市之一，在市中心有 3 座壯麗的酒莊，分別隸屬於巴伐利亞州（Staatliche Hofkeller）、教會慈善機構（即最近再度復甦的醫院兼養老院「朱利修醫院」[Juliusspital]），以及市政慈善機構（即「聖靈市民福利院」[Bürgerspital]）。此外，烏茲堡還是上文提到過的 Knoll 家族旗下施泰因酒莊（Weingut am Stein）的所在地，該酒莊品質傑出，占地 27 公頃。巴伐利亞州立酒廠位於前任王子主教的宏偉府邸（Residenz）下方，光是其天花板（可參考上圖）就值得前往一遊。此外，還有一座位於葡萄藤山坡上的壯麗馬林堡城堡（Marienburg），一座巴洛克風格的秀美橋樑，以及隸屬於這些古老機構、人氣爆棚的葡萄酒吧

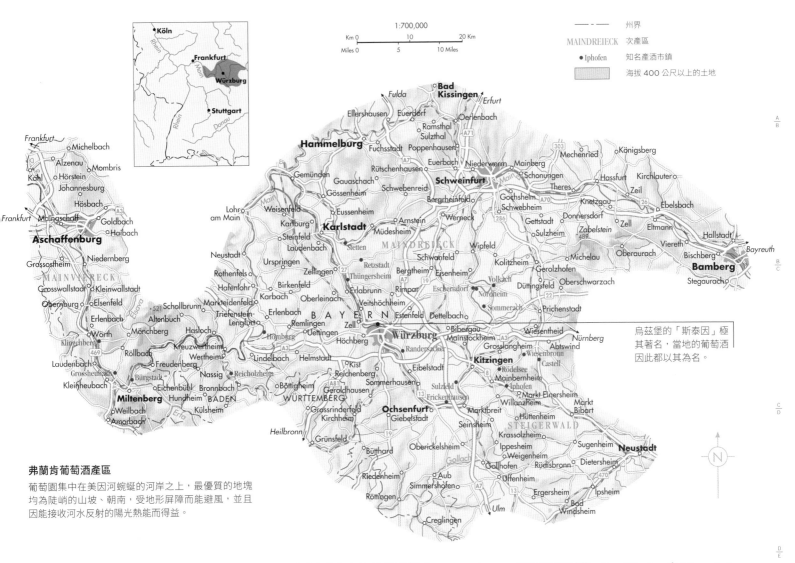

1:700,000

Km 0 — 10 — 20 Km
Miles 0 — 5 — 10 Miles

州界
MAINDREIECK 次產區
● Iphofen 知名產酒市鎮
海拔 400 公尺以上的土地

烏茲堡的「斯泰因」極
其著名，當地的葡萄酒
因此都以其為名。

**弗蘭肯葡萄酒產區**
葡萄園集中在美因河蜿蜒的河岸之上，最優質的地塊
均為陡峭的山坡、朝南，受地形屏障而能避風，並且
因能接收河水反射的陽光熱能而得益。

Weinstuben，那裡所有的酒款都能絕妙地搭配各種美食。

位於西部更下游的美因四邊形地區（Mainviereck），土壤類型是砂岩上面覆蓋較輕的壤土。這裡的葡萄種植面積雖然小了很多，但是一些歷史悠久的陡坡葡萄園——比如植被類似地中海地區的 Homburger Kallmuth 葡萄園——因為氣候足夠溫暖，也能出產品質超群、值得陳放的佳釀。

**紅色土壤上的紅葡萄酒**
美因四邊形地區（Mainviereck）同時也是弗蘭肯的紅葡萄酒產區，黑皮諾及其早熟變異品種——藍皮諾－早熟皮諾（Frühburgunders）都能在這塊極其乾燥的紅色砂岩臺地上有相當不錯的表現。在德國有紅葡萄酒魔術師之稱的 Rudolf Fürst 以及冉冉升起的新星 Benedikt Baltes 都駐紮於此。

在東部的施泰格瓦爾德地區（Steigerwald），由於山丘上布滿適合耕作的農田以及廣闊壯麗的橡樹森林，葡萄藤在此幾乎沒有容身之地。由石膏和泥灰岩組成的陡峭山坡因為出產風味極其濃郁的葡萄酒而著稱。當地有一部分最為精緻的酒款來自以下村莊：Hans Wirsching 和 Johann Ruck 所在的伊福芬（Iphofen），Paul Weltner 所在的勒德爾塞（Rödelsee），Zehnthof Luckert 所在的蘇爾茨費爾德（Sulzfeld），以及以娃娃屋和葡萄酒莊而聞名的卡斯特爾（Castell）。

巴伐利亞州立酒莊位於烏茲堡主教宮殿下方，最近經過翻新，設有專門的陳列櫃，展示弗蘭肯獨特的酒瓶——大肚瓶（Bocksbeutel）。

# 歐洲其它產區
# The Rest of Europe

位於薩里郡（Surrey）的丹比斯（Denbies）酒莊是英格蘭最大的單一葡萄園酒莊，並對到酒莊旅遊的人數設置上限，雖然這一作法如今很普遍，但是Denbies酒莊早就這樣做了。

# 英格蘭和威爾斯 England and Wales

　　**氣候變遷對不列顛群島葡萄種植業的影響是正面的。**英格蘭的葡萄種植者和背後越來越多精明的投資者，都對 2019 年，整個國家的南部會遍佈 2,900 公頃的葡萄園這件事，充滿信心（譯註：本書寫於 2019 年前）。這裡的葡萄園主要集中在東南部的幾個郡，如肯特（Kent）、薩塞克斯（Sussex）以及薩里（Surrey）。從南部到西南部各郡，沿著泰晤士河和塞文（Severn）河谷，在東安格利亞（East Anglia）這個英格蘭最乾燥的地區，以及在南威爾斯，甚至多雨的愛爾蘭，還有總數超過 600 個的小葡萄園，許多都以相當專業的模式運作。

　　在英格蘭，平均每家酒莊擁有的葡萄園面積是 3.75 公頃，甚至許多規模較大的酒莊的主要業務是向旅客賣酒。因為英國氣候變幻無常，超過 145 家酒莊的葡萄產量會有較大起伏，但平均年產量也能超過 500 萬瓶。儘管生產氣泡酒的先驅內博廷酒莊（Nyetimber）的自有葡萄園是面積最大的（分別位於西薩塞克斯、肯特以及漢普郡 [Hampshire] 的白堊地帶，達到 257 公頃），但最大的葡萄酒生產商是「唐恩教堂葡萄酒公司」（Chapel Down Wines），它的葡萄既有來自自家葡萄園的，也有從外面收購的。至少有兩家大型香檳公司加入了投資英格蘭葡萄酒的隊伍。

　　大約 80% 的英格蘭葡萄酒是白葡萄酒，剩下的 20% 中大多為粉紅葡萄酒。香檳區品種夏多內、黑皮諾和皮諾莫尼耶（Pinot Meunier）的種植面積已經占到葡萄種植總面積的 61%，而且隨著新葡萄園的種植和老葡萄園的調整，預計這些品種的種植規模將會達到葡萄種植總面積的 75%。上一次的葡萄園普查是在 2018 年進行的，結果顯示，葡萄品種的種植面積排序，由大到小依次是夏多內、黑皮諾、巴克斯（Bacchus）、皮諾莫尼耶、白謝瓦爾（Seyval Blanc）、雷昌斯坦納（Reichensteiner）、隆多（Rondo）、索萊莉（Solaris）、米勒－土高。有些清淡的紅葡萄酒和日益增多的優質粉紅酒（尤其是氣泡酒）是用黑皮諾和皮諾莫尼耶釀造的，其餘的紅葡萄酒和粉紅葡萄酒用的是淺紅色的隆多以及各種皮諾葡萄。

## 跨越海峽的氣泡酒

　　英格蘭最引以為傲的是其瓶中發酵的氣泡酒，當中之佼佼者大多釀自香檳區葡萄種，且售價可與香檳相當。英格蘭唐斯丘陵區（Downs）的白堊土和法國香檳區的差別不大，那裡產出了一些最優秀的英格蘭氣泡酒；不過也有一些同樣出色的氣泡酒產自濕砂和其他土壤。夏季的氣溫已變得越來越高，時間也越來越長。加糖在過去是常規操作，但進入 21 世紀以來自然糖度有上升之勢，在最成熟的年份裡甚至根本不需要加糖。一般來說，如果生長季較為溫暖，田間管理和釀造技巧得當，經驗和設備俱佳的情況下，許多酒莊幾乎每年都能釀出非常不錯的葡萄酒——具有一種被形容為像蘋果般明顯的清新酸度，或是像果園那樣的清新。進口的葡萄酒會便宜些，但是如今英格蘭和威爾斯出品的酒，尤其是那些氣泡酒，有其獨特的清爽、鮮明的果香和活潑的個性，而且在瓶中陳釀後（通常需要這樣）還會更加出色。

---

### 英格蘭：東莫林（EAST MALLING）▼

**緯度 / 海拔**
**51.29° / 32 公尺**

**葡萄生長季節的平均氣溫**
**14.1°C**

**年平均降雨量**
**648 公釐**

**採收期降雨量**
**10 月：74 公釐**

**主要種植威脅**
**結果率低，冷涼年份酸度太高，產量低**

**主要葡萄品種**
**白：夏多內、巴克斯、白謝瓦爾、萊茵斯坦納**
**紅：黑皮諾、皮諾莫尼耶、隆多**

---

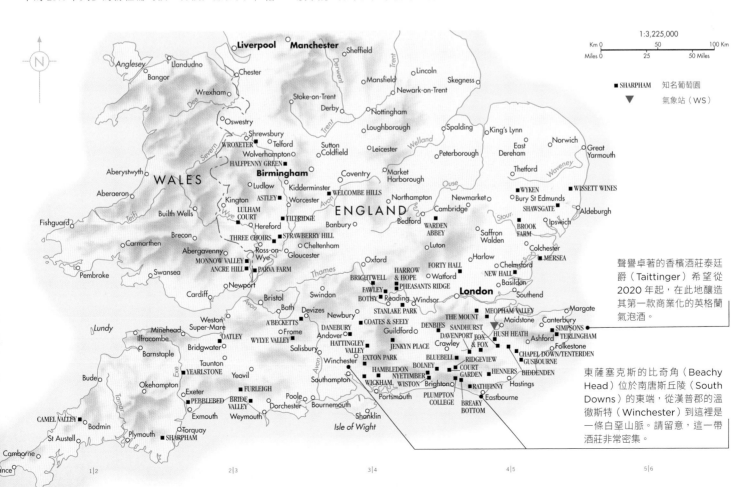

比例尺 1:3,225,000

■ SHARPHAM　知名葡萄園
▼　氣象站（WS）

聲譽卓著的香檳酒莊泰廷爵（Taittinger）希望從 2020 年起，在此地釀造其第一款商業化的英格蘭氣泡酒。

東薩塞克斯的比奇角（Beachy Head）位於南唐斯丘陵（South Downs）的東端，從漢普郡的溫徹斯特（Winchester）到這裡是一條白堊山脈。請留意，這一帶酒莊非常密集。

# 瑞士 Switzerland

當前的葡萄酒世界，比以往任何時候都更加開放，人們也充滿好奇，但即便如此，瑞士的葡萄酒依舊鮮為外人所知。只有 1% 的瑞士葡萄酒會出口到國外，而來到此地的遊客所接觸到的一般也只是些普通貨而非精品。很少有人知道，在這個彈丸小國裡居然種植了超過 250 種的葡萄。

瑞士人是狂熱的葡萄酒愛好者，65% 的需求要透過進口來滿足——包括大量的布根地佳釀。在瑞士，以其物價水準釀製任何類型的葡萄酒，都必定是昂貴的。在這片富庶安樂之地，永遠不可能生產出有價格競爭力的大眾商品。生產者對此深知肚明，於是越來越常把心思放在釀造一些有特色、有「故事」的葡萄酒上。這並不難，因為每一塊葡萄園，幾乎每一種葡萄，都被視為是獨特的，並由專屬個人來打理。瑞士的葡萄種植面積達到 14,748 公頃（如此精確的數字就很「瑞士」），被分割到成千上萬兼職或全職的葡萄種植者手中。葡萄園看上去十分精緻且引人入勝，因為它們就像花園一般地被精心修整而非純商業耕作。

這裡的人對葡萄藤悉心照料，並採用了灌溉技術，特別是在瓦萊州（Valais）的乾旱地區，所以瑞士的單位葡萄產量常常與德國的產量一樣高。雖然葡萄園的地勢陡峭，生產成本也高，但因為產量大，釀造時還可視需要加糖，所以讓葡萄種植能獲得較好的利潤。在釀造過程中，為了降低過於尖銳的自然酸度，蘋果乳酸轉換是常見的做法（這與德國或奧地利不同）。然而，自從引入了 AOC 體系後（Appellation d'Origine Contrôlées，法定產區命名控制，詳見下頁專題），單位產量受到了限制，蘋果乳酸轉換在釀造白葡萄酒時不再是常規。

## 瑞士的葡萄品種

到目前為止，在瑞士種植面積最大的葡萄品種是皮色淺白的夏思拉（Chasselas），這是一個完全中性的葡萄品種，事實上，在別的地方，它通常是一種鮮食葡萄。然而，在瑞士西部法語區那些最受歡迎的葡萄園中，這個品種表現出真實的個性，甚而表達出了一些風土的特徵。在東部的德語區，米勒－土高（Müller-Thurgau）是最重要的白葡萄品種，這個品種最初是由瑞士的 Müller 博士在 Thurgau 州用麗絲玲和皇家瑪德琳（Madeleine Royale）雜交而成的。在其他地方，它被誤稱為麗絲玲－希爾瓦那（Riesling-Sylvaner）或麗絲玲 x 希爾瓦那（Riesling x Sylvaner），主要是因為其他州的人不願意在他們的酒標上出現 Thurgau 這個州名。

但這個國家最有趣和最原汁原味的葡萄酒，是用那些具有悠久歷史的特色品種釀成的，這些特色品種可列出長長的一大串名單：在瓦萊州，白葡萄品種有（小）奧銘（[Petite] Arvine）、艾米尼（Amigne）、白玉曼（Humagne Blanc）、派耶（Païen 或海達 [Heida]）和雷西（Rèze），紅葡萄品種有科娜琳（Cornalin，或稱 Rouge du Pays）和紅玉曼（Humagne Rouge）；在瑞士東部地區，有康普利特（Completer）以及古老的德國品種羅詩靈（Räuschling）和艾伯靈（Elbling）；在提契諾州（Ticino）以及瑞士南部地區，則是紅葡萄品種「邦多拉」（Bondola）。在這些品種當中，奧銘、康普利特以及科娜琳都可被用以釀出一些非常優質的葡萄酒。若有機會，值得一嚐。

葡萄園中還可以見到一系列新的瑞士品種，它們是用流行的歐洲種雜交而成的，比較知名的是被用以釀造紅葡萄酒的佳瑪蕾（Gamaret）、黑佳拉（Garanoir）、黛奧琳諾（Diolinoir）以及卡米諾（Carminoir）。有些種植者（尤其是在東部）一直以來種植著一些抗病害雜交品種，比如麗晶（Regent）和索萊利（Solaris）。

## 高山上的葡萄藤

瑞士擁有一些歐洲海拔最高的葡萄園，世界上兩條偉大的葡萄酒河流——萊茵河與隆河邊上的第一個葡萄園，都在這裡。萊茵河與隆河，都起源於高聳的聖哥達山地（St-Gotthard Massif），且兩者靠得非常近（可參考上圖）。

超過五分之四的瑞士葡萄酒產自瑞士的法語區。瓦萊州的產量最大，其次是沃德州（Vaud），再來是日內瓦州（Geneva）。在第 252 頁中，將可見其詳細介紹。瑞士葡萄酒推廣協會（Swiss Wine Promotion）是一個全國性的行銷推廣組織，它正式地劃分了六個葡萄酒產區，依重要性分別是：瓦萊州、沃德州、德語各州（German Switzerland 或 Deutschschweiz）、日內瓦州、提契諾州和三湖地區（Three Lakes 或 Trois Lacs）。這些產區的主要葡萄園在地圖上都能找得到。

歐洲兩條偉大的葡萄酒河流起源於瑞士境內的聖哥達山地，萊茵河朝北流向德國，隆河朝西進入法國。

**地圖圖例：**

- ─·─·─ 國界
- VULLY 葡萄酒次產區
- 德語州
- 三湖地區
- 沃德州
- 瓦萊州
- 日內瓦州
- 提契諾州
- 海拔 2000 公尺以上的土地
- 252 此區放大圖見所示頁面

比例尺 1:675,000

---

瑞士的德語州共有 17 個，統一叫 German Switzerland，都生產葡萄酒，產量占全國的 17%。大部分葡萄園地處偏遠，但光照條件較好，所種的黑皮諾能夠成熟（這個品種是十七世紀從法國引進的）。黑皮諾的品質在不斷提升，優異者來自阿爾高（Aargau）、蘇黎世（Zurich）、沙夫豪森（Schaffhausen）和土高（Thurgau）等州，以及格勞賓登州（Graubünden，又叫 Grisons）的 Bündner Herrschaft 產區（阿爾卑斯山坡上溫暖的秋風有助於這裡的葡萄成熟）。

瑞士唯一一個由滿懷理想抱負之年輕釀酒師組成的協會 Junge Schweiz-Neue Winzer，是以阿爾高、蘇黎世、土高和格勞賓登這幾個州為範圍創立的。在這幾個州，您可以發現一些瑞士最優秀的灰皮諾、白皮諾和夏多內。像 Gantenbein、Donatsch 和 Studach 這些酒莊所釀造的葡萄酒出類拔萃。古老的品種「羅詩靈」如今在其誕生地——萊茵高（Rheingau）已消失，現在只僅存於蘇黎世湖區（Lake Zürich）附近。在人們喜歡的格勞賓登，古老稀有的白葡萄品種「康普利特」是特產，用其釀出的葡萄酒，酸度和酒精感都較為複雜、層次豐富。

在義大利語區提契諾州，只釀造紅葡萄酒，主要品種是梅洛，這是 1906 年從波爾多引進的，在那之前整個產區的葡萄藤盡被根瘤蚜蟲摧毀。最優秀的梅洛栽種在陽光充足的山坡上，輕微的地中海型氣候和全國最高的降雨量使其

長勢良好，其豐滿華美可媲美玻美侯的同一品種。梅洛已幾乎擠掉了古老的本地紅葡萄品種「邦多拉」。為解決當地沒有白葡萄品種釀造白葡萄酒的問題，自 1986 年以來，由位於門德里西奧（Mendrisio）的 Gialdi 公司開了個頭，這裡用黑皮的梅洛葡萄釀造了白葡萄酒 Merlot Bianco。如今，提契諾州接近四分之一的梅洛葡萄被用於釀造白葡萄酒。

在瑞士西北部，葡萄園在三**湖地區**上面的朝南山坡上，種植的葡萄品種有兩個：一個是夏思拉，這是一個清淡的品種，常常要用輕輕的氣泡讓其活躍起來；另一個是黑皮諾，納沙泰爾州（Neuchâtel）著名的粉紅葡萄酒 Oeil de Perdrix 就是用它來釀造的。黑皮諾在這裡還用傳統法釀出了高品質的氣泡酒。在 1 月的第三個星期三，一些納沙泰爾州的酒莊會推出一種未經過濾的夏思拉葡萄酒，這是一個有別於平常的熱門酒款。緊鄰納沙泰爾州東北部的 Bielersee 湖北邊的產區，其葡萄酒風格與納沙泰爾州的非常接近，有些產自 Schafis、Ligerz 及 Twann 等村莊上方小片葡萄園的黑皮諾品質非常好。Murtensee 以北的葡萄酒更像是位於其南部沃德州的葡萄酒，特別是在軟砂岩沉積的武利（Vully）地區，有些優秀的夏思拉反映出了不同的風土特徵。在武利地區，格烏茲塔明那（Gewürztraminer，在這裡被稱為 Traminer）這個品種也很出名；同樣出名的品種還有弗雷莎美（Freisamer，又名 Freiburger），

這讓人想起當地首都城市之名 Freiburg（或 Fribourg）。

## 混亂的法定產區

瑞士有 26 個州，每個州都有葡萄園。第一個法定產區（AOC，Appellation d'Origine Contrôlée）於 1988 年在日內瓦州建立。到 2018 年，瑞士全國有 62 個不同的 AOC，除了內阿彭策爾州（Appenzell Innerrhoden，面積排名倒數第二），每個州至少有一個。這些 AOC 又再細分為州、地區和地方的 AOC，比如，日內瓦州有葡萄園 1,409 公頃，AOC 就多達 23 個。根據聯邦制度，每個州要有其自己的 AOC 規則，並要有相應的（相當複雜的）解釋。2017 年，共有 168 個葡萄品種被正式批准為可釀造 AOC 級別的葡萄酒，蘇黎世州有 85 個之多，沃德州有 66 個，瓦萊州有 57 個。如此繁雜的體系掩蓋了地區和國家的特性。從 2002 年開始，瑞士將進入歐盟的 AOP 和 IGP 體系，屆時，現在的複雜情形可能會被簡化，但這仍解決不了在瑞士市場上的葡萄酒既有 700 毫升裝又有 750 毫升裝的問題。

# 瓦萊州、沃德州與日內瓦州 Valais, Vaud, and Geneva

瓦萊州是個谷地，兩邊陡峭，這是遠古時期的隆河在阿爾卑斯山上沖鑿出來的；順流而下，到了沃德州，山坡轉為和緩，河水當初在這裡積聚，擴大成日內瓦湖（Lac Léman）。如今，幾乎是連綿不斷的葡萄園，如一條長長的彩帶，朝著南面，緊緊地依貼著隆河以及日內瓦湖的北岸。

瓦萊州簡直就是一個種植葡萄和釀造葡萄酒的實驗溫床。在地勢高的地方，是獨特的高山氣候，陽光充足，夏日乾旱，造就了非常濃郁、成熟的葡萄酒。在主要的產地錫永（Sion），平均雨量不到波爾多的三分之二，因此，瓦萊州的種植者自中世紀以來便使用著一條陡峭的水渠（稱為 bisse），引山泉水灌溉葡萄園。

隆河流域第一個種植葡萄的地方在布里格（Brig）附近，傳統的品種有拉芬納茶（Lafnetscha）、希貝恰（Himbertscha）、（白）古艾（Gwäss 或 Gouais Blanc）和海達（Heida，屬薩瓦涅（Savagnin），又叫派耶 [Païen]），種植的歷史可以上溯到 20 世紀初 Simplon 隧道竣工之前，而鐵路的開通改變了瓦萊州的經濟。這裡的西南部是菲斯珀泰爾米嫩（Visperterminen），在海拔 1,100 公尺的高處，躺著一片歐洲最高的葡萄園，不遠處的馬特洪峰（Matterhorn）遮擋了陽光，其輪廓的影子落在了葡萄園。海達這個品種，在這裡有出色的表現，集中度和飽滿度都非常高。

河流差不多抵達謝爾（Sierre，瑞士最乾燥的地方之一）時，便可見到大規模的葡萄酒生產，此情景一直順流而下至馬蒂尼（Martigny）。

瓦萊州的葡萄種植面積達到 4,825 公頃，種植者有 22,000 人，但只有 500 人是自己釀酒的。瓦萊州有將近五分之一的葡萄都交由強大的釀酒合作社「普羅文」（Provins）處理。這裡主要的白葡萄酒叫「楓凍」（Fedant），是用 Fedant（夏思拉葡萄在當地的名稱）這個品種釀造的，看似強勁其實很柔和。而主要的紅葡萄酒叫 Dôle，是

黑皮諾和加美的混釀，中等酒體。傳統的品種，如富含櫻桃香氣的科娜琳（Cornalin 或稱 Rouge du Pays）及粗獷的紅玉曼（Humagne Rouge），目前不僅被黑皮諾與加美追上，還受到沿岸產地法國隆河谷地逆流而上之「希哈」葡萄的挑戰。

## 本地的主角

在瓦萊州 14 個本地葡萄品種當中，（小）奧銘獲得最廣泛的成功，它兼具高酸度和濃郁的特色，在錫永與馬蒂尼之間相當乾燥的氣候下，表現堪稱完美。瓦萊州的白葡萄酒通常都強而有力，可釀自很多個葡萄品種：希爾瓦那（Johannisberg）、馬珊（Ermitage）、灰皮諾（Malvoisie），有時會用風乾葡萄釀成 flétri 這種強勁的香甜酒）、夏多內、艾米尼（韋特羅 [Vétroz] 的特產）、白玉曼（Humagne Blanc，和 Humagne Rouge 無關）或海達。謝爾的雷西（Rèze）葡萄，在阿爾卑斯山安尼維爾（Anniviers）山谷的格里門茨（Grimentz）村

裡，被放在古舊的落葉松木桶中熟成，最後釀出來的是稀有的冰河葡萄酒（Vin du Glacier），與雪莉酒或法國侏羅產區的黃酒（Vin Jaune）有點類似。

**沃德州**傳統上是瑞士葡萄酒的中心，熙篤會修士在 900 多年前就從布根地將葡萄種植引入此地。

沃德州的葡萄園與瓦萊州的有很大差異，這裡沒有高山強烈的光照，果實沒有那麼濃郁，但在湖區溫和的氣候下緩慢成熟。儘管紅葡萄酒越來越盛行，但當地 60% 的種植面積都只種夏思拉這一個白葡萄品種——這在酒標上看不出來，因為沃德州葡萄酒在酒標上只標註產地的名字。夏思拉這個品種起源於日內瓦湖附近，過去在沃德州被稱為「楓凍」（Fendant），直到後來 Fendant 這個詞只能為瓦萊州專用。單位產量相對來說較高，但湖邊最好的一些葡萄園都在努力，希望用這個較為柔和的品種能釀造出世界上最有特色的葡萄酒。

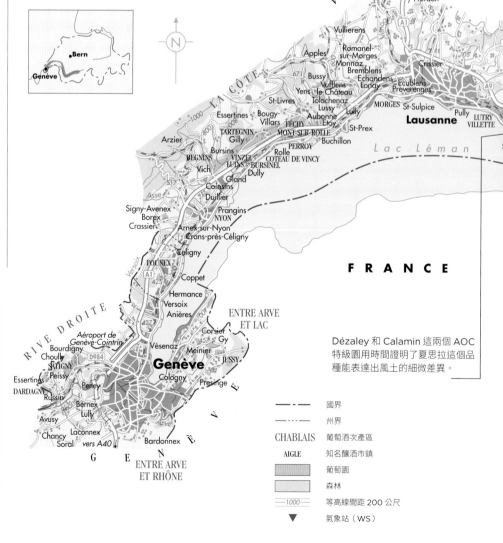

Dézaley 和 Calamin 這兩個 AOC 特級園用時間證明了夏思拉這個品種能表達出風土的細微差異。

| | |
| --- | --- |
| ─ ─ ─ | 國界 |
| ....... | 州界 |
| CHABLAIS | 葡萄酒次產區 |
| AIGLE | 知名釀酒市鎮 |
| ▨ | 葡萄園 |
| ▨ | 森林 |
| —1000— | 等高線間距 200 公尺 |
| ▼ | 氣象站（WS） |

※氣候數據摘錄自 1971 年至 2000 年

### 瑞士：錫永（SION） ▼

緯度／海拔
**46.22°／482 公尺**

葡萄生長季節的平均氣溫
**14.9°C**

年平均降雨量
**599 公釐**

採收期降雨量
**9 月：38 公釐**

主要種植威脅
**晚霜**

主要葡萄品種
**紅：黑皮諾；白：夏思拉**

夏布萊（Chablais）是沃德州最東端的葡萄酒產區，夏思拉在埃格勒（Aigle）、歐隆（Ollon）與伊沃爾訥（Yvorne）等地都能達到最佳的成熟度。在湖北岸「拉沃」地區（Lavaux，涵蓋最東邊的蒙特勒 [Montreux] 和洛桑之間的地區）的梯田式葡萄園，最初是由熙篤會修士於 11 世紀修建的，因為實在太美了，所以在 2007 年被列為世界文化遺產。直射和通過湖面反射的陽光以及石階輻射而來的熱量，能使葡萄藤茂密生長，這裡兩個特級園（Calamin 和 Dézaley）享有至高的聲譽。Calamin 園在艾貝斯（Epesses）村內，占地16 公頃，全為黏土；毗鄰的 Dézaley 位於普伊杜（Puidoux）鎮，占地 54 公頃，石灰岩含量較高。用這兩個特級園的葡萄釀出的酒，Calamin 帶燧石味，Dézaley 帶煙燻味，但這些都是非常細微的差異；坐在湖邊，搭配煎得香噴噴的鱸魚，這兩款酒都是極品。

拉科特（La Côte）的葡萄園沒有那麼壯觀，它呈弧形展開，一邊是洛桑的西部，一邊是日內瓦城，當地最好的夏思拉葡萄酒出自費希（Féchy）、羅勒上蒙（Mont-sur-Rolle）和莫爾日（Morges）等地。傳統的 La Côte 產紅葡萄酒是Salvagnin，是用加美和 Servagnin（黑皮諾在當地的無性繁殖品種）等紅葡萄的混釀，也算是當地對於瓦萊州 Dôle 葡萄酒的回應。有一些很不錯的梅洛和佳瑪蕾（Gamaret）葡萄酒如新星般出現。Plant Robert 是拉沃產區當地且為存活下來之加美的古老無性繁殖品種。

日內瓦州的葡萄園在湖的西南端，近年來的變化比瑞士其他地方要大。加美已經超越了夏思拉，成為目前最主要的品種，接下來是黑皮諾、佳瑪蕾及夏多內。這裡有三個主要的葡萄園區，其中規模最大的是 Mandement（薩蒂尼 [Satigny] 是瑞士最大的葡萄酒市鎮），該區的夏思拉葡萄酒最成熟、味道最好。在阿爾沃（Arve）河和隆河之間的葡萄園生產出來的酒比較溫和，而產自阿爾沃河和日內瓦湖之間的酒則甜度較低，且顏色較淡。近年來，釀酒合作社Cave de Genève 正改變著自己的形象，要從日常餐酒的主要生產者轉變成為日內瓦州葡萄酒業復興的重要使節。

如同在瓦萊州，這裡也有一些充滿雄心壯志的人士，由他們設定了前進的步伐。這些人已經向世人表明，改革創新（例如種植梅洛與白蘇維濃）比因循守舊更可能獲得成功。以風景如畫的達爾達尼（Dardagny）鎮為例，它就大膽地種植了施埃博（Scheurebe）、肯納（Kerner）和芬迪琳（Findling），以及令人振奮、此地罕見的灰皮諾。

無人機在拍攝葡萄園時可發揮很大的作用，特別是在拍攝像瓦萊州這般如鬼斧神工的葡萄園時。在亞高山地帶，下午的陰影扮演著一個重要的角色。

薩永（Saillon）這個中世紀的村莊是 Vigne à Farinet 葡萄園的所在，只有 0.0001618 公頃，是世界上最小的葡萄園。此地同時又是著名的植物學家和葡萄遺傳學家 José Vouillamoz 的出生地。

**日內瓦湖和隆河**

在第 53 頁的法國地圖上，可清楚地看到隆河在轉向朝地中海而去之前是如何流經瓦萊州和日內瓦湖的，而這一路的兩岸都是葡萄園。請留意瑞士境內朝南山坡的重要性，不過，凡事必有例外，菲斯普鎮（Visp）就是一個例子。

# 奧地利 Austria

　　奧地利一系列非常純淨的葡萄酒有著自己獨特、精緻的個性：有著萊茵河的清新氣息，或許還有更多屬於多瑙河的熾烈和濃郁，但 20 世紀 80 年代末以前的奧地利葡萄酒基本上不是這樣的。奧地利的葡萄酒當時歷經了一場革命，但一切都朝好的方向發展。

　　更近期的一場革命是關於酒標的。經過與葡萄酒生產者密切磋商，奧地利葡萄酒管理部門已經制定了一些新規，其中最值得注意的是建立了 DAC（Districtus Austriae Controllatus，奧地利產區管理）體系，特別對成功的產地和葡萄品種的組合做出識別（詳見本頁下方的專題）。在 DAC 產區釀造但又不符合相應 DAC 要求的葡萄酒，可以使用寬泛的地區名稱，比如 Niederösterreich（下奧地利邦）、Steiermark（施泰爾馬克邦）或 Wien（維也納邦）。

　　奧地利大部分的葡萄酒，產自其最東部的維也納周邊地區。阿爾卑斯山脈的高度在這裡不斷下降，最後與橫跨匈牙利的潘諾尼亞平原（Pannonian Plain）相連，形成板岩、砂土、黏土、片麻岩、壤土以及肥沃的黃土等，各式各樣的自然條件。田地中，有乾旱龜裂的，有終年蒼鬱的，多瑙河上方是崎嶇峭壁，諾伊吉特拉湖區（Neusiedler See）則是一片平靜的淺灘。

　　奧地利強烈的大陸性氣候和相對適中的平均產量，往往使其葡萄酒比德國的更強壯有力。白葡萄酒的產量占了三分之二。本地的「綠維特利納」（Grüner Veltliner）是招牌品種，占據主導地位，種植面積超過全國 46,750 公頃葡萄園的 30%，但威爾斯麗絲玲（Welschriesling）和麗絲玲也很重要。在紅葡萄品種中，最有地方特色的是多汁濃郁的茨威格（Zweigelt）、有表現力和新鮮感的藍佛朗克（Blaufränkisch）、如天鵝絨般柔順的聖羅蘭（Sankt Laurent），但它們都沒什麼太大的發展。

　　綠維特利納這個品種，又稱 Grüner 或 GrüVe，極其清爽，充滿果味，酸度充足，餘韻迴盪猶如葡萄柚和蒔蘿（常見於廣闊的威非爾特 [Weinviertel] 地區）的香氣。在好的產區（特別是維也納的上游），若經傑出釀酒師之手，它還可以是飽滿濃郁、擁有迷人的辛香、帶些許白胡椒的氣息，且值得陳年。

## 東北部地區

　　在後面的四個頁面，會詳細介紹一些奧地利最適宜種植綠維特利納和麗絲玲的地區，之後還會讓您了解一下在地理上很不一樣的布根蘭邦（Burgenland）。但新世代的釀酒師正在向世人展示，這個國家所有的產區，包括在維也納北部地域廣、產量大的威非爾特（Weinviertel），都可以釀出優質的葡萄酒。

　　威非爾特產區地勢起伏、樹木茂密，其巴洛克式的教堂和美麗的村莊，是歐洲中部的精華所在。斯洛伐克的山丘形成了一道屏障，阻擋了來自東南部潘諾尼亞平原的暖流所造成的影響，所以此地出產的葡萄酒是奧地利最新鮮、最淡雅的。邁爾貝格（Mailberg）地處谷地，具有良好的屏障，黃土和沙地的宜人組合，讓它能產出了一些最好的紅葡萄酒。在邁爾貝格西部的勒席茨（Röschitz）附近，可以見到威非爾特產區所有的土壤類型：壤土、黃土、曼哈茨山脈（Manhartsberg）花崗岩、石灰岩。透過一批崛起的傑出年輕生產者，比如波伊斯多夫（Poysdorf）的 Ebner-Ebenauer、埃本塞爾（Ebenthal）的 Herbert Zillinger 和勒席茨的 Gruber 家族，威非爾特產區已然重生。

　　儘管在**特萊森谷**（**Traisental**）和**瓦格蘭**（**Wagram**）都是多種農作物混種的現象，但這兩個產區都認真地種出了優質的綠維特利納以及紅葡萄品種「紅維特利納」（Roter Veltliner，跟 Grüner Veltliner 沒有什麼關係）。特萊森谷產區的 Markus Huber、Feuersbrunn 的 Bernhard Ott 以及 Oberstockstall 的 Karl Fritsch 是 3 個在全國都受到讚譽的葡萄種植者及葡萄酒釀造者。在維也納郊區（嚴格上來說仍是在瓦格蘭產區），有許多修道院的酒窖，全國著名的葡萄酒學校也座落於此。

　　在多瑙河南面的**卡農圖姆**（**Carnuntum**）產區，特產是簡單易飲的紅葡萄酒。在這裡，主要的品種仍是綠維特利納，最好的綠維特利納葡萄來自格特勒施布倫（Göttlesbrunn）、施蒂克斯諾伊西德爾（Stixneusiedl）和赫夫萊因（Höflein）這 3 個村莊；Prellenkirchen 和 Spitzerberg 是新改良品種藍佛朗克（Blaufränkisch）的熱點；不過，總體來說，在卡農圖姆產區，茨威格（Zweigelt）和以茨威格為主的混釀仍是主流。在該產區的其他地方，冬天很冷，或是夏天太熱，都不利葡萄藤的生長。Muhr-van der Niepoort 酒莊正在挑戰 Gerhard Markowitsch 葡萄作為卡農圖姆產區明星的地位，更往西一點的 Johannes Trapl 酒莊也緊追不捨。

　　沒有哪個國家的首都會如同**維也納**（**德文為 Wein**）這般接近葡萄園，637 公頃的葡萄園，有些就在住宅區中心地帶的電車軌道沿線，從城市周圍的山坡一直延伸至維也納的森林。多年來，維也納的酒農（現在有 155 人）都是以供應當地 Heurigen（提供住宿的小酒館）——比如貝多芬當年在 Mayer am Pfarrplatz 的居所——相對簡單年輕的葡萄酒為主要業務，這些小酒館都是由一些釀酒人經營的。但是，進入 21 世紀以來，釀造口感更複雜嚴謹（如果不是更誘人的話）的葡萄酒成為一個趨勢，特別是 Gemischter Satz 混釀葡萄酒，它由生長在同一葡萄園中至少 3 個不同品種的葡萄釀造而成，而且無特別明顯的橡木桶氣息。傳統的葡萄酒被賦予了新的形象，這也啟發了其他產區，類似的混釀葡萄酒大有可為。

　　維也納最好的葡萄園位置在多瑙河南岸的努斯貝格（Nussberg）、北岸的比桑貝格（Bisamberg）以及與**溫泉區**（**Thermenregion**）產區接壤的毛厄（Mauer）和毛厄貝格（Maurer Berg）。溫泉區產區在下奧地利邦是最靠南的，也最炎熱。溫泉區產區的西北部受山脈和維也納森林的遮擋，但是仍然受潘諾尼亞平原的影響，這與其東南部的布根蘭邦沒有什麼不同。它也有著 Heurigen 的傳統，但遊客沒那麼多。南部是紅葡萄產區，種植者們專心種植黑皮諾和聖羅蘭；而在北部，人們開始研究和改良貢波爾德斯基興（Gumpoldskirchen）的幾個白葡萄品種：活

## DAC——奧地利的法定產區

　　奧地利一直致力於建立一套與法國 AOC 相仿的法定產區制度，截至 2020 年 5 月止，共批准成立了 15 個 DAC（Districtus Austriae Controllatus）（可參考下頁的地圖及下文）。對每一個 DAC 都列明了嚴格的條件，包括在此專題中所列出之最能代表該產區或次產區的葡萄品種。在本書交付印刷的時候，關於瓦格蘭、溫泉區（Thermenregion）和魯斯特（Rust）這幾個地區是否能成為 DAC 的討論還在進行中。

**克雷姆斯塔**：綠維特利納、麗絲玲

**坎普塔**：綠維特利納、麗絲玲

**特萊森谷**：綠維特利納、麗絲玲

**威非爾特**：綠維特利納

**Wiener Gemischter Satz**「維也納混合種植法」：白葡萄品種混釀

**卡農圖姆**：紅葡萄酒是藍佛朗克和茨威格，白葡萄酒是夏多內、綠維特利納和白皮諾

**新錫德爾湖**：茨威格或以茨威格為主的混釀

**雷德堡**：白皮諾、夏多內、紐伯格（Neuburger）、綠維特利納（或這些品種的混釀）、藍佛朗克

**羅莎麗亞**：紅葡萄酒是藍佛朗克或茨威格，粉紅葡萄酒是一系列紅葡萄品種

**中布根蘭地區**：藍佛朗克

**冰堡**：藍佛朗克

**施泰爾馬克邦火山區**：請參考第 255 頁主文

**西施泰爾馬克**：請參考第 255 頁主文

**南施泰爾馬克**：請參考第 255 頁主文

**瓦邦**：根據分類，可達 17 個不同的紅白葡萄品種

潑的金芬黛（Zierfandler）和厚重一點的紅基夫娜（Rotgipfler）和紐伯格（Neuburger）。

## 南部地區

往南部一點的史泰利亞邦（Steiermark/Styria），則與奧地利北部的葡萄酒產區大不相同，但如今也是全國最有活力的葡萄酒產區之一。數十年來這裡只生產不甜的葡萄酒，這與邊境另一端斯洛維尼亞的東部地區一樣（有些奧地利的酒莊，比如 Alois Gross 和 Tement，如今也在斯洛維尼亞經營）。史泰利亞邦的葡萄園面積可能只占全國的 7%，並四散各處。但其所產的強勁銳利白蘇維濃（有時木桶味過於明顯，但如今溫柔些了），夏多內以及威爾斯麗絲玲在奧地利境內是無與倫比的。夏多內也深深紮根於此，有的還極不尋常地以其在當地的別名 Morillon 闖蕩市場。

在**南施泰爾馬克**（Südsteiermark）產區，白蘇維濃已經超越威爾斯麗絲玲，成為種植面積最大的品種，這裡集中了一大批受人尊敬的酒莊，其中包括 Gross、Lackner-Tinnacher、Polz、Sattlerhof、Tement；還有一些充滿活力的新晉酒莊，比如 Hannes Sabathi。在紹薩爾地區（Sausal）地勢較高的片岩上要數 Wohlmuth 和 Harkamp 這兩家酒莊最有名，它們釀造出了南施泰爾馬克產區最優雅的葡萄酒。（格烏茲）塔明那是生長在**施泰爾馬克邦火山區**（Vulkanland Steiermark）產區（2016 年前叫 Südoststeiermark）克勒希（Klöch）市鎮火山岩土壤上的特有品種，而由稀有的藍威德巴赫（Blauer Wildbacher）葡萄釀造的粉紅葡萄酒 Schilcher 則是來自**西施泰爾馬克**（Weststeiermark）產區。

在史泰利亞邦，有許多有活力的年輕種植者，他們決定建立一個類似布根地那樣的金字塔體系，在這個體系中，DAC 葡萄酒在酒標上要標示地區、村或葡萄園。Ortswein 級別要標示的是一個或若干個土壤類型一樣的村名，比如以頁岩為主的 Sausal-Kitzeck 或沒有石灰岩的 Gamlitz-Eckberg。在金字塔的頂端，Riedenwein 級別標示的是單一葡萄園的名稱。酒標標示目前在當地已屬常見，如 Gamlitzer Sauvignon Blanc 或 Sausal Riesling，都是指單一園葡萄酒。在這個產區，法定葡萄品種的範圍比大部分其他 DAC 寬得多。

有一個計劃已經展開一段時間：對全奧地利每一個已命名的葡萄園（當地稱 Ried）的邊界進行認定，甚至野心勃勃地想進行分級。就目前而言，您會發現，在後面幾頁的地圖上，葡萄園是沒有邊界的。

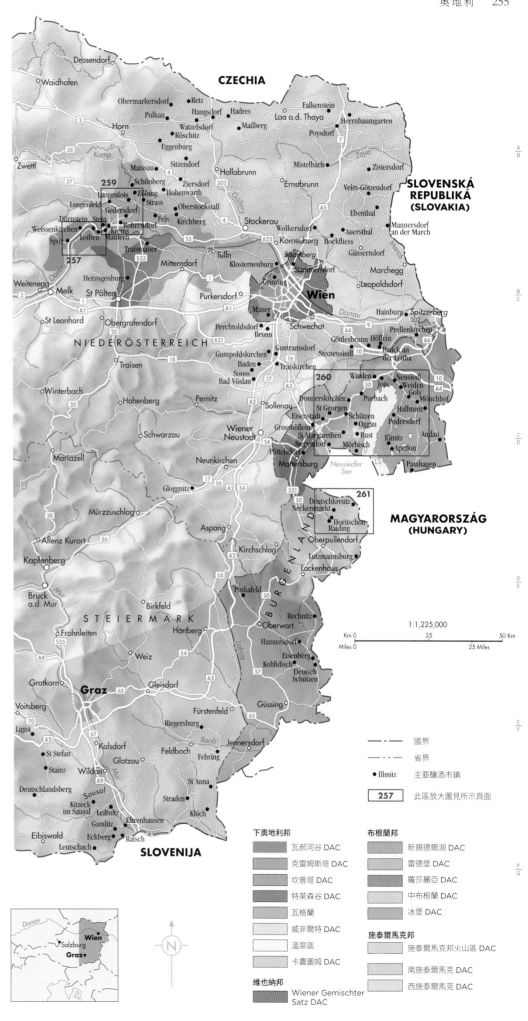

# 瓦郝河谷 Wachau

如果有哪個產區的故事是需要用地圖集來講述的，那它就是瓦郝河谷（Wachau）了，這裡是南北氣候的一個複雜交匯點，是各種不同類型的土壤與岩塊的大拼盤。在距維也納 65 公里之處，寬闊灰白的多瑙河突然進入了滿是葡萄園的山區，有的葡萄園海拔高達 490 公尺。河流的北岸崎嶇，有一小段如同摩塞爾河區（Mosel）或羅第丘（Côte-Rôtie）那樣陡峭，沿著一條從河畔往上至山頂樹林的狹窄小徑，葡萄藤在嶙峋的岩石上錯落有致。有些地塊的土層頗深，但其他的只要稍挖幾下便會觸碰到石頭；有些地塊整天向陽，而有些則難見日光。這就是瓦郝河谷，奧地利最著名的葡萄酒產區，儘管它只有 1,350 公頃的葡萄園，僅占全國葡萄園總面積的 3%。

讓瓦郝河谷的葡萄酒（清一色不甜或較不甜的白葡萄酒）擁有如此特質的原因是地理條件。潘諾尼亞平原夏季的炎熱蔓延到這遙遠的西部，讓直至瓦郝河谷東端的多瑙河溫度升高。這裡的葡萄園單位產量較低，儘管生產者一直都在盡力加以控制，但此處葡萄潛在的酒精濃度可達 15% 甚至更高。夜間，從樹林裡吹來的清新北風為葡萄園帶來了清涼，因此，這裡的葡萄酒也絕不是酒精濃烈但酸度全無的怪物。這些陡峭的梯田葡萄園，每一處的微氣候（microclimate）都不同，這取決於其海拔、朝向、光照、距離樹木和城鎮的遠近，以及其在上游中的位置，在盛夏時或許需要灌溉（降雨量常低於實際天然最低年降雨量 500 公釐），但涼爽的夜晚能帶來些好處，而且多瑙河本身也能發揮調節氣溫的作用。乾燥的氣候也意味著這裡不怎麼需要使用殺菌劑。

綠維特利納（Grüner Veltiner）是瓦郝河谷傳統的葡萄品種，用來釀出該產區最生動活潑的葡萄酒——在最佳狀態時，呈淺綠色、充滿生氣、帶著辛辣。頂尖的酒款已經向世人說明，它們可以像優質的布根地白葡萄酒那樣有趣並具有陳年能力。綠維特利納葡萄適宜在含黃土和砂土的低地上生長，因此，種植者們便在最高最陡的地塊上（山頂不太肥沃的片麻岩上）種植麗絲玲，效果同樣令人振奮。瓦郝河谷產區頂級的麗絲玲，其鋼刃般之鋒利似德國的薩爾產區（Saar），其口感之飽滿如法國阿爾薩斯（Alsace）的特級園。能用以上兩個品種，釀出上乘酒品的酒莊包括：施皮茨（Spitz）的 Hirtzberger、魏森基興（Weissenkirchen）的 Prager、Oberloiben 的 FX Pichler、Unterloiben 的 Emmerich Knoll、Tegernseerhof 家族及 Leo Alzinger、Joching 的 Johann Schmelz、Wösendor 的 Rudi Picher，以及杜倫斯坦（Dürnstein）著名的釀酒合作社 Domäne Wachau。新橡木桶並非此地特色，不過已經有人試著用它來釀造貴腐葡萄酒了。

位於施皮茨地塹（Spitzer Graben）的施皮茨（Spitz）西部地區，受北方冷涼氣候的影響最大，這裡的葡萄農，諸如 Peter Veyder-Malberg、Martin Muthenthaler 以及 Johann Donabaum，充分利用當地的雲母片岩和較低的溫度，釀出了優雅的葡萄酒。而 Loibens（Unterloiben 和 Oberloiben）的氣候甚至比魏森基興明顯溫和許多。Dürnstein 的城堡曾是「獅心王」理查（Richard the Lionheart，即理查一世）被囚之地，這裡就自然環境而言是瓦郝河谷產區的中心，景色冠絕整個河谷。巴洛克式的尖塔、城堡的遺址、波光瀲灩的河流，加上村子裡拾級而上的葡萄園，都是令人無法抗拒的浪漫景致。

長期以來，瓦郝河谷產區最優質的葡萄酒大都產自多瑙河北岸，只有尼克萊荷夫（Nikolaihof）這家酒莊向人們證明，在南岸的毛特恩（Mautern）一帶也可以採用生物動力農法，釀出優質的葡萄酒。但現在，加入尼克萊荷夫行列的已有 Rührsdorf 的 Georg Frischengruber、羅薩茨（Rossatz）的 Fischer 以及來自卡農圖姆（Carnuntum）產區之釀酒師 Johannes Trapl 所負責的 PUR 計畫。

在這 20 公里長的河谷裡，由超過 150 個有著不同名稱的葡萄園，猶如馬賽克般拼湊出葡萄酒產區的景象，而當地人又使用多達 900 個非正式的名字來命名同一片葡萄園內的不同分區。對此，您不要感到吃驚。對這些葡萄園的分界仍爭論不休，以致於無法在地圖上清楚地描繪出來。但如果必須從中挑出一個來介紹的話，那一定是魏森基興東北方的 Achleiten 葡萄園。片麻岩和閃岩的結合，賦予了這裡的葡萄酒充滿礦物感的特徵，這在盲品中很容易就能感覺出來。

## 榮譽守則

瓦郝河谷有一個葡萄酒生產者協會（Vinea Wachau），其成員都必須簽署「瓦郝守則」（Codex Wachau），承諾不從外地收購葡萄，竭盡所能地釀出最純淨與最能代表當地風格的葡萄酒。他們還擁有自己的葡萄酒分類系統，事實上就是當地葡萄酒的口味準則。Steinfeder 指的是口感輕盈、酒精濃度最高為 11.5%、適合儘早飲用的葡萄酒。Federspiel 葡萄酒，則是用稍微成熟一些的葡萄釀造的，酒精濃度為 11.5%~12.5%，適合上市 5 年內飲用。酒標上標示為 Smaragd（當地的綠蜥蜴）的，非常濃郁，酒精濃度通常高於（常常是高於）12.5%，需要陳年 6 年以上才能適飲。瓦郝河谷 DAC 的建立，並不影響這些分類（見第 254 頁的專題），因為它們歸類的模式主要是參考史泰利亞邦的「三層架構」系統（詳見第 255 頁）。然而，有些生產者，尤其是年輕一代的，比如 Pichler-Krutzler 和 Peter Veyder-Malberg，已經踩在浪頭、打破一些常規了，他們想要釀出一款他們自己覺得能完美表達葡萄、葡萄園和年份之每一種組合的葡萄酒，而不是只是崇尚潮流，一味地在成熟度上做文章。Pichler-Krutzler 的個案說明了瓦郝河谷葡萄酒生產者協會對會員的一條限制：如果會員在另一產區擁有葡萄園，其面積不得超過其擁有葡萄園之總面積的 10%，且那個產區要與瓦郝河谷產區相鄰。Pichler-Krutzler 因在布根蘭的冰堡（Eisenberg）擁有葡萄園（Erich Krutzler 的家鄉），使得他們失去成為這個協會會員的資格。

N

右岸毛特恩傑出的酒莊「尼克萊荷夫」（Nikolaihof），在 20 世紀 70 年代就率先實踐了生物動力農法。

KREMSTAL

Heudürr
Schildhütten
KAISER-
BERG
LICHTEN-
ZWERITHALER STEINERIN
BUSCHENBERG
Scheibenhof

WACHAU 512
KLAUS FRAUENGARTEN
WEITENBERG ACHLEITEN
Schreiberberg
VOGELBERG

Krems
Stein

SEIBERBERG
HINTER-
KIRCHEN
Rührsdorf
KIRNBERG
Schlossberg 564
KUMMERSTHAL
Reisperbachtal
GAISBERG ALTEN-
BURG
Hollenburg

Weissenkirchen
HINTER DER BURG
VORDERSEIBER
STEINRIEGL RITZLING
POINT 33
KREUZBERG
Rossatz
ROTHENBERG
SÜSSEN-
BERG
Forthof
STEINER
PFAFFEN
BERG
BURGGARTEN

JOCHINGER
BERG
ZANZL
St Lorenz
SCHLOSSBERG
KELLERBERG
LOIBENBERG
STEINERTAL
MÜHL
POINT
LADOSCHN

PICHLPOINT
366
KOLLMITZ
STEIN-
WAND
Mugler 515
Rossatzbach
STEIGER
FRAUEN-
WEINGÄRTEN
SUPERIN
Dürnstein
HÖHERECK
HOLLERIN
SCHÜTT
HOCH-
STRASSER
KREUTLES
BURGSTALL
Hundsheim
Mautern

GAISBERG
Unterkienstock
OBERHAUSER
TRUM
FRAUEN-
WEINGARTEN
RAUBERN
IM
WEINGEBIRGE
ALTE
POINT
ZAUM

KOLLMÜTZ
Joching
Steinige Ries
KLOSTER-
SATZ
Oberloiben
Unterloiben
GALIZIBERG
Mauternbach
SÜSSENBERG
SCHLOSS-
BERG
SILBERBICHL

Wösendorf
HOCHRAIN
Oberkienstock
DONAULEITEN
Unterbergern
LAACH
Baumgarten
BISCHOFPOINT

ARZENLEITEN KIRCHWEG
DONAUBODEN
3
33

inghof
3
SCHEIBENTAL
Bacharnsdorf
POIGEN
Mitterarnsdorf
FERTHAL
arnsdorf

**圖例**

KREMSTAL　DAC
WACHAU　DAC
TRAUNTAL　已命名的葡萄園（Ried）
　　　　　葡萄園
　　　　　森林
—500—　等高線間距 100 公尺

1:62,500
Km 0 — 1 — 2 Km
Miles 0 — 1 Mile

瓦郝河谷 DAC 大部分優質葡萄酒中所使用的原料葡萄，都產自多瑙河左岸朝陽的陡峭梯田；但產自施皮茨以西涼爽的施皮茨地塹的葡萄，也能釀出非常優雅的葡萄酒。

Krems
Donau
Wien
Melk
Wiener
Neustadt

魏森基興葡萄園的秋景；多瑙河在這裡並不總是那麼藍，有點慵懶，它連接了奧地利、斯洛維尼亞、匈牙利，以及克羅埃西亞、塞爾維亞、羅馬尼亞和保加利亞的葡萄酒產區。

# 克雷姆斯塔與坎普塔 Kremstal and Kamptal

奧地利對世界上熱愛不甜型白葡萄酒者的攻勢始於 20 世紀末，一開始由瓦郝河谷產區打頭陣，但他們很快便發現，鄰近的克雷姆斯塔（Kremstal）與坎普塔（Kamptal）也釀出了品質和風格相似的葡萄酒，而且很多時候價格還比瓦郝河谷的低。施泰因（Stein）和克雷姆斯（Krems）這對雙子鎮所處的位置是瓦郝河谷產區東面的盡頭，是風格非常相似但沒那麼顯眼之克雷姆斯塔（Kremstal）產區的開端。這裡周邊含黏土和石灰岩的葡萄園，賦予麗絲玲和綠維特利納特別的紮實感。幾乎就位於瓦郝河谷內的 Goldberg 和 Pfaffenberg 葡萄園，朝向南面，用這裡的葡萄釀出的酒，風味特別微妙，這與花崗岩和片麻岩土質有關。

克雷姆斯塔產區橫跨多瑙河南北兩側，大部分位於半土半石的柔軟黃土上，這裡有些用綠維

## 奧地利氣泡酒（SEKT）

奧地利如今是一個認真釀造氣泡葡萄酒的國家，它於 2016 年擬定了一份文件，對奧地利氣泡酒的原產地命名（Österreichischer Sekt g.U.）分三個級別進行保護。最基本的一個級別是 Klassik，可以產自奧地利任何一個邦，可以使用任何方法釀製，只要是帶酒渣陳釀至少 9 個月即可；中間的級別是 Reserve，使用傳統法釀製，至少陳釀 18 個月；最高級別是 Grand Reserve，所用葡萄需要來自單一村莊或單一葡萄園，至少陳釀 30 個月。坎普塔可說是最重要的氣泡酒產區，其中的布德梅爾酒莊（Bründlmayer）是先驅，而如今洛雅夢酒莊（Loimer）和歌柏堡酒莊也很有競爭力；克雷姆斯塔的 Malat 和 Sepp Moser 也加入他們的行列。

特利納釀造的葡萄酒頗為有名，同時還生產酒體飽滿的紅葡萄酒。克雷姆斯塔介於引人注目的瓦郝河谷產區，和更為多元化的坎普塔（Kamptal）產區中間。產區內部分地區又高又陡，必須以梯田方式種植，和瓦郝河谷的情形一樣。

在眾多才華洋溢的生產者當中，Malat 和 Nigl 這兩家酒莊生產的是新鮮味美的白葡萄酒，完完全全就如許多瓦郝河谷的葡萄酒那樣濃縮集中。另一家值得注意的是夏洛蒙－翁霍夫酒莊（Salomon-Undhof），它在澳洲南部也有相關葡萄酒產業。Sepp Moser 則是一個坦率直言的生物動力法擁護者，而多瑙河南岸 Gayerhof 酒莊的 Ilse Maier，儘管她不像在瓦郝河谷產區尼克萊荷夫酒莊的姐姐 Christine Saahs 那麼激進，但遵循有機農法原則也已超過 30 年。Stadt Krems 酒莊及葡萄園都歸鎮上所有，由 Fritz Miesbauer 負責管理，出自雄偉壯觀的巴洛克式哥哥特修道院（Gottweig）的葡萄酒也是他釀造的。鎮政府古老的物業中包括了一片始於 12 世紀，名為 Wachtberg 的葡萄園。

坎普塔（Kamptal）是個多產地區，位於克雷姆斯塔與威非爾特（Weinviertel）這兩個產區之間，它出產的葡萄酒是如此地優秀，以致於被稱為奧地利葡萄酒的 K2 峰（K2 峰即喬戈里峰，是世界第二高峰，而瓦郝河谷的葡萄酒則被稱為聖母峰）。坎普塔朝向南邊的葡萄園，以黃土為主，得到山脈的庇護而免受北方冷空氣的侵擾，另外還得益於類似其西邊的坎普塔產區和瓦郝河谷產區的氣候與方位。坎普塔的氣溫比瓦郝河谷高出 1°C 左右，地勢則低一些，能產出濃度相近的麗絲玲和綠維特利納葡萄酒，而其他葡萄品種則稍多一些。對此地造成主要影響的河流不是往東而去的寬闊多瑙河，而是流向南邊的支流坎布（Kamp）河，河水在夜晚帶來較低的溫度，讓葡萄酒通常能更為活潑。

朗根洛伊斯（Langenlois）是此地最重要的產酒中心，幾百年來一直都是一個酒鎮；Zöbing

以 Heiligenstein 葡萄園著稱；而 Gobelsburg 以莊主 Michael Moosbrugger 完美重現巴洛克式風格的歌柏堡酒莊（Schloss Gobelsburg）聞名，他在此酒莊的合作夥伴是朗根洛伊斯的明星釀酒師 Willi Bründlmayer；悠曲曲酒莊（Jurtschitsch）自 2009 年起由 Alwin Jurtschitsch 打理，所釀出的葡萄酒品質非昔日可比；此外赫希（Weingut Hirsch）則引領著潮流，釀造酒體更為輕盈、個性更為鮮明的葡萄酒。

另一個重要的角色是 Fred Loimer，部分原因是因為他那間充滿戲劇效果的「黑盒子」（black box）酒廠。他在地下酒窖裡回歸傳統，試著採用大型橡木桶進行發酵。Loimer 啟發了全新一代的有志年輕釀酒師。在坎普塔產區的頂級生產者中，有相當大比例，比如 Willi Bründlmayer、Johannes Hirsch、Alwin Jurtschitsch、Fred Loimer 等，還有許多許多，都已得到有機農法或生物動力法認證。

在坎普塔、克雷姆斯塔、特萊森谷（Traisental）、瓦格蘭（Wagram）、維也納和卡農圖姆（Carnuntum）這些產區，越來越多的生產者加入了奧地利傳統酒莊聯盟協會（Österreichischen Traditionsweingüter，OYW），這組織如同德國頂尖酒莊聯盟 VDP（詳見第 225 頁）。它成立於 1992 年，旨在對多瑙河地區種植葡萄的傑出地塊進行分級；到 2017 年，共有 61 個地塊被定為一級園（Erste Lage）。

對於到坎普塔進行葡萄酒主題旅遊的人來說，很難不注意到位於朗根洛伊斯的「洛斯恩姆飯店」（Loisium Hotel），它以葡萄酒為主題，有葡萄酒博物館、葡萄酒溫泉，餐廳的酒單上還能找得到窖存完好的 20 世紀 30 年代綠維特利納葡萄酒。

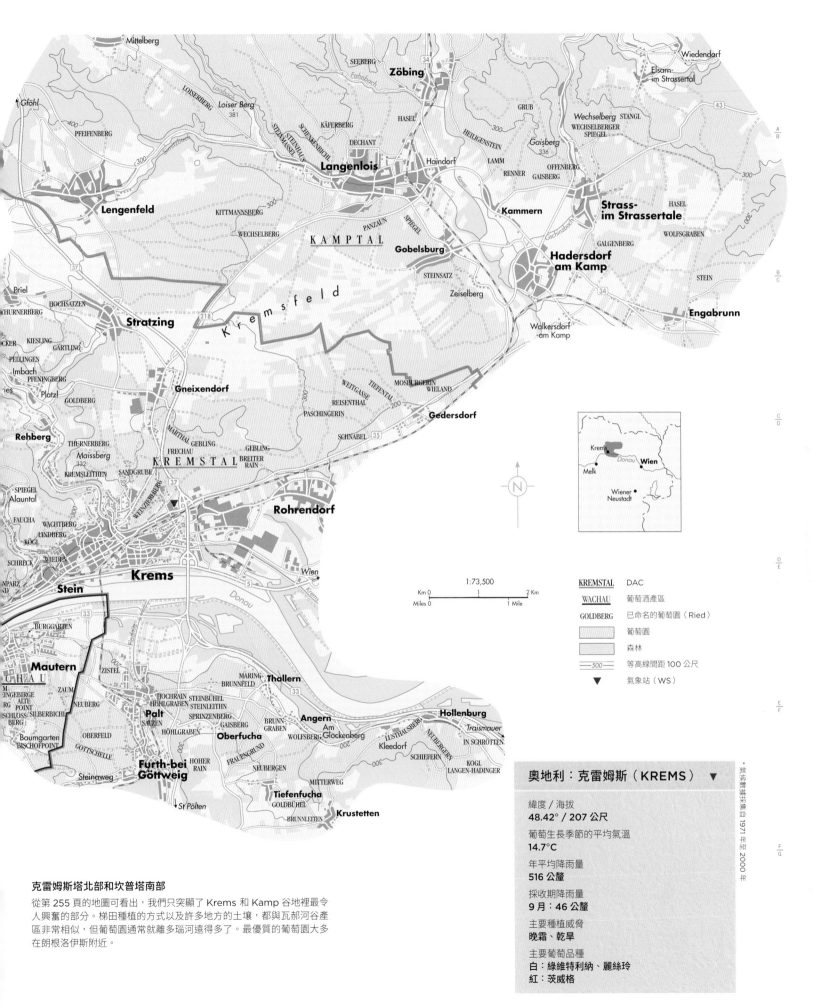

＊氣候數據採集自 1971 年至 2000 年

**奧地利：克雷姆斯（KREMS）** ▼

緯度／海拔
**48.42°／207 公尺**

葡萄生長季節的平均氣溫
**14.7°C**

年平均降雨量
**516 公釐**

採收期降雨量
**9 月：46 公釐**

主要種植威脅
**晚霜、乾旱**

主要葡萄品種
**白：綠維特利納、麗絲玲**
**紅：茨威格**

**克雷姆斯塔北部和坎普塔南部**

從第 255 頁的地圖可看出，我們只突顯了 Krems 和 Kamp 谷地裡最令人興奮的部分。梯田種植的方式以及許多地方的土壤，都與瓦郝河谷產區非常相似，但葡萄園通常就離多瑙河遠得多了。最優質的葡萄園大多在朗根洛伊斯附近。

# 布根蘭 Burgenland

布根蘭（Burgenland）是奧地利第一個整齊一體納入 DAC 體系的邦，這個制度深受奧地利葡萄酒管理當局的喜愛。到了 2018 年，共有 5 個 DAC，即將還會增加一個或兩個，大部分都是紅葡萄酒的產區（可參考第 254 頁專題）。

然而，布根蘭產區最著名的葡萄酒是白葡萄酒，非常甜，大多帶有貴腐風格，其生產過程異常地很有規律。這些白葡萄酒的生產者們選擇在 DAC 體系外獨立運作，寧願在酒標上使用布根蘭這個地區性名稱。這個產區其他不符合 DAC 五個要求中任何一個的葡萄酒，都可以使用布根蘭這個寬泛一點的產地名稱。

新錫德爾湖（Lake Neusiedl）周邊，地勢平坦，土壤常見沙質。這片巨大的沼澤湖長達 36 公里，但水深平均只有 1 公尺。這區域雖令人難以置信，卻成了奧地利最棒的甜白葡萄酒產地，此地多處釀造的紅葡萄酒也越來越令人印象深刻。長久以來，布根蘭更像處於中歐更早的時期——哈布斯堡王朝（Hapsburgs）和愛斯特哈澤家族（Esterhazys）所屬的奧匈帝國年代。事實上，直到 1921 年，布根蘭的公民，以及他們 4,800 公頃的葡萄園，才通過投票的形式讓這裡成為奧地利共和國的一部分。

1945 年前，在湖東的千湖區（Seewinkel）一帶，沼澤池塘之間是很少有葡萄園的，當時那裡的村莊，比如伊爾米茨（Illmitz）和阿佩特隆（Apetlon），附近道路泥濘，沒有電力供應。奧地利於 1995 年加入歐盟時獲得了一筆改善津貼，而在全國所有的邦中，布根蘭獲益最多。現在，全邦的葡萄種植面積達到 13,100 公頃，且全都得到精心照護，其中位於 Seewinke 這一區的葡萄園有 2,000 公頃。布根蘭邦如今已有數百家設備精良、整潔有序的酒莊。

在新錫德爾湖（Neusiedlersee）DAC 的北部和西部，地勢非常平緩，湖的四周長滿了齊腰的蘆葦，湖上的風景少之又少。高度只有 25 公尺的地方，就被尊為山丘了。這聽起來似乎不太像是對一個重要葡萄產區的描述。但秘密就藏在這個淺水湖裡——漫長而溫暖的秋季總是籠罩著薄霧，很適合貴腐菌的生長，讓一串串的葡萄看起來就像是沾滿了灰塵一樣。

已故的阿洛伊斯‧克拉荷（Alois Kracher）曾釀出了一系列品質絕佳，高甜度、酒體飽滿的甜白葡萄酒（通常是精心調配的夏多內和威爾斯麗絲玲混釀），幾乎憑一己之力將伊爾米茨（Illmitz）推上了葡萄酒世界的舞臺。他的兒子

沉著自信地接過了火炬。Angerhof-Tschida 則是伊爾米茨另外一位超級巨星。

布根蘭種植的葡萄品種比奧地利任何一個邦都要多，白皮諾（Weissburgunder）、Neuburger、小粒蜜思嘉葡萄（Muskateller）、歐托內蜜思嘉和施埃博（Sämling 88 [Scheurebe]），這些都是釀酒師感興趣的白葡萄品種。

## 紅葡萄酒成為熱點

布根蘭邦是奧地利紅葡萄酒的主要產區。這裡是奧地利最炎熱的葡萄酒產區，尤其是中布根蘭地區（Mittelburgenland），直接面對來自潘諾尼亞平原的暖熱空氣，因此紅葡萄品種（種植區域的外觀和梅多克很像）每年的成熟度都能獲得保障，而晨霧又能確保了葡萄的酸度。在戈爾斯（Gols）的 Pannobile 集團（由 Hans and Anita Nittnaus 主理）、中布根蘭 Moric 酒莊的 Roland Velich 以及南部的 Uwe Schiefer、Hermann Krutzler（之後是他的兒子 Reinhold）和 Wachter-Wiesler 的帶領下，布根蘭釀出的紅酒比以前更精細，酒精的刺激性沒那麼強烈，木桶味也沒那麼重了。

2009 年時，布根蘭的紅葡萄品種種植面積超越了白葡萄品種。活潑、多汁的藍佛朗克是最受青睞的品種，但茨威格、聖羅蘭、黑皮諾，甚至是梅洛和卡本內蘇維濃也皆有種植。

新錫德爾湖的頂尖紅葡萄酒大多產自兩個地方，一是在遠離湖岸、地勢稍高的東北部戈爾斯周邊；二是在湖的西邊，那裡的土

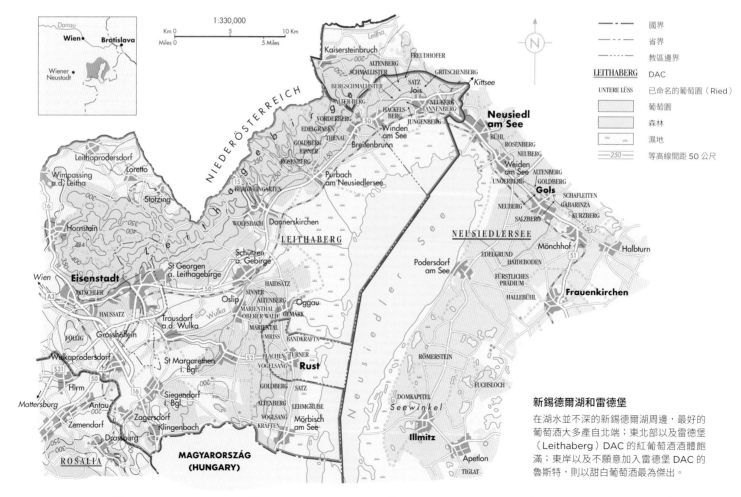

**新錫德爾湖和雷德堡**

在湖水並不深的新錫德爾湖周邊，最好的葡萄酒大多產自北端；東北部以及雷德堡（Leithaberg）DAC 的紅葡萄酒酒體飽滿；東岸以及不願意加入雷德堡 DAC 的魯斯特，則以甜白葡萄酒最為傑出。

壤含石灰岩和片岩，是附近海拔 484 公尺的雷德堡（Leithaberg）山的地質型態。**雷德堡（Leithaberg）DAC** 無疑是奧地利最嚴謹、最能體現風土特色的產區，在這方面只有南布根蘭（Südburgenland）的**冰堡（Eisenberg）DAC** 可以與之一較高下。雷德堡 DAC 的紅葡萄酒，越來越精緻，更具風土特色、更與眾不同，Birgit Braunstein、Prieler 和 Kloster am Spitz 等酒莊的葡萄酒就是最好的實證。已經加入他們行列的酒莊還有 Markus Altenburger，由一對奧地利、西班牙夫婦經營的 Lichtenberger-González、Leo Sommer、Franz Pasler（如今已由他的兒子 Michael 接手）和從事生物動力農法的 Schönberger 等。像是 Paul Achs、海維克（Gernot Heinrich）、Hans 和 Anita Nittnaus、Juris 以及 Umathum 等酒莊，一直都是新錫德爾湖其他紅葡萄酒的榜樣。

### 「貴族甜酒」奧斯伯赫甜酒（Ausbruch）之鄉

　　布根蘭歷史上最著名的葡萄酒來自新錫德爾湖山區（Neusiedlersee-Hügelland）風景如畫的村莊**魯斯特（Rust）**、Feiler-Artinger、Ernst Triebaumer 和 Heidi Schröck 是這裡的領軍人物。魯斯特放棄加入在地質上相同的雷德堡 DAC，所出產的葡萄酒只在酒標上標示 Rust，而其「TBA 貴腐逐粒精選葡萄酒」（Trockenbeerenauslesen）的正式名稱是歷史上所使用的 Ruster Ausbruch。魯斯特的葡萄酒生產者還把弗明（Furmint）當作他們的特色品種，並常常（小量）地用在甜葡萄酒中。用弗明釀造的不甜葡萄酒也可見於魯斯特，溫澤爾酒莊（Michael Wenzel）無論是釀造不甜的還是甜的葡萄酒，都相當成功。

　　向東傾斜一直延伸到普巴赫（Purbach）、多內爾斯基興（Donnerskirchen）、魯斯特及默爾比施（Mörbisch）等地的葡萄園，因為地勢較高，跟湖岸東邊的葡萄園相比，離水面遠一點，所以感染貴腐黴菌的機會也較少。大量的紅葡萄酒產於此地以及往西幾乎遠至維也納新城（Wiener Neustadt）和往南越過馬特斯堡（Mattersburg）的地區（可參考第 255 頁地圖）。蔻日溫茲莊園（Römerhof）位於大赫弗萊因（Grosshöflein），該酒莊的 Andi Kollwentz 被認為是奧地利最好的全能型釀酒師。

　　**羅莎麗亞（Rosalia）DAC** 建立於 2018 年，填補了雷德堡和**中布根蘭（Mittelburgenland）**兩個 DAC 之間的空白。羅莎麗亞是第一個既釀造粉紅酒又釀造紅葡萄酒的 DAC，其紅葡萄酒釀自葡萄品種藍佛朗克或茨威格。

　　緊鄰新錫德爾南部的中布根蘭產區，每兩株葡萄藤中就有一株是藍佛朗克，這個品種是**中布根蘭產區 DAC** 鍾愛的，它確實也在此地展現了自己的特色。用這個充滿活力的紅葡萄品種釀成的酒，酒質也越來越精緻，常常是單一園的，最好的酒莊除了 Moric 之外還包括 Albert Gesellmann、Hans Igler、Kerschbaum 和 Weninger。中布根蘭產區的東北部最重要，可參考上面的地圖。

### 中布根蘭產區的東北部

在與匈牙利接壤的地區，有一個得天獨厚的紅葡萄酒生產中心，藍佛朗克這個品種在這裡表現良好，讓人們對這個非常成功的奧地利（以及匈牙利）葡萄品種產生了新的敬意。它相對高的酸度正可消解來自潘諾尼亞平原的暖熱。

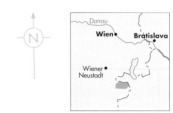

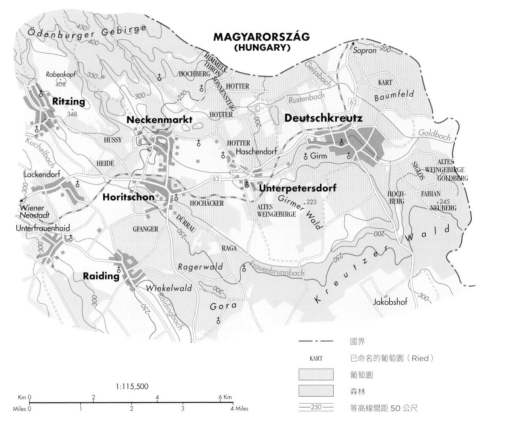

KART　已命名的葡萄園（Ried）

　　　葡萄園

　　　森林

250　等高線間距 50 公尺

──·──　國界

1:115,500

Km 0　　　2　　　4　　　6 Km
Miles 0　　1　　2　　3　　4 Miles

　　南布根蘭產區，在湖的南面，是一個更廣泛的葡萄酒產區，包括了**冰堡（Eisenberg）DAC**，藍佛朗克在這裡同樣也是主打品種。這裡的葡萄酒，比中布根蘭產區的要清淡些，有著特別的礦石和辛香味，這是因為土壤裡含鐵量較高，特別是在德意志許岑－艾森貝格（Deutsch Schützen-Eisenberg）附近。最好的生產者是 Krutzler 家族，他們最有名的酒款是 Perwolff；而 Uwe Schiefer 酒莊的單一葡萄園 Reihburg 的藍佛朗克也非常有名。此外 Wachter Wiesler 和 Kopfensteiner 等酒莊的出品也是令人趨之若鶩的。年輕一代的生產者興起了釀造白葡萄酒的潮流，這也很迷人，他們不僅釀出了很有趣的白皮諾，還釀出了不甜的威爾斯麗絲玲葡萄酒，威爾斯麗絲玲葡萄來自雷希尼茨（Rechnitz）的老藤。

魯斯特的鸛（送子鳥）巢，這景象在中歐地區相當常見。這個如畫一般的村莊，以其甜葡萄酒奧斯伯赫甜酒（Ausbruch）聞名，到目前為止，根據當地投票結果，仍拒絕進入 DAC 體系。

在匈牙利最受歡迎的度假勝地巴拉頓湖畔，別墅和飯店鱗次櫛比，這裡的葡萄園與歐洲最大的湖泊近在咫尺。

# 匈牙利 Hungary

幾個世紀以來，匈牙利已建立了極具特色的美食及美酒文化，其原生葡萄最是多樣，在德國以東的國家中，它的葡萄酒法規與傳統也最為周全。在慣常地追逐過國際品種之後，匈牙利本地眾多白葡萄酒品種的特色——目前以弗明（Furmint）為主——已經被視為強項而不是弱點。然而，這卻不足以阻遏匈牙利葡萄園的面積在 2018 年之前的 10 年裡縮減了一半，降到了 60,000 公頃，這是因為匈牙利的葡萄酒，在民族自豪感驅使下的高定價，很難找到出口市場。

典型的傳統匈牙利葡萄酒是白葡萄酒（或說是暖金色的），辛香味重。如果是好酒，嚐起來非常濃郁，未必是甜的，不過非常熱情，甚至有些猛烈。這樣的葡萄酒，適合搭配清淡型葡萄酒所難以勝任之更為辛香、油膩的料理，也就是匈牙利人用以抵禦寒冬的食物。雖然匈牙利的氣候比起多數地中海地區來得冷涼，生長季也較短，但秋天的氣溫比起歐洲大陸很多地方都還要溫暖，因此葡萄在這個時候得以成熟。

南部地區的年均氣溫最高，在佩奇（Pécs）市附近可達 11.4°C；而北部地區的年均氣溫最低，在肖普朗（Sopron）鎮會低至 9.5°C。匈牙利地處喀爾巴阡盆地（Carpathian Basin）的中心，幾乎全國所有的傳統葡萄酒產區（可參考第 264 頁的「多凱」）都是在高地的保護下逐漸發展起來的；各種不同的地形形成了一系列的中氣候，這反映在每一個產區葡萄酒的多樣性上。

匈牙利最重要的葡萄品種，首推結構緊湊、活潑、有陳年能力的弗明，還有口感柔軟一些、香氣更濃的萊姆菩提葉（Hárslevelű，也譯為「哈斯萊威路」），這兩個都是多凱產區（Tokaji）的主要葡萄品種，但並不局限於該區。另外還有非常不同的葡萄品種：更清淡、香氣強且活潑的「靈娜卡」（Leányka，即羅馬尼亞的 Fetească Albă），以及有更多新鮮葡萄香氣的「棒珠」（Királyleányka，羅馬尼亞語為 Fetească Regală）。其他典型的匈牙利葡萄品種還包括巴拉頓湖（Lake Balaton）產區的藍尼露（Kéknyelű，意為「藍色果梗」）；出於莫爾（Mór）產區，清新甚至有點尖酸的「艾澤嬌」（Ezerjó）；索姆洛（Somló）產區的「優法克」（Juhfark，意為「羊尾」），它的風格很樸素，且由於氣候變遷，用這種葡萄釀造的葡萄酒正逐漸變得柔和。也有一些「血統純正」的匈牙利葡萄品種，雖然它們種植範圍沒那麼廣泛，或者不那麼被看好，包括梅澤斯費赫（Mézes Fehér）、巴卡多（Bakator）、布黛澤（Budai Zöld）、派茲（Pintes）、Sárfehér 和克薇丁卡（Kövidinka）。此外，在日常飲用的白葡萄酒中，有用白蘇維濃及流行的雜交品種「伊爾塞奧利維」（Irai Olivér，也作為鮮食葡萄）釀造的；而歐拉麗絲玲（Olaszrizling，「威爾斯麗絲玲」）、夏多內和灰皮諾（Szürkebarát）則更常與酒體飽滿且帶用橡木桶氣息的酒款有關。

早在 15 世紀初，皮色深黑的葡萄和紅葡萄酒就被引進匈牙利；到了 18 世紀，隨著士瓦本公國（Swabian）和德國的種植者定居匈牙利，葡萄種植迎來了第二波浪潮。這些葡萄品種，除了卡達卡（Kadarka，在保加利亞稱為加姆澤 [Gamza] 是一個明顯的例外，大多都用於釀造清爽、適合儘早飲用的紅葡萄酒。第二波，時序較接近現在的引進品種，當然少不了各種卡本內和梅洛。在匈牙利，紅葡萄品種至今都是不多的，大都種植在艾格爾（Eger）、肖普朗（Sopron）、塞克薩德（Szekszárd）和維拉尼（Villány）等產區。藍佛朗克（Kékfrankos，在奧地利被稱為 Blaufränkisch）是種植最為廣泛的紅葡萄品種，非常具有潛力，它天然的清爽，正可消解潘諾尼亞的溫熱，幾乎在每個產區都有種植，而在塞克薩德、肖普朗、艾格爾和馬特勞（Mátra）這幾個產區的表現尤為出色。用卡達卡這個品種釀出的葡萄酒，辛辣、有點酸，在塞克薩德產區的表現最好。這個品種也作為調味配角，用於塞克薩德和艾格爾產區的混釀葡萄酒「公牛血」（Bikáver）當中。

匈牙利的葡萄園有半數位於方便機械耕作的大平原上，這大平原在多瑙河與中南部的蒂薩（Tisza）河之間，有如今名為**昆薩格（Kunság）**、**瓊格拉德（Csongrád）**和 **Hajós-Baja** 等產區。這裡的沙質土壤除了用來栽種葡萄藤，對於其他作物的用處不大。大平原生產的葡萄酒，以歐拉麗絲玲和艾澤嬌（Ezerjó）釀製的白葡萄酒為主，還有一些藍佛朗克和卡達卡釀的紅葡萄酒，這些都是匈牙利人的日常餐酒；然而像 Frittmann Testvérek 這樣的釀酒廠，也證明了釀造更優質的葡萄酒並非不可能。匈牙利較優質的葡萄園分布在西南東北走向的山丘裡，以多凱產區（詳見第 264 頁）為終點，並達至最高峰。

## 南方的風味

在塞克薩德、維拉尼、佩奇（Pécs）和托爾瑙（Tolna）等氣候溫暖的南部產區，紅白葡萄品種皆種植。卡達卡這個品種歷史悠久，而藍佛朗克這個品種也有深厚的關係。位於最南端且氣候最溫暖的**維拉尼（Villány）**產區，率先生產酒體飽滿的紅葡萄酒，在趣味性及複雜度上不斷提升。而北部的艾格爾產區，深受國外葡萄酒愛好者青睞，常見於布達佩斯頂級酒的酒單。像基爾亞提拉（Attila Gere）、Malatinszky、Ede Tiffán、博克（József Bock）、薩司卡（Sauska）與維蘭尼（Vylyan）等酒莊 / 釀酒廠，它們所釀造的卡本內蘇維濃、卡本內—弗朗（最為重要）與梅洛葡萄酒，在當地擁有大量的粉絲；這些品種有時還會與藍佛朗克或茨威格，甚至是葡萄牙人（Portugieser，又被稱為 Kekoporto）等品種混釀，最後獲得一種匈牙利的代表性風情——馬札爾（Magyar）。早期對成熟度和橡木桶的過分追求，釀出了一些讓人難以恭維的葡萄酒，但隨著經驗的累積，情況很快就得以改善。在**塞克薩德（Szekszárd）**產區的山坡上，深厚的黃土產出了很有結構感的藍佛朗克、卡達卡、梅洛與卡本內。這裡有名的酒莊有海曼（Heimann）、Sebestyén、Takler、Vesztergombi 以及維達（Vida）。塞克薩德產區還生產「公牛血」（Bikavér）這種葡萄酒，它以藍佛朗克、卡達卡混釀，通常還會加入波爾多紅葡萄品種。

「公牛血」這種葡萄酒的名字來自塞克薩德產區，但艾格爾（**Eger**）產區也會使用，這是一款以藍佛朗克葡萄為主的混釀紅葡萄酒。艾格爾的「公牛血」曾是聞名於西方世界的匈牙利葡萄酒，這款酒色深紅的葡萄酒在販售時候即以「公牛血」（Bull's Blood）為名。艾格爾產區位於匈牙利東北部馬特勞（Mátra）山的最東端，是匈

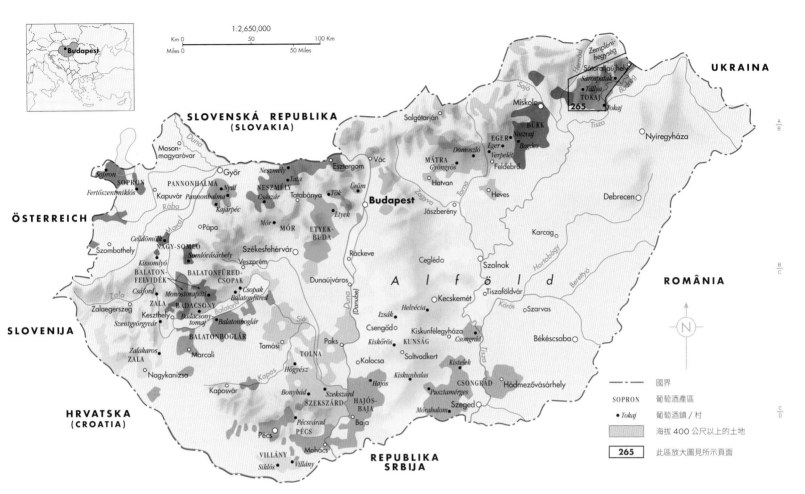

牙利最重要的葡萄酒生產中心之一。這座巴洛克風格的城市擁有許多巨大的酒窖，是在山上柔軟深色的凝灰岩裡，所挖出來、蔚為壯觀的洞穴。成百上千個讓時間燻得黑亮的橡木桶，直徑達 3 公尺，外周箍上鮮紅的鐵圈，在 13 公里長的隧道裡一字排開。在這些橡木桶裡陳釀和熟成，能明顯地讓這款傳統的葡萄酒不再那麼濃稠。進入 21 世紀，這裡紅葡萄酒的釀造出現了復興。聖安德烈酒莊（St.Andrea）、尼莫酒莊（Kovács Nimród）、Thummerer 酒莊以及已故釀酒師 Tibor Gál 的 GIA 酒莊（現由他的家族接手）是艾格爾產區新潮流的代表。「公牛血」在這些酒莊中只是諸多紅葡萄酒與白葡萄酒中的一種，它們還釀出了一些相當不錯的黑皮諾。

在艾格爾的西部，沿著馬特勞山脈南向的山坡，是匈牙利第二大葡萄酒產區**馬特勞（Mátra）**，以珍珠市（Gyöngyös）為中心。白葡萄酒占其產量的 80%，但在發展得比較成熟的歐拉麗絲玲、塔明那（Tramini）及夏多內白葡萄酒外，也出現了一些精心釀造的藍佛朗克和卡達卡紅葡萄酒。

在最西端接近奧地利國界的，是釀造紅葡萄酒的**肖普朗（Sopron）**產區，主要種植藍佛朗克，這個品種因 Franz Weninger 等生產者而重獲新生。Franz Weninger 來自國界那頭的奧地利布根蘭邦，他在這裡重新開發了最好的葡萄園，並帶動了當地的 Luka、普菲尼斯（Pfneiszl）以及 Ráspi 等酒莊。

在肖普朗產區以東，是**奈斯梅伊（Neszmély）**產區，以使用傳統的葡萄品種釀造不甜白葡萄酒而著名；但如今有一些非常新潮的酒莊，以出口為導向，釀造出了一系列完全使用國際品種的葡萄酒，最有名的酒莊是 Hilltop。**艾傑克－布達（Etyek-Buda）**，就位於布達佩斯的西部，是以國際風格為主的另一個白葡萄酒重要產區；它還生產氣泡酒，相當數量的氣泡酒產自首都南部的 Budafok。Garamváry 稱得上是最好的酒莊。傑瑟夫酒莊（József Szentesi）與全國各地其他小酒莊合作，用偏職人工匠的傳統法釀造氣泡酒。

格萊茵巴赫（Kreinbacher）、可若尼（Kolonics）、Spiegelberg、Tornai、Somlói Apátsági Pince 和旅行者（Somlói Vándor）等是位於巴拉頓湖北部火山**索姆洛（Somló）**產區的頂級酒莊，其中格萊茵巴赫酒莊尤以經典的氣泡酒聞名。在這裡，用弗明、萊姆菩提葉（Hárslevelű）、歐拉麗絲玲這些品種，以及稀有傑出的優法克（Juhfark）葡萄所釀出的葡萄酒，堅實並富有礦物質氣息。在索姆洛產區東北方的是**莫爾（Mór）**產區，黏土－石灰岩的土質讓用艾澤嬌這個品種釀出的酒酸度高、味道重，但有時又有甜酒的風格。這兩個都是匈牙利的「歷史葡萄酒產區」。

巴拉頓湖除了是歐洲最大的湖泊之外，對匈牙利人還有一種特別的意義。對一個內陸國家來說，這個湖泊就是他們的「海洋」，是主要的觀光景點。湖邊到處可見避暑別墅與度假村，餐廳裡飄出來的香氣令人垂涎欲滴。那裡氣候宜人，遊客如織。巴拉頓湖北岸坐擁所有優勢，朝南、日照充足，又避開了冷風，大量的湖水還具有調節氣溫的作用，真是一個種植葡萄的好地方。

這裡葡萄的特殊品質，來自於氣候，也來自於沙質土壤和從原本的平地上冒出之火山殘塊（以 Badacsony 山最出名）的結合。陡峭的玄武岩山坡，利於排水，也可吸收和保存熱量。除了在能生產貴腐甜酒的特別年份（主要原料葡萄為 Szürkebarát，即灰皮諾），這裡大部分的葡萄酒都是不甜的，其強烈的礦物質氣息，在與空氣接觸後更加明顯。歐拉麗絲玲是常見的白葡萄品種。來自萊茵河的麗絲玲以及藍尼露（Kéknyelű）也表現不俗。

巴拉頓湖區被分為四個法定產區。在北岸，**巴達克索尼（Badacsony）**是傳統的產區，Bence Laposa、Szeremley、Endre Szászi、Péter Váli、Sabar、2HA、Villa Tolnay 和 Villa Sandahl 是這裡最著名的生產者；另外還有**巴拉頓佛瑞－喬保克（Balatonfüred-Csopak）**產區，值得留意的生產者有 Mihály Figula、István Jásdi、Szent Donát、Petrányi 和 Guden Birtok。頂級的歐拉麗絲玲葡萄酒在酒標上有 Csopak Kodex 的字樣，這是一個品質導向的產區命名系統。至於南岸的**巴拉頓博格拉爾（Balatonboglár）**產區，則以 Chapel Hill 這個品牌聞名於出口市場，最好的生產者是 János Konyári、Ottó Légli、Géza Légli 以及與 Vencel Garamvári 合作，既生產靜態酒又生產氣泡酒的 IKON。西邊偏遠的多處葡萄園匯集起來，就成了**佐洛（Zala）**產區，其最好的生產者是 Lászlo Bussay。

# 多凱 Tokaj

「傳奇」一詞用於形容多凱（Tokaji）葡萄酒的次數，比其他任何葡萄酒都多（Tokay 是舊英文和法文的拼法；這種葡萄酒的名稱源自 Tokaj 鎮，詳見下頁地圖的下方）。這是有充分的理由的。多凱是一段延續了 400 年的傳奇，盡管其品質在共產主義領導後的幾十年間，曾一度黯然失色。

歷史告訴我們，華麗的多凱「阿蘇」（Aszú）甜酒，最初於 1630 年由 Szepsy Lackó Máté 釀成。Szepsy Lackó Máté 是 Rákóczi 家族的牧師，該家族有一個葡萄園，名為 Oremus。Szepsy Lackó Máté 用被貴腐菌感染過的葡萄釀出的這款酒，絕非偶然所得，而是有意為之。1703 年，外西凡尼亞（Transylvania）的愛國王子 Rákóczi，就是用多凱葡萄酒打動了路易十四，從而獲得了支持，得以與哈布斯堡王朝的統治者對抗。彼得大帝與凱薩琳大帝讓哥薩克（Cossack）騎兵留守多凱鎮，以確保多凱葡萄酒可以源源不斷地供應給聖彼得堡；他們還深信多凱葡萄酒的回春功效，甚至把酒擺放在床邊。

特意用受貴腐菌感染的葡萄釀成葡萄酒，多凱（Tokaji）是首創，時間比德國的萊茵產區早一個多世紀，比法國的索甸（Sauternes）產區大概早兩個世紀。多凱特有的自然條件，有助於貴腐菌的生成及葡萄的乾縮，讓葡萄的糖分、酸度以及香味高度集中。

澤姆普蘭（Zemplén）山脈是由火山作用形成的，在大平原的北緣突兀地隆起。博德羅格（Bodrog）和蒂薩（Tisza）兩條河流匯合於山脈的南端，該處的禿峯（Kopasz）山又稱多凱山，聳立在多凱與陶爾曹爾（Tarcal）之上。夏天從平原吹來的暖風、山脈的屏障以及因河流而升騰的秋霧，都有助於貴腐黴菌的生長。10 月通常都是陽光普照的好天氣，但在 2008 年至 2013 年，這一地區遭受了貴腐菌的「旱災」。

目前多凱產區的三個葡萄品種中，大約有 70% 是晚熟、口感尖銳、皮薄的弗明，非常容易感染貴腐菌。另外的 20%~25% 是萊姆菩提葉，不太容易被感染，但糖分高，香氣豐富。因為在大部分葡萄園裡，這兩個品種都是混種的，所以傳統上會被一起採收、榨汁以及發酵。至於剩下的 5%~10% 則是小粒白蜜思嘉（Muscat Blanc à Petits Grains），當地稱為 Sárga Muskotály，可在混釀中作為調味，就像索甸產區的密思卡岱（Muscadelle）一樣；也可以拿來釀成單一品種

葡萄酒，很華麗，獨具特色；如今甚至還用其釀造清淡的不甜葡萄酒。

多凱產區（正式名稱為 Tokaj-Hegyalja）葡萄園的首度分級是在 18 世紀初期，分為一級、二級、三級葡萄園，剩下的就是一些未入級的葡萄園。1737 年皇家頒布的法令，使這裡成為世界上第一個邊界明確的葡萄酒產區（可參考第 40 頁）。地圖上標出了這個產區的主要村鎮（總共有 27 個；Makkoshotyka 位於圖上區域以北），產區的山坡形成一個寬闊的 V 字，朝向南、東南或者西南。最北端的火山土和黃土造就了雅緻的「阿蘇」（Aszú）甜酒。這裡正是當初 Rákóczis 家族的 Oremus 葡萄園之所在，是所有的阿蘇甜酒的源頭。新的 Oremus 酒莊，現由西班牙的 Vega Sicilia 酒莊擁有，已經南遷至 Tolcsva 村。

在沙羅什保陶克（Sárospatak），河畔矗立著壯麗的拉科奇（Rákóczi）城堡，Megyer 和 Pajzos 是兩個首批私有化的葡萄園。Kincsem 是托爾奇沃（Tolcsva）最好的葡萄園，它的名字源於匈牙利最偉大的一匹賽馬。直至今日，國營酒莊 Grand Tokaj 仍大量地從當地小農戶的手中收購葡萄（不一定是品質高的），它是這一帶最大的葡萄酒生產者。

歐洛斯利斯考（Olaszliszka，Olasz 的意思是「義大利的」）是一處 13 世紀義大利人的移

## 多凱葡萄酒的種類

多凱阿蘇甜酒的釀造分為兩個階段，工藝獨特，因融合了甜美、酸度和奔放的杏桃類水果香氣而聞名於世。採收於 10 月底開始進行，皺縮的阿蘇葡萄和沒有感染黴菌的多汁葡萄一起採收，但分開存放。後者隨後要進行榨汁、發酵，被釀成多種不甜或半甜的葡萄酒，包括強勁的基酒。同時阿蘇葡萄則是堆放在一起，這些幾近乾透的葡萄，輕柔地自然擠壓出甜液到令人難以置信的 Eszencia（含糖量高達每升 850 克），當地人把這甜液集儲下來，尊為寶藏（見下圖）。

採收結束後，釀酒師會將破碎或者沒有破碎的阿蘇葡萄，在新鮮的葡萄汁，又或在半發酵或全發酵的基酒裡，浸泡 1-5 天，比例大概是 1 公斤液體浸泡 1,000 克葡萄，然後才進行壓榨。在發酵的過程中，要對糖分以及酒窖溫度的組合進行調控（糖分越高，溫度越低，發酵速度越慢）。最飽滿最精緻的葡萄酒，其天然的含糖量最高，酒精濃度因年份而異，在 9%~10.5% 之間。

甜度在傳統上是這樣計量的：在每橡木桶（136 公升裝）的基酒中，加入了多少 puttonyos（當地採收葡萄所用的筐，滿筐是 20 公斤）的阿蘇葡萄。不過今日的甜度計量通常已用每公升多少克殘糖來表示了；而酒液的發酵則在大小不一的橡木桶中，有時甚至是在不銹鋼容器中進行。如今這種葡萄酒，若不是 5-puttonyos 阿蘇，就是 6-puttonyos 阿蘇，即糖度大概在每公升 150 克到超過每公升 200 克（有時更高），其複雜度、表現力，跟甜度一樣重要。傳統上，阿蘇貴腐甜酒的陳年時間要長一些，但裝瓶時間提前的情況變得越來越普遍，如此一來，上市的酒在年輕時更為清新，但要陳年的話仍很有潛力。如果不加任何阿蘇葡萄，釀出的葡萄酒叫薩摩羅尼（Szamorodni，波蘭語，意為「原本如此」），它的葡萄會和被貴腐菌感染的葡萄一起採摘和破碎。此外，Száraz（不甜）比較像是清淡型的雪莉酒，而 Edes（頗甜）就是另一種風格的了。在酒標上使用遲摘型（Late Harvest，匈牙利語為 Kès.i szüretelès）一詞，現已成為規定，這使本已複雜的酒標更加繁複。這類自然的甜酒可能只是用晚收的葡萄釀成，但更常是和被貴腐菌感染的葡萄一起釀成，相對於阿蘇甜酒，其陳釀時間要短一些。

**Eszencia** 是最為奢華的多凱葡萄酒，甜度非常高，簡直難以發酵。它集中了葡萄的所有精華，如絨般柔軟、如油般潤滑、如桃子般清香，沁人心肺，餘韻繚繞。Eszencia 的酒精濃度是所有葡萄酒中最低的，如果您還認為它是葡萄酒的話。怎麼陳年都不嫌長。

多凱正在重新發掘出高品質的**不甜葡萄酒**，作為其日趨重要的第二個系列，不甜的弗明（Furmint）葡萄酒就是其中的佼佼者，這些酒有趣獨特：含著內斂、酒體要慢慢才能舒展開來，帶著非常明顯的中歐貴族風範。在過去，這種基本上就是薩摩羅尼（Szamorodni）了。我們完全可以期待，將會有更多這一類型的葡萄酒，它們也將成為匈牙利的獨特貢獻。一方面受到阿蘇甜酒大有改進的釀造技術啟發，另一方面是這種甜酒在銷售上的難度仍然很大，受此影響，多凱產區大部分的生產者現在都推出不甜葡萄酒，所借用的是三四百年前這種酒在多凱的重大影響力。越來越多的單一園葡萄酒湧現，充分說明了在 18 世紀對葡萄園的分級是多麼的精準和明智。

居地，據說是義大利人把葡萄酒釀造工藝帶到了此地。這裡的土壤是混有石塊的黏土，出產的葡萄酒比較強勁。艾爾德貝涅（Erdöbénye）的上方有片橡樹林，是製作橡木桶的原料來源地。塞吉隆格（Szegilong）有一些列級葡萄園，目前正在復甦當中。博德羅格凱賴斯圖爾（Bodrogkeresztúr）和多凱都在河邊，貴腐菌的生成最為穩定。

從多凱開始，沿著禿峯山（Kopashegy）的南側進入 Tarcal，陡坡上受到屏障的葡萄園堪稱這個產區的金丘；這裡有許多昔日有名的葡萄園（最有名的是 Szarvas），穿過 Tarcal 到馬德（Mád）的路上，這樣的園子仍一個接著一個，比如 Terézia 和特級園 Mézes Mály（意為蜂蜜罐）。在邁澤宗博爾（Mezözombor），Disznókö 是 20 世紀 90 年代初最早被私有化的葡萄園之一，已由法國的 AXA 集團大張旗鼓地進行了重建。馬德是以前的葡萄酒貿易中心，擁有著名的

一級葡萄園 Nyulászó、Szt Tamás、Király、Úrágya 和 Betsek，以及位於陡坡上已遭棄置的 Kővágó 葡萄園。在馬德附近的拉特考（Rátka）和塔爾堯（Tállya），也有著由火山形成、幾乎相同的地理條件，只是稍微涼爽一些，其中一些葡萄園也具有類似的潛力。

目前所有的努力都集中在：降低葡萄園的單位產量；釀造單一園葡萄酒，以表達其獨特的風土特徵。一級園的名字又重新為人們所熟悉。隨著葡萄酒生產重返正軌以及回歸過去的榮光，多凱產區在 2002 年被聯合國教科文組織認定為世界文化遺產。有些人看到甜酒的銷售不暢，便進行了一些變革，包括德蕾拉酒莊（Chateau Dereszla）滿懷抱負、專門釀造氣泡酒的新計畫、另外還有由政府資助、鼓勵當地年輕釀酒師的計劃，以及法國人 Samuel Tinon 在這裡釀造的受「酒花」影響（flor-influenced）的不甜「薩摩羅尼」（Szamorodni）葡萄酒。

如果要說目前多凱葡萄酒的復興有誰是代表人物的話，當屬 István Szepsy，他精益求精，堪稱楷模。而如果要說問誰是多凱葡萄酒在國際市場的領軍者，那便是 Royal Tokaji 酒莊，它由休·詹森（Hugh Johnson，本書的創始人及共著者）等人於 1990 年在馬德創立，這是匈牙利在新體制下的第一間獨立酒莊。而率先重新在酒標上標示葡萄園名稱的，也正是 Royal Tokaji 酒莊。

## 多凱最好的葡萄園

多凱葡萄酒的生產從國有回歸到私有，那些私人業主都有志於用葡萄酒來表達產區獨特的風土特色，因此葡萄園的名字變得越來越重要。

**多凱：多凱（TOKAJ）** ▼

緯度／海拔
**48.10°／133 公尺**

葡萄生長季節的平均氣溫
**15.8°C**

年平均降雨量
**620 公釐**

採收期降雨量
**10 月：41 公釐**

主要種植威脅
**秋雨、灰黴病**

主要葡萄品種
**白：弗明、萊姆菩提葉、Sárga Muskotály**

# 捷克與斯洛伐克 Czechia and Slovakia

捷克的葡萄酒產業規模不大，連本地需求也難以滿足。但自從 30 年前政治經濟變革以來，在品質方面取得了巨大的進步。斯洛伐克的氣候溫暖一些，葡萄園差不多如捷克的一樣，所產的葡萄酒更成熟、更強壯。

## 捷克（Czechia）

捷克的葡萄酒可能會在酒標上標示葡萄品種，並總是會以德國的方式標示成熟度。7 個法定產區（VOC）於 2017 年建立。

波希米亞（Bohemia）是布拉格的腹地，擁有大約 650 公頃葡萄園，主要是在易北（Elbe，又稱拉貝 [Labe]）河右邊沿岸。玄武岩和石灰岩能賦予葡萄酒一些特性，尤為明顯的是梅尼爾克（Mělník）的黑皮諾、羅烏德尼采（Roudnice）的 Svatovavřinecké（即奧地利的聖羅蘭 [Sankt Laurent]）、大熱爾諾瑟基（Velké Žernoseky）的麗絲玲（Ryzlink Rýnský）。摩斯特（Most）則出產專供猶太教徒享用的猶太潔淨酒（Kosher wines）。

摩拉維亞（Moravia）的葡萄園占地 16,530 公頃，到目前為止，捷克的葡萄酒大部分產自這裡。此處帕拉瓦（Pálava）山溫暖的石灰岩斜坡，在當地以草木多樣茂密著稱，以威爾斯麗絲玲（也叫 Ryzlink Vlašský）和夏多內聞名，這兩個品種釀成的是次產區 Mikulovsko 的旗艦葡萄酒。另一個次產區 Znojemsko 最好的葡萄酒有清新的白蘇維濃，特別是來自 Kravák 園的；還有 Veltlínské Zelené（即「綠維特利納」）和麗絲玲；黑皮諾的

前景也看好，特別是來自 Stapleton-Springer 的。

捷克次產區典型的白葡萄酒是麗絲玲和白皮諾的混釀，以 VOC Blatnice 的名義銷售；但這個地方主要種植的是紅葡萄品種茨威格、Frankovka（即奧地利的藍佛朗克）和 Cabernet Moravia（最近在當地用茨威格和卡本內－弗朗雜交而成）。在次產區 Velkopavlovicko，同樣以紅葡萄品種為特色。最頂級的紅葡萄酒以法定產區 Modré Hory 之名出現，釀自葡萄品種 Modrý Portugal（葡萄牙人）、Frankovka 和 Svatovavřinecké。

在所有這些次產區裡，都會用芳香的 Moravia 雜交品種 Pálava 白葡萄（格烏茲塔明那和米勒－土高）和摩拉維亞蜜思嘉（Moravian Muscat，用歐托內蜜思嘉和 Prachtraube 雜交而成）釀成各種甜度的白葡萄酒。

## 斯洛伐克（Slovakia）

19 世紀初，一度被稱為「上匈牙利」的這個地方，當時擁有高達 57,000 公頃的葡萄園，這些葡萄園源源不斷地向歐洲各個宮廷提供高品質的葡萄酒。但一場根瘤蚜蟲害毀滅了這一切。斯洛伐克葡萄酒的生產本在 20 世紀得以復興，但卻又難逃萎縮的命運。如今，斯洛伐克的葡萄園總面積只有 16,000 公頃，原因是城鎮規模擴大，土地價格上升。另外，便宜的進口葡萄酒充斥也是一個因素。

白葡萄酒居於主位，種植最廣泛的品種是綠維特利納（Veltlínske Zelené）和威爾斯麗絲玲（Rizling Vlašský）。藍佛朗克（Frankovka

Modrá）和聖羅蘭（Svätovavrinecké），這些葡萄被用來釀成清爽的粉紅葡萄酒和充滿果味的紅葡萄酒。人們對一些新的斯洛伐克雜交品種表現出相當大的興趣，這些雜交品種較早成熟、糖分高、味道濃郁。其中最重要者，包括 Děvín（Roter Traminer 和 Roter Veltliner）和 Dunaj（Muscat Bouschet x Portugieser x Sankt Laurent）。所有傳統的甜型葡萄酒——冰酒、麥稈酒、貴腐酒（包括斯洛伐克多凱，地圖上褐色的部分）——都正在復甦（在首都布拉提斯瓦 [Bratislava] 側面的葡萄酒產區，實際上是奧地利的布根蘭產區往北的延伸）。也有人嘗試用類似喬治亞的陶罐（qvevri）釀造「橘酒」（orange wine）。

整體而言，在斯洛伐克南部，氣候更溫暖、大陸性氣候更明顯，土壤更深且肥沃，更適合種植紅葡萄品種；而在從布拉提斯瓦向東北方向延伸的小喀爾巴阡山（Malé Karpaty）產區，土壤中多石，沒有那麼肥沃，更適合種植白葡萄品種（特別是麗絲玲）以及紅葡萄品種 Frankovka。

頂級的葡萄酒大多產自擁有自己葡萄園的中型酒莊，比如 Karpatská Perla、Pavelka、Vino Nichta、Ostrožovič 和 Tokaj Macik。斯洛伐克出口的葡萄酒相對較少，但貝拉酒莊（Château Belá）清爽、不甜的麗絲玲酒是其中的一種，因為家族間的關係，它其實是由德國的 Egon Müller 酒莊釀造的。

正如在捷克一樣，斯洛伐克葡萄酒在酒標上既遵循德國體系（品種及糖度），也遵循法國體系（產區），但後者是沒有官方框架的。

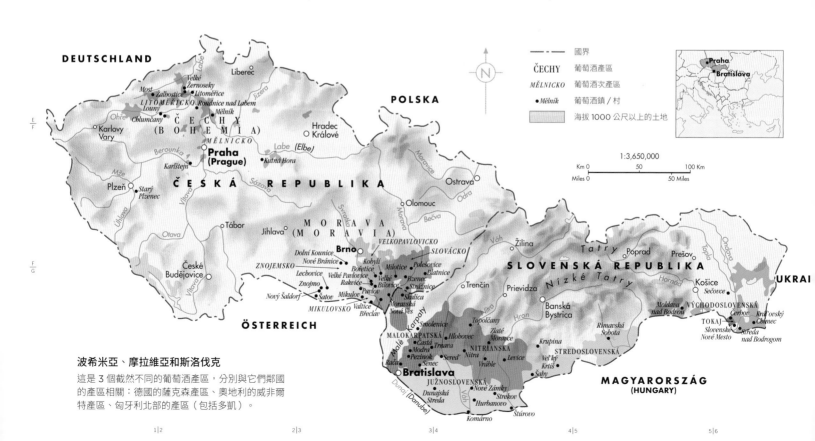

## 波希米亞、摩拉維亞和斯洛伐克

這是 3 個截然不同的葡萄酒產區，分別與它們鄰國的產區相關：德國的薩克森產區、奧地利的威非爾特產區、匈牙利北部的產區（包括多凱）。

# 巴爾幹半島西部 Western Balkans

如果今日這張地圖上之地區所產的葡萄酒，無法引起外界注意的話，通常是因為政治而非地理因素。這裡的緯度與義大利相同，也是群山起伏、地理環境多樣，具備種植葡萄的同級有利條件。這裡有著悠久的釀酒歷史，以及當然存在的許多原生葡萄品種。這裡的人們已經從多年的政治紛爭中走了出來，以越來越具說服力的證據，展示其豐厚的釀酒潛力。

多山的**波士尼亞與赫塞哥維那（Bosnia and Herzegovina）**曾是奧匈帝國時期一個重要的葡萄種植地，但如今這裡只有 3,500 公頃的葡萄園，集中在赫塞哥維那南部的莫斯塔爾市（Mostar）。用茲瓦卡（Zilavka）釀造不甜的白葡萄酒，味道濃郁、帶著杏桃的香氣，令人難忘，這個品種約占了當地葡萄種植面積的一半；而普通更多的紅葡萄品種布萊塔那（Blatina）則占了約 30%。

**塞爾維亞（Serbia）**的葡萄酒生產有著曲折的歷史。土耳其人（Turks）竭盡所能地剷除葡萄藤，而哈布斯堡王朝則大力鼓勵葡萄種植。如今塞爾維亞宣稱他們的葡萄園比克羅埃西亞的還要多，註冊在案的大概有 22,300 公頃，另有 3,000 公頃是沒有登記的。大部分最基礎酒款的生產仍由兩家大型的工業化酒廠把持，但現在已有多達 400 家規模較小、家族經營的酒莊，有些正釀造出真正有趣的葡萄酒。

北部的自治省「佛伊弗迪納」（Vojvodina），與在其北邊的匈牙利一樣，在氣候上完全受潘諾尼亞平原的影響。威爾斯麗絲玲（Grašac）這個品種在此地很常見，三種不同顏色的皮諾目前都很被看好。最具潛力（且歷史悠久的）的葡萄園位於弗魯什格拉（Fruška Gora），這裡的山丘讓貝爾格萊德（Belgrade）以北、沿著多瑙河的佛伊弗迪納地區不再那麼平坦。許多年輕的釀酒師正試著釀造自然、依循生物動力農法的有機葡萄酒，有的還復古地使用了陶罐，讓這裡成為塞爾維亞最有活力的葡萄酒產區。最北部的葡萄酒產區蘇保迪卡（Subotica）和蒂薩（Tisa），都是沙質土壤，在地理上和文化上，都更像是匈牙利而非塞爾維亞。

斯梅代雷沃（Smederevo）是貝爾格萊德南部的一個鎮，白葡萄品種思美德拉卡（Smederevka，在保加利亞被稱為 Dimiat）之名即源於此。這個地方以思美德拉卡釀造的半甜型白葡萄酒讓人難以忘懷，但也有一些生產者正用麗絲玲、夏多內和卡本內蘇維濃釀造出更有趣的葡萄酒。本地的普羅庫帕茨（Prokupac）是塞爾維亞本土紅葡萄品種的旗艦版。人們對本土葡萄品種的興趣日隆，因此出現了一些值得稱讚的 Morava 葡萄酒（這是塞爾維亞一個類似蘇

維濃的雜交品種）；而且，在全國各地種植了各種各樣、血統無爭議的純巴爾幹當地品種：Probus、Neoplanta、Bagrina、Začinak 和 Seduša。多瑙河右岸的 Negotinska Krajina 產區陽光充沛，其黑蜜思嘉（Black Muscat，在塞爾維亞又叫 Tamjanika）和卡本內蘇維濃的名聲正在建立。

在南斯拉夫解體之前，**科索沃**的葡萄酒業主要靠的是 Amselfelder 的出口，這是一種銷往德國的甜型混釀紅葡萄酒。塞爾維亞的封鎖讓葡萄酒出口中斷了許多年。如今，這裡大約有 3,220 公頃的葡萄園，15 家大小不一的酒莊，小的是家庭作坊，大的是以前國有的石堡酒莊（Stone Castle），這家大酒莊擁有 600 公頃的葡萄園，2006 年被美籍阿爾巴尼亞裔兄弟二人買下。規模第二大的酒莊是 Suhareka Verari，像許多酒莊一樣，它也請來了義大利顧問。威爾娜（Vranac）、普羅庫帕茨、思美德拉卡、加美、威爾斯麗絲玲和黑皮諾是主要的葡萄品種。其主要的葡萄酒產區在阿爾巴尼亞語中叫 Dukagjini，在塞爾維亞語中叫 Metohija。

**阿爾巴尼亞**古老的葡萄酒產業，先是經歷了鄂圖曼土耳其帝國的統治，而後又在共產主義的政經艱難環境下求生，最後得以倖存。目前其葡萄園面積據稱達到 10,500 公頃。這裡的葡萄酒清澈、新鮮；但地中海型氣候與一些原生葡萄品種

的結合，才是這個國家葡萄酒的特色所在，比如 Shesh i Bardhë、Pules 和 Debine 等白葡萄品種，以及 Shesh i Zi、Kallmet、Vlosh 和 Serina 等紅葡萄品種，都已蓄勢待發。阿爾巴尼亞葡萄酒的未來，目前掌握在一批海歸人員手上，尤其是來自義大利的，他們具有葡萄酒方面的經驗，投資了一些小型的家族酒莊。

**蒙特內哥羅**的葡萄酒產業規模不大，葡萄園種植面積只有 3,000 公頃，且由一家酒莊獨大。這家名為 13 Jul-Plantaže 的酒莊，其單一葡萄園占地 2,310 公頃，是歐洲第二大單一葡萄園。威爾娜（Vranac）這個紅葡萄品種，占了種植面積的 70%，它皮色深、單寧重，用以釀成的葡萄酒具有很強的陳年能力。其他重要的本地葡萄品種是 Kratošija（即金芬黛），和克羅埃西亞人一樣，蒙特內哥羅人也聲稱這個品種是他們的。

再往南一點，與希臘接壤的地方，是**馬其頓共和國（North Macedonia）**，這是一片葡萄酒的熱土，整個行業都已私有化，葡萄酒的品質大有改進。這裡共有 75 家酒莊，分布在三個產區，其中瓦德谷產區（Povardarie，或稱 Vardar Valley）到目前為止是最重要的。釀酒葡萄的種植面積為 19,087 公頃，面向希臘山坡上的葡萄園比起在平地上的更好。大約有三分之一的葡萄是威爾娜。小粒蜜思嘉葡萄（當地稱 Temjanika），通常會被用來釀成不甜的白葡萄酒，幾乎 85% 的葡萄酒供出口，Tikveš 酒莊的表現尤為突出。

國界
省界
BANAT 葡萄酒產區
BITOLA 葡萄酒次產區
海拔 1000 公尺以上的土地
171 此區放大圖見所示頁面

1:6,800,000
Km 0　100　200 Km
Miles 0　100 Miles

# 斯洛維尼亞 Slovenia

　　即使是在蘇聯「鐵幕」時期，也很難說清楚義大利弗里尤利（Friuli）和斯洛維尼亞之間的界線在哪裡。斯洛維尼亞是第一個脫離南斯拉夫宣布獨立的國家（1991 年），而斯洛維尼亞的葡萄酒也是舊南斯拉夫社會主義聯邦共和國中唯一在西歐為人所知並廣受歡迎的葡萄酒。在 20 世紀 70 年代，東斯洛維尼亞的柳托梅爾麗絲玲（Lutomer Riesling）幾乎是東歐國家中唯一出口至西歐的葡萄酒。

　　斯洛維尼亞從溫和的亞得里亞海向東延伸到潘諾尼亞平原，呈大陸性氣候。綠意盎然的丘陵綿延不斷，當中有一些非常適合種植葡萄的地方，這些地方現已被劃分為三個特點鮮明的葡萄酒產區：靠近海岸的普里默斯卡（Primorska）產區、薩瓦河（Sava River）沿岸的波薩維（Posavje）產區（並未在地圖上細列）和德拉瓦河（Drava River）沿岸的波德拉夫（Podravje）產區，包括歷史悠久的葡萄酒中心馬里博爾（Maribor）、普圖伊（Ptuj）、拉德戈納（Radgona）和奧爾莫日（Ljutomer-Ormož）。

　　1822 年，在馬里博爾，奧地利人 Archduke Johann 下令要他的領地裡種上「所有高貴的葡萄品種」。於是，夏多內、白蘇維濃、灰皮諾、白皮諾、格烏茲塔明那、蜜思嘉葡萄、麗絲玲、黑皮諾和許多其他葡萄品種紛紛被引進斯洛維尼亞境內。

　　21 世紀以來，由於有興趣兼職種植葡萄的斯洛維尼亞人正減少當中，全國葡萄園的總面積也隨之下降，但官方登記在冊的葡萄園仍有 15,405 公頃，還有很多是沒有註冊的。葡萄園的平均權屬面積很小，但斯洛維尼亞的葡萄酒業正漸漸專業化，不再那麼支離破碎，有差不多 30,000 多人參與了葡萄的種植。

## 普里默斯卡（Primorska）產區

　　普里默斯卡是斯洛維尼亞最西部的葡萄酒產區，葡萄種植面積為 6,408 公頃，歷史上一直與毗鄰的義大利弗里尤利（Friuli）產區有著很深的淵源，目前依然是斯洛維尼亞最有活力的葡萄酒產區。這裡的夏季炎熱，冬天不算冷，但秋季雨水來得很早。大部分普里默斯卡產區的葡萄園同時受亞得里亞海和阿爾卑斯山帶來的氣候影響，其葡萄酒香氣芬芳，酒體強勁。不用說，既然在地理上那麼接近，這裡也偏愛弗里尤利的風格，出產各種以不同葡萄品種命名的芳香型不甜白葡萄酒；而口感結實的各種紅葡萄酒，在斯洛維尼亞並不多見，約占了產量的一半。這個產區北部的布爾達（Brda）地區實際上是弗里尤利的 Collio 地區在斯洛維尼亞境內的延伸（可參考 171 頁弗里尤利地圖）。

　　里博拉基亞拉（Rebula 或 Ribolla Gialla）是當地主要的白葡萄品種，緊跟其後的是夏多內和梅洛。里博拉基亞拉可以被釀成各種風格的葡萄酒，可以是清瘦型的，在不銹鋼桶裡發酵的；也可以是酒色橘黃，經超長時間浸皮後，在雙耳陶罐（qvevri，源自喬治亞）中熟成的（Josko Gravner 是最早在弗里尤利及其以外地區重新應用這項技術的人，他的大本營就在邊界的另一邊）。里博拉基亞拉這種葡萄常被用於為當地的氣泡酒增添清新度，也被用於釀成很不錯的甜型葡萄酒。多品種混釀的白葡萄酒，在這個地區（國界的兩邊）很常見，里博拉基亞拉通常也是其中的一個品種。在最成功的紅葡萄酒當中，有梅洛和卡本內蘇維濃的混釀，也有黑皮諾；但在布爾達地區，就像在弗里尤利一樣，還種植了許多其他的本地和國際品種，包括芳香的 Sauvignonasse（在弗里尤利稱為弗萊諾）、灰皮諾（比起在義大利 Veneto 的同一品種，它在這裡更有結構感，性格更鮮明）和白蘇維濃。

　　**維帕瓦峽谷（Vipava Valley）**產區，或叫 Vipavska Dolina 地區，溫度明顯較低，上游尤其如是。因此，這裡的葡萄酒比起布爾達地區的更輕盈、更優雅，酒精濃度也低一點。梅洛、卡本內蘇維濃和白蘇維濃是這裡重要的葡萄品種，但具有地方特色的品種里博拉基亞拉以及原生品種澤蓮（Zelen）和皮奈拉（Pinela）也越來越受到關注。以這些品種為基礎的混釀白葡萄酒值得追尋，另外同樣值得追捧的還有這裡的黑皮諾。

　　**喀斯特（Kras）**產區，是位於第里亞斯特（Trieste）上面的一片喀斯特地貌石灰岩高原，紅色黏土，鐵質豐富，這裡著名的葡萄酒叫特朗酒（Teran），酒色深、酸度高，但美味可口，是用紅葡萄品種雷弗斯科（Refosco）釀成的。

　　雷弗斯科目前還是**斯洛維尼亞伊斯特拉半島（Slovenska Istra）**地區最重要的葡萄品種，斯洛維尼亞伊斯特拉半島是第里亞斯特南部最溫暖的地區，這裡出產的紅葡萄酒，具有辛香氣息，酒體飽滿，但從不與柔軟沾上邊。伊斯特拉

### 斯洛維尼亞的葡萄酒產區

### 普里默斯卡產區詳解

位於最西北部的 Goriška Brda 已在第 171 頁的圖中被詳細標示，而下面的地圖所標示的，是緊鄰其東南部的地區，這是普里默斯卡產區最重要的一部分。請留意 Slovenska Istra 的位置，有部分在第 271 頁中被詳細標示。

國界
**KRAS** 葡萄酒產區
■ ČOTAR 知名釀酒商／酒廠
500 等高線間距 100 公尺
271 此區放大圖見所示頁面

1:362,500

Km 0　　　　10　　　　20 Km
Miles 0　　　　10 Miles

（Malvazija Istarska）是一個白葡萄品種，用它釀出的葡萄酒，散發著桃子的香氣，與亞德里亞海的魚料理是絕配（伊斯特里亞 [Istria] 正好在邊界處，可參考第 271 頁）；這個品種在普里默斯卡產區的其他 3 個地區也變得越來越重要。

## 波德拉夫（Podravje）產區

波德拉夫產區擁有 6,408 公頃的葡萄園，是斯洛維尼亞最重要、最廣闊，也是地處最內陸的一個產區。它分為兩部分，一部分是遼闊不規則的下史泰利亞（Štajerska Slovenija）地區，另一部分是面積相對較小的普雷克穆列（Prekmurje 地區，見本頁定位圖）。在整個產區的葡萄酒當中，紅葡萄酒的占比不足 10%。

長久以來，最主要的葡萄品種是威爾斯麗絲玲（Laški Rizling），用這個品種釀造的葡萄酒，曾在英國被稱為 Lutomer，知名度較高；但是，正如在其它地方一樣，另一個品種弗明（Šipon）也越來越引人注目。弗明這個品種似乎頗能適應波德拉夫產區冷涼的氣候，用它釀造的葡萄酒，口感結實，具有陳年能力。這個產區其他典型的葡萄酒包括品種特色鮮明的麗絲玲（Renski Rizling）、灰皮諾（Sivi Pinot）、格烏茲塔明那（Dišeči Traminec）、白蘇維濃和小粒白蜜思嘉（Rumeni Muscat），它們在釀造過程中都沒經過橡木桶處理，使用螺旋蓋封瓶。原生、酸度較低的品種瑞尼娜（Ranina，在奧地利被稱為 Bouvier）是 Radgona 地區的特產，該地自1852 年以來即為斯洛維尼亞氣泡酒生產的中心。經過橡木處理的夏多內和黑皮諾在此產區的歷史相對不長，但其價值不容小覷。

普雷克穆列（Prekmurje）地區稍為溫暖一些，生產的葡萄酒比起其南部鄰近地區的葡萄酒，酒體更為飽滿且柔和。藍佛朗克（Modra Frankinja）這個品種很適合在這裡種植。2016年，這個品種被確認為起源於斯洛維尼亞，自此之後，全國各地對它的興趣日益濃厚。

在波德拉夫產區，在合適的年份，可以釀造出一些傑出的貴腐甜酒和冰酒。根據金氏世界紀錄，在 Maribor 地區的那株著名老藤已有超過400 年的歷史，是世界上最古老的葡萄藤，它每年仍可產出 35-55 公斤的 Žametovka 葡萄。

## 波薩維（Posavje）產區

從產量上來說，波薩維在斯洛維尼亞的葡萄酒產區中是最不重要的一個，葡萄種植面積只有 2,688 公頃，葡萄品種大多與波薩維產區的相同，但是，這些品種通常會被混釀，成為富有當地特色的葡萄酒，它們分別被稱為 Metliška črnina、Bizeljčan 和 Cviček，其中 Cviček 是一款輕快的、酸度高的粉紅葡萄酒，很受歡迎。波薩維產區的葡萄酒，與波薩維產區的相比，一般都較為輕快，不那麼複雜。用藍佛朗克這個品種釀成的葡萄酒，帶有從橡木桶中獲得的辛香氣息，是這個產區較受歡迎的一款酒。較少見、酸度頗高的白葡萄品種魯梅尼普拉維克（Rumeni Plavec）則可以讓當地的氣泡酒 Bizeljsko Sremič更活潑，而以 Žametovka 這個品種為基礎的優質氣泡酒已在 Dolenjska 地區出現。相對溫暖的Bela Krajina 地區，以藍佛朗克、黃色蜜思嘉釀造的葡萄酒而著名，其甜型葡萄酒也很出色，常令波薩維產區同類產品相形見絀。

斯洛維尼亞、捷克、斯洛伐克的玻璃工藝有著悠久的歷史，其吹口酒杯的製作極為精美，越來越深受世界各地葡萄酒愛好者的喜愛。

斯洛維尼亞的葡萄酒產區中離海岸線最遠的地方，緊靠著奧地利史泰利亞的南部，兩地的葡萄酒風格也頗為類似：精緻、芬芳，主要是白葡萄酒。有些史泰利亞的種植者在邊界這邊的 Stajerska Slovenija 地區擁有葡萄園，Stajerska Slovenija 在字面上的意思就是「斯洛維尼亞的史泰利亞」。

### 中波德拉夫（CENTRAL PODRAVJE）

國界
產區（Okoliš）邊界
■ VERUS　知名釀酒商／酒廠
葡萄園
600　等高線間距 150 公尺

1:540,000
Km 0　　10　　20 Km
Miles 0　　　10 Miles

# 克羅埃西亞 Croatia

葡萄園、沙灘、藍綠色的大海。斯普利特附近的 Brač 島，真是人間的天堂。Stina 是這裡主要的酒莊。

　　伊斯特里亞（Istria）和達爾馬提亞（Dalmatia）歷來就是人們了解克羅埃西亞的起點，對旅遊者具有極大的吸引力，壯觀的海岸線上遍布著威尼斯式的港口，周邊更有許多島嶼。歷史上，君主、十字軍、總督，接連上場，但想必都沒有好好品嚐一下這裡的葡萄酒。如今倒是那些把遊艇靠泊岸邊的富豪們，對此了解得更多。克羅埃西亞的許多葡萄酒，具有本土特色，品質上乘，價格不菲。

　　幾百年來，這裡一直都在釀造葡萄酒，其葡萄酒在 19 世紀末還曾短暫地非常出名，那個時候，歐洲許多其他地方的葡萄園都已盡為根瘤蚜蟲害所毀。但是，這只是一個時間差而已，那場蟲害最終還是沒有放過克羅埃西亞，結果，許多葡萄園以及原生的葡萄品種都被廢棄了。據估計，在大約 250 個克羅埃西亞原生葡萄品種中，如今還在種植的只有 130 個。

　　官方公布的葡萄園總面積略超過 20,000 公頃，但有許多克羅埃西亞人在自家花園裡也種上幾行葡萄藤，果實留作自用。登記在案的官方葡萄園平均面積只有 0.5 公頃，在 41,000 個種植者中，93% 的人所擁有的葡萄園面積不足 1 公頃。

　　2018 年，克羅埃西亞的葡萄酒管理當局確認了 4 個葡萄酒產區：斯拉沃尼亞－多瑙河（Slovania and the Danube/Slavoniji i Podunavlje）、克羅埃西亞高地（Crotian Uplands/Bregovita Hrvatska）、伊斯特里亞－克瓦內爾（Istra and Kvarner/Istra i Kvarner）、達爾馬提亞（Dalmatia/Dalmacija），並進一步把這 4 個產區細分為 12 個次產區（可參考第 267 頁地圖）。在克羅埃西亞的葡萄酒當中，約有四分之三是帶有官方產地標示的。

　　克羅埃西亞被第拿里阿爾卑斯山（Dinaric Alps）一分為二，這條山脈是順著海岸線延伸的。我們在地圖上，只是詳細地標示了山脈西南方的克羅埃西亞沿海部分。從北到南，這部分區域被劃分為克羅埃西亞伊斯特里亞（Hrvatska Istra）、克羅埃西亞沿海（Hrvatsko Primorje）、北達爾馬提亞（Sjeverna Dalmacija）、中南達爾馬提亞及相關島嶼（Srednja i Južna Dalmacija）、達爾馬提亞內陸腹地（Dalmatinska Zagora）等幾個部分。

　　在北部的伊斯特里亞－克瓦內爾產區，以白葡萄酒為主；而在南部的達爾馬提亞產區，則以紅葡萄酒為主角。在達爾馬提亞內陸地區，是微涼的地中海氣候，種植了多個本地的葡萄品種，如 Kujundžuša、Debit、Maraština、Blatina 和 Zlatarica，還有一些國際品種，葡萄園通常相對較大，特別是從扎達爾（Zadar）開始的內陸地區。

## 克羅埃西亞內陸產區

　　克羅埃西亞的兩個內陸葡萄酒產區遠離海岸，位於山脈的北部和東部，靠近斯洛維尼亞和匈牙利的邊界（可參考第 267 頁地圖）。靠東的一個，是斯拉沃尼亞－多瑙河產區，在克羅埃西亞的葡萄酒產區中，它最大、最溫暖，深受潘諾尼亞平原的影響。特色葡萄品種是 Graševina，在別的地方又被稱為威爾斯麗絲玲、Riesling Italico、威爾斯麗絲玲等等。這個克羅埃西亞種植面積最大的葡萄品種很有可能源於此地，也就是多瑙河盆地，克羅埃西亞的葡萄酒生產者都覺得自己是這個品種的所有權人，但讓他們略感遺憾的是，用它釀出的鮮爽白葡萄酒，陳年難以超過一年。有人用 Graševina 葡萄釀出貴腐風格的甜酒，活潑度雖不足，但有些非常精緻，尤其是在斯拉沃尼亞（Slavonia/Slavonija）地區的庫特耶

沃（Kutjevo）附近。在靠近多瑙河的巴蘭尼亞（Baranja）和伊洛克（Ilok）附近，用 Graševina 釀造的較不甜葡萄酒也頗令人興奮，可與釀自新近種植的夏多內、格烏茲塔明那、麗絲玲葡萄酒媲美。斯拉沃尼亞在其平緩的山丘上，擁有全國最大的葡萄園以及全國最大的葡萄酒生產商。這裡還是著名的橡木產地，義大利傳統的 botti 就是用這裡的橡木製作出來的大型橡木桶，用於葡萄酒的熟成。

　　在地處山區的**克羅埃西亞高地**產區，所有的一切，規模都要小一些。首都薩格勒布（Zagreb）的北面以及西部氣溫較低，特別是在 Plešivica 甚至 Zagorje 地區，那裡還出產一些備受讚譽的甜型葡萄酒，以出自 Bodren 的最為著名。像麗絲玲和白蘇維濃這樣芬芳型的白葡萄酒，在這裡有不錯的前景。梅吉穆列（Međimurje）是克羅埃西亞最北面、最冷涼的地區，與斯洛維尼亞的東部和匈牙利的西南部相鄰，這裡最受歡迎的葡萄酒釀自 Pušipel（「弗明」這個品種在克羅埃西亞的其中一個別稱），不甜的和甜的都有。越來越受歡迎的還有不甜、清爽、充滿芬芳的 Škrlet 葡萄酒，Škrlet 是個原生品種，罕見地在克羅埃西亞的內陸地區存活下來。

## 克羅埃西亞沿海產區

　　克羅埃西亞當地釀酒葡萄的豐富歷史，在沿海地區保存得最好，特別是在南部；但在**伊斯特里亞（Istria）**這個地處沿海最北的地區，得天獨厚地擁有一個特色鮮明的葡萄品種：Malvazija Istarska，這是該地獨有、屬於馬瓦西亞（Malvasia）品系的品種，與大多數其他的馬瓦西亞沒有什麼關係。用這種葡萄釀出的白葡萄酒，大多結實、濃厚，有強烈的蜂蜜和蘋果皮芬

**SLOVENIJA**

Trieste

Koper

**SLOVENSKA ISTRA**

EGRASSI
ORONICA
CLAI
CATTUNAR
Novigrad
ROXANICH
GROLAGUNA
Poreč
MATOŠEVIĆ

KOZLOVIĆ
VRMAN FRANC
BENVENUTI
SAINTS
HILLS
Pazin

**Rovinj**

**Pula** TRAPAN

**HRVATSKA ISTRA**

**HRVATSKO PRIMORJE**

Matulji
Delnice
Rijeka
Zagreb
A6

1 VINAKOPER
2 SANTOMAS
3 PUČER

Crikvenica
Krk
Krk
Baška
Cres
Cres
Rab
Rab
Lošinj
Mali Lošinj

**ISTRA I KVARNER**

Novi Vinodolski
Senj
Žuta Lokva
Otočac
Sertić Poljana

Ogulin
Zagreb

Korenica

Sarajevo

BOŠKINAC
Gospić
Karlobag
Pag
Pag

Donji Lapac

Gornja Ploča

Gračac

**克羅埃西亞海岸與斯洛維尼亞伊斯特里亞**

根據我們在地圖上所強調的克羅埃西亞海岸線，如果您環繞其中 1,000 多個島嶼走一圈的話，總長度達 6,176 公里；許多海島上生長著其獨有的葡萄品種。目前已找到 Tribidrag（金芬黛）的源頭，而毫無疑問地，未來還會有更多的發現。

SLOVENIJA
Zagreb
HRVATSKA
BOSNA I HERCEGOVINA
Split
CRNA GORA

1:2,175,000
Km 0　25　50　75 Km
Miles 0　25　50 Miles

N

—‥— 國界

**DALMACIJA** 葡萄酒產區
**HRVATSKA ISTRA** 葡萄酒次產區
■ CLAI 知名釀酒商 / 酒廠
══ 500 ══ 等高線間距 500 公尺 /100 公尺 處有輔助等高線

KRALJEVSKI VINOGRADI
Poličnik
KORLAT (BADEL 1862)
Zadar
Preko
Sukošan SKALJ
Benkovac
JOKIĆ
Dugi Otok
Uglja
Zaglav
Pirovac
BIBICH

Novigradsko more
Kovačić
Knin
Krka
33

**BOSNA I HERCEGOVINA**

**SJEVERNA DALMACIJA**

**Šibenik**
GRAČIN (SUHA PUNTA)
Žirje
Primošten
**Trogir**
Kaštela
Solin
Sinj
**Split**

Cista Provo
GRABOVAC
Imotski

**DALMATINSKA ZAGORA**

DNA 分析已證實，Crljenak Kaštelanski 葡萄與金芬黛是相同的，這讓 Kaštela 這個小鎮的名聲傳遍了整個葡萄酒世界。

**DALMACIJA**

Šolta
Brač
Bol
Omiš
Makarska

Stari Grad
Jelsa
PLANČIĆ
Hvar
TOMIĆ
PZ SVIRČE (BADEL 1862)
ZLATAN OTOK
Vis
Vela Luka
KORTA KATARINA
BURA-MRGUDIĆ
Orebić
Pelješac
Potomje
Ploče
Metković
Mostar

**SREDNJA I JUŽNA DALMACIJA**

Korčula
PZ POŠIP ČARA
BIRE
MADIRAZZA
GRGIĆ
KRAJANČIĆ
MILOŠ FRANO
Ston
Mljet
Lastovo

Podgorica

**Dubrovnik**
Cavtat

---

芳，耐咀嚼，很有特色。

Malvazija Istarska 這個品種占了伊斯特里亞葡萄種植面積的 60%，傳統上釀酒師們是將 Malvazija Istarska 帶皮發酵（如今這種方法正流行），但卻不懂得控制溫度，因此成果通常令人存疑。如今，帶皮發酵這種做法仍繼續進行中，但已與低溫控制相結合，以保留葡萄獨特的果香。

在伊斯特里亞，釀酒木桶所用的材料通常是相思木，而非斯拉沃尼亞橡木。用這種木桶釀出來的葡萄酒，常常是活潑、飽滿、風味複雜的，其中有些熟成過後，酒質會更好。具有特色的伊斯特里亞紅葡萄品種是特朗（Teran），又名 Refošk。不同於義大利 Friuli 的 Refosco dal Peduncolo Rosso，特朗釀出來的酒很堅硬，因此釀酒師需要加一點梅洛調整。它需要生長在較好的地塊，要細心修剪才能成熟得更好。這裡的地中海型氣候比更南邊的地區要涼一些，土壤類型非常多樣，從鮮紅色到灰色再到黑色。

在伊斯特里亞南部的是克瓦內爾，其葡萄園多在克爾克（Krk）島，傳統上種植的主要是 Croatian Žlahtina 這個品種，用它釀出的白葡萄酒，輕盈、清爽；另外在這裡也可見一些國際品種。

沿著美麗的**達爾馬提亞**海岸往南，外邊的大海近綠遠藍，島嶼多如繁星。Malvazija 葡萄在這裡的品質雖然並不能總是維持與伊斯特里亞的一樣，但有特色的其他本地葡萄品種還有許多，只是尚在開發當中。溫暖的地中海型氣候、海上吹來的微風、各種地形、多樣朝向，這一切都集於此地，加上本地葡萄品種的豐富傳承，種種加乘會讓全世界的葡萄酒愛好者興奮不已——如果遊客還能留下足夠的葡萄酒可供出口的話（由於克羅埃西亞語不太使用母音，他們的酒標讀起來還真有點麻煩）。

紅葡萄酒占絕大多數，普拉瓦茨馬里（Plavac Mali）是海岸線上種植面積最大的葡萄品種，用這個品種釀造的葡萄酒，在 Dingač 的通常渾厚

有力，而在 Postup 的則有點辛辣；這兩地都位於杜布羅夫尼克（Dubrovnik）北部的佩列沙茨半島（Pelješac），海邊梯形的葡萄園非常陡峭。以往人們認識不太深的本地品種 Crljenak Kaštelanski，不僅是 Plavac Mali 的近親，而且其實就是「金芬黛」（跟義大利普利亞的普里米蒂沃一樣），這一發現讓人們爭相種植這一品種。Crljenak Kaštelanski 的字面意思是「Kaštela 的紅葡萄」，卡斯特拉（Kaštela）是斯普利特（Split）附近的一個小鎮；這個品種又被稱為 Tribidrag（在鄰近的蒙特內哥羅，則名為 Kratošija）。用巴比奇（Babić）這個品種釀出的葡萄酒，香氣四溢、風格現代，這個品種以往只局限在史賓尼克（Šibenik）和斯普利特之間的普利莫頓（Primošten）鎮，海邊的葡萄園多石，附近是港口和碼頭。這個區域的潛力顯而易見。

Malvazija Dubrovacka 這個品目前有點復興的苗頭，最早在 1383 年首度在克羅埃西亞被提及，在杜布羅夫尼克（Dubrovnik）共和國時期，它顯然就是一個非常重要的葡萄品種。這個品種似乎與西西里附近 Lipari 島上著名的馬瓦西亞葡萄有關，適合風乾後用以釀造甜型葡萄酒。

在那些島嶼以及海岸線的中南部，常見的白葡萄品種是 Maraština，讓人失望的是，這只是在托斯卡尼也能發現，相當中性的馬瓦西亞的另一別名。島嶼上具有特色的白葡萄品種包括小島「維斯」（Vis）上芳香的伏嘉娃（Vugava）、赫瓦爾（Hvar）島上清新的伯格紐莎（Bogdanuša，要不是還有這種葡萄，這個地方便盡是薰衣草了）、科楚拉（Korčula）島上很有生氣的佩斯普（Pošip）和熱情奔放的格里（Grk）。生於此地的 Mike Grgich，是那帕谷 Grgich Hills 酒莊的創始人，職業生涯成果極其輝煌，1996 年，他榮歸故里，激發了島上葡萄種植者的活力和抱負。Grgich 把克羅埃西亞的葡萄酒介紹給美國人，並推動了「尋找金芬黛」（Zinquest）這個活動——活動目的是探尋金芬黛這個品種在克羅埃西亞的根。正如旅客現在所知，沿海地區的當地葡萄酒，配上達爾馬提亞的美食——小生蠔、生火腿、烤魚、煙燻洋蔥烤肉，以及大量甜美的葡萄和無花果——其熱情與風味，令人陶醉。

# 羅馬尼亞 Romania

Prince Ştirbey 酒莊的葡萄園。這是唯一種植 Novac 葡萄的酒莊，該品種是近來由本地的 Negru Virtos 葡萄與喬治亞的薩別拉維（Saperavi）葡萄雜交而成的。

　　羅馬尼亞是一個拉丁語系國家，但卻被包夾在斯拉夫語系國家中，在文化上，它與法國比與鄰國更為親近。這種親近的關係包括了對待葡萄酒的態度，儘管對其葡萄酒產業（與法國同緯度）的投資，一直以來大多都來自義大利，其次是奧地利。

　　喀爾巴阡山脈像一隻巨大的海螺在這個國家的中部盤繞著，緩和了大陸性氣候下夏天的乾熱。群山在四周的平原中崛起騰升，最高處達 2,600 公尺，外西凡尼亞（Transylvanian）高原就在其中。在南部，多瑙河（這裡又名 Dunărea 或 Duna）先是流經一個沙質平原，接著轉向北部三角洲，分隔東西，讓東面臨海的多布羅加（Dobrogea）省自成一格——這個省份受到了黑海的潤澤。

　　就像其他前蘇聯國家一樣，羅馬尼亞也曾在 20 世紀 60 年代推行過一個大規模的種植計劃，將大批耕地改為葡萄園。但到了 20 世紀 90 年代及 21 世紀初，葡萄園總面積大幅下降，截至 2017 年，似乎已維持在 180,000 公頃左右。在歐洲人口最多或地域最廣的國家中，羅馬尼亞均榜上無名，但在葡萄種植面積上它位居第五，尤其是種植了大量皮色淺淡的葡萄，至今仍是東歐國家中最重要的葡萄酒生產國。但這並不意味著其所有的葡萄酒品質都絕佳或可以出口；大約有三分之一的葡萄酒釀自種間雜交品種（hybrid），且隨處可見自家私釀的葡萄酒在路邊非法兜售。羅馬尼亞人確實喜歡葡萄酒，特別是有點甜的葡萄酒。自 2006 年以來，羅馬尼亞就一直是一個葡萄酒淨進口國，主要是從西班牙和義大利進口了大量廉價的散裝酒。不過，在成為歐盟成員國之後，羅馬尼亞的葡萄園和經營得相對較好的酒莊獲得了大量的投資。

　　羅馬尼亞與它的鄰國不同，這裡還保留了大量獨特的本土葡萄品種。最常見的品種是皇家費思卡（Fetească Regală，其血統仍未完全確定）

和較為雅緻的白費思卡（Fetească Albă）；之後是梅洛，然後是威爾斯麗絲玲（在羅馬尼亞，這品種在酒標上通常只標示為麗絲玲）。白蘇維濃在其國內是很流行的，但像許多羅馬尼亞葡萄酒一樣，它太甜了，在海外沒有多大的吸引力。阿里哥蝶這個品種種植於東部地區，但沒有幾個重視品質的著名酒莊看得上它。卡本內蘇維濃、灰皮諾和歐托內蜜思嘉（Muscat Ottonel）是在羅馬尼亞有紀錄可查的其他幾個國際品種。其灰皮諾葡萄酒一直在海外賣得特別好，在義大利葡萄酒減產的時候甚至還出口到那裡。

　　Tămâioasă Românească 是芳香型品種小粒白蜜思嘉（Muscat Blanc à Petit Grains）在當地的名稱，既可釀成不甜的葡萄酒，也可是甜型的。Busuioacă de Bohotin 是皮色粉紅的蜜思嘉葡萄，通常被用來釀造粉紅葡萄酒。其他有點名氣的原生白葡萄品種包括 Crâmpoşie Selecţionată、Mustoasă de Măderat、Grasă 和 Frâncuşă，另外這裡還有一個知名的雜交品種薩爾巴（Şarbă）。

　　20 世紀八九十年代，羅馬尼亞的黑皮諾葡萄酒在海外頗受歡迎，其風格與保加利亞的截然不同。2017 年，黑皮諾的種植面積為 2,000 餘公頃，但羅馬尼亞人本身並不太喜歡這個品種釀出的葡萄酒，他們喜歡的紅葡萄酒是酒體龐大且顏色深鬱的。

　　在羅馬尼亞自己的紅葡萄品種中，用黑巴貝薩卡（Băbească Neagră）釀出的葡萄酒，輕盈、充滿果香；黑費思卡（Fetească Neagră）遍布全國各地，用它釀造的葡萄酒，品質更好。混釀的紅葡萄酒如今越來越受歡迎，黑費思卡在其中的表現也不錯，不僅可以搭配梅洛和卡本內蘇維濃，還可搭配本地的特色品種，比如 Negru de Drăgăşani 和 Novac。

　　和匈牙利一樣，羅馬尼亞也曾有一款葡萄酒，名聲享譽整個歐洲。然而，當多凱艱難地度過共產鐵幕時光，重現昔日榮耀時，「可納利」

葡萄酒（Cotnari）如今在羅馬尼亞以外的地方，已是完全無人知曉。根據歷史，這是一款在羅馬尼亞東北地區釀造的貴腐甜酒。不過，現在那個地方大多數的葡萄酒，是相當普通的半甜白、少甜白，產自已經私有化的原國營農莊，但 Casa de Vinuri Cotnari 酒莊釀出了更為有趣的新一代不甜葡萄酒。

## 葡萄酒大產區

　　如今羅馬尼亞全國劃分出 8 個葡萄酒大產區，而在產地命名控制方面有 12 個 PGI（Vin cu Indicaţie Geografică，即地區保護餐酒），而 DOC（Denumire de Origine Controlată）的數目則令人眼花繚亂。

　　摩爾多瓦區（Moldovan Hills）在喀爾巴阡山脈以東，是目前最大的大產區，其葡萄酒產量超過全國的 40%。產區的北端是白葡萄酒產地，本地的葡萄品種占大多數。可納利和 Coteşti 是兩個在商業上最重要的 DOC。

　　順著喀爾巴阡山脈蜿蜒的山勢，從摩爾多瓦區進入到丘陵地帶「奧爾特尼亞與蒙特尼亞區」（Oltenia-Muntenia），是第二大的葡萄酒大產區，也是陽光最為充足的葡萄酒產區之一。最著名的葡萄園可能都集中在 Dealu Mare（字面意思是大山）這個 DOC，在朝南的山坡上，海拔 200-350 公尺，溫帶大陸性氣候，釀造出羅馬尼亞最令人心動的紅葡萄酒。種植在這裡的葡萄品種包括卡本內蘇維濃、梅洛、黑皮諾、黑費思卡，還有一些前景看好的希哈。優秀的 Dealu Mare 酒莊包括 Davino、SERVE、Antinori's Viile Metamorfosis、LacertA、Aurelia Vişinescu、Rotenberg、Licorna Winehouse 和 Vinarte。油潤滑膩、香氣馥郁的 Tămâioasă 產自 Dealu Mare 東北部的 Pietroasa DOC，是這個產區特有的一款白葡萄酒。

　　在 Oltenia 的 Drăgăşani DOC，很小，但很有

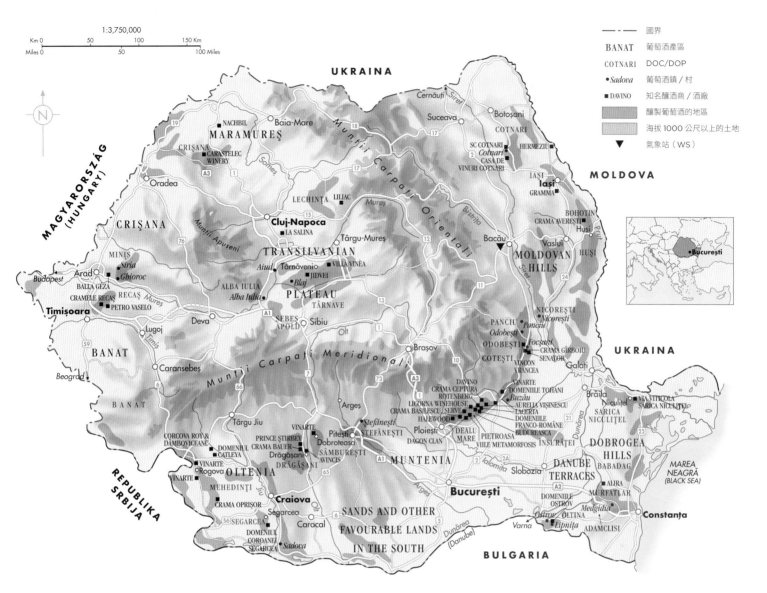

### 羅馬尼亞：巴克烏（BACAU） ▼

緯度／海拔
**46.53° / 184公尺**

葡萄生長季節的平均氣溫
**16°C**

年平均降雨量
**587 公釐**

採收期降雨量
**8月：52 公釐**

主要種植威脅
**春霜、乾旱、9月份降雨、冬季霜凍**

主要葡萄品種
**白：皇家費思卡、白黑費思卡、威爾斯麗絲玲、**
**　　白蘇維濃、阿里哥蝶**
**紅：梅洛、卡本內蘇維濃、黑費思卡**

活力，它是在 21 世紀初，經由源於本地的王爵家族 Ştirbey 的努力而復興。他們目前釀製的是清新、活潑的葡萄酒，使用的本地品種包括 Crâmpoşie Selecţionată、Novac 和 Negru de Drăgăşani，還使用了清爽的皇家費思卡、蜜思嘉和白蘇維濃。Avincis 酒莊和規模小得多的 Crama Bauer 酒莊是 Ştirbey 酒莊最有趣的鄰居。

在 Oltenia 和 Muntenia 兩地，都可見到喀爾巴阡山麓裸露出來的岩層，但岩質各有特點。

tefăneşti DOC 以其芳香的白葡萄酒著名，而 Sâmbureşti DOC 的特長是卡本內蘇維濃。往西南方向再過去一點的 Crama Oprişor 酒莊，由來自德國的 Carl Reh 擁有。在克拉科瓦（Craiova）南部的 Domeniul Coroanei Segarcea，過去是王室的莊園，經過重植得以重生；而在科爾科瓦（Corcova），另一個原來的王室莊園也已修復，酒莊煥然一新，聘用的依舊是來自法國的技術總監。

羅馬尼亞在黑海的海岸線並不長，**多布羅加區（Dobrogea Hills）**就位於這裡，在全國各個葡萄酒產區中，它的陽光最充沛，降雨量最少。Murfatlar DOC 的葡萄酒，紅的溫柔，白的甘美，其甜型的夏多內，釀自非常成熟的葡萄，葡萄藤種植在石灰岩質的土壤上，時常受到海岸邊吹過來的微風輕拂。**多瑙河臺地區（Danube Terraces）**只有 Alira 這一家酒莊是真正有名的，它的投資人同時也投資了位於其南邊、保加利亞的 Bessa Valley 酒莊。

在羅馬尼亞的西部，來自匈牙利的影響顯而易見。**巴納特區（Banat）**的紅葡萄酒，大多釀自黑皮諾和卡本內蘇維濃，但引進的黑費思卡和希哈，前景也頗被看好。Cramele Recaş 是主要的酒莊（並且是羅馬尼亞最成功的出口商，其灰皮諾尤其著名），其領導地位最近受到了從事有機農法種植的酒莊 Petro Vaselo 的挑戰。皇家費思卡、灰皮諾和白蘇維濃是釀造白葡萄酒的主要品種。往北，在**葛黎散與馬拉穆雷區（Crişana 和 Maramureş）**，Miniş DOC 中的山丘地帶，幾乎由蓋佐（Balla Géza）憑一已之力而煥發了生機，蓋佐是一個生於羅馬尼亞的匈牙利人。在 Carastelec 酒莊背後的，同樣是匈牙利的投資者，這家酒莊專於釀造氣泡酒。畢業於德國 Geisenheim 大學的 Edgar Brutler 則在 Nachbil 酒莊潛心研究如何減少釀酒工藝上的人為干預。

**外凡尼亞高原區（Transilvanian Plateau）**，猶如位居全國中心的一個島嶼：高出海平面 460 公尺，冷涼，相對多雨。這裡生產的白葡萄酒，相比產於羅馬尼亞其他地方的，更為清新活潑。佳德維酒莊（Jidvei）的規模巨大，它擁有歐洲最大的單一葡萄園，面積超過 2,400 公頃。近來對這此區的投資，包括在 Lechinţa DOC 的 Liliac 酒莊和在 Târnave DOC 的 Villa Vinèa 酒莊，可視為肯定此區潛力的暗示。

# 保加利亞 Bulgaria

對於學習葡萄酒地理學的人來說，今日的保加利亞讓人摸不著頭緒。大部分的葡萄酒在酒標上的產地，不是色雷斯（Thracian Lowlands），就是多瑙河平原（Danubian Plain），主要依據是葡萄是生長在斯塔拉山脈（Stara Planina）的南部還是北部（斯塔拉山脈將整個國家一分為二）。為了加入歐盟，管理當局曾劃定了 52 個法定產區，但沒有幾個是如今仍使用中的。或許

這會讓大公司的日子（以及在生產混釀葡萄酒時）過得容易一些，但是正在為保加利亞帶來希望的是規模較小的企業，只有他們才能讓國外的葡萄酒愛好者重拾對這個國家產酒的重視。

20 世紀 7、80 年代，保加利亞的卡本內蘇維濃葡萄酒意味著「物美價廉」。在這之前的 50 年代，這個國家在肥沃的土地上大舉種植國際品種，為的是滿足前蘇聯日常餐酒的巨大需求。保

加利亞的葡萄酒科學家做了一些更有意義的工作。在 70 年代末，他們到法國、西班牙和義大利考察後，回國成立了一些研究機構，開闢了一些實驗園，為可行的產地命名制度打下了堅定的基礎。之後，百事可樂公司（PepsiCo）來了，同時進來的還有加州的釀酒技術。有一段時間，保加利亞的卡本內蘇維濃葡萄酒很受歡迎，在西方被視為相當划算的珍品。

但戈巴契夫在 80 年代的反酒精運動造成了深遠的影響。隨著經濟下滑和市場需求的萎縮，全國許多葡萄園均被廢棄。在共產主義治國時，政府要求葡萄種植者加入國有的農業合作社。蘇聯解體之後，土地回歸到其二戰前的主人手上，

玫瑰谷（Valley of the Roses）以種植生產玫瑰油（或者說是精油）的大馬士革玫瑰而聞名，當地的葡萄酒也是香氣馥郁的，遊客到了那裡，不妨品嚐一下，有 Red Misket，也有歐托內蜜思嘉，還有一些卡本內蘇維濃。

**保加利亞的葡萄酒產區**

在保加利亞，除了在山區以及首都「索菲亞」（Sofia）附近，到處都種植著葡萄。不同的次產區之間，或許會有著有趣的差異，但未經官方正式公佈。

| 圖例 | |
|---|---|
| ——— | 國界 |
| DANUBIAN PLAIN | 主要葡萄酒產區 |
| • Varna | 葡萄酒鎮／村 |
| ■ TERRA TANGRA | 知名釀酒商／酒廠 |
| | 優質葡萄酒區 |
| | 海拔 1000 公尺以上的土地 |
| ▼ | 氣象站（WS） |

**保加利亞：普羅夫迪夫（PLOVDIV）▼**

緯度／海拔
**42.13° / 179 公尺**

葡萄生長季節的平均氣溫
**18.3°C**

年平均降雨量
**541 公釐**

採收期降雨量
**9 月：33 公釐**

主要種植威脅
**真菌病害、冬季霜凍、冰雹**

主要葡萄品種
**紅：梅洛、卡本內蘇維濃、帕米
白：卡緹泰利、Red Misket、歐托內蜜思嘉**

＊氣候數據採集自 1971 年至 2000 年

但這要經過一個繁瑣冗長的程序，所以這些長期被忽視的葡萄園，最後通常就成了不具經濟規模的細小地塊。

在 90 年代末，原來的國營酒廠和裝瓶廠被私有化，大部分都是被資金並不充裕的當地管理者買下的。連年欠收，更令時日維艱。酒廠收購提前採摘的葡萄，只是為了確保供應量，有的還使用橡木添加物，努力以此遮掩葡萄不成熟的缺陷。如此一來，其葡萄酒的品質急劇下降，而就在這一時期，新世界的葡萄酒正以競爭者的態勢咄咄逼人。

轉變在 2007 年保加利亞加入歐盟前夕就發生了。金額巨大的歐盟補貼進入葡萄酒領域，酒廠有時會聯合多達數百個的小型種植戶，以歸整他們的葡萄園。如今，許多酒廠擁有了自己的葡萄園，而一些規模小一點的私人酒莊也已經出現，所以，截至 2018 年，保加利亞有超過 250 個葡萄酒莊／酒廠。2016 年，官方統計的釀酒葡萄種植總面積為 62,910 公頃，其中 80% 是作為商業用途而非私人消費，但只有 58% 是有實際收成的。許多在 21 世紀之初種植的葡萄藤，如今已成熟，其果實可被用來釀造出平衡度頗為不錯的葡萄酒，供應出口和日益增長的國內市場是大部分新興小酒莊的銷路所在。

許多新的生產者，都企圖釀造品質絕佳（以及高價位）的葡萄酒。他們之中有義大利的紡織業大亨 Edoardo Miroglio，他在新紮戈拉（Nova Zagora）附近山上 Elenovo 那一大片莊園裡，新種下了黑皮諾，展現了不錯的前景。凱琳娜酒莊（Katarzyna）位於與土耳其接壤處的附近，過去其主要的金主是法國的物流公司 Belvedere，如今已為私人擁有，但那家公司（2015 年更名為 Marie Brizard）旗下仍有舊扎戈拉（Stara Zagora）附近的酒莊 Domain Menada。大部分的酒莊和釀酒師都是純保加利亞籍的，但法國的釀酒顧問 Marc Dworkin 在西南部一直都很有影響力，先是在達米安尼薩酒莊（Damianitza），後是在貝薩谷酒莊（Bessa Valley）；位於柳比梅茨（Lyubimets）北部的紅堡酒莊（Castra Rubra）

隸屬於 Telish 公司，它聘僱了來自法國玻美侯的釀酒顧問 Michel Rolland。自此之後，葡萄酒的品質大地改善。

## 紅葡萄酒之鄉

保加利亞的夏季是炎熱的，但因為分別受到黑海和愛琴海的影響，其東部和西南部則稍為涼爽些。緊靠著多瑙河和羅馬尼亞邊境以南的平原地帶，具有明顯大陸性氣候的特點。保加利亞的葡萄園，位於海拔 300 公尺以上的不多，但遠在西南的產區有一些例外，那裡比起保加利亞其他地區的氣候溫和得多。在多瑙河平原（Danubian Plain），冬天異常寒冷，而在其南面的 Thracian Lowlands，整體上氣候沒那麼嚴峻。

保加利亞種植最多的紅葡萄品種是梅洛，種植面積超過 10,500 公頃，比卡本內蘇維濃略多，遠超過本地品種帕米（Pamid）。現在人們

刻意地努力尋找品種與地域的適配性，並希望能擺脫波爾多品種的約束。事實上，作為 20 世紀 70 年代，保加利亞出口主力的單一品種卡本內蘇維濃葡萄酒，今日的數量已相對減少，多品種的混釀，有些品質超凡，越來越受歡迎。其中可以發現一些令人印象深刻的希哈、黑皮諾（特別是在冷涼的西北部）以及卡本內—弗朗；而在白葡萄酒當中，可以發現一些好的夏多內、格烏茲塔明那，偶然還有一些白蘇維濃和維歐尼耶（Viognier）。另外還有其他一些非本地的白葡萄品種，包括卡緹泰利（Rkatsiteli）和歐托內蜜思嘉（Muscat Ottonel）。但除了氣候溫和的黑海沿岸和斯塔拉山脈的南麓，保加利亞就是一個紅葡萄酒之鄉。

在本地的葡萄品種當中，馬露迪（Mavrud，1,362 公頃）最受關注。用這個原生的晚熟品種所釀出的紅葡萄酒，結實、濃稠，適合陳放（當地人說，您可以用手帕就把馬露迪葡萄酒端走），但這個品種最好還是用於頂級的混釀（比如 Santa Sarah 酒莊的 Privat 和 Rumelia 酒莊的 Erelia），這樣的混釀葡萄酒散發著著的本地的個性。

Shiroka Melnishka Loza 是闊葉的梅利尼克（Melnik），這是另外一個南方特有的品種，只種植在炎熱的斯特魯馬（Struma）河谷，那裡位於洛多皮（Rhodope）山脈與皮林（Pirin）山脈之間，與希臘接壤。用這個品種釀造的葡萄酒，香氣撲鼻，強勁有力，可能單寧較重，也有人用它釀造粉紅或氣泡酒。它有一些早熟的後代，比如藍納米尼克洛薩（Ranna Melnishka Loza，又名 Melnik 55），用其釀出的葡萄酒要柔和一些。

魯賓（Rubin）是內比歐露和希哈在保加利亞的雜交品種，表現也不錯。在北部地區，加

保加利亞葡萄酒酒標的格式，更重視葡萄品種而非任何產地細節。這些是 Orbelia 酒莊的 Melnik 葡萄，在這個酒莊的酒標上，至少還看得到葡萄品種的產地。

姆澤（Gamza）的種植面積仍有 855 公頃，用它釀出的葡萄酒，簡單、帶果味、宜早飲。像 Borovitza 這樣的酒莊，對這個品種比較重視，而其他一些酒莊則是針對眾多的加姆澤無性繁殖品系進行研究。

在白葡萄酒方面，皮色粉紅的切爾文蜜思嘉（Red Misket，保加利亞文為 Misket Cherven）是原生品種，用它釀出的葡萄酒，柔和、略帶果味，適宜早飲。迪蜜雅（Dimiat 或 Dimyat）在別的地方又名 Smederevka，可能是起源於保加利亞的品種，用它釀出的葡萄酒，通常相當中性，酸度較高。有一些酒莊，比如 Yalovo、Maryan 和 Karabunar，一直在嘗試使用這兩個品種，透過延長帶皮接觸時間釀造橘酒。Misket Sandanski、Misket Vrachanski、Gergana 和 Misket Varnenski 這些葡萄品種，可以用來釀造一些簡單、適合早飲的白葡萄酒，而其他的保加利亞白葡萄品種，就難以見到什麼較大潛力的了。

# 黑海和高加索 Black Sea and Caucasus

這幅地圖的西半部，在 19 世紀是著名的優質葡萄酒生產中心，但如今卻成了族裔政治的燙手山芋。而東部地區，則是葡萄種植的搖籃所在，葡萄品種異常豐富多樣。

## 摩爾多瓦（Moldova）

摩爾多瓦與羅馬尼亞的東部接壤，它曾是種植葡萄最多的東歐國家之一，而且到目前為止仍是世界上人均種植葡萄最多的國家。摩爾多瓦有將近 4% 的國土是葡萄園，10% 的勞動人口在葡萄酒業中工作。和這幅地圖上所有的葡萄酒產地一樣，這個國家的葡萄種植面積自戈巴契夫啟動反酒精運動後便大幅萎縮，下滑之勢延續至私有化之後。在蘇聯時期，摩爾多瓦的葡萄種植面積曾達到 240,000 公頃的巔峰，但到了 2017 年，釀酒葡萄種植面積只剩下 81,000 餘公頃，另有 9,600 公頃種植的是種間雜交品種「伊莎貝拉」（Isabella）。

歷史上，沙皇的克里姆林宮酒窖，都會向當時的摩爾達維亞（Moldavia，以及曾經的 Bessarabia）尋求優質的餐酒。摩爾多瓦的歷史，一直都夾在俄羅斯與羅馬尼亞兩個國家的爭鬥搶奪之中。對該國人民來說（大部分是羅馬尼亞裔），兩強之爭，還好誰都沒有勝出，摩爾多瓦在 1991 年贏得獨立。與保加利亞和羅馬尼亞不同，曾經被集中起來整批給蘇聯的土地，後來平均還給勞動者。到了 1999 年，摩爾多瓦有 100 萬人成為地主，這幾乎占了人口的四分之一，人均擁有的面積為 1.4 公頃，一般來說這些都是葡萄園。

到目前為止，俄羅斯仍是便宜、偏甜的摩爾多瓦葡萄酒的最大買家，但一連串毀滅性的進口禁令，以及大量外國援助的湧入，讓摩爾多瓦的葡萄酒生產者擺脫對俄羅斯的依賴，並催生了 3 個法定產區（見地圖）。在 2018 年，摩爾多瓦擁有超過 100 個酒莊，主要由家族經營。

摩爾多瓦有許多能夠努力一試的資源：緯度與布根地一致，山丘平緩逶迤，地形地貌多樣且適合種植葡萄，受黑海的影響氣候溫和。冬季偶然會非常寒冷，葡萄藤若不加保護可能會被凍死，但是，在最好地塊之歷史悠久的葡萄園，其各方面條件都是很理想的。絕大部分的葡萄藤都種在首都基希涅夫（Chişinău）附近的南部和中部地區。最有聲望的紅葡萄酒，無論是過去還是現在，都是「黑格羅」（Negru de Purcari），這是一款令人難忘、出類拔萃的混釀葡萄酒，其中的品種是卡本內蘇維濃、薩別拉維（Saperavi）和 Rară Neagră（即羅馬尼亞的 Băbească Neagră），由位於東南部 Ştefan Vodă 地區的普加利酒莊（Purcari）獨家釀造。這個地區很有潛力，Valul Lui Traian 的西南地區也是。

種植面積最大的品種是梅洛、卡本內蘇維濃、夏多內和白蘇維濃。原生的葡萄品種到目前為止還無足輕重。氣泡酒生產的歷史悠久，其陳年之處，有些是世界上面積最大的、庫存最豐富的酒窖。

## 烏克蘭（Ukraine）

在東歐國家中，位居第二位的葡萄種植國是摩爾多瓦的東北鄰國「烏克蘭」。烏克蘭的大部分地區（俄羅斯也一樣）都太過寒冷，以致葡萄難以成熟，但即使如此，腓尼基人和古希臘人也都發現，黑海和亞述海的暖化，足以讓其沿岸地區適於葡萄的生長。在黑海的港口奧德薩（Odessa）和赫爾松（Kherson）附近，烏克蘭擁有大量的葡萄園；同樣的景象也可以在外喀爾巴阡（Transcarpathia）見到，那裡距離匈牙利的多凱只有 60 公里，其海拔對緯度起了補償作用。歷史上，這裡重要的葡萄品種是白蘇維濃、麗絲玲、威爾斯麗絲玲、弗明和靈娜卡（Leányka），但到了 20 世紀末，許多地方的葡萄都被無所不在的美洲種間雜交品種「伊莎貝拉」取代了。對於那些近來烏克蘭葡萄酒業復興活動的相關人士來說，較受歡迎的品種通常是夏多內、麗絲玲、阿里哥蝶、黑皮諾、梅洛、卡本內蘇維濃和卡緹泰利（Rkatsiteli）。

## 克里米亞（Crimea）

在黑海的葡萄酒產區中，克里米亞半島的歷史是最為複雜的。在 18 世紀末凱薩琳大帝統治時期，它成為俄羅斯帝國的一部分。其南岸氣候類似地中海，很快就成為樂於冒險之貴族們享受大自然的度假勝地。這個地區的發展主要是在 19 世紀 20 年代，歸功於富甲一方、在文化上親英的 Mikhail Vorontzov 伯爵。他先是在阿盧普卡（Alupka）蓋了一間酒莊，然後又興建了宮殿，還在附近的 Magarach 成立一個葡萄酒研究所。這個機構在前蘇聯時期仍然是最重要的葡萄酒研究中心，擅長培育耐寒葡萄品種，其中許多都是種間雜交品種。

與澳洲當時的情況完全相同，Vorontzov 公爵在起步時，也是儘量地模仿法國那些偉大的葡萄酒。但他沒有取得太大的成功，因為這裡的南海岸氣溫太高，但是往內陸延伸僅 10 公里，天氣就非常寒冷。然而，到了 19 世紀末，Leo Golitsyn 王子的成果就很出色，他釀造出了俄國第二受歡迎的氣泡酒 shampanskoye，他的新世界莊園（Novy Svet）沿著海岸線，離沙皇尼古拉斯二世（Tsar Nicholas II）在 Livadia 的夏宮僅 50 公里。

不過，克里米亞葡萄酒的宿命終究還是餐後甜酒。1894 年沙皇在馬桑德拉（Massandra）興建了「全世界最棒的酒莊」，由 Golitsyn 王子負責管理，以發掘南海岸的潛力，這是一條介於大山與大海之間，長達 130 公里的狹窄地帶。主要釀製各種強勁的甜酒，這些甜酒在俄羅斯獲得了極佳的聲譽，被稱為「波特」、「馬德拉」、「雪莉」、「多凱」、「卡戈爾 [Kagor]」（取名自法國的卡奧 [Cahors]，在俄國東正教中具有歷史地位），甚至是「伊更」（Yquem），也有用各種蜜思嘉葡萄來稱呼的：白蜜思嘉、粉蜜思嘉和黑蜜思嘉。釀於馬桑德拉酒莊（Massandra）的百年老酒，現在偶然還可以找得到，而且甜美依然。

## 俄羅斯（Russia）

俄羅斯大部分的葡萄園都在下頁的地圖上，它們離黑海和裏海不遠，海洋的影響減弱了大陸性氣候的嚴酷。一半以上的葡萄種植在西部的「克拉斯諾達爾邊疆區」（Kuban，Krasnodar Krai），這裡受海洋影響，在大多數情況下，葡萄藤過冬時都不需加以保護。而唐河河谷（Don Valley）、斯達夫波爾（Stavropol）以及達吉斯

馬桑德拉酒莊的主樓。這個酒莊建於 1894 年，是克里米亞優質餐後甜酒生產的範本。它太合沙皇的口味了。

這幅地圖清楚地顯示，海洋性氣候對黑海和裏海沿岸之葡萄種植的影響是多麼珍貴。所以，在俄羅斯內陸唐（Don）這個地區，每年冬天都要把葡萄藤埋入土裡，以防凍傷，一點也不足為奇。

**克里米亞：辛菲洛普（SIMFEROPOL）▼**

緯度／海拔
**44.95° / 205 公尺**
葡萄生長季節的平均氣溫
**16.5°C**
年平均降雨量
**501 公釐**
採收期降雨量
**9 月：36 公釐**
主要種植威脅
**冬季凍害**
主要葡萄品種
**白：卡緹泰利、阿里哥蝶**
**紅：卡本內蘇維濃**

資料數據採集自 1971 年至 2000 年

國界

有爭議的邊界

KARTLI　葡萄酒產區

葡萄酒產區邊界（喬治亞）

• Alushta　主要葡萄酒鎮／村

釀製葡萄酒的地區

海拔 1500 公尺以上的土地

279　此區放大圖見所示頁面

▼　氣象站（WS）

萄酒或葡萄濃縮液，再加工裝瓶成成品。但不幸的是，這些七調八混的葡萄酒，與用俄羅斯本地種植之葡萄釀成的葡萄酒（占在俄羅斯裝瓶之葡萄酒的 40%），從酒標上看來，可能都是「俄羅斯釀造」（Produced in Russia）。不過，有個類似歐盟對原產地進行管理控制的系統正在建立當中。

進口散裝葡萄酒中有相當大一部分，主要是為了滿足俄羅斯人傳統上對氣泡酒和甜酒的熱愛。然而，在阿伯朗杜索酒莊（Abrau Durso）及其他一些地方仍可以發現用傳統法釀造、100%俄羅斯本土的氣泡酒。阿伯朗杜索酒莊創立於 19 世紀，位於克拉斯諾達爾（Krasnodar）地區的新羅西斯克附近，已經成為一個非常重要的旅遊中心。

過去，無論是紅葡萄酒還是白葡萄酒，往往都會摻入大量的甜味劑來掩蓋葡萄酒釀製中的許多缺失；不過隨著越來越多的俄羅斯人受到到西方的影響（尤其是透過莫斯科和聖彼得堡充滿活力的餐廳），他們對於葡萄酒的口味也正趨於更不甜的風格。

## 亞美尼亞和亞塞拜然（Armenia and Azerbaijan）

**亞美尼亞**處於山地，夾在喬治亞、土耳其、伊朗和亞塞拜然中間。全國只有 300 萬人口，但在全世界人口中約有 800 萬亞美尼亞人後裔，這也確保了亞美尼亞葡萄酒有一定的國際需求。這個國家擁有 17,300 公頃的葡萄種植面積，至少

80% 的葡萄仍被用於蒸餾成國民飲料——白蘭地，在蘇聯時期這是非常重要的一種酒精飲料。但這個國家的葡萄酒釀造文化是世界上最悠久的之一，進入到 21 世紀之後，人們看到了這種文化的復興。2018 年，亞美尼亞全國有 50 家酒莊，其中的 30 家是在過去 10 年內新成立的。在國際市場上最知名的一家是由義大利裔亞美尼亞人開辦的 Zorah 酒莊，這家酒莊位於東南部的丘陵地區「瓦約茨佐爾」（Vayots Dzor）。這家酒莊第一次向世人顯示，亞美尼亞可以用它最主要、充滿前景的原生葡萄品種黑阿列尼（Areni Noir）釀出優質的葡萄酒——這款酒的釀造，還使用了一種傳統的陶罐，它在亞美尼亞被稱為 karases。其他的外國投資者一般會更喜歡國際品種，而不是亞美尼亞豐富但還不為人所了解的本地原生種。這裡地理類型非常多樣，有的葡萄園位於海拔 1,600 公尺的高處。人工灌溉通常都是必須的；而且葡萄藤在冬天需要埋土，以防凍傷。

葡萄酒的生產，在過去和現在，對**亞塞拜然**來說都是重要的。它距離亞美尼亞境內所發現的舊石器時代葡萄酒遺跡是如此之近，因此，人們對於高加索南部的這個山國，竟有數百個原生的葡萄品種這件事，不應感到吃驚。其葡萄種植面積，目前約為 10,000 公頃，且每年都還在增加中。如今種植最多的品種是拜恩西拉（Bayanshira）、美翠莎（Madrasa）、希爾萬沙（Shirvanshahy）、Khindogni、梅萊伊（Meleyi）、Gara Ikeni 和 Ag Shireyi。

坦（Dagestan）地區，葡萄藤過冬時需要埋土，這裡的葡萄大部分用來生產白蘭地。

蘇聯時期老舊的釀酒工廠很快就跟不上時代，甚至連裝瓶作業都不甚可靠，更不用說釀酒了；同時，已經有相當多的跡象表明，人們對於現代葡萄酒生產的興趣日增，一些老字號，如 Kuban Vino 和法納歌利亞酒莊（Fanagoria），都已經過翻修重建；另外還出現一些新的、受國外影響的酒莊，比如 Lefkadia 和 Gai-Kodzor。

大部分新種下的葡萄藤都是從法國進口的，不過有些種植者也有自己的育苗基地，他們在那裡探索國際品種的潛力，同時也研究一些原生的 Don Valley 地區特色品種，比如澤米安斯基切尼（Tsimlyansky Cherny）、卡拉索佐羅托斯基（Krasnostop，意為「紅腳」）、西伯利亞（Sibirkovy），以及耐寒的種間雜交品種，如 Dostoiny 和西托尼瑪拉查（Citronny Magaracha）。喬治亞的薩別拉維（Saperavi，又稱「晚紅蜜」）在俄羅斯南部的長勢也很好，與卡本內蘇維濃和梅洛一起，成為俄羅斯主要的紅葡萄品種之一。最主要的白葡萄品種是夏多內、白蘇維濃、阿里哥蝶及卡緹泰利。

蘇聯還有一個行之有年的傳統：有些大城市周邊的半工業化工廠，主要會透過新羅西斯克（Novorossiysk）港，從世界各地進口散裝的葡

# 喬治亞 Georgia

對大多數國家而言，如果兩百年來都一直被俄羅斯虎視眈眈的話，恐怕早已打從心底俯首稱臣了，但喬治亞顯然不在其列。高加索地區的高山是喬治亞北邊的屏障，從黑海到裏海和伊朗，是一座連接歐亞大陸的橋梁，這一地理位置從來就沒有讓 Kartveli（他們固有的名字；喬治亞目前正在考慮把國名改為 Sakartvelo）人民有過平靜的生活。但也正是這一地理位置，鍛造出喬治亞人非凡的民族性格，能夠一再地對抗群山那邊的那隻「大熊」。而這份民族性最強烈的體現，可從喬治亞人一直宣稱「葡萄酒是他們發明的」的說法即可看出。

當然了，這裡有著最早的葡萄酒釀造考古學證據（或者說是在亞美尼亞；這取決於最新近的研究和發現，以及當時喬治亞的國界究竟到哪邊）。時間大約是在西元前 6000 年。我們是如何得知那時的人飲用了葡萄酒的呢？在新石器時代的容器上，有葡萄和採收葡萄場景的紋飾；附著在容器裡的酒石酸和其他葡萄酒裡的酸性物質，其濃度和比例，正好就是以歐洲葡萄為基底所釀製的飲料中所特有的（當然，在亞拉臘 [Ararat] 山上，諾亞的葡萄園，離這裡並不遠）。那些用黏土製成的容器就是 qvevri 的前身，喬治亞人直到今天都還在使用 qvevri 進行葡萄酒的發酵（詳見專題）。

喬治亞人嗜酒且海量，在他們眼裡，他們的長壽和活力，與他們特有的紅葡萄品種「薩別拉維／晚紅蜜」（Saperavi）息息相關。造訪喬治亞的客人常常會被喬治亞盛宴中的熱情、好客、多重儀式以及耗時之長嚇到，tamada（致敬酒辭者）花樣百出，暢飲高歌，極盡興致。

19 世紀早期俄羅斯移居者的到來，為喬治亞帶來了現代的葡萄酒釀造技術。詩人 Pushkin 對此處葡萄酒的喜愛，更甚對布根地的佳釀，自那個年代之後，喬治亞的葡萄酒在俄羅斯就一直貨暢價高。像茨南達利（Tsinandali）這樣的酒莊享譽四方。在蘇聯時期，喬治亞的葡萄酒開始走下坡，1991 年獨立後，進步也還是緩慢的，2006 年至 2013 年，俄羅斯禁止了喬治亞葡萄酒的進口，對於喬治亞葡萄酒產業的影響更是雪上加霜。

## 國際吸引力

最重要市場的坍塌，無意中迫使喬治亞的葡萄酒產業提升自己的競爭力。全行業都提高了標準，注意力不僅集中在大大小小的酒莊所使用的獨特 qvevri 釀酒方式上，還在喬治亞當地的葡萄品種上。薩別拉維是理所當然的，此外還有皮色淺淡的密卡胡里（Mtsvane Kakhuri）、充滿個性的鮮爽卡緹泰利（Rkatsiteli）、適合釀造花香型白葡萄酒的奇西（Kisi）。喬治亞聲稱已識別出了 525 個以上的原生葡萄品種，包括卡赫季（Kakheti）產區稀有的西克維（Khikhvi），這個品種可用來釀出優質的不甜型和甜型白葡萄酒；還有最近重新發現的沙烏卡比多（Shavkapito），用這個品種釀出的紅葡萄酒很有發展前景。在出口市場上，具有獨特個性的喬治亞葡萄酒已讓人難以忽視。喬治亞延長了白葡萄的帶皮發酵時間，從而釀造出了一種他們稱為「琥珀」（amber）的葡萄酒（在別的地方稱為「橘酒」）。此外，他們讓各式各樣的葡萄酒在陶罐（tinajas）和雙耳陶甕（amphorae）裡熟成。喬治亞的一切做法，促使了全球對於葡萄酒釀造的試驗。

國際市場的運作規則，迫使喬治亞劃分出其葡萄酒的產區和次產區，且已有 18 個法定原產地在歐盟完成註冊（可參考第 277 頁地圖）。在 10 個主要的葡萄酒產區中，最重要的是位於該國東半部的卡爾特里（Kartli）和卡赫季（Kakheti）。卡赫季產區（可參考下頁地圖）的葡萄種植面積約占全國的 70%，其葡萄酒產量約占目前全國產量的 80%。卡赫季產區跨越高加索最東面的山麓，地形多樣，是 qvevri 釀酒法的故鄉，它被分成 3 個主要的次產區，有 13 個法定原產地。

Alaverdi 是一座特別有名的古代修道院，於 2005 年修復，修士們在那裡釀造典型傳統的 qvevri 葡萄酒。泰拉維（Telavi）是卡赫季的首府所在，還保留著古代的城牆，一些同樣有名的重要酒莊也在這裡。

卡爾特里（Kartli）產區（該地區歷史上被稱為伊比利亞 [Iberia]）位於首都第比利斯（Tbilisi）周邊、較為平緩的地帶。和卡赫季相比，這裡海拔高、冷涼、風大。這裡生產較為清爽的葡萄酒，有的是天然微氣酒（Spritz），其

## QVEVRI 的傳統

Qvevri 就是一種埋在土裡的陶缸，類似腹寬口窄雙耳陶甕的巨大版。在採收季，什麼東西都往裡頭塞：踩踏過的葡萄果肉、葡萄皮、葡萄梗，所有的一切，這些混雜在一起的東西被稱為 chacha。在卡赫季產區，通常的做法是裡頭的 chacha 儘量多，陳年的時間儘量拉長；而在卡爾特里產區以及再往西一點的產區，裡頭的 chacha 沒那麼多，陳年的時間也沒那麼長。傳統上，葡萄酒一直放在 qvevri（在喬治亞的西部叫 churi）裡，直到有慶祝活動時才取出。因此，不管發酵後的含糖量是低還是高，其單寧都是很強烈的，這種口味需要習慣才行，在最好的情況下，它會是一款很出色、與眾不同的葡萄酒。Chacha（在義大利語中叫 grappa，在法語中叫 marc）會蒸餾成味道濃重的烈酒，這是在喬治亞人的宴席上必不可少的。

Qvevri 葡萄酒，特別是喬治亞的，與當今世界各地產量越來越多的葡萄酒是遠房兄弟：透過延長浸皮的時間（無論是白的還是紅的）以及全靠發酵和陳年釀成，所用容器是陶質的而不是橡木桶或不銹鋼罐。但使用 qvevri 與使用雙耳陶甕（amphorae）和陶罐（tinajas）的區別在於，首先，qvevri 是長期埋在地下的；其次，喬治亞人什麼東西都往裡頭塞，一旦酒精發酵和蘋果乳酸轉換完成，便把缸口封上（有時使用黏土）。這就意味著，沒有對溫度進行控制，葡萄酒的沉澱和澄清都順其自然。

Qvevri 的容量，小至可搬回家的 50 公升，大到在喬治亞較大型酒莊裡可看到的 4,000 公升，不過，這麼大的容器很有可能是用於熟成而非發酵。Qvevri 葡萄酒的釀造法，曾被視為是稀奇古怪的民間習俗，但現已成為喬治亞葡萄酒獨特的精髓，越來越常被採用，越來越受到重視。大多數的喬治亞葡萄酒可能還是用更常規的方式釀造，但 qvevri 的工藝是如此地獨特，所以聯合國教科文組織於 2013 年正式承認其為「非物質文化遺產」。下圖的 qvevri，可見於卡赫季產區的泰拉維附近。

他的則是正式的氣泡酒。新石器時代的陶罐就是在這個地區出土的，這裡擁有特別豐富、各式各樣的原生葡萄品種。

喬治亞的西部，受到黑海的影響，氣候沒那麼極端，降雨量多一些。在這裡，qvevri 在傳統上被稱為 churi。在低地的**伊梅列季**（Imereti）產區擁有其自己的葡萄品種：吉斯卡（Tsitska）和索麗科里（Tsolikouri）是最常見的（兩者也常混釀成一款很獨特的白葡萄酒）。這個產區的葡萄酒一般都具有活潑的酸度和俏皮的個性，比起卡赫季產區，浸皮的時間通常會短一些。

在伊梅列季的北部，是地勢高一點的**拉查**（Racha）地區和**列其呼米**（Lechkhumi）地區，這裡的生長季較長，葡萄採收的時間通常較晚，其葡萄酒自然就是半甜和少甜的。本地的葡萄品種包括莫圖里（Mujuretuli）和亞歷山德羅麗（Aleksandrouli）。在伊梅列季的南部，是歷史產區**梅斯赫季**（Meskheti，在地圖上顯示為 Samtskhe-Javakheti），這裡有的葡萄園位於海拔 900-1700 公尺的高處。位於濕潤的亞熱帶黑海沿岸區的**阿扎爾**（Adjara）、古里亞

（Guria）、薩梅格列羅（Samegrelo）和阿布哈茲（Apkhazeti），歷史上就以用本地品種釀造的葡萄酒而聞名，如今再度成為越來越重要的葡萄酒產區。

薩別拉維這個品種，可用來釀出非常優質的葡萄酒——如今大部分單寧和酸度活躍的不甜葡萄酒，無論是否在 qvevri 裡熟成，均口感新鮮。喬治亞的釀酒師們自我意識都很高，他們用傳統和現代的風格，爭相向世人展示其越來越優質的葡萄酒。喬治亞的葡萄、氣候以及其葡萄酒的個性，潛力非凡，沒有人能對此表示懷疑。18 世紀的貴族酒莊「茨南達利」（Tsinandali）最近已由絲路集團（Silk Road Group）修復，這一步意義重大。每年的音樂節以及豪華飯店的建立，都象徵著喬治亞的新方向。

這是為慶祝建國 1,500 周年而建的「喬治亞之母」Kartlis Deda 紀念像。她一手托起一個盛著葡萄酒的碗，歡迎來訪的朋友；一手仗著長劍，震懾來犯的敵人。

國界
產區邊界
區域邊界
■ TBILVINO　知名釀酒商／酒廠

**法定產區**
Napareuli
Kindzmarauli
茨南達利（Tsinandali）
Teliani
Kvareli
Gurjaani
Vazisubani
Mukuzani
Akhasheni
Kotekhi
Manavi
Kardenakhi
Tibaani
600　等高線間距 150 公尺

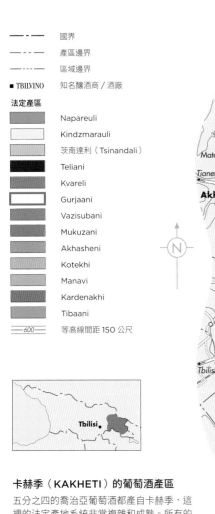

**卡赫季（KAKHETI）的葡萄酒產區**
五分之四的喬治亞葡萄酒都產自卡赫季，這裡的法定產地系統非常複雜和成熟。所有的法定產地都已在歐盟註冊，這全是為了增加出口。關於喬治亞其他的產區，可參考第 277 頁地圖。

# 希臘 Greece

希臘人近年所遭受的金融困境、天然野火和政治陰霾，對其葡萄酒業的長遠健全發展而言，倒不失為一個契機。主要市場（有時還是唯一的市場）的消失，促使業者轉而釀造完全可以出口的葡萄酒。酒標上的那些西里爾（Cyrillic）文字，已經被常見的拉丁字母替代或補充。如今，在如何充分發揮希臘葡萄園和葡萄酒釀造的獨特性上，人們已經達成更廣泛的共識。

幸運的是，希臘具備所有可以滿足當前世界葡萄酒愛好者所尋求的條件：誘人的原生葡萄品種、多樣的風土條件、豐富歷史和故事、令人耳目一新的葡萄酒、精細的釀造方式。自古以來，希臘一直就這麼做。

然而，希臘的葡萄酒仍然普遍地遭到誤解。若說希臘是因為太過炎熱和乾燥而不能生產高品質的葡萄酒，是不正確的。這個國家的大部分地區（就像義大利的大部分地區那樣）都是山地，土壤並不肥沃，只有很小一部分地區位於地勢不高的平緩地帶且土壤肥沃，這樣的土地通常被用來種植可獲得更多的農作物。海拔高、山坡陡、地形複雜，以及雨水無常，各個產區一切的結合，形成了一些奇妙的（有時是嚴苛的）自然條件。在希臘北部的馬其頓地區的納烏薩（Náoussa）產區，有些年份會遭受嚴重的洪水和黴害，而有些年份，在許多朝北的葡萄園，又會有葡萄根本無法成熟的麻煩。在伯羅奔尼撒內陸（可參考第 283 頁）的曼提尼亞（Mantinía）高原，有些產自冷涼年份的葡萄酒還需要做降酸處理。事實上，大多數希臘的葡萄酒產區，從許多方面來看，氣候都是涼爽的。

20 世紀 80 年代中期，幾位在法國受過正式訓練的農學家及釀酒師學成歸國，因此，希臘葡萄酒開始了一個新時代。歐盟以及一些有理想抱負的個人投入了大量的資金，所以一些較大的酒商（著名的有 Boutari 及 Kourtakis）得以提升釀酒技術；而在地價相對便宜的冷涼地區，有一批規模較小的新酒莊應運而生。他們的下一代，都是在現代化的酒莊裡工作，這些年輕人學藝於雅典，甚至在波爾多或加州，所釀出的葡萄酒，再也沒有氧化發酵的痕跡，與以往那些典型的希臘葡萄酒截然不同。

重生的希臘葡萄酒產業一開始只注重當時熱絡的國內市場，因此，引進的國際葡萄品種頗為吃香。但是，一度風光無限的卡本內蘇維濃，如今顯然已經過氣；本地的品種大受歡迎，以致於整個行業都在尋找，（例如 Malagousia 是一個原產於希臘的古老白葡萄品種）。只有西班牙、法國和義大利這些葡萄酒生產大國，其用於生產的本地葡萄品種才會比希臘的還多。

## 希臘大陸地區

希臘北部地區還有許多尚未被開發出來的潛力，而且，這裡也是希臘 20 世紀 60 年代在 Chateau Carras（如今名為 Domaine Porto Carras），以預言的方式拉開葡萄酒革命序幕的地方。就地理上而言，希臘的**馬其頓地區（Mecadonia，**緊鄰第 267 頁所介紹之「北馬其頓共和國」的南面）與巴爾幹大地塊的關係，比和希臘的愛琴海分支的關係還要密切。這裡是紅葡萄酒之鄉，以希諾瑪洛（Xinomavro）葡萄為主，Xinomavro 其字面意思是「酸味黑葡萄」，清楚地表明了它酸味明顯的特點。這種熟成緩慢的葡萄酒是希臘最令人印象深刻的葡萄酒之一。**納烏薩（Náoussa）**是這個地區最重要的法定產區，該區釀得最好的葡萄酒在陳年之後，會散發出一種令人難以忘懷的香氣，幾乎就像是頂級的義大利巴羅鏤，其酒色一般來說也像巴羅鏤一樣，相對淺淡。冬天時，飛雪會落在維密歐（Vermio）山的山坡上，但夏季卻嚴重乾旱，甚至需要人工灌溉。這裡的土地類型豐富，且面積廣闊，有利於單一特級園的認定。

**古邁尼薩（Gouménissa）**產區位於帕伊科（Paiko）山的山坡低處，出產的葡萄酒比納烏薩產區的稍顯豐滿。在維密歐山朝向西北的一面，是**阿明多（Amindeo）**產區，這裡非常涼爽，甚至可以釀出芳香四溢的白葡萄酒、標註產地來源的希諾瑪洛粉紅葡萄酒以及上佳的氣泡酒。在距北馬其頓共和國邊界不遠處，風大，受湖泊影響，此地的 Alpha 酒莊成功地用希諾瑪洛與希哈和梅洛混釀出一款紅葡萄酒，精緻、濃厚、穩定，具有冷涼氣候特色；此外，這個酒莊釀造的芳香型白葡萄酒也十分出色。

在卡瓦拉（Kavála）附近，國際品種越來越多（Biblia Chora 酒莊釀出了非常清新的、主要是混釀的白葡萄酒。而在希臘東北端的達馬（Drama），Lazaridi（包括 Costa 和 Nico）、Pavlidis 和 Wine Art 等幾個酒莊則體現了現代希臘人在葡萄酒上的自信。在塞薩洛尼基（Thessaloniki）南邊，位於埃帕諾米（Epanomí）鎮的 Gerovassiliou 酒莊，率先用 Malagousia 葡萄釀出了香氣馥郁的白葡萄酒，這如今在全希臘成為一種時尚；它最近還用黑塔加洛（Mavrotragano）和琳慕特（Limnio）這兩個品種做實驗，希望釀出深色的、結實的紅葡萄酒。

**濟查（Zítsa）**是位於西北部伊庇魯斯大區（Epirus）中唯一的法定產區，德比娜（Debina）是種植面積最大的白葡萄品種，以此釀造靜態和氣泡的不甜葡萄酒。在伊庇魯斯大區的麥索福（Métsovo）鎮，有全國海拔最高的葡萄園（幾乎高達 1,200 公尺）以及最老的卡本內蘇維濃葡萄藤（1963 年種於酒莊）。

塞薩利大區（Thessaly）的潛力無窮，但還沒有充分被認識。最近被挽救回來的深色葡萄品種 Limniona，只是種植在這裡，稀有但有趣的原生品種之一。**拉普薩尼（Rapsáni）**是這個地區最主要的紅葡萄酒法定產區，葡萄酒釀自希諾瑪洛葡萄，比起在冷涼一點的納烏薩產區，這裡的希諾瑪洛的成熟度高一些。

希臘中部地區主要是大型酒商（négociant）及釀酒合作社的天下。傳統的雅典葡萄酒來自首都的後院阿提卡（Attica/Attiki）地區，名為 retsina（松香白酒），帶有松香味，這種葡萄酒加入松脂的發酵法甚是奇怪，長久以來拖累希臘葡萄酒的聲譽。但其實，新鮮、釀得好的

聖托里尼島是火山旅遊勝地，圖中是島上修剪整齊、被風吹拂的的葡萄藤。阿斯提可顯然是當地最主要的葡萄品種，但本地特有的品種阿斯瑞（Athiri）和艾達尼（Aïdani）也有其自己的個性。

BULGARIA

TÜRKIYE

SEVERNA MAKEDONIJA
(NORTH MACEDONIA)

ANATOLIKÍ MAKEDONÍA
KAI THRAKI

SHQIPËRISË
(ALBANIA)

**NÁOUSSA**
1 VAENI
2 TSANTALI
3 KARYDAS
4 KIR-YANNI
5 BOUTARI
6 THYMIOPOULOS

DOM COSTA LAZARIDI
PAVLIDIS
CH NICO LAZARIDI
Dráma
WINE ART ESTATE
OINOGENESIS
Xánthi
KIKONES
Séres
Kavála
LALIKOS
Maróni
VOURVOUKELIS
TSANTALI
Alexandroúpoli
AMPELOEIS
BIBLIA CHORA

Gouménissa BOUTARI
KENTRIKÍ MAKEDONÍA
GOUMÉNISSA
AIDARINIS
CHATZIVARITIS
Flórina
ALPHA ESTATE
LIGAS
KECHIRIS
Thessaloníki
Thássos
Pelagos
Samothráki

Amindeo
TATSIS
Náoussa
KALAMARAS
GEROVASSILIOU
AMINDEO
Véria
Epanomí
Halkidikí
MYLOPOTAMOS
NÁOUSSA
Kozáni
PIERIA ERATINI
TSANTALI
TSANTALI
Athos
DOM PORTO CARRAS

DYTIKÍ MAKEDONÍA
Velventós
VOYATZIS
KATSAROS
RAPSÁNI
Rapsáni
CÔTES DE MELITON
CHATZIGEORGIOU LIMNOS

ZOINOS
GLYNAVOS
Métsovo
KATOGI AVEROFF
ZAFEIRAKIS
TSANTALI
Límnos
LÍMNOS
ZITSA
Ioánnina
THEOPETRA
Lárissa

Kérkira
(Corfu)

SHQIPËRISË

ÍPEIROS
(EPIRUS)
Tr*ikala
KARIPIDIS
MESSENIKOLA
THESSALÍA
ANHIALOS
Vólos
Vóries Sporádes
VOREÍO AIGAÍO
METHYMNAEOS
Lésvos
Ágios Efstrátios

Pindos Óros
KATSIKA
MONSIEUR NICOLAS
Árta

Lefkáda

IÓNIOI NISIÁ
LA TOUR MELAS
Lamía
VRINIOTIS
Évvoia (Euboea)
Skíros
Psará
Híos

Kefallonía
(Cephalonia)
KEFALLONÍA
SCLAVOS
ROBOLA COOPERATIVE OF CEPHALONIA
GENTILINI

STEREÁ ELLÁDA
Amfissa
DYTIKÍ ELLÁDA
Atalánti
HATZIMICHALIS
AVANTIS
Halkida
LYKOS
Aigaion Pelagos
SÁMOS

Zákinthos
(Zante)
COMOUTOS
GRAMPSAS
Pátra
(Patras)
PÁTRA
Égio
Thiva
Attikí
HARLAFTIS
KOKOTOU
MONTOFOLI
UWC SAMOS
Sámos

DYTIKÍ ELLÁDA
Korinthos
EVHARIS
Athina
MATSA
MYLONAS
Káristos
Ándros

Ionio Pelagos
Pirgos
Néméa
NEMÉA
VASSILIIOU
ATTIKÍ STROFILIA
Kéa
Tínos
T-OINOS
Ikaría
AFIANES

MANTINÍA
Árgos
Póros
Kíthnos
Síros
Míkonos
Náxos
TRIANTAFYLLOPOULOS
Kós

PELOPÓNNISSOS
Ídra
283
Sérifos
MORAITICO MORAITIS
PÁROS
Páros
Amorgós
RÓDOS

Kalamáta
Sífnos
ios
Astipálea
CAIR

Spárti
THEODORAKAKOS
Mílos
NÓTIO AIGAÍO

Pylos
MONEMVASIA
Monemvasía
Ródos
(Rhodes)

MONEMVASIA-MALVASIA
Kíthira
Thíra
(Santorini)
SIGALAS
VASSALTIS
SANTO WINES
BOUTARI
ARGYROS
GAVALAS
ARTEMIS KARAMOLEGOS
GAIA
HATZIDAKIS
TSELEPOS/CANAVA CHRYSSOU
SANTORINI

Kritiko Pelagos

Kárpathos

Chaniá
KRÍTI (CRETE)
Iráklio
MEDITERRA
Ágios
Nikólaos
Sitía

MANOUSAKIS
DOURAKIS
ARHÁNES
DAFNÉS
SILVA DASKAL
PEZÁ
RHOUS-TAMIOLAKIS
LYRARAKIS
NIKOS GAVALAS
SITÍA
ECONOMOU

**圖例**

— · — 國界
— — — 省界
PÁTRA　受保護的原產地名稱（PDO）
● Neméa　葡萄酒鎮／村
■ GAIA　知名釀酒商／酒廠
　　　釀製葡萄酒的地區
　　　海拔 1000 公尺以上的土地
▼　氣象站（WS）
283　此區放大圖見所示頁面

比例尺 1:3,825,000
Km 0　50　100 Km
Miles 0　50 Miles

**ATTIKÍ**
1 GEORGAS
2 ANASTASIA FRAGOU
3 PAPAGIANNAKOS
4 GREEK WINE CELLARS

**KRÍTI**
1 FANTAXAMETOCHO BOUTARI
2 DOULOUFAKIS
3 PATERIANAKIS

Athina

* 氣候數據採自 1971 年至 2000 年

## 希臘：帕特雷（PATRAS）　▼

緯度／海拔
**38.25° / 1公尺**

葡萄生長季節的平均氣溫
**21.1°C**

年平均降雨量
**658 公釐**

採收期降雨量
**8 月：5 公釐**

主要種植威脅
**乾旱、突如其來的風暴**

主要葡萄品種
白：薩瓦提諾（Savatiano）、榮迪斯（Roditis）
紅：阿吉歐吉提可（Agiorgitiko）

對考古學有興趣的讀者應該去參觀一下克里特島上「米諾斯」（Minoan，或稱「米諾安」）文明在 Vathypetro 居住點的遺跡，遺跡中包括了 3,500 年前的葡萄壓榨工具。

### 希臘的葡萄酒產區

在克里特島，有一批著名的酒莊，近年來，這裡發生了一場靜悄悄的葡萄酒革命。在雅典周邊，這裡作為葡萄酒產區是順理成章的。在納烏薩產區，歷史早已證明，其風土非常適合釀造可以陳年的頂級紅葡萄酒。

retsina，猶如上等的菲諾雪莉酒（fino sherry），既美味又獨特，能與希臘食物（油滑的鹹魚子泥沙拉、烤魷魚、包餡葡萄葉捲、黃瓜優格醬等）的風味和質地完美搭配。Attica 是希臘單一最大的葡萄酒產區，葡萄種植面積達 11,000 公頃，大部分都種植在貧瘠乾燥的梅索基亞（Mesogia）平原。Attica 現在也有越來越多非 retsina 的葡萄酒，儘管用來釀製 retsina 葡萄酒的品種薩瓦提諾（Savatiano，同時也是全國種植面積最大的葡萄品種）仍占了這一地區葡萄種植面積的 95%。用老藤的薩瓦提諾可以釀出極好的白葡萄酒，至少可以陳放 5 年，但用藤齡較短的葡萄釀造出來的就遜色一些了。

## 島嶼區

在希臘眾多島嶼中，最南端的克里特（Crete/Kríti）島是最大的葡萄酒產地，該島一度奄奄一息的葡萄酒產業，最近迎來了當地最迫切需要的資金與高漲的熱情。當地最好的葡萄園位於海拔較高處，許多種植者已開始在一些瀕臨絕種的品種上投資，Lyrarakis 酒莊尤其擅長釀造優質的單品種維迪亞諾（Vidiano）、普利托（Plyto）和達芙妮（Dafni）葡萄酒。重要性次之的，是在愛奧尼亞海（Ionian Sea）上靠近希臘大陸西北部的凱法隆尼亞島（Cephalonia/Kefallonía）島及其毗鄰的札金索斯島（Zante/Zákinthos），它們擁有個性活潑的當地紅葡萄品種阿古西亞提（Avgoustiatis），尤其是還有

清爽的白葡萄品種羅柏拉（Robola）和托阿斯（Tsaoussi），以及一些引進的品種。不過，科孚島（Corfu）就完全入不了葡萄酒愛好者的眼了。

在愛琴海中，有幾個島嶼都以蜜思嘉葡萄釀製甜酒。**薩摩斯島（Sámos）**的出品品質尤佳，最有名氣，出口量也居各島之冠，年輕的酒款異常清澈，有些以橡木桶陳化的酒款十分誘人，都是以小粒白蜜思嘉葡萄釀製的。**利姆諾斯島（Lemnos/Límnos）**釀製不甜和甜型的蜜思嘉葡萄酒。**帕羅斯島（Páros）**種植的葡萄品種是莫奈姆瓦夏（Monemvasia）。曼迪拉里亞（Mandilaria）是另一個生命力強勁的海島紅葡萄品種，可見於帕羅斯島、Crete 島以及羅德島（Rhodes/Ródos），但用它釀成的酒缺乏集中度。在**羅德島（Rhodes/Ródos）**上，白葡萄酒比紅葡萄酒更重要，甚至其氣泡白葡萄酒也已經小有名氣了。阿斯瑞（Athiri）這個白葡萄酒品種，種植在海拔高的地方，最近已經有人用它釀出了一些非常優雅的白葡萄酒，靜態的和氣泡的都有。**蒂諾斯（Tinos）**這個小島，在世紀之交的時候還是連一瓶葡萄酒都沒有生產的，但到了 2018 年，已經有了 4 家非常有趣的酒莊，其中最好的一家是 T-Oinos 酒莊。

然而，在所有的島嶼中，位於愛琴海南部的**聖托里尼島（Santorini）**最獨特、最引人入勝，在希臘以外最知名。其不甜的白葡萄酒，強勁而集中，富含檸檬及礦石風味，是以古老的阿斯提可（Assyrtiko）葡萄釀成的；葡萄藤

冬天，阿明多產區的 Alpha 酒莊，修剪整齊的葡萄園。這景色與希臘是個氣候溫暖的葡萄酒生產國的說法明顯不符；而希臘的葡萄酒，自然也不是在氣候溫暖的環境中釀造出來的。

被修剪得像是一個個的小鳥巢，蹲伏在大風橫掃的休眠火山上。年景好時，降雨量也只有 300 公釐，所以葡萄的果粒小，皮厚，所有濃縮其中的風味在發酵時都融入到酒液當中。已故釀酒師 Haridimos Hatzidakis 釀造的「希格列斯」（Sigalas）葡萄酒和 Gaia 酒莊釀造的「塔萊西迪斯」（Thalassitis）葡萄酒都是絕佳的典範，至少可以陳放 10 年。島上還釀製非常濃郁、精美的「聖酒」（Vinsanto），所用的葡萄品種主要是阿斯提可，這種酒得到了國際上的認可。作為俄羅斯教堂做彌撒時的選擇，又是當地民生中不可或缺的一品。聖酒的生產在過去甚至得到了鄂圖曼帝國的准許，能創下不菲的稅收。聖托里尼島的問題並不是缺少釀酒的熱情和技術，而是蓬勃的旅遊業一直哄抬土地的價格，使得那些非凡的葡萄園面臨生存危機。這裡出產的葡萄是如此獨特、出眾，阿斯提可葡萄的插枝甚至在遙遠的澳洲都有種植。

# 伯羅奔尼撒 Peloponnese

如地圖所示，伯羅奔尼撒的北半部，是新世代有志葡萄酒生產者大展拳腳的一片熱土，這一點，僅馬其頓地區可與之相爭。這裡景色優美，古跡眾多，從雅典很容易就能到達⋯⋯難怪可以孕育出這樣的葡萄酒文化。

內米亞（Neméa）產區位於東面，是最為重要的法定產區，以單一的阿吉歐吉提可（Agiorgitiko/St George）葡萄釀出鮮美可口的紅葡萄酒；由於這種葡萄種植在各種不同的地形上，因此，Koútsi、Asprókambos、Gimnó、內米亞以及 Psari 等地區都各有自己的特色和聲響。由於受到海洋的影響（但帶來的雨水會對採收產生威脅），就該緯度而言，內米亞產區的冬季較預想的要溫和一些，夏季要涼爽一些。內米亞產區大致可以分成 3 個區塊，內米亞河谷地帶擁有肥沃的紅色黏土，在這裡生產的葡萄酒或許是最不適宜陳年的；中海拔的地帶看來最適合釀製最現代、最飽滿、最令人驚艷的葡萄酒，不過風格差異也相當大；至於某些海拔最高的地區（最高可達 900 公尺），過去被認為只適合釀製粉紅葡萄酒，但現在正釀著一些細膩、優雅、新鮮的紅葡萄酒，完全是 21 世紀的風格。就目前這樣一個單一的、包羅萬象的法定產區，無論它在商業上多麼誘人，似乎都顯得過於龐雜和籠統。

在地圖中部的曼提尼亞（Mantinía）高原，距內米亞只有 30 分鐘的車程，但涼爽得多，這是希臘極端地貌的一個明證。它以身為雅緻、香氣撲鼻的莫斯可菲萊諾（Moschofilero，又稱「玫瑰妃」）葡萄的發源地而聞名，用這種葡萄釀出的酒，飄逸著幽雅的花香。氣泡酒較著名的來自 Tselepos 酒莊，同樣可以很雅緻並令人信服。像許多滿懷抱負的酒莊一樣，Tselepos 酒莊也種植了一系列國際葡萄品種。

遠在北端的帕特雷（Pátra/Patras）產區以釀製白葡萄酒為主，最好的榮迪斯（Roditis）葡萄出自這裡，而這種葡萄又是當地種植之最主要的品種。豐富的原生葡萄品種是一個寶庫，能給未來帶來希望。Antonopoulos 酒莊正以重新發現的葡萄品種拉格斯（Lagorthi），釀出帶有礦物質風味、令人興奮的白葡萄酒。Tetramythos 酒莊的特色是卡拉瓦蒂諾（Mavro Kalavritino）這個品種，而 Parparousis 酒莊用賽德萊蒂斯（Sideritis）葡萄釀出的白葡萄酒也相當不錯。現在的葡萄酒風格是不甜，內斂而精準，這與該地傳統上用蜜思嘉和瑪弗達芙尼（Mavrodaphne，又稱「黑月桂」）葡萄釀製之有點粘稠的葡萄酒形成了對比——原本那種風格的葡萄酒，如果用點心思釀造的話，倒是有潛力做到如 Sámos 島著名的蜜思嘉葡萄酒那般優秀。雅克勞斯（Achaia Clauss）酒莊的一些老年份酒，非常出色；而 Parparoussis 酒莊近年來成了頂級的帕特雷蜜思嘉和瑪弗達芙尼葡萄酒的可靠來源。

伯羅奔尼撒南部相對較新的法定產區「莫奈姆瓦夏－馬瓦西亞」（Monemvasia-Malvasia），如今承載著更多的期許（可參考第 281 頁地圖），領軍的是 Monemvasia 酒莊。他們的目標就是提醒整個葡萄酒世界，不要忘記歷史上從這個中世紀港口輸出的那段甜蜜榮耀，這個港口被認為是葡萄品種「馬瓦西亞」（Malvasia，Malmsey 是由此派生出來的）之名的來源。主要的葡萄品種為基隆尼薩（Kydonitsa，意為「像柑橘一樣」）、Monemvassia 和阿斯提可，在不同的區域比例不一。

伯羅奔尼撒在傳統上一直受人重視的是其來自發展較健全地區的葡萄酒，但這一點正慢慢地改變。在半島上不那麼顯眼的角落，現在冒出了一些新的酒莊，比如 Ilía 或 Messinía，他們正用諸如阿斯提可和 Malagousia 這樣的品種（這些品種在希臘其他地方已經很出名）釀出令人印象深刻的葡萄酒。同時，他們還發掘和復興了一些本地的葡萄品種，紅的如 Mavrostifo，白的如 Tinaktorogos，這些品種本來已瀕臨絕種，但現在卻很有前景。

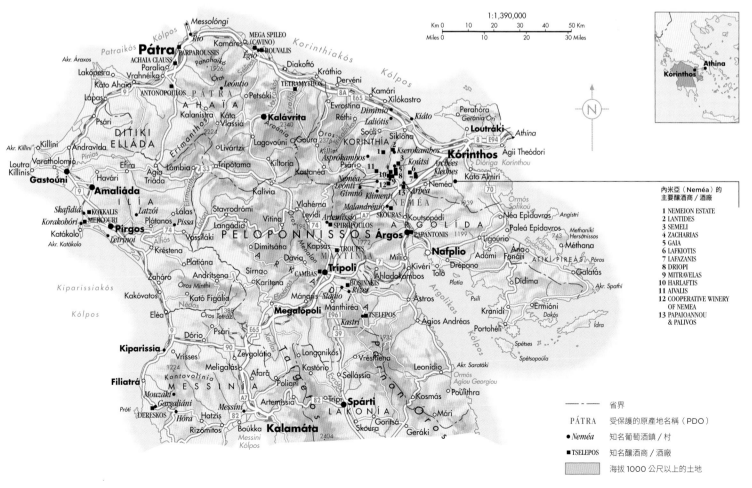

1:1,390,000

內米亞（Neméa）的主要釀酒商／酒廠

1 NEMEION ESTATE
2 LANTIDES
3 SEMELI
4 ZACHARIAS
5 GAIA
6 LAFKIOTIS
7 LAFAZANIS
8 DRIOPI
9 MITRAVELAS
10 HARLAFTIS
11 AIVALIS
12 COOPERATIVE WINERY OF NEMEA
13 PAPAIOANNOU & PALIVOS

— · — 省界

PÁTRA 受保護的原產地名稱（PDO）

● Neméa 知名葡萄酒鎮／村

■ TSELEPOS 知名釀酒商／酒廠

■ 海拔 1000 公尺以上的土地

# 塞普勒斯
# Cyprus

中世紀時，塞普勒斯以生產最好的甜酒聞名——是用乾葡萄釀製的「卡曼達蕾雅酒」（Commandaria）的前身，且賽普勒斯人聲稱這種酒是持續不斷生產的名酒中，最古老的。最近的考古發現證實，塞普勒斯早在西元前 3,500 年就已經開始釀造葡萄酒。這種葡萄酒是十字軍戰士的最愛，但卻不為鄂圖曼帝國所喜歡。2004 年加入歐盟使得塞普勒斯重新獲得機會，過去政府的財政補貼針對的是那些品質平庸、產量卻很大的散裝出口酒，而現在則有了調整，超過 600 萬歐元的補助幫助塞普勒斯鏟除了那些最差的葡萄園，重新種植了一些新的葡萄藤，並在多山的內陸地區建立了許多酒莊。葡萄種植面積已縮減到不足 8,000 公頃，主要分布在特羅多斯（Troodos）山脈南面的山坡，那裡的海拔對緯度是一種補償，晚上較涼爽，適合種植品質更優的葡萄。最好的葡萄園位於海拔 600~1500 公尺。

在塞普勒斯生產廉價「雪莉酒」的舊日時光中，島上的葡萄酒業由利馬索爾（Limassol）港附近的四家大酒廠主導，但這一切已改變。如今，這裡有大約 60 家從小型到中型不等的釀酒商／酒廠，而真正的大企業只有一家，也就是由葡萄種植者所擁有的 SODAP 釀酒合作社，其產品品質可靠且價格親民。整個行業的重心，已堅定地放在品質而非產量上，如今一些優秀的酒莊，比如 Vlassides、Zambartas、Argyrides、Kyperounda、Vouni Panayia、Tsiakkas、Vasilikon 和 Aes Ambelis，他們都對自己的葡萄園和與他們密切合作的葡萄種植者充滿信心，釀造著不甜的餐酒。大部分的釀酒師都是在海外受訓的，具有開放的心態，而且通常都很年輕，這給塞普勒斯的葡萄酒業帶來了活力。然而，希臘的金融危機

## 塞普勒斯

為了滿足歐盟的要求，塞普勒斯已制定了一個原產地命名控制計劃，但大部分到目前為止都還沒有落實。帕福斯（Pafos）、利馬索（Lemesos）、拉納卡（Larnaka）和里夫科西亞（Lefkosia）這 4 個 PGI 產區的葡萄酒，幾乎占了全國產量的一半。

*Arsos*　葡萄酒村

PAFOS　PGI/ 地區葡萄酒

3　PDO/ 受保護原產地名稱的葡萄酒

　　海拔 1000 公尺以上的土地

### 主要的 PDO
1　LAONA AKAMA
2　VOUNI PANAYIA-AMPELITIS
3　PITSILIA
4　COMMANDARIA
5　KRASOCHORIA LEMESOU-AFAMES
6　KRASOCHORIA LEMESOU-LAONA
7　KRASOCHORIA LEMESOU

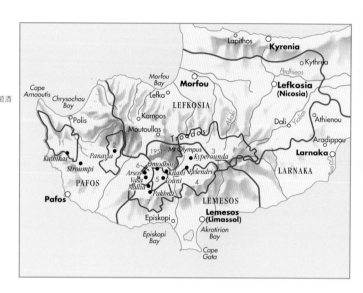

1:1,513,000

Km 0　10　20　30 Km
Miles 0　　10　　20 Miles

及其在旅遊業和土地價格上的效應，對塞普勒斯造成了影響。乾旱則是另一個長期存在的問題。

## 直接的生產者

不同尋常的是，塞普勒斯從未受過根瘤蚜蟲害侵襲，其未嫁接過的葡萄藤仍然被嚴密地隔離保護著，這減緩了國際品種的引進速度。或許這並沒有什麼壞處，因為在島上的葡萄園裡仍然種植著許多真正的古老品種，有的品種是久被遺忘的。伊阿努迪（Yiannoudi）、Morokanella、Promara 和 Spourtiko 都是已被重新發現的品種。不過，目前島上幾乎一半的釀酒葡萄種植園，種植的仍是一個原生但不那麼令人興奮的品種莫伏羅（Mavro），它是如此地普通，其名字也只是「黑色」的意思。不過 Zambartas 酒莊已經證明，用某些莫伏羅葡萄還是可以釀出相當有趣的葡萄酒，但產量極低。當地另一個品種西尼特麗（Xynisteri），耐旱，占總種植面積的四分之一

以上，可用它釀出相當清爽的白葡萄酒。大部分這樣的葡萄酒，最好要趁早飲用，但也有些具有一定的複雜度，其葡萄來自較好的或海拔較高的葡萄園。希哈如今已經取代卡本內蘇維濃（正在下降）、卡本內－弗朗和卡利濃，成為最重要的外來紅葡萄品種，因為它已被證明非常能適應這片乾燥炎熱的土地。原生葡萄「瑪拉思迪克」（Maratheftiko），經過一些經營完善的酒莊之手，也能成為讓人印象深刻的紅葡萄酒；而單寧感較強的萊夫卡達（Lefkada）葡萄，能為混釀帶來一抹當地的香料味；也有人正在用萊夫卡達釀造單一品種葡萄酒。

塞普勒斯最獨特的葡萄酒當屬甜美的「卡曼達蕾雅」甜酒（Commandaria），它是用曬乾的莫伏羅和西尼特麗葡萄釀成的。這種葡萄酒有其法定的產地命名（或叫 PDO），由 14 個指定的村莊生產，這些村莊都座落在特羅多斯山脈的低坡上。「卡曼達蕾雅」在橡木桶中至少要陳釀兩年，但在 PDO 區域內這一做法並非必要，添加烈酒如今也是選擇性的。Tsiakkas、Kyperounda、Aes Ambelis 和 Anama Concept 這些酒莊，都已經釀出輕柔、新鮮和現代一些的卡曼達蕾雅。市場上的「卡曼達蕾雅」陳年時間差別很大，但所有的佳品都會有著迷人、獨特的葡萄味，這種風味正是對它在古代所享有之聲譽的解釋，也賦予了它光明的前景，價格也令人滿意。

奧林帕斯山（Mount Olympus）南部 Doros 地區的 Karseras 酒莊。深色的莫伏羅葡萄和淺色的西尼特麗葡萄攤成一片在陽光下曬乾。

# 土耳其 Turkey

　　儘管土耳其的稅負沉重，穆斯林的影響力也很深，對酒精飲料銷售的限制越來越多，但近年來它的葡萄酒文化仍持續發酵中。它一直是世界上葡萄園面積最大的國家之一，但只有大約 2% 的葡萄用於釀造葡萄酒。其他的葡萄都是食用葡萄、鮮食或做成更普遍的葡萄乾；又或是被釀成「拉克酒」（raki），一種帶有茴香味的烈酒，在土耳其受歡迎的程度一點也不亞於葡萄酒。

　　現今的土耳其葡萄酒產業，因其國內市場需求不旺而停滯不前；但在 19 世紀末，它可是拯救了西歐，原因是那個時候，土耳其的葡萄園到了最後才被根瘤蚜蟲害毀壞。土耳其共和國第一任總統凱末爾·阿塔圖爾克（Kemal Atatürk）在 20 世紀 20 年代興建了許多國營酒莊，希望他的國民能藉此認識到葡萄酒的美好，也因此確保了原生葡萄品種安拿朵利亞（Anatolia）的生存。多年來，土耳其的葡萄酒都是沒有什麼特點的，但旅遊業的發展、進口禁令的廢除以及 21 世紀初由國家壟斷的事業進行私有化（其葡萄酒重新以 Kayra 為品牌，並得到大大改善），把這個行業帶進一個新紀元。20 世紀 90 年代，土耳其出現了新一代的小型酒莊，他們最初的注意力都放在國際品種；但人們也開始重新評估原生品種，到了 2018 年，註冊的酒莊達到 164 個。

　　如地圖所示，土耳其在地理上分為 7 個地區，在文化、氣候和地理上的差異極大，但大多數都適合葡萄種植。全國超過 40% 的酒莊（但在葡萄種植面積中所占的比例就小得多了）都集中於伊斯坦堡的腹地——色雷斯與馬爾馬拉海地區（Thrace-Marmara）。從各方面來看，這是土耳其國內最像歐洲的一個產區，包括其適合葡萄生長的多種土壤和溫暖的沿海地中海型氣候，這一切都與其北面保加利亞靠黑海的地區類似。在這裡以南是一些島嶼，在傳說中的古城特洛伊的視程以內，這些小島也擁有自己的葡萄品種，其中有些是由像 Corvus 這種具有強烈企圖心的酒莊恢復的。

　　土耳其大部分的葡萄酒產自伊茲密爾（Izmir）腹地的愛琴海（Aegean）區域，那裡的古代遺跡非常豐富。這個國家的第一條葡萄酒產業帶，就在港口西部的沿海度假勝地烏爾拉（Urla）附近。白葡萄酒基本都是以 Misket（果實較小的蜜思嘉葡萄）和蘇丹娜（Sultaniye）為原料釀造的，後者大部分被用作鮮食或曬乾，用它釀出的酒，清爽，但個性不太強。然而，Sevilen 酒莊所用的葡萄是生長在高海拔地塊裡的白蘇維濃，釀出的酒品質極好。再往內陸深入一點的地方，土耳其最大的酒莊 Kavaklidere 開發出了一些頗具潛力的葡萄園，這是 Pendore 計劃的一部分，波爾多的著名釀酒師 Stéphane Derenoncourt 是這一計劃的顧問。

　　在南海岸地中海產區的 Antalya 一帶，旅遊業比葡萄酒更知名，Likya 酒莊是這裡的先鋒。在黑海產區的托卡特（Tokat）附近東北地區，皮色淺淡的娜琳希（Narince）葡萄是其特色，Diren 是唯一知名的酒莊。

　　其他土耳其的葡萄酒產自安拿朵利亞（Anatolia）中部的高海拔地區（大約占總產量的 17%），以及安拿朵利亞的東部和東南部地區（加在一起占總產量的 12%），這裡每塊田都非常小，往往只有幾行葡萄藤。Kavaklidere 酒莊的總部長期設在中安拿朵利亞（Central Anatolia）地區的首都安卡拉，如今那裡也有了其他幾個的酒莊。Kavaklidere 酒莊有個新的葡萄園區，名為 Côtes d'Avanos，位於卡帕多奇亞（Cappadocia），其地質地貌由火山作用形成，崎嶇、荒涼，在海拔達 1,000 公尺的高處，自西臺（Hittites）時代起（西元前 2000 年）一直都在釀造葡萄酒。結實、清新的埃米爾（Emir）是當地的白葡萄品種。在中安拿朵利亞的北部小鎮卡萊吉克（Kalecik），有一個以其名字命名的葡萄品種 Kalecik Karasi，它像櫻桃一樣，果味十足，是土耳其人最愛的品種之一，葡萄園的海拔為 700 公尺，綿長的克澤爾（Kızılırmak）河舒緩了這裡的大陸性氣候。

　　東安拿朵利亞（Eastern Anatolia）和沒那麼重要的東南安拿朵利亞（Southeastetn Anatolia）地區沒有多少酒莊，那裡的冬天非常寒冷，葡萄藤需要埋土以免受到零下低溫的致命傷害。國內酒業巨頭 Kayra 在東安拿朵利亞的埃拉澤（Elazığ）擁有大型的紅葡萄酒生產基地；在東南安拿朵利亞的深處，創立於 2003 年的 Shiluh 酒莊，依照長達 1,000 年的本地傳統，釀造自然酒。但安拿朵利亞那些深具個性的葡萄大多都被運往西部進行釀造，土耳其的夏季炎熱，這可能會造成一些問題。最受青睞的紅葡萄品種是奧古斯閣主（Oküzgözü，意為「公牛的眼睛」）和單寧更重的寶佳斯科（Boğazkere），它們可能都源自東安拿朵利亞的 Elazığ。傳統上會把這兩種葡萄進行混酿，但前者目前栽種足跡已經遍及整個土耳其，成了這個國家種植面積最大的葡萄品種。

## 土耳其的非正式葡萄酒產區

同一個國家，氣候和文化差異巨大。伊斯坦堡的腹地色雷斯（Thracian），在氣候和文化上，都是偏地中海的；而東安拿朵利亞，靠近葡萄種植的誕生地，是嚴峻的大陸性氣候，文化氛圍也嚴守回教——這對發展葡萄酒生產來說並不是一個順理成章的組合。

**圖例**

- 國界
- AEGEAN 葡萄酒產區（非官方）
- ● Elazığ 葡萄酒鎮／村
- ■ DIREN 知名釀酒商／酒廠
- 釀製葡萄酒的地區
- 海拔 1500 公尺以上的土地

1:9,850,000
Km 0　100　200　300 Km
Miles 0　100　200 Miles

BULGARIA
KARADENIZ (BLACK SEA)
Edirne　Kırklareli
ARCADIA　CHAMLIJA
THRACE　BAREL
CH NUZUN　DOLUCA/SARAFIN
ELLÁDA (GREECE)
Tekirdağ
CH KALPAK　UMURBEY　BARBARE
GALI　MELEN
VINERO　SEVLA　Mürefte　BÜYÜLÜBAĞ
Bozcaada　Çanakkale　GÜLOR
ÇAMLIBAĞ
CORVUŞ　MARMARA　Bursa
Balıkesir　Kütahya
Ege Denizi (Aegean Sea)
NIF BAĞLARI　Simav
PAŞAELI　Akhisar
Urla Kemalpaşa　Manisa　SELENDI
URLA ŞARAPÇILIK　SALIHLI
USCA　Izmir　Salihli　KAVAKLIDERE/PENDORE　PAMUKKALE
LA WINES　Selçuk　Güney　KÜP ŞARAPÇILIK
YEDI BILGELER　Tire　Çal
SÖKE　Aydın　PRODOM
SEVILEN　Denizli
Muğla
Antalya　LIKYA　Elmalı
MEDITERRANEAN SEA

Zonguldak
Karabük　Sinop　Bafra
Sakarya　Samsun　Ordu
İstanbul　Çubuk　Amasya　Trabzon
KAVAKLIDERE　Kalecik　VINKARA　DİREN　Tokat
Eskişehir　Ankara　TOMURCUKBAĞ　Kırıkkale
TÜRKIYE　Kırşehir　Sivas　Erzincan
Afyonkarahisar　Tuz Gölü　CENTRAL　VINOLUS
Nevşehir　Ürgüp　TURASAN　EASTERN ANATOLIA
Aksaray　GEIVERI　KOCABAĞ　KUZEYBAĞ
Konya　Kayseri
ANATOLIA　KAYRA　Elazığ
Ereğli　Kahramanmaraş　Malatya
Diyarbakır
Karaman　SOUTHEASTERN ANATOLIA　Batman
Mut　Mersin　Adana　Gaziantep　Mardin　Midyat
Antakya　Kilis　SHILUH
SOURIYA (SYRIA)

İstanbul　Ankara
Al-Qahira

# 黎巴嫩 Lebanon

　　如果一定要說出一款來自地中海東部的葡萄酒的話，很多人會提到黎巴嫩的酒王 Chateau Musar，這個酒莊在戰火連綿下依然以無灌溉的方式栽種出卡本內蘇維濃、仙梭（Cinsault）和卡利濃，並用它們混釀出香氣奔放的紅葡萄酒，品質風格與波爾多類似，在上市之前已經熟成許久，而之後的陳年能力更可達幾十年。

　　然而，Musar 酒莊終究是個異類。和大部分黎巴嫩的葡萄酒一樣，Musar 酒莊的紅和白混釀葡萄酒也很強勁（對於一些人的口味來說或許太過強勁了），濃郁，正是您可以想像的那種，來自炎熱乾燥國家的葡萄酒，那裡沒有病蟲害，且一年擁有 300 天的陽光。但 Musar 酒莊的葡萄酒揮發性酸度高、需要經過很長的熟成時間才上市（如今在市場上仍有可能找到 20 世紀 50 年代 Musar 酒莊的葡萄酒），而且具有很明顯、幾乎是無限的陳年能力。因此，Musar 酒莊的做法超出了現今葡萄酒釀造的常規。

　　實際上，所有其他的黎巴嫩葡萄酒都循規蹈矩得多。讓黎巴嫩為世人所知的，無疑是 Musar 酒莊及其令人難忘的俏皮莊主 Serge Hochar（已於 2014 年去世），但新一代的生產者也正贏得海外的認可。他們必須得這樣。Arak，這種帶有茴香風味的烈酒，也是黎巴嫩人的選擇。

　　21 世紀初，黎巴嫩僅有 14 家酒莊；到了 2018 年，增加到 50 家，大部分年產量不足 50,000 瓶葡萄酒，他們都在不大可能的地方注入了葡萄酒釀造的生命。Kefraya 酒莊和 Ksara 酒莊是到目前為止黎巴嫩最大的酒莊；而由耶穌會（Jesuits）創辦於 1857 年的 Ksara 酒莊，還是黎巴嫩葡萄酒製造的發源地。仙梭、格那希（Grenache）和卡利濃的葡萄藤是從阿爾及利亞引進的，這些溫暖氣候的葡萄品種如今被視為貝卡谷地（Bekaa Valley）的代表性品種，黎巴嫩的葡萄種植主要就在這個谷地。

　　在 20 世紀 90 年代，像大多數其他葡萄酒產區一樣，黎巴嫩也深受少數幾個國際葡萄品種的影響——其本地市場一直還對重瓶裝的濃厚卡本內蘇維濃葡萄酒情有獨鍾。但在業內，有一種趨勢是釀造清亮、新鮮以及以「黎巴嫩式」老藤仙梭為主的紅葡萄酒。格那希和卡利濃將來也一定會被重新評估。

　　**貝卡谷地（Bekaa Valley）**如今不僅是貝都因（Bedouins）部落的家園，還是越過邊境之敘利亞難民的落腳地。這裡一直是這個國家現代葡萄酒產業的中心，大部分葡萄園都在貝卡谷地西部的 Qab Elias、Aana、Amiq、Kefraya、Mansoura、Deir El Ahmar 和 Khirbit Qanafar 等鎮的四周。在貝卡谷地的東部，有一些葡萄園在扎赫勒（Zahlé）的山上，海拔高達 1,800 公尺；還有一些在更荒蕪的巴勒貝克（Baalbek）地區（這裡是大名鼎鼎、已修復大半之巴克斯神廟 [Temple of Bacchus] 的所在地）和赫爾梅爾（Hermel）地區。貝卡谷地的海拔通常都在 1,000 公尺以上，可抵銷過分日曬對種植於此之葡萄的影響。這裡的降雨量極低，這意味著大多數的葡萄園實際上都是有機種植。黎巴嫩並不缺乏勞動力，所有的葡萄都是手工採摘的。

　　在這個國家北部的**巴特倫（Batroun）**地區，是一個值得注意、極其活躍的例外。這裡的明星是注重環保的 IXSIR 酒莊，其他的酒莊，包括一些新的和小的酒莊，也已加入到它的行列，團結一致，令人稱羨。在西部的黎巴嫩山（Mount Lebanon）地區的酒廠跟別的地方無法相比，但位於山區布漢敦（Bhamdoun）的 Belle-Vue 酒莊廣受好評。生長於高海拔地區的夏多內、白蘇維濃和維歐尼耶的表現尤其出色；人們對本地品種歐拜德（Obeideh）和默華（Merwah）的興趣日增，這兩個品種一直在 Musar 酒莊那陳年能力長久得有點神秘、顏色偏深的白葡萄酒中，扮演著重要的角色。

　　Massaya（由一個來自波爾多和隆河谷地，令人印象深刻的三人組建立）、Domaine Wardy 和 Château St Thomas 都是很嚴謹、已由第二代傳人接手的酒莊。此外，復甦後的 Domaines des Tourelles（1868 年創立，但戰時沉淪）以及 Chateau Khoury、Domaine de Baal 和 Château Marsyas 也加入這個行列。奇跡不在於他們一直都能蓬勃發展，而在於黎巴嫩長期處於一種不穩定的狀態，而酒莊卻一直堅持經營並生存了下來。

　　在飽受戰火蹂躪的**敘利亞**，有一個名為 Domaine de Bargylus 的酒莊，它位於敘利亞北部的港口城市拉塔基亞（Latakia）上面的 Jabal an-Ṣayrīyah 山脈。莊主是 Saade 兄弟（他們同時擁有黎巴嫩的 Marsyas 酒莊），他們實際上是透過電話來安排酒莊工作的，但釀出的紅葡萄酒和白葡萄酒，卻是非常出色的。

**葡萄酒產區**（非官方）

- 巴特倫
- 貝卡谷地
- —— 國界
- —·— 省界（Governorate）
- ■ CH MUSAR 知名釀酒商／酒廠
- 海拔 1000 公尺以上的土地

1:1,100,000

Km 0 ⋯ 25 ⋯ 50 Km

Miles 0 ⋯ 25 Miles

# 以色列 Israel

在以色列，伴隨食品革命的，是一場在葡萄酒領域的革命，這或許並不令人感到意外。但真正讓外人訝異的是，在以色列如今有多少酒莊並不釀造猶太潔淨酒（kosher，一種符合猶太教規範的葡萄酒）。

1990 年，以色列僅有 10 家酒莊，歷史最悠久的「迦密酒莊」（Carmel，由「拉菲堡」富有遠見的 Edmond de Rothschild 男爵創辦於 1890 年）仍占有絕對的優勢。其最初在里雄萊錫安（Rishon LeZion）的酒廠開啟了商業運作之先河。這座酒莊位於特拉維夫（Tel Aviv）南部的**沿海平原（Coastal Plain）**，葡萄由附近的葡萄園提供。其商業運作的企圖心，在地底深層的酒窖中得到了充分的體現（這個酒窖一直使用至 2010 年）。

自 20 世紀 80 年代以來，隨著第一家現代酒莊建於戈蘭高地（Golan Heights，葡萄園的海拔高達 1,200 公尺），以色列的葡萄種植已轉移至內陸以及北部冷涼一點的地方。戈蘭高地酒廠（Golan Heights Winery）這個名字，或許在政治上是存在爭議的，但它從美國加州引進了釀酒技術和行銷方式，從此點燃了現代的以色列葡萄酒產業。它在由火山形成的土壤、玄武岩和凝灰岩上，種植了多個國際品種，釀出了現代、新鮮的葡萄酒，蔚為潮流。其品牌「神燈」（Yarden）在海外建立了聲譽，受到許多遵守教規的猶太葡萄酒愛好者的歡迎，他們將之視為一種令人愉悅的主流替代品，替代他們先前的唯一選擇——如糖漿一樣的猶太潔淨酒。

之後在戈蘭高地，湧現了一批積極進取的小酒莊，因此，到了 2018 年，全國酒莊的數量超過 300 家，大多數都驕傲地自稱為「精品酒莊」，並通常更熱衷於滿足特拉維夫那些充滿活力之餐廳的需求，而不是囿於嚴格的猶太教飲食教規。

前景最被看好的葡萄種植區是**上加利利（Upper Galilee）**，遠在東北部的戈蘭高地，還有就在耶路撒冷附近的**猶太丘（Judean Hills）**。猶太丘的葡萄園位於海拔 400~800 公尺之間，在石灰岩上是淺淺的一層紅土，海風和薄霧助其降下溫度。這裡的先行者是 Eli Ben Zaken，他參照家族在波爾多擁有的酒莊創辦了 Domaine du Castel，第一個年份是 1992 年。在 Castel 酒莊之後，在這片林木繁盛的山林中，又湧現了超過 30 家酒莊。在中央山脈（Central Mountains）北部的**秀朗丘（Shomron Hills）**，也有一些海拔相對較高的葡萄園。

**內蓋夫（Negev）**沙漠是一個不太可能生產優質葡萄酒的地方，但 Yatir 酒莊卻在這裡釀出了複雜度頗高的葡萄酒。事實上，不僅是沙漠中的葡萄園，所有以色列的葡萄園都需要節水的灌溉技術，以色列的這種技術舉世聞名。這裡的氣候乾燥，有機種植本可盛行，但因卷葉病害仍很普遍，使著有機種植農法變成一種「可實踐的可能」。

早在 20 世紀 90 年代，Castel 酒莊和 Margalit 酒莊就擁有了一批狂熱的追隨者，但現在已有更多和它們一樣成功的酒莊。到目前為止，最受推崇的以色列葡萄酒，通常嚐起來都會很像濃郁的加州單一品種葡萄酒，尤其是卡本內蘇維濃。但是，以色列的釀酒師也受到了世界潮流的影響，逐漸趨向於更新鮮的風格和更明顯的本地特色。

結果是，有一些酒莊刻意尋找灌木狀老藤卡利濃，並在種植選擇上鍾情於希哈、慕維得爾（Mourvèdre）、小粒希哈（Petite Sirah）和格那希等品種。重心轉移到地中海品種，這在以色列新增的白葡萄生產中非常明顯。技術上精湛的夏多內和白蘇維濃並不鮮見，但白格那希（Grenache Blanc）、維歐尼耶、胡珊（Roussanne）和馬珊（Marsanne），常常是混釀的，無疑更加有趣。

為了順應增加真正本地特色的潮流，有越來越多的酒莊正以當地的品種釀造葡萄酒，白的如達布齊（Dabouki）、哈姆達尼（Hamdani，又名馬拉維 [Marawi]）和詹達利（Jandali），紅的如 Bittuni。這些品種在巴勒斯坦也長期栽種，用於鮮食，也釀成葡萄酒和烈酒，供當地市場消費。Cremisan 修道院位於耶路撒冷和西岸之間的邊界，它用馬拉維（Marawi）這個品種釀出的葡萄酒，獲得了商業上的成功，或許是受此鼓舞，目前即使是以色列最大的葡萄酒生產商巴肯（Barkan）也釀造單一品種的 Marawi 葡萄酒，而中等規模、名聲極佳的 Recanati 酒莊也如是，他們同時還使用 Bittuni 釀造紅葡萄酒。

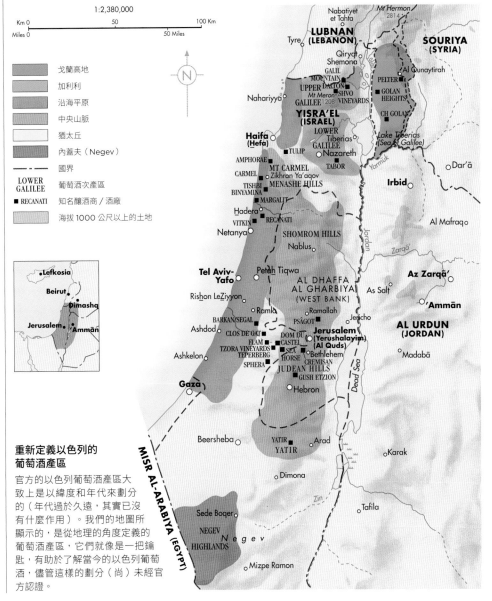

1:2,380,000

| 戈蘭高地 |
| 加利利 |
| 沿海平原 |
| 中央山脈 |
| 猶太丘 |
| 內蓋夫（Negev） |

------ 國界

LOWER GALILEE　葡萄酒次產區

■ RECANATI　知名釀酒商／酒廠

海拔 1000 公尺以上的土地

**重新定義以色列的葡萄酒產區**

官方的以色列葡萄酒產區大致上是以緯度和年代來劃分的（年代過於久遠，其實已沒有什麼作用）。我們的地圖所顯示的，是從地理的角度定義的葡萄酒產區，它們就像是一把鑰匙，有助於了解當今的以色列葡萄酒，儘管這樣的劃分（尚）未經官方認證。

# 北美洲
# North America

我們以為華盛頓州的葡萄酒歷史很短，但位於雅基馬山谷（Yakima Valley）高地葡萄園的這棵葡萄藤證明了事實剛好相反。

# 北美洲 North America

美國人對葡萄酒的熱忱呈現巨幅上升，但葡萄酒的產地還是集中在沿海地區。在北美洲，美國是現在世界上最重要的葡萄酒消費國以及生產國之一，法國、西班牙和義大利三國的產量才能超過美國。加拿大則在近年來成為一個重要的葡萄酒生產國，墨西哥現在也在產量上佔有一席之地。消費者對本土葡萄酒的興趣，不僅對歷史悠久的西海岸，而是放眼北美大陸的各個產區。美洲大陸未來會趕上歐洲的產量嗎？還是中國有希望成為最大的葡萄酒生產國？

當早期殖民者初次踏上北美洲的土地時，他們即被四處蔓延如彩飾一般點綴著森林的葡萄藤蔓與果實所震撼。雖然口味陌生，但葡萄是甘甜的。所以之後葡萄酒成為新世界的美好事物之一，也就合情合理。然而 300 多年的美國歷史，卻僅僅是一段試圖想成為葡萄種植者的人，希望破滅的傳奇故事。種植在新殖民地的歐洲葡萄藤不是枯萎就是死去。但是殖民者們並沒有放棄。在葡萄藤遭到不明原因毀滅時，他們歸因於自身的錯誤，堅持不斷嘗試不同的葡萄品種和種植方式。

美國獨立戰爭時期，華盛頓總統，尤其是傑佛遜總統（後者是知名的葡萄酒愛好者兼早期參觀過法國酒莊的遊客）曾下了很大的決心去嘗試釀酒，甚至聘雇了托斯卡尼的葡萄酒專家，但結果仍舊是一無所獲。當時的美國土壤滿是歐洲葡萄藤最致命的天敵 —— 葡萄根瘤蚜蟲。南部和東部炎熱潮濕的夏季助長了這種在歐洲尚不知名的病蟲害。而在北部，歐洲葡萄藤則成了嚴冬的犧牲品。但是美國本土的葡萄藤倒是衍化出能夠抵禦所有這些危害的特質。

我們知道在現在十多個北美原生葡萄種類中，其中許多（特別是美洲種 Vitis labrusca）釀出的酒帶有野生動物般的氣味，長久以來被形容為「狐臭」，雖在今日的葡萄汁和葡萄果凍中也常有類似的味道，但卻讓習慣歐洲種葡萄（Vitis Vinifera）風味的愛好者們胃口盡失。

## 意外獲得的雜交品種

而今在這片對葡萄酒而言是新大陸的北美洲土地上，美洲種和歐洲種葡萄和平共存，彼此的基因任意摻雜、自然組合，產生了各種「狐狸味」沒那麼明顯的品種。例如出現了亞歷山大（Alexander）、卡托巴（Catawba）、特拉華（Delaware）以及伊莎貝拉（Isabella）等雜交種。至於諾頓（Norton）則是純美國品種，目前仍用來釀製特色鮮明、強勁，但毫無「狐狸味」的紅酒。

只要是移民所到之處，就有人嘗試葡萄栽培及葡萄酒的釀造，特別是在紐約州（冬季極度嚴寒）、維吉尼亞州（夏季特別酷熱），以及紐澤西州（氣候居於前兩者之間）。但真正第一個在商業上獲得成功的美國葡萄酒，卻是誕生在俄亥俄州的辛辛那提市（Cincinnati），即尼古拉斯‧朗沃思（Nicholas Longworth）釀出的著名卡托巴（Catawba）氣泡酒。到了 19 世紀 50 年代中期，卡托巴氣泡酒已經馳名大西洋兩岸。然而，這樣的成功卻一閃而逝。到了南北戰爭時期，對葡萄藤的培育變得更為審慎，產生了許多特別為適應美國環境而培育的新品種，其中包括了 1854 年問世、耐寒性佳但也帶有強烈「狐臭味」的康科德（Concord），該品種從伊利（Erie）湖南岸一路延伸至俄亥俄州北部，賓夕法尼亞州（下文簡稱「賓州」）及紐約州都廣泛種植，扮演著支撐美國葡萄汁和果凍產業的要角。

## 西岸的葡萄藤

釀酒技術到達西岸的途徑卻全然不同。墨西哥最早的西班牙移民，在 16 世紀就已經算是勉強成功引進了歐洲種葡萄。當時最早引進的品種，是後來在墨西哥下加州（Baja California）被廣泛種植的彌熏（Mission）葡萄，其實就是阿根廷的 Criolla Chica 和智利的 País 品種。接著不到 200 年的時間，聖方濟教會的神父就往北遷到了加州海岸。1769 年，聖方濟教會 Junípero Serra 神父在聖地牙哥創建了教會葡萄園，據說這是加州的第一片葡萄園。

西海岸幾乎沒有東岸常見的葡萄種植問題，除了一個新問題：皮爾斯病（Pierce's disease，直到 1892 才被發覺）。歐洲種葡萄在此找到了應許之地。知名的法國波爾多商人 Jean-Louis Vignes，從歐洲將比彌熏葡萄更好的品種帶到了南加州。淘金潮為該州帶來了大量移民，至 19 世紀 50 年代，葡萄藤已經徹底地征服了加州北部。

因此，到了 19 世紀中期，美國已經發展出兩個南轅北轍的葡萄酒產業。加州在 19 世紀 80 年代和 90 年代迎來了早期黃金年代，但接下來，他們卻只能眼看著發展迅速的葡萄酒產業受到黴菌和葡萄根瘤蚜蟲病的困擾，就像在歐洲一樣。

## 禁酒令的出現和廢除

接踵而來的是更嚴重的打擊，那就是 1918 年到 1933 年間遍及北美各地的禁酒令。東西兩岸的酒農都因此而元氣大傷，他們只能轉而釀製據稱是供宗教聖禮用的聖酒，並將大量的葡萄、葡萄汁、濃縮液運給那些突然體悟自家釀酒方法的本國人，但要包括一條警示：「注意 —— 請勿加入酵母以免發酵。」

這項針對所有酒精飲料的禁酒運動，造成了深遠的影響，直至 1933 年禁令解除後的很長一段時間，美國的葡萄酒產業都長期受制於不必要的複雜組織機構以及阻礙重重的莫名法規。儘管如此，終究還是有不少對葡萄酒癡迷熱情的美國人，甚至較年輕的族群亦是如此（儘管在美國最低飲酒年齡為 21 歲）。這也促使了北美各地都有人想以釀製葡萄酒為業並付諸實際行動。自從鐵路開通後，葡萄和葡萄酒開始從那些具有優越種植條件的地區，特別是加州，被轉送到其他地理位置較差的酒廠，進行調配或裝瓶，其中有些地方只種有極少量的葡萄藤。全美 50 個州，包括阿拉斯加和夏威夷在內，現今都產葡萄酒，雖然其中一些是仰賴葡萄以外的水果來進行發酵，而還有許多人則是購買葡萄酒、葡萄果漿或葡萄汁，來補齊他們自己所種植之原料葡萄的不足。正如下頁所介紹的，許多建有酒莊的州沒有合適的葡萄園。

## 葡萄藤的合眾國

加拿大、美國的奧勒岡州、華盛頓州、加州、維吉尼亞州、紐約州和西南部各州以及墨西哥的葡萄酒產業迅速發展，而且這些都是以歐洲種為主的地區，下文中會進一步詳細介紹，介紹順序不一定有嚴密的邏輯但是還算得當。但其他

### 抗寒的雜交品種

第一代歐洲種與美國種葡萄的種間雜交，是在歐洲的葡萄根瘤蚜蟲疫情爆發後培育的，包括維岱爾（Vidal）、白謝瓦爾（Seyval Blanc）和維諾（Vignoles）等白葡萄品種，以及黑巴科（Baco Noir）和香波桑（Chambourcin）等紅葡萄品種，由馬里蘭州 Boordy 葡萄園的 Philip Wagner 於 20 世紀中期引進北美洲（它們在此地的表現也遠勝於歐洲）。

在對於歐洲種來說太過寒冷的地區，這些雜交種仍然很盛行，且近幾年還研發出更抗寒的新一代種間雜交品種。大部分的新一代雜交品種由明尼蘇達大學培育，甚至能健康地度過該州氣候嚴酷的冬季，而且還能釀出令人熟悉、幾乎貼近歐洲種香氣和味道的葡萄酒。目前選用的白葡萄品種包括艾塔斯卡（Itasca）、新月（LaCrescent）和灰堤娜（Frontenac Gris），紅葡萄品種包括馬格特（Marquette）和芳堤娜（Frontenac）。鄰近的威斯康辛州培育了白葡萄品種布萊安娜（Brianna）和草原之星（Prairie Star）。這些新的品種目前在整個高平原區（Upper Plains）被廣泛栽培，加拿大也有種植。它們釀出的酒通常能被消費者所接受。

**美國和加拿大**

標示葡萄種植地區與酒廠數量的四種大小符號在加州容易造成誤導，那裡的葡萄種植面積是美國第二大葡萄種植產區華盛頓州的十倍。

圖例：
- ─·─·─ 國界
- ─ ─ ─ 州界
- ● Phoenix 州政府
- ▽ 1,200　2016 年各州葡萄園面積（1,000 英畝〔約 40,468 公畝〕以上的，包括美國品種和雜交品種）
- ▲ 10　2016 年各州酒莊／釀酒廠數量

地區的酒莊數量也在迅速增加當中。甚至像亞利桑那州、印第安納州、愛荷華州和北卡羅來納州這些地區過去都不被視為葡萄酒之鄉，但如今這裡每個州都有 100 家以上的酒莊。肯塔基州、賓州和佛蒙特州加在一起的葡萄酒產量超過巴羅鏤（Barolo）和巴巴瑞斯柯（Barbaresco）的總量，雖然品質上遠不及這些經典的義大利酒。

落基山脈以東的州可能會用美洲種葡萄生產果汁、果凍或者經過重度調味的飲料，而用歐洲種葡萄或歐洲美洲的種間內雜交品種釀製更精巧細緻的酒款，這也是越來越常見的情況（可參考第 289 頁的專題）。氣候條件允許的地區，比如在東海岸，酒農們近年來熱衷於種植流行國際品種以外的葡萄品種，比如阿爾巴利諾（Albariño）、綠維特利納（Grüner Veltliner）、卡本內－弗朗和維歐尼耶（Viognier）都在這些地區找到了新家。

在美國中西部，**密蘇里州**是唯一一個在各種規模的葡萄種植上，都擁有悠久歷史的州，也是19 世紀俄亥俄州在落基山脈以東唯一勢均力敵的競爭對手。密蘇里州的奧古斯塔（Augusta）在 20 世紀 80 年代就成為全美第一個獲准的「美國葡萄原產地」（American Viticultural Area，AVA）。全美大約 240 個 AVA 產區的分界多半是依據政治因素而非自然環境，考量的也多半是生產者的需求而非消費者，但這終究是受法律約束的美國法定產區系統。密蘇里州的官方葡萄品種是 Norton，1820 年在維吉尼亞州首次被發現，但該品種特別適合美國中西部某些地區酷熱的夏天和偶爾天寒地凍的冬天，儘管這裡種植最廣泛的是法國與美國的種間雜交品種。

在被五大湖包圍的**密西根州**，受湖水調節的奧彌熏（Old Mission）和利勒諾（Leelanau）兩個半島上出產清爽、細膩的灰皮諾、白皮諾和麗絲玲白葡萄酒，甚至也有一些不錯的紅葡萄酒。但是該州的西南部主要還是種植歐洲種間雜交品種。

在下文未詳細討論的州當中，**賓州**種植的葡萄藤最多，但大多數酒是以雜交種釀造的便宜貨。此外，**俄亥俄州**也相當重要。新英格蘭地區和許多東海岸的州一樣，仰仗一系列的歐洲種葡萄、種間雜交和從其他州購買的葡萄，這裡主要是家庭經營的小型酒莊。**紐澤西州（New Jersey）**的葡萄酒產業雖然和維吉尼亞州一樣，有悠久的歷史，但是規模卻小得多。而**馬里蘭州（Maryland）**的葡萄種植數量多一些。兩州都在歐洲種葡萄和法國雜交種身上同時押注。

在南、北卡羅來納州和喬治亞州，高濕度和高溫讓酒農們備受挑戰，歐洲種葡萄和雜交品種都難以種植。在南部其他地區，從**佛羅里達州**到

**阿肯色州**，也存在有限的葡萄園，靠的是果串鬆散的本地圓葉葡萄（muscadine），但目前也種有雜交品種以釀出主流風味。至於其他氣溫較冷、海拔較高的南部地區，則和維吉尼亞州的狀況非常類似。

在這塊偉大的大陸上，不論是消費市場還是生產方面，葡萄酒業正蒸蒸日上。

# 加拿大 Canada

加拿大被法國思想家伏爾泰描述為「荒蠻雪地」，該國似乎靠著冰酒才在葡萄酒世界中占有一席之地。但是在過去的 30 年間，加拿大的葡萄酒產業有了翻天覆地的變化，一部分原因得益於氣候變遷。這個國土面積很大的國家找到了屬於自己的波爾多和布根地，分別是兩個主要的葡萄種植省份：卑詩省（英屬哥倫比亞省，British Columbia）和安大略省（Ontario）。

加拿大十個省份中，有七個出產葡萄酒，其中魁北克省（Quebec）和新斯科細亞省（Nova Scotia）成為越來越重要的產地。該國沒有國家葡萄酒法，很明顯，葡萄酒立法是個艱難的任務，所以四個最重要的省份頒布了各自的葡萄酒法案。立法規範很重要，因為加拿大的葡萄酒公司很多都是進口葡萄酒後再自行裝瓶，而且這些酒和國產自釀葡萄酒常常沒有明確的區分。

加拿大葡萄酒的出口量並不大（當然總產量亦是如此），但是從 19 世紀中葉開始該國已經生產一些葡萄酒。加拿大葡萄產業較小，主要依靠種間雜交和美國 labrusca 種類的葡萄品種，從 20 世紀 70 年代開始在安大略省出現用這些品種釀的酒。現代葡萄酒產業開始於 20 世紀 90 年代，北美自由貿易協議迫使加拿大的酒莊準備好迎接大量湧入的加州酒。從那以後，酒農們開始種植更多的歐洲種葡萄。在安大略省，葡萄園在擴增當中，而酒莊的數量也從 20 世紀 80 年代的少數幾個增加至 2000 年的 60 家，再增長至 2018 年的 200 家（可參考第 293 頁）。卑詩省的葡萄酒產業以歐洲種為主（會在下頁詳述），其葡萄酒生產和安大略省同時期開始，到 2018 年，酒莊數量增長至近 300 家。

## 魁北克省

如今，魁北克省大約有 150 家酒莊，但是大多數規模都很小，而且省內的酒幾乎不出口。這裡的冬天太冷，酒農們需要為葡萄藤埋土，以保護葡萄藤不會受到嚴冬凍害。用來釀造冰酒的葡萄也會受到凍害影響，因為有時雪積得很厚，連葡萄果串都會被雪埋沒。因此，魁北克葡萄酒法頗具爭議地讓冰酒的生產者採摘下果串並將它們懸掛在葡萄藤上方的網內（如下方照片所示），而非如加拿大其他省份（還有德國）所規定的，需要將果串留在葡萄藤上進行凍結。

魁北克省的大部分葡萄藤為種間雜交品種，例如 Baco Noir 和馬雷夏爾福煦（Maréchal Foch），然而歐洲種葡萄的地位漸增，氣候變遷也預示著到了 21 世紀 40 年代，魁北克南部地區將會適合栽培歐洲品種。一些釀酒商，例如 Les Brome、Vignoble Carone 和 Les Pervenches，已產出一些不錯的黑皮諾和夏多內，同時魁北克省的「地區餐酒受保護地域標識」（Indication Géographique Protégée，[IGP] Vin du Québec）也正在立法成立當中。

## 新斯科細亞省

新斯科細亞省的冬天可能過於寒冷，所以這裡的葡萄藤（主要是抗冬寒的種間雜交品種，例如白阿卡迪 [L'Acadie Blanc]、Seyval Blanc 和 Vidal）都種植在不暴露於嚴寒條件的地區，或是大西洋和芬迪（Fundy）灣附近，那裡的大片水域能夠調節氣候，使之稍微適合葡萄種植。新斯科細亞省的酒莊不到 20 家，但是該省用傳統法生產的氣泡酒已開始建立名聲，特別是那些用雜交品種 L'Acadie Blanc 釀製的。Benjamin Bridge 是這裡領軍的酒莊，其他值得一提的酒莊包括 L'Acadie Vineyards、Domaine de Grand Pré 和 Blomidon Estate。新斯科細亞省僅有的法定產區潮汐灣（Tidal Bay）不僅是個地區，更代表著一種不甜、芳香和爽脆清新的葡萄酒風格。若用百分之百在新斯科細亞省種植的葡萄來釀酒，可在酒標上標出「新斯科細亞省葡萄酒」（Wine of Nova Scotia）。

## 買家的注意事項

在加拿大酒品店（很多由各省政府壟斷經營）內販售的酒，很多是加拿大酒和大批散裝進口酒的混釀，後者由卑詩省、安大略省和新斯科細亞省內較大的葡萄酒生產商裝瓶。這是一個常見、但有爭議的做法，因為許多消費者並未意識到「純加拿大酒」（經常標識 VQA 一詞，指「加拿大酒商品質聯盟」[Vintners Quality Alliance]）和那些酒標上（經常用較小字體）標有「進口與國產酒的國際混調」的酒之間的區別，特別是有些酒莊會同時為這兩種酒裝瓶。

L'Orpailleur 酒莊的葡萄採收後，掛在雪地上方的網中進行凍結，以濃縮糖分釀造冰酒，這樣摘下後冷凍葡萄的作法只允許在魁北克省使用。

# 卑詩省（英屬哥倫比亞省）British Columbia

**卑詩省是個大獲成功的事例**。20 年前，該省在葡萄酒生產和名聲上居於加拿大第二位，與首位的安大略省相差甚遠；如今，它最起碼能和安大略省平起平坐。酒莊的數量從 1990 年的寥寥 17 家，增長至 2018 年的 300 家。根據年份情況，卑詩省（下文簡稱 BC 省）與安大略省有著接近的葡萄酒產量，而且有越來越多的葡萄酒產品對外出口。但是大多數的 BC 省產葡萄酒還是在省內銷售，特別是在有很多死忠消費者的溫哥華市場。

該省一共有 9 個法定葡萄酒產區，稱為「原產地標示」（Geographical Indications，可參考本頁地圖標示之位置）。這些產區有著各式各樣的土壤類型和種植條件，從非常冷涼至很溫暖的氣候都有，並且相應地種植了各種不同的葡萄品種，釀造出風格各異的葡萄酒，紅與白的餐酒基本上各占一半。氣泡酒（特別是用傳統法釀造的）越來越流行。BC 省生產的冰酒相對較少，平均下來還不到安大略省四分之一的產量。

**歐肯那根河谷（Okanagan Valley）**目前是 BC 省最大的葡萄酒產區，整個 BC 省一共有 4,050 公頃的葡萄園，而該產區的葡萄園占 3,500 公頃，到 2018 年為止，境內有整個 BC 省 290 家酒莊中的 182 家。該產區距離溫哥華市 320 公里，處於東部的無雨乾旱地帶，這個 240 公里長的產區涵蓋了各色的葡萄種植條件，北邊較冷較潮濕，南邊較暖較乾燥。全產區都受水域的影響，其中最重要的是狹長並且很深的歐肯那根湖，葡萄園分布在湖岸兩側。

最廣泛種植的白葡萄品種是灰皮諾、夏多內和格烏茲塔明那，這些產於歐肯那根河谷的白葡萄酒清新爽脆，而最普遍的紅葡萄品種是梅洛、黑皮諾和卡本內蘇維濃。不論是單一品種還是混釀（特別是波爾多式混釀），這些強勁、酒體飽滿的紅葡萄酒，其原料葡萄種植於溫暖又乾燥的歐索尤斯（Osoyoos）區域沙土上，該地區位於橫跨美國邊境的歐索尤斯湖周圍山谷的南部。這裡是加拿大最溫暖的產區，盡是沙漠，而且是加拿大境內生產這些風格之紅葡萄酒的唯一產區。BC 省近 40% 的葡萄酒來自這裡。

歐肯那根河谷有兩個法定的次產區：一是 2015 年建立，位於山谷南部的 Golden Mile Bench，另一是 2018 年建立，位於山谷東側的 Okanagan Falls。在歐肯那根河谷中還有其他幾個氣候特點鮮明的子區域，只要當地的酒莊有足夠的意願且團結一致，這些子區域完全有被認定為法定次產區的資格。

**西密卡米恩谷（Simikameen Valley）**是 BC 省面積第二大的葡萄酒產區，種植了 270 公頃的葡萄藤，但是這裡只有 15 家酒莊，大部分實行有機種植農法。西密卡米恩谷為東西走向，土壤主要為礫石，具有一系列的中氣候。該產區的葡萄酒主要由早熟以及晚熟的品種釀製，例如夏多內、麗絲玲、卡本內－弗朗和卡本內蘇維濃等都是常見的品種。

BC 省的其餘 7 個產區重要性小很多。**菲莎河谷（Fraser Valley）**有 40 家小型酒莊，平均每家只有 2 公頃的葡萄種植面積，其優勢是距離溫哥華近，但劣勢為較涼爽的海洋性氣候。這裡常見的品種是斯格瑞博（Siegerrebe）、灰皮諾、黑皮諾和巴克斯（Bacchus）。**溫哥華島（Vancouver Island）**有超過 30 家酒莊，全部都很小。大多數莊園地處島南端的考津谷（Cowichan Valley），靠近維多利亞市，即 BC 省的首府。涼爽（而且時常潮濕）的條件迫使酒農們種植種間雜交品種以及歐洲種葡萄。還有十來個酒莊分布於**海灣群島（Gulf Islands）**的幾個小島上，這些島位於溫哥華島和加拿大本土大陸之間。葡萄品種包括黑皮諾、灰皮諾、歐特佳（Ortega）和馬雷夏爾福煦（Maréchal Foch）。

其餘的四個產區為**利盧埃特（Lillooet）、湯普森山谷（Thompson Valley）**、北部的**蘇斯瓦（Shuswap）**以及東部的**庫特尼（Kootenays）**，這四個都是在 2018 年成為法定產區，但是這些產區加起來只有不超過 25 家酒莊。

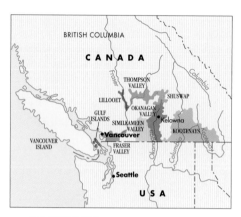

**BC 省的葡萄酒產區**

這張地圖太精細了，容易讓人誤解。其實在一般情況下，BC 省的酒，瓶身酒標除了 BC 省本身外，唯一會看見的產區，只有歐肯那根河谷。

---

### 歐肯那根河谷：薩墨蘭（SUMMERLAND）▼

**緯度／海拔**
49.6073° / 434 公尺

**葡萄生長季節的平均氣溫**
16.5°C

**年平均降雨量**
279 公釐

**採收期降雨量**
10 月：19 公釐

**主要種植威脅**
冬季凍害、春霜

**主要葡萄品種**
白：灰皮諾、夏多內
紅：梅洛、黑皮諾

---

### 歐肯那根河谷

歐肯那根河谷是天然形成的冰川槽溝，夏天的景觀十分秀麗，許多攝影師都能證明這點，但是這地處北部的產區，秋天會來得太早，不利於一些葡萄品種的生長與成熟。

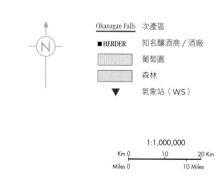

Okanagan Falls　次產區
■ HERDER　知名釀酒商／酒廠
　　　　　葡萄園
　　　　　森林
▼　　　氣象站（WS）

1:1,000,000
Km 0　　　　　　20 Km
Miles 0　　　10 Miles

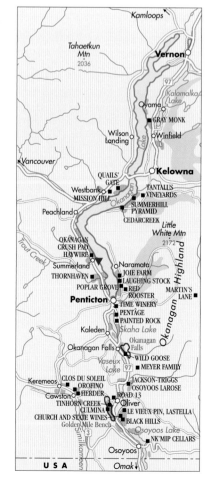

# 安大略省 Ontario

安大略省的氣候因為五大湖（Great Lakes）的緣故而變得溫和，這裡3個「法定葡萄栽培區」（Designated Viticultural Area，簡稱DVA）中的200多家酒莊，根據年份情況，大約能產出加拿大將近一半的葡萄酒。20世紀70年代，自從發現冰酒（從冰凍的葡萄果實壓榨出的汁液，有著令人驚嘆的高糖分葡萄汁），這裡的酒業才開始興起。大部分安大略省產的葡萄酒都在省內銷售，現在也有一些餐酒出口，但每年產量驚人的冰酒才是利潤豐厚的出口商品，尤其是出口到中國和美國。

尼亞加拉半島（Niagara Peninsula）依然是安大略省（也是加拿大）最重要的葡萄酒產區，占整個安大略省6,900公頃葡萄園中的5,900公頃。由於結合了許多地理上的巧合，使得葡萄得以種植在這裡的半大陸性氣候環境中。這個狹窄的冰河沉積地受到北邊安大略湖（Lake Ontario）、南邊伊利湖（Lake Erie）以及東邊相當深的尼亞加拉河（Niagara River）的保護。這些大片的水域經過冬季蓄積低溫，有助於延遲葡萄藤春天的萌芽，而且湖水也會積累夏天的熱能，進而能延長秋季的成熟期。尤其是安大略湖能讓冬季從北極吹來的寒風變得溫和，與南邊水溫高一些的伊利湖之間形成溫差，進而在夏季送來涼爽的清風。

尼亞加拉每年的葡萄生長條件差異很大，但近年來尼亞加拉半島的夏季逐漸變熱變長，相當程度上已提高當地不甜餐酒的品質。即便如此，安大略省每年還是生產平均85萬公升的香甜冰酒；釀造這些冰酒時多數採用來自法國、十分甜美的雜交品種「維岱爾」（Vidal），以此釀造的葡萄酒能較早成熟，次流行的淺紅色冰酒會用冰凍的卡本內－弗朗葡萄釀製，而流行度遠低於前兩者的麗絲玲冰酒則排第三。麗絲玲可說是尼亞加拉半島極不甜葡萄酒中的王者品種，但有些個別的酒莊偶爾也能釀出很出色的夏多內、黑皮諾、卡本內－弗朗、加美甚至是希哈。安大略省幾乎60%的葡萄酒是白葡萄酒，粉紅葡萄酒也越來越普遍。相對較短的生長季滿適合釀造傳統法氣泡酒；該類型氣泡酒的產量也越來越大。

在尼亞加拉半島大多數的葡萄都種植在安大略湖和尼亞加拉斷崖（Escarpment）之間的平原上，受到良好保護的石灰質土壤區域特別適合嬌貴的麗絲玲和黑皮諾品種。在尼亞加拉半島上已經野心勃勃地建立了12個法定產區，並且2005年納入了一些次產區（可參考下方地圖）。

安大略省有兩個較小的法定產區（可參考較小的地圖）。伊利湖北岸（Lake Erie North Shore）產區完全靠伊利湖使其氣候變得溫和，具有比尼亞加拉半島更長的生長季，並且通常夠溫暖，可使梅洛和卡本內蘇維濃、卡本內－弗朗成熟。該法定產區中的皮利島（Pelee Island），是加拿大的極南地區，具有更加溫暖的氣候條件。另一個叫作南島（South Islands）的次產區包含了皮利島和伊利湖中的幾個更小的島嶼。

最新的DVA，是位於安大略省北岸的愛德華王子郡（Prince Edward County），近幾年來，該產區的表現越來越突出，現在已有50家酒莊（2000年時，這裡一家酒莊都沒有）。這裡比尼亞加拉更涼爽，但是這裡的淺石灰岩土質已經能培育出精緻的夏多內和黑皮諾，即使這些不太耐寒的葡萄品種需要在入冬時埋入土中以做保護。

* 氣候數據採集自1971年至2000年

**尼亞加拉半島：聖凱瑟琳斯（ST CATHARINES）** ▼

緯度／海拔
**43.18° / 79 公尺**

葡萄生長季節的平均氣溫
**15.6°C**

年平均降雨量
**746 公釐**

採收期降雨量
**10 月：69 公釐**

主要種植威脅
**冬季凍害、葡萄不成熟**

主要葡萄品種
白：**夏多內、麗絲玲**
紅：**卡本內－弗朗、梅洛**

### 尼亞加拉半島

尼亞加拉半島（更準確來說是一處地峽）分成了10個次產區，有些次產區被歸在一起成為法定產區。大多數葡萄園位於安大略湖和尼亞加拉斷崖之間的平原和高地上，斷崖是從美國開始延伸至加拿大境內的一個很長的懸崖峭壁，圍繞著加拿大的蘇必略湖（Lake Superior），再延伸回美國境內。

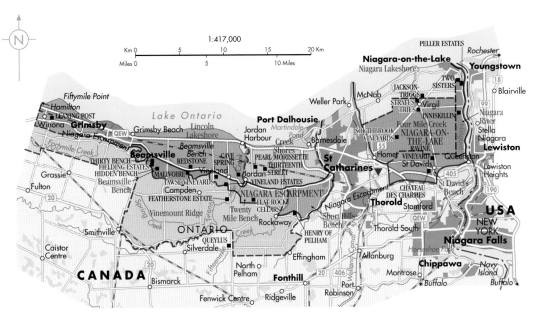

# 太平洋西北部
## Pacific Northwest

奧勒岡州和華盛頓州，是西北部的兩個要角，但兩者完全不同。奧勒岡州主要的葡萄酒產區威廉梅特谷（Willamette Valley）較為潮濕，植被茂盛，出產與布根地非常相似的葡萄酒。而除了少數幾個葡萄園之外，大多數華盛頓州的葡萄園都位於該州乾旱的東邊大陸廣闊土地上，人工灌溉是必不可少的。

奧勒岡州長久以來是匠人級釀酒師的家園，釀酒的葡萄主要源於小型、個人管理的葡萄園，很多情況下葡萄園是果農自有的——雖然近來湧入的很多法國和美國加州的投資者，已經磨掉一些奧勒岡釀酒前輩們所珍視的手作質樸感。

這裡的海岸線和加州一樣形成了一個庇護式的海堤，但是太平洋的寒流在此處帶來的是雨水而非霧氣，為如此高緯度的北半球地區造就了溫和的氣候。喀斯喀特（Cascade）山脈將奧勒岡州東部的乾熱沙漠與威廉梅特谷（Willamette Valley）隔開，同理，該山脈也將華盛頓州潮濕的西部和東部的沙漠隔開。所以，喀斯喀特山脈的東部是大陸性氣候，這在奧勒岡州和華盛頓州是相似的，只是奧勒岡州東部的葡萄園較為稀少，而大部分華盛頓州的葡萄都種植在東部地區，雖然許多採收的葡萄會被運送到西部西雅圖市周圍的釀酒廠進行釀造。

西雅圖市周圍陰涼潮濕的普吉特海灣（Puget Sound）AVA 產區的葡萄，樂觀估計大約有40公頃。這裡的酒農種植早熟的品種，比如米勒－土高（Müller-Thurgau）、瑪德琳安吉維（Madeleine Angevine）和斯格瑞博（Siegerrebe），與東部種植的品種差異甚大。

在布滿杉樹林和緩坡的威廉梅特谷（Willamette Valley），種植了全奧勒岡州大約四分之三的葡萄藤，並且在過去的一個世紀以來，該地區也是全州其他農作物的栽培中心。南北兩條山脈之間的生長條件對於種植各種農作物來說都是理想的。直到20世紀60年代中期，葡萄園才開始出現，但是葡萄園迅速地占據了山谷北部那些有利於種植葡萄的斜坡，在波特蘭市南部繁盛的農業地塊中見縫插針、零散地分布著。

如果說威廉梅特谷（詳見第296-297頁）和布根地一樣，承受著反覆無常的天氣，那南奧勒岡則溫暖乾燥許多，這裡種植著各種皮諾及其近親品種，以及其他的葡萄品種。事實上，1961年奧勒岡州的第一批黑皮諾種植於昂普奎谷（Umpqua Valley）的 HillCrest 葡萄園，這是北部最涼爽和最潮濕的 AVA 產區，但正如極南部的羅斯堡（Roseburg），它也得益於更溫暖的夏季和更乾燥的秋季。活躍的阿巴樹拉釀酒廠（Abacela）證明了阿爾巴利諾（Albariño）和田帕尼優（Tempranillo）等西班牙品種，在此也能夠茁壯生長。道格拉斯縣紅山郡（**Red Hill Douglas County**）是一個單一葡萄園的 AVA 產區，位於昂普奎谷的東北部。**奧勒岡埃爾克頓（Elkton Oregon）** AVA 是這裡最偏西北部的產區，成立於 2013 年。

再回到南部，靠近加州邊境，植株更密集一些的**羅格谷（Rogue Valley）**，這裡氣候更溫暖，且東部的年降雨量（約 300 公釐）幾乎與華盛頓州的遠東區一樣低，波爾多紅葡萄品種和希哈通常能夠成熟（威廉梅特谷則不易讓這些品種成熟）。**艾普蓋特河谷（Applegate Valley）**是羅格谷中的一個 AVA 次產區。

### 穿越邊境

葡萄藤不會遵守州界。華盛頓州超巨大的**哥倫比亞谷（Columbia Valley）** AVA 產區就包含奧勒岡州的部分地區。位於哥倫比亞谷西南部，戲劇化的酒鄉**哥倫比亞河峽谷（Columbia Gorge）**橫跨河流，同時涵蓋了華盛頓州和奧勒岡州的葡萄園。該 AVA 產區以夏多內、芳香型白葡萄品種、黑皮諾和金芬黛而聞名。這裡的地價不斷上漲，部分要歸因於日趨興旺的旅遊業。哥倫比亞谷的西北角是另一旅遊勝地**奇蘭湖（Lake Chelan）** AVA 產區。這個有前途且美麗的產區由 Sandidge 家族開拓，其 CRS 葡萄酒系列證明了在該產區能成熟的葡萄品種要比過去所認為的豐富得多。

華盛頓州瓦拉瓦拉谷（Walla Walla Valley）最南端的部分其實也跨越到奧勒岡州的東北部。多石的 AVA 產區「彌爾頓自由水岩石區」（**The Rocks District of Milton-Freewater**）實際上是位於奧勒岡州境內，處於華盛頓州葡萄酒鎮瓦拉瓦拉南部的下方平原地帶（可參考 300 頁地圖）。這是美國首批幾乎完全由土壤類型界定之 AVA 產區的其中一個，該地區 93% 的土地只由一種土壤類型構成，即「自由水系土壤」（Freewater Series），位於玄武岩圓石的沖積扇上，造就了美國土壤最一致的 AVA 產區之一。該 AVA 產區大部分的葡萄被跨州運送至北邊的瓦拉瓦拉進行釀酒，這些葡萄酒的酒標必須寫明 Walla Walla AVA 產區。結果，除了把岩石區放上葡萄酒地圖的凱尤斯酒莊（Cayuse）外，極少數酒莊能在酒標上用 The Rocks District of Milton-Freewater AVA 的名義。

美國最令人驚奇的葡萄酒產區之一便是**蛇河谷（Snake River Valley）**，主要處於愛達荷州，但也包括奧勒岡州東部的一部分。和華盛頓州東部一樣，這裡是大陸性氣候，氣候更為極端的是南部，海拔也更高，可達近 900 公尺。夏天可以變得很熱，晚上則十分涼爽有益，但冬天來得較早。愛達荷州目前有差不多 50 家蓬勃發展的酒莊，在華盛頓東部有著相當可觀的葡萄和葡萄酒跨州運輸交易，雖然愛達荷州自有的葡萄園面積已超過 485 公頃。

*奧勒岡州不只有威廉梅特谷。這些充滿秋天氣息的葡萄藤位於昂普奎谷的次產區奧勒岡埃爾克頓的 Brandborg 葡萄園。*

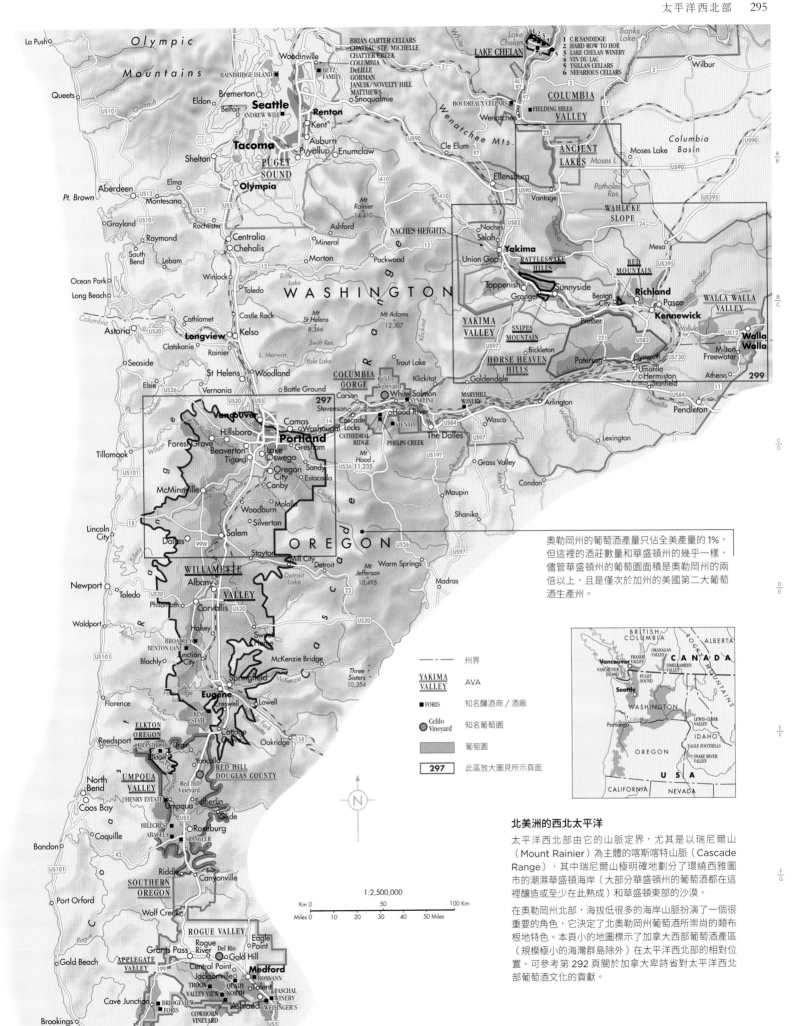

奥勒岡州的葡萄酒產量只佔全美產量的1%，
但這裡的酒莊數量和華盛頓州的幾乎一樣，
儘管華盛頓州的葡萄園面積是奥勒岡州的兩
倍以上，且是僅次於加州的美國第二大葡萄
酒生產州。

**北美洲的西北太平洋**

太平洋西北部由它的山脈定界，尤其是以瑞尼爾山
（Mount Rainier）為主體的喀斯喀特山脈（Cascade
Range），其中瑞尼爾山極明確地劃分了環繞西雅圖
市的潮濕華盛頓海岸（大部分華盛頓州的葡萄酒都在這
裡釀造或至少在此熟成）和華盛頓東部的沙漠。

在奥勒岡州北部，海拔低很多的海岸山脈扮演了一個很
重要的角色，它決定了北奥勒岡州葡萄酒所崇尚的類布
根地特色。本頁小的地圖標示了加拿大西部葡萄酒產區
（規模極小的海灣群島除外）在太平洋西北部的相對位
置。可參考第 292 頁關於加拿大卑詩省對太平洋西北
部葡萄酒文化的貢獻。

胡德山（Mount Hood）籠罩著威廉梅特谷這片農業天堂，這裡為波特蘭市生機勃勃的美食文化提供重要的農產食材。

# 威廉梅特谷 Willamette Valley

**氣候是奧勒岡州這個主要葡萄酒產區與南部的加州和北部的華盛頓州，最不同的地方。**

**風土條件：**主要是火山玄武岩，海相沉積的沙岩和粉砂岩，或風成黃土。

**氣候：**夏季有時涼爽、多雲和潮濕，但是似乎越來越溫熱與乾燥。冬季在秋雨過後，氣候相對溫和。

**葡萄品種：**紅：黑皮諾；白：灰皮諾、夏多內、麗絲玲。

威廉梅特谷的夏季比陽光普照的加州要涼爽且多雲（請參考數據資料），但冬季卻又比華盛頓州那些大陸性氣候相當明顯的產區溫和許多。來自太平洋的雲和濕氣吹進奧勒岡州的葡萄園區，特別是穿過海岸山脈的缺口到達威廉梅特谷的北部，使得涼爽的夏季和潮濕的秋季取代了造成長遠威脅的酷寒冬季。

現代化葡萄酒——威廉梅特谷是在20世紀60年代末才由David Lett在揚希爾（Yamhill）郡的丹地（Dundee）發現（或是說創建），那時他正在建造自己的Eyrie葡萄園。他種的黑皮諾一舉成功，且從20世紀70年代中期起，奧勒岡州就和黑皮諾密不可分。奧勒岡州的黑皮諾一般會比它們的歐洲兄弟來得更柔順，帶有更明顯的水果風味，而且也更早在瓶中成熟，但是和其他新世界的產區相比，通常有更多土壤氣息而且風味更複雜。

似乎像是早就知道黑皮諾偏好的生長方式一樣，大部分威廉梅特谷的酒廠都採取小規模種植。這個地區所吸引來的釀酒師與那些抱著豪賭一場想法而前往那帕或索諾瑪的人截然不同。早期在威廉梅特谷，微薄的力量加上遠大的想法的結果是，生產出了一系列難以捉摸的葡萄酒，從讓人如癡如醉到一無是處的都有。多數早期的葡萄酒都有很好的香氣，卻缺乏結構。但到了20世紀80年代中期，顯然其中有些皮諾酒款已經展現出令人興奮的後勁，現在的每個新年份都足以證明威廉梅特谷的潛力。

早些年，奧勒岡州的葡萄酒業由小型家庭式個體戶經營，他們以自己種的葡萄和自己釀的葡萄酒而感到自豪，與南邊的加州想法有所不同。這實際上是布根地的果農模式，而且這裡打從一開始就有合作精神。但近幾年來，天平向另一方傾斜。隨著威廉梅特谷的地價上漲，生產者購買葡萄的現象越來越普遍。新來的小型釀酒商中極少數能在威廉梅特谷買得起自有的葡萄園。栽種葡萄藤的區域面積在這幾年大幅增長：到2011年為止的6年裡，用於葡萄藤種植的總面積增長了50%，達8,300公頃，到了2016年，已達到9,300公頃，使得奧勒岡州當之無愧地成為美國出產歐洲種葡萄酒的第三大州，現今其葡萄園面積是紐約州的兩倍。

## 威廉梅特谷的次產區

在經過相當程度的爭論和品鑒之後，官方現在終於在這塊240公里長的威廉梅特谷中，正式認定了幾個次產區。**丹地丘（Dundee Hills）**

具有最密集的葡萄園，有著深厚的紅色玄武岩壤土。丹地中的紅丘（Red Hills）排水良好，降水、日照充足，在多雲的奧勒岡州中，這對葡萄的最佳成熟度非常重要。**揚希爾－卡爾頓區（Yamhill-Carlton District）**則稍微溫暖些，但卻有更多霜害，因此需在谷地上方栽種葡萄藤才會有好表現，理想的地點是在谷地西側、海拔60~210公尺之間的朝東山坡。土壤較乾，主要由被侵蝕的海相沉積沙岩或粉砂岩構成。

夏天最涼爽的地區是伊奧拉－艾米蒂山（Eola-Amity Hills）和**麥克明維爾（McMinnville）**而在最新的AVA產區**凡杜澤走廊（Van Duzer Corridor）**依然較為涼爽。這些AVA產區承受更多太平洋的海風，海洋帶來的影響從海岸山脈的凹陷處即凡杜澤走廊進入，而上述最新的AVA產區正好座落於這凹陷的旁邊。這裡的黑皮諾往往更加帶泥土味且有陳年潛力，並非僅僅果味充足而已。麥克明維爾是當地大學城的名字，當地的學校專門研究奧勒岡州的葡萄酒業，而伊奧拉－艾米蒂山和**契哈姆山（Chehalem Mountains）**則以當地的山丘來命名。契哈姆山是AVA次產區中最多元的。它包括了497公尺高的禿頂峰（Bald Peak），並包括了這個區域的全部三種主要土壤類型（請參考本章前言）。**絲帶嶺（Ribbon Ridge）**是契哈姆山中一個特別的AVA次產區，面積較小，具有沙岩和粉砂岩土壤。

想要在威廉梅特谷成功種植葡萄，最重要的就是要讓葡萄完全成熟，並密切監控無法避免的秋雨。威廉梅特谷各年份的變化也像任何法國產區一樣難以預料，而且也比美國其他葡萄酒產區更多變。採收期可以在8月末，也可以晚至潮濕的11月初，儘管2012年至2016年是連續溫暖、早採收的年份。在風成黃土和受侵蝕沙岩與粉砂岩土壤上，乾熱的夏季會讓年輕葡萄藤受到缺水的威脅。這類葡萄園有些會進行灌溉，但大多數還是採用旱地耕作。

## 砧木和無性繁殖
## （Rootstocks and clones）

早期的墾殖者往往在極有限的預算下營運，因此建造葡萄園時往往會比較節省，葡萄藤的間距較大，但是現在高密度的種植，卻被視為再平常不過了。對奧勒岡州葡萄園的規劃來說，另一個相對近期的改變則是砧木的使用。自從葡萄根瘤蚜蟲病害於1990年首度在此出現後，敏感的酒農就開始種植嫁接苗。

因此這些葡萄園的產量通常會比較一致，葡萄通常也比較早成熟，但是對品質提升的奧勒岡州產黑皮諾及夏多內來說，最重要的影響還是引進了布根地的無性繁殖品系（克隆種），而非僅

北威廉梅特谷

在 21 世紀初，北威廉梅特谷被劃分出 6 個 AVA 次產區，之後在 2018 年末，凡杜澤走廊成為 AVA 法定產區。其分界線不是直的就是很難辨別的曲線。值得注意的酒莊日益增多。這是一個崇尚個人主義的州。

最初的兩種品系：源自瑞士的 Wädenswil 品系和在加州非常受歡迎、被稱為 Pommard 的品系。來自布根地的品系在 20 世紀 90 年代很流行，在奧勒岡被稱為 Dijon 無性繁殖的品系 113、114、115、667、777 以及 882，則為當地帶來新的面向，但如今這裡更傾向在田間混種各種品系。

該產區幾乎四分之三的品種為黑皮諾，種植量雖排在第二位但遠不及黑皮諾的品種是灰皮諾，由 Eyrie 酒莊的 David Lett 引進到北美。最近一些著重夏多內品種的酒莊開始出現，得益於當前偏好細膩精瘦夏多內風格的風潮。更不常見，但值得尋覓的是威廉梅特谷的麗絲玲，從極不甜而酸爽到甜膩的風格都有。

值得讚許的是，即便這裡的氣候潮濕，奧勒岡州的酒農們長期以來一直致力於永續有機農法和生物動力農法的葡萄種植技術。有個權威機構為了將威廉梅特谷列入世界葡萄酒地圖而做了很多工作，並強調每年 7 月份舉辦的國際黑皮諾慶典（International Pinot Noir Celebration）就是讓奧勒岡州與眾不同的地方。這個為期 3 天的黑皮諾慶典，讓全世界的黑皮諾迷和葡萄酒生產者可以聚集在麥克明維爾這個黑皮諾的聖壇，抱怨卡本內蘇維濃的不是。

## 威廉梅特谷：麥克明維爾（MCMINNVILLE）▼

緯度 / 海拔
**45.13° / 47 公尺**

葡萄生長季節的平均氣溫
**15.9°C**

年平均降雨量
**1,060 公釐**

採收期降雨量
**10 月：80 公釐**

主要種植威脅
**真菌類病害、成熟度不足**

# 華盛頓州 Washington

綿延起伏的群山、半沙漠環境的華盛頓州東部是該州大部分葡萄種植的地區，表面上看起來不像，但實際上這裡是越來越重要，也是備受嘉獎的葡萄酒之鄉。

**風土條件：**葡萄園主要在起伏的群山上，具有排水性很好的沙土。華盛頓州葡萄酒鄉與奧勒岡州的一樣，是沉積土的落腳處，沉積的根源最遠可追溯到蒙大拿州，這樣的地質屬性是由末代冰河時期的米蘇拉洪水（Missoula Floods）造成的。

**氣候：**較短的生長季中幾乎沒有雨水，可靠日照最高每日可達17小時，但是冬季天寒地凍。

**葡萄品種：**紅：卡本內蘇維濃、梅洛、希哈；白：夏多內、麗絲玲、灰皮諾、白蘇維濃。

大多數到華盛頓州東部的訪客都是從西雅圖市來的，西雅圖市周邊仍然聚集著該州許多酒莊（也是每年秋天該州大多數葡萄被運往釀造的地區）。華盛頓州的葡萄酒遊客駕車穿過潮濕的道格拉斯冷杉和北美黃松森林，越過巨大的喀斯喀特山脈，接著突然往下來到雅基馬山谷（Yakima Valley）肥沃的農田和高地起伏、被麥田環繞的瓦拉瓦拉（Walla Walla），當中不時點綴著葡萄藤的綠洲，周圍種植著蘋果、櫻桃、啤酒花

以及用於製作葡萄汁和葡萄果凍的 Concord 葡萄。大陸性的氣候極其適合讓優質的釀酒葡萄成熟，這裡坐擁波爾多和布根地之間的緯度，還有一個非常重要的附帶條件——擁有來自河川、蓄

| 圖例 | |
|---|---|
| —— | 州界 |
| — — | 郡界 |
| **NACHES HEIGHTS** | AVA |
| ■ KESTREL | 知名酒商／釀酒廠 |
| ● Red Willow Vineyard | 知名葡萄園 |
| | 葡萄園 |
| | 森林 |
| 2000 | 等高線間距約122公尺 |
| 300 | 此區放大圖見所示頁面 |
| ▼ | 氣象站（WS） |

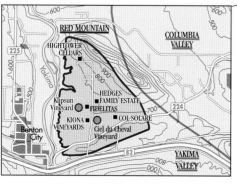

McKinley Springs 葡萄園有 1,130 公頃，是美國面積最大的連續葡萄園。

1:179,000

Km 0　　2　　4 Km

Miles 0　　1　　2 Miles

水池或更昂貴的井水等灌溉水源。華盛頓州的早期釀酒葡萄種植從 20 世紀 70 年代開始，全部位於特定的區域，緊挨哥倫比亞（Columbia）、雅基馬（Yakima）和蛇河（Snake rivers）地區。

低成本的農業用地（這裡的農業用地要比加州的便宜太多）和發達的滴灌系統，再加上引水至全州各個角落的能力，使著歐洲種釀酒葡萄藤的種植面積飛速擴增，於 2017 年超過了 22,260 公頃，造就了這個全新面貌的葡萄酒產區。長久以來，華盛頓州是美國的第二大葡萄種植州；如今，其歐洲種葡萄酒的產量已達加州巨大產量的 10% 以上。

乾燥的夏季和秋季可讓病害問題降到最低。沙漠炎熱的白天和寒冷的夜晚則賦予葡萄酒漂亮的顏色和特別鮮明的風味。這裡的冬天也許會寒冷乾燥，但至少可以不要讓葡萄根瘤蚜蟲病從海灣地區蔓延過來（這裡幾乎所有的葡萄藤都沒有嫁接，直接長在自己的根上），排水迅速、相對統一的沙質土壤起到了同樣的抵禦作用。但是有些年的冬季太冷，會讓葡萄藤地上的部分凍死，所以為了保險起見，許多酒農會將葡萄藤埋在一層表土之下。

## 混釀的趨勢

一開始，這裡的葡萄種植和葡萄酒釀造之間的分界遠比美洲多數地區都要明顯，但這樣的情況也在逐漸轉變。比如這裡處於主導地位的葡萄酒公司，旗下擁有聖美堡（Chateau Ste. Michelle）、哥倫比亞峰酒莊（Columbia Crest）、皓月酒莊（Snoqualmie）以及許多其

他品牌，其目前所需要的葡萄總量中有近三分之二是由酒莊自己種植或管控。

截至 2018 年，華盛頓州有 940 多家小型酒莊——數量是葡萄種植者的三倍——所以大多數酒莊會購買葡萄，用貨車運到喀斯喀特山脈西邊釀造。酒莊往往會從多位種植者處購買葡萄，並充分混調，這導致了酒莊很少註明種植葡萄的特定地區。但是事態變化迅速，小型精品酒莊注重葡萄種植的現象越來越普遍，或者至少他們會尋求上乘品質的葡萄來釀酒。但華盛頓釀酒商自己

這是位於 Wahluke Slope AVA 產區 Ginkgo 酒莊的「詢問處」，您可以在此圖中清楚看到華盛頓州葡萄酒鄉的地廣人稀以及萬里無雲、陽光充足的夏天。

種植葡萄的現象仍然很少見（和傳統的奧勒岡州果農型模式形成對比）。

如此原因，加上讓葡萄酒可以有更多混釀的選擇，酒廠會用範圍巨大的**哥倫比亞谷**（**Columbia Valley**）AVA 產區（涵蓋了華盛頓

## 哥倫比亞谷

哥倫比亞谷中的 AVA 迅速向北擴增——可參考上頁的古湖（Ancient Lakes）和第 295 頁地圖顯示的奇蘭湖（Lake Chelan）。地圖左下角詳細描繪的紅山（Red Mountain）產區基本上位於里奇蘭（Richland）市。

1:710,000

Km 0 — 10 — 20 Km
Miles 0 — 5 — 10 Miles

## 華盛頓州：普羅瑟（PROSSER）▼

緯度／海拔
**46.2°／253 公尺**

葡萄生長季節的平均氣溫
**17.8°C**

年平均降雨量
**227 公釐**

採收期降雨量
**10 月：19 公釐**

主要種植威脅
**冬季凍害**

## 瓦拉瓦拉谷

瓦拉瓦拉谷擁有大量華盛頓州著名的酒莊，但他們釀造的酒中，相當一部分的葡萄是生長在邊境另一邊的奧勒岡州。瓦拉瓦拉谷 AVA 產區橫跨州界。

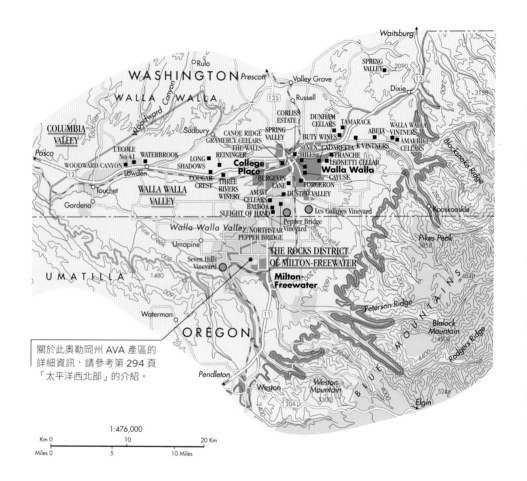

| | |
|---|---|
| ——— | 州界 |
| COLUMBIA VALLEY | AVA |
| ■ ABEJA | 知名酒商／釀酒廠 |
| ● Seven Hills Vineyard | 知名葡萄園 |
| | 葡萄園 |
| | 森林 |
| ══2000══ | 等高線間距約 122 公尺 |

1:476,000

Km 0　　　　10　　　　20 Km
Miles 0　　　5　　　10 Miles

關於此奧勒岡州 AVA 產區的詳細資訊，請參考第 294 頁「太平洋西北部」的介紹。

東部更小的 AVA，詳見本頁地圖）以及更有彈性的「華盛頓州」標誌，而不是更特定的產地名稱——儘管來自單一葡萄園的葡萄酒明顯增多，特別是那些來自瓦拉瓦拉谷（Walla Walla Valley）的。

**雅基馬山谷**（Yakima Valley）是華盛頓最早的法定葡萄酒產區，東面與哥倫比亞相接的山谷被雅基馬河切開，肥沃的農田和牧場遠望著被雪覆蓋的亞當斯山（Mount Adams）。希哈在該產區彰顯其潛力，該品種為華盛頓州已有的傳統葡萄品種錦上添花，是一個可口且充滿果味的選擇。在山谷西北方的 Red Willow 葡萄園是最早栽培希哈品種的酒園之一，如今該品種在全華盛頓州廣泛種植。在雅基馬山谷中的**響尾蛇山丘**（Rattlesnake Hills）產區主要出產該州與波爾多風格相似的紅葡萄酒。位於南方的山區，即**斯耐珀斯山**（Snipes Mountain），有著一些州內最古老的葡萄藤，此地是另一個新晉的小型 AVA 產區。普羅瑟（Prosser）位於雅基馬山谷的極東南地區，是嶄新 Walter Clore and Culinary Center（酒莊兼烹飪學校）的所在，是葡萄酒產業的新焦點。

雅基馬山谷和哥倫比亞河之間的**天馬丘**（Horse Heaven Hills）擁有州內一些最大和最重要的葡萄園。在河邊峭壁上的廣闊葡萄園，和聚集在 Champoux 莊園周圍的葡萄園都特別值得留意。

雅基馬山谷北部和東部是州內最溫暖的一些地區，包括著名的**瓦魯克坡**（Wahluke Slope），

它沿著馬鞍山脈（Saddle Mountains）往下到哥倫比亞河，向南傾斜的葡萄藤能面向夏天的日照，且斜坡能讓冬季的冷空氣下沉流走。梅洛和希哈在此被廣泛種植，而面積小並且水源有限的**紅山**（Red Mountain）AVA 產區以柔順、能長久陳年的卡本內蘇維濃而贏得良好聲譽。雅基馬市西北部的**納奇斯高地**（Naches Heights）AVA 產區擁有特色土壤，從種植量有限的葡萄藤上出產口味獨特的葡萄酒，證明了此地的潛力。

在內陸深處的**瓦拉瓦拉谷**（Walla Walla Valley），夏季溫暖，甚至十分炎熱；冬天陽光雖然充足但是可能出現危險性的低溫，而充滿書卷氣息之瓦拉瓦拉大學城周圍山坡上的降雨量，足以供應一些葡萄園進行旱地耕作。瓦拉瓦拉仍然是州內許多最受追捧之紅葡萄酒的釀造（或葡萄成長）之地。這個產區在 20 世紀 80 年代早期由 Leonetti 和 Woodward Canyon 酒莊所開發，逐漸向南部延伸至奧勒岡州的藍山山脈（Blue Mountains）北翼，包括在最初的七座山丘葡萄園（Seven Hills Vineyard）周圍種植的成百畝葡萄藤。

### 正確的發展方向

華盛頓州的葡萄酒業發展極為迅速，這意味著許多的葡萄藤都還很年輕。它們被種植在年輕、輕質的土壤上，往往栽培單一的品系。在早期，大多數葡萄由果農種植，產量也由他們決定，而不是由釀酒師決定。但如今州內精品葡萄酒商按面積來購買葡萄，而不是按照重量，而且

他們與種植者共同協作管理自己的葡萄園。產量雖下降但品質上升，最好的葡萄酒都有著深邃的顏色、爽口的酸度，鮮活、明快的風味，這些都是華盛頓州典型葡萄酒的特色，同時也擁有惹人喜愛的豐富、柔和果味。

在這個大陸性氣候中的特定區域能讓卡本內蘇維濃完全成熟，而梅洛在此處儘管會受到冬季凍害的影響，但比在加州的更有個性。卡本內-弗朗亦有其擁護者，並不僅僅是因為它耐寒。小維鐸、馬爾貝克、慕維得爾、田帕尼優以及山吉歐維樹在此都被成功種植，產量雖小但大多用於混釀。甚至還有小規模種植的黑皮諾。

麗絲玲最初被廣泛種植但逐漸不受青睞，而麗絲玲要重新找回市場，需成為夏多內的清爽、芳香風格的替代品。Ste. Michelle 葡萄酒莊園是如今世界上第一大麗絲玲生產商，並且與德國 Bernkastel 的 Erni Loosen 創辦了合資品牌 Eroica。

**古湖**（Ancient Lakes，位於瓦魯克坡的北部）長久以來一直種植著州內許多最精細的芳香型白葡萄品種——灰皮諾、格烏茲塔明那和麗絲玲——該地區擁有自己的 AVA 產區地位，有許多穩定的葡萄園和極少量的酒莊。這裡的白蘇維濃令人振奮；榭密雍品種很少有機會展示其潛力，但例如來自「41 號學院」（L'Ecole No 41）等酒莊的榭密雍就證明了該品種可以光芒四射。

華盛頓州葡萄園的典型特徵是工整、大規模,且靠近水域。不得不佩服最初在這裡種植葡萄的先輩們。

# 加州 California

美國有超過 80% 的葡萄酒產於加州；比歐洲以外任何國家的葡萄酒產量都要大。太平洋是最主要的影響因素。加州葡萄酒在地理要素上呈現一連串的驚奇，遠比外人所知的更具多樣性。葡萄園的潛力，幾乎可以說和其所在的緯度位置全然無關，主要取決於葡萄園與太平洋之間隔了什麼地形。倘若葡萄園與太平洋之間的山脈越多，能帶來調節氣候的海洋影響（通常是霧氣形式）就越少。

由於此處太平洋沿岸的海水非常寒冷，以致於整個夏天，沿岸一帶都會形成持續不斷的霧帶。每當內陸溫度到達 32°C 時，上升的熱空氣就會將霧氣吸引至內陸填補空間。舊金山的金門大橋恰好矗立在這條著名的霧氣通道上，但沿著海岸不管是往上或往下，只要海岸山脈高度低於海拔 460 公尺，來自太平洋的冷風就會流灌進來而降低內陸地區的氣溫。一些通向海底的谷地，特別在聖塔芭芭拉郡（Santa Barbara

County），就像是漏斗一樣讓來自海洋的空氣得以灌進內陸至遠達 120 公里的地方。

從太平洋越過舊金山灣被吸往內陸的冷風威力是如此強大，以致於即便是在距離海岸近 240 公里的謝拉山麓（Sierra Foothillls）氣候也會受到影響。多霧的舊金山灣就像是加州北部最主要的空調設施，因此距離海灣越近的葡萄園，氣候就越冷，比如位於那帕（Napa）和索諾瑪（Sonoma）南部邊緣地帶的卡內羅斯（Carneros）地區。至於內陸的那帕谷，因西部山脈幾乎是完整的屏障，所以不受太平洋影響，因此最冷涼的葡萄園，要算是那些環繞那帕鎮、地處最南的葡萄園。多虧了穿過索諾瑪東部騎士谷（Knight's Valley）所吹來的太平洋冷空氣，那帕最北端的區域整體而言其實不算最炎熱的。而最熱地區冠軍可說是聖海倫娜（St Helena），它處於那帕谷靠北邊的三分之二處，是反映加州複雜地形的最佳例子。

中央（Central，或稱聖荷昆 [San Joaquin]）谷地的平坦農地，讓農業仍然是加州重要經濟來源（也是四分之三加州釀酒用葡萄的產地），因為地處內陸而難以直接受到太平洋的影響。這個全世界陽光最充足的葡萄酒產區之一，比本地圖

集所提到的幾乎任何地方都更熱更乾。灌溉，這一日益昂貴且具爭議的手段，在此地是不可或缺的。只仰賴天然降雨的旱地耕作對任何地方的有志酒農來說都是夢寐以求的；但在加州的大部分地方，這個夢想更是遙不可及。只有北海岸的部分地區具有足夠的雨水和可用水源，能夠施行無灌溉的種植方式。

左側專題顯示了加州的夏季遠比多數歐洲的葡萄酒產區更乾燥。年總降雨量雖然沒有特別少，但卻往往集中在年初那幾個月，整個夏季都必須貯水進行灌溉。在加州 9 月典型的溫暖氣候下，反常的降雨可能會帶來浩劫。秋天的降雨相當罕見，使得酒農們可以延長葡萄的「掛果時間」（hang time），幾乎到了想要多晚採收就可以多晚採收的地步，或是可應購買葡萄的酒廠要求再行採收。而這只是加州葡萄酒之所以特別濃醇的重要原因之一。

加州最重要的 120 多個 AVA 產區都標示在下頁以及接下來幾頁的地圖中。其中有些葡萄種植區實在太小，甚至只能供應一家酒廠，但也有像北海岸線（North Coast）AVA 產區這種涵蓋雷克（Lake）、門多西諾（Mendocino）、那帕及索諾瑪等郡的大產區。

## 不要只看品牌

有些優秀的釀酒師忽視 AVA 的存在，只問葡萄品質而不問其來源，但其他許多釀酒師則精準地只用特定葡萄園的葡萄。目前被用在酒標上的單一葡萄園名稱已經有好幾百個——這正是加州葡萄酒從只注重葡萄品種和品牌，朝向另一個階段發展的有力證據。地理位置很明確地成為重要的一環，但仍有許多生產者依舊只在合作社外包釀酒，自己僅擁有酒的品牌和儲存在合作社的橡木桶。

加州一直很重視流行風潮。在這個地理上大約只有法國一半大小的地方，酒評家、評分和幾近即時的大眾評論，使得生產者和消費者之間的互動遠比我們想像的更為一致。目前在葡萄園流行的趨勢包括：更適切地搭配特定區域適合栽種的葡萄品種、使用更多種的無性繁殖品系進行更高密度的葡萄種植、將枝葉空間控制得更開闊、實施更精準的灌溉、更加意識到永續生存的概念，以及在當今這個世紀，對於清爽風格的欣賞，而非過度成熟。

## 加州及太平洋西北部的氣候區

對於葡萄種植來說，最有名的氣候分類體系是由加州大學戴維斯分校（UC Davis，是加州大學的農業校區）的兩位教授 Amerine 和 Winkler 發明的，建立於 20 世紀 40 年代的數據基礎之上。葡萄酒產區依照「生長度日」（growing degree days）分類，其測量方式是從（北半球）4 月 1 日至 10 月 31 日這段期間，計算氣溫超過 10°C 的累積熱量。這個分類廣泛地定義了葡萄品種的適宜性（從涼爽的到炎熱的生長區）以及酒的風格（從輕盈的到飽滿的酒，以及加強型葡萄酒）。比如，根據這個 Winkler 氣候分類系統，在 IA 地區，只有非常早熟的葡萄品種和大多數雜交的葡萄才能釀出酒體輕盈的高品質餐酒。III 區適合生產酒體飽滿的高品質葡萄酒，而 V 區一般說來則適合高產量葡萄、加強型葡萄酒以及鮮食葡萄生產的區域。自從該分類體系創建以來，平均氣溫上升了許多，所以每個葡萄酒產區的生長度日指數可能增加了 200~500，這深深影響了每個區域適合的類別，科學家正透過研究試圖更完整地了解這些變化。氣候學家 Dr. Gregory Jones 也採用了 Winkler Index，應用於加州以外的葡萄種植區條件，比如在此列出的太平洋西北部數據。

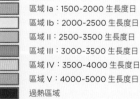

過寒區域
區域 Ia：1500-2000 生長度日
區域 Ib：2000-2500 生長度日
區域 II：2500-3500 生長度日
區域 III：3000-3500 生長度日
區域 IV：3500-4000 生長度日
區域 V：4000-5000 生長度日
過熱區域

**加州主要葡萄酒產區**

在地域遼闊的加州，北海岸是占地相當大的一部分，但是還有一個面積更大的區域——從舊金山往南直到聖塔芭芭拉——稱為中部海岸（Central Coast），在這裡種了越來越多，最有價值的農作物（除了大麻之外）：葡萄。

---

**古老的葡萄藤**

　　美國禁酒令的極少數益處之一便是，由於當時釀酒沒有任何意義，很多葡萄園自然被棄置不顧，人們也不願費時費工地拔除葡萄藤，讓在 19 世紀末種植了大量葡萄的加州，存留了很多的老葡萄藤。2011 年，歷史葡萄園學社（Historic Vineyard Society）的成立，記錄了這些老葡萄藤並保護它們。學社登記了超過 730 公頃的 50 年以上老葡萄藤，其中包括許多從 19 世紀 80 年代就存在的葡萄園。

---

圖例：

—·—·—　州界

—··—··—　郡界

————　大比例尺地圖上未顯示或未完整顯示之 AVA 產區的邊界以彩色線條區分

**MADERA**　AVA

■ E & J GALLO　知名釀酒商／酒廠（未顯示於其他張地圖的）

304　此區放大圖見所示頁面

1:2,631,578

Km 0　　50　　100　　150 Km

Miles 0　　　50　　　100 Miles

# 門多西諾與雷克 Mendocino and Lake

　　門多西諾郡是葡萄藤在加州的最北界。最著名的葡萄酒產區是安德森谷（Anderson Valley），這裡的海洋霧氣可以輕易穿梭於海岸山脈之間，形成厚重又低矮的雲霧。

　　納瓦羅河（Navarro River）流經帶有樹脂氣息的紅木林後沿著谷地而下。很久以前有些隱遁於此的義大利家族發現，金芬黛葡萄可在此地高過霧線的山丘上達到絕佳的成熟度，但在安德森谷（Anderson Valley）的大部分地區，成熟季節都十分寒冷，特別是在菲洛（Philo）以下的下游地帶。而納瓦羅地區（Navarro）的葡萄園也不斷地證明，麗絲玲和格烏茲塔明那已能完美地適應當地氣候。自 1982 年起，香檳酒廠 Roederer 證明了安德森谷能夠出產葡萄來釀造精品氣泡酒，同時，像 Drew 和 Handley 這樣的眾多小型酒莊開始生產很不錯的黑皮諾紅酒，也包括位於菲洛、設備齊全，由 Duckhorn 所擁有的 Goldeneye 酒莊。

　　產自東南部約克威爾高地（Yorkville Highlands）的葡萄酒，擁有絕佳的天然酸度，然而門多西諾大多數的葡萄種植還是集中在氣候形態更溫暖乾燥的地區，正好處於克羅弗戴爾（Cloverdale）北部那些海岸山脈後面高達 900 公尺的高地，以及與索諾瑪郡的交界處，阻擋了太平洋霧氣的影響。霧氣到達不了的尤奇亞（Ukiah）市以及同樣少霧的紅木谷（Redwood Valley）出產酒體厚實、柔順的葡萄酒（釀自深厚的沖積土），由卡本內蘇維濃、小希哈（Petite Sirah）或產自尤奇亞（Ukiah）、帶有香料風味的老藤金芬黛釀造。氣候明顯更涼爽的波特谷（Potter Valley）適合芳香型品種，還能釀出相當細緻的貴腐甜酒。

　　帕度奇（Parducci）是門多西諾最古老的酒莊，現在為 Thornhill 家族所有。該酒莊創建於 1932 年，可見創建者當時的遠見，因為那時還處於禁酒期。1968 年就在此紮根的費澤（Fetzer）酒莊，因其為價值可靠的葡萄酒產地而著名，在適合有機農法的加州，該酒莊在早期就明確、自信地倡導有機葡萄酒的生產。這裡的酒農開始在霍普蘭（Hopland）外圍實驗種植柯蒂斯（Cortese）和內比歐露（Nebbiolo）這樣的義大利品種。

　　東部的雷克郡（Lake County）和距離其南邊 64 公里的那帕谷北端一樣溫暖，以果味豐富的卡本內蘇維濃、金芬黛以及令人驚喜、在價格方面極具吸引力的白蘇維濃而廣受好評。這裡種植了 4,000 公頃的葡萄藤，但卻只有 40 家酒莊，Brassfield、Hawk & Horse、Obsidian Ridge、Steele 和 Wildhurst 是其中最成功的酒莊。為了增加銷量，大部分的酒標產區不會標為「克利爾湖」（Clear Lake，當地的 AVA），而是會標為那帕（Napa）或更遠的 AVA 產區名（加州葡萄酒中 15% 的成分可以來自酒標註明產區以外的地區）。

### 門多西諾：尤凱亞（UKIAH） ▼

緯度 / 海拔
**39.15° / 193 公尺**

葡萄生長季節的平均氣溫
**18.8°C**

年平均降雨量
**1,014 公釐**

採收期降雨量
**9 月：11 公釐**

主要種植威脅
**冬季乾旱、採摘期降雨**

主要葡萄品種
**白：白蘇維濃、夏多內
紅：金芬黛、卡本內蘇維濃、梅洛**

---

　　　　　　郡界

CLEAR LAKE　　AVA

■ FREY　　知名釀酒商 / 酒廠

The Narrows Vineyard　　知名葡萄園

　　　　葡萄園

　　　　森林和灌木叢

2500　　等高線間距 152.4 公尺

▼　　氣象站（WS）

索諾瑪海岸的 Hirsch Vineyards 酒莊在採收黑皮諾葡萄，而背景中可見來自太平洋緩緩流動的海霧，在 20 世紀 80 年代，該酒莊種植了第一批葡萄，如此的地理位置在當時看來應該是挺有風險的。

# 索諾瑪北部 Northern Sonoma

索諾瑪郡因具有更多元的環境，所以種植的葡萄數量遠比那帕郡的要多，且有比較多冷涼的區域可以種植葡萄，特別是在靠近海岸的地區。索諾瑪同時也是加州頂級酒的發源處，但早在 19 世紀，甚至到 20 世紀末期，在加州葡萄酒的復興過程中，索諾瑪卻總是被那帕所扮演的關鍵角色壓制。

**風土條件：**西靠海岸山脈，東靠瑪雅卡瑪斯（Mayacamas）山脈，其中盡是綿延起伏的山丘，葡萄園的海拔從海平面至 850 公尺都有，涵蓋了極為多樣的土壤和朝向。

**氣候：**既有涼爽的、海洋性的西部俄羅斯河谷（Russian River Valley）和佩塔露瑪峽口（Petaluma Gap）地區，又有乾河谷（Dry Creek）和亞歷山大谷（Alexander Valleys）那種炎熱的內陸區域。

**葡萄品種：**白：夏多內、白蘇維濃；紅：黑皮諾、卡本內蘇維濃、金芬黛、梅洛。

和加州其他地區一樣，氣候取決於太平洋海風和霧氣的入侵以及雲量的影響。就在第 307 頁地圖所描繪的地區以南，在海岸山脈有一處被稱作佩塔露瑪峽口（Petaluma Gap）的寬闊凹陷。多虧了這個開口，才使南部的葡萄園（在主地圖之外）成為最冷涼之處——在上午 11 點之前和下午 4 點之後這裡經常被雲霧籠罩。

例如，**俄羅斯河谷（Russian River Valley）**是索諾瑪最涼爽的 AVA 產區之一。產區的邊界在 2005 年已經往南延伸，涵蓋所有塞瓦斯托波（Sebastopol）以南、**佩塔露瑪峽口（Petaluma Gap）**AVA 以北的葡萄園，位於霧區內（在 2011 年，俄羅斯河谷 AVA 產區再次擴大，在 Gallo 酒莊的要求下，延伸並涵蓋了地圖東南角一大片，名為 Two Rock 的葡萄園）。塞瓦斯托波丘（Sebastopol Hills）區域，有時也被稱為南塞瓦斯托波，正處於霧氣盤旋流經佩塔露瑪峽口的通道上，雖然塞瓦斯托波丘處在大多數像佩塔露瑪峽口那樣，最直接接受海風影響的區域之上。但即便如此，佩塔露瑪峽口和俄羅斯河谷最冷涼的角落，特別是在**綠谷（Green Valley）**次產區，葡萄想要成熟並達到一定經濟效益可能會非常困難，而這裡主要的酒莊是 Marimar Estate、Iron Horse 和（總部在那帕谷）Joseph Phelps 的 Freestone 酒廠，他們釀出的葡萄酒卻活力四射。塞瓦斯托波山和綠谷這些產區都位於叫作 Goldridge 的沙質土壤上，而在綠谷產區東側的瀉湖山嶺（Laguna Ridge）區域，則擁有含沙量最高、排水最迅速的土壤。

離佩塔露瑪峽口越遠，俄羅斯河谷的溫度也逐漸上升。Williams Selyem、Rochioli 及 Gary Farrell 等一些早期就注意到這塊獨具風格地區的酒莊，都選擇聚集在俄羅斯河河岸土質比較黏密緊實的西岸路（Westside Road）一帶，享有比許多新晉酒莊更溫暖的氣候。一直到 20 世紀 90 年代，葡萄才取代蘋果，成為這條蜿蜒河谷上伴隨老橡樹和兩岸花卉的主要經濟作物。

夏多內葡萄是俄羅斯河谷成名最早的品種，但是這裡黑皮諾的濃厚口感和紅色漿果風味讓該產區備受矚目。多虧了本地經常性的雲霧繚繞，這裡的產酒通常都保持著鮮明、清爽的高酸度——除非 8 月和 9 月的熱浪使得葡萄成熟過快。地勢最低的，有時易遭受霜害的葡萄園，通常氣溫也最低，因為雲霧聚集在這些地方的時間通常最長。像 Martinelli 的 Jackass Hill 和 Dutton 的 Morelli Lane 這些位於霧線之上的葡萄園，長久以來一直都生產優質的金芬黛，這些金芬黛葡萄源於當初淘金熱後居住在此的義大利移民所種植的老藤。至於在更高海拔的葡萄園，希哈葡萄的表現也不俗。俄羅斯河谷內陸地區一些最精緻細膩的葡萄來自朝東的葡萄園，因為在這裡葡萄會脫水乾化的機率很低；反之，朝南的葡萄園能幫助最涼爽的地區提高成熟度。

東北方的**裘克岩丘（Chalk Hill，又譯為「白堊丘」）**產區位於希爾茲堡（Healdsburg）的東南，有自己的 AVA 產區地位，而且該產區若包含在俄羅斯河谷內會有點奇怪，因為這裡溫暖得多，具有火山岩土壤。這裡最有名的酒莊也叫做 Chalk Hill。目前最重要的品種是黑皮諾，雖然隨著氣候暖化，該產區正在改種卡本內蘇維濃和梅洛。希爾茲堡附近的俄羅斯河北部一帶，同樣屬於俄羅斯河谷 AVA 產區，由於遠離霧氣的冷卻效應，該地的氣候同樣也很難直觀地用氣象學來解釋。

## 涼爽的海岸地帶

介於俄羅斯河谷和海洋之間，有一些令人驚艷的酒莊，處於**索諾瑪海岸**（**Sonoma Coast**）AVA 產區的最冷涼地帶，產區範圍大到近乎荒謬，從門多西諾往南至聖帕布羅灣（San Pablo Bay），面積接近 50 萬英畝（一英畝約等 40 公畝）。目前在這個產區中迫切需要建立地理上更細分的 AVA 產區。

第一個獲得批准的，是在 2012 年成立的**羅斯堡－海景**（**Fort Ross-Seaview**）AVA 產區，包含了海岸山脈最高海拔的區域，遠高於霧線。因為這裡的海拔和與海洋的距離，白天的溫差很大，能從 37.8°C 的高位下降到沿海霧氣造成的絲絲冷涼。黑皮諾是羅斯堡－海景的主要栽培品種，但是種植量有限的希哈品種也展示出真正的潛力。而位於該 AVA 產區東部的較溫暖地區能出產品質絕佳（如果葡萄相當新鮮）的卡本內蘇維濃。由於聖安德列斯斷層（San Andreas Fault）正好從這個 AVA 產區的中間貫穿，讓這裡的土壤非常多樣，從俄羅斯河谷能找到的沙質 Goldridge 土壤到沉積土、火山岩和變質岩都有。土壤的極豐富性、不同的海拔、來自海洋的地質形態和各個朝向，這麼多元的因素意味著只要認真探尋，您可以找到一片適合許多不同品種的葡萄園。

## 俄羅斯河北部

俄羅斯河谷北部是種植密度更高的一些 AVA 產區，顯然氣候更為溫暖，即便是在裴克岩丘，**乾河谷**（**Dry Creek Valley**）產區的河谷地帶氣溫都要比山坡低。這些地區有時還會相當潮濕，特別是在南端——可以比較希爾茲堡及附近索諾瑪鎮的年降雨量（詳見第 309 頁）。在俄羅斯河谷，這樣的環境促使 19 世紀的義大利移民選擇將容易腐爛的金芬黛種植在霧線之上，且不進行灌溉。乾河谷地區也成了能讓需要細心呵護之金芬黛能展現出優異表現的產地。在這些北加州的谷地中，東側谷地因為有落日照射而擁有更長的高溫期，致使所生產的葡萄酒通常也比西側谷地來得更濃郁厚實。在具有堅實河階地的乾河谷，最佳的葡萄園位於排水特別好，所謂的「乾河谷礫岩」上，由礫石和紅色黏土所組成。金芬黛和卡本內蘇維濃在此都能生長得很好，至於谷底則留給了白葡萄品種，特別是白蘇維濃。乾河葡萄園（Dry Creek Vineyards）早在 1972 年就開始閃耀，而後起之秀的闊維拉（Quivira）酒莊，則在很早以前就採用生物動力農法，從谷底的葡萄園釀出優質的白蘇維濃，也從山坡的葡萄園產出優雅的金芬黛。隆河谷品種也進駐本區，帶頭的是 Preston Vineyards 酒莊。此外，在本區的山坡地帶還有一些饒有趣味的卡本內蘇維濃，特別是 A. Rafanelli 酒莊所出產的。

在希爾茲堡北邊的**亞歷山大谷**（**Alexander Valley**）產區更寬廣開闊，一些低矮山丘屏蔽了海洋的影響，所以更加溫暖。種在沖積土壤上的卡本內蘇維濃，總是能持續成熟到散發出幾乎像巧克力般的濃郁感，比較靠近河岸的低地則能釀出一些可口、較濃郁的白蘇維濃和夏多內。甚至還有一些老藤金芬黛——包括瑞吉（Ridge）酒莊有名的、古老且品種多樣的 Geyserville 葡萄園。

Stonestreet 公司的 Alexander Mountain Estate，生產了一些加州最著名的夏多內，葡萄園區位於海拔 140 公尺以下的河谷地帶，卻罕見地擁有較涼爽的氣候。而在高海拔處，山區中的卡本內蘇維濃能釀出彰顯涼爽氣候風格的酒。在加州，本土知識是一切的關鍵；加州風土的複雜性和具體性往往令外來者感到困惑。

**騎士谷**（**Knights Valley**）在亞歷山大谷的東南面，幾乎可以算是那帕谷北部的延伸，氣候比乾河谷來得溫暖，但比亞歷山大谷來得涼爽（因為地勢更高）。Peter Michael 酒莊是以他的英國籍莊主命名的，栽種精品的夏多內和卡本內蘇維濃，分別來自其位於海拔 600 公尺及 450 公尺處火山岩土壤上的葡萄園。希哈在這裡也長勢旺盛。

**索諾瑪北部：希爾茲堡（HEALDSBURG）** ▼

緯度／海拔
**38.62°／33 公尺**

葡萄生長季節的平均氣溫
**19.5°C**

年平均降雨量
**1,116 公釐**

採收期降雨量
**9 月：8 公釐**

主要種植威脅
**秋季降雨**

## 隨風而定

2017 年，佩塔露瑪峽口（Petaluma Gap）有了自己的 AVA 產區地位，在地圖上以橘黃色勾勒，這是第一個以海風及其影響而被界定的產區。整個 AVA 產區在下午接收海風，風速一般能達 13 公里／小時甚至更劇烈，這延緩了生長季葡萄的發展。於是通常的結果是產出較小的葡萄顆粒以及葡萄酒具有鮮明的高酸度和酚類物，包括高單寧。流行的黑皮諾是這裡主要種植的品種；希哈也展現出不錯的潛質；夏多內在這裡廣泛種植。

在沿海地區黏土比較常見，而內陸的土壤則有更多的礫石成分，兩者之間的地區土壤混雜。結果是，在該 AVA 產區土壤貧瘠、持水有限的大部分區域，並不太容易種植葡萄。

當內陸山谷的氣溫上升時，冷涼的沿海空氣就會通過博德嘉（Bodega）灣海岸山脈處，24 公里寬的峽口，被拽進內陸。

Santa Rosa

Napa

Petaluma

San Francisco

Data source: PlanetObserver

索諾瑪海岸最受矚目的先驅酒莊包括 Flowers 和 Marcassin，而 Hirsch 既供應葡萄又釀造自己的品牌酒，很接近布根地的風格。

**索諾瑪北部 AVA 產區**

幅員遼闊的索諾瑪北部 AVA 產區涵蓋了這張地圖的絕大部分，當時創建該產區是為了讓 Gallo 酒莊的莊園品牌系列，能用一個比索諾瑪郡更具體的產地名，Gallo 在索諾瑪的莊園代表了該公司第一個源於中央谷地（Central Valley）以外的葡萄酒中心。

郡界
KNIGHTS VALLEY　AVA
■ FLOWERS　知名釀酒商／酒廠
Teldeschi Vineyard　知名葡萄園

葡萄園
森林和灌木叢
800　等高線間距約 122 公尺
▼　氣象站（WS）

# 索諾瑪南部及卡內羅斯 Southern Sonoma and Carneros

此處正是加州的頂級酒，或首次想要嘗試釀製頂級酒的啟蒙之地，這個位於舊教會附近、有重兵駐守的小鎮，還曾有一小段時間是索諾瑪郡的首府。北移至太平洋沿岸的聖方濟各教會神父在 1823 年創建了 San Francisco de Solano 教會，並親手墾植了他們最後也是位置最北的葡萄園，將葡萄藤帶到地球上最適合它們生長的友善環境之一。

索諾瑪這個小鎮，具備了一個小巧迷人葡萄酒首府所需要的各種魅力——事實上，這裡曾是一個小小共和國的首都：短命的加利福尼亞共和國（Bear Flag Republic of California，或稱「熊旗共和國」）。索諾瑪鎮上有綠樹成蔭的廣場，古色古香的教會建築和兵營，石造的市政廳，還有富麗堂皇的 Sebastiani 劇院，層層疊疊地盡顯過往的歷史。

這座眺望小鎮的山坡上，曾經是該鎮先驅 Agoston Haraszthy 在 19 世紀 50 年代和 60 年代最著名的莊園。原先 Buena Vista 酒窖的部分遺跡仍矗立在東側谷地上，來自布根地的新主人 Jean-Charles Boisset 修復了該酒窖。

索諾瑪谷（Sonoma Valley）的南部和那帕谷一樣，但範圍較小地受到來自太平洋霧氣和風的影響，且越往北越熱，在這裡因為受到索諾瑪山的屏障，阻擋了來自西面的暴風雨和冷涼的海風。位於那帕谷西緣的瑪雅卡瑪斯（Mayacamas）山脈，則構成索諾瑪的東境。這裡有許多例子可以證明這個 AVA 產區有能力釀製極為出色的夏多內，首開其例的是 20 世紀 50 年代就開始生產的 Hanzell 酒莊。接著，Landmark Vineyard 的

本地酒款、Kistler 酒莊的 Durell 葡萄園酒款、Durell 葡萄園擁有者 Bill Price 自己的酒款，以及 Sonoma-Cutrer 酒莊的 Les Pierres 葡萄園（就在索諾瑪鎮西邊）酒款，都進一步證明了這一點。在俯瞰索諾瑪谷的山坡上，Hanzell 酒莊還是釀黑皮諾的先鋒，該品種在酒農間越來越流行。更重要的是，Hanzell 酒莊在這裡引領了開始使用法國橡木桶的革命。谷底白天的溫熱條件，能讓黑皮諾形成更濃郁、更成熟的風格。來自 Kunde 酒莊的 Shaw 葡萄園、Old Hill Vineyard 以及 Pagani Ranch 酒莊，都是在 19 世紀 80 年代就開始種植老藤金芬黛，令人稱奇的是，這些老藤金芬黛如今仍然能結出果實。

月亮山（Moon Mountain）位處索諾瑪谷內東側，於 2013 年正式成為 AVA 產區。希哈、梅洛和卡本內蘇維濃在這裡的高海拔區表現優異，較為知名的酒莊是 Coturri 和 Kamen。

## 卡本內葡萄的歷史

絕佳的卡本內蘇維濃葡萄酒，最早是在 20 世紀 40 年代，由 Louis Martini 酒莊以產自東部山丘海拔 335 公尺以上之著名 Monte Rosso 葡萄園（現在由產業巨頭 Gallo 酒莊所擁有）的葡萄釀成的，最近著名的則產自谷地另一側，索諾瑪山（Sonoma Mountain）的 Laurel Glen 卡本內蘇維濃。索諾瑪山是重要的高地產區，從當地最好的酒款看來，似乎是從產區內特別貧瘠的多石土壤、海拔，以及較長的日照時間中獲益。葡萄園處在霧線之上是左右當地卡本內蘇維濃和金芬黛品質的關鍵。Benziger 酒莊以他們對自然動力農

Benziger 絕對是索諾瑪地區生物動力農法的先鋒。照片背景是一片葡萄園陡坡，前方的便是該酒莊的「育蟲花園」。

法的熱誠，在索諾瑪山產區帶起一股風潮，而附近的 Richard Dinner 葡萄園則是 Paul Hobbs 那飽滿豐沛之夏多內葡萄酒的來源。

毗鄰索諾瑪山西北邊界的是班奈特谷（Bennett Valley）AVA 產區，最著名的酒莊是 Matanzas Creek，該區的土質和索諾瑪谷類似，但更加受到涼爽海洋的影響。這其中的奧秘就在於克倫峽谷（Crane Canyon）的風口（位於這張地圖的西邊）。由於當地的氣候對卡本內蘇維濃來說太過寒冷而不能有很好的成熟度，因此梅洛一直是該區的主要品種，但希哈和白蘇維濃的前景也很好。

在索諾瑪谷南緣，包含在 AVA 區內的是相對涼爽的羅斯卡內羅斯（Los Carneros）區的一部分（一般通稱為卡內羅斯 [Carneros]）。就行政區來說，卡內羅斯產區橫跨了那帕和索諾瑪兩郡。在本地圖上同時標出索諾瑪－卡內羅斯（Sonoma Carneros）及那帕－卡內羅斯（Napa Carneros）兩個分區，因為相較於屬於同郡北部的其他地區，這兩個分區之間具有更多的相似之處。

卡內羅斯產區（Los Carneros 的字面意思是「公羊群」）分布於聖帕布羅灣（San Pablo Bay）以北的低緩起伏山丘上。這裡原本是個乳製品產區，直至 20 世紀 80 年代末和 90 年代才迅速地被葡萄藤攻佔。釀酒師 Louis Martini 及

### 索諾瑪南部、那帕和卡內羅斯

在 20 世紀 80 年代末和 90 年代，葡萄藤已經征服了索諾瑪和那帕谷南方的較低山地，現今繼續延伸到那帕谷的南部，直至那帕市的南邊，差不多到了瓦列霍市（Vallejo City）的邊界。那帕（Napa）這個名字相當有價值（很賺錢）。

---

### 索諾瑪谷：索諾瑪（SONOMA）▼

**緯度／海拔**
38.3°／30 公尺

**葡萄生長季節的平均氣溫**
18.3°C

**年平均降雨量**
798 公釐

**採收期降雨量**
9 月：6 公釐

**主要種植威脅**
冬季乾旱、春霜、採摘期降雨

**主要葡萄品種**
白：夏多內
紅：卡本內蘇維濃、梅洛

---

André Tchelistcheff 早在 20 世紀 30 年代就買過卡內羅斯的葡萄來釀酒，而 Louis Martini 更在 40 年代末期，就在該區首度種下黑皮諾和夏多內。本地的黏質土壤，遠比那帕谷和索諾瑪谷谷底的土壤來得貧瘠，因此有助於控制葡萄的長勢和產量。

每當北方更炎熱的氣候吸入冷空氣之際，穿過佩塔露瑪峽口（Petaluma Gap，可參考第 306 頁）海灣的強風總是把這裡的葡萄藤吹得沙沙作響，尤其是在下午時分。這使葡萄的成熟過程得以緩慢地進行，卡內羅斯因此能釀出全加州最細膩的葡萄酒，還使之成為州內用來釀製氣泡酒的最佳基酒。許多人紛紛將希望和資金投入此地，特別是 Rena de Rosa 在 20 世紀 60 年代投資的 Winery Lake 葡萄園。他最初瞄準的便是氣泡酒，於是黑皮諾，特別是夏多內成為葡萄園中主要的品種，這些通常是北部較熱地區酒莊搶著種的品種。在索諾瑪郡當地的 Gloria Ferrer 酒莊和那帕那頭的 Domaine Carneros 酒莊，分別為西班牙卡瓦（Cava）氣泡酒和香檳的龍頭品牌所有，這兩個酒莊都用自己莊園的葡萄來釀氣泡酒。

酒農早在酒廠大興土木之前就進駐了卡內羅斯。其中有一些最知名的葡萄園名稱，在那帕和索諾瑪許多頂級生產商的酒標上都可以找到，如 Hyde、Hudson、Sangiacomo 和 Truchard——現在這些葡萄園自身也成為酒莊且產酒。卡內羅斯最好的靜態酒非常可口，這裡的夏多內比加州大多數的更有陳年潛力，具有清爽的酸度與硬核水果的風味。在卡內羅斯種植的黑皮諾包括最早從布根地進口的 Martini 和 Swan 無性繁殖品系，比俄羅斯河谷混雜的品系更清楚明確，帶有草本植物和櫻桃風味。Saintsbury 酒莊以其那帕－卡內羅斯葡萄園的黑皮諾成名。在卡內羅斯北部較溫暖的地區，希哈、梅洛以及卡本內－弗朗也都能有絕佳的表現。

# 那帕谷
## Napa Valley

在所有加州葡萄酒中，20% 的產值來自那帕谷（Napa Valley）—— 但這只占加州總產量的 4%。這正是那帕谷這個全世界最具魅力，訪客最多，同時也是資本最集中之葡萄酒區能聲名遠播的原因。

**風土條件：**酒農們以那帕谷土壤的多樣性而倍感自豪，這裡的土壤具有一些火山岩土壤和海相沉積。歷史上著名的大地震使得該區土壤變得混雜。兩條山脈、大致上朝東或朝西的座向、中海拔的山麓和肥沃的谷底造就了該產區的多樣性。

**氣候：**溫和、地中海型氣候，具有溫暖的白天和總是涼爽的夜晚。夜霧讓谷底北部和南部都變得涼爽，於是聖海倫娜（St Helena）成了谷中最熱的區域。

**葡萄品種：**紅：卡本內蘇維濃、梅洛；白：夏多內、白蘇維濃。

那帕谷的歷史可追溯至 19 世紀 30 年代，而現代歷史則始於 1966 年 Robert Mondavi 酒莊創建之時。這家最具代表性的酒莊以西班牙教會風格的泥磚拱門和走向世界的野心，喚醒了這個原本只有胡桃和李子樹的低調農村，讓那帕谷轉變成一片種有 17,970 公頃葡萄的產區，遠比大部分外地人所理解的更為多元。但是現在外來人士反而成為了一個大問題。每年約有 500 萬的遊客往來於那帕谷的路上（這裡只有兩條主幹道）。大多數酒莊都向遊客開放，進行利潤最豐厚的零售。光怪陸離的建築也能在此找到，因為酒莊間互相競爭，每家都想讓遊客留下最深刻的印象。與此相關的發展建設不計其數，離飽和窒息的狀態可能不遠了。

孕育出這些驚艷葡萄酒的土壤很多樣，可能每隔幾公尺，土壤類型就不同。廣義來說，那帕谷其實是那帕河沖刷侵蝕西側的瑪雅卡瑪斯（Mayacamas）山脈和東側的瓦卡（Vaca）山脈所形成的。最高峰分別是由西面的火山熔岩構成的維德山（Mount Veeder）和阿特拉斯峰（Atlas Peak）以及喬治山（Mount George，位於那帕市東部，在我們地圖的顯示範圍之外），這三座山脈曾經在不同時期造就了當地豐富的礦藏，那帕谷一系列的小斷層讓土壤的多樣性變得更豐富。那帕谷兩側具有最淺薄、最古老也最貧瘠的土壤，而谷底部分卻是由深厚且肥沃的沖積黏土和礫石所構成，特別是在瑪雅卡瑪斯山下的西側地區。接下來的幾頁會有更詳細的討論。

至於在氣候方面，就像加州北部其他地區一樣，狹窄谷地的開口（在那帕谷南端）會比北部涼爽更多，夏天甚至有平均 6.3℃ 的溫差。事實上，卡內羅斯產區（可參考上頁）已經幾乎是生產頂級酒款的最寒冷極限，而距離那帕市東部 5 公里（於 2012 年）新晉的**庫柏斯維拉**（**Coombsville**）AVA 產區的冷涼程度僅次於卡內羅斯產區。庫柏斯維拉的葡萄藤 —— 同時有波爾多和布根地的品種 —— 種植在 370 公尺的海拔高度，和歐克諾區（Oak Knoll District）的葡萄園一樣，因受穿過佩塔露瑪峽口（詳見第 306 頁）向北流動的太平洋影響而變得涼爽。

那帕谷北端的部分地區並不像那些頂級酒生產商想得那麼炎熱，特別對於晚熟的卡本內蘇維濃而言，這裡很多地方的氣溫正適合種植。當漫長夏季導致熱空氣上升時，涼爽的海風就從索諾瑪的俄羅斯河谷，通過騎士谷（詳見第 307 頁），以及鑽石山（Diamond Mountain）和春山（Spring Mountain）一帶抽了進來。夜晚的霧氣來得很頻繁，特別是在山谷南部，這更加深了冷涼的影響。

大致上來說，越往北行，葡萄酒的口感越豐厚，帶有更成熟的單寧（但是第 302 頁是個例外）。山坡上所產的葡萄酒則比谷底地帶的結構更強也更濃縮。土壤較不肥沃的山坡地區慢慢地被葡萄藤占領，但還是有些問題，特別是在更高海拔的地區，會發生水土流失和土地使用權的糾紛。在東西兩側山坡上的葡萄園，特別是西邊山區的葡萄園位於充滿霧氣的谷底之上，能照到強烈的早晨陽光。接著，涼爽的微風在接近傍晚時分覆於山頂，與此同時，谷底輻射出的熱量則被困在逆溫層下。這些都是葡萄熱愛的條件。

但是消費者可能不太容易知道一款那帕谷葡萄酒確切的葡萄來源種植地。實際上，大多數葡萄酒包含了來自整個那帕谷的某品種葡萄，標上可能是不太具體的那帕谷法定產區，而非下頁地圖上顯示的某個特定次產區名。那帕谷有 420 家酒莊（儘管外來的投資越來越多，但這些酒莊差不多 95% 都歸大家族所有）以及約 700 家葡萄果農。相較於其他頂尖葡萄酒產區，這裡照看葡萄藤的人與購買葡萄來釀酒的人之間的界線劃分得更明確。但是在近幾年，自家的莊園酒甚至是酒標上註明某次產區中單一葡萄園的酒越來越多。

那帕谷葡萄酒小火車解決了往返於那帕和聖海倫娜開飲酒卻不能開車的問題，火車行進途中會在一些酒莊停留。

## 屬於那帕的葡萄

任何嗜過典型那帕谷葡萄酒那濃厚、柔順但不失清爽風味的人們都能夠證明，卡本內蘇維濃絕對是那帕谷的葡萄品種之王。20 世紀 90 年代之前，那帕谷種植的品種很雜，20 世紀中葉金芬黛和小希哈比卡本內蘇維濃要更普遍被種植。但是在 20 世紀 80 年代和 90 年代，此地爆發了嚴重的葡萄根瘤蚜病；雖然砧木品種（AX-R1）被大家認為能抵抗葡萄根瘤蚜病，但其實不然，該砧木易遭受蚜蟲的毀滅性侵害。大範圍的葡萄藤被拔除並重新種植。其中一個結果便是卡本內蘇維濃的種植區域得到很大的拓展。那帕最好的卡本內蘇維濃無疑是世界上最成功的葡萄酒之一，它們有不可比擬的飽滿與奔放活力，同時又具有精細的結構感。

更溫暖的氣溫和更乾燥的條件（例如這裡比波爾多乾燥）還讓生產不與其他品種混釀（比如混合梅洛品種）的單一卡本內蘇維濃酒成為可能，而且來自谷底那些更成熟風格的葡萄酒在陳放三四年左右即能飲。有些歷史悠久的葡萄園具有谷內有名的河灘階地土壤，比如 Beaulieu、Inglenook，還有 To Kalon 葡萄園，證明了這些園區的卡本內蘇維濃能夠華麗地陳年 50 年之久。山上的卡本內蘇維濃被證明是加州給世界帶來最特別的貢獻之一，沒有其他地方能夠在高海拔地區生產如此大量的卡本內蘇維濃葡萄酒。由於谷底大部分有潛力且價格相對低廉的土地都已被占據，20 世紀 70 年代，那些更年輕的生產者開始往山上發展。那個時代的葡萄酒，比如來自 Chappellet、Dunn、Smith-Madrone 以及 Mayacamas 酒莊的，都無疑有著很強的陳年能力，他們當中的一些酒需經熟成後才能表現得更好。

大多數被標為那帕－夏多內的酒款，如今其實都來自氣候更涼爽的卡內羅斯產區，但緊鄰揚特維爾（Yountville）北部還有一些不錯的白蘇維濃。希哈則種在一些山坡上的葡萄園裡，特別是在維德山（Mount Veeder），還有一些優質的金

A/B

B/C

C/D

D/E

E/F

F/G

1:175,000

Km 0　　2　　4　　6 Km

Miles 0　　　2　　　4 Miles

銀礦小徑（Silverado Trail）是那帕谷東邊貫穿南北的一條蜿蜒公路，在最主要的 29 號公路因來往遊客車輛過多而發生堵塞時，本地人會使用這條公路。若要造訪酒莊，需提前預約並支付費用。

卡利斯托加和鑽石山與索諾瑪北部的騎士谷接壤。

**那帕谷：聖海倫娜（ST HELENA）▼**

緯度 / 海拔
38.5° / 69 公尺

葡萄生長季節的平均氣溫
19.3°C

年平均降雨量
931 公釐

採收期降雨量
9 月：7 公釐

主要種植威脅
冬季乾旱、春霜、高溫、秋雨

主要葡萄品種
紅：卡本內蘇維濃、梅洛、金芬黛
白：夏多內

芬黛產於那帕各種不同的葡萄園裡，尤其是在卡利斯托加（Calistoga）附近及維德山上。從最初 Zinfandel Lane 酒莊在 St Helena 種植金芬黛葡萄開始，該品種在那帕谷有著很長的歷史，但儘管如此，如今在這世界上一些最貴的葡萄園裡（請參考第 47 頁），留存下來的金芬黛甚少，種植的通常都是最有經濟收益的品種。

不管是否使用，那帕郡擁有一組高度發展且最讓人信服的 AVA 次產區——起碼比索諾瑪郡的更有邏輯性。那帕谷這個流行的通用 AVA 大區，不單單包括這個世界著名的谷地，還滿布時髦餐廳、藝廊、禮品店以及酒莊，另外還有相當大面積的單獨地塊。谷地東北部非常溫

- - - - 郡界

**NAPA VALLEY** AVA

■ LONG 知名釀酒商 / 酒廠

● Hudson Vineyard 知名葡萄園

葡萄園

森林和灌木叢

——1000—— 等高線間隔：
海拔低於 30.48 公尺的每圈為 6.09 公尺；
海拔 30.48 公尺以上的每圈為 61 公尺

313 此區放大圖見所示頁面

▼ 氣象站（WS）

暖的波普谷（Pope Valley），未來肯定會被酒農們大舉入侵，就像那帕鎮東南部的**查爾斯谷（Chiles Valley）**AVA 產區和那帕市東南部的美國峽谷（American Canyon）一樣，這塊朝向瓦列霍（Vallejo）鎮南部的地區，氣候溫度也適宜種植葡萄。

### 谷底地區

位於谷地中段的聖海倫娜（St Helena）、拉瑟福德（Rutherford）、奧克維爾（Oakville）和鹿躍區（Stags Leap）在第 312-315 頁中會有詳細介紹。而位於南部，比這些地區都涼爽的**歐克諾區（Oak Knoll District）**AVA 產區是獨具一格，能同時生產細緻麗絲玲及具陳年潛力之優雅卡本內蘇維濃的產區——這一點有老牌的翠絲芬（Trefethen）酒莊可以作證。緊鄰本區北部的**揚特維爾**則更暖和一些，就算是因卡本內蘇維濃而出名的達慕思（Dominus）酒莊，也熱愛這裡的梅洛葡萄。這個葡萄品種在該 AVA 產區某些富含黏土的沖積扇上欣欣向榮，土壤中未經侵蝕的大塊完整岩石，是本區的一大特徵。

位於谷地北緣，目前有獨立 AVA 產區地位的**卡利斯托加（Calistoga）**，周圍都被山脈包圍——北邊的聖海倫娜山以及由東到西的瑪雅卡瑪斯山——如此條件在入夜後會留住冬季的冷風，還會常年帶來不利於所有谷地葡萄園的春霜。自動噴水系統以及高風扇等裝置，都是卡利斯托加附近火山土壤葡萄園中的醒目特徵。在這裡，Chateau Montelena 和 Eisele Vineyard（之前叫作

Araujo 酒莊，是波爾多酒莊 Château Latour 莊主買下的一間生物動力農法先鋒酒莊）是最有名的酒莊。**鑽石山區（Diamond Mountain District）**位於卡利斯托加西南方，以 Diamond Creek 葡萄園最出名，這裡早期以各種不同土壤類型的單一葡萄園，釀造裝瓶出色的酒款著稱。

### 山坡上的葡萄園

在那帕谷，山區葡萄園的重要性與日俱增。沿著西部山脈全是旁人眼中意志堅定的改革分子，甚至連他們自己都認為，和下面谷地的那些人相比，他們真的很特立獨行。**春山區（Spring Mountain District）**不只受惠於海拔高度，還有來自太平洋涼爽空氣的影響。早在 20 世紀 60 年代，Stony Hill 酒莊就以其能陳放許久的夏多內和麗絲玲成為那帕谷膜拜酒的典範，並且一直都有傑出表現。現在，Spring Mountain District 最柔順的酒款大多都來自 Pride Mountain 酒莊。

更南部的**維德山（Mount Veeder）**在非常淺、酸度高且富含火山岩成分的土壤上產出更結實、特色分明的葡萄酒，土壤性質跟索諾瑪谷的山脊（如 Monte Rosso）類似。有著獨一無二藝術畫廊的 Hess Collection，是 Mount Veeder 訪客最多的酒莊。在山谷的東側，幾個表現最好的莊園，如 Dunn、O'Shaughnessy 和 Robert Craig 都位於冷涼、靜謐、通常不受霧氣影響的豪厄爾山（Howell Mountain）高處。就在離豪厄爾山 AVA 產區外僅幾公尺遠處，Delia Viader 用那帕山區的卡本內蘇維濃、卡本內－弗朗及白蘇維濃釀出了絕佳好酒。

康谷（Conn Valley）因為有遮蔽且得利於階地土質，所以非常適合栽種卡本內蘇維濃葡萄。普里查德山丘（Pritchard Hill）由 Donn Chappellet 於 1960 年開創，是 Chappellet、Colgin（LVMH 有部分擁有權）、Bryant、Ovid 和 Continuum 酒莊那些深邃、能長久陳年之卡本內蘇維濃的來源地。**阿特拉斯峰（Atlas Peak）**在南部，位於軒尼詩湖（Lake Hennessy）和 Pritchard Hill 的那頭，高於鹿躍區，地勢更高更涼爽，還有直接來自聖帕布羅灣的涼風。當義大利的 Antinori 家族在 20 世紀 90 年代到達這裡時，在這貧瘠的土壤上種植了大量的義大利葡萄品種。另一方面，卡本內蘇維濃具有特別鮮明的水果風味和極佳的自然酸度，成為目前 Atlas Peak 的特色，Antinori 家族建立的 Antica 是這裡知名的酒莊。不論在任何角落，卡本內蘇維濃都是最適合那帕谷的葡萄品種。

## 那帕谷中的溫差

由加州葡萄種植顧問 Terra Spase 所提供的兩幅圖，顯示了某一天早晨和午後的實際溫度，由此就能看出那帕谷兩端的典型溫度變化。請注意谷地南端總是比北端更涼爽，而位於霧線之上的地區在清晨時則又比谷地溫暖許多。

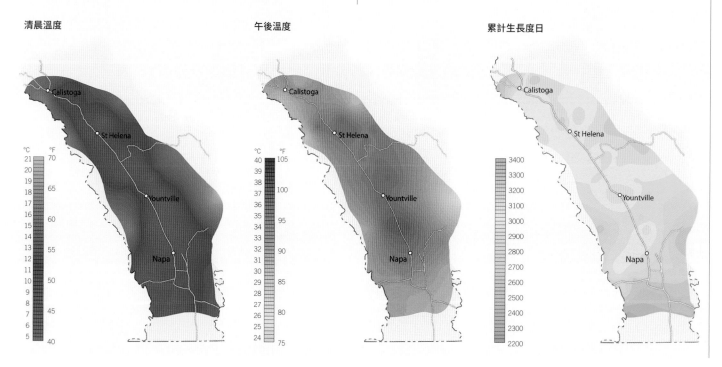

**清晨溫度**

**午後溫度**

**累計生長度日**

# 聖海倫娜
## St Helena

這裡是那帕谷知名酒莊最集中的地區，頂級的卡本內蘇維濃葡萄園擠在狹窄的聖海倫娜（St Helena）AVA 產區裡，集中在這個除了那帕鎮以外谷中唯一有點規模的小鎮。

在 20 世紀 80 年代以前，聖海倫娜的人行道上只有一些當地農民及其家人。但今日，道路上全是一群群的遊客，被此地的藝廊、品酒室、美食店、時髦的酒吧，以及產地直送食材的餐廳和到處都是的禮品店所吸引。至今仍存在、最特別的加州葡萄園之一就在聖海倫娜鎮中心——充滿歷史感的「圖書館葡萄園」（Library Vineyard），位於聖海倫娜公共圖書館旁。這片葡萄園於 1880-1920 年間，混合種著 26 個不同的葡萄品種，而現在則提供一些先前並沒人知道、還存活於加州的品種插枝（cutting）。

在許多個夏季白天中，聖海倫娜西北方的卡利斯托加（Calistoga）是那帕谷最熱的地區，但多虧了穿過騎士谷（Knights Valley）吹來的太平洋海風，該地區很快就能變涼。因此，整體而言，聖海倫娜才是那帕谷最熱的地區，一部分是因為這部分的谷地呈漏斗狀，由鄰近的瑪雅卡瑪斯山和瓦卡山形成。這樣事實上會鎖住白天來自山上的熱量，另外有助於夜晚涼風的流通。因此，聖海倫娜的晝夜溫差也是那帕谷最誇張的。夏季白天最高溫可達 37.8℃，但是夜晚溫度又會降至 4.4℃，巨大的溫差能幫助葡萄保持清爽的高酸度。這意味著此地的卡本內蘇維濃本身就能達到平衡與細膩，無需混合其他品種。

當然，土壤也會影響葡萄酒的品質。和那帕谷中的其他 AVA 次產區相比，這裡位於山腳或是階地的葡萄園比重較大。西邊的聖海倫娜階地（St Helena Bench）最初被那帕首位明星級釀酒師 André Tchelistcheff 確立，土壤由含礫石的巴勒（Bale）壤土組成。礫石和卵石確保了排水性並能留住熱量，而它們周圍的壤土能為整個夏天的植物生長保持足夠的水分，灌溉不再是必需。這裡歷史悠久的葡萄園包括 Spottswoode、Chase Cellars 酒莊的 Hayne Vineyard、Beckstoffer 旗下的 Dr Crane 以及 Sunbasket 和 Kronos——最後兩片是 Corison 酒莊的特色葡萄園。

29 號公路的東邊，靠近瓦卡山脈處，氣溫通常會更高，而葡萄更成熟，同時土壤更多樣：有些來自瓦卡山侵蝕而來的火山岩，還有一些來自那帕河的沖積土。聖海倫娜 AVA 產區充滿絕對的不一致性，各種山坡、圓丘在此蜿蜒又迂迴，但是一些經典酒莊的大本營就在這裡，例如 Charles Krug 和愛樂仕（Ehlers）。

聖海倫娜並不只是谷中最大和最繁華的葡萄酒鎮，它還是許多最大酒莊座落之處。許多酒莊將葡萄酒或葡萄從很遠的地方運到此地。現在名為 Trinchero 的 Sutter Home 酒莊購買中央山谷和謝拉山麓（Sierra Foothills）的葡萄來釀造淡粉紅色的金芬黛「白」葡萄酒，並因此酒而賺進大把銀子。V. Sattui 是最早針對遊客體驗而設計的酒莊之一。聖海倫娜另外值得誇耀的是，谷地中那些最小、最受膜拜的葡萄酒品牌，如 Grace Family、Vineyard 29 以及 Colgin Herb Lamb，都在這墾建葡萄園，而 Spottswoode 和 Corison 和其他

在聖海倫娜著名「圖書館葡萄園」裡的 Larry Turley 葡萄藤，看起來僅有釀出一杯酒的產量，但如果拔除這麼具有歷史感的葡萄藤，就太說不過去了。

些酒莊一樣，足以證明這個區域也能產出真正收斂又具備細微變化的葡萄酒。

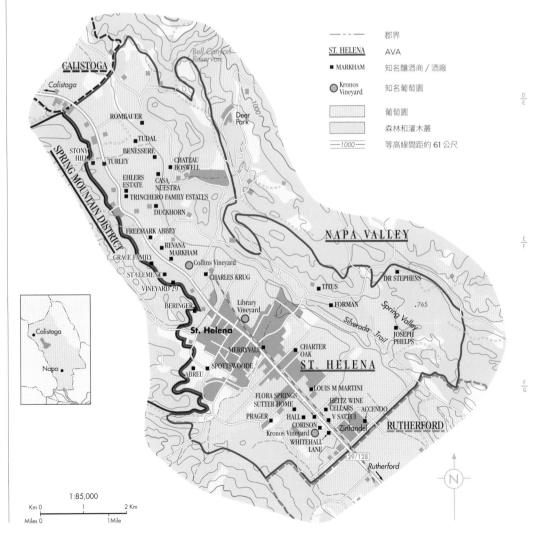

| | |
|---|---|
| – – – – | 郡界 |
| **ST. HELENA** | AVA |
| ■ MARKHAM | 知名釀酒商／酒廠 |
| ● Kronos Vineyard | 知名葡萄園 |
| | 葡萄園 |
| | 森林和灌木叢 |
| —1000— | 等高線間距約 61 公尺 |

1:85,000

Km 0    1    2 Km
Miles 0    1 Mile

# 拉瑟福德和奧克維爾 Rutherford and Oakville

　　若要對一個透過法國酒來認識葡萄酒的旅客解釋「拉瑟福德」（Rutherford），您可能要把它形容為加州的「波雅克」（Pauillac）。這是個放眼望去盡是卡本內蘇維濃的地區，總面積1,428公頃的葡萄藤中，有近2/3是卡本內蘇維濃，其餘品種大多只是用來陪襯的其他波爾多紅葡萄品種。

　　早在20世紀40年代，拉瑟福德就生產加州一些陳年潛力最長久的葡萄酒。那個年代從最初期的 Beaulieu Vineyard 酒莊和 Inglenook 莊園產的酒，都是經典，後者如今由電影導演柯波拉（Francis Ford Coppola）所有。這兩間酒莊都位於那帕谷西側所謂的「拉瑟福德帶」（Rutherford Bench）上，是由那帕河分割出的礫石沉積沙土和沖積土所形成的稍高地帶。土壤的排水性特別好，所以可以降低產量，讓葡萄更早成熟，產出的葡萄和那帕谷標準風格相比，有更濃郁的風味。許多品酒者可從本地所產的葡萄酒中嚐出礦物感，簡稱為「拉瑟福德塵土」（Rutherford dust）。

　　然而，拉瑟福德是最廣闊的 AVA 產區，所以品質也多變。在谷底中段許多較新的葡萄園，排水性相對沒那麼好，而此地出產的葡萄酒也能更快成熟。流行的延後成熟或較長的「掛果時間」，則會模糊掉拉瑟福德的特色。

　　另一個該 AVA 產區中特別成功的區域在那帕河另一端，位於那帕河與康溪（Conn Creek）之間，這裡有更多的午後陽光。礫石沉積土從山上被沖刷下來到東部地區，形成另一群排水性很好的葡萄園。海洋所帶來的一點點涼爽穿過佩塔露瑪峽口（可參考306頁）來到此地，甚至能到達更北的地區。Frog's Leap 和 Quintessa 是這裡的兩個傑出的酒莊。

## 奧克維爾 Oakville

　　奧克維爾大約處於那帕谷的中段，因涼爽的海風（通過地圖上 Yountville Hills 的小山丘吹進來）而獲益，另外還有更涼爽的夜晚。所以該地區著名，產自雅卡瑪斯山麓沖積扇、排水良好之階地土壤的卡本內蘇維濃，與北邊拉瑟福德所產的相比，更加清爽且結構更骨感。

　　Vine Hill Ranch 酒莊、Harlan 酒莊，特別是哈蘭（Harlan）家族更年輕的 Promontory 酒莊，都得益於該地區西側的高海拔。靠近谷底，以更肥沃的巴勒（Bale）土壤為主，該土壤多石的屬性有助於排水，並能中和山谷中部葡萄酒典型的肥厚感。Christian Moueix 的 Ulysses 計畫中的 Dominus of Yountville 酒莊就在此地，而同一地區、充滿歷史意義的 To Kalon 葡萄園於1868年由 Robert Mondavi 開始種植，並帶起知名度，這座具開創性的酒莊設在該葡萄園的邊緣位置。

To Kalon 葡萄園所產的卡本內蘇維濃，具有純粹的優異品質，人人都爭著與這樣的葡萄園和名聲沾上邊。該葡萄園的所有權分屬於幾家，其中包括那帕首要的葡萄園所有者 Andy Beckstoffer 和 MacDonald 家族。

　　To Kalon 的南邊有著近代首個享譽國際的那帕葡萄園。Martha's Vineyard 的卡本內蘇維濃在20世紀70年代因已故 Joe Heitz 的付出而受人矚目，他一再聲明酒中明顯的薄荷風味絕對和葡萄園邊所種的桉樹（尤加利樹）無關。

　　但是，和拉瑟福德一樣，奧克維爾的西側與東側截然不同。在東部，午後陽光給瓦卡山脈較低山坡上帶來的熱量可能對於葡萄的新鮮度是個威脅（該 AVA 產區的邊界延伸至等高線180公尺的海拔，而谷底的大部分區域在海拔60公尺以下）。這裡的土壤更厚重，和西部相比受到更多的火山岩影響。

　　嘯鷹（Screaming Eagle）是這裡最知名的酒莊，如今該酒莊的其中一位莊主是布根地的 Bonneau de Martray，酒的價格近乎天價。Dalla Valle/Maya 酒莊透過仔細的樹冠枝葉管理以及混釀中加入高於尋常比例的芳香型卡本內－弗朗，進而抵消該地區高溫的影響。與拉瑟福德相同的是，奧克維爾以卡本內蘇維濃為主，但是也可以生產華美的夏多內和白蘇維濃。這可是 Mondavi 開天闢地的 Fumé Blanc（Mondavi 賦予白蘇維濃的另一名稱）的誕生地。

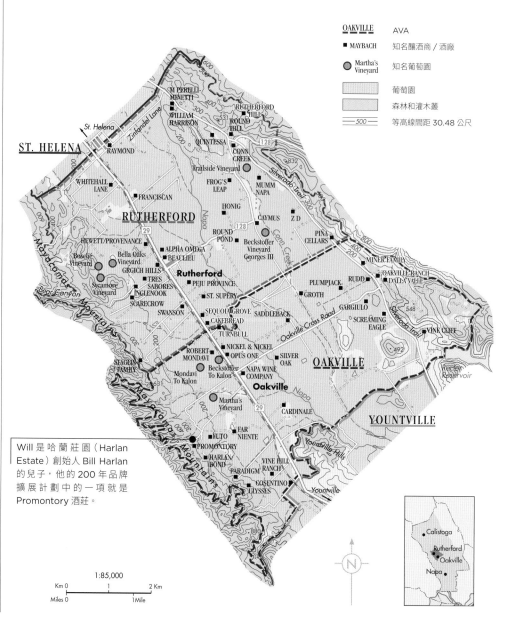

Will 是哈蘭莊園（Harlan Estate）創始人 Bill Harlan 的兒子，他的200年品牌擴展計劃中的一項就是 Promontory 酒莊。

STAGS LEAP　AVA

■ SHAFER　知名釀酒商／酒廠

◉ Fay
Vineyard　知名葡萄園

　　葡萄園

　　森林和灌木叢

—500—　等高線間距 30.48 公尺

1:60,647
Km 0　　　　1　　　　2 Km
Miles 0　　　　　1 Mile

# 鹿躍區 Stags Leap

此圖俯瞰的是 Fay 和 SLV 葡萄園，它們是鹿躍酒窖成功的關鍵因素，該酒莊由華盛頓州的 Chateau Ste Michelle 和托斯卡尼的 Antinori 家族共同擁有。

　　鹿躍區（Stags Leap District）緊靠揚特維爾東部，那塊西有森林小山，而東部沿著瓦卡山坡一路攀升的地區就是此 AVA 產區。這裡是那帕谷最小的 AVA 產區，本區的聲望可能會讓您以為這裡更壯觀也更廣闊。

　　該產區在 1976 年一夕成名，當時鹿躍酒窖（Stag's Leap Wine Cellars）的釀酒師 Warren Winiarski 所釀造的卡本內蘇維濃，在巴黎盲品會上獲得第一名，40 多年後的今天仍然為大家所津津樂道。這場評比將加州當時知名的酒與波爾多最佳酒款相較量，讓在場每個人都吃驚的是——包括當時擔任評審的本書作者——在整整 30 年後舉辦的再次評比中，加州葡萄酒又締造佳績。

　　在所有的加州卡本內蘇維濃中，鹿躍區出品的無疑是辨識度最高的：絲般的質地、特有的紫羅蘭或櫻桃香氣，單寧總是那麼柔順，較之其他那帕卡本內蘇維濃，在力道中又多了幾分細緻。這個只有 4.8 公里長、1.6 公里寬的小產區，因

為谷地東緣的許多光禿石塊、一片玄武岩的岩壁以及散發出輻射熱的午後向陽位置而得名。熱度又受到午後海洋冷風的調節，海風來自聖帕布羅灣上方，穿過金門大橋吹來，又在柏克萊後方山丘轉向，一路吹向 Chimney Rock 和 Clos du Val 酒莊所在的區域。不過位於鹿躍酒窖（Stag's Leap Wine Cellars，並不是另一家叫做 Stags' Leap Winery 的酒莊）上方的山丘，卻又能為某些葡萄園提供屏障，讓它們免受有時不太有益的冷風影響。其實，這個 AVA 產區一連串高低不齊的山坡和山脈，讓它成為那帕谷中最難統整概括的地區。這個區域溫暖到能讓葡萄藤比更北地區還早兩個星期長出葉子，因此即使葡萄的成熟過程緩慢些，但最後的採摘時間，通常會和拉瑟福德等產區一致。

　　這裡的土壤是較肥沃的火山岩，谷底土質是礫石壤土，備受保護的山坡地石頭更多、排水性極佳。Shafer 是區內另一家頂級酒莊，早在限制

十分嚴格的那帕谷兩側山坡地開發相關法規施行前，就已經在東部陡峭的梯形山坡上開拓出評價甚高的葡萄園。Shafer 的酒十分濃郁飽滿。

　　附近在稍低海拔處，Cliff Lede 和 Robert Sinskey 也是鹿躍區產區中知名的酒莊。這塊區域的梅洛比大多其他地區表現更好，但是此地對於夏多內來說通常太熱。

# 灣區以南 South of the Bay

此處地圖所顯示的許多葡萄酒區，與那帕的和索諾瑪谷的，無論在所產出的葡萄酒還是社會歷史方面，都大有不同。

對東部迎風面由乾礫石組成的**利弗莫爾谷**（Livermore Valley）來說，自從 1869 年取來 Château d'Yquem 的葡萄插枝栽種後，當地就以能種或許是加州最獨特之白蘇維濃，而成為著名的白葡萄酒產地。創意十足的 Wente 家族世世代代管理了超過 2,000 公頃的葡萄園，但是這些葡萄園屢屢受到都市發展的威脅。目前加州大多數的夏多內葡萄藤可能都源自 Wente 家族的葡萄園。

地圖上顯示為灰色的都市部分，正極速地向灣區南部，也就是矽谷拓展開來，它們的核心地帶本來是聖塔克拉拉（Santa Clara）——這樣對維持加州葡萄酒的需求會造成直接的衝擊。更高處的**聖塔克魯茲山**（Santa Cruz Mountains）AVA 產區在都市氣氛中似乎是格格不入的葡萄酒之鄉，但其歷史比那帕還久遠。獨立的酒莊少很多，葡萄園也更少了（不包括那些矽谷百萬富翁自家花園裡種植的葡萄），不過其中一些酒莊仍是加州最有名的。這個 AVA 產區是第一個因地形而劃定的產區，從霧線延伸至海拔 790 公尺的山脊。

20 世紀 50 年代，伊甸山（Mount Eden）的 Martin Ray 是近代第一個為這片林木蓊鬱的美麗山區發聲的釀酒師——也是第一個在這裡以夏多內品種來命名酒的生產者。他那古怪又昂貴的葡萄酒就像他的前釀酒助理 David Bruce 釀的一樣，若拿來和承繼他們精神的人——Bonny Doon 酒莊主人兼釀酒師 Randall Grahm 的產品相比，兩者都引發爭論和樂趣，但內容恰巧相反。遺憾的是 Grahm 在 Santa Cruz 西北部另一小鎮受涼爽海洋影響的葡萄園，在 1994 年因皮爾斯病侵襲而被摧毀。如今，Grahm 在 Hollister 西邊的 San Juan Bautista 慢慢建立起新的葡萄園區，並特立獨行地從種子開始栽種葡萄。

在聖塔克魯茲山（Santa Cruz Mountains）打前鋒的要算是瑞吉酒莊（Ridge Vineyards），此葡萄莊園地處高於霧線的山脈上，一邊可以俯瞰大洋，另一邊可以遠眺海灣（以及聖安德列斯斷層 [San Andreas Fault]）。地勢最高的 Monte Bello 葡萄園所生產的卡本內蘇維濃，是世界上最精美也最具陳年潛力的紅酒之一。這受惠於葡萄老藤、陡峭山坡上並不肥沃的土壤，以及近期退休的釀酒師 Paul Draper 那鼓舞人心卻又保守的理念。幾乎只在潤桶（seasoned）過的美國橡木桶中陳年，並經過必要的瓶陳後，喝起來類似頂級的波爾多酒。在瑞吉酒莊附近視線範圍可及的是受更多太平洋影響的 Rhys 酒莊，引領了在山上栽培，並在專門挖掘的山洞中熟化精緻黑皮諾葡萄酒風潮。

**蒙特瑞**（Monterey）郡生產大量的葡萄酒，大多數來自谷底的葡萄園，是 20 世紀 70 年代企業瘋狂發展的結果。之後大公司（其中一些已倒閉）和想要減免所得稅的個體投資者受到加州大學戴維斯分校的激勵，都十分專注或者癡迷於「生長度日」，在被認為是完美的冷涼氣候區開墾了許多葡萄園。薩琳納斯谷（Salinas Valley）的開口朝向蒙特雷灣（Monterey Bay）的海洋，形成一個讓寒冷海洋空氣可以固定在下午通往谷地的強效漏斗狀通道。這塊過去只有短暫種植沙拉綠葉和蔬菜的歷史，卻長期遭受剝削的谷地（還記得 Steinbeck 的小說《憤怒的葡萄》[The Grapes of Wrath] 嗎？），吸引了滿懷熱情但毫無節制的葡萄種植者，在此闢出了如今為 28,330 公頃的葡萄園，遠超過那帕谷的 16,200 公頃葡萄園面積。但遺憾的是，這個漏斗狀通道的效能太強了。在內陸氣候炎熱時，湧入谷地的濕冷空氣甚至強到可以折斷葡萄新枝。加上谷地雖然非常乾燥（引用薩琳納斯河（Salinas River）豐沛的地下水源灌溉），但又極其寒冷。這裡的葡萄藤比一般加州標準的早兩個星期發芽，但收成期通常至少會晚兩周，這使得薩琳納斯谷和南邊的聖瑪麗亞山谷（Santa Maria Valley，可參考第 320 頁）成為葡萄酒世界中生長季節最漫長的產區之一。

草本味過重的葡萄酒，特別是那些卡本內蘇維濃，是當初那些大公司到來所造成的，結果讓蒙特瑞的名聲受損。即使到了今天，葡萄種植方面已有了很大的進步，薩琳納斯谷出售的還是散裝酒，用來與來自更溫暖產區的葡萄酒混合調配，再標上基本的「加州」法定產區出售。

然而，位於薩琳納斯谷朝東山坡，長 24 公里的**聖露西亞高地**（Santa Lucia Highlands），因為能出產極好的夏多內和黑皮諾而嶄露頭角。那裡的梯田在谷底，葡萄藤種植在排水良好、土質相對統一的花崗岩土壤裡。每日可靠的風讓葡萄藤冠枝葉的狀態盡在掌握當中，但是由於酸度太高，以致於有些果實只能用於氣泡酒的生產。

**阿洛憂塞科**（Arroyo Seco）因為日間的平均溫度明顯偏低，所以也具有相當漫長的生長季節。西部區域比較不受風的影響。麗絲玲和格烏茲塔明那葡萄藤得以在當地多卵石的葡萄園裡產出精緻的不甜、半甜型酒，或者酸度特別清新的貴腐葡萄酒。

擁有獨自 AVA 產區地位——**查隆**（Chalone）的查隆葡萄園，位於陽光普照的 600 公尺高石灰岩山頂，地點就在從索萊達（Soledad）開始的漫長道路上——尖頂國家紀念公園（Pinnacles National Monument）除外。查隆葡萄園的成立者所種出的夏多內和黑皮諾，會讓人誤以為布根地的高登（Corton）葡萄園居然西移了。布根地，或者更確切地說是石灰岩，也為美國釀酒

*位於聖克魯茲山的 Rhys 酒莊釀酒廠裡外的景觀。全加州無數的生產者透過挖掘山洞而獲得可靠的低溫空間。*

名家 Josh Jensen 的 Calera 酒莊帶來靈感，這家酒莊建立在同樣壯闊，氣候更加乾旱且與世隔絕的哈蘭山（Mount Harlan），種植著黑皮諾品種（酒莊於 2018 年賣給了那帕谷的 Duckhorn 集團）。當地的土壤適合這樣的耕作；但降雨量極低。Calera 莊園的葡萄酒是以葡萄園來命名的。該酒莊從中部海岸南邊的酒農手中購買葡萄。而當 Chalone 在 2005 年被跨國集團 Diageo 收購後，也比以往更仰賴來自蒙特瑞郡的較低價葡萄。

下頁地圖的下方和第 320 頁中部海岸的上方之間有著數公里的大型葡萄園。最顯眼的是聖貝納貝谷（San Bernabe Valley）中占地 1,200 公頃的廣闊土地上，其中 800 公頃種有作物。這片地的所有者 Delicato Family Vineyards 成功地遊說有關當局，讓聖貝納貝（San Bernabe）成為法定的 AVA 產區。Scheid 和 Lockwood 是另外兩個龐大的葡萄園。

南部遠至聖路易斯歐比斯波（San Luis Obispo）的郡界（可參考第 303 頁）附近，在氣候炎熱的哈梅斯谷（Hames Valley）都可找到葡萄藤的蹤影。那帕谷的 Caymus 酒莊所擁有的太陽海酒莊（Mer Soleil）的夏多內葡萄園就在此，但這裡主要是葡萄種植，而非核心的釀酒之地。

Monte Bello 葡萄園始於 1886 年，座落在聖安德列斯斷層上，在太平洋上海拔很高的山脊上——高達 820 公尺——同時眺望可以到大海和矽谷。

太平洋海岸的 1 號公路也許不能直接通達各個酒莊，但是沿途的景觀是其他地區無法媲美的，能直接體會到影響加州葡萄酒的主要氣候因素。

**中部海岸北邊**

請注意觀察在這張地圖最南端和中部海岸最北端（可參考第 320 頁）有一個小缺口。San Lucas、聖安東尼奧谷和哈梅斯谷都在第 303 頁的地圖裡。

1:710,000

| | 郡界 |
| CHALONE | AVA |
| ■ CALERA | 知名釀酒商／酒廠 |
| ● Pisoni Vineyard | 知名葡萄園 |
| | 葡萄園 |
| | 森林和灌木叢 |
| —4000— | 等高線間距 304.8 公尺 |

# 謝拉山麓、洛代與三角洲
## Sierra Foothills, Lodi, and the Delta

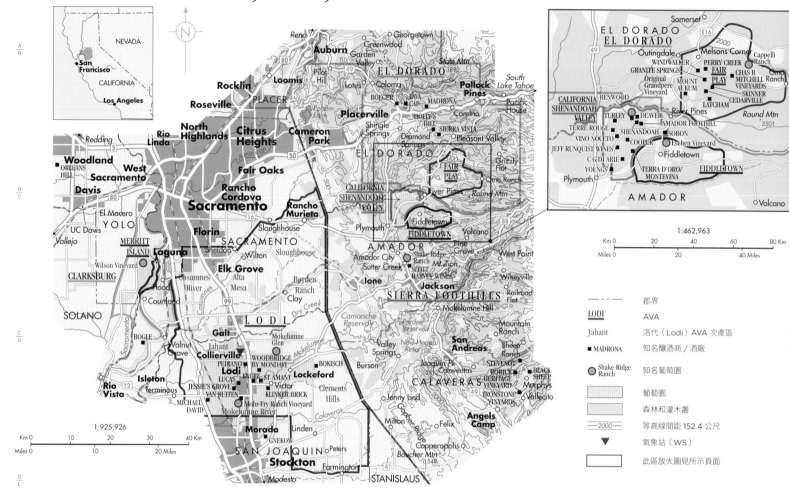

1:462,963

Km 0    20    40    60    80 Km
Miles 0         20         40 Miles

郡界
**LODI** — AVA
Jahant — 洛代（Lodi）AVA 次產區
■ MADRONA — 知名釀酒商／酒廠
● Shake Ridge Ranch — 知名葡萄園
葡萄園
森林和灌木叢
〜2000〜 等高線間距 152.4 公尺
▼ 氣象站（WS）
此區放大圖見所示頁面

1:925,926

Km 0    10    20    30    40 Km
Miles 0         10         20 Miles

中部谷地（Central Valley）是一塊廣闊、平坦、極度肥沃、重度灌溉的大片工業化農地。位於北端的是洛代（Lodi），受沙加緬度河流三角洲（Sacramento River Delta）的影響而氣候涼爽。在這片內陸水路的西北部分，**克拉克斯堡（Clarksburg）**產區能生產一些帶有蜂蜜味的優質白梢楠和阿爾巴利諾（Albariño）。

洛代（Lodi）位於高地，且具有自謝拉山脈沖刷下來的土壤，這是兩個非常有利的條件。本地有許多酒農在此耕作超過一個世紀，他們非常積極地研究葡萄品種與地區間的適配性，所以洛代在 2006 年就被認證了至少 7 個 AVA 產區。這對於困惑的消費者而言，當然是件很誇張的事。洛代的白天與那帕谷的聖海倫娜一樣炎熱，而且晚上也比聖海倫娜熱得多。老藤金芬黛是該產區的強項，但是這裡的酒農們嘗試各種可能，包括種植大量的德國、奧地利和葡萄牙品種。

微涼、呈片段分布但又具有特色的**謝拉山麓（Sierra Foothills）**AVA 產區，幾乎正好和中部谷地相反。謝拉山麓地帶，過去因淘金潮讓加州成為眾人所知曉的地區，這裡的葡萄酒產業曾一度因為礦工們需解渴而興盛，而如今也悄悄地努力復興中。這裡是加州殘存之老藤金芬黛的寶庫，由 Larry Turley 領軍推廣。其他的新晉酒

莊成功地種植了隆河的葡萄品種。來埃爾多拉多（**El Dorado**，西班牙文的「鍍金」之意）郡的開採者還樂觀地以人人都希冀的天然礦藏命名，該郡生產的葡萄酒也帶有絕佳的天然酸度；這裡擴張中的葡萄園是加州葡萄園中海拔最高的，大多在 730 公尺以上。降雨，甚至降雪很常見，產自淺薄土層的葡萄酒，比較清淡（但有些人反而以為很醇厚）。

阿馬多爾（Amador）郡的葡萄園，則是位於明顯更溫暖、海拔更低的 300~490 公尺高地上，海拔高度對調節這裡的炎熱氣候幫助甚微。這種情況在阿瑪多郡西部的雪倫多亞河谷（**Shenandoah Valley**）AVA 產區的**費德爾敦（Fiddletown）**尤其明顯。這裡栽種的葡萄藤中有 3/4 是金芬黛，有些老藤在禁酒令之前就已種下。但無論這些酒是老或年輕，不甜或飽滿，這些幾乎帶有「嚼勁」的阿馬多爾郡金芬黛喝起來會強壯到像是令此地聞名的礦工們那樣。您可能會覺得品質實在。希哈和山吉歐維榭在這裡的表現也不俗，還有偶有佳作的白蘇維濃。更南邊卡拉韋拉斯（Calaveras）郡的葡萄園，海拔高度通常介於埃爾多拉多和阿馬多爾兩郡之間，因此氣候也是兩者的中和，不過區內有些地方的土壤會比這兩郡來得肥沃些。這裡少許生產者正在用黑

### 洛代：洛代（LODI） ▼

緯度／海拔
**38.11°／12 公尺**

葡萄生長季節的平均氣溫
**20.4°C**

年平均降雨量
**483 公釐**

採收期降雨量
**9 月：8 公釐**

主要種植威脅
**灰黴病、白粉病**

主要葡萄品種
**紅：金芬黛、卡本內蘇維濃**
**白：夏多內**

特魯索（Trousseau Noir）和綠匈牙利人（Green Hungarian）等品種來復興加州的葡萄種植歷史。

# 中部海岸 Central Coast

這片廣闊又多元的產區沿著太平洋海岸總共超過 160 公里長，當中包括加州一些最當紅的 AVA 產區，來自海洋的涼爽影響總是很強烈的。下頁的地圖顯示了該產區的南端—涵蓋整個區域的地圖可參考第 303 頁。

---

**風土條件：** 聖安德列斯斷層直接貫穿中部海岸的東邊。在聖路易斯歐比斯波（San Luis Obispo），西邊的土壤比東邊的更多變且較貧瘠。聖塔芭芭拉（Santa Barbara）的基岩是海相沉積，在西邊具有多層的矽藻土，往內陸延伸則有石灰岩和白堊土。

---

**氣候：** 整個中部海岸的降雨較少。聖路易斯歐比斯波的內陸地區，例如在巴索羅布列斯（Paso Robles），氣候相對較熱。聖塔芭芭拉郡主要是受海洋性氣候影響，具有溫和的冬季（葡萄藤可能會錯過具有修復效果的冬眠機會），而夏天比加州典型的情況要涼爽很多。

---

**葡萄品種：** 聖路易斯歐比斯波郡 —— 紅：卡本內蘇維濃、梅洛；白：夏多內。聖塔芭芭拉郡 —— 白：夏多內；紅：黑皮諾。

---

下頁地圖顯示的中部海岸北端距離第 317 頁地圖顯示的南端大約相距 30 公里，葡萄園從舊金山南部一直延伸到近洛杉磯地區。葡萄園和矮橡樹、放牧的牛群、水果和蔬菜共存於這片土地上，汲取珍貴的水源。

中部海岸本質上為沙漠，大多數葡萄園較為年輕，除了那些更強壯的老藤金芬黛施行旱地耕作外，幾乎所有的葡萄藤都需依靠人工灌溉。有些地區會因乾旱至極而威脅到葡萄酒的生產，特別在那些人口稠密以及訪客密集的區域，水資源的運用往往會受到州政府的管控。

上述情況在聖路易斯歐比斯波郡那炎熱而乾燥的**巴索羅布列斯**產區尤為明顯。貫穿加州的海岸山脈決定了山群東側適合種植哪些葡萄品種。

圖中遠處的白色部分是矽藻土，鮮綠色的地區種著農作物。圖中這些位於聖塔瑞塔丘 Bentrock 葡萄園的葡萄藤歸 Stan Kronke 所有，他也是那帕的嘯鷹酒莊（Screaming Eagle）和布根地 Bonneau de Martray 酒莊的莊主。

在廣闊而邊界分明的巴索羅布列斯 AVA 產區，氣候大多是溫暖至炎熱的，因為此處峽谷和谷地甚少，而大片山脈屏蔽了海洋的冷涼影響。

由於不受涼爽海風的直接影響，101 公路東邊那連綿起伏的草地可謂十分炎熱。這裡肥厚的土壤能產出豐盈、充滿果味、易飲的葡萄酒，通常來自流行品種卡本內蘇維濃和夏多內，北部海岸的許多酒莊以及協作裝瓶商大多將這裡的葡萄酒混入北邊更貴的酒中。大型企業「星座集團」（Constellation，旗下有 Mondavi 酒莊）和富邑葡萄酒集團（Treasury，旗下有 Beringer 酒莊），以及當地的傑羅（J Lohr）酒莊都是該地區的中堅力量。富邑葡萄酒集團的 Meridian 酒莊有著極為顯眼的山頂葡萄園，該葡萄園占盡地理優勢，如今那優美的風景向東南部一路延伸。

自 2008 年金融危機以來，這裡的酒莊逐漸模仿那帕谷的行銷模式，跳過數量越來越少的經銷商，直些向消費者販售葡萄酒。因此，特別是在巴索羅布列斯產區，小型酒莊的品酒室如雨後春筍般湧現，該產區現已成為一個主要的旅遊景點。

位於公路西邊，在巴索羅布列斯產區中那樹木繁茂、丘陵起伏的區域具有更有意思的白堊土壤，且局部受到鑽進來的涼爽海風影響。中部海岸最老的黑皮諾葡萄藤在 1964 年由 Adelaida 酒莊種下，位於一片山麓區域。巴索羅布列斯歷史上的盛名源於強壯的金芬黛葡萄，許多都是旱地耕作，受到義大利移民的傳統和口味影響，風格上類似阿馬多爾山麓（Amador Foothill）區的金芬黛葡萄酒。

最近，隆河的葡萄品種在此興盛起來。教皇新堡產區 Château de Beaucastel 酒莊的 Perrin 家族選擇了該地區，成立了 Tablas Creek 苗圃和釀酒廠，種植眾多隆河葡萄的各種無性繁殖品系，並大獲成功。Tablas Creek 成為美國歷史上「隆河戰隊」（Rhône Rangers）運動的領導者，也是加州最豐富、最好的隆河品種插枝的來源地，更是稀有隆河品種的唯一栽種者。巴索羅布列斯因其非主流隆河品種混釀的各種紅、白葡萄酒而聞名遐邇（比單一品種希哈和維歐尼耶更受青睞）。

**中部海岸南邊**
請注意這只是中部海岸的一部分。其全貌請參見定位地圖。更多關於南部葡萄酒產區的地圖請參考 326 頁。

1:725,000

Km 0 ・ 10 ・ 20 Km
Miles 0 ・ 5 ・ 10 Miles

**中部海岸：
聖瑪麗亞（SANTA MARIA）** ▼

緯度／海拔
**34.55°／77 公尺**

葡萄生長季節的平均氣溫
**16.0°C**

年平均降雨量
**354 公釐**

採收期降雨量
**9 月：4 公釐**

主要種植威脅
**缺水**

在加州剛剛開始釀造葡萄酒，彌熏（Mission）葡萄品種還占據主導地位之時，聖路易斯歐比斯波就已經是西海岸最佳的葡萄酒產地。19 世紀，歐洲品種被引進，但是該地區因地處偏遠而未能成功種植那些葡萄。20 世紀 80 年代，葡萄酒產業迎來第二春，緊接著，Edna Valley Vineyard 開始種植葡萄。

穿越庫埃斯塔山口（Cuesta Pass）往南來到**埃德納山谷**（**Edna Valley**），情況又截然不同。從莫洛灣（Morro Bay）旋入的海洋空氣，使得該谷地得以和加州其他任何葡萄酒產區一樣涼爽。這裡仍出產一些相當濃稠豐潤的夏多內，同時帶有一些細緻的萊姆味使之活潑清爽。亞邦（Alban）酒莊是中部海岸最擅長種植隆河紅、白葡萄酒品種的代表之一，儘管有海洋空氣的影響，該酒莊也成功讓希哈葡萄在此地達到隆河谷地所難以想像的成熟度。但有限的水資源和房地產開發限制了新葡萄園的開發。不幸的是，該地區的兩大葡萄園主之一賣掉了 Edna Valley Vineyard 這個大品牌，該品牌現在只能冠在一些由其他地方種植之水果製成的葡萄酒上。

緊鄰東南部的是更多元但整體更涼爽的**大阿洛憂谷**（**Arroyo Grande Valley**）。因為有 Talley 和 Laetitia 這些酒莊的出色酒款，本區逐漸被公認為特別細緻的黑皮諾和夏多內產地。

## 加州最涼爽的郡

越過郡界來到聖塔芭芭拉（Santa Barbara）郡，這裡是加州最涼爽葡萄酒產區的大本營。大陸板塊的形狀顯示出該地區的海岸山脈為東西走向，而非該州大部分地區的南北走向。實際上，縱觀南北美洲的西部海岸，聖塔芭芭拉郡是唯一非縱向沿著大陸邊緣排列的山脈區域。因此，該郡最直接受到下午涼爽海風以及夜晚冷涼海霧的影響。

相對於以黑皮諾為主的索諾瑪，整個聖塔芭芭拉郡的降雨量明顯偏低（請參考上頁數據資料）。這意味當地不需要趕在秋雨來臨之前採摘，於是聖塔芭芭拉郡的葡萄，就像那些種在更北部的蒙特瑞和聖路易斯歐比斯波兩郡的葡萄一樣，都受惠於極長的生長期，可以逐月緩慢地發展風味。

界定聖塔芭芭拉郡葡萄種植區的兩片山谷與南加州的其他典型地區很不一樣，也不同於棕櫚樹密布的聖塔芭芭拉大學城。這裡的主要山脈一直延伸至本地圖的東南角，而該大學城處在山脈的背風面，所以不會像聖瑪麗亞（Santa Maria）谷和聖伊內斯（Santa Ynez）谷那樣受到冷涼的海霧影響。

由於完全暴露在太平洋的影響之下，聖塔芭芭拉郡北邊，寬廣的**聖瑪麗亞谷**具有該州最長的生長季。持續的海洋影響給每個午後都帶來冷涼的海風，以及持續到第二天清晨的霧氣。在較涼爽的年份，一些聖瑪麗亞谷的園區中的葡萄甚至不易成熟。即使在較暖的年份，該地區的葡萄酒也總是帶有類似布根地涼爽年份的高酸度。

| | |
|---|---|
| – – – – – | 郡界 |
| STA. RITA HILLS | AVA |
| ■ RUSACK | 知名釀酒商／酒廠 |
| ● Clos Pepe Vineyard | 知名葡萄園 |
| | 葡萄園 |
| | 森林和灌木叢 |
| —2500— | 等高線間距 152.4 公尺 |

第 319 頁顯示的 Bentrock 葡萄園面朝東，承受著來自太平洋的冷涼沖擊。因為太涼而只能剛好成熟高酸的夏多內。

1:374,000

Km 0 ——— 10 ——— 20 Km
Miles 0 ——— 5 ——— 10 Miles

### 聖塔芭芭拉西北部

20 世紀 70 年代初期，當 Sanford & Benedict 葡萄園釀出第一款酒時，聖塔瑞塔丘（Sta. Rita Hills）產區的潛力就已經顯露，儘管它是在 2001 年才被認定為法定產區。另外，還有誰可以抵擋在 2009 年得到認定的聖塔芭芭拉歡樂峽谷 AVA 產區的魅力呢？未來的版本中，該地圖可能要向西延展。

聖瑪麗亞谷廣達數千英畝（一英畝約 40 公畝）的葡萄種植區，大部分都掌握在酒農而非酒廠手上，因此葡萄園本身的名聲就變得很重要。以「比恩納西多葡萄園」（Bien Nacido Vineyards）來說，其葡萄收成後就同時供應給許多不同酒廠使用，而本區許多酒廠也從中部海岸各個地區收購葡萄。Cambria 葡萄園因為距離海岸更遠，明顯比 Bien Nacido 葡萄園溫暖；Rancho Sisquoc 葡萄園則是獨占優異地勢條件，而與其位於同一獨立峽谷中的 Foxen 葡萄園，則享有最嚴密的屏障；Cambria 以及附近的 Byron 都為傑克遜家族酒業（Jackson Family Wines，簡稱 JFW）所有；而 Gallo 酒莊在中部海岸持有大片產業，包括南部聖伊內斯谷的 Bridlewood 酒莊。到目前為止，中部海岸絕大部分的葡萄以葡萄漿或是葡萄酒的形式被運至北部做進一步處理。

最好的品種仍以黑皮諾和夏多內為主，希哈也不錯，這些葡萄都種植在有足夠高度（海拔 180 公尺以上）的山坡上，讓葡萄得以位於霧帶上緣。酒中濃郁的果味平衡了天然的高酸度，並且可以長久陳年。聖瑪麗亞產區最出色的酒莊，要算是奧邦酒莊（Au Bon Climat），以及共用一個樸實廠房的合作夥伴 Lindquist Family 酒廠。由於受布根地的影響極深，Au Bon Climat 酒莊的 Jim Clendenen 從 1982 年起就釀出了一系列風格不同的夏多內和黑皮諾，同時也有標著 Clendenen Family 品牌的白皮諾、灰皮諾、維歐尼耶、巴貝拉（Barbera）以及內比歐露。

緊鄰聖瑪麗亞南部的是**洛斯阿拉莫斯**（**Los Alamos**）產區，在這個好客的小鎮周圍有多達數千英畝（一英畝約 40 公畝）的葡萄園，產出活潑清爽的夏多內。在所羅門丘（Solomon Hills），氣候則更溫暖且更穩定，特別是在 101 號公路以東（比如在巴索羅布列斯）。

聖塔芭芭拉郡的南部區域是**聖伊內斯谷**（**Santa Ynez Valley**），同樣因山脈的走向而盡

受海洋的影響。但是谷地比平坦開闊的聖瑪麗亞谷多了山丘的阻擋，其葡萄園分佈在種植橡樹的山丘周圍，延伸至索夫昂（Solvang）鎮（和名字一樣，該鎮充滿丹麥氣息）。如此不同的種植條件造就了聖伊內斯谷中越來越多的 AVA 次產區。所以當地有一種說法：從海岸開始，每向東挪一英里（約 1.6 公里），氣溫至少升高 1℉。在夏季同一天，沿海的隆波克（Lompoc）可能是 21℃，而洛斯奧利弗斯（Los Olivos）鎮則為 38℃。

聖伊內斯谷最涼爽的法定產區是**聖塔瑞塔丘（Sta. Rita Hills）**AVA 產區，這一連串遠在聖伊內斯谷以西、介於 Lompoc 和比爾頓（Buellton）兩市之間的山坡，有時很陡峭，恰好位於聖伊內斯河的河灣處，為海洋產生的強烈影響畫上句點。Sta. Rita Hills（英文中拼寫成 Sta. 而非 Santa 的原因是要和智利的同名酒莊區分）的土壤，是由沙、泥沙和黏土混合而成。黑皮諾加上作為配角的夏多內是這裡的主要葡萄品種，幾乎都是布根地的品種。整個 AVA 產區的界線劃分都是以黑皮諾為考量，但 Babcock 酒莊卻證明，這裡常見的高酸度也非常適合白蘇維濃、麗絲玲以及格烏茲塔明那。

20 世紀 70 年代初，讓外界首次注意到 Sta. Rita Hills 產區的功臣是 Sanford & Benedict 葡萄園。它座落在一個朝北的屏障中，極適合黑皮諾生長。以自己的名字為葡萄園命名的 Richard Sanford，是螺旋蓋封瓶的先驅，他在附近的 Alma Rosa 莊園以有機農法種植布根地品種。Sta. Rita Hills 東部足夠溫暖，能讓格那希和希哈品種成熟，而范朵拉（Ventura）郡（詳見第 326 頁地圖）著名的辛卡儂酒莊（Sine Qua Non）用此地自家莊園的果實，釀造出口感十分強勁的隆河風格葡萄酒。

黑皮諾和夏多內也種植在聖伊內斯谷和 Sta. Rita Hills AVA 產區邊界的西邊，更靠近海洋。這裡在過去必須以**聖塔芭芭拉郡（Santa Barbara County）**為產區出售葡萄酒，並且被認為太過寒冷而無法成熟葡萄，但是該地區的潛力讓本地人愈發興奮。這個地區被稱作「隆波克高地」（Lompoc Highlands），因為它朝西俯瞰隆波克市，一些思路新奇的釀酒師在這裡一片被稱為「葡萄酒貧民窟」（Wine Ghetto）的工業區內釀酒。

101 公路的東側是**貝勒肯釀（Ballard Canyon）**AVA 產區，2013 年被官方認定並專攻不同的隆河品種。儘管夜晚可能較涼爽，但這裡整體比 Sta. Rita Hills 溫暖。位於聖伊內斯谷 AVA 產區以東最炎熱地區的是，名字相當容易記的「**聖塔芭芭拉歡樂峽谷**」（Happy Canyon of Santa Barbara）AVA 產區，這裡溫暖到足以讓波爾多品種成熟。

上述兩個產區之間座落著 2016 年最新被認定的 AVA 產區：**洛斯奧利斯區（Los Olivos District）**。這裡種植著隆河以及波爾多品種，生產精品的白蘇維濃。洛斯奧利斯是位居中央的小鎮名，在鎮中的一家咖啡廳裡，電影《尋找新方向》（Sideways）的反英雄主角邁爾斯（Miles）就是在此聲明了他那憎恨梅洛品種的著名臺詞。該郡許多酒商的品酒室都設在小鎮裡，以及位於聖塔芭芭拉市中心一片叫作 Funk Zone 的舊工業區中。聖塔芭芭拉的品酒室總是遠離其酒莊的葡萄園，因為園區對於葡萄酒旅遊發展的管控很嚴格。

Lucky Penny 是聖塔芭芭拉的都市葡萄酒之路中的一間人氣遊客休息站，沿途有許多品酒室位於城市當中，原因是這裡的鄉下園區對於葡萄酒旅遊有著嚴格的限制。

# 維吉尼亞州 Virginia

在阿帕拉契山脈（Appalachians）和切薩比克灣（Chesapeake Bay）之間，在藍嶺山脈（Blue Ridge Mountains）背風處由白色圍欄圈起的草原專供純種馬飼養，內戰前的美式老石頭房子遍佈各處，這寧靜的南方維吉尼亞州與華盛頓 DC 政治世界看似有著天壤之別的距離。然而，其實維吉尼亞州最北部地區的葡萄園距離美國國會山莊（Capitol Hill）的車程不到一小時，所以維吉尼亞州內的 300 家酒莊激烈競爭，誰都想吸引遊客前來造訪。

該州的葡萄酒產業有著一個看起來不怎麼有希望的開端，Thomas Jefferson 總統在蒙蒂塞洛（Monticello）未能成功釀出好酒。葡萄酒對於 Jefferson 來說是需要克服的議題，他曾寫道：「葡萄酒事實上是威士忌所帶來的禍根唯一解藥。」美國需要發展葡萄酒產業，但是當時沒人知道，歐洲葡萄品種需要嫁接到美國葡萄藤的根莖才能保護它們不受葡萄根瘤蚜蟲的病害。維吉尼亞州的氣候也不盡理想，直到今天，該州占總葡萄種植量 80% 的歐洲葡萄品種仍需對抗大陸性氣候所帶來的挑戰：一個相對較短的成熟期加上炎熱、潮濕，而且常有風暴的夏季；在 9 月之前很少有涼爽的夜晚。這裡的冬季相當寒冷，在來年土壤需要花費很長時間升溫，儘管現在全球暖化，但在 4 月前葡萄藤仍不易發芽。

維吉尼亞州約 1,200 公頃的葡萄園大多位於藍嶺山脈東部 50 公里處，然而較難抵達、位於山脈西邊的雪倫多亞河谷（Shenandoah Valley）也很吸引人。和整個州內的葡萄酒消耗量相比，維吉尼亞州只能產出極少量，只夠本州人飲用的酒，但是真正想釀出佳釀的生產者數量與日劇增。如 RdV 這樣的葡萄園，由梅多克的 Eric Boissenot 進行指導，葡萄園處於更高的斜坡並具有多石的土壤，能夠在夏季暴雨後有效地排水。

## 維吉尼亞州的代表性葡萄品種

Barboursville 酒莊，為義大利 Zonin 家族所擁有，在 20 世紀 70 年代種植了第一批葡萄藤。正如人們所預料的，酒莊一直堅持並成功地種植內比歐露和維蒙蒂諾（Vermentino）以及其他在維吉尼亞州常見的葡萄品種。他們的 Malvaxia Paxxito 甜酒是獨一無二的。

卡本內－弗朗很適合種植於維吉尼亞州的北部和中部葡萄園，並通常與其他波爾多品種以各種比例進行混釀。

讓人始料未及的是，20 世紀 80 年代在霍頓葡萄園（Horton Vineyards）的引領之下，維吉尼亞州的種植者們決定將維歐尼耶（Viognier）作為他們的代表性葡萄品種，部分原因是該品種厚實的果皮和鬆散的果串能比其他品種耐受潮濕的夏季。小維鐸（Petit Verdot）和小蒙仙（Petit Manseng）是維吉尼亞州近年來的特色品種，後者尤其成功。霍頓也開拓了美國本土的諾頓（Norton）葡萄品種，釀造出具有誘人果味的紅葡萄酒，絲毫沒有其他美國品種那種不討喜的「狐狸味」。諾頓葡萄的火炬由 Chrysalis 酒莊的 Jennifer McCloud 懷著特有的激情傳遞著。

維吉尼亞州有 7 個 AVA 產區，其中的 3 個，在維吉尼亞州北部和中部，全都標示在本頁的地圖中。美國總統川普（Donald Trump）與美國線上（AOL）的創始人——珍（Jean）和史蒂夫·凱斯（Steve Case）都於 2011 年在維吉尼亞州中部買了酒莊；凱斯夫婦的 Early Mountain Vineyards 酒莊頗為經典。

本地圖以外的著名酒廠，包括成立於 20 世紀 80 年代，座落於藍嶺山脈洛基洛布（Rocky Knob）AVA 產區的 Chateau Morrisette 酒莊；Chatham 酒莊位於切薩比克灣和大西洋之間的彈丸之地，是一家 17 世紀的農場；位於該州溫暖南部地區的 Rosemont 酒莊；以及 Ankida Ridge 酒莊，其葡萄園位於 550 公尺高的斜坡上，出產細膩、芬芳的黑皮諾。

---

**維吉尼亞州：**
**夏洛鎮（CHARLOTTESVILLE）** ▼

緯度 / 海拔
**38.13° / 190 公尺**

葡萄生長季節的平均氣溫
**18.9°C**

年平均降雨量
**1,085 公釐**

採收期降雨量
**9 月：114 公釐**

主要種植威脅
**夏季多雨**

主要葡萄品種
紅：卡本內－弗朗、梅洛、小維鐸、卡本內蘇維濃
白：夏多內、維歐尼耶、小蒙仙

# 紐約州 New York

儘管紐約州是美國的第四大葡萄酒生產地，但紐約客才剛剛開始發現本地葡萄酒的美好。歐洲品種仍占少數，但是這裡已出產不少精品酒，而且會越來越多。

**風土條件**：地下為冰川沉積物，但是紐約上州（譯註：美國口語中泛指紐約州內除了紐約市及長島地區以外的所有地區）和長島之間的地表土壤非常不同。

**氣候**：芬格湖／五指湖區（Finger Lakes）有極強的大陸性氣候，冬季嚴寒，湖水能起到些許調節作用；而長島更溫和並為海洋性氣候，類似波爾多。

**葡萄品種**：紅：康科德（Concord）、卡本內－弗朗；白：麗絲玲、夏多內。

由於紐約上州的氣候嚴寒，這裡種植的葡萄品種主要是用於葡萄汁和果凍的美洲種（Labrusca），如康科德，這些葡萄沿著**伊利湖（Lake Erie）**南岸種植並形成了重要「葡萄帶」。氣候變遷讓種植者們有了信心嘗試一些歐洲種葡萄，但這一帶到目前為止大多數出產的酒都是以法國與美國的雜交種葡萄為主（詳見第289頁）。全州450多家酒莊中只有約20家座落於此。

如同邊境那一頭的安大略省，紐約州也忙著將自己重新塑造成精品葡萄酒的生產者，幾乎所有新種下的葡萄都是歐洲種。紐約州的酒莊大部分都比較新，雖然規模小，但都有充滿企圖心的行動力，最明顯的是位於芬格湖（五指湖）一帶（100多家）、長島（Long Island）地區（80家以上），和哈德遜河（Hudson River）地區（超過50家）的酒莊。

**長島**長年受大西洋「空調式」的影響（偶爾會釀成災害），是紐約州氣候獨特的區域。由於溫和的海洋性氣候，該產區沒有冬季凍害的危險，還處於萌芽階段的葡萄酒產業一直都著重於歐洲種葡萄（主要包括夏多內、梅洛和卡本內蘇維濃與卡本內－弗朗）。這裡有些氣泡酒也值得關注。海洋的影響模糊了季節變化，使得溫和的氣候可以持續相當久，所以這裡的生長季比內陸其他地區來得更長。冰川時期形成的土壤排水良好，讓葡萄藤生長得以平衡，也能讓葡萄緩慢但穩定地成熟。這裡有三個 AVA 產區：最早、最農業化和產量最大的北福克（**North Fork**）；較寒冷（面積也較小的）的**漢普頓（Hamptons）**，或稱作 South Fork；以及涵蓋整個大區的長島。

## 湖水效應

相反地，早在19世紀50年代，紐約上州**芬格湖（五指湖）**區周圍就開始種植商業葡萄園，該區域由安大略湖冰川消融後的冰河深溝形成。這裡有田園般的美景，林木繁茂，低矮的丘陵和船隻雲集的湖泊，看起來的確非常像維多利亞時期的樂園，這裡曾經是殖民者設法從當地的易洛魁人（Iroquois）手中奪取的美麗地區。

安大略郡的湖泊，特別是「手指」狀的塞內卡湖（Seneca，最深的湖，深度為188公尺）、卡尤加湖（Cayuga）和庫克湖（Keuka），對於調節氣候起著至關重要的作用，湖水緩和了冬天有時致命的嚴寒且儲存了夏季的溫暖。但是對於葡萄種植來說，這裡仍然是極端性氣候多發的地區，該產區很多地方一年中不受霜害的日子少於200天。冬季漫長，溫度可低至零下20℃。就在最近的2015年，許多種植者因為冬季凍害而損失了高達50%的預期收成。這種嚴酷的冬天意味著種植者最初都會選擇種植抗寒的美國本土葡萄品種，即使在今天，歐洲葡萄品種在該地區也只占約22%。法國雜交品種如白謝瓦爾（Seyval Blanc）和維諾（Vignoles）是在20世紀40年代末被引進的，和美國本土的 Labrusca 葡萄品種一樣，被用來釀造甜的、清淡的葡萄酒，主要瞄準的客群是觀光客。但有越來越多的酒莊努力用這些雜交品種釀出主流的不甜葡萄酒，只是該地區的未來肯定還是取決於歐洲葡萄品種的表現。

早在1957年，一位來自烏克蘭、熟悉寒冷氣候的葡萄學家 Konstantin Frank 博士就已證明了麗絲玲和夏多內等相對比較早熟的歐洲種葡萄，也能在芬格湖（五指湖）區成功生長，但前提是選用適當的砧木嫁接、晚秋時分進行埋土，並且整枝時需保留多個較細的主幹，因為較粗的主幹容易遭受凍害。時至今日，Red Newt、Standing Stone、Hermann J Wiemer 及 Dr Konstantin Frank 等多家酒莊，都能產出細緻的不甜麗絲玲，宛如德國薩爾（Saar）地區那些具有陳年潛力的酒，這令芬格湖（五指湖）產區聲譽漸長。最近產區加入了富有其他地區經驗的生產商，例如 Heart & Hand 和 Ravines，也有外來投資的成功案例，比如法國 Gigondas 產區的 Louis Barruol 在此建立了 Forge Cellars 酒莊，加州的 Paul Hobbs 與德國摩塞爾（Mosel）產區 Johannes Selbach 合資經營的 Hillick & Hobbs 酒莊。

麗絲玲，其葡萄藤木質堅硬，承受低溫的能力較強，已被證明是一個比夏多內更適應此地的葡萄品種。這裡也有一些紅葡萄酒，到目前為止卡本內－弗朗還是最好的選擇。位於塞內卡湖「指尖」的日內瓦（Geneva，在紐約州）研究中心，因為在葡萄藤整枝系統及抗寒品種方面的研究而享譽國際，至於芬格湖（五指湖）區的葡萄酒產區，至今也仍是紐約葡萄酒產業的商業中

───　長島北福克（North Fork）AVA
───　長島漢普頓（Hamptons）AVA

■ LENZ　知名釀酒商／酒廠

1:616,475

Km 0　　10　　20 Km
Miles 0　　　10 Miles

Channing Daughters 是 South Fork 零星的幾家酒莊之一，也是曼哈頓上流人士最熱愛且最昂貴的玩樂場所。

**長島**

這張地圖清楚地顯示了 North Fork 產區對葡萄種植學和釀酒的重要性。North Fork 地區土地廉價（Hamptons 除外），而且地理位置有所遮蔽，免受大西洋的惡劣氣候衝擊。

### 芬格湖（五指湖）AVA 產區

卡尤加湖（Cayuga Lake）AVA 於 1988 年建立，是這個產區最老的次產區。2003 年塞內卡湖（Seneca Lake）被認定為 AVA 產區。這裡以度假和旅遊業為主，所以許多酒莊仰賴在品酒室出售高利潤、用雜交品種和美洲種葡萄釀製出的較甜型葡萄酒生存。

|  |  |
| --- | --- |
| ------ | 郡界 |
| **FINGER LAKES** | AVA |
| ■ RED NEWT | 知名釀酒商／酒廠 |
|  | 葡萄園 |

1:1,000,000

Km 0 　　　 1 　　　 50 Km
Miles 0 　　　　　 20 Miles

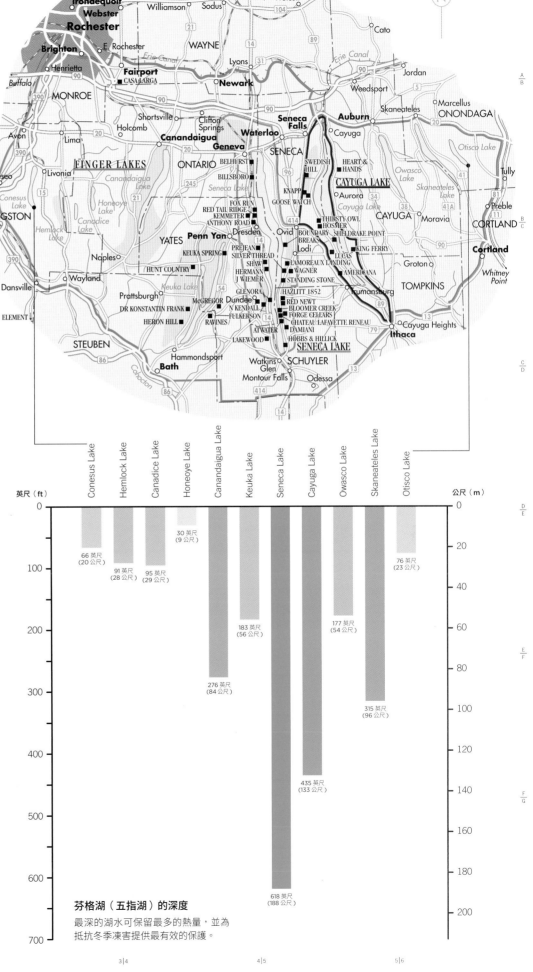

**芬格湖（五指湖）的深度**
最深的湖水可保留最多的熱量，並為抵抗冬季凍害提供最有效的保護。

心，部分原因是從 1945 年起，這裡就一直是葡萄酒巨頭星座集團（Constellation）的總部所在地。

紐約州第一個有歷史記載的商業葡萄酒年份，於 1829 年誕生在**哈德遜河地區（Hudson River Region）**一處今日稱為 Brotherhood 酒莊的地方，這裡同時也是一些小型酒莊聚集的地區。在這個只受哈德遜河調節氣候的地區，歐洲種葡萄比較難以存活，因此直到最近，多數葡萄還是法國雜交種。不過，也有像 Millbrook 這樣的酒莊，證明了歐洲種葡萄，如夏多內、卡本內－弗朗，甚至弗萊諾（Friulano）在紐約上州地區也能茁壯生長，而 Clinton Vineyards 酒莊則證實了，加入其他水果酒的多角化經營一樣能成功。

再往北是廣闊、於 2016 年認定的 AVA 產區**紐約尚普蘭谷（Champlain Valley of New York）**，主要種植明尼蘇達大學（可參考第 289 頁）培育的抗寒葡萄品種，2018 年被認定為 AVA 產區的**上哈德遜（Upper Hudson）**也種植同樣的品種。

由法國雜交種維岱爾（Vidal）釀成的冰酒是最有特色也是最受讚譽的，由座落於**尼加拉陡崖（Niagara Escarpment）**AVA 產區的 8 家酒莊生產，此產區從越過邊界的加拿大安大略省主要葡萄酒產區開始（可參考第 293 頁）。

# 西南各州
## Southwest States

從 1650 年起，也就是在彌熏（Mission）葡萄抵達加州的一百多年前，為滿足當時在亞利桑那州、新墨西哥州以及德克薩斯州（德州）西部城市艾爾帕索（El Paso）附近的西班牙傳教士的需求，西南各州就已經開始釀造葡萄酒了。

雖然德州（Texas）在美國葡萄酒釀造史上算不上具有特殊的地位，但至少該州葡萄藤的歷史舉足輕重。這裡是美國的植物重鎮，擁有全球所有產區內最多的原生葡萄藤種。在分布於世界各地的 65 至 70 種葡萄屬（Vitis）之中，超過 15 種源自德州，這在葡萄根瘤蚜蟲病害侵擾期間發揮了非常重要的作用。德州丹尼森市（Denison）的 Thomas V Munson，曾經為了成功找出具有抗病性的無性繁殖品系，培育出數百種歐洲種葡萄和原生葡萄交配的雜交種。因此可以說德州人拯救了法國乃至全世界的葡萄酒產業。

德州的葡萄酒產業曾差點因禁酒令而消失殆盡。20 世紀 70 年代初，在拉巴克市（Lubbock）附近海拔將近 1,200 公尺的高平原地區，開始實驗性地種植歐洲種和雜交種葡萄，當時的種植地在日後成為 Llano Estacado 和 Pheasant Ridge 酒莊。他們的選擇相當明智，除了廣闊無垠，一望無際，該地區的土壤深厚，含有石灰質，並且十分肥沃，日照充足，晝夜溫差大（冬夜非常冷）。不間斷的風將疾病阻隔在灣區，並在夜晚幫助葡萄園降溫，也有助於抵抗霜凍、冰雹及極端高溫。Ogallala 地下蓄水層曾經水源豐沛，一度用於滴水灌溉，但如今逐漸枯竭中，所以種植者們不得不非常謹慎地用水。這裡的生產技術和充滿鮮活果味的葡萄酒與華盛頓州的情況極其相似，而胡珊（Roussanne）、仙梭（Cinsault）和田帕尼優（Tempranillo）等地中海葡萄品種在德州也越來越受青睞。

德州 80% 的釀酒葡萄被種植在高平原區（High Plains），但其中四分之三被運往德州中部山區的 50 餘家酒莊，位於奧斯汀市（Austin）西部。一望無際的德克薩斯丘陵地帶（Texas Hill Country）AVA 是美國第二廣闊的產區，其中包括 Fredericksburg 和 Bell Mountain 這兩個 AVA 次產區。上述三個 AVA 產區的總面積達 360 萬公頃，但是真正栽培釀酒葡萄的區域僅有 324 公頃。

高濕度和皮爾斯病在州內許多葡萄園裡肆虐，但德州新酒莊的數目仍以飛快的速度增加中。目前德州約有 400 家酒莊，許多聚集在城郊，處理從遠方葡萄園運送過來的葡萄。一些有意思的生產商在 AVA 產區之外釀酒，比如 Brennan 酒莊（擅長維歐尼耶品種）和 Haak 酒莊（在德州釀造馬德拉風格的加強型葡萄酒）。

正是有了洛基山脈（Rockies），新墨西哥州（New Mexico）才得以產酒（亞利桑那州和科羅拉多州亦是如此），海拔的升高讓這裡的氣候冷得恰到好處，甚至只有法國雜種葡萄才能在該州的北部存活。格蘭河（Rio Grande）河谷的海拔從聖塔菲（Santa Fe）的 2,000 公尺，降到西南部城市 Truth 或 Consequences 的 1,300 公尺，造就了幾乎是州內唯一的葡萄種植地。要說新墨西哥州有什麼葡萄酒是享譽全美的，應該算是當地 Gruet 酒莊所生產的優質氣泡酒了（雖令人訝異，但無可非議）。

位於亞利桑那州（Arizona）東南方有兩個 AVA 產區：索諾伊塔（Sonoita）和威爾科克斯（Willcox），在約 1,520 公尺海拔之處種植葡萄，和新墨西哥州南部有許多相似之處。早年在 Sonoita 的 Callaghan 酒莊開始種植波爾多品種，但是和大多亞利桑那州的種植者一樣，他們發現西班牙品種和隆河品種以及馬瓦西亞（Malvasia）更適合此地。威爾科克斯產區也一樣，最有潛力的生產者包括 Sand-Reckoner 和 Saeculum Cellars 酒莊。在亞利桑那州中部，靠近魅力十足的傑羅姆（Jerome），位於鳳凰城（Phoenix）北部的 Verde 山谷中的葡萄酒產業迅速興起。這裡的葡萄園海拔較低，在 1,070 公尺至 1,520 公尺左右。Caduceus 和 Merkin Vineyards 是這裡目前最知名的生產者。如今，亞利桑那州已有超過 100 家酒莊。

在 19 世紀，南部的礦工將第一批葡萄藤引進科羅拉多州（Colorado），葡萄種植逐漸北移，首個有一定規模的葡萄園建在大章克遜市（Grand Junction）附近的帕利塞德（Palisades）。和其他西南各州一樣，葡萄根瘤蚜蟲病讓優質酒的生產受阻，直到 20 世紀 60 年代，鹿躍酒窖（Stag's Leap Wine Cellars）的創始人 Warren Winiarski 在該州協助建立了 Ivancie 酒莊。儘管這個酒莊只經營到 1974 年，但它激勵了科羅拉多州的生產者們，該州如今建設了約 150 家酒莊。葡萄園的海拔從科羅拉多河流沿岸的大山谷（Grand Valley）AVA 產區的 1,220 公尺左右，一直延伸至甘尼森（Gunnison）河北區沿岸的西鹿（West Elks）AVA 產區的 2,130 公尺。歐洲葡萄品種占主導地位，主要包括麗絲玲、卡本內蘇維濃和希哈，但由於嚴寒的冬季，這裡也種植一些雜交品種。

南加州（Southern California）的葡萄藤正經受著皮爾斯病的威脅，不過多數剩下的果農已經在無性繁殖品系和葡萄園設計上雙雙升級以與之對抗。在文圖拉（Ventura）郡最知名的生產者包括 Ojai 和 Sine Qua Non，但所用的原料葡萄主要來自於北邊不遠的聖塔芭芭拉郡。最主要的 AVA 產區是特曼庫拉谷（Temecula Valley），位於凸起的山丘之間，海拔高達 450 公尺，離海岸只有 32 公里，穿過 Rainbow Gap 的重要通道與海相連。每天午後，來自海洋的微風都會幫這個原屬於亞熱帶的產區降溫，使這裡的溫度不會超過那帕谷北部。涼爽的夜晚當然也有助於降溫。這裡大多數酒莊主要吸引來自洛杉磯的遊客。

在遙遠的南端，Vesper Vineyards 莊園讓聖地牙哥（San Diego）北部更古老的葡萄園復甦，同時開拓新的葡萄園區，種植一些似乎很適合這裡沙漠環境的葡萄品種，包括慕維得爾（Mourvedre）、希哈、胡珊（Roussanne）和白格那希（Grenache Blanc）。

# 墨西哥 Mexico

　　墨西哥是新世界中最古老的葡萄酒產國，早在 16 世紀 30 年代，西班牙征服者 Hernando Cortés 即下令，所有農莊裡的印第安奴隸每人每年要在莊園裡種 10 株葡萄藤。然而墨西哥的現代葡萄酒產業卻剛剛起步。1595 年，西班牙國王為了保護本國的葡萄酒產業，禁止墨西哥開發新葡萄園，下令大規模地拔除種在墨西哥的葡萄藤，這讓葡萄酒文化在墨西哥的發展停滯了 3 個世紀。

　　第一批葡萄藤種植在如今的普埃布拉（Puebla）州，後來證實那裡的濕度對長期種植葡萄來說過高，之後相繼嘗試的較高海拔區域亦是過於潮濕。在墨西哥中北部**科阿韋拉**（**Coahuila**）州的帕拉斯山谷（Parras Valley）中，卻有大量的原生種葡萄，最初是個耶穌會的 Casa Madero 酒莊（曾經名為 San Lorenzo）於 1597 年建立於此，可以說是美洲最古老的酒莊。今日該地區仍能釀出完全現代風格的波爾多、隆河式的紅酒和清新爽口的白葡萄酒。不過，這是個特例。在墨西哥廣達 33,700 公頃的葡萄園中，僅有 20% 用來釀造餐酒；其他大部分主要用於蒸餾白蘭地，和一些鮮食與葡萄乾。

　　**下加州**（**Baja California**）生產全墨西哥 80% 的葡萄酒，來自 57 家酒莊。雖然創建於 1888 年的 Santo Tomás 是下加州的第一個現代化酒莊，但要說到現代墨西哥釀酒的先驅和目前最主要的生產者，則是 LA Cetto 酒莊。LA Cetto 酒莊於 1928 年由義大利鐵恩提諾的移民建立，如今擁有 1,400 公頃的葡萄園，分布於瓜達盧佩谷（Guadalupe Valley）、San Antonio de la Minas 和 San Vicente 山谷，另外還包括美墨邊境以南「特卡特」（Tecate）中 80 公頃的旱地耕作金芬黛葡萄園。LA Cetto 的內比歐露葡萄酒大量出口，資深釀酒師 Camilo Magoni 是推廣下加州種植義大利品種的關鍵人物，如今他也有了自己的 Casa Magoni 酒莊。

　　恩塞納達谷地（Ensenada Valleys）中的**瓜達盧佩谷**（**Guadalupe Valley**）距離混亂的邊境城鎮提華納（Tijuana）僅 100 公里，這裡是新一批雄心勃勃之葡萄酒商的大本營——有著餐廳、豪華飯店和葡萄酒博物館吸引眾多遊客前來。由於水資源非常稀缺，山谷中的葡萄一般都很壯實，極少受到病蟲害的侵擾，並能釀造出很濃郁的葡萄酒。

　　下加州葡萄園夜裡的降溫通常依靠來自太平洋的霧和微風，霧和微風穿過該州西南－東北走向的 Ojos Negros、Santo Tomás 和 San Vicente 等山谷，然後由瓜達盧佩南移。谷底相對多沙的土壤將葡萄根瘤蚜蟲隔離在灣區，低產量的卡本內蘇維濃在谷中苗壯成長。

　　1987 年，從 Monte Xanic 酒莊建立並專門出產優質酒開始，新的趨勢開始萌芽。該酒莊的成功激勵了許多種植者開始釀造自家的葡萄酒。許多更新的生產者受到 Montpellier 大學科班出身的農學家 Hugo D'Acosta 的鼓勵與指導。這位專家於 2004 年在 Porvenir 建立了 La Escuelita 機構，這是一間頗有藝術感的小型培訓酒莊。他還督導墨西哥第一間靠重力釀造的酒莊——Paralelo 的設計與建設。

　　在過去以白蘭地為主要酒精性飲料的日子裡，西班牙的 Domecq 集團在墨西哥透入大量資金。如今，則有像 Château Brane-Cantenac 的 Henri Lurton 這樣的國外生產商在此投資，另外包括 González Byass 公司接手了 Domecq 集團在瓜達盧佩谷曾經擁有的酒莊。墨西哥葡萄酒產業開始採納國際上的潮流，使用更多廣泛的葡萄品種，用生物動力農法種植，更少的橡木味，另外也出產一些自然酒。下加州的主流葡萄酒曾一度讓外來人覺得嚐起來頗鹹，這可能是源自較少的降雨、鹽度較高的土壤，以及故意讓葡萄藤略受脅迫（stress）的種植方法。最近，酒農們的技術越來越純熟，直到採收前都使用少量多次的灌溉方法，而土壤的含鹽性似乎也得以改善。

　　位於德州邊境的另一端，墨西哥東北部的**奇瓦瓦**（**Chihuahua**）州也產葡萄酒，還有阿**瓜斯卡連安特**（**Aguascalientes**）州（海拔高至 2,000 公尺），充滿活力並且有時多雨的**瓜納華托**（**Guanajuato**）、克雷塔羅（**Querétaro**，該州以氣泡酒出名）、**聖路易斯波托西**（**San Luis Potosí**）和**薩卡特卡斯**（**Zacatecas**）州。

這片空地的地主希望在此進行商業發展，這也預示了此處的地價會愈發昂貴。

■ **PARALELO**　知名釀酒商／酒廠

El Porvenir　葡萄酒中心

　　葡萄園

─ 500 ─　等高線間距 30.48 公尺

## 瓜達盧佩谷（GUADALUPE VALLEY）

谷地面對海洋的狹窄開口，因祕魯／洪保德（Humboldt）洋流而涼爽，這點很重要，因為該漏斗狀地形能在每天下午讓冷空氣攀升至山上。大部分葡萄藤都種植在谷底海拔 200-500 公尺的地方，但也有一些酒農正嘗試著在更高的山坡種植葡萄。

# 南美洲
# SOUTH AMERICA

當太陽高升至阿根廷門多薩（Mendoza）產區圖蓬加托（Tupungato）附近的葡萄園時，高聳安地斯山脈中的Cerro Plata區，銀色山巔被染上玫瑰般的粉色。

# 南美洲 South America

藤用於產酒，主要為紅葡萄酒。塔那（Tannat）品種在此表現良好。

在傳教士北上至加州種植葡萄之前，南美洲就已經有一段葡萄種植與釀造的歷史。這片大陸上的移民主要來自擁有濃厚葡萄酒文化的國家，比如西班牙、葡萄牙和義大利，而南美洲的土地極其適合種植葡萄。

移民們引進了一流的葡萄品種，進行大量的生產，甚至在 19 世紀葡萄根瘤蚜蟲病席捲歐洲時，南美洲還可以出口一部分葡萄酒以彌補短缺。即便如此，在整個 20 世紀，該大陸鮮有能夠達到國際標準的酒，直到 20 世紀 80 年代，現代的釀酒技術引進南美洲，包括產量的控制、酒窖的衛生管理、良好的控溫和小橡木桶的使用。

到了現代，阿根廷的葡萄酒產量位居南美洲第一，智利也是第一個大規模出口葡萄酒的國家，在中國市場上的地位十分穩固。烏拉圭以及後起之秀巴西也有了各自的葡萄酒特色。

## 秘魯和玻利維亞

16 世紀時，西班牙的殖民者將葡萄藤引入秘魯，該國曾一度種植了 40,000 公頃的葡萄，用以滿足整個南美洲的葡萄酒需求，甚至有些酒被運回西班牙，如此盛景一直持續到當地的貿易保護主義者頒布禁令，從此切斷了橫貫大西洋的貿易。從那之後，秘魯的葡萄園將生產重心轉移到叫皮斯可（pisco）的葡萄烈酒上。1888 年，葡萄根瘤蚜蟲病的到來幾乎葬送了秘魯整個葡萄酒產業。

如今，秘魯有大約 11,000 公頃的葡萄藤，主要集中在利馬（Lima）、伊卡（Ica）和塔克納（Tacna）三大區以及莫克瓜產區（Moquegua），其中伊卡因祕魯 / 洪保德（Humboldt）洋流（可參考第 336 頁）的影響，具有適合葡萄生長的涼爽夜晚，雨水也不過多。有些人相信靠近阿雷基帕（Arequipa）更高海拔的山谷具有更大的潛力，那裡種植的葡萄至今大多還是用於生產 pisco 烈酒。最重要的兩家葡萄酒公司均為家族式酒莊，它們分別是生產可口氣泡酒的 Tacama，以及出產 Intipalka 品牌的 Santiago Queirolo。

玻利維亞早在 16 世紀起便開始種植葡萄，但大部分為亞歷山大蜜思嘉（Muscat of Alexandria）品種，用於釀造當地的皮斯可式葡萄烈酒 singani 以及直接食用。近年來，在該國一些世界上最高海拔的葡萄園中（在科塔蓋塔 [Cotagaita] 能高達 3,200 公尺），開始種植一些國際葡萄品種。當地受到夏季暴風雨的困擾，葡萄酒生產集中於該國南部安地斯山脈高處的塔里哈（Tarija），海拔在 1,600 公尺至 2,500 公尺之間，但是位於聖塔克魯茲（Santa Cruz）省海拔稍低的谷地，如薩邁帕塔（Samaipata）和格蘭德谷（Valle Grande）皆頗有潛力。塔里哈北部的 Cinti 峽谷有超乎尋常

—— 100~200 歲的葡萄老藤，它們攀爬生長在胡椒木等樹上，這樣的生長方式正如當年殖民期間所見的一樣。如今，該國僅有 3,500 公頃的葡萄

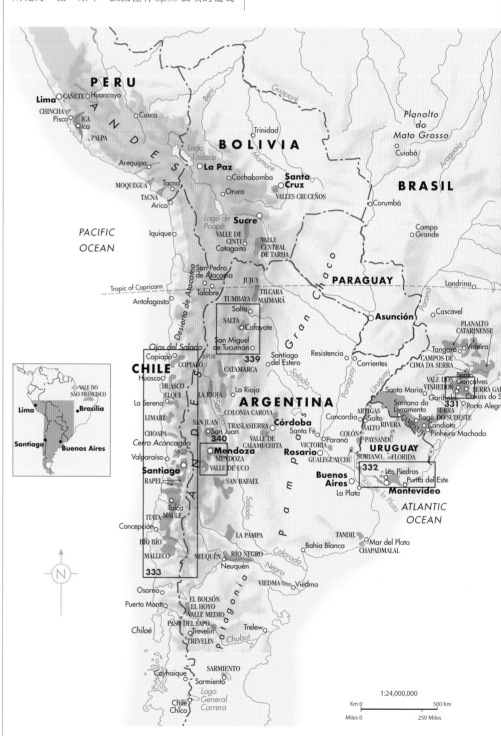

1:24,000,000

國界

MENDOZA　葡萄酒產區

釀造葡萄酒的地區

海拔 2000 公尺以上的土地

**331**　此區放大圖見所示頁面

## 南美洲的葡萄酒產區

阿根廷的葡萄酒產量高出南美洲其他各國很多，但是智利正在奮起直追，而如今烏拉圭、巴西、秘魯和玻利維亞的葡萄酒產業品質也不容小覷。

該酒莊在名稱絕妙的 Vale dos Vinhedos（葡萄園之谷）中，為巴西主要的生產商 Miolo 所有。高喬山脈總是雲霧繚繞。

# 巴西 Brazil

多年來，巴西的葡萄都種植在不適合生長的地方，那些地方雨水過多，土壤太肥沃，排水緩慢，所以耐操的美洲種葡萄伊莎貝拉（Isabel）受到當地小型酒莊的青睞，被大量種植。如今，該國的葡萄酒農、葡萄酒生產者和葡萄酒消費者都變得越來越老練。

傳統上，巴西的葡萄種植掌握在成千上萬的小酒農手中，它們大部分位於南大河州（Rio Grande do Sul）的高喬山脈（Serra Gaúcha）產區，那裡的年平均降雨量約為 1,750 公釐。伊莎貝拉（Isabel，其他地方拼寫為 Isabella）是最常見的葡萄品種，因為該品種能抵抗腐爛和黴菌，如今仍占全巴西葡萄種植的 80%。過高的產量使得酒的品質往往達不到出口的標準，而這裡的葡萄也很難完全成熟。輕盈、微甜和義大利風格的微氣泡紅酒很常見。

生產優質酒的動力來自 20 世紀 90 年代，巴西市場開放葡萄酒進口時。就算不太挑剔的消費者也一下子就覺察到大部分進口酒的品質優異，且更划算。所以許多生產者開始開闢新的葡萄園，並邀請知名的國外釀酒專家前來指導。伊莎貝拉葡萄現在越來越常用於葡萄汁的生產。

葡萄酒生產集中於南大河州的四個地區：Campos de Cima da Serra、高喬山脈、Serra do Sudeste 以及靠烏拉圭邊境的 Campanha（亦稱作 Fronteira）。前兩個產區出產約 85% 的巴西葡萄酒。

高喬山脈的次產區 Vale dos Vinhedos（意思為「葡萄園之谷」）是巴西的第一個 DO 法定產區（Denominação de Origem），生產梅洛和夏多內。這些品種通常成熟較早，於是能在 3 月底雨水來臨之前就被採收。自那以後，其他次產區（請參考地圖）也被官方認證為法定 IP 產區（Indicações de Procedência）。Pinto Bandeira

可以生產一些較為優質的傳統法氣泡酒，Cave Geisse 酒莊的氣泡酒品質是最佳實證，並推動該次產區更高海拔的地區被提名為新的 DO 產區。Farroupilha 用當地的蜜思嘉品種釀造了一些受推崇的微氣泡酒，風格類似義大利的阿斯提（Asti）氣泡酒，充滿葡萄芬芳。

## 往南部地區移動

最有潛力的新葡萄酒產區大概是坎帕尼亞（Campanha），巴西最重要的生產商，比如 Miolo Wine Group、Casa Valduga、Salton 紛紛從大本營高喬山脈延伸至此地。這裡的氣候乾燥得多，日照時間更長，土壤也是較為貧瘠的花崗岩和石灰岩，為葡萄酒生產營造了更天然的優良條件。一些不錯的紅葡萄酒出產於此，而白葡萄酒，特別

是氣泡酒可說是更為成功。目前葡萄品種和土壤的適配在這裡備受關注。一些常見的國際葡萄品種在該產區的種植量激增，而一些來自葡萄牙的品種也嶄露頭角。

緊鄰 Rio Grande do Sul 北部的是聖卡塔琳娜州（Santa Catarina）的涼爽高原 Planalto Catarinense，海拔為 900~1400 公尺。這裡的土壤以玄武岩為主，似乎非常適合種植白蘇維濃、黑皮諾、蒙鐵布奇亞諾（Montepulciano）和山吉歐維榭（Sangiovese）。聖卡塔琳娜州以北不遠處也出產一些葡萄酒，位於聖保羅市（São Paulo）旁的偏遠山區，Guaspari 酒莊的產品尤其出名。

而最令人矚目的巴西新產區無疑是位於該國東北部，赤道以南 10 度以內，乾燥炎熱的 Vale do São Francisco（可參考下頁的定位圖）。該產區需要靠河水灌溉，並全面推行熱帶葡萄種植方法，一年至少有兩季收成，生產豐富、低價，還算細膩的卡本內蘇維濃、希哈和蜜思嘉葡萄酒。

| | |
|---|---|
| ▬▬ | 高喬山脈產區 |
| ▬▬ | Altos Montes IP/PGI |
| ▬▬ | Pinto Bandeira IP/PGI |
| ▬▬ | Farroupilha IP/PGI |
| ▬▬ | Monte Belo IP/PGI |
| ▬▬ | Vale dos Vinhedos DO/PDO |
| ■ PIZZATO | 知名釀酒商 / 酒廠 |
| | 葡萄園 |
| —400— | 等高線間距 200 公尺 |

1:1,011,000

## 高喬山脈（SERRA GAUCHA）

這是巴西第一個擁有法定次產區的葡萄酒產區，為識別與鼓勵葡萄園地點、品種和葡萄酒風格的完美結合邁出了第一步。

# 烏拉圭 Uruguay

與巴西人不同，烏拉圭人是南美洲最熱衷於飲酒的，這也使得烏拉圭位居南美第四大葡萄酒生產國。

烏拉圭當代的葡萄酒業始於 1870 年巴斯克（Basque）移民的湧入，他們帶來了優質的歐洲葡萄品種比如塔那（Tannat），該品種來到烏拉圭之後被當地人稱作阿麗阿給（Harriague）。一如馬爾貝克在阿根廷的艷陽下變得柔和，烏拉圭的塔那比它在故鄉法國西南部的表現得更為飽滿、柔順，經過一兩年的陳釀後就很易飲，這與經典的塔那產區馬第宏（Madiran）大不相同。

但這並不代表烏拉圭的氣候和地形與阿根廷相似。這裡光照固然很好，但更為潮濕（很難施行有機農法栽種）。實際上，烏拉圭的平均氣溫和年降雨量（900~1,250 公釐）與大西洋另一側那相對潮濕的波爾多產區類似。烏拉圭大部分的重要產區都位於南部，那裡的夜晚非常涼爽，但不是因為高海拔的原因（烏拉圭的地勢較為平坦），而是受到南大西洋南極環流的影響。夜晚多風而涼爽，使得葡萄的成熟緩慢漸進。但秋雨提前到來的年份是個例外，這樣的年份酒的酸度會更加清爽怡人。長久以來，新鮮的香氣和風味的平衡是烏拉圭葡萄酒具備的特質。

## 涼爽的海岸

大約 90% 的烏拉圭葡萄酒產自具有海洋性氣候的南部海岸省份，比如卡內洛內斯（Canelones）、聖荷西（San José）（這兩片地區已經有法國人來投資）以及山丘連綿、風土條件多樣的蒙德維蒂歐（Montevideo）。土壤主要為壤土，底層是各類黏土和石灰岩的混合。旅遊勝地「埃斯特角城」（Punta del Este）發展了許多頗有潛力的新葡萄園，受大西洋的影響很深。而位於馬爾多納多（Maldonado）的加爾松酒莊（Bodega Garzón）具有花崗岩和石英土壤，這是東南部產區大型外資酒莊中充滿實驗精神的，種植了非常多樣化的葡萄品種。

跨過從布宜諾斯艾利斯流淌而來的拉普拉他河（Río de la Plata，意為河床），來到這個烏拉圭西南部還在發展中的科洛尼亞（Colonia）省，這裡的沖積土過於肥沃。葡萄藤生長過於繁茂，而使得葡萄的成熟度不夠。當地已經聘用國際釀酒顧問來解決這個問題。大部分烏拉圭的葡萄園採用讓樹冠開放的「豎琴式棚架」（Lyre Trellis System），讓葡萄接受更多陽光：這種整枝方法在這氣候潮濕的地區尤為關鍵，但費時費力。

烏拉圭最早種植的阿麗阿給葡萄藤最終染上了病毒。如今的葡萄藤幾乎都被法國引進的苗木所替代，為了區分這兩者，後者在烏拉圭被稱為塔那（Tannat）。但 Gabriel Pisano，作為釀酒家族裡最年輕一代的繼承人，用還存活著的阿麗阿給老藤釀出了罕見的「塔那」利口酒。

塔那仍是目前最廣泛種植的品種，2016 年在全國的 6,445 公頃葡萄園中有 1,731 公頃種植著塔那。種植量第二大的品種是梅洛，特別適用於在混釀中柔化塔那那極為澀口的單寧。卡本內蘇維濃、卡本內－弗朗、小維鐸（Petit Verdot）、金芬黛，包括如今的馬瑟蘭（Marselan）品種都很流行。其他常見的品種包括夏多內、白蘇維濃、維歐尼耶、崔比亞諾（Trebbiano）、多倫岱思（Torrontés）還有最近種植量漸增的阿爾巴利諾（Albariño）。

東北部的里維拉（Rivera）省與邊境另一側的巴西潛力產區 Campanha（亦稱作 Fronteira）相比，葡萄種植情況非常相似。Rivera 省 Cerro Chapeu 產區的土壤能夠促進葡萄藤的根系深入土層。該地區還實驗著多樣的葡萄品種。在西北部更為炎熱乾燥、受海洋性氣候影響較小的薩爾托（Salto）省，亦為阿麗阿給品種最早的商業化種植地，當地 H Stagniari 酒莊以飽滿圓潤的塔那葡萄酒而聞名。

目前烏拉圭的葡萄酒公司有各種規模，但以小型、中型居多，其中包括了新晉的企業，也包含最大型生產商之一的 Juanicó 公司，它們開始著重於品質的提升，希望能增加目前僅占全部產量 5% 的出口量。

## 烏拉圭南部

大多數烏拉圭的葡萄酒產區環抱海岸，但請注意右側定位地圖中更北部的產區在歷史上有著重要的地位。

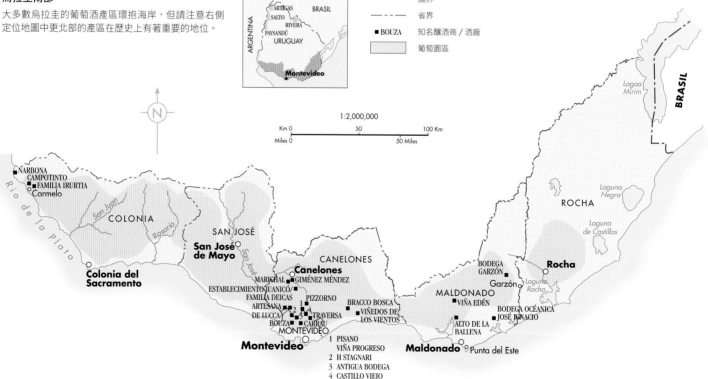

| 國界 |
| 省界 |
| ■ BOUZA　知名釀酒商 / 酒廠 |
| 葡萄園區 |

1:2,000,000
Km 0　50　100 Km
Miles 0　50 Miles

ARGENTINA　ARTIGAS　SALTO　RIVERA　PAYSANDÚ　URUGUAY　BRASIL　Montevideo

NARBONA　CAMPOTINTO　FAMILIA IRURTIA　Carmelo　COLONIA　Colonia del Sacramento　San Juan　Rosario　San José　SAN JOSÉ　San José de Mayo　CANELONES　MARICHAL　GIMÉNEZ MÉNDEZ　Canelones　ESTABLECIMIENTO JUANICÓ　FAMILIA DEICAS　PIZZORNO　ARTESANA　DE LUCCA　TRAVERSA　BOUZA　CARRAU　MONTEVIDEO　Montevideo　BRACCO BOSCA　VIÑEDOS DE LOS VIENTOS　BODEGA GARZÓN　Garzón　MALDONADO　VIÑA EDÉN　ALTO DE LA BALLENA　BODEGA OCEÁNICA　JOSÉ IGNACIO　Maldonado　Punta del Este　ROCHA　Rocha　Laguna Rocha　Laguna Negra　Laguna de Castillos　Lagoa Mirim　BRASIL

1 PISANO　VIÑA PROGRESO
2 H STAGNARI
3 ANTIGUA BODEGA
4 CASTILLO VIEJO

# 智利 Chile

　　請想像一個南半球國家的葡萄園能延伸至1,400公里長，緯度的跨度相當於從法國的波爾多到北非的廷巴克圖市（Timbuktu）。這便是智利，該國的葡萄種植條件極為豐富多樣，從阿塔卡馬沙漠（Atacama Desert）到寒冷的巴塔哥尼亞高原（Patagonia）都有葡萄園。

　　智利狹長型的地理環境讓整合該國從北到南地圖集的人員相當困擾，所以本書將智利主要產區的地圖旋轉90°，由西向東繪製。同時本地圖集沒有空間描繪北端與南端邊遠地區的詳細情況，但在不久的將來會將情況納入下一版的地圖集中，因為那些地區現在越來越適合種植葡萄。

　　智利最初的名聲源於低成本、果味一向豐富的卡本內蘇維濃和梅洛，主要種植在令人羨慕的葡萄天堂——中央谷（Central Valley），隨後全國各處皆發展出適合葡萄種植的地區。智利的葡萄酒變得愈發精緻，更注重產區特色。

　　智利官方最初始的葡萄酒地圖籠統地將這片窄長的土地橫向切開——在西部寒冷的太平洋與東部高聳的安地斯（Andes）山脈之間分出各個地緣政治山區。但是為了便於區分東西兩端地理上的巨大差異（可參考第336頁的專題），現在將該地圖垂直區分。智利的酒商可以在其酒標上標註 Costa（海岸）、Entre Cordilleras（海岸山脈和安地斯山脈之間）和 Andes（安地斯山脈）來表明這三大差異顯著的葡萄生長環境。即使在流行的沿海一帶，若和直接面朝海洋的地區與座向朝東的海岸山脈相比，其葡萄的生長環境也截然不同。

　　在智利，不僅橫向和縱向的氣候差異巨大，連土壤和下伏岩石也是如此，這點特別受閱歷豐富的智利風土專家 Pedro Parra（其照片在第25頁）關切。智利的西部可以找到古老的花崗岩、片岩和板岩，而深厚的黏土、壤土、粉砂土和沉積沙土分布在海岸山脈和安地斯山脈之間的中央平原，這裡的土壤通常因塌積或河流沖擊而形成，給葡萄種植者帶來了一片風土相當多樣的宏大矩陣。

## 葡萄種植者的天堂

　　智利是一個極為適合種植葡萄的國度。該國穩定的地中海型氣候帶來了每日的絢爛陽光，萬里無雲，以及無汙染的空氣（除了首都聖地牙哥周圍）。智利葡萄酒產區傳統上的唯一劣勢是夏季幾乎毫無降雨。為了解決缺水的問題，就連印加王國時期的農夫都開鑿出相當驚人的運河和溝渠，以便引每年由安地斯山融淌下來的雪水（如今融雪的水量已經不如以往充裕），以淹漫方式進行灌溉。這種曾一度流行的灌溉法不盡完善，因此較新的葡萄園都已經改成滴灌系統，該方法既能施肥（智利較偏沙質的土壤常常需要靠施

肥來保持沃度），同時也為每一排的葡萄藤提供切實需要的水分。有了輕質但肥沃度往往足夠的土壤，加上全方位控制的水分供應，要栽種葡萄簡直輕而易舉。其實，現在對品質要求較高的酒莊已經開始積極地尋求貧瘠的土地來生產最優質的葡萄酒。

　　智利南部一些較老的葡萄園常採用無灌溉的旱地耕種法。在一些較新的葡萄酒產區，需要透過昂貴的鑽井來取水，偶爾還受到水資源使用權的管束。在南部還是會有腐爛和黴菌的困擾，但是相對於歐洲大部分地區，甚至和安地斯山脈另一側的阿根廷來說，這裡的真菌類疾病少之又少。

　　智利作為葡萄酒出產國的另一特色來源於地理上的孤立：「與世隔絕」的智利未受到葡萄根瘤蚜蟲病的侵害。當地的種植者可以放心地讓葡萄藤發展自己的根系，於是在建立新的葡萄園時只需將葡萄苗木直接插進土中即可，不需再花時間和金錢先嫁接到抗根瘤蚜蟲病的砧木上。但如今在智利還是流行砧木的使用，合適的砧木可以促進葡萄的成熟，適應特殊地理環境，還可以抵抗當地常見的病蟲害，如線蟲，或是未雨綢繆，因為近年來大批從其他葡萄酒產區前來的遊客，可能會無意中將根瘤蚜蟲病帶進智利。

　　直至20世紀90年代末，在智利最普遍種植的葡萄品種是巴伊斯（País，在阿根廷稱作 Criolla Chica，在美國加州稱為 Mission），如今

圖例

| | |
|---|---|
| Copiapó | 國界 |
| Huasco | 區界 |
| 埃爾基 | 335　此區放大圖見所示頁面 |
| 利馬里 | |
| Choapa | |
| 阿空加瓜 | |
| 麥波 | |
| 卡薩布蘭卡 | |
| 洛阿瓦瑞卡 | |
| 聖安東尼奧 | |
| 雷伊達 | |
| 卡查波（在拉貝爾內） | |
| 科喬查瓜（在拉貝爾內） | |
| 洛斯寧格其里 | |
| 阿帕塔 | |
| 庫利科 | |
| 利坎騰 | |
| 茂雷 | |
| 伊塔塔 | |
| 比歐比歐 | |
| 馬雷科 | |
| Cautín | |
| 奧索爾諾 | |

1:5,263,000

Km 0　50　100　150　200 Km
Miles 0　50　100 Miles

這個品種還是廣泛被種植，且釀出的葡萄酒會灌裝在鋁箔製利樂包裝盒內，在智利相當受歡迎。但無論是大型酒莊還是小型精品作坊，現在越來越多的生產者著重於該葡萄的品質，特別是來自茂雷（Maule）和伊塔塔（Itata）產區的老藤能出品質極好的巴伊斯。智利也有著長久種植波爾多葡萄品種的歷史，產量豐富，他們在根瘤蚜蟲病災害還未摧毀歐洲葡萄園之前，就已經從波爾多直接進口葡萄插枝。

至少有一個世紀的光景，智利葡萄園以巴伊斯（País）、卡本內蘇維濃、「白蘇維濃」（不少其實是「綠蘇維濃」[Sauvignon Vert] 品種，亦稱作 Sauvignonasse）和「梅洛」（許多其實都是卡門內爾 [Carmenère]，一種長勢旺盛的傳統波爾多葡萄品種，葡萄帶有一些青澀味，有時更適合作為混釀的原料，而不是釀造單一品種葡萄酒）為主。

但是在 20 世紀末和 21 世紀初，種植品質更

好的無性繁殖品系以及引進新品種的趨勢，讓智利這些特別健康的葡萄園得以在很短時間內發展出風味更多樣的葡萄酒，這也是因為不少新開發的葡萄酒產區都在更為涼爽的地區。如今，儘管卡本內蘇維濃還是主導品種，但智利已經開始出產高品質的希哈、黑皮諾、馬爾貝克、白蘇維濃、灰蘇維濃、維歐尼耶、夏多內、格烏茲塔明那，甚至包括麗絲玲等品種。

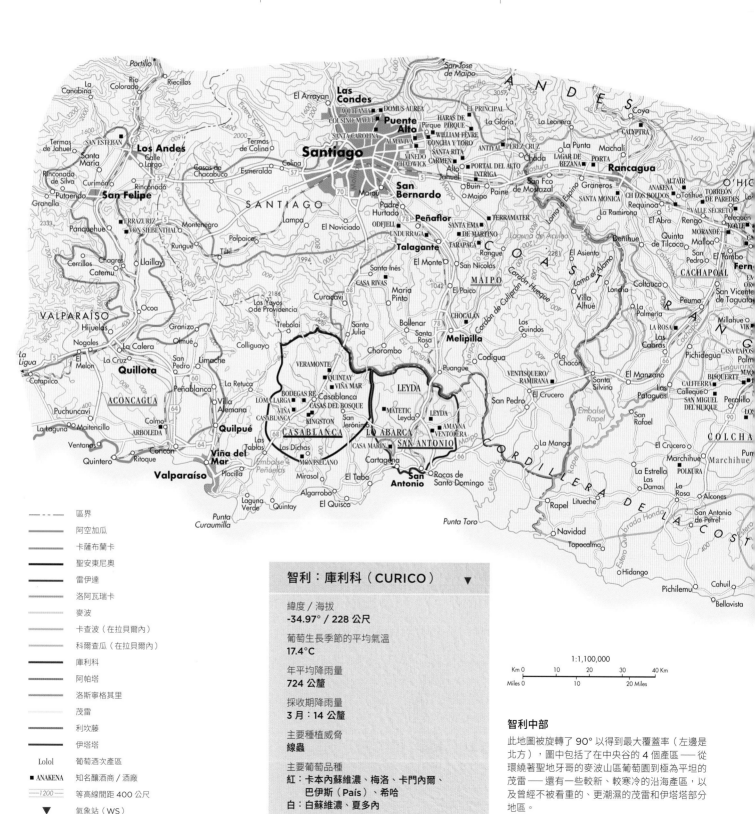

圖例

- ┄┄┄┄ 區界
- ━━━━ 阿空加瓜
- ━━━━ 卡薩布蘭卡
- ━━━━ 聖安東尼奧
- ━━━━ 雷伊達
- ━━━━ 洛阿瓦瑞卡
- ━━━━ 麥波
- ━━━━ 卡查波（在拉貝爾內）
- ━━━━ 科爾查瓜（在拉貝爾內）
- ━━━━ 庫利科
- ━━━━ 阿帕塔
- ━━━━ 洛斯寧格其里
- ━━━━ 茂雷
- ━━━━ 利坎藤
- ━━━━ 伊塔塔
- Lolol　葡萄酒次產區
- ■ ANAKENA　知名釀酒商／酒廠
- ━1200━　等高線間距 400 公尺
- ▼　氣象站（WS）

## 智利：庫利科（CURICO）　▼

**緯度／海拔**
-34.97°／228 公尺

**葡萄生長季節的平均氣溫**
17.4°C

**年平均降雨量**
724 公釐

**採收期降雨量**
3 月：14 公釐

**主要種植威脅**
線蟲

**主要葡萄品種**
紅：卡本內蘇維濃、梅洛、卡門內爾、巴伊斯（País）、希哈
白：白蘇維濃、夏多內

1:1,100,000
Km 0　10　20　30　40 Km
Miles 0　10　20 Miles

### 智利中部

此地圖被旋轉了 90° 以得到最大覆蓋率（左邊是北方），圖中包括了在中央谷的 4 個產區 —— 從環繞著聖地牙哥的麥波山區葡萄園到極為平坦的茂雷 —— 還有一些較新、較寒冷的沿海產區，以及曾經不被看重的、更潮濕的茂雷和伊塔塔部分地區。

## 遙遠的北部

差不多同時期湧現的大片新葡萄酒產區比中央谷更涼爽，這是因為它們比較接近海洋，更靠近南極，或是在海拔更高處。近年來智利葡萄酒地圖的擴展最引人注目之地可能是在智利的最北部（可參考第 333 頁），儘管在那些地區灌溉是必須的，且並非易事。葡萄藤生長在海拔 2,500 多公尺的阿塔卡馬沙漠（Atacama Desert）裡，位於阿塔卡鹽湖（Salar de Atacama）附近的部分小區域中。海拔最高的葡萄園高達 3,500 公尺，貼近玻利維亞的邊界。來自這些葡萄園的酒被稱為「阿伊魯」（Ayllu），意思為「社區」，由希哈、馬爾貝克和巴伊斯混釀。最北邊的葡萄園要更往北走 350 公里，處於南緯 20°，伊基基（Iquique）的西南邊。

這些在埃爾基（Elqui）和利馬里（Limarí）產區周邊的葡萄園太靠北端，無法將它們詳細繪製於地圖中。多年以來，**埃爾基山谷**（Elqui Valley）那陡峭的葡萄園出產鮮食葡萄和智利人喜愛的 pisco 酒（一種以蜜思嘉葡萄釀製的白蘭地烈酒）。但是義大利人擁有的翡冷翠酒莊（Viña Falernia）在該產區海拔 2,000 多公尺處出產了榮獲大獎的葡萄酒，該酒莊濃郁的希哈尤其出色。在埃爾基山更高處座落著不斷創新的德馬丁諾酒莊（De Martino），那裡的知名釀酒師 Marcelo Retamal 在海拔 2,206 公尺處種植了希哈和其他地中海品種，釀出了精品酒 Viñedos de Alcohuaz。此處充滿花崗岩的陡坡容易讓人們聯想到生產著風味極為充盈葡萄酒的法國北隆河谷。

**利馬里**（Limarí）往南是一片十分開闊的山谷。其葡萄園也離海岸很近，從太平洋吹來的海風大大降低了氣溫，因為此處與智利大多地區不同，沒有海岸山脈的阻擋。因此，如塔巴利（Tabalí）酒莊的葡萄園離海岸僅 12 公里的距離，已經生產出世界級的白蘇維濃、夏多內和日趨優質的黑皮諾。和埃爾基一樣，這裡曾經也只出產 pisco，而且多年來只有一家合作社形式的酒廠。即使該產區缺水，2005 年智利最大的葡萄酒公司 Concha y Toro 還是買下了這個酒廠，並改名為 Viña Maycas del Limarí，顯示出了對此地區葡萄酒生產的信心。

## 阿空加瓜（Aconcagua）區和太平洋

地圖上詳細描繪的最北部葡萄酒產區（圖中最左邊）是阿空加瓜（Aconcagua）大區（以海拔 7,000 公尺的安地斯山最高峰命名）。該區域由三個條件殊異的次產區構成：溫暖的阿空加瓜地（Aconcagua Valley）本身及特別涼爽的卡薩布蘭卡谷和聖安東尼奧谷。在地形寬闊開放的阿空加瓜谷，溫暖的空氣通常由兩種風調節，一邊是下午自安地斯山脈吹往海邊的山風，另一邊是傍晚自太平洋岸沿著河口吹向內陸的海風，讓安地斯山山腳下的西向山坡變得更為涼爽。在 19

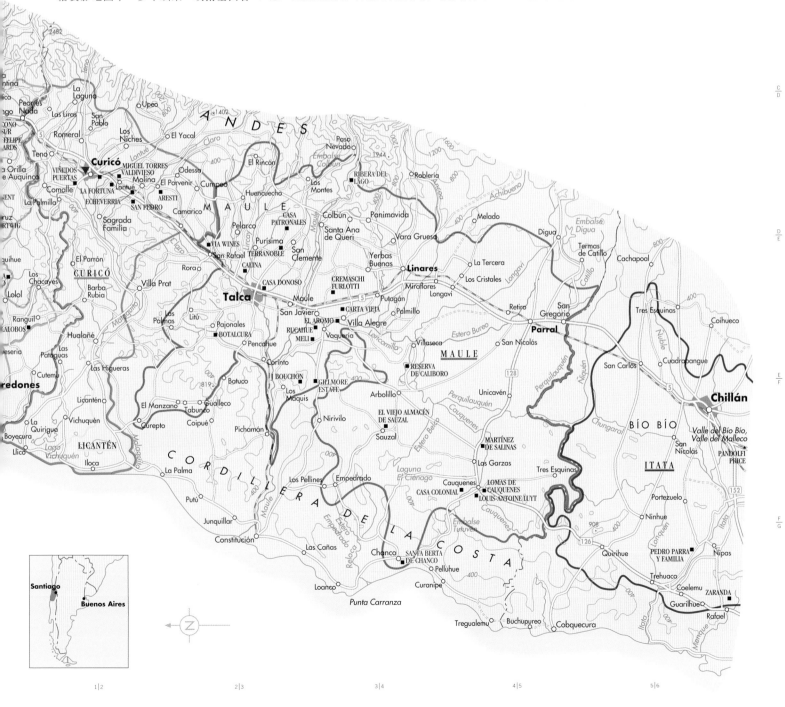

世紀末，Errázuriz 家族在潘克韋（Panquehue）區的產業曾經因為是當時全球最大的單一莊園而聞名。如今阿空加瓜谷中約有 1,000 公頃的釀酒葡萄藤，許多山坡地都已經變成葡萄園了。葡萄種植也越來越靠近沿海地區。Colmo 西邊的葡萄園離太平洋僅 16 公里，氣候與紐西蘭的馬爾堡（Marlborough）產區一樣涼爽，一些智利最精緻的黑皮諾和夏多內由 Errázuriz 的釀酒師 Francisco Baettig 釀造，葡萄來自 2005 年建立的葡萄園，離海岸僅 12 公里。

**卡薩布蘭卡谷（Casablanca Valley）** 在 20 世紀 90 年代迅速發展，是近代第一個深受海洋影響的產區，此地為智利葡萄酒增添了清新的白蘇維濃、夏多內和黑皮諾。現在這裡有十幾家酒莊，而且幾乎所有大廠都在這裡採購或種植葡萄。由於谷地離安地斯山太遠，吹不到可讓更內陸葡萄園變涼爽的傍晚山風，而山上融化的雪水也很難流到這邊灌溉。但儘管谷地的遠東側更溫暖，卡薩布蘭卡谷的大部分地區還是接近海洋，所以涼爽的海風總是能降低午後的氣溫，最多能降到 10°C，再加上該山谷溫和的冬季，使得卡薩布蘭卡的生長季比大多數中央谷的葡萄園要長一個月。這裡常年遭受令人擔憂的春季霜凍危害，在開闊的谷底地區，一些易遭霜害的葡萄園甚至在採收前一周都還能遇到霜凍。而且在這水資源短缺的地區，用噴灑水的方式抵禦霜凍是非常昂貴的。該產區葡萄藤天然的低長勢使之容易遭受線蟲的侵害，所以需要嫁接在抗線蟲的砧木上。這裡的葡萄種植成本比其他地區要高。

卡薩布蘭卡的成功也鼓舞了位於低緩海岸丘陵區之**聖安東尼奧谷**的發展，萊達酒莊（Viña Leyda）於 1997 年種下第一批葡萄藤，2002 年該谷地成為法定產區。多樣的地形讓聖安東尼奧甚至比卡薩布蘭卡的西部受到更多寒冷且潮濕的海洋影響。除了萊達酒莊之外，本地最重要的先鋒酒莊還有瑪莉（Casa Marin）、瑪泰帝（Matetic）和阿瑪納（Amayna），不過，也有非常多外地的酒莊會從此產區購買葡萄來釀酒，特別是白蘇維濃、夏多內、黑皮諾和最近流行的希哈，如今希哈已經成為智利最有實力的品種。2018 年，在瑪莉酒莊的遊說下，一個新區域**洛阿瓦瑞卡（Lo Abarca）**被認定為法定產區，那裡的氣候極其涼爽，距離太平洋僅 4 公里。與卡薩布蘭卡西部一樣，聖安東尼奧貧瘠的土壤主要由薄層的黏土覆蓋在花崗岩層上所構成，洛阿瓦瑞卡區有些石灰岩，當然灌溉的水源依然貧乏。聖安東尼奧谷南邊的**雷伊達山谷（Leyda Valley）**是另一個法定產區。

## 中央谷（The Central Valley）

我們的地圖顯示了中央谷中的 4 個次產區：庫利科（Curicó）、麥波（Maipo）、拉貝爾（Rapel）和茂雷（Maule），後 3 個次產區以流經中部平原，穿過海岸山脈直至海洋的河流命名。

**麥波**相當炎熱，如今還會受到聖地牙哥飄來之煙霾的污染。這是中部谷地裡最小的葡萄酒區，而且由於首都聖地牙哥地價的飛速增長，葡萄園的發展也受到威脅。最初，因為該產區鄰近首都，19 世紀的智利鄉紳爭相在此建立廣闊田園及大型農場，當時成立的大型葡萄酒公司如

今仍占據主導地位，如 Concha y Toro、Santa Rita 和 Santa Carolina。這是孕育智利第一代優質葡萄酒的地方。

麥波主產紅葡萄酒，如果產量控制得當，用波爾多品種釀造的葡萄酒可達到世界級水準，風格類似加州那帕谷的卡本內蘇維濃，但又不失智利獨有的泥土氣息。Puente Alto 次產區的葡萄園一直延伸至安地斯山山麓，受山區的影響頗深。這裡的早晨相對較冷、土壤貧瘠，已經釀出幾款智利最受讚賞、以卡本內蘇維濃為主的紅酒，例如 Almaviva、Domus Aurea、Casa Real（Santa Rita 酒莊的頂級酒），以及 Haras de Pirque 和 Viñedo Chadwick。葡萄遍布於中央谷較高的海拔處，事實上，西邊的海岸山脈和東邊較乾冷且日照時間長的安地斯山區都有種植葡萄藤。

緊臨麥波南邊的是酒業發展迅速、自然條件多樣的**拉貝爾**，北邊為**卡查波谷地（Cachapoal Valley）**，包括 Rancagua、Requinoa 和 Rengo 等區，這些產區名偶爾會出現在酒標上），南邊是當紅的**科爾查瓜（Colchagua）**產區，包括 San Fernando、Nancagua、Chimbarongo、Marchigüe。安地斯山麓中的**洛斯寧格其里（Los Lingues）**位於聖費爾南多（San Fernando）的北邊，於 2018 年被認證為新的 DO 法定產區。同年成為法定產區的還有阿帕塔（Apalta）區，是一片獨特的馬蹄形朝南谷地，Montes 和 Lapostolle 酒莊在這裡釀造優質的山坡葡萄酒。卡查波、科爾查瓜和阿帕塔（特別是後兩個產區名）都比拉貝爾更常出現在酒標上，拉貝爾通常代表混合了卡查波和科爾查瓜兩個次產區的葡萄酒。在科爾查瓜谷地，Luis Felipe Edwards 酒莊將葡萄種在海拔高達 1,000 公尺的地區，也藉此釀造出全智利最鮮美多汁也最濃縮的卡門內爾。在另一端，西部的新產區**帕雷多內斯（Paredones）**靠近太平洋，各方面都接近聖安東尼奧的情況，能夠出產位於內陸的科爾查瓜做不到的清爽白葡萄酒。智利的土質差異非常大，即使在小產區也不例外，不過關鍵在於這裡有一些黏土，是最適合種植梅洛的經典土壤，同時也有智利尋常可見的混合性土壤，包括砂壤土、沙土和一些火山岩。

沿著行駛著老舊卡車且可能會冒出野生動物的泛美公路（Pan-American Highway）往南開很長一段，就來到了**庫利科（Curicó）**產區的葡萄園，這個產區還包括了一個「隆圖埃」（Lontué）次產區，也常出現在酒標上。這裡的氣候稍微溫和些，灌溉也不是必要的。此處的平均雨量比埃爾基山谷要高 10 倍，不過霜害危險也高了不少，而海岸山脈因為往東邊延展得夠遠，可以完全阻隔所有來自太平洋的影響。加泰隆尼亞的傳奇人物 Miguel Torres 在 1979 年時甚受矚目地在此投資了一家酒莊（同年，法國 Rothschild 家族的菲利普男爵 [Baron Philippe] 也和美國加州的 Robert Montavi 酒莊進行了一個創新的跨大西洋交易），這項對本地產酒條件深具信心的投資在當時因地點太偏南而未受重視，但後來被很多人爭先效仿。Miguel Torres 的 Manso de Velasco 是智

### 中央谷的氣候

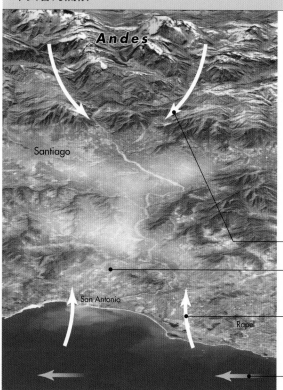

*Andes*
Santiago
San Antonio
Rapel

\* 資料來源：Planet Observer

中央谷地的葡萄園連綿了 1,400 公里，受到來自南極的祕魯／洪保德（Humboldt）洋流影響，氣溫降低，造成了此處的海水比同一個緯度的加州海域更冷。另外一個冷卻葡萄園（尤其是中央谷東部的葡萄園）的因素是晚上從安地斯山沉降的冷空氣。所以葡萄在智利比在法國更容易穩定地成熟，不過智利釀酒師在夜間工作時，要多加件毛衣來保暖。

— 來自安地斯山脈的冷空氣

— 海風造成低空的雲霧籠罩在山谷上

— 濕冷的祕魯／洪保德洋流遇到海岸山脈

— 祕魯／洪保德洋流

利最細膩的卡本內蘇維濃葡萄酒之一。

位於莫利納（Molina）的聖派特羅酒莊（San Pedro），周圍環繞著全南美洲面積最大的單一葡萄園（占地 1,200 公頃），和智利大多數酒業一樣，採用非常精確的技術進行種植和釀造，完全改觀了人們對拉丁美洲的印象。這裡最新法定產區之一是利坎藤（Licantén）DO，同樣受臨近的太平洋影響。

茂雷（Maule）是中央谷最南端的次產區，同時也是智利最古老的葡萄酒產區，降雨量是聖地牙哥的兩倍（儘管夏季同樣乾燥），也是智利擁有最多火山岩土壤的葡萄酒產區。許多葡萄園栽種的是巴伊斯（País）品種，混雜著一些馬爾貝克和卡門內爾。卡本內蘇維濃在該產區被廣泛種植，但在產區西部有著少量的老藤卡利濃，以無灌溉旱作方式種植，其價值日趨提升。直到最近，大多數的茂雷產酒都混合於大公司產的中央谷大量葡萄酒中，但 Vigno 組織（譯註：Vignadores de Carignane）的成立代表著該產區高品質酒的開端。Vigno 是個非正式的組織，成立於 2010 年，旨在讓自願加入的酒莊有機會能展現其茂雷精品老藤卡利濃特釀。當中的酒莊成員大到像 Undurraga 和 Concha y Toro 這樣的集團，小至 Gillmore 和 Meli 這樣的莊園。

此外，Miguel Torres 在茂雷產區西邊一個以板岩為主的區域「恩佩德拉多」（Empredado）種植了許多黑皮諾，這些酒的首發年份展示了很大的潛力。這個來自加泰隆尼亞的家族在智利還成為大膽用「巴伊斯」釀造創新型氣泡酒的先鋒。

## 智利南部

南部地區（Sur，即西班牙語中「南部」的意思），有**伊塔塔（Itata）**、**比歐比歐（Bío Bío）**和**馬雷科（Malleco）**三個次產區，因為海岸山脈的屏障效果較少，氣候比茂雷更冷也更潮濕。在較新的葡萄園中開始種植麗絲玲、格烏茲塔明那、白蘇維濃、夏多內和黑皮諾這些品種。較老的葡萄園仍然以種植巴伊斯和蜜思嘉品種（特別是在伊塔塔次產區）為主。伊塔塔是智利首個在海岸種植葡萄的產區，當年西班牙殖民者到來不久後就開始種植。即使到了今天，在離太平洋 16 公里的瓜里利韋（Guarilihue），還能看到藤蔓遍布的葡萄園，種植著生機勃勃的老藤蜜思嘉葡萄，這些葡萄就是新世代智利釀酒師努力尋找的。

來自馬雷科產區阿奇坦酒莊（Viña Aquitania）的「太陽之光」（Sol de Sol）夏多內葡萄酒，是該地區第一個品質被國際認可的葡萄酒，進而鼓舞了其他酒莊往智利葡萄酒地圖的更南部探尋。如今，許多酒莊前往南部開拓葡萄園，其中當然包括 Miguel Torres。比如冷涼而潮濕的**奧索爾諾（Osorno）**產區，距離聖地牙哥 980 公里之遠，如今在天然森林、湖泊和群山之中已經存在一些小型葡萄園。該地區的葡萄酒包括黑皮諾，以及由白蘇維濃和麗絲玲釀造的靜態和氣泡酒，它們不同於許多其他智利酒的風格。

蒙帝斯酒莊（Montes）在南部兩個地區實驗種植包括麗絲玲和黑皮諾在內的五個葡萄品種，一個是原始小島「梅丘奎」（Mechuque），另一個是位於大陸南部巴塔哥尼亞高原中「小智利」

莊主為法國人的卡莎拉博絲特酒莊（Casa Lapostolle）不斷在創新中——該酒莊是科爾查瓜產區中受推崇之次產區阿帕達（Apalta）的先鋒，其 Clos Apalta 釀酒廠的建築設計完全不受傳統約束。

（Chile Chico）區的當地葡萄種植實驗站。智利的葡萄酒地圖會越來越往南部延伸。

# 阿根廷
## Argentina

阿根廷比智利耗費了更長的時間才追趕上現代葡萄酒的節奏。阿根廷國內的葡萄酒市場很大，但這個廣大的市場有那些大部分來自義大利的標準老式葡萄酒——白葡萄酒寡淡無味，而紅葡萄酒因在酒鋪放太久而變成偏棕色——就滿足了，而且出售時這些酒還會採用老派的奇揚替稻草編織物包裝（稱為 fiaschi）。因為阿根廷離法國實在太遠了，當年 Moët & Chandon 很輕鬆地將其在阿根廷產的氣泡酒以「香檳」之名出售——可能覺得沒人能意識到此「香檳」非彼「香檳」。之後到了 20 世紀 90 年代初，有人發覺到阿根廷的馬爾貝克竟然可以如此美味多汁、產量豐富及成本低廉。從那以後，一切變得順其自然。從對未來的期望、酒的品質，和產區海拔高度幾個方面來看，即便該國長期受政治和經濟動盪的困擾，都無法阻擋其葡萄酒產業蒸蒸日上的步伐。

陳舊的酒莊重新煥發生機，世界各地的投資者建造了嶄新迷人的新酒莊，而新的葡萄園開發於安地斯山脈越來越高的海拔處。阿根廷人的飲酒量開始減少，但傾向於果味更足的葡萄酒（儘管他們依然消耗了 75% 的國產酒），而阿根廷那味道濃郁、酒體飽滿的紅葡萄酒，以及一些白葡萄酒已經被海外市場所熟知，阿根廷葡萄酒（尤其在北美市場）越來越受推崇。

### 高聳於安地斯山脈之上

充滿活力、綠樹成蔭的門多薩（Mendoza）是阿根廷最主要的葡萄酒產區，距離智利首都聖地牙哥搭飛機只要 50 分鐘——距離非常近，因此在擁擠的航班上常見拎著購物袋的旅客。坐在飛機上可以清楚地看見海拔 6,000 公尺的安地斯山那遍布鋸齒狀岩冰的山脊。阿根廷和智利之葡萄酒中心的距離可能很近，但兩者的自然條件卻大相徑庭。雖然兩者都身處低緯度地區，但智利產區理想的生長條件是因為地理上的隔絕（夾在寒冷的安地斯山脈和冰冷的太平洋之間），阿根廷最有名的葡萄園則通常處於乾旱的半沙漠地帶，環境如此貧瘠，但葡萄園因高海拔而成為這看似不毛之地中的綠洲。

阿根廷葡萄種植的特色是高海拔，夜間溫度夠低能使葡萄極具風味，也能讓釀造紅葡萄酒的葡萄果皮顏色深邃，在更為涼爽的地區，則出產清爽、芳香的白葡萄酒。山區的空氣較為乾燥，幾乎沒有病蟲害，水源也相對充足，因此作物的收成量比其他任何地方更讓人歡喜，但目前大多阿根廷酒莊面臨的挑戰是如何重品質、輕產量。

一些古老傳統的葡萄園鋪設灌溉渠道，用安地斯山冰雪融水來漫灌葡萄園。如今由於降雪越來越少，且許多葡萄園都選址在新的地區，因此用水方面越發受到嚴格限制，滴灌越來越普遍。諸如里奧內格羅（Río Negro）和胡胡伊（Jujuy）等葡萄酒產區附近的河流可提供足夠的灌溉水。另外，巴塔哥尼亞（Patagonia）南部和布宜諾斯艾利斯（Buenos Aires）省新建的葡萄園因降雨足夠而無需擔憂缺水的問題。一些最近在烏寇谷（Uco Valley）上端局部區域建立的葡萄園，如 Los Arboles、San Pablo 和 La Carrera，也可以進行無灌溉的旱地耕作。和其他地方一樣，水資源的供給已經成為決定葡萄酒業經濟效益甚至是生存問題的關鍵因素。

新種植的一些品種，比如易受線蟲侵害的夏多內可能使用嫁接苗來抵抗病蟲害。但是在阿根廷，葡萄根瘤蚜蟲病的危害並不大，其原因可能是大水漫灌加上偏沙質的土壤讓根瘤蚜蟲不易存活。阿根廷的葡萄藤十分健康。

葡萄園建在海拔如此之高的地方，冬季是十分寒冷的，所以真正的威脅是霜凍。而在一些緯度和海拔都較低的產區，夏季氣候過於炎熱也阻礙精品酒的生產。如第 340 頁的數據資料所示，阿根廷的年平均降雨量可能很低（即使在受到「聖嬰現象」影響的年份亦是如此），但是降雨集中在生長季。在一些地區，特別是在占全國總種植量 70% 的門多薩產區，經常遭受局部冰雹的危害，有時會毀壞整整一年的收成。於是在葡萄園經常能見到特製的防冰雹網罩，這對於抵禦當地過於強烈的陽光照射也有幫助。名為「宋達」（zonda）的乾熱西（焚）風，是令人聞之喪膽的另一威脅。

阿根廷大多土壤為沖積土，而較為年輕、高

烏寇谷的聖卡洛斯區中，一片整枝十分工整的葡萄園，這裡是阿根廷最南邊的行政區，葡萄園時常會面臨霜害。安地斯山脈上的積雪越來越薄，融雪水是當地灌溉的來源。

海拔地區的土壤中有很多大石塊。近年來很多地方都挖了土坑，以便在葡萄園裡觀光時能看到土層中的各類玄武岩、花崗岩、石灰岩和其他石灰質土壤類型。但是阿根廷最佳葡萄酒中的濃郁風味並非來自地下，而是來自上面猛烈的陽光、乾燥的空氣和這些高海拔地區的溫差。阿根廷葡萄園晝夜溫差最大可以達到 20℃，勝過世界上任何地方。通常這是由高海拔造成的，但在巴塔哥尼亞南部卻是因為高緯度。

除了巴塔哥尼亞丘布特（Chubut）省最南部或是海拔最高的一些葡萄園，否則大多地區種的葡萄都很容易成熟。阿根廷的高溫可以從紅葡萄酒中柔軟的單寧和高酒精濃度中體現，然而也有一些更講究的酒農透過樹冠管理、精準的灌溉和靈活使用防冰雹網罩來讓葡萄成熟得慢一些。另外，分不同時段採摘讓白葡萄酒的酒精濃度較為適中。加酸是過去的常規操作，但是最新的葡萄園區卻足夠涼爽，所以葡萄含有天然的高酸度。

### 深色與淺色

阿根廷葡萄酒的海外名聲很大一部分是建立在其國內種植最多的紅葡萄品種馬爾貝克（Malbec）上，該品種於 1853 年與卡本內蘇維濃、黑皮諾等其他法國品種一同被引進。如今在阿根廷種植的馬爾貝克主要經過混合選種法來挑選培育。與該品種的老家法國西南部卡奧

（Cahors）產區主要選育的品系相比，阿根廷的馬爾貝克不僅嘗起來不同，看上去也很不一樣，在阿根廷種植的品系果串更小，果束更緊，果實更小。為保持其清爽度和濃縮度，馬爾貝克最好要比卡本內蘇維濃種植在更高海拔的地區。

深色的伯納達（Bonarda）葡萄在加州被稱為 Charbono，和 Italian Bonarda 雖同名但卻不同品種，被認為是阿根廷是潛力最未被開發的葡萄品種。其他紅葡萄品種依照種植面積降冪排列，分別是卡本內蘇維濃、希哈、田帕尼優、梅洛、山吉歐維榭、黑皮諾（最優質的產於巴塔哥尼亞和門多薩的最高海拔葡萄園區）、塔那、卡本內－弗朗、小維鐸、安塞羅塔（Ancellota）、巴貝拉（Barbera），以及 Criolla Chica（在智利名為 País，在美國稱為 Mission）。另外還有少量的 Cordisco（義大利的 Montepulciano）、阿里安尼科（Aglianico）、內比歐露（Nebbiolo）、格那希、科維納（Corvina）、國產多瑞加（Touriga Nacional）、慕維得爾，甚至還有特魯索（Trousseau）品種。越來越多的生產者在打頭陣的上景（Alta Vista）和菲麗（Achával Ferrer）以及後來繼續延續的卡帝那·沙巴達（Catena Zapata）、翠帝（Trapiche）和祖卡帝（Zuccardi）等酒莊的推動下，證明了馬爾貝克品種（通常是出自最高海拔葡萄園的）變化多樣、風味鮮明並且能讓風土條件盡現。有人甚至拿該品種與黑皮諾平行比較。

長久以來，Criolla Grande、Criolla Chica、Cereza 和 Pedro Giménez（即 Pedro Ximénez）品種被大量種植並釀成最基本的葡萄酒，但因品質平凡而頗受鄙視。但也有人正試圖復興佩德羅·希梅內斯白葡萄（Pedro Giménez）的品質，就如同智利在探尋 País（即 Criolla Chica）品種的新風潮。

阿根廷最具特色的白葡萄品種是多倫岱思（Torrontés）。實際上有 3 個不同的葡萄品種的名稱中含有 Torrontés 一詞。其中 Torrontés Riojano 品種是最優質的，由 Criolla Chica 和亞歷山大蜜思嘉（Muscat of Alexandria）雜交而成，人們認為該品種起源於 La Rioja 省。此品種在薩爾塔省海拔最高的葡萄園區，尤其在卡法亞特（Cafayate）產區能表現出最芬芳的香氣。另外一些廣泛種植的釀白葡萄酒用品種包括夏多內（獲得了相當的成功）、白梢楠、蜜思嘉、灰皮諾，還有種植面積不斷增加的白蘇維濃——這正反映了新葡萄園地處多麼高海拔和涼爽的區域。令人感到意外的是維歐尼耶也開始嶄露頭角，而在門多薩產區相對常見和具象徵性的白葡萄品種「榭密雍」（在當地讀作 Semijon）在正處於復興之中。

## 阿根廷北部和中部

阿根廷最北端，也是全世界海拔最高的葡萄藤由 Claudio Zucchino 種植，位於靠玻利維亞邊境胡胡伊（Jujuy）省 Chucalezna 區那狹窄的 Quebrada de Humahuaca 山谷中，海拔為 3,329 公尺。該地區大部分葡萄園地處海拔 2,400 至 2,700

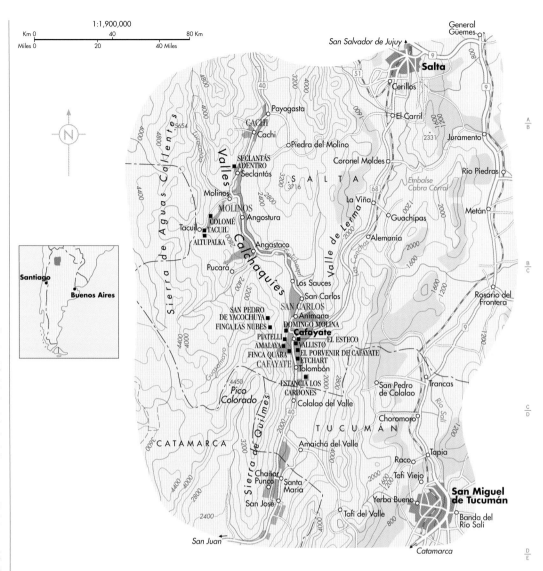

1:1,900,000

**卡爾查基山谷（CALCHAQUI VALLEY）**

這片位於薩爾塔省的谷地是種植和釀造阿根廷特色釀白酒用葡萄多倫岱思品種的世界中心，當然該地區也產優質的紅葡萄酒。度假勝地卡法亞特吸引遊客的特點之一便是當地的葡萄酒。

| | |
|---|---|
| —— | 省界 |
| MOLINOS | 葡萄酒次產區（獨立） |
| ■ ETCHART | 知名釀酒商／酒廠 |
| | 葡萄園 |
| | 森林 |
| —2000— | 等高線間距 400 公尺 |

公尺，相對較低的處於海拔 1,600 至 2,100 公尺。葡萄園環繞在薩爾塔（Salta）省的度假勝地卡法亞特（Cafayate）周圍，這裡不但以多倫岱思聞名，還有酒體飽滿、帶胡椒味的卡本內蘇維濃，以及越來越多的塔那。San Pedro de Yacochuya 酒莊證明了此地區的品質來自於葡萄園的精心管理、老藤和低產量。距離薩爾塔邊界一步之遙的圖庫曼（Tucumán）也出產精品葡萄酒。在南部的卡塔瑪卡（Catamarca）省，聖瑪麗亞地區的 Chañar Punco 也生產一些備受尊崇的葡萄酒，但酒標上的產區會有些誤導地標為 Valles Calchaquíes。**La Rioja** 省自然以 Torrontés Rjojano 多倫岱思而著稱，葡萄藤常整枝於傳統高棚架上（pergolas），很多酒都由 Chilecito 地區當地的合作社 La Riojana 生產。乾燥、多風、海拔更高的 Famatina Valley 是該省最知名的葡萄酒產區，

馬爾貝克、希哈和伯納達是這裡最重要的紅葡萄品種。

產量上唯一可以和門多薩相較的省份就是**聖胡安**（San Juan），該產區位於門多薩的北部，整體而言海拔較低，因此更為炎熱乾燥（年均降雨量不到 100 公釐）。阿根廷 1/4 的酒產自這裡，大部分為亞歷山大蜜思嘉葡萄（Moscatel de Alejandría）釀的，這是阿根廷最主要的蜜思嘉品種。希哈在當地也有種植，但這裡的氣候太過炎熱，不太能反映品種本身的風味。其他一些有潛力的品種包括維歐尼耶、夏多內、小維鐸和塔那。和在門多薩一樣，一些著重品質的酒莊會選擇在更高海拔的 Zonda、Calingasta 和 Pedernal 等谷地種植葡萄，品種包括 Criolla、伯納達、馬爾貝克、希哈、塔那、灰皮諾和維歐尼耶。

**門多薩**（Mendoza）是目前阿根廷最大的葡

N

San Juan

Villa Tulumaya

Costa de Araujo

Ingeniero
Gustavo André

Santiago
Buenos Aires

El Borbollón
La Pega

**Las Heras**
El Challao-
Las Heras
**Mendoza**
LOS TONELES
Villa Nueva

MASCOTA VINEYARDS
CARO
ESCORIHUELA GASCÓN
Godoy Cruz
LÓPEZ

VINOS DE LA LUZ
ARGENTINA
SANTA JULIA/
ALMA 4

**CENTRO**
LUJÁN DE CUYO
VIÑA 1924
DE ÁNGELES
NIETO SENETINER
LA GIOSTRA DEL VINO
VISTALBA (CARLOS PULENTA)
ROSELL BOHER
ALTA
VISTA
VER SACRUM
FABRE MONTMAYOU
Vistalba
TRIVENTO
Las Compuertas
Luján de Cuyo
DURIGUTTI WINEMAKERS
MATERVINI
CASARENA
FOSTER LORCA
CARINAE
ARGENTO
CAELUM
VIÑA COBOS
Perdriel
RUCA MALÉN
Perdriel
FINCA DECERO
BRESSIA
OJO DE AGUA
TRAPEZIO
Agrelo
TAPIZ
CHANDON
CATENA ZAPATA
PIATELLI
PULENTA ESTATE

RICARDO SANTOS
TEMPUS ALBA
Lunlunta
Maipú
MAIPÚ
Cruz de
Piedra
Rodeo
del Medio
ALEANNA-EL
ENEMIGO
Barrancas
Barrancas
FINCA FLICHMAN
ALTOS LAS
HORMIGAS
Medrano

Palmira
San Martín
Barriales

Junín
RIVADAVIA
**Rivadavia**

ESTANCIA
USPALLATA
Santiago
Cacheuta

San José
Villa Bastías
ATAMISQUE
San José

PASSIONATE WINE
El Peral
TUPUNGATO
Tupungato
MASI
TUPUNGATO
La Arboleda
DOÑA PAULA
PER SE
ZORZAL Gualtallary
AMBROSÍA
BEMBERG
ESTATE
VINOS DE
POTRERO
ANDELUNA CELLARS
RUTINI
El Zampal
ANTONIO MÁS
San Pablo
El Zampal
FINCA
SOPHENIA
SALENTEIN
Cordón del Plata
Zapata
Los Árboles
Los Árboles
VALLE
TUNUYÁN
Villa Seca
Villa Seca
Tunuyán
Los Sauces
PIEDRA NEGRA
SUPERUCO
CORAZÓN DEL SOL
CASA BIANCHI
Tupuyán
Colonia Las Rosas
CASA DE UCO
ROLLAND
WINES
DE
CLOS DE LOS SIETE
CUVELIER LOS ANDES
Vista Flores
DIAMANDES
Los Chacayes
LUCA
FLECHAS DE LOS ANDES
MARIFLOR
ERNESTO CATENA VINEYARDS
MONTEVIEJO
ANTUCURA
Campo de
Vista Flores
los Andes
Campo los Andes
UCO
ALTOCEDRO
SAN CARLOS
CHAMAN
Paraje Altamira
Eugenio
La Consulta
Bustos
San Carlos
TEHO
FINCA
La Consulta
SUÁREZ
LUNA AUSTRAL
FINCA LA CELIA
San Carlos
ZUCCARDI
Los Indios
PINTOM/
Y LA NAVE VA
El Cepillo/

Embalse
El Carrizal

Anchoris

Ugarteche
Ugarteche
ALPAMANTA

San José

Malargüe

Chilecito

Pareditas

San Rafael

Mendoza

San Luis

**主要釀酒商／酒廠**
1　BENEGAS/KAIKEN
2　CHEVAL DES ANDES
　　MATÍAS RICCITELLI
3　ACHÁVAL FERRER
4　LAGARDE
5　VIÑA ALICIA
6　MENDEL
7　LUIGI BOSCA
8　MOSQUITA MUERTA
　　NAVARRO CORREAS
9　NORTON
10　MARCHIORI & BARRAUD
　　SÉPTIMA
11　TERRAZAS DE LOS ANDES
12　MELIPAL
13　DOMINIO DEL PLATA

―・―・―　國界
―――――　省界
**CENTRO**　Oasis
ZONDA　葡萄酒產區（獨立）
Ullum　葡萄酒次產區（地區）

―――――　區界
**CENTRO**　Oasis
TUPUNGATO　葡萄酒次產區（獨立）
Agrelo　葡萄酒次產區（地區和分區）
■ TAPIZ　知名釀酒商／酒廠
　　　　　葡萄園
═1200═　等高線間距 400 公尺
▼　氣象站（WS）

## 門多薩中部和烏寇谷（UCO VALLEY）

標示於此地圖南半部，現在多數在烏寇谷海拔高
的地區，上千英畝（一英畝約等於 40 公畝）茁
壯成長的葡萄藤都是近幾年才種植的；該谷地
30,000 公頃葡萄園中的 22,000 公頃（約全國
葡萄園總面積的 15%）於 1990 年開始種植。

1:395,055

Km 0　　　　10　　　　20 Km
Miles 0　　　　　　10 Miles

## 門多薩的葡萄酒產區

LA RIOJA
Famatina
Chilecito
SAN JUAN
Tulum
CALINGASTA
Ullum
ZONDA
Pedernal
Uspallata
SAN
MARTÍN
La Carrera
CENTRO
SANTA ROSA
CHILE
VALLE
DE
UCO
ESTE
MENDOZA
Colorado

* 氣候數據來集自 1971 年至 2000 年

## 阿根廷：門多薩（MENDOZA）▼

緯度／海拔
**-32.83° / 705 公尺**

葡萄生長季節的平均氣溫
**22°C**

年平均降雨量
**207 公釐**

採收期降雨量
**3 月：26 公釐**

主要種植威脅
**夏季冰雹、「宋達」（zonda）乾熱西（焚）風、
線蟲、霜凍**

主要葡萄品種
**紅：馬爾貝克、伯納達（Bonarda）、
卡本內蘇維濃、希哈**
**白：Cereza、Criolla Grande、Pedro Giménez、
Torrontés Riojano**

萄酒出產省份，擁有許多不同的產區。門多薩中部釀製優質葡萄酒的歷史最久，阿根廷大部分知名酒莊都集中在此。在盧漢德庫約（Luján de Cuyo）區，城市西南道路兩旁都是葡萄園，以出產優質馬爾貝克而聞名。該地區中因馬爾貝克聞名的葡萄園次產區包括 Vistalba、Perdriel, Agrelo 和 Las Compuertas，這些次產區土壤都很貧瘠。20 世紀 70 年代到 80 年代，都市開發時，這裡的葡萄藤都逃過了一劫，因此樹齡都較大，進而保證了酒的品質。而在氣候較溫暖的麥普（Maipú）區，卡本內蘇維濃和希哈的表現可能勝過馬爾貝克。

門多薩中部的氣候比較適中（其中的 Vistalba 和 Las Compuertas Agrelo 地區近乎涼爽），土壤為阿根廷不多見的礫石土（尤其在 Maipú），而門多薩其他地區由更多的沖積土、碎石土和沙質土組成。門多薩的東部和北部地區，葡萄園的海拔較低，安地斯山脈降溫的效應最弱，所以主要出產大量的餐酒。

門多薩市東南大約 235 公里處是聖拉斐爾（San Rafael），這裡的葡萄園位於 Diamante 和 Atuel 河之間，海拔更低（大約 450~800 公尺之間）。該產區種植著阿根廷面積最廣的白梢楠和綠蘇維濃（Sauvignonasse，在當地名為 Tocai Friulano）品種，以及不少的馬爾貝克、卡本內蘇維濃、伯納達、白蘇維濃和夏多內。若沒有太多冰雹影響，聖拉斐爾應該能出產更多的好酒。

門多薩最令葡萄酒愛好者感到興奮的精品酒產地就是烏寇谷（Uco Valley），但烏寇一名不是河流，而是哥倫布發現美洲大陸前一位酋長在當地開鑿的一條灌溉河渠。目前這裡有 27,750 公頃的葡萄園，是 2000 年種植面積的兩倍以上，海拔在 900 至 2,000 公尺。門多薩大部分海拔最高的葡萄園建立於此，土壤貧瘠、多石，並且以石灰岩為主，其中有 3 個次產區：北部的圖蓬加托（Tupungato），中部的圖努揚（Tunuyán），以及南部的聖卡洛斯（San Carlos）。這裡夜晚足夠涼爽，使得葡萄擁有細膩的果味，酸度也夠高，釀酒師有時甚至要透過蘋果酸——乳酸發酵來柔化酸度。阿根廷一些令人驚奇的精品夏多內

出自圖蓬加托產區，一般種植在白堊土上。這裡最重要的釀酒區域是 Gualtallary 和 La Carrera，兩地葡萄園的海拔都在 2,000 公尺左右。

圖努揚儘管不是烏寇谷的最高區域，但是有最險峻的地貌。在這裡安地斯山脈直接聳立於葡萄園後方。此處聚集著在阿根廷投資的頂級波爾多生產者們，包括 Michel Rolland、François Lurton、擁有 Château Malartic-Lagravière 的 Bonnie 家族、擁有 Château Léoville Poyferré 的 Cuvelier 家族、擁有 Château Clarke 的 Baron Benjamin de Rothschild、擁有 Château Dassault 的 Laurent Dassault，以及擁有 Château La Violette 的 Henri Parent。圖努揚的主要葡萄酒生產區域是 Los Arboles 和 San Pablo，這兩個地區因夠潮濕而能夠實施無灌溉的旱地種植，其他區域還包括 Los Chacayes、Campo de los Andes、Vista Flores 和 Villa Seca。

聖卡洛斯有著該產區一些最古老的葡萄園。這裡比谷地北部區域更容易遭受到霜害，但有些區域能產出一些極為清爽的葡萄酒，這些區域包括 La Consulta、El Cepillo、Los Indios、Eugenio Bustos，以及 Paraje Altamira，最後一個是 La Consulta 中的一個次產區，而 La Consulta 則是圖努揚河附近的沖積扇區域。

門多薩地區葡萄種植的潛力還在最大限度地挖掘中，但灌溉用水仍然是該產區的短處。只是有失必有得，這裡強烈的光照不斷促進植物的光合作用；葡萄中的酚類物質，包括顏色、風味和單寧都很容易成熟。無論多年輕，阿根廷葡萄酒都不會顯現出生澀的味道，門多薩紅葡萄酒的口感總是如此絲滑。

**布宜諾斯艾利斯省**東部出現了一些新的葡萄酒產區，其中最有潛力的是查巴馬拉（Chapadmalal）。黑皮諾、夏多內、白蘇維濃、麗絲玲、格烏茲塔明那，特別是阿爾巴利諾（Albariño）能夠在這裡較為涼爽、潮濕和多風的條件下表現良好。

## 巴塔哥尼亞（Patagonia）

阿根廷南部巴塔哥尼亞地區的葡萄園位於內烏肯（Neuquén）省和里奧內格羅（Río

上方棚架（Overhead Trellises）整枝法在阿根廷叫作 parral，雖然在前幾年這種方法被認為略微過時，但越來越熱的夏季讓人們重新審視這種能夠抵抗熱浪的整枝方式。

Negro）省。這裡曾經是被大片灌溉的蘋果園和梨園，有鐵路通往海岸，如今的葡萄園別具特色。除了獲益於比阿根廷其他地區更多的水源以外，巴塔哥尼亞的葡萄酒與門多薩的普通酒相比更具強勁的口感，更不甜，酒精濃度也不低。受到南極氣流的影響，這裡的氣溫很低，低降雨和持續的風讓葡萄藤不易受病蟲害影響，也讓葡萄果實較小。這裡的酒風味活潑、個性鮮明，且特別有結構。白葡萄酒、梅洛和黑皮諾是當地的特色，老藤黑皮諾葡萄酒具有無限潛力。Incisa della Rocchetta 家族（若說「薩西開亞」[Sassicaia] 葡萄酒應該更多人知道）是該地區義大利投資者中最有名的。

在阿根廷**丘布特（Chubut）**省最南部的葡萄園中，早期的生產者釀出了酒精濃度只有 11 至 12 度、但酸度特別高的葡萄酒，如今這類風格很罕見。在丘布特的南部特雷維林（Trevelin）周圍，一季中可能有 20 次甚至 30 次的霜害。喜歡吃葡萄的兔豚鼠（Mara，亦稱為 Patagonian Hare）也是當地葡萄園的一大危害。

阿根廷總是處處讓人稱奇。

# 澳洲與紐西蘭
# Australia and New Zealand

這是一間非同尋常的酒莊。達令堡酒莊（**D'Arenberg Winery**），或許是南澳麥克拉倫谷最引人注目的地標。

# 澳洲 Australia

1788年，新南威爾斯州（New South Wales）的首任統治者在雪梨港的農場灣（Farm Cove）種了葡萄苗。「在如此適宜的氣候中」，他寫道，「種植的葡萄會多完美啊！」。他是對的，到19世紀末，澳洲已經向英國出口了大量豐滿、在陽光下完熟的葡萄酒，在英國，這些葡萄酒被當成「補品」出售，然而卻經常受到歧視。當時，大部分的葡萄酒是加強型葡萄酒，稱為「波特」或「雪莉酒」，幾乎鮮有企圖心強的生產商釀造低酒精濃度的葡萄酒。不過，散布在維多利亞州、南澳和新南威爾斯州的小酒莊所釀造的葡萄酒，因其獨創的風格和驚人的陳年潛力而贏得了神奇的讚譽。

20世紀70年代，澳洲葡萄酒業出現了質的轉變。「加強型酒」風采不再，「餐酒」取而代之，歐洲市場的需求劇增。像禾富酒廠（Wolf Blass）這種能釀造甜美、橡木味重又濃縮之葡萄酒的酒莊，屢屢獲得首獎肯定和讚美。越來越多（且數量還不斷增加）脆弱的小果農因虧損而很快被大型釀酒廠收購。

20世紀90年代到21世紀初期，澳洲葡萄酒的出口猛增，導致了葡萄種植的狂熱發展，有的甚至被減稅優惠誤導，且新增的葡萄園中有很大一部分需引墨雷－達令河（Murray-Darling River）的河水灌溉。隨後無法避免地就出現了葡萄產量供過於求的情況，特別是國內市場的貼現及「聖嬰現象」（El Niño）和「反聖嬰現象」（La Niña）所造成的極端天氣，使得澳洲葡萄酒業雪上加霜。2007年至2010年間，不少產區受乾旱困擾，葡萄比往常都要提早幾周採摘。從2011年開始，「反聖嬰現象」為澳洲東南部帶來了歷史上最濕的葡萄生長季。但同時，西澳的葡萄園從2006年開始就保持極佳的年份水準，這顯現了澳洲幅員有多麼廣闊：要知道從伯斯（Perth）到布里斯本的距離相當於從馬德里到莫斯科的距離。

這個世界上最大的島嶼距離本國以外的海外消費者都非常遙遠。他們竭盡所能，人均飲酒量相比1960年增長了五倍以上，但在許多情況下還受到歧視。儘管如此，他們只消耗了本國產出葡萄酒的40%，因此，澳洲葡萄酒產業必須依靠出口才能生存。在澳洲國內市場，受到澳幣強勢的影響，進口葡萄酒競爭也是極為激烈，其進口額的三分之二來自於紐西蘭。進入21世紀幾年之後，紐西蘭著名的白蘇維濃葡萄酒供過於求，馬爾堡的白蘇維濃如洪水般湧入澳洲，被稱為「白蘇維濃雪崩」。

就在同一時間，澳洲最重要的兩個海外市場動蕩不安。充滿變數的美國市場認為常以廉價、甜味為賣點，所謂「小動物品牌」的澳洲葡萄酒已經過時了。且幾乎同時，少數主宰英國大眾市場的超市零售商認為澳洲瓶裝葡萄酒過於昂貴，轉而進口價格低廉的散裝葡萄酒後再分裝為自有品牌。

中國市場拯救了澳洲葡萄酒。中國消費者對澳洲葡萄酒的熱情，讓澳洲的葡萄酒生產商樂觀了起來。對中國出口的激增，使得澳洲葡萄酒在中國市場的價值已經超過英國和美國市場的總

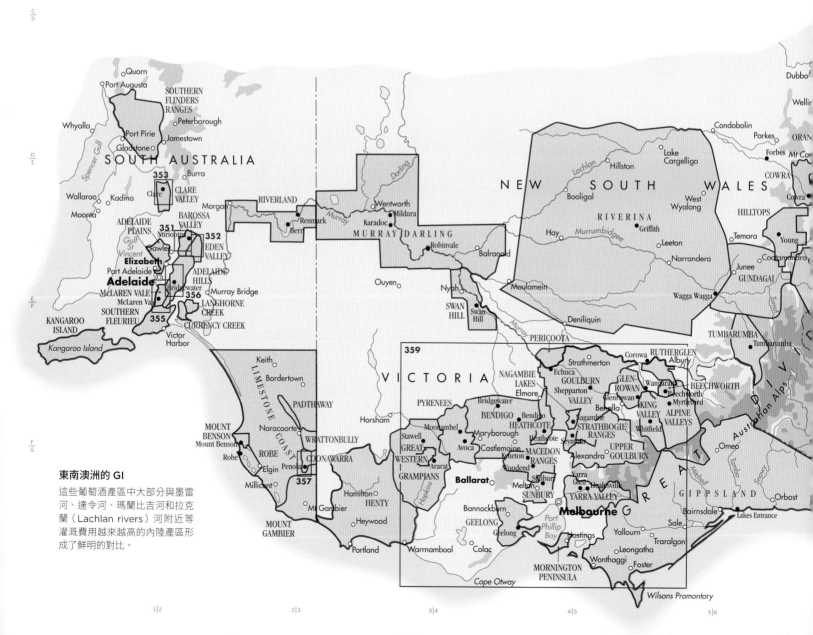

**東南澳洲的 GI**

這些葡萄酒產區中大部分與墨雷河、達令河、瑪蘭比吉河和拉克蘭（Lachlan rivers）河附近等灌溉費用越來越高的內陸產區形成了鮮明的對比。

和。在中國，僅有法國葡萄酒的市場占有率超過澳洲葡萄酒。但與目前澳洲年輕人所喜歡的那種新鮮、清淡的、酒體輕盈的葡萄酒截然不同，中國消費者喜愛濃郁的紅葡萄酒，且偏愛包裝昂貴的。令人高興的是，澳洲葡萄酒兩者都可以做到。

### 熱、熱、熱

正如第 346 頁的地表溫度分布圖所示，即使對於耐旱的葡萄藤而言，澳洲的大部分地區還是太熱且／或太乾旱，所以大多數葡萄酒產區都分布在沿海地區，主要是最涼爽、人口最稠密的東南沿海地區，以及塔斯馬尼亞州（Tasmania）和西南地區。

要找氣候涼爽的地方，有兩種方法：一直往南走或往山上走。整個大分水嶺（The Great Dividing Range）都被葡萄酒產區包圍。北面是酒鄉**昆士蘭州**（Queensland），裡頭主要包括兩個海拔較高且涼爽的產區（稱為「產品地理標誌」[Geographical indication, GI]），即花崗岩地帶（Granite Belt）和南伯納（South Burnett）。花崗岩地帶產區占據昆士蘭州葡萄酒總產量的三分之二，這裡擁有澳洲最具奇特的地貌，到處分布著花崗岩巨石。早在 2007 年，該產區就透過種植新葡萄品種向世人證明了這裡與眾不同的區域個性。

澳洲葡萄酒界最明顯的改變之一就是「非主流葡萄品種」（alternative varieties）的崛起。第一個獲得商業成功的是灰皮諾（Pinot Gris/Grigio），以維多利亞州的莫寧頓半島（Mornington Pennisula）為先鋒，現在其產量甚至已經超過了澳洲經典的麗絲玲白葡萄酒，並在 2010 年澳洲年度非主流葡萄品種展中拔得頭籌。灰皮諾占據澳洲葡萄種植總產量的 2.4%，僅次於夏多內和越來越受歡迎的白蘇維濃。

儘管澳洲嚴格的植物檢疫一定程度地減緩了葡萄種植的速度，但是非主流葡萄品種增長還是很快。截至 2015 年，澳洲種植田帕尼優（Tempranillo）的面積已經超過具有重要歷史意義的馬爾貝克（Malbec），而田帕尼優的面積與 Mataro（慕維得爾的別稱）差不多。內比歐露（Nebbiolo）、巴貝拉（Barbera）、多賽托（Dolcetto）、蒙鐵布奇亞諾（Montepulciano）和黑達沃拉（Nero d'Avola）等都是種植面積排在前 20 位的紅葡萄品種，而阿內斯（Arneis）、菲亞諾（Fiano）、維蒙蒂諾（Vermentino）、薩瓦涅（Savagnin）和格雷拉（Glera，Prosecco 的葡萄品種）則是種植面積排前 20 位的白葡萄品種（與義大利的淵源顯而易見）。

就主要葡萄品種來說，希拉茲（Shiraz，也就是「希哈」[Syrah]）仍是澳洲最具代表性的葡萄品種，幾乎每三棵葡萄藤中就有一棵是希拉茲。希拉茲的品種風格也是千變萬化，但整體趨勢是，已經從那種由過熟葡萄釀造的無比濃郁、重橡木味的葡萄酒，轉變為更能體現葡萄園特色的佳釀，而不再只是酒窖裡的魔法。曾流行一時仿效法國羅第丘的「希拉茲與維歐尼耶混合發酵」作法已經逐步減少，一些非常清新的酒像是向法國致意一樣，標上了希哈（Syrah），而不是希拉茲（Shiraz）。如今，就連澳洲葡萄酒展的議題設定也發生了變化，把十年前無法想象的葡萄酒風格視為特色。

如果說希拉茲已經進化了，那麼夏多內（澳洲的第二大葡萄品種）的風格更是發生了本質的轉變。20 世紀 90 年代，最初售賣的澳洲夏多內甜美且重橡木味。但是當敏銳的澳洲出口商發現他們的主要海外市場英國與美國已經倦於這種風格後，澳洲的釀酒師們便開始幫他們的夏多內葡萄酒嚴格「瘦身」。在 21 世紀初，他們經歷了嚴格的「減肥瘦身」階段，如今，澳洲的夏多內十分開胃、平衡、釀造過程完美，且比布根地白葡萄酒價格更划算。

對於所有的葡萄品種以及不斷增加的混釀，有一個確切的轉變，就是在釀酒過程中摒棄過去只依賴死板的技術，轉而講求更多職人的手法。釀酒師目前致力於表達更多地域的特色，而不是技術。

### 葡萄酒工廠

眾多出口的散裝葡萄酒，事實上幾乎占據了澳洲葡萄酒總產量的 60%，來自澳洲廣闊的內陸產區。這些產區產量由高到低的順序依次為：南澳的**河地**（Riverland）、新南威爾斯州與維多利亞州交界的**墨雷－達令**（Murray Darling）以及新南威爾斯州的**瑞弗利納**（Riverina）。當然瑞弗利納產區不只生產散裝葡萄酒，格里菲斯（Grifitth）就釀造一些不錯的貴腐榭密雍甜白葡萄酒。這些產區靠著來自墨雷、達令以及瑪蘭比吉（Murrumbidgee）等河的灌溉，如果沒有這些灌溉，在水源枯竭時，產區也將不復存在。一些紅葡萄酒需要與來自涼爽產區的葡萄調配，如果再經歷乾旱的年份，沙漠中這些龐大的葡萄酒廠無疑將進一步萎縮（但是乾旱年份的少數好處之一，能夠強制實行更多關於水資源利用與重複使用的規範）。

澳洲的葡萄園總面積從 2007 年的 173,794 公頃減少到 2015 年（最近一次葡萄園普查）的 135,000 公頃。葡萄價格暴跌，尤其是在內陸灌溉地區，但由於發現來自地中海的葡萄品種可以抵禦炎熱和乾旱的氣候，葡萄價格正在緩慢回升中。

來自內陸河流產區的葡萄酒往往被標上了**澳洲東南部**（South Eastern Australia）這個官方的 GI，除了西澳之外，澳洲任何地方的混釀葡萄酒幾乎都可以標為此產區。在澳洲，產區之間的混釀也有一定的歷史了。作者曾品嘗過的一些品質優異的「不同產區調配」澳洲葡萄酒，這展現了澳洲獨特的釀酒方法。他們堅持，但有些過時

---

*（地圖標示）*

Gympie
Murgon
SOUTH BURNETT
Chinchilla
Nanango
Cooroy
Caloundra
Dalby
**QUEENSLAND**
**Toowoomba**
**Ipswich**
◎**Brisbane**
Brisbane
Warwick
Murwillumbah
GRANITE BELT
Stanthorpe
Casino
Lismore
Ballina
Tenterfield
Clarence
Inverell
Glen Innes
Grafton
Bingara
NEW ENGLAND AUSTRALIA
New England Range
Coffs Harbour
Armidale
Macleay
Gunnedah
Kempsey
abarabran
Tamworth
Port Macquarie
HASTINGS RIVER
Liverpool Range
Taree
UPPER HUNTER VALLEY
ulgong
Denman
Muswellbrook
HUNTER
**365**
Hunter
Pokolbin
Maitland
OGEE
Rylstone
Cessnock
**Newcastle**
**POKOLBIN**
BROKE FORDWICH
Bathurst
Lithgow
Katoomba
Penrith
Liverpool
**Parramatta**
◎**Sydney**
Camden
ERN LANDS
**Wollongong**
Port Kembla
Shellharbour
SHOALHAVEN COAST
Nowra
Soulburn
Braidwood
ape Howe

N

Brisbane
Sydney
Adelaide
Melbourne

**圖例**

— 州界
●Penola　知名葡萄酒鎮
HUNTER　產品地理標誌（GI）
　　海拔 500-1000 公尺的土地
　　海拔 1000 公尺以上的土地
351　此區放大圖見所示頁面

西澳的地圖請參考第 347 頁
塔斯馬尼亞的地圖請參考第 366 頁

1:5,300,000
Km 0　50　100　150 Km
Miles 0　50　100 Miles

了，或許應該追求地理純粹主義中的「風土」。

澳洲是第一個接納在紅白葡萄酒的酒瓶上使用螺旋蓋的葡萄酒主要生產國，當初也是受到鄰國紐西蘭的影響。葡萄酒出口商可為進口商提供傳統木塞或螺旋蓋兩種選擇，特別是向中國客戶，但是絕大部分澳洲的葡萄酒釀造商以及各大主要的葡萄酒賽事的評審全都轉而愛上螺旋蓋的優點，並以 Stelvin（以最知名的瓶蓋製造商「Stelvin」來代稱）這個名稱稱呼螺旋蓋技術。然而，一些新浪潮中的小生產商卻以軟木塞封瓶來作為自己與大公司標識的區分。

### 石灰岩海岸

本書在接下來幾個關於澳洲產區的篇章中，並未詳加描述全部產區，其中一個相對比較重要的產區是南澳的**石灰岩海岸**（Limestone Coast）。這片官方認定的 GI 中，最重要的產區是庫納瓦拉（Coonawarra，曾經十分出名，詳見第 357 頁），然後是帕德維（Padthaway）和拉頓布里（Wrattonbully）；而 Mount Benson、Robe、和 Mount Gambier 產區要小一些，Bordertown 正努力得到更多的關注與認可。

**帕德維**擁有豐富的石灰石土壤，在澳洲產區中是在偏遠的庫納瓦拉之後的石灰岩土壤產區首選。與庫納瓦拉相比，兩者的土壤條件沒有太大的差異，但是就氣候條件來說帕德維更溫暖，目前主要為大公司壟斷葡萄園，最佳的葡萄品種是夏多內與希拉茲。大部分的葡萄原料會被運往北部大公司的酒廠釀酒。

**拉頓布里**正好位於庫納瓦拉的北面，比帕德維氣候更涼爽，且產區同質性更高。但還好該產區有紅色石灰土（terra rossa），至少可以向世人證明它是個有趣的地方，儘管這裡的葡萄園面積只有庫納瓦拉的三分之一、帕德維的一半，但是多家知名的家族酒莊都在此投資，包括 Yalumba，Tapanappa，Terre à Terre 和 Pepper Tree。南部**甘比亞山**（Mount Gambier）周邊幾個混合農場的葡萄園顯示，這裡的氣候太涼爽以致於波爾多品種很難成熟，不過黑皮諾卻顯示出一定的潛力。

**班森山**（Mount Benson）大部分是獨立小酒莊；而**洛伯**（Robe）與南部產區極為相似，幾乎是大型跨國公司「富邑」（Treasury Wine Estate）葡萄酒集團的天下。海岸邊的葡萄園釀出的葡萄酒與強勁的庫納瓦拉葡萄酒相比果汁感更豐富、少些濃度。海風能給葡萄園帶來降溫作

用，雖然葡萄可能會有鹹味。但至少地下水不含鹽分（一些澳洲產區的共同問題），除了有時受一兩次霜凍影響，產區總體前景看好。

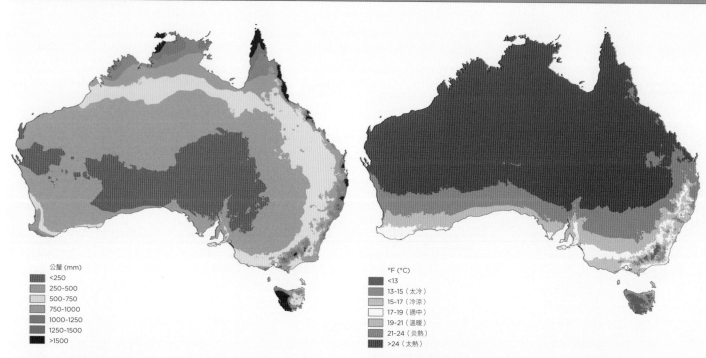

## 乾旱地區的降雨和氣溫（1981年～2010年）

公釐 (mm)
- <250
- 250-500
- 500-750
- 750-1000
- 1000-1250
- 1250-1500
- >1500

°F (°C)
- <13
- 13-15（太冷）
- 15-17（冷涼）
- 17-19（適中）
- 19-21（溫暖）
- 21-24（炎熱）
- >24（太熱）

### 年平均降水量

澳洲的大部分降水都是降雨，特別是最北邊的熱帶地區、東海岸和塔斯馬尼亞州的西海岸都降雨豐富，但是就整體而言，澳洲是缺水的。南澳的地圖上，葡萄種植區域往往與圖中深綠色和黃色區域重疊，這些區域的年平均降水量至少為 500 公釐，通常被認為是不需為葡萄補充灌溉的最低降水量。

### 葡萄生長季節的平均氣溫

10月1日至4月30日的平均氣溫與葡萄的成熟潛力大致相關。能種植葡萄的氣溫下限出現在塔斯瑪尼亞、維多利亞州南部以及新南威爾斯州東部的高海拔地區，讓這些地區成為集中種植適合涼爽氣候之葡萄品種的地點。葡萄種植的氣溫上限大概在 21°C，所以澳洲大多數地方都不適合種植葡萄。

（數據來源：澳洲氣象局）

# 西澳 Western Australia

　　本書的閱讀方式為每個大洲由西到東、從左到右，因此我們先從「西澳」開始。這裡並不是澳洲最重要的產區，產量僅占全國總產量的5%，但是所產之葡萄酒品質極優，風格獨特，酒體輕盈，又融合了成熟葡萄果實帶來的美感，在澳洲實屬罕見。瑪格麗特河（Margaret River）是西澳最重要的葡萄酒產區，可參考第349頁的地圖。

　　西澳的最初殖民者開始釀造葡萄酒的時間，幾乎和新南威爾斯州差不多。首府伯斯北順河而上的**天鵝谷**（**Swan Valley**），早在1834年就有第一個年份的葡萄酒。這裡的夏季熱氣蒸騰，還有來自內陸的乾熱焚風，使氣溫可飆至38°C並長達數周之久，當地最早的釀酒者幾十年以來認為釀造甜點酒（dessert wine）是他們的專長。他們擁有相關的釀酒技術和創造力，但先鋒酒莊霍頓（Houghton）卻曾釀出了連著幾年都是澳洲最暢銷的不甜白葡萄酒，這種被稱為「布根地白」（White Burgundy）（出口時改名為「經典白」[White Classic]，以免因使用歐洲地名引發爭議）的葡萄酒——以白梢楠葡萄和大家熟悉的香氣為主，而這些葡萄來自於伯斯周邊如火爐般的葡萄園。直到20世紀60年代大家才意識到，西澳真正具有潛力可以釀出好酒的地方是更南部的地區，那裡氣候更涼爽，廣袤無人，南極洋流和西海岸的風很大程度上降低了氣溫。

## 繼續往南

　　在**大南部**（**Great South**）地區，首先在20世紀60年代標出的是巴克山（Mount Barker），後來此產區逐漸往外擴大，現在是整個澳洲最涼爽最濕潤的地塊之一，甚至在5月還可見葡萄掛在葡萄藤上。森林山丘（Forest Hill）酒莊和金雀花（Plantagenet）酒莊是該產區卓越的先鋒。這裡受到了一群小果農的影響，他們當中有些在釀酒上與規模較大的釀酒廠合作，但有越來越多的是正建立起自己獨立的小酒莊，並種植越來越多樣的葡萄品種。大南部地區是最早劃分次產區的產區之一，從西到東排序依次是：法蘭克蘭河（Frankland River）、丹馬克（Denmark）、巴克山（Mount Barker）、奧爾伯尼（Albany）和波羅谷蘭普（Porongurup）。

　　巴克山次產區（不要與阿得雷德山 [Adelaide Hills] 的 Mount Barker 混淆）最顯著的實力是能釀造精緻的麗絲玲、卡本內蘇維濃以及一些迷人、帶著胡椒風味的希拉茲。1965年建立的森林山丘葡萄園最近重新恢復活力，為位於丹馬克次產區的同名酒莊提供出色的葡萄原料，釀造的葡萄酒品質是西澳葡萄酒歷史上的巔峰之作之一。沿海的丹馬克次產區更濕潤但又常常較溫暖，對於波爾多葡萄品種來說能否成熟是一個挑戰，但是該產區能讓薄薄的希拉茲保持健康狀態，早熟的黑皮諾與夏多內表現最為出色。葡萄園於這裡廣泛分布，和奧爾伯尼和巴克山一樣，丹馬克已成為澳洲人到酒莊品酒及採買的熱門地點。

　　**奧爾伯尼**次產區是大南部地區人口最集中的地方，是西澳第一批歐洲移民登陸地。希拉茲和黑皮諾在這裡像找到第二個家一樣。在更內陸、海拔更高的**波羅谷蘭普**擁有花崗岩土壤，能釀出精緻、特別帶有礦物味、緊緻的麗絲玲，而夏多內與黑皮諾也越來越棒。

　　**法蘭克蘭河**次產區的快速發展期是20世紀90年代末，主要原因是當時的稅收優惠。這個位於巴克山西面的內陸次產區，目前是大南部地

圖例：

PEEL　葡萄酒產區（GI）
Swan Valley.　葡萄酒次產區（GI）
■ PICARDY　知名釀酒商／酒廠
● Forest Hill　知名葡萄園
—400—　等高線間距200公尺
349　此區方法圖見所示頁面

**從伯斯（Perth）到奧爾伯尼（Albany）**
西澳的葡萄酒生產開始於伯斯附近的天鵝谷，曾風靡澳洲的霍頓酒莊（Houghton）不甜混釀白葡萄酒「布根地白」就生產於此。但是從20世紀60年代開始，在一些加州人的推動下，葡萄種植者們也開始在更南部的地區種植葡萄。

WESTERN AUSTRALIA
Perth
Albany

1:2,250,000
Km 0　25　50　75 Km
Miles 0　25　50 Miles

區葡萄種植最集中的次產區（同時又擁有 400 公頃的橄欖園），但這裡酒莊不多。Ferngrove 是迄今最大的酒莊；Alkoomi 已經建立起了釀造白蘇維濃和橄欖油的聲譽；Frankland Estate 的優勢是單一園麗絲玲，而名為 Olmo's Reward 的波爾多混釀葡萄酒，是為了紀念加州的葡萄酒學教授 Harold Olmo，他是早在 20 世紀 50 年代，第一個建議在這裡種植葡萄的人。Justin 葡萄園大約在 1970 年種植在 Westfield 酒莊上，長期以來為霍頓酒莊以傳奇釀酒師「Jack Mann」命名的頂級混釀紅葡萄酒提供葡萄原料。葡萄種植學者 John Gladstones 早在 20 年前就預測，這裡溫和、乾燥、多樣的氣候非常適合釀造冷涼氣候風格的希拉茲葡萄酒。Larry Cherubino 在他的河谷酒莊（Riversdale）種植了包括一些來自北隆河谷的無性繁殖品系，證明學者的預言是正確的。

### 面向印度洋

靠近印度洋海岸的葡萄園絕大部分集中在松露產區「曼吉麻普」（Manjimup，也被稱為澳洲的松露之都）及彭伯頓（Pemberton）。**曼吉麻普**因為距離會受到南極洋流降溫影響的海岸較遠，所以更具大陸性氣候，土壤有更高比例為花崗岩。雖然曼吉麻普用彭伯頓黑皮諾葡萄酒證明了自己的潛力，但**彭伯頓**似乎更勝一籌。一些酒莊如 Picardy 專於釀造布根地品種，並獲得不俗的成績，而彭伯頓的白蘇維濃也是西澳最好的葡萄酒之一。Pemberley 農場為該州不少頂級酒提供高品質葡萄，德國人建立的 Bellarmine 出產不錯的麗絲玲，而前 Leeuwin 酒莊的原葡萄種植師

John Brocksopp 在 Lillian 酒莊用法國隆河谷的白葡萄實現了成功之路。

由瑪格麗特河（Margaret River）地區往西南走，會看到由 Dr. Peter Pratten（來自 Capel Vale）和 Dr. Barry Killerby 兩位醫生創建於 20 世紀 70 年代的**吉奧格拉菲（Geographe）**葡萄酒產區。他們在南部 Bunbury 和 Busselton 之間狹長的沿海區域（又名 Capel）種植葡萄。吉奧格拉菲的氣候與 Margaret River 類似，完全受到印度洋的影響，但是土壤條件更加多樣，有沙質的海岸平原（又俗稱 Tuart 沙地），有沖積土壤，還有遠離海岸的花崗岩丘陵地帶。這裡的人們對葡萄酒產業發展有很大的熱情，特別是內陸地區，如 Ferguson Valley、Donnybrook 及 Harvey 區域。很多葡萄品種都能夠在這裡生長。除了原有的傳統特色夏多內及波爾多品種之外，田帕尼優（Tempranillo）和其他伊比利亞人（Iberian）葡萄也很有前途，尤其是在馬紮（Mazza）地區。在 Ferguson Valley，一些義大利葡萄品種和隆河紅

陸文酒莊（Leeuwin Estate）也許是西澳最精緻的酒莊，其「音樂會系列」（concert series）葡萄酒吸引了倫敦愛樂樂園（London Philharmonic）、柏林國立管弦樂園（Staatskapelle Berlin）、卡娜娃女爵士（Dame Kiri Te Kanawa）、雷·查爾斯（Ray Charles）、戴安娜·羅斯（Diana Ross）和湯姆·瓊斯（Tom Jones）等的青睞。當然這些葡萄酒本身也不差（詳見下頁）。

色品種的混釀葡萄酒日益重要。**Blackwood Valley** 主要是位於吉奧格拉菲和曼吉麻普之間景色優美的區域。進入 21 世紀以來，這個產區已取得顯著進步，但其知名度的提升與臨近產區相比較為緩慢。

巴克山的吉爾伯特酒莊（Gilbert Wines）是西澳比較典型的酒莊。雖然看上去有些簡陋，但他們樂意打開酒莊大門讓廣大遊客入內體驗這葡萄酒世界的美麗角落。

# 瑪格麗特河 Margaret River

品酒遊客和沖浪者交織在這片肥沃且海風習習的海岸。澳洲少有地方能像這裡一樣蒼翠，也少有地方能有如此宏偉壯觀的凱利樹木（karri）與紅柳桉樹森林，間有五彩鳥兒飛越，袋鼠蹦跳而過。瑪格麗特河（Margaret River）的沖浪運動享譽世界，海浪從西面湧起，拍打著無盡、礁石遍布的海岸。退伍軍人於第二次世界大戰後定居此地，從 20 世紀 60 年代才開始種植葡萄。葡萄種植初始之際，與經典的澳洲葡萄酒產區一樣，先驅的醫生們將這裡打造成了葡萄酒的樂土。如今，這裡至少有 90 個品酒銷售中心（cellar door）供遊客選擇，以滿足其探索葡萄酒的欲望。

瑪格麗特河的第一批葡萄種植於 1967 年，而第一批葡萄酒是在 20 世紀 70 年代初由 Vasse Felix 酒莊釀造的，緊隨其後的是 Moss wood、Cullen 酒莊，它們都是由醫生建立的。很快地，酒評家們注意到了該產區表現突出的高品質葡萄酒，特別是卡本內蘇維濃。Sandalford 酒莊，這個 Houghton 酒莊在 Swan Valley 產區的競爭對手，迅速在瑪格麗特河建立起大片葡萄園。1972 年來自加州的 Robert Mondavi 也對該產區產生濃厚興趣，鼓勵 Denis Horgan 建立起志向遠大的 Leeuwin Estate 酒莊，很快以釀造油潤風格的「藝術系列」（Art Series）夏多內葡萄酒以及舉辦世界一流的戶外音樂會而出名。

## 多變的土壤

如今，瑪格麗特河已經有 160 多家酒莊，這裡的土壤類型十分豐富，而其中排水性好且含有鐵礦岩的礫石，更是適合紅葡萄品種的生長，種植出了該產區獲獎最多的極出色紅葡萄酒佳釀。這裡春季風較大，會影響開花而降低產量，特別是小粒的 Gingin 品系夏多內容易出現果穗大小粒不均一（詳見第 31 頁）的情況。但同時，這也是瑪格麗特河中心區域所釀出的葡萄酒風味更集中濃郁的原因之一。夏季乾燥而溫暖，整個產區的東西寬度不足 30 公里，下午涼爽的海風可以調節這裡的溫度，葡萄通常在 1 月就採摘。

卡本內蘇維濃主要集中在蔚亞普（Willyabrup）種植，但貫穿整個瑪格麗特河流域——從北部氣候較溫和的雅林角（Yallingup，受益於吉奧格拉菲海灣的氣候調節），一直延伸到南大洋海岸的奧古斯塔（Augusta）都可見卡本內蘇維濃葡萄藤的蹤跡。在這裡，受到的影響主要是來自南極洲而不是印度洋。這裡是經典的白葡萄酒產地，雖然 Stella Bella、McHenry Hohnen 以及其他一些酒莊證明，在瑪格麗特河流域的南半部分，也能釀出優質的紅葡萄酒。

瑪格麗特河產區的名聲是建立在卡本內蘇維濃這個葡萄品種上，通常具有成熟的單寧，並帶有淡淡的海洋的味道——也許是牡蠣殼？就和波爾多、義大利 Bolgheri、那帕 / 索諾瑪以及石灰岩海岸（Limestone Coast，詳見第 346 頁）等其他西海岸產區一樣，都能利用這些地區的充足穩定的光照條件，釀造出一些滿意，且值得陳年的世界級紅葡萄酒。瑪格麗特河的頂級卡本內蘇維濃，兼具細膩度及成熟度；不過大部分酒莊也會釀造波爾多式混釀葡萄酒，通常是卡本內及梅洛品種（Cullen 酒莊是典型例子），而馬爾貝克和小維鐸也越來越常檔作波爾多混釀中的調配品。

雖然卡本內蘇維濃顯然與該產區關係密切，但並沒有阻礙希拉茲的種植，這裡的希拉茲通常具有令人垂涎的中等成熟度，介於重磅的南澳巴羅沙（Barossa）和具有白胡椒香氣的法國隆河谷風格之間。夏多內在這裡也是出類拔萃，通常被形容為帶有葡萄柚皮的香調。許多同樣優秀的夏多內葡萄酒生產商加入了先鋒陸文酒莊（Leeuwin Estate）的行列，其中最值得注意的

有：Cape Mentelle, Cullen, Flametree, Fraser Gallop, Pierro, Vasse Felix, Voyager Estate 和 Xanadu。產區同時也因為當地所產之充滿熱帶水果風味、非常活潑的白蘇維濃 / 樹密雍混釀白葡萄酒，而在澳洲，或甚至可說是世界建立了名聲。和其他產區一樣，多樣的葡萄品種也正在瑪格麗特河產區迅速種植與發展。

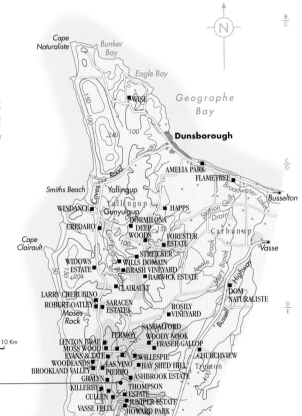

蔚亞普集中了許多著名的葡萄酒品牌，遊客在此可以徜徉於不同酒莊之間。這裡是瑪格麗特河（Margaret River）中第一個獲得官方認證的次產區。

## 瑪格麗特河：
## 瑪格麗特河（MARGARET RIVER）

緯度 / 海拔
**-33.53° / 109 公尺**

葡萄生長季節的平均氣溫
**19.0°C**

年平均降雨量
**759 公釐**

採收期降雨量
**3 月：21 公釐**

主要種植威脅
**風、鳥類**

主要葡萄品種
**紅：卡本內蘇維濃、希拉茲**
**白：白蘇維濃、夏多內、樹密雍**

# 南澳：巴羅沙谷 South Australia: Barossa Valley

　　南澳對澳洲的意義就如同加州對美國的意義：葡萄酒之都。南澳的葡萄壓榨量超過整個澳洲總量的一半以上，同時也是澳洲各個最重要的葡萄及葡萄酒研究機構的所在地。

　　南澳的首府——阿得雷德（Adelaide）市，被葡萄園所包圍。往東北驅車 55 公里的地方就是布滿葡萄園的「南澳那帕谷」：巴羅沙谷（Barossa Valley）。這裡由說著德語的西利西亞人（Silesia，現在屬於波蘭）所建立，直到今日巴羅沙谷中的很多地方還是充滿日耳曼風情，包括社群集體意識、刻苦努力工作的精神以及香腸和麗絲玲的味道。

　　巴羅沙（Barossa）是澳洲最大的優質葡萄酒大區，順著 North Para 河而上，周邊近 30 公里的範圍內葡萄園遍布，然後往東蔓延至下一個產區艾登谷（Eden Valley），地勢從海拔 230 公尺的林多克（Lyndoch）一直爬升到東邊巴羅沙山脈的 550 公尺。整個巴羅沙大區涵蓋了這兩個相連的葡萄酒產區，所以如果酒標上只寫 Barossa，那麼這支酒有可能是由艾登谷和巴羅沙谷的葡萄混釀而成。

　　雖然巴羅沙的夜晚很涼爽（比麥克拉倫谷更涼爽），但這裡的夏季炎熱且乾燥。然而該產區有著豐富的「原生種」——充分適應當地氣候、成熟、根系很深、不需要灌溉的灌木葡萄藤，其中約有 80 公頃超過百年歷史。因為南澳嚴格執行植物檢疫政策，所以尚未受到葡萄根瘤蚜病的危害，因此大多數的葡萄藤都沒有嫁接，而是採自老藤種條繁育、根苗直接種植於土壤。

　　這樣的葡萄藤能夠結出風味更加濃郁的果實，釀造出世界上最具辨識度的巴羅沙希拉茲葡萄酒。濃郁飽滿、有巧克力味道、辛辣且張揚，這些酒可以是老酒鬼的「長生不老藥」，也可以具有現代理念類型：提早採摘來展現產區不同的風土特色。然而，有些巴羅沙谷的釀酒師會添加單寧和酸，所以典型的巴羅沙谷希拉茲，特別是酒齡尚淺時，在口腔中是非常強勁的。與波爾多的釀酒師採用較長時間的後發酵浸皮過程、萃取顏色和單寧的手法不同，巴羅沙谷的紅葡萄酒通常是在美國橡木桶中完成發酵，以獲得重重的波本（Bourbon）風格甜度和柔順度。即便如此，澳洲的釀酒師還是一貫地追求創新，他們也不斷嘗試混合使用美國桶和法國桶。而混釀，不管是受到隆河谷還是伊比利亞半島風格的影響，都越來越受青睞。

## 大企業做大事

　　從絕對產量來看，巴羅沙的葡萄酒由一些國際大企業的子公司主導，比如像富邑葡萄酒公司（TWE）旗下擁有奔富酒莊（Penfolds，其旗艦酒款「葛蘭許」[Grange] 的原酒來自整個南澳）、禾富酒廠（Wolf Blass）以及一系列其他品牌；法國茴香酒生產商「保樂力加」（Pernod Ricard）擁有奧蘭多酒莊（Orlando）（現在改為傑卡斯酒莊 [Jacob's Creek]，以 Rowland 平原附近的一條小溪命名）；最大的家族酒莊公司「雅倫布」（Yalumba），座落於巴羅沙谷和艾登谷邊界的安格斯頓（Angaston）；以及無數規模大小不等的酒莊。從 20 世紀 80 年代末卡本內蘇維濃盛行之時，一手挽救了巴羅沙老藤希拉茲聲譽的彼德利蒙酒莊（Peter Lehmann，現在與著名品牌 Yellow Tail 一樣同屬於瑞弗利納地區的「有價值」品牌），到一系列懷抱志、熱衷於開發該地區老藤的新潮釀酒師，而這些釀酒師也喜歡嘗試不同的葡萄品種。Spinifex、Schwarz Wine Co 和 Massena 是自稱為「巴羅沙職人」（Artisans of Barossa）組織的 3 個著名的成員，他們在 Tanunda 有一個品酒室。

　　巴羅沙谷還有老藤格那希（能釀出比希拉茲酒精濃度更高的酒）和老藤慕維得爾（長期被稱為 Mataro）。這兩個品種與巴羅沙谷最多的希拉茲一起混釀而成的「GSM 葡萄酒」，十分流行。這裡的榭密雍，有些是巴羅沙谷獨有的粉色果皮的芽變，能夠釀造出令人驚豔的豐滿白葡萄酒，近幾年來變得比夏多內更普遍。當卡本內蘇維濃種植在最理想的深灰棕色土壤上時，其所釀造出的葡萄酒也是光彩奪目。而希拉茲的表現似乎更常取決於夏季氣候，特別是種植在巴羅沙谷黏土和石灰石土壤的葡萄園中時。

　　最受人愛戴的一些希拉茲基本產自巴羅沙谷的西北部和中部區域：Ebenezer、Tanunda、Moppa、Kalimna、Greenock、Marananga 及 Stonewell，這些古老的希拉茲旱作葡萄園能釀造出真正複雜的佳釀。但是，巴羅沙谷的這種葡萄園多為果農所擁有，而不是釀酒師，所以葡萄果實價格和品質之間總有著微妙的關係。大部分的老藤一直都

「巴羅沙土地計劃」能夠清楚地展示該產區各小區域之間的土壤差異，我們可以肯定在不久的將來會正式將這些小產區認定為「產品地理標誌」（GI）。

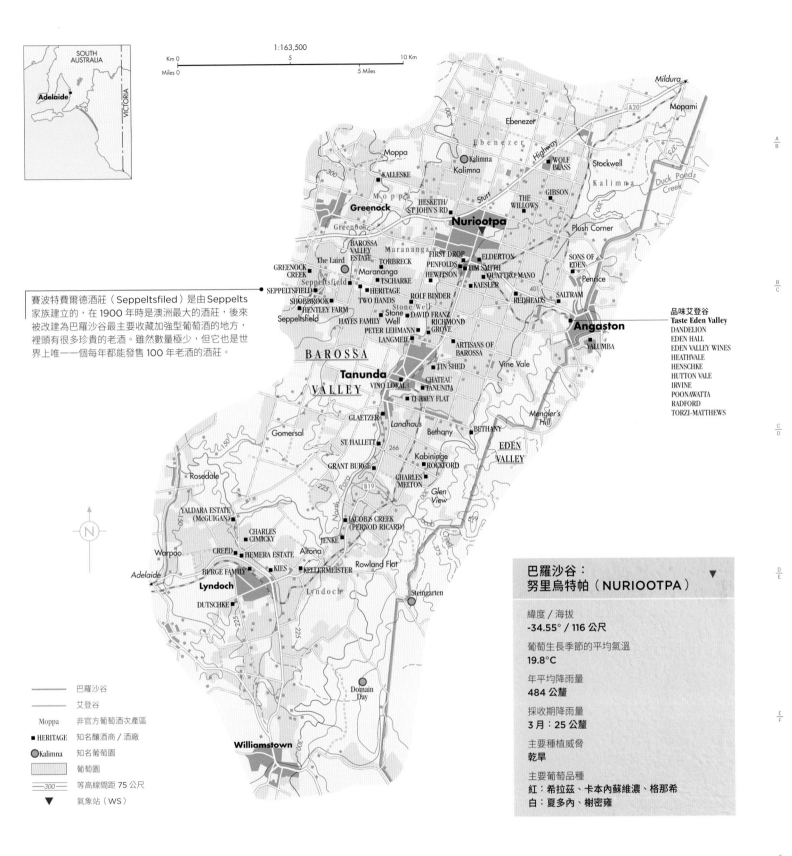

賽波特費爾德酒莊（Seppeltsfiled）是由 Seppelts 家族建立的，在 1900 年時是澳洲最大的酒莊，後來被改建為巴羅沙谷最主要收藏加強型葡萄酒的地方，裡頭有很多珍貴的老酒。雖然數量極少，但它也是世界上唯一一個每年都能發售 100 年老酒的酒莊。

品味艾登谷
**Taste Eden Valley**
DANDELION
EDEN HALL
EDEN VALLEY WINES
HEATHVALE
HENSCHKE
HUTTON VALE
IRVINE
POONAWATTA
RADFORD
TORZI-MATTHEWS

巴羅沙谷
艾登谷
Moppa　非官方葡萄酒次產區
■ HERITAGE　知名釀酒商／酒廠
◉ Kalimna　知名葡萄園
　　葡萄園
300　等高線間距 75 公尺
▼　氣象站（WS）

**巴羅沙谷：
努里烏特帕（NURIOOTPA）** ▼

緯度／海拔
**-34.55° / 116 公尺**

葡萄生長季節的平均氣溫
**19.8°C**

年平均降雨量
**484 公釐**

採收期降雨量
**3 月：25 公釐**

主要種植威脅
**乾旱**

主要葡萄品種
**紅：希拉茲、卡本內蘇維濃、格那希
白：夏多內、榭密雍**

是被同一家族的世世代代所管理與維護，且通常隱藏在每周數千遊客的視線之外。

因為生產者想發掘出產區地理個性，清晰地表述當地歷史和古跡，於是有越來越多的產區、次產區、葡萄園，甚至果農的名字被標在酒標上。總有一天，「巴羅沙葡萄與葡萄酒協會」的「巴羅沙土地計劃」（Barrosa Grounds Project）會把這些具有明顯特徵的地方認定為次產區，就像艾登谷的上艾登（High Eden）次產區一樣（詳見下頁）。由於巴羅沙谷各個角落的葡萄酒紛繁複雜，所以這個次產區認定的工作尚未能實現。

# 艾登谷
# Eden Valley

　　與毗鄰的巴羅沙谷相比,艾登谷海拔更高,風景更加秀麗,可以拍到更漂亮的照片。最高處的葡萄園可達海拔 500 公尺,與谷底的相比分布零散,散布在岩石山坡、山間泥路、鄉間莊園和一排排尤加利樹之間。

　　從歷史上來說,艾登谷是巴羅沙谷往東的延伸。早在 1847 年,Joseph Gilbert 船長就建立了普西河谷酒莊（Pewsey Vale）,目前該酒莊隸屬於位於 Angaston 區域的 Yalumba 家族酒莊,他們在艾登谷麗絲玲的發展過程中起著極其重要的作用。

　　當近代對葡萄酒的需求從加強型甜酒轉向餐酒時,巴羅沙所釀出最好的餐酒居然是麗斯玲。Silesia 移民帶著對葡萄的喜愛來到這裡,果農也發現越往東海拔越高,所釀出的麗絲玲葡萄酒更加細膩爽口,果味也更加豐富。在 20 世紀 60 年代早期,Colin Gramp（其家族擁有 Orlando 酒莊直至 1971 年）從一次到德國的旅行中得到了啟發與鼓舞,他在片岩山頂處建立了一小片葡萄園,陡峭到連一隻羊都難以駐足,該葡萄園名為 Steingarten,意為「沒有泥土的石頭園」,因此給澳洲的麗絲玲開闢了新篇章。現在這個葡萄園因其所產的 Jacob's Creek Steingarten 麗絲玲,可以與 Henschke's Julius、Peter Lehmann Wigan 及 Yalumba's Pewsey Vale 的麗絲玲媲美而為人所熟知。

　　艾登谷的麗絲玲在最佳狀態的時候具有芬芳花香,在年輕時有時帶著礦物氣息。我們不免地會把艾登谷的麗絲玲和克雷兒谷（Clare Valley）的麗絲玲相比較,與克雷兒谷麗絲玲一樣,艾登谷麗絲玲在瓶中短暫陳年之後也會展現出烘烤風味,但其酸度下降得很快,會呈現乾燥花的氣息,而克雷兒谷的麗絲玲則具有明顯的萊姆酸味。

　　麗絲玲對艾登谷來說也許很重要,但希拉茲是該產區種植最廣泛的葡萄品種。漢斯吉（Henschke）家族在此區種出了很棒的釀酒用紅葡萄,他家的寶石山（Mount Edelstone）葡萄園種植在山上,而最重要的是酒莊於 1860 年種植的「恩寵山」（Hill of Grace）葡萄園。第一個由這個酒莊最古老（但地勢平坦的）、僅有 8 公頃的葡萄園所產出的單一園「恩寵山」希拉茲,年份是 1958 年。如今,它的價格直逼南澳著名的頂級混釀葡萄酒 Penfolds Grange。

　　新生代 Hobbs、Radford、Shobbrook、Torzi Matthews、Tin Shed 及其他很多酒莊正不斷地證明,這個高海拔的產區能夠釀出出色的單一園葡萄酒。酒標中產地只簡單地標為「Barrosa」（而不是 Barossa Valley）,其中由艾登谷的葡萄帶出了酒體的活力。

Henschke 家族在其著名的 Grace Hill 葡萄園中所精心呵護「祖父藤」之一,它們是在 19 世紀 60 年代從歐洲帶來的。

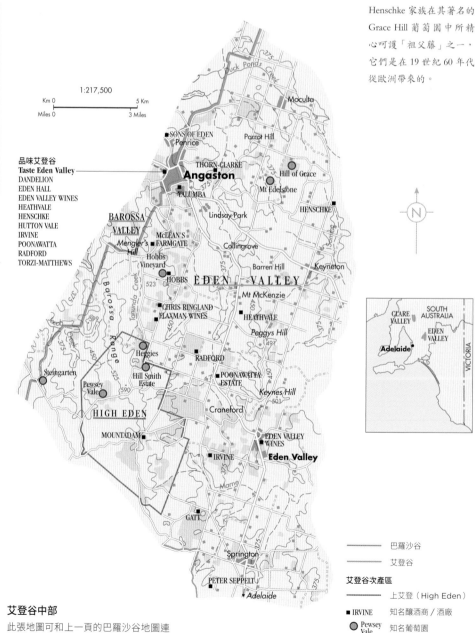

品味艾登谷
**Taste Eden Valley**
DANDELION
EDEN HALL
EDEN VALLEY WINES
HEATHVALE
HENSCHKE
HUTTON VALE
IRVINE
POONAWATTA
RADFORD
TORZI-MATTHEWS

**艾登谷中部**
此張地圖可和上一頁的巴羅沙谷地圖連接起來,這裡分布著許多著名的葡萄園,北面出產優質的紅葡萄酒,而南面出產品質不錯的麗絲玲。

| | |
|---|---|
| ——— | 巴羅沙谷 |
| ——— | 艾登谷 |

**艾登谷次產區**
| | |
|---|---|
| | 上艾登（High Eden） |
| ■ IRVINE | 知名釀酒商 / 酒廠 |
| ● Pewsey Vale | 知名葡萄園 |
| | 葡萄園 |
| —300— | 等高線間距 75 公尺 |

# 克雷兒谷 Clare Valley

**在風景如田園詩般秀麗的克雷兒谷（Clare Valley）產區中，麗絲玲在此的意義比在艾登谷還要深遠。** 克雷兒谷比巴羅沙的北界更北，是個與世隔絕的山村，但擁有各式各樣會釀造葡萄酒的人才。這裡能釀出個性獨特、具有世界級水準的希拉茲和卡本內蘇維濃，以及成為偉大風範的麗絲玲。

其實，克雷兒谷是由高原上多條南北走向、土壤類型各不相同的狹長山谷組成，研究克雷兒谷地質的「克雷兒谷岩石」（Clare Valley Rocks）計畫揭示了這一點。沃特韋爾（Watervale）和奧本（Auburn）之間的南部中心地區，被譽為經典麗絲玲村，因石灰岩上的紅土（可參考第357頁）而出名，這裡釀造的麗絲玲香氣芬芳、酒體豐富。再往北幾英里（一英里等於1.6公里）的波蘭丘河（Polish Hill River）流域，大師 Jeffrey Grosset 著名的 Polish Hill 葡萄園就在這裡，葡萄藤在堅硬的板岩土壤中頑強地生長著，所釀造的葡萄酒風格更為嚴謹，生命力也更長。克雷兒谷北部的地勢較開闊，從斯潘瑟灣（Spencer Gulf）吹來的西風讓這裡感到溫暖；而在沃特韋爾往南的南部區域則受到來自聖文森灣（Gulf St Vincent）更涼的海風影響。克雷兒谷的面積只有巴羅沙谷的1/3，不過因其海拔更高所以氣候也更極端。這裡涼爽的夜晚有利於酸度保持，很多年份都不需加酸調整，不像其他產地，加酸反而是例行公事。其他特別值得關注的葡萄園是 Jim Barry 的 Florita 和 Petaluma 的 Hanlin Hill。

克雷兒谷地處偏遠，這裡的酒莊傲然獨立，遠離流行趨勢，不受大公司的影響。僅有那斯坦酒莊（Knappstein）和潘塔露瑪酒莊（Petaluma）、部分 Accolade 葡萄酒公司的資產以及富邑集團的 Leo Buring 酒莊與大企業有所關聯，近來這些大公司為了節流紛紛關掉克雷兒谷的釀酒廠，轉到其他地方釀造葡萄酒。

克雷兒谷是一個腳踏實地的務農之地，大部分酒莊的規模小，相互間關係緊密，形成一個非比尋常的團體。他們是澳洲最先同意使用螺旋蓋以保持麗絲玲冷冽且純粹果香的釀酒人。

經過幾十家傑出酒莊，如格羅斯（Grosset）、奇李卡努（Kilikanoon）和金柏瑞（Jim Barry）共同的努力，克雷兒谷的麗絲玲被打造成澳洲最獨特的酒——堅實且不甜，它在年輕時有時會讓人難以接受，常常潛藏著濃郁的萊姆酸味，但在瓶陳幾年後就會變得帶有燻烤的成熟香味。這樣的麗絲玲最適合用來搭配澳洲著名的無國界料理。近些年來，稍帶甜感風格的麗絲玲也漸漸嶄露鋒芒，以討好那些不喜歡太不甜麗絲玲（自討苦吃）的消費者們。

這裡也釀造具有熟李子味、出色酸度與結構的紅葡萄酒，由此引發了希拉茲與卡本內蘇維濃究竟哪個才是克雷兒谷最佳紅葡萄酒品種的討論？特別是針對 Jim Barry、Kilikanoon、Taylors 以及 Tim Adams 酒莊釀造之口感柔順的卡本內蘇維濃和希拉茲。Grosset 酒莊香味濃郁的「蓋亞」（Gaia，希臘神話中的「大地母親」）波爾多式混釀，來自產區裡海拔最高（570公尺）的葡萄園，比其他大多數葡萄酒更多一份優雅；而深受追捧的先驅酒莊 Wendouree 的紅葡萄酒則繼續保持領先優勢，帶有特殊的咀嚼感，可以說是無可替代的。

Pike's Polish 山在大清晨的採收。在那些缺乏足夠與有意願葡萄園勞動力的地方，以及在炎熱的正午時段，機械設備便發揮了作用。

### 克雷兒谷北部和中部

以緯度來說，這個狹長的區域很難釀出讓世界矚目的麗絲玲，但它做到了。這要歸功於海拔，因為葡萄園都座落於海拔400~570公尺之處，同時來自西面和南面海灣的微風也有貢獻。

**1:250,000**

Km 0 —— 5 —— 10 Km
Miles 0 —— 5 Miles

■ GROSSET　知名釀酒商／酒廠
◯ Clos Clare　知名葡萄園
▭　葡萄園
—300—　等高線間距 75 公尺

# 麥克拉倫谷及周圍地區 McLaren Vale and Beyond

谷地（The Vale）位於 Adelaide 南部郊區，已從半產業化的葡萄種植區轉變為澳洲最精緻紅葡萄酒的產地。

**風土條件**：土壤差異很大且分界很清楚，從靠近大海平坦地帶的黑色黏土、中間平緩丘陵地帶的黏質壤土和砂質壤土，到海拔最高處的砂質土皆有。

**氣候**：溫暖而乾燥，而且明顯變得越來越乾熱，海風對調節氣溫有所幫助。

**葡萄品種**：紅：希拉茲、卡本內蘇維濃。

以菲爾半島（Fleurieu Peninsula）而得名的 Fleurieu 大區，從 Adelaide 向西南延伸，穿過麥克拉倫谷及 Fleurieu 南部，直抵熱門的度假勝地「袋鼠島」（Kangaroo Island）。該區也往東延伸，包括蘭洪溪和 Currency Creek 兩個產區（可參考第 334 頁地圖）。有些最令人激動的葡萄酒就產自該產區邊緣地帶。波爾多的 Jacques Lurton 在這裡開創了「飛行釀酒師」模式，往返於**袋鼠島**的各酒莊間釀造葡萄酒。而在該區海拔最高的 **Fleurieu 南部**，Petaluma 酒莊的創始人 Brian Croser 則一直在 Parawa 酒莊釀造一些讓人印象深刻的 Foggy Hill 黑皮諾。

不過到目前為止，Fleurieu 大區裡表現最突出的、歷史最悠久的葡萄酒產區則是**麥克拉倫谷**，該產區也是備受遊客喜愛的旅遊勝地，可惜的是 Adelaide 市因都市擴張而占據了該產區的部分土地。John Reynell 早在 1838 年便在澳洲南部 Stony Hill 酒莊（2009 年出售改建房地產）的葡萄園栽種下當地的第一批葡萄藤，如今 Reynella 品牌就是為紀念他而命名的，麥克拉倫谷至今仍保留著許多非常老的葡萄藤，有些甚至超過百歲。Tintara 酒莊於 1876 年被 Thomas Hardy 原先建立的酒莊收購，如今這裡是 Hardys 公司歷史悠久但裝備非常現代化的展示性酒莊。Hardys 是澳洲最大的葡萄酒公司之一，屬於美譽酒業（Accolade Wines）的一部分，釀酒的葡萄和其他必須用品都是從遙遠的塔斯馬尼亞島（Tasmania）運來的。

## 越來越熱

當地沿海區域，位於塞利克斯山（Sellicks）與溫和海洋之間的一條狹長地帶，氣候條件對葡萄藤來說再好不過了。受惠於那些溫暖的夜晚和更加溫暖的白天，這裡葡萄酒中的單寧非常柔和。

在漫長且溫暖的生長季節，靠近大海最大的好處就是完全無霜害。這個地區水源供給越來越匱乏，但大約 20% 的葡萄園無需人工灌溉也能長勢良好。海洋能帶來涼爽的影響，特別是午後的海風有助於葡萄酒保持適當的新鮮度，儘管這裡晝夜溫差不大。

麥克拉倫谷北部布魯列特泉（Blewitt Springs）周邊地勢更高的區域，土壤為厚厚的砂質土壤覆蓋在黏土上，釀造出的格那希和希拉茲葡萄酒精緻、芬芳而帶辛辣感。而在東邊的肯嘉瑞拉（Kangarilla）晝夜溫差變化較大，釀造出的希拉茲葡萄酒要比一般麥克拉倫谷的更優雅。在麥克拉倫谷鎮之北，那些土壤層最薄的地方，葡萄產量低但風味卻更加濃郁。位於該鎮南部的歐朗嘉（Willunga）區域，受海洋氣候影響較少，葡萄成熟得也晚。儘管許多地方的採收時間都越來越提前了，但大體上來說，採收季節從 2 月份開始，一些經典的格那希和慕維得爾葡萄採收可能要持續到 4 月份。

深紫色黑達沃拉葡萄的汁液從 Kay Brothers 酒莊那古老的 Celestial & Coq 籃式壓榨機（basket press）中流出，這臺 1912 年製造的壓榨機安裝在榨汁室裡，第一次使用的時間是 1928 年。

麥克拉倫谷自古至今都被人們認定為是紅葡萄酒產區，儘管白葡萄酒品種菲亞諾（Fiano）和維蒙蒂諾（Vermentino）在這裡長勢興旺，卻也只是和義大利品種一起做些實驗，以確定在炎熱的氣候條件下，義大利品種仍能保持良好的酸度。夏多內和白蘇維濃更適合生長在鄰近和更加涼爽的阿得雷德丘（Adelaide Hills）產區。

消費者對麥克拉倫谷口感順滑、迷人的紅葡萄酒頗具信心，包括老藤的希拉茲、卡本內蘇維濃以及很快就流行起來的後起之秀格那希。Chapel Hill、d'Arenberg、Hugh Hamilton、Paxton、Samuel's Gorge、SC Pannell、Ulithorne、Wirra Wirra 和 Jackson 家族的有機酒莊 Yangarra Estate 等都用這些品種釀造出了品質優良的葡萄酒。同時，前陣子 Coriole、Kangarilla Road 和 Primo Estate 酒莊也向大家證明了，山吉歐維樹、內比歐露及普里米蒂沃（也叫金粉黛／Zinfandel）確實也在此地適應得不錯。此外，伊比利亞葡萄品種也表現驚人，特別是 Samuel's Gorge、Willunga 100 和 Gemtree Estate 酒莊釀造的田帕尼優；而喬治亞的 Saperavi 和義大利的 Sagrantino 這兩個葡萄品種，因其高酸度而具有特殊的價值。那些目光長遠的生產者堅信，未來需要依靠這些已經經過證實，能夠良好適應地中海型氣候的葡萄品種，如 Tinlins 酒莊的 Stephen Pannell，他提供大量的商業基酒給一些大公司，但同時也出產自己手工裝瓶的成品葡萄酒。

現在，至少有 80 家酒莊座落在麥克拉倫谷，但一部分果實供應給了其他產區的酒莊，甚至最遠供到獵人谷（Hunter Valley）的酒莊，被用來增加當地混釀酒體的厚重感。過去，澳洲產區之間葡萄混釀的情況比現在普遍得多，麥克拉倫谷曾被釀酒師們稱作「澳洲葡萄酒風味的中段 [middle-palate]」。麥克拉倫谷的希拉茲擁有摩卡咖啡的香氣和溫暖的泥土氣息，以及宜人的黑橄欖味和皮革香氣。

## 柔和飽滿多汁

蘭洪溪（Langhorne Creek）是南澳葡萄酒產區最大的秘密武器，只是這個說法很容易受到挑戰。儘管這裡的葡萄酒產量與麥克拉倫谷相當，但僅有不到五分之一的葡萄酒被標上了蘭洪溪產區的名字。這個地區大部分的葡萄酒被大公司收購以用於混釀，因為它們具有與生俱來的優勢：希拉茲柔和溫順，口感充盈；卡本內蘇維濃飽滿多汁。起初，這塊肥沃的沖積層土地在晚冬時靠來自 Bremer 和 Angas 河流的水澆灌，但這樣的灌溉很不可靠，因此限制了葡萄園的發展。直到 20 世紀 90 年代初，取得引浩瀚墨雷河口的亞歷山大湖湖水灌溉的許可後，蘭洪溪產區才得到猛烈地發展。

該產區比較老的葡萄藤生長在靠近河岸區域，包括從 1891 年就開始為 Brothers in Arms 酒莊的 Adams 家族所有的著名 Metala 葡萄園；還有 Frank Potts 在 Bleasdale 種植的葡萄園，為此當年他砍倒了 Bremer 河流邊許多巨大的紅糖香樹（red gum）。那些雄心勃勃的新葡萄園，如 Angas，則使用高科技灌溉系統，在平地上建立了完整的溝渠網絡。

所謂的「湖泊醫生」（Lake Doctor），就是指午後由湖那邊吹來的徐徐涼風，它減緩了葡萄的成熟速度，這裡通常比麥克拉倫谷產區要晚兩週採摘。

位於正西面的克倫西溪（Currency Creek），大部分地區是平緩的沙地，引亞歷山大湖的湖水來灌溉。這裡比蘭洪溪要稍微溫暖一些，但更具海洋性氣候特點，這裡分布的主要是一些規模很小、知名度也偏低的酒莊。來自奧地利的 Salomon 家族在非官方的菲尼斯（Finniss）河次產區中釀造一些精緻的紅葡萄酒。

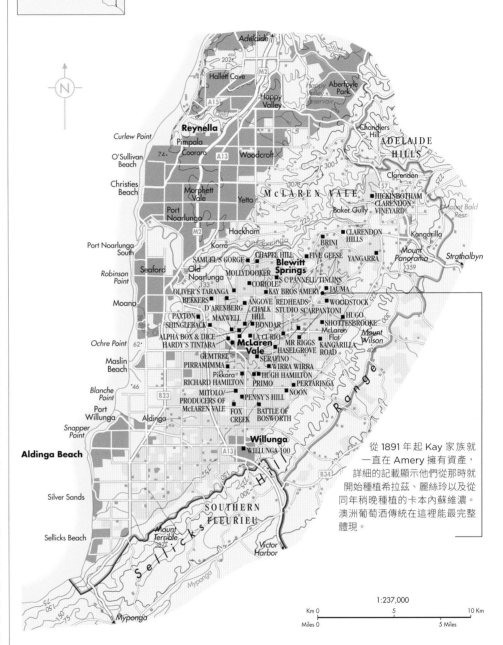

### 麥克拉倫谷

麥克拉倫谷的土壤類型和地貌具有多樣性，葡萄酒品質與風格亦如此。該產區的酒莊齊心協力，透過「稀少的土地」（Scarce Earth）計畫來挖掘這些差異的價值，旨於研究麥克拉倫谷的希拉茲隨地質變化的多樣性。

從 1891 年起 Kay 家族就一直在 Amery 擁有資產，詳細的記載顯示他們從那時就開始種植希拉茲、麗絲玲以及從同年稍晚種植的卡本內蘇維濃。澳洲葡萄酒傳統在這裡能最完整體現。

# 阿得雷德丘
## Adelaide Hills

當阿得雷德（Adelaide）市在夏天一天比一天熱時，就在附近、位於城市東部有個地方總能讓人感到涼爽，那就是樂富蒂山（Mount Lofty）。從西部飄來的雲聚集在綠色的阿得雷德丘（Adelaide Hills）上。阿得雷德丘的南端與麥克拉倫谷產區的東北部接壤，但兩個產區風格截然不同，**阿得雷德丘**是澳洲最活躍的葡萄酒產區之一，也是天然釀造法的中心，特別是在花籃山（Basket Range）鎮周邊。這裡是澳洲第一個因能釀出品質穩定且帶有新鮮柑橘類果香之白蘇維濃葡萄酒而名聲大噪的產區，而白蘇維濃現今也是該產區種植的主要葡萄品種，其次是夏多內。除北部外，海拔 400 公尺的等高線成了該產區的分界線。海拔高於這裡的區域，經常籠罩在灰濛濛的雲霧中，甚至會有晚霜，即使在夏季晚上也會很寒冷。這個產區降雨量相對較高，但主要集中在冬季。要一言道盡這個從東北到西南橫跨了 80 公里的阿得雷德丘產區是很困難的。

20 世紀 70 年代，Petaluma 酒莊的創始人 Brian Croser 在 Mount Lofty 的**皮卡迪利谷（Piccadilly Valley）**圈地打下了樁，他認為這個地方氣候涼爽適合種植夏多內葡萄，這種選擇在當時的澳洲是很少見的。但時至今日，這裡已經擁有 90 家左右的酒莊和更多的葡萄果農為大大小小的酒莊提供原料。

在阿得雷德丘產區，黑皮諾是紅葡萄品種中的佼佼者，不少的酒莊，如 Ashton Hills、Grosset、Henschke、Lucy Margaux、Penfolds 和 Shaw + Smith 都釀造出了品質不錯的黑皮諾葡萄酒。同時田帕尼優及一些義大利葡萄品種，特別是內比歐露，也開始嶄露頭角，極具潛力。

來自 Bird in Hand、Shaw + Smith、Sidewood 和 Tapanappa 等酒莊的夏多內可以讓人體會到鮮明的甜桃香味和精準的夏多內香氣，像 Henschke、Pike & Joyce 和 The Lane 這些酒莊釀造的維歐尼耶和灰皮諾也同樣具有非常精準的品種香味。在 Hahndorf Hill 酒莊的帶動下，綠維特利納（Gruner Veltliner）也把它在澳洲的家安在了這個產區，已有 30 多家酒莊出產這個品種酒，麗絲玲在此地也是表現不俗。

皮卡迪利谷和**嶺仕伍德（Lenswood）**是到目前為止，唯二被官方認可的次產區。但是許多當地人認為，Basket Range、Birdwood、Charleston、Echunga、Hahndorf、Kuitpo、Macclesfield、Mount Barker、Paracombe 及 Woodside 等地區的表現辨識度也很高，具有鮮明的個性特徵，未來可期。

### 阿得雷德丘西南

本頁地圖上僅標注了阿得雷德丘西南角地區的詳細情況。北部古梅拉查（Gumeracha）周圍的葡萄園氣候也很溫暖，能讓卡本內蘇維濃充分成熟；有些具有隆河風格的希拉茲出自士他令（Stirling）東南的 Mount Barker 酒莊。

阿得雷德丘
麥克拉倫谷
**阿得雷德丘次產區**
皮卡迪利谷
嶺仕伍德
■ THE LANE　知名釀酒商 / 酒廠
○ Tiers　知名葡萄園
葡萄園
300　等高線間距 75 公尺
▼　氣象站（WS）

---

#### 阿得雷德丘：嶺仕伍德（LENSWOOD） ▼

緯度 / 海拔
**-35.06° / 363 公尺**

葡萄生長季節的平均氣溫
**17.3°C**

年平均降雨量
**717 公釐**

採收期降雨量
**4 月：49 公釐**

主要種植威脅
**結果不良、春季霜凍**

主要葡萄品種
**紅：黑皮諾、希拉茲**
**白：白蘇維濃、夏多內、灰皮諾、麗絲玲**

1:237,000
Km 0 ⋯⋯ 5 ⋯⋯ 10 Km
Miles 0 ⋯⋯ 5 Miles

# 庫納瓦拉
# Coonawarra

庫納瓦拉（Coonawarra）的故事有很大程度就是紅色石灰土（terra rossa）的故事。事實上，依據土壤類型的產區界定一直飽受爭議。早在 19 世紀 60 年代，早期的移民者就注意到了這塊非常奇特、距離阿得雷德市南邊 400 公里的土地。它位於潘諾華（Penola）村北面一個狹窄的長方形區域，長僅有 15 公里，寬不足 1.5 公里，表層土壤明顯呈紅色，一捏即碎，再往下是排水性良好的石灰岩土壤，石灰岩層下方即有純淨的地下水層。沒有其他土壤結構比這更適合種植水果了。企業家 John Riddoch 在此創建了 Penola 果園，到了 1900 年，這個被起名為庫納瓦拉的地方，已經釀出了很多不同於以往的葡萄酒，其中大量使用了希拉茲，酒體活潑、果香豐富、酒精濃度適中；事實上，當時這些酒已經有點像波爾多的風格了。

這個產區釀造的葡萄酒結構感與其他大部分產區極為不同，在過去相當長的一段時間中只有少數人欣賞。但到了 20 世紀 60 年代，隨著餐酒逐漸盛行，這個產區葡萄酒的潛力才開始漸漸為人所知，葡萄酒產業裡的大酒莊也開始在這裡插旗發展。威勝酒莊（Wynns）屬於富邑（TWE）葡萄酒集團，是目前為止當地最大的單一釀酒地主，與另兩間酒莊：奔富（Penfolds）和利達民（Lindeman's），共同控制了當地近一半的葡萄園。因為這個原因，庫納瓦拉相當一部分葡萄原料被用於混釀，並運往外地裝瓶。而另一方面，像 Balnaves、Bowen、Hollick、Katnook、Leconfield、Majella、Parker、Penley、Petaluma、Rymill 及 Zema 這些酒莊則更接近莊園模式。

## 天作之合

希拉茲曾是庫納瓦拉產區最原始的葡萄品種，但自從 Mildara 在 20 世紀 60 年代早期展示了該產區的條件更適合卡本內蘇維濃之後，「庫

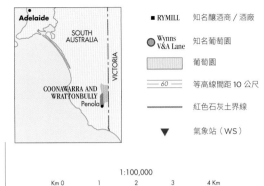

- ■ RYMILL　知名釀酒商／酒廠
- ● Wynns V&A Lane　知名葡萄園
- ▦　葡萄園
- ═ 60 ═　等高線間距 10 公尺
- ──　紅色石灰土界線
- ▼　氣象站（WS）

1:100,000

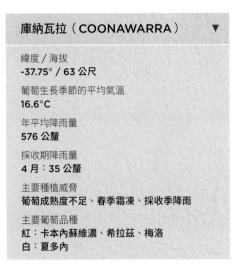

### 庫納瓦拉（COONAWARRA）　▼

緯度／海拔
**-37.75° / 63 公尺**

葡萄生長季節的平均氣溫
**16.6°C**

年平均降雨量
**576 公釐**

採收期降雨量
**4 月：35 公釐**

主要種植威脅
**葡萄成熟度不足、春季霜凍、採收季降雨**

主要葡萄品種
**紅：卡本內蘇維濃、希拉茲、梅洛**
**白：夏多內**

納瓦拉卡本內蘇維濃」便成為澳洲少數幾個結合了品種和產地的檢驗標準之一。庫納瓦拉產區每 10 株葡萄藤幾乎就有 6 株是卡本內蘇維濃，因此產區的經濟就會隨著大環境裡卡本內蘇維濃葡萄酒的受歡迎程度而時起時落。

庫納瓦拉的土壤並不是促成卡本內蘇維濃品種與產區之間如此密合的唯一因素。與澳洲南部其他產區相比，這裡的位置更偏南且更涼爽，而且離海岸線只有 80 公里；整個夏季都受到南極洋流及西風帶的影響。春天可能有霜害，而採收時節可能會下雨，這與法國產區所面臨的問題相當類似。其實，庫納瓦拉比波爾多還要涼爽，這裡採用噴水灌溉系統來對抗霜凍。據說，在近年來的乾旱季節，大部分酒莊也不得不依靠這些灌

溉系統來補充一下水分。只要有心，便可以好好調控這塊紅色土地上的長勢，而不像西邊的黑色石灰土那麼難以控制。

在 20 世紀 90 年代，把卡本內蘇維濃奉為圭臬的頂峰時期，庫納瓦拉的葡萄園數量倍增，由於該產區地理位置偏遠而且人口稀少，所以意味著很多葡萄藤的修剪工作，至少預修剪以及採收都需要依靠機器來完成。但近幾年來，葡萄園的人工操作越來越普遍，而且經常是亞洲人團隊，因此葡萄酒的品質也提高了。現在至少有 22 家品酒銷售中心，大膽地把目標鎖定在特意為了此產區南下的遊客。

*威勝酒莊是本產區最有名的釀酒廠——本產區只有 18 家釀酒廠，比品酒銷售中心少 4 個。*

# 維多利亞州 Victoria

　　就許多方面而言，維多利亞州都是澳洲最有趣、最有活力也是最具多樣性的一個葡萄酒鄉。早在 19 世紀，這裡就已經是最重要的澳洲葡萄酒產地。當時葡萄園面積相當於新南威爾斯州與南澳的總和。

　　19 世紀五六十年代的淘金熱，使得澳洲的人口在 10 年內翻了一倍，人口激增帶動了最初的葡萄酒產業（如同美國的加州），但是 19 世紀 70 年代葡萄根瘤蚜蟲病襲來，對葡萄種植造成了致命的破壞。如今，維多利亞州的葡萄酒產量不及南澳（那裡沒有葡萄根瘤蚜蟲病）的一半，但酒莊數量幾乎是其兩倍——800 個酒莊散布在 20 個產區中，但大部分酒莊規模相對較小，其中大約有 600 家透過他們的品酒銷售中心（cellar door）直接對公眾銷售葡萄酒。

　　維多利亞州是澳洲大陸最小也是最涼爽的地區，但卻是葡萄種植條件最多樣的地方。範圍從乾旱、重度依賴灌溉，位於米爾杜拉（Mildura）鎮附近的內陸「墨雷－達令」（Murray Darling）產區，一直到大陸最涼爽的葡萄酒產區。墨雷－達令產區跨越維多利亞州和新南威爾斯州的邊界，葡萄產量占據整個維多利亞州的 75%。

## 維多利亞州東北部

　　葡萄根瘤蚜蟲病災害後最重要的倖存者，是無比炎熱的維多利亞州東北部。拉瑟格倫（**Rutherglen**），以及受害較淺的 **Glenrowan** 繼續釀造它們一直以來的強項——加強型甜酒（可參考第 360 頁專題），但它們同時也使用拉瑟格倫（Rutherglen）的特色隆河品種「杜利夫」（Durif），自力釀出了一些紅酒。

　　在維州的這個角落還座落著 3 個海拔更高、氣候更涼爽的葡萄酒產區：國王谷（King Valley）、阿爾派谷（Alpine Valleys）和比奇沃斯（Beechworth），這裡連接著大分水嶺（Great Dividing Range）的雪場，是所有滑雪愛好者嚮往之地。米拉瓦（Milawa）的家族經營式酒莊「布朗兄弟」（Brown Brothers）是**國王谷**最大的酒莊，酒莊的旗艦產品——由黑皮諾和夏多內混釀的氣泡酒「派翠西亞」（Patricia），原料來自位於韋蘭（Whitlands）海拔高達 800 公尺的葡萄園。布朗兄弟也是澳洲最早試驗不同葡萄品種的酒莊之一。義大利品種已經成為了這個產區的特色，這要歸功於 Pizzini 家族起的帶頭作用。普羅賽克（Prosecco）的先鋒 Dal Zotto 酒莊和座落於瑞弗利納（Riverina）的迪伯多利酒莊（De Bortoli）都與義大利有淵源。迪伯多利酒莊的

位於涼爽麥斯頓山脈產區的 Bindi 酒莊是黑皮諾和夏多內的專家，採摘工戴的圓錐形帽子是如今澳洲葡萄園工人的標準裝束，而鐵皮屋則更像是澳洲過去的典型。

Bella Riva 葡萄酒原料來自國王谷的一塊單一園。

　　許多酒莊也從**阿爾派谷**採購葡萄原料，這裡的葡萄園基本都在海拔 180~600 公尺。這裡也種植著不少義大利及其他非主流葡萄品種。蓋普斯提（Gapsted）是 Victorian Alps 葡萄酒公司的一個品牌，該公司是一個代工酒廠，為不少產區外的酒莊釀造葡萄酒，特別提出來是因為這個產區仍然受到葡萄根瘤蚜蟲病的困擾。

　　在歷史上著名的淘金之地、海拔較低的**比奇沃斯**產區，吉恭達酒莊（Giaconda）釀造了一些知名的夏多內酒，當然希拉茲和黑皮諾也很有名氣。Castagna 酒莊的專長是澳洲流行的希拉茲與維歐尼耶混釀和異國風味的義大利種佳釀。Sorrenberg 葡萄園種植著一些風味馥郁的品種，包括不同於尋常的「加美」葡萄，該葡萄園是澳洲第一批種植現代新浪潮的葡萄園之一，僅占這個在 19 世紀初就開始種葡萄的產區很小一部分。產區特別值得一提的酒莊新秀，包括由前布朗兄弟酒莊的葡萄栽培專家 Mark Walpole 掌管的 Fighting Gully Road、Domenica、Vignerons Schmölzer & Brown 以及由夏多內專家 Adrian Rodda 主理的 A Rodda，Adrian Rodda 曾經在亞拉谷（Yarra Valley）的 Oakridge 酒莊工作過。比奇沃斯產區顯著的優勢也吸引了獵人谷

1:2,000,000

Km 0　25　50　75　100 Km
Miles 0　25　50 Miles

主要釀酒商／酒廠
Beechworth 比奇沃斯
1 FIGHTING GULLY ROAD
2 VIGNERONS SCHMÖLZER
　& BROWN
Heathcote 希思科特
1 MUNARI
2 PAUL OSICKA
3 JASPER HILL/OCCAM'S RAZOR
4 DOWNING ESTATE
5 M CHAPOUTIER
6 HEATHCOTE WINERY
7 HEATHCOTE ESTATE
8 WILD DUCK CREEK
9 REDESDALE ESTATE

- · - · -　州界
BENDIGO　產品地理標誌（GI）
■ TAHBILK　知名釀酒商／酒廠
● Mt Ida　知名葡萄園
　　　　　葡萄種植區域
　　　　　海拔 600 公尺以上的土地
361　此區放大圖見所示頁面

著名的思奔酒窖有 1.6 公里長，一個世紀以前由失業的金礦工人們挖掘出來的，但很遺憾的是這裡已經被新的酒莊莊主封存起來了，現在只剩下一個品酒銷售中心。

## 維多利亞州中部

僅僅看一眼這裡的葡萄酒產區就會讓人感到非常興奮。這個州今日的五光十色是顯而易見的，但過去也擁有了輝煌的葡萄酒釀造史。維州曾經是澳洲葡萄酒的主力，當然這當中 19 世紀的淘金熱潮起了部分推波助瀾的作用，但後來發生了葡萄根瘤蚜蟲病害⋯⋯

（Hunter Valley）的 Brokenwood 酒莊，以及在亞拉谷 Jamsheed 酒莊工作的 Gary Mills。

## 維多利亞州西部

與東北部的葡萄酒產區一樣，曾經因為思奔酒莊（Seppelt）釀造的「香檳」而聞名的西部地區也一直沒有放棄過。這個屬於**格蘭坪山**（**Grampians**）裡的次產區，位於「大分水嶺」的最西端，海拔 335 公尺以上，土壤富含石灰土。思奔與貝斯特（Best's）兩間酒莊就像是該產區的對比縮影，都有釀造辛辣味、耐儲藏之希拉茲葡萄酒的悠久歷史。思奔酒莊已經被它的新主人富邑集團（Treasury Wine Estates）關閉了，

因此那些原來一直生長在這裡的經典靜態葡萄酒與氣泡酒原料——希拉茲葡萄，現在不得不在其他地方釀製。藍脊山酒莊（Mount Langi Ghiran）那值得信賴、帶有胡椒香味的希拉茲葡萄酒，毋庸置疑地向人們解釋了為什麼傳統值得傳承。

**庇里牛斯（Pyrenees）**產區位於格蘭坪山（Grampians）的東部，呈綿延起伏的丘陵地帶。該產區沒有那麼涼爽（除了有些夜晚），代表性的葡萄酒是來自紅河岸（Redbank）和達爾維尼（Dalwhinnie）酒莊的強壯紅葡萄酒，他們也釀造一些精緻的夏多內。

**亨蒂（Henty）**產區是維多利亞州西部的第三大產區，位於最南邊沿海的涼爽區域，經歷幾

番艱苦才建立起該區葡萄酒的聲譽。思奔酒莊是該產區的先鋒，剛到這裡時稱為 Drumborg 酒莊，曾經好幾次打算放棄該產區，直到氣候變遷幫了忙，亨蒂產區逐漸適合種植葡萄了。1975 年由一位畜牧業者建立的卡佛河酒莊（Crawford River）再加上思奔酒莊（Seppelt Drumborg）的麗絲玲向世人證明了，這個產區能夠釀出極為精緻、窖藏潛力持久的麗絲玲。

再往北的地方氣候溫暖一些，漢密爾頓（Hamilton）／塔靈頓（Tarrington）周邊 100 公里的範圍之內，聚集了一批主要釀造涼爽氣候希拉茲的精品酒莊，當然也有像 Tarrington Vineyards 這種在布根地品種上展示非凡努力的酒莊。

### 維多利亞州中部

在內陸，位於維多利亞州中部的**班迪戈**（**Bendigo**）產區氣候更加溫暖，20世紀70年代，Balgownie酒莊在這裡推出了奢華的紅葡萄酒。在東部氣候稍涼爽的**希思科特**（**Heathcote**）產區，Jasper Hill及其他一些酒莊的產品展現了這裡的風土特色，尤其是希思科特特有的寒武紀紅色石灰土。該產區以令人回味無窮的馥郁多汁希拉茲聞名。位於亞拉谷的綠石酒莊（Greenstone）早已展示了希思科特產區精選的托斯卡尼無性繁殖品系的山吉歐維榭也能釀出非常好的佳釀。另外在維州中部還有歷史悠久的廣大**吉爾本谷**（**Goulbourn Valley**）產區，由Box Grove、Mitchelton和德寶酒莊（Tahbilk）等酒莊聚集在遙遠的南端，德寶酒莊曾經是這裡唯一留存下來的酒莊。因出產高品質的佳釀而獲得次產區地位的是納甘比湖區（Nagambie Lakes），但是有點名不符實的是這個產區一直受缺水困擾。隆河谷的品種（特別是馬珊）在Mitchelton酒莊和德寶酒莊欣欣向榮，德寶酒莊是個家族農場，歷史悠久到足以成為「國家保護區」。這裡有1860年種植的希拉茲，以及著名的世界最古老馬珊葡萄藤。

令人難忘的**史莊伯吉山脈**（**Strathbogie Range**）產區釀出了細膩緊緻的麗絲玲，品質與Fowles酒莊及亞拉谷Mac Forbes酒莊的麗絲玲一樣好。產區有些葡萄園的海拔達到600公尺，所以葡萄的酸度極高，香桐酒莊（Domaine Chandon）就在此地種植用於釀造氣泡酒的黑皮諾和夏多內。

### 菲利普港（Port Phillip）與吉普斯蘭（Gippsland）

菲利普港（Port Phillip）區現今是美食之都墨爾本周圍所有產區的統稱。南部莫寧頓半島與東部亞拉谷兩個產區之後都分別有詳細的介紹，早已開拓的**桑伯里**（**Sunbury**）產區緊鄰墨爾本機場北邊平原，比其他兩個產區更靠近市中心。這裡長久以來的代表酒莊是「克雷利」（Craiglee），

幾十年來都以極不甜的希拉茲葡萄酒而聞名，以品質穩定、可口且陳年潛力長而著稱。

桑伯里產區的北部、往班迪戈產區方向的**麥斯頓山脈**（**Macedon Ranges**）產區就是澳洲最冷涼的產區了，不是真的冷而是接近葡萄種植所需溫度條件的臨界點。靠近吉斯本（Gisborne）的賓迪酒莊（Bindi）以及蘭斯菲爾德（Lancefield）附近的科里酒莊（Curly Flat）費了很大心血證明，這裡適合釀造精緻的夏多內及黑皮諾葡萄酒。

黑皮諾也是維多利亞州新興沿海產區眾多葡萄種植者的選擇，尤其是在貧瘠而風大的酒鄉**吉朗**（**Geelong**），這裡受海洋性氣候影響很大。By Farr、Bannockburn、Lethbridge及Clyde Park這些位於摩爾伯山谷（Moorabool Valley）吉朗鎮西北的酒莊能使黑皮諾充分成熟。貝拉林半島（Bellarine Peninsula）位於吉朗產區南面，受到海洋的影響比摩爾伯山谷還嚴重，當地土質也是石灰岩和玄武岩。Leura Park、Oakdene和Scotchmans Hill等酒莊是這個產區的佼佼者。另一家志向遠大的酒廠是位於墨爾本西部邊緣的Shadowfax，它從吉朗和麥斯頓山脈選購葡萄原料。

在Mount Langi Ghiran酒莊（早在1975年就種植的葡萄藤）上的黃綠鳳頭鸚鵡，可能會對成熟的麗絲玲葡萄構成威脅。背景中的葡萄藤是葡萄園老藤卡本內蘇維濃，離開澳洲，麗絲玲和卡本內蘇維濃就不可能成為鄰居了。

最後要說的是吉普斯蘭（Gippsland），它幅員廣闊，一直向東延伸超出地圖（可參考第344頁）之外，是一個很大的區域，也是一個產區，涵蓋了多種截然不同的環境，足以再劃分為幾個次產區。據記載，最悠久的葡萄酒是巴斯－菲利浦酒莊（Bass Phillip）的黑皮諾，葡萄園就位於利昂加薩（Leongatha）南部，William（Bill）Downie同樣也向世人證明了，吉普斯蘭無疑是黑皮諾的絕佳產區。

### 真正的濃稠

橡木桶陳年的Rutherglen產區葡萄酒，口感出乎預料的甜美強勁，除了它的鄰居Glenrowan產區釀造的酒外，其他任何地方再也找不到這種風格的酒了。再加上獵人谷的榭密酒，它們是澳洲帶給葡萄酒世界最具獨創性的禮物，當然澳洲的葡萄酒愛好者也不一定全都欣賞它們。

這些著名的澳洲「濃稠」酒秘密在於顯著的晝夜溫差和漫長且乾燥的秋季，還有那超長的採收季也起了很大的作用。主要原料是在熾熱陽光下曬成了深黑色的蜜思嘉葡萄。標有托佩克（Topaque）字樣的「濃稠」酒是採用來自法國索甸和貝傑哈克產區的密斯卡岱（Muscadelle）葡萄釀製而成的。那些裝在舊木桶裡，在炎熱鐵皮屋中熟成幾年

後的酒，會令人驚訝地變得如絲綢般豐富多彩。Rutherglen的蜜思嘉葡萄酒酒標上的「經典級」（Classic），意味著此酒陳釀了10年，「珍稀級」（Rare）表示陳年超過20年，而「高級」（Grand）的一般陳年時間在10-20年之間。有些生產商利用索雷拉（solera）系統，把比較年輕的酒添進老桶中（混合年份），也有生產商每年釀造當年新鮮的混釀酒。

這種葡萄酒裝瓶後要盡快喝掉，喝前要稍微冰一下，透過保持一定的鮮度來抵消酒中糖的甜度，酒中所有的糖加起來能占到體積比的四分之一．那些甜度較低的酒款，甚至出奇地和巧克力很搭——如果不顧牙醫反對的話。

# 莫寧頓半島 Mornington Peninsula

莫寧頓半島產區每兩年（上次是 2019 年）都會在墨爾本南部鬱鬱蔥蔥的山村中舉辦國際黑皮諾節。他們會邀請不少布根地知名的酒莊來參加，而其中的理由可想而知。作為最大的黑皮諾葡萄園聚集產區，他們希望透過舉辦此類盛會為大家留下深刻的印象。

很難想出世界上還有哪裡能像莫寧頓半島這種海洋性氣候卓著，卻又適合黑皮諾生長的地方。這裡幾乎每時每刻都微風徐徐，或來自西北部的菲利普港灣（Port Phillip Bay），又或來自東南部的大洋。但海風僅會調節溫度，卻不會讓葡萄酒裡有海洋的味道。事實上，當地人說在這裡決定葡萄成熟和採收日子的因素並不是葡萄園特定的海拔，而是它面對著哪個方向吹來的風。

莫寧頓半島的夏季往往比較溫和，1 月的氣溫會低於 20°C，比布根地的 7 月要涼爽得多，儘管偶爾還是會有熱浪曬傷脆弱的黑皮諾葡萄果皮。莫寧頓半島也沒能躲過全球氣候暖化的影響；現在採收季節一般在 3 月初，已經比過去提前了整整 4 周。有些當地人擔心最終這個地區也會因太熱而變得不適合種植布根地的紅葡萄品種了。

## 美食、藝術、佳釀

自 1886 年起，莫寧頓半島開始種植葡萄，到了 1891 年，14 家葡萄果農被皇家委員會提議納入果蔬行業。在 20 世紀 70 年代早期，這裡的葡萄酒行業邁入了現代化階段，先鋒代表包括 Main Ridge、Moorooduc、Paringa 及 Stonier 等酒莊，Stonier 酒莊現在屬於 Accolade 葡萄酒集團。還有 Eldridge、Kooyong 和 Ten Minutes by Tractor 等老酒莊，也都全心致力於葡萄酒品質提升和產區推廣。此外，這邊也不乏有才華的年輕一代，如 Tom Carson 大受好評的 Yabby Lake 酒莊和 Sam Coverdale 的 Polperro 酒莊。

另外有點在澳洲是不同於尋常的是，這風景如畫的莫寧頓半島產區沒有代工葡萄酒廠，墨爾本的有錢人在此蓋了星羅棋布的豪宅和莊園。相反，在 200 多家葡萄種植戶中大概有 60 多家一直採用布根地模式，踏踏實實地種著自己的葡萄、釀著自己的美酒。這裡目前的實際狀況是三分之二的酒莊所擁有的葡萄園面積不到 4 公頃，因此手工操作的程度非常高。因距離墨爾本非常近，這個產區有 50 多家品酒銷售中心，也正是因為墨爾本，許多酒莊還開了高級餐廳和藝廊。最引人注目的 Pt. Leo 雕塑公園，與亞拉谷傑出的藝廊 TarraWarra 不相上下。大約有三分之一的莫寧頓半島葡萄酒都是在品酒銷售中心中販售，出口量很少。

## 莫寧頓的代表性葡萄品種

從 1996 年到 2008 年，莫寧頓半島的葡萄園種植面積翻了一倍。但是因為距離墨爾本太近，地價很高，進而限制了葡萄種植的進一步擴大。也因此讓充滿實驗性精神的有志新浪潮釀酒人士不敢靠近，莫寧頓只好專注於少數傳統的葡萄品種。黑皮諾已經成為了莫寧頓半島產區的招牌葡萄品種，面積幾乎占了產區葡萄園總面積的一半。夏多內（有些非常精緻）大約占產區葡萄園總面積的 25%；而產區流行的灰皮諾比例則為 20%（在亞拉谷產區，黑皮諾葡萄園面積大概是莫寧頓半島產區的 3 倍，儘管面積更大、價格更便宜，但亞拉谷黑皮諾仍然無法居於主導地位）。莫寧頓的土壤類型也是相當多樣，在 Red Hill 區域是紅色火山岩，在 Tuerong 區域是黃色沉積土，在 Merricks 是棕色土壤，而在 Moorooduc 則是砂質黏土。

黑皮諾的無性繁殖品系 MV6 在澳洲十分普遍，它被認為是由 James Busby 於 19 世紀初從法國梧玖莊園（Clos Vougeot）帶回來的，這個品種在莫寧頓半島產區舉足輕重，當然各種比較新的布根地無性繁殖品系，在此種植的數量也日益增加。

莫寧頓半島產區黑皮諾酒最顯著的特徵是：清爽的酸度和純淨度。這裡的葡萄酒很少顏色特別濃郁或口感極為強烈，它們的色澤即使不在光下也很漂亮。不管是黑皮諾、灰皮諾（T'Gallant 酒莊在澳洲首開種植灰皮諾的先例）還是夏多內，結構都如水晶般非常完美，酒體恰如其分，正是那種流行的葡萄酒類型。在 20 世紀末，莫寧頓半島曾是那些喜歡讓自己的手指沾滿黏果汁的墨爾本人的「遊樂場」，但隨著葡萄藤越來越老成，人們的葡萄酒文化知識越來越豐富，相應的葡萄酒品質也顯著提升。如今莫寧頓半島已經成為澳洲最有價值的手工精釀葡萄酒產區之一。

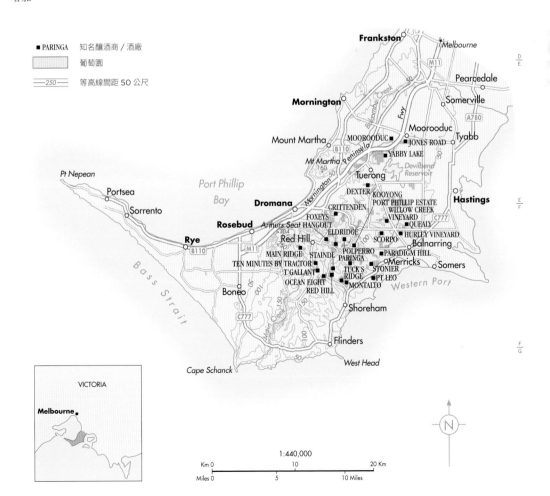

■ PARINGA　知名釀酒商／酒廠

　葡萄園

250　等高線間距 50 公尺

1:440,000

VICTORIA

Melbourne

# 亞拉谷 Yarra Valley

從墨爾本來的品酒遊客，從高處俯視亞拉谷潮濕且鬱鬱蔥蔥的獨特風景。

少數能夠概括指稱「亞拉谷」這個維多利亞州中最重要優質產酒區的說法之一就是，這裡真的很難一言以敝之。有些葡萄園接近海平面，而其他的，特別是那些新的葡萄園，海拔則大約在500公尺左右。這裡溝壑縱橫，山巒起伏，景色宜人，葡萄園遍布於各個方位。

**風土條件**：產區地形錯綜複雜但整體而言都很貧瘠，北部是排水良好的灰色壤土夾雜著砂質土和黏質土；南部是深厚、肥沃的紅色火山土，隨地形和海拔變化而呈現差異。

**氣候**：比布根地溫暖，比波爾多和澳洲整體概況要涼爽，冬季潮濕，夏季乾燥涼爽，晝夜溫差變化適中。

**葡萄品種**：紅：黑皮諾、希拉茲、卡本內蘇維濃；白：夏多內、灰皮諾。

1838 年伊林酒廠（Yering Station，在下頁地圖的中間位置）建立了維多利亞州第一個葡萄園。旁邊的 Yeringberg 是牛羊牧場，從經營特色農莊開始，已經在 de Pury 家族中傳承了 5 代，而令其自豪的是 150 年的釀酒歷史。但是根瘤蚜病和追求加強型葡萄酒而不是餐酒的風尚，讓此區葡萄種植和釀酒在 20 世紀的很長一段時間中銷聲匿跡。

亞拉谷葡萄酒產業的重生可以追溯回 20 世紀 60 年代，當時有一群瘋狂癡迷於葡萄酒的醫生來到這裡，比如 Yarra Yering 酒莊的 Carrodus 醫生、Mount Mary 酒莊的 Middleton 醫生，以及 Seville Estate 酒莊的 McMahon 醫生，即使規模都很小，但他們建立了完善的酒莊規範。直到 20 世紀 80 年代，亞拉谷的名聲靠著兩款酒而再次建立：柔順絲滑、具有陳年潛力的波爾多式混釀，以及 Yarra Yering 酒莊所釀，名字很平凡的緊緻持久型隆河谷式混釀「不甜紅酒 2 號」（Dry Red No 2），該名是為了與酒莊自己波爾多式混釀的不甜紅酒 1 號（Dry Red No 1）做區隔。

在此之後，包括 Diamond Valley 酒莊的 David Lance 醫生（他的葡萄園現在由他兒子 James 管理，起名為 PUNCH）和建立 Coldstream Hills 酒莊（目前屬於富邑葡萄酒集團）的葡萄酒作家 James Halliday 等人，都一心想釀出澳洲首款高品質的黑皮諾葡萄酒。Coldstream Hills 酒莊基本上就在 Yarra Yering 酒莊隔壁，但超越了 Yarra Yering 酒莊，其所種出的布根地葡萄品種，品質絕佳，正是展示亞拉谷產區多樣性的絕好樣本。

## 布根地葡萄品種

黑皮諾明顯是亞拉谷最具優勢的品種之一，如今種植面積已占產區總面積的三分之一。然而

有人認為該產區的夏多內更出色，夏多內種植面積已達產區總面積的四分之一，引領了澳洲更加精緻、有時又很樸素的風格，這都要歸功於亞拉谷最南端，位於 Warbie 地區（B380 Warburton 高速公路從東面貫穿小鎮「亞拉交界處」[Yarra Junction]）南面區域，所擁有自然涼爽的高地氣候條件。

座落在高速公路邊上的酒莊，如 Lusatia Park，釀出了均衡穩定、耐儲藏的白蘇維濃。這裡的山坡頂部相當涼，尤其是在晚上。亞拉谷產區大部分地方晚上都能感到涼意，同時又受到來自附近南部海洋的影響，所以晝夜溫差變化不太大。

大部分最古老的葡萄園都座落在亞拉谷谷底，在穿過希爾斯維爾（Healesville）地區的 B360 高速公路兩側的灰色沙質和黏質土壤地帶，夏季相對溫暖一些，但這片區域有些地方更涼一些，尤其是海拔較高的地方。Yarra Glen 和 Dixons Creek 附近也種植了葡萄，最冷的地方在亞拉谷上游 Seville 和 Hoddles Creek 南面附近。肥沃的紅色火山岩土滋養了溪河沿岸那高聳入雲的尤加利樹，沿河形成了一排排藍枝葉的天然圍牆。

亞拉谷的年均降雨量比較高（可參考右側的數據資料表），但主要集中在冬季和春季。這裡的壤土排水很快，因此夏季灌溉很重要。而且根據數據資料，最近這幾個旱年比以往的還要乾得多，亞拉谷受到乾旱的影響與澳洲其他葡萄酒產

區一樣嚴重。2009 年 2 月，因為山谷中的灌木叢實在太乾了，一場森林大火襲來，摧毀了整個山谷，那天被稱為「黑色星期六」，造成葡萄園重大的損失。澳洲的葡萄酒科學家們已經變成研究「煙霧汙染」對葡萄和葡萄酒影響的專家了。

## 新浪潮

　　亞拉谷產區就位於墨爾本東北面，但這裡的土地要比墨爾本南部的莫寧頓半島便宜多了，因此它便成為那些年輕釀酒師放手一搏的地方：「非主流」葡萄品種、陶甕發酵、白葡萄浸皮（橘酒）、自然酒和不那麼自然的葡萄酒，以及南半球如何機敏地與各式各樣的歐洲文化相抗衡。許多酒莊決心要釀造出特別能展現他們葡萄園特點的酒，無論葡萄園是不是他們自己的。亞拉谷的希拉茲（Shiraz），有時酒標上的名字是 Syrah，剛好趕上了澳洲新興起之熱衷釀造涼爽產區希拉茲的潮流（希拉茲和卡本內蘇維濃一樣，基本上都適合種植在溫暖的山谷底部），並運用布根地的釀酒技術，一下就開啟了它新的篇章。

　　亞拉谷產區有許多吸引人的地方，例如這裡比澳洲多數葡萄酒產區都要涼爽一些，儘管 21 世紀流傳了嚴重的葡萄根瘤蚜病，但事實上所有的大公司都來這裡購買土地，其中來自瑞弗利納的迪伯多利家族酒莊就因為把這裡視為培育才華的溫床，而被大眾所認識。當法國的 Moët & Chandon 酒莊下決心在澳洲建一個「複製版香檳」的氣泡酒廠時，他們選擇了亞拉谷，從此就有香桐酒莊（Domaine Chandon）。Chandon 酒莊雖也釀造靜態葡萄酒，但主要產品是氣泡酒，有幾十款之多。然而隨著夏季氣候越來越熱，越來越乾燥，亞拉谷所產的果實在香桐酒莊的氣泡酒中所占的比例由 70% 降到了 36%，而改用來自 Strathbogie、麥斯頓山脈，以及國王谷和阿爾派谷，特別是韋蘭高原等，較涼爽產地的葡萄。亞拉谷產區採收開始時間也不穩定，最晚能到 2 月中旬。

## 亞拉谷西部

我們的地圖只展現了亞拉谷產區（請參考定位地圖）的一部分，主要是大部分酒莊聚集的西半部。

由葡萄酒作家 James 和 Suzanne Halliday 於 1985 年創立的 Coldstream Hills 酒莊，將黑皮諾葡萄品種帶到了亞拉谷產區。

**亞拉谷：
希爾斯維爾（HEALESVILLE）** ▼

緯度 / 海拔
**-37.81° / 130 公尺**

葡萄生長季節的平均氣溫
**18.6°C**

年平均降雨量
**603 公釐**

採收期降雨量
**3 月：41 公釐**

主要種植威脅
**葡萄根瘤蚜蟲、真菌病、花期惡劣的天氣**

# 新南威爾斯州 New South Wales

澳洲葡萄酒的發源地「新南威爾斯州」，作為葡萄酒產業重鎮的地位早就被「南澳」所取代。然而，在雪梨以北 160 公里處保留了一個產區，儘管該產區產量不到全國的 1%，但名聲與其他產區一樣響亮，這裡就是獵人谷（Hunter Valley）產區。獵人谷產區葡萄園面積已經比 20 世紀 80 年代的最巔峰時期縮減了 30%，有些不太適合種植葡萄的地方也已經轉為能更直接吸引遊客的娛樂場所。這裡的葡萄園和葡萄，與其他產區（如麥克扎倫谷產區）相比，都便宜多了。

**下獵人谷**（**Lower Hunter Valley**）地區位於布蘭克斯頓（Branxton）和以採礦為主的塞斯諾克（Cessnock）鎮之間，這是一個因地理位置而不是自然條件適配性而成功的範例。眾所周知，獵人谷的氣候條件遠遠不是種植葡萄最理想的地方。它屬於亞熱帶氣候，是澳洲最北部的傳統葡萄酒產區。夏季相當炎熱無處躲避，而秋季潮濕到令人煩惱。來自太平洋的強勢東北風一定程度上緩和了極端的熱浪，夏天經常性的多雲也阻擋了太陽的直射而導致光照不足。獵人谷有超過三分之二的地方年降雨量相對較高，可達 750 公釐，且降雨集中在每年的前 4 個月，其中包括葡萄採收季。很多酒農抱怨：這裡的年份如在法國一樣不穩定。

但獵人谷產區之所以在地圖上湧現那麼多酒莊的原因，不是因為對種植葡萄天生的熱愛，更多的是因為這裡距離雪梨只有 2 個小時的車程，是品酒遊客和投資者們嚮往的聖地。對於想放鬆的觀光客來說，澳洲沒有其他的葡萄酒產區能比得上這裡。餐廳、民宿、高爾夫，當然還有葡萄酒品酒銷售中心，都迅速地發展開來。

斷背山（Brokenback Range）南麓山腳下的土壤孕育了獵人谷的聲譽。山脈東邊附近有一片歷經風霜的玄武岩地帶，是古代火山活動的遺跡，這樣的地質條件限制了葡萄藤的長勢，並為葡萄帶來了獨特的礦物風味。在地勢高處是紅色火山土地區，比如波科賓（Pokolbin）次產區，特別適合獵人谷經典紅葡萄品種希拉茲的生長，源自於澳洲最早引進的葡萄種條。傳統的白葡萄品種「榭密雍」種植在地勢低窪沖積河床的白色沙土與壤土中，然而就產量來說，獵人谷的夏多內已經超過了榭密雍。獵人谷的希拉茲酒很少超過中度酒體，過去為了加強酒體會加入來自南澳的強勁希拉茲，但是現在不少釀酒師越來越熱衷於展現獵人谷希拉茲獨一無二的「布根地」風格：柔順、泥土氣息、餘韻悠長以及辛辣味。好年份的獵人谷希拉茲成熟相較早並適合陳年，隨著時間推移，風味會變得越來越複雜且帶有皮革氣息；但崇尚那種散發著「汗味」（酒香酵母 [brettanomyces yeast] 可能已腐敗的證明）的時代已經一去不復返了。

獵人谷榭密雍是澳洲葡萄酒中的經典──如果欣賞的話。葡萄往往在糖分比較低的時候採摘，發酵後就早早裝瓶，酒精濃度 11% 左右，不經過任何蘋果酸乳酸發酵等柔化（或加速）處理。這種帶有青草、柑橘氣息，相對骨感樸素的酒，隨著瓶陳時間增長，會有驚人的發展，顏色會變成綠色偏金，帶有烘烤、礦物感，隨之而來的風味層層展現，如今也有人嘗試略晚採收並且不額外添加酸等方法釀造年輕即飲的酒。華帝露（Verdelho）在獵人谷的歷史也很悠久。

獵人谷是澳洲處理法國引進之葡萄品種的前線。20 世紀 70 年代早期，Murray Tyrrell 在獵人谷產區，甚至可說是整個澳洲現代葡萄酒產業教父 Len Evans 的鼓舞下，採用了 60 年代 Max Lake 釀造卡本內蘇維濃的理念，釀造出一款讓同行們無法忽視的代表性酒款──夏多內 VAT47，首次上市時的 1,000 瓶──到現在大概應該有 100 萬瓶了吧？而卡本內蘇維濃在這裡還從未達到過同樣的程度。

夏多內至今也是**上獵人谷**（**Upper Huter**）次產區的主要葡萄品種──也有人說可能是唯一的品種。20 世紀 70 年代 Rosemount 將之種植在這裡。這裡位於地勢較高的 Denman 和 Muswellbrook 西北 60 公里處，降雨量低，允許人工灌溉。Broke Fordwich 次產區位於上獵人谷次產區往西驅車半小時處，近年來十分活躍，能種植出具有獨特風格並生長在沙質沖積土上的榭密雍。

獵人谷往西，位於「大分水嶺」西面山坡、海拔 450 公尺處的**瑪吉**（**Mudgee**）產區，從 20 世紀 70 年代起也開始嶄露頭角（可參考第 344-345 頁新南威爾斯州葡萄酒產區分布圖）。其實

這張波科賓產區的空拍圖足以說明當地水源充足，波科賓是官方正式認可的獵人谷次產區，詳細標示於下頁地圖上，當地能看到各種的葡萄酒和旅遊活動。

瑪吉葡萄酒基本上和獵人谷的一樣歷史悠久，但在人們開始尋求更涼爽產區之前，瑪吉一直都默默無聞。馥郁和餘韻悠長的夏多內與卡本內蘇維濃（特別是來自 Huntingdon 酒莊的）是瑪吉產區傳統的強項。麗絲玲（特別是來自 Robert Stein 酒莊的）與希拉茲也品質出眾。Robert Oatley 葡萄莊園，以已故遊艇手 Rosemount 創始人的名字命名，如今還擁有歷史悠久的 Craigmoor 酒廠，也是這裡葡萄酒產業的主力。

## 新南威爾斯州其他產區

新南威爾斯州持續且積極地開發新葡萄酒產區，所有新產區都在更涼爽的區域，海拔也更高，零星散落在各地。最新的一個產區是**新英格蘭（New England）**，是澳洲海拔最高的產區，達到 1,320 公尺。

**奧蘭治（Orange）**產區位於死火山「卡諾波拉斯山」（Mount Canobolas）的山坡上，也是以海拔高度來劃界，葡萄園分布在海拔 600~1000 公尺之間，與高低起伏的中央山脈（Central Ranges）葡萄酒區區別開來。在這麼高的地方，適合種植的葡萄品種很多樣，但奧蘭治葡萄酒的共同點就是顯而易見的純淨自然酸度。麗絲玲、白蘇維濃和夏多內在此蓬勃生長。在海拔更高處，有利的朝向、嚴密的葡萄藤樹冠管理以及控制產量下，釀造出頂級的紅葡萄酒。

**考拉（Cowra）**產區釀造活潑、溢美和豐沛夏多內的歷史較長，葡萄園產量相當高而且地勢較低，平均海拔只有 350 公尺。稍微往南一點繞 Young 小鎮的**希爾泰普斯（Hilltops）**產區海拔比考拉產區稍高，但更新一些，和大多數相對鮮為人知的新南威爾斯州其他產區一樣，主要為產區以外的酒莊提供紅色品種以及夏多內和灰皮諾等葡萄原料。考拉產區大約有 6 家小型企業，到目前為止，最重要的是 McWilliam 家族的巴望酒莊（Barwang Vineyard）和專注於義大利葡萄品種的費李曼酒莊（Freeman Vineyards）。

**坎培拉地區（Canberra District）**的葡萄園集中在澳洲首都坎培拉附近，這個產區令人非常驚訝，其一因為它有不少酒莊，其二因為大部分酒莊位於新南威爾斯州，其三是因為這些酒莊已經存在很久了。早在 1971 年，Clonakilla 酒莊的 John Kirk 博士和 Lake George 酒莊的 Edgar Riek 博士，在此種下了了第一株葡萄藤。前者的兒子 Tim 實際上是澳洲流行的希拉茲／維歐尼耶混釀葡萄酒的先驅，他遵循的是法國隆河谷羅第丘模式。海拔最高的葡萄園，比如 Lark Hill，現在採用生物動力農法耕作，這裡氣候不僅可以稱為涼爽，甚至是寒冷（有霜凍風險），但能釀出一些澳洲最精緻的黑皮諾、麗絲玲，甚至還有綠維特利納。

**肯爾黑文海岸（Shoalhaven Coast）**發展也相當快，雖然這裡與麥跨里港（Port Macquarie）北部的**黑斯汀河（Hastings River）**一樣受高濕度困擾，雜交葡萄品種如紅色的「香波尚」（Chambourcin）是某種應對高濕度的解決方案。**坦巴倫巴（Tumbarumba）**是另一個極端涼爽的高海拔產區，該產區因為精緻的夏多內和氣泡酒而受到釀酒師的關注。越來越多酒標上標示為坦巴倫巴產區的白葡萄酒，其實是在附近希爾泰普斯和坎培拉地區的酒莊裡裝瓶的。

### 獵人谷

此地圖詳細標示的部分獵人谷產區，包括了核心酒莊和葡萄園，它們構成了 20 世紀中葉澳洲葡萄酒文化中重要的一部分。

POKOLBIN　葡萄酒次產區（GI）
Lovedale　非官方葡萄酒次產區
■ ADINA　知名釀酒商／酒廠
● Mount View　知名葡萄園
　葡萄園
300　等高線間距 75 公尺
▼　氣象站（WS）

主要釀酒商／酒廠
1　HONEYTREE
2　TYRRELL'S
3　GLENGUIN
4　McGUIGAN
5　TEMPUS TWO
6　WINE HOUSE HUNTER VALLEY
7　TAMBURLAINE
8　PEPPER TREE
9　TOWER ESTATE
10　HUNGERFORD HILL

下獵人谷：
塞斯諾克（CESSNOOK）　▼

緯度／海拔
-32.50° / 90 公尺

葡萄生長季節的平均氣溫
21.7°C

年平均降雨量
678 公釐

採收期降雨量
2 月：87 公釐

主要種植威脅
收獲季降雨、真菌病

主要葡萄品種
紅：希拉茲
白：榭密雍、夏多內、華帝露（Verdelho）

# 塔斯馬尼亞島 Tasmania

氣候變遷迫使澳洲釀酒人往南部遷移。塔斯馬尼亞島，這個從墨爾本穿過巴斯海峽（Bass Strait）420 公里的小島，理所當然地成了下一步發展的首選地。高緯度的優勢（與紐西蘭的南島一樣）讓很多澳洲大陸本地的釀酒師羨慕不已。

豪帝（Hardys）酒莊的頂級氣泡酒 Arras 的葡萄原料就來自塔斯馬尼亞島。雅倫布（Yalumba）酒莊的 Jansz 也是如此，並且收購了受眾人喜愛的 Dalrymple 葡萄園。維多利亞州塔爾塔尼酒莊（Taltarni）的所有人 Goelet Wine Estates（GWE），如今也立足於塔斯馬尼亞島發展它們的 Clover Hill 葡萄酒。

島上也打造出一些極為精湛的靜態葡萄酒。Shaw + Smith 收購了知名的 Tolpuddle 葡萄園，這是它首次嘗試在阿得雷德丘以外區域發展葡萄酒產業。Tolpuddle 葡萄園的黑皮諾，特別能向人們展示葡萄園良好規劃和種植技術的成果。維多利亞州的布朗兄弟酒莊作出了最大膽的決定，將酒莊全部搬到塔斯馬尼亞島：他們在島上收購了 Tamar Ridge、Pirie 及 Devil's Corner 3 個酒莊，如今成為島上最大的葡萄酒釀造商，消費者被那些特別新鮮和十分平衡的高品質黑皮諾靜態酒深深吸引著。布朗兄弟酒莊最大的競爭對手是由法蘭德斯人（Flemish）擁有、出產 Pipers Brook 及 Ninth Island 酒的 Kreglinger 酒莊。

## 嚴格受限

一直到 2017 年，塔斯馬尼亞島的葡萄園數量為 230 家，但面積僅有 2,000 公頃，發展主要受限於吃緊的灌溉水資源，即使塔斯馬尼亞島的西海岸是澳洲最濕潤的地區之一，雨林遍布。荷伯特（Hobart，塔斯馬尼亞州首府）與南澳的阿得雷德並列為澳洲最乾燥的州首府城市。到目前為止，葡萄園局限在島東部的三分之一，分布在風格也各不相同的幾個非官方產區（所有葡萄酒的產地都只簡單標為 Tasmania）。位於島東北部，擁有屏障的塔馬河谷（Tamar Valley），以及林木茂盛、比較潮濕且葡萄熟成也很晚的派珀斯河（Pipers River）這兩個區域，被公認為全澳洲最適合的涼爽氣候葡萄酒產區。河流有助於調節氣溫，谷地周圍的山坡又阻擋了霜凍的危害。東南沿海有幾個地點受到實際上根本是連綿不斷的山脈保護，也幾乎不受南極洋流的影響。環繞菲欣納（Freycinet）區域天然而成的圓形凹地，似乎是上天注定的葡萄種植地，在夏季不太炎熱的年份能夠產出極為優質漂亮的黑皮諾葡萄。

甚至在休恩谷（Huon Valley），這個澳洲最南端的葡萄酒產區，也釀造出了一些充分成熟、獲獎無數的佳品。荷巴特北部的德溫特谷（Derwent Valley）和東北部的煤河（Coal River）地區非常乾燥，它們處於威靈頓山（Mount Wellington）背風面降雨量較少的地區，如今至少可以透過煤河獲得充足的灌溉用水。這些地方最好的葡萄酒是夏多內、黑皮諾和麗絲玲（從不甜到很甜的類型），當然精心挑選並妥善管理這些地塊，就能讓卡本內蘇維濃達到完全成熟，產業先鋒 Moorilla 酒莊（Moorilla Estate）所擁有的「大 A 酒莊」（Domaine A）證明了這一點。

## 天下無絕對的壞事

塔斯馬尼亞島地區變得越來越重要，是那些澳洲大公司夢寐以求的地方。Hardys 酒莊頂級 Eileen Hardy 葡萄酒所使用的所有黑皮諾和大量的夏多內都來自塔斯馬尼亞島地區；Penfolds 酒莊最頂級的夏多內葡萄酒 Yattarna，所使用的塔斯馬尼亞島產葡萄占比也在穩定增加當中。塔斯馬尼亞島一直以來是氣泡酒的基酒供應地，這個歷史地位說明了黑皮諾、夏多內是這裡最重要的葡萄品種，它們分別占了葡萄總種植面積的 44% 和 23%。

沿著海岸的風很自然地限制了塔斯馬尼亞島這些從肥沃花叢裡開墾出來的葡萄園的產量。防護網在有些地方還是有必要的，能保護面向大海種植的葡萄藤上的葉子。葡萄生長會像每個釀造者所期望的那樣緩慢，葡萄果實的風味也相對地會更加濃郁。

塔馬河谷是島上最重要的葡萄酒產區，出產量大約占塔斯馬尼亞島葡萄酒總產量的 40%。

非官方葡萄酒產區　Tamar Valley

■ JANSZ　知名釀酒商／酒廠

◎ Tolpuddle　知名葡萄園

—500—　等高線間距 500 公尺，輔助等高線 200 公尺

▼　氣象站（WS）

1:2,440,000

Km 0　50　100 Km
Miles 0　50 Miles

塔斯馬尼亞島：
朗瑟士敦（LAUNCESTON） ▼

緯度／海拔
**-41.54° / 166 公尺**

葡萄生長季節的平均氣溫
**14.4°C**

年平均降雨量
**620 公釐**

採收期降雨量
**4 月：47 公釐**

主要種植威脅
**灰黴病、落果**

主要葡萄品種
**紅：黑皮諾**
**白：夏多內、白蘇維濃、灰皮諾、麗絲玲**

# 紐西蘭 New Zealand

很少有哪個葡萄酒釀造國如紐西蘭這般形象鮮明。「鮮明」（Sharp）這個詞貼切地描述了紐西蘭的葡萄酒，純淨的風味以及豐滿的酸度為其特徵，很難與其他國家搞混。紐西蘭不僅是世界上最偏遠的國度之一（從最近的鄰國澳洲飛過去也要 3 小時），也是葡萄酒王國裡相對較新的一員。紐西蘭國土面積很小，葡萄酒產量僅占全世界總產量的 1%，但卻是重要的葡萄酒出口國，接近 90% 的葡萄酒銷往海外，因此本書也為它留出一定的篇幅。但凡品嚐過紐西蘭葡萄酒的人，甚至包括澳洲人，都會瘋狂愛上它那種異常強烈、直接的風味。

本書的第一版（1971 年）幾乎沒有提及紐西蘭。那時紐西蘭的葡萄園還很少，大部分葡萄品種也都是雜交的。1973 年，葡萄酒界的現代派強者馬爾堡（Marlborough）最先種下了葡萄藤，到了 1980 年，馬爾堡的葡萄園面積已經達到 800 公頃，紐西蘭全國的葡萄園總面積達到 5,600 公頃。

從 20 世紀 90 年代起，似乎只要有幾公頃土地的人都想試試種葡萄。到了 2018 年，紐西蘭葡萄園總面積已經達到 38,000 公頃。

但是，2008 年的葡萄大豐收驚動了整個產業，當代葡萄酒界第一次出現嚴重產能過剩的情況，無數的葡萄留在葡萄藤上未被採摘。儘管利潤看起來很誘人，但經事實證明，小型葡萄園還是很難獲利，葡萄種植者的數量也從 2008 年的 1,060 家下降到 2018 年的 700 家左右。但同時，釀酒廠的數量卻穩步增長，到 2018 年已有 697 家，許多釀酒廠也都擁有自己的葡萄園。規模經濟效益使得協作釀酒（代工）成為一門大生意，不少種植者擁有自己的酒標，但卻沒有自家的釀酒廠。

在紐西蘭葡萄酒形成實且果味豐富的風格前，這個國家一直都在與自然問題抗爭。150 年前，這個狹長形的國度仍被熱帶雨林覆蓋。土壤中營養物質太豐富，葡萄藤和其他作物一樣枝繁葉茂生長過度，豐沛的雨水更是讓這種情況雪上加霜，西部和北島尤其如此。於是，葡萄種植集中在兩島的東海岸，在南島，由南阿爾卑斯山（Southern Alps）形成的雨影區有利於葡萄藤的種植。20 世紀 80 年代，葡萄栽培家 Richard Smart 博士將樹冠管理技術引進紐西蘭，從此，紐西蘭葡萄酒的獨特風格便開始在國際舞臺上閃耀。

## 紐西蘭的名片

是白蘇維濃讓世界注意到了紐西蘭。畢竟，涼爽的氣候是活潑風格葡萄酒的必要條件。南島北端涼爽、明媚、多風的條件，似乎

天生就是為敏感的白蘇維濃而打造的。馬爾堡白蘇維濃作為早期代表，在 20 世紀 80 年代就像打開了一個風味版的潘多拉盒子，沒人能忽視它的存在，最重要的是，它無法被複製。如今，白蘇維濃是紐西蘭最重要的葡萄品種，占全國葡萄園總面積的 60%，紐西蘭因此也比其他國家更加依賴單一品種的釀造（詳見下頁專題）。

原因顯而易見，白蘇維濃無需桶陳，可以提早裝船運輸。在 2018 年紐西蘭繁盛的葡萄酒出口市場上，白蘇維濃竟占據了 86% 的出口量。在許多出口市場上，紐西蘭的葡萄酒也是單瓶售價最高的國家之一。

白蘇維濃，尤其是馬爾堡的白蘇維濃備受追捧，紐西蘭的葡萄酒產業就像它的風景一般，吸

引了一眾外國投資人的注意。第一個重要的投資者是法資跨國企業保樂力加（Pernod Ricard），它於 2005 年收購了紐西蘭最大的酒廠，即現在的布蘭卡特酒莊（Brancott Estate）。

雖然所有的投資者都押注在白蘇維濃上，但紐西蘭黑皮諾的吸金能力也越發顯現出來。同樣得益於涼爽的氣候，黑皮諾是紐西蘭另一張輝煌的成績單。如同白蘇維濃在白葡萄酒品種中 76% 的占比，黑皮諾在紅葡萄酒品種中的占比也高達 72%。四個主要的皮諾產區馬爾堡、馬丁堡（Martinborough）、中奧塔哥（Central Otago）、坎特伯雷（Canterbury），風格各成一體，但整體上紐西蘭的黑皮諾和當地的白蘇維濃一樣很討喜。

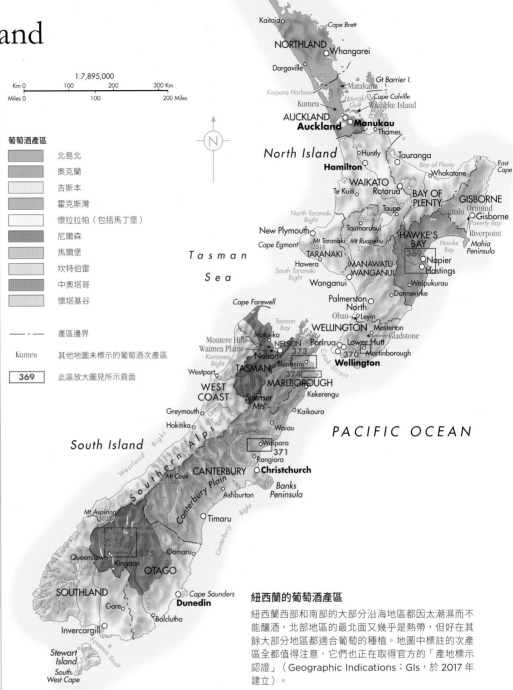

**紐西蘭的葡萄酒產區**

紐西蘭西部和南部的大部分沿海地區都因太潮濕而不能釀酒，北部地區的最北面又幾乎是熱帶，但好在其餘大部分地區都適合葡萄的種植。地圖中標註的次產區全都值得注意，它們也正在取得官方的「產地標示認證」（Geographic Indications；GIs，於 2017 年建立）。

1:7,895,000

**葡萄酒產區**
- 北島北
- 奧克蘭
- 吉斯本
- 霍克斯灣
- 懷拉拉帕（包括馬丁堡）
- 尼爾森
- 馬爾堡
- 坎特伯雷
- 中奧塔哥
- 懷塔基谷

產區邊界

Kumeu　其他地圖未標示的葡萄酒次產區

369　此區放大圖見所示頁面

在其他紅葡萄品種中，相較於有晚熟「缺陷」的卡本內蘇維濃，梅洛受到越來越多種植者的青睞。卡本內蘇維濃的種植量已經被作為霍克斯灣（Hawke's Bay）特色品種的「希哈」（2018年種植面積為 435 公頃）超前。

在所有的白葡萄品種中，紐西蘭涼爽的氣候和明媚的陽光孕育出世界一流的夏多內，但白蘇維濃對種植者來說更加有利可圖，夏多內的總面積也因此不斷地縮減。同時，有效利用「不過桶工法」（低成本釀造）的灰皮諾也迎頭趕上。紐西蘭的不甜型和甜型的麗絲玲葡萄酒，品質同樣十分細膩。

隔離政策雖能把部分病蟲害疾病留在海灣地區，但無法完全去除，所以大部分的葡萄藤都已經嫁接在抗葡萄根瘤蚜蟲病的砧木上。

永續發展（Sustainability）是紐西蘭當下的潮流，但官方對此的認證條件規範相當寬鬆。

## 北島

紐西蘭葡萄酒的發展走過了很長一段路，之前被當地人俗稱為「達爾馬西亞的廉價酒」（Dally plonk），此說法源自 20 世紀初，達爾馬提亞（Dalmatia）移民離開貝殼杉松林到**奧克蘭（Auckland）**附近種植葡萄。在多雨的亞熱帶氣候影響下，他們仍舊堅持不懈。一些知名的葡萄酒家族都擁有克羅埃西亞語的名字，其中

以庫姆河酒莊（Kumeu River）的 Brajkoviches 最為顯赫，他們釀造的夏多內可以與最好的布根地白葡萄酒相媲美。和澳洲獵人谷一樣，雲層遮蓋中和了過度的陽光照射，再加上午後的海風，給予了葡萄穩定的成熟條件。儘管東面的懷希基島（Waiheke island，又稱「激流島」）可免受部分陸地雨水的影響，但採收期的雨水和腐爛問題依舊令人頭疼。很早以前，石脊園酒莊（Stonyridge）就顯示出該島種植釀造波爾多品種的潛力，不過，希拉茲的表現似乎更為出色。在亞熱帶北部，**北島北（Northland）**的種植者在乾燥年份能夠釀造出令人印象深刻的希拉茲、灰皮諾和夏多內。

北島東海岸的**吉斯本（Gisborne）**酒莊數量相對較少，曾經是釀酒廠與裝瓶商的兵家必爭之地，如今卻已沒落。代表性品種夏多內品質不錯，但也不若南部更涼爽產區的白蘇維濃與灰皮諾受寵。這裡比霍克斯灣（Hawke's Bay）更溫暖潮濕，秋季尤其如此。當地易受氣旋侵襲，相對肥沃的壤土上幾乎只種植白葡萄品種，而且通常比霍克斯灣和馬爾堡早採摘 2~3 周。

**歐胡（Ohau）**是西海岸一個新興的葡萄酒次產區，位於威靈頓北部，釀造脆爽有力的白蘇維濃與灰皮諾。

## 南島

跨過惡名昭彰、狂風肆虐的庫克海峽，便是南島。馬爾堡西面的**尼爾森（Nelson）**產區，葡萄園面積與北島的懷拉拉帕（Wairarapa）一樣大（可參考第 370 頁），但這裡降雨量更多，也很少受大企業影響。葡萄園集中分布在塔斯曼灣（Tasman Bay）的西南海岸，坐擁穆特雷特丘（Moutere Hills）的礫石黏土和威美亞平原（Waimea Plains）的多石沖積土，受海洋影響也更大。作為一個全能產區，這裡不僅出產帶有新鮮草本氣息的白蘇維濃，以及強勁濃郁的夏多內和黑皮諾，芳香型白葡萄酒也享譽在外，特別是麗絲玲和越發受歡迎的灰皮諾。

---

## 紐西蘭葡萄品種的興衰

1990 年，紐西蘭最普遍的葡萄品種是米勒-土高，現在基本上已經消失（2018 年僅有 2 公頃，包含在「其他葡萄品種」類別中）。如今紐西蘭的葡萄品種已經大為不同，白蘇維濃種植最多，以完全的主導地位力壓其他國家。黑皮諾和灰皮諾也呈上升趨勢，葡萄藤的種植面積增長 8 倍左右。

- 白蘇維濃
- 黑皮諾
- 夏多內
- 灰皮諾
- 梅洛
- 麗絲玲
- 白蘇維濃
- 米勒-土高
- 其他葡萄品種

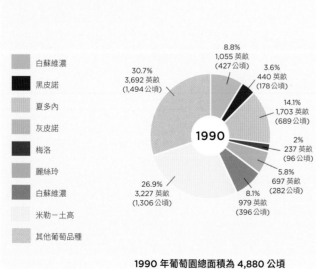

1990

30.7%
3,692 英畝
（1,494 公頃）

8.8%
1,055 英畝
（427 公頃）

3.6%
440 英畝
（178 公頃）

14.1%
1,703 英畝
（689 公頃）

2%
237 英畝
（96 公頃）

5.8%
697 英畝
（282 公頃）

8.1%
979 英畝
（396 公頃）

26.9%
3,227 英畝
（1,306 公頃）

**1990 年葡萄園總面積為 4,880 公頃**

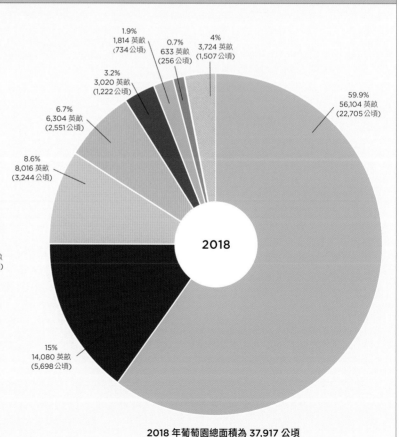

2018

1.9%
1,814 英畝
（734 公頃）

0.7%
633 英畝
（256 公頃）

4%
3,724 英畝
（1,507 公頃）

3.2%
3,020 英畝
（1,222 公頃）

6.7%
6,304 英畝
（2,551 公頃）

59.9%
56,104 英畝
（22,705 公頃）

8.6%
8,016 英畝
（3,244 公頃）

15%
14,080 英畝
（5,698 公頃）

**2018 年葡萄園總面積為 37,917 公頃**

# 霍克斯灣 Hawke's Bay

在紐西蘭的葡萄酒字典裡，霍克斯灣是一個有歷史意義的產區。早在 19 世記中葉，聖母會的傳教士就在此地種植葡萄。直到 20 世紀40 年代，當地人 Tom McDonald 釀造的卡本內蘇維濃才引來了澳洲「馬克威廉酒莊」（Mc William's）的關注，霍克斯灣一躍發展為當前紐西蘭的第二大葡萄酒產區。McDonald 的 1949 年卡本內蘇維濃混釀是紐西蘭第一批優質紅葡萄酒。20 世紀 70 年代，整個國家開始認真種植，霍克斯灣的種植面積也因此得以擴大。雖然夏多內長久以來一直都是霍克斯灣的主導品種，且這種情況也將繼續下去，但霍克斯灣卻是憑藉紅葡萄酒來與其他產區做區分，成為紐西蘭的標竿模範。1998 年，氣候相當炎熱乾燥，羊群甚至都被運往西部山區更綠的牧場。由此可想而知當年葡萄的成熟度，連卡本內蘇維濃也完全熟透了。這一年的葡萄釀出的酒口感柔順，單寧緊緻，未來前途無限。隨後的年份再次顯示出霍克斯灣波爾多式混釀的實力，他們對品種組成進行了改進，酒的熟成速度可能會快一點，但品質足以與波爾多相提並論，CP 值極高。

霍克斯灣座落在北島的東部沿海，海岸寬闊，人們早就注意到當地的海洋性氣候受到了魯瓦希尼（Ruahine）和卡韋卡（Kaweka）山脈西風帶的影響，因此降雨量相對較少，溫度較高（雖然比波爾多低），這種氣候組合造就了整個國家最利於葡萄生長的環境之一。至於地表下的情況，則耗費了更多的研究時間。

## 最貧瘠的土壤，最成熟的葡萄

鳥瞰霍克斯灣，土壤呈多樣化分布，豐富的沖積土和貧瘠的沙礫土從山脈一直延伸到海邊。沙土、壤土和礫石的鎖水能力完全不同。在某個飽和點上，有的葡萄園能夠抽芽生長，而另一片葡萄園如果不灌溉可能就會枯萎。很明顯地，最成熟的葡萄往往來自最貧瘠的土壤，這樣的條件能夠抑制葡萄藤的生長，且可以透過灌溉來控制每株葡萄藤能接受到的水量。最貧瘠的土壤位於海斯汀斯（Hastings）西北部，沿著納魯羅羅河（Ngaruroro River）舊河道（1870 年大洪水後改道）的金伯勒（Gimblett）公路區域，深厚而溫暖的鵝卵石，覆蓋面積達 800 公頃。20世紀 90 年代末，葡萄種植區「金伯勒礫石丘」（Gimlblett Gravels）在此建立，好紀的名字還兼具了地理辨識度。這裡最後四分之三的土地被購買後，幾乎全都使用「水耕栽培」（水培），著實瘋狂。

還有其他一些適合紅葡萄品種成熟的區域：金伯勒南邊的帕喬三角區（Bridge Pa Triangle），

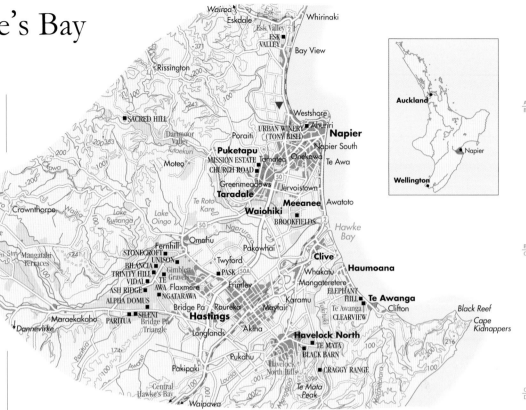

**霍克斯灣周邊地區**
臨海的內皮爾（Napier）氣象站與那些遠離海邊的知名葡萄園相比，氣候可能會更溫和些，請注意主要的次產區，其中以金伯勒礫石丘表現最為出色。

1:357,150

Km 0　　　5　　　10 Km
Miles 0　　　　5 Miles

Esk Valley　葡萄酒次產區
■ UNISON　知名釀酒商 / 酒廠
　　　　　　葡萄園
200　　　　等高線間距 100 公尺
▼　　　　　氣象站

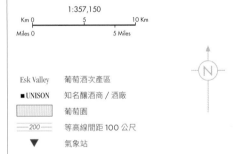

---

| 霍克斯灣：內皮爾（NAPIER）▼ |
| --- |
| 緯度 / 海拔<br>**-39.50° / 2 公尺** |
| 葡萄生長季節的平均氣溫<br>**17.2°C** |
| 年平均降雨量<br>**786 公釐** |
| 採收期降雨量<br>**3 月：67 公釐** |
| 主要種植威脅<br>**秋季降雨、夏季氣旋、真菌疾病** |
| 主要葡萄品種<br>**紅：梅洛、希拉茲、黑皮諾、卡本內蘇維濃**<br>**白：夏多內、白蘇維濃** |

氣候也稍微涼爽些；北哈夫洛克（Havelock North）的石灰岩山丘也有一些地塊，比如許多年前由泰瑪塔酒莊（Te Mata）開拓的葡萄園；霍莫阿納（Haumoana）和特阿旺加（Te Awanga）之間狹長的鵝卵石海岸帶，此區氣候涼爽，葡萄成熟晚。

和世界其他地方一樣，20 世紀 80 年代的紐西蘭也曾苦於當時過度追捧卡本內蘇維濃的熱潮，其實即使在最溫暖的金伯勒礫石丘（Gimblett Gravels），卡本內蘇維濃也很難完全成熟。而早熟的梅洛比較可靠，它也是目前霍克斯灣種植最廣泛的紅葡萄品種，種植量是卡本內蘇維濃的 5 倍多。很多卡本內蘇維濃葡萄藤現在

也嫁接上希拉茲，全國四分之三的希拉茲都種植在霍克斯灣貧瘠的土壤裡，大部分年份的成熟情況也令人滿意。早熟的馬爾貝克雖說水果風味不足，但在當地長勢喜人，主要用於混釀。即使是溫暖的霍克斯灣也難逃白蘇維濃熱潮。

當然，不同年份間可能會存在很大的差異。當地的氣旋也是惡名昭彰，會給葡萄園造成極大的損害。

# 懷拉拉帕
## Wairarapa

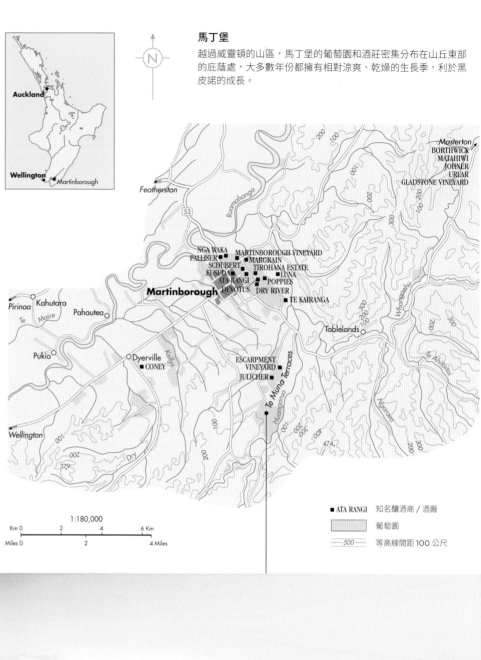

**馬丁堡**
越過威靈頓的山區,馬丁堡的葡萄園和酒莊密集分布在山丘東部的庇蔭處,大多數年份都擁有相對涼爽、乾燥的生長季,利於黑皮諾的成長。

北島最有潛力的黑皮諾產區,以及紐西蘭第一個建立起黑皮諾名聲的產區,正是懷拉拉帕(**Wairarapa**)。它包含三個次產區:位於南部的馬丁堡(Martinborough),可說是懷拉拉帕的葡萄酒之都,亦是美食與美酒中心,而格拉斯通(Gladstone)和馬斯特頓(Masterton)則位於產區北部,本次地圖中未顯示。

整個產區和首都的關係密切,從威靈頓往東北驅車一小時,穿過山區便到達北島東部的雨影區懷拉拉帕。這裡的氣溫非常低,連枯河酒莊(Dry River)的創立者,科學家 Neil McCallum 博士也都冷冷地說:「從熱能的總和來講,我們就像在愛丁堡。」西部的山脈使馬丁堡擁有了整個北島最為乾燥的秋季,60 多家酒莊也得以釀造出最生動的布根地式黑皮諾。作為懷拉拉帕的主要品種,這裡的黑皮諾葡萄酒可以像布根地的一樣,擁有強而有力的李子風味,又或是現在更常見的不甜型清瘦風格,同時帶有泥土氣息。

布根地的同行也將葡萄酒事業拓展到懷拉拉帕,繼續延續種植者釀酒的傳統。和庫克海峽對面的馬爾堡相比,這裡的產量要低得多,每公頃的平均產量也只有 2 噸。馬丁堡的土壤薄且貧瘠,覆蓋在排水性好的深部礫石、泥沙和黏土上。涼爽的春季葡萄藤常常遭受霜凍的威脅,隨後的開花期又有強勁的盛行西風帶肆虐這片多風之地。不過,好在這裡有漫長的生長季以及紐西蘭最佳的白晝溫差,沒日沒夜地補救了當地的葡萄。

不少領軍酒莊都是在 20 世紀 80 年代初期建立,如阿塔蘭吉酒莊(Ata Rangi)、馬丁堡酒莊(Martinborough Vineyard)及枯河酒莊。成熟的葡萄藤為它們帶來不少好處,其中很多都是當地的特色品種「艾博」(Abel),是黑皮諾的無性繁殖品系。灰皮諾作為另一個出色的無性繁殖品系,於 19 世紀 80 年代由霍克斯灣的明勳酒莊(Mission)引進,是紐西蘭的新寵,而馬丁堡產區也在這個品種上展現出自己的實力。白蘇維濃則是懷拉拉帕的第二大葡萄品種。至於紐西蘭自我意識高漲的黑皮諾世界,在馬丁堡與中奧塔哥間競爭相當激烈,兩者還會交替舉辦重要的國際性黑皮諾慶典。

美資克瑞吉酒莊(Craggy Range)雖位於霍克斯灣,但擁有圖中知名的天姆納梯田(Te Muna Terraces)上,管理完善的黑皮諾和白蘇維濃葡萄園。

| ■ ATA RANGI | 知名釀酒商 / 酒廠 |
|---|---|
| | 葡萄園 |
| —500— | 等高線間距 100 公尺 |

1:180,000
Km 0　　2　　4　　6 Km
Miles 0　　　2　　　　4 Miles

懷帕拉的冬天可能會非常寒冷，提基酒莊（Tiki）的葡萄園見證了這一切。Tiki 一名來自毛利人保佑好運和肥沃的護身符名字。今日，紐西蘭的部分釀酒運營權是由毛利人所有。

# 坎特伯雷 Canterbury

坎特伯雷（Canterbury）是紐西蘭南島第一大城「基督城」所在地區的統稱。作為該國的葡萄酒產區之一，它所走的路線與紐西蘭大部分產區不同，這裡出產的黑皮諾和夏多內帶有非常濃重的布根地風格。

早在 19 世紀中葉，班克斯半島（Banks Peninsula）就開始種植葡萄，但真正的商業葡萄酒釀造要等到 100 年後才真正興起。整個產區因氣候涼爽，所以不能讓波爾多紅葡萄品種成熟。夏季乾燥且漫長，有風向相對穩定的風，有時會吹來乾熱的西北風，嚴重地毀壞葡萄園；但有時從南方吹來的涼風，就很有利於葡萄的生長。

風在一定範圍內有助於葡萄藤生長。霜凍是9 月下旬至 11 月上旬這段時間的威脅，這裡的葡萄果實往往相對較小。因為缺水，所以引自流井的水灌溉基本上是必須的。

基督城周圍和南部的大平原因為毫無遮擋而風力強勁，整體而言，平原地帶的土壤是淤泥覆蓋著礫石，有時最上層會覆蓋一層薄薄的土。基督城往北大約一個小時的車程就可以到達**懷帕拉**（Waipara）產區，這裡的地形起伏較大，泰維戴爾丘（Teviotdale Hills）雖然海拔不高卻能有效地阻擋來自東面的風。當然，位於西部的南阿爾卑斯山也提供了一定的庇護。懷帕拉地區的土壤是含有礫石和石灰岩的石灰質土壤。基督城的一位醫生 Ivan Donaldson 創立了這個產區的先鋒

酒莊「飛馬灣」（Pegasus Bay），該酒莊因為釀造卓越細膩的麗絲玲而聲名遠揚，這裡的麗絲玲相當出色，不甜且很平易近人。近年來，一些大公司利用當地較為低廉的土地種植了大量的白蘇維濃，因此白蘇維濃一躍成為這裡種植最廣泛的品種。他們的計劃是將產於懷帕拉、成本更低的白蘇維濃葡萄混入馬爾堡的白蘇維濃中，以求降低整個馬爾堡白蘇維濃葡萄酒的成本（馬爾堡允許加入 15% 的另一產區葡萄）。開花季節時的霜凍和冷涼氣候會導致產量的減少，就像它們對發芽較早的夏多內所造成的影響一樣。而黑皮諾則幾乎是這裡唯一種植的紅葡萄品種，約占了葡萄園總數的三分之一。懷帕拉出產的黑皮諾品質相差極大，有令人失望的草藥味黑皮諾葡萄酒，也有極為優質且具有布根地風格的黑皮諾葡萄酒，最好的那些極其細膩優雅。

酒莊主要集中在安伯利（Amberley）往北的主要道路兩旁，但這裡並不是密集種植葡萄之處，大多數葡萄園孤立的地勢、較為乾燥的氣候和持續出來的風，讓有機農法栽種葡萄在此處變得相對容易。

紐西蘭最重要的兩家酒莊都從懷帕拉產區以西，**北坎特伯雷**（North Canterbury）的威卡通道（Wika Pass）上起家。即 1997 年建立的貝爾山酒莊（Bell Hill）和成立於 2000 年的金字塔谷酒莊（Pyramid Valley）。它們找到了很好的石灰岩塊，在酒莊最好的紅白葡萄酒中可以發現一絲與布根地的關聯。

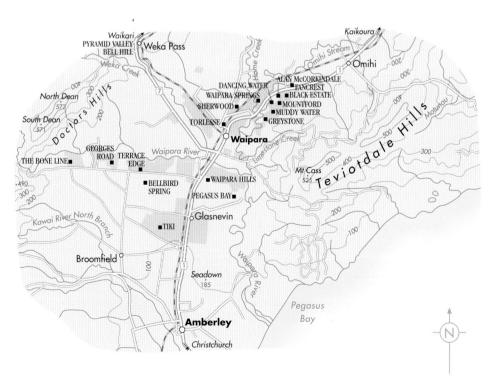

| | |
|---|---|
| ■ MOUNTFORD | 知名釀酒商／酒廠 |
| | 葡萄園 |
| —500— | 等高線間距 100 公尺 |

1:217,000
Km 0　　　　　5　　　　　10 Km
Miles 0　　　　　5 Miles

## 懷帕拉（Waipara）

懷帕拉有坎特伯雷最集中的酒莊和葡萄園，它位於受到地震損害之基督城以北，在北坎特伯雷的飛地上。酒莊自己的品酒銷售中心很重要，成效取決於酒莊距離馬路的位置，尤其是自 2011 年地震切斷了通往凱庫拉（Kaikoura）的海岸道路之後更為重要。而從布倫亨（Blenheim）到坎特伯雷的替代道路就從懷帕拉開始。

# 馬爾堡 Marlborough

近年來，在馬爾堡（Marlborough）種植葡萄的狂熱程度遠遠超過了所有紐西蘭其他葡萄酒產區，也讓馬爾堡成為紐西蘭葡萄酒的象徵。整個國家幾乎 70％ 的葡萄園都位於這個非常特殊的區域裡。而這裡 85％ 以上的葡萄園都種植著高產量的白蘇維濃，因此馬爾堡的葡萄產量幾乎占了整個紐西蘭的 80％。這是一個相當了不起的成就，歷史上除了一位早期移民於 1873 年左右在 Meadowbank Farm（今天的愛絲菲爾德酒莊 [Auntsfield Estate] 所在地）種植了葡萄藤以外，一直要到 1973 年，才由紐西蘭主要的釀酒商「布蘭卡特」（Brancott，當時稱為蒙大拿酒莊 [Montana]）種植了第一個 200 公頃的商業葡萄園。

起初這裡由於缺乏灌溉導致了一些問題，但在 1975 年，第一個白蘇維濃葡萄園在此建立。到 1979 年的時候，第一支蒙大拿酒莊年份馬爾堡不甜白蘇維濃葡萄酒裝瓶，該產區有著特殊、不容忽視的濃郁酒體。這是一種令人振奮，卻又易懂的風格，顯然具有非凡的潛力，因此迅速地引起諸多釀酒人前來，尤其是來自西澳曼達岬酒莊（Cape Mentelle）的 David Hohnen。1985 年，由他創立的雲霧之灣酒莊（Cloudy Bay），其名字和令人回味的酒標、煙燻味，以及幾乎令人窒息的嗆鼻風味，都讓這個酒莊從此成為一個傳奇。

到了 2018 年，馬爾堡的葡萄種植面積超過了 26,000 公頃，是世紀之交時種植面積的 5 倍，沒錯，整整 5 倍，而且預計種植面積還將不斷地擴大。而種植者和生產商的數量則比 5 年前的最高峰值稍少，到 2018 年分別為 510 家和 141 家。但是，這些生產商中有很大一部分將葡萄酒委託給該地區最繁忙的幾家代工酒莊生產。

## 是什麼讓馬爾堡如此與眾不同？

寬闊而平坦的懷勞山谷（Wairau Valley）仍然如磁石般吸引著投資者。這些投資者們，尤其是（但不只有）那些極其渴望確保自己的供應無虞，同時又想削減採購成本的亞洲葡萄酒進口商，以及那些喜歡自己嘗試釀酒的人。就某種程度而言，馬爾堡白葡萄酒所能帶來的經濟效益是很誘人的：多產的葡萄品種、擁有享譽全球的聲

## 馬爾堡的四個主要土壤類別

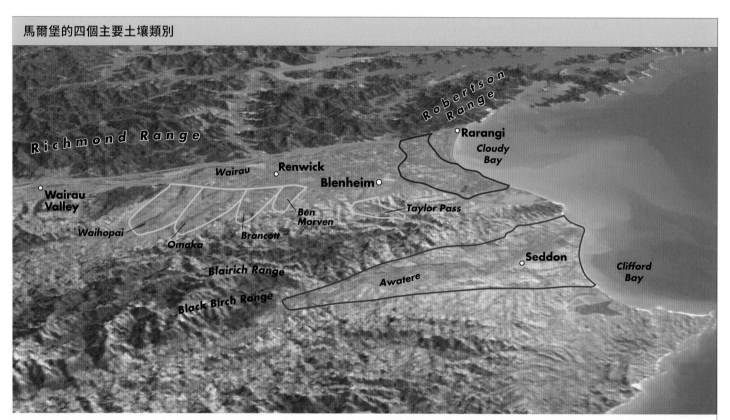

———— 沿海懷勞粉砂土壤
———— 內陸懷勞土壤
———— 南部山谷黏土
———— 阿沃特雷類型

馬爾堡擁有世界上最年輕且有近 90 種不同的土壤。這張獨特的地圖是在當地葡萄酒專家和土壤科學家的協助下編製的，顯示了與馬爾堡產區有關的四個主要土壤類別，但可能要過很長一段時間，世界上馬爾堡白蘇維濃的愛好者才喝得出它們之間的差別。單一園釀造的酒款能提供更明確的線索（如果手邊有這本地圖集可以對照的話）。

### 沿海懷勞粉砂土壤

包括下懷勞和 Dillons Point 次產區。富含鹽和礦物質的粉質和沙質壤土，主要種植長勢旺盛的白蘇維濃葡萄藤。

### 內陸懷勞土壤

包括上懷勞和較多碎石的 Rarangi 次產區，擁有淺粉質和砂質壤土。白蘇維濃在這裡是最常見的葡萄品種，儘管在其他條件較差的地塊，也種有一些白蘇維濃以外的白葡萄品種。

### 南部山谷黏土

包括外侯派（Waihopai）、奧馬卡（Omaka）、布蘭科特（Brancott）、Ben Morven 和 Taylor Pass 等次產區。表層土壤較淺，但強度較低的黏土促進了黑皮諾和夏多內的種植。外侯派有一些沖積粉塵土壤，但活力比懷勞低。黑皮諾在這個南部海拔偏高地區的黏土裡能釀出最富含花香、豐富和柔順的葡萄酒。

### 阿沃特雷類型

與北部的懷勞和南部山谷相比，阿沃特雷谷的土壤複雜得多。從淺層到中深層是粉質壤土，在較高的階地上有沙、礫石和黏土，適合種植各種不同的品種。

Data source: PlanetObserver

1:250,000
Km 0 ... 5 ... 10 Km
Miles 0 ... 5 Miles

**馬爾堡：布倫亨（BLENHEIM）▼**

緯度／海拔
**-41.50° / 35 公尺**

葡萄生長季節的平均氣溫
**15.4°C**

年平均降雨量
**711 公釐**

採收期降雨量
**4 月：53 公釐**

主要種植威脅
秋季降雨

主要葡萄品種
紅：黑皮諾；白：白蘇維濃、灰皮諾

WAIRAU VALLEY　葡萄酒產區
Rapaura　葡萄酒次產區
CLOUDY BAY　知名釀酒商／酒廠
　　　葡萄園
—500—　等高線間距 100 公尺
▼　氣象站（WS）

布倫亨曾經是寂靜的農業區，現在卻來了許多品酒觀光客，都是為了它享譽國際的馬爾堡白蘇維濃葡萄酒。

## 懷勞山谷（WAIRAU VALLEY）

這個小小的谷地的發展就像坐雲霄飛車一樣，其中最有名的是一個寧靜小鎮「布倫亨」（Bleheim）。此地從牧羊到成功種植葡萄，再到成為初期的法定產地，不過是三十幾年的光景。此處的潛力無庸置疑但並非是無限的，種植葡萄的各種細節以及不斷進化的次產區，都深深地影響葡萄酒的品質。

望、不需要昂貴的橡木桶陳釀，以及可以在葡萄採收當年就開始裝瓶銷售。

　　大公司不斷朝著懷勞山谷中越來越往西的方向種植葡萄，那裡的土地要比本地圖所標示的原核心地帶「下懷勞山谷」（Lower Wairau）便宜得多。夜晚來自海上的東風在大部分的年份中，為下懷勞山谷阻擋了霜凍，但內陸深處的位置就必須採取一定的防霜措施，尤其是靠近懷勞鎮中心。有些葡萄園的地理位置太過於偏西，以致於葡萄每年都不能達到很好的成熟度，而且山谷中的供水也較為匱乏。

　　漫長的白天、寒冷的夜晚、燦爛的陽光以及在好年份乾燥的秋季，使馬爾堡成為獨特的葡萄酒產區。在這樣相對較低的溫度下（請參見上面的數據資料），多雨的秋季可能是非常不利的，如 2017 年。但還好這裡的葡萄通常能留在藤上緩慢地成熟並達到夠高的糖分，而寒冷的夜晚也不會讓葡萄失去太多紐西蘭葡萄酒特有的酸度。

　　晝夜溫度變化最明顯的是靠近南部地區稍乾燥、涼爽和多風的**阿沃特雷谷**（Awatere Valley，可參考下頁地圖）。該地區的先鋒代表是 1986 年建立的 Vavasour 酒莊，近年來迅速擴展，這要歸功於灌溉系統和充滿熱情的葡萄種植

者，特別是伊蘭莊園（Yealands Estate），使阿沃特雷谷近年來得到了極大的發展。

　　如果將阿沃特雷谷本身視為一個獨立產區而不是作為馬爾堡的一部分，它將成為紐西蘭的第二大產區，僅次於懷勞山谷，排在霍克斯灣之前。阿沃特雷谷的葡萄出芽期和採收期雖然比懷勞山谷谷底的要晚一些，但夏天既長又熱，溫暖的氣候足以滿足大部分白葡萄品種的熟成，特別是白蘇維濃、麗絲玲、夏多內和灰皮諾，當然還有黑皮諾。葡萄藤也已經在懷瑪谷（Waima/Ure Valley），以及阿沃特雷谷以南的凱庫拉（Kekerengu）地區種植成功。但是，馬爾堡產區內最明顯的差距可能是土壤的變化（可參考上頁專題）。

　　6 號和 63 號公路以北，東西方向穿過懷勞山谷，除了伍德伯恩（Woodbourne）周圍的少數地方，這裡的土壤比南部的土壤要年輕得多。在某些地方的地下水位可能很高，而在這些年輕石質土壤上所能找到的最佳葡萄園，是曾為河床且排水極佳的地塊。成熟的葡萄藤能發展出很深的根系，而年輕的葡萄藤則需要灌溉才能渡過乾燥的夏季。

　　位於 63 號公路以南的**山谷南部**（Southern

Valleys），地勢最低、較舊的土壤因排水不暢而無法釀成優質的葡萄酒，但在布蘭科特（Brancott），奧馬卡（Omaka）和外侯派（Waihopai）地區卻有一些非常不錯的葡萄園。然而，在裸露的山谷南部邊緣，排水良好，海拔較高的葡萄園更有可能從乾燥的土壤中結出有意思的果實。

### 脫穎而出

　　規模較大的白蘇維濃釀造商通常會將在不同土壤、些微氣候差異條件下熟成的葡萄混釀在一起，以突顯自家產品的不同，避免過於單調的風格。節制地使用法國橡木桶和乳酸發酵也會有幫助。

　　然而，酒標上明確標註次產區的單一園白蘇維濃越來越多了，那些手工採摘、控制產量、木桶發酵、自然酵母及酒渣陳釀的葡萄酒也雄心勃勃地出現了，正如經典的布根地白葡萄酒一樣。

　　2018 年，該地區 36 個最受尊敬的釀酒廠啟動了在地的馬爾堡原產地保護計劃，最初的起因當然是為了白蘇維濃。這是歐洲以外第一個使用類似歐洲法定產區管理系統的實例。

　　馬爾堡當然也種植其他葡萄品種，其中最重要的白葡萄品種是灰皮諾和麗絲玲，當中也包

毛茸茸的除草機？Babydoll 綿羊控制了阿沃特雷谷伊蘭莊園（Yealands Estate）偌大葡萄園地表上的作物。紐西蘭致力於使其釀酒業做到「永續發展」。

括一些鼓舞人心的晚摘葡萄酒，如弗拉明漢酒莊（Framingham）酒莊所產的。不過，從數量來說，黑皮諾顯得更重要，隨著葡萄藤年齡的增長，馬爾堡最好的黑皮諾在複雜性方面也有了很大的提升。像白蘇維濃一樣，黑皮諾也越來越帶有風土特性。

1:250,000

Km 0   5   10 Km
Miles 0   5 Miles

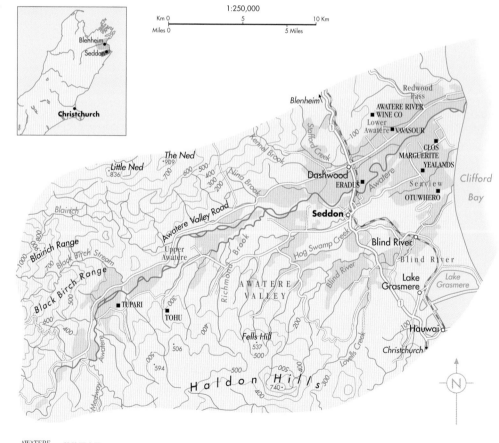

| AWATERE VALLEY | 葡萄酒產區 |
| Seaview | 葡萄酒次產區 |
| ■ VAVASOUR | 知名釀酒商／酒廠 |
| | 葡萄園 |
| —500— | 等高線間距 100 公尺 |

## 阿沃特雷谷（AWATERE VALLEY）

阿沃特雷谷位於懷勞山谷南端 20 公里處，比馬爾堡一般產區冷涼，即使大家都是相同時間萌芽的，但這裡的採收期大約晚 2~3 週，而上阿沃特雷甚至更晚。

# 中奧塔哥 Central Otago

皇后鎮（Queenstown）可以說是紐西蘭的的旅遊聖地，一年四季風景如畫，這裡的滑雪場名動天下，稱冠整個南半球。許多外國人，尤其是亞洲人和美國人已開始在此投資，其中有些是被皇后鎮與世隔絕的幽靜所吸引，所以私人飛機在皇后鎮機場相當常見。而這裡的葡萄酒當然也是非常吸引人。

**風土**：主要為冰川形成的梯田，排水良好的黃土和礫石土質，通常分布在風化的片岩上，石灰和黏土的含量各不相同。斜坡是一種常見的地形。

**氣候**：半乾旱氣候與紐西蘭其他地區不同，屬極端大陸性氣候，光照十分充足，但夏季相對較短。

**葡萄品種**：紅：黑皮諾；白：灰皮諾。

1997 年，**中奧塔哥**只有 14 個葡萄酒商和不到 200 公頃的葡萄園。 到了 2018 年，官方數據顯示已註冊的葡萄園數量為 211 個，占地 1,904 公頃。其中五分之四的葡萄品種是黑皮諾，大多數葡萄藤都相對年輕，而且有大量的葡萄汁是交由協作代工酒廠釀造。

中奧塔哥幾乎全年都有霜凍的威脅，在吉布斯頓（Gibbston）等較涼爽的地區，即使是早熟的黑皮諾有時也很難趕在冬天來臨之前達到完熟。

另一方面，夏天的陽光強令人目眩，但涼爽的夜晚卻可為葡萄留下高品質葡萄酒所需的酸度。這裡可以產出濃郁出眾的水果風味葡萄酒，而如此成熟的葡萄卻能將酒精濃度保持低於 14% 是相對罕見的。如同馬爾堡白蘇維濃，中奧塔哥的黑皮諾可能不是世界上最頂級的葡萄酒，但幾乎是一裝瓶風味就很討喜。該地區的夏季和初秋是如此乾燥，就連極易被真菌感染的黑皮諾都很少遭受侵襲，儘管土壤的持水能力非常有限，但灌溉水源並不短缺。

## 流金歲月

中奧塔哥最南端和最具大陸性特徵的次產區是亞歷山德拉（Alexandra），由於沒有任何大水域來緩和氣溫，因此這裡的夏天很熱，冬天極冷。這裡的葡萄種植歷史可以追溯到 19 世紀 60 年代的紐西蘭淘金歲月，再次復興則是要到 1973 年。

這裡西北部的吉布斯頓次產區由於是位於東西走向的狹窄山谷中，所以會更加涼爽，而且日照時間也更短。此處的葡萄藤都種植在壯觀的卡瓦勞峽谷（Kawarau Gorge）朝北的山坡上，這裡也是世界上第一個將高空彈跳商業化的地方。

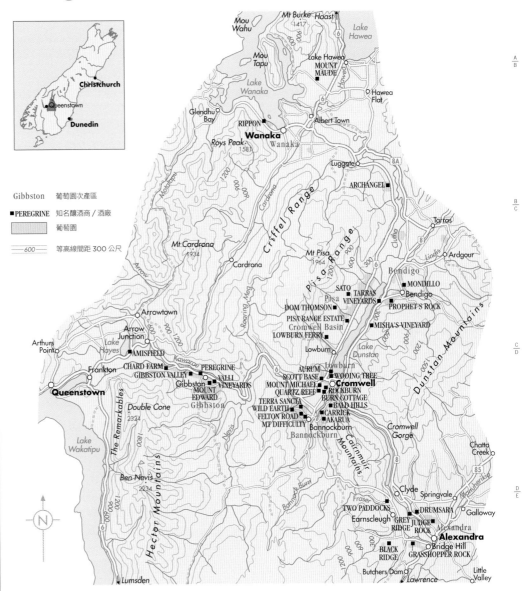

Gibbston 葡萄園次產區
■PEREGRINE 知名釀酒商／酒廠
葡萄園
—600— 等高線間距 300 公尺

在生長季節較長年份出產的葡萄酒，會擁有無與倫比的複雜口感。中奧塔哥地區幾乎 70% 的葡萄園都位於克倫威爾盆地（Cromwell Basin），該地區的氣候受鄧斯坦湖（Dunstan Lake）的影響而更為溫和，包括班諾克本（Bannockburn）、羅本（Lowburn）、皮薩（Pisa）和班迪戈（Bendigo）次產區。峽谷與克倫威爾盆地的交匯處「班諾克本」是種植最密集的次產區之一。和許多優質產區一樣，這裡曾經是黃金開採地區。再往北的班迪戈也相對溫暖，這裡的葡萄園開發正如火如荼地進行，但是這裡的品酒銷售中心似乎比釀酒廠更常見。位於湖西岸較溫暖地區的羅本以及一直延伸到山腳的朝北坡地皮薩也都具有巨大潛力。

最北的次產區是瓦納卡（Wanaka），是 20 世紀 80 年代最先被開發的地方之一。瑞本酒莊（Rippon，現採用生物動力農法）的葡萄園恰好座落在湖邊，這樣的地理位置有效地緩解了霜凍。整齊的葡萄藤、蔚藍的湖水、金黃的秋葉和遠處的雪山構成了美輪美奐的風景照。

## 北奧塔哥（North Otago）

北奧塔哥現在也有自己的葡萄酒產區——懷塔基谷（Waitaki Valley），這裡主要是中部不多見的石灰岩土壤，這一點非常符合布根地風格，但此地同樣需要面對每年的霜凍、開花期間的寒風等問題，當然年輕的葡萄藤也需要多加注意。到目前為止，這裡只有 13 個種植者，僅種植了 55 公頃的葡萄園，其中一些種植者來自中部，主要種植黑皮諾和灰皮諾，以及一些麗絲玲和夏多內。

# 南非 South Africa

赫曼紐斯（Hermanus）是開普南海岸
（Cape South Coast）的重要城鎮，這
裡以賞鯨和品酒等旅遊活動而出名。

# 南非 South Africa

世界最美葡萄園競賽的總決賽名單一定會包括葡萄牙的斗羅河谷（Douro）、德國的摩塞爾（Mosel），一座希臘的島嶼，以及南非的開普地區（Cape）。藏身於西蒙斯堡（Simonsberg）地區一大片綠色葡萄園海中的荷蘭風山牆屋頂農莊；在蔚藍天空的映照下，花崗岩的藍色陰影與日光相互交錯；這是讓人無法抗拒的永恆畫面——這些南非美景在書中看似亙古不變，但其實掩蓋著地質構造的變化。事實上在過去的 25 年中，南非的釀酒人、葡萄園、酒窖、葡萄酒版圖以及葡萄酒本身都發生了徹頭徹尾的變化。

南非其實比其緯度應有的氣候還要來得涼爽，葡萄藤在這裡茁壯生長。開普地區受惠於沖刷其大西洋沿岸的南極寒冷本吉拉洋流（Benguela Current）。這裡的降雨通常集中在冬季；但降雨的位置和形式要視開普地區變化極大的地貌而定。盛行的冬季西風緩和了此地氣候；越往南部、西部以及離海越近的地方就越涼爽，降雨量也更適宜，尤其在近幾年，這些雨水對如此乾旱的地區是十分寶貴的。在山脈的兩側，降雨量都不小，像是 Drakenstein、Hottentots Holland 以及 Langeberg 等山脈都是如此，然而就在幾公里之內的距離，年降雨量卻有可能驟降至 200 公釐。群峰像是漏斗頸一樣，讓著名的「開普醫生風」（Cape Doctor，是一種強勁的東南風，又稱「道格特角風」）風力更顯強勁，雖然有助於減少腐爛及霜黴病，但也可能因此毀壞葡萄幼株。

## 古老的土壤

開普地區擁有全世界葡萄酒產區中最古老的地質，這些主要成分是花崗岩的古老土壤，以及桌山（Table Mountain）的砂岩或頁岩，都會自然地降低葡萄的產量。但同時這類土壤也滋養了這個世界上最繽紛多樣的花卉王國；生物多樣性成為南非葡萄酒業的宗旨。這促使葡萄酒生產者盡力維持園區內的天然植物種類並發展各自的特點，從而吸引更多的生態觀光客。在南非，若要向有關單位登記為「單一葡萄園」，那葡萄園的面積就不得超過 6 公頃，且該園只能種植單一葡萄品種，這些單一葡萄園的名字於 2005 年首次出現在酒標上。

由於缺少像澳洲內陸等可以採用機器大量耕種的葡萄酒產區，所以南非酒業無法打價格戰，必須挖掘其他更具價值的吸引力。如今南非的葡萄收成中 80% 被釀成葡萄酒，其餘的葡萄則被製成濃縮葡萄汁（南非是世界上主要的生產國）或蒸餾成烈酒。

過去在 20 世紀的大部分時間裡，南非的葡萄酒產業都掌握在專制舊政權手中，但如今的結構已截然不同，只是釀酒合作社與前合作社依然十分重要，且全國約 80% 的葡萄都交由合作社處理。

1994 年，南非廢止種族隔離政策與孤立主義的解除，讓新世代的年輕釀酒師迫不及待地周遊世界，以無盡的好奇心吸取新技術及新想法。一股在較涼爽地區闢建實驗性葡萄園的風潮開始興起。同樣重要的是，一些較老的產區也被重新評估其潛力，其中最值得一提的要數黑地（Swartland，可參考 381 頁）和更北部的奧勒芬茲河（Olifants River）。

也有不少的新投資湧進了開普的葡萄酒產業，但獲利率似乎不高——尤其是近些年的乾旱更加劇了此問題——葡萄園的總面積持續縮小中。官方數據顯示 2016 年葡萄園總面積下降至 95,775 公頃，取而代之的作物是小麥和柑橘類水果。在一些特別乾旱的地區，葡萄園則直接被荒廢。

酒莊總數一直維持在 570 家左右，但是在開普地區要取得土地所有權是很複雜且困難的，所以很多生產者選擇共享土地資源。

## 區（region）、小區（district）和葡萄園最小的地理產區單位（ward）

1973 年，南非的產區標示制度（Wine of Origin，簡稱 WO）率先將南非葡萄酒產地分成了區（region）、小區（district）和最小地理範圍的小產區（ward），如今隨著更涼爽和海拔更高地區的開墾，新的名稱還在不斷出現中。但是眾多酒莊用分散在各處的葡萄來釀酒，時常生產大範圍區域的混釀酒，所以 WO 海岸產區（Coastal Region，指大西洋海岸的南部內陸地區）以及範圍更模糊的西開普省（Western Cape）法定產區（涵蓋了幾乎所有的開普葡萄酒產地）是酒標上常見的產區名（尤其在出口市場上）。

另一個重新被發現的地區是緊鄰黑地東邊的塔爾巴赫（Tulbagh），該處被冬角（Winterhoek）山脈三面環抱。這裡的土壤、向陽面以及海拔變化都非常大，而且日夜溫差相當大，早晨可能特別涼爽，這是因為山脈形成的羅馬劇場式地形會讓夜晚潛進的冷風滯留下來。

再往北走，位於弗雷登達爾（Vredendal）的納馬夸（Namaqua），擁有近 5,000 公頃的葡萄園，證明了這裡雖然緯度較低，但葡萄酒的品質未必較差。許多人認為南非白葡萄酒是物超所值的最佳選擇，主要指的是清爽的白梢楠以及可倫巴爾（Colombard）葡萄酒，這些酒款產自奧勒芬茲河（Olifants River）產區，特別在盧茨維爾（Lutzville）和錫特勒斯達爾（Citrusdal）這兩個小區，一些老葡萄藤相當有潛力。本波灣（Bamboes Bay）是位於西部海岸的一個小產區，這裡緯度低，但竟能出乎意料地出產細膩的白蘇維濃。在奧勒芬茲河東邊的獨立小產區「塞德堡」（Cederberg），高海拔是其優勢，該區也是最近擴展區域中最有趣的其中之一：葡萄園位於薩瑟蘭－卡羅（Sutherland-Karoo）小區，在地圖未覆蓋的更北邊。這些新的葡萄園座落在北開普（Northern Cape）而非西開普省，是南非海拔最高、最具大陸性氣候特徵的葡萄園。同樣在地圖之外，處於北部的下奧蘭治（Lower Orange），夏天尤其炎熱，葡萄園主要依賴橘河（Orange River）的灌溉。這裡的重要工作是對葡萄藤的整枝，以免葡萄被無情的烈日傷害。

克連卡羅（Klein Karoo）產區位於東部廣大的乾燥內陸地帶，夏季氣溫非常高，當地特產的加強型葡萄酒需要靠灌溉才能成功出產，這裡的特產還有一些餐酒級紅酒以及鴕鳥（肉和羽毛都有用處）。蜜思嘉以及斗羅河谷的葡萄品種如 Tinta Barocca（在葡萄牙直接稱作 Barroca）、Touriga Nacional 及 Souzão 都可在此生長。葡萄牙的波特酒廠商早已留意到此地的發展，視其為可敬的對手，尤其是凱瓦立茲多普（Calitzdorp）

## 老葡萄藤

KWV 集團曾經壟斷整個南非的葡萄酒生產，該集團所遺留下來的東西中，最有益處的就是葡萄園登記簿，含有葡萄品種、種植日期、精確的種植區域等詳細訊息。

擁有滿腔熱忱的葡萄種植學家 Rosa Kruger 利用上述登記簿，付出大量心力將老藤的種植者和開普地區的有志年輕釀酒師結合在一起，特別以黑地和偏北部地區為中心，於 2017 年了發起了「老藤計畫」（Old Vine Project）。目前的成果包括超過 2,500 公頃的老藤葡萄藤，樹齡均在 35 歲以上，其中至少三分之一的葡萄藤所產出的葡萄有足夠潛力能釀成優質酒，其中很大一部分是西部海岸的白梢楠。有 10 片開普葡萄園的樹齡超過 100 歲。該計畫就是為了保護這些老藤遺產而設立的。

葡萄園一旦被上述計畫認可，所出產的葡萄酒便可加上「老藤」（Old Vines）封瓶章，上面註有葡萄被種下的年份，目前來說，這是比歐洲各地嚴格許多的系統，因為歐洲酒標上的「老藤」一詞並無法定規範。以下為各國對於老藤的稱呼：vieilles vignes（法國）、alte reben（德國）、vecchie vigne（義大利）、viñas viejas（西班牙）、vinyas vellas（加泰隆尼亞）或者 vinhas velhas（葡萄牙）。

小區釀出的酒款，是南非加強型酒類競賽項目的常勝軍。

座落在**布利耶德河谷（Breede River Valley）**區裡的沃斯德（Worcester）和布利耶德克夫（Breedekloof）小區雖然距離能夠幫助降溫的大西洋更近一些，但是全區炎熱、乾燥，依舊需要灌溉才能產酒。這裡葡萄酒的產量比開普附近的任一產區都要多，超過全國總產量的四分之一。這裡生產的葡萄大多用來製成白蘭地，不過同時也釀製品質不錯的商業紅白葡萄酒。

朝著印度洋的南方往下走，在布利耶德河谷下方的是羅柏森（Robertson），這裡以出產優質的合作社葡萄酒聞名，並擁有一兩家優質酒莊園。有充足的石灰岩土壤可培育種苗，也有一個擅於出產白葡萄酒的小區，尤其那些多汁的夏多內可用來釀製開普最優質的氣泡酒和混釀酒。羅柏森的紅葡萄酒也名聲漸長。這裡的雨量一直很低，夏季炎熱，不過東南走向的山谷能引進來自印度洋的海風，有助於降溫。

## 開普地區的葡萄

白梢楠（常被稱作 Steen）一直到 20 世紀末，都是南非最重要的葡萄品種，但新風潮的焦點幾乎全放在紅葡萄品種，鋒頭常蓋過白梢楠。然而，白梢楠的價值，尤其是老藤的，現已經重新審視。即使現在每 5 株葡萄藤中不到 1 株是白梢楠，但它依然是種植量最大的品種。種植量第二大的品種「可倫巴爾」（Colombard），也是白葡萄品種，用於釀製葡萄酒和生產白蘭地。但在葡萄酒標上，更常見的還是白蘇維濃和夏多內，在開普較涼爽的葡萄園中，這兩個品種都能生產優質葡萄酒。

希哈品種在南非既拼寫為 Shiraz，也越來越常被稱作 Syrah，該品種已經取代卡本內蘇維濃成為種植量最大的紅葡萄品種。曾一度大量種植的法國南部隆格多克品種「仙梭」（Cinsault），其品質也被重新評估。如今，開普的葡萄種植者們的口號是多樣性，追求能在此乾燥、炎熱的氣候中永續發展——於是此地種了越來越多的地中海品種。帶有辛香料味的皮諾塔吉（Pinotage）是南非獨有的品種，由黑皮諾及仙梭這兩個品種雜交而成，可以釀出類似薄酒萊風格的酒款，口感紮實、飽滿濃郁但不失清爽感。南非的紅葡萄酒生產一直以來都深受捲葉病之害，這種病會造成葡萄不能完全成熟。南非目前最大的挑戰之一，就是必須對苗木施行嚴格的檢驗檢疫，以確保新的植株健康無病害。

但毫無疑問的是，南非最大的變革還是整個社會層面。要讓長期把持葡萄酒產業的少數白人更公平合理地與其他人分享所有權和管理權，這並不容易。雖然一路走來跌跌撞撞，不過「公平勞工貿易封瓶章」（ethical bottle seal）的引入（一些主要南非葡萄酒進口商，尤其是北歐國家的獨占公司推動了此封瓶章）起了一定的作用。有些人希望最終占南非人口大多數比例的黑人能成為葡萄酒的一個重要市場。增進黑人勞動力計劃、合資企業、更高的工資、更多住所，以及「社會地位提升」都在進行中。這些進度有快有慢，因此有人失去耐性是完全可以理解的。

1:2,175,000

Km 0　　25　　50 Km

Miles 0　　　25 Miles

COASTAL REGION　葡萄酒原產地（區）
SWARTLAND　葡萄酒原產地（小區）
Constantia　葡萄園原產地（小產區）
CAPE POINT　知名釀酒商／酒廠
　　　釀製葡萄酒的區域
　　　海拔 1000 公尺以上的土地
380　此區放大圖見所示頁面

**開普地區葡萄酒產區**

只有未出現在詳細地圖中的最重要小產區，才會在這裡呈現。

開普地區最南端的葡萄園就在 Elim 小產區中。

# 開普敦
# Cape Town

開普敦位於桌山（Table Mountain）背風處，幾乎可說是所有外來遊客進入酒鄉的門戶。2017 年，這裡成為官方的葡萄酒「小區」（請參考前一頁的地圖）。不少酒莊和眾多充滿抱負的餐廳一起位於城市中心。其中最有名的酒莊包括 Dorrance 和 Savage。

在開普敦小區中，有 4 個早先通過認證的小產區，費拉德爾菲亞（Phiadelphia）是其中一個，向北延伸至黑地（Swartland），也是目前最不重要的小產區。緊靠南邊的德班維爾（Durbanville）小產區基本上算是開普敦市的郊區，但也因此容易被低估，附近的大西洋帶來涼爽的夜晚，造就了清爽的白葡萄酒以及風味鮮明的卡本內蘇維濃及梅洛葡萄酒。西部海岸那風力強勁的海灣周圍，座落著以 Ambeloui 氣泡酒出名的豪特灣（Hout Bay）小產區。

## 傳奇甜酒

最知名且成就最高的葡萄酒小產區是康士坦提亞（Constantia），這可是 18 世紀末和 19 世紀初全世界最尊崇的甜酒之名。這片原廣闊莊園的中心，從 1714 年起被稱為 Groot Constantia，在破產之後於 19 世紀末變成了國有農場。在 20 世紀 80 年代，農場隔壁的 Klein Constantia 酒莊種植了小粒白蜜思嘉（Muscat Blanc），其明確目的是想用風乾的葡萄（沒有貴腐黴的影響）釀出名為 Vin de Constance 的甜酒，並使用會讓人想起歷史上經典「康士坦提亞甜酒」的獨特 500ml 裝酒瓶。另一類似的葡萄酒名為 Grand Constance，如今在重建的 Groot Constantia 莊園裡釀造。

如今，康士坦提亞是一個位於開普敦（Cape Town）南部風景特別秀麗的郊區。因此土地價格相當高昂。葡萄園面積十分有限，主要集中在君士坦蒂亞堡（Constantiaberg）更陡峭的東、東南和東北面山坡上，君士坦蒂亞堡是桌山東邊的山尾。

不過這個開普敦的角落有著由山脈形成的羅馬劇場式地形，開口直接朝向福爾斯灣（False Bay），釀出了南非一些極具特色的不甜葡萄酒。從海洋上吹來的東南風──Cape Doctor 持續為該地區降溫。儘管海洋帶來的濕度會提高感染黴菌病的風險，但是這股東南風起到了一定的緩解作用。

康士坦提亞 420 公頃的葡萄園中，如今主要種植白蘇維濃。該品種占到了整個地區葡萄藤的三分之一，卡本內蘇維濃、梅洛和夏多內等葡萄的種植面積則遠遠落後。較涼爽的氣候有助於吡嗪化合物（pyrazine）物質的保留，這也是讓白蘇維濃帶有典型青草香氣的來源。最具表現力的，或許是 Klein Constantia 酒莊的單一葡萄園康士坦提亞白蘇維濃葡萄酒。榭密雍在 19 世紀曾經是南非種植面積最廣的葡萄品種，如今也有非常出色的表現。Constantia Uitsig 酒莊能釀出極佳的白蘇維濃以及榭密雍。

雖然頂著阻撓都市發展的風險（偶爾還有附近山區自然保護區內具破壞性的狒狒），21 世紀早期康士坦提亞地區還是創建了一些新酒莊，目前共 11 家，其中一些規模很小。

另外兩家頂級白蘇維濃和榭密雍的生產商位於康士坦提亞小產區邊界的兩側，氣候更加涼爽，風力更強。斯丁堡酒莊（Steenberg）現在已然成了度假勝地，水療館和高爾夫球場應有盡有，而海角酒莊（Cape Point Vineyards）以出產南非最細膩的白葡萄酒而聞名。

*海洋、群山和充足的水源。怪不得 Chapman's Bay 地區的海角酒莊十分成功。*

---

**圖例**

| | |
|---|---|
| ━━━ | 康士坦提亞葡萄酒原產地「小區」 |
| ■STEENBERG | 知名釀酒商／酒廠 |
| ▨ | 葡萄園 |
| ▨ | 森林 |
| ─500─ | 登高線間距 100 公尺 |
| ------ | 國家公園界線 |

Cape Town
Constantia

康士坦提亞的土壤經過了深度的風化，偏酸性，呈紅棕色並含有較高的黏土成分，其中的例外是以沙土為主的 Uitsig 地區。在康士坦提亞最溫暖以及海拔最低的地區，上述土壤上生長的葡萄能最早成熟。

**1:77,400**

Km 0　　1　　2 Km
Miles 0　　　　1 Mile

地圖標註：Cape Town、Hout Bay、EAGLES' NEST/VAN WYK、SILVERMIST、BEAU CONSTANTIA、CONSTANTIA GLEN、Constantia、HIGH CONSTANTIA、GROOT CONSTANTIA、KLEIN CONSTANTIA、BUITENVERWACHTING、CONSTANTIA UITSIG、Constantiaberg、TABLE MOUNTAIN NATIONAL PARK、Tokai Manor House、Tokai Forest、Tokai、Pollsmoor、Steenberg Estate、STEENBERG、Steenberg Dam、Westlake、Steenbergkoppie、Muizenberg、Fish Hoek

# 黑地 Swartland

在變動不已的南非葡萄酒光景中，黑地是經歷過最戲劇性轉變的地區。

**氣候**：炎熱和乾燥，來自西邊大西洋的海風能為葡萄園降溫。

**風土條件**：Oakleaf、Tukulu 和 Klapmuts 三個地區的表層土壤下，主要是花崗岩和頁岩。

**葡萄品種**：白：白梢楠、白蘇維濃；紅：希哈、卡本內蘇維濃、皮諾塔吉（Pinotage）。

多年來「黑地」一直是一個對來開普的遊客而言較陌生的名字，而在當地人的印象中，這個地方也不過是提供釀酒合作社原料的地方。這裡較大型的酒廠依舊與釀酒合作社有關，但到了 21 世紀，在這片位於開普敦北部的狹長地帶上，志向遠大的新浪潮釀酒師出品了一些令人激賞的葡萄酒。這片廣闊的區域大部分都是起伏的小麥田，冬天綠意盎然，到了夏天則呈現出一派金光閃閃的景象。不過在某些重要地區，綠色的葡萄藤則映襯出赭色的土地，其中大部分是未經灌溉、呈灌木式整枝的老藤白梢楠，這些葡萄藤在 20 世紀 60 年代即種下，以滿足當時激增的白葡萄酒需求。當然這裡也有紅葡萄藤：大量的卡本內葡萄，以及一些品質驚人的希哈葡萄。老藤葡萄和無灌溉的旱地耕作已成為此處的標誌。

對黑地的重新評估始於 20 世紀 90 年代末，當時來自 Fairview 的 Charles Back 建立了香料之路酒莊（Spice Route）。其第一任釀酒師 Eben Sadie 很快就覺察到該處的潛力，並於 2000 年推出了開創性的酒款 Columella：一款以希哈為主的混釀酒。緊接著在 2002 年，以白梢楠為主的酒款 Palladius 上市。這兩款混釀酒都採用來自不同葡萄園的葡萄釀製而成，引來了其他酒莊的爭相效仿，希哈和白梢楠也持續證明了其與黑地密不可分的關係，而皮諾塔吉、仙梭和格那希在這裡也表現出不錯的潛力。

## 供需關係

起初，大部分的焦點都放在以花崗岩為主的 Perdeberg 山麓地帶，該處比黑地其他區域受到更多涼爽的大西洋海風影響。Voor Paardeberg 是 Perdeberg 的東部延伸段，嚴格說來是帕爾（Paarl）的一個小產區。不過隨著里比克－卡斯帝奧（Riebeek-Kasteel）附近以頁岩和黏土為主的山脈不斷地被開發，這個美麗的小鎮已經成為非官方的葡萄酒首都。魯伯特酒莊（Anthonji Rupert，位於法蘭西霍克 [Franschhoek]）的 Johann Rupert 在這裡購買了葡萄園。同樣位於法蘭西霍克的博肯酒莊（Boekenhoutskloof），建

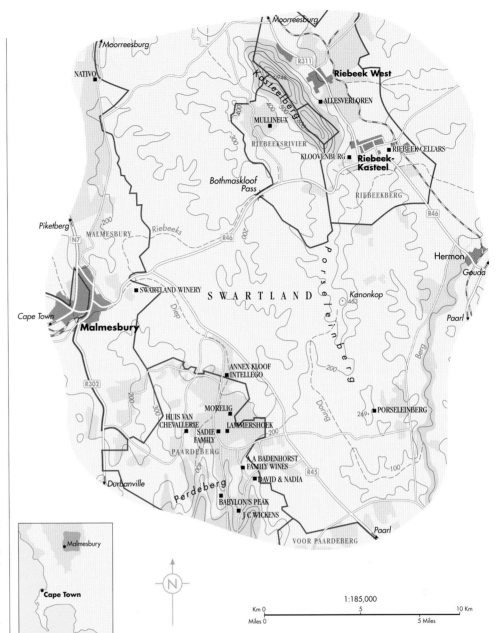

## 黑地的核心地帶

從第 379 頁的地圖我們可以看出本頁地圖所顯示的只是黑地的極小部分，這裡如今是新生代有志釀酒商的聚集地。它們當中有許多從更西北方的奧勒芬茲河（Olifants River）內陸產區，特別是錫楚斯達爾山（Citrusdal Mountain）購買葡萄，那裡的彼爾西耶峽（Piekenierskloof）以出產優質格那希聞名。

| | |
|---|---|
| **MALMESBURY** | 葡萄酒原產地「小區」 |
| ■ **MULLINEUX** | 知名釀酒商／酒廠 |
| | 葡萄園 |
| | 森林 |
| ═ 500 ═ | 等高線間距 100 公尺 |

立了博斯林伯格酒莊（Porseleinberg），這是一座位於 Riebeek 山坡上的葡萄酒農場，因其優質的希哈而聞名。同時，Riebeek-Kasteel 的馬利紐家族酒業（Mullineux Family Wines）所釀製的單一風土（single-terrior）希哈葡萄酒（分別為種植在花崗岩和片岩上）引起了一陣轟動。Mullineux 的釀酒廠與 Rupert 的葡萄園和博肯酒莊第二座位於黑地的農場 Goldmine 處在同一片山坡上。

許多黑地的釀酒師新血都深深被「自然酒」風潮吸引，並組成了「黑地獨立生產者聯盟」（Swartland Independent Producers），他們制定和法國 AOC 法定產區類似的規定，並有其專門的封瓶印。必須是在黑地釀造的酒款，才有資格使用該封瓶印，這條規定就已排除了一些大型酒莊。在開普地區，特別在黑地，有許多資金不充裕的生產者共享地產資源，有些可能連一株葡萄藤的所有權都沒有。葡萄種植一直掌控在世代居於此地的南非荷蘭人（Afrikaans）手中，許多年輕釀酒師必須靠攀附關係才能獲得釀酒葡萄的資源。

**達令（Darling）**葡萄酒次產區在此地圖未顯示出的更西南處，是黑地之中的孤立區塊。其小產區 Groenekloof 受到來自大西洋的涼爽海風影響，以清透的白蘇維濃而成名，Neil Ellis 酒莊即是其中翹楚。達令幾乎算是開普敦的門戶，讓品酒遊客們能夠更方便地欣賞南非這片美麗的地區。

# 斯泰倫博斯地區 The Stellenbosch Area

歷史上，南非葡萄酒的生產集中在下一頁地圖顯示的區域中，即斯泰倫博斯地區的中心地帶——自然放牧風光包圍著充滿林蔭的大學城，白色的開普荷蘭（Cape Dutch）風格的山牆建築是開普地區最司空見慣的美景。這裡設有重要的 Nietvoorbij 農業研究中心，而這個城鎮也是南非酒研學院的所在地，如今這所學院聚集了各種不同背景的學生，包括了最沒有特權的一群。

幾乎所有開普地區最知名的葡萄酒莊園都在斯泰倫博斯（Stellenbosch）小區，這裡還有大量精美的葡萄酒以及份額最大的外來投資案。新一代的生產者比他們的父母輩更了解葡萄酒世界的博大精深，因此也立志要保護斯泰倫博斯的名聲。他們生產了各種類型的優質紅葡萄酒，以及十分清爽、有時頗具陳年潛力的白蘇維濃、夏多內和白梢楠。但上一輩的成果依舊光彩照人，例如現在已經傳到第八代，位於 Myburgh、歷史悠久的的著名莊園 Meerlust，它在第一代時，就於 1980 年釀造了以卡本內蘇維濃為主的傳奇品牌酒 Rubicon；還有 Vergelegen 酒莊，曾是開普地區第二任總督 Willem Adriaan van der Stel 的官邸，位於靠海的 Somerset West，現在則是「英美資源集團」（Anglo-American）名下的精品酒莊。

斯泰倫博斯的土壤多樣，西部谷底（過去以種植白梢楠為主）以輕質沙土為主，山坡上土質更重，東部 Simonsberg、Stellenbosch、Drakenstein 和 Franschhoek 等山的山腳下充滿風化的花崗岩（後面兩座山其實屬於法蘭西霍克小區，而非斯泰倫博斯）。從下一頁地圖上繁多的等高線即可看出這裡風土的多樣性。在離海洋較遠的北部，氣溫偏高，但是整體氣候對於釀酒葡萄很適宜。這裡的降雨量適中，並集中於冬季；夏季只比波爾多稍微溫暖一些。

曾經風靡一時的白梢楠早已被卡本內蘇維濃、希哈、梅洛和白蘇維濃取代。無論是紅葡萄酒還是白葡萄酒，混釀酒一直在此地扮演重要的角色，其中極具特色的開普混釀酒（Cape blends）一般含有 30% 的皮諾塔吉。長久以來，Kanonkop 酒莊被視為斯泰倫博斯地區的明星，但如今無數的新酒莊同樣閃耀，其中成就最為不凡的包括靠鑽石發跡的 Delaire Graff 酒莊（莊園內有一間豪華飯店和餐廳），還有晨曦酒莊（DeMorgenzon），以及使用生物動力農法生產的 Reyneke 酒莊。Glenelly 酒莊是 May-Eliane de Lencquesaing 退休後創辦的事業，她是法國「碧尚女爵堡」（Château Pichon-Lalande）的前莊主。

## 七個秘密小產區

斯泰倫博斯的葡萄園歷史悠久且形式多樣，所以人們可以認真研究葡萄園中土壤和氣候的細微變化，因此斯泰倫博斯這個屬於海岸產區（Coastal Region）中的法定小區，可再細分出 7 個小產區。第一個獲得正式認證的小產區是西蒙斯堡－斯泰倫博斯（Simonsberg-Stellenbosch），涵蓋了西蒙堡山南邊坡段較為涼爽、排水較好的所有區塊（1980 年劃定葡萄園界線時，目前大受歡迎的泰勒瑪 [Thelema] 酒莊還不是葡萄酒農場，因此未包括在內）。勇克谷（Jonkershoek Valley）位於斯泰倫博斯鎮東邊的山區內，規模雖小，但早就成名，而位於斯泰倫博斯鎮另一邊的則是同樣迷你的帕佩艾伊貝格（Papegaaiberg），是附近生機盎然且具有天然屏障之岱文谷（Devon Valley）的緩衝地帶。北邊還有一片地勢更平、面積更大的新興小產區——波特拉里（Bottelary），名字源自西南角的同名山丘。西邊的邦角區（Banghoek）和普克拉伊山（Polkadraai Hills）是完成拼圖的最後兩個小產區。目前，這些小產區名字在酒標上還很罕見，因為在生產者眼中「斯泰倫博斯」這個名字更簡單明瞭，也比較好賣（這和那帕谷及其次產區的情況很類似）。

整體而言，最好的酒款產自南邊開口朝向福爾斯灣（False Bay），受惠於海風影響的莊園，或者來自那些高海拔的產區，這些地方可以使葡萄慢慢熟成。巍峨的海德貝格（Helderberg）山脈矗立在西桑默塞特（Somerset West）東北方，對當地葡萄酒來說是一個相當重要的地形，在山脈西坡有許多經營得有聲有色的酒莊。由英國人所有的 Waterkloof 酒莊位於山脈的東南山腳，俯瞰 Somerset West，景色十分壯觀，莊園內既有採用生物動力農法種植的葡萄園，也有十分高檔的餐廳。

## 過去的葡萄酒中心

帕爾（Paarl）小區遠離福爾斯灣的降溫影響，已經不再是開普葡萄酒世界中的焦點，這裡以生產加強型葡萄酒為主的時代已然過去，但此處是曾經無所不能的 KWV 集團和尼德堡酒莊（Nederburg）的所在地，後者以其每年的葡萄酒拍賣而出名。費爾景（Fairview）、格蘭卡洛（Glen Carlou）、璐伯羅徹（Rupert & Rothschild）等酒莊能釀出品質優異的餐酒。維拉峰帝（Vilafonté）是一家有理想抱負的美資釀酒廠，位於斯泰倫博斯，但也在帕爾種植葡萄。

東邊的法蘭西霍克谷（Franschhoek Valley，地圖上只標出部分）如今已經成為獨立的葡萄酒小區。該區曾經由胡格諾教徒（Huguenots）所闢墾，從當地一些法國地名仍可看出法國對其的影響。這是片景色秀麗之地，三面環山，出色的飯店和餐館吸引了大量遊客，有幾家著名的頂級酒莊，包括傳統法（Méthode Cap Classique）

為了取悅遊客，1,000 多隻印度跑鴨（牠們是葡萄園害蟲的天敵）每天都在斯泰倫博斯，由德國人所有的 Vergenoegd Löw 葡萄園中散步。

氣泡酒的翹楚 Le Lude 和 Colmant。長久以來，Boekenhoutskloof 一直是法蘭西霍克最傑出的酒莊之一，它擁有該地區一些最老的葡萄藤。如今該酒莊在黑地和 Hemel-en-Arde 開了姐妹酒莊。利尤帕森（Leeu Passant）是新創立，由印度投資的重要葡萄酒與旅館企業，黑地的 Mullineux 酒莊負責承擔其釀酒技術方面的諮詢業務。

　　威靈頓（Wellington）的日夜溫差比近海地區更大，這裡由成分不一的沖積土梯田地形構成，一直延伸到黑地那起伏的穀物田，在 Hawequa 山脈的山麓地帶，還有幾處美得令人屏息的園區。

**斯泰倫博斯、法蘭西霍克谷和帕爾**

這張地圖幾乎標了所有斯泰倫博斯和法蘭西霍克谷的酒鄉，但帕爾的實際範圍則擴及到了比此地圖北邊更北的地區，如 Voor Paardeberg 小產區，甚至一路向西北方延伸，直至黑地地圖的南端。

**斯泰倫博斯：尼特沃比耶（NIETVOORBIJ）** ▼

緯度／海拔
**-33.9° / 146 公尺**

葡萄生長季節的平均氣溫
**19.7°C**

年平均降雨量
**736 公釐**

採收期降雨量
**3 月：29 公釐**

主要種植威脅
**捲葉病病毒**

主要葡萄品種
**紅：卡本內蘇維濃、希拉茲／希哈、梅洛、皮諾塔吉（Pinotage）**
**白：白蘇維濃、白梢楠、夏多內**

圖例：
PAARL　葡萄酒原產地「小區」
Devon Valley　葡萄酒原產地「小產區」
■ KANONKOP　知名釀酒商／酒廠
　　葡萄園
　　森林
—500—　等高線間距 100 公尺
▼　氣象站（WS）

1:195,000
Km 0 — 5 — 10 Km
Miles 0 — 5 Miles

# 開普南海岸
# Cape South Coast

涼爽的氣候吸引了眾多來自世界各地的釀酒師。這裡是南非的南端,受到冷涼的南極寒流影響,葡萄藤遍佈整個地區。

1975年,一位已經退休的廣告人 Tim Hamilton-Russell 在觀鯨小鎮赫曼紐斯(Hermanus)上的海梅爾艾爾迪谷(Hemel-en-Aarde Valley)開始嘗試種植黑皮諾。如今,**沃克灣(Walker Bay)**小區已有十幾家酒莊,分布在 6 個小產區中,其中 3 個最重要的小產區名字中含有 Hemel-en-Aarde 一詞。緊隨 Hamilton-Russell 步伐的是海梅爾艾爾迪谷中的 Bouchard-Finlayson 和 Newton Johnson 酒莊。該地區芳香馥郁、平衡的葡萄酒以及鄰近的南部海岸產地小區(可參考第 379 頁)為開普葡萄酒版圖添上了濃墨重彩的一筆。

海梅爾艾爾迪谷雖能受到大西洋的降溫效用,但整個地方仍讓人感覺偏遠又荒蕪。其氣候比內陸地區更具有大陸性特徵,本地圖北邊所標出的一些葡萄園在冬季常遭遇降雪。地圖所標示的區域是海梅爾艾爾迪嶺(Hemel-en-Aarde Ridge)中夏季最炎熱,冬季最寒冷的地方。雖然平均年降雨量達到了 750 公釐,但人工灌溉在一些內陸地區是不可或缺的,特別是在風化的頁岩和沙岩土壤塊。幸運的是,該地區擁有足夠的黏土適合種植布根地的葡萄品種,而且可以無灌溉種植。該地區是布根地品種的先鋒,目前仍種有開普地區種植比例最高的黑皮諾,另外也種了出色的夏多內,此外,受消費者青睞的白蘇維濃在葡萄酒農間也越來越受歡迎。

這裡和斯泰倫博斯中間的西北處——過去的蘋果種植區艾爾金(Elgin),自 20 世紀 80 年代起就開始試著種植葡萄,不過直至世紀之交,也只有唯一的一間酒莊 Paul Cluver。Andrew Gunn 的 Iona Elgin 白蘇維濃葡萄酒於 2001 年首發,掀起了一股投資浪潮。歷史悠久的種植戶 Oak Valley 如今成了品質受到認可的酒莊,許多蘋果農也開始種植葡萄藤,儘管其中有些人還是回歸獲利更多的果園種植。Tokara 和 Thelema 這樣的酒莊將其種植在艾爾金的葡萄運至斯泰倫博斯的酒廠釀製,而其他的外來者則在這裡建立了自己的酒窖。

葡萄園的海拔高達 200~420 公尺,並且得益於大西洋上盛行的海風,2 月的平均氣溫低於 20°C。這裡是開普採收最晚的地區之一。年降雨量可高達 1,000 公釐,活力較弱的頁岩和沙岩土壤有助於防止真菌病。高酸度的白葡萄酒,尤其是那些清透爽脆的夏多內是艾爾金的特色,不過這裡也釀製一些精緻的黑皮諾,而 Richard

Kershaw 展示了艾爾金的希哈是可以多麼的成功與精細。

其他看好此地的人,不顧東邊吹來的鹹風,在整個非洲大陸最南端厄加勒斯角(Cape Agulhas)的腹地——Elim 村,在開普最靠南的葡萄園種植葡萄藤。雖然清爽的白蘇維濃是 Elim 一開始的強項,不過開普其他流行的品種,比如希哈在這裡也有不錯的潛力。

這些在 Iona 酒莊採收葡萄的人們穿得很厚,顯示出艾爾金地區高海拔、多風的葡萄園有多麼冷涼——艾爾金是南非最涼爽的葡萄酒產區之一。

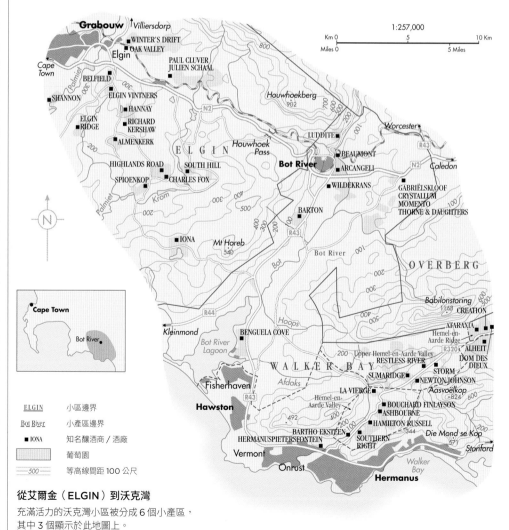

Cape Town / Bot River

| ELGIN | 小區邊界 |
| *Bot River* | 小產區邊界 |
| ■ IONA | 知名釀酒商 / 酒廠 |
| | 葡萄園 |
| —500— | 等高線間距 100 公尺 |

### 從艾爾金(ELGIN)到沃克灣

充滿活力的沃克灣小區被分成 6 個小產區,其中 3 個顯示於此地圖上。

# 亞洲 Asia

亞洲，不久前還被視為與葡萄酒世界無關的大陸，而今已經成為未來的核心。中國，將在之後的章節中詳談，在本書的每一版更新時都會增加很多頁碼，不僅成為一個重要的葡萄酒生產國，還被全世界葡萄酒生產者視為巨大、不容忽視的葡萄酒市場。此外，葡萄酒消費也在亞洲其他大部分地區快速發展，並成為一種文化的表徵和西化的基本標誌，這讓生產者們深受鼓舞。

日本（詳細內容請參閱第 386-387 頁介紹），是第一個發展葡萄酒文化的亞洲國家，也擁有一些頗具歷史的葡萄園與葡萄酒。時至今日，葡萄酒不僅在一些中亞國家釀造，這些名字裡有 -stan 的國家擁有悠久的種植葡萄和釀酒（傳統的更像糖漿，現在已改善）歷史，而一些感覺不太可能釀造葡萄酒的國家也開始生產葡萄酒，如印度、泰國、越南、臺灣、印尼（峇里島）、緬甸，以及韓國，上述的每個國家都有剛起步的葡萄酒工業。此外，在柬埔寨（靠近馬德望 [Battambang]）、斯里蘭卡、不丹、尼泊爾等國中，也有單獨種植葡萄的農場。若順其自然，亞洲的葡萄藤每年可多次結果，但果實淡而無味，因此在多數情況下，會透過人工干預的方式，利用嚴格的修剪、疏枝、澆水或是控水技術，或使用一些化學物質和生長激素等，在控制產量的同時也能改善葡萄的品質。

## 一個複雜的國內市場

印度正在崛起，並且越來越西化，不斷增加的中產階級催生了當地的葡萄酒業，和其他大部分亞洲國家不同的是，他們基本上全部使用本地種植的葡萄。生產商要應付各地不同且繁瑣的監督管理及財務制度，還要處理在熱帶氣候環境下的運輸和儲存問題。從 2005 年起，印度開始對進口葡萄酒課以重稅，此舉激勵了當地的葡萄酒生產者。據統計，截至 2018 年，印度的葡萄酒生產商已經達到 56 家（儘管其中一些只是把葡萄賣給其他釀酒廠）。然而並不是所有的一級行政區（state）都有完善的法規，自 2001 年起，馬哈拉施特拉邦（Maharashtra）和現在加入的卡納塔克邦（Karnataka）都積極地對本地葡萄酒生產者提出有利的政策。在馬哈拉施特拉邦，絕大部分的酒莊位於海拔較高的聖納西克（Nashik）周圍，高海拔彌補了其低緯度的劣勢。

對許多有錢人、年輕人，特別是那些受過西方教育的印度人來說，葡萄酒已經成了他們一個重要的興趣與愛好。如 Rajeev Samant，他在 20 世紀 90 年代中期從美國矽谷回到印度，由於受到了加州葡萄酒氛圍的薰陶，回國之後便釀出了具有果味清新而芳香的不甜白葡萄酒，成果最為顯著的是「蘇拉」（Sula）白蘇維濃。蘇拉的首個年份為 2000 年，年產量為 5,000 箱，而到了 2017 年，年產量已激增至 1,000 萬瓶，是全國葡萄酒產量的一半。Samant 稱他的納西克酒莊是地球上唯一一個讓如此多人首次品嘗葡萄酒的地方。

Grover 家族輝煌成功的葡萄酒事業更加悠久，地點選在卡納塔卡邦班加羅爾（Bangalore）上面的難敵山（Nandi Hills），和納西克谷的 Vallée de Vin 合併後，Grover Zampa Vineyards 公司現在由一個非常積極的外部投資者掌控。另外一個讓人印象深刻的印度葡萄酒莊，是座落在浦那（Pune）、深受義大利風格影響的 Fratelli，山吉歐維榭與卡本內蘇維濃混釀的 Sette 是這裡的旗艦產品。

酒莊的葡萄藤從來沒有經歷過休眠期，但是透過每年兩次的修剪（夏季雨季之前的初剪和在 9 月份的精修），一年只會在 3 月或 4 月收獲一次。同時水壩是這裡必要的灌溉設施。

## 次大陸以外地區

緬甸的撣邦（Shan State），因旅遊業和高海拔促成了兩個大的釀酒商，它們種的都是國際葡萄品種。Mymmar Vineyards 始於 20 世紀 90 年代，而受法國風格影響的紅山酒莊（Red Mountain Estate）建於 2003 年。

泰國的葡萄酒產業歷史比較悠久，規模比較龐大，但和印度相比還是小了許多。這裡有 8 家葡萄酒廠，主要針對的客群是外來觀光客，而非本地消費者。泰國的葡萄種植歷史，可以追溯回 20 世紀 60 年代，當時曼谷以西的昭披耶河三角洲（Chao Phraya Delta）開始種植鮮食葡萄。如今，葡萄酒莊集中在位於曼谷東北部的考艾（khao yai），海拔高度大約為 550 公尺，主要種植著國際葡萄品種。最大的生產商是座落在泰國海灣西南部內陸的華欣度假村中的 Siam 釀酒廠，內有幾片葡萄園和釀酒中心可供遊客參觀，該處距離赤道以北僅 10 度。銀湖葡萄酒莊（Silverlake Winery）座落在海灣著名旅遊勝地「芭達雅」附近。他們釀酒釀得非常認真，兢兢業業的酒農儘量每隔 12 個月才採收一次葡萄，即使這邊的自然條件每兩年就可以收成 5 次。

來自 3 個地區的 6 家酒廠組成了「泰國葡萄酒協會」，他們必須團結一致與國內某些提倡禁酒的強權抗爭。在亞洲其他國家，通常會用進口葡萄酒或葡萄汁來彌補本國葡萄產量的不足，而泰國葡萄酒協會則規定：在其會員產的葡萄酒中，如果進口葡萄酒或葡萄汁的比例占到 10% 以上，則必須在酒標上標明「非泰國產」── 歡迎來到嚴謹的葡萄酒新領地。

一百多年前，法國的殖民者把葡萄栽培的工藝技術帶到了越南南部的高地，以及北部靠近河內的地方。目前最成功的葡萄酒產自由大型食品加工廠所有的 Chateau Dalat，用的葡萄原料來自大勒（Dalat）附近的葡萄園，以及寧順（Ninh Thuan）的沿海平原。

印尼的峇里島，這個位於赤道以南 8 度的地方，種植著超過 100 公頃的葡萄，主要是鮮食品種，但當地人會用這些葡萄釀酒。採用藤架種植來抵禦潮濕，這裡基本上是每 3 個月收獲一次。Hatten 是當地葡萄酒產業的先鋒，目前管理了 5 家葡萄酒莊，其中 3 家除了釀造當地種植的葡萄外，還用進口的葡萄釀造葡萄酒。

自 2002 年臺灣政府廢除菸酒專賣制度後，在地的釀酒產業便開始穩步紮根。金香（Golden Muscat）和源於日本與美國的雜交種「黑后」（Black Queen）是常種於臺灣西部的品種，通常用來釀甜酒。

在南韓南部有 60 家規模很小的釀酒廠，而且經常用加工其他水果而不是葡萄。由於冬季嚴寒，種植的品種主要是日本雜交種「貝利 A 蜜思嘉」（Muscat Bailey A）和早熟坎貝爾（Campbell Early）。

印度西部納西克的蘇拉是世界上最「向外看」的釀酒廠之一，鮮艷紗麗對外國遊客所帶來的視覺價值，不容小覷啊。

Château Mercian 位於長野縣，其 Kikyogahara 葡萄園海拔高達 700 公尺，葡萄園中的梅洛採用傳統棚架式栽種，在寒冷的冬天會蓋上稻草來禦寒。

1:10,700,000

Km 0    100    200    300 Km
Miles 0     100     200 Miles

■ TSUNO WINE    知名釀酒商／酒廠

     等高線間距 1000 公尺

| 長野縣知名的釀酒商／酒廠 | |
|---|---|
| CH MERCIAN (MARIKO) | OBUSE WINERY |
| HAYASHI | ST COUSAIR |
| IZUTSU | SUNTORY (SHIOJIRI) |
| KIDO | VILLA D'EST |
| MANNS (KOMORO) | |

# 日本 Japan

眾所周知，日本人的味蕾很挑剔，而且沒有任何一個國家能像日本那樣，侍酒師協會的會員達到數千人之眾。日本風情萬種的清酒風靡了全球，並成為一種時尚，而日本的葡萄酒釀造也日漸光鮮。綜觀日本整個國家，大自然已經賦予了它眾多恩賜和優美的景色，但葡萄酒卻是個例外。本州是日本最大的一個島，雖然它的緯度和地中海地區很接近，但氣候卻完全不同，更像美國東部和中國北部（位於同樣的緯度）。日本地處亞洲大陸和太平洋之間——世界上最廣闊的大陸和海洋，它也經受著特有的極端氣候影響。冬季，寒風從西伯利亞刮過來；春夏太平洋和日本海的季風又會帶來滂沱大雨。而當葡萄藤最需要陽光的時候，颱風卻又不請自來。在整個生長季 6 月和 7 月期間多雨，葡萄藤不得不頑強地與如此潮濕的環境爭鬥，而後的 7 月到 10 月之間，又是颱風登陸期。

這個颱風時常光顧的國家土地堅硬、山脈眾多，而且幾乎 2/3 的山脈都很陡峭，只有依靠森林來防止酸性的火山岩土壤被大雨沖入洶湧的河道內。平原的土壤是來自山上的沖積土，排水性差，種植稻米非常不錯，但不適合葡萄藤。適合耕種（也用於種植茶葉和其他作物）的坡地顯得彌足珍貴，而被寄予很高的回報期望。

因此不意外地，1,300 年來日本的葡萄酒發展一直躊躇不前。據精確的歷史記載，西元 8 世紀時奈良就種植了一些葡萄，被佛教傳教士傳播到了全國各地——當然當時不是為了釀酒。

現代意義上的葡萄酒工業起始於 1874 年：這要比亞洲其他國家早了許多年。19 世紀 70 年代，開明的日本政府派遣研究人員前往歐洲學習並帶回了葡萄品種。日本國內最大的葡萄酒廠：Mercian 和三得利（Suntory），它們的歷史分別可以追溯到 1877 年和 1909 年。但它們不是山梨縣唯二的酒莊，山梨縣釀酒的歷史相當悠久，是最舉足輕重的葡萄酒生產地區。

## 非比尋常的葡萄品種

日本鮮食葡萄的地位很重要，種植最廣泛是耐寒的日本品種——巨峰（Kyoho），其次是美國雜交品種「德拉瓦爾」（Delaware，又稱「珍珠葡萄」）。巨峰的種植面積占到葡萄種植總面積的 31% 左右；用於釀造葡萄酒的品種有：甲州（Koshu），然後是貝利 A 蜜思嘉（Muscat Bailey A），再來是尼加拉（Niagara），這三種占到總體的 43%。

貝利 A 蜜思嘉是日本的一個雜交品種，能釀出滿像樣的紅葡萄酒，但最具特色並且能讓人聯想到日本的，則是具有粉紅色果皮的甲州葡萄（Koshu）。這個非常神秘的釀酒葡萄品種已經在日本種植了幾個世紀。甲州原本是食用葡萄，在日本種植條件下它也適合作為釀酒葡萄品種，果皮很厚能夠抵禦潮濕，可以釀出平衡且優雅的白葡萄酒，進橡木桶或不進、甜型或不甜型均可。每一個成功的甲州葡萄農，都對這個品種的特性有深入了解，並能熟練地釀造出不錯的酒，但通常在釀造過程中免不了要加糖。

葡萄種植逐漸都交給了契作種植戶們，儘管葡萄園都很小，但都被一絲不苟地依照國際標準精心管理著，因此葡萄的價格很高。釀酒商們自己擁有的葡萄園僅僅占日本總面積的 13%。

如今的日本葡萄酒市場面對的是味蕾非常挑剔且專業知識豐富的消費者，市場份額基本上被 Mercian、三得利（收購了許多酒莊，最知名的是波爾多的列級莊 Château Lagrange）、三寶樂（Sapporo）、朝日（Asahi）和阿爾帕斯酒莊（Alps Wine）所占據，這 5 家企業生產的葡萄酒產量之和占了日本葡萄酒總量的 85%。

日本人所稱的「國產」（Kokusan；domestically produced）葡萄酒是指裝瓶在日本完成的酒款，他們長期依靠來自南美進口的散裝酒和葡萄濃縮汁，但在這些酒中日本本土葡萄的占比已經越來越高，2018 年達到 25%。（譯註：只有 100% 使用日本國內種植的葡萄釀造的葡萄酒，才能冠上「日本葡萄酒」[Nihon-Wine；Japan Wine] 之名。）

**日本的葡萄酒生產商**

日本有上千個島嶼座落在北緯 26 度到 46 度之間，因此當地葡萄生長的環境差異很大，日本大部分的葡萄園都集中在中部地區，這裡最大的考驗是夏季的潮濕和真菌感染。

## 山梨縣

山梨縣是日本現代葡萄酒產業的搖籃。它所處的位置便利與許多大城市都很接近，但人口密度相當高——所以許多葡萄園規模都很小，擠在盆地之中。

主要釀酒商／酒廠
1　SAPPORO（KATSUNUMA）
2　L'ORIENT
3　CH LUMIÈRE
4　MARS
5　KATSUNUMA JYOZO
　　（ARUGA BRANCA）
6　SORYU
7　RUBAIYAT（MARUFUJI）
8　MARQUIS
9　FUJICLAIR

1:700,000
Km 0　　　10　　　20 Km
Miles 0　　5　　10 Miles

——‧—— 縣界
■ CH JUN　知名葡萄園
▨ 葡萄園
〜1500〜 等高線間距 300 公尺
▼ 氣象站（WS）

白雪覆蓋的富士山座落在甲府盆地內。

日本人對葡萄酒釀造的興趣空前高漲，2018 年已建立了 303 家酒莊，當然不可否認地大多規模都很小。目前日本境內 47 個一級行政區中（即「都道府縣」）中有 45 個在釀造葡萄酒。其中最重要的產區自然是在那些降雨量最低的地方，不僅有山梨縣，還包括長野縣、北海道和山形縣。

## 歷史重心

日本的葡萄酒業始於山梨縣甲府盆地周圍的山區，這裡可以看見秀美的富士山，到首都的交通也很便利。山梨縣擁有 81 家葡萄酒廠，一直保持著日本葡萄酒釀造中心的位置，很多家酒莊都擁有悠久的歷史。山梨縣的年平均氣溫是全日本最高的，因此葡萄藤發芽、開花和採收也最早。但長野縣開始追上來了，這裡和山梨縣一樣陽光充沛，年日照總時數達 2,200 小時，而且受季風影響較小，能釀出一些全日本最精緻的葡萄酒，當地人以擁有 35 家葡萄酒廠為榮。這裡的鹽尻市（Shiojiri），非常涼爽，地勢也高，海拔達 700 公尺，出產的梅洛非常有名。長野縣北部，位於千曲川（Chikuma River）兩岸，被稱為「北信地方」（Hokushin）之處，釀造的夏多內享有盛譽。長野縣的這兩個地區都能釀出芳香的梅洛。上田市（Ueda）周邊的高地已成功地種植了希哈和卡本內－弗朗。在新潟縣沙土地上種植的一些阿爾巴利諾（Albariño）在日本引起了轟動。

近年來，日本最涼爽、最北部且很少受到雨季和颱風侵襲的北海道，或許因為全球暖化的緣故，出現了很多葡萄酒廠，數量和長野縣一樣多，儘管當地年日照總時數很難超過 1,500 小時。早期這裡採用具代表性的肯納（Kerner）葡萄釀酒，但這裡的黑皮諾足以引起布根地 Etienne de Montille 的興趣並前來投資。山形縣也位於日本北部，釀出的梅洛和夏多內頗具潛力。日本南部的九州則以優雅的夏多內以及用早熟坎貝爾（Campbell Early）葡萄釀造的清爽偏甜粉紅葡萄酒而聞名。

日本優質葡萄酒的推廣和出口貿易受到政府大力支持，葡萄酒法也正在修訂，日本人希望（甚至可說是期待）日本的葡萄酒未來在國際舞臺上能發光發熱。

### 日本：甲府（KOFU）　▼

緯度／海拔
**35.67° / 281 公尺**
葡萄生長季節的平均氣溫
**20.7°C**
年平均降雨量
**1,136 公釐**
採收期雨量
**9 月：183 公釐**
主要種植威脅
**雨水，夏季颱風，真菌感染**
主要葡萄品種
**白：甲州、德拉瓦爾／珍珠葡萄（Delaware）、夏多內**
**紅：貝利 A 蜜思嘉（Muscat Bailey A）、巨峰、梅洛**

# 中國 China

在日新月異的葡萄酒世界，沒有任何一個國家的發展能像中國一樣，如此迅速且有聲有色。20 世紀 80 年代，中國幾乎沒人了解葡萄酒，但如今，為數可觀的中國葡萄酒消費者將中國推至世界第五大葡萄酒消費國。

2006 年到 2016 年，中國葡萄酒種植面積迅速擴大，葡萄園面積增加了一倍以上，超過了 847,000 公頃，僅次於西班牙。然而，據估計大約 90% 葡萄是用於鮮食和加工成了葡萄乾。

在中國，負擔得起酒類消費的群體中（包括城市裡新興的中產階級），葡萄酒已經成為西化生活的強力表徵之一。過去中國人均葡萄酒消費量可能僅為 1.4 公升 / 年，但在 21 世紀初期「經濟放緩」（economic slowdown）之後，葡萄酒消費量幾乎每年以 10% 的速度增長。上海和北京成為了比紐約和倫敦更受葡萄酒出口商青睞的目的地。第一批滿懷著希望來到中國的是法國波爾多人。在 21 世紀初，波爾多紅葡萄酒，或打著波爾多紅葡萄酒名義的葡萄酒（當時假酒盛行），把控著中國的葡萄酒市場。但是今日的中國葡萄酒品飲者已經具備了更多的知識（到處都有品酒課程）和經驗，對布根地的熱衷逐漸取代了波爾多。然而，因為自由貿易協定的緣故，目前中國的大眾葡萄酒市場由澳洲和智利主導。

在實施資本控制之前，許多中國企業到波爾多投資小酒莊，數量超過 100 個。中國每年到波爾多大學研習葡萄酒專業的學生人數僅次於法國。中國人同時也是澳洲葡萄酒產業中最主要的投資者。

## 追本溯源

位於中國遠西的種植戶至少在西元 2 世紀的時候，就已經嘗試種植葡萄了，可以確定的是當時他們已經開始生產和飲用酒類（而且很可能就是葡萄酒）。歐洲的葡萄品種在 19 世紀末才被引進中國東部，但一直要等到 20 世紀末，真正以葡萄為主要原料釀成的葡萄酒才漸漸打入中國（都市）的社交圈。

中國對於葡萄酒（「葡萄酒」與「酒」不同，後者泛指所有酒精性飲品）的喜愛，是受到官方支持的，其中一方面是想儘量減少對穀物的

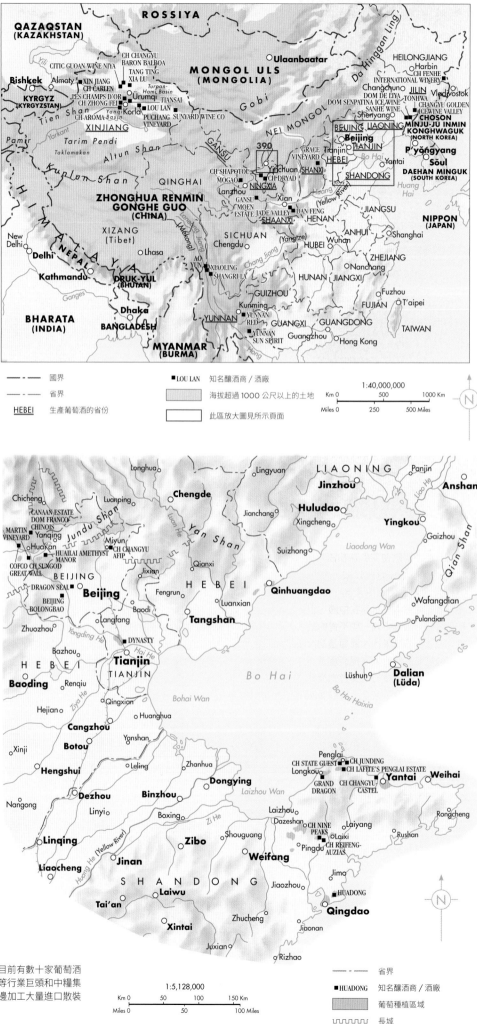

```
─ · ─ · ─   國界
─────────   省界
HEBEI      生產葡萄酒的省份
■ LOU LAN  知名釀酒商 / 酒廠
           海拔超過 1000 公尺以上的土地
           此區放大圖見所示頁面
```

1:40,000,000
Km 0 　500　1000 Km
Miles 0 　250　500 Miles

```
─────────   省界
■ HUADONG  知名釀酒商 / 酒廠
           葡萄種植區域
           長城
```

1:5,128,000
Km 0　50　100　150 Km
Miles 0　50　100 Miles

## 河北和山東

中國現代葡萄酒的發源地。目前有數十家葡萄酒莊園，其中包括像「張裕」等行業巨頭和中糧集團控股的酒莊，以及煙臺周邊加工大量進口散裝葡萄酒的工廠。

進口。根據國際葡萄與葡萄酒組織（OIV）最新的數據，進入 21 世紀以來，中國已經成為世界排名第六的葡萄酒生產國，2016 年共生產 11.4 億公升的葡萄酒。然而在中國，很難獲得準確的統計數據，而且中國一些不肖的葡萄酒廠會用進口葡萄酒、葡萄果汁、葡萄濃縮汁和那些甚至與葡萄毫無關係的液體來提高產量。但這些都已時過境遷，越來越多的消費者們懂得什麼是真正的葡萄酒。那種為了迎合大眾口味而把汽水加入精品葡萄酒中混合飲用的時代已經一去不復返了。

21 世紀的最初幾年，很難從標著「中國葡萄酒」的產品中嘗到真正的好品質。波爾多紅酒在中國代表流行時尚，酒廠只需給消費者與波爾多紅酒相似的複製品即可，因此它們沒有努力的動力（因為語言和文化的差異，普通中國消費者非常熱衷靜態紅葡萄酒，氣泡酒在中國的銷量很低）。習近平 2012 年上台反腐肅貪以來，葡萄酒成為商業往來中很受歡迎的「禮品」，這讓許多生產廠商把更多的精力和財力放在外包裝上，而不是改善葡萄酒的品質。

早期由於受到波爾多的影響，葡萄園中卡本內蘇維濃（中國稱「赤霞珠」）的面積占據著主導地位，其次是梅洛和蛇龍珠（Cabernet Gernischt，即「卡門內爾」[Carmenère]）。早期生產的葡萄酒，常常原料不夠成熟且桶味過重。然而大約在 2010 年前後，一些經過精心釀製、真正完全由中國種植葡萄釀造的葡萄酒橫空出世，並且逐步發展壯大。馬瑟（Marselan），由卡本內蘇維濃和格那希雜交的現代品種，釀出了值得關注的品質；葡萄品種也慢慢增加當中，比如適合釀造甜白酒的厚皮小蒙仙（Petit Manseng）也被引進；作為鮮食的龍眼葡萄（Long-Yan），被一些生產者用來釀造清淡的、無足輕重的白葡萄酒；貴人香（Italian Riesling）和夏多內也被廣泛地種植。

## 極端的氣候

中國地域遼闊，擁有不同的土質、緯度和海拔，然而氣候才是問題所在。中國內陸苦於極端的大陸性氣候條件，在每個秋季必須煞費苦心地將葡萄藤埋土，以保證它們不會被冬天致命的寒冷氣溫凍死。這不僅導致了生產成本增加，而且還會因為操作不當而致使部分葡萄藤死去。在當前情況下這些費用還是能夠承受的，隨著中國人口持續地從鄉村遷移到城市，意味著這個耗費人力的埋土工作需要被機械化替代。葡萄藤出土過早，芽眼成芽量就會降低。在中國許多產區，這些 11 月份用於埋藤及至次年 4 月又被挖走的土壤，往往酸度很低，這並不是件好事。大部分沿海地區，特別是在南方和中部沿海地區，經歷乾燥的冬春季後，每年 7 月到 8 月初（葡萄成熟季節）進入雨季。受海洋氣候影響，**山東省**冬季不需要埋藤，土壤排水性好，向南的山坡上，建造了中國現代史上第一代酒廠和葡萄園。

張裕摩塞爾十五世酒莊，是一座典型的奢華建築，矗立在雄心勃勃的中國酒莊群中。合資案中的「摩塞爾」指的是奧地利的釀酒師 Lenz Moser。

中國數百家酒廠中，有大約 1/4 座落於山東，但夏季真菌病害是這裡最棘手的問題。這裡平均每公頃葡萄園產量高達 13,500 公升，比內陸乾旱產區產量高很多。「張裕」是這裡的先驅，早在 1892 年建廠，至今依然在行業內保持著舉足輕重的地位。

中國也積極發展葡萄酒觀光業。2009 年拉菲堡的莊主決定在中國建設一個高水準的葡萄酒廠，而令行內人士頗為吃驚的是，他們選址在山東蓬萊一座山丘上，此後，周圍便開始建設許多其他企業，希望能吸引愛好葡萄酒的遊客。2019 年，拉菲堡第一款在中國釀造，以卡本內蘇維濃為主的葡萄酒問世了。

更加深入內陸的**河北省**，是僅次於山東省的第二大葡萄酒產區（儘管很難追溯酒瓶裡所有東西的來源）。它有著靠近北京的地理優勢，且在遊客去長城的路上。這裡的降雨量比山東少但比寧夏要多。葡萄藤擁有相對長的生長季，但冬天仍然需要埋藤保護。一些雄心勃勃的葡萄酒莊園都聚集在河北的懷來縣。

更遠一點的中國**東北**（滿洲里），被證實適

合釀造冰酒，品種主要有維岱爾（Vidal）、麗絲玲，和部分深色的本地雜交「山葡萄」（Vitis amurensis）品種，如「北冰紅」。

1997 年，香港的投資者在**山西**創建了怡園酒莊，到 2004 年的時候，怡園酒莊在太谷的黃土地上釀造出一些中國最出色的葡萄酒，包括一款氣泡酒和中國第一款阿里安尼科（Aglianico）。這裡是季風能夠到達的內陸地區，但通常氣候溫和。與很多同行一樣，怡園酒莊也開始探索更西邊的其他省份產區。

**甘肅**的河西走廊擁有最古老的傳統葡萄酒文化，吸引了國外投資。來自希臘的 Mihalis Boutaris 在天水市建設了甘肅摩恩莊園，釀造出令人印象深刻的黑皮諾。莫高酒莊是這個產區最大的酒莊，早期是藥物製造商，後來擴大經營範圍發展了葡萄酒業務，但出產的產品品質不一。甘肅的土壤相對黏重，而相鄰的**陝西**由於缺乏勞動力和熱能而限制了葡萄酒的發展。

**寧夏**，緊鄰山西、陝西和甘肅，是最具有葡萄酒智慧的省份。寧夏當地政府下定決心要將這塊座落於海拔 1,000 公尺、黃河岸邊朝東新開墾的礫石土地，變成中國最重要的葡萄酒產區。由於年平均降雨量僅 250 至 300 公釐，而且夏末秋初降雨量更少，因此抽取河水灌溉變得十分重要。每年秋季葡萄都需要進行埋土（可參考第 18 頁）。葡萄園和葡萄酒廠散布在賀蘭山腳下最好的黃河沖積平原上。

保樂力加和 LVMH 集團（為了製造香桐 [Chadon] 氣泡酒）最先被吸引過來紮根至此，另外國營的「中糧」和在山東起家的「張裕」這兩個行業巨頭，在寧夏的分支機構也已經逐漸成為當地的重要酒廠。規模相對較小，但值得注意的釀酒商，如銀色高地、迦南美地、賀蘭晴雪都釀造出了中國最好的波爾多混釀型紅葡萄酒。

## 狂野西部

極度乾旱的**新疆**位於中國的西北部，這裡有獨特的灌溉系統，巧妙地利用了來自高山上的融雪。然而有些時候會因為生長季太短而導致葡萄無法完全成熟，且這裡的葡萄園與大多數消費者相距千里之遙。

天山山脈把廣闊的新疆產區分為南北兩塊，吐魯番－哈密盆地在其東部。每年的降雨量僅為 70~80 公釐，晝夜溫差非常大。

當年 LVMH 集團派遣澳洲葡萄酒顧問 Tony Jordan 博士，前來中國尋找最完美的釀酒地點，經過 4 年的深入研究，他最終選定了在**雲南**靠近西藏邊界的幾個小山村，座落在瀾滄江和金沙江流域的山谷上（海拔幾乎到了 3,000 公尺），很久以前法國的傳教士曾在此種植過葡萄。這裡冬天氣候溫暖，葡萄藤不需要埋土，而且季風也很難到達這麼遙遠的內陸。釀造出的「敖雲」葡萄酒價格不菲，也印證了 Tony Jordan 的選擇。其他葡萄酒生產商也跟隨他的指引來到這裡。

整體而言，自 20 世紀 70 年代中國人喝啤酒和烈酒以來，很多事都發生了翻天覆地的變化。

2008 年，香港政府把握了這個飲酒習慣改變的契機，將酒的關稅降為零（酒品在中國內陸仍有「懲罰性關稅」）。香港因此成為亞洲精品葡萄酒中心，所以不僅是吸引了中國有錢人來此購買葡萄酒，大量的世界精品葡萄酒蜂擁而至，也使香港成為獨一無二的世界精品葡萄酒交流和貿易中心。

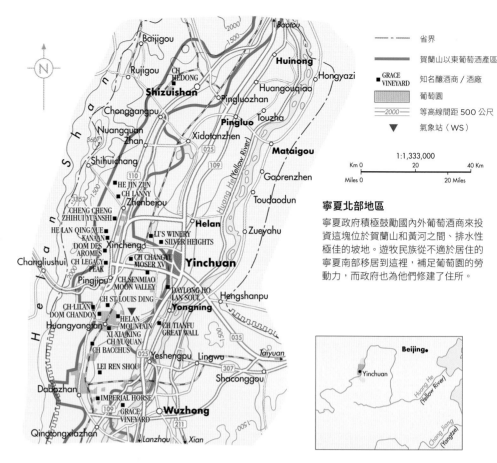

**寧夏北部地區**

寧夏政府積極鼓勵國內外葡萄酒商來投資這塊位於賀蘭山和黃河之間、排水性極佳的坡地。遊牧民族從不適於居住的寧夏南部移居到這裡，補足葡萄園的勞動力，而政府也為他們修建了住所。

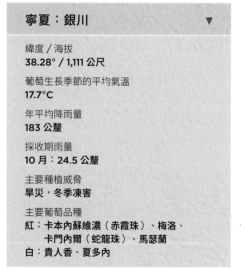

**寧夏：銀川** ▼

緯度 / 海拔
**38.28° / 1,111 公尺**

葡萄生長季節的平均氣溫
**17.7°C**

年平均降雨量
**183 公釐**

採收期雨量
**10 月：24.5 公釐**

主要種植威脅
**旱災，冬季凍害**

主要葡萄品種
**紅：卡本內蘇維濃（赤霞珠）、梅洛、卡門內爾（蛇龍珠）、馬瑟蘭**
**白：貴人香、夏多內**

# 索引 Index

粗黑體頁碼表示主要的篇章內容，
斜體頁碼表示圖片說明。

# 地名索引 Gazetteer

此地名索引包括酒莊、葡萄園、莊園、一般產酒地區，以及其他出現在本書地圖中的地名。波爾多地區所有冠以 chateaux 這個詞的酒莊（酒廠）都集中放在 C 字母排序下，而所有冠以 quinta（莊園）的酒莊或葡萄園則集中放在 Q 字母排序下，至於其他地區的釀酒廠、酒莊、葡萄園則分別依其名稱，以英文字母順序排列。若有同名情況，則可參照以斜體表示的國家或地區別。若有別名則以括號方式置於正式名稱之後，如 Praha（Prague）等。地圖上出現的釀酒商／酒廠名也列入本索引。頁碼後面的字母數字混合，表示地圖頁的參照系統。

# 致謝辭 Acknowledgments

由衷感謝下列各界專家人士對本書的協助，
若有缺漏之處敬請見諒。

**Introduction** *History* Dr Patrick E McGovern; *Key Facts Climate Data, Temperature and Sunlight, Water into Wine, The Changing Climate* Dr Gregory V Jones; *Beneath the Vines* Dr Rob Bramley; Professor Alex Maltman; Pedro Parra; Professor Robert White; *How Wine is Made* Matt Thomson; *The Bottom Line* Ines Salpico; Vinea Transaction; Sarah Phillips, Liv-ex; Farr Vinters; The Wine Society; Berry Bros & Rudd; Bruce Nemet

**France** *Burgundy* Jasper Morris MW; *Côte d'Or geology* Professor Alex Maltman; *Northern Côte de Nuits map* Françoise Vannier, Emmanuel Chevigny, adama; *Beaujolais* Jasper Morris MW, Jean Bourjade, Inter Beaujolais; *Champagne* Peter Liem; *Bordeaux* James Lawther MW; Alessandro Masnaghetti; Cornelis van Leeuwen; *Southwest France* Paul Strang; *Loire* Jim Budd; *Alsace* Foulques Aulagnon, CIVA; *Rhône* John Livingstone-Learmonth; Michel Blanc; *Languedoc-Roussillon* Matthew Stubbs MW; *Provence* Elizabeth Gabay MW; *Corsica* Marcel Orford-Williams; *Jura, Savoie, Bugey* Wink Lorch

**Italy** Walter Speller; *Alto Piemonte* Cristiano Garella; *Etna* Patricia Toth; *Sardinia* Claudio Olla

**Spain** Ferran Centelles; *Andalucía* Jesús Barquín; Eduardo Ojeda; *Climate maps* Roberto Serrano-Notivoli, Santiago Beguería, Miguel Ángel Saz, Luis Alberto Longares, Martín de Luis, University of Zaragoza

**Portugal** Sarah Ahmed; Frederico Falcão; IVV; *Alentejo* Francisco Mateus, Maria Amélia Vaz Da Silva, CVRA; *Port and Madeira* Richard Mayson; *Douro* Paul Symington

**Germany** Michael Schmidt; VdP

**England and Wales** Stephen Skelton MW; Margaret Rand

**Switzerland** José Vouillamoz; Gabriel Tinguely; François Bernaschina

**Austria** Luzia Schrampf; Susanne Staggl, Osterreich Wein Marketing

**Hungary** Gabriella Mészáros

**Czechia** Klára Kollárová

**Slovakia** Edita Durčová

**Serbia** Caroline Gilby MW

**North Macedonia** Ivana Simjanovska

**Albania** Jonian Kokona

**Kosovo** Sami Kryeziu

**Montenegro** Vesna Maraš

**Bosnia & Herzegovina** Zeljko Garmaz

**Croatia** Professor Edi Maletić; Professor Ivan Pejić; Dr Goran Zdunić

**Slovenia** Robert Gorjak

**Romania** Caroline Gilby MW

**Bulgaria** Caroline Gilby MW

**Moldova** Caroline Gilby MW

**Russia** Volodymyr Pukish

**Ukraine** Volodymyr Pukish

**Armenia** Dr Nelli Hovhannisyan

**Azerbaijan** Mirza Musayev

**Georgia** Tina Kezeli; Dr Patrick E McGovern

**Greece** Konstantinos Lazarakis MW

**Cyprus** Caroline Gilby MW

**Turkey** Umay Çeviker

**Lebanon** Michael Karam

**Israel** Adam Montefiore

**North America** *USA* Doug Frost MW MS; *Canada* Rod Phillips; *Pacific Northwest, California, and Arizona* Elaine Chukan Brown; *New York* Kelli White; *Texas and New Mexico* James Tidwell; *Virginia* Dave McIntyre; *Mexico* Carlos Borboa

**South America** *Bolivia and Peru* Cees van Casteran; *Uruguay* Martín López; *Brazil* Eduardo Milan; Maurício Roloff, IBRAVIN; *Chile* Patricio Tapia; Joaquín Almarza; Maria Pia Merani; *Argentina* Andres Rosberg; *Mendoza* Edgardo Del Pópolo

**Australia** Huon Hooke

**New Zealand** Sophie Parker-Thomson; *New Zealand's grapes statistics* New Zealand Winegrowers; *Marlborough soil map* Richard Hunter; Marcus Pickens

**South Africa** Tim James

**India** Reva Singh

**Asia** Denis Gastin

**Japan** Ken Ohashi; Ryoko Fujimoto

**China** Young Shi; Fongyee Walker

## 圖片

出版社要感謝所有葡萄酒莊、釀酒商與其經紀人，以及眾多攝影公司和攝影師友善提供圖片與照片供本書使用。

2 Château Cheval Blanc. Photo Gerard Uferas; 7 photo Chris Terry; 8 Weingut am Stein. Photo Stefan Schütz; 10 Mondadori Portfolio/Electa/akg-images; 11 ImageBroker/Alamy Stock Photo; 13l Wines of Bolivia; 13r Freeprod/ Dreamstime.com; 13c Quintanilla/Dreamstime.com; 18 Ningxia Wines; 19a Domaine St Jacques, Canada; 19b Thierry Gaudillière; 20 Amanda Barnes, South American Wine Guide; 21l & r Gavin Quinney, gavinquinney.com; 23 US Army Photo/Alamy Stock Photo; 24a All Canada Photos/Alamy Stock Photo; 24b Underworld/Dreamstime.com; 25l Barossa Grape & Wine Association; 25r Pedro Parra y Familia. Photo Paul Krug; 26 Per Karlsson, BKWine 2/Alamy Stock Photo; 27l Wikipedia. Karl Bauer/CC BY 3.0 (https://creativecommons.org/licenses/by/3.0/at/deed.en); 27c mazzo1982/iStock; 27r Whiteway/iStock; 29 Jean-Bernard Nadeau/Cephas; 30a Corison Winery; 30b Ralf Kaiser, instagram.com/weinkaiser; 36 Jon Wyand; 37a Pablo Blazquez Dominguez/Getty Images; 37b, from left, Octopus Publishing Group x 2, Per Karlsson/BKWine 2/Alamy Stock Photo, Gregory Dubus/iStock, Octopus Publishing Group; www.vinolok.com; 39 Emmanuel Lattes/Alamy Stock Photo; 40b www.bartapince.com; 40a Symington Family Estates; 43a Matt Martin; 43b Octopus Publishing Group; 45a Neydtstock/iStock, 45br Vacu Vin, vacuvin.com, all others siscosoler/iStock; 50 Massimo Ripani/4Corners Images; 54, 61, 65 Jon Wyand; 63 Ricochet69/Dreamstime.com; 67 Malcolm Park/Alamy Stock Photo; 71 CW Images/Alamy Stock Photo; 72 Gaelfphoto/Alamy Stock Photo; 76 Joerg Lehmann/Stockfood; 78 Thierry Gaudillière; 82 Victor Pugatschew; 87 Photo Anaka/La Cité du Vin/XTU Architects; 88 Will Lyons, @Will_Lyons; 90 Daan Kloeg/Alamy Stock Photo; 92 Jon Wyand; 94 Georges Gobet/AFP/Getty Images; 95 Château Talbot; 96 Kate Williams; 98 Château Marquis d'Alesme. Photo Eloise Vene; 102 Archives Bordeaux Métropole, Bordeaux XL B 70; 104 Tim Graham/Getty Images; 108 Jerónimo Alba/Alamy Stock Photo; 114 Jacques Sierpinkski/Hemis/Alamy Stock Photo; 119 Per Karlsson, BKWine

2/Alamy Stock Photo; 122 Christian Guy/Hemis/Alamy Stock Photo; 126 Elmar Pogrzeba/Zoonar/Alamy Stock Photo; 128 Camille Moirenc/Hemis/Alamy Stock Photo; 129 Andy Christodolo/Cephas Picture Library; 130 Philippe Desmazes/AFP/Getty Images; 132 Pierre Witt/Hemis/Alamy Stock Photo; 134 Mick Rock/Cephas Picture Library; 138 © Fédération des Syndicats de Producteurs de Châteauneuf-du-Pape; 143 René Mattes/Hemis/Alamy Stock Photo; 144 Hilke Maunder/Alamy Stock Photo; 146 Joseph Sohm/Visions of America/Getty Images; 151 Xavier Fores - Joana Roncero/Alamy Stock Photo; 153 Arcangelo Piai/4Corners Images; 155 Azienda Agricola Fontodi; 158 Ceretto Wines; 160 javarman3/iStock; 162 age fotostock/Alamy Stock Photo; 164 Conegliano Valdobbiadene Prosecco Superiore DOCG. Photo Arcangelo Piai; 168 Alberto Zanoni/Alamy Stock Photo; 170 Azienda Agricola Gravner. Photo Alvise Barsanti; 172 Markus Gann/Zoonar GmbH/Alamy Stock Photo; 174 Ornellaia. Photo Paolo Woods; 178 Daniel Schoenen/Getty Images; 180 Shaiith/iStock; 187, 189 age fotostock/Alamy Stock Photo; 190 Bodegas Monje; 194 Noradoa/Shutterstock; 196 Mick Rock/ Cephas Picture Library; 201 @raventosiblanc; 203 Consejo Regulador de los Vinos de Jerez; 204 age fotostock/Alamy Stock Photo; 206 M Seemuller/De Agostini/Getty Images; 207 Azores Wine Company; 213 Symington Family Estates; 214 Dimaberkut/Dreamstime.com; 216 Carole Anne Ferris/Alamy Stock Photo; 218 Comissão Vitivinícola Regional Alentejana (CVRA); 220 Merten Snijders/Getty Images; 222 Stadt Bad Dürkheim; 224 Verband Deutscher Prädikatsweingüter (VDP); 226 Rainer Unkel/age fotostock; 228 Ziliken VDP. Weingut Forstmeister Geltz Zilliken; 230 Hans-Peter Merten/Getty Images; 232 Holger Klaes/Klaes Images; 235 Verband Deutscher Prädikatsweingüter (VDP); 237 Pearl Bucknall/Alamy Stock Photo; 240 Kühling-Gillot; 243 Weingut Dr Bürklin Wolf; 246 Bildarchiv Monheim GmbH/Alamy Stock Photo; 247 UKraft/Alamy Stock Photo; 248 Helen Dixon/Alamy Stock Photo; 250 dvoevnore/iStock; 253 photo José Vouillamoz; 257 Stefan Rotter/Alamy Stock Photo; 258a Malat.at; 258b Loisium Wine & Spa Resorts | South Styria & Kamptal; 261 xeipe/iStock; 264 StockFood Ltd/Alamy Stock Photo; 269 Neil Watson; 270 xbrchx/iStock; 272 Agricola Stirbey; 275 Orbelia Winery. Photo Raya

Chorbadzhiyska; 276 alexabelov/iStock; 278 Akhmeta Wine House. Photo Ann Imedashvili; 279 Ivan Nesterov/Alamy Stock Photo; 280 Tramont_ana/Shutterstock; 282 Alpha Estate; 284 Amir Makar/AFP/Getty Images; 288 Washington State Wine © Andrea Johnson Photography 289; Vignoble Rivière du Chêne; 291 David Boily/AFP/Getty Images; 294 Janis Miglavs; 296 Leslie Brienza/iStock; 299 Richard Duval/DanitaDelimont/Alamy Stock Photo; 301 Washington State Wine © Andrea Johnson Photography; 305 Hirsch Vineyards; 308 Benziger; 310 © Robert Holmes; 313 Turley Wine Cellars; 315 Stag's Leap Wine Cellars; 316l & r Technical Imagery Studios; 319 Sashi Moorman; 322 Eric Feinblatt; 329 Efrain Padro/Alamy Stock Photo; 331 ImageBroker/Alamy Stock Photo; 337 Matt Wilson; 338 Federico Garcia/Garcia Betancourt; 341 Wines of Argentina; 342 Robert Detttman/Straydog Photography; 348a Leeuwin Estate; 348b Gilbert Wines. Photo Lee Griffith; 350 Barossa Grape & Wine Association; 352 Henschke. Photo Dragan Radocaj; 353 Pikes Wines, Polish Hill, Clare Valley, SA/Photo John Krüger; 354 Kay Brothers, McLaren Vale. Photo Josh Beare; 357 Kevin Judd/Cephas; 358 Victor Pugatschew; 360a Mount Langi Ghiran Vineyards; 360b Nicholas Brown/All Saints Estate; 362 Global Ballooning Australia; 364 R. Ian Lloyd/Mauritius Images/Masterfile RM; 370 Craggy Range Vineyards. Photo Rich Brim; 371 Tikiwine & Vineyards, Waipara, North Canterbury; 374 Jim Tannock/Yealands Estate; 376 Hamilton Russell Vineyards; 378 Old Vine Project; 380 Mick Rock/Cephas Picture Library; 382 Vergenoegd Löw Wine Estate, Stellenbosch, South Africa; 384 Iona Wine Farm; 385 Sula Vineyards; 386 Julia Harding MW; 390 Janis Miglavs.

**Illustrations**
Lisa Alderson/Advocate 12, 15a, 16 all excepting ar, 17 all excepting bl; 31; Fiona Bell Currie 14, 15b & c, 16ar, 17bl;
Jessie Ford 14–17 card design, 22, 23, 32–33, 34–35, 38, 41, 42, 44, 46, 47

**Cover**
Cover image source: maximmmmum/Shutterstock